国家出版基金项目
NATIONAL PUBLICATION FOUNDATION

"十三五"国家重点出版物
出版规划项目

废物资源综合利用技术丛书

SHIPIN FAJIAO GONGYE FEIQIWU ZIYUAN ZONGHE LIYONG

食品发酵工业
废弃物资源综合利用

汪苹　廖永红　臧立华　李宪臻　等编著

U0388301

化学工业出版社
·北京·

本书从食品发酵工业的原料利用，废渣、废水、废气产生等方面系统介绍国内外比较成熟的资源综合利用技术，并介绍了相关的能源综合利用技术，一方面为食品行业提供了资源综合利用的途径，另一方面为环境治理领域提供了行业综合利用方法，并从资源综合利用的角度阐述了现代生物工程、化学工程、分离分析等先进技术在生产实践中的实际应用。

　　本书具有较强的实用性和学术价值，可供从事食品发酵生产和环境保护工作的从业人员以及从事食品发酵和环境保护相关的科研人员和管理人员参考，也可供高等学校环境科学与工程、能源工程、食品工程及相关专业师生参阅。

图书在版编目（CIP）数据

食品发酵工业废弃物资源综合利用/汪苹等编著.
北京：化学工业出版社，2018.1
（废物资源综合利用技术丛书）
ISBN 978-7-122-30713-2

Ⅰ. ①食… Ⅱ. ①汪… Ⅲ. ①食品-发酵-食品工业-工业废物-废物综合利用 Ⅳ. ①X792

中国版本图书馆 CIP 数据核字（2017）第 243683 号

责任编辑：刘兴春　刘　婧　汲永臻　　　　　文字编辑：刘兰妹
责任校对：边　涛　　　　　　　　　　　　　装帧设计：王晓宇

出版发行：化学工业出版社（北京市东城区青年湖南街 13 号　邮政编码 100011）
印　　装：三河市延风印装有限公司
787mm×1092mm　1/16　印张 35¾　字数 899 千字　　2018 年 1 月北京第 1 版第 1 次印刷

购书咨询：010-64518888（传真：010-64519686）　　售后服务：010-64518899
网　　址：http://www.cip.com.cn
凡购买本书，如有缺损质量问题，本社销售中心负责调换。

定　　价：138.00 元

　　走中国特色新型工业化道路、大力发展循环经济、提高资源利用率，是解决当前我国资源、环境对经济发展制约的必由之路，是我国建设环境友好型、资源节约型社会的重要保障。我国对废物资源综合利用越来越重视，《国家中长期科技发展规划纲要（2006—2020）》中把"综合治污与废弃物循环利用"列为优先主题；"以科学发展为主题，以加快转变经济发展方式为主线"自始至终贯穿于《国民经济和社会发展第十二个五年规划纲要》，明确了"十二五"时期是以节约资源和保护环境为特征的发展时期。"十二五"重点科技专项中明确指出有效利用大宗工业废物；"十三五"时期经济建设和生态文明建设要协调推进，资源综合利用在其中发挥着必不可少的重要作用；《工业绿色发展规划（2016—2020 年）》明确提出加强工业资源综合利用，持续推动循环发展。

　　食品发酵工业是我国国民经济的支柱产业，不仅与人民生活息息相关，同时也体现对农副产品的加工利用技术和资源环境的保护水平，直接影响国民经济发展和社会文明进步。随着工业化、城镇化进程加快，食品方便化、快餐化趋势使我国食品发酵工业发展迅速，每年以 2%～8% 的速度快速增长。据统计，2015 年，食品制造业增加值同比上一年增长 5.9%（累计增长 6.3%），农副食品加工业增长 2.3%（累计增长 4.2%），酒、饮料和精制茶制造业增长 8.5%（累计增长 9.3%），许多技术达国际领先水平。

　　食品发酵工业是以农副产品为原料的产业，一方面由于耕地减少、自然灾害、人口增长等原因造成粮食紧缺；另一方面资源匮乏、环境保护压力日趋严重，食品发酵工业富含有机质的生产和排放性质决定其技术发展方向必然走向提高原料和资源的综合利用效率、减少废弃物产生和排放的新技术，减少环境污染。目前，我国饮料、乳品、方便食品、啤酒、氨基酸、有机酸等产量居世界第一，食品发酵工业的资源利用及对环境的影响不容忽视。

　　本书从食品发酵工业的原料利用，废渣、废水、废气产生等方面系统介绍了国内外比较成熟的资源综合利用技术，并介绍了相关的能源综合利用技术，一方面为食品行业提供了资源综合利用的途径；另一方面为环境治理领域提供了行业综合利用方法，在当今节能减排的国民经济发展中具有很强的实用性；同时从资源综合利用的角度阐述了现代生物工程、化学工程、分离分析等先进技术在生产实践中的实际应用，具有较高的学术价值。希望本书的出版能够为从事食品发酵生产和环境保护工作的从业人员以及从事食品发酵和环境保护相关的科研人员提供参考，同时也供高等学校环境科学与工程、能源工程、食品工程及相关专业师生参阅。

　　本书全书架构由北京工商大学汪苹教授提出，并负责组织人员编著。具体内容主要由以下人员完成：北京工商大学汪苹教授、廖永红教授、董黎明副教授，齐鲁工业大学臧立华教授，大连工业大学李宪臻教授等。其中上篇第 1 章由唐文竹、李宪臻负责编著，第 2 章由董维芳、臧立华负责编著，第3～第5章由廖永红、汪苹负责编著，第6章由俞志敏、李宪臻负责编著，第7章由王伟、李宪臻负责编著；中篇第1章由廖永红负责编著，第2章由廖永红、汪苹负责编著，第3～第5章由李肖玲、薛嵘、曲静然、臧立华负责编著，第6～第8章由董黎明负责编著；下篇由汪苹负责编著。

本书主要参考文献有中国轻工联合会编写的《中国轻工业年鉴》、中国生物发酵产业协会《发酵工业》和相关行业内专家学者的研究成果，在此一并致谢。同时感谢参与本书编著和文献收集工作的相关实验室全体同学。

由于编著者的学识和时间有限，书中难免有疏漏和不足之处，敬请读者和同仁予以指正。

编著者

2017 年 6 月

CONTENTS
目 录

上篇 废渣综合利用技术

中篇 废水(液)综合利用技术

下篇　CO_2 废气综合利用技术

上篇
废渣综合利用技术

推广玉米脱胚提油和
小麦提取蛋白

　　玉米和小麦在世界粮食生产中一直占有很重要的地位。我国玉米播种面积和总产量仅次于美国，居世界第二位。同时我国也是世界第一小麦生产大国、消费大国和进口大国。然而长期以来我国玉米和小麦的加工转化这一重要的产后环节却相对薄弱，致使其综合效益没有得到充分的发挥。因此，为提高粮食的综合利用率，必须深入开展对玉米和小麦加工产品和副产品的综合利用。

1.1　中国玉米生产情况

1.1.1　中国玉米生产的变化及现状

　　玉米自 16 世纪中叶传入中国以来，已有 400 多年的种植历史，作为中国三大粮食作物之一，玉米产量约占全国粮食总产量的 1/4。从中国的玉米生产发展历程来看，各个时期的发展速度不同。在 20 世纪 60 年代以前，玉米生产基本稳定在一个较低的水平，增长缓慢；从 20 世纪 70 年代开始，玉米生产迅速发展；90 年代初，玉米生产出现了徘徊局面，此后玉米生产又进入稳步增长阶段。总之，新中国成立以来，玉米生产的增长趋势非常明显，但历程并不平坦。归纳起来有以下 4 大特征[1]。

　　(1) 玉米在粮食生产中的地位日益上升

　　玉米作为中国三大粮食作物之一，其生产在中国具有悠久的历史，并且在中国粮食作物生产中占据了重要地位。新中国成立以来，玉米在中国粮食生产系统中的地位逐步上升，由初期的 10% 左右一直上升到现在接近 30%。

　　(2) 播种面积、总产量在频繁波动中上升

　　从播种面积来看，中国玉米生产虽然总的趋势是上升的，但有一定的波动。新中国刚成立时，玉米播种面积有过小幅的下降，但随即迅速上升；改革开放以来，党和国家进一步强化了农业的基础地位，出台了一系列促进农业发展和保护农民利益的政策措施，极大地调动了农民的生产积极性。从总产量来看，中国玉米总产量变化趋势与单产变化趋势较为相似，

可以看出玉米总产量的增加是单产增加和播种面积增加双重作用的结果。

（3）单产稳步上升

随着农民自有生产资金的增加、化肥等生产资料的投入、农业机械的高效使用以及农民自身素质的提高，玉米的单产日益提高。在这一过程中，虽然经历了小幅的波动，但是总体上增长势头十分明显。

（4）地区之间分布不平衡

在自然条件和社会条件的共同作用下，经过半个多世纪的调整，中国玉米生产布局发生了显著变化。一方面，全国各地均有种植；另一方面，地区之间分布不平衡状况进一步加剧，逐渐形成了既分散又集中，但以集中为主的生产布局。我国玉米分布区域很广，南到海南岛，北至黑龙江省，东至台湾省，西至新疆，均有玉米种植，但主要产区集中在东北、华北及西南地区，形成一条从东北到西南的斜带，其中黑龙江、吉林、辽宁、河北、北京、天津、山西、山东、河南、陕西、四川、贵州、云南等地区的产量，约占全国的 4/5。

1.1.2　玉米加工利用现状

20 世纪 90 年代初，我国玉米加工企业几乎都以初级产品（商品淀粉）为主。后来，随着玉米深加工产业的快速发展和市场竞争的日益激烈，淀粉生产企业的效益优势已不再突出。淀粉加工企业开始注重开拓新领域，通过调整产品结构，由初加工转向深加工，推进了玉米加工企业逐步由淀粉、酒精等初级产品向发酵、精细化工等高附加值产品的快速发展。目前，我国玉米加工业产品已经有淀粉、变性淀粉、氨基酸、淀粉糖、酒精、化工醇六大系列、300 多个品种，其产品的附加值比玉米原粮增加 3～100 倍[2]。

"十一五"期间，随着国际市场原油价格大幅度上涨，玉米深加工产品的市场需求日益旺盛，一大批新建和扩建项目立项开工。随着一些在建项目的陆续投产，玉米深加工工业发展进入了高峰期，2006 年产能已达到 4500 万吨，实际消耗玉米 3400 万吨，比 2005 年增长25%，产能利用率达 75%。"十二五"期间国家提出严格控制玉米深加工过快增长，到 2015年年末玉米深加工总产能和总消费控制在合理水平。2013 年，中国玉米深加工 6 大类产品加工能力约 5100 万吨，玉米破碎能力 7600 万吨，产量 3100 万吨，实际破碎玉米 4700 万吨，相当于中国玉米产量的 21%。

1.2　玉米加工副产品的综合利用

1.2.1　玉米胚芽的综合利用

玉米胚芽是加工玉米淀粉、玉米粉和玉米渣的副产品。玉米胚芽占玉米质量的 10%～15%，胚芽中脂肪含量为 35%～47%。因为我国每年的玉米产量高达 $(6\sim6.5)\times10^8\,kg$，可以利用的玉米胚芽数量可观，所以玉米胚芽是我国重要的食用植物油资源。

玉米胚芽生产的玉米油，经氢化生产的食用氢化油，均有较好的营养价值，国际上称为保健油。榨油后的玉米饼，可生产蛋白饲料，是饲料工业的原料。我国玉米产量虽然居世界第二，但是我国的玉米油产量很少，主要是由于我国以玉米为原料的加工工业对分离出的玉米胚的利用较少，因而大量的玉米胚随着下脚料排出厂外，未能得到合理利用。这也是本章要讨论的重点内容之一。

1.2.2　玉米皮的综合利用

玉米皮指的是玉米籽粒的表皮部分，有的称玉米纤维或玉米渣，是玉米加工淀粉的副产物，在湿法加工淀粉时被分筛出来。由于破碎分离过程不可能很完全，所以玉米皮中往往还夹带着不少淀粉，还有附着在玉米皮内侧的未被剥离的淀粉。大型玉米淀粉厂玉米皮含有淀粉 25%，中小型玉米淀粉厂玉米皮含有淀粉达到 40%。其他为半纤维素 38%，纤维素 11%，蛋白质 11.8%，灰分 1.2% 以及其他微量成分。所以玉米皮主要成分不仅是纤维素，还含有大量可降解的淀粉、半纤维素、少量蛋白质和脂类。商品玉米皮的总量一般占玉米质量的 8%～10%。一些大型玉米淀粉厂的玉米淀粉加工设备，均能将玉米皮干燥，再和浓缩玉米浆混合，制取玉米纤维蛋白饲料，其产品中蛋白质含量达 21%～22%。如果将玉米皮用酸水解，可以获得各种糖类，产糖率可达 60%～70%，其中葡萄糖 20% 以上，木糖 15% 以上，阿拉伯糖 11% 以上，还有少量半乳糖和甘露糖。

玉米皮利用的主要途径是作饲料，可采用以下几种方式。

① 玉米皮经筛洗后排放到皮渣池，直接销售给当地农民作猪、牛等牲畜的饲料。这种方法浪费大，营养利用不科学，特别是高温容易使其发酵、腐烂。

② 玉米皮经挤压脱水，再经加热干燥，成为干皮渣，其经过粉碎，再按比例与胚芽饼、蛋白粉、玉米浆等其他副产品调成配合饲料。如果按照配方要求再加入适量大豆粉，可成为优质配合饲料，其营养可得到充分利用。

③ 玉米皮含有丰富的糖类，含量达 50% 以上；且糖类中既有五碳糖也有六碳糖，二者各占总糖的 50% 左右。如果用玉米皮制取乙醇，只能利用其六碳糖，总糖的利用率较低；而生产饲料酵母，对六碳糖和五碳糖均能利用。饲料酵母对玉米皮水解液中糖类的转化率约为 45%，而最终产品中饲料酵母含量高达 22.5%。因此，以玉米皮水解液培养饲料酵母是利用玉米皮的有效途径，可得到高蛋白单细胞酵母。饲料酵母营养价值丰富，作为蛋白饲料添加到配合饲料中，具有和鱼粉相同的功效。

④ 玉米皮是分离出的纤维物质，将其中的淀粉、蛋白质、脂肪通过分离手段除去后可以成为膳食纤维。

1.2.3　玉米蛋白粉的综合利用

玉米中淀粉的含量非常丰富，除此之外，还含有少量的蛋白质、脂肪、纤维素等物质。玉米籽粒经工业生产淀粉之后的副产物，经浓缩、脱水、干燥后即为玉米蛋白粉，它含有大量的蛋白质以及少量的类胡萝卜素。由于玉米蛋白粉组成复杂、口感粗糙、水溶性差，目前我国玉米蛋白粉主要用作蛋白饲料或者随废水排掉，并没有得到合理的利用。其中主要成分的提取和应用如下。

1.2.3.1　玉米醇溶蛋白

玉米醇溶蛋白具有独特的溶解性，不溶于水和无水乙醇，可溶于体积分数 60%～90% 的醇水溶液。生产的工艺流程如下[3]。

（1）乙醇提取玉米醇溶蛋白

原料→80～100 目过筛→pH 值为 8，体积分数 90% 乙醇浸泡萃取→离心→沉淀→pH 值为 8，体积分数 60% 乙醇浸泡萃取→离心→提取液→调等电点→盐析→湿产品→干燥→成品

（2）异丙醇提取玉米醇溶蛋白

原料→体积分数 86％异丙醇浸泡萃取→离心→提取液→质量分数 50％碱液处理→冷却过滤→pH 值为 5.6，体积分数 60％乙醇浸泡萃取→冷却过滤→干燥→产品

玉米醇溶蛋白具有较强的保水性、保油性以及良好的成膜性、成型性和抗氧化性等特点。可用于食品的保鲜、药片包衣剂、药物缓释剂等，还可用作糖果、硬果、粮食等要求有光泽并保持水分的食品的涂层料使用。因此在薄膜、涂料制造中添加，可使表面具有质地结实、有光泽、抗磨损、抗油脂的特性。另外玉米醇溶蛋白具有可食性，可广泛应用于食品包装纸的表面涂层，特别是油类及冷冻食品的包装纸。

1.2.3.2 玉米黄素

玉米蛋白脂质部分含有玉米黄色素、叶黄素和胡萝卜素，是天然食用黄色素的优质原料。制备时可采用有机溶剂萃取法，经减压蒸馏浓缩后提纯。生产工艺流程如下。

玉米蛋白粉→烘干→粉碎→5 倍质量的体积分数 95％乙醇（反复提取数次）→浸提液→真空浓缩→喷雾干燥→成品

在食用天然黄色素中，有姜黄、玉米黄、橘皮黄、地黄、红花黄、茶黄等。玉米黄色素具有耐光性、热稳定性、耐酸碱性、耐氧化性、耐还原性等特点，已广泛应用于食品、医药、日化等领域，可用来替代合成色素。玉米黄色素中的类胡萝卜素在体内能转化为维生素A，具有保护视力、促进人体生长发育、提高抗病能力的作用。同时，玉米蛋白粉提取玉米黄色素后仍可做饲料，其营养价值不变[3]。

1.2.3.3 玉米蛋白水解肽

由于玉米蛋白中氨基酸具有不平衡性，因此可以通过酶工程以及蛋白质工程技术，将玉米蛋白水解成分子量很小、水溶性好、易吸收且具有各种生物功能的短肽类分子。工艺流程如下：玉米蛋白→加碱脱脂脱色→离心脱脂脱色→淀粉酶、糖化酶除淀粉→玉米蛋白粉→碱性蛋白酶作用→灭酶→中性蛋白酶→灭酶→离心分离→玉米肽上清液→活性炭脱苦脱色→离子交换脱盐→玉米肽液→喷雾干燥→玉米肽粉成品

玉米蛋白的水解通常有增加营养特性、延缓腐败时间、改善质地、增加乳化性、增强起泡性或凝聚性、增加溶解性、除去异味等目的。通过酶的水解可以控制、改变和提高原蛋白质的功能特性。某些低肽不仅能提供人体生长发育所需的营养物质，而且具有防病、调节人体生理机能的功能，有些还具有原食品蛋白或其组成氨基酸所没有的独特的生理功能。所以许多国家已经开发研制了多种用于病人或特殊生理需要人群的肽类功能性食品[3]。

1.2.4 玉米浸泡水的利用[4]

1.2.4.1 蛋白质

玉米浸泡水中含有 2％左右的蛋白质，因此对于玉米浸泡水中蛋白的利用，主要是将浸泡在水中的蛋白质提取出来，从而制成各类水解蛋白、调味品等。另外，可以采用玉米浸泡水为原料，利用其中的碳、氮以及无机盐（如磷、钾、钙、镁）的含量能满足假丝酵母生长繁殖的需要，仅用一些消毒剂和少量微量元素，而不需添加其他辅料来生产酵母单细胞蛋白，作为饲料酵母，但工艺较复杂，设备要求较高。也可以将这些蛋白回收起来，制成各种生物活性肽，如抗氧化肽，生产功能性食品。

1.2.4.2 植酸

湿法生产玉米淀粉时产生大量的玉米浸泡水，生产 1t 淀粉大约产生 1t 以上的玉米浸泡水，其中含有 1% 左右的植酸。植酸又称为肌醇六磷酸酯，是一种淡黄色或淡褐色浆状液体，含磷 28.16%。植酸易溶于水、乙醇、丙酮，不溶于无水乙醚、苯、己烷、氯仿。植酸作为螯合剂、抗氧化剂、保鲜剂、水的软化剂、发酵促进剂、金属防腐蚀剂等，广泛应用于食品、医药、涂料、日用化工、金属加工、纺织工业、塑料工业及高分子工业等领域。

1.2.4.3 脂多糖

玉米浸泡水中大约含 1% 的脂多糖，脂多糖是类脂和多糖结合在一起的大分子化合物，脂多糖原指覆盖于革兰阴性菌外膜的一种复合多糖。植物脂多糖的研究是从 1992 年日本学者从小麦面粉中提取得到脂多糖开始的，并且发现该来源的脂多糖对糖尿病、胃溃疡、疼痛等疾病有缓解作用，还具有降低血清胆固醇，促进动物、植物生长的功效以及增进鸡胚骨骼生成和提高母鸡产蛋率等作用。

1.2.5 玉米芯的综合利用[5]

玉米芯是玉米脱去籽粒后的穗轴，一般占玉米穗的 20%～30%。玉米芯中主要成分为纤维素、多聚戊糖、木质素及少量的灰分。玉米芯营养丰富，富含粗蛋白、粗脂肪、粗纤维等，具有较高的利用价值。玉米芯具有多种用途，可制取木糖醇、糠醛、饴糖、葡萄糖，以及用作动物饲料、酿酒、榨油等。

1.2.5.1 木糖醇

玉米芯含有大量的多聚戊糖，从中提取木糖醇的工艺如下：

玉米芯→粉碎→预处理→水解→过滤→中和→过滤→洗涤→脱色→过滤→蒸发→木糖浆树脂净化→氢化→脱色→浓缩→结晶→分离→成品→包装

木糖醇广泛用于食品、医药、轻工业等方面。在食品工业中，木糖醇作为甜味剂加工成各种食品，例如糖果、巧克力、饮料、果酱、糕点、饼干等，主要为糖尿病患者专用食品。因为木糖醇易被人体吸收，代谢完全，不刺激胰岛素的分泌，不会使人体血糖急剧升高，所以当人体对糖代谢出现异常时，木糖醇仍能正常代谢。因此，木糖醇是糖尿病患者理想的甜味剂和辅助治疗剂。

此外，木糖醇具有防龋齿特性，是防龋齿食品的重要原料之一。当前国内外流行的无糖口香糖，即以木糖醇、山梨醇等糖醇为甜味剂生产。木糖醇还有润肠作用，可用作缓泻剂。另外，木糖醇可以替代甘油作为保湿剂，如在牙膏生产中，木糖醇和甘油混合作用，能增强赋形效果；在纸张中作为增韧剂；在卷烟中作为保湿加香剂。同时，木糖醇和脂肪酸生成的酯类是一种食品工业的油水乳化剂，可用作食品添加剂。

1.2.5.2 糠醛

玉米芯中的聚戊糖也是制备糠醛的重要原料，其生产工艺流程如下：

玉米芯→过筛→粉碎→料库→料库输出→拌硫酸→高压蒸汽水解→气态醛冷凝→加热→蒸馏塔→再冷却→分离醛→毛醛→精制→产品

糠醛是一种重要的有机化工产品，其用途广泛，是制备许多药物和工业产品的原料。由糠醛制得的呋喃经电解还原，还可制成丁二醛，成为生产药物阿托品的原料。同时，糠醛的一些衍生物具有很强的杀菌能力，抑菌谱较宽。例如糠醛经由 5-硝基糠醛，再与盐酸氨基脲缩合得到呋喃西林，是一种消毒防腐药。另外，糠醛是制备呋喃丙烯酸、糠胺反丁烯二酸、己二酸、糠醇等中间体的原料，广泛用于合成医药、农药、兽药、染料、香料、橡胶助剂、防腐剂等精细化学品中。而消费糠醛最多的领域是作为溶剂和合成树脂的原料。在用于合成树脂方面，可生产呋喃树脂、糠醛树脂和糠酮树脂等。呋喃树脂也叫糠醇树脂，是糠醛在高压下加氢生成糠醇，再将糠醇聚合得到的。这种树脂具有很强的耐碱性，很高的耐热性和耐水性，可用作填缝树脂水泥、防腐衬里、黏结剂。另外，糠醛作为溶剂，可有选择性地从石油、植物油中萃取其中的不饱和组分。

1.2.5.3　木聚糖

玉米芯中的半纤维素主要由以 D-木糖为主链的木聚糖组成，是生产低聚木糖的良好材料。木聚糖的提取工艺如下：

玉米芯→粉碎→木聚糖提取→精制→精制木聚糖液→酶降解→粗产品→精制→浓缩→粗品→精制→产品

木聚糖在食品中可用作乳化剂及膳食纤维，具有促进有丝分裂及免疫调节等功能。此外，木聚糖通过酶解可制备低聚木糖，低聚木糖有促进肠道内有益菌的繁殖、抑制有害菌生长的独特生理功能。

另外，玉米芯中含有的粗蛋白、粗脂肪、可溶性无氮物以及粗纤维，是生产食用菌的良好材料。用粉碎机粉碎后的玉米芯可以直接作为猪饲料。

1.3　玉米胚芽制取玉米油

玉米油（又称玉米胚芽油）是一种高品质的食用植物油，它以玉米胚芽为原料，经离心分离脱胶、脱酸、脱色、脱臭、脱蜡等先进生产工艺过程精制而成。玉米油中含有 86% 的不饱和脂肪酸，其中亚油酸约占 55%、油酸约占 30%，还含有维生素 E、维生素 A、植物甾醇、卵磷脂、辅酶、β-胡萝卜素等营养成分。在制备玉米油的过程中，脱除了玉米胚中的胶质、游离脂肪酸、色素、微量重金属、气味物质等，从而使其富含维生素 E，不含胆固醇，易消化，符合健康饮食消费潮流。同时，玉米油色泽金黄透明，清香扑鼻，口味清淡，没有豆腥味，油而不腻，既可以保持蔬菜和食品的色泽、原有口感与风味，又不损失营养价值，很适合作快速烹炒和煎炸用油。

玉米胚中脂肪一般在 17%～45% 之间，大约占玉米脂肪总含量 80% 以上，是一种很好的资源丰富的制油原料。因而玉米胚芽油的生产在欧美等发达国家已有 100 多年的历史，玉米油现已成为家庭消费的主流油种，例如在美国玉米油消费量仅次于大豆油。另外，玉米油在日本、中东地区也广受消费者的青睐，享有"健康油""放心油""长寿油"等美称。近年来，玉米油的产量在世界范围内有较快的增长，已成为主要食用植物油品种之一。而在我国，玉米油的开发利用还比较有限。但是近年来，很多人油脂摄入量过高，造成油脂和胆固醇在体内的堆积，使我国心血管病人逐年增多，而玉米油易被人体消化吸收，吸收率可高达 98%以上，且不存在脂肪和胆固醇在体内大量堆积的副作用，它的营养保健功能正迎合了人们追求健康的营养目标。因此对于大多数人，特别是老年人，也包括消化系统有病变的人来说都是一种理想的食用保健油。因此，玉米油资源的开发是非常必要的，并且在中国发展玉米油加工企业前景十分广阔。

1.3.1　玉米油的生理功能

玉米油中含有极为丰富的不饱和脂肪酸，进入人体后可促进类固醇和胆酸的排泄，阻止胆固醇的合成和吸收，使胆固醇不在动脉壁沉积，从而防止动脉粥样硬化。医学家曾进行试验让每人每日分别食用不同的油 60g，一周后发现食用玉米油者比试验前血清胆固醇下降16%，食用大豆油、芝麻油者仅下降 1%，而食用猪油者血清胆固醇上升 18%。食用玉米油有极好的降血脂效果[6]。患有高血压、心脏病的人群如果长期食用玉米油，可起到辅助治疗的功效。由于玉米油里富含多种维生素，持续食用能够增进心脑血管和全身肌肉组织的各项机能，提高机体自身免疫力。

同时，玉米油的脂肪酸分子结构排列整齐，油脂性能稳定，不易变质。在光的作用下，叶绿素能加速油脂氧化，而玉米油不含叶绿素，因此，成分上保证了玉米油的稳定性。所以，即便在高温煎炸时，玉米油的稳定性能使其在色泽和味道上依然保持原有的营养成分。玉米油由于不易氧化变质、高温不易分解，所以较其他油更容易长久保存。

玉米油中还含有较多的维生素 E，维生素 E 有较强的抗氧化作用，并具有一定的抗癌作用。因此，玉米油消化吸收后可消除体内过氧化物对细胞膜产生的毒性作用，提高神经、肌肉及组织利用氧气的效率，增加人体的耐力和精力。同时玉米油还含有磷脂、优质蛋白和氨基酸等多种成分，对心脏疾病、血栓性静脉炎、生殖机能类障碍、肌萎缩症及营养性脑软化症均有明显的预防作用和疗效[6]。

另外有研究指出，玉米油富含甾醇，其甾醇含量要高于葵花籽油及大豆油。植物甾醇通过抑制肠道对胆固醇的吸收、促进胆固醇降解代谢、在肝脏内抑制胆固醇的生物合成 3 种作用方式，显著降低胆固醇。有预防冠心病、动脉粥样硬化、溃疡、皮肤鳞癌、宫颈癌等疾病的作用，同时还有较强的抗炎作用。

1.3.2　玉米油的应用

（1）食品加工

玉米胚芽油是优质的烹调用油及食品加工用油。玉米胚芽油极易被人体吸收，是理想的保健用油。同时，玉米胚芽油稳定性好，特别适合于煎炸食品，经玉米胚芽油煎炸的食品色泽金黄、口味纯正、保质期长且营养价值高。另外，玉米油与固体油脂（如棕榈油）混合而制成的混合玉米油，广泛用于米制糕点及各种方便食品中，用玉米油制作的快餐、方便面、小食品口味好，保存期长。

玉米油除了用作快速烹炒和煎炸用油外，还可以用来生产玉米胚芽油营养饼干，这种饼干为保健营养品，老、中、少皆宜，特别符合儿童的营养需要。

另外，玉米油中含有婴儿成长所必需的脂肪酸，也是母乳化奶粉中理想的油脂配料，对婴儿的生长、视网膜及大脑皮质发育非常有益。因此一些大品牌的奶粉配料中均添加适量玉米油。

（2）药品

玉米胚芽油富含不饱和脂肪酸，适量食用可调节血脂、预防和改善动脉粥样硬化，对糖尿病、冠心病等患者有益。另外，玉米油富含亚油酸，具有极高的药用价值，是许多心脑血管治疗药品的主要原料。

（3）化妆品

近年来，玉米胚芽油广泛应用于化妆品行业。研究发现，玉米胚芽油所含的亚油酸、油酸的甘油三酯成分和多种维生素对改善肤质、发质有良好作用。临床实验表明，含玉米胚芽油的化妆品对治疗慢性湿疹、黑斑、皮肤老化等病症有辅助作用；油脂所含 γ-谷维素可调节皮肤分泌、抗脂质过氧化、促进血液循环。有研究表明，添加玉米胚芽油的化妆品可缓解皮肤、嘴唇干燥问题，减少皮肤皱纹产生；添加玉米胚芽油的洗发产品更容易渗入头发，对改善头发干枯、恢复头发光泽有明显作用。同时，含玉米胚芽油化妆产品有防止妊娠纹、保持皮肤弹性、去除皮肤角质的功能。

（4）饲料行业

玉米胚芽油可作为传统的高淀粉能量添加剂的替代品添加到反刍动物饲料中。研究发现，将玉米胚芽油作为高纤维日粮的替代品添加，可满足动物生产需求，同时提高动物肉内脂肪酸含量。

（5）其他

玉米胚芽油还可应用于化工、能源等领域。随着能源危机的不断加剧，环境问题日益严重，生物柴油等新型能源应用越来越广泛。玉米胚芽油高温稳定、抗氧化、抗低温性能较好，可应用于工业上生产生物柴油。另外，玉米胚芽油含有大量不饱和脂肪酸，其双键可以被单质硫氧化加成，生成含硫润滑油添加剂。相关资料显示，该种添加剂控制铜片腐蚀一般要明显好于硫化烯烃。

1.3.3 玉米油的制备

玉米胚制油，一般包括胚的分离和胚的制油两个过程。玉米胚芽制取油脂的工艺、设备和操作技术与其他油料制取油脂的过程大体相同，其主要工艺为：清理→干燥→软化→轧胚→蒸炒→取油→精炼[7]。

1.3.3.1 玉米胚的清理

制玉米糁回收的玉米胚芽，混杂有较多的玉米粉、碎粉和皮屑，需要用双层振动筛进行筛理。第一层清除大杂，用 1.5×1.5 目/2.54cm；第二层清除玉米粉、碎糁和皮屑，用 4×4 目/2.54cm；如筛下物中仍混有较多的胚屑，则可改用 5×5 目/2.54cm 或 7×7 目/2.54cm，以减少玉米胚芽的损失。制玉米淀粉回收的玉米胚芽，混杂有皮屑和胚根鞘等杂质，需要用浅盘或流槽用清水连续漂洗几次，如备有旋流分离器的工厂，可利用旋流所产生的离心作用，分离出胚芽。

1.3.3.2 玉米胚的干燥

在制玉米糁和玉米淀粉过程中回收的玉米胚芽，经清理后，含有较高的水分，酶的活性较强又易被微生物污染，造成油脂变质和酸败，既影响油脂产品的产量和品质，又会降低饼粕的利用价值。为保持玉米胚芽在储存和运输中的新鲜度，经清理后的玉米胚芽，需随即晒干或烘干至水分含量10%以下。

1.3.3.3 玉米胚的软化

软化的目的在于调节油料的水分和温度，改变其硬度和脆性，使之具有适宜的可塑性，为轧胚和蒸炒创造良好的操作条件。使玉米胚芽在受热处理的同时调节水分含量至10%以下，并使料胚的塑性发生变化，随即轧胚，便能轧成一定薄厚且不易粉碎的料胚。软化常用热风烘干机或热蒸汽辊筒烘干机，料胚在软化时不宜急于高温处理，以防止蛋白质过早变性，而使料胚失去弹性进而影响轧胚、蒸炒和榨油处理。

1.3.3.4 轧胚

轧胚的目的是为了使胚芽破碎，并使其部分细胞壁破坏，蛋白质变性，以利于出油。因此玉米胚芽经软化处理后，随即经辊筒轧胚机轧成 0.3～0.4mm 的薄片，一般不超过 0.5mm，促进细胞结构的破坏，使油路缩短，便于料胚的蒸炒和压榨。轧胚时进料要均匀，不能忽多忽少，玉米胚芽应该压得薄而不碎。轧胚设备又称轧胚机，其由两个或几个相对旋转的轧辊组成，按轧辊排列方式可分为平列式和直列式两种，其中平列式使用较多。

1.3.3.5 蒸炒

蒸炒也称热处理，是玉米胚芽榨油预处理阶段最重要的一环，它的效果好坏直接影响油的质量和榨油效果。热处理的目的是为了破碎细胞壁，使蛋白质充分变性和凝固，同时使油的黏度降低，油滴进一步凝集，既有利于油脂从细胞中流出，也有利于提高毛油质量，从而为榨油创造有利条件。对于不同纯度的胚料，其蒸炒的温度和水分要求也不同。对于低纯度的料胚，料胚温度过高将会使皮和淀粉糊化，影响油品质量和出油率。对于纯度为 40%～45% 的胚料，蒸炒温度应控制在 115～125℃，入榨水分条件为：200 型榨油机为 25% 以下，10 型榨油机为 35% 以下较为适宜。在热处理初期，温度要升得快而均匀，不必升得过高。热处理全过程用时 40～50min，水分降至 3%～4%。

1.3.3.6 玉米胚制油

油脂制取的方法有压榨法、浸出法和水酶法。

（1）压榨法[8]

压榨法是油脂厂普遍应用的方法。机械压榨法制油的过程，就是借助机械外力的作用，将油脂从榨料中挤压出来的过程。在压榨过程中，主要发生的是物理变化，如物料变形、油脂分离、摩擦发热、水分蒸发等。但温度、水分、微生物等的影响也会产生某些生物化学方面的变化，如蛋白质变性、酶的钝化和破坏、某些物质的结合等。压榨时，榨料粒子在压力作用下内外表面相互挤紧，致使其液体部分和凝胶部分分别产生两个不同过程，即油脂从榨料空隙中被挤压出来及榨料粒子变形形成坚硬的油饼。

在压榨的主要阶段，受压油脂可近似看作遵循黏液流体的流体动力学原理，即油脂的榨出可以看成变形了的多孔介质中不可压缩液体的运动。因此，油脂流动的平均速度主要取决于孔隙中液层内部的摩擦作用（黏度）和推动力（压力）的大小。同时，液层薄厚（孔隙大小和数量）以及油路长短也是影响这一阶段排油速度的重要因素。一般来说，油脂黏度越小、压力越大，则从孔隙中流出越快。同时，流油路程越长、孔隙越小，则会降低流速而使压榨进行得越慢。在强力压榨下，榨料粒子表面挤紧到最后阶段必然会产生这样的极限情况，即在挤紧的表面上最终留下单分子油层，或近似单分子的多分子油层。这一油层由于受到表面巨大分子力场的作用而完全结合在表面之间，它已不再遵循一般流体动力学规律而流动，也不可能再从表面间的空隙中压榨出来。此时，油脂分子可能为呈定向状态的一层极薄的吸附膜。当然，这些油膜在个别地方也会破裂而使该部分直接接触以致相互结合。由此可知，压榨终了使榨料粒子间压成油膜状紧密程度时其含油量是十分低的。实际上，饼中残留的油脂量与保留在粒子表面的单分子油层相比要高得多，这是因为粒子的内外表面并非全部挤紧，同时个别榨料粒子表面直接接触，使一部分油脂残留在被封闭的油路中。

在压力作用下，榨料粒子间随着油脂的排出而不断挤紧，直接接触的榨料粒子相互间产生压力而造成榨料的塑性变形，尤其在油膜破裂处将会相互结成一体。这样，在压榨终了时榨料已不再是松散体，而开始形成一种完整的可塑体，称为油饼。应注意，油饼并非是全部粒子都结合，而是一种不完全结合的具有大量孔隙的凝胶多孔体。即粒子除了部分发生结合作用而形成饼的连续凝胶骨架以外，在粒子之间或结合成的粒子组之间仍然留有许多孔隙。这些孔隙一部分可能是互不连接而封闭了油路，而另一部分则相互连接形成通道，仍有可能继续进行压榨取油。可见，饼中残留的油脂，是由油路封闭而包容在孔隙内的油脂、粒子内外表面结合的油脂以及未被破坏的油料细胞内残留的油脂所组成。必须指出，实际的压榨过程由于压力分布不均、流油速度不一致等因素，必然会形成压榨后饼中残留油脂分布的不一致性。同时不可忽视的是，在压榨过程尤其是最后阶段，由于摩擦发热或其他因素，将造成油脂中一定量的气体混合物的排出，其中主要是水蒸气。因此，实际的压榨取油过程应包括在变形多孔介质中液体油脂的榨出和水蒸气与液体油脂混合物的榨出两种情况。

榨料结构性质是影响压榨取油效果的主要因素。对榨料结构的要求一般是榨料颗粒大小适当且均匀一致，如果榨料颗粒粒子过大，易结皮形成封闭油路，不利于出油；如粒子过细，也不利于出油，因压榨会带走颗粒，增大流油阻力，甚至堵塞油路。同时，颗粒细会使榨料塑性加大，不利于压力提高。榨料中完整细胞的数量越少越好，榨料中被破坏的细胞的数量越多越好，这样有利于出油；榨料容重在不影响内外结构的前提下越大越好，这样有利于设备处理量的提高；榨料中油脂黏度与表面张力尽量要低；榨料粒子具有足够的可塑性。同时，榨料要有适当的水分，流动性要好。榨料还要有必要的温度，以确保油脂在压榨全过程中保持良好的流动性。水分含量与榨料可塑性有很大关系，一般说来，随着水分含量增加，可塑性也逐渐增加。当水分达到某一点时，压榨出油情况最佳。一旦超过此含量，则会产生很剧烈的"挤出"现象。如果水分低于此值，则会使可塑性降低，使粒子结合松散，不利于油脂榨出。因此，在榨油操作技术可能的水分范围之内，对于某一榨料，在一定条件下都有一个较窄的最佳水分范围。另外，榨料温度也是重要因素。榨料加热，可塑性提高，榨料冷却，可塑性降低。压榨时，若温度显著降低，则榨料粒子结合就不好，所得饼块松散不易成型。但是，温度也不宜过高，否则将会因高温而使某些物质分解成气体或产生焦味。因此，保温是压榨过程的重要条件。

压榨过程中对榨料施加合理的压力是必需的。压榨时所施压力越高，粒子塑性变形的程度也越大，油脂榨出越完全。然而，在一定压力条件下，某种榨料压缩总有一个限度，此时即使压力增加至极大值而其压缩也微乎其微。因此在压榨过程中，压力大小与榨料的压缩比有关，两者之间呈指数或幂函数关系。另外，压榨时间也是重要的影响因素。通常认为，压榨时间长，出油率高。然而，压榨时间过长，会造成不必要的热量散失，对出油率的提高不利，还会影响设备处理量。因此必须根据榨料性质等条件控制适当的压榨时间。

压榨法按照作用原理可以分为静态压榨和动态压榨两大类。所谓静态压榨，即榨料受压时颗粒间位置相对固定，无剧烈位移交错，因而在高压下粒子因塑性变形易结成坚饼。但静态压榨易产生油路过早闭塞、排油分布不匀现象。而动态压榨中，榨料在全过程中呈运动变形状态，粒子间在不断运动中压榨成型，且油路不断被压缩和打开，有利于油脂在短时间内从孔道中被挤压出来。动态压榨中使用的螺旋榨油机是国际上普遍采用的较先进设备。其工作原理是：旋转着的螺旋轴在榨膛内的推进作用，使榨料连续地向前推进，同时，由于榨料螺旋导程的缩短或根圆直径增大，使榨膛空间体积不断缩小而产生压力，把榨料压缩。螺旋榨油机取油的特点是可以连续化生产，单机处理量大，劳动强度低，出油率高、饼薄易粉碎，并利于综合利用。

采用压榨法制油可有效地提高粮油比值。由于玉米胚芽油的制取大多在规模较小的辅助车间进行，所以采用螺旋榨油机最为适宜。一般榨油转速控制为 8r/min，料胚在榨膛受压榨的时间为 2.5min，饼片厚度为 5～6mm。生产玉米糁提取的玉米胚芽出油率为 22%～26%；制取淀粉提取的玉米胚芽出油率为 25%～28%，饼粕中的残油率为 5%～6%。所制取未经精炼的玉米胚芽油俗称毛油，其中水分及挥发性物质为 0.3%，杂质为 0.2%，酸值为 6%，沉淀物为 6%，色泽淡黄，经 280℃ 加热，有沉淀物析出。毛油由于水分和杂质含量较高而不耐储存，需经加工精炼后才能获得高品质精炼玉米油。

（2）浸出法[8]

浸出法是一种溶剂萃取的制油方法，它是应用固液萃取的原理，利用能溶解油脂的有机溶剂，通过润湿、渗透、分子扩散的作用，将物料中的油脂提取出来，然后再把浸出的混合油分离而取得毛油的过程。浸出法具有出油率高，粕中残油率低，劳动强度低，生产效率高，粕中蛋白质变性程度小，质量较好，容易实现大规模生产和生产自动化等优点。

油料的浸出，具体原理是利用溶剂对不同物质具有不同溶解度的性质，将固体物料中有关成分加以分离的过程。在浸出时，油料用溶剂处理，其中易溶解的成分（主要是油脂）就溶解于溶剂。当油料浸出在静止的情况下进行时，油脂以分子的形式进行转移，属"分子扩散"。但浸出过程中大多是在溶剂与料粒之间有相对运动的情况下进行的，因此，除分子扩散外，还取决于溶剂流动情况的"对流扩散"过程。

1）按生产操作方式分类　浸出法按生产操作方式分为间歇式和连续式。

① 间歇式。是指油料投入至粕的卸出，溶剂投入至混合油排出都是分批进行的，呈一种间歇操作方式。如罐组式浸出器浸出就属于这种情况。

② 连续式。与间歇式相比，连续式油料投入至粕的卸出，溶剂投入至混合油排出，都是接连不断进行的，呈一种连续操作方式。如平转式、履带式、环型浸出器浸出。

2）按溶剂对油料的接触方式分类　浸出法按溶剂对油料的接触方式分为浸泡式、喷淋式和混合式。

① 浸泡式。又叫浸没式，即在浸出过程中油料完全浸没于溶剂之中。罐组式浸出器浸出即属于这种类型。

② 喷淋式。是指在浸出过程中，溶剂经泵由喷头不断地喷洒在料胚的面层，再渗透穿过整个料层而滤出，形成混合油。履带式浸出器即属于这种类型。

③ 混合式。是指浸泡与喷淋相结合的方式，既对油料不断进行喷洒，又保持油料被浸没于混合油中。属于这类浸出设备的有平转式浸出器、环型浸出器等。

3）按生产工艺分类　浸出法按生产工艺分为直接浸出和预榨浸出。

① 直接浸出。又称一次浸出，是指油料经预处理后直接进入浸出器进行浸出制得油脂的工艺。直接浸出工艺一般适用于含油率较低的油料加工。

② 预榨浸出。是指油料经预处理后，用榨油机先榨出一部分油脂，然后再用浸出法取出榨饼中剩余部分油脂的一种工艺。这种工艺适用于含油率高的油料加工。

浸出法制油是世界公认的一种先进的榨油方法，归纳起来，它主要具有以下优点。

① 粕残油低。压榨法制油时，由于预处理工序不可能使油料细胞完全破坏，蛋白变性也不可能十分彻底，榨膛温度不可能很高，榨膛压力也不可能很大。因此，压榨法不可能将油脂榨净，榨饼的残油率还较高。相比之下，采用浸出法制油，无论是直接浸出，还是预榨浸出，都可将浸出后粕的残油率控制在 1% 以下。

② 粕的质量好。与压榨法制油相比较，在浸出法制油生产中，由于相关工序的操作温

度都比较低，使得固体物料中蛋白质的变性程度小一些，粕的质量相应就好一些。这对粕的饲用价值或从粕中提取植物蛋白都十分有利。

③ 生产成本低。与压榨法制油相比较，浸出法制油工艺所采用的生产线一般比较完整，机械化程度较高，且易于实现生产自动化。其次，浸出车间操作人员少，劳动强度低。再者，浸出法制油工艺的能源消耗相应也要低些。因此，浸出法制油的生产成本较低。

（3）水酶法

水酶法是一种新型的提油方法，油料粉碎到一定粒径，加入酶液，降解细胞壁，使包裹油脂的木质素、纤维素和半纤维素得到降解，以达到分离油脂的目的。该法能够使油脂在温和条件下得以释放，与传统方法相比，具有产物品质好、不需脱胶、酶解工艺简单、所需能量少及蛋白质可利用等特点[9]。

水酶法的具体原理是：玉米胚芽的细胞壁含 50% 的纤维素、40% 的半纤维素及 1% 的果胶，油脂存在于细胞中，通常与其他大分子（蛋白质和碳水化合物）结合构成脂多糖、脂蛋白等复合体，只有将胚芽的细胞结构及油脂复合体破坏，才能制取其中的油脂。玉米胚芽在机械破碎或磨浆后，经纤维素酶、半纤维素酶、果胶酶破坏掉胚芽细胞的细胞壁，淀粉酶、葡聚糖酶、蛋白酶等水解油脂复合体中的脂多糖、脂蛋白，从而有利于油脂从油脂复合体中释放，利用蛋白质和碳水化合物对油和水的亲和差异，以及油与水的密度不同而将油和非油成分分离。

在玉米油提取中，纤维素酶和半纤维素酶可降解玉米胚芽细胞壁的纤维素骨架，崩解细胞壁，使油脂容易游离出来。蛋白酶可水解包裹油滴的蛋白质，使油脂被释放出来，易于分离。α-淀粉酶、β-葡聚糖酶、α-聚半乳糖醛酸酶等对淀粉、脂多糖、果胶质有水解作用，有利于提高玉米油的出油率[10]。

综合国内外学者研究成果，油料水酶法提油工艺有 3 种常见形式：水相酶解工艺、溶剂辅助水相酶解工艺和低水分酶法提油工艺；其中，以水相酶解工艺最为常见。水相酶解工艺是以水作为分散相，酶在水相中溶解，油料在水相中进行酶解，以水为溶剂来提取油脂，从而释放油脂的过程。

酶有很强的专一性，不同种类的酶能降解油料中不同的成分，从而影响油脂的提取率。目前试验较多的有纤维素酶、半纤维素酶、果胶酶、蛋白酶等。酶的专一性导致采用单一酶酶解有很大的局限性，因而许多试验都采用了混合酶。一般认为，酶浓度的增加会提高出油率和分离效果，但也存在一个适度，即所谓"经济浓度"。必须注意的是：当酶用量大于最适浓度时，其效果将会不明显，甚至变差。

酶解温度随油料的不同而异，一般在 40～55℃。控制温度以有利于酶解而不影响最终产品油和蛋白质的质量为目的，可采用恒温和程序升温两种方式。酶解 pH 值随所用酶类而异。pH 值既影响酶的活性，又影响油与蛋白的分离。就目前研究的酶类而言，pH 值范围多数在 3～8，最适 pH 值与酶解工艺有关。酶解时间随油料和酶的种类而异，短的只需 0.3h，长的达 10h 以上。适宜的酶解时间应从油料细胞是否有较大程度的降解及提取油的效果两方面来确定，反应时间过长使乳状液趋于稳定，破乳困难，对提油不利。

水酶法工艺中，经固液分离后，液相中有油、水、蛋白质 3 种物质，蛋白质此时可以扮演表面活性剂的角色，它减小了油水界面张力，可形成油水乳化体系，不仅破坏困难，而且需较复杂的设备，工艺过程也不稳定，一般需 15000r/min 以上的大型离心机，能耗较大，且不易实现工业化。目前，较常采用的破乳手段是酸沉，由于蛋白质的等电点一般在 4～5，故酸沉的 pH 值也控制在此范围。破乳效果如何，将直接影响油的得率。

油料预处理方式的不同也可以影响工艺效果。油料酶解前处理是通过机械方式对油料细胞进行破坏，达到初步破坏细胞结构的目的。油料的破碎有干法和湿法之分。若采用干法破碎，粉碎度成为一个重要的影响因素。一般来说，油料粉碎度大，出油率相应增高。但是，粉碎度过大，蛋白质颗料太小，又会导致油水乳化，增加破乳难度，降低出油率。因此，具体粉碎颗料大小应根据不同油料而定。湿法研磨工艺比较适合于高含油油料，且国外较国内常见。不过这种方法有其缺点，由于水磨的作用激活了油料中固有酶类，可能会引发某些不利的副反应，同时由于水的参与会提前导致乳化，可能影响后面的提油效果[11]。

水酶法提油作为一种环保提油工艺，它的一个显著特点就是安全性好，无传统浸出方法中溶剂易燃易爆问题，也不会产生有毒、有机挥发气体。另一个重要特点就是酶解条件温和，温度不高于蛋白质快速变性温度，因而不仅能耗明显低于传统方法，更主要的是油料蛋白质的性能可以很好地保持，达到同时利用油脂和蛋白质的目的，且油料不经高温处理，所提油脂的品质有所提高。另外，油料中存在的脂蛋白和脂多糖，不仅阻碍油脂的提取，而且这些复合物本身会对油分子起包埋作用。传统的热处理难以打破这种包埋，而通过酶法就能降解此类复合物，释放油脂，提高出油率。水酶法生产过程相对能耗低，没有溶剂损失的问题，废水中有机物含量明显减少，使废水中 BOD 与 COD 值大为下降，易于对废水进行处理，且废水处理费用相对较低。酶法提油工艺得到的油脂不需脱胶处理，它相当于在酶解的同时达到了脱除磷脂等胶体物质的目的，简化了油脂精炼工艺。

总之，采用水酶法技术在一定程度上提高了经济效益，而且出油率较高、油质好，使制油效益明显提高。传统工艺提取玉米油的副产物饼粕只能用于饲料，水酶法提取玉米油，分离纯化得到的水解蛋白粉可广泛地用于食品和饮料，其市场价值远远大于前者。酶法提取玉米油同时回收（水解）蛋白粉这项高新技术，对于促进植物油料加工业的发展具有深远意义。

1.3.4 玉米油精炼[5]

由于从玉米胚芽中直接榨取的玉米毛油含 1%～3% 的磷脂，1% 以上的甾醇、生育酚等不皂化物，1.5% 的游离脂肪酸及 0.05% 的蜡，并有令人不愉快的特殊气味，且低温时出现浑油，不能直接食用。因此，对玉米毛油进行精加工十分必要，同时也是提高玉米综合利用与经济效益的有效途径。其精炼工序主要包括沉淀、脱胶、碱炼、脱色、脱臭和脱蜡。

1.3.4.1 沉淀

沉淀的原理是根据油和各种杂质的密度不同而分离。毛油静置一定时间后，比油密度大的机械性杂质、水等可以沉在油的底部；此外，少量悬浮杂质和磷脂、蛋白质、淀粉类糊状物等可漂浮在油表面。沉淀效果主要受温度和时间影响。温度高、时间长，沉淀效果好；反之则沉淀效果差。夏季气温高，经过 3d，沉淀基本达到要求；冬季保持 0℃ 以上的环境，沉淀时间应不少于 7d；春秋两季，可根据气温情况，适当掌握。

1.3.4.2 脱胶

玉米油中含有游离脂肪酸、磷脂蛋白、黏液质等非甘油酯杂质，以胶体形式存在于玉米油中。这些胶体物质在加热过程中会产生泡沫，在碱炼过程中会使油脂和碱液乳化，影响玉米油的精炼。因此玉米油在碱炼之前，先进行水化脱胶处理。

根据磷脂亲水性这一特点，在脱胶过程中加入适量的热水后，再加入稀磷酸，使玉米毛油中的胶溶性杂质（如磷脂）吸水膨胀，最后形成胶团，从油中沉淀下来，从而脱去，形成脱胶油。具体操作为：控制水化温度为 60～70℃，油温 70～80℃，加水时间为 30min，加水速度视磷脂吸水快慢而定，加水后继续搅拌 8h，沉淀 3～4h。

1.3.4.3　碱炼

玉米毛油中往往含有大量的游离脂肪酸，碱炼也叫脱酸，主要是使碱液作用于玉米胚芽油，用来中和玉米胚芽油中的游离脂肪酸，产生絮状皂化物，并吸附油脂中的杂质，使油脂进一步净化，从而起到脱酸、脱杂质的综合作用，进一步提高玉米胚芽油的价值。碱炼对玉米油下一步的脱色或氢化有重要作用。

在脱酸过程中，一般都是用氢氧化钠溶液脱酸，在温度低于 80℃的条件下，与油中的游离脂肪酸发生中和反应。碱的浓度要控制好，防止油脂水解。为了更好地解决这一问题，可以加入硅酸钠减弱氢氧化钠的碱度，提高脱酸效率。一般氢氧化钠浓度为 10%，硅酸钠浓度为 15%。由于硅酸钠碱性较弱不易皂化中性油，所以其浓度可以比氢氧化钠稍高一些。硅酸钠与游离脂肪酸反应生成硅酸，氢氧化钠与硅酸反应又生成硅酸钠，从而减少中性皂化，提高精炼效率。

碱炼的具体步骤如下。

① 酸价和游离脂肪酸测定。

② 中和。将要碱炼的玉米胚芽油称重，倒入反应罐内，缓慢加热，使气泡消失，然后将预先调好的碱液迅速、均匀地加入油中，并进行搅拌使其充分混合和皂化。

③ 发现有皂粒分离状态时，要快速加热使油迅速升温，边升温边搅拌，在短时间内使温度升至 50～60℃，然后停止加热和搅拌。当发现皂角不易下沉时，还要加入与油同温或较低温度的食盐水，加水时，搅拌速度应放慢。停止搅拌后，再将油沉淀 24h。

1.3.4.4　脱色

玉米胚芽油呈橙黄色，经过一般的精炼和碱炼可以除去部分颜色，但对于质量要求很高的玉米胚芽油，还需要经过脱色工序处理。脱色过程不仅能吸附色素，也能将油脂中少量的皂角等胶体物质除去。同时脱色也是微量水的脱除过程，要在真空下进行。

常用的脱色方法为吸附法，一般使用白土或者活性炭作为脱色剂。其中活性炭的使用可以使油的滋味大大改善，避免了白土所带入的不愉快气味。活性炭用量根据成品油色泽的要求为油质量的 0.5%～1%，为白土用量的 10%～15%，与使用白土相比达到同样的脱色效果，玉米油的损耗可以降低，拆装过滤机的劳动强度减轻，使用后的废活性炭可作为燃料。脱色的过程一般为：将玉米油倒入脱色罐内，当油温升至 70～80℃时，加入吸附剂，一边加吸附剂一边搅拌。然后将温度升至 110～120℃，脱色时间为 10～20min。在脱色过程中取样观察，直到认为色泽合格时即可停止加热。

1.3.4.5　脱臭

玉米胚芽油有一种特殊的气味，主要是溶解于油中的萜烯类、醛酮类等可挥发物质引起的，同时碱炼过程中带来的肥皂味，脱色过程中脱色剂带来的土腥味都会影响玉米油的风味。因此玉米油必须进行真空脱臭处理，使产品符合风味要求。这一工艺采用软塔进行除臭。气体部分和塔盘完全分离可防止自由基的产生和色素沉着。同时还能减少水蒸气带出的维生素 E，提高玉米油的产品品质。具体操作步骤为：将油注入脱臭锅内，进油量为锅容积的 2/3 左右。将油用蒸汽管加热，锅内通入直接蒸汽，用来翻动油层和脱除空气。当油温升至 150℃时，开始进入脱臭过程。此后，直接蒸汽开大，翻动增大，温度升至 180℃，真空度达到 0.093MPa，脱臭全面开始。整个脱臭过程一般为 7～8h。然后冷却，直接蒸汽关小，待油温降到 80℃时全部关闭。油温降至 70℃时即可进行过滤，经过滤的油即为成品。

1.3.4.6 脱蜡

玉米油中由于含有少量的蜡质(<0.5%)，会影响油的透明度。如果要得到玉米色拉油必须脱除油中的蜡质。目前，常用的脱蜡工艺是：在油中加入油质量 0.2%~0.5% 的助滤剂，快速冷冻到 5~10℃，并伴随着慢速搅拌，在此条件下保持 1h，然后用离心机过滤将蜡质除去。

精炼玉米油富含不饱和脂肪酸，营养价值高，但不耐储存，要经过适度加氢，使一小部分不饱和脂肪酸饱和，此为低度氢化油。植物油中的不饱和脂肪酸含量可以用碘值来表示。玉米油的碘值一般是 110~130。在镍催化剂存在的条件下，玉米油于 180~190℃ 加氢 15min，即可得到低度氢化油，其碘值为 110~115，其可用于母乳化奶粉及老年、儿童的保健用油。

和低度氢化油的工艺相似，只需将加氢时间延长至 120min，便得到玉米起酥油，其碘值降低为 70~80，外观呈白色固体，熔点 34~40℃。起酥油除用于糕点、糖果、冷饮外，还可调制成人造奶油，是食品工业的基础原料。同时用玉米油制造的起酥油，不仅质量好，而且成本低廉，适于生产应用。

1.3.5 玉米胚芽饼的利用

玉米胚提油后的副产品即为玉米胚芽饼，其粗蛋白含量为 23%~25%。由于玉米胚芽饼往往含有玉米纤维，特别是有一种异味，所以一般均作为饲料处理。如果胚芽分离效果好，获得的脱脂玉米胚芽饼经过脱溶脱臭处理后，就成为一种风味、加工性能和营养价值均良好的食品添加剂，可在糕点、饼干、面包中使用，也可制作胚芽饮料或制取分离蛋白。

有关玉米胚芽蛋白质的生物价值，通过酶解测定，其总蛋白或主要组成碱溶蛋白，均不低于鸡蛋白和酪蛋白。按其氨基酸构成评定，符合国际卫生组织全价蛋白的规定值，近似于人奶和鸡蛋生物学价值。据国外研究发现，玉米胚芽蛋白粉除了必需氨基酸齐全，食品加工相容性好以外，同动物性蛋白质脱脂奶粉、蛋白浓缩物、酪蛋白酸钠(肉食乳化剂)等优质蛋白源比较，其水分保持力和对脂肪的黏结力，甚至优于动物蛋白质。玉米胚芽蛋白应用于食品加工中，在吸油、持水、黏结、延展、乳化、凝胶等方面具有优势。其可在脂肪微粒表面形成均匀、稳定的蛋白分子膜，防止脂肪颗粒间聚集。所以玉米胚芽蛋白粉可能是今后食品加工中理想的植物蛋白添加料。

目前从饼粕中提取玉米胚芽蛋白主要有以下几种方法。

1) 水相法　采用不同水相(水、稀碱、稀酸、稀盐)将蛋白提取出来，在蛋白质等电点附近将蛋白沉淀，再分离干燥制取玉米胚芽浓缩蛋白。此方法制取浓缩玉米蛋白具有工艺简单、成本低等优点，容易实际应用，但这种方法在工业生产中往往蛋白得率较低。

2) 水相酶解法　利用蛋白酶将玉米胚芽粕中蛋白质充分溶出以提高蛋白质得率。此方法中酶制剂的成本较高。

3) 有机溶剂法　利用丙酮、乙醇等有机试剂提取饼粕中的多酚、植酸后得到蛋白质。因工艺复杂，成本高及溶剂对蛋白质营养价值有一定影响，工业化生产困难较大。

4) 超滤、渗滤法　利用超滤膜对分离组分的选择性截留分子量较大的各种蛋白质分子或相当粒径胶体物质，可将蛋白质浓缩和分离并保留在截留物中，产品蛋白具有较佳氨基酸组成。缺点为膜容易被阻塞，分离效率下降。利用超滤和渗滤处理盐溶球蛋白，使球蛋白沉淀，同时溶液中植酸盐含量大幅降低，经喷雾干燥得到蛋白质含量为 85.6%。研究发现，在有活性炭情况下，将浸提、超滤和透滤结合，之后用强碱阳离子交换树脂处理透滤截留物，能产出蛋白含量约为 90% 分离蛋白，且无硫代葡萄糖苷及其裂解物，植酸盐含量较低，成品色浅味淡。

目前国内外众多厂家大批量生产玉米胚芽蛋白方法主要是水相法，即碱溶酸沉法，其工艺简单、成本低，易于工业化生产。但该法废水不易处理，易造成环境污染等问题。一些发达国家，如美国、日本等已开始尝试用超滤法和离子交换法生产玉米胚芽粉粒蛋白。应用超滤法可达到浓缩、分离、净化的目的，而且可得到较高品质的蛋白质，特别适于蛋白质等的分离。但由于膜通量的限制、膜寿命以及膜污染等问题，国内只处于研究试验阶段，实际生产采用较少[12]。

1.3.6 玉米胚芽油推广前景

我国是仅次于美国的世界第二大玉米生产国，玉米产量逐年增加。但目前我国玉米胚芽的利用率非常低，还不到 10%。这种状况与我国玉米消费结构密切相关，我国玉米主要用于饲料、口粮，其中，用作饲料 7000 万～8000 万吨，约占消费总量的 60%～70%；用作口粮消费约 1700 万吨，占 14% 左右；而用于工业深加工的玉米仅占 8% 左右，在 1000 万吨左右，虽然呈上升趋势，但大规模加工企业的数量仍然较少，具有代表性的企业主要有：长寿花、西王和优沃[13]。

由于我国食用油缺口较大，随着消费者对健康的重视和对玉米油认知度的提高，国内玉米油消费已经开始升温，年增长率达 30%。因此我国玉米油生产潜力巨大，主要表现在以下方面[14]。

① 现有利用玉米为原料的工业企业，例如酒精和酿酒等行业，并没有设立玉米胚芽分离工序。我国玉米酒精产量 100 多万吨(不包括燃料酒精)，约消耗玉米 300 多万吨，加上酿酒企业共耗用玉米 500 多万吨。这些企业基本上是进行玉米全粒粉碎，用全玉米粉直接投料，不进行玉米胚芽分离。过去曾做过湿法分离玉米胚芽，然后用淀粉发酵制酒精的工业试点，由于年产万吨的酒精企业需要建立一个年产 2 万吨的淀粉车间，虽然淀粉副产品效益高，但其基建投资比酒精还大，且增大了企业用水量和排污量，所以无法推广。比较现实的是：采用玉米干法脱胚工艺，这样投入较少，年产万吨酒精，企业配套年处理 3 万吨的玉米干法脱胚制玉米粉装置，投资不到 500 万元。分出的干胚芽，以压榨法制油，可以获得占玉米 1.2%～1.4% 的玉米油。同时由于玉米分离了胚芽和玉米皮，使投入酒精生产的原料有效物淀粉相对增加，提高了酒精设备的产能，年产能力可从万吨提高到 1.5 万吨。近年随着企业规模化经营和技术进步，玉米胚芽的分离，逐步列入议事日程。如果酒精和酿酒行业全面推广玉米干法脱胚制玉米油，全国可能新增的玉米油产品约为 6 万～7 万吨。

② 玉米湿法制淀粉及深加工企业均有胚芽分离。合计年处理玉米约 1000 多万吨。因为现有玉米品种含油 4.5%～4.8%，压榨法制油产油率最先进的企业达 3%，落后的为 2%。脂肪回收率不到 50%，而且相差很大。有些规模较小的淀粉企业，即使有玉米胚芽分离装置，回收了玉米胚芽，也因为数量少，专门设立玉米油生产车间并不经济，因此不经进一步加工就按饲料出售。也有的经干燥后卖给大中型玉米加工企业。按行业平均玉米产油率 2% 测算，1000 万吨玉米，应能产毛玉米油 20 多万吨。但目前估计只产了 10 多万吨。因为玉米制淀粉行业的企业，如按数量计，年产万吨和万吨以下小企业仍居多数。所以玉米胚芽制

油还有不少工作要做。首先要按地区实行胚芽集中处理，建立年产 10 万吨以上玉米油的装置，最大限度地把胚芽用以制油。在提高出油率方面，采用例如先榨后浸的办法，提高脂肪回收率，从而使出油率达到占玉米总量的 4%。另外，采用水酶法制油，可使玉米油回收率达到 90% 以上。争取经过努力，全行业玉米产油率能占现有玉米年处理量的 3.5%～4%，这样玉米油年产量可提高至 35 万～40 万吨。

然而，在我国玉米油发展过程中存在着两个方面的突出问题，需要引起高度重视。一是玉米油保健功能的宣传力度亟待加强。玉米油在我国还是一种新的植物油，广大消费者对其还并不熟悉。另外，由于玉米油用于煎炸食物不易着色，对于讲究色香味的我国传统菜肴其使用受到了制约，影响产品销售。所以我们只有以玉米油的保健功能作为切入点来对其进行宣传推广。二是玉米油的市场价格居高不下。我国玉米油的价格远高于美国，其主要原因之一是玉米原料成本高，另外玉米油精炼加工成本也较高。过高的价格让许多消费者难以承受，而降低原料成本又很难在短期获得较大的改观。

综上所述，玉米油产业前景广阔。近年来我国玉米的生产非常充足，玉米油原料全部国产，不受国外进口油料价格变化的影响，市场风险低。大力发展玉米加工的副产物玉米胚芽制备玉米油，既为人们提供了有保健作用的优质食用油，又可以促进资源的有效利用。我国政府和社会各界应重视玉米油产业的发展，增添国内油料自给率，避免长期依靠外来生物弥补的安全隐患，从而促进农业经济的发展。

1.4 中国小麦生产加工概况

1.4.1 中国小麦生产现状

小麦是全世界分布范围最广、栽培面积最大、总产量最高、总贸易额最多的最主要的粮食作物。中国是世界第一小麦生产大国、消费大国和进口大国，全国小麦常年种植面积和总产量均占全国粮食作物的 1/4 左右。新中国成立近 70 年来，特别是改革开放以来，我国小麦生产发展很快，对促进我国主要农产品由过去的长期短缺转变为总量基本平衡、丰年有余做出了重要贡献[15]。

小麦在我国已有 5000 多年的栽培历史，播种面积在 2133.3 万～3066.7 万公顷之间，占粮食作物总面积的比例从 1949 年的 19.57% 逐渐上升到 2010 年的 22.07%，其中 1991 年达到 27.55%。产量占粮食总产量的比例从 1949 年的 12.20% 逐渐上升到 2010 年的 21.07%。在 2001 年以前，小麦播种面积仅次于水稻，居第二位。近年来随着种植结构的调整，从 2002 年开始其播种面积略少于玉米，居第三位。

小麦在我国分布广泛，北至黑龙江，南到广东，西起天山脚下，东至沿海各地及台湾省，都有小麦种植。目前除海南省外，全国各省都有不同规模的小麦生产，种植面积前 11 位的地区依次为河南、山东、河北、安徽、江苏、四川、陕西、湖北、甘肃、山西、新疆，约占全国小麦总面积的 90%。其总产约占全国总产的 93%。单产较高的依次为西藏、河南、山东、新疆、河北、安徽、江苏、天津等地区，高于全国平均水平。我国幅员辽阔，既能种植冬小麦又能种植春小麦。我国以冬小麦为主，常年种植面积和产量均占小麦总面积和总产量的 90% 以上，栽培春小麦的地区主要有内蒙古、甘肃、黑龙江、新疆、宁夏、青海、辽宁、西藏、吉林等，其中以内蒙古、甘肃两地区面积最大，新疆单产最高[16]。

总之，小麦是我国主要粮食作物之一，是我国主要的商品粮和战略储备粮品种，在粮食生产、流通和消费中具有重要地位，发展小麦生产对我国国民经济发展和人民生活具有重要意义。

1.4.2　小麦加工利用现状

小麦是我国主要农作物，小麦产后加工和利用对我国国民经济的发展以及社会稳定具有非常重要的作用。小麦的主要用途是制作食品和加工淀粉。目前主要是加工成各种面粉，如面包粉、饼干粉、面条粉、饺子粉、蛋糕粉、颗粒粉、营养强化粉、自发馒头粉、煎炸粉、预配粉等。近年来由于食品、化工和医药行业的发展，小麦淀粉的用量也在逐年增加。小麦淀粉很多特性不仅优于玉米淀粉(如热糊黏度低，糊化温度低，热糊稳定性好，耐热，耐搅拌，改性后的淀粉乳化性能好，冷却后的淀粉凝胶强度高等)，而且对小麦加工品质和食用品质具有显著性影响。因此，小麦淀粉可用于生产变性淀粉，如氧化淀粉、交联淀粉、取代淀粉、交联/取代淀粉等，用于食品和非食品领域；小麦淀粉还可转化为小麦淀粉的水解产品如淀粉糖等。总之，小麦加工淀粉是综合利用小麦的一个重要内容。

尽管我国小麦加工业在市场需求推动下取得了很大发展，整个行业也在不断调整结构、优化升级，但也还存在不少问题。如我国虽然有300多个小麦品种，但适合加工优质面包和饼干的专用品种缺乏，每年不得不从国外进口一定数量的加工专用小麦。我国面粉加工厂数量多，规模小。在小麦主产区广大的农村乡镇分布着大量小规模面粉加工厂，这些加工厂每年担负着1亿多吨的自产小麦的加工任务。然而，一方面，小型面粉加工厂因资金少，一般无法承受高质高价的面粉加工机械；另一方面，这些小型面粉加工厂的加工工艺简单、生产技术水平低，企业缺乏必要的质量管理措施，无法对产品进行有效的质量监控，导致面粉中磁性金属物含量、含砂量、灰分、农药等有害物质残留量等卫生指标不合格，面粉中营养养分损失等问题。

近年来虽然我国小麦加工业企业集中度提高，产品档次提升，但仍然存在企业数量多、规模小、行业利润率偏低等问题。未来我国小麦加工业将呈现精深加工程度提高、区域布局更具特色、产业组织模式进一步优化的发展趋势。

1.4.3　小麦加工副产品的综合利用

1.4.3.1　小麦麸皮的加工利用

小麦加工过程中，小麦麸皮成为面粉生产的一大宗副产品，具有原料高度集中、数量庞大的特点。目前，这些麸皮一般作为饲料工业的原料，经济价值不高，而小麦麸皮中含有许多极具利用价值、对人体有益的成分。

（1）膳食纤维

由于麦麸直接食用时口感和风味较差，过去几乎都用作饲料。在农副产品深加工快速发展的今天，如何充分利用小麦麸皮已成为研究的热门课题。麦麸中富含纤维素、半纤维素、木素，而这些均是构成膳食纤维的成分。大量研究证明，膳食纤维在胃肠内吸收水分后体积增大，使人产生饱腹感，在肠道内形成胶态，促进大肠蠕动，延缓葡萄糖和脂肪的吸收，逐渐使血糖和血脂水平下降，从而预防和减少许多"文明病"的发病。因麦麸富含人们所希望从天然食品中得到的膳食纤维，以麸皮为原料制成的食物和健康产品也在国际市场上日益流行。小麦膳食纤维除了可以用来开发保健品外，因为其具有良好的持水性，还能改良食品品质。如制作蛋糕时，配料中加入面粉质量 6% 左右的膳食纤维，可以得到体积理想的、耐老化的蛋糕；肉制品加入小麦膳食纤维，可以提高持水性，并延长其货架寿命。可见，小麦膳食纤维在食品生产中的应用也具有广泛的前景和重要价值，但它在特定食品生产中的应用量和应用方法还有待进一步研究。制备小麦活性膳食纤维的工艺流程为：麦麸→清理→水洗→酶解→脱色→浸泡冲洗→离心脱水→挤压蒸发→干燥→超微粉碎→麦麸纤维粉[17]。

（2）麸皮蛋白

小麦麸皮是一种十分丰富的植物蛋白质资源，其蛋白质含量为 12%～18%。植物性蛋白质含有一些有生物活性的物质，具有非常重要的功能特性，在维持膳食营养平衡中具有重要作用。从麸皮中分离蛋白质的方法主要有干法和湿法两种。干法的分离要点是对粉碎后的麸皮依据风选原理进行自动分级，从而获得蛋白质部分。湿法分离中比较完善的分离步骤如下：麸皮→浸泡→均质→恒温水浴→离心→清液调 pH 值至蛋白质等电点→离心→沉淀干燥→麸皮蛋白。分离出的麸皮蛋白可作为高浓缩蛋白，直接作为蛋白质添加剂应用于食品行业，以增加蛋白质含量，提高食品的营养价值和质构特性等，也可以将分离出的麸皮蛋白进行改性处理以生产蛋白质水解液等[18]。另外，经蛋白酶处理后的麸皮蛋白质可生成可溶性的肽及少量氨基酸，将这些小麦麸皮活性蛋白肽加到糖果、糕点、膨化食品中，可起到改善食品感官特性的作用，添加到饮料中可制成麦麸香茶营养保健饮品，也可将其提纯用于医药领域。

（3）麸皮戊聚糖

戊聚糖的主要成分是阿拉伯木聚糖，另有葡萄糖、阿拉伯糖、木糖等，主要存在于小麦皮层中。小麦麸皮中含有较多的碳水化合物（50% 左右），主要为细胞壁多糖，有时又称非淀粉多糖，它是小麦细胞壁的主要组成成分。细胞壁多糖有水溶性和水不溶性之分，主要由戊聚糖（有时又称半纤维素）、葡聚糖和纤维素组成。用一般提取溶剂制备的细胞壁多糖主要为戊聚糖和葡聚糖，另外还含有少量的己糖聚合物。

麸皮中戊聚糖的制取方法常见的有两种：一种是先分离出细胞壁物质，然后再从中制备麸皮多糖；另一种是从麸皮中制备粗纤维素，然后再制备麸皮多糖。多糖主要是戊聚糖，戊聚糖的提取方法可按其溶解性分为两类。一类是采用水和碱作为提取溶剂制备碱溶性戊聚糖。其制备工艺流程为：麸皮→加水提取→离心→收集不溶物→碱提取→离心→清液→调 pH 值→淀粉酶降解淀粉→蛋白酶降解蛋白质→离心→浓缩→有机溶剂沉淀→干燥→碱溶性戊聚糖。另一类是水溶性戊聚糖，其制备工艺流程为：麸皮→加水提取→离心→收集上清液→淀粉酶降解淀粉→蛋白酶降解蛋白质→离心→浓缩→有机溶剂沉淀→干燥→水溶性戊聚糖。

小麦中的戊聚糖主要有两方面的重要特性：一是具有较高的吸水和持水能力，分散于水相中能形成黏度较高的溶液；二是在少量氧化剂存在的情况下具有氧化交联特性，这使得它对面团的流变特性及面包的烘焙品质有着非常重要的影响。一般认为，面团的吸水率主要与面粉中破损淀粉含量有关。研究发现，具有高度水化能力的戊聚糖虽然在面粉中含量很低，但在面团的形成过程中，戊聚糖所吸收的水分占面团总吸水量的比重很大，因此，戊聚糖对面团吸水量及面团中水分分布是一种重要的调节剂。另外，面团中加入戊聚糖可增加面团的延伸性，在实际面团体系中，尤其是在能产生自由基的氧化剂存在时，戊聚糖发生氧化交联作用可使面团的内聚力增强，弹性增加，延伸性增大。对于粉质较差的面粉的改良，除了添加面筋蛋白质外，加入适量的戊聚糖也能取得较好的效果。戊聚糖还有保护蛋白质泡沫抗热破裂的能力，可能是由于戊聚糖的高黏度增加了围绕在气泡周围的面筋的强度和延伸性，在高温焙烤时气泡不易破裂，CO_2扩散离开面团的过程得以延缓，使得面包体积增大。另外，戊聚糖还可以延缓面包老化，延长其货架期。

对小麦麸皮戊聚糖组分与面团特性及面包烘焙品质之间的关系进行初步探讨后，发现戊聚糖组分的溶解性、氧化交联性质与面团特性及面包烘焙品质之间具有较好的相关性，溶解性较好、氧化交联性质较明显的戊聚糖组分，对面团特性及面包烘焙品质有较好的影响。另外，对小麦麸皮不同戊聚糖组分的润肠通便效果及降血脂效果进行研究发现，小麦麸皮中起润肠通便作用的是其中的戊聚糖组分并且戊聚糖的润肠通便效果与其溶解性有关，溶解性较差的组分具有较好的润肠通便效果，溶解性较好的组分润肠通便效果较差。

（4）清除剂

在工业废水中存在着大量对水资源和人类健康产生巨大影响的金属离子及染料。对这些金属离子和染料的清除已成为科学界的研究课题之一。例如，镉、铬、铜、铅、锌和铁等金属离子及水相中的亚甲基蓝都是工业废水中大量存在的污染物；二价镉在水中允许检出量仅为 0.005mg/L，超出可以导致各种慢性疾病的发生，如肾损伤、肺气肿、高血压等。又如化妆品、皮革、造纸、印刷等行业使用大量的染料，并把这些染料随废水带入了自然环境中，严重污染了生态环境。虽然采用各种物理和化学方法从废水中吸附染料，例如最主要的处理方法是用活性炭吸附，但由于成本问题，得不到推广使用。于是，小麦麸皮等低成本且吸附效果较好的农副产品副产物便受到了许多研究人员的关注。近年的研究表明，小麦麸皮经加工处理可用于这些金属离子和染料的清除，如从废水中清除二价金属离子镉、铅、铜，以及吸附亚甲基蓝染料等。

1.4.3.2 胚芽的加工利用

麦胚是一种理想的食品原料，美国科学家早在 20 世纪 50 年代就提倡将麦胚开发为优质食品供人类食用，世界上许多国家都积极开展对麦胚的研究开发和利用。在国外，麦胚通常加工成全脂胚和麦胚油。全脂胚是将精选的麦胚通过烘焙，使胚中酶失活，并将水分降低到临界值后储存备用，或磨粉后储藏。小麦胚芽含有丰富的营养成分，被国外营养学家形象地誉为"人类天然营养宝库"。麦胚可添加到许多食品中，如糖果、点心、面条、面包等，不仅能够提高食品的营养价值，还能改善食品色泽和口感。麦胚还可加工成调味品、饮料、水果制品等。

（1）小麦胚芽油

小麦胚芽油是从小麦胚芽中提取的一种谷物胚芽油，具有很高的营养价值。小麦胚芽油是国际上公认的最理想的天然维生素 E 宝库，此外还含有高不饱和脂肪酸、亚油酸、亚麻酸及一些尚未明确的微量生理活性成分。小麦胚芽油含有的亚油酸是人体内无法合成的脂肪酸，能促进人体的新陈代谢，改善血液循环。麦胚油中的维生素 E 及亚油酸具有防老抗衰、健身美容、抗不孕的生理功效。麦胚油还具有增进耐力、精力、体力和提高反应灵敏度的作用，是一种很有发展前途的健康食用油。

目前，小麦胚芽油主要提取方法为压榨法、浸出法、超临界 CO_2 萃取法和酶解法。

1）压榨法 压榨法是借助机械外力的作用，将油脂从油料中挤压出来的提取方法，是目前国内植物油脂提取的主要方法之一。其工艺过程为：小麦胚芽→磁选→蒸炒→榨油→小麦胚芽毛油→精炼油。在压榨制油过程中，主要发生物理变化，如物料变形、油脂分离、摩擦生热、水分蒸发等。压榨法适应性强，工艺操作简单，生产设备维修方便，生产规模大小灵活，适合各种植物油的提取。但压榨法也存在着出油率低，营养成分破坏程度大，劳动强度大，生产效率低，资源浪费严重等缺陷。而且在压榨过程中，由于温度、水分、微生物等影响，会产生某些生物化学方面的变化，如蛋白质变性、酶的破坏和抑制等，并且会破坏油脂中的维生素 E、磷脂等功能成分。

2）浸出法　浸出法是一种溶剂萃取的制油方法，它是应用固液萃取的原理，利用能溶解油脂的有机溶剂，通过润湿、渗透、分子扩散的作用，将物料中的油脂提取出来，然后再把浸出的混合油分离而取得毛油的过程。其工艺过程为：小麦胚芽→粉碎→正己烷浸提→烘干→冷凝→小麦胚芽油。浸出法具有出油率高，粕中残油率低，劳动强度低，生产效率高，粕中蛋白质变性程度小，质量较好，容易实现大规模和自动化生产等优点。

3）超临界 CO_2 萃取法　超临界 CO_2 萃取方法是利用超临界流体具有的优良溶解性及这种溶解性随温度和压力变化而变化的原理，通过调整气体密度来提取不同物质。其工艺过程为：小麦胚芽→粉碎→称重→装填萃取柱→密封→调控温度、压力、流量、时间→萃取→降压→小麦胚芽油。超临界萃取小麦胚芽油的主要优点有：a. 在浸出过程中，油脂溶解、分离及回收均可采用减压和升温的方式，使工艺简化，节约能源；b. 整个过程温度适中，不会使热敏感的油料蛋白质变性，也不会使一些具有生物活性的物质受到破坏，有利于油料蛋白质的开发利用和一些特殊功能性油脂的提取和利用；c. CO_2 作为萃取溶剂，资源丰富，价格低，无毒，不燃不爆，不污染环境。总之，此法制取的小麦胚芽油的质量优于溶剂浸出法，但对设备的要求比较高，以及生产成本高，不易操作，限制了其推广应用。

4）酶解法　酶解法提取植物油是利用可降解植物细胞壁的酶类——纤维素酶、果胶酶等破坏油料作物的细胞壁，使植物细胞内的油脂内含物在温和的反应条件下释放出来，同时采用蛋白酶分解麦胚中的蛋白质，从而提高植物油提取率的一种新的提取工艺。小麦胚芽油的酶解工艺过程：小麦胚芽→粉碎→调节料液比→调节 pH 值→酶解→离心→清油、乳状液、酶解液和沉淀。酶解法制备小麦胚芽油生产设备投资少，同时油的品质比传统的压榨法和有机溶剂浸出法好，不存在有机溶剂残留、油颜色深、出油率低等问题，生产成本低，而且维生素 E 含量也比传统制备方法高。但是酶解法制取小麦胚芽油的方法在实际工业生产中应用较少，因为还存在着技术上的难题，需要进一步的深入研究[19]。

目前小麦胚芽油的最常见产品形式是小麦胚芽油胶囊。小麦胚芽油胶囊通常采用明胶、多糖等成膜物质将小麦胚芽油包埋，能够有效阻止油脂和空气接触，防止油脂氧化而造成营养品质下降，延长了小麦胚芽油的储藏期。小麦胚芽油另一种常见产品形式是瓶装食用油。由于小麦胚芽中的多不饱和脂肪酸含量高，同时拥有大量的维生素 E，营养价值远远高出普通食用油，因此可以作为高档的食用油产品销售。另外，因为化妆品业受到"回归大自然"理念的影响，以小麦胚芽油及天然维生素 E 为原料生产化妆品的研究及产品开发也成为研发热点之一。小麦胚芽油含天然多不饱和脂肪酸，还具有吸湿、防干燥之功效，因此可用于口红、眼霜、防晒霜、面霜、护肤乳液、浴液等产品，可保持肌肤水分。除此之外，其还可以作为抗氧化剂、面团改良剂、抗不孕剂等。

（2）小麦胚芽蛋白

小麦胚芽含有丰富的蛋白质，其中清蛋白含量最高，占麦胚蛋白总量的 34.5%，球蛋白占 15.6%，谷蛋白占 10.6%，醇溶蛋白含量最少，仅占 4.6%。由于其主要成分是清蛋白和球蛋白，小麦胚芽蛋白是谷蛋白敏感人群很好的蛋白来源。同时，小麦胚芽蛋白是一种完全蛋白，富含人体所需的所有必需氨基酸，特别是很多谷物都缺乏的赖氨酸、甲硫氨酸和苏氨酸，可与动物蛋白相媲美。而且麦胚蛋白中氨基酸比例合理，其中必需氨基酸的比例高于 FAO/WHO 颁布的参考比例，是十分有价值的天然蛋白资源[20]。另外，对麦胚蛋白分离物和蛋清蛋白的乳化特性进行对比性研究发现二者的乳化能力相似。麦胚蛋白分离物具有良好的乳化特性，可作为乳化食品添加剂。比较麦胚蛋白分离物和蛋清蛋白的起泡特性，结果表明，二者的起泡能力基本相同，但泡沫稳定性相差很大，麦胚蛋白分离物泡沫稳定性较差。

同其他蛋白质一样，小麦胚芽蛋白的深加工首先是提取小麦胚芽蛋白，然后以该蛋白质为原料直接加工食品，或制备肽类物质和氨基酸等，最后用于医药、食品、化妆品等加工。麦胚蛋白的分离提取方法主要有沉淀法和酶解法两种。其中沉淀法提取小麦胚芽蛋白工艺流程简单地说就是用稀碱液提取小麦胚芽中的球蛋白，再用稀酸沉淀，最后进行喷雾干燥，获得小麦胚芽蛋白。这一方法和大豆蛋白的提取有一定的相似性，都是根据所含主要蛋白质种类，利用该主要蛋白质的溶解性、pH 值等理化特性，先将蛋白质溶解于碱液中，再用酸调到该蛋白质等电点，使其溶解性达到最小，分子间斥力变小，产生聚集现象，最后沉淀下来。酶解法提取小麦胚芽蛋白的工艺流程的主要步骤及操作要点为：先将钝化小麦胚芽粉碎后过筛，用 10 倍软化水分散，调节 pH 值为 8.5，升温至 50℃，在搅拌下加入碱性蛋白酶，酶加入量为 0.5～19U/kg 蛋白质，水解时间为 5h。然后将水解液离心、浓缩、干燥获得水解度达到 12％以上的水解小麦胚芽蛋白粉。

总之，小麦胚芽蛋白不仅质优，而且有着良好的起泡性、乳化性、保水性等，适用于添加到不同种类的食品之中，可以改良食品性状，增添特有风味等。在面制品、肉制品和饮品中，小麦胚芽蛋白都可以作为辅料添加其中，均有较好的效果。麦胚蛋白还可制作成为小麦胚芽蛋白粉、麦胚蛋白饮品、麦胚蛋白口服液等针对特殊人群的保健食品。另外，小麦胚芽的无细胞蛋白质合成系统具有高速、精确的特点，可建立高效且高活力的蛋白质合成系统，为疫苗候选株的研制提供了很好的蛋白质来源，是制备疫苗候选株的关键工具。

1.4.3.3　小麦蛋白的加工利用

小麦面粉一般含有 9％～14％的蛋白质，所以它是人们日常食物蛋白质的主要来源。但是蛋白质在小麦粒中的分布并不均匀，外周部高而中心部低。即从皮混入概率高的外周部制取的小麦粉为三等粉、四等粉，作为低品位粉大部分用于食用以外的用途。但这些粉的蛋白质含量却高于优质粉。低品位粉由于经受反复的制粉操作，其中的蛋白质可能不同程度地发生变性，以致大部分低品位粉的面筋形成力下降。但是，如果将这部分蛋白质有效地食用化，从实际角度看其意义是重大的。

小麦面筋蛋白（即谷朊粉），是用水将小麦面粉洗掉淀粉和其他成分后所形成的富有黏弹性的软胶体，也是小麦淀粉加工副产品。小麦面筋蛋白质的含量在 80％以上，并含有少量淀粉、脂肪和矿物质等。这是一种优良的面粉品质改良剂，广泛用于面包、面条、方便面的生产中，并且在肉制品、水产制品、饮料业也有广泛的应用价值。关于小麦蛋白的相关内容将在下面详细介绍。

1.5　小麦蛋白特性及应用

小麦蛋白质主要分布在小麦籽粒的胚、胚乳和麸皮中。软麦中的蛋白质含量低于硬麦中的含量。从加工角度来看，小麦蛋白质属于小麦淀粉生产过程中产生的副产物，因为在小麦淀粉生产过程中，首先将胚芽分离出去，然后把淀粉和小麦面筋蛋白（即谷朊粉）分离开来。小麦谷朊粉营养和食品应用功能与小麦品种及蛋白质结构和组成有关。

1.5.1　小麦蛋白的分类

小麦籽粒中蛋白质含量差异很大，平均为 13.4%，比其他谷物如玉米、稻谷、大麦及高粱都高，但平均含量低于黑麦及燕麦。小麦籽粒中的蛋白质含量与小麦品种及类型有关，不同品种之间差异显著。

Osboren 最早提出了小麦蛋白质分类方法，1907 年他根据蛋白质在不同溶剂中溶解性的差异，将小麦蛋白质分为清蛋白（水溶性蛋白，主要溶于水）、球蛋白（盐溶蛋白，溶于 NaCl 溶液）、醇溶蛋白（溶于 70% 的乙醇溶液中）和麦谷蛋白（溶于稀酸和稀碱溶液）4 种不同的组分。近几年，随着色谱、电泳、胶体过滤和超速离心技术的迅速发展，发现这种分类方法有一定的局限性，因为有些蛋白质组分彼此相互交叉，例如我们在研究中发现利用水作为提取剂可以逐步把醇溶蛋白提取出来，而且在电泳图谱中水溶性蛋白和醇溶蛋白有很大的相似性。有许多研究者对小麦蛋白质的分类方法做了适当的改进，但目前还难以准确、全面地反映小麦蛋白质的特性，尽管 Osboren 的分类系统存在一定的局限性，但仍是目前广泛采用的分类方法。

清蛋白和球蛋白这两种蛋白质主要位于小麦籽粒的糊粉层和胚中，在胚乳中也有少量分布，属于籽粒中的可溶性蛋白质，分别占小麦籽粒蛋白的 9% 和 5% 左右。这两种蛋白质富含赖氨酸、肽链结构、组成及基因的染色体定位不同，但其功能主要是作为参与各种代谢的酶。清蛋白和球蛋白主要与小麦的营养品质有关。对小麦籽粒蛋白质及组分含量进行数量遗传分析表明，小麦籽粒蛋白质组分含量在品种间表现有一定差异。清蛋白和球蛋白富含赖氨酸对营养品质有利，而对面包和方便面加工品质不利；清蛋白氨基酸组成比较平衡，特别是赖氨酸、色氨酸和蛋氨酸含量较高，清蛋白含量与谷蛋白、干面筋含量、面包体积、面包评分之间呈显著或极显著负相关。

醇溶蛋白和麦谷蛋白属于小麦籽粒中的储藏蛋白，主要分布在小麦的胚乳中，分别约占小麦籽粒蛋白质的 40% 和 46%。储藏蛋白是小麦面筋的主要成分，大量研究表明，小麦面筋蛋白的组成及结构是影响小麦加工品质的主要因素。麦谷蛋白是一种非匀质的大分子聚合体，分子量约为 40~300kDa，而聚合体分子量高达数百万。每个小麦品种的麦谷蛋白由 17~20 种不同的多肽亚基组成，靠分子内和分子间的二硫键连接，呈纤维状；氨基酸组成大部分是极性氨基酸，彼此之间容易发生聚集作用，肽链间的二硫键和极性氨基酸是决定小麦面团强度的主要因素，麦谷蛋白主要与面团的弹性及抗延伸性有关。醇溶蛋白主要是单体蛋白，分子量较小，约为 35kDa，没有亚基结构和分子间二硫键，单肽链间主要是通过氢键、疏水键以及分子内二硫键连接，从而形成比较紧密的三维结构，呈球形，一般由非极性氨基酸组成，故醇溶蛋白影响小麦面团的黏性和膨胀性能，主要提供面团的延伸性。麦谷蛋白和醇溶蛋白与水共同形成面筋，并以适当的比例结合才能共同赋予小麦面团特有的黏弹性，两者单独存在或者比例不适当都无法形成质量好的面团结构。不同小麦品种麦谷蛋白和醇溶蛋白的含量、比例及结构有明显的差异，导致了小麦面团的黏弹性不同，因而造成加工品质的差异[21]。

1.5.2　小麦蛋白的组成

在小麦面粉中加适量水，再用手或机械进行揉合即得到黏聚在一起并具有黏弹性的面块，这就是所谓的面团。静置之后，面团在水中搓洗时，淀粉、麸皮渐渐离开面团而悬浮于水中，最后只剩下一块具有黏弹、延伸性和类似橡胶的物质，这就是所谓的面筋；因这种面筋含65%～70%的水分所以又称为湿面筋；湿面筋烘去部分的水即为干面筋。面筋在面团中所表现的功能特性，对于面团烤制品的工艺品质和食用品质具有决定性的意义。目前实际被利用的小麦蛋白质主要是小麦面筋，化学分析证明面筋主要是麦醇溶蛋白和麦谷蛋白组成的高度水化产物，另外还含有少量的淀粉、纤维、糖、脂肪、类脂和矿物质等[22]。

1.5.2.1　麦醇溶蛋白

小麦醇溶蛋白约占小麦面粉总量的4%～5%，是胚乳的主要储藏蛋白，在组成上具有高度的异质性和复杂性。在单项酸性电泳的条件下，通常一个小麦品种能分离出15～30个组分，而在双向电泳条件下可分离出多达50个左右的组分。醇溶蛋白的分子量约在30～80kDa之间。根据其在电泳图谱上的迁移率可分为α-醇溶蛋白、β-醇溶蛋白、γ-醇溶蛋白和ω-醇溶蛋白4种组分。这4种蛋白质组分分别占醇溶蛋白总量的25%、30%、30%和15%[21]。

1.5.2.2　麦谷蛋白

麦谷蛋白以聚合体的形式存在，主要由高分子量麦谷蛋白亚基和低分子量麦谷蛋白亚基组成，另外还有一种富含硫的谷蛋白成分。高分子量麦谷蛋白亚基也称为A亚基，分子量为90～147kDa；低分子量麦谷蛋白亚基又分为B亚基、C亚基和D亚基，B亚基分子量为40～50kDa，属于碱性蛋白，也是低分子量麦谷蛋白亚基的主要组分，它们的迁移率比α-醇溶蛋白、β-醇溶蛋白和γ-醇溶蛋白小；C亚基分子量为30～40kDa，它们的等电点变幅较宽，由弱酸性到强碱性，它们的迁移率和α-醇溶蛋白、β-醇溶蛋白和γ-醇溶蛋白近似；D亚基分子量为55～70kDa，迁移率比B亚基和C亚基慢，属于胚乳中主要的酸性蛋白亚基。麦谷蛋白聚合体主要由高分子量麦谷蛋白亚基和低分子量麦谷蛋白亚基通过链间二硫键连接而成[21]。

1.5.3　小麦蛋白的特性

小麦面筋蛋白的化学组分及氨基酸组成使其在功能上具有独特的性质。

1.5.3.1　溶解性

小麦蛋白中含有较多的疏水性氨基酸，与水接触后，在外围形成一层湿面筋网络结构，导致面筋蛋白具有低溶解性。同时，小麦面筋是一种络合蛋白质，它没有明显的等电点，也就难以找出其正负电荷正好平衡的分辨点。这是因为麦谷蛋白不溶于水，它具有正常的酸值范围，而面筋则趋向于反映麦醇溶蛋白在酸中溶解的等离子现象。研究麦醇溶蛋白质在不同酸值中的溶解度时发现，在pH值为6～9时，其溶解度最小。因而，小麦面筋蛋白在酸或碱的分散作用下加速溶解是值得注意的。

1.5.3.2　起泡性及泡沫稳定性

食品中泡沫的形成原因是气泡分散在含有可溶性表面活性剂的连续或半固体相中的分散体系。快速搅拌时，空气进入蛋白质溶液中，形成二维网络结构。泡沫形成后能够保持一定时间并具有一定抗破坏的能力，称为泡沫稳定性。谷朊粉的起泡性和泡沫稳定性与其溶解性有关，由于溶解性较差，其起泡性也受到影响[23]。

1.5.3.3 黏弹性

谷朊粉中的麦谷蛋白具有弹性，但延伸性较差；麦醇溶蛋白具有延伸性，但弹性较小。这两种蛋白结合作用使谷朊粉具有独特的黏弹性。谷朊粉的黏弹性直接表现为薄膜成型性。即由于谷朊粉的弹性特点，使面筋呈海绵状或纤维状结构，形成薄膜面筋[23]。

1.5.3.4 吸水性

高质量的面筋可吸收 2 倍面筋量的水。谷朊粉的这种吸水性可增加产品得率，并延长食品的货架期。小麦面筋的吸水性和黏弹性相结合，就产生"活性"，通常称为"活性面筋"。小麦湿面筋在干燥前烧煮，则会产生不可逆的变性，不再具有吸水性和黏弹性，而成为一种普通植物蛋白。我国的烤麸水面筋就是这种无活性面筋。

1.5.3.5 热凝固性

水溶性蛋白质加热到临界温度就会变性，变性后就不易溶于水，这就是热凝固性。面筋蛋白与其他蛋白质不同，对热的敏感性差，不加热到 80℃ 左右，便不会凝胶化。这说明面筋中的分子间多为二硫键交联，即面筋蛋白是由牢固的三级或四级结构构成的。因此，如果用还原剂切断面筋蛋白的二硫键交联，其热敏感性就会显著提高。

1.5.3.6 口味

加工适当而又合理储藏的谷朊粉具有"清淡醇味"，或略带"谷物味"，这都是人们喜欢的口味。将谷朊粉与其他食品配料混合，即使大量加入也不会产生异味。

1.5.4 小麦蛋白的应用

由于其自身具有的各种独特性能，谷朊粉被广泛应用于面条、方便面和面包等食品工业的实际生产中，也可用于肉制品中保持水分以改善储藏品质，同时也被作为基础材料加入高档水产饲料中。

1.5.4.1 在食品中的应用

谷朊粉蛋白质量分数为 $70\%\sim80\%$，由多种氨基酸组成，钙、磷、铁等矿物质含量较高，是营养丰富、物美价廉的植物蛋白源。当谷朊粉吸水后形成具有网络结构的湿面筋，具有优良的黏弹性、延伸性、热凝固性、乳化性以及薄膜成型性，可作为一种天然的保健食品配料或添加剂，广泛用于各类食品，如面包、面条、素肠、素鸡、肉制品等。

在面包专用粉生产中，根据面粉本身的特点添加 $2\%\sim3\%$ 的谷朊粉，可明显提高面团的吸水性，增强面团的耐搅拌性，缩短面团发酵时间，令面包成品比容增大，包心质地细腻均匀，并在表皮色泽、外形、弹性及口感上都有极大改善。还能留存醒发时的气体，使其保水性良好，保鲜不老化、延长存放寿命，同时增加面包的营养成分。

在方便面、长寿挂面、面条、水饺专用粉生产上添加 $1\%\sim2\%$ 谷朊粉，能够明显改善制品的抗压力、抗弯曲力和抗拉力等加工性能，增加面条韧性，加工时不易断头，耐浸泡、耐热。食用口感滑、不粘牙，营养丰富。

在馒头的生产中，添加 1% 左右谷朊粉，可以增强面筋质量，明显提高面团吸水率，增强制品的持水性，改善口感，稳定外形，延长货架期。

在肉制品中，生产香肠制品时，添加 $2\%\sim3\%$ 谷朊粉，可增强产品弹性、韧性、持水性，使其久煮久炒不碎。当将谷朊粉用于脂肪含量多的富肉香肠制品中，乳化性更为明显。

谷朊粉的另一个主要用途是作为替代肉类的素食食品，以及生产人造的昂贵肉类，如海鲜和蟹类的类似物。纯湿面筋可以调味，变形，并加工成肉丸和牛排。组织化处理的小麦面筋利用挤压技术可以用来模仿肉类的口感、咀嚼性和味道。这种方法制造的"肉"产品适合作为即食主菜，也可作为三明治夹心或比萨饼和沙拉配料。

利用谷朊粉制造的合成奶酪在质地和口感上与天然奶酪没有什么区别。国际小麦面筋协会近来的研究表明，谷朊粉单独或者和大豆蛋白混合使用，可部分取代昂贵的酪蛋白酸钠，大大地降低了奶酪的生产成本。谷朊粉也被用来强化比萨表面强度，提供硬外壳和爽口感，使外皮酥脆，增加咀嚼性，并能减少水分从酱汁转移到比萨内部。添加量一般为小麦粉基质的 1%～2%。

1.5.4.2 在水产品加工中的应用

在鱼糕中添加谷朊粉后，由于谷朊粉吸水复原为富于延展性的面筋网络结构，同时经过捏合均匀地延伸到鱼肉中，通过加热，面筋不断吸水和热变性，强化了鱼糕弹性。其添加量一般控制在 2%～4%，但应根据原料、使用目的等进行增减，添加后直至充分吸水之前要进行搅拌，同时根据需要添加谷朊粉用量 1～2 倍的水。油炸鱼丸子中添加谷朊粉也可达到同样的效果，尤其是对大量混合蔬菜等原料的制品效果最好，能增强黏结性，防止因蔬菜水分流出而引起的弹性下降和触感下降。

在鱼肉香肠制作中，从食品的安全性角度考虑，往往不使用防腐剂，而采用高温加热处理以达到高温杀菌的目的。但如果原料中低级鱼肉糜的配合比率高，那么高温处理就很容易引起制品品质下降，添加谷朊粉则可有效地防止这种缺陷。通过向谷朊粉中加水，使之复原成面筋，然后填充到肠衣中，在测定加热到各种温度下的凝固强度时发现，加热到 130℃，凝胶强度仍未下降。谷朊粉在鱼肉香肠中的添加量为 3%～6%，但需根据原料状态、杀菌条件来改变添加量，向肉中添加谷朊粉的时机应选择在添加脂肪并搅拌后，方法是直接添加谷朊粉，加水量应比对照品（未加谷朊粉）多些，搅拌时间也略长些[24]。

1.5.4.3 在保健品及婴儿制品中的应用

由于氨基酸较平衡，营养价值高，谷朊粉作为蛋白质添加物广泛用于各种保健食品及婴幼儿食品中。虽然赖氨酸含量较缺乏，但只要将谷朊粉与其他食物性蛋白按合适比例混合，使谷朊粉的配合比例达到 60%，在食用中就可充分保证营养。

在各种保健食品和婴幼儿食品生产中，添加 1%～2% 的谷朊粉作为蛋白添加物，食品的氨基酸含量在 85% 以上，可充分保证营养。同时又提高了钙、磷、铁的含量，尤其是钙的含量远远大于鸡蛋、牛肉等食品，更有利于婴幼儿、青少年的健康发育[24]。

1.5.4.4 在饲料生产中的应用

水产养殖业（包括鱼类、甲壳类动物）是一个日益膨大的产业。现代养殖业依靠饲养来提高产量，谷朊粉的特性正好迎合这一需求。它的黏合性将小球状或者粒状饲料黏结起来；它的水不溶性可以防止球溃散；它的黏弹性提供柔软而黏着的质地组织，使其拥有一定的界面张力，悬浮于水中，利于吞食。而且谷朊粉还具有丰富的营养价值，是一种理想的天然蛋白质源。

1.5.4.5 在调味品中的应用

谷朊粉也用于制备酱油和味精。谷朊粉的高谷氨酰胺含量使它成为制造后者的理想初级材料。用谷朊粉制造的酱油同传统酱油相比，颜色更浅，拥有缓慢的褐变率、优良的风味和良好的稠度。

1.5.4.6　在工业中的应用

作为一种植物蛋白，小麦谷朊粉有着石油衍生物无法比拟的优点：来源丰富，具可再生、可降解性。更重要的是小麦谷朊粉具有一些独特的功能特性，可应用在非食品领域，这对扩大小麦深加工，提高其附加值有重大意义。

小麦谷朊粉的功能特性有成膜性、乳化性、黏结性等。目前谷朊粉的工业应用主要是通过一定改性，提高其功能特性进而加以利用。例如，在混凝土中加入一定量的经还原的小麦储藏蛋白可使其持气性能增强，提高了抗霜冻性；对谷朊粉进行水解，取分子量为 $3\sim5kD$ 的肽添加在化妆品或护发产品中能起水溶性增湿剂的作用；经部分水解的谷朊粉能合成性能良好的去污剂；对谷朊粉进行酸碱改性并与害虫控制剂混合可制成喷雾型害虫控制剂，使得控制剂很好地黏附在植物表面和害虫体表、毛发上，达到较好的控虫目的；利用还原剂如焦亚硫酸钠对小麦谷朊粉进行改性，打开其二硫键，再用丙三醇、山梨醇、甘露醇等增塑，可形成可食性仿造膜；还可用硫醇等改性剂对谷朊粉改性，制成工业用可降解膜[25]。

1.6　小麦蛋白的生产

1.6.1　小麦蛋白的分离提取工艺

小麦面筋蛋白的分离提取方法根据原理不同分为湿法、干法、溶剂法等多种，而目前普遍采用的是湿法分离，其基本原理是利用面筋蛋白与淀粉两者密度不同进行离心（或其他分离技术）来将两者分离，以获得所需要的面筋产品。小麦面筋蛋白的生产工艺为[22]：

小麦粉→湿面团→湿面筋→造粒→干燥→面筋粒→粉碎→面筋粉

小麦面筋的加工过程中，影响面筋质量的因素很多，如小麦种类、产地、种植季节、储藏条件和期限、制粉工艺、面筋分离工艺等；影响面筋产出率的因素也很多，如静置时间、水温、溶液酸碱度、食盐量等，产出率与分离工艺也密切相关。

1.6.1.1　马丁法

又称面团法，自从 1835 年在巴黎问世以来，在世界上得到普遍使用，直到今天它仍是最常用的加工方法。该方法用于小麦面筋与小麦淀粉的分离，可同时获得面筋和淀粉两种产品。其加工过程由和面、清洗淀粉、干燥面筋、淀粉提纯和淀粉干燥 5 个基本步骤组成。面筋加工使用的原料是面粉而不是麦粒。将面粉和水以（0.4∶0.6）～（0.4∶1.0）的比例放入和面机，混合揉成团，放置 0.5～1.0h，再用水冲洗，去除废液，从而得到光滑、均匀、较硬但无硬块的面团。面粉和水的比例视所用面粉的种类而定：硬麦面粉能和成弹性很强的面团，所以要比用软麦面粉多放些水；软麦面粉和成的面团容易碎裂、撕开，所以软麦面粉应少放水。和面所用的水需在 20℃ 左右，并含有某些矿物盐。使用含盐量低的软水会使面筋变得黏滑。面团进入洗粉之前应放置适当时间，使面筋充分吸水，以提高其强度和产率。面团洗粉阶段中要在不使面筋破碎或分散的情况下使淀粉析出。面团揉捏或滚压过程中要有足够的水洗出淀粉。许多设备都是按照这些要求而设计的，例如带式混合机、转动滚筒机、双螺旋槽和搅动拌和器等。面团被连续不断地送入拌和机以保证桨叶表面一直被面团覆盖。新鲜水或经处理的加工用水通过底部和内侧注入拌和机。洗出水和悬浮的淀粉从机槽上部溢出，而大约含 70% 的水分和 70%～80% 蛋白的面筋通过排放管基本上在满塞流条件下连续排出，几乎不带出淀粉浆。

辊压除水后，面筋可采用真空喷雾、闪蒸或鼓式干燥器使水分含量降到 8% 左右。通常面筋都在特殊设计的闪蒸干燥器中进行干燥。由于长期曝露在高温下，湿面筋会失去其面筋度，所以需要采取温控快速干燥的方法，将湿面筋与干料混合在一起粉碎成细颗粒送入热空气。循环干燥、混合、破碎都是在环式闪蒸干燥器内完成的，从而生产出极细并略带棕色的粉末，这种粉末再次水合能得到令人满意的面筋度。

马丁法操作方便，面筋得率高，质量好。但该法在水洗过程中约有 8%～10%，甚至更多的可溶性盐类、蛋白质、糖类随水流失，而且用水量大，一般为面粉量的 10 倍以上。目前我国普遍采用此法分离面筋和淀粉。

1.6.1.2　拜特法

拜特法是一种连续式提取工艺，与马丁法的不同之处在于将面团浸在水中切成面筋粒，过筛而得面筋。

拜特法湿面筋生产工艺具体操作是将面粉与水（水温 40～50℃）连续加入双螺搅拌混合器。外螺旋叶将物料搅入底部，而内螺旋叶以相反方向旋转，水与面粉的比例范围是(0.7∶1)～(1.8∶1)，蛋白质含量越高，水的加入比例应该越大。混合后的浆液在静置箱内静置片刻之后，进入切割泵，同时加入冷水，水与混合液之比为(2∶1)～(5∶1)，在泵叶的搅拌下，将面筋与淀粉分离。这时面筋呈小粒凝乳状，经 60～150 目振动筛筛理出面筋凝乳，再用水喷洒，使面筋从筛上落下，这时获得的面筋蛋白质含量为 65%，然后经第二道振动筛水洗后的面筋蛋白质的含量为 75%～80%。此法特点是用水量比马丁法少，约为面粉重量的 10 倍，可溶性盐类、蛋白质、糖类等随水流失量比马丁法少。

1.6.1.3　氨法

用氢氧化铵分离面筋的方法是 1966 年加拿大国家研究中心发明的。在剧烈的机械搅拌下将面粉喷入 5% 的氢氧化铵溶液，然后用循环磨进行细磨，经振动筛除去麦麸与粗纤维部分，用连续分离机将面筋蛋白与淀粉分开，然后对面筋蛋白清液进行喷雾干燥，从而得到含蛋白质 75% 的干粉状产品。经离心分离，分离出的淀粉需用氢氧化铵溶液再次清洗，尽可能多地除去淀粉中的蛋白质。

此法在 65℃ 条件下用氢氧化铵处理小麦面筋能破坏丝氨酸、苏氨酸、胱氨酸、赖氨酸、精氨酸和酪氨酸组分，并可能导致形成赖丙氨酸和结构不明的茚三酮试验为阳性的物质。赖丙氨酸能导致鼠肾附近小管发生组织改变的观察结果，使人们对氨法食品加工的安全性与营养性十分关注。

1.6.1.4　拉西奥法

拉西奥法是一种新型的分离方法。它不但可以得到比较纯的面筋（含量在 80% 以上），而且还可以得到纯淀粉，降低生产成本，工艺时间短，可以减少细菌的污染，用水量也少，工艺水可循环使用。

拉西奥活性面筋工艺具体操作是：将面粉与水以(1∶1.2)～(1∶2.0)的比例倒入混合器内充分混合后，将混合液泵入卧式混合器，这时面粉与水充分混合形成自由流动的分散液，再将分散液泵入分离器，液体在分离器内被分离成重相部分（淀粉）和轻相部分（面筋）两部分，重相淀粉部分经水洗器加水冲洗再送入干燥器干燥后得到一级淀粉。由水洗器出来的工艺水通常送入第二级混合器，稀释含蛋白质的溶液从分离器出来，用泵打入静止器，在 30～50℃ 范围静置 10～90min，使面筋水解成线状物。如果温度超过 60℃，面筋就会发生变性作用，如低于 25℃ 则水解缓慢。当线状物进入二级混合器后与工艺水搅拌混合生成大块面筋，再经分离器振动分离进入干燥器干燥后得到活性面筋。二级淀粉从分离器用泵打入离心机，使淀粉与水分离，然后进入干燥器干燥得到二级淀粉。

1.6.1.5　水力旋流法

水力旋流法是荷兰的 K.S.H 霍尼公司提出的一种方法，用于从面粉中提取面筋。具体工艺操作是：将面粉与水以 1:1.5 的比例充分混合后，用泵导入旋水分离器，分离器内温度为 $30\sim50℃$，面筋在分离器内形成线状，利用淀粉与面筋密度差别将两者分离，重相淀粉从底部流出进入下一级旋水分离器，而轻相蛋白质从上部流出进入上一级旋水分离器，然后再分别分离，每一级旋水分离器均是如此。面筋最后用筛（$0.2\sim0.3mm$）滤出，用 $40℃$ 新鲜水在最后一级水洗设备冲洗，然后进入干燥器干燥即得面筋。淀粉从浆液中分离出来，为使淀粉与纤维分离，最后一道工序要用新鲜水洗，洗出一级淀粉，余下浆液再经过旋水分离器和筛网提出二级淀粉及可溶性物质。

1.6.1.6　三相分离法[26]

三相卧螺工艺是德国韦斯伐里亚公司开发的一种较新的小麦淀粉与谷朊粉分离方法。它因工艺中采用了独特的专利技术——三相卧螺分离机而得名。目前国内已有此工艺的工业化应用，其详细工艺流程如下。

（1）面粉制备

三相卧螺工艺同样也是采用面粉作为原料。虽然目前由于制粉工艺的不同，面粉的种类比较多，而我国也没有生产淀粉用小麦的专用标准，但生产实践证明，生产小麦淀粉用面粉接近于特制二等粉。当然，面粉的出粉率、面筋含量、灰分及淀粉破损率等指标对生产小麦淀粉、谷朊粉的产品质量有很大影响，尽量采用高出粉率、高面筋含量、低灰分、低破损率的面粉从理论上讲会达到更好的效果。

（2）面糊制备

原料面粉定量后进入混合器中与水混合形成面糊。混合器使面粉颗粒充分水化，形成均匀的面糊，不能存在混合不均匀的大颗粒或不均匀的小面团，以便于后续均质工序的顺利进行。

（3）均质

面糊打入均质机中，均质机的压力可通过改变均质阀的间隙进行调整，压力可高达 $10MPa$。面糊通过均质阀时由高压迅速恢复到常压，压力的骤然变化以及均质阀的剪切作用，使面糊熟化并实现蛋白质网络的迅速凝聚。均质使用的设备为普通乳品工业中常用的均质机。

（4）分离

均质熟化后的面糊用偏心螺杆泵输送到三相卧螺离心机进行各成分的分离。进机前可加入一定量的新鲜水或工艺水来稀释面糊，但此工艺中所加的水比马丁法及水力旋流法中的要少，大约 1t 面粉用水 $0.3\sim0.9t$ 即可。

卧螺离心机是一种卧式离心机，内部安装有螺旋，螺旋的转速与转鼓的转速稍有不同，速差约为 $60r/min$。这种离心机的分离因素在 $2000\sim4000$ 之间。三相卧螺离心机采用双电机双减速器技术使得螺旋与转鼓的速差可随时调节。同时，在溢流出口端设有喷嘴，可以分离出第三相——中相，这是三相卧螺离心机与普通卧螺离心机的重要区别之处。

固体是进料中比重最大的部分，经卧螺分离后由螺旋推进器推进，作为底流排出。溢流由 1 台内置的向心泵排出，这样可以将工艺中形成的泡沫状物料迅速地强制排出，同时还节省了1台输送泵。三相卧螺离心机与普通卧螺离心机的区别在于它能够分离出中相，中相的流量可以通过改变喷嘴的数量和位置来调节。

因为戊聚糖的密度较小，它主要分布在溢流中。因此，在工艺的前端就将这种黏稠的物料与面筋分离开，使得工艺中所需的新鲜水量减少，而且后续面筋分离和产品的品质都不会再受到戊聚糖的影响。

（5）淀粉洗涤

由三相卧螺离心机分离出的底流加工艺水稀释后，送往离心筛处理，除去残余的纤维，然后进入多级旋流器洗涤，通常采用12级淀粉洗涤旋流器。在底流中还含有一些小的淀粉、戊聚糖和细纤维，为了能更好地将其分离，本工艺采用一种立式高速三相碟片喷嘴离心机放在旋流器组之前与旋流器组搭配使用，保证了淀粉洗涤的高效、彻底。

（6）面筋收集

三相卧螺离心机所得的底流和溢流分别由筛子处理，以回收更多的可以形成团块的面筋。回收的面筋再回到工艺中与中相一起处理，得到的湿面筋进一步脱水、干燥制成谷朊粉。

（7）副产品

溢流中的戊聚糖可以以液体状态直接作为饲料，也可以加酶反应后分离出固体部分；液体部分与工艺废水一起浓缩处理，再与纤维等一起烘干作为饲料。

1.6.2 提高面筋产出率的方法[27]

面筋产出率与面粉中粗蛋白质含量存在着近乎正比例的关系，即面粉蛋白质含量越高，面筋产出率也就越高。然而，面筋的产出率还与面粉质量、面筋洗制条件、面筋强化等有关。

1.6.2.1 选用蛋白质含量高、质量好的面粉作为原料

一般说来，面粉的颗粒范围在 $0\sim200\mu m$ 之间，其中 $0\sim17\mu m$ 的面粉颗粒由游离的蛋白质颗粒和游离的淀粉颗粒组成。它的蛋白质含量是平均数的2倍，用它作原料，得到的面筋出率高。在实际制粉中，吸风粉的粒度较小，蛋白质含量较高，适宜提取高产出率的面筋。其他根据蛋白质在胚乳中的分布情况，从次粉中也能提取大量面筋。

1.6.2.2 改善面筋洗制条件

在洗涤水中加入食盐，使麦醇溶蛋白的溶解度降低，从而提高面筋产出率。盐水浓度为0.15％，洗涤水采用间歇式，即面粉与食盐水混合搅拌成面团后，再静置20min后去掉淀粉水，然后用食盐水重复洗涤、静置，直至洗涤水澄清为止，每次洗涤时间为10min较好。此外，在适当范围内提高洗涤水温度，使面筋膨胀的速率和程度增加，也能提高面筋产出率。有资料表明，面筋洗水温度为20℃时，洗出的面筋最多。在洗涤之后将面筋经过熟化（静置约30min），有利于面筋的充分形成，提高面筋质量。

1.6.2.3 添加增筋剂

增筋剂能将面粉中的巯基氧化成二硫基，使其免受蛋白酶的分解，从而提高了蛋白质的黏结作用，使整个面筋网络更牢固。在面粉中添加热处理过的小麦活性面筋粉，可以增加混合粉的蛋白质含量，极大地提高湿面筋的产出率。除小麦活性面筋粉外，常用的增筋剂还有溴酸钾、脂肪氧化酶等。

1.6.3 小麦蛋白制品生产[28]

小麦蛋白制品根据其形状可以分为粉末状、糊状、粒状及纤维状等 4 种类型，这些制品均可以分别用小麦或面筋作为原料加工而成。

1.6.3.1 粉末状小麦蛋白生产

根据粉末状小麦蛋白生产原理的不同，可以将其生产工艺分为两种：一种是通过添加还原剂等降低凝胶化温度生产变性面筋的生产工艺，此工艺获得变性粉末状小麦蛋白；另一种是通过加水发挥面筋特有黏弹性而生产活性面筋的生产工艺，此工艺获得活性粉末状小麦蛋白。这些制品广泛用于以水产炼制品等为主的食品中，其中活性粉末状蛋白质应用更广泛。生产活性粉末状蛋白主要有以下方法。

（1）分散干燥法

分散干燥方法的原理是将面筋分散于分散剂（酸、碱等）中再进行干燥的一种生产方法。国外生产活性面筋基本上采用喷雾干燥法，喷雾干燥法是分散干燥法的一种。制造原理是将面筋分散于分散剂中，通过喷嘴向热风中喷雾并干燥。

该工艺生产的产品呈粉末状，不像直接干燥法或滚筒干燥法那样必须经过粉碎。此法干燥时间短，而且只要正确选择制造条件，就能在一定程度上抑制蛋白质变性。分散干燥法生产中常用的分散剂分为酸、碱和二氧化碳等。酸性分散剂主要使用乙酸，碱性分散剂一般使用氨。使用氨作分散剂时，应将面筋的固体含量调整为 $11\%\sim13\%$，pH 值调整为 $9\sim10$，在 $300\sim350\mathrm{kgf/cm^2}$（$1\mathrm{kgf}\approx9.8\mathrm{N}$，后同）的高压下向 $230\sim240℃$ 的热风中喷雾，使其干燥。氨分散液与乙酸分散液相比，黏度低，易于喷雾干燥。除采用喷雾干燥法之外，分散干燥法中还采用滚筒干燥法。滚筒干燥法是一种用滚筒干燥机干燥面筋分散液的方法，此法常采用的分散剂有乙酸、乙醇、二氧化碳等。一般情况下使用乙酸，但无论使用什么样的分散剂，喷雾干燥法的制品品质都较滚筒干燥法的制品差。

（2）直接干燥法

直接干燥法第一种方法是棚式真空干燥法。这种方法是将面筋拉薄、拉长并送入真空器中，在温和条件下边加温边干燥，然后粉碎、筛分而制成粉末状蛋白产品。这种工艺由于采用温和条件，所以干燥时间长，而且很难将面筋均匀拉长，制品的品质不可能均匀。第二种方法是冷冻真空干燥法，即用稀乙酸等调制的面筋分散液进行冷冻真空干燥的方法，由于该法是在低温下进行的，因此是蛋白质不发生变性的最佳方法之一。但该方法存在设备造价高、干燥时间长、成本高等缺点。第三种方法是闪蒸干燥法，即利用面筋水分含量越少越能防止热变性的原理，将干燥活性面筋与水面筋混合，使水分下降至 30% 左右，再利用热风进行干燥。

1.6.3.2 糊状小麦蛋白生产

小麦的生面筋由于存在许多分子间及分子内的二硫键作用，呈现出很强的黏弹性和高热变性，这与小麦面筋独特的氨基酸组成以及三级结构、四级结构有密切关系。因此，如果将生面筋直接用于水产炼制品或畜肉制品中，不可能与鱼肉糜或畜肉均匀混合。在实际生产中，为了解决这个问题，可以将面筋还原处理，通过还原剂的作用切断二硫键来降低面筋的黏弹性，然后再使用，从而克服混合不均匀而影响食品质量的问题。糊状小麦蛋白的加工与粒状、纤维状小麦蛋白食品不同，由于不经受热变性便可成制品，所以制造方法简单，只要将水面筋与适量的还原剂及其他的辅料进行机械混合，冷冻包装即可。这种制品一般称作变性面筋或加工面筋。

1.6.3.3　粒状小麦蛋白生产

粒状制品的制法是：根据需要向面筋中混合淀粉、增黏剂、盐类、表面活性剂、脂质、酶等，经过搅拌等操作，使面筋的三级结构发生变化，再经过加热凝胶作用，使其具有肉状组织的触感。粒状制品的形状根据用途而定，有肉糜状、肉块状等多种制品。粒状小麦蛋白的生产依据生产原理可分为挤压方式和捏合方式两种。在面筋制品中粒状制品的复水速度最快。

（1）挤压方式

挤压方式是依靠挤压机，物料在挤压成型过程中，经历送料区（常压常温带）、挤压区（低压中温带）及蒸煮区（高压高温带），释放到空气中，挤出物迅速膨胀，从而达到组织化的目的，然后切割成型即成为粒状蛋白制品。在挤压机内部发生的现象，包含了食品加工过程中许多重要的单元操作。

（2）捏合方式

捏合方式是充分发挥小麦面筋特征的方法之一。如前所述，面筋具有形成紧密的三级网状结构的性质。如果将其他蛋白质等原料与面筋混合，面筋的紧密三级网状结构就会被部分破坏，得到柔软的破损网状结构物。然后适当切断，经过热凝胶作用，上述组织便会固定，成为具有类似畜肉口感的蛋白食品。这种方法的特征是采用湿式工艺，制品为湿制品，很难制取像挤压方式制品那样的多孔质蛋白制品。因此，加工干燥制品时复水速度慢。

1.6.3.4　纤维状小麦蛋白生产

生产纤维状蛋白作为肉样食品，无论在形态方面还是在口感方面都是最佳的。纤维状蛋白制品的制法依据生产原理可分为分散方式和纺丝方式。

（1）分散方式

分散方式与捏合方式同为充分发挥面筋特性的方法。构成面筋三级网状结构的关键是分子间的二硫键。还原作用切断分子间的二硫键，使面筋中的大分子低分子化，同时使面筋具有流动性和溶解性。如果在水溶液中边施加剪切力边加热使之凝胶化，组织就会开始有方向性，得到具有纤维性的胶状物。此时可添加食盐，发挥其脱水作用，还可添加糊料，促进纤维化，以及采取其他措施。如果根据需要将胶状物切断成形，便可得到所需的制品。本方法除用于纤维状制品外，还可用于粒状制品。这种纤维状制品与粒状制品的触感、外观不同，所以广泛用作各种肉的代用品。

（2）纺丝方式

纤维状蛋白的纺丝生产方式一般是依据纤维纺丝原理，将面筋蛋白溶解在碱液中制成纺丝液，用泵将该液定量地送入有许多小孔的喷头，然后挤到含食盐的乙酸溶液中，凝固成丝状，同时进行拉长延伸，使蛋白质分子在某种程度上呈定向排列，改变原来的组织结构，成为有一定强度的纤维状结构，再经黏合、整形即为纤维状蛋白。

1.6.4　小麦蛋白的改性

由于小麦面筋蛋白质肽链中含有较多的疏水性氨基酸，导致分子内疏水作用区域较大，溶解性低，限制了其在实际生产和应用中许多功能性质的发挥。因此，必须采用小麦面筋蛋白的改良技术来弥补这一缺陷，改善其功能特性，拓宽小麦面筋蛋白质的应用领域。目前，小麦面筋蛋白的改性技术主要有物理改性、化学改性、生物酶法改性以及基因工程法改性。

1.6.4.1 物理方法

物理改性主要是利用加热、机械作用、微波、声波等方式改变蛋白质高级结构和分子间的聚集方式，实际上物理改性就是在控制条件下的蛋白质定向变性，如热变性、高压处理、高速剪切等。

热法改性是通过升高温度来改性面筋蛋白的一种常用方法。据报道，随着温度的升高，面筋蛋白质内部结构会发生较大的变化，当温度升高到90℃时，醇溶蛋白发生聚合，其 α-型、β-型、γ-型都会产生很多能在分子链内部形成二硫键的半胱氨酸残基，当温度大于90℃时，这些键在 S-S 与 S-H 之间互相转换，通过体积排阻高效液相色谱分析，醇溶蛋白的峰值降低，而谷蛋白峰值增加，因为谷蛋白赋予了面筋蛋白黏弹性，因此，随着温度的升高，面筋蛋白的黏弹性会得到提高。

超声波对面筋蛋白改性原理主要是能够使蛋白质中的分子加速运动，能够促使分子生物降解，从而改变蛋白溶液的黏性，增加蛋白质的溶解性。

机械作用主要是能够改善面筋蛋白的流变学特性，通过机械作用，能够给予蛋白分子充足的剪切力，进而切断谷蛋白大分子，从而增加了面筋蛋白的溶解性以及蛋白溶液的流动性[29]。

1.6.4.2 化学方法

蛋白质的化学改性是利用化学试剂，如氧化剂、还原剂、亲核试剂等，同蛋白质侧链上的敏感基团发生反应，使蛋白质氨基酸残基和多肽链发生某种变化，引起蛋白质大分子空间结构和理化性质的改变，从而获得较好的功能性质和营养特性。小麦面筋蛋白化学改性的方法主要有磷酸化作用、酰化作用、糖基化作用、脱酰胺作用、羧基的酯化作用、蛋白质的水解作用和蛋白质的交联等。与其他方法相比，化学改性具有成本低、效果明显以及反应时间短等优点，在改变蛋白质结构和功能方面更加有效。

（1）磷酸化作用

蛋白质的磷酸化是有选择性地利用蛋白质侧链的活性基团，如丝氨酸（Ser）、苏氨酸（Thr）、酪氨酸（Tyr）的—OH 以及赖氨酸（Lys）的 ε-NH$_2$，分别接上一个磷酸根基团（—PO$_4^{3-}$）。磷酸化的位置取决于反应的 pH 值，采用的磷酸化试剂有 P_2O_5/H_3PO_4、环状三磷酸盐、三聚磷酸钠、三氯氧磷等，其中三氯氧磷和三聚磷酸钠是大规模磷酸化食品蛋白最合适的试剂。

磷酸化改性蛋白中由于引入了磷酸根基团，增加了蛋白质体系的电负性，提高了蛋白质分子之间的静电斥力，使之在食品体系中更易分散，从而提高了蛋白质的溶解度。此外，负电荷的引入也大大降低了乳化液的表面张力，使之更易形成乳状液滴；同时也增加了液滴之间的斥力，使其更易分散，因此改性蛋白质的乳化性能和乳化稳定性都有较大改善。

（2）酰化作用

蛋白质的酰化反应是在碱性介质中用乙酸酐或琥珀酸酐完成的。酰化试剂能与所有亲核基团反应，包括氨基（N-末端的 α-NH$_2$ 和赖氨酸的 ε-NH$_2$）、酪氨酸的苯环、丝氨酸和苏氨酸的—OH、组氨酸的咪唑基等，其中赖氨酸的 ε-NH$_2$ 具有较高的相对活性，更容易参加反应，是一种最容易酰化的基团。此时，中性的乙酰基或阴离子型的琥珀酸酐结合到蛋白质分子中，亲核的残基上引入大体积的乙酰基或琥珀酸根后，增加了蛋白质的净电荷，分子伸展解离为亚单位的趋势增强，蛋白质等电点降低，最终使蛋白质在弱酸、中性和碱性溶液中的溶解度增加，乳化能力也得到了改善。随着酰化试剂量的改变，蛋白质的功能特性也将发生改变。蛋白质的品种不同，酰化条件也发生变化。

酰化改性在改善食品蛋白质的功能特性的同时，可提高蛋白质的营养特性。具体表现在性质不稳定的赖氨酸经过酰化改性被保护起来，从而减少赖氨酸在加工过程中的损失。酰化作用是可逆的，在消化过程中经过脱酰化作用，赖氨酸被复原。

（3）脱酰胺作用

从小麦面筋蛋白氨基酸组成来看，谷氨酰胺(Gln)和天冬酰胺(Asn)含量占氨基酸总量的1/3，对面筋蛋白的性质有重要影响。对面筋蛋白进行脱酰胺基作用，增大了蛋白质分子内静电排斥作用，降低分子中形成氢键的能力，其溶解度、乳化性能以及流变性质等大为改善。

脱酰胺化学法改性可通过酸法和碱法进行，酸碱去酰胺改性是在比较温和的条件下进行的。酸性条件下，去酰胺反应是直接水解蛋白质酰胺键中的氨，脱氨形成羧酸。用碱催化去酰胺改性的方法虽然速度快，但对蛋白质中的赖氨酸有破坏，形成赖氨酸丙氨酸，毒理研究表明其对小鼠肾有毒害作用，因此研究甚少。

（4）糖基化作用

糖改性蛋白质是近年来研究较多的一种蛋白质化学改性方法，它是在一定条件下使糖与蛋白质发生羰氨缩合反应，即美拉德反应，生成蛋白质-糖共价化合物。它的形成是基于蛋白质分子中氨基酸侧链的自由氨基和糖分子还原末端的羰基之间的反应，该化合物在溶解性、乳化性、抗氧化性、抗菌性以及热稳定性等方面较原始蛋白质有明显改善。这种大分子复合物对于外界环境条件具有较高的适应性，不会因为温度或 pH 值的变化而受到破坏[30]。

1.6.4.3 生物酶法

在蛋白酶中存在一些能去酰胺的酶，如中性蛋白酶、碱性蛋白酶、胃蛋白酶以及胰凝乳蛋白酶等。在一定条件下提高它们水解酰胺的能力，同时有效地控制其水解肽键的能力也是值得探索的。酶法脱氨，条件温和，反应效率高，蛋白质的异构化和氨基酸损失大为减少，从营养和经济上讲，都明显优于酸、碱改性。但蛋白酶对肽键或多或少存在水解，限制了面筋蛋白功能特性的提高。

1.6.4.4 基因工程法

基因工程法是通过重组蛋白质分子的敏感基团，从而提高蛋白质的功能特性，对小麦面筋蛋白来说也是一种改性方法，只是因为其在改性中所需技术周期长，见效慢，所以在改性小麦面筋蛋白方面并未得到很大的发展。目前，基因工程法一般只适用在那些需要时间长、价值比较高的产品中，如在小麦育种方面，像强筋小麦、弱筋小麦、中筋小麦的育种中，以及一些特殊用途小麦方面的研究。针对小麦面筋蛋白的改性，这种方法还仅仅处于实验室阶段，有待更深入的研究[29]。

1.6.5 小麦蛋白生产的推广前景

蛋白质是人类赖以生存和发展的物质基础。世界大多数人口的食物蛋白质，绝大部分来源于谷物蛋白，因此开发利用谷物蛋白，对解决人类食用蛋白质缺乏问题将产生积极的影响。目前，在谷物的加工过程中，随着加工精度的提高，把表层和胚部的高效蛋白质去掉后，这些蛋白质又往往作为副产品流失，而剩下来的胚乳蛋白质的营养价值则比较低，因此把在加工中去掉的蛋白质利用起来，补充人类的营养是很有意义的。另外，在利用谷物加工淀粉时，回收其蛋白质对提高谷物的经济效益有着重要的作用。

小麦面筋蛋白原料丰富，价格低廉，据统计，国际市场对谷朊粉需求量呈日益增长的趋势。2004年的资料报道，全球谷朊粉总需求量为80万吨，其中欧洲为40万吨，澳大利亚、北美等发达国家约为20万吨，中国及南亚地区等为12万吨，其他地区约8万吨。随着人民生活水平的提高，人们会越来越钟爱这种植物蛋白，在今后的十几年中，小麦谷朊粉作为无固醇类的营养蛋白会进入千家万户。国内谷朊粉市场规模迅速扩大，已从20世纪90年代不足1000吨扩大到了现在的年消费10万吨以上，且每年都以15％以上的速度不断递增。但是目前谷朊粉的研究还处于初级阶段，其生产企业规模较小，工艺技术简单，设备简陋，国产谷朊粉质量较进口谷朊粉差距较大，而进口谷朊粉价格昂贵，因此对其利用主要在食品领域，具有较高附加值的工业利用几乎没有，应用受到很大限制。同时我国是个农业大国，小麦产量位居世界第一，且我国人口众多，人均不可再生资源相对短缺，谷朊粉的利用可以在某种程度上缓解这一问题，因此谷朊粉作为小麦的一种深加工产品，能够有效地提高农产品的附加值，并有助于消化我国大量的库存小麦，增加农民收入，符合可持续发展战略，对于我国产业结构的调整，积极应对国际市场对我国小麦产业的冲击都有重要的作用，应加大这方面的研究力度[26]。

小麦谷朊粉独特性质越来越被科学家们所认识。随着科技发展，可以采用各种改性方法，提高其功能特性，扩宽面筋蛋白的使用范围，从而提高产品的附加值，获得较高经济效益。随着谷朊粉加工工艺的改善和改性工作的进步，谷朊粉必将有更广泛的应用。

参 考 文 献

[1] 孙丽，刘钟钦，高国栋，等．中国玉米生产及贸易现状分析 [J]．经济研究导刊，2009，(4)：174-175.

[2] 段秀萍．我国玉米加工产业发展新特点及对策探析 [J]．社会科学战线，2008，(11)：264-265.

[3] 郑冬梅，孔保华，李升福．玉米蛋白及其水解肽的研究动态 [J]．食品与发酵工业，2002，28(11)：55-59.

[4] 熊杜明，王书云，杨立华，等．玉米浸泡水利用的研究进展 [J]．武汉工业学院学报，2009，28(2)：32-35.

[5] 李新华．粮油副产品综合利用 [M]．北京：科学出版社，2012.

[6] 李爱江，关随霞，陈杰．玉米油的营养功能及其制备工艺的研究 [J]．农业机械，2011，(20)：55-57.

[7] 孙书静．玉米胚芽制取油脂 [J]．西部粮油科技，2003，(4)：26-27.

[8] 李新华．粮油加工学 [M]．北京：中国农业大学出版社，2009.

[9] 王素敏，张培，张婕，等．玉米胚芽油提取方法及特性研究进展 [J]．郑州轻工业学院学报自然科学版，2007，22(2/3)：68-69.

[10] 王明星，王月华，贾婷婷，等．水酶法提取玉米油的工艺研究进展 [J]．粮食与食品工业，2012，19(6)：5-7.

[11] 李大房，马传国．水酶法制取油脂研究进展 [J]．中国油脂，2006，31(10)：29-32.

[12] 杨丽，王联结，郑有为．玉米胚芽粕资源的综合利用及展望 [J]．食品研究与开发，2011，32(11)：205-208.

[13] 杨涛，李娜．我国玉米油产业现状与前景分析 [J]．黑龙江粮食，2009，(6)：38-39.

[14] 尤新．玉米油的营养功能和发展前景 [J]．粮油食品科技，2004，12(2)：21-22.

[15] 郭天财．我国小麦生产发展的对策与建议 [J]．中国农业科技导报，2001，3(4)：27-31.

[16] 赵广才，常旭虹，王德梅，等．中国小麦生产发展潜力研究报告 [J]．作物杂志，2012，(3)：1-5.

[17] 王良仓．小麦加工副产品的综合利用 [J]．现代农业科技，2012，(10)：344-346.

[18] 郑学玲，姚惠源，李利民，等．小麦加工副产品——麸皮的综合利用研究 [J]．粮食与饲料工业，2001，(12)：38.

[19] 马娇，林洋，陶海腾，等．小麦胚芽油提取工艺研究 [J]．中国食物与营养，2012，18(11)：52-54.

[20] 刘婉，张婷，张艳贞，等．小麦胚芽蛋白的研究进展 [J]．生物技术通报，2010，(12)：12-15.

[21] 周瑞宝．植物蛋白功能原理与工艺 [M]．北京：化学工业出版社，2007.

[22] 莫重文．蛋白质化学与工艺学 [M]．北京：化学工业出版社，2007.

[23] 付博菲，刘晓，徐经建，等．谷朊粉的功能特性及改性研究 [J]．中国食物与营养，2012，18(9)：35-37.

［24］石陆娥，唐振兴，俞志明．谷朊粉的开发与利用［J］．现代食品科技，2005，21(1)：60-62.

［25］严忠军，卞科，司建中．谷朊粉应用概述［J］．中国粮油学报，2005，20(5)：16-20.

［26］袁超，刘亚伟，杨宝，等．小麦淀粉与谷朊粉生产［J］．西部粮油科技，2003，28(1)：34-36.

［27］邱俊伟．小麦面筋的营养价值和提取方法［J］．食品工业科技，1998，(2)：56-57.

［28］江连洲．植物蛋白工艺学［M］．北京：科学出版社，2011.

［29］毋江，卞科．小麦面筋蛋白改性技术的研究［J］．食品科技，2007，32(8)：81-84.

［30］张龙，史吉平，杜风光，等．小麦面筋蛋白化学改性研究进展［J］．粮食加工，2006，31(6)：56-58.

推广玉米芯生产木（寡）糖

2.1 木（寡）糖工业概况

2.1.1 国家产业政策

木糖是多糖类"水聚糖"的组成成分，除了用于制备木糖醇以及饲料酵母外，还广泛应用在化工、医药、食品、皮革、染料等工业部门，食品工业主要用作低热量的甜味添加剂[1]。国家大力发展"生物炼制、绿色循环"产业链模式，企业以玉米芯为基础原料，循环利用玉米芯中的三大组分，变废为宝——玉米芯被生产成功能糖产品；生产功能糖后的废渣，被用来生产新能源纤维乙醇和提取木质素；将产生的废水用于沼气发电，固体废物用于农民养蘑菇或生物质发电，构建了一条生物质综合利用闭合链[2]。

玉米芯的有效利用，不仅解决了大量的玉米芯焚烧污染环境的问题，而且还为农民增收开辟了一条崭新的途径。玉米芯用作生产功能糖产品的原料，从种植、收购、运输到生产加工已经形成一条完整的经济链。收购玉米芯减少了农村的废弃物，通过现代技术转化为糖类，增加了农民收入。以玉米芯这一丰富的可再生木质纤维素资源为生物基生产高附加值化学品的研究已经成为生物炼制的一个重点方向，实现了木质纤维素生物质资源的充分利用。目前国家的产业政策正大力提倡在现有的生物法木糖醇生产工艺基础上，将玉米芯清洁高效地转化为可发酵的木糖[3]。

玉米芯生产木（寡）糖技术，有利于农业废弃物资源的高效、循环利用，符合《中华人民共和国循环经济促进法》《中华人民共和国清洁生产促进法》《中华人民共和国节约能源法》相关产业政策，并涵盖了国家"十二五"期间[4]积极倡导的七大战略性新兴产业中的生物、新能源、新材料三大产业以及"十三五"创新发展、协调发展、绿色发展、开放发展、共享发展的理念，具有较强的应用价值和推广前景。

2.1.2 我国玉米种植分布

玉米是全球种植范围最广、产量最大的谷类作物，居三大粮食（玉米、小麦、大米）之首。除南极洲之外，世界各大洲有 70 多个国家种植玉米。据联合国粮农组织统计，2010～2011 年度，全球玉米产量 8.4 亿吨，占全球谷物总产量的 35%，贸易量约占世界粮食贸易总量的 1/3。玉米营养丰富，堪称"五谷之王"，籽粒含有 73% 的淀粉、8.5% 的蛋白质、4.3% 的脂肪，富含维生素，是食品、饲料和工业原料兼用作物。目前，全球有 1/3 人口以玉米作为主食。玉米是公认的饲料之王，籽粒和茎叶都是优质饲料，畜牧业发达的国家 70%～75% 的玉米消费用于饲料。玉米也是重要的工业原料，是加工品种最多、链条最长和增值最高的谷类作物，深加工产品可达 2000 多种[2]。

近年来，我国玉米生产发展势头良好，总体上保持了产需平衡的格局，但产量年际波动较大。随着工业化、城镇化快速发展和人民生活水平的不断提高，我国已进入玉米消费快速增长阶段。玉米已成为我国种植面积最大的粮食作物。新中国成立以来，玉米在我国农业生产中的地位日益凸显，种植面积和总产量占全国的比重分别由 20 世纪 50 年代的 11.3%、10.7% 提高到 90 年代的 20.4%、23.4%。2010 年全国肉类、禽蛋、牛奶、水产品产量分别比 2003 年增长 23%、18.5%、105%、31.8%。同期，饲料用粮消耗玉米由 0.9 亿吨增加到 1.2 亿吨，增长 33%。畜牧业养殖方式的转变也增加了饲料用粮，随着畜禽规模化养殖快速发展，由过去一家一户以青饲料、米糠麦麸、剩菜剩饭喂猪，转变为使用工厂化饲料，对玉米的需求明显增加。同时深加工快速发展，增加了对玉米的需求。2000 年以前，我国玉米深加工年消费不足 1000 万吨，占玉米消费比重不到 10%。近年来玉米深加工工业产能迅速扩展，未来在目前 0.9 亿吨的基础上有可能进一步扩大。进入 21 世纪，我国玉米生产呈跨越式发展态势，2011 年种植面积达到 5 亿亩，产量达 1.928 亿吨，占全国粮食总产量的 33.7%。2004～2011 年，我国粮食生产实现"八连增"，共增产 1.41 亿吨，其中玉米增产 0.7695 亿吨，占 55%，发挥了主力军作用。

目前我国东起台湾和沿海各省、西至青藏高原和新疆、南起海南省、北至黑龙江省黑河地区都有玉米种植，是世界上唯一的春夏秋冬"四季玉米"之乡，但以春玉米和夏玉米为主。

玉米种植在我国各地区的分布并不均衡，主要集中在东北、华北和西南地区，大致形成一个从东北到西南的斜长形玉米栽培带。其中黑龙江、吉林、辽宁、河北、北京、天津、山东、山西、河南、陕西、四川、贵州、云南等主要省、市产量约占全国产量的 4/5[5]。

我国整个玉米的生产地区可以分为如下三大产区。

1）北方春玉米区　大体位于北纬 40° 以北，包括黑龙江省、吉林省、辽宁省、内蒙古自治区、宁夏回族自治区以及河北省、陕西省和山西省大部分地区，其播种面积约占全国的 27%，其单产也高。

2）黄淮平原春、夏玉米区　包括山东省、河南省、河北省、山西省南部、江苏省及安徽省北部，其播种面积约占全国的 40%。

3）西南丘陵玉米区　包括四川、贵州、云南等省和广西壮族自治区，其播种面积约占全国的 25%。

目前我国玉米播种面积、总产量、消费量仅次于美国，均居世界第二位。

2.1.3　玉米芯的利用现状

我国是一个农业大国[6]，玉米在我国是仅次于小麦的主要粮食作物，其种植面积和产量均居世界第二位。玉米芯（又称玉米轴）是玉米生产过程中的副产品，即为玉米果穗去籽脱粒后的穗轴，我国玉米年产量约为 1.1 亿～1.6 亿吨，可产约 2000 万吨下脚料玉米芯，因此，我国具有较大储量的玉米芯资源亟待开发利用。近年来，随着我国科学技术的不断进步，玉米芯深加工领域不断扩大，糠醛、木糖、木糖醇、低聚木糖、饴糖、葡萄糖、乳酸、黏合剂、纳米粒子等一系列高附加值产品的生产使玉米芯资源得到了充分的利用，但用量仅有 40 万～50 万吨；玉米芯还可用作农作物栽培料、饲料预混料载体、兽药载体等，其年收购量也仅占 10%～15%，而绝大部分玉米芯资源则被作为能源燃料白白烧掉或以廉价出售后回田沤肥，这不仅造成了资源的极大浪费，而且严重污染环境，影响生态平衡。如何合理地对玉米芯进行综合利用，开发出更多适应市场需求的产品，具有较大的社会效益和经济效益。

2.1.4 玉米芯资源化途径

2.1.4.1 玉米芯深加工产品

玉米芯中主要成分为纤维素(32%～36%)、半纤维素(35%～40%)、木质素(25%)以及少量的灰分。玉米芯深加工领域不断扩大，糠醛、木糖、木糖醇、低聚木糖等一系列高附加值的产品相继实现了工业化生产，使玉米芯资源得到了充分的利用(见图 1-2-1)。

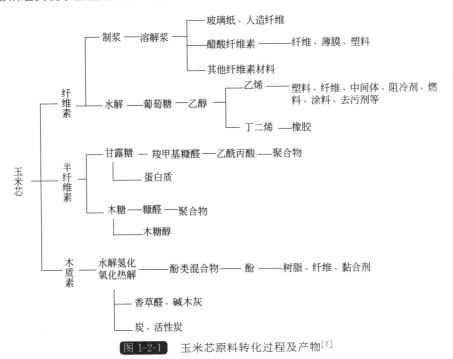

图 1-2-1　玉米芯原料转化过程及产物[7]

2.1.4.2 玉米芯生产葡萄糖

葡萄糖是食品工业和医药工业广泛应用的糖类。利用玉米芯生产葡萄糖方法是：先将粉碎后玉米芯用 2%氢氧化钠溶液在 30℃下处理 6h，用木聚糖酶除去木聚糖，糖化后残渣在 50℃和 pH=4.2 的条件下用纤维素酶或硫酸水解，可使 72%纤维素转变为葡萄糖。

2.1.4.3 玉米芯生产高比表面积活性炭

以玉米芯为原料，KOH 为活化剂，在炭化温度 400～600℃，KOH 与炭化后原料质量比为(3:1)～(5:1)，活化温度 850℃，活化时间为 1.2h 条件下，可制得比表面积大于 2700m²/g 的活性炭。所得活性炭结构以微孔为主，孔径分布窄，可被广泛用在食品加工、化工、医药、军事等重要领域[8]。

简相坤等[9]以玉米芯为原料,磷酸为活化剂,硼酸为催化剂制备活性炭。以磷酸与玉米芯的质量比、硼酸添加量、活化温度和活化时间作为考查因素,以亚甲基蓝吸附值和焦糖脱色率作为活性炭性能的参考指标,通过正交试验法,得出最佳的水平组合是磷酸与玉米芯的质量比为2:1,硼酸的添加量为4%,活化温度为450℃,活化时间为80min,制备出活性炭的亚甲基蓝吸附值为240mg/g,焦糖脱色率为120%。

2.1.4.4 制作饲料

据测定,玉米芯含糖54.5%、粗蛋白质2.2%、粗脂肪0.4%、粗纤维29.7%、矿物质1.2%,把玉米芯用粉碎机粉碎后是一种很好的猪饲料[10]。喂猪前,先用水浸泡玉米芯粉,使之软化,然后按8%～10%的比例掺在日粮中,此法不仅节省饲料,且对扩大猪胃容积、促进排粪等均有良好的作用。

2.1.4.5 制食品盒

美国学者研究发现,玉米芯中含有一种叫"玉米朊"的蛋白胶质,经提炼后制成薄片,再在其表面涂上一层脂肪酸,就可压制成食品包装盒或包装袋等可降解绿色食品包装材料。试验证明,用这种绿色食品包装材料制成饭盒,在土壤中约14d就能分解,在水中则7d左右就可溶解。由于这种新颖材料主要成分是蛋白质和脂肪酸,所以无论是在水中还是在土壤里它都是优良氮肥,对植物生长十分有利[11]。

2.1.4.6 农作物食用菌栽培料

积极推广玉米芯栽培白灵菇、大球盖菇、平菇、金针菇、滑菇、鸡腿菇、双胞蘑菇、黑木耳等食用菌高效栽培技术,使玉米芯大量资源化应用。

白灵菇是我国特有的一种高档珍稀食用菌,因其肉质脆嫩、味道鲜美、营养丰富、备受消费者青睐。王兰青等对白灵菇6种栽培配方菌丝生长速度及工厂化出菇情况进行了研究。结果表明:配方不同,白灵菇菌丝生长速度、生长势、子实体形状和生物学效率均存在差异。栽培配方为棉籽壳47%、玉米芯29%、麸皮16%、玉米面6%、石灰1%、石膏1%,菌丝生长速度适中,产量最高,平均生物学效率为36.47%,一级菇成品率达88.74%。该配方适宜在工厂化白灵菇生产中应用。充足的氮源是白灵菇栽培获得高产的基础,氮源过高或过低均不利于白灵菇的高产。添加一定量的玉米芯既可以降低原料成本,又能缩短生产周期,有利于白灵菇生产效益的提高[12]。

草菇属高温型草腐菌类,又名中国蘑菇、兰花菇,最适夏季栽培。草菇子实体肉质细嫩,富含蛋白质、多糖和维生素等营养物质,具有降血压、防癌抗癌、抑制肿瘤生长的作用。利用整玉米芯在林地内栽培草菇具有方法简单、生产周期短(30d左右)、成本低、见效快等优点,其产品不论是鲜菇、干制品还是罐头,在国内外市场都深受广大消费者的喜爱[13]。

滑子蘑又称滑菇,是低温型食用药用型菌类。它味道鲜美,营养丰富,富含碳水化合物、蛋白质、维生素、多糖等物质,既富含人体所需的营养成分,又具有一定的抗感染、抑制肿瘤生长、抗癌的功效。滑子蘑是一种木腐菌类,在自然界中滑子蘑常生于阔叶树的倒木和腐木上。滑子蘑玉米芯袋式栽培技术的配方主要包括以下3种。

① 玉米芯60%、木屑20%、米糠17%、豆粉1.5%、石膏1%、白灰0.5%。

② 玉米芯67%、木屑30%、豆粉2%、石膏0.5%、白灰0.5%。

③ 玉米芯50%、木屑30%、壳糠17%、豆粉2%、石膏0.5%、白灰0.5%。

玉米芯选择当年新鲜无霉变的，粉碎成 0.5～0.8cm 的颗粒[14]。

鸡腿菇是一种适应力极强的草腐粪生土生菌，可利用的材料很广泛。品种筛选配方：棉籽壳 20％、玉米芯 38.5％、麦秸 20％、金针菇菌渣 10％、油枯 7.5％、石灰 3％、石膏 1％[15]。

2011 年，新疆玛纳斯县农业技术推广中心从福建省引进姬松茸菌种进行大棚栽培试验取得成功，经测产验收，以玉米芯＋牛粪为主料配方，平均生物学效率达 56％，500m² 大棚年产值 3 万～5 万元，利润 1.5 万～3 万元。配方：玉米芯 44％、牛粪 50％、过磷酸钙 2％、尿素 1％、石灰 2％、石膏 1％。玉米芯粉碎为直径 2～10cm 的颗粒，粗细搭配，牛粪风干[16]。王海霞等试验结果表明，当地产的玉米芯、玉米秸秆、棉花秸秆、牛粪均可作为栽培姬松茸的优质料，其中配方为主料 50％玉米芯＋44％牛粪，辅料 2％过磷酸钙、1％碳酸钙、1％石膏、2％石灰，该试验配方产量最高，平均 1m² 料产菇 11.29 kg，生物学效率 56.42％[17]。

金针菇色泽金黄或黄褐，菌柄颜色极似金针菜（故名金针菇），脆嫩可口，味鲜，营养丰富，是一种经济价值很高的食（药）用菌。代料栽培是利用棉籽壳、玉米芯、甘蔗渣、甜菜渣等各种作物秸秆以及树叶等各种农、林、工、副业的有机废物和下脚料栽培。金针菇是食用菌中的优良种类，有很好的经济效益，生产栽培市场前景较好。原料及配方玉米芯或锯末、棉籽壳等占 95％，过磷酸钙占 1％，石膏占 1％，硫酸镁占 0.4％，生物学效率 110％～140％[18]。

刘传会以玉米芯为基料，设计 5 个配方进行金针菇工厂化栽培试验。结果表明，配方 D（玉米芯 45％、杂木屑 22％、麸皮 20％、玉米粉 10％、石膏粉 2％、石灰粉 1％）在金针菇工厂化生产中表现出菌丝生长速度快、原材料成本低等优势[19]。因此，玉米芯原材料比较丰富的地区选用配方 D 工厂化生产金针菇，能降低生产成本，提高生产效益。

平菇肉厚、质嫩、味美、色泽鲜亮，是一种很受群众欢迎的菌类食品。近年来，在平菇的生产中，主料由原来的阔叶木屑逐渐被玉米芯所代替，使废弃的生物资源得到充分利用。黑龙江省农垦科学院经济作物研究所以玉米芯为主料进行了不同辅料添加量栽培平菇试验，并就培养料配方对菌丝生长、产量及生物转化率的影响做了研究。试验结果表明：主料为玉米芯栽培平菇，辅料只添加麸皮的，添加量以 22％为宜；辅料添加麸皮、玉米粉、黄豆饼粉，三者配合使用的，其优选配比为麸皮 15％、黄豆饼粉 3％、玉米粉 9％。该试验可为玉米芯栽培平菇的生产者提供参考[20]。马永刚以玉米芯为原料，设计的培养基的配方为：玉米芯 100kg、麸皮 10kg、玉米面 8kg、磷肥 1.0kg、白糖 0.5kg、50％多菌灵 0.2kg。玉米芯要粉碎成大豆大小的颗粒，再用 1％的石灰水浸泡堆闷 24h 后，拌入辅料[21]。

杏鲍菇，又名刺芹侧耳，是近年来开发栽培成功的集食用、药用、食疗于一体的珍稀食用菌新品种，极受消费者喜爱。赵大刚等以玉米芯为主要配方原料，研究其对菌丝生长速度、产量、生物学转化效率、多糖含量及子实体形态特征的影响。结果表明：玉米芯 70％、棉子壳 14％、麸皮 9％、玉米粉 3％、糖 1％、石灰粉 1％、石膏 1％、磷酸二氢钾 1％为最优配方，农杏为最优菌株，生物学效率达 58.5％，多糖含量达 1.56％。杏鲍菇是一种分解纤维素和木质素能力较强的食用菌。玉米芯是农业生产的废弃物，它是食用菌生产的原材料，来源广、价格低，用于栽培杏鲍菇成本低、效益高。同时也减少了农残污染，有利于环保[22]。

2.1.4.7 玉米芯用作实验动物垫料

垫料是动物生活环境中直接接触的铺垫物，有吸湿、保暖、做巢的作用。故其应有强吸湿性，不应含有化学物质，无毒，无刺激性气味，无粉尘，不可食。目前玉米芯垫料已经逐步被认可，玉米芯资源丰富、价格低廉、易于获得，但其具有甜味易被动物吞食，质量轻，吸湿性较差，也可能存在农药残留。王艳蓉等[23]研究结果显示，玉米芯垫料可促进动物体质量增加，碱性磷酸酶和总超氧化物歧化酶活性增加，可造成大鼠肝脏质量及脏器系数显著性升高。这说明，玉米芯尽管可以作为实验动物接触性垫料使用，但应考虑不同的实验要求。

2.1.4.8　玉米芯在当前畜牧业生产中的应用

玉米芯营养丰富，具有较高的可利用价值。玉米芯主要由纤维素和木质素组成，还含有一定的维生素、氨基酸以及铁、镁、钾、硫等多种矿物质元素。利用玉米芯直接饲喂家畜时，需先将其粉碎成末状或粉状，再加适量温水浸泡(约12h)使之软化或加水将其煮熟，保证其水分含量达到55%～65%，然后按8%～10%比例掺加到日粮中即可。该方法不但节省饲料，而且对扩大家畜胃肠容积、增加采食量、促进排粪等均有良好的作用；利用EM制剂处理，制成生物饲料；利用单一或复合酶制剂处理，制成发酵饲料；采用固态发酵，生产菌体蛋白质混合饲料；充分挖掘玉米芯这一饲料资源，扩大其使用范围，提高其利用率，发挥其营养价值，在畜牧业生产上有极其广泛而又深远的意义。

2.1.4.9　玉米芯生产油

利用玉米芯榨油的工艺比较简单，先将玉米芯在阳光下晒干，碾成细粉，按4%的比例掺进冷开水。搅拌均匀后，放入甑内蒸煮。待温度达105℃时，即可出甑包饼，最后将包好的饼上榨，便可提取玉米油。玉米油富含不饱和脂肪酸及各种生理活性物质，具有溶解胆固醇的作用，被称为"健康营养油"。

2.1.4.10　玉米芯生产酒

把玉米芯放在太阳下晒干或用微火炕干后，磨成细面加适量水搅拌、蒸煮、糖化、发酵、蒸馏即可制成玉米芯酒。其制酒工艺流程与农家酿酒方法相仿[24]。

2.1.4.11　玉米芯生产黏结剂

玉米芯含有粗纤维素量很高，因此，可以利用玉米芯制备黏结剂。采用$(NH_4)_2SO_4$和NH_4Cl为催化剂，在高温条件下能够使玉米芯粉末发生反应，生成一种防水黏结剂。用这种黏结剂黏结的三层胶合板，性能同市场出售的胶合板一样。此外，国外有人把玉米芯蒸煮残渣和酚醛树脂按一定比例添加到蒙脱土中，制得一种胶合板，用这种黏结剂黏结的五层胶合板，经加工处理，性能良好。

2.1.4.12　玉米芯用作生物除臭填料

生物过滤是去除废气中有害和恶臭物质的一种有效方法。该法主要利用微生物对恶臭成分进行分解转化，由于运行过程中既不需要化学药剂也不像吸附法那样需要再生，因此比普通的物理或化学除臭方法运行的费用要低，而且没有二次污染。填料是生物过滤装置的核心部件，是微生物附着生长、物质传递的载体，其性能直接影响着废气净化的效果。在低浓度时，玉米芯填料生物过滤塔去除H_2S的效率要高于复合填料生物过滤塔和陶粒填料生物过滤塔的去除效率；当进气浓度小于$35mg/m^3$时3种填料塔的除臭效率基本保持在90%以上，但随着浓度的提高，进气浓度在$35\sim165mg/m^3$范围内，复合填料生物过滤塔和玉米芯填料(粒径$10\sim15mm$)生物过滤塔的除臭效果比较稳定，去除率一直保持在85%～90%，其除臭效率大于陶粒填料生物过滤塔。因此，李怀刚等试验结果表明：在低浓度时，生物除臭对填料的要求不高，一般填料都能满足其除臭需要；在高浓度时，生物除臭对于填料的要求有所提高，不但要求填料具有一定的空隙率和比表面积，还要具有一定的营养供给能力。复合填料和玉米芯填料在营养供给和比表面积等方面要强于多孔陶粒填料[25]。

2.1.4.13 玉米芯在废水处理中的应用

农林废弃物主要包括粮食作物和饲料作物残留物、树木和木材废弃物及残留物等，例如稻壳、麦麸、玉米芯、锯末、秸秆、树皮、果壳、蔗渣等[26]。张庆芳等[27]用一定浓度的磷酸溶液对玉米芯进行改性后吸附处理酸性大红染料废水，在 pH 值为 2、初始浓度 50mg/L 和吸附 60min 平衡时间下，酸性大红染料废水的脱色率达到了 85% 以上。张庆乐等[28]综合分析了玉米芯对重金属的吸附机理及影响吸附量的因素，并对发展动向做了进一步探讨。玉米芯对重金属离子的吸附机制较为复杂，吸附效果受玉米芯种类、pH 值、玉米芯用量、重金属离子初始浓度、玉米芯粒度、共存离子、温度、吸附时间等因素的影响。指出研究重点可以集中在人工培育吸附性能更好的玉米芯，使用化学处理剂对玉米芯进行活化和改性实验，通过控制实验条件提高对重金属废水的处理。使用过的生物吸附材料排放到环境前不用做进一步处理，可以在吸附操作后进行焚烧而不造成环境污染。自然界的生物材料大量存在，所以生产成本低，同时为农林废弃物再利用找到了新的出路。

近年来，随着我国科技实力的不断增强，玉米芯的工业深加工领域不断扩大，糠醛、木糖、木糖醇、低聚木糖等一系列高附加值的产品相继实现了工业化生产，使得玉米芯资源得到了充分的利用。玉米芯可制取高比表面积活性炭、饴糖、葡萄糖，用于酿酒、榨油；还可制作食品盒、农作物栽培料、饲料等；玉米芯栽培白灵菇、大球盖菇、平菇、金针菇、滑菇、鸡腿菇、双胞蘑菇、黑木耳等食用菌技术应得到积极推广。玉米芯资源化产品促进了食品、医药、保健品、饲料等行业的发展，也用于废气、废水的处理，具有较高的环境效益、社会效益、经济效益和广阔的发展前景。

2.2 玉米芯加工产品概述

2.2.1 玉米芯性质成分及特征

玉米是我国三大粮食作物之一，玉米种植产生了大量的玉米芯。地球上的植物，均含有半纤维素（主要是多缩戊糖）、纤维素、木质素。在各种原料中，玉米芯的多缩戊糖含量最高，但随着地区的变化也有所不同，一般北方玉米芯的多缩戊糖含量高些，南方的含量低些。例如我国东北的玉米芯多缩戊糖的含量约为 40%～42%，华北地区的玉米芯多缩戊糖含量约为 35%～40%，南方的玉米芯多缩戊糖含量在 35% 以下。但近年来玉米芯多缩戊糖的含量有逐渐降低的趋势。例如河北省的玉米芯多缩戊糖含量近年只有 26%～30%。

玉米芯的相关组成及性质如表 1-2-1 及表 1-2-2 所列[29]。

表 1-2-1　玉米芯的组成　　　　　　　　　　　　　　单位：%

组分	玉米芯	芯髓	木质环形体	粗疏膜片	细密膜片
组成	100	1.9	50.3	37.8	
乙醇溶解物含量	5	4	5.6	4	
100℃水溶物含量	8.7	7.4	9.5		
纤维素含量	41.2	35.7	47	35.7	

组分	玉米芯	芯髓	木质环形体	粗疏膜片	细密膜片
半纤维素含量	36	37	37	37	
戊聚糖含量	34.6	34.7	36.5		
木聚糖含量	30	30.1	31.6		
木质素含量	6.1	5.4	6.8		
果胶含量	3.1		3.2		3.2(含芯髓)
淀粉含量	0.014		0.014		0.015(含芯髓)
己聚糖含量	34.9		39.9		30.2(含芯髓)

表 1-2-2　玉米芯及组成部分的性质　　　　　　　　　单位：%

成分	玉米芯	木质部	芯髓膜片
蛋白质含量	2.5~2.6	1.4	4.4
脂肪含量	0.5	0.2	0.9
粗纤维含量	32.4	36.5	29.3
无氮浸出物含量	53.5	53.7	57.7
灰分含量	1.5~3.2	1.2	1.6

玉米芯中的成分主要有木质素、纤维素和半纤维素，其中纤维素和半纤维素包括易水解和难水解的部分，除此之外还有粗蛋白质、乙酰基团、灰分和水分等。

纤维素是由 D-吡喃葡萄糖基以 β-1,4-糖苷键连接而成的天然链状高分子化合物，在纤维素链之间存在氢键，分子式可表示为 $(C_6H_{10}O_5)_n$，n 为纤维素聚合度。纤维素经预处理后聚合度会下降，完全水解后得到葡萄糖。纤维素与淀粉在分子结构上的差别仅在于葡萄糖基连接的构型不同，淀粉是通过 α-1,4-糖苷键连接而成的。不同之处使得两者的水解难易程度相差悬殊。

木质素是具有网状空间立体结构的高分子芳香族化合物，由苯丙烷基单元(C_6-C_3)通过醚键和碳-碳键连接而成。木质素有一定的塑性，不溶于水，一定浓度的酸或碱可使其部分溶解。木质素作为水解剩余物常用作燃料，如有催化剂存在下加氢裂解可得到多种酚类、甲醇、丙酮及燃气等[30]。

半纤维素来源于生物聚糖，它们含有 D-木糖基、D-甘露糖基与 D-葡萄糖基或 D-半乳糖基的主链，其他糖基可以作为支链连接在主链上。半纤维素是低分子量的聚糖类，它和纤维素一起来源于植物组织，它们可以从原来的或已脱去木质素的原料中被水或碱水溶液抽提而分离出来。

玉米芯中的半纤维素是由 D-吡喃式木糖基以 β-1,4-糖苷键连接起来的长链为主链，也常有短支链。玉米芯的半纤维素的主链木糖基上，有 4-O-甲基葡萄糖醛酸基或葡萄糖醛酸基支链连接。每 100g 聚木糖含 0.7g 4-O-甲基葡萄糖醛酸基及 0.4g 葡萄糖醛酸基，另外主链糖基上还连有阿拉伯糖基支链，木糖基∶阿拉伯糖为(10∶1)~(20∶1)。玉米芯中半纤维素含量高达 35%~40%。对于半纤维素水解，不仅可获得木糖，还可获得阿拉伯糖、葡萄糖、甘露糖和半乳糖等，除了糖类还有糠醛等非糖类有机物，但获得量较高的还是木糖。

2.2.2 玉米芯生产木糖技术

2.2.2.1 木糖概述

木糖在国外从 20 世纪 90 年代起已得到广泛应用，世界上具备木糖生产工艺的主要有俄罗斯、美国、日本、芬兰和意大利等少数工业发达的国家。目前我国生产木糖和木糖醇的厂家主要有吉林省赛力特生物有限公司、山东禹城福田药业公司、吉林红嘴生物技术有限公司和河南辉县市宏泰化工有限公司等。

木糖和阿拉伯糖同属于五碳糖。在自然界中，仅竹笋内存在游离状态的木糖，绝大部分木糖是以缩聚状态存在于自然界植物的半纤维素中，即以大分子木聚糖的形式存在于植物体内。用酸或酶可以使木聚糖降解，从而获得木糖。木糖为自然界存在量最大的五碳糖（戊糖），戊糖分戊醛糖和戊酮糖。已知自然界中存在的戊醛糖有 D-木糖、D-阿拉伯糖、L-阿拉伯糖、L-来苏糖和 D-核糖 5 种；戊酮糖有 D-赤藓戊酮糖、D-苏阿戊酮糖、L-苏阿戊酮糖 3 种。木糖有 3 个不对称碳原子，正常应有 8 个旋光异构体，形成 4 对对映的旋光异构体，其中 D 型的分别有 D-木糖、D-核糖、D-阿拉伯糖、D-来苏糖[31]。

木糖的分子式为 $C_5H_{10}O_5$，是一种白色针状结晶或结晶粉末，味甜，甜度只有蔗糖的 40%，易溶于水，微溶于乙醇，熔点 147～151℃，有右旋光和变旋光性。工业生产的木糖为 D-木糖，为细针状晶体，味甜，熔点为 153～154℃，有变旋现象，比旋光度为 +18.6°～+92°，其化学式为 $C_5H_{10}O_5$，分子量为 150.13，D-木糖结构式如图 1-2-2 所示。

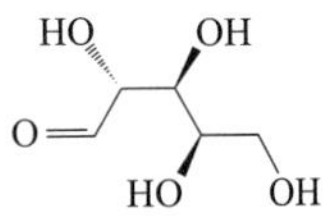

图 1-2-2　D-木糖的结构式

2.2.2.2 木糖主要功用

（1）食品行业

木糖属于戊醛糖，是一种低热量的功能性食品添加剂和生化试剂，具有膳食纤维的部分生理功能，可减少体内游离脂肪酸，木糖作为糖尿病人理想的甜味剂、营养剂和治疗剂已为国际所公认。木糖在加工肉食及热加工粮食制品中作风味改良剂、肉类香料原料、木糖制食品抗氧剂。木糖作为一种功能性食品的基料，具有以下功能：不被消化吸收，没有能量值，能最大限度地满足爱吃甜品又担心发胖者的需求；活化人体肠道内的双歧杆菌并促其生长，双歧杆菌是有益菌，该菌越多越有益人体健康，食用木糖能改善人体的微生物环境，提高机体的免疫能力；不被口腔内微生物所利用，可防龋齿；具备膳食纤维的部分生理功能，有降低血脂、降低胆固醇、预防肠癌的作用；木糖与食物的配伍性很好，食物中添加少量木糖，便能体现出很好的保健效果。木糖与钙同时摄入，可以提高人体对钙的吸收率和保留率，还能防止便秘。木糖是一种重要的化工原料，主要用途是作为木糖醇的基料。木糖醇是一种具有营养价值的新型甜味剂，其甜味相当于六碳糖。可作为糖尿病人的食糖代用品和儿童防龋食品。据世界卫生组织调查报道，长期食用高糖食物的人平均寿命比吃正常食物的人缩短 20 年左右，看来今后人类的甜食将逐渐放弃蔗糖、葡萄糖等，而以果糖、木糖这类富有营养的甜味剂取而代之[32]。

（2）化工行业

木糖制取糖苷代甘油：用于造纸业，在照相纸、特种纸及汽车用垫板等生产中代替甘油；用于层压软木塞溶液的增塑剂；用于化学壁板、油毡和美术用颜料。

（3）其他方面

在发达国家，木糖已经应用于制备宠物饲料、烤制品、高档酱油等领域。另外，木糖在轻工业等方面也有一定用途。国内外广泛应用于口香糖、防龋牙膏和化妆品等行业。

2.2.2.3 制备木糖的原料

一般来说，农业植物纤维废料如玉米芯、棉籽壳、甘蔗渣、稻壳以及其他禾秆、种子皮壳均可用来作为制取木糖的好原料。几种主要植物纤维原料的成分见表1-2-3。

表 1-2-3　几种主要植物纤维原料的成分　　　　单位：%

原料	纤维素含量	多缩戊糖含量	木质素含量
玉米芯	32～36	35～40	17～20
甘蔗髓	35	22	19
甘蔗渣	45	24～25	18～20
棉籽壳	37～48	24～25	28
稻壳	35.5～43	16～22	21～26
桦木	45	27	20
杨木	47	24	18

由于以上原料来源广泛，产量大，易集中，其多缩戊糖含量要比其他禾秆和种子皮壳类含量高，易于加工，商品木糖的收率高，成品质量好。目前，比较广泛被采用作为木糖醇原料的是玉米芯，因为玉米芯产量大，易集中。同时玉米芯的多缩戊糖含量比其他禾秆和种子皮壳要多，易于加工，商品木糖的得率高。

2.2.2.4 玉米芯生产木糖技术

木糖的制备方法主要有中和法脱酸工艺与离子交换脱酸工艺。另外，木糖制备工艺还有电渗析脱酸法、结晶木糖法以及层析分离法。中和法脱酸工艺与离子交换脱酸工艺是国内比较成熟的两套生产工艺，而离子交换脱酸工艺由于较好地解决了中和法脱酸工艺的缺陷，因此在工业上有着更广泛的应用[33]。

在一定压力、温度下，将无机稀酸加入富含半纤维素的原料中，半纤维素中主要成分为多缩戊糖，多缩戊糖加酸可以水解为木糖母液。其反应式如下：

$$(C_5H_8O_4)_n + nH_2O \xrightarrow{\text{酸}} nC_5H_{10}O_5$$
$$\text{多缩戊糖} \qquad\qquad \text{木糖}$$

（1）中和法脱酸制备木糖工艺

中和法脱酸制备木糖工艺路线为：

玉米芯→预处理→水解→中和→脱色→蒸发→离子交换→结晶→木糖。

经过玉米芯预处理，水解，中和，脱色，离子交换除杂，浓缩结晶，最后分离得到木糖晶体。其中，原料预处理除去了原料中的胶质、果胶、灰分等；经预处理后，以多缩戊糖为主要成分的半纤维素在酸催化下裂解，并与水结合成糖；中和工序主要是除去水解液中的无机酸；脱色除杂工序包括使用活性炭和离子交换树脂，该工序可以除去木糖母液中的色素与部分杂质；浓缩结晶工序通过蒸发水解液中微量有机酸分，控制浓缩后木糖液浓度与结晶时间得到木糖晶体[34]。

秦玉楠[35]利用中和法脱酸工艺制备木糖晶体，其得率达到了每吨玉米芯（以干品计）可提取180～200kg木糖。传统的中和法脱酸工艺设备简单、成本低、易操作，但由于中和工序中形成的石膏最终会有一部分沉积在蒸发器的管壁上，不易去除，且会形成隔热层，降低蒸发效率，从而降低了设备的使用寿命。

1) 玉米芯原料的预处理　选用当年收购的无杂质、无灰尘、无霉变、水分含量在12.18%以下的干玉米芯，可参照下述方法预处理。

① 筛选处理：通过筛选、风选，以除尽原料中的杂质，提高原料质量。

② 原料的粉碎：将含水量≤12.18%的玉米芯用粉碎机粉碎至粒径≤5mm。

③ 水预处理：将已粉碎的原料投入浸泡池中(不锈钢釜)加水浸泡。最适合玉米芯进行水预处理的条件为120℃，时间为120min。不断搅拌，以除去胶质、果胶、灰分等。在此工艺条件下，水预处理能洗出原料重3%的固形物、1.5%左右的还原物、0.9%的灰分、0.45%的有机酸和0.02%的含氮物(以氮计)，已能基本满足生产工艺要求，可取得较满意的处理效果。预处理完毕，放掉废水，将玉米芯颗粒送入水解锅。

2) 水解　水解操作工艺可分为两大类。

① 稀酸常压水解：在硫酸浓度1.5%～2.0%，温度100～105℃的条件下进行水解。

② 低酸加压水解：酸浓度0.5%～0.7%，罐内蒸汽压力0.5MPa，温度120～125℃的条件下进行水解。

一般一次投料(玉米芯)700kg(折合绝干料590kg左右)，水解时间2～3h，加入硫酸量(按浓度100%计)为100kg，酸耗按每千克木糖为0.48～0.75kg。

硫酸配制成0.7%浓度，1kg原料加入10kg 0.7%硫酸溶液。

稀酸常压水解具体操作方法为：当经预处理好的原料进入水解罐后，加入2%硫酸溶液。从水解釜底通入蒸汽直到内容物沸腾为止，从此开始计算水解时间。同时要将水解罐顶部的放气阀门一直开启，不使罐内产生压力；而罐内容物溶液温度从100℃升高至106℃左右。

根据经验，一般容积为1m³的水解罐整个水解操作过程2～3h即可完成。水解完成后，可用板框压滤机过滤，滤渣可再水解一次，滤液送往中和罐。

3) 中和　中和是水解后的第一个净化工序，主要是除去水解液中的硫酸。中和用原料常选用石灰或碳酸钙。这两种中和剂的特点是易得价廉，使用方便。

中和的目的是中和水解液中的硫酸；而绝对不是将水解液中的有机酸也中和掉，因此在中和操作中要高度注意这一点。

中和操作过程在工业化生产上一般是靠精密的pH试纸来检查掌握的。根据经验，在水解液的pH值为1.0～1.5时，加入中和剂到pH值为2.8～3.0，即相当于残余硫酸只有0.05%～0.1%。此时水解液中的无机酸已绝大部分被中和掉。当pH值达到4.0时，无机酸则全部中和完毕，并且有机酸也开始中和。因此，在操作中pH值要严格掌握并恰到好处。

中和操作工艺中技术参数为：以石灰为中和剂时，首先将其配制成15°Bé、密度为1.10～1.16的乳状液，便于加入水解液后能均匀分散，不致产生过碱区。中和温度宜采用80℃；中和时间(以5m³中和罐计)及加乳状液的时间需要1h；搅拌1h；沉淀4h左右。当检查pH值为3.5时，其中和液中的无机酸含量一般为0.03%～0.08%，此时中和操作即达终点。中和操作如果掌握得当，糖分损失可控制在3%以下；操作不当时，可达10%以上。生产上要求糖分损失控制在5%以下。

4) 脱色　本工序的目的是脱除来自原材料和水解中和液中的色泽，从而有利于木糖用于生产木糖醇过程中的离子交换、加氢等工序的进行。常用的脱色剂有活性白土、活性炭、焦木素等。它们都具有来源广泛、成本较低、脱色效率高等优点。

水解中和液脱色时的技术参数是：以每批 $3.5m^3$ 液量计。焦木素 15%（对还原物计）或活性炭 1%，脱色温度 75℃，保温搅拌 45min，搅拌速度 37r/min。脱色的糖分损失为 3%～5%（含过滤损失在内）。脱色液质量指标为：透光度 80% 以上、纯度 75%～80%、灰分 0.18%～0.22%。

无论是用焦木素还是活性炭作为脱色剂，均可进行回收处理后重复使用，从而降低木糖的生产成本。

脱色工序完成之后进行精细过滤。只有澄明的滤液才能送往浓缩工序，否则需重新进行过滤。

5）蒸发 目的是除去部分水分，提高糖浆浓度（使含糖量达 35%～40%），使水解中和脱色液中微量的酸分蒸发，浓缩时可析出硫酸钙沉淀（注意：$CaSO_4$ 的溶解度是随温度的升高反而降低的），从而有利于除杂（离子交换工序）的顺利进行。

6）除杂 经蒸发浓缩后的糖液中还含有前面各工序中未能清除掉的杂质，主要是灰分、酸分、含氮物、胶体、色素等。为此需经离子交换除杂净化，使其中所含杂质尽可能地被除去，使纯度提高到 95%～97% 以上，并使木糖溶液尽可能地接近无色透明，不带酸性。

采用阳树脂 732 号（新号 001×7）和阴树脂 717 号（新号 201×7）两种树脂，其体积比例可选用阳∶阴＝1∶1.3；但根据经验以 1∶1.5 比较理想，并且也能满足糖浆离子交换法除杂工艺的要求。

影响木糖离子交换除杂工艺效果的因素有糖浆的质量、树脂的质量、装料高度和高径比、流速和再生效果等，应在实际生产中予以注意。有关的工艺参数为：从阴树脂柱流出糖液的速度＜$2.4m^3/h$；从阳树脂柱流出糖液的速度＜$3m^3/h$ 为宜。

7）浓缩、结晶、分离 将除杂合格的木糖溶液送入减压浓缩罐中，系统的真空度≥99kPa，液温应控制≤75℃。经再次蒸发浓缩至溶液体积减为原来的 1/4 时，即可停止浓缩。趁热放料入结晶器中，当木糖溶液降至室温后，即有纯白色木糖晶体析出。将该晶体用上悬式离心机分离除尽母液，即得木糖晶体。母液经适当稀释和脱色处理后回收，可套用于除杂工序。

8）干燥 将木糖晶体薄摊在瓷盘上进行干燥，烘房温度 100℃；当水分含量≤0.5% 时，即得木糖成品。

玉米芯水解后的残渣中，还含有大量的纤维素。通过蒸煮、过滤、分离、除砂、洗涤、漂白、干燥、粉碎，可得到纤维素，纤维素经处理后，可用以生产黏胶纤维人造毛织物、纺织工业上浆剂和牙膏填充剂等。

（2）离子交换脱酸制备木糖工艺

离子交换脱酸的工艺路线为：

玉米芯→预处理→水解→过滤→脱色→离子交换→蒸发→结晶→木糖。

玉米芯经过预处理，水解，脱色，离子交换除杂，浓缩结晶，最后分离得到木糖晶体。木糖是一种酸性条件下性质稳定，但碱性条件下极不稳定的还原性糖。当用石灰中和水解液时，局部的 pH 值过高必然会使一些木糖变性而影响成品质量。同时，中和工序既去除掉了部分 SO_4^{2-}，也带进了一些 Ca^{2+}，增加了阳离子交换柱的负担。离子交换脱酸解决了中和法脱酸工艺中设备结垢的缺点，提高了设备的利用率和使用寿命，减少了水解液中的灰分和酸的含量，提高了水解液的质量，相应地提高了产品质量。

唐山龙翔化工有限公司是国内最大的木糖、木糖醇生产企业之一，产品面向国内外市场。赵先芝选用玉米芯为原料，采用离子交换脱酸法制备木糖。将水解脱色后的木糖液以一定的流速分别均匀地通过阴、阳离子交换树脂来除去木糖液中的无机盐、有机酸及色素等杂质，净化后的水解液先浓缩至30％～40％后，再经过阳离子交换树脂处理、脱色和阴离子交换树脂处理，一次蒸发浓缩至浓度为50％～60％，二次蒸发浓缩至浓度为80％，经结晶离心，可得到白色粉状结晶木糖，此方法的产品收率约为49.67％。离子交换脱酸工艺虽然解决了中和法脱酸工艺中设备结垢的缺点，提高了设备的利用率和使用寿命，减少了水解液中灰分和酸的含量，但是其工艺比较复杂，离子交换树脂用量较大，设备较多，酸碱消耗大[36]。

在以玉米芯为原料生产木糖醇时，其中间产品即是木糖，如何将半成品木糖制成结晶木糖，针对木糖结晶时晶粒小、黏度大、分离困难等问题进行一系列研究，取得了较理想的结果。

结晶木糖的制备方法如下。

1) 水解液的制取　原料玉米芯中含有多缩戊糖，在稀酸中反应，水解为木糖，由此获取木糖水溶液，称为水解液。

鉴于水解液中含各种色素、胶质、灰分等杂质，要经过一系列净化工艺，经过浓缩、结晶、离心、干燥即可得到结晶木糖。没有净化的水解液直接蒸发至80％时，是一种黑色、不透明的黏稠液体，无论采取怎样的措施也不结晶，得不到结晶木糖。因此需要做进一步的处理。

2) 水解液的脱色　将一定量的木糖液用泵打入脱色罐中，加入一定比例的粉末活性炭，80℃保温搅拌40min，然后进行板框过滤。脱色后的木糖液无色透明，透光率为90％。

3) 离子交换　离子交换是用阴、阳树脂除去脱色木糖液中的无机盐、有机酸及色素等杂质。将木糖液以一定的流速均匀地通过阴、阳离子交换树脂，交换后的木糖液得到净化。

① 一交液指标：浓度4％～5％；无机酸0；有机酸0.1％；透光率95％。

② 二交液指标：浓度13％～15％；无机酸0；有机酸0；透光率100％。

水解液经脱色、离子交换等净化过程，先浓缩至30％～40％后，再经过阳离子交换树脂处理，脱色和阴离子交换树脂处理，一次蒸发浓缩至浓度为50％～60％，二次蒸发浓缩至浓度为80％，经结晶离心，可得到白色粉状结晶木糖。

（3）超声波提取法

近年来，超声波在天然产物提取方面的应用越来越广泛。实验表明，超声波作为一种协助提取方法，能够大大缩短提取时间，提高提取效率。赵立国将粉碎后的玉米芯用去离子水在80℃下预处理90min，抽滤烘干后加入浓度为3％的硫酸，室温超声波处理90min，再经高温水解制得木糖水解液，然后经过中和脱色处理，木糖收率可达34.59％。采用超声波可加速反应过程中催化剂与底物的接触，降低处理强度，缩短反应时间，增强硫酸的催化效果，从而提高木糖产率[37]。

（4）微波辅助法

微波技术是近年来发展较快，高效率、无污染的一项新技术，具有导热速率快、温度分布均匀、无滞后效应等特点，其在物料的水解、提取方面的应用研究已引起广泛关注。张明霞等[38]采用微波辐照玉米芯酸水解提取木糖，结果表明：微波功率是影响玉米芯酸水解的最主要因素，其次是微波水解时间，液固比对酸水解影响程度最小。木糖提取的最佳反应条件为质量分数 2% 的硫酸溶液与玉米芯的液固比为 10 : 1(V/M)、微波功率 540W、酸解 16min，此条件下可获较高的木糖产率(16.95%)；液固比 10 : 1(V/M)、微波功率 540W 条件下酸解 20min，可获较高的还原糖收率(37.62%)。另外，由于木糖的结晶母液中还存在大量的木糖，若此工艺用于生产，木糖母液可以循环利用以提高木糖收率。微波辅助酸水解提取木糖相对于传统的蒸煮法，提高了木糖产率和还原糖收率，大大缩短了反应时间，减少了副反应的产生并节约了资源，可为开发微波技术在玉米芯水解制备木糖工艺中的应用提供技术参考。

（5）木糖制备的其他工艺

木糖制备的工艺除了中和法脱酸和离子交换脱酸工艺外，还发展了电渗析脱酸法、结晶木糖法、层析分离法和蒸汽爆破法。

电渗析法的工艺路线为原料预处理、水解、脱色、电渗析和浓缩结晶，最后分离得到木糖晶体。由于电渗析的效果不是很理想，一般只能达到 80% 的渗析效果，故目前还没有研究者对此工艺进行深入研究。

结晶木糖法是一套比较简单的生产工艺，其工艺路线为原料预处理、水解、中和和浓缩结晶，最后离心分离得到结晶木糖。木糖晶体产率不高是结晶木糖法的缺陷。

层析分离法的工艺路线为原料预处理、水解、中和、脱色、离子交换、蒸发、木糖层析分离和浓缩结晶，最后分离得到木糖晶体。层析分离制备木糖工艺是当今世界最先进的生产方法，采用连续水解工艺，提高了木糖收率，水解液糖浓度高达 10% 以上。采用层析分离技术使产品纯度提高，质量提升，同时能耗也降低。国内该工艺尚未达到工业化生产水平。

蒸汽爆破法有处理时间短、化学试剂用量少、对环境污染小等优点。虽设备投入大，但能耗低，综合成本投入少，是工业化应用的新兴方法。

随着人们生活质量的提高，木糖正在逐步取代蔗糖成为主要的甜味剂，木糖的制备工艺也在不断地改进和完善。然而，在工业化应用的工艺中，木糖得率较低以及木糖结晶后的母液中具有较高含量的糖分等缺陷仍未得到根本的改善，如何提高木糖得率以及在木糖结晶后母液中如何有效地提取糖分成为了木糖推广应用的主要问题。

2.2.3　玉米芯生产木寡糖技术

2.2.3.1　木寡糖概述

木寡糖又称低聚木糖，是由 2～7 个木糖以 β-1,4-糖苷键连接而成的低聚糖的总称（见图 1-2-3），其中以木二糖和木三糖为主。木二糖分子式 $C_{10}H_{18}O_9$，分子量 282.25，熔点 185～186℃，结晶，溶于水 [见图 1-2-4(a)]。木三糖的熔点 205～206℃[见图 1-2-4(b)][39]。自然界存在许多富含木聚糖的植物，如玉米芯、蔗渣、棉籽壳、麸皮等，木聚糖经酶解或酸水解、热水解后可以得到低聚木糖。在日本，低聚木糖被认为是最有前途的功能性低聚糖之一，已得到广泛应用[40]。

低聚木糖的物化性质包括以下 3 个方面。

1）甜度、黏度、水分活度　低聚木糖中木二糖的甜度为蔗糖的 40%，含量为 50% 的低聚木糖产品甜度约为蔗糖的 30%，甜味纯正，类似蔗糖。低聚木糖浆液的黏度很低，且随温度升高而迅速下降。木二糖的水分活度比木糖高，与葡萄糖基本相同。低聚木糖具有降低

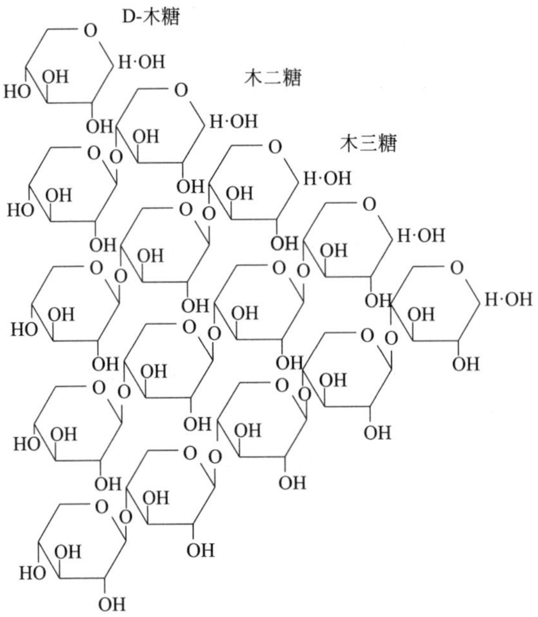

图 1-2-3　低聚木糖的化学结构

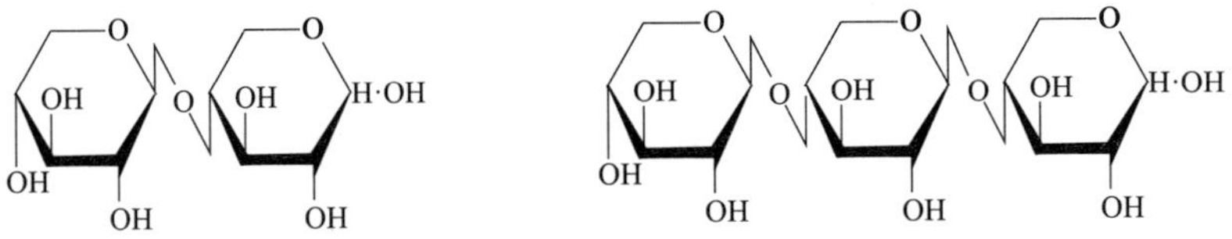

(a) 木二糖　　　　　　　　(b) 木三糖

图 1-2-4　木二糖和木三糖的化学结构

水分活度的作用，其影响与葡萄糖相近，高于木糖而低于麦芽糖和蔗糖。

2）稳定性　低聚木糖的突出特点是稳定性好。5%的低聚木糖水溶液在 pH 值为 2.5～8.0 范围内，100℃加热 1h 无变化。1%的低聚木糖水溶液在 pH 值为 2.5～7.0 范围内，在 5℃、20℃、37℃下分别储存 3 个月，没有发生明显的变化。因此，低聚木糖具有极好的耐酸性和耐热性。研究表明，pH 值在 3.4 左右的饮料在室温下储存 1 年，低聚木糖的保留量达到 97%以上。

3）抗冻性　将木二糖配制成 10%、20%、30%的溶液，在 −10℃以下测定其不冻水量的比例，与木糖、葡萄糖等单糖及蔗糖、麦芽糖进行比较，结果木二糖和木糖的不冻水量基本相等，比葡萄糖、蔗糖和麦芽糖的不冻水量高。因此，添加木二糖能赋予食品难以冻结的性质。

2.2.3.2　木寡糖的生理功效

（1）难消化，低热量

与其他低聚糖相比，木二糖在消化系统中最稳定，不被消化酶水解，且代谢不依赖胰岛素。另外，它的主要伴随成分为木糖，略有特殊气味，具有爽口甜味，也是一种不消化单糖。用唾液、胃液、胰液和小肠黏膜液等都几乎不能分解低聚木糖，见表 1-2-4。它的能量值很低或为 0。由于低聚木糖中木二糖水解活力比其他膳食性低聚糖低，因此消化道中的碳水化合物水解作用能被阻滞，这样血糖水平能有效地受低聚木糖的控制。

表 1-2-4　低聚木糖和麦芽糖经体外消化试验后的残留率　　单位：％

消化液	残留低聚木糖	残留麦芽糖
唾液	100	75
胃液	99.9	99
胰液	99.8	75
小肠黏膜液	99.6	2

注：消化条件为 1％糖，37℃，4h。

（2）促进双歧杆菌增殖，改善肠道菌群结构

功能性低聚糖之所以具有生理功能，是因为它能促进人体肠道内固有的有益菌——双歧杆菌的增殖，从而抑制肠道内腐败菌的生长并减少有毒发酵产物的形成。低聚木糖是目前发现的促进肠内双歧杆菌增殖有效用量最小的低聚糖。试验表明，每天口服 0.7g 低聚木糖，2周后大肠双歧杆菌的比例从 8.5％增加到 17.9％，拟杆菌则从 52.6％降至 44.4％，人体试验证实它对肠道菌群有明显的改善作用。

（3）改善排便

低聚木糖具有改善大便的功能，摄入低聚木糖后增加了大便中的水分，可以改变大便的形态，从而防止便秘的出现。

（4）促进钙的吸收

低聚木糖与食物的配伍性良好，食物中添加少量低聚木糖，便能体现出保健效果。当低聚木糖和钙同时食用时，它能促进对钙的吸收。实验证明，当大鼠每天摄取 2％低聚木糖水溶液，7d 后大鼠对钙的消化吸收率提高了 23％，体内对钙的保留率提高了 21％。因此，低聚木糖可作为开发孕妇、老年食品的理想原料。

（5）防龋齿性

龋齿是指口腔内的微生物，特别是变异链球菌，利用蔗糖等产生不溶性葡聚糖，并覆盖在牙齿表面形成齿垢。在适宜温度的齿垢中，细菌使糖发酵，在菌斑深层产酸，侵蚀牙齿，使之脱矿，进而破坏有机质，产生龋洞，形成龋齿。实验表明低聚木糖不能被口腔内变异链球菌等发酵，牙齿不易被腐蚀。它与蔗糖并用时，可以阻止蔗糖被变异链球菌作用而生成水不溶性的高分子葡聚糖，具有抗龋齿性，适合作为儿童食品的甜味添加剂。

（6）作为饲料添加剂

采用含有木寡糖的饲料喂养牲畜和鱼类，可提高牲畜的免疫力，减少各种疾病，同时可使牲畜的生长周期缩短。

（7）在农业上的应用

木寡糖可用作农作物的生长刺激剂和生长促进剂，可用作催熟剂来喷撒水果和蔬菜，并可显著提高农作物的产量。

（8）其他生理功能

降低血清中胆固醇含量，降低血压，生成营养物质，增强机体免疫力和抗菌活性，抵抗肿瘤和清除肠内毒素等[41]。

相较于其他低聚糖，低聚木糖具有显著增殖双歧杆菌的效果，并且具有稳定性高、耐热、耐酸和生产原料价格低廉易得等特点，可减少患结肠癌的风险，故低聚木糖可作为老

年、儿童、孕妇和高血压、糖尿病、肥胖病等患者的理想食品原料。

2.2.3.3 木寡糖的生产原料

低聚木糖是以木聚糖为底物通过内切木聚糖酶水解木聚糖的 β-1,4-糖苷键而得到的以木二糖、木三糖和木四糖等为主要成分的低聚木糖混合物。因此其生产原料为木聚糖含量相对较高的农副产物。表 1-2-5 为木聚糖含量相对较高的几种农副产物的木聚糖含量[42]。

表 1-2-5　几种农副产物的木聚糖含量　　　　　　　　　单位：%

原料	木聚糖含量
玉米芯	35～40
蔗渣	24～28
棉籽壳	25～28
稻壳	24～32
麦秆	14～15
油茶壳	24～32
桦木	24～32

基于我国的国情，玉米芯、蔗渣为最合适的原料，这两种原料不仅价格极低廉，而且量大集中。玉米芯是木聚糖含量最高的农副产品，含量高达 36%～40%，是制备木聚糖和低聚木糖的最佳原料。

2.2.3.4 木寡糖的生产工艺

玉米芯中的半纤维素主要由以 D-木糖为主链的木聚糖组成，是生产低聚木糖的最佳原料之一。低聚木糖的制备主要是从天然原料中提取并水解木聚糖。提取方法有高温蒸煮、酸法、碱法、高压蒸汽爆破、超声波法等，其中蒸汽爆破法常在工业上采用。水解方法有酸水解法、酶水解法、蒸汽喷爆法、微波降解法等，其中酶水解法因其反应条件温和、产品纯度高、得率高等优点而被广泛采用。

玉米芯酶法制备低聚木糖工艺过程一般由玉米芯粉（60 目）经过预处理、酸解反应、分离和精制得到低聚木糖产品。低聚木糖的生产过程包括木聚糖的提取和精制、木聚糖的水解和纯化几个步骤。

具体工艺如下：

玉米芯→木聚糖提取→精制→精制木聚糖液→酶降解→粗产品→精制→浓缩→普通产品→进一步提纯→高纯产品。

要获得木二糖和木三糖含量高的高纯度低聚木糖产品，木聚糖的提取和木聚糖水解是关键步骤。在木聚糖提取过程中，既要保证一定的提取得率，又不能使木聚糖过分水解，这对木聚糖的提取工艺提出了很高的要求。

（1）木聚糖的提取和精制

木聚糖是生产低聚木糖的主要原料。木聚糖本身为一种杂多糖，通常除木糖外，还含有阿拉伯糖、葡萄糖醛酸、4-O-甲基葡萄糖醛酸、葡萄糖和半乳糖等糖基，它们通过醚键或酯键连接在主链上，取代基因木质纤维素来源而异。不同来源的木聚糖结构见图1-2-5。

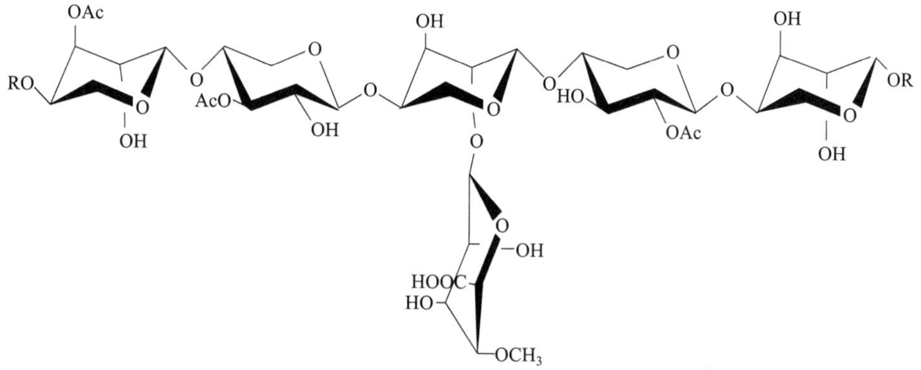

来自硬木 O-乙酰基甲基葡萄糖醛酸木聚糖

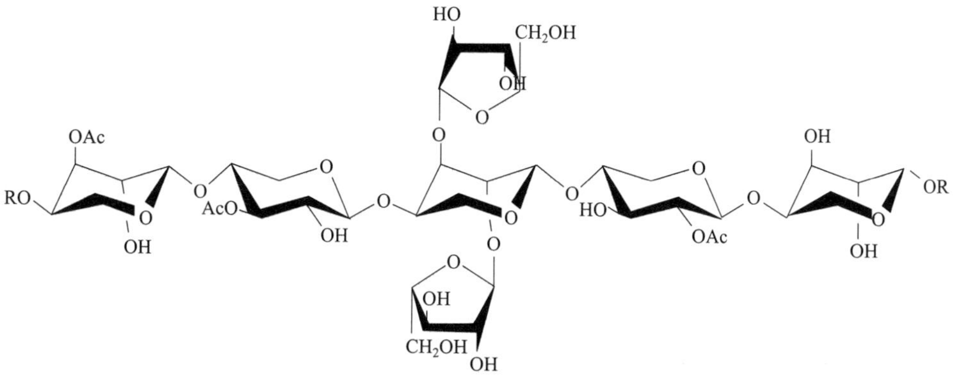

来自小麦分解纤维素的阿拉伯寡糖

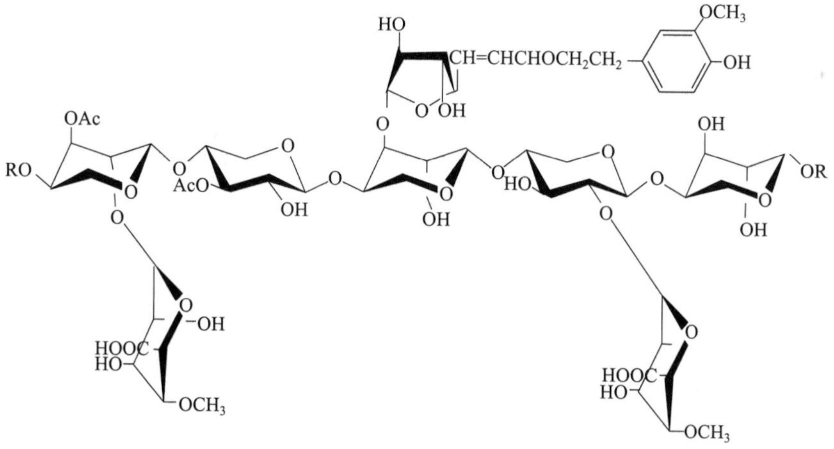

来自蔗渣阿拉伯糖基木聚糖

图 1-2-5　几种不同来源的木聚糖结构

　　玉米芯中的阿拉伯糖基木聚糖、软木中的葡萄糖醛酸和硬木中葡萄糖醛酸木聚糖等虽都是工业生产低聚木糖的原料，但均含侧链，因而导致产物聚合度较低。木聚糖中木糖与其他糖的比例因植物种类不同而有差别，如玉米芯木聚糖为 4-O-甲基葡萄糖醛酸阿拉伯糖基木聚糖，含有较多阿拉伯糖侧链、4-O-甲基葡萄糖醛酸侧链和乙酰基侧链。通常木聚糖存在于植物的细胞壁中，不以游离状态存在，而是与木质素和纤维素相结合。木聚糖与木质素共价结合形成鞘，与纤维素以氢键结合形成包被，与木质素和纤维素相结合的木聚糖可以保持与其相连接的纤维素的整体性和不被纤维素酶所降解的特性；木聚糖还同其他多糖如果胶之间也可能有化学键相连；另外，木聚糖还可能与其他半纤维素组分通过氢键的作用相聚集在一起。因而，要使木聚糖有效地降解，常常需将其从植物组织中提取出来。在木聚糖提取过程中，既要保证一定的提取得率，又不能使木聚糖过分水解。这对木聚糖的提取工艺提出了很高的要求。常用的木聚糖提取方式有以下几种。

1）碱法提取木聚糖　碱法是应用最早的提取木聚糖的经典方法，提取效果主要受碱溶液质量分数和温度的影响。LCMs 经碱液如 KOH、NaOH、Ca(OH)$_2$ 和氨水处理得到木聚糖或可溶性木聚糖片段，木聚糖在碱性环境中稳定，可用有机溶剂、酸、乙醇或酮沉淀法回收。王俊丽等[43]研究结果表明：碱法提取玉米芯木聚糖时，100g/L NaOH、1:20 固液比、60℃、3h 的条件下进行一次性提取，木聚糖得率达 29.45%。提取液离心可得到纯度达 80.5% 的水不溶性木聚糖(wis-X)，乙醇沉淀得到的水溶性木聚糖(ws-X)纯度为 6.4%，碱法更适于制备水不溶性木聚糖。宋玉伟等[44]研究了碱法提取玉米芯中木聚糖的最佳条件，采用单因素试验评价了蒸煮时间、蒸煮温度、料液比、浸提用 NaOH 浓度、浸提温度、时间、酒精沉淀 pH 值及用量等对木聚糖提取得率的影响，确定最佳提取条件是：玉米芯按 1:10 料水比，100℃ 蒸煮 60min，然后加入质量分数为 10% 的 NaOH，80℃ 浸提 2h，离心收集上清液，调节 pH 值至 5.0，用 2 倍体积的 95% 酒精沉淀，木聚糖得率最高，可达 34.3%。华承伟等[45]研究表明：NaOH 质量分数 16%，温度 85℃，料液比 1:16，提取时间 2.5h 为适宜条件。利用响应面法成功对玉米芯木聚糖提取条件进行优化，提取率达到 25.6%。但工业化生产采用碱法提取木聚糖有较多不足，使用大量碱会引起设备腐蚀和环境污染。

2）酸法提取木聚糖　目前，酸法提取木聚糖已成功用于木糖生产。但提取木聚糖也存在较大的缺点，如提取液中的木糖比例很高，不能满足低聚木糖的生产要求；提取过程会产生许多副反应，生成一些可能的致癌物质，从而影响终产品的安全性。

3）蒸煮法提取木聚糖　蒸煮法提取木聚糖主要包括直接高温蒸煮、酸预处理-湿法高温蒸煮和酸预处理-干法蒸煮 3 种方法。

① 直接高温蒸煮法提取木聚糖。Sasaka 等在 1995 年提出的直接高温蒸煮提取法，是利用木聚糖含有的乙酰基侧链在高温蒸煮时脱乙酰，形成乙酸，从而体系的 pH 值下降。木聚糖分子在较高温度下 β-1,4-糖苷键断裂发生自水解作用，木聚糖分子量降低，溶解度增加。但高温蒸煮法的提取液中 RS/TS(还原糖与总糖之比)较低，利于低聚木糖的生产，且其他副反应随温度变化较明显[46]。

杨瑞金等[47]发现玉米芯加水直接高温蒸煮的结果如表 1-2-6 所列。

表 1-2-6　加水直接高温蒸煮提取木聚糖

蒸煮温度/℃	170	160	150	140
溶出 TS/% 干物料	19.3	16.8	13.1	5.2
RS/TS/%	33	31.5	30.5	32
糖醛/(mg/mL)	1.46	0.83	0.49	0.21

由表 1-2-6 可以看到，直接高温蒸煮提取液的 RS/TS（还原糖与总糖之比）都比较低。蒸煮温度为 170℃时总糖（TS）溶出达到 19.3%（按玉米芯计），但 RS/TS 只有 33%，这对低聚木糖的生产是有利的。糖醛的数据表明，糖类物质在微酸性条件（蒸煮液的 pH 值为 3.6～4.0）下的分解反应与温度密切相关。温度每提高 10℃，分解反应的速率提高约 2 倍。

② 酸预处理-湿法高温蒸煮提取木聚糖。木聚糖粗提液的制备工艺流程：

粉碎后的玉米芯→酸预处理→滤去浸泡液→蒸煮（按一定比例加入水，在一定温度下密封蒸煮一定时间）→冷却过滤→收集滤液（木聚糖粗提液）。

李慧静等[48]选择新鲜、无虫蛀、无霉变的玉米芯，先用锤子敲碎成小块，然后置于粉碎机中粉碎至 5mm 大小颗粒。玉米芯用 0.1% H_2SO_4 在 60℃条件下浸泡 12h，滤去浸泡液，然后加水至固液比为 1:15，于 82.5℃下蒸煮 120min，溶出的总糖量为 20.10%，且提取液的还原糖与总糖之比小于 25.6%，木聚糖的提取率可达 31.21%（木聚糖提取率以木聚糖含量为 35%的玉米芯计）。$m(RS):m(TS)$ 表示水解液中还原糖与总糖质量之比，单位为%，表示木聚糖在水解时主链断裂的程度，比值越大说明还原糖越多，木聚糖分解越严重，对木聚糖的提取越不利。H_2SO_4 能很好地使组织纤维结构疏松，破坏玉米芯的机械牢固性，削弱纤维素之间的连接性，使木聚糖得以游离。

杨瑞金等将玉米芯用 0.1% H_2SO_4 在 60℃条件下浸泡 12h 后进行蒸煮所提的木聚糖要比直接蒸煮多 30%左右，蒸煮温度为 160℃和 170℃时，RS/TS 有较大的提高，糖醛含量也有较大的提高。但在 150℃的蒸煮温度下，上述 3 项指标均处于较好的水平，实验结果见表1-2-7。

表 1-2-7　玉米芯用 0.1% H_2SO_4 预处理后湿法蒸煮提取木聚糖

蒸煮温度/℃	170	160	150	140
溶出 TS/%干物料	23.1	21.6	17.9	7.26
RS/TS/%	54.2	44.8	32.3	32.2
糖醛/(mg/mL)	2.05	1.26	0.67	0.34

邵佩兰等[49]用不同蒸煮方法的蒸煮结果如表 1-2-8 所列。

表 1-2-8　不同蒸煮方法的蒸煮结果

试验号	1	2	3
蒸煮方法	湿蒸-捣碎-湿蒸	湿蒸	干蒸
溶出 TS 量/%	20.6	20.75	22.2
$m(RS):m(TS)$/%	38.8	37.9	36.9

由表 1-2-8 可以看出湿蒸与先湿蒸一段时间后捣碎再湿蒸的溶出 TS 量及 $m(RS):m(TS)$ 差不多，而干蒸溶出 TS 量较湿蒸高，且 $m(RS):m(TS)$ 较小，对木聚糖的提取有利。结果表明：玉米芯（5mm）在 0.1% H_2SO_4 中，60℃条件下浸泡 12h，滤去浸泡液，然后加水至固液比为 1:10，于 120℃下蒸煮 60min，木聚糖的提取率可达 20%，且提取液的还原糖与总糖质量之比小于 38%，虽然木聚糖的提取率较低，但其水解条件温和，副产物相对较少，因而有利于木聚糖工业化生产。

③ 酸预处理-干法蒸煮提取木聚糖。酸度和温度是影响木聚糖提取率和提取过程中副反

应的重要因素，适当提高酸度可降低蒸煮温度和副反应的程度。干法蒸煮比湿法蒸煮更好，蒸煮温度可以进一步降低，这是因为不加水蒸煮时，玉米芯颗粒内部保留了一部分预处理时吸入的酸，因而颗粒内部的酸度相对较高。杨瑞金等将玉米芯经 0.1% H_2SO_4 60℃浸泡后，洗去表面的酸，进行干法蒸煮(不加水蒸煮)，然后以 1：12 的固液比加水于干法蒸煮后的玉米芯中，用组织捣碎机打浆提取其中的木聚糖。提取物用滤布过滤，滤液即为提取液，对滤液进行分析，结果见表 1-2-9。

表 1-2-9 酸预处理后干法蒸煮提取木聚糖

蒸煮温度/℃	150	140	135	130
溶出 TS/%干物料	25.4	18.4	13.7	6.92
RS/TS/%	53.1	38.5	27.4	27.5
糖醛/(mg/mL)	0.35	0.20	0.12	0.08

表 1-2-9 的结果表明，干法蒸煮比湿法蒸煮更好，蒸煮温度可进一步降低 10～15℃。温度降低后，副反应程度也大大降低(糖醛含量大大降低)。适宜的干法蒸煮条件为 135～140℃，30min。

表 1-2-10 是蒸煮法提取液加酶水解所得的低聚木糖产品的离子色谱分析结果。

表 1-2-10 蒸煮法提取液加酶水解所得低聚木糖产品的组成

糖组分	阿拉伯糖	葡萄糖	木糖	木二糖	木三糖
含量/%	7.7	6.8	11.5	54.1	19.8

表 1-2-10 的结果表明该法所得的低聚木糖产品具有很高的有效物含量，达到 74%。采用蒸煮法提取木聚糖然后加酶水解得到的低聚木糖产品的纯度达到了 70% 以上。

4）蒸汽喷爆法提取玉米芯中木聚糖　蒸汽喷爆技术是近年来发展较快的低成本、无污染技术，它可以有效地分离木质植物纤维的 3 种物质。与高温蒸煮方式相比，蒸汽喷爆处理时间短、能耗低，但直热汽爆法提取的玉米芯木聚糖含量通常较低。目前，日本已研制出连续式蒸汽喷爆装置用于低聚木糖的生产。蒸汽喷爆时，物料在一定压力下从反应器中瞬间喷爆出来，强大的气流冲击力会使物料中的半纤维素进一步降解，如蒸汽喷爆预处理玉米芯所用的温度或压力较高(温度＞190℃、压力＞14.7×10^5Pa)时，玉米芯中的半纤维素会发生深度裂解，生成大量木糖。

宋娜等[50]把玉米芯粉碎成直径 2mm，称取原料玉米芯 10.00g，加 100mL 浓度为 0.05% 的稀硫酸，在 60℃水浴中浸泡 12h，用清水洗至 pH 值为 5.0 左右。将稀酸浸泡后的玉米芯滤去水分，置入反应釜后加盖密封。加 2L 蒸馏水于蒸汽发生器内，密封蒸汽发生器，接通电源。待温度升到 250℃左右，压力升到 4MPa，打开阀门，使蒸汽排入反应釜内。达到所需温度后，关闭阀门。利用开关阀门控制所需温度进行高压蒸汽处理，到测定时间后，通冷凝水使反应釜温度冷却到 50℃以下。倒出提取渣液，离心，取部分上清液测定木聚糖提取量，并对不同温度下(170～210℃)高压蒸汽处理玉米芯提取木聚糖的动力学规律进行了研究。实验结果发现：随着高压蒸汽温度的增高和处理时间的延长，可溶性木聚糖的提取量有明显的增加；木聚糖的水解随高压蒸汽处理时间的增加分两个阶段——快速水解阶段和慢速水解阶段。高压蒸汽处理玉米芯过程中木聚糖水解的动力学参数如表 1-2-11 所列。

表 1-2-11 高压蒸汽处理玉米芯过程中木聚糖水解的动力学参数

项目	第一阶段			第二阶段		
	$\ln k_0$	$E_a/(\text{kJ/mol})$	R^2	$\ln k_0$	$E_a/(\text{kJ/mol})$	R^2
木聚糖	11.85	53.65	0.91	7.11	66.20	0.89

高压蒸汽处理玉米芯过程中木聚糖水解率符合阿伦尼乌斯方程，快速水解木聚糖和慢速水解木聚糖水解的活化能分别是 53.65kJ/mol 和 66.20kJ/mol。高压蒸汽处理玉米芯可溶性木聚糖水解的产物动力学研究表明：稀硫酸浸泡玉米芯对降低玉米芯降解过程中的活化能有一定帮助。

5）超声波法提取玉米芯中木聚糖 超声波是频率在 20kHz 以上的声波，它不能引起人的听觉，是一种机械振动在媒质中的传播过程。超声波用于提取植物的有效成分，操作简便快捷、无需加热、提取率高、速度快、提取物的结构未被破坏、效果好，显示出了明显的优势[50]。

杨健等[51]考察了用超声波法提取玉米芯木聚糖时各因素对提取率的影响。并通过正交实验确定了提取过程的最优条件：时间 30min，原料质量分数 3.23％，功率 280W，温度 60℃。在此条件下，用 7％（质量分数）的 NaOH 溶液提取，木聚糖的提取率可达 29.34％。玉米芯经过水煮后，木聚糖提取率为 33.01％。同时研究了玉米芯采用不同的预处理方法，再在最优条件下超声提取，计算木聚糖的提取率见表 1-2-12。

表 1-2-12 不同预处理方法木聚糖的提取率

预处理方式	提取率/％
未预处理	29.34
95％乙醇	29.27
0.1％ H_2SO_4	31.65
25％氨水	31.26
水煮	33.01

常规法提取木聚糖：称取 2.5g 玉米芯，加入 50mL 7％ NaOH 溶液，室温下 60℃浸泡 2h，过滤出提取液，测木聚糖质量，计算提取率为 28.54％。超声提取与常规法相比，两者的木聚糖提取率相差不大，但超声波法具有耗时少的优点。超声波对提取有强化作用，体现为其对媒介产生空化作用和机械振动作用。空化作用产生相当大的破坏应力，可破坏细胞壁结构，使木聚糖充分暴露。机械振动作用加快木聚糖在媒介中的传递扩散。两种作用相互促进，使木聚糖提取过程更容易。

汪怀建[52]利用超声波辅助法提取玉米芯木聚糖，通过响应面分析得出超声波辅助法提取玉米芯木聚糖的最佳条件为：以 10％ NaOH 溶液为提取溶剂，超声波功率为 266W，提取时间为 52min，提取温度为 71.1℃，液料比为 20.39mL/g，玉米芯木聚糖提取率平均值为 29.77％。

由表 1-2-13 可知，与传统提取方法相比，超声波辅助法显著提高了玉米芯木聚糖提取率，提高了 17.38%。而且提取温度降低了 31℃，提取时间缩短了 98min，提取效果大为改善。由于超声设备比常规设备的价格高很多，将超声用于大规模生产还有一定难度。超声提取耗时短的特点可减少碱液对设备的腐蚀，延长使用寿命，提高利用率，在一定程度上可弥补成本高的缺陷。

表 1-2-13 超声波辅助提取玉米芯木聚糖与传统提取法的比较

方法	提取时间/min	提取温度/℃	液料比/(mL/g)	提取率/%
超声波辅助提取法	52	71.1	20.39	29.77
传统提取法	150	100	22	25.36

6）微波辅助法提取玉米芯中木聚糖　微波技术是近年来发展起来的一种新的前处理技术。微波是一种电磁波，能使样品中极性分子在高频交变电磁场中发生振动，相互碰撞、摩擦、极化而产生高热。在微波场作用下，特别在密闭加压条件下，样品吸收能量后不断破裂。微波辅助提取木聚糖技术是发展较快、高效率、无污染的一项新技术。丁长河等[53]通过对高温蒸煮法和微波法处理玉米芯制备低聚木糖的比较得出：高温蒸煮法产物复杂，玉米芯经稀酸浸泡后再高温蒸煮，木聚糖提取率和水解液中还原糖含量均较高，但产物主要是单糖；微波法产物较单一，微波处理玉米芯制备低聚木糖更理想。

徐艳阳等[54]应用微波辅助法提取玉米芯木聚糖，通过正交试验设计，得出微波辅助法提取玉米芯木聚糖的最佳条件为：粒度 80 目的玉米芯，以体积分数为 2.0% 的硫酸溶液为提取溶剂，微波功率为 539W，微波时间为 5min，固液比为 1∶10(g/mL)，在此条件下，玉米芯木聚糖提取率达 30.21%。

取两组经 2.0% 硫酸预处理过的玉米芯进行正交试验的优势组合，与高温蒸煮处理玉米芯木聚糖的提取率进行对比试验，固液比都是 1∶10(g/mL)，实验结果见表 1-2-14。

表 1-2-14 正交试验的优势组合与高温蒸煮处理玉米芯木聚糖提取率结果

处理方法	处理条件	提取率/%
高温蒸煮	120℃,60min	29.73
微波辅助	539W,5min	30.21

微波处理玉米芯制备木聚糖最显著的特点是快速、高效。高温蒸煮方法需要至少 1h，而微波处理时间只需 5min，制备时间缩短了 92%，提高了生产效率。并且微波处理法不仅省时，还节约能源。所以综上考虑，微波辅助提取玉米芯中的木聚糖是较优异的方法。

（2）木寡糖（低聚木糖）的生产技术

低聚木糖的生产过程包括木聚糖的提取和精制、木聚糖的水解和纯化几个步骤。提取方法有高温蒸煮法、酸法、碱法、高压蒸汽爆破法、超声波法、微波辅助法等。水解方法有酸水解法、酶水解法、蒸汽爆破法、微波降解法等。通过各种方法降解这些原料中木聚糖便可得到粗低聚木糖，由于水解程度不同，产生各种聚合度低聚木糖，这就要求对粗低聚木糖进行分离、纯化。所以低聚木糖生产可分为两大步骤：一是水解原料得粗低聚木糖；二是对粗低聚木糖分离、纯化[55]。

1）粗低聚木糖生产方法　降解原料生成粗低聚木糖方法主要分为两类：一类是直接降解原料得到粗低聚木糖，如酸水解法、蒸煮法、蒸汽爆破法、微波降解法等；另一类是将原料先经物理或化学方法预处理，再通过酶水解得粗低聚木糖。其中酶水解法因其反应条件温和、产品纯度高、得率高等优点而被广泛采用。

① 酸水解法。首先提取半纤维素中的木聚糖，然后采用盐酸、三氟乙酸或硫酸等稀酸来部分水解木聚糖制备低聚木糖。但酸水解法需耐酸、耐压、耐热设备，技术要求高、投资大。另外，酸水解速度快，很难将反应停止在低聚木糖阶段，往往生成大量木糖；同时酸水解反应会伴随有害物质生成，造成产品精制工艺烦琐、得率低。因此，在工业上，酸水解法一般不用于低聚木糖生产，而用于木糖生产。

② 热水抽提法。热水抽提法是利用热水或饱和蒸汽作用于植物原料以制备低聚木糖。但是，热水抽提法得到的低聚木糖结晶颜色深，很大程度上限制了其用途。该方法制备低聚木糖设备要求耐热、耐压，消耗的能量更多，而产物得率偏低，并产生一系列的副产物等缺点，因此该方法不太适合应用于工业化生产。

③ 微波降解法。微波技术是近年来发展起来的一种新的前处理技术，微波降解法制备低聚木糖最显著特点是快速、高效、无污染。丁长河等[53]研究认为，玉米芯经稀碱液浸泡后再微波处理，木聚糖提取率和水解液中还原糖含量均高，且其主要成分是木二糖，糖醛含量少，方便后续分离纯化工艺，是制备低聚木糖的理想方法。李艳丽等[56]针对玉米芯微波消解-内切木聚糖酶水解制备低聚木糖的工艺，以低聚木糖的得率为主体评价指标，通过单因素实验对影响低聚木糖得率的微波消解过程和内切木聚糖酶水解过程的因素与水平进行研究。结果表明：玉米芯酶法制备低聚木糖的最佳工艺条件为微波处理压力 1.6MPa，微波处理时间 5min，内切木聚糖酶用量 140U/g，酶解时间 6h；在最适条件下，玉米芯酶解液中低聚木糖的得率为 82.5%，质量浓度为 11.02g/L，微波消解得到的样品中主要是木二糖和其他木寡糖。

吕银德等[57]采用玉米芯(2mm 以下)→预处理→微波处理→酶解→定容→测量低聚木糖提取工艺，得出微波-酶法提取低聚木糖的最佳工艺条件为：微波处理时间为 6min、加酶量为 1.5%、酶解时间 8h 和微波压力 1.5MPa。经过验证试验，低聚木糖的提取率为 43.8%，酶解主要成分为木二糖和木三糖。

④ 酶法水解。酶水解法是利用微生物发酵产生的内切性木聚糖酶来降解木聚糖，再经分离提纯制得低聚木糖。与上述的方法相比，主要具有以下优点：可定向利用内切性木聚糖酶来水解高聚合度的木聚糖，故副产物较少，从而有利于低聚木糖的分离、纯化和精制，节约了成本，这样更容易获得高规格的低聚糖产品，增大市场竞争力。为此，目前大多数糖类生产公司在生产低聚木糖领域采用酶水解法，如国内的新疆纵横公司、山东龙力公司、山东丰源公司及国外的日本王子制药和三得利公司均是采用该法生产不同档次的低聚木糖产品[58]。

目前，产木聚糖的微生物有细菌、链霉菌、曲霉菌、青霉、木霉等。但是自然界微生物产生的木聚糖降解酶系均存在木糖苷酶活性，往往影响低聚木糖的产率，同时还伴随产生大量淀粉酶、纤维素酶，这些酶性质相近，增加了分离纯化木聚糖降解酶系的困难。因此筛选产木聚糖酶酶活高而 β-1,4-木糖苷酶酶活低的菌株对于酶法生产低聚木糖是极其重要的。薛业敏等[59]酶法制备低聚木糖时，采用 3%～5%的底物浓度和 11.25U/g 的酶用量较为适宜。TCL 检测海栖热袍菌木聚糖的酶解产物主要为木二糖和木三糖。

酸水解法、高温降解法和微波降解法由于存在的技术难度大，反应速度很难控制，设备投资大和反应副产物多不利于分离纯化等缺点而工业应用前景不大。生物酶法降解反应速度易于控制、专一性强且副产物少，因此酶法降解是低聚木糖最有工业前景的方法。

2）玉米芯酶法制备低聚木糖工艺　王关斌等认为玉米芯酶法制备低聚木糖工艺过程一般由玉米芯粉经过预处理、酸解反应以及分离、精制得到低聚木糖产品。具体工艺如下：

玉米芯→木聚糖提取→精制→精制木聚糖液→酶降解→粗产品→精制→浓缩→普通产品→进一步提纯→高纯产品。

张洪宾等预处理-酶水解法生产低聚木糖工艺流程为：

玉米芯→预处理→木聚糖和少量低聚木糖→低聚木糖。

尤新等[60]用酶法生产低聚木糖的工艺流程如图 1-2-6 所示。

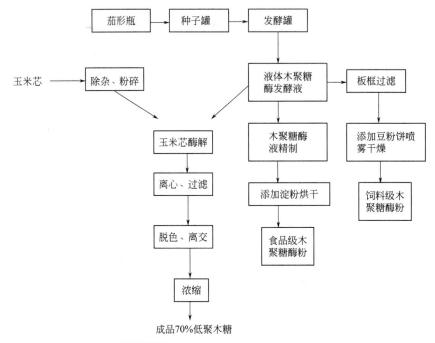

图 1-2-6 酶法生产低聚木糖工艺流程

工艺流程分为以下几个步骤。

① 原料处理。玉米芯经除杂处理，进入锤式粉碎机粉碎，物料粒度为 5mm。再经气流输送系统将粉碎后的玉米芯送入低聚木糖生产车间的储料仓备用。玉米芯采用酸、碱浸泡处理，尽量减少杂蛋白质、脂肪物质、可溶性糖的含量，以减少后处理的难度。浸泡工艺也可以考虑采用酶制剂浸泡，选用酶活力较高且使用条件相近的淀粉酶、蛋白酶、脂肪酶等，使淀粉类物、杂蛋白质与脂肪酶解成小分子物质溶于浸泡水中，这样可以减少废水的污染程度，但酶制剂的选择十分重要。

② 高压蒸煮。玉米芯颗粒控干水分后，通过储料仓的闭风器落入高压蒸球中，加水搅拌，通过高温高压蒸煮使玉米芯的结构松散，便于木聚糖酶进入内部酶解木聚糖。也可以考虑采用碱提取的工艺提取水溶性木聚糖，这样玉米芯的转化率较高，低聚木糖水解液的纯度较高，但水解液的碱含量较大，除盐工艺较为复杂。高温蒸煮不使用酸、碱，虽然减少了玉米芯的转化率，但杂质含量少。

③ 酶解、分解。蒸煮后的物料打入酶解反应罐，加水搅拌。采用该工艺既增加了料液中的酶活力，又节约了工艺用水。酶解后的物料经板框压榨及固液分离处理，去除滤渣，液相即为低聚木糖溶液。为尽可能增加低聚木糖的得率，滤渣可做进一步压榨洗涤处理。为了

减少液相中不溶性杂质含量，可以考虑加入一步陶瓷膜超滤，但会增加产品的生产成本。

④ 脱色、脱盐、浓缩。灭酶后的物料经压滤去渣后，将料液进行脱色处理。采用0.5%的活性炭脱色30min，再经电渗析脱盐。脱盐、脱色的目的是提高产品的质量。也可以考虑采用脱色树脂脱色的方法，但相对而言，用活性炭脱色，使用效果大致相同，而成本不高。处理后的料液用作三效降膜蒸发、真空浓缩处理。

⑤ 二次脱色、离子交换、二次浓缩。料液再次进入脱色罐进行二次脱色。脱色后的料液还需要进行离子交换去除生产过程中的有害离子。采用阴-阳-阴离子交换树脂处理，但树脂处理会产生酸、碱废水。最近有报道称可以采用纳滤技术，将除去单糖、浓缩等步骤一步完成。然后，将一部分糖浆进一步浓缩为70型低聚木糖浆，另一部分添加赋形剂后进行均质处理，打入高压喷雾干燥塔，喷雾干燥制成低聚木糖粉。

酶法生产低聚木糖是目前国际上认为最先进、最有前途的生产技术。该工艺是将玉米芯加工成5mm粒度，经蒸煮膨化处理，把玉米芯中的半纤维素（木聚糖）从相互嵌合的木质素和纤维素中抽提出来，使其溶于水中，然后加酶水解成低聚木糖。使用该工艺制备低聚木糖的工业化生产关键是提高玉米芯中木聚糖的转化率。采用山东省食品发酵工业研究设计院选育的适合生产低聚木糖的产酶聚木短小芽孢杆菌木聚糖酶制剂，酶活力达25084U/g，酶收率81.25%。用于工业化酶解生产低聚木糖，可使玉米芯中木聚糖的转化率达65%以上。下一步是如何通过该预处理、酶解工艺，通过提高玉米芯中木聚糖的溶出率和木聚糖的酶解效果，使玉米芯的转化率提高到85%的问题。

2.2.4　玉米芯酶法制取低聚木糖试验研究

罗晓凤[61]探讨了玉米芯酶法制取低聚木糖的方法：以玉米芯为原料提取木聚糖，利用黑曲霉分泌的木聚糖酶水解木聚糖后，用活性炭精制制得低聚木糖，毛细管电泳法检测低聚木糖的主要成分。

（1）玉米芯粉预处理

由于玉米芯化学组成复杂，在制备木聚糖前需要经过预处理。预处理主要是除去玉米芯中的一些色素、蛋白质、灰尘等杂质，同时也使玉米芯充分吸水，使其内部木聚糖中β-1,4-糖苷键在稀酸的作用下部分断裂。由于H_2SO_4能很好地使组织纤维结构疏松，破坏它的机械牢固性，削弱了纤维素之间的连接性，使木聚糖得以游离，使用0.1% H_2SO_4蒸煮玉米芯进行预处理结果较好。将预处理后的过滤液稀释到一定体积，用二硝基水杨酸（DNS）法测还原糖浓度，结果见表1-2-15。预处理液中还原糖含量高，说明木聚糖β-1,4-糖苷键断裂较多，部分没有断裂的β-1,4-糖苷键在弱酸的作用下结合力下降，为后面蒸煮溶出更多的木聚糖创造条件。从表1-2-15可以看出：0.1% H_2SO_4，60℃处理12h效果较好。

表1-2-15　玉米芯粉经0.1% H_2SO_4预处理后滤液中的还原糖浓度

条件	60℃、6h	60℃、12h	100℃、0.5h	100℃、1h
	0.88	1.43	1.08	0.98
还原糖浓度/(mg/mL)	0.77	1.21	1.04	0.95
	0.94	1.60	1.12	1.10
均值	0.86	1.41	1.08	1.01

（2）木聚糖的生产工艺

玉米芯预处理后，影响玉米芯粉碱法提取木聚糖的条件主要为碱浓度、水浴温度、水浴时间。三因素三水平正交实验结果表明，3个条件对木聚糖的提取影响力从大到小为碱浓度＞温度＞时间。10g玉米芯粉，在固液比1∶10的情况下，提取木聚糖的最优条件为：碱浓度10％，100℃水浴2h，用浓盐酸中和至中性。沉淀烘干得到粗木聚糖2.27g，即得率为22.7％（g粗木聚糖/g玉米芯），总糖含量为29.2％，即含有总糖0.66g。

$$木聚糖含量＝总糖含量×0.88$$

式中，0.88为校正系数。

算得最优条件下从2.27g粗木聚糖得到的木聚糖的量为0.58g。

（3）确定黑曲霉产木聚糖酶最优条件

混合固体培养基为玉米芯粉与碳源（C），加入量之比为6∶4，添加1％氮源（N）。固液比1∶2，28℃培养84h，产酶能力最好，木聚糖酶酶活为16064.76IU/mL。用0.05mol/L醋酸盐缓冲液（pH＝4.6）浸提固体培养基2h（固液比1∶5），过滤后，清液中加入饱和度70％（NH_4）$_2SO_4$盐析1.5h，将沉淀冷冻干燥，得到粗酶。脱盐后测得木聚糖酶的部分性质为：最适反应温度为45℃，最适反应pH值为3.6。该酶在pH值为3.0～11.0范围内比较稳定，50℃以下热稳定性较好，一般金属阳离子对该酶影响不大，适用于低聚木糖工业化生产。

（4）酶法制备低聚木糖条件

在最适反应条件下，木聚糖酶水解木聚糖得到低聚木糖溶液，用毛细管电泳仪检测。低聚木糖的峰面积相当于低聚木糖的浓度，低聚木糖的峰面积占总糖峰面积之比为低聚木糖在总糖中的相对含量。需要确定的反应条件是反应底物量、加酶量、反应时间和摇床转速。反应底物木聚糖加入量为2g时，低聚木糖含量最大，有利于以后的精制提纯。由表1-2-16可知这3个条件对低聚木糖峰面积和低聚木糖含量的影响大小依次为酶浓度＞摇床转速＞反应时间，推出最优条件为：在摇床转速为200r/min、温度为45℃的条件下，50mL缓冲液（pH＝3.6）中加入0.01％木聚糖酶酶解2g粗木聚糖5h，得到低聚木糖浓度为4.02mg/mL，低聚木糖占总糖浓度的44.2％。使用毛细管电泳检测制得的低聚木糖溶液，结果见图1-2-7。实验3（见表1-2-16）即为最优条件，低聚木糖峰面积占总糖峰面积的比例是最高的，有利于大批量生产和纯化。

表 1-2-16　酶法制备低聚木糖条件的正交试验

实验序号	酶浓度/％	反应时间/h	摇床转速/(r/min)	低聚木糖峰面积 $S/×10^7$	低聚木糖相对含量 $A/％$	$S×A/×10^8$
1	0.01	3	160	10.05	40.28	40.47
2	0.01	4	180	12.06	40.54	48.90
3	0.01	5	200	13.40	41.18	55.19
4	0.02	3	180	12.18	38.24	46.56
5	0.02	4	200	11.60	37.08	43.01
6	0.02	5	160	12.47	34.00	42.40
7	0.05	3	200	12.14	34.23	41.54

实验序号	酶浓度/%	反应时间/h	摇床转速/(r/min)	低聚木糖峰面积 $S/\times 10^7$	低聚木糖相对含量 $A/\%$	$S\times A/\times 10^5$
8	0.05	4	160	13.77	27.36	37.66
9	0.05	5	180	11.84	28.79	34.09
$k_1/\times 10^5$	48.18	42.86	40.18			
$k_2/\times 10^5$	43.99	43.19	43.18			
$k_3/\times 10^5$	37.77	43.89	46.58			
级差 $R/\times 10^5$	10.42	1.04	6.40			

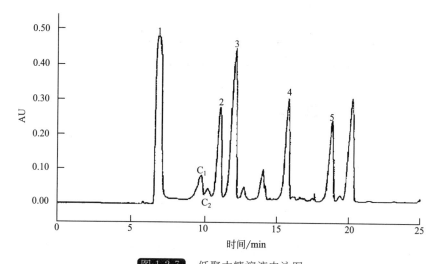

图 1-2-7 低聚木糖溶液电泳图

C_1、C_2—未知糖峰；峰 1—衍生试剂峰；峰 2—木三糖峰；峰 3—木二糖峰；峰 4—木糖峰；峰 5—阿拉伯糖峰

（5）低聚木糖的纯化

低聚木糖被活性炭柱吸附以后，依次用 500mL 蒸馏水和 500mL 15％乙醇洗脱，收集 15％乙醇洗脱液，浓缩至 50mL，用毛细管电泳检测，结果见图 1-2-8，可见木糖之后的糖峰消失了，木糖峰峰面积变小了，说明此方法对低聚木糖有一定的纯化作用。使用活性炭柱分离精制低聚木糖，纯化后木二糖和木三糖的峰面积占电泳图总糖峰面积的 82.6％，回收率为 78.1％。

（6）建立了柱前衍生化测定低聚木糖中主要组分的毛细管电泳方法

在未涂渍的石英毛细管中，以 75mmol/L 硼砂溶液（pH＝10.5）为运行缓冲液，在检测波长 214nm、分离电压 10kV 下对低聚木糖主要组分的 α-萘胺衍生物进行快速分离测定。结果表明，该方法重现性好，木二糖迁移时间和峰面积的相对标准偏差分别在 0.5％和 2.0％以内。木二糖浓度在 0.0001～1.000mg/mL 范围内，含量与其峰面积之间呈现良好的线性关系。

杨书艳[62]在玉米芯酸酶法制备低聚木糖的研究中，通过宇佐美曲霉的固态发酵制备了木聚糖酶。结果表明：在培养基的初始 pH 值为 4.5、麸皮与玉米芯粉比例为 3:5、液固比为 1.2:1 的条件下，28℃发酵 72h，干曲酶活可以达到 6686IU/g。以玉米芯和木聚糖酶为原料，研究了酸预水解的影响因素及酸处理后酶水解的最适条件。

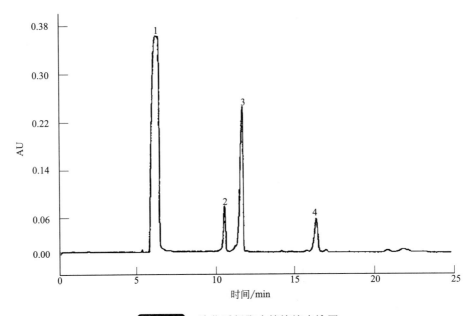

图 1-2-8 纯化后低聚木糖溶液电泳图

峰 1—衍生试剂峰；峰 2—木三糖峰；峰 3—木二糖峰；峰 4—木糖峰

1）玉米芯预处理工艺 用 60℃去离子水浸泡风干玉米芯（60 目）12h，过滤，弃去滤液，滤渣烘干备用。

2）玉米芯酸预水解工艺 预处理过的玉米芯，经酸预水解后溶出总糖量由处理前的 5.98％提高到 14.35％。玉米芯酸预水解工艺将经上述预处理的玉米芯按固液比 1∶6 加入 2.0g/L 的硫酸溶液中，于 120℃酸预水解 60min，酸预水解液溶出总糖量达到 15.01％，平均聚合度为 2.16。

3）玉米芯酶水解工艺 将经酸预水解渣液调至 pH＝4.6，按 40IU/g 干玉米芯加木聚糖酶，于 50℃水解 4h。最终酸-酶水解液中的溶出总糖量为 20.32％，平均聚合度 1.74。

4）低聚木糖的精制工艺 低聚木糖产品成分除了低聚木糖以外，还含有少量的木糖、葡萄糖、聚合度（DP）大于 8 的木聚糖、木质素、酶蛋白质、色素等物质，其中只有聚合度为 2～7 的低聚木糖属于生物活性物质。

鉴于以上原因，低聚木糖粗糖液必须通过精制，主要包括酵母发酵脱糖和脱色脱盐两种方法。葡萄糖的存在会降低低聚木糖的功能性，所以必须去除。酵母可以有选择性地将低聚糖中的葡萄糖发酵成酒精除去而不消耗功能成分。将酶水解后的溶液真空抽滤，制得粗糖液。粗糖液配制成酵母发酵培养基，按 0.5g/100mL 接种量加入活性干酵母，发酵 24h。将发酵前后的糖液精制后用高效液相色谱（HPLC）分析，用木糖、葡萄糖和购买的低聚木糖样品所得的高效液相色谱图作对照，如图 1-2-9～图 1-2-13 所示。定性角度看出，经过 24h 发酵后，糖液中已经不存在葡萄糖成分。从表 1-2-17 中定量角度看，酵母脱糖之前，葡萄糖相对含量为 4.69％，木糖和阿拉伯糖合起来的相对含量为 13.91％；脱糖之后，葡萄糖成分未检出，而木糖和阿拉伯糖量也有降低；低聚木糖含量达 89％以上。酵母发酵 24h 后离心，取上清液加活性炭，80℃脱色 60min；活性炭脱色后的糖液再经过离子交换树脂，最终糖液脱色率达 90％以上，损失率在 30％左右。

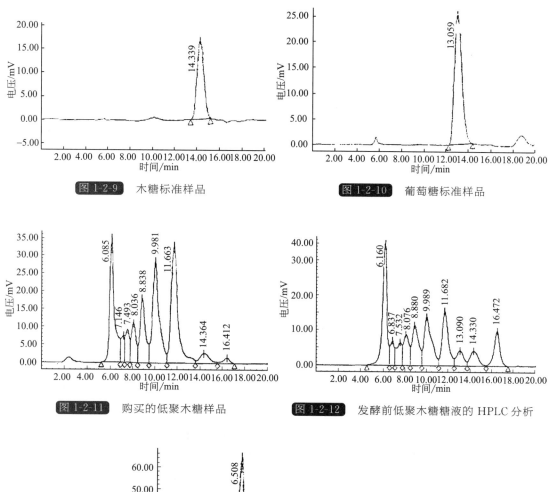

图 1-2-9　木糖标准样品

图 1-2-10　葡萄糖标准样品

图 1-2-11　购买的低聚木糖样品

图 1-2-12　发酵前低聚木糖糖液的 HPLC 分析

图 1-2-13　发酵糖液的 HPLC 分析

表 1-2-17　糖液发酵前后成分对比

组分	样品	发酵前	发酵后
阿拉伯糖＋木糖/%	4.37	13.91	10.31
葡萄糖/%	未检出	4.69	未检出
木二糖/%	26.82	14.84	14.48
木三糖/%	22.89	15.83	15.27
低聚糖总含量/%	92.57	71.88	89.69

张金永等[63]以玉米芯(产自山东，粉碎至 20～30 目。其化学成分为：纤维素 38.5％，半纤维素 35.0％，木质素 17.5％，其他 9.0％)为原料，利用酶法制备低聚木糖。实验结果表明：玉米芯在固液比 1：10、NaOH 质量浓度 4％、50℃条件下抽提 24h，木聚糖提取率为 91.0％。黑曲霉木聚糖酶可迅速降解木聚糖底物，适用于制备低聚木糖。优化的酶解工艺条件为：50℃，pH=4.8，底物浓度 3.0％，木聚糖酶用量 50IU/g 底物。反应时间 0.5h，在上述反应条件下，产品平均聚合度为 3.61，低聚木糖得率为 91.2％。

宋娜等[64]通过响应面试验研究了高温蒸煮(170～210℃)玉米芯酶法制备低聚木糖的工艺。实验方法如下。

1) 稀酸浸泡　称取原料玉米芯 10.00g，加 100mL 一定浓度稀硫酸，在 60℃水浴中浸泡 12h，用清水洗至 pH 值为 6.0 左右。

2) 高温蒸煮　稀酸浸泡后的玉米芯滤去水分，置反应釜后加盖密封。加 2L 蒸馏水于蒸汽发生器内，密封蒸汽发生器，接通电源。待温度升到 250℃左右，压力升到 4MPa，打开阀门，使蒸汽进入反应釜内。达到所需温度后，关闭阀门。利用开关阀门控制所需温度恒定至测定时间。通冷凝水使反应釜温度冷却到 50℃以下。倒出玉米芯渣液，离心，取部分上清液测定还原糖转化量。

3) 酶解　用 NaOH 溶液调节高温蒸煮后玉米芯渣液的 pH 值达到 5.8，加入 3.0％的木聚糖酶(相对于玉米芯干物料)，在 50℃恒温振荡培养箱中酶解 12h。取上清液测定还原糖转化量。木聚糖水解成分分析：薄层层析色谱(TCL)；还原糖转化量测定：DNS 法。综合单因素影响试验结果，采用三因素三水平的响应面分析方法，因素与水平设计见表 1-2-18。由 Design-Expert 数学软件做试验设计，响应面分析方案和结果见表 1-2-19。

表 1-2-18　响应面分析因素与水平

因素	水平		
	-1	0	1
硫酸浓度 Z_1/％	0.05	0.10	0.15
蒸煮温度 Z_2/℃	180	190	200
蒸煮时间 Z_3/min	3	6	9

表 1-2-19　响应面分析方案和结果

试验号	A 稀酸浓度/％	B 高温蒸煮温度/℃	C 高温蒸煮时间/min	还原糖转化量/(mg/g)
1	0.15	180	3	128.82
2	0.05	180	9	138.71
3	0.05	190	6	142.49
4	0.10	190	3	161.10
5	0.15	200	9	234.84
6	0.10	190	9	192.04
7	0.10	200	3	155.91
8	0.15	180	9	151.84
9	0.15	200	3	170.96

试验号	A 稀酸浓度/%	B 高温蒸煮温度/℃	C 高温蒸煮时间/min	还原糖转化量 /(mg/g)
10	0.05	180	3	106.82
11	0.10	180	6	162.56
12	0.05	200	9	169.77
13	0.15	190	6	207.94
14	0.10	200	6	207.94
15	0.10	190	6	198.19

　　考虑到实际操作的便利，选择 3 种 RSM 分析系统推荐的工艺条件做验证试验。试验条件如表 1-2-20 所列。在所选择的 3 种条件下对玉米芯进行高温蒸煮后的渣液用 3.0% 木聚糖酶酶解，对酶解液成分做 TLC 分析，结果如图 1-2-14 所示：酶解液的主要成分是木二糖和木三糖。在 1 号条件下酶解液中还原糖转化量最高，达到 226.6mg/g，如图 1-2-15 所示。

表 1-2-20　验证试验的试验条件

试验号	稀酸浓度/%	高温蒸煮温度/℃	高温蒸煮时间/min
1	0.05	200	4
2	0.05	180	7
3	0.10	180	5

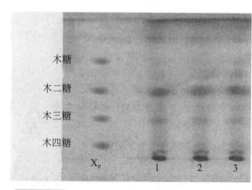

图 1-2-14　高温蒸煮玉米芯酶解液 TLC 分析
Xn—低聚木糖标准

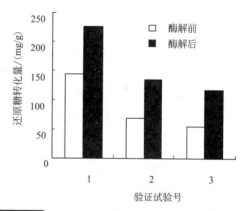

图 1-2-15　高温蒸煮玉米芯水解液中还原糖转化量

　　实验结果表明：应用响应面分析法优化高温蒸煮玉米芯酶法制备低聚木糖最佳工艺条件为浸泡硫酸浓度 0.05%，蒸煮温度 200℃，蒸煮时间 4min。在此条件下水解液经 3.0% 木聚糖酶酶解 12h 后，其还原糖转化量可达 226.6mg/g，且酶解液主要成分是木二糖和木三糖。

　　低聚木糖已经成为国际低聚糖发展中的佼佼者，我国具有低聚糖产业发展的特色与资源优势。随着研究的深入、人们对低聚木糖认识的提高以及生产成本的下降，低聚木糖的发展空间将越来越广阔，同时能为企业带来极大的经济效益。玉米芯是农业纤维废弃物，利用玉米芯酶法制备功能性低聚木糖，在资源利用、环境保护以及促进产业化结构调整等方面均具有重要意义。

2.2.5　生产糠醛技术

2.2.5.1　糠醛概述

糠醛，又名呋喃甲醛、呋喃醛、麸醛、焦黏醛，英文名 Furfural，分子式 $C_5H_4O_2$，分子量 96.08，是无色透明的液体，有杏仁的气味，闪点 $60℃$，熔点 $-36.5℃$，沸点 $161.1℃$，相对密度 1.16，微溶于冷水，溶于热水、乙醇、乙醚和苯，在空气中氧化逐渐变为黄色至棕褐色。由于它含有一个呋喃环和一个醛基，可以通过氧化、氢化、缩合等反应制取大量的衍生物，是一种广泛应用于化工、食品、医药等行业的重要有机原料。糠醛的感官评价为具有甜香、木香、面包香、焦糖香并带有烘烤食品的气味。糠醛还可直接用作防腐剂，它的衍生产品糠酸和糠醇亦可用作防腐剂。以糠醛为原料可以合成重要的有机酸——苹果酸、麦芽酚和乙基麦芽酚，这几种物质是优良的增香剂和食品添加剂[65]。

糠醛是以农林废料(玉米芯、小麦秸秆、水稻秸秆、棉籽壳、甘蔗渣、木材碎屑)等为原料，经水解、精制而得，是重要的化工原料，主要用于铸造、化工、石油、医药、农药等部门。糠醛的生成是由戊聚糖水解制取木糖，木糖在酸性条件下分子内脱去 3 个水分子，环化生成五元杂环化合物糠醛(见图 1-2-16)；Zeitsch、Antal 等的研究均表明，木糖在酸的催化作用下脱水，其路径如图 1-2-17 所示。转化步骤包括 1，2 位脱去 2 分子水和 1，4 位脱去 1 分子水。其中 1，2 位脱水过程发生在 2 个相邻的 C 原子上，并且脱水后它们之间形成双键；而 1，4 位脱水过程则发生在由其他 2 个 C 原子分隔的 1,4 位碳原子上，并且最终脱水后在它们之间形成环状。

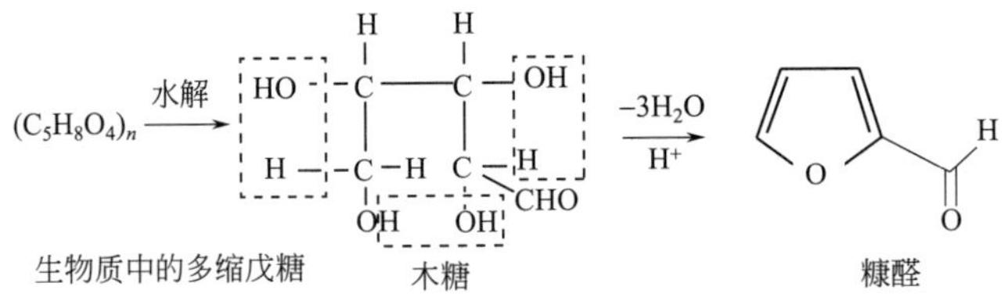

图 1-2-16　糠醛反应的方程式及木糖的脱水机理

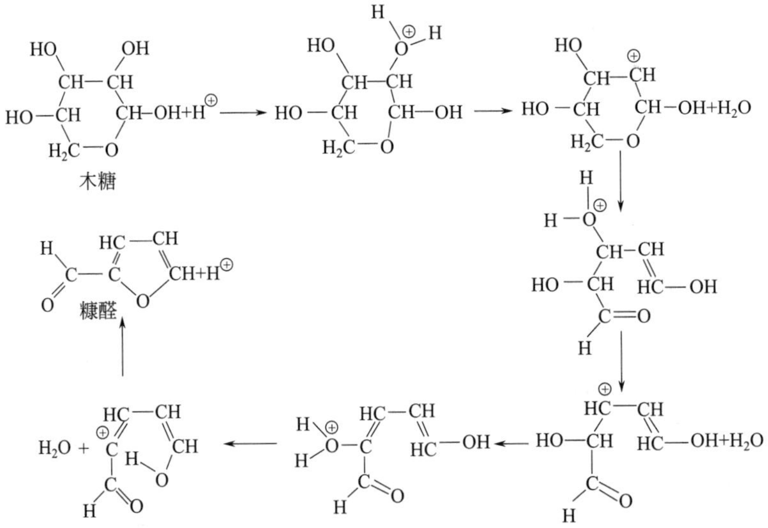

图 1-2-17　木糖脱水转化成糠醛反应机理

糠醛分子结构中有一个呋喃环和一个醛基以及呋喃环中的两个双键和环醚键，是一种重要的杂环类有机化合物，可以通过加氢、氧化脱氢、酯化、卤化、聚合、水解以及其他化学反应，合成许多有机化合物和新型高分子材料。目前常用生物质材料在酸性条件下水解生成戊糖（如木糖），然后将生成的戊糖经酸催化脱水生成糠醛[66]。

2.2.5.2 糠醛的主要功用

由于糠醛的分子结构较为特殊，在其分子结构中存在着羰基、双键、环醚等官能团，所以它兼具醛、醚、双烯和芳香烃等化合物的性质，可以发生氢化、氧化、氯化、硝化和缩合等化学单元反应，制备大量衍生产品，因而在工业生产中应用相当广泛，其下游产品覆盖农药、医药、染料、涂料、树脂等行业[67]。

（1）糠醛在食品行业中的应用

在食品行业中，糠醛可直接用作防腐剂，由其衍生的糠酸和糠醇也可用作防腐剂，同时它们都是合成高级防腐剂的原料。如以糠醛为原料可以合成木糖醇，添加在口香糖、糖果、糖麦片中可以起到预防龋齿的作用；以糠醛为原料可以合成重要的有机酸——苹果酸，苹果酸是生物体三羧酸循环的中间体，口感接近天然果汁并具有天然香味，与柠檬酸相比产生热量更低、口味更好，因此广泛应用于酒类、饮料、果酱、口香糖等多种食品中，并有逐渐替代柠檬酸的势头，是目前世界食品工业中用量最大和发展前景较好的有机酸之一；此外，以糠醛为原料还可以合成麦芽酚和乙基麦芽酚，麦芽酚和乙基麦芽酚具有令人愉快的焦糖香味，并有增香、增甜、保香、防腐和掩盖异味等功能，是优良的增香剂和食品添加剂。在我国国家标准《食品安全国家标准食品添加剂使用标准》（GB 2760—2014）中，糠醛归属于食品香料类，功能是用于调配食品香精，使食品增香，如配制面包、奶油硬糖、咖啡等香精。中国、国际食品法典委员会、欧盟、美国、日本的食品添加剂标准和法规中规定允许糠醛作为香料使用。

（2）糠醛在香料合成中的应用

糠醛作为原料合成香料的研究起源于20世纪60年代，经过50多年的发展，如今已成为比较重要的一类香料产品。以糠醛为原料直接或间接合成的香料产品达数百种，它们作为香味修饰剂和增香剂广泛应用于食品、饮料、化妆品等行业。这些香料产品中已获得美国香味料和萃取物质制造者协会（FEMA）、欧盟食用香料名单（COE）和国际食品香料工业组织实践法规（IOFI）批准使用的有近百种，应用量较大的有糠酸甲酯、糠酸乙酯、糠酸丙酯、糠酸丁酯、糠酸仲丁酯、糠酸异戊酯、糖酸己酯、糠酸辛酯、乙酸糠酯、丙酸糠酯、α-呋喃丙烯酸甲酯、硫代糠酸甲酯以及糠醛异丙硫醇缩醛等。

（3）糠醛在医药、农药合成领域的应用

在药物合成领域，以糠醛为原料可合成200多种医药和农药产品，并广泛用作灭菌剂、杀虫剂、杀螨剂、呋喃抗癌药及其他具有生理活性的医药和农药。目前，应用量较大的有治疗缺铁性贫血的富马酸亚铁、治疗细菌感染的磺胺嘧啶、抗血吸虫药物呋喃双胺和利尿药物糠胺等众多的医药产品。

（4）糠醛在合成树脂领域的应用

在合成树脂领域，用糠醛作原料合成的树脂具有耐高温、机械强度好、电绝缘性优良并耐强酸、强碱和大多数溶剂腐蚀的特点。其中，糠醛树脂、糠酮树脂、糠醇树脂等广泛用于制作塑料、涂料、胶泥和黏合剂。此外，由糠醛和苯酚可生成类似电木的苯酚糠醛树脂，用来制作浸渍砂轮和制动衬带。

（5）糠醛在有机溶剂方面的应用

在有机溶剂方面，糠醛及其衍生物是一类特殊的有机溶剂，在石油加工过程中作选择溶剂，并用于从其他 C_4 烃类中萃取蒸馏丁二烯，用于精制润滑油、松香、植物油、蒽等化工原料，还可作硝化纤维素的溶剂和二氯乙烷萃取剂[68]。

（6）糠醛在合成纤维方面的应用

在合成纤维工业中，糠醛是合成各种尼龙和呋喃涤纶的原料，糠醛以锌-铬-钼催化剂脱羰基再加氢得四氢呋喃，四氢呋喃与一氧化碳可合成己二酸，再用己二酸合成己二胺，最终生产尼龙 66[69]。

（7）糠醛用于合成可生物降解的高分子化合物

2009 年，Jennings 等用糠醛合成可生物降解的高分子聚合物，他们用紫外线激发糠醛的衍生物呋喃和 5-溴-2-糠醛，通过光化学反应合成联二呋喃，这种化合物可用来合成具有良好的机械性能和热阻性质的可生物降解的高分子化合物。实验研究表明这种方法可使联二呋喃得率达到 50%～60%。

（8）糠醛的主要下游产品的应用

1）加氢制糠醇　糠醇又名呋喃甲醇，为无色、具有特殊气味、易流动的液体，是糠醛最主要的下游产品之一，全世界生产的糠醛有 50% 用于生产糠醇，它具有羟甲基的特性，可发生聚合、羟甲基化、烷氧基化等多种化学反应，主要用于制备呋喃树脂，用作汽车、拖拉机等内燃机铸造工业的热射芯盒、砂黏合剂，以提高铸件质量和促进铸造过程的机械化和自动化，此外还可用作呋喃树脂、清漆、颜料的溶剂和火箭燃料，用于合成营养药物果糠酸钙的中间体乙酰丙酸等。另外糠醇还可以用来生产四氢糠醇，它的溶解能力很强，一般用作树脂和燃料的溶剂。

2）糠醛加氢制呋喃、四氢呋喃　糠醛经过真空精馏、脱羰基等可以制得呋喃，呋喃加氢可制得四氢呋喃。呋喃是一种重要的化学合成原料，可用于制备四氢呋喃、药物、除草剂、稳定剂和洗涤剂等。而四氢呋喃是一种重要的有机化工原料，用于制备丁二烯、涤纶、聚丁二醚醇、四氢噻吩等，还是一种良好的溶剂，参与格氏反应、聚合反应、酯化反应和缩合反应等，另外四氢呋喃还可以发生自聚及共聚反应，制取聚醚型聚氨酯弹性体。

此外，四氢糠醇、呋喃丙烯酸、糠酸乙酯、糠偶酰、糠胺、富马酸等很多化工原料均为糠醛的下游产品。糠醛的下游产品多达 1600 多个，大部分是附加值较高的重要精细化工产品，具有极大的开发利用价值。经过多年的发展，我国的糠醛生产工艺已相当成熟，但是随着时代的进步、科技的发展，新的单元反应技术、先进的化工生产设备也不断地被研制开发出来，并应用于生产实际当中。有关科研部门和企业应加大糠醛的应用研发力度，增加科研投入，不断开发糠醛的新用途，并将现有科研成果尽快转化为生产力，为将来我国的糠醛产业的大发展打下良好的基础。

2.2.5.3　制备糠醛的原料

糠醛是植物中的多缩戊糖经水解而成的，所以凡是含有多缩戊糖的植物原料均可用来生产糠醛，但是作为化工原料，就要考虑产品得率、原料消耗、原料质量（如水分含量、戊糖含量、外观质量等）、运输条件、储存条件、原料集中难易等问题。如条件不具备，即使是含有多缩戊糖的原料也难以组织生产。我国生产糠醛的主要原料是玉米芯、棉籽壳、甘蔗渣、稻壳、油茶壳、橡碗壳、向日葵壳、高粱壳、酸枣核等（见表 1-2-21）。众多原料中，玉米芯是生产糠醛的较理想的原料，玉米芯含生产糠醛的有效成分——多缩戊糖最高达38%～47%，这是其他原料所不及的。全世界玉米种植面积二十多亿亩，世界总产量约

500Mt。美国是世界上第一产玉米大国，年产量约 200Mt。我国是产玉米第二大国，年产量约 100Mt。玉米在我国有近 500 年的栽培历史，遍布全国，但比较集中的还是"三北"（东北、西北、华北）和云贵地区，约占全国总产量的 4/5。我国玉米种植面积约 3 亿亩，平均亩产超过 300kg，通常玉米和玉米芯之比约为 3∶1，按此比例计算，全国玉米芯的产量在 30Mt 左右[70]。

表 1-2-21 我国常用植物纤维原料主要成分[71]

原料名称	含量（绝干料）/%			产率/%	
	多缩戊糖	纤维素	木质素	理论	实际
玉米芯	38～47	32～36	17～20	27～34	10～12
棉籽壳	22～25	37～48	29～32	16～18	8～9
甘蔗渣	20～29	40.2～55.6	18～20	15～21	7～9
稻壳	16～22	35.5～45	21～26	1.6～16	6～8
油茶壳	24～27	21	5.0	17～19	8～9
向日葵壳	26～28	30～40	27～29	19～20	8～9
麦秆	25.56	40.40	22.24	18.6	8～9
稻草	19～24	38～43	16～21	13.8	6～7
玉米秆	24.6	37.1	18.4	17.9	7～9
向日葵秆	21.58	53.67	16.91	15.71	7～8
棉秆	20.76	41.42	23.16	15.1	7～8

2.2.5.4 玉米芯生产糠醛技术

糠醛是利用玉米芯和作物秸秆为原料，多缩戊糖在硫酸等催化剂的作用下水解生成戊糖，然后由戊糖脱水环化生成糠醛。反应形成原理如图 1-2-18 所示。

上述反应中第一步水解反应速率较快，且戊糖收率较高，而第二步脱水环化速率较慢，同时有副反应发生。如在高温和酸性条件下，糠醛易聚合生成低聚产物；高温下糠醛还易发生分解等反应。因此如果能把生成的糠醛立即从反应系统（酸性、高温）中移出，应是提高糠醛收率有效途径之一。

$$(C_5H_8O_4)_n + nH_2O \xrightarrow{\text{水解}} nC_5H_{10}O_5$$
多缩戊糖 　　　　　　　　　戊糖

$$C_5H_{10}O_5 \xrightarrow{\text{脱水、环化}} C_5H_4O_2 + 3H_2O$$
戊糖 　　　　　　　　　糠醛

图 1-2-18 糠醛形成原理

按高聚糖水解和形成糠醛的过程可把制取糠醛的方法分为一步法和二步法。一步法是半纤维素水解生产戊糖和戊糖脱水环化生成糠醛两个反应过程在同一个反应器内一次完成。两步法是原料中的半纤维素水解生成戊糖和戊糖在较高温度条件下脱水环化生成糠醛在两个不同的反应器中完成。

（1）一步法糠醛生产工艺

一步法糠醛生产工艺因其设备投资少，易于操作，在糠醛工业中得到了广泛的应用。经过近几十年发展，糠醛的生产工艺和技术都有了很大的提高，从最初的单锅蒸煮发展到多锅串联以及连续生产工艺。但是由于这些生产工艺多采用蒸汽气提法移出反应中生成的糠醛，蒸汽消耗量大，原料利用率低。制得的糠醛收率低，最高可达 60%，并产生大量的废渣。目前我国糠醛生产公司 95% 以上采用硫酸催化法，少数公司使用盐酸催化法。

根据催化剂种类的不同，一步法主要包括硫酸法、改良硫酸法、醋酸法、盐酸法、无机盐法 5 类[72]。

1）硫酸法　硫酸法是经典的生产糠醛的方法，它用 3%～6% 的稀硫酸作催化剂，将原料与催化剂在加压下蒸煮，用高压或过热蒸汽带出反应生成物，经分馏后得到糠醛成品，该法采用间歇操作，能耗高，副产品回收率低，成本高。

2）改良硫酸法　改良硫酸法是在硫酸配稀时加入普通过磷酸钙，目的是使废渣变为有机复合肥料，减轻污染，其生产条件及出醛率均与硫酸法相同。

3）醋酸法　醋酸法是以糠醛生产过程中的副产品醋酸为催化剂，在高温高压下生产糠醛，该法生产的糠醛纯度高，采用连续操作，投资少，腐蚀性小，应是大力推广的方法。

4）盐酸法　盐酸法是在常压下用盐酸作催化剂水解制糠醛的方法，原料利用率高，产品收率高，质量好，但工艺流程较长，操作控制系统复杂，生产投资大，腐蚀性较为严重。

5）无机盐法　无机盐法是将催化剂改为重过磷酸钙，也称重过磷酸钙法。特点是出醛率比硫酸法高，腐蚀小，水解锅为固定床，间歇操作，设备利用率低，现时能副产中性有机复合磷肥。但无机盐催化活性较低，生产周期较长。

（2）两步法糠醛生产工艺

两步法的基本出发点是充分利用原料，使戊糖转化为糠醛，六糖转化为葡萄糖或其他产物。两步法糠醛生产工艺较为复杂，设备投资较高，但是糠醛收率能达到 70%（相对于理论值）以上，可以显著提高经济效益。1945 年，Dunning 等最先对两步法糠醛生产工艺做了研究。他们用玉米芯作原料，硫酸作催化剂。第一步在硫酸 5.8%、98℃下反应 129min 后，戊糖收率可达到 95% 以上。第二步戊糖溶液经硫酸催化脱水环化制得糠醛，糠醛的收率可达 69%。水解后的残渣纤维素用 8% 的硫酸在 120℃ 左右水解约 8min，葡萄糖的收率达到 90%，最后得到的葡萄糖溶液经发酵可转化为乙醇。2007 年，李凭力等对木糖制备糠醛的工艺进行了研究，认为第二步戊糖脱水环化是提高糠醛产率的关键，重点研究了温度、木糖初始浓度和醋酸浓度对戊糖脱水环化过程的影响。结果表明，在木糖初始浓度 0.533mol/L、醋酸浓度 0.583mol/L、温度 180℃ 时，糠醛收率达到最高值 81%。综上所述，在糠醛工业的发展中，两步法生产工艺不仅可以使糠醛收率达到 70% 以上，同时可以将副产物葡萄糖发酵生产乙醇，与一步法相比，可以显著提高原料利用率和生产效益。随着糠醛工业的发展以及原料综合利用要求的提高，发展两步法糠醛生产工艺，分离原料中的纤维素和半纤维素并分别加以利用，是糠醛工业的必然发展趋势。

（3）糠醛生产流程

1）糠醛一步法生产流程　我国目前生产糠醛多采用中压直接酸水解法，图 1-2-19 为木质纤维原料一步法生产糠醛的工艺流程示意。木质纤维原料经破碎后与酸混合，用蒸汽蒸煮，然后以纯碱中和剩余的酸溶液，糠醛蒸汽经冷凝后，再经共沸、蒸馏、冷凝、静置、分层得粗糠醛，最后再用纯碱中和、静置分层、抽真空精制而得糠醛。由图 1-2-19 可以看出，在一步法生产过程中蒸煮过后会产生大量的残渣；糠醛水溶液蒸馏，冷凝过程中还会产生大量的废液，这些残渣和废液如果不加以利用不仅会对环境产生污染，而且降低了原料的利用率。

2）糠醛两步法生产流程　为了使植物纤维原料中的半纤维素和纤维素得到充分利用，结合两段水解法，美国 Raven 生物燃料公司提出了如下糠醛生产流程（见图 1-2-20）。此生产

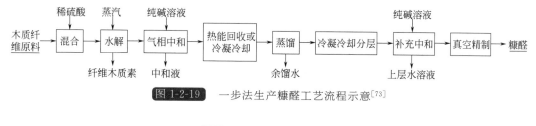

图 1-2-19 一步法生产糠醛工艺流程示意[73]

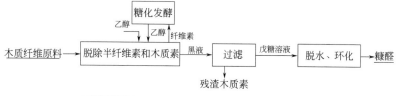

图 1-2-20 两步法生产糠醛工艺流程示意[73]

工艺中，第一段首先使用有机溶剂乙醇脱除半纤维素和木质素形成黑液，黑液经过滤得戊糖溶液和残渣木质素，戊糖溶液用于第二步脱水环化生产糠醛；而第二段主要是纤维素糖化发酵生产乙醇。

（4）玉米芯生产糠醛技术

目前我国糠醛生产厂家多为小企业，工艺水平较落后，主要以玉米芯为原料，4.0%～8.0%硫酸作催化剂，温度135～175℃，压力0.3～0.8MPa，液固比（稀硫酸与玉米芯的质量比）0.3～0.6，生产工艺多为多釜串联间歇水解，生产过程中使用蒸汽汽提移出糠醛。糠醛收率一般为50%～60%，1t糠醛消耗蒸汽18～24t，废水排放量约为糠醛产量的24倍，废气主要是甲醇、丙酮等毒气，该方法存在糠醛收率低、废水废气污染严重等问题[73]。

玉米芯的出醛率较高，理论出醛率为19%，可以充分利用玉米芯生产糠醛。脱粒后的玉米籽与玉米芯的质量比约为2:1，玉米芯作为糠醛的主要原料有着丰富的来源。目前，据不完全统计，国内糠醛的生产总量约为30万吨/年，有300多个生产厂家，绝大部分都以玉米芯为原料，主要分布在河南、山东、吉林等玉米主产区。

玉米芯一步法制糠醛的生产工艺：糠醛的生产方法，根据水解和脱水两步反应是否在同一个水解锅内进行分为一步法和两步法。一步法因其设备投资少，操作简单，在糠醛工业中得到了广泛应用。选取无霉烂、不变质的玉米芯原料，粉碎至一定粒度，用质量分数为5%的稀硫酸拌匀后，带压加入到夹套式水解釜中，夹套通冷水换热以控制温度，釜中通入蒸汽加热补入热量且形成酸性水解液，发酵6～9h后出料，出料气中含有一定量的副产物乙酸，出口温度约160℃，经冷却器换热后，进精馏塔，出塔轻物料经油气分离器得分层液体，上层为水，下层为粗糠醛，经精制处理可得99%的糠醛产品，主要工艺流程见图1-2-21。

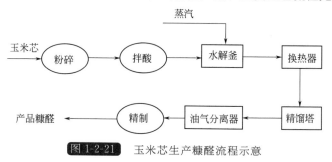

图 1-2-21 玉米芯生产糠醛流程示意

1）拌酸　玉米芯密度小，体积大，其物理性能，如含水量、颗粒大小、渗透性等对糠醛的生产有很大的影响，水分过大的原料要进行干燥。玉米的收获具有季节性，收获的玉米芯的存放处必须清洁干燥，并符合防火要求，否则会发生自燃和霉烂变质，使其中的多缩戊糖含量降低。拌料时将玉米芯从料堆场输送至斗式提升机，经螺旋输送机送至混酸机，然后将浓硫酸由浓酸罐压至计量槽，计量后慢慢加入到已放好温水的配料槽中，配成 6%～8% 的稀酸，再在混酸机中以固液比 1:0.4 与玉米芯进行均匀混合。

2）水解　拌酸后将拌酸料在水解釜内进行水解反应，这是制取糠醛的一道主要工序。玉米芯中的多缩戊糖以稀硫酸作为水解剂，水解成戊糖，再经脱水环化形成糠醛。但以上两个反应在常温下不易进行，因此，在实际生产中采用高温高压的方法。一般在生产中采用的温度为 145～230℃。水解反应后生成的糠醛应立刻用蒸汽把它吹出来，以免发生副反应。在水解过程中，蒸汽中的糠醛含量是不均衡的，因此在水解操作中要根据含醛量的变化调节蒸汽：出醛量高时，汽门开大；出醛量少时，汽门开小。若维持 30～40℃ 温度出料，出釜物料水层仍含 8.8% 的糠醛，因此，要尽可能回收利用。反应完后产生大量的废渣，主要由未反应的纤维素和木质素组成，目前糠醛生产厂家采用煤渣混烧技术，糠醛废渣用作产生蒸汽的燃料。

3）蒸汽处理及糠醛蒸汽冷凝　从水解釜排出的含糠醛蒸汽中含有少量乙酸，进入精馏塔前要进行中和处理，中和处理是通过纯碱液来实现的，中和液通过汽液分离器后送乙酸工段回收，含糠醛蒸汽进入冷凝器冷凝。

4）精馏　精馏的目的是浓缩稀糠醛溶液，从而提高糠醛的浓度。稀糠醛溶液从精馏塔的中部进入，塔底用间接蒸汽加热。糠醛和水的共沸点较低，容易蒸发。稀糠醛溶液经过蒸发，蒸汽就从蒸馏塔板的缝隙冒出，分成许多水汽泡进入上层塔板，而上层塔板上的多余液体就由溢流管回流至下一层。如此反复进行，经过多次蒸发而浓缩的含醛蒸汽由塔顶引出，残液从塔底部排出。塔上部引出的蒸汽进入冷凝器，冷凝后进入粗糠醛收集器，收集器里的产品分两层：下层为油状糠醛，浓度可达 90%，即粗糠醛；上层为糠醛溶于水的饱和溶液，内含糠醛 7%～10%。在操作中要保持塔顶温度为 94～97℃，塔底温度为 98～102℃，馏出液温度低于 55℃。

5）精制　粗糠醛由于纯度不够高，含有高沸点、低沸点物质和水，容易使颜色变深，不适合某些用途，所以要进行精制。一般采用减压蒸馏法或蒸汽蒸馏法进行精制。精制后的糠醛纯度要达到 99% 以上，含酸在 0.02% 以下。

整个生产过程中主要有 3 处存在环境污染问题，分别是水解釜的废水、废渣和精馏塔塔顶的废气。由于水解釜出釜废渣带来的废水中含有一定的糠醛，需回收净化后排放以避免环境污染。废渣一般作为燃料回炉产蒸汽，造成很大的粉尘污染；废渣作饲料或肥料等用途应该得到进一步研究。由精馏塔顶排放的废气中是否有回收的物质，对环境污染的程度如何，有待进一步研究[74]。

高礼芳等在高温稀酸催化玉米芯水解生产糠醛工艺优化的实验结果中表明，实验范围内各因素对糠醛收率的影响次序为：停留时间＞温度＞液固比＞硫酸浓度。综合考虑糠醛收率和耗水量，确定的适宜工艺条件为：停留时间 100min，温度 180℃，硫酸浓度 0.5%，液固质量比 8:1。在此优化条件下，糠醛收率达 75.27%，比国内现有玉米芯生产糠醛工业过程中糠醛收率提高了 15%～20%。李志松等对二步法玉米芯制备糠醛进行了研究，并在水解过程中加入氯化钠作为助催化剂；在环化脱水过程中采用甲苯取代蒸汽汽提用于反应蒸馏。

实验结果表明：水解催化剂为 5%（质量分数）的稀硫酸溶液，在 100℃回流反应 3.5h，戊糖收率可达 64.5%（以多缩戊糖计）。上述酸性水解液在 170℃、甲苯的存在下，反应蒸馏 3h，蒸出液经精制，制得糠醛，糠醛收率达到 85%（以戊糖计）。与一步法相比，糠醛收率提高 5%～8%（以原料玉米芯计），并且反应时间缩短，蒸汽的用量减少[75]。

岳丽清等[76]研究了三苯基磷在稀硫酸法水解玉米芯制备糠醛中的应用。在三苯基磷用量占玉米芯总量的 0.05%～0.5%范围内，考察了三苯基磷的量对糠醛收率的影响。结果表明：在反应温度 180℃、硫酸浓度为 0.5%、液固比为 8:1 工艺条件下反应 4h，糠醛收率为 70.3%。在最适工艺条件下加入三苯基磷，糠醛收率随着三苯基磷用量的增加而提高，当三苯基磷加入量占玉米芯总量的 0.25%时，糠醛收率达到 86%。同传统工艺相比，糠醛收率提高 20%～25%。由此可见，通过添加三苯基磷的途径可大幅度提高糠醛收率，在稀硫酸法水解玉米芯制备糠醛工艺中将具有良好的应用前景。

2.2.6 分离阿拉伯糖技术

2.2.6.1 阿拉伯糖概述

阿拉伯糖是一种戊醛糖，是含有 5 个碳原子并且带有醛基的单糖，阿拉伯糖在自然界中基本无游离单体，但化合状态的阿拉伯糖和其他糖类的复聚衍生物广泛存在于各种植物中。常见的有 β-D-阿拉伯糖（CAS 号 10323-20-3，比旋光度 $-175°\rightarrow-108°$）和 β-L-阿拉伯糖（CAS 号 87-72-9，比旋光度 $+104.5°\rightarrow+190.5°$）两种立体异构体，结构见图 1-2-22。D-阿拉伯糖通常由人工合成而得，在自然界很少见，偶见于某些大肠杆菌或结核杆菌的细胞内。自然界的阿拉伯糖主要为 L 型，不过它很少以单糖形式存在，而主要以杂多糖形式存在于半纤维素、果胶酸及某些糖苷中。L-阿拉伯糖为白色结晶性粉末，无气味，分子量150.13，熔点 159～160 ℃，相对密度 1.625，甜度为蔗糖的 50%左右，易溶于水，但溶解度稍低于蔗糖，不溶于乙醇和乙醚，对热和酸的稳定性高[77]。

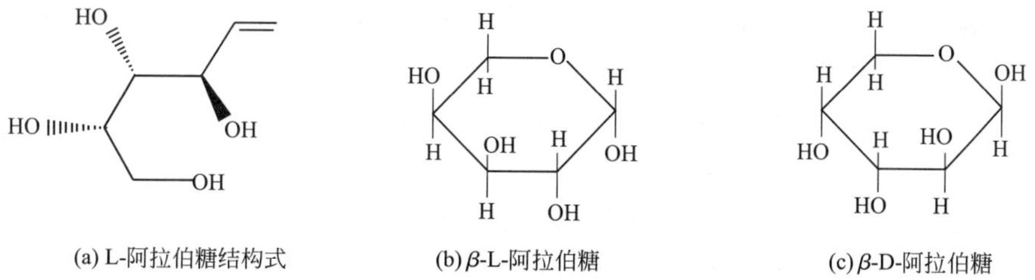

(a) L-阿拉伯糖结构式　　(b) β-L-阿拉伯糖　　(c) β-D-阿拉伯糖

图 1-2-22　阿拉伯糖的结构示意

2.2.6.2 阿拉伯糖的主要功用

（1）阿拉伯糖的主要功用

L-阿拉伯糖在抑制蔗糖的代谢与吸收，降低血清甘油三酯、提高高密度脂蛋白胆固醇，改善肠道微生态、增殖肠道有益菌，改变骨骼肌比例、改善胰岛素抵抗，稳定血压，减少脂肪堆积等方面具有独特的功能特点。

1）抑制蔗糖酶活性，提高糖耐量　L-阿拉伯糖对肠内蔗糖酶活性具有特异且强烈的抑制性。长期饲喂 L-阿拉伯糖能有效提高动物机体的糖耐量。这是因为 L-阿拉伯糖与蔗糖酶的亲和力比蔗糖对蔗糖酶的亲和力高 4～5 倍，因而进入肠道的 L-阿拉伯糖对肠蔗糖酶催化有强烈的抑制作用,可控制服用蔗糖之后的血糖水平。实验表明无论对正常人还是糖尿病病人,L-阿拉伯糖都能有效抑制蔗糖引起的高血糖症。

2)改变骨骼肌比例,改善胰岛素抵抗　Sekime 等[78]的研究表明,长期服用 L-阿拉伯糖的糖尿病大鼠,Ⅰ型肌肉纤维的数量增加,Ⅱ型肌肉纤维的数量下降,NIDDM(非胰岛素依赖性糖尿病)的并发症轻微改善;Kikuzawa 等[79]的研究也表明,服用 L-阿拉伯糖的大鼠,由Ⅰ型和Ⅱ型肌肉纤维组成的骨直肌中,Ⅰ型肌肉纤维的数量显著增加。Ⅰ型肌肉纤维的增加可以提高机体组织对胰岛素的敏感性,进而改善胰岛素抵抗[80]。

3)降低血清甘油三酯,提高高密度脂蛋白胆固醇　Osaki 等[81]在含蔗糖的饲料中分别加入 0.5%、1%的 L-阿拉伯糖,可显著抑制由蔗糖引起的大鼠肝脏和血清甘油三酯水平升高。韩伟等[82]用 L-阿拉伯糖 1.24 g/d 的剂量饲喂兔子,其甘油三酯、总胆固醇水平显著低于对照组。

4)改善肠道微生态,增殖肠道有益菌　L-阿拉伯糖对肠道有良好的酸化效果。动物肠道有机酸成分变化证实,饲喂 L-阿拉伯糖促使动物肠道增加的有机酸主要有乙酸、丙酸、乳酸、琥珀酸和苹果酸。肠道酸性环境有利于双歧杆菌、乳酸菌等肠道有益菌群的生长,促进机体对钙的吸收,增强机体排出有毒物的能力,抑制有害微生物增殖。此外,还能降低动物内脏器官脂肪积累,减缓体重增长。

(2)L-阿拉伯糖的应用

1)L-阿拉伯糖在医药中的应用　L-阿拉伯糖用于治疗糖尿病、肠胃病和高血压的相关研究已有报道和专利,随着临床试验数据的积累,L-阿拉伯糖在治疗糖尿病、肠胃病和高血压方面将会发挥更大的作用。L-阿拉伯糖是一种重要的合成医药的中间体,能够用来合成阿糖胞苷、阿糖腺苷、D-核糖、L-核糖。中国科学院长春应用化学研究所也研发了一种含有 L-阿拉伯糖和半乳糖的治疗肝癌的药物。L-阿拉伯糖由于其结构稳定、耐热性好、无热量、具有类似蔗糖的甜味等特点,可以用来作为医药赋形剂和填充剂。

2)L-阿拉伯糖在食品中的应用　作为甜味剂部分替代蔗糖,针对"三高一超"人群的功能糖产品、功能速溶饮料、功能性胶囊,在糖果巧克力中和焙烤食品中也有应用。

我国批准 L-阿拉伯糖为新资源食品。我国卫生部于 2008 年发布第十二号公告:根据《中华人民共和国食品卫生法》和《新资源食品管理办法》的规定,批准 L-阿拉伯糖为新资源食品。使用范围为"各类食品,但不包括婴幼儿食品"。在公告的附件中,有关说明如下。中文名称 L-阿拉伯糖;英文名称 L-Arabinose;来源为玉米芯、玉米皮等禾本科植物纤维;结构式为链状结构、环状结构;分子式 $C_5H_{10}O_5$;分子量 150.13。生产工艺是以玉米芯、玉米皮等禾本科植物纤维为原料经稀酸水解、脱色、脱酸、生物发酵、分离净化、结晶、干燥所得。使用范围是各类食品,但不包括婴幼儿食品。产品质量规格见表 1-2-22。

表 1-2-22　我国 L-阿拉伯糖产品质量规格[83]

项目	指标
性状	白色结晶粉末
含量/%	≥99.0
水分/%	≤1.0
灰分/%	≤0.1

项目	指标
熔点/℃	154～158
比旋光度$[\alpha]_D^{20}$($c=5$,H_2O,24h)/(°)	＋100～＋104

除了在食品和医药行业中的应用，L-阿拉伯糖还可用于香料合成、化工行业、生化试剂等。研究发现 L-阿拉伯糖的反应型香精能够产生柔和、丰富的香气，赋予使用香精的终端产品的香味更接近自然和饱满。

此外，L-阿拉伯糖还可以用来生产 L-阿拉伯糖醇，L-阿拉伯糖醇是一种应用非常广泛的稀有糖醇，在医药、化工等行业具有广泛应用。

2.2.6.3　制备阿拉伯糖的原料

自然界中，L-阿拉伯糖广泛存在于水果、稻子、麦子等粗粮皮壳、落叶松木、玉米皮、甜菜根和阿拉伯胶中。L-阿拉伯糖很少以单糖形式存在，通常与其他单糖(如木糖、半乳糖)结合，以阿拉伯聚糖、阿拉伯木聚糖、阿拉伯呋喃糖、阿拉伯半乳聚糖等杂多糖的形式存在于胶质、纤维素、半纤维素、果胶酸、细菌多糖及某些糖苷中。各种植物细胞壁中均含有阿拉伯糖。天然的 L-阿拉伯糖很少以游离形式存在，在许多松柏科树的芯材中含有游离状态的 L-阿拉伯糖。获得 L-阿拉伯糖的主要途径是通过植物提取的方法。L-阿拉伯糖含量较高的植物组织有玉米皮、玉米芯、稻子、麦子、蔗髓、甜菜、苹果等植物细胞壁的半纤维素和果胶质中[84]。

利用 L-阿拉伯糖较木糖易于水解的特点，采用适宜的水解温度对蔗髓进行水解处理，令其中的 L-阿拉伯糖选择性水解溶出，而其他单糖仍保留于原料中。李娜等[85]实验得到蔗髓选择性水解工艺提取 L-阿拉伯糖的适宜条件为：水解温度 140℃，保温时间 3h，固液比 1:10，此时 L-阿拉伯糖的产率为 1.40%，木糖、葡萄糖未检出。结果在较低温度下(≤140℃)延长保温时间有利于 L-阿拉伯糖的溶出和分离提纯。

玉米皮是玉米淀粉工业的主要副产品，主要成分是半纤维素、纤维素和蛋白质。玉米皮中含有 40%左右的半纤维素，主要是阿拉伯木聚糖，由木糖和阿拉伯糖通过 β-1,4-糖苷键连接而成，可通过稀酸水解得到木糖和阿拉伯糖。盖伟东等[86]利用酵母菌发酵玉米皮稀酸水解液中的葡萄糖和木糖生产单细胞蛋白(SCP)，再从发酵上清液中分离制备 L-阿拉伯糖。采用正交实验方法确定了玉米皮稀硫酸水解的最佳工艺条件：H_2SO_4 质量分数为 1.5%，水解温度 120℃，水解时间 3h，固液比 1:10(g/mL)。在此条件下，水解得到木糖、阿拉伯糖和葡萄糖含量分别为 22.17g/L、12.29g/L、11.16g/L。发酵结束后在离心发酵液内收集菌体，经洗涤干燥后制成单细胞蛋白。同时得到以阿拉伯糖为主要成分的发酵清液，浓缩至一定糖浓度，用活性炭 75℃ 水浴脱色，15min 后过滤除活性炭；再用离子交换脱离子得到以 L-阿拉伯糖为主要成分的糖液；60℃下加热浓缩至过饱和糖浆，沸水浴下加入适量乙醇，冷却至室温加入 L-阿拉伯糖晶种静置结晶，最终得到 L-阿拉伯糖晶体 0.168g，得率为 6.8%(以玉米皮计)。

玉米芯半纤维素中含有阿拉伯糖，一般玉米芯水解液还原物中木糖不到 80%，还有 10%的葡萄糖和 10%以上的阿拉伯糖，为木糖生产中的杂糖，是木糖结晶的障碍物。我国是木糖生产大国，每生产 1t 木糖产生 1t 母液，母液中含有较高的 L-阿拉伯糖，色谱分析表明母液中木糖、阿拉伯糖、葡萄糖、半乳糖和甘露糖的含量分别为 52%、20%、14%、3%

和 0.6%。早在 1985 年，轻工业环境保护研究所用木糖进行乙酰化反应，然后用气相色谱法测定，发现还原糖中 L-阿拉伯糖含量为 13.3%。在没有色谱法分离前，阿拉伯糖在木糖生产结晶过程中被分离进母液，多年来因测试技术条件所限，未能及早确认其是 L 型、D型或 DL 型，未找到合适用途。当时只能作为低价值焦糖色的原料。木糖母液的进一步提取工作有难度，目前各生产厂均廉价售出，并用于生产焦糖色素。因此如果能对母液进一步分离纯化，将富含的木糖和 L-阿拉伯糖分离出来，就可以实现降低成本、提高经济效益的目的。朱路甲等[87] 应用分散聚合法合成的钙型苯乙烯系螯合树脂，作为木糖母液中 L-阿拉伯糖与木糖和其他杂糖分离的工业色谱填料，采用优化的具备合适骨架弹性和刚性的 15% 交联度的树脂。在 $\phi 50mm \times 850mm$ 的模拟移动床(SMB)色谱系统上，对河南辉县市宏泰食品化工有限公司生产的木糖母液分离进行研究。在最优条件下：母液进料浓度为 30%，洗脱速度 2.5mL/min。进入均匀浓度的木糖母液，每隔一定时间对流分进行糖含量分析，得母液洗脱曲线。对比母液洗脱曲线和 L-阿拉伯糖与木糖洗脱曲线，分析得到母液分离的结果。实验取得了 99.5% 纯度的 L-阿拉伯糖，其收率达到了 96%，该分离操作条件为进一步工业化放大设计和生产优化操作奠定了基础。

从玉米芯生产木糖过程中分离阿拉伯糖，比起从树胶、甜菜粕等中提取阿拉伯糖技术更简便、成本更经济，但比一般食糖贵得多。虽然已由卫生部批准为新资源食品，但因人体没有代谢 L-阿拉伯糖的酶，不会产生任何热量，阿拉伯糖不能作为普通甜味料随意食用，所以要研究开发阿拉伯糖新的重要应用领域。日本年销 20t L-阿拉伯糖，销售额 150 万美元，相当于 7.5 万美元/吨，约合人民币 50 万元/吨。国内万吨级木糖企业推出 L-阿拉伯糖，每吨价格为 20 万元。这意味着年产万吨级木糖厂，每年至少能分离出 1000t L-阿拉伯糖，其产值是 2 亿元，目前每吨木糖为 1.6 万元，其产值 1.6 亿元。然而，100kg 蔗糖目前售价为700 元，如加 3kg 阿拉伯糖成本将达到 600 元，即可用于糖尿病人食用的糖 103kg，价值1300 元，合 13 元/kg，这种价格的代蔗糖恐怕消费者难以接受。

我国很多木糖厂有丰富的玉米芯木糖副产物阿拉伯糖来源，首先应努力降低成本，开拓阿拉伯糖新的应用途径，或做成深加工的原料。作为调节血糖的功能产品，阿拉伯糖在日本也并不是主流产品，且不能因为单价高而投入开拓。我国木糖行业有几十年从事农业植物纤维废料的研究经验，要更多注意利用各地特有的植物，提取适应市场广泛、功能多样的阿拉伯糖和其他糖类复023衍生物，既扶持"三农"，又为人类健康做出贡献。

L-阿拉伯糖最显著的作用是选择性地抑制人体小肠黏膜蔗糖酶的活性，进而阻碍人体对蔗糖的分解吸收，从根本上起到控制血糖和减少脂肪堆积的作用。L-阿拉伯糖具有减肥、调节血糖、降血压、排毒养颜、防止便秘、防治龋齿、增加肠道有益菌和清除血管脂肪等功效，可有效用于治疗肥胖、高血糖、高血压和高血脂等疾病。山东协力生物科技有限公司是国内首家利用生物技术提取 L-阿拉伯糖的企业，也是我国目前糖醇行业中规模最大的企业之一。L-阿拉伯糖独特的生理功能，使其广泛应用于食品、保健品、抗癌抗病毒药物以及生化试剂中细菌培养基的制备等领域中[88]。

2.2.6.4 分离阿拉伯糖技术

目前，L-阿拉伯糖生产厂家普遍以廉价的玉米皮、甜菜根为原料，采用酸水解法提取L-阿拉伯糖。除了酸水解外，还有碱水解、酶解、微生物发酵的方法提取 L-阿拉伯糖。含有杂多糖的植物组织在一定条件下发生水解，糖苷键发生断裂，L-阿拉伯糖和其他的糖就会以单糖的形式释放出来，然后经过分离纯化可得到纯度较高的 L-阿拉伯糖[89]。

1) 酸提取法　郭军伟等[90]以阿拉伯胶为原料，在反应温度90℃条件下，稀硫酸水解4h，氢氧化钡中和得到L-阿拉伯糖、D-木糖、鼠李糖的混合液。混合液经发酵除去D-半乳糖，然后在甲醇中结晶分离制得粗L-阿拉伯糖。粗L-阿拉伯糖加一定量的水后，配成质量分数为50%的糖液，pH值为6～7，再向糖液中加入乙醇，使乙醇质量分数≥90%，结晶时间32h，结晶后得到L-阿拉伯糖，产率为15.6%，纯度为97.5%。李令平等[91]以玉米皮为原料，选择草酸酸解，草酸浓度为0.5%，酸解温度为90℃，酸解时间2.5h，结晶分离得到L-阿拉伯糖，收率为10.08%。张泽生等[92]以玉米皮为试验原料，借助高效液相色谱法（HPLC）测定L-阿拉伯糖的含量为衡量指标，采用$L_9(3^4)$正交试验法，优选硫酸水解制备L-阿拉伯糖的最佳工艺条件：硫酸浓度5%，水解时间3h，水解温度100℃，硫酸用量为玉米皮粉末干重的12倍。L-阿拉伯糖水解得率的理论值为11.68%，该工艺可提高玉米皮中L-阿拉伯糖的提取率和纯度。陈军等[93]用蔗髓进行稀酸催化水解，从提高产物木糖和L-阿拉伯糖得率的角度出发，在单因素的基础上，选择水解温度、硫酸浓度、水解时间及液固比4个因素，以木糖和L-阿拉伯糖得率为指标，利用加权综合评价法进行$L_9(3^4)$正交实验，得出4个因素的影响顺序为：水解温度＞水解时间＞硫酸浓度＞液固比。最佳水解条件为：水解温度120℃，水解时间60min，硫酸浓度2.0%，液固比15∶1。在此最佳工艺下，木糖得率达25.93%，L-阿拉伯糖得率达4.22%。粉碎玉米芯，用4%乙酸在温度为100℃下预处理2h，分离水解产物，从中能得到5%～5.5%的L-阿拉伯糖。

2) 碱提取法　Tebble等[94]先将甜菜浆进行碱处理，得到天然的阿拉伯聚糖提取物，加入沉淀剂使之沉淀，过滤，超滤，除去杂质，浓缩提取物，酸水解纯净的阿拉伯聚糖提取物，得到L-阿拉伯糖溶液，超滤，中和至中性，结晶，得到纯净的L-阿拉伯糖晶体。

在使用酸水解、碱水解的化学方法制备L-阿拉伯糖的过程中，不必要的单糖也会被水解、释放出来，使得后续的分离、纯化过程较为复杂，导致L-阿拉伯糖的产率和纯度较低。此外，酸解的方法反应条件苛刻，必须使用专门的反应器，并且酸水解、碱水解会产生大量的酸碱废液，污染环境。

3) 生物方法　微生物、酶法的引进为L-阿拉伯糖的制备及其应用带来广阔的拓展空间。微生物、酶法具有高度的专一性，而且反应条件温和，副产物少，无污染，保障了食品和药品的安全性。酶、微生物反应效率高，能选择性分解含L-阿拉伯糖的植物组织及微生物选择性吸收分解后的杂糖，更有利于L-阿拉伯糖的工业化生产，更绿色，更环保，但瓶颈是难以获得高效的酶和高效的菌株。

Nyun Ho Park等[95]以含有阿拉伯糖基木聚糖的玉米须为原料，经纤维素酶、阿拉伯木聚糖酶水解，产生D-木糖和L-阿拉伯糖的水解液，向水解液中加入酵母，在pH值为4.5、30℃的条件下发酵96h。98%的D-木糖被发酵而L-阿拉伯糖基本没有变化，留下的L-阿拉伯糖通过活性炭脱色，离子交换树脂除杂质，结晶得到纯的L-阿拉伯糖晶体。

曹艳子等[96]用微生物方法处理农作物生产L-阿拉伯糖的试验研究得出以下结论：利用微生物菌株米曲霉、绿色木霉、康氏木霉3种菌处理农作物副产物玉米芯、麦秆、稻壳、花生壳后，将所得到的发酵糖液经离心等处理后进行高效液相色谱（HPLC）和薄层色谱方法检测，确定此糖液中含有目标物质L-阿拉伯糖。利用微生物菌种发酵方法将农作物废弃物中的新资源L-阿拉伯糖分离出来，以新的视角开辟了一条微生物发酵生产L-阿拉伯糖的绿色通道。

邹鸿菲等[97]选用5株酵母菌、7株霉菌和自环境中分离筛选出的2株霉菌经模拟培养基发酵后筛选出 5 种菌株进行玉米皮水解液的发酵。结果表明，球拟酵母发酵 4d，绿木霉、灰霉和自环境中分离筛选出的霉菌 Mgb1、Mgb2 发酵 3d 后，玉米皮水解液中木糖的保留率均小于 5%，L-阿拉伯糖的保留率可达 75% 以上，实验数据见表 1-2-23。分离方法简单有效，所用的 3 种菌株常见易得，为微生物法分离 L-阿拉伯糖提供了一定的参考。

表 1-2-23　5 种菌株发酵玉米皮水解液结果

菌种 （发酵天数/d）	木糖			阿拉伯糖		
	初浓度/(mg/mL)	终浓度/(mg/mL)	保留率/%	初浓度/(mg/mL)	终浓度/(mg/mL)	保留率/%
球拟酵母(4)	12.5	0.21	1.7	8.09	6.28	77.6
绿木霉(3)	12.5	0.35	2.8	8.09	6.09	75.3
灰霉(3)	12.5	0.57	4.6	8.09	6.16	76.1
Mgb1(3)	12.5	0.56	4.5	8.09	7.16	88.5
Mgb2(3)	12.5	0.46	3.7	8.09	6.25	77.2

在 L-阿拉伯糖的分离方面，用树脂或薄层色谱板进行分离操作复杂且收效小，提取到的 L-阿拉伯糖产率低，工业化难度大。使用微生物法分离 L-阿拉伯糖具有选择性高、反应条件温和、副产物少、无污染等优点，因此具有很大的应用潜力与广阔的发展前景。

参 考 文 献

[1] http://www.farmers.org.cn.cn.

[2] 孟昭宁. 玉米芯生产木糖的工艺技术 [J]. 杭州食品科技, 2009, (2): 30-31.

[3] 朱新涛. 玉米芯生产木糖清洁工艺研究 [D]. 北京: 北京化工大学, 2013.

[4] http://www.zhb.gov.cn.

[5] 尤新. 玉米新加工技术 [M]. 第 2 版. 北京: 中国轻工业出版社, 2009.

[6] 张振伟, 石绘陆, 叶勇. 玉米芯在当前畜牧业生产中的应用 [J]. 畜牧与饲料科学, 2012, 33(8): 58-59.

[7] 王关斌, 赵光辉, 李俊平. 玉米芯资源的综合利用 [J]. 食品与药品, 2006, 8(1): 55-57.

[8] 曹青, 吕永康, 鲍卫仁, 等. 玉米芯制备高比表面积活性炭的研究 [J]. 林产化学与工业, 2005, 25(1): 66-68.

[9] 简相坤, 刘石彩, 边轶. 硼酸催化制备玉米芯活性炭工艺研究 [J]. 中国林业科技大学学报, 2012, 32(10): 198-202.

[10] 王凯. 玉米芯的综合利用 [J]. 农村财务会计, 2004, (7): 60.

[11] 董英. 玉米芯营养价值及其综合利用 [J]. 粮食与油脂, 2003, (5): 27-28.

[12] 王兰青, 刘宇, 王守现, 等. 工厂化栽培白灵菇配方筛选试验 [J]. 北方园艺, 2012, (1): 156-158.

[13] 牛贞福, 国淑梅, 张晓南. 整玉米芯林地草菇栽培技术 [J]. 北方园艺, 2012, (11): 182-183.

[14] 李晓晶. 滑子蘑玉米芯袋式栽培技术 [J]. 种养一线, 2012, (7): 31-32.

[15] 唐利民, 甘炳成, 姜邻, 等. 基于麦秸原料的鸡腿菇高效栽培试验 [J]. 中国食用菌, 2012, 31(3): 15-16.

[16] 陈庆宽. 北疆姬松茸栽培技术 [J]. 新疆农业科技, 2012, (2): 37.

[17] 王海霞, 王建宝, 陈庆宽, 等. 玛纳斯县姬松茸人工栽培基料筛选试验 [J]. 中国农技推广, 2012, 28, (7): 33-35.

[18] 乔志文, 乔若臣, 张宝庆. 金针菇的栽培技术 [J]. 农民致富之友, 2012, (5): 22.

[19] 刘传会. 玉米芯工厂化栽培金针菇配方及单瓶装料量优化 [J]. 湖北农业科学, 2012, 51(10): 1985-1986, 1996.

[20] 钟鄂蓉, 郭莹, 郑安波, 等. 玉米芯栽培平菇培养基配方筛选试验 [J]. 现代化农业, 2012, (6): 30-32.

[21] 马永刚. 平菇高产高效栽培技术 [J]. 西北园艺, 2010, (1): 32-34.

[22] 赵大刚，陶鸿，卜文文，等．利用玉米芯栽培杏鲍菇技术研究［J］．北方园艺，2012，(5)：168-170.

[23] 王艳蓉，孙淑华，杨旭孟，等．三种垫料的生物学安全性评价［J］．实验动物科学，2012，29(2)：34-38.

[24] 赵景联．玉米芯综合利用技术［J］．河南科技，1994，(3)：10-12.

[25] 李怀刚，李顺义，王岩．一种复合生物除臭填料的性能评价［J］．河南化工，2012，29(1)：39-42.

[26] 李波，赵晖，刘雷，等．废弃农林生物质在废水处理中环境友好利用的研究进展［J］．应用化工，2012，41(1)：170-173.

[27] 张庆芳，孔秀琴，贾小宁．改性玉米芯吸附剂脱除废水中酸性大红的研究［J］．染整技术，2009，31(8)：23-25，33.

[28] 张庆乐，张文平，党光耀，等．玉米芯对废水重金属的吸附机制及影响因素［J］．污染防治技术，2008，21(5)：21-22，33.

[29] 尤新，李明杰．木糖与木糖醇的生产技术及其应用［M］．北京：中国轻工业出版社，2006.

[30] 丁兴红．利用玉米芯半纤维素水解液发酵生产木糖醇的研究［D］．杭州：浙江大学，2006：12-13.

[31] 王彩阁．以玉米芯为原料酶法制备木糖条件的研究［D］．郑州：河南农业大学，2010：2.

[32] 王荣杰，白兰莉．木糖制备过程研究［J］．广东化工，2012，39(2)：107.

[33] 朱晶晶，陈晓烨，陶颖，等．农作物秸秆制备功能性糖的研究进展［J］．食品工业科技，2012，33(15)：397-400.

[34] 谭世语，黄诚．木糖生产工艺的研究进展［J］．食品科技，2006，(12)：103-105.

[35] 秦玉楠．木糖的生产工艺及其效益［J］．精细化工，1992，9(2)：42-44.

[36] 赵先芝．结晶木糖的研制［J］．河南化工，2001，(10)：8-9.

[37] 赵立国．玉米芯制备木糖工艺条件的优化［J］．安徽农业科学，2011，39(9)：5346-5348.

[38] 张明霞，呼秀智，庞建光．微波辅助玉米芯酸水解提取木糖条件优化［J］．食品科学，2012，33(2)：39-42.

[39] 魏长庆．利用农业废弃棉籽壳生物法制备功能性低聚木糖［D］．石河子：石河子大学，2008.

[40] 郑建仙．功能性低聚糖［M］．北京：化学工业出版社，2004.

[41] 郝常明，罗棉．木寡糖的研究及其进展［J］．中国食品添加剂，2002，(2)：62-66.

[42] 杨瑞金，许时婴，王璋．低聚木糖的功能性质与酶法生产［J］．中国食品添加剂，2000，(2)：89-93.

[43] 王俊丽，聂国兴，臧明夏，等．玉米芯木聚糖的碱法提取及其酶解产物研究［J］．河南农业科学，2012，41(3)：157-160.

[44] 宋玉伟，张家祥，赵祥颖，等．玉米芯中木聚糖的提取条件探究［J］．山东食品发酵，2012，(1)：18-21.

[45] 华承伟，谢凤珍，陈晓静．响应面法优化玉米芯木聚糖提取条件［J］．河南农业科学，2012，41(2)：157-160.

[46] 王铮敏．超声波在植物有效成分提取中的应用［J］．三明高等专科学校学报，2002，19(4)：45-53.

[47] 杨瑞金，许时婴，王璋．低聚木糖的功能性质与酶法生产［J］．中国食品添加剂，2002，(2)：89-93.

[48] 李慧静，林杨，杨雪芹，等．玉米芯蒸煮法提取木聚糖的优化工艺研究［J］．食品研究与开发，2007，28(5)：80-83.

[49] 邵佩兰，朱晓红，徐明，等．用蒸煮法从玉米芯中提取木聚糖的研究［J］．宁夏农学院学报，2002，23(2)：37-38.

[50] 宋娜，李竹生，丁长河．高压蒸汽处理玉米芯提取木聚糖动力学研究［J］．食品研究与开发，2012，33(8)：17-19.

[51] 杨健，王艳辉，马润宇．超声波法提取玉米芯木聚糖的研究［J］．北京化工大学学报，2005，32(5)：106-109.

[52] 汪怀建，谭文津，丁雪杉，等．超声波辅助提取玉米芯中木聚糖条件优化研究［J］．中国粮油学报，2009，24(7)：50-54.

[53] 丁长河，宋娜，李里特．高温蒸煮法与微波法处理玉米芯制备低聚木糖比较［J］．食品研究与开发，2006，27(9)：68-71.

[54] 徐艳阳，李美玲，隋思瑶，等．微波辅助提取玉米芯中木聚糖条件优化［J］．食品研究与开发，2012，33(10)：59-62.

[55] 张洪宾，丁长河，周迎春，等．低聚木糖生产现状及其应用［J］．粮食与油脂，2012，(11)：46-48.

[56] 李艳丽，许少春，柳永，等．低聚木糖的制备及其对益生菌体外增殖的作用［J］．浙江大学学报，2011，37(3)：245-251.

[57] 吕银德，赵俊芳．微波-酶法提取低聚木糖的研究［J］．粮食加工，2011，36(4)：51-52，59.

[58] 张新峰.嗜热真菌高产木聚糖酶及其酶法制备低聚木糖的研究 [D].武汉：湖北工业大学，2011：5.

[59] 薛业敏，毛忠贵，邵蔚蓝.利用玉米芯木聚糖酶法制备低聚木糖的研究 [J].中国酿造，2003,(6)：7-9.

[60] 尤新.功能性低聚糖生产与应用 [M].北京：中国轻工业出版社，2004.

[61] 罗晓凤.玉米芯酶法制取低聚木糖的研究 [D].武汉：华中农业大学，2005：6.

[62] 杨书艳.玉米芯酸酶法制备低聚木糖及其生理功能研究 [D].无锡：江南大学，2007.

[63] 张金永，丁兴红，夏黎明.以玉米芯为原料酶法制备低聚木糖的研究 [J].食品与发酵工业，2006，32(2)：71-73.

[64] 宋娜，丁长河，李里特.高温蒸煮玉米芯酶法制备低聚木糖工艺研究 [J].食品工业，2007,(5)：1-4.

[65] 张玉玉，宋弋，李全宏.食品中糠醛和5-羟甲基糠醛的产生机理、含量检测及安全性评价研究进展 [J].食品科学，2012，33(5)：275-278.

[66] 余先纯，李湘苏，易雪静，等.固体酸水解玉米秸秆制备糠醛的研究 [J].林产化学与工业，2011，31(3)：71-74.

[67] 王涛，王东.糠醛产业现状与发展趋势 [J].新材料产业，2011,(11)：69-71.

[68] 殷艳飞，房桂干，施英乔，等.生物质转化制糠醛及其应用 [J].生物质化学工程，2011，45(1)：53-56.

[69] 王瑞芳，石蔚云.糠醛的生产及应用 [J].河南化工，2008，25(5)：14-15.

[70] 任鸿均.我国糠醛工业的未来 [J].发展论坛，2001,(11)：12-15.

[71] 陈军.糠醛生产技术进展 [J].贵州化工，2005，30(2)：6-8.

[72] 江俊芳.糠醛的生产及应用 [J].化学工程与装备，2009,(10)：137-139.

[73] 高礼芳，徐红彬，张懿，等.高温稀酸催化玉米芯水解生产糠醛工艺优化 [J].过程工程学报，2010，10(2)：292-297.

[74] 徐燏，肖传豪，于英慧.糠醛生产工艺技术及展望 [J].濮阳职业技术学院学报，2010，23(4)：150-152.

[75] 李志松，易卫国.玉米芯制备糠醛的研究 [J].精细化工中间体，2010，40(4)：53-55.

[76] 岳丽清，肖清贵，王天贵，等.三苯基磷在玉米芯制备糠醛中的应用 [J].化工进展，2012，31(5)：1103-1108.

[77] 邱泼，丁继程，白福来.L-阿拉伯糖的研究进展及应用现状 [J].食品研究与开发，2011，31(1)：160-163.

[78] Sekime Ayakootaminori, Funakoshi Akihiro, et al. Effect of long-term feeding of L-arabinose in genetically obese diabetic rats [J]. Digestion & Absorption，2004，26(2)：21-25.

[79] Kikuzawa Ayumi, Tanaka Noriko, Ichikawa Mineko, et al. Effects of L-arabinose on skeletal muscle fiber composition [J]. Journal of Japanese Society of Nutrition and Food Science，2005，58(2)：51-57.

[80] 蒙碧辉，舒昌达.糖尿病骨骼肌病变 [J].国外医学内分泌学分册，2002，22(5)：336-338.

[81] Osaki S, Kimura T, Sugimoto T, et al. L-Arabinose feeding prevents increases due to dietary sucrose in lipogenic enzymes and triacylglycerol levels in rats1 [J]. The Journal of Nutrition，2001，131(2)：796-799.

[82] 韩伟，吴汉洲，杨彩霞.L-阿拉伯糖降血糖和减肥功能实验研究 [J].中国中医药信息杂志，2010，17(3)：39-40.

[83] 尤新.阿拉伯糖和其他糖类复聚衍生物发展动向 [J].精细与专用化学品，2011，19(11)：1-4.

[84] 梁智.浅析L-阿拉伯糖化学 [J].广西轻工业，2011,(4)：4-5，64.

[85] 李娜，刘秋娟，江超.选择性水解工艺提取蔗髓L-阿拉伯糖的研究 [J].造纸科技与技术，2012，31(1)：30-32.

[86] 盖伟东，杜丽平，肖冬光，等.玉米皮水解液生产单细胞蛋白与L-阿拉伯糖 [J].食品与发酵工业，2011，37(1)：98-101.

[87] 朱路甲，张雪梅，赵守明，等.L-阿拉伯糖从木糖母液中色谱分离树脂的合成研究 [J].中国食品添加剂，2011,(1)：144-147.

[88] 石建鹏.L-阿拉伯糖的保健功效及其在食品药品中的应用 [J].农产品加工，2012,(12)：8-9.

[89] 黄淳.L-阿拉伯糖研究进展 [J].河南化工，2011,(23)：21-23.

[90] 郭军伟，冯亚青，王静，等.从阿拉伯胶水解液中结晶分离L-阿拉伯糖 [J].化学工业与工程，2007，24(5)：398-400.

[91] 李令平，周娟，邱学良.玉米皮酸解提取L-阿拉伯糖的工艺研究 [J].中国食品添加剂，2009,(6)：139-142.

[92] 张泽生，郑敏.玉米皮水解制备L-阿拉伯糖的技术研究 [J].食品工业，2012,(3)：44-46.

[93] 陈军，王元春.蔗髓制备木糖、L-阿拉伯糖的工艺优化 [J].食品科技，2011，36(11)：237-240.

［94］ Tebble L，Keech A，Mcdonnell J，et al. A method of preparation of L-arabinose ［P］. WO 20050502195，2005-09-06.

［95］ Nyun Ho Park，Shigeki Yoshida，Akira Takakashi，et al. A new method for the preparation of crystalline L-arabinose from arabinoxylan by enzymatic hydrolysis and selective fermentation with yeast ［J］. Biotechnology Letters，2001，23：411-416.

［96］ 曹艳子，刘艳，单春乔，等. 初探微生物法处理农作物生产 L-阿拉伯糖 ［J］. 中国酿造，2012，31(5)：151-154.

［97］ 邹鸿菲，张泽生，郑敏. 微生物分离玉米皮水解液中 L-阿拉伯糖的研究 ［J］. 食品工业科技，2012，33(12)：214-216，220.

3

推广利用酒精糟生产
全糟蛋白饲料

3.1 酒精行业概况及资源化现状

3.1.1 酒精行业概况

3.1.1.1 国内外酒精行业发展概况

　　酒精是以玉米、小麦、薯类等糖类为原料,经酵母发酵、蒸馏、脱水而成的乙醇产品。酒精工业是基础的原料工业,其产品广泛应用于化工、食品、医药卫生等领域,也可作为酒基、浸提剂、洗涤剂、溶剂、表面活性剂等。酒精与汽油混配成乙醇汽油,用作车用燃料。近年来在原油价格持续高速上升、世界能源紧缺的刺激下,燃料乙醇的旺盛需求推动全球酒精产量强劲增长。随着燃料乙醇在我国的发展、石油基化学品价格的迅速攀升,发酵酒精的产量不断增加。据国家统计局统计,2015年我国酒精行业基本年产量在100亿升左右,形成食用酒精、工业酒精和燃料乙醇三大品种。20多个主要生产省份分布全国,形成东北玉米酒精主产区、华东木薯酒精主产区、华中主产区和西南木薯糖蜜酒精主产区四大主要集聚产区,有约200家生产企业,生产规模在10万吨以上企业约占全国总产量的60%以上,年均产量增长率在8%左右。我国已与美国、巴西、欧盟共同成为当前全球酒精行业的主要经济体。

3.1.1.2 酒精生产的主要原料

　　全世界酒精主要通过发酵法生产。发酵法生产酒精要求碳水化合物类原料含蛋白质、灰分适量,少含或不含影响发酵的杂质(如脂肪),要求原料对人体健康无害,资源丰富,价格低廉,运输和储存要方便。目前常用的或具有发展潜能的原料主要有淀粉质原料、糖质原料、纤维质原料三大类。

　　(1) 淀粉质原料

　　淀粉质原料主要包括玉米、木薯、马铃薯和小麦等粮食作物。美国作为产酒精大国,主要以玉米为原料生产酒精,欧洲则以马铃薯为主。我国80%的发酵酒精都使用淀粉质原料,以玉米和木薯为主。下面将分别介绍淀粉质原料的两大组成部分——薯类原料和谷物原料。

1）薯类原料　薯类原料主要指木薯和甘薯。

木薯淀粉含量丰富、粗生、易栽、耐旱、适应性非常广、耐贫瘠，目前被认为是生产生物乙醇最具潜力的原料之一。木薯是短日照热带和亚热带作物，适于阳光充足且无霜冻的地方栽培。因而我国木薯种植区主要分布于广西、广东、海南、云南和福建的部分地区。

甘薯的主要成分是淀粉，一般含量占甘薯鲜重的15%～26%，高的可达30%左右，因品种不同而异。其淀粉结构较为疏松，有利于蒸煮糊化，所以甘薯出酒率较高。甘薯是在大部分地区都可种植的作物，产量高，对土地的要求不高。我国甘薯种植面积550万公顷，占世界的65%，是世界上甘薯种植面积最大的国家。利用我国的薯类资源优势发展酒精产业，对农民增收和促进甘薯产业发展具有重要意义，前景十分广阔。

2）谷物原料　国际上常用的谷物原料是玉米和小麦。小麦是我国主要粮食作物，为保障粮食安全，不能作为酒精生产的主要原料。而我国玉米总产量仅次于水稻和小麦，居杂粮之首。玉米在乙醇生产的常用谷物原料中占有很大比重，尤其是近年来，由于玉米的相对过剩，加之环保工作的要求，用玉米作原料居多。它的主要化学成分为：水分12%，碳水化合物73%，蛋白质8.5%，脂肪4.2%，粗纤维1.3%，灰分1.7%；是非常理想的乙醇生产原料。

（2）糖质原料

最常用的是废糖蜜，其次是东欧用的甜菜、巴西用的甘蔗。具有潜在发展前途的是起源于美国的甜高粱，秸秆中含糖，高粱米中含淀粉。

制糖过程中大概会产生3%～4%的废糖蜜，每年制糖工业产生的糖蜜数量非常巨大，甘蔗糖蜜常作为酒精发酵的碳源。

甜菜和甘蔗都是主要的制糖原料。甜菜是我国北方经济作物，甘蔗是一种热带作物，前苏联和东欧各国历来就有利用过剩的甜菜或受冻、变质的甜菜生产酒精的习惯。热带地区适合种植甘蔗，巴西主要是以甘蔗作为原料生产乙醇。我国广西、云南、广东、福建和海南等热带和亚热带地区可大力发展甘蔗制酒精工业，解决用粮食制酒精成本高、粮食储备减少的问题。

世界上许多发达国家和发展中国家于20世纪初就已开发和利用甜高粱。美国、巴西、澳大利亚等纷纷将甜高粱作为生产酒精的主要原料。甜高粱是耐盐碱、耐贫瘠、耐旱涝作物，我国约有2.8亿亩荒草地、盐碱地可以用于推广种植甜高粱。亩产4～6t茎秆，含糖高达18%～24%，平均每16t甜高粱茎秆可产1t燃料乙醇，甜高粱作为发展非粮燃料酒精的重点作物，具有很大的发展前途。

（3）纤维质原料

木质纤维素是世界上最广泛的生产燃料乙醇的有机原料。我国广大的山区及林区的野生植物果实、根茎及嫩叶都含有淀粉及糖分，如橡子果实、土茯苓、金刚头、香附子等，含有丰富的碳水化合物，可作为生产乙醇的原料。此外，包括农业和林业的剩余物、废纸和工业废物等纤维素或半纤维素都可代替传统农作物作为原料来生产燃料乙醇。

世界各国都将目光聚集在用纤维素原料生产乙醇的研究上。美国能源部资助用生物质废料生产燃料乙醇的技术开发，美国每年产生约2.8亿吨的生物质废料，如谷物秸秆、稻草和木屑等。开发将此类生物质废料转化为乙醇的酶是生物质制乙醇工业持续发展的关键，而由于纤维素类物质的特殊构造及纤维素酶的水解效率较低，相关技术还不成熟，导致纤维素乙醇生产成本高，无法与粮食乙醇相竞争；但发展潜力巨大，是未来燃料乙醇原料的发展方向。

3.1.1.3 酒精生产工艺

（1）淀粉质原料酒精生产工艺

1）淀粉质原料酒精生产工艺　淀粉质原料酒精的生产是由原料预处理、原料的水-热处理（原料的蒸煮）、糖化剂的生产、糖化、酒母制备、酒精发酵和蒸馏等工段组成，生产工艺流程见图1-3-1。

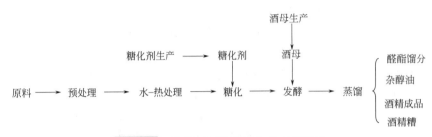

图 1-3-1　淀粉质原料酒精生产工艺流程

① 原料预处理。原料的预处理包括除杂和粉碎两个工序。除杂的目的是除去混在原料中的泥土、砂石、纤维质杂物或金属块等杂物，能够保证生产设备正常运转，生产顺利进行。粉碎的目的有：a. 将原料制成浆，使之连续均匀地送入蒸煮系统；b. 使淀粉颗粒部分外泄，进而使糊化和液化过程进行得比较容易和彻底。

② 水-热处理（原料的蒸煮）。原料蒸煮工艺主要采用高温高压蒸煮法，包括高温高压间歇蒸煮和高温高压连续蒸煮。高温高压间歇蒸煮法目前只在一些产量较低的小型酒精厂和液体白酒厂中使用。而我国以淀粉质为原料生产酒精的工厂大多数都采用高温高压连续蒸煮的方式。高温高压连续蒸煮较间歇蒸煮具有以下优点：淀粉出酒率高；设备利用率高；利于实现工厂的连续和自动化生产。

此外，淀粉质原料的蒸煮工艺还有低温低压蒸煮工艺和生原料无蒸煮工艺。淀粉质原料进行低温低压蒸煮时，生产上一般都要加 α-淀粉酶液化。生原料无蒸煮工艺主要是解决蒸煮耗能较大、生产成本高的问题。近年来酒精工业淀粉原料无蒸煮工艺的研究取得了一定的成效，目前研究较多的是生玉米粉和木薯粉的无蒸煮工艺[1]。

③ 糖化工艺

Ⅰ. 常用的糖化剂。常用的糖化剂主要包括固体曲、液体曲和糖化酶。过去酒精工厂大都采用固体曲作为糖化剂来生产酒精。由于受生产条件限制，不适于大规模的酒精生产。液体曲的研究成功给整个酒精工业带来了很大的变化，连续化和自动化程度得到了进一步提高。近年来，我国酶制剂工业发展较快，开始利用 α-淀粉酶和糖化酶来进行酒精生产的工厂也越来越多。

Ⅱ. 糖化工艺。酒精生产过程中淀粉的糖化工艺可分为两种：一种是间歇式糖化工艺；另一种是连续式糖化工艺。间歇式糖化工艺通常是被原料间歇蒸煮的工厂所用。随着酒精生产技术的不断发展，间歇糖化法已逐步被连续糖化法取代。在我国，多数大中型酒精厂都采用连续糖化法。间歇糖化时，冷却水与动力消耗大，设备利用率低。连续糖化时，可以把糖化工段的几个主要工序分在不同的设备中进行连续操作，有利于生产的自动化和连续化，提高了设备的利用率，缩短了糖化周期，降低了能耗。

④ 酒精发酵工艺。酒精发酵工艺因糖化醪进入发酵罐的方式不同，可分为间歇式、半

连续式和连续式 3 种发酵形式。这些发酵形式各有特点，可根据实际情况选用。间歇式酒精发酵法是把发酵的全过程在一个发酵罐内完成。单罐进行操作，一个罐出现污染杂菌，不会影响其他罐的正常发酵。半连续发酵法是由间歇式向连续式过渡的一种发酵方法，它是在前发酵阶段采用连续发酵而后发酵阶段采用间歇发酵的方法。半连续发酵法，节省酒母培养工序，提高设备利用率，发酵罐可以顺次空出清洗、杀菌，但该法的管路连接比较多，必须注意杀菌工作。连续发酵是全部发酵过程连续进行，可以提高设备的利用率和单位时间产量，便于自动控制和分期控制，可以在不同的罐中控制不同的条件。

⑤ 蒸馏工艺。工业发酵生产过程中常用的蒸馏方法很多，通常可分为简单蒸馏、精馏及特殊蒸馏。简单蒸馏根据操作条件可分为间歇式简单蒸馏（微分蒸馏）及连续式简单蒸馏（平衡蒸馏），根据压力可分为常压蒸馏、加压蒸馏和真空（减压）蒸馏等。常压蒸馏一般是被分离的混合液的沸点很低，在常温常压或加压下各组分的挥发度相差较大的情况下采用。真空蒸馏是当某些物质沸点高，要使其沸腾需消耗大量的热量，或在高温下蒸馏会引起被分离物变质，或者要求获得高纯度的酒精产品时均可采用。特殊蒸馏又可分为恒沸蒸馏和萃取蒸馏。工业发酵中由于发酵产品不同，产品质量要求不同，所采用的蒸馏方法也不同。酒精工厂在生产时，可根据自己的实际情况选用不同的蒸馏流程。目前，所采用的生产流程主要有单塔式、双塔式（粗馏塔和精馏塔）和三塔式（粗馏塔、精馏塔和排醛塔）等蒸馏流程。

2）玉米生料发酵酒精生产工艺　工艺流程如图 1-3-2 所示。玉米原料粉碎后，以料水比 1∶2，30℃恒温发酵 60～70h。采用边糖化边发酵的“双边发酵”工艺，使发酵醪中的还原糖始终处于低水平，不利于杂菌繁殖。

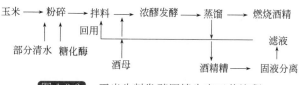

图 1-3-2　玉米生料发酵酒精生产工艺流程

生料发酵酒精生产工艺采用边糖化边发酵的工艺，原料不经蒸煮和预先糖化，直接在 30℃发酵，节约了蒸汽的消耗，也节约了冷却用水。由于不经蒸煮，减少了因蒸煮造成的可发酵性糖的损失，减小了醪液的黏度，理论上乙醇产率应比传统生产工艺乙醇产率高。同时省去了糖化过程，使发酵醪中单糖含量始终保持在较低水平，能防止淀粉降解后产生的糖对酶反应的抑制作用，所以生料可以采取高浓度发酵，大大提高了生产能力，提高了设备利用率。同时发酵过程比较和缓平稳，发酵过程中温度上升不快，较易控制，并且节约冷却用水，由于不经蒸煮和糖化，pH 值也不需要调整，糖化醪中无机盐类含量低。糟液可以进行回配或者糟液处理较容易。此外，由于省去了蒸煮和糖化两个工序，在新厂建设中不需要蒸煮设备、糖化设备和相关的附属配套设备，大大节约了基建和设备投资，也节约了动力、人力、水和维修等方面的消耗，极大地降低了生产成本。总之，生料发酵酒精生产工艺若能在酒精行业推广应用，将是酒精工业的一次革命，成为酒精工业发展史上的一个里程碑。但到目前为止，国内外真正在工业生产上采用这种技术的还寥寥无几，无蒸煮发酵酒精总体上还处于实验室水平和试验性生产阶段。

（2）糖蜜原料酒精生产工艺

1）糖蜜原料酒精发酵工艺　糖蜜原料含有可以直接供酵母利用进行酒精发酵的各种糖，

为此，在工艺过程中不需考虑原料的酶水解或是酸水解。这样就大大简化了生产过程，成本也相应降低。糖蜜酒精发酵的过程可分为以下4个工序：糖蜜发酵前处理；酒母的制备；稀糖液的发酵；成熟发酵醪的蒸馏。其生产工艺流程如图1-3-3所示。

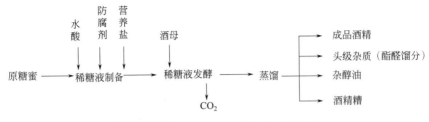

图 1-3-3　糖蜜原料酒精发酵工艺流程

① 糖蜜发酵前处理。糖蜜原料干物质含量多，糖浓度较高，较黏稠，灰分和胶体物质含量也多，营养物质较少。在这种情况下，酵母菌很难进行酒精发酵。因此，糖蜜在发酵前必须进行预处理。

② 糖蜜的稀释。糖蜜稀释的工艺方法，应根据生产流程和生产条件来确定。在糖蜜酒精生产中，通常采用两种流程：一种是酒母培养和发酵用同一种浓度的稀糖液，即单浓度稀释流程；另一种是酵母培养与发酵用不同浓度的稀糖液，即双浓度稀释流程。

③ 糖蜜的酸化处理。由于糖蜜中含有大量的杂菌，为了抑制杂菌生长，用酸调整稀糖液的酸度是必要的。酸化处理可加速糖蜜中灰分与胶体物质的沉淀，同时调整稀糖液 pH 值，以适合酵母生长繁殖。现在我国糖蜜酒精厂多采用将糖蜜稀释到 40%～60% 时再加酸，然后加热澄清，取清液再进行稀释。这样既能提高酸的灭菌作用，又可加速沉淀，并能减少酸化设备的容积，提高设备利用率。糖蜜酸化时，通常用硫酸，也可用盐酸。

④ 稀糖液的灭菌。为了保证酒精发酵正常进行，只靠调整糖蜜的酸度还不够，还需对稀糖液进行灭菌处理。灭菌的方法一般有加热灭菌法和药物防腐两种。近年来，酒精厂采用青霉素来抑制杂菌生长的比较多，因为它的作用效果较好，使用也方便。

⑤ 糖蜜的澄清处理。在糖蜜稀释过程中，当甲酸处理后，会产生灰分、胶体等沉淀。为了获取含杂质较少的稀糖液，就必须采取一些措施进行稀糖液的澄清处理。工厂常用的方法有冷酸处理法、热酸处理法和聚丙烯酰胺絮凝剂处理法 3 种。

⑥ 营养盐的添加。稀糖液中常常缺乏酵母的营养物质，所以在进行糖蜜酒精发酵过程中，稀糖液中要补充一定量的氮、磷等营养成分。我国甘蔗糖蜜酒精厂普遍采用硫酸铵、过磷酸钙、磷酸盐等。

⑦ 糖蜜酒精发酵工艺。采用糖蜜原料进行酒精发酵，主要有间歇式发酵和连续式发酵两种类型。由于糖蜜酒精生产工艺较简单，容易控制，所以我国大多数糖蜜酒精厂都采用连续式发酵法，只有少数工厂还采用间歇式发酵法。多级连续式发酵法可分为单浓度连续式发酵法和双浓度连续式发酵法两种。单浓度连续式发酵法是酒母培养与连续发酵醪的糖液均采用同一种体积分数(22%～25%)的发酵方法；双浓度连续式发酵法酒母的培养液采用低浓度糖液，体积分数为 12%～15%，发酵醪采用高浓度糖液，体积分数为 32%～35%。

2）甘蔗清汁发酵燃料乙醇的清洁生产新工艺　甘蔗清汁发酵燃料乙醇的清洁生产新工艺是以酒精清洁生产为出发点，排除甘蔗混合汁中影响正常发酵的非糖分胶体物质及无机固体悬浮物，防止其经高温蒸馏形成难降解的化合物，以利于酵母回收循环使用时的正常发酵。采用甘蔗清汁作为发酵基质，连续发酵缩短了发酵周期，有利于进行高浓度发酵，提高发酵液酒精浓度。

（3）纤维素酒精生产工艺

酒精生产原料走"非粮"路线是大势所趋，纤维素类原料资源非常丰富，可以来源于农林副产物或其他草本、木本植物，具有来源广泛、资源可再生、环境友好、不消耗粮食、几乎不受地域及气候条件限制等优点，因而成为近年来生物能源工程领域研究的热点。图 1-3-4 为纤维素发酵生产酒精流程。

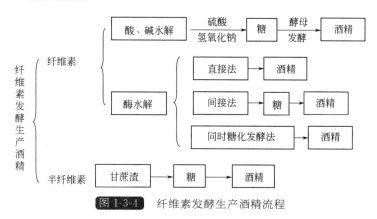

图 1-3-4 纤维素发酵生产酒精流程

1）原料的预处理　为了打破纤维素结构以及木质素、半纤维素对纤维素的包裹，实现纤维素、半纤维素和木质素的相对分离，提高水解剂对原料的可及性和催化效率，需要对纤维素原料进行预处理。常用的处理方法如下。

① 物理方法。机械粉碎法、挤压膨化法、液态热水法、高能辐射及微波处理法、冷冻处理法。

② 化学方法。酸法、碱法、有机溶剂法、湿氧化法。

③ 物理化学方法。蒸汽爆破法、氨冷冻爆破法、亚-超临界有机溶剂法。

④ 生物方法。白色腐败真菌。

在具体化学方法和生物方法生产工艺中，预处理过程可能与多个过程同时进行。采用单一方法进行预处理，往往不能彻底对纤维素进行分离，生产过程中常采用多种方法综合处理纤维素，可提高其水解液化率，也可有效降低成本。

2）纤维素的水解糖化　经过预处理后，纤维素原料已经大部分转化为可被纤维素酶直接利用的纤维素。纤维素的水解糖化方法包括浓酸水解糖化法、稀酸热压糖化法和酶水解糖化法。

浓酸水解糖化法因存在设备腐蚀、环境污染、糖的得率低及强酸回收利用等问题，并没有很好的应用价值和前景。稀酸热压糖化法也未能有效解决浓酸水解糖化法的生产问题，故没有得到很好的应用。相比之下，酶水解糖化法凭借反应条件温和、效率高、能耗低、选择性强、环保效果好等优点，显示出良好的应用价值和前景。目前，纤维素酶水解糖化法的研究主要集中在纤维素酶的筛选、混配和改型，纤维素酶高产菌株的开发以及固态发酵技术等方面。

3）纤维素糖化产物的发酵　实际利用微生物发酵纤维素产生酒精的工艺主要可以分为直接发酵法、间接发酵法与同步糖化发酵法 3 类。直接发酵法是以合适的酒精发酵菌株直接利用纤维素发酵得到酒精，具有工艺简单、操作简便的优点，但难点在于开发高效的酒精发酵菌株。间接发酵法，也称两段发酵法，是目前研究最多的发酵工艺，第一阶段纤维素酶将纤维素降解成葡萄糖，第二阶段酵母菌将所得糖液无氧发酵成酒精。针对间接发酵法糖化过程的抑制问题，Gauss 等提出了在同一个反应罐中进行水解糖化和发酵的同步糖化发酵工艺。

3.1.2 酒精行业的资源化

3.1.2.1 酒精行业排污状况

在酒精生产过程中排放的酒精糟液是一种含悬浮物高的难降解的有机废液。每产 1t 酒精排放 13~16t 酒精糟液，酒精糟液呈酸性，黏度大，含水 92%~95%，含有大量的碳水化合物、脂肪、蛋白质、纤维素等有机物，且其 COD_{Cr} 含量高达 $(4~7)×10^4 mg/L$，BOD_5 达 $(3~5)×10^4 mg/L$。如果酒精糟液不经处理直接排放会腐败变质，造成水体富营养化和水中溶解氧含量下降，破坏水域生态平衡，严重污染周围环境，并间接对人类生活造成危害[2]。

3.1.2.2 酒精行业污染物来源和分类

酒精生产过程中产生的污染物主要包括废水、废气和废渣，发酵酒精生产污染物的来源与排放如图 1-3-5 所示[3]。酒精生产过程的污染以水的污染最为严重，废水主要来自蒸馏工段排放的酒精糟液、生产设备的洗涤用水、生产过程中各个工段的冷却用水、杂醇油以及蒸馏底水，未经处理的酒精糟液、洗涤水、冷却水的水质和吨产品排水量如表 1-3-1 所列[3]。排放的废气和废渣主要来自锅炉房，废气主要包括锅炉烟尘、二氧化硫以及发酵工段产生的二氧化碳等，废渣则主要包括酒精糟、废酵母、炉渣和原料预处理时产生的残渣等[4]。

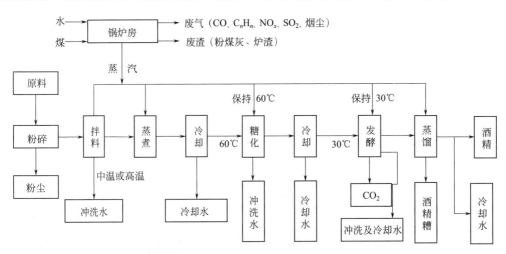

图 1-3-5 发酵酒精生产污染物的来源与排放

表 1-3-1 发酵酒精生产废水水质与排水量

废水名称与来源	排水量/(t/t)	pH 值	COD_{Cr}/(mg/L)	BOD_5/(mg/L)	SS/(mg/L)
谷、薯酒精糟液	13~16	4~4.5	$(5~7)×10^4$	$(2~4)×10^4$	$(1~4)×10^4$
糖蜜酒精糟液	14~16	4~4.5	$(8~11)×10^4$	$(4~7)×10^4$	$(8~10)×10^4$
精馏塔底残留水	3~4	5.0	1000	600	
冲洗水、洗涤水	2~4	7.0	600~2000	500~1000	
冷却水	50~100	7.0	<100		

3.1.2.3　酒精行业的循环经济

随着人类对生态环境保护和可持续发展的愈加重视，循环经济得到迅猛发展，为世人所关注和倡导。循环经济是"物质闭环流动型经济"的简称。从物质流动的方向看，传统工业社会的经济是一种单向流动的线性经济，即"资源→产品→废物"。线性经济的增长，依靠的是高强度地开采和消耗资源，同时高强度地破坏生态环境。循环经济的增长模式是"资源→产品→再生资源"，从而实现对现有资源和生态环境的保护。

"3R"原则，即减量化、再利用、再循环（Reducing，Reusing，Recycling）是循环经济最重要的实际操作原则，即在生产过程中降低资源的输入量，提高资源利用效率，尽可能降低废弃物的输出量，并将产生的废弃物资源化。酒精行业是一个高能耗、高污染的行业，结合酒精行业自身的特点，酒精行业的循环经济模式需从优化原料和工艺结构、减少工艺中不可再生资源的利用、废物产生最小化、废弃物的再利用这4个方面考虑。从酒精生产全过程来看，酒精行业存在着很多发展循环经济的潜力和机会。图 1-3-6 即为玉米原料生产酒精发展循环经济可供借鉴的模式[5]。

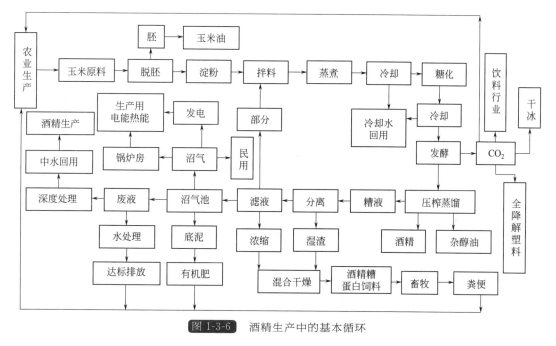

图 1-3-6　酒精生产中的基本循环

3.2　酒精行业减排和资源综合利用

3.2.1　行业标准和技术政策

3.2.1.1　行业标准

2011 年，国家环保部发布了《发酵酒精和白酒工业水污染物排放标准》（GB 27631—2011），规定：自 2012 年 1 月 1 日起，发酵酒精和白酒工业企业的水污染物排放控制按《发酵酒精和白酒工业水污染物排放标准》（GB 27631—2011）的规定，不再执行《污水综合排放标准》（GB 8978—1996）中的相关规定；自 2012 年 1 月 1 日起至 2013 年 12 月 31 日止，现有企业执行表 1-3-2 规定的水污染物排放限值；自 2014 年 1 月 1 日起，现有企业执行表 1-3-3 规定的水污染物排放限值；自 2012 年 1 月 1 日起，新建企业执行表 1-3-3 规定的水污染物排放限值。

表 1-3-2 现有企业水污染物排放限值

单位:mg/L(pH 值、色度除外)

序号	污染物项目		限值		污染物排放监控位置
			直接排放	间接排放	
1	pH 值		6～9	6～9	企业废水总排放口
2	色度(稀释倍数)/倍		60	80	
3	悬浮物		70	140	
4	五日生化需氧量(BOD$_5$)		40	80	
5	化学需氧量(COD$_{Cr}$)		150	400	
6	氨氮		15	30	
7	总氮		25	50	
8	总磷		1.0	3.0	
单位产品基准排水量/(m^3/t)	发酵酒精企业		40	40	排水量计量位置与污染物排放位置一致
	白酒企业		30	30	

表 1-3-3 新建企业水污染物排放限值

单位:mg/L(pH 值、色度除外)

序号	污染物项目		限值		污染物排放监控位置
			直接排放	间接排放	
1	pH 值		6～9	6～9	企业废水总排放口
2	色度(稀释倍数)/倍		40	80	
3	悬浮物		50	140	
4	五日生化需氧量(BOD$_5$)		30	80	
5	化学需氧量(COD$_{Cr}$)		100	400	
6	氨氮		10	30	
7	总氮		20	50	
8	总磷		1.0	3.0	
单位产品基准排水量/(m^3/t)	发酵酒精企业		30	30	排水量计量位置与污染物排放位置一致
	白酒企业		20	20	

3.2.1.2 行业政策

中国轻工总会发布的《酿酒工业环境保护行业政策、技术政策和污染防治对策》对酒精行业提出明确要求。

① 企业规模：酒精生产和综合利用的最小经济规模为 3 万吨/年。

② 酒精生产原料结构由以薯类为主逐步调整为以玉米为主，实现有经济效益的综合利

用和废水达标排放。

③ 提倡糖蜜酒精集中加工处理和综合利用。

④ 严格控制扩大酒精生产能力的基建、技改项目。

3.2.1.3 技术政策推动行业技术进步

依靠科学技术进步，推广成熟的综合利用工艺技术、设备；加速科研成果向生产力转化；加强科研和技术开发，推动酿酒工业综合利用，减少和防止环境污染。

（1）限制和淘汰的技术

限制和淘汰的技术有：a. 酒精行业淀粉原料高温蒸煮糊化技术；b. 酒精行业低浓度酒精发酵技术；c. 逐步淘汰酒精生产的常压蒸馏技术和装置。

（2）宜推广的生产技术

宜推广的生产技术有：a. 采用高温淀粉酶和高效糖化酶的双酶法液化、糖化工艺；b. 高温和高浓度酒精发酵工艺及固定化连续发酵工艺；c. 酒精行业差压蒸馏节能技术；d. 清洁生产系统工程技术。

（3）宜推广应用的综合利用、治理污染的技术

主要有：a. 以玉米为原料的酒精糟液生产优质蛋白饲料（DDGS）的技术；b. 玉米干法脱胚，联产玉米油的原料处理技术；c. 薯类酒精糟液采用厌氧发酵制沼气，消化液再经好氧处理技术；d. 糖蜜酒精糟液采用大罐通风发酵生产单细胞蛋白饲料技术；e. 对综合废水实行二级生化处理，达标排放技术。

3.2.1.4 资源综合利用技术政策

"轻工业资源综合利用技术政策"有关酒精行业部分规定如下。

① 酒精行业应采用耐高温 α-淀粉酶和糖化酶的双酶法新工艺；应用高温、浓醪酒精发酵工艺；淘汰低温、低浓度发酵工艺；应用固定化连续发酵以及差压蒸馏节能技术与装置。

② 糖蜜酒精糟生产颗粒有机肥或复合肥；糖蜜生产甘油，蔗渣与糖蜜原料生产纤维性饲料。

3.2.2 酒精行业废弃物的综合利用

3.2.2.1 酒精糟液的综合利用

酒精糟液是酒精行业最主要的污染物。不同原料酒精糟液的共同特点如下。

（1）良好的可生化性能

COD_{Cr} 含量高达 $(4 \sim 7) \times 10^4 \, mg/L$，$BOD_5$ 达 $(3 \sim 5) \times 10^4 \, mg/L$。

（2）高温

蒸馏釜底排出的废液温度可达 100℃。

（3）高浓度

COD_{Cr} 50g/L，包括悬浮固体（SS）、溶解性 COD_{Cr} 和胶体。有机物占 93%～94%，主要是碳水化合物及含氮化合物、生物菌体及微量醇等，另外还有约 500mg/L 的有机酸。无机物占 6%～7%，为泵水中的离子及原料杂质、灰尘。

（4）高悬浮固体（SS）

悬浮固体约占 60%～80%，浓度 30～50g/L。

（5）丰富的营养物质

含有大量的有机质、蛋白质、维生素、氮、磷、钾等。

（6）高酸度

pH 值为 3～5，因而具有强腐蚀性。

（7）高色素

色素高达 1000～1500 倍。

（8）高硫酸根含量

硫酸根含量一般为 5000～8000mg/L，有的可高达 12000mg/L。

酒精糟液的综合利用方法主要直排农灌法、浓缩燃烧法、厌氧-好氧生物处理法、浓缩干燥法［Distiller's Dried Grains with Solubles，DDGS（即干酒精糟）］、单细胞蛋白法（Single Cell Protein，SCP），分别适用于不同原料酒精产生的酒精糟液。通过这些方法，可以回收用于发电的沼气，可以制取全干燥蛋白饲料和单细胞蛋白饲料。

直排农灌法是利用酒精废液中营养物质丰富的特点，不经过处理或只经过简单的物理过滤后直接灌溉于农田，目前主要在部分小厂采用这一方法处理废水。该方法技术含量低，简单易行，但使用量和浓度控制不好会腐蚀农作物和土壤，对环境易造成挥发性有机物（VOCs）污染。

DDGS 或 DDG 法是我国大多数酒精企业经常采用的酒精糟液综合处理技术。DDGS 主要由干酒精糟（Distiller's Dried Grains，DDG）和可溶性干酒精糟（Distiller's Dried Solubles，DDS）两部分组成，DDG 和 DDS 按一定的比例混合并烘干即得到了 DDGS。DDGS 工艺较适合以玉米为原料的酒精厂，而以薯干类为原料的酒精厂因其酒精糟液含蛋白质少，饲料价值较低，采用 DDG 工艺更为适合，工艺简图如图 1-3-7 所示。DDGS 工艺是将所有糟液都蒸发烘干，糟液中干物质全部进入 DDGS 产品，有机物利用率高，但 DDGS 工艺所需的投资较大，能耗大，且每生产 1t 酒精排放 13t 浓度约为 1500mg/L 的 COD 冷凝液，整个工艺虽无酒精废糟液的直接排放却仍然存在着较大的二次污染，所以 DDGS 法在大型酒精厂中应用较多。DDG 工艺是只将酒精废糟液固液分离所得的湿渣经干燥制取 DDG 产品（亦可直接出售给农民），清液（固液分离所得的液体部分简称"清液"）可结合厌氧-好氧生物处理法生产沼气，所以 DDG 则更具有普遍性[5]。

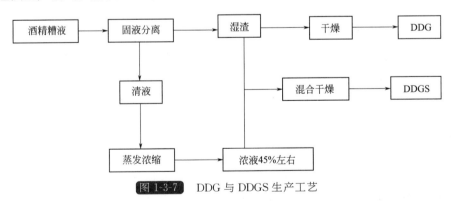

图 1-3-7　DDG 与 DDGS 生产工艺

厌氧-好氧生物处理法主要是先利用厌氧微生物进行甲烷发酵，残液再进行好氧处理的处理方法，从而对废水中的污染物进行转移和转化，实现废水净化。根据酒精糟液的不同性质，可以选择厌氧生物处理法或好氧生物处理法，或者将二者结合对酒精糟液进行处理。其中厌氧生物处理法主要有厌氧接触反应器（ACP）、升流式厌氧污泥床反应器（UASB）、厌氧生物滤池（AF）、厌氧附着膜膨胀床（AAFEB）、厌氧流化床（AFB）等；好氧生物处理法主要有活性污泥法(氧化沟、AB法和连续式、间歇式活性污泥法)和生物膜法(生物滤池、生物转盘、生物接触氧化法和生物流化床)等。厌氧-好氧生物处理法具有消耗少、效率高、成本低、反应条件温和以及无二次污染等显著特点，且微生物特异性强、适应性强，使得该方法备受人们青睐，成为酒精糟液常用的处理方法。

酒精糟还可以用来提取复合氨基酸、微量元素和培养食用菌。酒精糟中含部分未发酵的淀粉，可以进行甘油发酵制取甘油，但目前该工艺还处在研究阶段。在20世纪90年代，还有研究者提出可以从酒精糟中提取植酸或植酸钙镁(菲汀)这类药用物质。

3.2.2.2 杂醇油和醛酯馏分的综合利用

杂醇油是一种淡黄色油状液体，有特殊臭味和毒性，是多种醇类混合液的集合体，主要包括异戊醇、异丁醇、正丙醇、癸酸乙酯等10多种醇酯，占酒精产量的0.2%～0.7%。杂醇油中水含量占10%～17%，醇类占60%～75%，其余为各种酯类及重组分杂质。在酒精蒸馏过程中，除了会分离出酒精和水，还会分离出杂醇油和醛酯馏分等副产品。

杂醇油馏分一般从积累最多的精馏塔板上取出，可采用间歇提取，也可采用连续提取。杂醇油馏分组分(酒精、水和杂醇油)之间的相互溶解度较小，可将馏分稀释到酒精浓度为8%～10%左右(体积分数)，温度20～30℃和pH＝5～5.5，杂醇油将与水和酒精分开。杂醇油具有较高的经济价值，主要用作溶剂、矿用浮选剂、牛乳脂肪的测定试剂，还用作涂料、香料的原料等。

醛酯馏分主要包含酒精、酯类和醛类，其回收过程与杂醇油馏分相似。醛酯馏分用于生产溶剂，也可送往专门工厂进行再蒸馏，浓缩醛类和酯类，同时获得工业酒精[6]。

3.2.2.3 二氧化碳的综合利用

酒精生产中产生的废气主要包括锅炉车间燃烧产生的废烟尘和二氧化硫以及发酵工段产生的大量二氧化碳。废烟尘和二氧化硫可以经过燃烧脱硫和烟气除尘技术处理后排放。而二氧化碳作为酒精行业的最主要的副产物之一，是酒精行业综合利用的关键。

在发酵过程中，酵母菌将葡萄糖等可发酵性糖转化成酒精，同时也生成了大量的二氧化碳，其反应式为：

$$C_6H_{12}O_6 \xrightarrow{\text{酵母菌}} 2C_2H_5OH + 2CO_2 + \text{热量}$$
$$180 \qquad\qquad 92 \qquad\quad 88$$

从反应式中可以看出，酒精发酵时二氧化碳的理论得率是酒精的95.6%(88/92)，即理论上利用淀粉质或糖质原料发酵生成1t乙醇可放出0.956t二氧化碳气体。同时，酒精发酵过程中产生的二氧化碳纯度很高，密闭式发酵罐所产生的二氧化碳纯度可以高达99.0%～99.5%。如果不对发酵过程中产生的二氧化碳进行收集利用，不仅是对潜在、巨大资源的浪费，进而造成经济损失，而且会严重污染大气环境，加速温室效应。同时，在发酵过程中及时排出二氧化碳，排除的二氧化碳和带走的少部分酒精可以缓解酵母菌发酵时的压力，提高酒精产率。

发酵过程中排放的二氧化碳，除了绝大部分的二氧化碳气体，还有极少量的酒精、水蒸气、有机酸及醛酯类物质，所以仍需将收集的二氧化碳经洗涤、压缩、净化等工序进行进一步纯化处理。

收集到的二氧化碳气体首先要进行净化，净化的方法可分为吸收、吸附和吸收吸附综合处理3类。由于二氧化碳气体中的大部分杂质水溶性较好，所以二氧化碳进入压缩机前要先进行水洗。一级压缩后通常进行进一步净化，可采用活性炭吸附、高锰酸钾和重铬酸钾溶液氧化，亦可以采用硅胶等进行处理。三级压缩后的二氧化碳气体要经硅胶和沸石处理以进行干燥。

液态二氧化碳的制备方法主要有高压法和低压法。高压法就是在常温状态下，将二氧化碳气体压缩至 $7\sim8MPa$ 左右，使之液化，此法工艺简单、需要设备少、不需低温制冷设备，但由于压力较高，对设备、管路、存储容器等要求较高，且二氧化碳的储存、运输也不方便，生产规模受到一定的限制；低压法利用二氧化碳气体在低温状态下所需的液化压力较低，主要步骤是将二氧化碳压缩到 $1.6\sim1.8MPa$，再冷却到 $-25\sim-20℃$ 左右使之液化，因为其压力较低，对设备、管路要求也较低，且易储存、运输，所以低压法是二氧化碳收集的常用方法。

固态二氧化碳(干冰)的制备则是以液体二氧化碳的节流为基础的。经三级压缩和干燥净化后得到的二氧化碳在 $6\sim7MPa$ 的压力下送往高压储器。在此过程中，二氧化碳在双室换热器中被冷却和节流至 $2.4\sim2.8MPa$，使部分二氧化碳挥发，液相温度降至 $-12\sim-8℃$。液体二氧化碳和节流生成的气体再进行气液分离，冷却到 $-44℃$ 的二氧化碳装满制冰机后，得到固态干冰。

二氧化碳作为一种基本化工原料，具有广泛的工业用途，可以用于制造碳酸饮料、食品冷藏、饮料罐装、人工降雨、灭火、合成有机高分子化合物、生产化工产品等。对二氧化碳进行综合利用，不但能够创造经济效益，还能有效减少二氧化碳的温室效应。随着我国国民经济的增长和化学工业的快速发展，我国对二氧化碳的需求量也将越来越高，二氧化碳的应用技术也将会得到进一步发展。

3.2.3　酒精行业热能的综合利用

要真正实现酒精行业的循环经济，不但要对废弃物进行资源化处理，还要对酒精生产过程中的热能损耗进行回收利用。热能损耗较大一直是酒精生产中存在的问题，长期受到酒精企业的关注。以淀粉质原料为例，生产 1L 酒精，耗能 $14235\sim18840kJ$，而 1L 酒精的燃烧热值约 $23446kJ$，能量的平衡值较低，如不大幅度降低能耗，就会失去作为能源的价值。

蒸馏工段是整个酒精生产过程中能耗最大的工段，约占酒精生产总能耗的 60%，所以有效地对蒸馏工段的热能进行综合利用是酒精生产热能循环利用的重中之重，对实现酒精行业资源化至关重要。

蒸馏过程的节能主要有 3 个途径：a. 充分回收利用蒸馏过程的热能；b. 降低蒸馏过程本身能量的需求；c. 提高蒸馏系统的热力学效率。

蒸馏工段的热能回收利用包括显热和潜热两种热能形式。显热即指将蒸馏过程中产生的高温馏出液、酒精糟废水等冷却放出的热能。回收显热的直接方法是利用这些热流体来加热进料或其他需要加热的流体，也可间接回收显热，即将显热变成潜热后再加以利用。潜热的回收利用是指在高温或加压蒸馏过程中用蒸汽发生器来代替塔顶蒸汽冷凝器，使塔顶馏分不仅仅被冷凝，而且在冷凝的同时加热其他流体，产生二次蒸汽。这不但可以充分回收塔顶馏分的潜热，还可作为其他情况下的热源使用。

回流比、塔板数、板间距、汽速与热能消耗关系很大，将其调节到最佳，使其相互协调，有助于降低蒸馏过程本身能量的需求。同时，采用最佳换热面积、新型高效汽液接触装置、进料位置和状态的选择、降低操作压力、蒸馏塔的维护和保温等方法也可达到减少蒸馏过程本身能量的作用。

热泵精馏是目前蒸馏系统热能回收利用的最有前途、效果最明显的方法，可有效提高蒸馏系统的热力学效率。热泵一般适合于小温差（塔顶与塔底的温度之差）精馏系统，是一种将热能从低位能向高位能转移的系统。塔顶蒸汽先经压缩机提高温度，然后送往再沸冷凝器，在冷凝的同时使塔釜液体汽化，作为加热剂使用。此外，为提高蒸馏系统的热力学效率也可增设中间再沸器和中间冷凝器以及采用多效蒸馏和热耦合蒸馏等方式。酒精行业的热能消耗极大，对这部分能量进行回收利用，具有长远的战略意义。

剖析酒精行业存在的问题，解决酒精行业现存的高耗能、高耗水、高污染等弊端，需要发展新的生产技术、工艺以及综合利用技术，开发新的产业链，优化企业内部的管理，加快新的生产技术、工艺和管理在实际生产中的应用。因此，酒精行业废弃物和能耗的综合利用是实现我国酒精行业循环经济发展的关键步骤[7]。

3.3 玉米酒精糟液制取全干燥蛋白饲料

3.3.1 玉米 DDGS 概况

3.3.1.1 玉米 DDGS 的概念和组成

玉米 DDGS，又称玉米干酒精糟，是燃料乙醇工厂生产酒精的副产品，是在玉米发酵的过程中，将淀粉转化成乙醇和二氧化碳后，剩下的发酵残留物经过蒸馏和低温干燥形成的产品。在燃料酒精生产过程中，淀粉发酵得到乙醇，但谷物颗粒中的剩余组分（胚乳、胚芽）仍保留着包括能量、蛋白质和矿物质元素在内的许多初始营养物质。这些组分经过浓缩、干燥、加工就形成了 DDGS。用 3t 玉米生产 1t 乙醇的同时可以生产 1t DDGS。

玉米 DDGS 主要由 DDG 和 DDS 两部分组成。

① DDG 玉米发酵提取乙醇后剩下的固形物经干燥成形，它浓缩了玉米中除淀粉和糖以外的其他成分，主要包括蛋白质、脂肪、维生素和矿物质等。

② DDS 主要是发酵液中的可溶物经干燥处理得到的产物，其中包括了玉米中的一些可溶性营养物质，以及发酵过程中产生的未知生长因子和酵母菌体等。

将 DDG 和 DDS 按一定的比例混合并烘干即得到了 DDGS。

3.3.1.2 玉米 DDGS 的优缺点

酒精糟液浓缩干燥法的优点：真空浓缩干燥装置将酒精糟液浓缩干燥后，得到糟渣粉可作为农作物肥料（糖蜜原料酒精糟液）或畜禽饲料（淀粉质原料酒精糟液），处理酒精糟液较为彻底；同心圆装置实际上是利用酒精糟液代替清水对锅炉烟气进行洗涤除尘，减少了糟液排放量；采用 DDGS 生产工艺处理生产污水，生产污水主要是蒸发单元的冷凝水，能使污染去除率在 95% 以上（COD 在 1800mg/L 左右），经过生化处理，可实现达标排放，具有很好的环境效益。

酒精糟液浓缩干燥法的缺点：真空浓缩干燥装置耗能多（燃能多）、投资大，对大多数中小企业来说，生产规模太小，资金缺乏；设备结垢难处理。

3.3.1.3 玉米 DDGS 的发展历程

（1）国外玉米 DDGS 的发展历程

在国外，很早就有人探索酒精糟作饲料的途径，尤其在欧美国家，得到了很快的发展。

同时，进入 20 世纪 90 年代后，DDGS 的应用越来越广泛，国外不但将其作为饲料，还将其制备成黏合剂来使用，效果良好。DDGS 在国外早已不是陌生的东西，并已进入国际商品饲料的领域，干糟渣、干糟浆两个同一系列产品已有了国际饲料的编号。

在国外玉米 DDGS 饲料基本上来自于以玉米为原料生产燃料乙醇的工厂，尤其在北美洲，年产玉米 DDGS 约 320 万～350 万吨，约 70 万吨出口到欧洲用作饲料。在美国，大量来自玉米干粉酿酒的酒精糟成为饲料配方的核心。近来美国科学家研究表明，DDGS 饲喂猪的效果也很好，玉米干酒精糟可作为生长肥育猪日粮的一种潜在的玉米主要替代物。DDGS 中中性洗涤纤维的含量很高，可以阻止病原菌在猪肠壁上附着，同时可作为有益菌的营养来源。在日粮中添加 5％～10％的 DDGS 可降低 50％由回肠炎导致的猪病死率，仅此一项为美国每年节省兽药治疗费用近 2000 万美元。随着玉米大量地应用到工业酒精的生产，DDGS的产量也随之剧增，美国 2006 年工业生产的 DDGS 量已超过 600 万吨，其主要原因是饲料和家畜业需求量在不断扩大。格兰特大学的学者通过试验证实 DDGS 的营养价值可以推荐用于奶牛、肉牛、猪、家禽等多种饲料配方当中。由于疯牛病的蔓延，在牛用饲料中禁止使用动物副产品，而全部采用植物性饲料，美国生产的 DDGS 大多数都被用于饲喂肉牛和奶牛，据统计大约有 56％的肉牛饲料中添加了 DDGS。同时，在采用新技术、新方法并且得到良好质量控制的乙醇工厂，DDGS 的营养成分已经得到了很大的改善，也能够用于家禽和猪的饲料，因此，近几年来，DDGS 用于饲喂家禽和猪的数量也在日益增加。此外，大量新的乙醇工厂增加了市场上 DDGS 的销售量，使其可以更广泛地用于畜禽日粮，且具有来源充足和经济效益高的优点[8,9]。

（2）国内玉米 DDGS 的发展历程

我国酒精企业生产 DDGS 在生产技术、相应设备制造、生产实践积累方面较国外晚 30多年。20 世纪 70 年代以前，我国生产乙醇的主要原料是糖蜜、薯干等。进入 20 世纪 80 年代后，由于我国玉米产量的迅速增加，而且使用玉米生产的乙醇质量好，导致以玉米为原料生产乙醇的厂家迅速发展。但我国 DDGS 方法则起步很晚。我国酒精企业在 20 世纪 70 年代前由于生产规模小和受前苏联酒精工艺技术思想的影响，认为酒精糟液用干燥法回收能耗高、经济效益低，且生产酒精的糟液含水量太高，直接饲喂家畜效果不好，所以未能很好地应用起来。到了 80 年代初，由于节能新工艺的推广应用来解决环境污染问题，才开始引进国外 DDGS 的技术和设备，使得大量生产 DDGS 有了可能。20 世纪 80 年代末 90 年代初，开始了对玉米酒精厂废糟液的利用，一些酒精厂（如北京酒精厂、安徽宿县酒精厂等）引进了国外全干燥蛋白饲料成套设备。吉林新中国制糖厂也在吸收国外先进技术经验的基础上研制出了酒精糟液生产全干燥蛋白饲料的国产化设备和工艺路线，这标志着我国在酒精厂的糟液利用及环境治理方面步入了一个新阶段。1990 年召开的全国新蛋白质资源开发利用会议对"如何实现食品工业联产饲料消除污染"提出了以玉米为原料生产酒精，其废糟液经浓缩干燥，可制取含蛋白质 27％～28％的蛋白饲料。随着我国饲料工业的进一步发展，"八五"期间首次提出我国将对饲料工业资源进行合理开发和利用，而酒精厂废糟液的利用就成为一个开发的重点，在治理酒精厂环境污染的同时，也为饲料工业提供大量宝贵的蛋白饲料。经过20 多年消化、吸收、发展国外 DDGS 的生产技术实践，我国酒精企业和相关设备制造业已经达到与国外某些先进同行企业相当的水平，谷物酒精联产 DDGS 成为了环保达标技术和重要的获利手段[10,11]。

3.3.2 玉米 DDGS 的营养特性

3.3.2.1 玉米 DDGS 的营养价值

玉米酒精糟中除碳水化合物减少外,其他成分为原料的 2～3 倍。以玉米为原料的 DDG、DDS 和 DDGS 的粗蛋白含量较高,且基本相近,占干物质的 27%～29%。三者的粗纤维含量分别约为 11%、7% 和 4%。DDG、DDGS 和 DDS 三者的营养成分以及消化能值见表 1-3-4[7]。

表 1-3-4 DDG、DDGS 和 DDS 三者的营养成分以及消化能值

营养成分	DDG	DDGS	DDS
干物质 /%	94.0	90.0	93.0
粗蛋白 /%	30.6	28.3	28.5
粗脂肪 /%	14.6	13.7	9.0
粗纤维 /%	11.5	7.1	4.0
无氮浸出物 /%	33.7	36.8	43.5
粗灰分 /%	3.6	4.1	8.0
钙 /%	0.41	0.20	0.35
磷 /%	0.66	0.74	1.27
赖氨酸 /%	0.51	0.59	0.90
蛋氨酸 /%	0.80	0.59	0.50
胱氨酸 /%	0.48	0.39	0.40
苏氨酸 /%	1.17	0.92	1.00
异亮氨酸 /%	1.31	0.98	1.25
亮氨酸 /%	4.44	2.63	2.11
精氨酸 /%	0.96	0.98	1.05
缬氨酸 /%	1.66	1.30	1.39
组氨酸 /%	0.72	0.59	0.70
酪氨酸 /%	1.30	1.37	0.95
苯丙氨酸 /%	1.76	1.93	1.30
色氨酸 /%		0.19	0.30
铁 /(mg/kg)	300	280	560
铜 /(mg/kg)	25.0	57.0	83.0
锰 /(mg/kg)	22.0	24.0	74.0
锌 /(mg/kg)	55.0	80.0	85.0
硒 /(mg/kg)	0.45	0.39	0.33
消化能(猪)/(MJ/kg)	13.10	14.35	16.23
消化能(羊)/(MJ/kg)	15.94	14.64	
消化能(鸡)/(MJ/kg)	8.69	9.20	12.95
消化能(牛)/(MJ/kg)		14.06	

我国的酒精工业原材料主要是玉米和薯类，因此也就会出现两种副产品：玉米酒精糟及可溶物和薯类酒精糟及可溶物。薯类酒精糟及可溶物粗蛋白质含量没有玉米类高，只有20%左右，蛋白质的消化率也较低，并且粗纤维、粗灰分含量高，只宜用作牛饲料。

玉米 DDGS 是玉米 DDG 与玉米 DDS 的混合物。三者蛋白质、氨基酸含量虽然大体相近，但 DDS 的粗脂肪含量高，而粗纤维含量低。因此，凡含 DDS 多的 DDGS 的有效能值也相对较高。在国外 DDGS 主要供作牛、羊用蛋白源。优质的 DDGS 富含 B 族维生素、矿物质和未知生长因子，是畜禽日粮中豆粕和玉米的优良替代物。

3.3.2.2 玉米 DDGS 的营养特点

① DDGS 是优质蛋白原料，其氨基酸含量及可消化氨基酸比率都比较高，粗蛋白 28%左右，赖氨酸 0.5%～1.3%，蛋氨酸 0.6%。完全符合蛋白饲料的要求，但其中赖氨酸的含量变异较大。

② DDGS 含有大量水溶性维生素和脂溶性维生素 E，以及在发酵蒸馏过程中形成的未知生长因子，在补充畜禽维生素、促进生长、增强免疫力方面能发挥独特的作用，胆碱的含量也高。

③ DDGS 的亚油酸含量较高，可达 2.3%，是必需脂肪酸——亚油酸的良好来源。

④ DDGS 的脂肪含量较高，有的产品可达 9%～13%，纤维素含量中等，易于消化吸收，在日粮中添加有良好的适口性和饲喂效果。

⑤ DDGS 是反刍动物优质的过瘤胃蛋白，可达 46.5%，而豆粕仅为 26.5%，并且过瘤胃蛋白的氨基酸平衡状况比豆粕的好，可以有效地改善瘤胃内环境。

⑥ DDGS 不含有任何抗营养因子，应用领域广泛。

⑦ 在发酵过程中，菌体分解了部分纤维素，同时破坏了纤维素和木质素之间的紧密结构，DDGS 的纤维成分利用率得以大幅度提高，提高了饲料的生物效价。同时由于加入了DDS，也使 NDF 和 ADF 下降，保证了能值的提高和蛋白氨基酸的利用率。

⑧ DDGS 中含有的糖化酶、酵母以及发酵产物能加强胃肠良性微生物功能，提高畜禽免疫功能。

⑨ DDGS 也是生产饲料酵母的优质原料。

⑩ DDGS 的能值正被重新认识，NRC 的数据库 DDGS 的猪代谢能为 12.67MJ/kg，玉米的猪代谢能为 16.06MJ/kg；而美国学者 Dr. Garry Allee 在 2005 年通过试验证明，DDGS 的猪代谢能为 16.47MJ/kg，玉米的猪代谢能为 16.15MJ/kg，也就是他认为 DDGS 的能值与玉米相当。当然，他们所做出的数据都是用全粒法生产出的 DDGS，且颜色较好。

⑪ DDGS 中的钠含量变异系数很大，出乎人们的意料。玉米中钠含量约为 0.03%，按照 3 倍效应，玉米 DDGS 中钠含量约为 0.10%。但有些样品中(尤其是颜色较深者)含量为 0.25%～0.58%。钠含量过高，将影响日粮电解质平衡，使排泄物水分增加，增加垫料湿度和脏蛋率。所以，在使用时要注意，需经常检测 Na^+ 含量。

⑫ 除了代谢能，其他营养成分是玉米的 3 倍，但黄曲霉毒素等霉菌毒素的含量也很高，有些黄曲霉毒素高达 100×10^{-6}(100ppm)，使用时要特别注意。

⑬ DDGS 中硫含量较高(0.45%～1.10%)，因为发酵过程中加入硫酸调节 pH 值，引入了硫元素。若高剂量添加 DDGS 时，会影响 Ca 和微量元素的吸收而影响蛋壳的质量；也会导致排泄物中 H_2S 含量增高，影响禽舍环境[8~12]。

3.3.2.3　玉米 DDGS 的营养缺陷

（1）养分含量变异大

DDGS 用作动物饲料原料时，最大的问题是营养成分含量变异大。不同厂家，甚至同一厂家不同生产阶段的产品，其营养成分有很大不同。原料、加工工艺、成品中 DDGS 含量的不同是其营养变异的主要原因[12]。

（2）纤维和非淀粉多糖（NSP）含量高

虽然在发酵过程中微生物降解了部分纤维，但 DDGS 中纤维含量高仍是其在单胃动物饲粮中大量使用的一个限制性因素。玉米副产品中 NSP 均以木聚糖和纤维素为主，其中木聚糖含量高达 9.1%～18.4%，纤维素含量约 6.3%～14.7%。当 DDGS 在单胃动物日粮中使用量较高时则会降低其他营养物质的消化率，影响动物的生长。

（3）霉菌毒素污染

DDGS 副产品水分含量高，谷物易破损，霉菌容易生长。若玉米中含有霉菌毒素，而发酵不能使霉菌毒素的毒性失活，经发酵处理后会使 DDGS 中霉菌毒素含量达到普通玉米的300%，因此，必须严格检测每批 DDGS 中霉菌毒素含量。

（4）脂肪酸败

DDGS 中含有较高的玉米油，脂肪含量也较高，但多是不饱和脂肪酸，易发生氧化酸败，使有效能值降低，对动物健康不利，也影响储存时间。

3.3.3　玉米 DDGS 的生产工艺

目前，我国玉米 DDGS 的生产方法主要以全干燥法为主。玉米 DDGS 全干燥法生产技术包括：酒精糟废液的分离、分离液的蒸发缩浓和浓缩液与糟酒粕的干燥等工序。

3.3.3.1　酒精糟废液的分离

（1）酒精糟废液的分离工艺

分离是用分离机将糟液中的不溶性固形物和悬浮物从液相中分离出来。对于酒糟液的治理，关键的一步是首先进行固液分离，否则很难对其进行深加工。固液分离方法主要有自然沉淀、板框压滤和离心分离 3 大类。图 1-3-8 为酒精糟液分离工艺流程之一[13]。

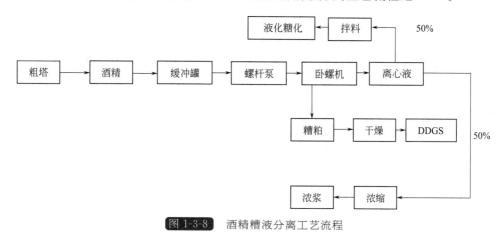

图 1-3-8　酒精糟液分离工艺流程

自然沉淀法属于比较原始的固液分离法，效率低，工作环境差，不能彻底治理污染问题，此法已基本被淘汰。

板框压滤机虽然分离效果较好，但不能连续分离，且受到工作环境差、劳动强度大、边框受热变形等因素的影响，限制了其在酒精行业中的应用。

离心过滤时酒精糟的固液分离属于恒速过滤式。常用的有卧式螺旋离心分离机和立式离心分离机两种。立式离心分离机存在着处理量较小、间隙进料、滤网寿命短等缺陷，没有卧式螺旋离心分离机应用广泛。卧式螺旋离心分离机具有分离因数大、分离效果好和湿渣含水量低等优点，因此在实际中获得广泛应用。

（2）分离对后续工艺的影响

固液分离作为酒精糟处理的第一步，分离效果的好坏直接影响后面工序的操作：a. 如果含水量较高，则干燥耗汽多，对于列管式干燥器，列管上易结垢，影响热效率；b. 如果离心液中不可溶物浓度高，回流时，使拌料浓度增加，易堵塞管道，影响液化，导致酒母发酵能力下降，同时还会影响蒸发的效率。卧式螺旋离心分离机可作为首选的分离设备。分离质量的好坏直接影响蒸发与干燥的成效。应尽量选用有较高分离因数的分离机以降低蒸发、干燥单元的能耗。

1）分离对蒸发单元的影响　实践表明，蒸发后浓浆中总固形物含量与清液中悬浮物含量有如图 1-3-9 所示关系曲线[14]。

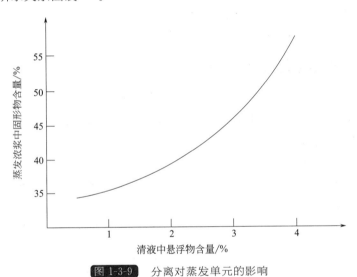

图 1-3-9　分离对蒸发单元的影响

如果分离清液中悬浮物含量过高，蒸发器将会结垢，导致传热系数迅速降低，传热过程恶化。相反，清液中悬浮物含量越低，蒸发浓缩得到浓浆中总固形物含量就越高，这意味着蒸发器能达到更高的生产强度，蒸发能力大大提高。

2）分离对干燥单元的影响　分离后的滤渣与蒸发浓缩制得的浓浆混合后进入干燥机。如果滤渣和浓浆的质量及浓浆浓度均保持一定，那么滤渣含水率越高蒸汽耗量越大。干燥机蒸发水量及蒸汽耗量与混合物含水率关系曲线见图 1-3-10[14]。

从该曲线可以看出，随着混合物含水率的提高，生产单位 DDGS 成品的干燥机蒸发水量（蒸汽耗量）也随之增加。如果降低滤渣的含水率（从而降低混合物的含水率），那么就能显著降低干燥机蒸汽耗量。

基于以上所述，为降低蒸发、干燥单元的能耗，应尽量选用有较高分离因素的分离机。

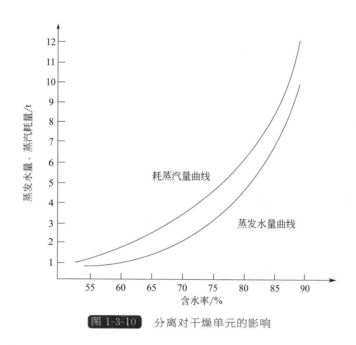

图 1-3-10　分离对干燥单元的影响

3.3.3.2　分离液的蒸发浓缩

（1）蒸发浓缩的目的和意义

酒精糟废液通过卧式螺旋离心分离机分离后得到的清液主要含有蛋白质 27.0%、粗脂肪 9.0%、粗纤维 4.0%（以上均为干基计）；此外，还含有多种氨基酸、维生素和无机盐。因此，充分利用和处理离心液，对治理环境、消除污染、变废为宝具有重要意义。但是，酒精糟离心液的浓度很低，不可溶物质含量小于 0.5%，干物质含量为 3.0%～3.5%，且黏度、酸度较大。选择蒸发设备及工艺技术既可浓缩酒精糟离心液，不致破坏其中的营养成分，又节约能源，经济效益高。防止二次蒸汽分离中夹带液沫，确保设备连续正常运转等，是需要重视的关键问题[13]。

（2）蒸发浓缩的工艺

为了达到对离心清液的处理的目的，国内外酒精糟离心液蒸发工艺中常见的流程有双效、三效、四效和六效蒸发等。根据实践经验，建议蒸发浓缩工艺采用强制循环真空多效蒸发工艺。

1）强制循环　由于酒精糟液黏度大，易在管壁上结垢，采用强制循环，以加大循环速度，提高传热效率，有利于提高设备的处理能力。

2）真空蒸发　因真空（负压）下溶液的沸点较在常压下低，所以采用真空蒸发可以利用低压蒸汽或二次蒸汽作为加热蒸汽，有利于浓缩不耐高温的溶液，且蒸发器损失热量较少。

3）选用多效　可利用前一效的二次蒸汽作为后一效蒸发器的加热蒸汽，提高了一次蒸汽的利用率，具有节能的效果。图 1-3-11 是一种四效真空蒸发工艺流程简图[13]。

该流程的特点是：a. 前三效的热源以二次蒸汽（或废气）为主要汽源，生蒸汽基本不使用，节能明显；b. 第四效用生蒸汽加热，温度高，使浓度高的醪液黏度降低，便于输送；c. 采用仪表自动或微机控制，劳动强度低，操作稳定，安全性高。

（3）蒸发浓缩过程中存在的问题

分离滤液经过多效蒸发，使其浓度增加到 40% 以上。在蒸发单元的设计中，要合理确

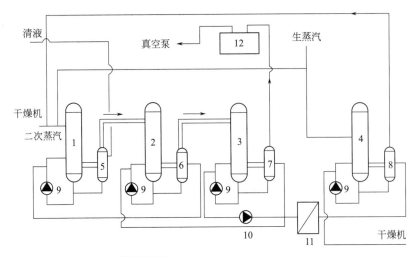

图 1-3-11 四效真空蒸发工艺流程

1~4—蒸汽罐；5~8—闪蒸罐；9，10—强制循环泵；11—平板式换热器；12—冷凝器

定各项工艺参数，并注意解决下述问题。

1）效数问题　蒸发单元的运行费用主要花在汽化大量水所消耗的能量（蒸汽）上。通常把 1kg 生蒸汽所蒸发的水量称为生蒸汽的经济性（W/D），若采用单效蒸发，W/D≤1，显然需消耗大量蒸汽。为此，将第一效汽化的二次蒸汽作为加热剂用于下一效蒸发，以此类推，即可组成多效蒸发系统。在若干假定条件下，单效的 W/D=1，二效的 W/D=2，三效的 W/D=3。实际操作中，因为有各种损失，多效蒸发系统的经验值见表 1-3-5[14]。

表 1-3-5　效数与蒸汽耗量关系

效数	二	三	四	五	六
W/D	1.75	2.50	3.33	3.70	4.54

显然，效数越多，生蒸汽的经济性就越高，那么是不是效数越多越好呢？对于一个蒸发系统优劣评价的另一个重要指标是生产强度 U，即单位蒸发面积的蒸发量，$U=W/A$，若不计热损失，料液预热至沸点加入，则蒸发器传热效率 $Q=W \cdot r$（r 为水的汽化热），那么对于单效：

$$U_单 = W/A = Q/(A \cdot r) = 1 \cdot k \cdot \Delta t/r$$

式中　Δt——传热温差；

k——传热系数。

对于多效：

$$U_多 = 1 \cdot k \cdot \Delta t/r$$

式中，$\Delta t = \sum \Delta t_i$。

当生蒸汽和冷凝器的压力已定，蒸发装置的传热温差就随之而定。如果单效蒸发和多效蒸发完成相同的蒸发任务，那么单效蒸发的传热温差将按某种规律分配于各效，即 $\Delta t = \sum \Delta t_i$。显然，由于 Δt_i 远小于 Δt，这就意味着多效蒸发的生产强度 $U_多$ 远小于单效蒸发的生产强度 $U_单$。

总之，多效蒸发是以牺牲设备的生产强度来换取生蒸汽的经济性，必须对设备费和操作费进行权衡，合理确定效数。一般来说，选择 5～6 效比较理想[14]。

2）结垢问题　糟液中含有钙化合物等，进行蒸发操作时，水在加热面汽化，使 Ca^{2+} 局部浓度增加，当浓度达到饱和状态后就在加热面上析出，形成垢层。同时，糟液中的悬浮物也会在蒸发器上形成垢层。垢层的产生使传热系数 k 迅速下降，能耗急剧增加。因此要采取强制循环，提高糟液循环速度，尽量降低垢层的形成，并能对产生的垢层及时清洗。

3）变性问题　糟液中含有蛋白质等热敏性物质，在高温下会引起变性，从而降低 DDGS 成品的营养价值，应合理设计蒸发温度，减少甚至避免变性的发生。

3.3.3.3　酒精糟粕的干燥

干燥单元是将分离单元生产的滤渣和蒸发单元生产的浓浆混合后进行干燥，因此该单元将直接决定 DDGS 产品的最终质量。在 DDGS 生产技术中，干燥工序的主要目的是：a. 去除酒精糟中的水分，使之降到安全水分以内，减少 DDGS 在储存和运输中的损失，因为 DDGS 中脂肪含量为 8% 以上、蛋白质含量为 27% 以上，水分较大时，DDGS 容易发霉变质；b. 便于 DDGS 的造粒，减少在运输过程中 DDGS 的飞扬，易于储存和运输销售。

3.3.3.4　节能工艺线路的选择

选好节能设备是节能的一条途径，而设计合理的工艺线路则是节能的另一条途径，诸如分离清液的循环使用、二次蒸汽的利用等。

（1）分离清液、蒸发冷凝液的回用

DDGS 生产技术的应用不独立于酒精生产，其中酒精糟分离清液的回用拌料，即是两者很好的结合方式。一是通过用 50% 的分离清液，将酒精生产做拌料及液化、糖化用水可以节省一部分用于加热冷水拌料的蒸汽消耗；二是减少了蒸发设备所要处理的清液量，既省蒸发所要消耗的蒸汽，降低运行费用，又可减少蒸发设备的投资[13]。

（2）二次蒸汽的再利用

圆盘式干燥器排出的二次蒸汽(废汽)温度达 95～100℃。首先经热交换器与分离清液进行换热使其温度升高，50% 用于酒精生产中，50% 用于蒸发浓缩，达到节省能耗的效果，同时二次蒸汽(废汽)又可用作蒸发的热源。在多效蒸发工艺中采用真空蒸发，虽增加了一些电能的消耗，但蒸发前一效排出的二次蒸汽可作为后一效的热源，又是一种节能的工艺方案。图 1-3-12 是 DDGS 生产技术综合节能方案示意[13]。

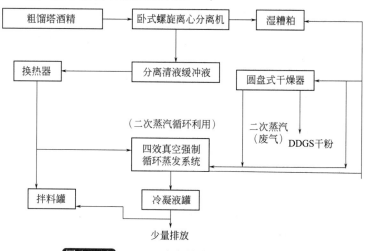

图 1-3-12　DDGS 生产技术综合节能方案示意

上述方案，是综合设备选择与工艺线路选择两方面形成的 DDGS 生产技术节能方案。其仅作为 DDGS 生产技术中节能方案的探讨，并未做数据分析，但对于减少蒸发设备投资、热能量最大化的再利用，从而实现对酒精糟废水的污染治理，为企业取得良好的经济效益提供了优质选择。该方案可以在酒精生产中利用。

3.3.4　玉米 DDGS 关键设备的选择

玉米酒精糟液生产 DDGS 已是一项推广技术，但由于 DDGS 生产投资大、能耗高，对大多数中小企业来说，生产规模太大，资金缺乏，企业应采取因地制宜的措施，选择性能价格比较好的处理设备，尽量减少设备投资，并降低生产能耗，使生产成本降下来，从而提高经济效益。只要认真分析各工艺单元的能耗及投资状况，确定合理的工艺参数，找出节能降耗的重点环节，做出合理的热利用方案，就可以实现 DDGS 生产的低能耗、低物耗、低投资、高效益，就能被广大酒精生产厂家所接受，从而取得良好的经济效益、环境效益和社会效益。因此，从设备投资、经济效益、社会效益和环境效益等方面综合考虑，可以从设备选择与工艺线路选择两个方面来选定节能方案[13]。

3.3.4.1　分离设备的选择

在 DDGS 生产技术中，酒精糟液的分离作为关键的第一步，分离设备的选择是否合适，直接影响分离效果和工序的能耗。表 1-3-6 是 3 种分离方法的比较对照表[14]。

表 1-3-6　3 种分离方法的比较对照(对处理酒精糟情况)

分离方法		操作方式	劳动强度及工作环境	处理能力及效率	滤液中不可溶固形物含量	清液回流	应用情况
自然沉淀		间歇操作	强度大环境差	处理能力小、效率极低	不能彻底治理污染	不可以	不宜采用
板框压滤		间歇操作	强度大环境差	处理能力小、效率较低	分离效果较好	不利于蒸发与回流	不宜采用
离心分离	立式分离	间歇操作	强度较大	处理能力较小	分离效果较好	可以	不宜推广
	卧式分离	连续操作	强度低环境好	处理能力大、效率高	分离效果好	可以	推广应用

卧式离心机作为推广应用的离心设备应成为酒精糟废液的首选分离设备。目前，比较成熟的是采用倾析式卧式螺旋离心分离机，玉米酒精通过倾析离心使废液中的悬浮物分出，获得的固体滤饼其水分含量为 65%～70%，即固形物含量达 30%～35%，可用绞龙输送至干燥装置，滤出液则用泵送至蒸发站。

3.3.4.2　蒸发浓缩设备的选择

用于蒸发的蒸发器有自然循环蒸发器、强制循环蒸发器、膜式蒸发器和板式蒸发器等。

3.3.4.3　干燥设备的选择

干燥作为 DDGS 生产技术的最后一道工序(不造粒情况下)，其干燥设备的选择，对提高生产能力、热效率与节能的效果具有重要影响。

该工序的主要设备包括干燥器及一些附属设备。国内目前干燥器种类很多，如厢式干燥器、喷雾干燥器、流化干燥器、滚筒式干燥器、气流干燥器等。但它们在不同方面存在着缺点，如产量小、能耗大、劳动强度大、对黏性物质不适应等。国外适用于 DDGS 干燥的设备很多，如管束干燥器(tubular bundle drier)、快速干燥器(flash drier)、滚筒式干燥器(drum drier)、管式干燥器(tubular drier)和转盘干燥器(rotadisc drier)等。目前在国内 DDGS 技术生产中，多采用列管式干燥器和圆盘式干燥器。表 1-3-7 是 3 种干燥器的技术性能比较，选择圆盘式干燥器更为理想。图 1-3-13 是由圆盘式干燥器作为干燥设备的干燥流程[13]。

表 1-3-7 3 种干燥器部分技术性能比较

干燥器类型	适用性	回干料情况	结垢情况	热效率（能耗）	对物料、水	DDGS 质量影响情况
转筒式	适用性强		稍有结垢	较高（高）		
列管式	应用范围广	回干料 60% 左右	有结垢	较高（高）	35% 以下	有影响
圆盘式	应用范围广	不回干料	几乎不结垢	高（低）	可达 80%	不影响

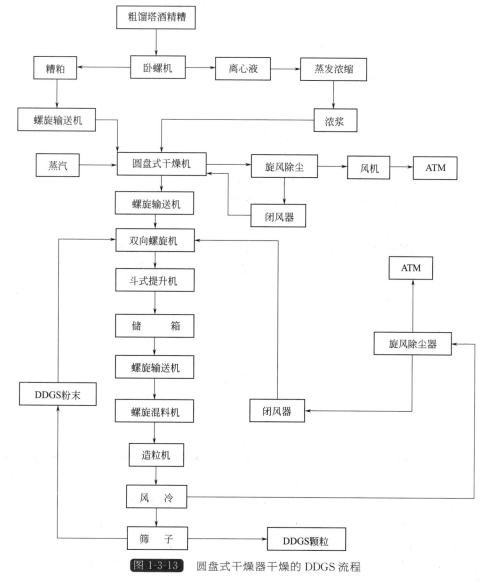

图 1-3-13 圆盘式干燥器干燥的 DDGS 流程

分离出酒精悬浮物，稀液经浓缩后，干燥一般采用管式滚筒干燥，但由于干燥性能差，还需将已干燥的产品返回，再次和浓缩稀液酒精混合，使进入干燥器的混合物水分控制在25%，因而输送系统复杂。此外，管束干燥器易造成结块和黏壁，且需庞大的回料设备。圆盘式干燥器是20世纪70年代发展起来的干燥设备，利用充满蒸汽的转盘浸没在物料中旋转加热，具有受热均匀、热效率高(蒸发1kg水耗汽1.2~1.4kg，W/D=0.71~0.83)等优点，采用圆盘式干燥器对被干燥物没有严格的水分要求。

尽管圆盘式干燥器较管束干燥器耗汽量低，但和蒸发系统的蒸汽经济性(W/D)相比仍是高能耗设备，为此必须在蒸发单元完成尽可能大的蒸发量。另一方面，物料在干燥过程中产生大量的二次蒸汽，同时加热蒸汽的冷凝水亦可闪蒸大量二次蒸汽，二者温度均在105℃以上。据计算，这些二次蒸汽可供蒸发系统前两效用汽，从而降低蒸发单元耗生蒸汽量30%左右。

实践证明，以玉米为原料的酒精糟液中固形物黏度较低，蛋白质含量较高，采用蒸发浓缩制取DDGS的方法是处理玉米酒精糟液的最佳途径，所得DDGS产品蛋白质含量一般在27%以上，适合出口和供应大型饲养厂。该工艺的最大特点是几乎能将酒精糟液中的全部固形物回收利用，而且大部分蒸发冷凝水可以回用。

3.3.5 玉米 DDGS 的应用

3.3.5.1 玉米 DDGS 在猪饲料中的应用

（1）玉米 DDGS 在猪饲料中的最适宜添加量

在猪饲料中 DDGS 的最大添加量可以根据猪的生长发育阶段确定(见表1-3-8)[15]。表1-3-8中的推荐量是 DDGS 质量高、无霉菌毒素时的最大量。由于 DDGS 的粗纤维含量较高，体重不到6.8kg的哺乳仔猪不适宜饲用。DDGS 中较高的粗纤维含量也限制后期哺乳仔猪(6.8~18 kg)的最大利用水平(5%)。

表1-3-8 根据猪的生长发育阶段确定猪饲料中 DDGS 的最大添加量

生长阶段	最大量/%
哺乳仔猪(>6.8kg)	5
生长猪(18~54kg)	15
肥育猪(>54kg)	20
后备母猪	20
怀孕母猪	50
哺乳母猪	20
公猪	50

虽然在肥育猪饲料中 DDGS 的最大推荐量是20%，但是在大多数生长肥育猪饲料中 DDGS 的实际添加量仍然为10%，其原因是：a.加入20% DDGS 时对一定数量的仔猪的生产性能有负面影响；b.由于 DDGS 的脂肪含量高(10%~12%)，而且大部分脂肪是由多聚不饱和脂肪酸构成，所以，在生长肥育猪饲料中加入的 DDGS 多于20%时会降低肉猪腹部的结实性，引起胴体脂肪变软；c.DDGS 添加水平超过20%会降低肉猪胴体产量[16~23]。

（2）玉米 DDGS 对断奶仔猪的影响

DDGS 对断奶仔猪采食量会产生一定的影响。Whitney 等对早期断奶仔猪（6.18kg）饲喂不同 DDGS 水平（5％、10％、15％、20％和 25％）的日粮，结果表明，随着 DDGS 水平的升高，仔猪的日采食量（ADFI）呈线性降低（$P < 0.05$）的趋势。虽然起初饲料采食量会降低，但添加水平在 25％的高品质 DDGS 早期断奶日粮仍可满足仔猪生产性能的需要。

DDGS 对断奶仔猪生产性能的影响与断奶日龄及断奶仔猪重有关。Whitney 等设计了两个试验以研究 DDGS 对断奶仔猪的影响。试验 1 中断奶仔猪始重为 7.10kg（19 日龄），试验 2 中断奶仔猪始重为 5.26kg（17 日龄）。两试验日粮以可消化的氨基酸为基础配合，营养水平一致，DDGS 分别以 5％、10％、15％、20％、25％的比例替代饲粮中的玉米和豆粕。试验结果显示：DDGS 用量达 25％不会影响 19 日龄断奶、体重大于 7kg 的仔猪断奶 14d 后的生长性能，但对于 17d 龄断奶或更早、体重低于 7kg 的仔猪而言，高水平 DDGS 可能会降低仔猪采食量和增重速度[24~29]。

Pedersen 等研究了 29kg 生长猪对 DDGS 磷的消化率，试验结果表明，其表观消化率为 59.1％，远远高于对玉米中磷的表观消化率（19.3％），因此，在猪日粮中添加 DDGS 时，可以稍微降低磷酸氢钙的添加量。Whitney 等研究了添加 10％ DDGS 替代 8％玉米和 2％豆粕并降低 0.3％磷酸氢钙对 28kg 生长猪生产性能的影响，试验 90d 后，添加 10％ DDGS 组生长猪日增重和日采食量为 855g/d 和 2275g/d，试验猪的末重为 106.4kg/头；而玉米-豆粕组日增重和采食量为 861g/d 和 2285g/d，对照组猪的末重为 105.9kg/头。该试验表明，在生长猪日粮中添加 DDGS，并适量降低玉米、豆粕和磷酸氢钙用量，并不影响猪的生产性能。Linneen 等试验证实，当 DDGS 在生长育肥猪日粮中添加到 30％时，其生产性能反而降低，表明过量添加 DDGS 并不会改善生长猪的生产性能。Weigel 等建议，18~54kg 生长猪 DDGS 添加量以不超过 7.5％为宜，54kg 以上出栏的生长猪以 10％添加量为宜[30]。

（3）玉米 DDGS 对生长肥育猪的影响

1）玉米 DDGS 对生长肥育猪生长性能的影响　早期研究表明，在生长肥育猪中添加 20％的玉米 DDGS 并不会影响其生产性能，当添加量增加到 40％时，其生产性能有所下降。在日粮中添加 0.5％、1.0％、10％的玉米 DDGS 饲喂肥育猪（体重 88~105kg）和添加 19％的 DDGS 饲喂生长猪（体重 30~60kg），对照组和试验组均没有明显差异。当生长猪日粮中的 DDGS 达到 20％时通过添加限制性氨基酸也可以使其生产性能和对照组没有明显差异，当然也有研究指出，当玉米-豆粕日粮中添加 30％ DDGS 饲喂生长肥育猪也不会影响其生产性能。在肥育猪日粮中添加 30％ DDGS 与对照组相比较，平均日增重（ADG）和平均日采食量（ADFI）没有明显差别，但 G：F（ADG：ADFI）在 DDGS 组中有所下降。总体来看，当肥育猪日粮中添加 5％~30％的 DDGS 对其生产性能是没有影响的[31]。

2）玉米 DDGS 对生长肥育猪肠道健康的影响　Matos 等报道，在生长猪日粮中添加适量纤维能减少沙门氏菌或胞内劳森菌对肠道的损害，减少肠炎的发病概率。Bronsvoort 等报道，美国 75％猪群中存在胞内劳森菌感染。玉米 DDGS 含有 10％粗纤维，其中不溶性的占 42.2％，可溶性的只占 0.7％。Hampson 等报道，纤维可提高上皮细胞的分泌功能，如胃液的分泌和胆汁的分泌可能会减少细菌的黏附性，同时减少消化道内容物的黏性而起到清洁肠道的作用，从而减少肠道疾病的发生。Neutkens 等报道，DDGS 对猪肠道健康有利的另一个原因是玉米生产酒精发酵过程中产生大量酵母，酵母是一种优秀的甘露寡糖来源，能与有害菌竞争性吸附在肠黏膜受体上，从而减少有害菌对肠道的侵害。Whitney 等研究了感染胞内劳森菌的生长猪日粮中添加 20％ DDGS 对猪肠道损害、发病率的影响，试验结果表明，生长猪日粮中添加 20％ DDGS 可以降低胞内劳森菌对肠道上皮组织的损害，降低该病的发病率。

3）玉米 DDGS 对生长肥育猪磷、氮代谢及粪臭的影响　DDGS 有效磷含量较玉米高，而且利用率达 87.5％～92.2％，可部分取代日粮中的磷酸氢钙，从而降低饲料成本。明尼苏达大学研究结果显示，当保育日粮以有效磷水平为基础进行配合，同时在日粮中添加 DDGS 时，粪便中 P 的浓度降低。但含有 DDGS 的日粮干物质消化率一般会略有降低，粪便中总磷的排泄量略有减少或没有变化，若与植酸酶合用，效果显著。M. J. Spiehs 等研究发现，用含 20％ DDGS 的日粮饲喂生长肥育猪，与对照组（玉米-豆粕，不含 DDGS）相比，尿中 P 的含量减少，这说明在生长肥育猪的后期饲喂 DDGS 可促进 P 的利用。同时能量、N 的摄入量及排泄量增加，但平均日采食量不变。添加 DDGS 不影响 H_2S、NH_3 及粪便气味，消化能和代谢能无差异。

在生长肥育猪饲料中加入 10％～20％的 DDGS 可减少回肠炎引起的肠障碍、出血性猪肠道综合征，改善粪便气味，并有助于抵抗猪肠道 Lawsonia 感染。猪饲料中 DDGS 添加水平增加到 30％时，可使生长肥育猪的死亡率降低 1.6％，并增强肠道系统的抗应激能力，减少有害气体的排放。

（4）玉米 DDGS 对母猪的影响

高产繁殖母猪需要较高的营养需要，要使泌乳母猪发挥最佳的生产性能，减少泌乳期间的失重，就要给泌乳母猪提供充足的钙、磷、粗蛋白和赖氨酸。DDGS 含有较高的粗蛋白质、有效磷和赖氨酸，在泌乳母猪日粮中添加适量的 DDGS 并不会影响其繁殖性能（见表1-3-9），添加量以不超过 15％为宜（表 1-3-9）[32]。

表 1-3-9　DDGS 对泌乳母猪生产性能的影响

项目	对照组	15％ DDGS 组
泌乳第 2 天体重/kg	224	214.7
泌乳第 18 天体重/kg	216.5	208.4
泌乳期母猪体重变化/kg	−7.5	−6.3
第 2 天仔猪窝重/kg	21.5	19.9
第 18 天仔猪窝重/kg	68.1	61.4
泌乳期仔猪窝增重/kg	46.6	41.5
断奶仔猪数量	11.1	10.8

Thong 等在妊娠母猪饲粮中分别用 17.7％和 44.2％比例的 DDGS 替代对照饲粮中的玉米和豆粕，结果显示：DDGS 添加水平不影响窝产仔数、仔猪初生重，各处理间断奶窝仔数、仔猪断奶重和母猪体重变化。因此，在日粮赖氨酸一致的基础上，DDGS 可部分替代妊娠母猪日粮中的豆粕和玉米。研究显示，在妊娠和泌乳母猪饲料中分别使用 50％和 20％的 DDGS 最大推荐量，通过对两个繁殖周期的评定，饲喂含 DDGS 饲料的母猪在第二个繁殖周期的每窝断奶仔猪数比对照组多。其他试验表明，母猪饲喂粗纤维含量高的饲料，断奶窝重有所提高。目前看来，当饲料以可消化氨基酸为基础配制、添加的 DDGS 无霉菌毒素污染时，在妊娠母猪和泌乳母猪饲料中分别使用 50％和 20％的 DDGS 能够产生预期的效果。但饲喂含 20％ DDGS 的日粮会降低母猪的采食量。

总体来看，在母猪日粮中添加DDGS用来代替豆粕对母猪不仅没有任何影响，还可能增加其每窝产子数，在妊娠期DDGS的添加量可至30%，但当泌乳期其添加量至30%会减少母猪的采食量。

（5）玉米DDGS对猪肉胴体品质的影响

由于玉米DDGS具有独特的营养特性（氨基酸组成不平衡、较高的粗纤维和霉菌毒素含量），一直以来其几乎都被用于反刍动物饲料中。近年来，随着玉米DDGS加工工艺的改进，质量有了很大的提高，在生长肥育猪中的利用也日益广泛。但饲料对猪的机体组成会产生很大的影响，特别在脂肪组成方面，因为猪可以将日粮中所含有的脂肪酸直接沉积在自身的脂肪组织中，而这种作用在生产肥育猪中则更为明显。因此，饲料中添加10%~20%的玉米DDGS，对生长肥育猪的生产性能不会产生负面影响，但是对猪肉品质，特别是脂肪品质和脂肪酸组成有显著的影响[33~35]。

1）添加玉米DDGS对胴体品质的影响　Widmer等研究结果发现，饲料中添加10%和20%的玉米DDGS，对生长肥育猪的屠宰重、胴体重、屠宰率、瘦肉率、眼肌面积和背膘厚（第10肋骨处）均没有影响。Whitney等在生长肥育猪饲料中分别添加10%、20%和30%的玉米DDGS，结果发现，添加10%的玉米DDGS对屠宰重、胴体重和屠宰率没有影响，而当添加量提高到20%和30%后，以上指标均显著下降。但背膘厚和瘦肉率并没有随着玉米DDGS添加量的增加而出现明显的变化。Stein等综述近年关于玉米DDGS的研究结果发现，添加玉米DDGS对屠宰率和背膘厚均没有影响。除Gaines等外，其他的试验结果均发现添加玉米DDGS对瘦肉率没有影响。

2）添加玉米DDGS对肌肉品质的影响　Whitney等研究结果发现，饲料中添加玉米DDGS（10%、20%和30%）对肌肉颜色、硬度、大理石花纹评分、pH值、滴水损失（24h）、烹饪损失、总水分损失和剪切力均没有影响。Widmer等研究结果发现，添加10%和20%的玉米DDGS，对生长肥育猪肌肉的大理石花纹评分、背最长肌的颜色（L^*、a^*、b^*）、pH值和滴水损失（48h）均没有影响。Xu等和White等的研究结果亦是如此。由此可知，饲料添加玉米DDGS对肌肉品质并不会产生负面影响。

3）添加玉米DDGS对脂肪饱和度和脂肪酸组成的影响　由于玉米DDGS中较高的脂肪含量，特别是不饱和脂肪酸，添加玉米DDGS会对脂肪的品质产生显著影响。Xu等研究结果发现，添加玉米DDGS对脂肪的颜色（L^*、a^*、b^*）没有影响。Whitney等和Widmer等研究报道，当玉米DDGS的添加量超过20%后，腹脂的厚度降低，其原因可能是玉米DDGS的过量添加降低了生长肥育猪的上市体重，从而导致腹脂厚度降低。

添加玉米DDGS亦显著降低了腹脂的硬度，而且随着玉米DDGS添加量的增加，其弯曲的程度也逐渐增大，因此，脂肪的碘值也显著升高。碘值是衡量猪肉脂肪饱和度的重要指标，碘值越大，表明脂肪的不饱和程度越高，但目前对于猪肉脂肪的碘值并没有统一的界定。Lea等指出脂肪的碘值应低于70，而Boyd则建议脂肪的碘值不超过74即可。饲喂玉米DDGS提高了脂肪的碘值，主要是因为DDGS中所含有的不饱和脂肪酸过多，特别是亚油酸。同时，随着组织中不饱和脂肪酸含量的大量增加，饱和脂肪酸与不饱和脂肪酸之间的比例亦显著下降。虽然添加玉米DDGS显著提高了猪肉脂肪的不饱和程度，但Xu等研究结果发现，脂肪的氧化程度即TBA值并没有升高。

鉴于添加玉米DDGS对脂肪饱和度所产生的负面影响，已经有研究探讨如何在使用玉米DDGS的情况下通过其他的办法来降低这一影响。Shurson等研究发现，分别在猪上市前

0周、3周、6周和9周的时候停喂玉米DDGS，组织中亚油酸的含量及脂肪的碘值逐渐下降，脂肪饱和度得到一定提高。White等报道，猪屠宰前的10d，在含有玉米DDGS的日粮中添加1%的共轭亚油酸（CLA），脂肪的碘值有所降低，组织中不饱和脂肪酸的含量下降，饱和脂肪酸与不饱和脂肪酸之间的比例较不添加CLA有所升高。这主要是因为添加CLA限制了脂肪组织中硬脂酰辅酶A去饱和酶（SCD）基因的表达，SCD的活性显著降低，从而减少了饱和脂肪酸向不饱和脂肪酸的转化，提高了脂肪的饱和度。但是对于CLA的最适添加量及使用的持续时间，还要通过更多的试验来探讨。

（6）玉米DDGS在猪饲料使用中的注意事项

1）日粮中维生素E的平衡变化 维生素E有利于机体内氧化平衡。最近研究发现母猪日粮中约添加0.25%混合动物油/植物油，能实现氧化的互补，血清维生素E浓度提高了25%。维生素E和硒的协同作用是自由氧化的第一道防线。同时维生素E影响硒的吸收，进一步影响了自身的代谢循环。维生素E和硒同时缺乏可导致哺乳和断奶仔猪桑葚心病的发生；饲料中高水平的DDGS也可能引发该疾病，所以需要注意DDGS日粮中维生素E的平衡。

2）需要降低硫拮抗剂风险 与玉米的硫含量相比，DDGS在加工过程中硫含量至少增大了3倍。高含量硫降低了铜和硒的吸收。所以，需在饲粮中添加高质量的有机铜保证在低pH值的肠道中稳定且可利用。有机硒有利于维持猪体的氧化平衡，硒作为谷胱甘肽过氧化物酶的辅助因子，将过氧化氢转化为安全产物。哺乳母猪日粮中添加0.03%硒酵母，乳汁中硒的含量提高了$0.4\mu g/mL$。

3）DDGS自身性质的差异对添加量的影响 DDGS的营养价值、颗粒大小、热损坏程度和颜色的差异均影响其在饲料中的添加量。在进行饲料配制时，必须考虑DDGS的来源（生产工艺和产地），要对原料进行实验室分析或者向供应商索取产品的营养成分表和可追溯资料。DDGS的脂肪含量（10%～12%）和多聚不饱和脂肪酸含量相对较高，容易酸败。DDGS的粗蛋白质水平（25%～30%）相对较高，但赖氨酸、蛋氨酸的含量不高，与其他氨基酸配比过程中的平衡性差、损失快，容易降低DDGS的质量，且不同来源DDGS中氨基酸的消化率差别较大。以上这些因素都会影响DDGS的添加量。为了满足猪的氨基酸需求量，需要在添加DDGS的饲料中补充相应的赖氨酸、蛋氨酸和其他氨基酸以达到配料中氨基酸的平衡。由于不同来源DDGS的氨基酸消化率存在差异，因此在配制含DDGS的饲料时，要求以可消化氨基酸为基础，而不是以氨基酸总量为基础，以保证氨基酸平衡。同时，由于DDGS的粗蛋白含量相对较高，因此在含有DDGS的饲料中补充氨基酸将有助于减少氮的排放。DDGS的磷含量（0.75%）高于玉米原料（0.25%），且过度加热或过度干燥DDGS会增加酒精糟有效磷含量。DDGS中有90%的磷可利用，而玉米中却只有50%，这就意味着在猪饲料中添加DDGS有助于减少无机磷的补充量、降低粪便中磷的排泄。

4）真菌毒素污染 由于乙醇工业的发酵过程没有清除霉菌毒素，DDGS中的霉菌毒素被浓缩，浓度变大，再加之在储藏过程中的霉菌污染，DDGS中的霉菌毒素浓度会更高，这将对母猪的繁殖性能产生很大的负面影响。研究显示，DDGS的真菌毒素含量是普通谷物的3倍，对猪肝脏有严重氧化损伤作用（类似维生素E和硒）。当日粮中DDGS含量达到30%～60%时，猪摄入真菌毒素量大大增加，氧化损伤风险随之增加。许多真菌毒素可被肝脏分解转移，但产生氧化自由基，可引起氧化失衡。因此，在母猪饲料中添加DDGS之前要检测其霉菌毒素水平。不但要对乙醇工业发酵过程中谷物的霉菌毒素水平进行监测，还要对饲料用的 DDGS 进行霉菌毒素水平分析和鉴别。

5）猪对添加 DDGS 的饲料的适应性　在饲料中使用 DDGS 时，开始的几天或几周，都会对猪采食量有影响，特别是哺乳仔猪、怀孕和泌乳母猪常产生抑郁采食反应。为了避免这种不良反应，饲喂含 DDGS 的饲料时，不要加入超过最大推荐量的 DDGS。在适应期，可先用 DDGS 含量低的饲料，然后过渡到适合添加量，或者用不含 DDGS 的饲料进行稀释。

3.3.5.2　玉米 DDGS 在牛饲料中的应用

（1）玉米 DDGS 在肉牛饲料中的应用

1）玉米蛋白饲料饲喂肉牛的新技术

① 饲喂犊牛。除夏洛来和海福特杂交母牛之外，其他肉牛泌乳能力低，产犊后 3 个月母牛奶不能满足犊牛的生长需要，这时补料对犊牛生长发育十分重要，而且犊牛对补料饲料利用效率很高，利用玉米蛋白饲料作为犊牛的补料饲料，可以使犊牛在 6 个月龄时的断奶体重超过 200kg。推荐的玉米蛋白饲料补料配方为：玉米 45%、玉米蛋白饲料 33%、麸皮 6%、豆粕 3%、棉籽粕 9%、磷酸氢钙 1%、食盐 0.5%、小苏打 1%、犊牛预混料 1.5%[36~38]。

② 饲喂母牛。玉米蛋白饲料是母牛正常繁殖所需要的优质的过瘤胃蛋白质来源，可以增加母牛产后体重，提高繁殖率。推荐的青年母牛饲喂玉米蛋白饲料配方为：玉米 45%、玉米蛋白饲料 50%、磷酸氢钙 1%、食盐 1%、小苏打 1.5%、母牛预混料 1.5%。推荐的哺乳母牛饲喂玉米蛋白饲料配方为：玉米 24%、玉米蛋白饲料 45%、麸皮 8%、豆粕 6%、棉籽粕 12%、磷酸氢钙 1%、食盐 1%、小苏打 1.5%、泌乳母牛预混料 1.5%[39]。

③ 饲喂架子牛。架子牛通常指断奶犊牛以粗饲料为主加入少量精饲料喂养到周岁或周岁半，这是我国传统的饲养方式，目的是使肉牛体型得以快速肥育所需要的体型。随着科学技术的发展，在架子牛阶段正是肉牛生长速度最快、饲料报酬最好的时期，采用新型玉米蛋白饲料的饲养方式，周岁肉牛体重至少达到 400kg。推荐的新型架子牛饲喂玉米蛋白饲料配方为：玉米 32%、玉米蛋白饲料 50%、豆粕 5%、棉籽粕 8%、磷酸氢钙 1%、食盐 1%、小苏打 1.5%、肉牛预混料 1.5%[40]。

④ 饲喂肥育牛。一般肥育牛的开始体重不低于 300kg，至肥育到 500kg 这一阶段，主要以提高日增重为主；在 500~700kg 这一阶段，以提高肉牛肌肉间脂肪和皮下脂肪覆盖程度为主，目的是改善里脊的大理石花纹，增强牛肉风味。推荐肥育牛饲喂玉米蛋白饲料配方为：玉米 45%、玉米蛋白饲料 40%、豆粕 3%、棉籽粕 7%、磷酸氢钙 1%、食盐 1%、小苏打 1.5%、肉牛预混料 1.5%[41,42]。

2）玉米蛋白饲料饲喂肉牛的技术方法

① 将新购买的肉牛放置在隔离区内，进行不低于 15d 的隔离观察，在确认肉牛健康无病后，以干玉米秸或干玉米秸与青储玉米混合加部分精饲料进行适应性饲养，在这一过程中对每一头肉牛进行打耳号、上鼻钳、免疫和口服驱虫药物等正常程序，适应性饲养结束时每头肉牛要有空腹体重记录。

② 玉米蛋白饲料呈酸性，钙的含量很低，需加入小苏打和磷酸氢钙等钙质原料，以此来维持钙磷比例和酸碱度的平衡，小苏打添加比例为 0.8%~1.5%，磷酸氢钙的添加比例为 1% 左右，经搅拌调制均匀即可使用，这样可以提高肉牛的适口性和采食量，可以达到标准的生产性能。在开始饲喂玉米蛋白饲料时，有的肉牛拒食，应少量添加，然后逐日增加，

经过 10～15d 的适应期，待肉牛对玉米蛋白饲料的采食适应后，可以按推荐配方稳定玉米蛋白饲料的采食量。

3）玉米蛋白饲料饲喂肉牛的注意事项

① 如果采用青储饲料作为粗饲料，要计算好玉米蛋白饲料和青储玉米的饲喂量，一般玉米以蛋白饲料和青储玉米的折干率分别为 30％和 40％计算。在实际饲喂玉米蛋白饲料和青储玉米时，必须将计算的干料数量分别除以 0.3 和 0.4，即为玉米蛋白饲料和青储玉米的实际饲喂量。如果没有豆粕蛋白质饲料，可以用棉籽粕完全代替，即便是棉籽粕不脱毒处理，也不会影响肉牛的生长性能[43]。

② 精粗料搭配要合理，精饲料比例一般占 50％～70％。肉牛每日按 100kg 活体重饲喂 1.2kg 精饲；母牛每日按 100kg 活体重 0.6～1kg 精饲料进行饲喂；粗饲料的日喂按 100kg 牛活体重 2.5kg 来计算。玉米蛋白饲料因其蛋白质含量高，并含有一定量水分，存放时间过长，其表面易发霉变质，特别是在夏季的高温高湿季节，一定要注意保持通风干燥，发霉变质的玉米蛋白饲料切忌喂牛。

4）玉米 DDGS 饲料对肉牛的营养价值和饲喂量　DDGS 用于肉牛饲料，可提高瘤胃发酵功能，提供过瘤胃蛋白质，转化纤维为能量，且适口性和食用安全性强，是磷和钾等矿物质的良好来源。DDGS 含 B 族维生素，且含有未知生长因子，可用于犊牛断奶饲料中。在酒精糟中加蜜糖蒸馏肥育公牛，如果日粮中蛋白质含量低于标准的 10％～15％，蒸馏过蜜糖的酒精糟就能够按每头公牛 2～3kg 的量作为蛋白质饲料添加剂。在代乳料中用量达 20％；补乳料中用量达 20％；肥育肉牛的用量为总采食干物质的 40％；后备母牛的用量为总采食干物质的 25％。

（2）玉米 DDGS 在奶牛饲料中的应用

1）奶牛日粮中添加 DDGS 的饲喂效果

① 对干物质采食量及产奶量的影响。在日粮中添加 DDGS 时，在适宜的范围内一般不会对奶牛的干物质采食量和产奶量产生负面影响。有研究表明，在日粮中添加 20％左右的 DDGS，奶牛产奶量和干物质采食量均有增加的趋势[44]。奶牛日粮中使用酒精糟会刺激其采食量增加，研究发现，在一定范围内，奶牛干物质采食量随日粮中 DDGS 含量的升高而升高。然而，添加过高比例的 DDGS 则会导致奶牛干物质采食量和产奶量的下降。由表 1-3-10 可见，奶牛日粮中使用酒精糟超过 30％时，产奶量有下降趋势，研究也表明，当 DDGS 添加量为 36％时，其干物质采食量和产奶量均有所下降。这也与 Janicek 等报道日粮中添加 0～30％的 DDGS 时产奶量呈直线增加的结果相似[45～47]。

② 对乳脂和乳蛋白含量的影响。在奶牛日粮中添加 DDGS 一般不会影响乳脂率。乳蛋白含量在含有 0～30％酒精糟日粮中无差异，且酒精糟的使用形式也没有影响（表 1-3-10）[48]。但当日粮中添加 30％以上 DDGS 时则可影响乳蛋白的合成。其原因可能由于 DDGS 含量过高，引起小肠蛋白质消化率和赖氨酸含量较低，氨基酸组成不平衡导致乳中蛋白质含量下降[49]。

表 1-3-10　奶牛日粮中使用湿或干燥酒精糟对干物质采食量和产奶量的影响

添加量 干物质基础	干物质采食量/(kg/d)			产奶量/(kg/d)		
	干	湿	全部	干	湿	全部
0	23.5c	20.9b	22.2b	33.2	31.4	33.0

添加量 干物质基础	干物质采食量/(kg/d)			产奶量/(kg/d)		
	干	湿	全部	干	湿	全部
4%~10%	23.6[bc]	23.7[a]	23.7[a]	33.5	34.0	33.4
10%~20%	23.9[ab]	22.9[ab]	23.4[ab]	33.3	34.1	33.2
20%~30%	24.2[b]	21.3[ab]	22.8[ab]	33.6	31.6	33.5
>30%	23.3[bc]	18.6[c]	20.9[c]	32.2	31.6	32.2
SEM	0.8	1.3	0.8	1.5	2.6	1.4

注：abc 行内数值上标不同表示有差异($P<0.05$)。行内上标没有差异说明酒精糟在日粮中使用量不同时没有显著差异。数据来自 Kalscheur(2005)。

③ 对脂肪酸和氨基酸的影响。由于 DDGS，特别是玉米 DDGS 中的脂肪多为不饱和脂肪酸，亚油酸超过 60%，尽管日粮中添加 DDGS 对乳脂中脂肪酸含量影响不大，但可能影响乳中脂肪酸组成，例如，Leonardi 和 Anderson 报道，适当添加 DDGS 可增加乳中不饱和脂肪酸特别是共轭亚油酸的含量。

Kleinschmit 研究证实，日粮中添加 DDGS 可引起奶牛动脉血浆中的 Arg、Ile、Lys 和 Thr 的含量下降，而使 His 和 Leu 含量升高。此外，日粮中添加 DDGS 不影响瘤胃中乙酸和丙酸的浓度。对照组奶牛瘤胃丁酸含量低于添加 DDGS 的处理组，但总 VFA 量较高。同时，添加 DDGS 的奶牛乳中尿素氮的含量低于对照组。

2) 奶牛日粮中 DDGS 的添加比例　国外对于 DDGS 的研究很多，基本一致的观点认为 DDGS 在日粮中的比例可以达到 30% 左右，如果继续增加则引起采食量降低、产奶量下降等负面影响。Kalscheu(2005)综合分析了 1982 年以来的超过 24 个相关研究报道，酒精糟的添加量从占干物质的 4.2% 增加到 41.6% 时，发现当 DDGS 所占比例超过 30% 时，采食量、产奶量和乳蛋白率显著下降。综合以上试验结果表明，当 DDGS 在奶牛日粮中的饲喂量不超过 20% 时奶牛的生产性能基本不受影响，而超过 30% 时则可引起日粮干物质采食量和产奶量下降。

3) 其他需要考虑的因素　利用酒精糟配制奶牛饲料时，其在日粮中的含量并不是唯一需要考虑的因素。其他因素，包括粗料类型、粗料与精料的比例、酒精糟的高油脂含量和以氨基酸为基础设计日粮等都会对产奶量和奶组成有影响。另外，酒精糟的不同形式也会影响奶牛的生产性能[50,51]。

3.3.5.3　玉米 DDGS 在家禽饲料中的应用

（1）玉米 DDGS 饲料对家禽营养价值和饲喂量的影响

DDGS 是必需脂肪酸、亚油酸的良好来源，如与其他饲料配合，可成为种鸡和产蛋鸡的饲料，DDGS 缺乏赖氨酸，但所有的 DDGS 产品都是蛋氨酸的良好来源。DDGS 在不同家禽日粮中的最大用量分别为：肉仔鸡 2.5%，肥育肉鸡 5%，蛋鸡 15%，种鸡 20%，青年母鸡 5%，鸭 5%，斗鸡 5%[52~61]。

（2）玉米 DDGS 在肉鸡饲料中的应用

1）玉米 DDGS 对肉鸡生产性能的影响　DDGS 被用作肉鸡日粮的一种饲料配料已有很多年的历史。最初 DDGS 主要以较低的水平加入日粮中(约 5%)，有时会作为一种可对肉鸡生产参数产生积极影响的"不明生长因子"。源加入日粮[62]。在早期的肉鸡和火鸡的研究中，

Day 等和 Couch 等发现日粮中加入低浓度的 DDGS 可以提高动物的增重。

Waldroup 等在后续的研究中发现，如果 DDGS 所含的可代谢能量保持恒定的水平，其在肉鸡日粮中的添加浓度可高达 25%，且不会对增重和饲料转化率产生消极的影响。Parsons 等发现，如果 DDGS 所含赖氨酸的水平足以维持肉鸡的生产性能，那么其替代肉鸡日粮中大豆蛋白的比例可高达 40%。Cromwell 等报道，以深色为特征的 DDGS 会对肉鸡的生产性能产生不利影响，由此表明深色 DDGS 中的赖氨酸消化率下降。

Lumpkins 等进行了两个试验，以评价"新一代" DDGS 在肉鸡日粮中的使用情况。在第一个试验中，他们使用两种不同类型的开食日粮（低密度或高密度日粮），每种日粮添加 0 或 15% 的 DDGS。试验肉鸡在 0～18 日龄间饲喂试验日粮。在高密度日粮组中，饲料添加 0 或 15% DDGS 的肉鸡在生产性能上无显著的差异。在低密度日粮组中，肉鸡饲喂添加 15% DDGS 的日粮后，其 7 日龄和 14 日龄的增重、耗料比较低。在第二个试验中，试验肉鸡在 42d 的饲喂期中，喂给添加 0、6%、12% 或 18% DDGS 的等能、等氮开食、生长和肥育期日粮，结果发现，除了当肉鸡喂给含 18% DDGS 的日粮后其开食阶段的增重和饲料转化率降低以外，其他日粮组的肉鸡在生产性能和胴体产量上无显著差异。他们推测，最高添加水平导致生产性能下降的原因可能是对 DDGS 的赖氨酸含量估测过高，结果导致这一氨基酸的边缘性营养缺乏（marginal deficiency）。他们根据自己的研究结果指出，肉鸡开食日粮的 DDGS 安全添加水平为 6%，生长期和肥育期日粮的安全添加比例为 12%～15%。

Wang 等在最近进行的一项研究中评估了根据 DDGS 可消化氨基酸水平配制的日粮对肉鸡生产性能的影响，这些日粮含有 0、5%、10%、15%、20% 或 25% 的 DDGS。他们报道，添加 25% DDGS 对肉鸡生长速度无不利影响；然而，肉鸡饲喂含添加 25% DDGS 的日粮后，其饲料转化率低于对照组肉鸡。日粮内添加 15% 或 25% 的 DDGS 可导致肉鸡屠宰率下降；肉鸡喂给含 25% DDGS 的日粮后，所表现出的特征为较低的胸重（以活重的百分比表示）。根据以上研究结果，作者断定，高质量的 DDGS 能够以 15% 或 20% 的比例加入肉鸡日粮中而几乎不会对肉鸡的生产性能产生负面影响，但是可能会导致屠宰率和胸肌率出现一定的损失。

2）玉米 DDGS 对肉鸡肉质和脂肪酸组成的影响　Corzo 等在肉鸡日粮中分别添加 0 和 8% 的 DDGS，发现 DDGS 组和对照组的肉色、pH 值、蒸煮损失和剪切力均无显著差异（$P > 0.05$）。DDGS 组亚油酸和多不饱和脂肪酸含量较高（$P < 0.05$），油酸含量在两个处理中均占主导地位，对照组高于 DDGS 组，差异极显著（$P < 0.01$），DDGS 组亚油酸含量较高（$P < 0.05$）。亚油酸是一种极易被氧化的多不饱和脂肪酸，会生成乙醛和正己醛。亚油酸和 TBARS 高度正相关，这也是导致 DDGS 组 TBARS 值较高的原因。之后，Schilling 等又在肉鸡日粮中分别添加 0、6%、12%、18% 和 24% 的 DDGS，42 日龄屠宰，结果显示，添加 DDGS 的胸肌肉 pH 值显著高于对照组（$P < 0.05$），18% 和 24% 组的 pH 值高于 6% 组（$P < 0.05$）。各处理组间肉色、蒸煮损失、基本组成差异不显著（$P > 0.05$），但对照组的剪切力低于 18% 和 24% 组（$P < 0.05$）。随着 DDGS 添加比例增加，肉鸡胸肌和腿肌肉 pH 值增加，亚油酸、多不饱和脂肪酸含量增加，TBA 值增加。他们认为，0～12% 的添加比例对肉鸡胸肌肉和腿肌肉的肉质无影响，比例高于 12% 时肉的抗氧化能力减弱。显然，日粮的脂肪酸组成会决定肉鸡腿肌的脂肪酸组成。所以改变日粮组成可降低 DDGS 造成的这种影响。尽管肉的抗氧化能力减弱，但 DDGS 对肉质以及口感影响不大。

（3）玉米 DDGS 在产蛋鸡饲料中的应用

DGS 是必需脂肪酸——亚油酸的来源，与其他饲料配合，成为种鸡和产蛋鸡的饲料。DDGS 缺乏赖氨酸，但对于家禽第一限制性氨基酸——蛋氨酸，所有的 DDGS 产品都是蛋氨酸的优质来源[63,64]。

早期的研究显示，DDGS 可在产蛋鸡日粮中添加 5%～20%，甚至可作为饲料中 1/3 的蛋白供应源，不会对产蛋量和蛋重产生不利影响。通过测定蛋的哈夫单位，发现酒精糟饲料对蛋的内部质量会产生积极的影响。Alenier 和 Combs 报道，按日粮 10% 的水平添加 DDGS，可提高产蛋鸡的采食量。然而，DDGS 的这一作用未能在肉鸡上得到验证。Allen 等注意到，用含 14.9% DDGS 的低能量日粮饲喂来航母鸡，会导致其产蛋性能下降，但是对褐壳蛋系母鸡没有不良影响。Lilburn 和 Jensen 报道，母鸡饲喂含 20% 玉米发酵可溶物的日粮后，其体重、肝脂和血脂都下降，但是产蛋性能没有变化。Akiba 等研究表明，与饲喂玉米-大豆型对照日粮的产蛋鸡相比，喂给含 20% DDGS 的日粮的试验鸡，其肝重（每个单位体重的重量）、肝脏脂肪和血浆脂肪、T3 水平和雌二醇水平均显著降低，脂肪组织中的脂蛋白脂肪酶活性提高。

Roberson 等最近完成了两个试验，以测定按 0、5%、10% 或 15% 的水平向日粮中添加 DDGS 对 48～56 周龄和 58～67 周龄海兰 W36 产蛋鸡的产蛋量、蛋壳质量和蛋黄颜色的影响。在大多数年龄段内，各处理组产蛋鸡的产蛋性能和蛋壳质量没有明显差异。然而，在某些时期偶尔存在处理效应，并且随着 DDGS 添加水平的提高，产蛋量（52～53 周龄）、蛋重（63 周龄）、蛋质量（51 周龄）和密度（51 周龄）呈线性下降的趋势。笔者由此断定，日粮中玉米型 DDGS 的添加水平高达 15% 不会影响产蛋鸡的产蛋量，但建议当在产蛋鸡日粮中添加 DDGS 时应使用较低的水平。

Similarly Lumpkins 等发现，产蛋母鸡喂给含 0 或 15% DDGS（来自现代酒精生产厂）的日粮，其产蛋量和蛋的质量等参数没有显著差别。在低能量日粮中加入 15% DDGS，会导致 26～34 周龄产蛋鸡的产蛋量下降，但对 34 周龄后的生产性能无不良影响。根据这些结果作者得出结论，DDGS 是产蛋鸡的一种可接受的饲料成分，商品产蛋鸡日粮中添加水平可达 10%～12%。然而，他们建议应降低在低能量日粮中的添加水平。Roberts 等最近的研究结果显示，含 10% DDGS 的日粮不会影响产蛋鸡的产蛋量、蛋重、蛋黄颜色、饲料消耗和利用、体重和氮排泄量，但可用来减少产蛋母鸡粪便的氨排泄。

Roberson 等发现，玉米型 DDGS 对蛋黄颜色有积极的影响，他们发现产蛋母鸡饲喂含 10% DDGS 的日粮，所产鸡蛋的蛋黄颜色会快速增强；而喂给含 5% DDGS 的日粮，则变化很慢（超过 2 个月的时间）。与此相反，Lumpkins 等（2005）报道，产蛋鸡饲喂含 15% DDGS 的试验日粮，其所产蛋的这个参数未受到影响。

通过罗曼产蛋鸡（26～68 周龄）评估了玉米型或黑麦型 DDGS 的不同日粮添加水平对产蛋鸡生产性能和蛋质量的影响。试验日粮为等能和等氮日粮，且含 0、5%、10%、15% 或 20% 的玉米型或黑麦型 DDGS。含 20% DDGS 的日粮还添加 NSP 水解酶（具有木聚糖酶和 β-葡聚糖酶的活性）或添加这些酶后再补充一定量的赖氨酸和蛋氨酸。试验所用玉米型 DDGS 的养分组成为：干物质 92.5%，其中粗蛋白 35.3%、脂肪 3.89%、粗纤维 10.8%、赖氨酸 0.64%、蛋氨酸 0.68%、钙 0.08%、磷 0.54%；黑麦型 DDGS 的养分组成为：干物质 91.2%，其中粗蛋白 33.8%、脂肪 3.57%、粗纤维 11.9%、赖氨酸 0.67%、蛋氨酸 0.62%、钙 0.07%、磷 0.50%。

在产蛋的第一个阶段（26～43周龄），玉米型DDGS添加水平对产蛋母鸡的产蛋率、每日产蛋重、采食量或饲料转化率无显著影响。在产蛋的第二个阶段（44～68周龄），饲喂0、5%、10%和15%玉米型DDGS的日粮组产蛋鸡，在产蛋参数上没有差异；饲喂20%玉米DDGS对产蛋鸡的产蛋率和每日产蛋重有不良影响，然而在日粮中添加NSP水解酶则可消除这种不良影响。当日粮中黑麦型DDGS的添加水平高达10%时，产蛋性能未受到影响，但是当达到15%和20%时，产蛋期两个阶段的产蛋率和饲料转化率都受到不良影响。含有20%黑麦型DDGS的日粮再添加NSP水解酶及补充赖氨酸和蛋氨酸后，对产蛋鸡的生产性能产生了积极的影响，但是生产性能仍次于对照组产蛋鸡。日粮中的玉米型和黑麦型DDGS添加水平对鸡蛋的蛋白高度、哈氏单位、蛋壳厚度、蛋壳密度、蛋壳抗断强度和水煮蛋的感官性质均没有影响。当在日粮中添加玉米型DDGS时，蛋黄颜色评分值显著提高。本研究结果证实，DDGS是一种有用的产蛋鸡日粮配料。玉米型DDGS以15%的浓度加入日粮时是安全的，不会对产蛋量和蛋质量产生有害作用。黑麦型DDGS的日粮最高添加水平应低于10%。

1）玉米DDGS对产蛋鸡生产性能的影响　研究表明，用15%玉米DDGS替代蛋种鸡日粮中部分豆饼及玉米使产蛋率提高5.3%（$P > 0.01$），合格种蛋率与对照组相近，每鸡日饲料消耗差异不显著（$P > 0.05$）。乔红试验研究了DDGS对伊莎褐蛋鸡生产性能的影响，试验用5%的DDGS来替代对照日粮中部分玉米、豆粕使饲料营养水平一致，结果表明，试验组的耗料量比对照组每羽鸡高5g/d，产蛋量和产蛋率（85%和82%）亦有明显提高，说明DDGS对于产蛋鸡具有良好的适口性，可以替代部分豆粕和玉米。

2）玉米DDGS对产蛋鸡蛋黄品质的影响　研究表明，在产蛋鸡饲料中添加10%的DDGS 7d时间即可有效提高蛋黄颜色，而且随着DDGS添加量的提高蛋黄颜色也加深。其中添加10% DDGS达到显著水平（$P < 0.05$），添加20%和30%达到极显著水平（$P < 0.01$）。主要是因为DDGS中含有玉米黄素，能有效增加蛋黄颜色。

徐奇友等试验分别以10%、20%和30%的DDGS代替对照组玉米-豆粕型日粮中的豆粕和玉米，试验结果表明，添加不同水平的DDGS对产蛋鸡的产蛋率、产蛋重和鸡增重未产生显著影响（$P > 0.05$），但添加20%的DDGS组产蛋率较对照组提高3.71%。添加不同水平DDGS试验组的采食量普遍高于对照组（$P < 0.05$），但不同试验组之间并无显著差异。同时，添加不同比例DDGS提高了第7天和第14天蛋黄的颜色，其中添加10% DDGS达到显著水平（$P < 0.05$），添加20%和30%达到极显著水平（$P < 0.01$）。Loar等在产蛋鸡日粮中使用0、8%、16%、24%和32%的DDGS，发现蛋黄颜色随着DDGS添加比例的增加显著加深。李瑜等以12%、18%和24%的脱脂DDGS替代玉米-豆粕型日粮中的豆粕和玉米，试验表明，各试验组的采食量、蛋形指数、蛋壳厚度与对照组无显著差异（$P > 0.05$），但各试验组蛋黄颜色显著加深，平均蛋重显著降低（$P < 0.05$）；与对照组相比，试验Ⅰ组、Ⅱ组料蛋比、产蛋率和哈夫单位无显著差异（$P > 0.05$），试验Ⅲ组料蛋比和哈夫单位显著提高，产蛋率显著降低（$P < 0.05$）。

可见，在合适的添加比例范围内，DDGS不影响蛋型指数、蛋壳厚度。DDGS中富含叶黄素，随添加比例增加，可提高蛋黄的颜色。

3）玉米DDGS可补充产蛋鸡日粮中氨基酸的不足　DDGS缺乏赖氨酸，但对于家禽而言，常规饲粮中第一限制性氨基酸是蛋氨酸。DDGS产品中蛋氨酸是家禽日粮蛋氨酸的良好来源。在评价产蛋鸡赖氨酸需要量时指出，DDGS取代饲粮蛋白质的1/3仍能满足维持最佳生产的赖氨酸需要量。

（4）玉米 DDGS 在火鸡饲料中的应用

Potter 在早期研究中发现，如果日粮赖氨酸和能量水平得到调整，DDGS 在火鸡日粮中的添加水平可高达 20%。Manley 等报道，按 3% 的水平向日粮中添加 DDGS 会对种用母火鸡的产蛋量产生积极影响。最近 Roberson 利用大白母火鸡完成了两项试验，以评估日粮中不同 DDGS 添加水平对生产性能的影响。结果显示，如果对添加的 DDGS 养分含量再使用合理的组成矩阵（formulation matrix）进行调整，那么 DDGS 在生长-肥育母火鸡日粮中的添加水平可达到 10%，且不会对动物的增重和饲料转化率产生消极的影响。

Noll 等报道，当用 DDGS 添加水平高达 20% 的日粮饲喂生长和肥育期（8～19 周龄）的公火鸡时，火鸡的增重和饲料转化率没有受到消极影响。他们甚至发现，在较高蛋白质含量的日粮（100% NRC）中添加 10% 或 15% 的 DDGS 会对增重产生积极影响。在随后的研究中，Noll 和 Brannon 也发现，给 5～19 周龄的公火鸡饲喂添加 20% DDGS 的日粮，火鸡的增重和饲料转化率未受到影响，但当火鸡日粮中 DDGS 添加水平达 20% 并还添加了 8% 或 12% 的禽肉副产品粉时，火鸡生产性能下降。

（5）玉米 DDGS 在肉鸭饲料中的应用

有研究人员在蛋鸭日粮保持蛋白质及代谢能一致的情况下，分别添加 DDGS 0.6%、12% 和 18%，结果表明，随着添加量增加，蛋鸭采食量、饲料转化率及蛋品质量没有显著差异，蛋黄颜色逐步加深。当添加 DDGS 18% 时，蛋重明显增加。郭志强等研究了添加 DDGS 0、2%、4%、6% 和 8% 对 12～30 日龄肉鸭生产性能的影响，试验结果表明，对照组肉鸭日增重为 99.5g，饲料转化率（料肉比）为 2.13；DDGS 6% 组日增重为 98.84g，料肉比为 2.18；DDGS 8% 组日增重仅为 95.76g，料肉比为 2.24。试验结果表明，在肉鸭日粮中添加 DDGS 6% 不会影响肉鸭的生产性能。与对照组相比，DDGS 6% 组生产成本降低了 119 元/吨，养殖经济效益明显提高[65～67]。

3.3.5.4 玉米 DDGS 在水产饲料中的应用

（1）玉米 DDGS 在鱼饲料中的应用

DDGS 在鲶鱼中最高用量为 30%，在虹鳟鱼中最高用量为 15%，在罗非鱼中最高用量为 35%，在鲫鱼中最高用量为 20%[68～70]。

1）罗非鱼　在水产饲料中，蛋白质是成本最贵的饲料组分。而 DDGS 含有 25%～30% 蛋白质，是一种潜在的鱼饲料蛋白来源。Twibell 等报道，与其他鱼品种相比，罗非鱼能采食高量植物性饲料。Wu 等报道，在罗非鱼 36% 蛋白日粮中添加 DDGS，与普通商业鱼饲料配方相比，罗非鱼可获得较高的增质量。Wu 等在 0.4g 罗非鱼苗日粮中添加 35% DDGS，经 8 周的试验，罗非鱼的体质量由 0.4g 提高到 20.66g，较对照组末期质量提高 36.46%，饲料转化率较对照组提高 8.87%。Wu 等在罗非鱼 32% 蛋白日粮中添加 63% DDGS，并补充合成的赖氨酸和色氨酸，经 8 周试验，与对照组相比，增质量降低 5.63%，饲料转化率降低 12.96%，蛋白质转化率降低 13.64%。这表明在罗非鱼日粮中过量添加 DDGS 会抑制其生产性能。美国大豆协会建议，罗非鱼日粮中 DDGS 的添加量不宜超过 35%。

Coyle 等在罗非鱼饲料中使用 30% DDGS 和 26% 肉骨粉替代 12% 鱼粉和 41% 豆粕，结果表明，可节约 20% 的饲料；但添加 30% DDGS 和 46% 豆粕而不添加任何动物性蛋白时发现，要达到相同单位增质量会消耗更多的饲料。

2）虹鳟鱼　Hardy 等报道，肉食性鱼（如虹鳟鱼等）需要高蛋白日粮，传统上，蛋白来源主要由鱼粉提供，但鱼粉供应既紧张，价格又昂贵。植物性物质（如 DDGS 等）可部分替代鱼粉在虹鳟鱼料中使用。Cheng 等在虹鳟鱼日粮中添加 15% DDGS，70d 试验结果表明，虹鳟鱼的增质量由 20g 提高到 78.5g，饲料转化率为 1.08；对营养物质的分析表明，虹鳟鱼对粗脂肪、粗蛋白及总能的表观利用率分别为 81.8%、90.4% 和 57.7%，并发现添加 500FTU/kg 植酸酶对虹鳟鱼的生长和矿物质利用有促进作用。Cheng 等研究了用等量 DDGS 替代等量鱼粉对虹鳟鱼生产性能的影响，日粮中分别添加 0、7.5%、15% 和 22.5% DDGS，经 6 周试验，虹鳟鱼的增质量分别为 48.9g、43.9g、46.5g 和 42.9g；饲料转化率分别为 1.21、1.35、1.25 和 1.34。这表明，日粮中添加 15% DDGS(替代 50% 鱼粉)，与鱼粉组相比，增质量、饲料转化率和存活率差异不显著。Stone 等研究 DDGS 对虹鳟鱼生产性能的影响，并研究了 DDGS 替代鱼粉的比例，结果表明，虹鳟鱼料中添加 18% DDGS 能替代日粮 25% 鱼粉，不影响虹鳟鱼的生产性能。

3）鲶鱼　Robinson 等报道，DDGS 可大量在鲶鱼料中使用的原因是其不含有抗营养因子。Tidwell 等在鲶鱼日粮中分别添加 0、10%、20% 和 40% DDGS，饲养 11 周，结果发现，对照组和试验组在鲶鱼末质量、饲料转化率和蛋白效率比方面均无显著差异，但饲喂 DDGS 组存活率明显提高(见表 1-3-11)，具体原因有待进一步研究分析。

表 1-3-11　不同水平 DDGS 对鲶鱼生产性能的影响

项目	0 DDGS	10% DDGS	20% DDGS	40% DDGS
长度/mm	115.2	114.1	107.4	117.8
存活率/%	67.5	70.0	80.0	90.0
末质量/g	17.3	15.2	13.2	16.5
饲料转化率	2.85	3.23	3.20	2.60
蛋白效率比	0.99	0.87	0.88	1.05

注：资料来源于 Tidwell，1990。

Webster 等在饲料中分别添加 0、35%、70% 和 70%(添加 0.4% 晶体赖氨酸)的 DDGS 配制等氮等能饲料，研究 DDGS 部分替代豆粕对美国鲶鱼的影响。结果表明，35% DDGS 组和 70% DDGS(添加 0.4% 晶体赖氨酸)组试验鱼的体长、增重和特定生长率显著高于 70%DDGS(未添加赖氨酸)；0、35% 和 70%(添加 0.4% 晶体赖氨酸)组试验鱼的增重、饲料转化率和特定生长率没有显著差异，因此，与添加高比例的豆粕相比，添加 35% 的 DDGS 对美国鲶鱼生长没有影响；添加 70% 的 DDGS 将导致美国鲶鱼赖氨酸缺乏，但添加晶体赖氨酸后试验鱼的生长得到明显改善。随后，Webster 等研究了 DDGS 和豆粕部分或全部替代鱼粉对美国鲶鱼生长的影响，试验中 DDGS 添加量(35%)保持不变，鱼粉的添加量分别为 12%、8%、4%、0 和 0(添加晶体赖氨酸和蛋氨酸)，调整豆粕比例(高达 50%)配制饲料蛋白含量为 33% 的试验饲料，饲养 12 周后各试验组鱼的增重、体长、末重、饲料转化率、特定生长率和存活率没有显著差异，表明在美国鲶鱼饲料中可以使用植物蛋白源(豆粕和 DDGS)全部替代鱼粉。

4）鲫鱼　高红建等在饲料中添加 0、10%、20%、30% 和 40% 的玉米干酒精糟及其可溶物研究 DDGS 替代豆粕对鲫鱼生长的影响，结果表明异育银鲫配合饲料中 DDGS 最适添加量为 10%～20%。

（2）玉米 DDGS 在虾饲料中的应用

Tidwell 等用含有 0、20％或 40％ DDGS 的等氮(29％粗蛋白质)饲喂体重约为 0.66g 的淡水稚虾，这 3 种饲料的平均产量(833kg/hm²)、成活率(75％)、虾个体体重(57g)和饲料系数(3.1)等结果都没有差异，说明对饲养密度为 1.97 尾/m² 的虾池可以使用高达 40％ DDGS 的虾料，虾的生长性能依然良好。Tidwell 等研究豆粕和 DDGS 部分或全部替代鱼粉对罗氏沼虾生长的影响，各组试验饲料蛋白为 32％，其中 DDGS 添加量固定为 40％，鱼粉添加量分别为 15％、7.5％和 0，豆粕添加量随鱼粉变化做相应调整，结果表明，各试验组罗氏沼虾的增重率、存活率和饲料系数没有显著差异。研究者指出，使用豆粕和 DDGS 代替鱼粉后，饲料中的谷氨酰胺、果仁糖、丙氨酸、亮氨酸和苯丙氨酸的水平提高，而天冬氨酸、甘氨酸、精氨酸和赖氨酸的水平降低；脂肪酸组成亦发生变化，16：0、18：(2n−6)、20：(1n−9)含量提高，而 14：0、16：(1n−7)、18：(1n−9)、18：(3n−3)、20：(5n−3)、22：(5n−3) 和 22：(6n−3) 含量下降。Coyle 等认为稚虾(2g 以上)可以直接使用 DDGS，DDGS 可以作为饲料，也可以作为肥水剂使用。DDGS 在淡水虾中最高用量可达 40％，可以部分或全部代替饲料中的鱼粉；在对虾中最高用量可达 10％。

3.3.6 玉米 DDGS 质量评定

3.3.6.1 玉米 DDGS 的质量变异

不同的 DDGS 产品，其营养成分间的差别较大。玉米 DDGS 常规营养成分的有效能值范围及变异系数见表 1-3-12[70]。玉米 DDGS 中必需氨基酸含量范围及变异系数见表 1-3-13[70]。玉米 DDGS 的营养成分变异是影响其应用的主要因素。其营养成分变异存在于不同的工厂、不同生产年份，甚至同一工厂中，营养成分与已有的饲料资源数据库也有一定差异，两个表分别列出了玉米 DDGS 常规养分、有效能及氨基酸的变异情况。表中数据显示，在常规养分中，粗脂肪和纤维变异较大；氨基酸的变异程度大于粗蛋白质，赖氨酸的变异程度高于其他氨基酸。玉米 DDGS 的氨基酸消化率变异较大，特别是赖氨酸消化率，其中猪标准回肠消化率范围为 38.2％～67.4％。

表 1-3-12 玉米 DDGS 常规营养成分的有效能值范围及变异系数

单位：%（除消化能、代谢能范围）

项目	Spiehs 等(2002) (n=118)		Foene 等(2006) (n=150)		Batal 和 Dale(2006) (n=17)		Pedersen 等(2007) (n=10)		薛鹏程(2010) (n=3)	
	范围	变异系数	范围	变异系数	范围	变异系数	范围	变异系数	范围	变异系数
水分			6.92～14.66	16.93			10.3～13.3	12.38	10.72～10.92	1.04
干物质	87.4～90.2	1.7	85.34～93.08	1.90			86.2～89.7	1.39	89.08～89.28	0.13
粗蛋白质	28.7～31.6	6.4	20.17～31.01	8.90	26.7～34.9	7.45	29.8～36.1	6.36	26.43～31.98	9.94
粗脂肪	10.2～11.7	7.8	3.01～13.83	28.32	2.9～12.3	27.40	9.6～14.3	13.61	9.24～12.60	17.15
粗纤维	8.3～9.7	8.7	4.70～23.10	24.51	5.9～9.4	13.72			9.12～9.94	4.31

续表

项目	Spiehs 等(2002)(n=118)		Foene 等(2006)(n=150)		Batal 和 Dale(2006)(n=17)		Pedersen 等(2007)(n=10)		薛鹏程(2010)(n=3)	
	范围	变异系数	范围	变异系数	范围	变异系数	范围	变异系数	范围	变异系数
中性洗涤纤维	36.7~49.1	14.3					23.3~29.7	7.11	43.39~49.45	6.54
酸性洗涤纤维	13.8~18.5	28.4					9.9~13.4	11.48	14.81~18.95	12.96
消化能/(MJ/kg)	16.22~17.08	1.2					16.51~19.21	5.23	15.00~17.50	7.85
代谢能/(MJ/kg)	15.22~16.05	3.3					15.36~18.13	5.65	14.01~16.39	7.65
粗灰分	5.2~6.7	14.7	2.13~7.03	19.53	4.5~6.3	8.93	3.32~4.80	10.65		
钙	0.03~0.13	57.2					0.02~0.32	128.67	0.006~0.152	87.47
总磷	0.70~0.99	11.7					0.57~0.85	14.58	0.23~0.55	38.56

注：Spiehs 等(2002)、Batal 和 Dale(2006)、Pedersen 等(2007)、薛鹏程(2010)营养成分以干物质基础表示，Foene 等(2006)以饲吸基础表示。

表 1-3-13 玉米 DDGS 中必需氨基酸含量范围及变异系数　　　　单位：%

氨基酸	Spiehs 等(2002)(n=118)		Foene 等(2006)(n=140~158)		Pedersen(2007)(n=10)		薛鹏程(2010)(n=3)	
	范围	变异系数	范围	变异系数	范围	变异系数	范围	变异系数
精氨酸	1.11~2.17	9.1	0.72~1.38	12.01	1.29~1.67	8.43	0.96~1.26	13.51
组氨酸	0.72~0.82	7.8			0.76~0.99	7.41	1.01~1.19	8.20
异亮氨酸	1.05~1.17	8.7	0.10~1.19	19.30	1.10~1.42	8.13	0.85~1.11	14.06
亮氨酸	3.42~3.81	6.4	0.21~3.89	21.93	3.54~4.83	8.99	3.07~4.09	14.33
赖氨酸	0.72~1.02	17.3	0.10~1.07	24.52	0.74~1.16	12.98	0.46~0.67	19.47
蛋氨酸	0.49~0.69	13.6	0.05~0.67	23.18	0.70~0.89	7.33	0.56~0.73	13.37
苯丙氨酸	1.41~1.57	6.6			1.44~1.87	8.02	1.15~1.48	13.69
苏氨酸	1.07~1.21	6.4	0.10~1.16	18.43	0.98~1.25	6.94	0.87~1.12	12.54
色氨酸	0.21~0.27	6.7	0.09~0.29	15.31	0.18~0.26	11.56	0.16~0.20	12.61
缬氨酸	1.43~1.56	7.2	0.14~1.63	17.64	1.47~1.90	7.38	1.15~1.44	12.29

注：Spiehs 等(2002)、Pedersen(2007) 等、薛鹏程(2010)营养成分以干物质基础表示，Foene 等(2006)营养成分以饲吸基础表示。

2010 年，广东省农业科学院畜牧研究所饲料检测室检测了多个 DDGS 样品的营养成分，测定的结果见表 1-3-14[71]。可以看出，DDGS 不同样品的粗蛋白质、粗脂肪、蛋氨酸、赖氨酸含量的平均值明显低于中国饲料数据库中值，且变异范围较大。粗灰分、粗纤维、水分含量接近中国饲料数据库中值，变异范围较大。作为蛋白质饲料而言，绝大部分样品的粗蛋白含量在 24% 左右(见表 1-3-15)[71]，质量偏低。

表 1-3-14 **DDGS 样品营养成分的平均值、变化范围及变异系数**

营养成分	样品测定结果				中国饲料数据库（2009 第20版）/%
	样品数/个	平均值/%	变化范围/%	变异系数/%	
粗蛋白	25	24.15	20.80~28.32	5.68	27.5
粗灰分	5	5.34	3.45~9.58	48.10	5.1
粗脂肪	19	7.42	3.4~10.44	30.49	10.1
水分	7	12.59	10.29~14.40	12.90	10.8
粗纤维	2	7.00	5.99~7.99		6.6
天门冬氨酸	8	1.85	1.54~2.51	16.29	
谷氨酸	8	4.35	3.71~5.04	12.39	
丝氨酸	8	1.25	1.14~1.40	6.77	
组氨酸	8	0.73	0.65~0.89	14.78	0.75
甘氨酸	8	1.01	0.93~1.07	6.38	
苏氨酸	8	0.98	0.85~1.04	7.73	1.04
丙氨酸	8	1.67	1.37~1.94	12.89	
精氨酸	8	1.25	1.14~1.37	5.77	1.23
酪氨酸	8	1.06	0.91~1.22	11.65	1.09
缬氨酸	8	1.34	1.10~1.56	13.26	1.41
蛋氨酸	8	0.47	0.37~0.59	19.5	0.56
苯丙氨酸	8	1.39	1.14~1.73	16.32	1.4
异亮氨酸	8	0.95	0.77~1.11	13.28	1.06
亮氨酸	8	2.63	2.23~3.01	11.15	3.21
赖氨酸	8	0.79	0.62~0.93	11.87	0.87
脯氨酸	8	1.45	1.07~1.62	28.21	

表 1-3-15　**DDGS 样品的粗蛋白含量范围**

粗蛋白含量/%	<22	22~23	23~24	24~25	25~26	>26	合计
样品数/个	1	3	7	8	5	1	25

美国明尼苏达大学的研究者曾对 32 种不同的 DDGS 产品进行了营养成分分析，结果见表 1-3-16[71]。

表 1-3-16　**不同来源 DDGS 营养成分变化范围、平均值及变异系数**　　　　单位：%

营养成分	平均值	变化范围	变异系数
干物质	89.30	87.3~92.4	
粗蛋白	30.90	28.7~32.9	4.7
粗脂肪	10.70	8.8~12.40	16.4
粗纤维	7.20	5.4~10.40	18.0

营养成分	平均值	变化范围	变异系数
灰分	6.00	3.0～9.80	26.6
赖氨酸	0.90	0.61～1.06	11.4
蛋氨酸	0.65	0.54～0.76	8.7

从表 1-3-16 可以看出不同来源 DDGS 各主要营养成分的含量差异较大，有些甚至在几倍以上。

3.3.6.2 玉米 DDGS 质量变异原因

DDGS 产品营养成分差别较大的主要原因有以下几个方面。

（1）生产原料和发酵程度对 DDGS 营养成分变异的影响

生产食用酒精和工业乙醇所用的原料不同，制成的 DDGS 在感官、适口性、营养成分含量等各方面均有差异。玉米是酒精生产中用到最多的原料，但小麦、高粱、大麦等也是较常用的几种原料。从表 1-3-17[72] 中可以看到，几种常用原料生产的 DDGS 粗蛋白水平都较高，其中以小麦为生产原料的 DDGS 产品的蛋白质含量最高，达到 38.48%，我国皇甫亚柱等也得到相似的研究结果。这些原料生产的 DDGS 产品的 NDF 和粗脂肪含量都较高，可作为家畜良好的能量来源。此外，不同 DDGS 产品磷含量都较高，而钙含量相对较低。谢林等用高粱为原料生产酒精产生的 DDGS 在蛋白质、脂肪等含量上与玉米 DDGS 差别不明显，但在颜色上玉米 DDGS 表现为金黄色，而高粱 DDGS 表现为深褐色。

表 1-3-17　不同原料 DDGS 营养成分比较　　　　　　单位：%

营养成分	玉米 DDGS	小麦 DDGS	高粱 DDGS	大麦 DDGS
干物质	90.20	92.48	90.31	87.50
粗蛋白	29.70	38.48	30.30	28.70
中性洗涤纤维	38.80			556.30
酸性洗涤纤维	1.70	17.10		29.20
灰分	5.20	5.45	5.30	
粗脂肪	10.00	8.27	12.50	
总可消化养分	79.48	69.63	82.80	
钙	0.22	0.15	0.10	0.20
磷	0.83	1.04	0.84	0.80

同时，即使是同一种原料，但由于玉米等谷物生长的土壤、水质、气候和品种的差异不同也会造成 DDGS 的质量变异。玉米在全国各地都有种植，因各地区土壤组成的差异、气候的差异及收获季节的不同，都会引起原料玉米营养成分的差异。当发酵完成后，除淀粉外，其他营养成分高度浓缩，最终导致副产品 DDGS 在营养成分组成上的差异加大。

另外，由于生产过程中使用的酶和酵母种类不同，对某些成分如纤维类物质的降解程度不同；发酵程度不同，营养物质浓缩程度不同，也会造成玉米 DDGS 营养成分的变异。

（2）加工工艺对 DDGS 营养成分变异的影响

加工工艺的差异会影响 DDGS 的外观颜色、物理性状及其营养成分。对 DDGS 品质影响最大的是酒精生产的工艺中酒精糟、残液的干燥方法，而且 DDGS 中的蛋白质和 NDF（中性洗涤纤维）含量最易受其影响。

酒精生产的加工工艺根据原料处理方式的不同，发酵技术可分为全粒法、湿法和半干法等，如表 1-3-18 所列。

表 1-3-18 玉米生产酒精的加工工艺

加工工艺	玉米处理方法	副产物组成
全粒法	直接除杂、粉碎之后生产酒精	DDG、DDS、DDGS
湿法	浸泡，破碎，除皮，分离胚芽，蛋白获得粗淀粉浆，再生产酒精	玉米油、玉米蛋白粉、玉米纤维蛋白饲料以及 DDG、DDS、DDGS
半干法	湿润（不用大量温水浸泡），破碎，筛分，分去部分玉米皮和玉米胚，获得低脂肪的玉米淀粉，再生产酒精	玉米油、玉米胚芽饼、纤维饲料以及 DDG、DDS、DDGS

由表 1-3-18 可见，全粒法生产的 DDGS 产品最好，用全粒法生产酒精获得的 DDGS 质量大大优于用湿法和干法生产酒精获得的 DDGS，因为它除了不含淀粉、糖外，含有玉米中所有的脂肪（一般为 9%～13%）、蛋白、微量元素等。湿法生产综合效益最好，而半干法及湿法生产酒精获得的 DDGS 的脂肪含量会降低，在 2%～4% 之间。玉米的发酵方法以及副产品 DDGS 的干燥方法也影响其质量，是造成 DDGS 的质量变异比较大的主要原因。

干法酒精厂中有一些使用蒸煮机加热发酵，另一些则通过添加酶来促进发酵，一般来说，加热较少可以提高 DDGS 的氨基酸消化率。酒精糟的分离和干燥过程对 DDGS 产品品质也有很大的影响，糟液中含有的蛋白质具有热敏性，在高温下会变性，从而影响谷物 DDGS 成品的颜色，降低其营养价值。常用的干燥设备有管束干燥器和圆盘式干燥器，圆盘式干燥器相比于管束干燥器具有受热均匀、热效率高等优点，可以保证 DDGS 有较好的品质。后来的研究发现，采用蒸发浓缩制取 DDGS 是处理酒精糟液的最佳途径。

（3）DDS 和 DDG 比例不同对 DDGS 营养成分变异的影响

DDGS 是 DDS 和 DDG 的混合物，所以因两部分比例不同而导致的 DDGS 的营养成分有很大差异。DDG 与 DDS 营养组成的差异见表 1-3-19。

表 1-3-19 玉米 DDG、DDS、DDGS 常规成分　　　　　　　　　　单位：%

营养物质	DDG	DDGS	DDS
粗蛋白	30.6	28.3	28.5
粗脂肪	14.6	13.7	9.0
粗纤维	11.5	7.1	4.0
无氮浸出物	33.7	36.8	43.5
粗灰分	3.6	4.1	8.0
磷	0.66	0.74	1.27
赖氨酸	0.51	0.59	0.90
蛋氨酸	0.80	0.59	0.50

由表 1-3-19 可见，DDG 粗蛋白、粗脂肪含量高，而 DDS 粗蛋白、粗脂肪含量低，但其粗灰分、磷、赖氨酸等营养素含量高，最为重要的是发酵产生的未知因子、糖化曲、酵母等

营养成分以及玉米中可溶性营养物质都在 DDS 中。其中 DDS 的比例越高，其蛋白质的含量越低，脂肪的含量越高，磷的含量也越高。含高比例的 DDS 会使 DDGS 颜色变深；DDGS 干燥温度高、时间长也会使颜色变深，因此在查看 DDGS 颜色深浅来检查 DDGS 质量的时候要先确定是哪个原因造成的，如是 DDS 含量高，那是质量好的。由于各生产厂家规定的 DDS 的最小添加比例不同，从而造成 DDGS 质量的差异较大。DDS 的比例应在 20% 以上。

玉米 DDGS 发酵生产过程中的两大过程产物——湿酒精糟及酒精糟可溶物，这两部分过程产物的营养成分含量及混合比例将影响玉米 DDGS 的营养成分含量。酒精糟可溶物比湿酒精糟的粗蛋白质含量低，但粗脂肪、粗灰分及总磷含量高；酒精糟可溶物中大多数氨基酸水平低于湿酒精糟及玉米 DDGS，但酒精糟可溶物和湿酒精糟的赖氨酸水平均高于玉米 DDGS；酒精糟可溶物中大部分氨基酸消化率（家禽）低于湿酒精糟，但二者的氨基酸消化率（家禽）均高于玉米 DDGS，特别是赖氨酸消化率，这主要是干燥过程使玉米 DDGS 受到热损害产生美拉德反应造成的（Martinez-Amezcua 等）。由于酒精糟可溶物中含有大量还原糖，其混合比例越高，加工过程中产生的美拉德反应越强，造成玉米 DDGS 中赖氨酸的消化率越低。

（4）干燥温度和干燥时间对 DDGS 营养成分变异的影响

干燥温度和时间对 DDGS 营养成分影响很大，干燥温度越高，时间越长，DDGS 养分损失就越大，特别是氨基酸的含量（尤其是赖氨酸的含量及消化率）损失较大。Saunders 和 Rosentrater 对美国 23 家乙醇工厂的调查显示，干燥过程空气温度从 250℃ 到 550℃，出料口温度从 80℃ 到 115℃ 以上，干燥时间从小于 1h 到 2h 不等。随着干燥温度或干燥时间的增加，玉米 DDGS 的氨基酸含量及消化率均一定程度降低，其中赖氨酸表现更为显著，且这种下降随着酒精糟可溶物混合比例的提高而增加。研究还发现，粗蛋白质含量不同的玉米 DDGS 在遭受相同加热温度和加热时间处理后，其赖氨酸的损失比例不同，低蛋白质玉米 DDGS 损失比例高于高蛋白质玉米 DDGS。

烘干的温度及时间对 DDGS 的质量影响很大，而国内相当部分的酒精厂采用温度为 110℃ 下常压烘干法。实验在 110℃ 下常压烘干 DDGS，时间 6h，每半小时取样检测一次，DDGS 加热试验前的各项指标检测值见表 1-3-20。

表 1-3-20　DDGS 加热试验前的各项指标检测值

项目	数值	项目	数值	项目	数值
水分/%	8.61	水不溶物/%	63.3	胱氨酸/%	0.38
粗蛋白/%	27.9	总糖/%	24.9	苏氨酸/%	0.99
粗纤维/%	8.61	NDF/%	26.3	亮氨酸/%	3.38
粗脂肪/%	6.82	总能/(MJ/kg)	19.35	缬氨酸/%	1.09
灰分/%	4.50	赖氨酸/%	0.75	NH_3/%	0.54
钙/%	0.06	有效赖氨酸/%	0.68	总氨基酸/%	25.67
磷/%	0.73	蛋氨酸/%	0.49		

试验结果表明加热过度时赖氨酸、有效赖氨酸、糖分及 NDF 明显降低，NDF 与有效赖氨酸有很好的相关性；ADF 和蛋白质热损害也线性相关。Kim 等报道，ADF 反映了蛋白质热损害的程度，其含量与 DDGS 消化率成反比，ADF 含量越低，DDGS 能量和蛋白质的消

化率就越高，DDGS营养价值与ADF含量呈反比，建议在选购DDGS时ADF含量不宜超过12%。因此在实际应用中饲料厂可以将NDF和ADF含量作为热变性指标来检测DDGS的质量。

（5）储存不当对DDGS营养成分变异的影响

储存不当会造成DDGS中脂肪酸化腐败，同时还会引起黄曲霉毒素的污染，从而对DDGS的营养造成显著的影响。霉菌毒素是霉菌在田间或者储藏过程中产生的，含量过高会影响畜禽的生产性能，对动物危害最大的是玉米赤霉烯酮和呕吐毒素，全价配合日粮中这两种霉菌毒素的最大允许含量不能超过1mg/kg。

3.3.6.3 玉米DDGS安全性的主要影响因素

（1）生产原料对玉米DDGS安全性的影响

黄曲霉毒素（aflatoxin，AFT）是由黄曲霉菌和寄生曲霉菌产生的有毒代谢产物，是一组结构相似的二氢呋喃氧杂萘邻酮的衍生物。目前已确定的黄曲霉毒素有18种，但饲料中只含有黄曲霉毒素B_1（AFB_1）、B_2（AFB_2）、G_1（AFG_1）和G_2（AFG_2），以AFB_1毒性最强，是氰化钾的10倍、砒霜的68倍。因此我国已对饲料中AFB_1限量进行质量监督（见表1-3-21）。由于玉米易受黄曲霉毒素的污染，因此DDGS受黄曲霉毒素的污染主要来源于生产原料玉米中。在DDGS的加工过程中，只有玉米中的糖类和淀粉才能转化为酒精，酒精中并不含有黄曲霉毒素。通常1t玉米生产酒精后可以产生330kg DDGS，因此，DDGS中的黄曲霉毒素可视为浓缩玉米中含量的3倍（见表1-3-22）。

表1-3-21 我国饲料中黄曲霉毒素限量标准

饲料	黄曲霉毒素B_1
玉米、花生饼（粕）、棉籽饼（粕）、菜籽饼（粕）/（μg/kg）	≤50
豆粕/（μg/kg）	≤30
奶牛精料补充料/（μg/kg）	≤10
肉牛精料补充料/（μg/kg）	≤50

注：资料来源于《饲料工业标准汇编2002~2006》（2006）。

表1-3-22 DDGS中黄曲霉毒素含量

项目	检测数目/个	检出率/%	毒素平均含量/（μg/kg）	最大值/（μg/kg）	参考文献
黄曲霉毒素	12	100	13	26.3	郭福存和江南（2007）
黄曲霉毒素	18	100	21.53	86.70	敖志刚和陈代文（2008）

（2）加工工艺对玉米DDGS安全性的影响

DDGS的加工工艺主要分两部分：一是原料粉碎后经蒸煮、糖化、发酵、蒸馏后得到酒精和酒精糟液；二是将酒精糟液经固液分离、蒸发浓缩、干燥后得到DDGS。在加工过程中，原料粉碎后一般在140℃下高温蒸煮90min，发酵环境为酸性。固液分离后，考虑到DDGS的质量，大多酒精厂选用110℃下常压烘干。而黄曲霉毒素在268~269℃高温下才发生裂解破坏毒性，且微溶于水，在酸性环境中性质稳定。因此原料中的黄曲霉毒素在加工过程中几乎不会溶于水后蒸发掉或在高温下失去毒性，其会残留在DDG中并全部转移到DDGS中。

3.3.6.4 玉米DDGS质量评定

玉米DDGS是酒精厂加工的副产品，营养成分不稳定，湿法加工和干法加工对DDGS营养成分影响很大。Spiehs等分析了明尼苏达州和南达科他州5个酒精厂的118个DDGS养分含量，分析结果表明，粗蛋白、粗脂肪、中性洗涤纤维（NDF）、酸性洗涤纤维（ADF）、赖氨酸的变化范围分别为28.1%～31.6%、8.2%～11.7%、35.4%～49.1%、13.8%～18.5%、0.53%～1.02%。因此，DDGS质量评定非常重要，应包括以下几个方面。

（1）颜色

感官要求：DDGS的颜色为浅亮黄色为最好，不应含黑色小颗粒，应有发酵的气味。

颜色是判断DDGS蛋白质品质的一个重要指标。色度分析可以作为度量DDGS品质特别是赖氨酸和其他氨基酸利用率的潜在有用指标。不同DDGS样品之间的颜色差别很明显，DDGS的外观颜色从橘黄色到深红色，其中呈橘黄色的其气味和养分性能较好。颜色较浅或较黄的DDGS样品中氨基酸消化率较高，而颜色较深或者不够黄的DDGS的氨基酸消化率较差。烘干时干燥时间过长和温度过高，均会导致DDGS颜色过深，影响养分组成及消化率。含高比例的DDS会使DDGS颜色变深，由于含高比例DDS而导致颜色变深，对于质量来说有益无害。所以，用颜色来判别DDGS的质量优劣时，要分清颜色深的原因，是DDS的比例高还是加工工艺不佳造成的。如是前者则是优质的DDGS。

（2）热变性指标——中性洗涤纤维（NDF）

有研究表明，烘干的温度及时间对DDGS的质量影响很大，温度过高、时间过长都会导致DDGS发生美拉德反应，导致DDGS的营养组成发生极大变异，赖氨酸、有效赖氨酸、糖分及NDF明显降低，消化吸收率也降低。而国内大部分的酒精厂采用温度为110℃下常压烘干法，易导致DDGS发生美拉德反应。所以由于烘干设备和工艺的问题，导致国内很多厂家生产的DDGS质量和动物使用效果受到影响。加热过度时，NDF与有效赖氨酸（赖氨酸）含量有很好的相关性，NDF可作为日常检测控制DDGS热过度的指标。NDF≤32%为合格要求，NDF≤35%为最低质量要求。目前，国内饲料行业在用DDGS的NDF平均值约为45%。

（3）蛋白质热损害程度指标——酸性洗涤纤维（ADF）

干燥温度和时间对DDGS营养成分影响很大。干燥温度越高，时间越长，DDGS养分损失就越大。Kim等报道，ADF反映了蛋白质热损害的程度，其含量与DDGS消化率成反比，ADF含量越低，DDGS能量和蛋白质的消化率就越高。Stein等研究了ADF含量分别为8%和13.1%的两种DDGS能量和粗蛋白质的养分利用率，试验结果表明，ADF含量为8%的DDGS，能量和粗蛋白质的标准回肠消化率分别为77.6%和72%，消化能（DE）为15945kJ/kg；ADF 13.1%的DDGS，能量和粗蛋白质的标准回肠消化率分别为74.2%和69.8%，DE为14874kJ/kg。这表明DDGS营养价值与ADF含量呈反比，建议在选购DDGS时ADF含量不宜超过12%。Pahm等的研究也证实，ADF 10.33%的DDGS粗蛋白和赖氨酸标准回肠消化率分别为77.3%和74.5%，而ADF 13.08%的DDGS粗蛋白和赖氨酸标准回肠消化率分别仅为64.8%和51.4%。

（4）霉菌毒素

霉菌毒素是霉菌在田间或者储藏过程中产生的。霉菌毒素含量过高会影响畜禽的生产性能，对动物危害最大的是玉米赤霉烯酮和呕吐毒素，全价配合日粮中这两种霉菌毒素的最大允许含量不能超过1mg/kg。发酵过程并不能对霉菌毒素产生破坏作用，反而使其与养分一样得到浓缩。郭福存等分别对上海、广东和天津的 12 份 DDGS 样品进行了霉菌毒素含量检测,阳性检出率为 100%。但我国目前还没有制定 DDGS 原料霉菌毒素含量标准,因此,饲料厂应根据具体情况对霉菌毒素含量过高的 DDGS 原料及时进行处理。吕明斌等建议,DDGS 中呕吐毒素含量不宜超过 $8000\mu g/kg$,玉米赤霉烯酮含量不宜超过 $2000\mu g/kg$ 为宜。

要关注霉菌毒素含量:近期 DDGS 中呕吐毒素、玉米赤霉烯酮毒素的含量比较高,呕吐毒素含量范围 $1\sim8mg/kg$,玉米赤霉烯酮含量范围 $150\sim2000\mu g/kg$。

(5)粗蛋白、粗脂肪含量

粗蛋白>28%,粗脂肪为 6%～12% 为宜。

受加工工艺等因素的影响,DDGS 的粗蛋白、粗脂肪含量变异范围极大,目前我国也无 DDGS 质量标准,全粒法生产酒精获得的 DDGS 粗脂肪含量为 9%～13%,而半干法及湿法生产酒精获得的 DDGS 的脂肪含量会降低,在 2%～4% 之间。DDGS 的粗蛋白含量为 22%～30%。

DDGS 中不饱和脂肪酸的比例高,容易发生氧化,能值下降,对动物健康不利,影响生产性能。全粒法生产酒精获得的 DDGS 含有较高的玉米油(10%),主要是不饱和脂肪酸,容易酸化腐败。一般冬季的保存期为 3 个月,夏季仅为 1 个月。如果将其中的玉米油提出来,可降低水分和油脂含量,提高粗蛋白、氨基酸、有效磷的含量。

目前,大多数买方通过检测粗蛋白、粗脂肪含量来确定 DDGS 的质量优劣,国家标准推荐的测定粗脂肪方法(GB/T 6433—2006)是用石油醚提取,所有溶于石油醚的成分测定结果都是粗脂肪,国家标准推荐的测定粗蛋白方法(GB/T 6432—1994)是测定氮含量再换算为粗蛋白含量,所以要防止造假者钻这个空子,在 DDGS 产品中掺入高氮化合物及溶于石油醚的物质,以增加 DDGS 的粗蛋白、粗脂肪含量。可通过测定氨基酸含量进一步判别质量的优劣。

(6)DDS 的含量

DDGS 中 DDS 的含量至少要大于 20%。

(7)粗纤维含量

DDGS 的粗纤维含量小于 8%,如含量为 7% 左右是正常的,若粗纤维含量过高,单胃动物比较难利用,并会降低养分的消化率。当粗纤维含量明显高于 7% 时,应进一步排查有无掺假,主要是麸皮、壳粉、粗糠等高纤维低质低价的物质。

3.3.6.5 玉米 DDGS 质量控制措施

(1)建立快速的实验室评定方法

目前针对 DDGS 变异这一问题,配制各种家畜平衡日粮前有必要对不同厂家的 DDGS 原料进行常规养分的实验室测定分析,以提高配制日粮的准确性。为节省实验室评定的时间和成本,营养学家正致力于寻求有代表性的指标以及迅速、高效的实验室快速评定方法。

DDGS 的颜色可作为评定赖氨酸消化率的指标之一。DDGS 加工过程中加热温度及时间长短与其颜色和赖氨酸消化率高度相关。利用回归公式可快速、准确地预测 DDGS 的营养物质利用率。吕明斌等研究发现,中性洗涤纤维(NDF)含量与有效赖氨酸有很好的相关性,NDF 可作为饲料厂日常检测 DDGS 热过度的指标:NDF≤32% 为合格,NDF≤35% 为最低质量要求。Pedersen 等以猪为例,建立以粗灰分、粗脂肪、酸性洗涤纤维和总能预测 DE 和 ME 的回归方程。

（2）添加酶制剂

DDGS 中由于纤维及 NSP 含量高限制了其在单胃中的大量使用。Swiatkiewicz 等在产蛋鸡高峰期日粮中添加 5％、10％、15％、20％的 DDGS，并在 20％组添加 NSP 水解酶，发现 5％、10％、15％组不影响产蛋率，20％组产蛋率和蛋重降低，补加 NSP 水解酶后可一定程度上缓解这一负面效应，所以笔者推测 NSP 是使用高水平 DDGS 的限制性因素。鲍淑青等以蛋公鸡为试验动物，采用 TME 法发现添加复合酶 DDGS 的干物质表观消化率、有机物表观消化率、表观代谢能均显著高于未添加酶的 DDGS 组（$P < 0.05$）。所以，日粮中添加已降解纤维和 NSP 为主的酶制剂可降低 DDGS 抗营养因子含量，改善营养物质的利用率，增加其在动物日粮中的使用量。

（3）添加抗氧化剂和防霉剂

DDGS 与玉米一样易受霉菌毒素污染，因此应严格坚持选择原料产地与检测相结合，可采用 ELISA 法严格检测其中的霉菌毒素含量，并注意添加适宜的防霉剂和霉菌吸附剂。DDGS 中粗脂肪含量较高，可添加适量抗氧化剂以保证其脂肪的稳定。研究发现，香精油具有很好的抗氧化、防霉等作用，在 DDGS 中添加该物质可能会达到双重功效。

（4）以可消化氨基酸指标设计日粮配方

DDGS 作为一种非常规的饲料原料，目前仍没有获得完整且相对准确的营养参数供生产使用，尤其是氨基酸的消化率。Lumpkins 等以总氨基酸为基础配制日粮，发现在肉鸡早期日粮中 DDGS 可添加至 6％，中后期可添加至 12％～15％。Wang 等研究 DDGS 在肉鸡日粮中的使用水平，在各处理等能的基础上以可消化氨基酸为基础配制日粮，结果表明，DDGS 在肉鸡整个生长期日粮中可添加至 15％～20％，而不影响生产性能。随后 Wang 等又做了几个相似试验，均以可消化氨基酸为基础配制日粮，发现当以可消化氨基酸配制日粮时 DDGS 在肉鸡日粮中的添加量可达 20％。所以为增加 DDGS 的使用量并保证使用效果，有必要以可消化氨基酸为基础进行日粮配制。

3.3.7 工厂生产玉米 DDGS 实例

3.3.7.1 国内酒精企业生产玉米 DDGS 实例

首钢控股河南天冠企业集团有限公司位于历史文化名城南阳市，是目前国内存续最完整、最具代表性的"红色企业"，是国家 520 家重点企业和河南省 50 家高成长型重点企业集团之一，是国家燃料乙醇定点生产厂家和国家新能源高技术产业基地主体企业之一，同时也是生物能源行业唯一国家循环经济试点企业，唯一拥有国家重点实验室、国家级企业技术中心和博士后科研工作站单位，国家燃料乙醇标准化委员会设立单位。产品涉及生物能源、生物化工、有机化工、精细化工、工业气体、电力、饮料酒七大门类，主要产品有燃料乙醇、酒精、生物天然气、全降解塑料、生物柴油、谷朊粉、DDG 饲料、总溶剂、多元醇、二氧化碳、白酒、啤酒等 40 余个品种，产品总量达 100 万吨以上，年收入 60 亿元以上。

河南天冠燃料乙醇有限公司生产的 DDGS 饲料是以小麦、玉米为原料混合生产而成的，年产 DDGS 饲料 7.5 万吨，混合 DDGS 蛋白质含量在 22％以上，已成为国内外饲料生产企业广泛应用的一种新型蛋白饲料原料，适合喂养家禽、家畜、水产品及特种动物。在畜禽及水产配合饲料中通常用来替代豆粕、鱼粉，添加比例最高可达 25％，并且可以直接饲喂反刍动物。

3.3.7.2 国外酒精企业生产玉米 DDGS 实例

世界上首次实践酒精糟清液全部回用的大型酒精企业是美国 C. E. Lummus 公司的 Tennol 酒精厂，在将干酒精糟制备成 DDGS 的同时也解决了酒精糟清液的污染为题。该企业位于田纳西州，全新设计，当时年产玉米酒精 7.5 万吨，投资约 0.8 亿美元。该公司主要设备有预发酵罐(酵母扩培罐，150m³)3 个、露天发酵罐(1100m³)9 个以及醪液储罐 1 个。发酵罐用板式换热器循环降温，每 3 个发酵罐共用 1 台板式换热器。考虑到酒精糟清液用后会造成发酵液黏度增加以及发酵过程中产生的 CO_2 需及时排出，每个发酵罐的中下部均设有侧搅拌器。发酵罐内设 CIP 冲洗系统，不用蒸汽高压灭菌。蒸馏选用 4 塔差压节能蒸馏系统。由于采用新工艺和自控工序多，企业职工仅 70 多人，其工艺流程如图 1-3-14 所示。

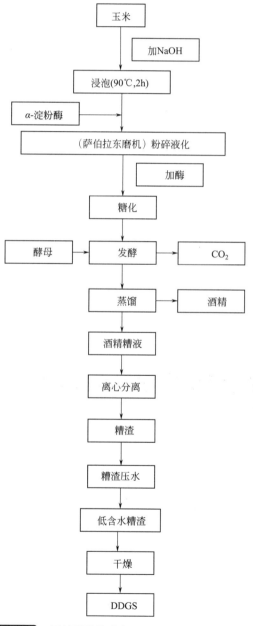

图 1-3-14　酒精糟清液全部回用工艺(LBW)工艺流程

LBW工艺采用了多项新技术，其中酒精糟清液全部回用是具有挑战性的工艺，对于我国的燃料酒精生产工艺具有很好的参考价值。该工艺原料玉米处理过程比较独特，玉米原料除杂后加入回用热酒精糟清液(用NaOH调节pH值)，90～95℃下浸泡2h，玉米籽粒含水达50％时送入一级萨伯拉东磨机；同时加入α-淀粉酶，高温加酶湿法粉碎是该工艺独到之处。该级粉碎浆料由于属于粗粉碎，尚含有部分小颗粒(直径约2～3mm)，用手一捻即碎，这样的浆料流动性好，在高温磨制中除机械作用外，耐高温α-淀粉酶提前进入参与淀粉降解作用。浆料进入二级萨伯拉东磨机，经恒温90℃磨细处理后，得到完全均一并完成液化过程的浆料。该浆料即可用换热器降温至60℃，加入糖化酶，再经一台小型萨伯拉东磨机均质化(即边均质边糖化)处理，然后冷却至35℃，送入发酵车间。

工艺中使用德国耐高温酵母，在37～40℃时可正常发酵，特别是9个1100m³发酵罐就配备了3个150m³的酵母扩培罐，可见该发酵工艺对酵母菌数量的重视程度。

LBW工艺的原料水热处理实际上是用玉米在90～95℃浸泡，加α-淀粉酶边粉碎边糊化、液化所代替。而且糖化过程也是在机械研磨的条件下进行，糖化时间缩短也有利于后糖化过程的进行。该工艺原料的最高处理温度只有95℃，从而可以避免加压蒸煮时因美拉德反应生成的类黑素等有害物质对酵母发酵的毒害作用，为长期清滤液全回用创造了基础条件。

酒精糟固液分离采用卧式沉降分离机，滤液中的固形物含量较低，清液含固形物仅为0.25％～2％，属于清滤液，这对回用非常有利，只是电能消耗比较高。离心后的滤渣含固形物30％，湿滤渣再用螺旋挤压机挤压，使滤渣固形物含量达45％，然后送至沸腾干燥器进行干燥，即得浅黄色的、松散的DDGS饲料，清滤液则全部回用(浸泡玉米和调浆)。

该工艺所用的粉碎设备是萨伯拉东磨机，该机结构与万能粉碎机相似，但在转动轴上装有类似离心泵叶轮的装置，所以既具有粉碎、均质化作用，又有输送物料的作用。

由LBW工艺的特点可见，它是一种很好的酒精糟综合利用工艺，但是萨伯拉东磨机等设备尚需进口，整个工艺投资较大。但以玉米为原料的大厂还是可以考虑采用的。

清液全部回用技术因具有减少蒸汽装置投资、大幅度降低能耗的优势，而被国内外酒精企业所青睐，并多次进行中试实践和大规模生产实践。如能加强发酵理论和工艺措施方面的研究，有望延长全部清液回用的时间。

3.4 小麦酒精糟液制取全干燥蛋白饲料

3.4.1 小麦DDGS生产工艺

传统上以玉米为原料的酒精糟液可以利用多效蒸发法处理酒精糟液。但对于其他原料，如小麦酒精，这种处理是不成功的，其一是因为固形物(主要是蛋白质)黏度大，蒸发过程容易黏结在器壁；其二是因为固形物浓度低，处理成本高。

通过絮凝技术辅助机械分离提取糟液中的蛋白质，再通过专门技术干燥高水分的固形物；将分离后的低浓度清液进行生化处理，其产生的沼气除进行发电外，发电余热与部分沼气作为干燥热源，可降低干燥成本。这样处理有3个好处：a. 彻底解决了糟液污染(水、气味)的环保瓶颈；b. 生产出的蛋白粉具有很高的经济价值；c. 生化处理难度降低(因前期除掉了多数蛋白质)，沼气得率提高，处理成本降低。该套工艺已在安徽某以小麦为原料的酒精厂成功应用[73]。

3.4.1.1 工艺流程

利用絮凝技术辅助机械分离提取糟液中的蛋白质,再进行固液分离,生产沼气用于干燥系统,其工艺流程见图1-3-15。

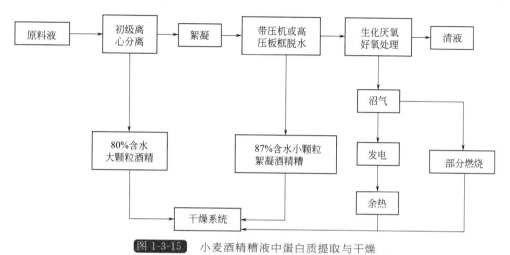

图 1-3-15 小麦酒精糟液中蛋白质提取与干燥

在以上工艺中,经初级离心分离(通用的是卧式离心分离机),原料液中的固形物由5%降到3%;分离出的固形物粒度大、蛋白质含量低(干燥后约为34%)。此后糟液进入絮凝工艺,絮凝后经机械脱水,糟液中固形物含量降到1.5%,同时1.5%左右的固形物(蛋白质为主)得到分离,用带压机挤压后其水含量大约为87%。含有1.5%固形物的糟液进入厌氧、好氧等水处理系统,最后固形物中的绝大部分转化为沼气和固体污泥,糟液变成清液循环利用。产生的沼气一部分用来发电,另一部分直接燃烧产生热量用于干燥。发电机的余热也进入干燥系统。如此沼气应用可大大降低干燥系统的能耗,达到节能减排的目的。

以下介绍工艺中的两个关键单元——絮凝与干燥。而污水处理中的好氧、厌氧及沼气提取、储存、应用等工艺已具备成熟的技术。

3.4.1.2 絮凝单元

图1-3-16为絮凝工艺流程。该工艺中,由于糟液本身温度较高,所以可以取消加温罐。该工艺的关键是絮凝剂的选择,需要有很高的絮凝效果且用量低。本设计絮凝剂采用无毒性的阴离子合成型有机高分子絮凝剂,以聚丙烯酸钠为主体,产品经干燥后可直接作为饲料原料。

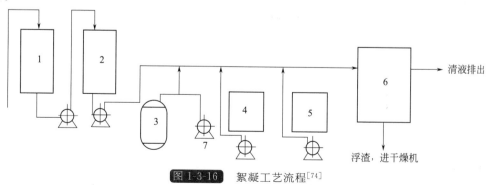

图 1-3-16 絮凝工艺流程[74]

1—料液储罐;2—加温罐;3—稳压罐;4,5—药剂罐;6—反应池;7—空压机

由于絮凝后采用气浮法实现固液分离,所以得率较高,通常原料液含3%的固形物,经絮凝分离后分离液的固形物可降到1.5%;剩余的固形物多为可溶性蛋白,可通过下一单元的生化法去除。

3.4.1.3 干燥单元

由于分离后的酒精糟水含量很高且黏度大,所以需采用专业的干燥设备。根据物料特性,本设计采用二级干燥附加一级冷却工艺,一级干燥工艺见图1-3-17[74],二级干燥工艺见图1-3-18[74]。

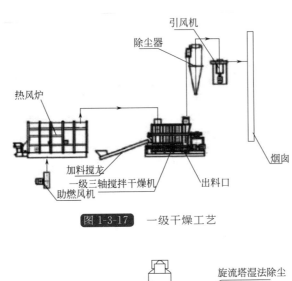

图 1-3-17 一级干燥工艺

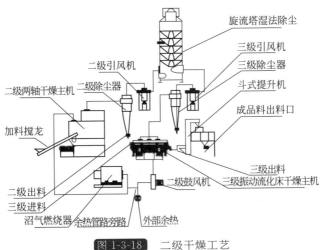

图 1-3-18 二级干燥工艺

(1) 一级干燥技术说明

经脱水后,酒精糟的水含量约为85%(固形物含量15%),在安徽某小麦酒精厂的实践应用表明可以使用三轴卧式搅拌干燥机(专利号:ZL03212029.X)将水含量干燥到65%。该设备的工作原理是底部的2个搅拌装置将物料抛起,上面的1个搅拌装置将粘到壁上的物料刮掉落下,使之与底部较稀的物料混合再抛起,从而获得很大的比表面积,强化传热与干燥,并可克服物料的黏性。上轴不仅起到挂壁作用,也有改变风向作用,使得干燥过程的传热系数提高。

对于该含水量的物料来说,每1t绝干料从85%干燥到65%的水分蒸发量为:

$$w_1 = L \times \left(\frac{x_1}{1-x_1} - \frac{x_2}{1-x_2} \right) = 1000 \times \left(\frac{85}{15} - \frac{65}{35} \right) = 3810 \, (\text{kg})$$

如采用 5000kcal/kg(1kcal≈4185J，下同)发热量的烟煤作为热源，其煤耗为：$P_1 = 0.18w_1 = 686\text{kg}$，此时要求进风温度在 650℃以上。即干燥出 1t 绝干成品大约耗煤 700kg。

（2）二级干燥技术说明

由于一级干燥已将水分降到 65% 以下，所以很多类型的干燥设备都可以实现干燥过程，如管束式干燥器、滚筒式干燥器、搅拌干燥器。由于生化反应可以产生足够的沼气，该沼气发电后尚有大量的余热空气，所以本设计采用发电余热作为热源，为防止着火，采用 350℃以下的热风(通过配冷风实现)。干燥设备采用双轴卧式搅拌干燥器，为防止尾气污染，干燥后的尾气进入湿法旋流塔，其除尘除味后，废水进入污水站与絮凝后的废水一起进行厌氧、好氧处理。

每干燥 1t 绝干物料需要的水分蒸发量为：

$$w_2 = L \times \left(\frac{x_2}{1-x_2} - \frac{x_3}{1-x_3} \right) = 1000 \times \left(\frac{65}{35} - \frac{10}{90} \right) = 1746 \, (\text{kg})$$

需要的热量为：

$$Q_2 = \frac{wit}{\eta \Delta t} = \frac{1746 \times 595 \times 350}{0.85 \times (350-80)} = 158 \times 10^4 \, (\text{kcal/h})$$

对于一个年产 50000t 酒精的酒精厂，每天经絮凝可生产 30t 的绝干酒精糟，即每小时成品绝干产量 1.5t，因此，二次干燥每小时需要的热量为：

$$Q = 1.5Q_2 = 237 \times 10^4 \, (\text{kcal/h})$$

在某酒精厂的应用实践表明，生化池产生的沼气发电余热可达到 $150 \times 10^4 \text{kcal/h}$，缺少的部分可用沼气直接燃烧获得，不需要附加燃料(如煤、天然气等)。如果生化池产生的沼气不用于发电而直接燃烧，一级干燥的绝大部分热量也可提供，这样可以取得最好的节能减排效果。

3.4.2 小麦 DDGS 经济效益分析

以年产 50000t 酒精为例。

（1）絮凝成本

本规模酒精厂糟液量约为每天 1000m^3，每立方米絮凝成本为 3 元，总的絮凝成本为每天 3000 元。

（2）干燥成本

每吨干燥成本(含煤耗、电耗、人工、包装)为 900 元。

（3）设备折旧

按 8 年折旧，每吨 60 元。

（4）年利润

按每天成品 35t 计，产品含蛋白质约 40%，市场价为 2000 元/t，则每年总销售额为：

$$C_1 = 2000 \times 35 \times 300 = 2100 \,(\text{万元})$$

总的成本为：

$$C_2 = 35 \times (900 + 60) \times 300 + 3000 \times 300 = 1098 \,(\text{万元})$$

年利润估计为：

$$P = C_1 - C_2 = 2100 - 1098 = 1002(万元)$$

即年产 50000t 的酒精厂（以小麦为原料），在原生化污水处理的基础上增加絮凝提取干燥工艺，可增加利润 1000 万元。

可以看出，以小麦或其他易产生黏性固形物为原料的酒精厂如采用絮凝提取并干燥的工艺，不仅可以有效地解决环保问题，还可以产生明显的经济效益。

3.4.3 小麦 DDGS 的应用

3.4.3.1 小麦 DDGS 在猪饲料中的应用

当在生长、肥育猪（体重 52～85kg）的小麦-豌豆基础日粮中添加 25％的小麦 DDGS 时，其 ADG 和 G：F 与对照组没有显著差异（Widyaratne 和 Zijlstra，2007），当添加量稍高时，猪的 ADG 有所下降。Thacker（2006）研究指出，当在以小麦-豆粕为基础的日粮中给生长猪（体重 20～51kg）添加 0、5％、10％、15％、20％、25％的小麦 DDGS 时，其 ADG 和 ADFI 呈线性下滑趋势，不过 G：F 没有太明显的变化，当肥育猪（体重 52～113kg）DDGS 添加量为 0、3％、6％、9％、12％时，其生产性能和对照组没有明显差异。但当饲料中添加一些必须氨基酸来保证饲料中氨基酸的平衡，可以达到同样的效果，这也说明了小麦 DDGS 中赖氨酸的消化率相对较低（Nyachoti 等，2005；Lan 等，2008）。

3.4.3.2 小麦 DDGS 在肉鸡饲料中的应用

（1）小麦 DDGS 对肉鸡生长性能的影响

Thacker 和 Widyaratne 等用含 0、5％、10％、15％或 20％小麦型 DDGS 的日粮饲喂肉鸡，结果发现肉鸡在增重、采食量和饲料转化率上没有统计学上的显著差异；然而，饲喂含 20％小麦型 DDGS 的日粮的肉鸡，其生产性能往往下降。随着日粮中小麦型 DDGS 含量的增加，日粮干物质、能量和磷的消化率以线性方式下降。由此断定，小麦型 DDGS 在肉鸡日粮中的添加水平可高达 15％，但不会对生产性能产生负面影响。

（2）玉米 DDGS 对肉鸡 N、P 代谢和排出物的影响

Thacker 等用含 0、5％、10％、15％和 20％小麦型 DDGS 的日粮饲喂肉鸡，结果发现，随着日粮中小麦型 DDGS 含量的增加，日粮干物质、能量和磷的消化率均呈线性下降的趋势。Leytem 等用添加了 0、5％、10％、15％和 20％的 DDGS 饲喂雄性肉鸡，随着 DDGS 比例增加，粪便中 N（$P<0.04$）、P（$P<0.0001$）增加，植酸磷下降（$P<0.01$），从而 WSP（$P<0.0003$）增加。可能是日粮的 AA 不平衡以及发酵作用破坏了植酸 P 的结构使得 P 的可利用率提高造成的。肉鸡的相关试验结果中，P 的排泄量增加，是猪与鸡的消化生理导致还是其他原因目前尚不清楚。Wu-Haan 等研究结果表明，在日粮中添加 20％的 DDGS 可降低肉鸡 24％的 NH_3 排放量和 58％的 H_2S 排放量，这对改善鸡舍环境质量具有积极意义。

（3）玉米 DDGS 对肉鸡氨基酸消化率的影响

DDGS 中各种必需氨基酸的绝对含量高于玉米中相应的氨基酸含量。但与玉米一样，其氨基酸不平衡，且利用率略低于玉米。研究表明，DDGS 中氨基酸总量达 20.28％，必需氨基酸中胱氨酸、缬氨酸、蛋氨酸、亮氨酸、苯丙氨酸、组氨酸含量比例高于玉米中相应的氨基酸含量比例，而苏氨酸、异亮氨酸、赖氨酸、精氨酸的比例比玉米低。

Bandegan 等研究了肉鸡对小麦 DDGS 的回肠氨基酸表观消化率，标记物 Cr_2O_3，结果显示，必需氨基酸表观消化率为：赖氨酸 24.4％～45.7％、苏氨酸 48.2％～60.9％、组氨

酸 57.4%～69.1%；非必需氨基酸表观消化率为：天冬氨酸 32.5%～50.9%、甘氨酸 49.6%～63.1%、丙氨酸 53.6%～66.8%。Pahm 等的研究结果显示，7 种不同的 DDGS 源所含赖氨酸回肠真可消化率为 52.7%～70.4%，平均为 61.4%，差异显著。Pahm 等认为，肉鸡的 DDGS 回肠真可消化赖氨酸浓度与其相对生物可利用赖氨酸浓度接近，并且可以利用反应性赖氨酸值和 Hunterlab 色差仪 L 测定值分别估测 DDGS 中的回肠真可消化赖氨酸浓度和相对生物可利用赖氨酸浓度。

　　Askbrant 和 Thomke 利用大麦型和小麦型 DDGS 对产蛋鸡进行的一项营养价值研究获得了可喜的结果。Nasi 报道，小麦型或大麦型 DDGS 在产蛋鸡日粮中添加水平可达 20% 且不会对生产性能产生不良影响，当在日粮中添加晶体氨基酸时，日粮内 2/3 的大豆蛋白可以用小麦型或大麦型 DDGS 取代。

参 考 文 献

[1] 柳树海，严明奕，杜金宝，等. 木薯酒精浓醪发酵技术的研究 [J]. 轻工科技，2012，(1)：7-8.

[2] 王景胜，陈铁，赵进辉，等. 探寻酒精行业可持续发展之路 [J]. 酿酒科技，2011，(8)：129-131.

[3] 贺小荣. 酒精废水处理工艺的研究 [D]. 杨凌：西北农林科技大学，2008.

[4] 刘华，孙丽娜，陈锡剑，等. 酒精废水处理及资源利用 [J]. 环境科学与技术，2011，(4)：180-183.

[5] 钮劲涛，陶梅，金宝丹. 酒精生产中的循环经济探讨 [J]. 酿酒科技，2010，(6)：108-112.

[6] 周海峰，吕锡武，王新刚，等. 酒精行业循环经济模式研究 [J]. 安全与环境工程，2007，(3)：1-5.

[7] 周娜. 酒精生产过程扩产与节能优化 [D]. 广州：华南理工大学，2006.

[8] 张铭. DDGS 的生产工艺、研究利用现状及在畜禽生产中的应用 [J]. 饲料工业，2008，(21)：52-55.

[9] 武书庚，齐广海，张海军. 玉米 DDGS 的饲用价值 [J]. 中国畜牧杂志，2007，(8)：51-54.

[10] 陈同庠. 利用国内外先进技术开发 DDGS 新蛋源 [J]. 饲料博览，1992，(4)：29-31.

[11] 尤新. 利用玉米酒精废液生产蛋白饲料 [J]. 饲料工业，1991，(5)：28-29.

[12] 杨芷，祁新梅，王玮，等. 玉米 DDGS 的营养特性及在猪生产中的研究与应用 [J]. 饲料研究，2014，(17)：15-17，25.

[13] 王平先. DDGS 生产技术及其节能工艺与设备选择方案 [J]. 宿州教育学院学报，2005，(3)：133-135.

[14] 乔建芬. 玉米酒精糟液生产全干燥蛋白饲料（DDGS）[J]. 山西食品工业，2002，(3)：20-21，40.

[15] 何忠武. 干酒糟及可溶物（DDGS）在猪饲料中利用的探讨 [J]. 畜牧兽医杂志，2009，(5)：29-32.

[16] Gilbert R Hollis，汪勇，赖正清，等. DDGS 在猪日粮中的应用研究 [J]. 兽医导刊，2007，(4)：46-47.

[17] 敖志刚. 玉米 DDGS 在猪日粮中的应用 [J]. 养猪，2008，(4)：5-7.

[18] 王继强，龙强，李爱琴，等. 玉米 DDGS 的营养价值及其在养猪生产中的应用研究进展 [J]. 中国饲料，2008，(18)：24-26.

[19] 王继强，张波，李爱琴. DDGS 对断奶仔猪生产性能和健康状态指标的影响 [J]. 饲料与畜牧，2013，(4)：30-35.

[20] 接永泽. 玉米 DDGS 家禽营养价值评定及其在蛋鸡日粮中的应用 [D]. 北京：中国农业大学，2013.

[21] 王周，葛林，张伯卫. 玉米 DDGS 及其在养猪生产中的应用 [J]. 饲料工业，2007，(19)：18-21.

[22] 职爱民，王修启，左建军，等. 玉米 DDGS 在饲料中的应用 [J]. 中国饲料，2007，(17)：37-39.

[23] 张铭. DDGS 的生产工艺、研究利用现状及在畜禽生产中的应用 [J]. 饲料与畜牧，2008，(12)：37-40.

[24] Hstad，张海军，齐广海. DDGS 在猪日粮中的潜在应用价值 [J]. 饲料与畜牧，2008，(9)：14-15.

[25] 张晓玲，舒畅. 玉米干酒糟及其可溶物在畜产动物日粮中应用的最新研究进展 [J]. 国外畜牧学（猪与禽），2008，(2)：42-45.

[26] 李凯年. DDGS 能支持仔猪免疫系统 [J]. 中国动物保健，2009，(6)：117.

[27] 李根来，姚文. 玉米酒精糟的营养价值及其对生长育肥猪肉品质的影响 [J]. 中国畜牧兽医，2010，(1)：17-21.

[28] 任颖. DDGS 在猪日粮中的应用 [J]. 国外畜牧学（猪与禽），2011，(1)：14-15.

[29] 韩庆广，John Goihl. DDGS 中日粮纤维消化率的多样性 [J]. 国外畜牧学（猪与禽），2011，(1)：1-2.

[30] Stein H. H.，Gibson M L.，Pedelsen C，et al. 玉米酒精糟（DDGS）在生长猪中的氨基酸及能量消化率测定 [J].

今日养猪业，2011,(1)：47-49.

[31] 高中起，陈鹏，秦贵信，等.糟渣饲料作为肥育猪、产蛋鸡蛋白质饲料的研究 [J].吉林畜牧兽医，1994,(1)：2-6.

[32] 魏文贵.玉米 DDGS 的饲用价值及其在猪鸡日粮中的应用 [J].广东饲料，2005,(6)：16-18.

[33] 李平.国产不同生产工艺玉米 DDGS 生长猪能量与氨基酸消化率研究 [D].北京：中国农业大学，2014.

[34] 李凯年，逯德山.玉米干酒精糟用作猪饲料的潜力日益增长 [J].饲料广角，2007,(24)：36-38.

[35] 肖健康.在生长育成猪日粮中增加 DDGS 的含量对其生产性能和胴体品质的影响 [J].饲料广角，2011,(11)：16-20.

[36] 张乐乐，胡文婷，王宝维.玉米酒糟粕（DDGS）在动物营养中的研究进展 [J].饲料广角，2010,(18)：37-39.

[37] 焦延甫.DDGS 对生长和育成牛的生产性能及胴体品质的影响 [J].饲料广角，2011,(3)：30-32.

[38] 颜志辉.DDGS 蛋白质营养价值评定及其奶牛饲用效果评价 [D].北京：中国农业科学院，2010.

[39] 李振，孙小沛，王淑静，等.DDGS 的营养作用及其在反刍动物中的应用 [J].饲料博览，2012,(3)：17-21.

[40] 申军士，王加启，王晶，等.DDGS 的营养特性及其在奶牛日粮中的应用 [J].中国饲料，2008,(9)：37-40.

[41] 王作洲，刘迎春.玉米 DDGS 在肉牛生产中的应用 [J].中国动物保健，2007,(03)：72-73.

[42] 王成.DDGS 对育成肉牛的生产性能和胴体品质的影响 [J].饲料广角，2011,(22)：44-46.

[43] 张永根.玉米 DDGS 作为反刍动物能量或蛋白饲料原料的营养价值 [J].饲料工业，2010,(S2)：92-97.

[44] 龙芳羽，张旭晖，张伟，等.DDGS 的加工工艺及其在奶牛上的应用 [J].中国奶牛，2007,(4)：12-14.

[45] 姚军虎，曹斌云，吴继东，等.DDGS 饲喂泌乳牛效果的研究 [J].中国饲料，1996,(6)：22-24.

[46] 李秋菊，王志祥，赵青余.DDGS 在奶牛生产中的安全性评价 [J].中国饲料，2008,(13)：5-8，14.

[47] 曹志军，李胜利.玉米干酒糟及其可溶物（DDGS）在奶牛日粮中的应用 [J].中国奶牛，2009,(10)：20-22.

[48] 赵洪波，朱青，谢小来.不同水平 DDGS 对奶牛乳产量和乳成分的影响 [J].饲料博览（技术版），2008,(10)：1-4.

[49] 张忠远，张显东，单安山.瘤胃缓冲剂和 DDGS 对奶牛产奶量和乳成分影响的研究 [J].饲料工业，2003,(10)：24-25.

[50] 王加启.DDGS 在奶牛日粮中的应用 [J].北方牧业，2010,(3)：28.

[51] 王萌，王加启，颜志辉，等.日粮添加 DDGS 对奶牛生产性能的影响 [J].东北农业大学学报，2009,(10)：64-68.

[52] 王风丹，朱连勤，张伟，等.玉米干酒糟及其可溶物的加工工艺及在蛋鸡应用上的研究进展 [J].家禽科学，2007,(2)：41-43.

[53] 王照群，戴求仲.玉米 DDGS 对家禽的营养价值及应用 [J].饲料博览，2011,(11)：9-13.

[54] 乔红.DDGS 饲料在蛋鸡饲喂中的应用试验 [J].新疆畜牧业，2000,(4)：26.

[55] 田树飞，李亚奎，李子平.DDGS 的营养成分及其在畜禽中的应用 [J].养殖与饲料，2007,(7)：60-61.

[56] 张永发，刁其玉，闫贵龙.DDGS 在家禽生产中的应用现状及前景 [J].中国家禽，2007,(10)：46-48.

[57] Amy B. Batal，金灵.家禽饲料中 DDGS 的使用量问题 [J].广东饲料，2009,(8)：39-40.

[58] 徐丽萍.玉米 DDGS 在畜禽日粮中的应用研究 [J].畜牧与饲料科学，2009,(5)：33-34.

[59] 刘洋，李改娟，姚军虎.DDGS 在家禽日粮中的应用与研究进展 [J].饲料工业，2010,(7)：57-60.

[60] 李秋菊，邓立康，李超，等.我国不同来源 DDGS 鸡代谢能的研究 [J].华北农学报，2010,(S1)：175-178.

[61] 李政萍，Sheila E. Scheideler.DDGS 在家禽日粮中的应用前景 [J].国外畜牧学（猪与禽），2011,(1)：8-9.

[62] Swiatkiewicz S，Koreleski J，高枫.可溶性干酒糟（DDGS）在家禽营养中的应用 [J].国外畜牧学（猪与禽），2009,(3)：24-28.

[63] 高泉，刘桂民.产蛋鸡日粮中添加 DDGS 试验 [J].饲料与畜牧，1991,(3)：6-7.

[64] 李恒鑫.DDGS 对蛋鸡营养价值评定 [J].饲料博览，2005,(9)：1-3.

[65] 郭志强，宋代军，顾维智，等.玉米 DDGS 饲喂肉鸡的营养价值研究 [J].饲料工业，2008,(19)：36-38.

[66] 郭志强，宋代军，顾维智，等.玉米 DDGS 饲喂肉鸭的效果探讨 [J].畜牧与兽医，2009,(6)：42-44.

[67] 杨旭，王丽萍，刘磊，等.玉米 DDGS 在家兔饲料中应用的可行性分析 [J].养殖与饲料，2010,(12)：62-64.

[68] 王砚林，穆秀芳，黄玉峰.新型蛋白饲料——DDGS 在鲤成鱼配合饲料中的应用试验 [J].水利渔业，1992,(4)：12-14.

[69] 高红建，张邦辉，王燕波，等．在饲料中添加 DDGS 对异育银鲫生长的影响 [J]．饲料工业，2007，(2)：25-27.

[70] 周良娟，张丽英．玉米 DDGS 的营养价值及其变异因素 [J]．中国饲料，2012，(7)：4-8.

[71] 吴维辉．DDGS 的质量变异及评定 [J]．饲料工业，2010，(17)：51-54.

[72] 王晶，王加启，卜登攀，等．DDGS 的营养价值及在动物生产中的应用研究进展 [J]．中国畜牧杂志，2009，45（23）：71-75.

[73] 皇甫亚柱，李景林，夏守岭，等．小麦原料酒精及 DDGS 生产工艺的探讨 [J]．酿酒科技，2001，(4)：54-55.

[74] 李立印，刘鹏．酒精糟液中蛋白质的提取与干燥 [J]．酿酒科技，2011，(1)：88-90.

4

推广和推进啤酒企业
废酵母利用

4.1 啤酒工业概况

啤酒是以大麦芽、酒花、水为主要原料,经酵母发酵作用酿制而成的富含二氧化碳的低酒精度饮料。其种类繁多,按色泽可划分为淡黄色啤酒、金黄色啤酒、棕黄色啤酒、浓色啤酒、黑色啤酒;按杀菌处理情况可划分为鲜啤酒、熟啤酒;按原麦汁浓度可划分为低浓度啤酒、中浓度啤酒、高浓度啤酒;按发酵性质可划分为上面发酵啤酒、下面发酵啤酒等。因啤酒中含有丰富的维生素和氨基酸,不仅能促进肠胃蠕动,增加食欲,而且对加快人体新陈代谢也有相当多的功用,甚至对心脏病、高血压、肺结核等疾病的康复也有一定裨益,所以啤酒成为世界上继水和茶之后消耗量排名第三的饮品,被人称为"液体面包",深受大众的喜爱[1]。

4.1.1 我国啤酒工业发展现状

目前,中国已成为全球最大的啤酒市场,表 1-4-1 为 1992~2016 年全国啤酒产量。2013 年达 497.18 亿升,创历史最高点。到 2016 年,啤酒产量 450.64 亿升,产量略有下滑。近几年,中国啤酒制造业兼并重组不断,华润雪花、青岛啤酒、百威英博和燕京啤酒 4 家啤酒巨头,共占据了约 58% 的市场份额,获得约 70% 的行业利润。

表 1-4-1 1992~2016 年全国啤酒产量

年份	产量/$\times 10^7$ L	年份	产量/$\times 10^7$ L
1992 年	1020.7	1997 年	1888.49
1993 年	1190.08	1998 年	1987.67
1994 年	1414.24	1999 年	2098.77
1995 年	1546	2000 年	2300.76
1996 年	1681.91	2001 年	2209.81

年份	产量/×10^7L	年份	产量/×10^7L
2002 年	2386.83	2010 年	4483
2003 年	2540	2011 年	4898.8
2004 年	2910.05	2012 年	4902
2005 年	3185.45	2013 年	4971.85
2006 年	3515	2014 年	4967.13
2007 年	3931.37	2015 年	4715.72
2008 年	4103.08	2016 年	4506.4
2009 年	4236.38		

4.1.2 啤酒生产工艺

4.1.2.1 啤酒酿造的原辅料

酿造啤酒的主要原料为大麦、水和酒花，为降低生产成本，提高出酒率，改善啤酒风味和色泽，增强啤酒的保存性，在糖化操作时常采用大米、玉米等中的一种或多种来替代部分麦芽。在我国一般都用大米作辅料，而欧美国家较普遍使用玉米。此外，还有一些啤酒企业也生产全小麦啤酒。

（1）大麦

啤酒有史以来，都是以大麦作为主要原料。大麦外包谷皮，有利于发芽，酶系统全面，生长遍及全球，适应各种气候，价格低廉，又非主粮，制成的酒更别具风格，故啤酒酿造者一直沿袭使用。

不同的纯种大麦不仅在化学组成、浸出率和酶活力上有差别，而且制麦时的生产工艺和物质变化也不相同。如蛋白质含量高的大麦，制麦损失高，麦芽浸出率低，啤酒的非生物稳定性差；厚皮大麦制造的啤酒色泽较深，风味粗涩，容易混浊；麦胶物质（barley gum）含量高的大麦不易溶解，做不出好麦芽；酶活力低的大麦和麦芽，做出的麦汁降糖不易，发酵度低；水敏感性强的大麦发芽不整齐，发芽率低等。只有掌握了某一品种的特性，才能制订出相应的制麦和酿造工艺。

不同的大麦品种适于酿制不同类型的啤酒。如蛋白质含量高的品种，制出的啤酒口味重，颜色深，适于酿制浓色啤酒；而酿制淡色啤酒则必须选择蛋白质含量低的大麦品种。因此，选择优良的大麦品种，不仅在经济上是合理的，也是酿制优质啤酒的基本条件。

（2）水

啤酒厂生产用水的水源选择有几个原则：水量充沛和稳定；酿造用水除应基本符合我国生活饮用水标准（GB 5749—2006）外，还要符合啤酒专业上的一些要求；冷却用水的水温越低越好。一般说，啤酒厂大多建在城镇附近，地表水容易受到工农业废水及生活污水污染，因此，啤酒厂的水源应优先考虑采用地下水。

啤酒酿造用水是指糖化用水和洗涤麦糟用水。这两部分水直接参与工艺反应，是麦汁和啤酒的组成成分，水质状况对整个酿造过程有重大影响。不同地区的酿造用水，具有不同的总硬度、不同的非碳酸盐硬度和碳酸盐硬度比、不同的钙硬和镁硬，用以酿制的啤酒各具特点，差别较大。传统的著名啤酒品种，大都与其水质的特点有关。

（3）啤酒花

啤酒花，学名蛇麻，又称香蛇麻、蛇麻草和忽布，是桑科、葎草属多年生草质蔓生藤本。啤酒花雌雄异株，花单性，雌性球穗花序简称酒花。啤酒花作为啤酒工业原料开始使用于德国，使用的主要目的是利用其苦味、香味、防腐力和澄清麦汁的能力。啤酒中添加啤酒花的重要作用：赋予啤酒爽口的苦味和愉快的香味；增加啤酒的泡持性；增加麦汁和啤酒的防腐能力；酒花与麦汁共同煮沸，能促进蛋白质凝固，有利于麦汁的澄清，有利于啤酒的非生物稳定性。

（4）大米

大米是被普遍使用的一种麦芽辅助原料，适合酿造高质量的啤酒，越来越被广泛利用。大米淀粉含量高于其他谷类，蛋白质含量低。用大米代替部分麦芽，不仅麦汁的浸出率高，而且可以改善啤酒风味、降低啤酒的色泽。我国啤酒厂用大米的数量一般在 1/5~1/3，若采用外加酶糖化的工厂，大米的用量可达 50% 左右。啤酒酿造使用大米的特点是价格较麦芽低廉，而淀粉含量远高于麦芽；蛋白质、多酚物质和脂肪含量则较麦芽低。添加大米的啤酒，色泽浅，口味清爽，泡沫细腻，酒花香味突出，非生物稳定性较好，特别适宜制造下面发酵的淡色啤酒。

（5）玉米

欧美国家较普遍用玉米作为辅助原料。玉米价廉，并能赋予啤酒以醇厚的味感。使用玉米必须去胚，因胚部的脂肪含量高，不去胚，脂肪在储存中氧化和败坏，将直接影响啤酒的泡沫、口味和风味稳定性。脱胚玉米的脂肪含量应不超过 1%。在脱胚过程中，同时除掉了玉米外皮，从而减轻了玉米的苦味物质。啤酒厂也有使用玉米淀粉者，其无水浸出率显著较玉米高，而蛋白质含量则接近于 0。使用玉米淀粉，必须先考虑麦芽可同化氮的含量。如果麦芽的可同化氮含量偏低，制出的啤酒，口味会过于淡薄。玉米淀粉调浆时容易结块是这种方法的缺点。

（6）小麦

小麦是主粮，国内尚少采用小麦作为啤酒辅助原料。国际上，有些国家早已采用小麦为某些特制啤酒的原料或辅助原料，如德国的小麦啤酒是以小麦芽作为主原料的；比利时的兰比克啤酒（Lambic beer）则以小麦作为麦芽辅助原料。如若用小麦作辅助原料，宜采用含蛋白质低的白小麦品种。但总体来说，啤酒酿造所用的小麦应具有如下特点。

① 小麦的可溶性高分子蛋白质含量高，泡沫好，但因其不易被进一步分解，也容易造成非生物稳定性的问题。

② 花色苷含量低，有利于啤酒非生物稳定性，风味也较好，但麦汁色泽则较使用大米和玉米为辅料者略深。

③ 麦汁中含有较多的可溶性氮（与大米和玉米为辅料者比较），发酵较快，啤酒的最终 pH 值较低。

④ 小麦和大米、玉米不同，富含 α-淀粉酶和 β-淀粉酶，有利于采用快速糖化法。

4.1.2.2 啤酒生产工艺

啤酒生产工艺分为制麦、麦汁制备、发酵、过滤和包装 5 大工序。

（1）制麦

制麦是啤酒生产的开始。大麦是酿制啤酒的主要原料，先将其制成麦芽，再用于酿酒。

大麦在人工控制的外界条件下发芽和干燥的过程,即为麦芽制造,简称"制麦"。发芽后的新鲜麦芽称绿麦芽。绿麦芽经焙燥后称干麦芽。

传统的制麦过程分为 3 个阶段。

① 精选后的大麦,浸渍水中,使之达发芽所需要的水分,此阶段为大麦浸渍。

② 浸渍后的大麦,在人工控制的条件下进行发芽,利用发芽过程形成的酶系,使大麦的内容物质进行分解,变为麦芽,此阶段为人工发芽。

③ 发芽完毕的绿麦芽,利用热空气进行干燥和焙焦,此阶段为麦芽焙燥。

新型的制麦方法,常运用浸麦时充分供氧的理论,使大麦在浸麦吸水过程中即开始萌发。边浸渍边发芽,使浸渍与发芽合为一个生产阶段,大大缩短了生产时间。

大麦发芽的目的是使麦粒内部产生一定数量的水解酶,并利用这些水解酶分解胚乳的储藏物质。麦芽焙燥的作用是使绿麦芽的水分降低,发芽停止,便于去根和储藏。但麦芽焙燥并不只是一个简单的水分蒸发过程,它还同时进行了复杂的生化变化,使焙燥后的麦芽具有独特的香味和色泽。根据制造麦芽类型的不同,采取不同的焙燥工艺,以适应酿制不同类型的啤酒。

(2) 麦汁制备

麦汁制备包括原料糖化、麦醪过滤和麦汁煮沸等几个过程。传统的麦汁制备设备有复式、单式之分。复式设备(又称三锅一槽组合式),包括糊化锅、糖化锅、麦汁过滤槽(或麦汁压滤机)和麦汁煮沸锅 4 项主要设备。单式设备(又称两锅组合式)包括两项主要设备:糖化锅和麦汁过滤槽兼用;糊化锅和麦汁煮沸锅兼用。

由于啤酒生产规模日益增大,不仅要求设备容量加大,对设备的日产批次要求也不断增加。因此,设备的组合已不受上述单式、复式所限,而是根据糖化方法的选择,组合更多的锅、槽穿插使用,并进行生产。这样会给予生产以更大的灵活性,各项设备得以充分利用,使日糖化批次增加。单式设备则已被淘汰。

(3) 发酵

传统的啤酒发酵工艺分下面发酵和上面发酵两大类型。由于所采用的酵母菌种不同,发酵工艺和设备条件也不相同,制出的啤酒风味也不同,下面发酵啤酒的发酵过程分为主发酵和后发酵(包括储酒和成熟)两个阶段,生产时间比较长;上面发酵啤酒的发酵过程大都只有主发酵,不采用后发酵,只是进行一些后处理,便于过滤和包装,生产时间相对较短。

近年来,由于啤酒制造理论和发酵技术的不断发展,上面发酵和下面发酵各取对方的优点,传统工艺已经有了很多改革,发生了很大的变化。例如:采用密闭发酵罐的新型上面发酵啤酒技术也采用了从沉淀酵母中回收酵母,或用离心机回收酵母;下面发酵为了缩短生产时间,也适当提高了主发酵温度,缩短或免除了后发酵的储酒成熟阶段。当然,这些改革都是在一定的理论基础上进行的,既要达到提高生产能力的目的,又不失去各自啤酒原有的风格。

(4) 过滤

啤酒酿制成熟后,通过过滤介质,除去悬浮物、酵母细胞、蛋白质凝固物及酒花树脂等微粒,使啤酒清亮透明,富有光泽,口味纯正,而且大大改善了啤酒的生物稳定性和非生物稳定性。过滤时应使二氧化碳饱和,防止氧的吸收和微生物污染。

啤酒过滤方法可分为离心机法、硅藻土过滤法、纸板精滤法、膜过滤法,其中硅藻土过滤法是啤酒过滤的主要手段。但不管采用哪种方法,对机械澄清总的要求是:产量大,质量好，酒和二氧化碳的损失少；不吸氧，不污染，不影响酒的风味。

（5）包装

啤酒包装是啤酒生产的最后一道工序，对啤酒质量和外观有直接影响。啤酒的包装流程如下：上瓶→洗瓶→验瓶→装酒→压盖→杀菌→验酒→贴标→喷码→验标→塑包（装箱）→入库。啤酒包装是根据市场需要而选择包装形式的，一般当地产销啤酒以瓶装、罐装或桶装的鲜啤酒（不经巴氏灭菌）为主；而外销或出口啤酒则多采用瓶装或罐装的杀菌熟啤酒。

4.1.3 啤酒工业副产物综合利用现状

在啤酒生产中产生大量含有淀粉、蛋白质成分的废水和酵母，是造成污染的主要原因，如不加利用直接排放，不但造成浪费，还污染环境。因此，啤酒生产副产物的综合处理成为节能降耗的重要手段。

4.1.3.1 啤酒工业副产物来源和分类

啤酒生产有浮麦、麦根、废麦糟、废酵母、废酒花糟、二氧化碳等副产物，其来源见表1-4-2。

表 1-4-2　啤酒生产副产物的含量及来源

副产物	w（副产物）/（kg/t）	含水率/%	w（干固物）/（kg/t）	来源生产环节
谷物粉尘	0.4	5.0	0.38	谷料的粉碎与输送
麦糟	200～300	80～85	40～45	麦汁过滤
淡麦汁	45	97	1.34	糖化与过滤
最后洗出液	12	97	0.37	麦汁过滤
废酒花	5	80	1.00	酒花分离
热凝固物	3～3.5	80	1.00	麦汁澄清
冷凝固物			0.06～0.14	麦汁冷却
主发酵酵母	3.5～5.5	80	0.76～1.10	发酵
后发酵酵母	2.0～3.3	85	0.3～0.5	储酒
残余啤酒	12			发酵与储酒
废硅藻土	7～10	80	1.5～2.0	啤酒过滤
二氧化碳	20～22			发酵
溢出啤酒				过滤与灌装
稀碱液				洗瓶

啤酒工业的污染物主要分为3类。

（1）废水

啤酒生产废水主要由高浓度有机废水、低浓度有机废水、清洁废水3部分构成。高浓度有机废水主要来自洗槽废水、糖化锅和糊化锅冲洗水；低浓度有机废水主要来自酿造车间和包装车间的地面清洗水、洗瓶机和灭菌机废水，这部分废水量较大；清洁废水主要来自锅炉蒸汽冷凝水和少量制冷循环用外排水。

（2）废气

废气来自麦芽、大米输送和粉碎过程中产生的一定量的谷物粉尘，以及污水处理站产生的臭气。

（3）固体废物

主要为废麦糟、废酵母、热冷蛋白凝固物、废硅藻土等固液混合物。

4.1.3.2 啤酒工业排污状况

据第一次全国污染源系数调查统计，目前我国每生产 1kL 啤酒约产生 $4\sim12m^3$ 废水、COD $6000\sim25000g$、BOD $3600\sim12000g$、氨氮 $500\sim1500g$，具体与企业规模和生产工艺相关。由于废水中含有大量的有机物，排入天然水体后将消耗水中的溶解氧，既造成水体缺氧，还能促使水底沉积化合物的厌氧分解，产生臭气，恶化水质。

啤酒废酵母是生产啤酒过程中最主要的副产物，是指啤酒酿造后沉降在发酵罐底部的酵母泥，主要是仍具有活性的酵母细胞、酒花碎片及少量死细胞、弱细胞。据估算，每生产 100t 啤酒大约得到湿啤酒酵母（含水率 $75\%\sim80\%$）$1.5\sim2.0t$，折合干酵母（含水率 $8\%\sim10\%$）约为 $0.35\sim0.4t$，如此推算，目前全国一年可回收干酵母 1×10^5t 左右。若能对此加以开发利用，其经济效益非常可观。同时，酵母泥生物耗氧量和化学耗氧量在 $100000mg/L$ 以上，约占啤酒厂总污染的 1/3。因此，回收利用排放的废酵母，可以减轻环境污染，保护生态平衡，使啤酒工业成为绿色工业，具有广泛而长远的社会效益[2]。

啤酒糟是啤酒工业的主要副产物，其蛋白质质量分数为 $23\%\sim30\%$（干计），是一种很好的蛋白质资源。但若直接倾倒在环境中，会造成大量纤维素皮壳降解缓慢，杂菌重生，臭气熏天，污染环境。

二氧化碳是啤酒发酵的一项重要副产物。每千升啤酒可产生约 20kg 的二氧化碳，直接排放不仅会对环境造成影响，也是资源的一种极大浪费。

4.1.3.3 啤酒工业的循环经济

循环经济主要有"3R"原则，即"减量化、再利用、资源化"[3,4]。

（1）啤酒厂废水可用于农业生产

利用啤酒废水对普通丝瓜、多花黑麦草、水雍菜、金针菜等植物进行水培试验，发现这些植物长势良好并能完成其生活史。既可显著降低废水中多种污染物（COD 除外）的浓度，又可发展"菜篮子"工程，增加经济效益。

（2）啤酒厂废水可供给电厂使用作冷却用水

啤酒厂产生废水经处理后可供电厂作冷却用水，提高水的循环利用率。

（3）啤酒厂产生的废硅藻土用于水泥厂、电厂做原料

废硅藻土经沉降后可掺入电厂、水泥厂的燃料煤中燃烧，还可用于水泥厂作原料配料。

（4）啤酒厂厌氧处理废水过程产生的沼气可作再生能源使用

啤酒厂厌氧处理废水过程产生的沼气可作再生能源使用的主要利用途径有：供电厂作为能源燃烧、用于啤酒厂制冷、用于啤酒厂酒糟和废酵母药的烘干工段。

（5）深度开发啤酒废酵母

利用啤酒厂产生的废酵母可考虑发展以下产业。

1）食品产业　啤酒酵母含较丰富的氨基酸、维生素和矿物质等营养成分，可考虑用于生产酵母浸膏、天然调味品、胞壁多糖、营养果醋、发酵酸奶饮料、营养蛋白粉等营养食品，在食品行业中有广泛的应用前景。

2）生物制药产业　啤酒酵母含多种氨基酸、核酸、维生素、酶类和其他生物活性物质，

在生物制药行业中具有广阔的开发前景。可考虑用于药用酵母、核酸及其衍生物、果糖二磷酸钠、谷胱甘肽、辅酶 A、B 族维生素等产品的生产和开发。

3）饲料产业　啤酒废酵母可直接作为鱼虾饲料，生产发酵饲料、酵母精、饲料添加剂和颗粒混合饲料，在饲料工业中具有非常广阔的应用前景，具有较好的社会效益和经济效益。

4）其他产业　可用于化妆品、洗发剂等产业，能起到保护皮肤、防止衰老的作用。

（6）综合利用啤酒酒糟

可考虑发展以下产业。

1）食品产业　利用啤酒麦糟可同时生产食用油、蛋白粉、膳食纤维等食品。如麦糟采用先进的酶解技术，可生产高质量的膳食纤维食品；采用先进的膜技术，从麦糟酶解液中可提取蛋白质；采用正乙烷溶剂，可从麦糟浸提饲料。

2）饲料产业　将啤酒厂产生的麦糟（粗蛋白 25.3%、总膳食纤维 5%～6.8%）、饲料酵母（蛋白 50%、粗纤维 0.29%）、废酒花、冷热凝固物作为主要原料，以玉米、棉籽粕、菜籽粕、大豆粕等为辅料，可发展下游畜禽养殖饲料厂，饲料供应给养殖业，养殖业产生的废渣、废水进行沼气处理，沼气池又为规模种植水果、蔬菜等农产品提供有机肥，农产品和活畜、活禽进行再加工等，促进了循环产业链的发展。

3）制药产业　利用废酒花糟可提取酒花浸膏，进一步制取酒花素片和酒花油剂。酒花素是一种疗效高、副作用小、疗程短的广谱抗菌类药物。酒花素中的斧草酮、蛇麻酮具有脂溶性，容易穿透结核杆菌的薄膜而发生复合作用，破坏菌体的生长而使之死亡。故酒花素作抗结核病药效果好。

4.2　啤酒酵母概述

酵母营养丰富，蛋白质含量达 50%，酵母多糖达 25%～30%，还含有丰富的维生素和矿物质。麦汁经啤酒酵母发酵后便酿制成啤酒。啤酒生产中利用的微生物主要是纯粹培养的啤酒酵母，酵母的种类和质量将影响酵母的发酵和成品啤酒的质量。

4.2.1　啤酒酵母的形态与结构

啤酒酵母呈圆形或卵圆形，细胞大小一般为 $(3\sim7)\mu m\times(5\sim10)\mu m$。培养酵母的细胞平均直径为 $4\sim5\mu m$，不能游动。啤酒酵母细胞的形态往往受环境影响，但在环境好转后，仍可恢复原来的形态。

啤酒酵母在麦芽汁固体培养基上，菌落呈乳白色，不透明，但有光泽，菌落表面光滑、湿润，边缘整齐。随着培养时间的延长，菌落光泽逐渐变暗。菌落一般较厚，易被接种针挑起。在液体培养基中，啤酒酵母会在液体表面产生泡沫，常因菌种悬浮在培养基中而呈浑浊状。发酵后期，上面发酵啤酒酵母悬浮在液面，形成一厚层；下面发酵啤酒酵母沉积于器底。

在显微镜下观察啤酒酵母细胞的结构（图 1-4-1），主要

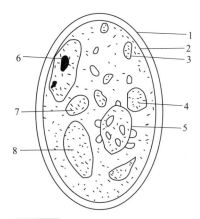

图 1-4-1　啤酒酵母细胞的结构

1—细胞壁；2—细胞膜；3—蛋白质性假晶体；4—脂肪粒；5—液泡；6—细胞核；7—油滴；8—肝糖空泡

有细胞壁、细胞膜、细胞核、细胞质、液泡、颗粒、线粒体等。

4.2.2 啤酒废酵母的营养价值

啤酒酵母细胞含水分75%～85%，干物质占湿重的15%～25%，主要由碳、氮、氢、氧、磷和少量矿物质组成。啤酒酵母细胞内含有丰富的蛋白质、核酸、维生素、碳水化合物、类脂物质、矿物质等多种营养成分，啤酒干酵母的各组分含量见表1-4-3[5]。啤酒酵母与其他酵母营养成分的比较见表1-4-4[6]。

表 1-4-3 啤酒干酵母的各组分含量

成分	含量/%	成分	含量/(mg/100g)
水分	5～7	K	2000
蛋白质	40～50	I	1290
碳水化合物	30～35	Ca	80
脂肪	1.5	Fe	20
灰分	7	热量	169kcal/100g
粗纤维	1.5		

表 1-4-4 啤酒酵母与其他酵母营养成分的比较

名称	蛋白质含量/%	脂肪含量/%	维生素A/(mg/100g)	维生素B_1/(mg/100g)	维生素B_2/(mg/100g)	烟碱酸/(mg/100g)	钙/(mg/100g)	铁/(mg/100g)
啤酒酵母	46.8	2.6	200	2.2	5.4	44～49	138	21
食用酵母	53	1	200	16.8	4.2	32～47	84	21
面包酵母	47	2	200	3.2	7.4	32～42	42	26

4.2.2.1 啤酒酵母中的蛋白质以及氨基酸组成

啤酒酵母中含有丰富的蛋白质，蛋白质含量占酵母干重的50%左右，并含有人体必需的8种氨基酸，已接近理想蛋白质的水平，特别是谷物蛋白中含量较少的赖氨酸含量较高，见表1-4-5。

表 1-4-5 啤酒酵母蛋白质中氨基酸组成

氨基酸	含量/(g/100g)	氨基酸	含量/(g/100g)	氨基酸	含量/(g/100g)
色氨酸	0.036	精氨酸	0.261	苯丙氨酸	0.245
苏氨酸	0.318	组氨酸	0.119	天门冬氨酸	0.338
异亮氨酸	0.0336	丙氨酸	0.181	谷氨酸	0.776
亮氨酸	0.446	赖氨酸	0.451	甘氨酸	0.23
酪氨酸	0.334	甲硫氨酸	0.115	丝氨酸	0.286
缬氨酸	0.345	半胱氨酸	0.06		

4.2.2.2 啤酒酵母中的维生素及生理活性物质

啤酒酵母含有丰富的维生素B_1、维生素B_2、维生素B_6、维生素B_{12}及叶酸、泛酸等生理活性物质，尤其是 B 族维生素的含量非常丰富，达到酵母干重的 0.7%。啤酒酵母中还含有丰富的核酸和其他含磷化合物，核糖核酸(RNA)的含量为 4.5%～8.3%。另外，啤酒酵母中含有多种生理活性物质。啤酒干酵母中的维生素及生理活性物质的含量见表 1-4-6[6]。

表 1-4-6 啤酒干酵母中维生素及生理活性物质的含量

成分	含量/(mg/100g)	成分	含量/(mg/100g)
核黄素	3.25	烟酸	41.7
硫胺素	12.9	泛酸	1.89
麦角甾醇	126.0	叶酸	0.90
肌醇	391.0	生物素	92.9
维生素 B_6	2.73	嘌呤	0.59

啤酒酵母中还含有较丰富的麦角甾醇，其受到紫外线照射可转变为维生素 D，对骨骼形成极为重要，所以可用紫外线照射啤酒酵母，制取维生素 D 强化酵母片剂，作为钙营养强化剂使用。而啤酒酵母本身是一个活细胞体，所以细胞内含有新陈代谢完整的酶系，啤酒酵母中的多种生理活性物质利用价值高，具有良好的开发应用前景[7~9]。

4.2.2.3 啤酒干酵母中的微量元素

啤酒酵母中含有丰富的人体必需微量元素(如磷、铁、钙、镁、锌、锰、硒、铬等)。铬元素和维生素 B_2 结合的化合物能维持人体正常血糖值，硒可以保护心脏，抑制心血管病的发生和发展，防止克山病和关节炎，尤其可以防止癌变，硒是食物中含量比较贫乏的，但又是人体所必需的，而啤酒酵母易富集硒元素，可以用特殊工艺来制取富硒酵母，添加到食品中作为补充微量元素硒的来源[10~12]。

4.2.3 啤酒废酵母的应用

4.2.3.1 在饲料行业中的应用

我国每年蛋白饲料缺口估计超过 500 万吨，由啤酒酵母制备的干粉富含蛋白质、维生素、矿物质及某些水解酶类，营养价值相当于鱼粉，是优良的蛋白饲料补充源。在日本有相当一部分的啤酒废酵母用于动物强化饲料和配合饲料；在俄罗斯一种称为 BVK 的单细胞蛋白饲料，每年的用量超过 10 万吨；在瑞典 40% 的牛犊食用酵母蛋白。非反刍动物由于无法消化酵母的细胞壁，因此需要将废酵母自溶后制成饲料使用或取粗蛋白用于配合饲料，国内大多数厂家只将其在阳光下晒干后出售，无疑这种酵母饲料的蛋白质利用率较低，造成不必要的浪费。目前，我国饲料工业已重视啤酒废酵母及其他啤酒生产副产物的综合利用，使用啤酒废酵母所生产的颗粒饲料喂养动物后，可消化养分总量已达 80% 以上。据报道，将细菌接种到酸解后的酵母半纤维上发酵，使酵母半纤维转化为细菌蛋白质，极大地提高了啤酒酵母的利用价值[13]。

4.2.3.2 在食品工业中的应用

随着世界人口的快速增长，食品原料资源的缺乏日益显著，尤其是蛋白质食品的短缺，据估计，在 21 世纪初蛋白质供需之间相差 2500 万吨，解决这一问题的措施在于大力发展蛋白质资源。作为高蛋白食品，去除核酸后的酵母蛋白质，净蛋白利用率达 70% 以上，营养价值接近动物蛋白，添加蛋氨酸后其营养价值还可大大提高。除高营养价值外，还保存了蛋白质的胶凝性、乳化性及水活性等功能。这类蛋白精粉不但可以作为单细胞蛋白供人类食用，还是其他食品的蛋白补充源。啤酒酵母由于含氨基酸、维生素和矿物质等营养成分比较丰富，因而在食品行业广泛应用于酵母浸膏和天然调味品等的开发和生产。美国 COORS 公司还开发了含酵母蛋白的低热量巧克力，德国已生产出含酵母蛋白的脱脂牛奶。此外酵母中提取得到的酵母多糖在食品中可作增稠剂、冷冻剂和融化稳定剂[14~16]。

4.2.3.3 在生物制药工业中的应用

啤酒酵母细胞含有多种生物活性物质，因此是提取生化物质的宝贵资源。两个世纪以前，人们就开始利用啤酒酵母治疗胃不适、发热等症状，直到现在酵母片仍是维生素类药物的成员，是我国 95 版药典中常用药物之一[17]。目前利用啤酒废酵母在生物制药工业中又开发的新产品主要是核酸和核苷类药物、果糖二磷酸钠（FDP）和谷胱甘肽等[18]。核酸和核苷类药物具有扩张末端血管、增加血红蛋白的浓度、增加红细胞数、减轻浮肿和抗病毒等作用；FDP 是人体糖代谢中的一种活性生化物质，可作为恢复和改善细胞代谢的分子水平药物，用于心肌梗塞、心功能不全、冠心病、心肌缺血发作、休克等病症的急救，在制作保健食品、制取美容化妆品方面也广为应用；谷胱甘肽（由谷氨酸、半胱氨酸、甘氨酸构成的三肽）具有参加肝细胞内的氧化还原反应及对 SH 酶的激活和提高 Fe^{2+} 活性的作用，它作为肝脏病与药物中毒的治疗已经商品化；葡聚糖是低热量的食品原料，食用后不易被人体消化吸收，可减少血中葡萄糖量的增加，能预防及控制肥胖症和糖尿病、降低体重、防止心血管疾病的发生，并且在口腔内不会产生龋齿；甘露聚糖可作为疫苗的载体，来增强疫苗的免疫活性；具有抗辐射作用，作为癌患病人体质增强剂，作为处于辐射环境中工作人员健康增补剂；作为"生物导弹"载体和抗肿瘤药物[19]。美国农业部的微生物学家克·库尔茨曼正在开发废酵母的新用途，试图能将其制成调节身体重量的激素、刺激头发生长的药物及快速融化血块的维生素等。此外，在欧美等国家，已有一些具有医疗保健功能的酵母和纤维酵母饼干、富含维生素 B 的强化酵母和富硒酵母等产品出售，以解决对硒营养和其他营养素的需求[20]。

4.3 啤酒废酵母干燥生产饲料酵母技术

4.3.1 饲料酵母概述

4.3.1.1 饲料酵母的概念

我国轻工行业标准 QB/T 1940—1994 对饲料酵母的定义为：以碳水化合物（淀粉、糖蜜，以及味精、造纸、酒精等高浓度有机废液）为主要原料，经液态通风培养酵母菌，并从其发酵醪中分离酵母菌体（不添加其他物质），酵母菌体经干燥后制得的产品。

4.3.1.2 饲料酵母的营养特性

饲料酵母所含有的营养物质极为丰富。蛋白含量可达 43%～58%，主要为菌体蛋白，比大豆高 10%～20%，比肉、鱼、奶酪高 20% 以上；氨基酸的组成较为齐全，含有人体必需的 8 种氨基酸，尤其是谷物中含量较少的赖氨酸。核酸为 6%～12%，粗脂肪为 2%～6%，灰分 5%～14%，赖氨酸含量较高，蛋氨酸含量较少，含有丰富的 B 族维生素和微量元素，还含有某些未知的促生长因子，营养价值较高。将中国饲料数据库中标准的"啤酒酵母""秘鲁鱼粉"及"国产鱼粉"的粗蛋白质、氨基酸含量进行比较表明，"啤酒酵母"的粗蛋白质虽比"秘鲁鱼粉"低12%，但与国产鱼粉接近，其必需氨基酸总量达26.10%，高于国产鱼粉的22.92%，特别是限制性氨基酸。因此，酵母可作为优质蛋白质源部分或全部代替饲料中的豆粕或鱼粉，是一种很有开发前景的蛋白质饲料。其营养成分见表1-4-7和表1-4-8。啤酒酵母与精牛肉的营养成分比较，请见表1-4-9。

表 1-4-7　饲料酵母常规营养成分含量　　　　　　　　单位：%

营养成分	水解液及酒精废液发酵	蜜糖、酒精废液发酵
水分	6.0～10.0	8.0～10.0
粗蛋白质	43.0～58.0	46.0～56.0
碳水化合物	11.0～23.0	10.0～18.0
粗脂肪	0.3～4.0	0.5～2.0
粗灰分	5.0～11.0	12.0～14.0

注：数据来源：王桂妮，2001

表 1-4-8　饲料酵母的维生素及氨基酸含量

维生素	含量/(mg/kg)	氨基酸	含量/%
VB_1（硫胺素）	15～18	精氨酸	3.6
VB_2（核黄素）	54～68	胱氨酸	0.7
VB_3（泛酸）	130～160	甘氨酸	0.2
VB_4（胆碱）	2600	组氨酸	1.3
VB_5（烟酸）	500～600	异亮氨酸	3.7
VB_6（吡多醇）	19～30	亮氨酸	3.6
VB_7（生物素）	1.6～3.0	赖氨酸	4.1
VB_8（环己六醇）	5000	蛋氨酸	0.8
$VB_9 VB_{10} VB_{11}$（叶酸类）	3.4	苯丙氨酸	2.4
VB_{12}（钴胺素）	0.08	苏氨酸	2.6
		色氨酸	0.7

注：数据来源：廖凯威，2008

表 1-4-9　啤酒酵母与精牛肉营养成分的比较

项目	干燥酵母	酵母浸膏	精牛肉
水分/%	5～7	26	64
蛋白质含量/%	45～50	41～45	28
脂肪含量/%	1.5	0.7	6
灰分含量/%	7	15～20	
粗纤维含量/%	1.5		
碳水化合物含量/%	30～35	1.8	0
磷含量/(mg/100g)	1200	1700	230

项目	干燥酵母	酵母浸膏	精牛肉
钾含量/(mg/100g)	2000	2600	400
钙含量/(mg/100g)	80	95	7
铁含量/(mg/100g)	20	3.7	3.5
热量/(kJ/100g)	704	749	703

4.3.1.3 饲料酵母的应用

酵母类产品在单胃动物体内的作用主要在胃、十二指肠、小肠、盲肠内完成，而反刍动物主要在瘤胃内完成。目前，酵母类产品的作用机理尚不十分清楚，通常认为通过以下几个途径发挥作用：a. 通过改善胃肠道环境和菌群结构，调控胃肠发酵，减少乳酸盐的产生，提高 pH 值稳定性，促进有益菌群繁殖及活力的提高，增加有益菌的有效浓度，促进胃肠对营养物质的分解、合成、消化、吸收和利用，从而增加采食量，改善动物对饲料的利用率，提高生产性能；b. 酵母可作为活的细菌前体，进入胃肠道后能有效抑制病原微生物的繁殖，排斥病原菌在胃肠道黏膜表面的附着，协助机体消除毒素及其代谢产物；c. 防止毒素和废物的吸收，增强机体免疫力和抗病力；d. 分泌多种消化酶和未知生长因子，具有促生长作用。酵母本身不仅具有较强的蛋白酶、淀粉酶和脂肪酶活性，参与饲料的降解、消化，提高动物对营养物质的利用率，而且还有降解饲料中复杂碳水化合物(如果胶、葡聚糖、纤维素等)的酶，其中很多是动物本身不具有的酶。一些研究认为，酵母类饲料的作用是基于其提供重要的、能刺激微生物活性的营养因子发挥的。

(1) 饲料酵母在养猪业中的应用

在传统的饲料配方中，都是用鱼粉作为主要的动物蛋白源。随着养殖业的日益发展，鱼粉需求量急剧增加，价格不断上涨，成为制约畜牧业发展的重要因素。饲料酵母是一种替代鱼粉的较为理想的蛋白源，可以降低养殖成本，提高经济效益[21]。

皮守祥等发现用 3.5％饲料酵母粉替代 3％鱼粉饲喂育肥猪，此时饲料报酬最高，日增重提高 4％，且每头育肥猪成本降低 14.24 元。吕继蓉等在全价料中用 2.5％饲料酵母替代鱼粉饲喂 28 日龄断奶仔猪，发现酵母组的平均日增重(ADG)和平均日采食量(ADFI)分别较鱼粉组提高 10.6％和 5.4％，料肉比降低 4.7％。

(2) 饲料酵母在家禽养殖中的应用

Stanleg 发现饲喂含 5mg/kg 黄曲霉毒素的饲料，可使肉鸡体重减轻，内脏相对重增加，而同时混入 0.1％酿酒酵母，体重能达到正常范围，内脏相对重下降，血清蛋白和总蛋白回升。王小民的研究结果也表明饲料酵母对提高肉仔鸡抗病力有良好的效果。此外，在肉鸡生产中用饲料酵母替代鱼粉对肉鸡屠宰后肉的嫩度有改善作用，在肉鸡高纤维饲料中添加 6.0g/kg 的饲料酵母，可以提高肉鸡的饲料转化效率。徐丽梅用饲料酵母代替 50％进口鱼粉饲养肉鸡、蛋鸡、蛋鸭，都可获得最理想的饲喂效果，结果表明：每千克肉鸡可节约饲料成本 0.24 元；蛋鸡产蛋率、平均日产蛋重提高，且每千克鸡蛋可节约饲料成本 0.49 元；蛋鸭产蛋率和料蛋比均优于进口鱼粉，每千克鸭蛋可节约饲料成本 0.52 元。冯翠兰等用饲料酵母代替进口鱼粉饲喂蛋鸡，发现饲料酵母组比鱼粉组产蛋提高 2.01％，料蛋比减少 4.01％，而每千克饲料成本降低 0.04 元，每千克鸡蛋成本降低 0.17 元。但饲料酵母有一种特殊的气味，适口性不如鱼粉好，应由少到多，鸡只习惯后逐步加大用量，即可长期饲喂。申爱华等在蛋鸡饲料中加入5％的饲料酵母代替豆粕和鱼粉，结果表明：5％酵母组产蛋鸡产蛋率高于豆粕组3.28％($P<0.05$)，破蛋率比豆粕组低20.44％($P<0.05$)，饲料成本降低2.5％；与鱼粉组相比没有显著差异，但饲料成本比鱼粉组降低8.8％。

（3）饲料酵母在水产养殖中的应用

仲维仁等用饲料酵母替代秘鲁鱼粉于水面养殖对虾，对虾产量提高9.4％～11.5％，体长增加0.26～0.35cm，成活率提高1.5％～2.4％，总消化率和蛋白质消化率分别提高3.34％和1.17％，饲料系数下降5.36％～7.58％。刘祖本等研究表明，用饲料酵母替代1/2和1/3秘鲁鱼粉网箱养殖罗非鱼，饵料系数下降12.6％和9.1％，每千克鱼饵料成本减少17.9％和16.6％，鱼净产量增加13.4％和10.8％，饵料经济效率提高21.7％和20.1％。张梁等用饲料酵母替代部分鱼粉作为蛋白源，在水库网箱中养殖淡水白鲳，测定增重率及饵料系数，经过40d的试验结果表明，在淡水白鲳饲料中酵母用量添加17％效果最好，可以提高增重率，降低饵料系数，且成本最低。

饲料酵母除了在水产动物饵料中替代鱼粉作为优良蛋白质来源，增强水产动物免疫力外，李豫红等还认为酵母菌还有改善养殖水体质量的作用。酵母菌在有氧和无氧的条件下都能够生长繁殖，添加到水体中的酵母菌能够利用水体中的糖类、有机酸、氨态氮、硫化氢等物质作为自身生长繁殖的营养，有效地降低水体中有机物和有毒有害物质的含量，防止水体富营养化，从而净化水质，改善水生动物的生长环境。

（4）饲料酵母在反刍动物中的应用

单纯的饲料酵母单细胞蛋白在反刍动物中的应用比较少，但酵母培养物用于反刍动物已有60多年的历史。许多研究表明酵母培养物可以提高反刍动物的采食量和泌乳量。离体培养也表明啤酒酵母培养物可以改善瘤胃微生物发酵状况，并可以刺激细菌性乳酸盐的吸收和纤维素的降解。

4.3.1.4 饲料酵母的质量标准

饲料酵母的分级及质量标准见表1-4-10。

表 1-4-10　饲料酵母的分级及质量标准

级别	优等品	一等品	合格品
色泽	浅黄色	浅黄至褐色	
气味	具有酵母的特殊气味,无异臭味		
水分/％	≤8.0	≤9.0	≤9.0
粗蛋白质/％	≥45.0	≥40.0	≥40.0
细胞数/(10^8 个/g)	≥270	≥180	≥150
粗灰分/％	≤8.0	≤9.0	≤10.0
粗纤维/％	≤1.0	≤1.0	≤1.5

饲料酵母的主要理化指标：优等品粗蛋白质≥45％，一等品、合格品均≥40％；酵母细胞总数优等品≥270×10^8 个/g、一等品≥180×10^8 个/g、合格品≥150×10^8 个/g。该标准仅适用于以菌体蛋白为主的饲料酵母。随着动物微生态学和动物营养学的发展，酵母在饲料中的应用得到极大地拓展。酵母除可用作传统的饲料蛋白源外，酵母活菌还可直接添加到饲

料中，以活菌的形式调节动物消化道的微生态环境，改善动物的健康水平和生产性能。为此，国家在2008年11月制定完成了饲用活性干酵母的国家标准GB 22547—2008，并于2009年2月开始实施。

4.3.2 啤酒废酵母制备饲料酵母的原理

在啤酒生产过程中，每生产1000t啤酒，有1～1.5t剩余酵母产生。其中2/3是主发酵酵母，这部分酵母质量比较好，活性高，杂质少，是酵母可利用的主要部分，回收之后，部分做接种酵母用，多余部分经低温干燥后，作为制药原料。其他1/3是后发酵酵母，在储酒过程中，与其他杂质共同沉淀于储酒罐底，质量比较差，颜色比较深，过去一般弃置不用，排放下水道内，造成环境污染。近年利用滚筒干燥机干燥后，发酵酵母作为饲料逐渐被利用起来。

4.3.3 啤酒废酵母制备饲料酵母的生产工艺

生产饲料酵母单细胞蛋白应选择生长繁殖快，代谢周期短、产量高、适宜生长的pH值和温度范围、遗传性状稳定、营养要求简单、细胞本身蛋白质含量高的酵母。饲料酵母具有特殊的优越性，产蛋白速率为植物合成蛋白质的几百到几万倍，是动物合成蛋白质的几十倍。目前，我国饲料酵母的生产基本上是利用食品加工过程中的副产物或废弃物，利用生物工程技术发酵法生产的。随着发酵技术的提高以及发酵制品对原料的需求增加，从生产成本上来看，废糖蜜或淀粉已经不适合用于生产饲料酵母。目前工业上主要是利用酒精工业的蒸馏、味精生产、柠檬酸生产的废液、淀粉加工和食品工业的各种下脚料等来生产饲料酵母。利用味精废水、啤酒糟、酱渣、玉米渣皮等原料，采用生物转化技术如多菌种固体发酵、液体深层发酵法等技术生产饲料酵母，菌种大多选用酿酒酵母、假丝酵母、绿色木霉、禾本镰孢菌、黑曲霉，有的还采用重组菌种，实际中可根据具体情况制定出配套适用的生产操作程序。例如在利用味精废液为原料生产饲料酵母时，可不经过滤，只加少量氨水，用热带假丝酵母直接发酵，工艺简单，操作方便。干酵母产率可达10g/L，成品具浓曲香味。食品工业废料生产饲料酵母的参考工艺流程如图1-4-2所示。

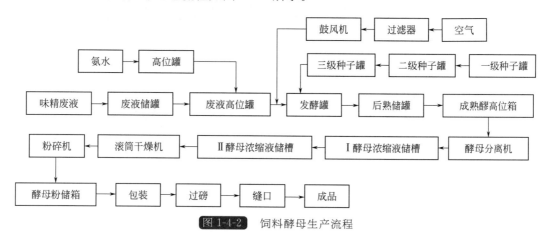

图1-4-2 饲料酵母生产流程

干酵母粉直接利用酵母菌体干燥而制得，其干燥方式有以下3种。

1）滚筒干燥 这是最常用而简单的方法。两蒸汽加热滚筒相距间隙为0.254～

2.54mm，并向相反方向转动，酵母浆经过滚筒间隙加热成片状，然后研磨成粉。采用此法烘干的酵母粉质量不够均匀，颜色深，有时会出现焦味。后酵酵母多用此法干燥。

2）热空气干燥

① 酵母泥经过100目细铜丝筛过滤，去除杂质；加10℃以下水洗涤数次，每次洗涤，待酵母沉降后，放去上部清水，再洗第2遍，直至洗净为止。

② 放去上部清水，将沉降的酵母泥压滤成块状压榨酵母。

③ 将块状压榨酵母压制成条，置于干燥箱内干燥，干燥温度控制在70～80℃。

④ 将干燥的酵母条置于具有蒸汽夹套的加热研磨机中，边加热边研磨成粉状。

利用热空气干燥的酵母质量较好，色泽浅，主发酵酵母常用此法干燥。

3）喷雾干燥法　酵母浆从喷雾干燥器上部的喷嘴喷出成雾状，利用对流的热空气干燥。因为酵母呈雾状的表面积大，水分迅速失去，随热空气和蒸发的水汽一同排出，经过一组旋风分离器而分离。此法干燥温度虽然很高，但酵母所含水分蒸发的潜热足以防止酵母焦化和变性。所制的干酵母为粉状。

酵母粉在国内多压制成片，用于医药，提供蛋白质和维生素，并作为一种能帮助消化的辅助药物而被广泛利用。其制片的配方和质量标准如表1-4-11所列。

表 1-4-11　酵母粉制片配方和质量标准

制片配方	质量标准	制片配方	质量标准
干酵母	3000g	灰分	不超过8%
白糖	1700g	蛋白质	不低于40%
碳酸钙	520g	细菌数	<10000 个/g
香料	适量	霉菌数	<100 个/g
滑石粉	60g	硬脂酸镁	24g
水分	不超过9%	酒精	适量

4.4　废酵母经酶处理制备医药培养基酵母浸膏技术

4.4.1　酵母浸膏的概述

4.4.1.1　酵母浸膏的概念

酵母浸膏是借酵母菌体的内源酶(蛋白酶、核酸酶、碳水化合物水解酶等)将菌体的高分子物质水解成小分子而溶解所得的物质，可用于生物培养、食品工业调味滋补剂及医药工业高级营养制品等。

4.4.1.2　酵母浸膏的应用

酵母浸膏主要用在液体调料、特鲜酱油、粉末调料、肉类加工、小吃食品、方便面、鱼类加工品、动物浸膏复制品、罐头、菜蔬加工等中，作为鲜品增强剂和风味改良剂，也可用在保健食品中作营养强化剂，还可用于生物培养。日本的动物浸膏商品均采用酵母浸膏作配料，以提高动物浸膏风味。由于酵母本来就是常用的营养药物，用以帮助消化，改善贫血，辅助降血压等，而酵母提取物中含有原酵母的成分，含有全部必需的氨基酸，维生素 B_1 、

维生素 B_2、维生素 B_6、维生素 B_{12}、叶酸等，矿物元素 Ca、P、Fe、Cu、Co 以及核糖核酸等。这些均有利于生命活动必需的谷胱甘肽的生成，而谷胱甘肽是肝脏中起解毒作用的重要物质，是一种抗衰老因子。因谷胱甘肽过氧化物酶是一种含硒酶，它的主要生理作用是清除脂类氢过氧化物、有机氢过氧化物。因而酵母浸膏作为营养强化剂和功能性食品配料，具有良好的发展前途[22]。

4.4.1.3　酵母浸膏的质量评定

酵母浸膏产品分为两种：一种是作为微生物培养基使用的药用酵母浸膏；另一种是作为食品调味料使用的食用酵母浸膏。

对药用酵母浸膏，要求氯化钠含量低，呈味性则不作要求。对食用酵母浸膏，要求脱苦、脱臭比较彻底。通常生产药用酵母浸膏时自溶液不添加食盐，生产食用酵母浸膏时自溶液加入食盐及其他呈味物质。两种产品质量标准分别如下所述。

（1）药用酵母浸膏

1）性状　为红黄色或棕黄色的膏剂，具有酵母浸膏特有的气味，在水中溶解，溶液呈弱酸性。

2）成分　浓度 70°Bé 以上，氯化物 5% 以上，含氮量 7% 以上，炽灼残渣 15% 以下[23]。

（2）食用酵母浸膏

1）感官指标　为红褐色或棕褐色，具有本产品特有的香味，滋味鲜美、纯正、无异味、体态呈均一糊状，无异物。

2）理化指标　干固物大于 60%，总氮大于 4%，氨基氮大于 2%，氯化钠小于 5%，不溶物小于 1%，pH 值在 6.0 左右。

3）卫生指标　符合国家食品卫生标准。

4.4.2　啤酒废酵母制备酵母浸膏的生产工艺

酵母浸膏的生产工艺流程：啤酒废酵母→预处理→自溶→浓缩调配→成品。为了提高成品的感官质量、提高成品中 α-NH_2 含量及收率、去除酵母泥中残余的酒花苦味，必须对废弃啤酒酵母进行预处理，使细胞壁组织疏松，便于提取。Shotipruk.A 等发现采用旋转式微滤装置对啤酒废酵母进行脱苦处理效果较好，并且可以通过调整旋转速率来平衡蛋白质提取率及脱苦效率[24]。

在国外，很大一部分酵母被制成酵母浸膏而作为人类的食品，或用于微生物培养基的制备。所采用的酵母全部是主发酵酵母。其制造过程可分为 4 步

（1）自溶——细胞物质的溶解

这一步决定着产品的得率以及产品的风味和质量。作用的机制必须保证酵母细胞壁内的蛋白质最大量地转变为可同化和风味优质的食品。

活的酵母细胞内，绝大部分蛋白质是不溶性的，不能透过半透性的细胞膜而排至体外。所谓自溶就是控制有限的热量应用，既能杀死酵母细胞，又不破坏其蛋白酶活力，在控制一定的温度和 pH 值条件下，使酵母蛋白质被分解为可溶解的肽类和氨基酸[25]。

（2）分离——酵母菌体与酵母分解物的分离

酵母自溶产生了不溶性酵母菌体和可溶性酵母分解物的混合体，可采用离心分离机分离。

为了分离完全以获得最大的分解物收获量，可采用 4 台离心分离机连续洗涤分离 4 次。

离心分离完毕，菌体并未完全除净，可再采用板框压滤或真空抽滤的方法，使菌体分离完全。分离后的菌体可干燥，作为饲料。

（3）脱苦——去除不良苦味成分

去苦的主要机制是采用吸收、吸附、离子交换、沉淀等措施，使苦味排除。过去的老方法是在酵母自溶之前，采用 pH 缓冲液，洗脱苦味物质（主要是异 α-酸），能达到一定的去苦效果。

（4）蒸发——排除抽提物中的水分

蒸发的关键问题在于不使酵母抽提物的风味改变，酵母抽提物的浓度越高，对热的敏感性越强，很易导致风味改变，因此，酵母抽提物的蒸发应采用多效真空蒸发罐，使蒸发的沸点逐步降低[26]。

每制取 1kg 酵母浸膏需蒸发 15kg 的水。

经过多年的研究和开发，利用啤酒酵母泥制取酵母浸膏的生产技术现已成熟，工艺流程见图 1-4-3。

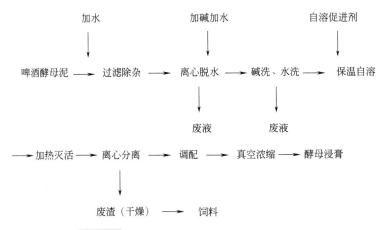

图 1-4-3　啤酒酵母泥制取酵母浸膏工艺流程

操作要点包括以下几个方面。

（1）过滤除杂

酵母细胞表面吸附和夹杂大量酒花碎片、糊精、麦麸、凝固蛋白及其他大颗粒杂质，必须过滤除去。将酵母泥添加 1～2 倍净水调成悬浮液，连续泵入 60～80 目过滤筛，分离出杂质。

（2）碱洗、水洗

将过滤除杂后的酵母醪液离心去水后，加入 1～2 倍的 0.5% 纯碱溶液连续搅拌 30min，使酒花成分充分皂化分解，脱去苦、臭味，并使细胞质壁组织疏松，便于抽提。再将碱洗后的酵母醪离心分离用净水洗涤 1～2 次，彻底去除苦、臭味和残余碱分。

（3）保温自溶

加净水配酵母醪浓度为 10%～15%，加 3%～5% 食盐及其他自溶促进剂，调整醪液 pH=6.0，控制温度 48～52℃，自溶时间 18～24h。

（4）固液分离

自溶完毕，将酵母醪升温至 90℃，保温 30min 灭活，用离心机进行固液分离，离心后的上清液澄清透明，废渣干燥或直接做饲料。

（5）调配、浓缩

上清液经检验后按产品质量标准调配，浓缩即得酵母浸膏成品。

废酵母泥制取酵母浸膏工艺流程见图1-4-4。

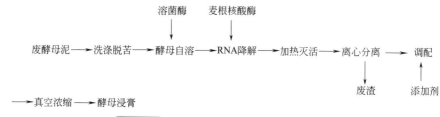

图 1-4-4　废酵母泥制取酵母浸膏工艺流程

操作要点包括以下几个方面。

（1）过滤除杂

酵母细胞表面吸附和夹杂大量酒花片、糊精、麦麸、凝固蛋白及其他大颗粒杂质，必须过滤除去。将酵母泥添加 1～2 倍净水调成悬浮液，连续泵过 60～80 目过滤筛，分离除去杂质。

（2）碱洗、水洗

将过滤除杂后的酵母醪液离心去水后，加入 1～2 倍的 0.5% 纯碱溶液连续搅拌 30min，使酒花成分充分皂化分解，脱去苦、臭味。并使细胞质壁组织疏松，便于抽提。再将碱洗后的酵母醪液离心分离用净水洗涤 1～2 次，彻底去除苦、臭味和残余碱分。

（3）麦根酶的制取

将麦芽根粉碎，加入 5 倍的无菌水，浸泡 10h。浸泡应在低温下进行，降低酶的失活可能性，并减少其染菌的可能。浸泡过程中每 1h 搅拌 1 次，使麦芽根与水充分接触。浸泡结束后将清液过滤备用。国内用麦芽根提取核酸酶，其提取率已达到 362RU/g[27]。

（4）啤酒废酵母加酶溶解

啤酒酵母细胞内酶活性较弱，单纯依靠酵母体内的酶系统，难以有效溶出。通过外加酶溶解，主要达到两个目的：一是通过加溶菌酶打开啤酒酵母细胞壁使高分子物质分解成小分子可溶性物质；二是利用麦芽根浸泡液中的磷酸二酯酶把酵母中的核糖核酸（RNA）分解成 5′-肌苷酸和 5′-鸟苷酸，使产品具有特殊的肉香味，同时它也会与谷氨酸产生协同作用，增强产品风味，使其更加美味可口。

在洗净的酵母泥中加入 2 倍的无菌水、2% 的食盐，用乳酸或 1% 的 NaOH 溶液调节 pH 值至 7.0，加入溶菌酶，升温到 50℃，保温 11h。这一过程的温度控制一定要准确，若低了，溶解效果差；若高了，会导致溶菌酶失活。将溶液再升温到 90～100℃，保温 1h，使酵母细胞壁破裂，细胞内溶物溶出。将溶液降温到 65℃，加入 2.5% 麦芽根浸泡液，保温 4h，再降到 50℃，调节 pH 值达 7.5，再加 5.0% 麦芽根浸泡液，保温 4h。

整个溶解过程温度控制需准确，避免染菌。每 0.5h 搅拌 1 次，每 2h 测 1 次 pH 值，将 pH 值控制在工艺要求范围内。

（5）固液分离

溶解完毕，将酵母醪液升温至 90℃，保温 30min 灭活，用离心机进行固液分离，离心后的上清液澄清透明，废渣干燥或直接作饲料用。

（6）浓缩

可采用两步进行，先用模式超滤，将分离机分离的清液进行初步浓缩，再在真空蒸发器中进一步浓缩，控制真空度为－0.8MPa，温度在60～65℃之间。使之成为半固态（糊状），便于储存、运输与使用。还可以用喷雾干燥器制成固体粉末状酵母精。

（7）灭菌

为了便于作为商品出售和利于存放，需要经过高温瞬时灭菌过程，温度在120℃下维持5min。

（8）调配

浓缩后的提取物是一种营养丰富、呈现特殊肉香味的营养的、天然调味料。可根据消费者的需要，调制各种口味的调味料，比如做鲜味酱油、牛肉味调料等，以满足市场的需求。

4.5 啤酒废酵母生产制备核苷酸、氨基酸类物质技术

4.5.1 核苷酸类物质概述

4.5.1.1 核糖核酸(RNA)和核苷酸的结构

RNA是生物细胞中重要的物质，它主要包括3个类型：a. 核糖体RNA，主要分布于细胞基质中构成核糖体，对蛋白质的合成有重要作用，占RNA总数的80%以上；b. 转移RNA，在细胞质及细胞核之间起识别遗传密码，转运氨基酸的作用，占总数的15%；c. 信使RNA，是通过DNA转录而成的蛋白质合成模板，为总量的5%。RNA的基本结构单位为核苷酸，相互间由磷酸二酯键连接而成。核苷酸有磷酸、核糖、含氮碱基（嘌呤或嘧啶）三个组成部分。核糖与嘧啶以β-C-N糖苷键连接而成核苷，磷酸则与核糖上的醇羟基连接形成核苷酸。核苷酸中的碱基主要有2种嘌呤和2种嘧啶：腺嘌呤、鸟嘌呤、胞嘧啶、尿嘧啶。因此，核苷酸的类型也分为4种：5'-腺嘌呤核苷酸（AMP），5'-鸟嘌呤核苷酸（GMP），5'-胞嘧啶核苷酸（CMP），5'-尿嘧啶核苷酸（UMP）。人体内的核苷酸主要由机体细胞自身合成，在细胞中主要以5'-核苷酸的形式存在。核苷酸类化合物参与了生物体内的几乎所有生物化学反应过程。

4.5.1.2 核糖核酸与核苷酸的物理化学性质

核糖核酸和核苷酸都为极性化合物，易溶于水，难溶于有机溶剂。提取核糖核酸和核苷酸时常用乙醇从溶液中沉淀。由于碱基的结构中含有共轭双键，所以不论是核糖核酸还是核苷酸都在240～290nm紫外光下有吸收峰。不同的碱基紫外吸收特性不同，另外其吸收特性在不同环境条件下(pH值)也会有变化。根据这些特性可对核糖核酸类物质进行定性及定量测定。核糖核酸和核苷酸的磷酸基团以及碱基（除尿嘧啶）上的某些基团可以进行解离，由于等电点使分子中的两性基团解离程度相同，分子表面静电荷为0，达到酸碱平衡。其紫外吸收特性可以用来测定提取的核糖核酸及核苷酸的纯度。纯核糖核酸的A_{260}/A_{280}的比值为2，若比值下降，则说明样品中含有蛋白质。另外，也可以通过测定A_{260}值计算出核糖核酸制品的含量(pH=7，比色皿厚度1cm，$1\mu g/mL$的核糖核酸溶液$A_{260}=0.022$)。等电点则主要应用于分离纯化方面，根据等电点的不同可利用电泳法分离，也可通过调节溶液的pH值使达到等电点的某种核糖核酸或核苷酸析出。

4.5.1.3　核糖核酸及核苷酸的功能及应用

核糖核酸是一种重要的生物大分子，在基因的表达及蛋白质合成方面起关键作用，还有些具有催化作用。核苷酸作为核糖核酸的基本组成成分，也具有重要的生物学功能，首要功能是合成 RNA。另外核苷酸在细胞里可以运输化学能量，三磷酸腺苷（ATP）水解是生物合成分解中的能量提供者，在细胞能量代谢上具有重要作用。腺嘌呤核苷酸在生物体内是许多辅酶因子的成分，如辅酶 I、FAD 及辅酶 A。在辅酶因子中，腺苷并不直接发挥主要功能，但如果腺苷被转移，辅酶因子的活性就会迅速降低。细胞对于环境的变化作出的刺激性反应，会产生第二信使，它通常是一个腺苷 3′,5′-环-磷酸（cAMP）。此外，cGMP 也在许多细胞中出现，发挥调节的作用。

（1）医药行业上的应用

核糖核酸在医药上的应用主要有免疫核糖核酸，这是一种具有转移免疫性功能的生物大分子，是一种重要的免疫触发剂和免疫调节剂。1967 年 Alexander 从肉瘤免疫绵羊中制取了淋巴细胞核糖核酸，在对大鼠进行试验后发现它能抑制大鼠同一肿瘤的生长，首次证实了免疫核糖核酸能传递免疫信息。1982 年林单坤等把从免疫羊肝中提取到的免疫核糖核酸做成制剂注入体内，发现对肿瘤与癌症有明显的疗效，也能提高机体的免疫功能。因此，它对于一些与人体免疫功能下降有关的疾病如慢性支气管炎、哮喘、慢性肝炎、黄疸型肝炎以及癌症等有显著的疗效。虽然免疫核糖核酸在国内外都已用于临床治疗，但是其作用机理尚不清楚，在生产工艺及活性测定等方面仍然存在一定的问题，给推广使用带来了一定的难度。除了可以直接用于临床药物外，核糖核酸经过加工、修饰或改造，可以有目标性地抑制 DNA 复制或阻断蛋白质合成，干扰基因正常表达，从基因水平上控制肿瘤或病毒的繁殖与扩散。近年来，反义核酸的研究更加引人瞩目，通过对核酸骨架、核糖、碱基及在末端引入各种基团，使其能高效准确地作用于靶细胞，抑制肿瘤或病毒细胞基因的转录与翻译，用量少，作为新型肿瘤治疗药物，具有广泛的应用前景。

核糖核酸还是生产核苷酸、核苷、碱基的前体物质。它们自身及衍生物的应用很广泛。自然结构核苷酸、核苷、碱基结构的类似物或聚合物等核酸类药物是当今治疗病毒，肿瘤，艾滋病的重要手段，也是产生干扰素、产生免疫抑制功能的临床药物。例如可以用于合成抗病毒药物三氮唑核苷、阿昔洛韦等，这些新合成的药物有望成为继磺胺类药物、抗生素之后的又一类新型的抗病毒、抗肿瘤药物。核酸及核苷类药物具有扩张末端血管、增加红细胞及白细胞数、增加血红蛋白浓度、减轻浮肿、抗病毒和肿瘤等作用。核酸类制品能够延缓机体衰老过程并协调机体内部营养平衡，对冠心病、脑血管病、糖尿病和肿瘤均有积极作用。四种核苷酸的混合制剂含有对体内合成代谢起重要作用的物质，因此可以促进受损肝细胞的修复和白细胞的生成，用于治疗急慢性肝炎及原发性肾性高血压等，对于非特异血小板减少、白细胞下降等症状的缓解也有良好的效果。具有天然结构的核酸类物质，有助于改善机体的物质代谢和能量平衡，加速受损组织的修复，促进缺氧组织恢复正常生理机能。临床上用于放射病、血小板减少症、急慢性肝炎、心血管疾病、肌肉萎缩等代谢障碍，如肌苷、ATP、辅酶 A、脱氧核苷酸、肌苷酸等。

（2）食品行业上的应用

人体的衰老与体内合成核糖核酸能力的高低密切相关。随着年龄的增加，合成核糖核酸的能力会逐渐减弱，造成体内核糖核酸及组成成分的不足，产生人体各种衰老现象，如皮肤衰老、机体疲劳、记忆力下降等。如果人体核酸摄入量不足，就会导致核酸缺乏症，引起人体免疫功能的退化和老化，损害人体的免疫功能，会造成严重的后果。把核糖核酸及其他核酸类物质添加到食品中制成功能性食品，或者相配合制成保健品，有利于人体补充核酸，使核酸代谢处于旺盛状态，可以达到抵抗衰老、提高人体免疫功能及治疗疾病的目的。近几年，随着核苷酸生物作用的开发，核苷酸类产品在食品行业中已扩展成为具有提高生物体免疫功能的功能性食品添加剂，可以添加在饼干、面包等食品中，尤其是核苷酸在奶粉中的使用效果非常明显。胞苷酸二钠和尿苷酸二钠是核酸经酶转化得到的两种衍生物，其作用主要是补充牛乳中的核酸，以生产出接近人乳的母乳化牛奶，能增强婴儿的免疫力，加入量为0.0015%。日本20世纪80年代初就把核酸广泛地应用于保健品、饮食服务、食品加工及家庭烹调上，核酸类物质的广泛使用使日本人的体质大大增强，平均寿命也有所提高。

现有的核酸口服液，经药理学实验证明，有调节机体免疫功能的作用，而且无明显毒副作用，使用安全；新的核酸膳食治疗高血脂症，对降低高血压、高血脂，改善动脉粥样硬化病效果较明显，而且该疗法从生成蛋白质的核酸入手，加以合理营养平衡膳食的方法，从根本上解决了问题。这类保健品的开发与推广，大大推动了我国保健行业的飞速发展。核酸经酶转化可得到5'-肌苷酸二钠(STMP)和5'-鸟苷酸二钠(5'-GMP)，是强力助鲜剂，二者均为无色至白色结晶或白色结晶性粉末，可用于午餐肉、火腿、咸肉等腌制肉类，将二者用于混合味精，其鲜味比不加鲜味剂的味精高出40～100倍，而且风味更好。据专家预测，今后10年将是这种鲜味剂发展的黄金时期。

在食品中添加呈味核苷酸不仅能增强鲜味，而且能大大增强食品固有的味道，还能消除或抑制异味。呈味核苷酸用于某些风味食品如牛肉干、肉松、鱼干片中，能减少苦涩味；应用于酱类中，能改善生酱味；应用于制作肉类罐头中，能抑制淀粉味和铁锈味。我国在20世纪80年代中期，先后推出了添加呈味核苷酸的固态汤料、鱼干、调味料等，为呈味核苷酸的应用开辟了广阔的前景。20世纪90年代初，我国的一些大城市如北京、上海也开始研制核酸类保健品及调料。北京南方生物资源研究所开发的4种来福核酸调味品，即食品添加剂——美味素、美味增强剂、超级调料及生命素既是划时代创新的美味调料，也是新一代的保健食品。这些核酸类食品的研制成功标志着我国营养保健品从传统的补品和目前的氨基酸型、微量元素型及维生素型等单一型发展成为以核酸类物质为主体的全营养剂型，同时标志着调味品从单一谷氨酸钠型转变成核酸-核苷酸-氨基酸型的全剂型。核酸在食品领域可制成食物助鲜剂、营养添加剂等；在食品加工过程中，可以改善食品口味，使其具时尚风味，易于被人体吸收；在人体保健方面，可以增强和提高人体的免疫能力，并能促进皮肤蛋白质合成，从而达到美容保健的作用。核酸营养机制不是针对某一症状、某一疾病，而是通过使细胞活力增强提高机体各系统的自身功能和自我调节能力，来达到最佳综合状态和生理平衡，所以它具有广泛而稳定的营养、保健作用[28]。

（3）农业及环保

在农业生产上，核酸和核苷酸是制造天然细胞分裂素、激动素、玉米素等腺嘌呤衍生物的原料，适当使用能对农作物的生长、发育有很好的促进作用，是不可多得的生长素，能使农作物早熟、优质、增产。此外，核糖核酸及其降解物核苷酸的衍生物可以作为用于防治植物病菌的抗菌素，对植物起到了很好的效果。啤酒厂废酵母及废液生产农用核苷酸是目前农用核苷酸提取的主要途径。

在保护环境方面，核糖核酸及其降解物的衍生物作为抗菌素可用于防治植物病菌的农药，这类农药对人体无毒害，对环境无污染。在环境污染日趋严重的当今，对这类农药的开发与大规模的推广利用十分具有社会价值。

4.5.2 氨基酸类物质概述

4.5.2.1 氨基酸的结构性质

氨基酸是构成蛋白质的基本单位，赋予蛋白质特定的分子结构形态，使它的分子具有生化活性。在蛋白质中发现的 20 种氨基酸都是 α-氨基酸，含有连接于同一个碳原子的一个羧基和一个氨基，以及结构、大小和带电性不同的侧链（或称 R 基团）。根据 R 基团的极性可以将氨基酸进行分类：非极性氨基酸、极性不带电荷氨基酸、极性带正电荷氨基酸、极性带负电荷氨基酸。

氨基酸具有重要的光学性质。20 种氨基酸在可见光区域均无光吸收，在远紫外区域均有光吸收，在近紫外区只有 3 种氨基酸具有光吸收能力：苯丙氨酸最大光吸收在 259nm、酪氨酸在 278nm、色氨酸在 279nm。而一般蛋白质都含有这 3 种氨基酸残基，所以最大光吸收在大约 280nm 波长处，因此可以利用分光光度法简单测定蛋白质含量。另外氨基酸同时具有酸碱性质，为两性电解质。氨基酸的带电情况与环境中的 pH 值相关，通过调整环境中的 pH 值可以将氨基酸调整为净电荷为零的两性离子状态，此时的 pH 值为该溶液的等电点。位于等电点的氨基酸和蛋白质的溶解性会降低，容易析出，因此可以利用等电点法来提取纯化蛋白质。

4.5.2.2 氨基酸的功能及应用

众所周知，蛋白质是生命的物质基础，而氨基酸作为蛋白质的小分子组成成分，则是生命代谢的物质基础。在胃肠道中经过多种消化酶的作用，将高分子蛋白质分解为低分子的多肽或氨基酸后，在小肠内被吸收，沿着肝门静脉进入肝脏。一部分氨基酸在肝脏内进行分解或合成蛋白质；另一部分氨基酸继续随血液分布到各个组织器官，任其选用，合成各种特异性的组织蛋白质。人体内缺乏任何一种必需氨基酸，都会导致生理功能异常。充足的氨基酸能够增强人体免疫功能，加强营养吸收能力，且对于人体的肝脏、肾脏以及肠胃功能都会有良好的改善。多肽在体内具有广泛的分布与重要的生理功能。另外，它还在人体内参与构成酶、激素、部分维生素。

（1）医药行业

洛斯氮平衡理论的确立与人类发现在正常代谢组织蛋白中缺乏某一种即会导致整个有机体代谢紊乱的事实，使氨基酸成为维持人体营养和治疗很多疾病的医疗药物。医药是氨基酸相对用量不大但品种最多的一个部门。氨基酸在医药上主要用来制备复方氨基酸注射液，也用作治疗药物和合成多肽药物。目前世界上用作药物的氨基酸及氨基酸衍生物的品种达 100 多种，其中包括构成蛋白质的氨基酸 20 种和构成非蛋白质的氨基酸 100 多种。

由多种氨基酸组成的复方制剂在现代静脉营养输液以及"要素饮食"疗法中占有非常重要的地位，对维持危重病人的营养，抢救患者生命起积极作用，成为现代医疗中不可缺少的医药品种之一。

氨基酸作为蛋白质的基本组成单位，直接参与生物体内的新陈代谢和其他生理活动，在医药方面可发挥营养剂、代谢改善剂、抗溃疡、防辐射、抗菌、治癌、催眠、镇痛以及为特殊病人配制人工合成膳食等作用。以氨基酸为原料的激素、抗菌素、酶抑制剂、抗癌药等生物活性多肽也不断出现，已在工业上生产的多肽有谷胱甘肽、促胃液素、催产素、促ACTH、降钙素等。谷氨酸、精氨酸、天门冬氨酸、胱氨酸、L-多巴等氨基酸能够单独作用治疗一些疾病，主要用于治疗肝病、消化道疾病、脑病、心血管病、呼吸道疾病以及用于提高肌肉活力、儿科营养食物和解毒等。如氨基酸混合液可供病人注射用，氨基酸混合粉可作宇航员、飞行员的补品，精氨酸药物用于治疗由氮中毒造成的脑昏迷；丝氨酸药物用作疲劳恢复剂；蛋氨酸、半胱氨酸用于治疗脂肪肝；氨基酸衍生物作为治疗药用于临床目前相当活跃，无论在治疗肝性疾病、心血管疾病，还是溃疡病、神经系统疾病、消炎等方面都已广泛使用，用于治疗的氨基酸衍生物不下数百种。如 4-羟基脯氨酸在治疗慢性肝炎、防止肝硬化方面很有效。N-乙酰-L-谷酰胺铝、二羟基铝-L-组氨酸、组氨酸-维生素 u-蛋氨酸、N-乙酰色氨酸的铝、钛、铋均为抗溃疡病有效药物。N-二甲基氨基-乙基-N-乙酰谷氨酸能缓解疲劳、治疗抑郁症和脑血管障碍引起的运动失调。L-α-甲基-β-酪氨酸与肼基苯丙氨酸脱羟酶的合剂，D-3-巯基-2-甲基丙酰基-L-脯氨酸和利尿药合剂，都是很好的抗高血压药。精氨酸阿司匹林、赖氨酸阿司匹林，既保持了阿司匹林镇痛作用，又能降低副作用。N-乙酰半胱氨酸甲酯盐酸对支气管炎有很好的疗效。此外氨基酸衍生物在癌症治疗上出现了希望。

谷胱苷肽（由谷氨酸、半胱氨酸、甘氨酸构成的三肽）具有参加肝细胞内的氧化还原反应及对 SH 酶的激活和提高 Fe^{2+} 酶活性的作用，谷胱甘肽在红细胞中含量丰富，具有保护细胞膜结构及使细胞内酶蛋白处于还原、活性状态的功能。而在各种多肽中，谷胱甘肽的结构比较特殊，分子中谷氨酸是以其 γ-羧基与半胱氨酸的 α-氨基脱水缩合生成肽键的，且它在细胞中可进行可逆的氧化还原反应，因此有还原型与氧化型两种谷胱甘肽。它作为肝脏病与药物中毒的治疗药物，已经商品化。

（2）食品工业

人类应用的第一个氨基酸是谷氨酸的钠盐（味精），从 1908 年日本投入工业化生产到现在已有近百年历史。以后人们又发现甘氨酸、丙氨酸、赖氨酸、脯氨酸、天冬氨酸也有调味功能，于是陆续将其应用在食品中。现有 8 种氨基酸被用作食品调味剂。植物蛋白的氨基酸不平衡影响其蛋白效价，因此在大米、面粉、高粱等粮食中添加氨基酸成为联合国粮农组织和世界卫生组织最关心的问题之一。添加氨基酸方法可使粮食的蛋白质利用率提高 1～3 倍，对解决世界 13 亿人口与粮食不足的矛盾将具有深远意义。

在谷物为主的食品中添加一定量的赖氨酸，可以提高蛋白质的吸收率和营养价值。一般谷物蛋白质中赖氨酸的含量为 150mg/g 蛋白质氮，而理想的标准值之比为 150/340＝0.44，距离理想值相差甚远，因此谷物食品若不补充赖氨酸，其营养价值和利用率较动物蛋白质要低得很多。尤其是儿童对蛋白质中赖氨酸的需求量要比成人高 1.3～2.4 倍。我国广西壮族自治区对 112 名儿童食品添加 0.3％赖氨酸，半年后与对照组相比，平均身高增长 1.26cm、体重增加 0.51kg、血红蛋白增加 1.05g。

氨基酸衍生物已广泛用作食品调味剂、添加剂和抗氧防腐剂，如 6-氮色氨酸的甜度比蔗糖高 1300 倍，低热量的二肽甜味剂（L-天门冬氨酰-L-苯丙氨酸甲酯）比蔗糖甜 150 倍。我国研制的 L-天门冬氨酰氨基丙二酸甲葑酯的甜度超过蔗糖（2～3）万倍。补钙食品——氨基酸螯合钙和天门冬氨酸钙已商品化。

（3）饲料业

世界上最大的氨基酸消费市场是饲料添加剂，氨基酸作为饲料添加剂，主要有 4 个方面的功效：a. 促进动物生长发育；b. 改善肉质，提高产奶、产蛋量；c. 节省蛋白质饲料，使饲料得到充分利用；d. 降低成本，提高饲料利用率。目前用于饲料添加剂的有蛋氨酸、赖氨酸、苏氨酸、色氨酸、谷氨酸、甘氨酸、丙氨酸 7 种氨基酸。其中主要是蛋氨酸和赖氨酸，占饲料工业的 95％ 以上，其功效主要是：促进动物生长发育；改善肉质，提高畜禽生产能力，增加产量；提高饲料利用率，节省蛋白质饲料；降低成本。如蛋氨酸主要用于鸡饲料，亦可用于猪、牛的混合饲料。赖氨酸具有增强畜禽食欲、提高抗病能力、促进外伤愈合的作用；其次是苏氨酸和色氨酸。

（4）化妆品工业

氨基酸及其衍生物容易被皮肤吸收，使老化和硬化的表皮恢复弹性，延缓皮肤衰老。在日用化工上的应用已有取代化工原料的趋势。氨基酸和高级脂肪酸制成的表面活性剂、抗菌剂已成为最高效的添加剂而被广泛使用。精氨酸或甘氨酸、丙氨酸、缬氨酸的碳酸盐、聚天门冬氨酸或聚谷氨酸盐、胱氨基盐或半胱氨酸盐等制成的护发剂、染发剂、永久型烫发剂已成为时兴商品供应市场。添加丝氨酸、酰基谷氨酸钠或酰基-丙氨酸钠及月桂酰肌氨酸钠、焦谷氨酸、碱性氨基酸制成的护肤用品已被大众使用，人们已从各类商业广告宣传中了解到了氨基酸的各种功能。

（5）农业

农药对环境的污染已构成严重的社会问题，人们一致希望能有不会构成公害的农药问世。氨基酸农药即是无害农药，其具有易被微生物分解、无毒性、不污染环境、增强植物抗菌能力的特点。一些氨基酸在体外并无杀菌功能，但它们能干扰植物与病原菌之间的生化关系，使植物的代谢及抗病能力发生变化，从而达到杀菌的目的。使用这种功能的主要品种有杀虫剂、杀菌剂、除草剂、农药稳定剂、植物生长促进剂、脱叶剂等。例如苯丙氨酸和丙氨酸可用于治疗苹果疮痂病。美国一家公司用甘氨酸制成了除草剂，这类农药易被微生物分解，不易造成环境污染。

（6）其他

聚谷氨酸和聚丙氨酸正被研制成有良好保温和透气性能的人造皮革和高级人造纤维；半胱氨酸等正被开发成新的保护剂；亮氨酸、胱氨酸等正作为发酵工业中多种氨基酸生产菌的添加物而被开发应用；N-脂酰氨基酸作为抗噬菌体污染的优良抑制剂在发酵工业中被应用；在贵金属提取和电镀工业方面，已开发了天门冬氨酸、组氨酸、丝氨酸在熔金培养液中的应用，使熔金能力比对照组提高 100～200 倍；谷氨酸等用于电镀工业的电解溶液；胱氨酸用于铜矿探测；氨基酸烷基酯用于海上流油回收[29]。

4.5.3 核苷酸、氨基酸类物质的生产现状

4.5.3.1 核苷酸类物质生产现状

目前，虽然啤酒酵母产量很大，但是由于从啤酒发酵罐中回收的啤酒酵母中核糖核酸含量通常在 4％～6％，商业上作为提取核糖核酸的原料，其核糖核酸的含量是不够的。所以，在工业生产上，我国生产核糖核酸和核苷酸的企业利用的酵母原料仍是经诱变得到的高核假丝酵母，并且要对该酵母进行多级扩大培养与处理才能达到规模生产的要求。我国的核糖核酸类产品大多依靠进口，并且价格昂贵，这些都严重影响了我国核酸类及相关行业的发展。

4.5.3.2 核苷酸类物质常见生产方法

从 20 世纪 60 年代日本最先开始进行核苷酸工业化生产以来，经过几十年的研究，已经有多种方法生产核苷酸及其衍生物。归纳起来核苷酸类物质生产主要有化学合成法、微生物发酵法、提取法、自溶法及 RNA 酶解法 5 种，这 5 种方法生产的工艺及产品均有很大的差别。工业上，发酵法和酶法的应用较为广泛，但是，如果想要同时获得组成 RNA 的各种核苷酸，

则酶法水解 RNA 具有较大优势。酶解之后的核苷酸经过分离纯化得到单核苷酸纯品。

4.5.3.3　氨基酸类物质生产现状

据估计现在全世界氨基酸产量已不低于 120 万吨。其中作为调味品及食品添加剂的约占 50%，饲料添加剂约 30%，药用、保健、化妆品及其他用途的氨基酸约为 20%，但世界市场总需求量至少为 200 万吨。由于氨基酸需求量大，价格贵，世界各大氨基酸生产国的厂商积极发展氨基酸生产技术，抢占世界市场，竞争十分激烈。

日本是氨基酸生产大国。目前，日本的世界市场占有率为 35%，销售额占 50%。日本除谷氨酸、赖氨酸和蛋氨酸外，小品种氨基酸占总产量的 12%，大多数是氨基酸输液原料，控制着世界氨基酸输液原料的一大部分市场。欧美厂商一方面巩固和维持自己的传统市场，一方面积极研究开发新技术。法国 Rhone-Poulene 公司和德国 Degussa 公司在家畜补充饲料市场上占有最大份额的蛋氨酸市场，它们以化学合成法年产 20 万吨，近年开始从事发酵法生产氨基酸。

我国已成为氨基酸原料生产的大国。其中味精(谷氨酸)年产量 120 多万吨，产销量居世界第一位，胱氨酸和半胱氨酸产销量也居世界第一位，赖氨酸生产居世界前列。但我国氨基酸生产技术总体水平距国际先进水平较大，尤其表现在菌种产酸率低、生产效益差，高质量、高价值的氨基酸少。药用氨基酸发酵水平及生产技术还较低。许多氨基酸研制仅停留在实验室阶段，有的品种只停留在公斤级，与生产能力相比，我国氨基酸产品的市场可谓非常庞大。

4.5.3.4　氨基酸类物质常见生产方法

传统的氨基酸生产方法：世界氨基酸工业从 1908 年开始，先后开发了蛋白质水解抽提法、化学合成法、微生物发酵法和酶法等氨基酸生产方法，其中，蛋白质水解法是最传统的氨基酸生产方法。近年来，随着遗传学、生物化学和生物工程技术的发展，发酵法已成为目前生产氨基酸的主要方法。另外，还可以通过基因工程手段生产氨基酸，通过基因突变和重组选育的大批优良菌株，不仅提高了传统产品的产量，而且开发了新产品。应用 DNA 重组，基因定向诱变，可进行生产菌的定向育种，并能打破种种界限，集中不同菌株的优点，从而选育出高产、优质、易于自动化生产的基因工程菌。运用基因工程手段生产氨基酸将成为未来的趋势。

4.5.4　核苷酸、氨基酸类物质的生产工艺

4.5.4.1　基本工艺流程

啤酒废酵母→洗涤、过筛、分离→预处理→离心(4000r/min，10min) →酵母泥→配制成 10%酵母悬浮液→提取→灭酶→冷却离心→上清除蛋白质→沉淀 RNA→冷冻干燥→RNA 干粉

4.5.4.2　关键技术

啤酒发酵后的酵母含有麦芽壳、酒花沉淀、蛋白质沉淀等物质，同时在酿造过程中，由于一些酒花及代谢产物的吸附，酵母呈淡咖啡色，带有苦味与令人不愉快的酵母味，因此酵母泥必须经过洗涤、脱杂、脱苦等处理。在啤酒废酵母应用于提取核糖核酸前，必须进行预处理，首先研究确定啤酒废酵母的预处理工艺路线[30,31]。

（1）灭菌与调配技术

基于废酵母本身极易腐败变质的特性，首先需要灭菌。针对不同应用目标对所需酵母细

胞、pH 值、营养和风味补充剂浓度等进行调配。

（2）脱苦、脱涩、脱臭技术

具有苦味的为酒花树脂和多酚物质。酒花树脂主要是 α-酸和 β-酸，性质活泼，易被氧化及还原。α-酸在水中的溶解度很低，在弱碱性溶液中生成异 α-酸，苦味更加强烈；β-酸的氧化物也具有强烈的苦味。多酚物质易溶于热水、丙酮和稀酒精，其水溶液有苦涩味。酵母泥中残存的啤酒花苦味必须除去，否则会给最后产品带来苦味。去除苦味需对啤酒废酵母进行预处理，同时也可使细胞壁组织疏松，便于破壁提取。乙醇和 $NaHCO_3$ 对去除酵母苦味和异味有明显的效果。因 $NaHCO_3$ 用量少、成本低，可使啤酒花成分皂化，除去苦味。采用 0.5%（质量分数）$NaHCO_3$ 低速搅拌 1.5h 脱除啤酒废酵母的苦味。脱苦之后 4000r/min 离心 10min 得纯净的酵母泥。

（3）废酵母破壁方法

啤酒废酵母细胞的细胞壁较厚，结构十分坚硬牢固，很难破除，必须利用外力破坏细胞外围，使胞内物质释放出来，在破壁过程中应防止其变性或被细胞内的酶水解，因此，在研究核糖核酸等功效物质提取分离的工艺前，必须设计与优化一种理想的破壁方法[32]。从啤酒废酵母中提取核糖核酸是基于改变酵母细胞膜的通透性，使细胞内的核糖核酸释放出来。为了简化核糖核酸的后纯化工序，应尽量减少细胞内其他物质的渗出，因此就要控制酵母细胞壁的破坏程度，尽量不让酵母细胞完全破裂，只是改变酵母细胞壁的通透性[33]。

超声波破壁技术的工作原理是利用超声波的"空化作用"产生局部高温高压，并形成强大的冲击波，使细胞破碎。同时，高速射流可对细胞组织产生物理剪切力，使之变形、破裂并释放出内含物，这就大大加速了细胞破碎的过程，更加有利于核糖核酸的溶出。

高压脉冲电场(High-Voltage Pulsed Electrc Field，简称 HPEF 和 PEF）杀菌技术是一项处于国际研究热点的非热加工高新技术。通过增加细胞膜通透性，减弱细胞膜强度，最终导致细胞膜被破坏，膜内细胞物质外流，膜外物质渗入。PEF 适合几乎所有可以流动的物料的杀菌和加工处理，而且投资相对较少，运行费用较低，特别适合大规模工业化和连续化生产。

高压脉冲电场多用于杀菌、灭酶等领域。利用其作为破壁细胞的方法进行胞内物质提取是一个新突破，目前这方面的研究多限于实验室范围内对活酵母的破壁研究，提取工艺不完善[34]。

高压脉冲电场技术的机理是已经被广泛接受的"电穿孔"理论。"电穿孔"是指在电场脉冲作用下，在细胞膜脂双层上形成微孔，使细胞膜的通透性和膜电导率增大，细胞膜电位混乱，造成细胞新陈代谢紊乱，细胞的必需生长组分泄漏，最后导致细胞死亡。高压脉冲电场破壁方法具有耗能少、处理时间短、效率高、不易引起蛋白质和核酸变性的优点，因此成为回收细胞内物质的理想途径。韩玉珠、殷永光等应用高压脉冲电场处理啤酒酵母细胞，使其释放蛋白质及其分解产物氨基酸。结果表明：高压脉冲电场可以破壁啤酒酵母细胞并释放其中蛋白质与氨基酸，且在一定范围内随着处理温度增高、电场强度和脉冲数增加，啤酒酵母细胞的蛋白质和氨基酸溶出量增大。

高压脉冲电场法提取细胞内物质的优势在于：生产成本低廉(用水做提取介质)；预处理简单省时；处理过程中产生的热能少；可连续处理，处理批量大；后处理简单方便，胞内物质释放的同时不会产生细胞碎片，PEF 处理后通过离心就可以很方便地去除细胞残余物，处理过程没有任何污染；比起化学提取法和酵母自溶法需要的时间短，又不会像机械破壁法使细胞结构完全破坏，可以更好地保持蛋白质和酶原有的生物活性，方便后续的处理。

自溶破壁是利用酵母菌本身含有的各种酶（各种蛋白酶、葡聚糖酶、淀粉酶、纤维素酶等）的综合作用分解细胞壁。自溶一般分为诱导自溶和自然自溶。采用各种物理、化学或生物学方法处理引起微生物自溶，称为诱导自溶；非人为因素引起的自溶则为自然自溶。根据起主要作用的自溶酶类及自溶发生的主要部位的不同，又可将自溶过程分为外自溶型和内自溶型两种。在酵母自溶过程中导致生物大分子降解的酶类主要是蛋白酶、核酸酶和葡萄糖酶，在特定条件下这些酶原被激活与相应的底物作用，使细胞内的生物大分子降解，并在细胞内积累，当生物大分子被水解成能通过细胞壁的小分子时，水解产物则扩散进入胞外介质。随着自溶作用的进行，水解酶类也发生自身消化，水解活性随之下降，最后趋于零，此时自溶作用也随之结束。酵母细胞自溶就始于细胞膜，细胞壁成分基本不水解，自溶最后常剩下细胞外壳。

（4）分离纯化

经盐法和β-葡聚糖酶法得到的 RNA 提取液虽然经过了加热等方法除去了一些蛋白质，但是还有一定量的蛋白质存在，需进一步除去才能得到纯度较高的 RNA。沉淀蛋白质的方法很多，如等电点沉淀、饱和硫酸铵沉淀和蛋白酶沉淀。在不同的蛋白沉淀方法中，以直接添加中性蛋白酶效果为最好，RNA 的损失率最小，而且蛋白质降解的最多。

目前，我国工业用来分离与纯化氨基酸的常用方法有沉淀剂分离法、离子交换法、膜分离法、吸附法、萃取法等。

1）沉淀剂分离　沉淀法分离氨基酸主要有特殊试剂沉淀法、等电点沉淀法和有机溶剂沉淀法。特殊试剂沉淀法是最早应用于混合氨基酸分离的方法之一。某些氨基酸可以与一些有机化合物或无机化合物结合，形成结晶性衍生物沉淀，达到与其他氨基酸分离的目的。等电点沉淀法是根据氨基酸的等电点不同，在等电点时，氨基酸分子的净电荷为零，有利于氨基酸分子的彼此吸引而形成结晶体沉淀下来。有机溶剂沉淀法是利用某种有机溶剂使需要提取的物质在溶液中的溶解度降低而形成沉淀。

该法具有简单、方便、经济和浓缩倍数高的优点，广泛应用于氨基酸工业提取中。目前较成熟的工艺有：苯甲醛缩合提取精氨酸；邻-二甲苯-4-磺酸沉淀提取亮氨酸；氯化汞沉淀提取组氨酸；从生产半胱氨酸的废母液中回收胱氨酸；用等电点沉淀法提取谷氨酸。

2）离子交换法　该法是利用离子交换树脂对不同的氨基酸吸附能力的差异对氨基酸混合物进行分组或实现单一成分的分离。离子交换法是氨基酸工业中应用最广泛的分离与纯化方法之一。氨基酸是一种两性电解质，在酸溶液中，氨基酸以阳离子状态存在，因而能被阳离子交换树脂交换吸附；在碱性溶液中，氨基酸能以阴离子的状态存在，因而能被阴离子交换树脂吸附。由于氨基酸的性质，如酸碱度、极性和相对分子量的大小彼此不同，离子交换树脂对各种氨基酸的交换吸附能力也不同。其一般的规律如下。

① 强酸性或强碱性离子交换树脂，对 H^+ 或 OH^- 的亲和力比较小，即使在较低或较高的 pH 值时，也不抑制其解离。强酸性阳离子交换树脂的游离酸型能交换吸附全部的氨基酸，氨基酸的等电点值越大，亲和力越大，交换吸附能力越强。当氨基酸溶液的 pH 值在中性氨基酸的等电点范围内时，强酸性阳离子交换树脂的游离酸型优先地交换吸附碱性氨基酸；强酸性阴离子交换树脂的盐型只吸附碱性氨基酸。

② 强碱性阴离子交换树脂的游离碱型对等电点 pH 值大于 10.0 的精氨酸交换吸附能力

弱；对等电点值小于 10.0 的氨基酸交换吸附能力较强，等电点值越小，交换吸附能力越强。当氨基酸溶液的 pH 值在中性氨基酸的等电点范围内时，强碱性阴离子交换树脂的游离碱型优先地交换吸附酸性氨基酸；强碱性阴离子交换树脂的盐型只交换吸附酸性氨基酸。

③ 弱酸性或弱碱性离子交换树脂，对 H^+ 或 OH^- 的亲和力大，即使在微酸性或微碱性环境中，也会抑制其解离。因此一般用其盐型，但是，在特殊情况下，例如，酸碱中和时则需用其游离酸型或碱型。

总之，根据氨基酸分子中既有氨基又有羟基的两性电离特性，根据分子中侧链基团（R）的性质和等电点的范围，调节氨基酸混合液的 pH 值，选择恰当的离子交换树脂，配合相应的交换基团，可以从混合氨基酸中分离出酸性、碱性和中性氨基酸。

3）膜分离法　该法可以实现混合溶液的分离是因为在膜和溶液的界面处存在以下机理：由于亲水性等原因所引起的选择性透过；筛分效应——待分离物质分子的直径大于膜孔的直径，将被截留，反之则透过；电荷效应（Donnan 效应）——若膜表面与待分离物质同种电荷，则会产生静电排斥作用，反之则会产生吸引作用。国外膜分离工艺已应用于乳制品工业，如采用反渗透浓缩乳清，使用超滤法从乳清中制备浓缩蛋白质，使用微米膜分离乳清中的蛋白质，去除脱脂乳中的细菌，使用纳滤膜去除乳清中的矿物质。近些年，学术界又开始研究膜过滤分离蛋白质、肽和氨基酸的可行性。在人体的新陈代谢过程中存在大量生物膜渗透现象，研究氨基酸的膜分离不仅可以找出有效的生物分离技术，而且有助于加深对这些新陈代谢过程的了解。

4）吸附法　该法是利用恰当的吸附剂，在一定的 pH 值条件下，使混合液中氨基酸被吸附剂吸附，然后再以适当的洗脱剂将吸附的氨基酸从吸附剂上解吸下来，达到浓缩和提纯的目的。常用的吸附剂有活性炭、高岭土、氧化铝、酸型白土等无机吸附剂。

吸附法一般具有以下优点：a. 不用或少用有机溶剂；b. 操作简便、安全，设备简单；c. 吸附过程 pH 值变化小。

但是吸附法的选择性差，收率低，特别是一些无机吸附剂性能不稳定，不能连续操作，劳动强度大，尤其是活性炭影响环境卫生。所以吸附法曾有一段时间很少采用，几乎被其他方法所代替。但随着大孔网状聚合物吸附剂的合成和不断发展，吸附法又重新被人们重视。

5）萃取法　氨基酸的萃取分离方法主要有溶剂萃取法、反向微胶团萃取法、液膜萃取法。

① 溶剂萃取法。溶剂萃取法是用一种溶剂将某种物质从另一种溶剂中提取出来的方法，这两种溶剂不能互溶或只部分互溶，能形成便于分裂的两相。溶剂萃取法可分为物理萃取和化学萃取，物理萃取法的理论基础是分配定律，而化学萃取服从相律及一般化学反应的平衡规律。近些年来先后开发了化学萃取法分离提取氨基酸，其中有机胺类和磷酸应用最多。

② 反向微胶团萃取法。反向微胶团是溶在有机溶剂中的表面活性剂自发形成的纳米级的一种聚体，表面活性剂的极性尾在外与非极性的有机溶剂接触，而极性头则排列在内形成极性核，极性核溶于水后形成了"水池"。当含有氨基酸的水溶液与反向微胶团的有机溶剂混合时，氨基酸以带电离子状态进入反向微胶团的"水池"内或微胶团球粒的界面分子膜内而被分离。国外关于反向微胶团萃取氨基酸的研究主要集中在萃取机理方面，而且主要是对于单一氨基酸。至今尚未有对于混合氨基酸分离的报道。

③ 液膜萃取法。液膜萃取是将第三种液体展成膜状以便隔开两个液相，利用液膜的选择透过性，使料液中的某些组分透过液膜进入接受液，然后将三者各自分开，从而实现料液

组分的分离。萃取法是一种具有工业应用前景的分离提纯氨基酸的新方法。

4.5.4.3 制备核苷酸类物质的原理、方法和影响因素

（1）盐法提取

酵母细胞经高浓度盐溶液处理，可增大其细胞渗透压，并使酵母细胞失水质壁分离，在加热条件下改变细胞壁的通透性，使核酸从细胞内释放出来。同时盐还能破坏核蛋白中核酸与蛋白质之间的氢键，使核蛋白失稳解离，蛋白质变性形成沉淀，RNA形成钠盐而具有较高的溶解度。利用核酸不溶于乙醇的性质，使其从溶液中沉淀下来，离心收集核糖核酸。近年，盐法研究已有所进步，但RNA得率和纯度方面还有待进一步提高。

（2）酶法提取

鉴于酵母细胞壁中有大量的葡聚糖、甘露聚糖和蛋白质成分，对支撑酵母细胞壁的结构起着十分重要的作用。因此，在破碎细胞壁时加入葡聚糖酶和中性蛋白酶，改变细胞壁通透性，使核酸从细胞内释放出来。利用其不溶于乙醇的特点，使其从溶液中沉淀，离心收集核糖核酸。

酶解法生产核苷酸时，不仅核酸酶水解能力的大小是影响核苷酸产率的主要因素，同时水解的效果对下一步的核苷酸分离也有影响。酶解的效果越好，得到的4种核苷酸越多，核苷酸纯度越高，后续的分离越容易，最后收率越大，生产成本越低。因此，通过对核酸水解工艺的研究，提高酶解的效率，有利于整个工艺水平的提高。我们采用了从麦芽根提取的磷酸二酯酶来水解从酵母中提取的核糖核酸，生产4种5'-核苷酸的混合物，通过对酶解工艺条件的研究，摸索出磷酸二酯酶水解核糖核酸的最优条件，得到高浓度的5'-核苷酸混合物。

（3）碱法提取

碱主要是影响构成酵母细胞壁的葡聚糖层，构成酵母细胞壁的葡聚糖有两层，一层是可以被碱水解的，另一层则不溶于碱。当利用碱溶液对酵母进行处理时，碱可以溶解掉酵母细胞壁中的碱可溶性葡聚糖层，同时溶解部分脂类，从而使酵母细胞壁的通透性变大，细胞内物质容易析出。葡聚糖层处于细胞壁的内层，紧邻细胞膜，对维持细胞结构起着关键的作用，葡聚糖的破坏，对细胞膜的透性影响最大，因此，碱法提取核糖核酸，可以使细胞内的核糖核酸及其他杂质更容易渗透出来。

RNA在酸或碱中不稳定，故若需获得未降解状态的RNA，应尽量避免使用酸或碱，该方法抽提的终点很难控制，但是该法的优点是成本低、耗能少。

4.5.4.4 制备氨基酸类物质的原理、方法和影响因素

（1）氨基酸复合液

1）盐法提取　取适量前处理好的酵母，放入烧杯中，加蒸馏水配成一定浓度的酵母悬浮液，加入一定量NaCl，用NaOH和HCl调pH值，在一定温度下自溶。自溶结束后升温到80℃灭酶20min，以中止反应。在5000r/min下离心分离，收集上清液，得到酵母蛋白水解液。

酵母细胞的自溶是由于在一定的条件下触动了能消化自身细胞结构的酶的分解作用，一般分为诱导自溶和自然自溶。在酵母自溶过程中，起主要作用的是蛋白酶、核酸酶和葡聚糖水解酶，其中最重要的是蛋白酶，因此蛋白质的酶促降解是酵母自溶过程中最重要的生化反应，是整个自溶作用的关键。

2）酶法水解提取　酶水解是通过酶制剂使蛋白质降解为多肽、游离氨基酸等。酶法水解克服了酸法、碱法的缺点，工艺条件温和，产品纯度高，而且由于蛋白酶具有水解

专一性，可以有选择性水解某些特定的氨基酸肽键，避免了酸法、碱法对环境产生的污染[35,36]。

啤酒废酵母的细胞壁较厚，胞内酶的活性较低，单纯依靠酵母体内的酶系既不能使酵母细胞壁降解，也不能使细胞内的大分子物质充分降解，此时要外加酶来促进酵母自溶。取适量前处理好的酵母，放入烧杯中，加蒸馏水配成一定浓度的酵母悬浮液，加入一定量NaCl，用NaOH和HCl调pH值，加入一定量蛋白酶，在适宜温度下酶解。酶解结束后升温到80℃灭酶20min，中止反应。然后在5000r/min下离心分离，收集上清液，得到酵母蛋白酶解液[37]。

3）酸法水解提取　酸法水解通常温度较高，水解过程中会产生一些有毒有害物质，而且水解程度难以控制，所以活性肽含量较低[38,39]。

4）碱法提取　碱法水解虽然成本较低，但是水解程度也低，专一性差，属于一种不规则水解，水解过程中容易产生尿素，会使氨基酸脱氨而造成胱氨酸、半胱氨酸等氨基酸的损失，还会导致氨基酸消旋，营养成分损失等问题。

（2）谷胱甘肽

谷胱甘肽（GSH）是一种由谷氨酸、半胱氨酸和甘氨酸组成的天然三肽，又称为还原型谷胱甘肽，广泛存在于生物体内，是重要的抗氧化剂，参与细胞内的多种反应，又是多种酶反应的辅酶，对生物分子上的巯基起保护作用。此外，还有防止脂质氧化、解毒、防止白内障发展和保护皮肤等作用，临床用于中毒性肝炎和感染性肝炎治疗，癌症辐射和化疗的保护，对于肺纤维化、肝癌、卵巢癌、艾滋病也是有益的联合用药。谷胱甘肽在食品、医药、化妆品等领域具有广泛的应用价值。啤酒发酵工业产生了大量的废酵母，价格低廉，可以充分利用这些资源来提取生产谷胱甘肽，提高啤酒废酵母的附加值。用啤酒废酵母提取谷胱甘肽的工艺流程为：

啤酒废酵母→洗涤、过筛→醋酸抽提→离心→分离纯化→成品

邱雁临等研究利用壳聚糖作为吸附剂，采用吸附层析的方法从啤酒废酵母中提谷胱甘肽，研究结果证明此方法可行。

（3）氨基酸

1）谷氨酸的分离纯化　谷氨酸的等电点为3.22，在水溶液中为两性电解质，它以GA^+、$GA^\pm$、GA^-、$GA^=$四种离子方式存在，绝大部分以偶极离子（$GA^\pm$）状态存在，其分子内部正负电荷相等，并含有等量的带不同电荷的阳离子（GA^+）和阴离子（$GA^=$），因此溶液中总静电荷等于零。由于谷氨酸分子之间相互碰撞，再通过静电引力的作用，结合成较大的聚合体而被沉淀析出，所以处于等电点时GA的溶解度最小。由于温度对GA的溶解度影响很大，温度越低溶解度越小，生产上多采用0～4℃进行分离纯化。根据晶体的自范性、各向异性和均匀性可知，在谷氨酸结晶操作时，由于谷氨酸的溶解度与其他氨基酸的溶解度不同，使谷氨酸结晶而其他氨基酸留在溶液中；即使两者的溶解度相差不大，亦会由于晶格不同而彼此分离[40]。

将活性炭柱吸附苯丙氨酸和酪氨酸后的流出液减压浓缩，浓缩温度控制在60～70℃之间，浓缩体积为5～7倍。用6mol/L HCl溶液准确调浓缩液pH值3.22，于0℃冰箱中放置24h，析出谷氨酸晶体后，过滤，得谷氨酸粗品及母液。粗品加适量蒸馏水，加热至60～70℃，按粗品重1.5%加入活性炭脱色，搅拌，保温35min，趁热过滤，滤液于0℃冰箱中放置2d，间或搅拌，过滤，用无水乙醇洗涤，80℃以下干燥，即得成品，纸层析检查为单

一斑点。

2）碱性氨基酸的分离纯化　随着现代科学对氨基酸研究的不断深入，碱性氨基酸在医药食品和饲料等领域获得广泛的应用。赖氨酸是人体及动物自身不能合成的一种必需氨基酸，可用于治疗营养缺乏症、发育不全及氮平衡失调症，同时还是重要的食品及饲料强化剂。精氨酸与脱氧胆酸制成的复合制剂（明诺芬）是主治梅毒、病毒性黄疸等病的有效药物。组氨酸可用于生产治疗心脏病、贫血、风湿性关节炎和消化道溃疡等的重要药物，临床上应用越来越广。

我国碱性氨基酸工业生产技术与国外先进水平相比，在分离收率等方面差距较大，碱性氨基酸的分离方法主要有结晶沉淀法、有机溶剂抽提法、电渗析法和离子交换法等，国内外大多数厂家都采用离子交换法分离碱性氨基酸。

目前，用 732 强酸性阳离子交换树脂分离制备碱性氨基酸的报道较多。本实验将树脂处理成 NH_4^+ 型，发现比传统的 H^+ 型树脂吸附及分离效果更好。研究结果表明，碱性氨基酸与中性氨基酸之间交叉部分较小，而且碱性氨基酸之间也获得了较好的分离。本方法既简化了提取工艺，又缩短了操作时间，大大提高了氨基酸的分离效果，这对从啤酒酵母中提取分离碱性氨基酸具有很好的指导意义。

3）苯丙氨酸和酪氨酸的分离纯化　苯丙氨酸与酪氨酸提取方法很多，主要有等电中和法、有机溶剂萃取法以及离子交换法等，但这些提取方法提取收率偏低，或设备投资高。根据活性炭对 L-苯丙氨酸与 L-酪氨酸的选择性吸附特性，利用活性炭吸附啤酒酵母提取液中的苯丙氨酸与酪氨酸，使之与别的氨基酸分离，然后分别用氨水、乙醇洗脱，再经浓缩结晶得到成品。该路线具有工艺简单，操作方便和收率高的优点。啤酒酵母提取液经活性炭吸附后，色素含量已很少，可更有效地进行下步的氨基酸分离。

蛋白质水解液常常含有很多深色化合物，这些化合物分子通常具有苯环结构，它们在活性炭上较易吸附，因而现常用活性炭来进行水解液的脱色处理。但在活性炭脱色过程中，不可避免地也吸附了一定量的苯丙氨酸与酪氨酸，有研究表明苯丙氨酸与酪氨酸在不同 pH 值溶液中活性炭上的吸附情况不同，pH 值较低时活性炭较易吸附色素，pH 值较高时较易吸附目标氨基酸。

4.5.5　废酵母生产核苷酸、氨基酸类物质的应用

啤酒酵母由于含有多种氨基酸、核酸、维生素、酶类和其他生物活性物质，因而在生物制药行业中具有广阔的开发前景。据说古埃及时代，人们就已经知道用陶瓷啤酒罐底部的沉淀物（啤酒酵母泥）来医治某些疾病。17 世纪时，欧洲人发现啤酒酵母有强身健体的作用。20 世纪下半叶，科学家们对啤酒酵母进行了广泛的研究，取得了惊人的成果。我国对啤酒废酵母的回收利用起步于 20 世纪 80 年代，最初仅限于少量的回收，简单的加工，其用途多集中在饲料业及酵母制剂的生产。随着科学技术的进步和对啤酒酵母研究的深入，人们才逐渐认识到啤酒废酵母的真正价值及其开发利用的前景。

4.5.5.1　食品工业

利用废酵母可以生产富含多种氨基酸、多肽、呈味核苷酸、维生素、多种微量元素的调味品，产品不仅滋味鲜美，而且营养丰富，是当今市场较流行的集调味、营养功能于一体的天然食品。利用啤酒废酵母生产营养酱油，其方法有两种：一种是利用废酵母自溶液和豆粕按一定比例发酵而成；另一种是将废酵母自溶液和不同鲜味剂调配而成[4]。在啤酒酵母泥

中添加一定的双歧因子可发酵生产双歧酵母保健食品。最近较多利用啤酒废酵母泥生产营养果醋，发酵酸奶饮料，生产营养蛋白粉等[41~45]。

利用啤酒废酵母水解制得酵母抽提物来生产酱油、调味料、酸奶和蛋白粉等营养保健食品，是优化资源利用、保护环境、提高企业综合效益的有效途径之一[46~48]。

啤酒废酵母菌体含有丰富的蛋白质，是获取天然氨基酸调味料的最佳资源[49]。废酵母蛋白质经降解后的产物是肌苷酸和鸟苷酸的复合物，可作为鲜味蛋白质广泛应用于肉类、水产品、酱油等食品工业，对改善产品风味，提高产品质量，降低生产成本等方面起到积极的作用[50]。日本朝日啤酒公司利用废酵母开发出了新的发酵型调味料 HA，这是一种独特的调味剂，本身有发酵香气成分，能掩盖植物蛋白及鱼肉的不良味道，诱导出食品原料本身的风味，提高调味效果，可广泛用于浸渍食品、鱼类食品的制作[51]。

日本札幌啤酒公司两年前开发出了一款减肥食品——啤酒干酵母食品。他们将啤酒干酵母与酸牛奶混合起来做成一种减肥食品，不仅能美容而且能瘦身，一举两得。这种减肥食品受到爱美女性的青睐，十分畅销。

4.5.5.2　医药行业

啤酒酵母由于含有多种氨基酸、核酸、维生素、酶类和其他生物活性物质，因而在生物制药行业中具有广阔的开发前景[52]。啤酒废酵母含有丰富的核糖核酸（RNA），主要分布在细胞质内，经过提取纯化的 RNA 及其降解产物核苷酸，目前主要用于药用干酵母、核酸及其衍生物、果糖二磷酸钠、谷胱甘肽、辅酶 A、B 族维生素等产品的生产和开发[53,54]。

有资料报道，啤酒废酵母经过深加工可提取超氧化物歧化酶，这种酶制剂广泛应用于食品、医药、化妆品行业。这种酶以前仅能从动物血液中提取，成本高，质量不稳定，当科技人员研究出从废酵母中提取这种酶制剂的工艺技术后，便使生产成本大幅度下降，且品质更有保证。

一些科学家正致力于从啤酒废酵母中提取多肽及寡肽，这两种化学物质能调节人体植物神经，有活化细胞免疫功能、改善心血管机能、延缓衰老的作用。发酵法是生产谷胱甘肽最具潜力的方法，而啤酒发酵工业产生了大量的废酵母，价格十分低廉，若能利用这些资源来生产谷胱甘肽，就有可能大幅度降低生产成本[55]。

日本麒麟啤酒公司的酵母事业开发部，成功研制出了以啤酒酵母细胞壁为主要成分的新型食品、药品涂敷剂。所谓涂敷剂就是在某些食品或药片外表面，涂上一层薄膜状的外衣，形似药片的糖衣。它是食品或药品重要的保护层，不仅具有铝箔一样的阻氧、防潮、防粉状化的性能，还有增加强度使外表光洁鲜艳的作用；同时，它还有防止内容物香味逸散的良好效果。由于它无黏附性，所以外涂后的食品或药品相互间不会产生黏结；再者，由于它是以啤酒酵母为原料加工制成的，水溶性好，无毒副作用，故人们可放心食用。

4.5.5.3　饲料业

我国是一个饲料缺乏大国，尤其是高蛋白精饲料严重缺乏，每年花大量外汇从国外进口鱼粉和饲料酵母。利用啤酒酵母生产饲养原理是以啤酒糟为主要原料，采用曲霉和酵母混合发酵技术，使微生物体内的各种酶系协同作用。首先是曲霉将啤酒糟中禽畜不易消化吸收的成分转化成单糖和各种氨基酸，然后酵母菌利用以上的糖类和氨基酸合成营养价值高、适口性好的蛋白饲料。从而大幅度提高啤酒糟的蛋白质含量，降低粗纤维含量，改善了啤酒糟的品质，增加了饲料的利用率和消化率。用啤酒发酵废渣加工饲料技术已经非常成熟，而该方法需要将啤酒发酵废渣液进行脱水，用干废渣加工饲料，脱水后排出的废液也含有大量的有机物，仍然会造成严重的污染；而且饲料产品附加值低，大多啤酒厂免费提供给加工企业，没有对发酵废渣液进行有效的回用。

将酵母泥、糖化废麦糟、过酒后的废硅藻土分别进行压滤、干燥，再加入制麦所得废麦根进行混合粉碎。可制得颗粒混合饲料，产品广泛适用于饲料业。

4.5.5.4 其他

利用微生物菌体吸附水中重金属的方法，由于其价廉、节能和去除率高等优点而成为废水处理的研究热点[56~68]。啤酒酵母外侧有两层细胞壁，内侧还有细胞荚膜，其主要官能团包括—OH、—SH、—NH、—OP、C＝O、P＝O、S＝O 等，这些多糖中的氮、羧基、硫醇、醇、磷酸及其衍生物等与金属离子通过静电吸附、离子交换、络合和氧化还原等生化反应过程，使溶液中的金属离子被吸附[69,70]。目前，利用啤酒废酵母渣液生物吸附处理污水的方法尚处于实验室阶段，没有工业化的应用[71,72]。

β-羟基丁酸酯是一种具有生物降解性、生物相溶性等多种独特优点的新型高分子功能材料，它在医药、电子、农业生产、包装材料等领域应用广泛。以前由微生物合成，产品成本高，无法大规模生产，以致 β-羟基丁酸酯供不应求。最新科研成果表明，用废酵母自溶液来制取 β-羟基丁酸酯，不仅能大大降低成本，而且能规模化生产，可满足市场的需求。

日本札幌啤酒公司在 2002 年推出了以啤酒酵母为主要基料的美容剂，该产品在日本国内 40 多家美容化妆品商店有售，还有 150 多家美容厅在使用，颇受女性消费者的喜爱。

超氧化物歧化酶（SOD）是一种含有铜、锌、铁、锰的新型金属酶，1938 年由 Mann 和 Keilin 首次从牛红细胞中分离出一种蓝色铜蛋白（最初定名为血铜蛋白 Hemocuprein），而在 1969 年由 Mccord 和 Fridovich 发现其能够催化超氧阴离子自由基发生歧化反应而命名。SOD 在生物体中普遍存在，是一种重要的氧自由基清除剂，该酶作用于底物超氧阴离子（O_2），将其分解成 O_2 和 H_2O_2，H_2O_2 再经过氧化物酶与过氧化氢酶的催化变成 H_2O，从而解除了超氧阴离子对生物体细胞的损伤，发挥着有效的清除作用和生理效用。因此，它对机体的防护和抗衰老、抗炎症、抗肿瘤、抗自身免疫疾病、抗辐射、抗休克、抗氧中毒等均有积极的作用，已受到国内外医药界和生物化学界的高度重视，同时它还被越来越多地应用于食品及化妆品添加剂等领域。如在化妆品市场上，像大宝、霞飞、奥琪、隆力琪等品牌都冠之为 SOD 面蜜。在食品领域，目前已面市的有 SOD 啤酒、SOD 蛋黄酱、牛奶、可溶性咖啡、奶糖、酸牛奶等保健食品。可见，SOD 具有广阔的应用前景[73]。

目前，国内 SOD 基本上是以动物血为原料制备，典型的制备工艺是先经溶血，再采用热变和有机溶剂处理提取，最后用柱层析纯化。这种方法的缺点是易受原料来源、产率、产品质量不稳定及安全性等方面的限制，而用微生物为原料制取 SOD，具有原料便宜易得，可以规模化生产的优点。近年来，国外利用微生物发酵生产 SOD 的相关报道很多，其中发酵法生产 SOD 是一条经济可行的途径。国内对微生物 SOD 的研究主要集中于微生物细胞中 SOD 的含量、酯的活性测定及其提取方法等方面。研究表明，酵母细胞中含有较多的 SOD，可作为生产 SOD 的材料来源之一，且具有繁殖快、代谢时间短、产率高、易培养、易大规模工业化生产、不受季节与自然条件的限制等优点[74]。

以酵母菌为例，因为 SOD 属于胞内酶，在提取 SOD 前必须对细胞进行破壁处理，通常采用的方法有细胞自溶法、酶法、甲苯法、异丙醇法和氯仿-乙醇法。在细胞破壁之后，要经过离心、盐析、透析、离子交换层析 2~3 次和凝胶层析等工艺，得到精制的 SOD。国内西北大学化工学院的杨明琰等利用酿酒酵母 CNU94 经发酵培养后，离心收集菌体，将菌体用甲苯法破壁得到粗酶液，调节 pH 值，除杂蛋白，丙酮二次沉淀后，用 DE-AE-32 纤维素柱层析梯度洗脱，得到纯化的 SOD，其比活为 3500U/mg，收率为 58.3%。PAGE 电泳后的活性染色显示，酵母超氧化物歧化酶具有 4 条明显的同工酶。沈阳药科大学的苏昕用已筛选出的一株 Y12 酵母菌，对其在优化培养条件下发酵培养得到湿菌体，破壁抽提得 SOD 粗酶液，采用硫铵盐析、丙酮沉淀、Sephadex G100 凝胶过滤和 QAE-SephadexA-50 离子交换柱层析，分离得到酵母 SOD 并测定其部分酶学性质。但是针对啤酒废酵母，必须先进行预处理，将回收的啤酒废酵母泥用 2～3 倍的无菌冷水洗涤，用 80～100 目的不锈钢孔板筛过滤，除去酒花树脂等杂质[75]。离心分离后，再用无菌冷水清洗 1～2 次，直到所有上层清液无色无味，酵母呈现纯白色为止。然后将处理过的酵母泥加入萃取剂进行破壁处理，离心后得到酵母 SOD 的粗酶液。然后经过除杂蛋白、有机溶剂沉淀、离子交换柱层析等工艺得到外观带淡蓝绿色的精品 SOD[76]。

参 考 文 献

[1] 杜绿君. 世界啤酒工业概况 [J]. 啤酒科技, 2000, (7): 57-60.

[2] 王晓丽. 啤酒废酵母的综合利用 [D]. 无锡: 江南大学, 2006.

[3] 徐玲. 回收废酵母蒸汽发酵生产高酸醋的研究 [D]. 济南: 山东轻工业学院, 2008.

[4] 梅晓岩. 生物方法转化生物质为能源及生物基产品关键技术的研究 [D]. 上海: 上海交通大学, 2008.

[5] 周红卫, 江林. 啤酒废酵母的回收利用 [J]. 适用技术市场, 2001, (3): 46-47.

[6] 李洪亮, 田野. 浅谈啤酒废酵母的综合利用 [J]. 啤酒科技, 2006, (2): 39-41.

[7] 马森. 啤酒废酵母中活性物质分离纯化的初步研究 [D]. 南宁: 广西大学, 2009.

[8] 陈雄, 马丽, 乔昕, 等. 从啤酒废酵母中提取叶酸的研究 [J]. 食品研究与开发, 2002, 23(6): 33-34.

[9] 陈雄, 董平. 用透析法从啤酒废酵母中提取叶酸 [J]. 现代商贸工业, 2001(3): 41-42.

[10] 王战勇. 利用啤酒废酵母制备富铬酵母的研究 [D]. 沈阳: 东北师范大学, 2006.

[11] 张帅. 用啤酒废酵母研制富铬酵母 [J]. 食品科技, 2003(10): 91-94.

[12] 关转飞, 贾飞, 王战勇, 等. 利用啤酒废酵母制备富铬酵母 [J]. 食品研究与开发, 2010, 31(11): 184-187.

[13] 王平, 孟范平, 李科林, 等. 啤酒工业副产物综合利用研究现状 [J]. 中南林学院学报, 1998, (02): 62-66.

[14] 孙正博. 啤酒酵母多糖抗氧化活性的研究 [D]. 武汉: 湖北工业大学, 2007.

[15] 屈慧鸽, 于小飞, 张玉香, 等. 白葡萄酒废酵母蛋白及多糖的提取工艺研究 [J]. 食品科学, 2007, 28(9): 315-318.

[16] 田青, 惠明, 郭素洁, 等. 从啤酒废酵母中提取海藻糖的工艺研究及效益分析 [J]. 农产品加工·学刊, 2011(12): 18-21.

[17] 沈佩娟, 张沧桑, 刘迎春. 啤酒废酵母产 FDP 的发酵工艺研究 [J]. 啤酒科技, 2001(8): 21-22.

[18] 马德功, 崔文文. 啤酒废酵母中还原型谷胱甘肽提取 [J]. 中国食品添加剂, 2008(4): 131-134.

[19] 宋常欣. 采用均匀试验设计法优化啤酒废酵母甘露聚糖提取条件 [J]. 酿酒, 2011, 38(3): 50-52.

[20] 李亚斌. 用废酵母造血 [J]. 世界科技研究与发展, 1987(9): 60.

[21] 田新提, 范庭迁. 啤酒工业废酵母喂猪 [J]. 福建畜牧兽医, 2000(1).

[22] 黄淑霞. 酵母抽提物的制备及其在高浓酿造中的应用 [D]. 济南: 山东轻工业学院, 2004.

[23] 陶兴无. 利用啤酒酵母泥制取酵母浸膏生产技术 [J]. 啤酒科技, 2001(2): 38-39.

[24] 刘蓉, 邓泽元, 李瑞贞. 啤酒废酵母中蛋白质提取工艺的研究 [J]. 食品科学, 2007, 28(10): 168-170.

[25] 梁朗都, 李细鄠. 从啤酒废酵母中提取氨基酸粉的研究 [J]. 现代食品科技, 1994(4): 31-33.

[26] 汤务霞. 提高酵母抽提物得率和品质的研究 [D]. 重庆: 西南农业大学, 2003.

[27] 明景熙. 啤酒企业"酵母味素"的工业化生产 [J]. 中国调味品, 2002, (11): 9-12.

[28] 李彦. 利用啤酒废酵母泥生产新型天然食品添加剂的研究 [D]. 长沙: 湖南农业大学, 2006.

[29] 孙海翔, 尹卓容, 苗延林. 啤酒废酵母中的游离氨基氮对苹果酒发酵的影响 [J]. 食品科学, 2002, 23(5): 80-83.

[30] 魏涛, 何培新, 封盛雪. 啤酒废酵母核苷类调味剂最佳工艺条件研究 [J]. 中国调味品, 2011, 36(8): 42-44.

[31] 韩刚，江洪涛，张卫国．氨酮促进啤酒废酵母蛋白质释放的研究［J］．食品科学，2005，26(4)：127-128.

[32] 吴润娇，刘振扬，张秀廷，等．啤酒废酵母综合破壁法提取酵母味素新技术［J］．酿酒科技，2007，34(11)：95-96.

[33] 谢阁．物理场辅助提取啤酒废酵母中的蛋白质与核酸［D］．无锡：江南大学，2008.

[34] 刘铮．高压脉冲电场及超声场提取啤酒废酵母中蛋白质与核酸［D］．无锡：江南大学，2007.

[35] 刘振扬，刘文俊，张美佳．啤酒废酵母酶法生产酱油技术［J］．酿酒，2006，33(6)：97-98.

[36] 国晓秋，王钰，张玉杰．利用啤酒废酵母制取营养酱油［J］．食品科技，1998(5)：44-45.

[37] 凌秀梅，邱树毅，黄永光，等．自溶法从啤酒废酵母中制取多肽的研究［J］．食品科学，2008，29(3)：336-339.

[38] 吴鑫颖，邱树毅，凌秀梅，等．啤酒废酵母酶法制备生物活性肽的工艺研究［J］．酿酒科技，2008，2008(2)：110-113.

[39] 王广莉，凌秀梅，胡鹏刚．啤酒废酵母自溶液中分离生物活性肽［J］．酿酒科技，2009(7)：103-105.

[40] 陈瑞锋．从啤酒酵母中分离和提取氨基酸的研究［D］．杭州：浙江工业大学，2005.

[41] 朱文刚，李斌．利用啤酒废酵母制取鲜味酱油的研究［J］．酿酒，2006，33(5)：97-99. 胡刚．啤酒废酵母制备5'-核苷酸的研究［D］．无锡：江南大学，2009.

[42] 丁正国．啤酒废酵母酿造酱油的生产工艺［J］．江苏调味副食品，1996(3)：7-8.

[43] 王君高．啤酒废酵母在酱油生产中的利用及评价［J］．酿酒科技，1995(2)：64-67.

[44] 李新建．利用啤酒废酵母加工酱油的制作［J］．中国调味品，2010，35(6)：66-67.

[45] 陈云．啤酒废酵母在酱油生产中的应用［J］．保鲜与加工，2005，22(3)：43-44.

[46] 张妍妍．啤酒酵母菌抽提物的研究［D］．黑龙江：黑龙江大学，2007.

[47] 杜士良．啤酒废酵母泥制取调味料的几种方法［J］．酿酒科技，1993(5)：72-72.

[48] 韦萍，陈育如，张赣道，等．废酵母水解制备复合氨基酸调味液［J］．江苏化工，1997(4)：33-35.

[49] 杨洋．啤酒酵母的酶解及Maillard反应制备牛肉香精的研究［D］．南京：南京林业大学，2008.

[50] 任静，朱凯．啤酒废酵母酶解液制备鸡肉味香精的研究［J］．食品工业科技，2011(8)：339-342.

[51] 李彦，李巍青，俞健，等．用啤酒废酵母泥生产鲜味食用蛋白的生产工艺［J］．现代食品科技，2004，20(3)：96-97.

[52] 荀英．1，6-二磷酸果糖离子色谱检测及啤酒废酵母转化制备工艺优化［D］．石家庄：河北师范大学，2010.

[53] 王迎辉，卢晓霆，常启福．啤酒废酵母制备1，6-二磷酸果糖的研究［J］．食品科技，2008，33(11)：231-233.

[54] 胡刚．啤酒废酵母制备5'-核苷酸的研究［D］．无锡：江南大学，2009.

[55] 凌秀梅．利用啤酒废酵母制备多肽的研究［D］．贵阳：贵州大学，2007.

[56] 李洪强．酿酒酵母菌对铬的吸附研究［D］．重庆：重庆大学，2006.

[57] 柏耀辉．啤酒废酵母对重金属的生物吸附研究［D］．广州：中山大学，2005.

[58] 武运．啤酒废酵母菌体吸附重金属离子特性研究［D］．乌鲁木齐：新疆农业大学，2008.

[59] 赵忠良，崔秀霞，贾雪艳，等．固定化啤酒废酵母对Cd^{2+}生物吸附性能的研究［J］．化学与生物工程，2009，26(3)：72-75.

[60] 张帅，程昊．固定化啤酒废酵母对$Cr(Ⅵ)$的吸附［J］．环境工程学报，2009，3(3)：489-492.

[61] 崔秀霞，贾雪艳，王磊，等．固定化啤酒废酵母对Pb^{2+}吸附性能的研究［J］．工业用水与废水，2009，40(2)：50-52.

[62] 武运，刘永建，葛凤，等．固定化啤酒废酵母吸附Cr^{6+}的特性研究［J］．食品科学，2010，31(19)：194-196.

[63] 黄冰，孙小梅，雷超，等．胱氨酸修饰啤酒废酵母对$Hg(Ⅱ)$的吸附性能［J］．武汉大学学报(理学版)，2010，56(3)：279-283.

[64] 武运，苏小明，陶永霞，等．啤酒废酵母菌体吸附Ni^{2+}的特性研究［J］．食品科学，2009，30(17)：274-277.

[65] 张敬华．啤酒酵母和谷壳对水体中铜铅离子的吸附研究［D］．郑州：郑州大学，2005.

[66] 姜敏．啤酒酵母和胶质芽孢杆菌对Cd^{2+}、Zn^{2+}吸附特性与机理的研究［D］．沈阳：东北大学，2009.

[67] 王宝娥．啤酒酵母菌及其固定化凝胶颗粒吸附铀的研究［D］．衡阳：南华大学，2004.

[68] 刘杰，郭广超，朱明军，等．啤酒废酵母酶促自溶胞壁残渣中葡聚糖的提取［J］．中国酿造，2009，28(10)：99-102.

[69] 昝逢宇．啤酒酵母对重金属的吸附特性及其应用研究［D］．重庆：西南农业大学，2004.

[70] 吴巧玲，孙小梅，李步海．三乙烯四胺/丁二酸酐修饰啤酒废酵母菌吸附日落黄的研究［J］．化学与生物工程，

2010，27(8)：62-65.

[71] 周芸. 啤酒酵母对水中重金的吸附研究 [D]. 北京：北京化工大学，2008.

[72] 王立娜. 生物吸附法去除废水中重金属离子 [D]. 长春：长春理工大学，2008.

[73] 吴思方，方尚玲，童振球. 啤酒废酵母提取 SOD 研究 [J]. 食品科学，2000，21(3)：22-24.

[74] 明景熙. 从啤酒废酵母中提取 SOD 的几种工艺方法 [J]. 中国酿造，2003，22(4)：7-8.

[75] 邱雁临，胡静，缪谨枫，等. 利用大孔树脂从啤酒废酵母中分离谷胱甘肽 [J]. 吉首大学学报(自科版)，2008，29
(1)：83-86.

[76] 曾仕廉，张宏. 啤酒废酵母超氧化物歧化酶(SOD) 的分离纯化及性质研究 [J]. 安徽大学学报(自科版)，1995(2)：
88-92.

5

啤酒企业麦糟资源化利用

5.1　啤酒麦糟

5.1.1　麦糟的概述

5.1.1.1　麦糟的定义、产量、成分组成、资源化可行性

　　麦糟又称啤酒糟，是啤酒在糖化过程结束时，糖化醪液经过过滤后残留的皮壳、高分子蛋白质、纤维素、脂肪等，是啤酒生产中的主要副产物（占副产物的80%以上）。在啤酒生产过程中，每100kg麦芽投料可得110～130kg、含水量75%～80%的麦糟。

　　麦糟由于生产工艺和使用原料的不同，仍含有0.3%～3.0%可洗出浸出物和0.6%～3.0%可溶出浸出物。全麦芽湿麦糟和干麦糟组成如表1-5-1和表1-5-2所列。

表 1-5-1　全麦芽湿麦糟的成分

成分	含量/%	成分	含量/%
水分	80左右	可溶性非氮物	10
粗蛋白	5	粗纤维	5
可消化蛋白质	3.5	灰分	1
脂肪	2		

表 1-5-2　全麦芽干麦糟的成分

成分	含量/%	成分	含量/%
粗蛋白质	28.0	粗纤维	17.5
粗脂肪	8.2	灰分	5.2
无氮浸出物	41.0	营养值/(kJ/kg)	21000

　　据统计，2016年我国啤酒产量达4506万吨，年产干糟量可达247.5万吨以上，积极开展麦糟的综合利用具有重要的现实意义。

5.1.1.2　麦糟干燥技术

　　国内外啤酒厂的麦糟绝大多数为湿态，但湿麦糟因其含水率高、营养丰富、易腐烂、不宜长久储藏且不便于运输，有必要对湿麦糟进行干燥。

麦糟含水高达80％～95％（湿基），且为黏稠状，不利于干燥。麦糟中水分主要是非结合水分，经实验分析，麦糟中非结合水分大于35％，这种非结合水分是附着在物料表面的，与物料的结合形式属于机械形式的结合，结合力较弱，可以采用机械的方式脱去麦糟中大部分非结合水分。机械脱水相对于热力干燥除水所消耗的能量要小得多，仅需要消耗少量的机械能而不需要热能，因此首先采用机械方法脱去麦糟中的大部分非结合水分。机械脱水后残余的水分为60％～65％，这些水分与物料的结合形式为部分非结合水分和结合水分，必须采用热力干燥法除去，由于糟料有一定的黏性，干燥难度较大[1]。

为使麦糟的湿度从60％～65％减至10％以下，干燥的方式应采取较经济的空气干燥法。麦糟的空气干燥法是采用加热后的空气将部分热能传给麦糟，使其水分汽化，然后热空气又将汽化了的水分带走。为保证麦糟表面的水分不断汽化，内部水分能连续扩散到表面来，必须使麦糟表面的蒸汽压强大于热空气的蒸汽压强。在干燥过程中，由传热与传质两个基本过程同时进行。传热过程是热量由气体传递给麦糟，麦糟表面上的水分被汽化，并穿过麦糟表面处的气膜向气流主体中扩散，传质过程是由于麦糟表层水分汽化的结果，湿糟内部与表面之间产生了湿分浓度差，内部水分由麦糟内部向表面扩散。通过气固两相间不断地传热传质，使得麦糟中的水分不断降低，湿麦糟得以干燥。

5.1.2 国内外啤酒麦糟干燥处理工艺

5.1.2.1 法国诺顿公司啤酒麦糟干燥处理工艺流程

湿麦糟→储糟罐→螺杆泵→自动布袋压滤机→列管干燥机→冷却系统→粉碎机→包装机→成品

5.1.2.2 国产啤酒麦糟干燥处理工艺流程

湿麦糟→储糟罐→螺旋输送机→螺旋压滤机→松散机→流化干燥机→冷却系统→粉碎机→包装机→成品

麦糟资源有很高的利用价值，采用先进的麦糟干燥工艺技术和干燥装置对于麦糟的工业化处理具有至关重要的作用。运用现代工程技术合理有效地利用麦糟资源，不仅环保，同时会给啤酒行业带来巨大的经济效益和社会效益。

5.1.3 麦糟的应用

5.1.3.1 麦糟在酶制剂方面的应用

以麦糟为主要原料，通过微生物的发酵，得到粗酶制品，明显提高了经济效益和环境效益。目前此方面的研究得到了众多研究者的青睐，将会成为高效利用啤酒糟的一个发展趋势[2]。

（1）啤酒糟生产木聚糖酶

木聚糖酶是戊聚糖酶的一种，可广泛应用于食品、医药、饲料、能源、造纸、纺织等行业，具有广阔的应用前景。目前，木聚糖的生产成本较高，啤酒糟中无氮浸出物的主要成分是木聚糖，以啤酒糟为原料生产木聚糖酶可有效地降低其生产成本，为综合开发利用啤酒糟这一再生资源开辟了新途径。

姚晓玲等[3]以黑曲霉An54-2-1为菌种，经过固态发酵制备木聚糖酶的浸提工艺和盐析工艺，采用0.2％的NaCl为浸提剂，固液比为1∶200(g/mL)，浸提时间为1.5h，质量分数为60%的$(NH_4)_2SO_4$盐析分离时,木聚糖酶相对活力最高,得率为77.08%;该木聚糖酶反应的最适pH值为5,最适温度为50℃。

(2)啤酒糟生产纤维素酶

纤维素酶是降解纤维素生成葡萄糖的一组酶的总称,现已广泛用于食品加工、发酵酿造、制浆造纸、废水处理及饲料等领域,尤其是利用纤维素生产燃料乙醇是解决世界能源危机的有效途径之一,其应用前景十分广阔。目前,用于生产纤维素酶的菌种主要是木霉属和曲霉属,但木霉易产生毒素,限制了其在食品等领域的应用。黑曲霉是公认的安全菌种,国外已实现黑曲霉纤维素酶的工业化生产。

啤酒糟的主要成分是麦芽壳和未糖化的麦芽,这些物质含有大量的纤维素,纤维素是纤维素酶的诱导物,而且啤酒糟中含有一定量的含氮化合物、多种无机元素及维生素,质地疏松,是固态发酵生产纤维素酶的优良基质[4]。

以啤酒糟为主要原料,对黑曲霉固态发酵生产纤维素酶的培养基组成和发酵条件进行了研究,以期解决啤酒糟处理问题,并进一步降低纤维素酶的生产成本,为进一步研制纤维素酶制剂提供理论依据。李兰晓等[5]以啤酒糟为主要原料,采用黑曲霉固态发酵生产纤维素酶,对培养基的组成和培养条件进行了优化,结果表明适宜的培养基组分为:500mL三角瓶中装入啤酒糟和棉粕20g,配料比8:2,料水比1:1.5,30℃发酵66h,滤纸酶活和羧甲基纤维素酶活分别达到(759.9±51.7)U/g和(14187.8±579.1)U/g干物质。

5.1.3.2　麦糟制备乳酸

乳酸又称2-羟基丙酸,是世界上公认的三大有机酸之一,广泛应用于食品、医药、化工等领域,其衍生品乳酸盐、乳酸醋及其共聚物的用途十分广泛。近年来,国内乳酸市场的快速发展以及聚乳酸应用研究的开展,促进了乳酸生产的发展。

在我国,随着乳酸及其衍生品应用领域的不断扩大和消费量的增加,乳酸的需求量也不断增加,尤其是使用乳酸作为调节剂的啤酒行业发展迅速,乳酸需求量很大。但目前我国乳酸生产规模小,生产成本高,要缩小与国外先进水平的差距,就必须扩大规模效应,加快乳酸及其衍生品的生产和科技开发,满足日益增长的国内外市场需求。利用啤酒糟生产乳酸的工艺流程如下:

湿啤酒糟→烘干→机械粉碎、筛分→硫酸浸泡→121℃预水解→氢氧化钠调节pH值→添加纤维素酶水解→调节酶解液pH值→发酵→添加碳酸钙→乳酸

5.1.3.3　麦糟生产单细胞蛋白饲料

单细胞蛋白也叫微生物蛋白质,主要是指细菌、酵母、真菌等微生物在其生长过程中利用各种基质,在适宜条件下,培养单细胞或丝状微生物个体而获得菌体蛋白。用于生产单细胞蛋白的单细胞生物包括微型藻类、非病原细胞、酵母菌类和真菌。它们可利用各种基质如碳水化合物、碳氢化合物、石油副产品、氢气及有机废水等在适宜的培养条件下生产单细胞蛋白,从而大幅度提高啤酒糟的蛋白质含量,降低粗纤维含量,改善了啤酒糟的品质,增加了饲料的利用率和消化率。生产工艺如下:

麦糟→盐酸水解→调节pH值→蒸煮→冷却→调成分→加酵母进行发酵离心→干燥→饲料酵母

5.1.3.4　酱油

酱油是以蛋白质和淀粉为原料进行微生物发酵而得到的一种营养丰富的调味品。传统方法酿造酱油采用的蛋白质原料主要是大豆、豆粕、豆饼等。随着生产的发展,对大豆蛋白需

求量日益增大，大豆、豆粕等价格逐年上涨，导致酱油酿造行业生产成本大幅度增加。利用麦糟和废酵母代替部分豆粕用于酿造酱油，不仅降低了酱油生产成本，丰富了酱油品种，而且使麦糟和废酵母变废为宝，也使啤酒行业获得较高经济效益、环境效益和社会效益。

陈健旋[6]对以啤酒生产副产物麦糟和废酵母为原料，以沪酿3.042为菌种，采用低盐固态发酵方法酿造酱油的工艺进行了研究，为啤酒生产副产物综合利用提供了新的方法。工艺流程为：

麦糟、废酵母、豆粕、麸皮、面粉混匀→蒸熟、冷却→接种米曲霉3.042菌种→厚层机械通风培养制成曲→低盐固态发酵得成熟酱醅→浸泡、淋油→加热杀菌→澄清→成品酱油。

5.1.3.5 麦糟处理废水

麦糟是啤酒工业的副产物，富含有机物，具有去除废水中重金属离子的能力。为了更有效地去除废水中的 Pb^{2+}，李青竹等[7]对麦糟进行了改性研究，实验过程中选择 HCl、H_2SO_4、H_3PO_4、NaCl、NaOH 作为改性剂。结果表明，用 1mol/L NaCl 溶液改性 13h 的麦糟对 Pb^{2+} 有最好的吸附能力。通过扫描电镜、X 射线能谱、红外光谱分析研究了麦糟改性机理，发现经 NaCl 溶液改性后的麦糟新增 N-Cl 基团和 C-Cl 基团，容易和 Pb^{2+} 配位结合，从而提高了吸附能力。

许多钴离子存在于工业废水中，特别是矿山企业排放的废水中钴离子浓度较高，在众多大型钢铁企业和化工企业排放的废水中，也或多或少地含有钴离子。此外，在食品行业排放的废水中也含有少量的钴离子，并且钴通常是以二价离子的形式存在于废水中的。过量钴离子对蛋白质、氨基酸、辅酶和脂蛋白合成产生有害的影响，可发生红细胞增多症，还可以使血糖增高，甚至钴中毒。目前钴的污染治理主要有化学沉淀法、活性炭吸附法、离子交换法等。其中化学沉淀法容易造成二次污染和钴资源的浪费，活性炭价格昂贵，离子交换法成本较高，再生困难。陈云嫩等研究表明溶液 pH 值为 8、反应时间 60min 时麦糟对钴离子的吸附量最大。

5.2 酶技术从麦糟中提取功能性膳食纤维及蛋白质

5.2.1 蛋白质的提取

目前啤酒糟的应用主要集中于微生物发酵方面，对啤酒糟中蛋白质提取的研究相对较少。从啤酒糟中提取蛋白质主要有碱法和酶法。碱法提取蛋白质有较高的提取率，但提取温度较高，料水比值较小，需消耗大量水分；等电点沉淀蛋白质时，需要消耗大量酸，加大产品脱盐纯化的难度；利用强碱提取蛋白质，会改变蛋白质的理化性质和营养特性，降低蛋白质的营养价值。酶解法相对于碱法，反应条件温和，显著地降低了料水比，有效地保持了蛋白质的功能性质。酶法提取的植物蛋白在溶解性、乳化性和泡沫稳定性方面优于碱法提取[8]。

啤酒糟中蛋白质提取的方法有超声、微波、碱法、醇-碱法和酶解法几种。碱法和醇-碱法反应条件剧烈；酶解法简便易行，成本较低，不需要特殊设备，污染少，反应条件温和，对蛋白质的影响小。采用蛋白酶酶解的方法提取啤酒糟中的蛋白质，蛋白质被水解成氨基酸和多肽，易于人体消化吸收。

5.2.1.1 提取方法

（1）超声提取

超声提取原理：超声波法进行预处理是利用超声波产生的机械效应、空化效应和热效应对目标物质的结构产生影响。空化作用产生的极大压力造成生物细胞壁及整个生物体破裂，同时它产生的振动作用加强了胞内物质的释放、扩散和溶解，从而能使细胞中的目标物质更有效地溶出。

唐德松等[9]采用超声辅助萃取法浸提啤酒糟中的蛋白质。实验对几种浸提溶剂进行筛选，采用碳酸钠缓冲液可以获得较好的浸提效果；对啤酒糟进行粉碎处理可以比原啤酒糟获得更高蛋白质得率。与传统提取方法（摇床浸提）相比，超声辅助萃取可以提高传质速率。在超声辅助萃取过程中，蛋白质的得率与萃取时间紧密相关，浸提时间在 60min 之前，溶剂中的蛋白质浓度随着时间快速升高，超过 60min 后蛋白质浓度上升缓慢。通过实验，采用 pH 值为 10 的碳酸钠缓冲液，在液固比为 80/1、超声功率为 180W、萃取时间 60min 时，浸提 5 次，可以使蛋白质的得率达到（50.69 ± 1.79）%。

（2）微波提取

微波提取原理：从宏观上讲，微波萃取的本质是微波对萃取溶剂及物料的加热作用，它能够穿透萃取溶剂和物料使整个系统更均匀地加热；从微观上讲，微波所产生的电磁场加速了萃取溶剂界面的扩散速率。关于微波萃取的原理，国内外学者都普遍认为微波能作为热源，不同物质的介电常数不同，吸收微波能的能力不同，在微波场中，这种差异使萃取体系中的某些组分被选择性地加热，从体系中分离出来。

赵华等[10]利用微波辅助提取玉米醇溶蛋白，并在单因素试验基础上利用响应面法优化了玉米醇溶蛋白提取工艺；结果表明，最佳提取工艺条件为：乙醇浓度 75%、液料比 12、微波功率 450W、间歇式微波处理 5 次，共 225s，提取率为 73.6%。

（3）碱法提取

干啤酒糟中粗蛋白约占 22%～27%。啤酒糟中蛋白质的组成主要为麦白蛋白、球蛋白、醇溶蛋白和谷蛋白。它们的主要特性分别为：麦白蛋白，分子量 70000，等电点为 4.6～5.8，溶于水及盐液，溶于酸、碱，在啤酒糟中含量少；球蛋白分子量 100000～300000，等电点为 4.9～5.7，不溶于水及盐液，溶于酸、碱，在啤酒糟中含量少；醇溶蛋白分子量 27500，等电点为 6.5；不溶于水及盐液，溶于 50%～90% 酒精及酸、碱，在啤酒糟中含量多；谷蛋白不溶于中性溶剂和醇，溶于碱液，在啤酒糟中含量多。

蔡俊等[11]针对啤酒糟中蛋白质的组成，研究用碱法提取啤酒糟中的蛋白质，并作比较分析得出一种经济合理的提取方案，为合理利用啤酒糟提出了一种新方法。工艺流程见图1-5-1。

郭健等[12]对碱法提取麦糟蛋白的影响因素进行了研究，试验结果表明：影响蛋白质收率、得率的因素按主次排序分别为 pH 值、温度、料液比和时间。工艺流程如下：

干麦糟→过 100 目筛（加 40～50 倍蒸馏水，70～80℃，搅拌 4～5h，过滤）→去糖麦（加 NaOH 溶液，70℃提取 1h）→提取液→离心或过滤→pI 沉淀（pH=4.5）→离心→洗涤（水洗）2～3 次至中性→干燥→麦糟蛋白

（4）醇-碱法提取

李娜等[13]以酒糟为原料，通过醇碱法进行蛋白质提取的研究，对影响蛋白质提取的因素，如醇碱比的选择、提取温度、时间及料液比等条件进行了正交试验，确定了获得最大提

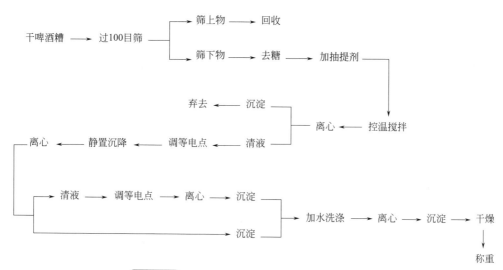

碱法提取啤酒糟中蛋白质的工艺流程

取量的条件。即以醇碱比为 1∶2 作为提取剂，提取温度 30℃，提取时间为 70min，提取料液比为 1∶30。工艺流程如下：

干酒糟→过 100 目筛→去糖→加入抽提溶剂→控温搅拌→离心分离→沉淀→等电点 pH＝4.2 沉淀蛋白质→离心分离→水洗涤→干燥→蛋白质干品。

（5）酶法提取

1）蛋白质酶法提取原理。酶催化是通过其活性中心先与底物形成中间复合物，随后底物分解成产物，再释放出酶。每一种酶的活性中心接触底物的特定区域具有绝对的专一性。当某种酶分子与蛋白质多肽键中相应的氨基酸残基位点发生作用时，会使肽键断裂生成分子量较低的肽和氨基酸。

2）蛋白质酶法提取工艺。卢虹等[14]研究了风味蛋白酶对啤酒糟中蛋白质的水解条件，确定了最佳酶解工艺，研究结果表明，水解啤酒糟蛋白质的最佳水解条件为 pH＝6.6、温度 50℃、用酶量 0.15g/100g 干糟，水解时间 3h。工艺流程如下：

粗啤酒糟→过 100 目筛→浸泡去糖→纤维素酶水解→过滤→滤渣→酶解→过滤→滤液→营养液

滤渣→作饲料

邹正等[8]为了提取啤酒糟中的蛋白质，采用碱性蛋白酶酶解啤酒糟。在单因素实验中用纤维素酶预处理啤酒糟，结果降低了蛋白质的提取率，进行通径分析第一轮均匀实验表明增加酶量、调高 pH 值、延长酶解时间，有利于提高蛋白质的提取率，同时误差项对蛋白质的提取率存在较大的影响。在通径分析的基础上，进行第二轮均匀实验，通过二次多项式逐步回归分析得出最佳的酶解条件，酶量 3400U/g、料液比 1∶13、时间 5.0h、pH＝8.5，其蛋白质的提取率为 64.15％，比第一轮提高了 28.04％。

吴会丽等[15]研究了采用酶解法提取啤酒糟中蛋白质的工艺条件，通过正交试验得到提取的最佳工艺条件为：水解蛋白酶的添加量 2mL/100g 干啤酒糟、反应温度 60℃、pH＝8.0、反应时间 5h、固液比 1∶12，水解蛋白提取率为 63.6％。采用高效液相法对酶解液中的 18 种氨基酸含量进行了分析，18 种游离氨基酸含量占总蛋白含量的 24％，8 种游离状态的必需氨基酸占游离氨基酸总量的 39％。工艺流程如下：

啤酒糟→粉碎→加水→调适当的 pH 值、温度→酶解→灭酶离心→收集上清液→测定其中的蛋白质含量

肖连冬等[16]对碱性蛋白酶水解麦糟蛋白制备多肽的工艺条件进行了研究。通过单因素试验和正交实验，确定了较佳工艺条件：酶解 pH＝10、加酶量 3500U/g、酶解温度 50℃、酶解时间 20min，麦糟蛋白的水解度(DH)达 22.18%，氮溶指数达 23.68%。

蔡俊等[17]研究了木瓜蛋白酶水解啤酒糟中的蛋白质，以及 pH 值、温度、固液比、时间和加酶量对水解程度的影响，确定了最佳的影响因素及条件。利用木瓜蛋白酶水解啤酒糟蛋白质制备氨基酸、肽营养液的方法是可行的，水解过程的最佳水解条件为：水解温度 50℃、水解 pH＝5.8、水解时间 3h、水解加酶量 0.9g/100g 干啤酒糟，蛋白质水解率的平均值为 59.2%。工艺流程如下：

粗啤酒糟过 100 目筛→浸泡去糖→纤维素酶水解过滤→滤渣加缓冲液、加酶→酶解→过滤→滤液→营养液滤渣作饲料。

5.2.1.2 麦糟中多肽的常用提取方法

（1）膜分离法

膜分离是利用天然或人工合成的具有选择透过性的高分子薄膜，以外界能量或化学位差为推动力，对混合物进行分离、提纯、浓缩的一种分离方法。由于分离膜具有选择透过性，混合物中的一些成分可以通过，另一些成分不能通过，从而实现混合物的分离。

（2）超滤

超滤利用膜的选择性，将膜两侧存在的能量差作为推动力，根据溶液中各个组分通过膜的迁移速率的不同来实现非均相物系的分离。超滤膜可以长期连续使用并保持较稳定的产量和分离效果，与传统技术比较，超滤不仅可以提高产品的纯度，节约试剂的使用量，而且能够实现连续的分离纯化，缩短生产周期。

超滤是膜分离法中分离纯化多肽最常用的分离方法，其分离程度取决于超滤过程的条件(操作压力、温度、pH 值等)、膜表面的物理化学性质(孔径大小、孔隙率、膜材料极性等)、控制操作条件，选用合适的膜材料是多肽分离纯化的关键。

（3）纳滤

纳滤是介于反渗透和超滤之间的一种压力驱动型膜分离技术。纳滤膜的截留分子量为 150～1000，比反渗透膜大而比超滤膜小，所以可以截留能透过超滤膜的溶质，使不能透过反渗透膜的溶质通过，同时可以浓缩有机溶剂和脱盐，使溶质的损失率最小，达到分离提纯的目的，纳滤膜具有分离效率高、节能、不破坏生物活性、污染小等优点，填补了超滤和反渗透留下的空白。

纳滤是一种新兴的膜分离技术，如大豆多肽浓度低，如果采用加热蒸发的方式提纯浓缩有可能破坏其结构，采用纳滤法则可以避免，而且可以将其中小分子有机物和盐分除去。因此纳滤法是大豆分离纯化的理想方法之一。

（4）微滤

微滤膜孔径均匀，流速快，过滤精度高，能将液体中所有大于制定孔径的微粒全部截留，微滤膜是均一的高分子材料，过滤时没有纤维或碎屑脱落，因此能得到高纯度的滤液。

膜分离技术作为一种新型的大豆多肽分离纯化技术，有其独特的优越性，但由于浓差极化和静电吸附作用引起的膜污染问题不容忽视，膜污染会导致分离纯化困难。因此，通过控

制大豆多肽的物理化学条件，改变膜和溶质的表面性质，降低膜污染来提高分离纯化的效率是重点的研究方向。

（5）色谱法

色谱法利用待分离物质在固定相和流动相的选择性分配不同来达到分离纯化的目的，流动相中的待分离物质经过固定相时会与固定相发生作用，由于各组分的性质和结构存在差异，与固定相相互作用的类型，强弱也有差异，因此在同一推动力的作用下，不同组分在固定相滞留时间长短不同，从而按先后不同的次序从固定相中流出，实现分离纯化。

1）正交轴逆流色谱　高速逆流色谱技术（HSCCC）是一种无固体载体的连续液-液色谱技术，同其他分离纯化技术相比，HSCCC最大的优点是不采用固相载体作固定相，并且具有分离纯度高，样品回收率高，适用范围广，可一步制备纯品的优点，既适用于小量分析，也可用于规模纯化，正交轴逆流色谱法则是其中的一种。

2）高效液相色谱　高效液相色谱（HPLC）是采用液体作为流动相的色谱技术，与传统的中低压色谱相比，高效液相色谱具有高压、高速、高柱效及高灵敏度的特点，柱子可反复使用，对离子型和高分子物质的检测非常理想且样品回收方便。

3）反相高效液相色谱　反相高效液相色谱（RP-HPLC）利用非极性的反相介质作为固定相，极性有机溶剂或水作为流动相，根据流动相中被分离物质疏水性的差异，发生强弱不同作用，使待分离物质在两相中分配不同而进行分离纯化的色谱洗脱法。疏水性较弱的样品分子和固定相之间的相互作用较弱，所以较快流出；相反，疏水性相对较强的分子和固定相间存在较强的相互作用，则在柱内保留时间相对较长，从而实现分离。RP-HPLC分离技术速度快、灵敏度高、分辨率强，是分离纯化生物样品的最有效方法之一，尤其适用于分子量小的蛋白质和多肽物质的分离纯化。

4）凝胶过滤色谱　凝胶过滤色谱是按溶质分子大小进行分离的一种色谱技术，溶质流出凝胶的速率取决于其分子的大小和凝胶阻滞作用的差异，比载体基质孔径大的样品分子不能进入孔内而被排阻，很快从柱子的空隙中洗脱出来，而比载体基质孔径小的分子则进入孔内，由于流程长，移动速度慢，因而保留时间较长。在正常情况下，溶质分子按由大到小递减的次序被洗脱出来。凝胶过滤层析使用的设备简单、操作方便、分离迅速、不影响待分离物质的生物活性，因此可广泛应用于大分子物质的分离纯化。

5）离子交换色谱　离子交换色谱（IEC）是通过带电的溶质分子与离子交换剂中可交换的离子进行交换，而达到分离目的的方法，由于离子交换色谱分辨率高，工作容量大且便于操作，已成为蛋白质、多肽、核酸及大部分发酵产物分离纯化的一种重要方法。离子交换剂是离子交换技术的核心和基础，常用的离子交换剂包括离子交换树脂、离子交换交联葡聚糖、离子交换纤维素和离子交换琼脂糖等。

色谱法的普遍优点包括分析速度快、检测灵敏度高、选择性好、多组分同时分析、易于自动化等，但大多数只用于分离鉴定，大量制备有一定的困难，利用色谱分离纯化大豆多肽时，如何保持其活性，选择固定相材料和洗脱液种类也是需要研究的重要内容。

6）毛细管电泳法　毛细管电泳又称高效毛细管电泳，是指以高压电场为驱动力，以毛细管为分离通道，依据样品中各组分之间的浓度和分配行为上的差异从而实现分离的一类液相分离技术，具有色谱和电泳两种分离机制。与传统的分离技术相比，毛细管电泳的显著特点是简单高效，快速和微量。此外，毛细管电泳还具备了经济、清洁易于自动化、一机多用和环境污染少等优点。这些特点使得毛细管电泳迅速成为一种极为有效的分离技术，广泛应用于分离多种化合物。

7）毛细管区带电泳　毛细管区带电泳由于操作简单，便于分离条件优化，是目前毛细管电泳(CE)领域中最基本，应用最广泛的一种分离模式。毛细管中仅填充与两端电极槽中组成相同的电解质溶液，在高压驱动下溶质因荷质比的差异所引起的浓度不同而分离。林炳承等应用毛细管区带电泳(CZE)采用200nm紫外检测，在16min内实现了舒缓激肽、血管紧张肽、促黑色素细胞激素、促甲状腺素释放激素、促黄体生成激素释放激素、亮内啡肽、Bombesin、蛋白啡肽和催产素9个多肽类组分的分离，为多肽的分离纯化提供了参考依据。

8）胶束电动毛细管电泳　胶束电动毛细管电泳是以胶束为假固定相的一种电动色谱，在电泳缓冲溶液中加入表面活性剂，当溶液中表面活性剂浓度超过临界胶束浓度时，表面活性剂中的疏水基团可形成胶束，溶质因浓度和分配系数的不同而分离。

9）毛细管凝胶电泳　毛细管凝胶电泳是基于分子筛原理，将平板电泳中的凝胶(聚丙烯酰胺、葡聚糖、琼脂糖等)用到毛细管中作支持物进行电泳，不同体积的溶质分子在起分子筛作用的凝胶中得以分离。毛细管电泳法速度快，灵敏度高，可以对样品进行定性、定量分析以及分离纯化，在大豆多肽的分析检测方面应用前景广泛。毛细管电泳一次性处理样品少且不能进行大量样品的收集与制备，如果将其与HPLC和RP-HPLC技术结合则能在多肽的分离纯化、制备及分析检测中发挥更大作用。

5.2.1.3　多肽种类及作用

（1）血管紧张素转换酶抑制肽（ACEIP）

高血压是最常见的心血管疾病之一，ACEIP作为治疗高血压疾病药物中发展最快的一种，通过抑制血管紧张素转换酶(ACE)的活性起到降血压的作用。

ACE是一种含锌的与膜结合二肽羧肽酶，正常情况下在肺毛细管内皮细胞中的含量最为丰富。人体内存在肾素-血管紧张素系统（RAS)和激肽释放酶-激肽系统(KKS)，这两个系统是一对相互拮抗的体系，同时发挥作用来保持血压的平衡，二者的平衡失调是高血压发病的重要原因之一。ACE在上述两个系统中起着重要作用。RAS是升压系统，没有活性的血管紧张素Ⅰ在ACE的作用下，转换成具有收缩血管壁平滑肌作用的血管紧张素Ⅱ，导致血压升高。KKS是降压系统，具有扩张血管平滑肌作用的血管舒缓激肽，又会在ACE作用下，使其失去C末端的苯丙氨酸-精氨酸，使得舒缓激肽降解为失活片段，引起血压升高。

有研究表明来源于蛋白水解物的ACE抑制肽，安全性高、无毒副作用，符合当今天然、绿色食品的主题。

（2）降胆固醇肽

高胆固醇血症是诱发动脉粥样硬化和冠心病的一个重要危险因素，抑制饮食中的胆固醇吸收是降低血液中胆固醇的有效方法。临床医学表明，通过药物或膳食来降低血清胆固醇水平，能够有效地降低冠心病的发病概率。多肽能够阻止肠道中胆固醇的重吸收并将其排出体外，还能使甲状腺激素分泌增加，促进胆汁酸化，使粪便胆固醇排泄量增加，进而降低血清胆固醇水平。另外，多肽只对于胆固醇值高的人具有降低胆固醇的作用，对胆固醇值正常的人，可以起到预防胆固醇升高的作用。更重要的是大豆多肽可以使血清中的总胆固醇（TC）和低密度脂蛋白胆固醇（LDLC）值降低，但不会使有益的高密度脂蛋白胆固醇（HDLC）值降低。

有研究表明多肽可以显著降低血清胆固醇水平，主要表现在升高高密度脂蛋白胆固醇

（HDLC），而对低密度脂蛋白胆固醇（LDLC)有降低作用。

（3）抗氧化肽

人类的许多慢性疾病以及衰老现象都和人体内的自由基含量失衡相关联，当机体代谢和外界刺激产生过多的自由基时，自由基就会对机体造成氧化性损伤，当这种损伤不能及时修复并且积累到一定程度时往往导致癌症和动脉硬化等疾病的出现。抗氧化肽则是很好的清除自由基的物质。来源于植物蛋白的抗氧化肽，不仅具有良好的抗氧化活性而且安全性极高。

（4）免疫调节肽

通过饮食提高机体免疫力，提高机体抵御外界病原体入侵的能力是预防各种疾病的发生以及患者快速康复的关键。随着分子生物技术水平的提高，以及对免疫系统内部错综复杂的网络结构的了解，研究人员发现具有免疫调节功能的小分子肽，它们可作为抗原性物质或免疫细胞网络内的化学递质而发挥作用。

通过动物实验研究表明：多肽不仅对正常小鼠的免疫能力有一定的促进作用，还对环磷酰胺致免疫低下小鼠脾指数、胸腺指数、ConA(刀豆蛋白 A)的刺激指数、抗体生成细胞含量和血清溶血素的降低均有恢复作用，表明多肽具有提高机体免疫功能的作用。

（5）高 F 值低聚肽

氨基酸混合物或低聚肽中的支链氨基酸(BCAA)（异亮氨酸、缬氨酸、亮氨酸)与芳香族氨基酸(AAA)（酪氨酸、苯丙氨酸)含量的摩尔数之比称为 F 值。高 F 值低聚肽是指一类由 3～7 个氨基酸残基组成，其中 BCAA 含量高于 AAA 含量的低聚肽。高 F 值低聚肽可以辅助治疗肝性脑病，抗疲劳，提供能量，治疗苯丙酮尿症，也可以作为烧伤、外科手术、脓毒血症等的治疗药物及消化酶缺乏患者蛋白营养食品和肠道营养剂。

5.2.2 膳食纤维的提取

5.2.2.1 膳食纤维

（1）膳食纤维的定义、分类及组成

膳食纤维是指不能在人体小肠内消化吸收，而在人体大肠内能部分或全部发酵的可食用的植物性成分、碳水化合物及其相类似物质的总和，包括多糖、寡糖、木质素以及相关的植物物质。膳食纤维被列为继蛋白质、脂肪、糖类、维生素、矿物质和水之后的第七大营养素。

膳食纤维按来源不同可分为植物类纤维素、动物类纤维素、海藻多糖类纤维素、合成类纤维素等，根据溶解特性不同可分为水溶性膳食纤维和水不溶性膳食纤维两大类。植物性来源的如纤维素、半纤维素、木质素、果胶、阿拉伯胶、愈疮胶、半乳甘露聚糖等。动物性来源的如甲壳质、壳聚糖、胶原等。微生物来源的如黄原胶等。海藻多糖类如海藻酸盐、卡拉胶、琼脂等。合成类的如羧甲基纤维素(CMC)等。其中植物体是膳食纤维的主要来源，也是研究和应用最多的一类。水溶性膳食纤维主要有植物细胞内的储存物质和分泌物，另外还包括部分微生物多糖和合成多糖，其组成主要有一些胶类物质，如果胶、阿拉伯胶、角叉胶、瓜儿豆胶、卡拉胶、黄原胶、琼脂等以及半乳甘露聚糖、葡聚糖、海藻酸盐、CMC 和真菌多糖等；而水不溶性膳食纤维主要成分是纤维素、半纤维素、木质素、原果胶、壳聚糖和植物蜡等。

（2）膳食纤维的物理化学性质

1）持水性　膳食纤维的化学结构中含有很多亲水基团，因此具有很强的持水性。具体的持水能力视纤维的来源不同而有所不同，变化范围大致在自身重量的 1.5～25 倍之间。可溶性膳食纤维如果胶、树胶比不溶性膳食纤维有更大的含水能力。

2）黏性　可溶性纤维果胶等由于分子的形状、大小、空间结构的不同，均可在消化道形成很黏的液体。黏液在胃中延迟了胃的排空，有助于饱腹感觉的持续；在小肠，黏液阻碍了消化酶与内容物的混合，减慢了整个消化、吸收过程。

3）发酵性　膳食纤维进入大肠后呈海绵状，可被大肠有益菌部分发酵或全部发酵。发酵后产生大量短链脂肪酸，如乙酸、乳酸等直接参与代谢作用。这些物质可调节肠道 pH 值，导致微生态环境的变化，抑制有害菌群、改善有益菌的繁殖环境，使双歧杆菌、乳酸菌等有益菌增殖，从而迅速扩大。这对抑制腐生菌生长，防止肠道黏膜萎缩，支持肠黏膜屏障功能，维持维生素代谢和保护肝脏等都是十分重要的。

4）吸附性　膳食纤维表面带有活性基团，能吸附胆汁酸、胆固醇变异原等有机分子，抑制总胆固醇浓度升高，降低胆酸及其盐类的合成与再吸收，抑制血清胆固醇及甘油三脂上升，加快脂质的排泄；吸附葡萄糖，使其吸收减慢；吸附人体自由基；同时可与重金属螯合排出体外，具有解毒作用。

5）对阳离子有结合交换能力　膳食纤维的化学结构中包含某些羧基与羧基类侧链基团，呈现弱酸性阳离子交换树脂的作用。可与阳离子，特别是有机阳离子进行可逆的交换，从而对消化道的 pH 值、渗透压以及氧化还原电位产生影响，并出现一个更缓冲的环境以利于消化吸收。膳食纤维表面还带有很多活性基团，可以螯合胆固醇、胆汁酸及某些有毒物质，促进其排出体外。

6）束缚性　膳食纤维对脂溶性维生素的有效性有一定影响，如果胶、树胶对 VA、VE 和胡萝卜素的不同程度的束缚能力；膳食纤维可减少对铁的吸收，对钙等金属阳离子也有一定的束缚作用，但对于是否能够影响矿物质元素的代谢还有争论。

（3）膳食纤维的生理作用

1）预防肥胖　膳食纤维对预防肥胖症十分有利，其生理功效体现在 3 个方面。

①膳食纤维影响食物摄入量。膳食纤维可以产生饱腹感，减少进食量，这是由于膳食纤维通过很强的吸水膨胀性，增加了胃容物体积，减慢胃的消化排空速度。

②膳食纤维具有低热能的特点。严格控制热量的摄入对减肥至关重要，膳食纤维以在大肠内发酵的方式代谢，提供的能量低于普通碳水化合物，非常有利于控制体重和保持体型。

③膳食纤维有减缓营养素吸收的作用。可溶性膳食纤维还在胃肠壁上形成薄膜，阻止葡萄糖的吸收，阻碍营养素转化成热能。

2）预防糖尿病　科学研究发现，由于可溶性膳食纤维可以在胃肠中形成一种黏膜，使食品营养素的消化吸收过程减慢，延缓了胃的排空；不可溶性纤维促进胃肠蠕动，加快食物通过胃肠道，减少吸收。两者共同作用延缓血糖的急剧升高，有助于糖尿病患者控制血糖。膳食纤维还可以改善末梢组织对胰岛素的感受性，降低人体对胰岛素的需求，提高人体耐糖的程度，有利于糖尿病的治疗和康复。

3）预防肠道疾病　膳食纤维在大肠内发酵后会产生短链脂肪酸，这些短链脂肪酸能抑制肿瘤细胞的生长增殖，诱导它们向正常的细胞转化，控制致癌基因的表达，有效预防肠道疾病。水溶性膳食纤维使粪便保持一定的体积和水分，有利于增加粪便的排泄量；不溶性膳食纤维则能填充胃肠腔，刺激肠壁蠕动，促进粪便的排泄，减少有毒物质在胃肠道的停留时间。两者相互协调，可达到预防痔疮、便秘等肠道疾病的效果。

4）降血压、降血脂、降低胆固醇、预防心血管疾病　膳食纤维可与铜、铅等重金属离子进行交换，缓解重金属中毒。更重要的是它能与肠道中的 K^+、Na^+ 进行交换，促使尿液和粪便中大量排出 Na^+、K^+，降低血液中的 Na^+ 与 K^+ 的比值从而达到降低血压的功效。膳食纤维还可以通过吸附胆汁酸，抑制肠道中胆汁酸的重吸收，降低肝中胆汁酸的量，加速体内胆固醇的分解，有效降低人体血清和肝中胆固醇的含量。

（4）膳食纤维的改性

水溶性膳食纤维和水不溶性膳食纤维在人体内所表现出的生理功能和保健作用并不同。水不溶性膳食纤维成分主要作用在于使肠道产生机械蠕动的效果，对防止肥胖症、便秘、肠癌等疾病有效；其所发挥的代谢功能，可以防止胆结石，排除有害金属离子，防止糖尿病，降低血清及肝脏胆固醇，防止高血压及心脏病等。膳食纤维生理功能的显著性与膳食纤维中水溶性膳食纤维和水不溶性膳食纤维的比例有很大关系，平衡的膳食纤维组成要求水溶性膳食纤维占膳食纤维总量的 10％以上。而许多膳食纤维中水溶性膳食纤维所占比例很小。因此提高膳食纤维中水溶性膳食纤维的含量很有必要。

目前，应用于膳食纤维改性的方法主要有化学方法、生物技术方法、物理方法 3 种。也有综合应用以上手段同时处理，以获得较高含量和高品质的水溶性膳食纤维。

1）化学方法　采用化学方法较为普遍，通过调整 pH 值、温度等反应条件，可部分改变膳食纤维的结构，使糖苷键断裂产生新的还原性末端；并使纤维大分子的聚合度下降，部分转化为非消化性的多糖，来改变膳食纤维产品的功能特性，使其具有较优良的性质和较强的生理功能。一般利用酸碱进行处理，两者处理都能使水溶性膳食纤维含量得以较大地提高，其中以碱处理效果更好。由于酸碱处理存在反应时间长、转化率低、副反应较多、工艺过程复杂、温度较高、对设备的要求较高等不足，且大量引进阴阳离子也给下一步食品加工带来不便，这些方面在一定程度上限制了该方法的使用。

2）生物技术方法

① 酶法改性。酶法改性条件温和，反应速度快，专一性强，改性后所得产品纯度高，易漂白，色泽浅，无异味，被认为是一种很有潜力的改性方法。目前应用于膳食纤维改性的酶主要有纤维素酶、木聚糖酶和木质素氧化酶等，影响水溶性膳食纤维得率的主要因素为酶解时间、pH 值、酶添加量、酶解温度等。

② 发酵法。发酵法是利用微生物发酵消耗原料中可发酵的碳源、氮源等成分的方式将膳食纤维中的大分子组分分解成可溶的小分子化合物，从而改善膳食纤维的持水力等物化特性的方法。与非发酵的膳食纤维相比，发酵的同类产品口感更香甜，粗纤维含量更高，持水力更大，生理活性更好；其生产过程简便，成本低廉，产品无异味，易于实现工业化。

3）物理方法

① 挤压蒸煮技术。挤压蒸煮技术是采用挤压技术、气流膨化技术等对膳食纤维进行改良处理，使物料在挤压膨化设备中受到高温、高压、高剪切作用，物料内部水分在短时间内迅速汽化，纤维物质分子间和分子内空间结构扩展变形，并在挤出膨化机出口的瞬间，由于突然失压，造成物料结构发生变化，使得大分子的不溶性纤维组分的部分连接键断裂，转变成为较小分子的可溶性膳食纤维，从而使得物料具有很高的膨胀力和持水性。挤压蒸煮技术能在短时间内实现部分大分子聚合物直接或间接转化为水溶性膳食纤维，且高纤维物料经挤压处理后，还可改良色泽与风味，钝化部分能引起不良风味的分解酶，使挤压后产品稳定性与风味得以明显改善。故在工业化生产中，膳食纤维改性一般采用挤压改性方法。

② 冷冻粉碎技术。冷冻粉碎技术是将冷冻与粉碎两种单元操作相结合，使物料在冻结

状态下，利用超低温脆性实现粉碎。它有很多优点，可以粉碎在常温下难以粉碎的物料，使物料颗粒流动性更好，粒度分布更理想，不会因粉碎使物料发热而出现氧化、分解、变色等现象，特别适合功效成分类物料的粉碎。目前，还未见用冷冻粉碎技术改性膳食纤维及改性后理化性质研究的报道。

③ 纳米技术。膳食纤维经纳米技术处理后，颗粒一般在微米以下，甚至小到几十纳米。经纳米化处理后膳食纤维的比表面积成千倍的增加，其浑浊液变稠，黏度升高，口感变细腻，可溶性增加，持水力、结合水力、膨胀力和离子交换能力大大提高，酶作用时间缩短数十倍。它的生物活性强度也得到增强，如降低血脂水平、血清总胆固醇与低密度脂蛋白胆固醇水平等方面的效果大大提高。

④ 超微粉碎技术。超微粉碎是指利用机械或流体动力的方法，将 3mm 以上的物料颗粒粉碎至 $10\sim25\mu m$ 以下的过程。

目前，超微粉碎技术分为化学法和机械法两种。化学粉碎法能够制得微米级、亚微米级甚至纳米级的粉体，但产量低，加工成本高，应用范围窄。机械法中的干法粉碎对膨胀力、持水力、结合水力的影响不及湿法粉碎的大，却更有助于水分蒸发速率的提高。机械粉碎法产量大，成本低，是制备超微粒粉体的主要手段，现在工业生产中大多用此法。膳食纤维生理功能在很大程度上与其结构、颗粒度、比表面积、水化作用（如膨胀性、持水力）等性质相关。颗粒向微细化发展，物料表面积和孔隙率大幅增加而使超微粉体具有独特的理化性质。

⑤ 超高压技术。超高压食品处理技术是指将食品放入液体介质，在 $100\sim1000MPa$ 压力下处理。超高压处理过程是一个纯物理过程，物料在液体介质中体积被压缩。超高压产生极高的静压能使形成生物高分子立体结构的氢键、离子键和疏水键等非共价键发生变化，使蛋白质凝固，淀粉等变性。膳食纤维经过超高压技术处理后其持水率和膨胀率增大，黏度降低。

⑥ 瞬时高压技术。瞬时高压技术是集输送、混合、超微粉碎、加压、加温、膨化等多种单元操作于一体的全新技术，主要适用于流体混合物料的剪切、破碎、均质和膨化。其工作压力可高达 $100\sim200MPa$。因为物料在压力的推动下瞬时通过，压力变化速率极大，产生巨大的压力降，同时物料通过处理腔时受到剪切、碰撞、粉碎等机械力的复合作用，使物料得到了超微粉碎，进而对其理化性质产生了影响。经瞬时高压技术对膳食纤维进行处理，其持水力、膨胀率、结合水力都有不同程度的提高。动态瞬时高压作用使用不同的压力和处理次数能够更好地改进膳食纤维的品质[18]。

5.2.2.2 膳食纤维提取工艺

（1）粗分离法

粗分离技术主要是利用液体悬浮法和气流分级法的原理，将原料中各成分的相对含量改变，减少如植酸、淀粉等的含量，从而提高膳食纤维的含量。这种方法适合原料的预处理。

（2）化学分离法

化学分离法就是将原料干燥粉碎，使用化学试剂如酸或碱提取膳食纤维的方法。该法主要有酸法、碱法、酸碱结合法和絮凝剂法，经过化学试剂处理后，再通过离心、过滤并辅以乙醇等有机溶剂，还可将可溶性膳食纤维与不溶性膳食纤维进一步分离。研究表明酸碱法提取得到的膳食纤维虽然得率较高，但产品质量不容易控制，得到的产品风味和色泽较差，并且在高酸、高碱、高温条件下，对提取容器、管道、物料泵的腐蚀相当严重。碱法提取膳食纤维流程见图 1-5-2。

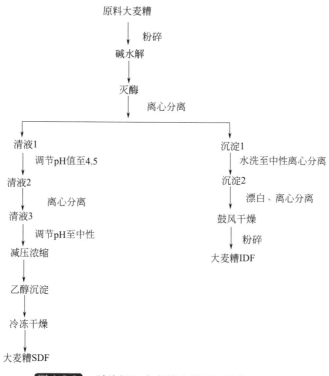

图 1-5-2 碱法提取大麦糟中膳食纤维的工艺流程

（3）膳食纤维的膜分离法

膜分离是利用天然或人工制备的选择透过性膜，将分子量大小不同的膳食纤维分离提取的方法。该法能通过改变膜的分子截留量，分离低聚糖和一些小分子的酸、酶来提取高纯度的膳食纤维，或将分子量不同的膳食纤维分离提取，避免了化学分离法的有机残留。膜分离法是提高不溶性膳食纤维的得率和分离可溶性膳食纤维最有前途的方法，但是由于受到技术水平的限制，目前还不易实现工业化。

（4）化学试剂-酶相结合的分离法

采用化学分离法和膜分离法制备的膳食纤维还含有少量的蛋白质和淀粉，要制备高纯度的膳食纤维需要结合酶处理。化学试剂-酶结合分离法指在使用化学试剂处理的同时，用各种酶（如 α-淀粉酶、蛋白酶、糖化酶和纤维素酶等）降解膳食纤维中含有的其他杂质，再用有机溶剂处理，清水漂洗过滤，甩干，获得纯度较高的膳食纤维[19]。

（5）发酵法

发酵法提取是采用如保加利亚乳杆菌和嗜热链球菌等对原料进行发酵，然后水洗至中性，干燥即可得到膳食纤维。发酵法生产的膳食纤维色泽、质地、气味和分散程度均优于化学法，比化学提取法得到的膳食纤维有较高的持水力和得率。目前该法在果皮原料制取膳食纤维时使用，其生产过程简单，成本低廉，且易实现工业化生产，为生产高活性膳食纤维寻找到了一条新途径。

（6）酶法

酶法是用多种酶逐一除去原料中除膳食纤维外的其他组分，主要是蛋白质、脂肪、还原糖、淀粉等物质，最后获得膳食纤维的方法。采用化学提取法制备的膳食纤维还都含有一定量的蛋白质和淀粉，要制极纯净的膳食纤维，酶提取法则有更好的效果。所用的酶包括淀粉酶、蛋白酶、半纤维素酶、阿拉伯聚糖酶等。酶法一次去蛋白效果较差，因为有部分蛋白与残渣结合较为紧密，部分与半纤维素结合，酶法在较温和的反应条件下不易渗透到纤维的结晶区，所以不能完全去除蛋白。酶法提取条件温和，不需要高温、高压，而且节约能源，操作方便，更可以省去部分工艺和设备，有利于环境保护，所以特别适合原料中淀粉和蛋白质含量高的制备工艺。工艺流程见图1-5-3。

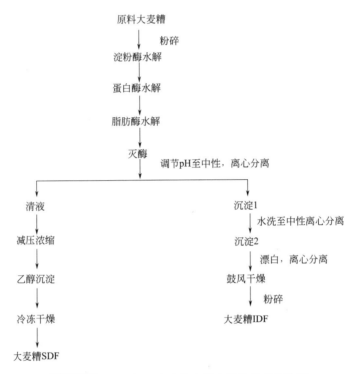

图 1-5-3　酶法提取大麦糟中膳食纤维的工艺流程

5.2.2.3　膳食纤维的开发及应用

（1）在主食食品中的应用

膳食纤维可用于制作馒头、挂面、方便面等主食。加入后其强度增加，韧性良好，口感良好；加入到面包、蛋糕、饼干等焙烤食品中，能改变产品的质构，提高持水性，增加疏松性，防止储存期变硬；加入到饮料中，饮料无异味，口感润滑；加入到冰淇淋、布丁、巧克力、糖果等食品中，可改善其外观、口感和风味，等等。

（2）在焙烤食品中的应用

不溶性膳食纤维在焙烤食品中的应用比较广泛。

（3）在乳制品中的应用

乳制品被认为含有除膳食纤维外人体所需的全部营养素。在乳制品中添加膳食纤维能同时满足人们对蛋白质、维生素 A、脂肪和膳食纤维等营养成分的需求，进一步提高乳制品的营养价值和应用范围。长期饮用添加膳食纤维的乳制品能使肠道舒畅，防治便秘，并可降低胆固醇，调节血脂、血糖，协助减肥，尤其适合中老年人、糖尿病人、肥胖者。

（4）在其他食品中的应用

膳食纤维还可以添加到肉制品、膨化产品、糖果、冰淇淋及调味品等食物中。在肉制品中添加膳食纤维，可保持肉制品中的水分，降低热量，任国谱等以可溶性膳食纤维素作为脂肪代用品，制作出质构良好的低脂火腿。添加到膨化食品中可以改变食品风味，同时增加保健功能。

（5）在保健食品领域的应用

膳食纤维具有多种保健功能：促进减肥、吸收毒素、保护皮肤、降低血脂、控制血糖、保护口腔、防治结石、医治息肉、预防乳癌、防治便秘、预防肠癌等。膳食纤维还可降低胃癌、肺癌等患病率，对防止冠心病有良好的作用。

（6）在可食性包装方面的应用

可食性包装是以可以消化食用的蛋白质、脂肪、淀粉等为基料，制成一种不影响被包装食品风味的包装物。在完成包装功能后，包装物可被人食用或用作动物饲料，不会造成环境污染。可食性包装在非碱性条件下与卡拉胶等发生协同作用可形成热可逆凝胶等，将其制成普通水溶性膜、耐水耐高温膜和热水溶性可食膜，具有较好的利用价值和开发前景。

5.3 多菌种混合固态发酵法利用麦糟

5.3.1 混合固态发酵技术

5.3.1.1 技术原理

在啤酒糟发酵中有固态发酵和液态发酵两种方式，其侧重点有所不同，且有各自的优缺点。固态发酵常用于多菌株的联合发酵，一般用于酶制剂、动物饲料的生产；液态发酵常用于单菌纯种发酵，主用于活性物质、食品添加剂生产。固态发酵的生产周期相对较长，而且劳动强度大，但具有节水、节能，无废气排放污染的特点，其单位质量产出较液态发酵高很多；液态发酵容易产生废气，而且后续工艺产品分离纯化困难，但目标产物明确、易调控、机械化，适于大规模的工业化生产。在混菌发酵啤酒糟的过程中，微生物和发酵基质内发生着复杂的物理、化学和生物反应以及物质和能量的传递。

由于液态发酵所得产物的有效成分与固态发酵相比较少，且固态发酵技术发展已久，应用广泛。在中国古代就已经被应用在制曲酿酒、腌制食品、肥料堆积等方面。受科技发展的限制，在过去很长一段时间内，固体发酵技术都停留在一个比较原始落后的状态，甚至在现代的工业生产中仍然在沿用这样的发酵技术。不过在最近十年间，固体发酵技术的研究和应用得到了迅速发展。固体发酵的优点有：a. 培养基单纯，例如谷物类、小麦麸等农产品均可被使用，发酵原料成本较经济；b. 基质前处理较液体发酵步骤少，例如简单加水使基质潮湿等；c. 能产生特殊产物，如红曲产生的红色色素是液体发酵的 10 倍，又如曲酶（Aspergillus）在固体发酵所产生的葡萄糖苷酶较液体发酵产生的酵素更具耐热性；d. 下游的回收纯化过程及废弃物处理通常较简化或单纯，常是整个基质都被使用，如作为饲料添加物则不需要回收及纯化，无废弃物的问题。

针对不同的产物要求，采用不同菌种或混菌对啤酒糟进行发酵，针对相同原料采用不同的生产工艺来获得所期望的产物。啤酒糟是麦汁制备工序的副产品，其主要成分是麦芽壳、未糖化的麦芽和辅料（大米）中的不溶性高分子物质，含有丰富的碳水化合物、含氮化合物、多种维生素和无机元素，质地疏松，利于通气，是微生物生长繁殖的优良基质。

5.3.1.2 关键工艺

（1）菌种选育

EM制剂是日本琉球大学比嘉照夫教授成功研制的一种新型微生态制剂，是有效微生物群（Effective Micro-Organisms）的简称。它是由光合细菌、乳酸菌、酵母菌、放线菌及发酵丝状真菌等5科10属80种微生物组成的多群落微生态系统，它性质稳定，功能广泛，操作方便，使用安全，无任何毒副作用。在种植业、养殖业、环境净化等多领域都有较好的应用效果，从而引起了世界科学界的极大关注。

1）木霉　木霉属于半知菌门，丝孢目，木霉属，常见的木霉有绿色木霉、康宁木霉、棘孢木霉、深绿木霉、哈茨木霉、长枝木霉等。木霉菌落开始时为白色，致密，圆形，向四周扩展后，从菌落中央产生绿色孢子，中央变成绿色。菌落周围有白色菌丝的生长带。最后整个菌落全部变成绿色。绿色木霉菌丝白色，纤细，宽度为$1.5 \sim 2.4 \mu m$。产生的分生孢子梗垂直对称分歧，单生或簇生，圆形，绿色。绿色木霉菌落外观深绿或蓝绿色；康氏木霉菌落外观浅绿、黄绿或绿色。

绿色木霉分生孢子梗有隔膜，垂直对生分歧；产孢瓶体端部尖削，微弯，尖端生分生孢子团，含孢子4～12个；分生孢子无色，球形至卵形，$(2.5 \sim 4.5) \times (2 \sim 4) \mu m$。绿色木霉适应性很强，孢子在PDA培养基平板上24℃时萌发，菌落迅速扩展。培养2d，菌落直径为3.5～5.0cm；培养3d，菌落直径为7.3～8.0cm；培养4d，菌落直径为8.1～9.0cm。通常菌落扩展很快，特别在高温高湿条件下几天内木霉菌落可遍布整个料面。菌丝生长温度4～42℃，25～30℃生长最快，孢子萌发温度10～35℃，15～30℃萌发率最高，25～27℃菌落由白变绿只需4～5个昼夜，高温对菌丝生长和萌发有利。孢子萌发要求相对湿度95%以上，但在干燥环境中也能生长，菌丝生长pH值为3.5～5.8，在pH值为4～5条件下生长最快。

木霉具有较强分解纤维素能力，绿色木霉通常能够产生高度活性的纤维素酶，对纤维素的分解能力很强。在木质素、纤维素丰富的基质上生长快，传播蔓延迅速。棉籽壳、木屑、段木都是其良好的营养物。

2）曲霉　曲霉（*Aspergillus*）是发酵工业和食品加工业的重要菌种，已被利用的近60种。2000多年前，是我国用于制酱、酿酒、制醋曲的主要菌种。现代工业利用曲霉生产各种酶制剂（淀粉酶、蛋白酶、果胶酶等）、有机酸（柠檬酸、葡萄糖酸、五倍子酸等），农业上用作糖化饲料菌种，例如黑曲霉、米曲霉等。

曲霉广泛分布在谷物、空气、土壤和各种有机物上。生长在花生和大米上的曲霉，有的能产生对人体有害的真菌毒素，如黄曲霉毒素B_1能导致癌症，有的则引起水果、蔬菜、粮食霉腐。曲霉菌丝有隔膜，为多细胞霉菌。在幼小而活力旺盛时，菌丝体产生大量的分生孢子梗。分生孢子梗顶端膨大成为顶囊，一般呈球形，顶囊表面长满一层或两层辐射状小梗（初生小梗与次生小梗），最上层小梗呈瓶状，顶端着生成串的球形分生孢子，以上几部分结构合称为"孢子穗"。孢子呈绿、黄、橙、褐、黑等颜色。这些都是菌种鉴定的依据。分生孢子梗生于足细胞上，并通过足细胞与营养菌丝相连。曲霉孢子穗的形态，包括分生孢子梗的长度、顶囊的形状、小梗着生是单轮或双轮，分生孢子的形状、大小、表面结构及颜色等，都是菌种鉴定的依据。

曲霉属中的大多数仅发现了无性阶段，极少数可形成子囊孢子，故在真菌学中仍归于半知菌类。因为曲霉具有分解蛋白质等复杂有机物的功能，从古至今，它们在酿造业和食品加工方面作用显著。早在 2000 多年前，我国人民已懂得依靠曲霉来制酱；民间酿酒造醋，常把它作为主要成分。我国特有的调制品豆豉，也利用了曲霉分解黄豆。现代工业则利用曲霉生产各种酶制剂、有机酸，以及农业上的糖化饲料。

（2）发酵条件优化

培养基主要成分为复合碳源、氮源、无机氮源、某些离子。接种量、培养基含水量、发酵时间、发酵温度、表面活性剂等方面均影响发酵。通常以发酵后产生的氨基酸总含量为指标，确定、优化发酵条件。

5.3.2 混合固态发酵技术在麦糟利用中的应用

5.3.2.1 制造食品工业产品

（1）生产酶制剂

以啤酒糟为主要原料，通过微生物的发酵，得到粗酶制品，明显提高了经济效益和环境效益。曾莹等[20]试验研究以黑曲霉 An54-2-1 为菌种，经过固态发酵研究制备木聚糖酶的浸提工艺和盐析工艺，并对提取的木聚糖酶进行部分酶学特性的研究。结果表明，采用 0.2% 的 NaCl 为浸提剂，固液比为 1:200(g/mL)，浸提时间为 1.5h，质量分数为 60%(NH_4)$_2$$SO_4$盐析分离时，木聚糖酶相对活力最高，得率为 77.08%；该木聚糖酶反应的最适 pH 值为 5，最适温度为 50℃。

（2）生产活性成分（γ-氨基丁酸、阿魏酸）

γ-氨基丁酸（γ-aminobutyric acid，GABA）是一种重要的功能性非蛋白质氨基酸，具有镇静神经、抗惊厥、促进睡眠、降血压、抗衰老、调节动物食欲、改善肝脏、肾脏功能、预防肥胖、防止动脉硬化和皮肤老化等多种功能。微生物发酵法是以谷氨酸或其衍生物（谷氨酸钠或富含谷氨酸的物质等）为原料，利用酵母菌、乳酸菌和曲霉菌等食品安全微生物发酵制得 GABA，微生物发酵法相对化学合成，具有反应条件温和、成本低、产物高以及安全食用性好等特点，但要得到高性能的菌株比较难。啤酒糟中谷氨酸和谷氨酰胺含量丰富，是生产 GABA 廉价优质的原料。张徐兰等[21]从市售腐乳中筛选出红曲霉菌种 MP1104，通过对发酵条件的优化，得出了装瓶量 35g、发酵温度 26℃、发酵周期 8.08d 的最佳发酵条件，GABA 产量为 0.1743mg/g。

阿魏酸是一种有机酚酸，具有抗氧化、抗血栓、降血脂、调节人体免疫功能等作用。由于阿魏酸与多糖、木质素相互交联构成细胞壁的结构，所以通过微生物发酵，关键是找到分泌较多将阿魏酸释放出来的阿魏酸酯酶的菌株，阿魏酸酯酶将阿魏酸与多糖、木质素之间的酯键打断。目前真菌、细菌和酵母都能分泌阿魏酸酯酶，然而在分泌阿魏酸酯酶的同时还分泌一些降解阿魏酸的酶系，所以要加强菌株的选育工作，筛选出能够生产高性能的阿魏酸酯和分泌较少或不能降解阿魏酸酯酶的菌株。欧仕益等[22]利用黑曲霉能够产生多种复合酶体系来发酵麦麸，表明固态发酵优于液态发酵，但由于黑曲霉同时能够产生分解阿魏酸的酶，故产物的得率并不高；程珊影等[23]从土壤中筛选出高性能的放线菌，优化发酵条件得到反式阿魏酸的释放率最高为 25.38%。

（3）生产复合氨基酸营养液

生产复合氨基酸营养液是以啤酒糟为主要原料（添加其他辅料和啤酒废酵母），采用多菌种混合发酵生物工程技术，利用微生物体内的纤维素酶、淀粉酶将原料中的纤维素和淀粉降解成能被微生物吸收利用的糖，使之生长发育，再分泌多种蛋白酶的过程。

李娜等[13]通过醇-碱法进行蛋白质提取的研究，对影响蛋白质提取的因素如醇碱比的选择、提取温度、提取时间及提取料液比等条件进行了正交试验。确定了获得最大提取量的条件，即以醇、碱比为1：2作为提取剂，提取温度30℃，提取时间为70min，提取料液比为1：30。

李睿等[24]以啤酒工业废糟渣为原料，采用两种霉菌进行液态混合发酵制备复合氨基酸，对如何提高培养过程中霉菌纤维素酶活力、从而提高麦糟蛋白质利用率进行了研究。发酵试验发酵液中游离氨基酸含量为2688.5mg/100mL，游离氨基酸含量占水解氨基酸的77.7%。

（4）生产乳酸

乳酸是一种重要的有机酸，乳酸、乳酸盐及其衍生物广泛应用于食品、医药、化工等领域。将湿啤酒糟烘干至含水量为10%左右，再进行机械粉碎，过20～40目筛子筛分后，采用0.80%硫酸，固液比1：11，浸泡原料10h后，于121℃下预水解90min。用2.0%的氢氧化钠调预水解物pH值至4.0左右后，添加0.20%（质量分数）左右的纤维素酶，于50℃酶解5h，得到还原糖含量为8.82%的啤酒糟酶解液。将此酶解液pH值调节到6.0左右，于55℃下采用分批补料的发酵方式进行控制发酵，添加5.0%的碳酸钙，可得到乳酸产量为80.75g/L的发酵液[25]。

5.3.2.2 饲料业

（1）高蛋白饲料

利用啤酒糟为基本原材料进行混合菌种发酵，可得到菌体蛋白饲料。以啤酒糟为主要原料，通常采用曲霉和酵母菌混合发酵技术，利用微生物体内的各种酶系协同作用，使霉菌将啤酒糟中禽畜不易消化吸收的复杂的大分子化合物、成分纤维素和蛋白质转化成单糖和各种氨基酸，这些营养基质生长繁殖被酵母吸收利用，使酵母菌菌体大量增殖，增加啤酒糟的蛋白含量，合成了营养价值高、适口性好的蛋白饲料。通过固态发酵啤酒糟生产蛋白饲料，增加啤酒糟营养物质的含量和多样性，有利于动物对啤酒糟的消化、吸收，优化了动物对啤酒糟食用口感。进行发酵啤酒糟饲料生产，在提高蛋白质含量方面，多菌株联合发酵要优于单一菌株发酵；在菌株的选择上，通常采用曲霉属和酵母进行联合发酵，曲霉属菌株常用木霉和黑曲霉，酵母有产朊假丝酵母、酿酒酵母；在辅料方面，一般为麸皮、玉米芯、豆粕、秸秆等粮食类废弃物。在不添加辅料的情况下，混菌发酵后可将啤酒糟的粗蛋白提高到35%，其中真蛋白提高11%，粗纤维降低2.05%，氨基酸占粗蛋白的94.1%。这样不仅可以变废为宝、减少污染，而且可以将原本作为粗饲料添加的啤酒糟变为精料，即高营养含量添加剂，饲喂效果也比较理想。郭建华等[26]报道了以糖糟和啤酒糟为原料，按糖糟70%、啤酒糟30%比例配料，接入酵母菌，固态法发酵60h，发酵温度30℃生产蛋白饲料。结果表明，每克发酵基质中可得酵母95亿个。发酵基质粗蛋白从25%提高到36%，得到了粗蛋白含量很高的优质蛋白饲料。

（2）单细胞蛋白

以啤酒糟为主要原料，经霉菌、酵母菌等多菌种混合发酵，可转化为营养丰富的单细胞蛋白饲料。发酵后的啤酒糟蛋白饲料其蛋白质质量分数提高到35%以上，粗蛋白提高10%～15%，氨基酸及B族维生素都有不同程度的提高，含有多种活性因子，具有较高的生物活性，消化吸收率高，具有较高的营养价值。在饲喂奶牛的实验中，用1kg的发酵啤酒糟蛋白饲料替代9kg的未加工处理的新鲜啤酒糟，每头牛每天多产奶315g，其经济效益相当可观。啤酒糟菌体蛋白饲料的开发，既缓解了我国蛋白质资源短缺，又降低了生产单细胞蛋白的成本，极大地增加了啤酒糟的利用附加值，是实现高效利用啤酒糟的重要途径，同时是啤酒糟资源开发的必然趋势。

5.3.2.3　工业中的应用

（1）乙醇

目前，世界传统化石能源的供给日益紧张，燃料乙醇作为一种新型的可再生、清洁能源，得到许多发达国家的关注和重视。我国对燃料乙醇的需求量日益增加。国内生产燃料乙醇主要利用糖质原料和淀粉质原料生产燃料酒精，原料成本高。而且粮食是人类赖以生存的重要战略资源，用粮食生产乙醇的发展规模将受到限制。因此，降低燃料酒精生产成本的一个选择是开发廉价的原料资源，寻求一种新的酒糟生物质利用途径。

利用酒糟生物质生产燃料乙醇还鲜有报道。宋安东等对利用酒糟为原料生产燃料乙醇进行了试验研究。结果表明，酒糟的燃料乙醇产率可达 4.03％以上。

（2）生物制氢

传统的制氢方法有电解水、烃类水蒸汽重整及重油(或渣油)部分氧化重整。电解水制氢是目前应用较广且比较成熟的方法之一，水为原料，制氢方程是氢与氧燃烧生成水的逆过程，因此只要提供一定形式一定的能量，则可使水分解成氢气和氧气。提供电能使水分解制得的氢气的效率一般在 75％～85％，其工艺过程简单，无污染，但消耗电量大，因此其应用受到一定的限制。目前电解水的工艺、设备均在不断地改进，但电解水制氢能耗仍然很高。烃类水蒸汽重整制氢反应是强吸热反应，反应时需外部供热。热效率较低，反应温度较高，反应过程中水用量过量，能耗较高，造成资源的浪费。重油氧化制氢重整方法反应温度较高，制得的氢纯度低，也不利于能源的综合利用。生物制氢与传统方法相比，有清洁、回收生物质能等许多突出优点，因而越来越受到重视。早在 18 世纪后期，就发现有些藻类和微生物可以通过光合作用或发酵作用产生氢气。但直到 20 世纪 70 年代，生物制氢的实用性才得到重视。到了 20 世纪 90 年代，当人们认识到消耗化石燃料造成的大气污染对全球气候的变化会产生显著影响时，世界再次把目光聚焦在生物制氢技术上。世界上许多国家和地区对生物制氢技术给予了空前的重视和支持。现有的生物制氢技术主要是光合生物制氢和厌氧菌发酵制氢两大类型。张高生等以牛粪堆肥为天然厌氧产氢微生物来源，经简单处理后，将含处理过的啤酒糟或玉米秸秆的模拟废水转化为清洁能源——氢气，实现了生物能的回收和减少有机固体废弃物排放的双重目的。

（3）沼气

目前，有些啤酒厂利用细菌对啤酒糟进行沼气发酵，产生的沼气用作燃料，大大降低了能源消耗，为啤酒糟的处理找出了一条新通路。利用啤酒糟发酵沼气，1t 啤酒糟可以发酵生产 23m³ 的沼气，1m³ 的沼气燃烧相当于 0.8kg 煤燃烧的热值。沼气发酵的上清液，尚可提取维生素 B，底层糟渣可作肥料。

（4）甘油

啤酒糟是含淀粉质(多糖化合物)的原料，淀粉水解的单糖分子在酿酒酵母存在下进行好氧发酵，可生成甘油。丁琳等以啤酒糟为原料，经酶法糖化，再经亚硫酸盐诱导进行甘油发酵，在最佳发酵条件下，产品收率可达 11.9％。

5.3.2.4　农业中的应用

（1）生物农药

化学农药长期使用会使害虫产生抗药性，同时也对生态环境造成污染和破坏。为了保护环境，消除化学农药的危害，研制和开发新型绿色农药——生物农药成为农药领域新的追求。生物农药具有安全、无毒、无残留、不易产生抗药性和对生态环境无污染的特点，使用生物农药可以达到保护环境，消除化学农药危害的目的。陶玉贵等[27]探讨了以啤酒糟为主要原料进行固态发酵生产生物农药的方法，结果表明，最适发酵培养基为：啤酒糟1kg，玉米粉15g，豆粕180g，磷酸二氢钾2g；最适发酵条件为：原料含水量60%，发酵温度30℃、pH值为7.5，培养时间56h。这种通过发酵生产生物农药的方法和条件还有待进一步研究和优化。

（2）栽培食用菌

啤酒糟是一种良好的食用菌栽培原料，它的营养成分适合平菇、鸡腿菇、金针菇等菌丝生长，既可以降低食用菌生产成本，又可解决环境污染问题。邵伟等[28]对啤酒糟进行了栽培金针菇的试验，结果表明，用啤酒糟完全可以代替棉籽壳、木屑等栽培金针菇。该文研究了啤酒糟配合酒糟培育高产平菇的方法，一般81d菌丝长满袋，52d左右出菇。

参 考 文 献

[1] 刘旭，钟红燕，袁茂强，等．糟渣类高湿物料干制工艺和设备的研究［J］．中南林业科技大学学报，2009，29(2)：123-127.

[2] 王家林，王煜．啤酒糟的综合应用［J］．酿酒科技，2009(7)：99-102.

[3] 姚晓玲，曾莹．啤酒糟产饲用木聚糖酶提取工艺的研究［J］．饲料研究，2007(5)：73-75.

[4] 李兰晓，杜金华，商曰玲，等．黑曲霉固态发酵啤酒糟生产纤维素酶的研究［J］．食品与发酵工业，2007，33(6)：61-64.

[5] 李兰晓．黑曲霉(Aspergillus niger sp.)固态发酵啤酒糟生产纤维素酶及其酶学性质与发酵产物的研究［D］．泰安：山东农业大学，2008.

[6] 陈健旋．麦糟及废酵母酿造酱油的研究［J］．闽南师范大学学报(自然版)，2001，14(3)：60-63.

[7] 李青竹，覃文庆，柴立元，等．酯化改性麦糟对Pb(Ⅱ)的吸附特性［J］．中国有色金属学报，2013(4)：1152-1159.

[8] 邹正，陈力力，王雅君，等．基于通径分析酶解啤酒糟提取蛋白质［J］．食品工业科技，2012，33(6)：225-229.

[9] 唐德松，何元哲，李冰，等．啤酒糟醇溶蛋白酶法水解及水解产物的抗氧化研究［J］．食品与发酵工业，2010(2)：85-89.

[10] 赵华，王虹，任晶，等．响应面法提取玉米醇溶蛋白的工艺优化［J］．食品研究与开发，2012，33(5)：38-40.

[11] 蔡俊，邱雁临．碱法提取啤酒糟中蛋白质的研究［J］．湖北工业大学学报，2001，16(2)：60-62.

[12] 郭健，邱雁临，许剑秋．碱法提取麦糟蛋白的影响因素研究［J］．粮食与饲料工业，2001(11)：44-45.

[13] 李娜，李志东，李国德，等．醇-碱法提取啤酒糟中蛋白质的研究［J］．中国酿造，2008，2008(5)：60-62.

[14] 卢虹，邱雁临．风味蛋白酶对啤酒糟中蛋白质酶解条件的研究［J］．酿酒，2003，30(2)：59-60.

[15] 吴会丽，王异静，张丽叶．酶法水解啤酒糟提取蛋白质的研究［J］．酿酒，2006，33(6)：70-72.

[16] 肖连冬，李慧星，臧晋，等．酶水解麦糟蛋白制备可溶性肽工艺研究［J］．南阳理工学院学报，2009，1(6)：56-59.

[17] 蔡俊，邱雁临．木瓜蛋白酶水解啤酒糟中蛋白质的研究［J］．西部粮油科技，2002，27(3)：38-40.

[18] 郑晓杰，牟德华．膳食纤维改性的研究进展［J］．食品工程，2009(3)：5-8.

[19] 夏杨毅，鲁言文．提高豆渣膳食纤维的可溶性改性研究进展［J］．粮油加工，2007(7)：120-122.

[20] 曾莹，熊志刚，李彦．固态发酵啤酒糟产木聚糖酶的菌种筛选及其产酶条件研究［J］．中国酿造，2005，(4)：28-31.

[21] 张徐兰，郑岩，吴天祥，等．MP1104固态发酵啤酒糟生产GABA的初步优化培养［J］．酿酒科技，2008(5)：105-107.

[22] 欧仕益，陈喜德，符莉，等．利用黑曲霉发酵麦麸制备阿魏酸、肌醇和低聚糖的研究［J］．粮食与饲料工业，2003(5)：31-32.

[23] 程珊影，李夏兰，陈志燕，等．放线菌降解麦糟释放阿魏酸的发酵培养条件优化［J］．华侨大学学报(自然版)，

2010，31(1)：53-57.

[24] 李睿，邱雁临．利用啤酒工业废糟渣发酵复合氨基酸的研究［J］．武汉轻工大学学报，2001(4)：17-19.

[25] 邵荣，余晓红，刘珊珊．利用啤酒麦糟进行L-乳酸生产的研究［J］．食品科学，2008，29(8)：467-470.

[26] 郭建华，窦少华，邱然，等．利用糖糟与啤酒糟生产蛋白饲料的研究［J］．饲料工业，2005，26(21)：48-50.

[27] 陶玉贵，项驷文．啤酒糟固态发酵生产生物农药条件的优化［J］．安徽工程大学学报，2002，17(2)：17-19.

[28] 邵伟，熊泽，周媛．酒糟料栽培金针菇初探［J］．食用菌，2000，(4)：25.

推广柠檬酸废渣替代天然石膏

6.1 柠檬酸工业概况

1784 年，瑞典化学家 Scheele 从天然柠檬汁中首次成功结晶分离出柠檬酸；1880 年，Grimoux 和 Adam 采用甘油化学合成了柠檬酸；1893 年，Wehmer 发现微生物可利用糖类介质生长并繁殖产生柠檬酸，并将之公布于众，为微生物发酵法生产柠檬酸的发展奠定了基础。

1923 年，英国 Pfizer 公司首次采用浅层表面发酵法成功生产出柠檬酸，该公司发展到20 世纪中期，又研发了深层发酵法，使柠檬酸的生产规模扩大，产量也逐年增长。20 世纪40 年代初我国开始了柠檬酸的研究，60 年代后期在科研工作者的带动下，我国开始了柠檬酸小规模的生产。我国物产丰富，结合柠檬酸生产原料的不同结构特点，研发和培育了优良的产柠檬酸菌种，并不断改进生产工艺，形成了具有中国特色的以薯干粉为原料的独特生产工艺。到 2003 年，我国柠檬酸的产量达 45 万吨，出口量约 30 万吨，创汇近 2.36 亿美元，柠檬酸的产量和贸易量均居世界第一位[1]。

6.1.1 柠檬酸的性质及用途

6.1.1.1 柠檬酸的性质

柠檬酸又名枸橼酸，英文名 Citric Acid，学名为 2-羟基-1，2,3-丙三羧酸，是一种有机弱酸，分子式为 $C_6H_8O_7$，结构式如图 1-6-1 所示。

图 1-6-1　柠檬酸分子式

（1）柠檬酸的物理性质

在室温下，柠檬酸为无色、无臭、极酸味的半透明晶体或白色结晶粉末，易溶于水和乙醇，难溶于有机溶剂，无旋光性。柠檬酸从不同温度的水溶液中析出，形成不同形态的晶体，在热水中结晶生成无水柠檬酸，在冷水中结晶则生成一水柠檬酸。一水柠檬酸分子量为 210.14，属斜方晶系，在常温下稳定，温和加热至 70℃易失水形成无水结晶，温度达 135℃ 以上可完全熔化。在正常湿度的空气中柠檬酸晶体是稳定的，但在潮湿空气中易潮解，两种晶体易吸湿而结块；而干燥的空气中，一水柠檬酸会失去水分；在真空条件或有浓硫酸存在时，其失水速度会大大加快。

（2）柠檬酸的化学性质

柠檬酸属三羧酸类化合物，在加热条件下易分解成多种产物，如顺乌头酸，当加热温度高达 175℃ 可分解为二氧化氮、水和粉末状物体。同时，柠檬酸也是一种较强的三元有机酸，具有一般多元酸的通性，可与众多碱金属阳离子形成相应的一元盐、二元盐、三元盐。从柠檬酸的分子结构看，羟基和三个羧基的同时存在使柠檬酸作为一种多配位基的配位体，可与铜、铁等金属形成可溶性的螯合物。18℃ 时柠檬酸的一级、二级、三级解离常数分别是 $8.2×10^{-4}$、$1.8×10^{-5}$ 和 $3.9×10^{-6}$。柠檬酸易被过氧化物、过硫酸盐、次氯酸盐、高锰酸盐和二氧化锰等多种氧化剂氧化，例如：在不同反应温度条件下，柠檬酸与高锰酸钾反应后生成物截然不同，在反应温度低于 35℃ 时，二者反应生成丙酮二羧酸；而反应温度高于 35℃ 时，柠檬酸与高锰酸钾反应则可生成草酸、甲醛等物质。

（3）柠檬酸的生理性质

天然柠檬酸在自然界中分布广泛，除在植物、果实中大量存在，也是一种普遍存在于各种生命细胞的中间代谢产物，在动物的骨骼、肌肉、血液中包括人体的组织及体液中也存在。柠檬酸是将人体的脂肪、蛋白质及糖类代谢为二氧化氮这一过程中的重要化合物，并在其反应过程中为人体提供能量。人体血清中柠檬酸含量约为 1mg/kg 体重，人每天从尿液中排出的柠檬酸为 0.2～1.0g。

6.1.1.2 柠檬酸的用途

柠檬酸酸味可口、安全、无毒，成人和婴儿均能将其完全分解，此外其溶解性好，具有调节酸碱平衡，对金属离子有螯合作用等特点，常作为酸味剂和抗氧化剂广泛应用于传统食品和饮料工业中。随着科技的发展和科研工作的深入开展，20 世纪 70 年代后柠檬酸在更多行业领域广泛应用，特别为化工、纺织及畜牧业生产带来革新[2]。

（1）食品和饮料行业的应用

柠檬酸及其钠盐、钾盐在各种食品与饮料中应用广泛。柠檬酸酸味温和爽快，可改善食品、饮料的感官性状，增进食欲，促进人体钙、磷的消化吸收，因此常作为调味剂加入到糕点、乳制品、果酱、葡萄酒及各种饮料中；同时柠檬酸也作为抗氧化剂添加于食用油中；在海产品、罐头水果行业，柠檬酸的加入可调节酸碱度，并具有抑制微生物生长，延长保存期的功效。

（2）工业和农业方面的应用

柠檬酸在工业生产中，特别是化工、纺织行业应用广泛。柠檬酸是众多化学分析试剂的重要组成部分；柠檬酸盐作为增效剂广泛应用于日用品和洗涤液行业中。如柠檬酸钠可降解，能螯合硬水离子，去污效果明显，更重要的是代替磷酸盐加入到洗涤液中，不仅解决了磷酸盐富集造成藻类过量繁殖，破坏生态平衡的问题，更重要的是环保，安全。在纺织行业一直存在着甲醛污染的问题，衣物中的甲醛威胁人体的健康，借助柠檬酸和改性柠檬酸生产的无甲醛防皱整理剂，不仅能降低纯棉衣物缩水率，且成本低廉。

柠檬酸及其盐类等作为饲料添加剂广泛应用于畜牧业行业中。将柠檬酸及其铵盐按比例混合于动物饲料中，它们与肥料中的微量元素铁、铜、锌等反应形成可溶性的螯合物，可提高动物的日增重量、改善肉质，增强抗病能力及成活率。

（3）医药方面的应用

在临床医药方面，柠檬酸是多种药品的原料。由于柠檬酸根离子可与凝血过程必需的钙离子形成难解离的可溶性络合物，进而阻碍血液凝固，因此在输血或化验时常作为体外抗凝药物；柠檬酸及其盐类在许多药品中，可作为酸化剂调节控制 pH 值，同时螯合金属离子，确保药物的稳定性和抗氧化性。此外，柠檬酸铁铵可作为补血剂；柠檬酸还具防止和消除皮肤色素沉淀的作用；柠檬酸在 80℃ 下具有良好的杀菌功能，可用于血液透析管中的细菌芽孢灭菌。

（4）其他方面的应用

我国煤炭行业生产中缺乏有效的烟气脱硫工艺，导致了大气污染日趋严重，利用柠檬酸和柠檬酸盐缓冲液可提高二氧化硫的吸收率，其性质稳定，安全可行，是极具开发价值的脱硫吸收剂。

柠檬酸广泛应用于化妆品行业，如护肤品、染发剂等加入适量的柠檬酸，可适度调节酸碱值，同时避免产品质变；此外，柠檬酸及其盐类还在锅炉清洗业、石油工业及陶瓷等工艺加工过程中广泛应用。

6.1.2 柠檬酸的工业生产方法

6.1.2.1 柠檬酸的生产方法

（1）天然果物提取法

从天然植物、果实中分离提取柠檬酸是最早期制取柠檬酸的方法。此法将未成熟的柠檬、柑橘压榨出果汁后，与石灰均匀混合，再用硫酸处理生成柠檬酸钙，进而制得不含杂质的柠檬酸溶液，之后经浓缩结晶制得柠檬酸产品。此法在微生物发酵法尚未出现前持续了大约 50 年的时间，其成本高，产量低，后逐渐退出柠檬酸生产行业。

（2）化学合成法

19 世纪 80 年代，在实验室首次成功化学合成了柠檬酸。丙酮合成柠檬酸是化学合成法中较为常用的方法之一，其原理为丙酮经过溴化生成二溴丙酮，再与氢氰酸反应，水解后得到柠檬酸。到目前为止，关于柠檬酸化学合成方法众多，包括使用奎尼酸甲脂水溶液合成，甲醛与异丁烯反应合成等，但是化学合成法普遍存在的问题是：反应过程复杂，且绝大多数使用有毒试剂。所以至今，化学合成法制得柠檬酸的工业化生产受到公众的质疑。

（3）微生物发酵法

柠檬酸是世界发酵产业中产量最大的产品之一，约 90% 的柠檬酸都是利用黑曲霉液体深层发酵制得。

1）发酵机理　目前，发酵生产柠檬酸的原料主要有薯类、玉米和糖厂的副产物糖蜜；此外，工农业加工过程中所产生的废渣、废液，如甘蔗渣、酒糟、纸浆废液等也可回收作为发酵生产柠檬酸的原料，它们经过水解转化为低聚糖后，再发酵合成柠檬酸。生产柠檬酸的微生物菌种主要有霉菌和酵母菌，如黑曲霉、热带假丝酵母等，但在工业生产中使用最多的菌种为黑曲霉及其驯化和诱变的菌株。

微生物发酵制得柠檬酸是发生在生物体内的一个复杂的生化反应过程。其机理是：葡萄糖首先经过糖酵解（EMP 途径）转化为丙酮酸，丙酮酸进一步氧化脱羧生成乙酰辅酶 A，乙酰辅酶 A 与丙酮酸羧化生成的草酰乙酸在柠檬酸缩合酶的作用下反应生成柠檬酸并进入三羧酸循环中，柠檬酸是微生物代谢过程的中间产物，此时由于得不到必需的辅酶，乌头酸酶和异柠檬酸脱氢酶活性受到抑制，从而使柠檬酸得以大量累积。

2）发酵方法　微生物发酵生产柠檬酸的方法一般有 3 种。

① 液体表面发酵，又称浅盘发酵法。此法将糖原料与一定量的无机盐混合成液体培养基，并放置于不锈钢的浅盘中，经消毒灭菌后，在液体表面接种黑曲霉的孢子。浅盘一层层堆放于发酵室内，占地面积大，发酵不均一。

② 固体发酵。固体发酵法是将原料与微生物菌体吸附于固体支持物上，原料中的可发酵成分被微生物充分利用，代谢生成柠檬酸，之后浸出提取液。此法的工艺设备简单，原料来源广泛。

③ 液体深层发酵。液体深层发酵法是将原料集于密闭大型发酵罐中，灭菌冷却后将培养好的菌体接种于发酵罐内，通过搅拌使菌体均匀分布于液体介质中，采用机械自动化控制罐体的反应温度、pH 值、通气量等条件，使菌体在最适的发酵条件下进行代谢，高产柠檬酸。此法占地面积小，产量大，是目前世界上生产柠檬酸的最主要方法。

6.1.2.2　发酵法中柠檬酸的分离提取方法[3]

（1）柠檬酸发酵液的组成

原料经微生物代谢后得到的柠檬酸发酵液呈褐色，成分复杂，发酵醪液中除含目的产物柠檬酸外，还含有原料中未被利用的蛋白质，残糖及营养盐，此外还有一定量的菌丝体和发酵副产物等多种杂质。

（2）发酵液中柠檬酸的分离提取方法

去除发酵液中杂质，分离提取柠檬酸纯品的方法主要有钙盐提取法、溶剂萃取法、离子交换吸附法、膜分离法和色谱分离技术。

1）钙盐提取法　又称石灰-硫酸法，是一种传统的从发酵液中提取有机酸的方法。它的原理是利用柠檬酸钙不溶于水，而溶于酸的特点。首先过滤发酵液，之后于上清液中加入大量的石灰乳或碳酸钙，它们与液体中的柠檬酸反应生成柠檬酸钙并沉淀，然后进行固液分离，再将柠檬酸钙经硫酸酸解，得到柠檬酸水溶液，再经脱色，去除阴、阳离子后，将提取液浓缩，结晶，最终得到纯品柠檬酸。钙盐提取法的工艺流程如图 1-6-2 所示。

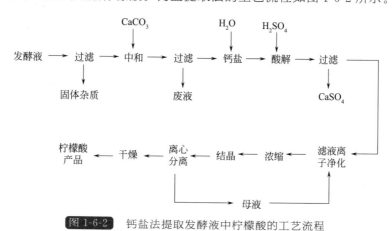

图 1-6-2　钙盐法提取发酵液中柠檬酸的工艺流程

钙盐提取法优势是工艺成熟、设备简单、产品质量稳定，被国内众多柠檬酸生产厂普遍采用。但随着环保意识的增强，此法生产产生大量"三废"，生产过程耗能大，总吸收率低的问题日趋显著。因此，应用广泛的钙盐提取法越来越不适应当前柠檬酸生产行业的需求，但近些年，随着机械自动化在柠檬酸工业的发展，不断有新的技术和设备应用于柠檬酸固体废弃物的循环利用方面，使得钙盐提取法在柠檬酸行业的应用仍具有顽强的生命力。

2）溶剂萃取法　20世纪70年代，我国就开始了溶剂萃取技术提取柠檬酸的研究。溶剂萃取法分离提取柠檬酸的原理是利用柠檬酸在萃取剂中的溶解度特点，将柠檬酸与发酵液中其他杂质分离，再提高温度条件下，用水将溶剂相中的柠檬酸进行反萃取，使得柠檬酸溶解于水中，之后经离子交换、蒸发、结晶，得到纯品柠檬酸。为确保柠檬酸的高效分离，在实际生产工艺中采用多级萃取法，即萃取和反萃取过程都采用连续多级逆流工艺，使有机相和水相充分接触，其萃取收率可高达90％。溶剂萃取法的工艺流程如图1-6-3所示。

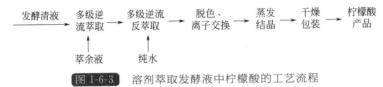

图1-6-3　溶剂萃取发酵液中柠檬酸的工艺流程

溶剂萃取法制得柠檬酸的特点是分离效果显著、回收率高、废渣量小，但萃取剂的使用多以有机胺类为主，包括三月桂胺、N,N-二烷基酰胺、三烷基氧磷和石油亚碱等非胺类物质，这些萃取剂均有一定的毒性和异味，因此生产出柠檬酸产品安全系数低，不能满足食品和医学方面的应用要求。

3）离子交换吸附法　20世纪70年代起，离子交换吸附法开始应用于发酵液中柠檬酸的分离提取。它的原理是利用有机高分子树脂的高选择性离子交换特点，有效地从处理后的发酵液中提取柠檬酸及其盐类。我国柠檬酸提取工艺中所用的树脂主要为阴离子交换树脂，常用的型号有M型、D301型、D315型等，绝大多数是叔胺和吡啶官能团的弱碱型树脂。其工艺流程是首先将发酵液过滤，然后用离子交换柱交换吸附，之后用氨水洗脱，再用阳离子交换柱转型，最后进行活性炭脱色、除杂、浓缩和结晶，得到纯品柠檬酸。

离子交换吸附法的特点是工艺简单、耗能低，回收率高。但在吸附交换过程中产生大量的废液，并且树脂的使用寿命有限，如果经常更换填充物则形成大量固体废弃物，因此研发高效、耐用、易回收的离子交换树脂是推广该工艺工业化的关键。

4）膜分离法和色谱分离技术　膜分离技术是兼有分离、浓缩、纯化和精制功能的一门跨学科的新兴技术。其原理是在分子水平上将不同粒径分子的混合物通过半透膜时实现选择性分离。膜分离法的反应条件温和，具有高效、节能、环保等优点，因此发展前景广阔。近些年，在有机酸发酵生产行业中，膜分离技术备受关注，已经开展了分离提取工艺的研究和应用。

目前，从精原料（葡萄糖）发酵工艺中利用模拟移动床连续色谱分离和提取柠檬酸的工艺在国外也有所应用，但精原料成本高，所以我国用于柠檬酸生产的原料基本为粗原料，其成分复杂，易造成色谱柱污染堵塞等问题，因此，色谱法工艺在我国还未能实现工业化生产。

6.1.3　柠檬酸工业的历史和国内外产业现状

6.1.3.1　柠檬酸工业的历史

柠檬酸的主要生产方式有3种：a. 从天然植物水果中提取柠檬酸；b. 采用化学合成法制得柠檬酸；c. 采用微生物发酵方法制得柠檬酸。在柠檬酸工业大规模生产中，由于从柠檬酸含量高的水果，包括柠檬、苹果、藤黄果、橘子等中提取天然柠檬酸，其原料成本高而造成的工业化实现产值小等问题，使得采用天然植物水果提取柠檬酸工业化道路并不乐观；工业化生产柠檬酸的化学合成法，其原料有丙酮、二氯丙酮或丙烯酮，由于工艺复杂，成本高，最重要的是安全性低，因此在工业化生产中也不多见。

生物发酵法制得柠檬酸是目前柠檬酸工业生产中应用最广泛且产量高的一种生产方式，早期的柠檬酸发酵有浅盘表面发酵法和固体发酵法，在实践过程中，通过技术、设备改革发展为深层通风搅拌发酵，从而解决了占地面积大，耗劳动力大，产能低等问题。目前，柠檬酸深层通风发酵法采用不锈钢罐体，机械搅拌通风，使得微生物在玉米浆、糖蜜发酵液等发酵原料中均匀分布，提高菌体细胞代谢生产柠檬酸，进而实现了高效发酵与机械自动化操作的结合，也将柠檬酸深层通风搅拌发酵大力度地投入于大规模的工业生产中。

20世纪60年代，我国天津工业微生物所和上海工业微生物所首次采用木薯为原料发酵生产柠檬酸，筛选并培育出具有耐高糖、耐高柠檬酸的高产菌株，实现了工业化生产，进而带动了全行业的发展，之后在科研人员的努力下，选育了适合不同原料的耐高糖、耐高柠檬酸、耐金属离子、耐高温的高产柠檬酸菌株；同时，我国研发的高浓醪液发酵工艺也日益完善并向全球推广，使得黑曲霉柠檬酸产生菌进行深层高浓醪液发酵逐渐成为当今柠檬酸生产发展的主流技术，也推动我国迅速成为柠檬酸生产大国。

6.1.3.2 柠檬酸国内外产业现状[4]

（1）国际柠檬酸行业概况

目前柠檬酸的生产厂主要集中在中国、美国和欧洲等国家，其中中国的柠檬酸产量市场占有率为50％以上，其次分别是奥地利、美国、荷兰，其柠檬酸市场占有率大约分别为12％、11％、5％（表1-6-1）。我国因柠檬酸生产工艺技术先进、劳动力成本低廉等原因，柠檬酸产量处于世界领先地位，成为柠檬酸主要生产国和出口国。我国柠檬酸生产技术的不断进步和产品质量的持续提高，确保了我国柠檬酸在国际市场上强劲的竞争力。近十余年，部分国外大企业受世界经济危机的影响和行业成本方面的压力，选择退出柠檬酸市场，如2003年Akitva柠檬酸生产商停掉其在捷克的所有柠檬酸生产设施；2005年美国ADM公司停止其在爱尔兰的柠檬酸生产厂；2006年Solaris公司关闭了其在印度的柠檬酸生产厂，之后Tate&Lyle公司也关闭了其在墨西哥的工厂；2009年DSM关闭了其在中国无锡的柠檬酸生产厂。

表 1-6-1　全球柠檬酸企业产能及市场占有率

制造国（企业）	产能/t	市场占有率％
中国（金禾、丰原等）	1000000	53.33
奥地利（Jungbunzlauer）	240000	12.80
英国（泰莱美国工厂）	140000	7.47
美国（ADM）	120000	6.40
美国（嘉吉）	90000	4.80
荷兰（帝斯曼）	100000	5.33
泰国	100000	5.33
以色列（GADOT）	35000	1.87
其他	50000	2.67

注：数据来源：发酵工业协会有机酸分会。

目前，世界最大的柠檬酸进口国是德国和美国，年进口量分别约为 10 万吨和 8 万吨。2007 年在国际经济危机的影响下，外部需求量的降低导致了我国柠檬酸出口量大幅度下滑，2008 年之前美国是我国柠檬酸出口的主要目的国，其年进口量高达 6 万吨，但随着美国对我国柠檬酸出口商进行的反倾销和反补贴调查，并征收高额的倾销和补贴税率，使得我国出口美国的柠檬酸数量急剧下降。2009 年国际经济形势的复苏，我国的柠檬酸出口量也快速回升，当年印度成为我国第一柠檬酸出口市场。2010 年，我国柠檬酸出口量达 85 万吨，超过世界贸易总量的 1/2，主要出口到欧洲、日本等地。目前，中国作为世界上最大的柠檬酸出口国，年产能已经超过 100 万吨，约占世界的 53%（图 1-6-4）。

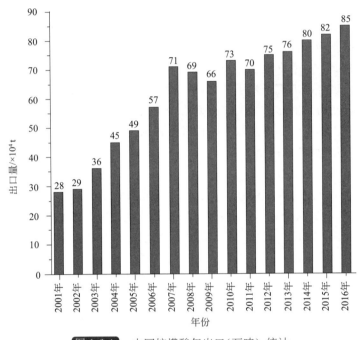

图 1-6-4　中国柠檬酸年出口（万吨）统计

（2）我国柠檬酸行业概况

90 年代初，我国柠檬酸企业遍布全国各地，数量多达 120 余家，但是各柠檬酸厂的规模、生产技术、产品质量参差不齐，经过数年的市场经济调整与改革，从 2003 年开始，激烈的竞争和企业规模的壮大发展迫使部分小企业逐渐退出柠檬酸市场，柠檬酸企业数量到目前锐减了 80% 以上，而存活的企业规模得到迅速扩大，行业资本集中。2001 年全国柠檬酸总产能只有 45 万吨，发展到今天产能超过 100 万吨，柠檬酸企业产能大幅度提高。目前，我国柠檬酸年产能约占世界的 70%，年产量约占世界的 65%，中国是全世界最大的柠檬酸生产国。

根据国家环境保护部 2009 年第 62 号文件公告，现在全国有 23 家柠檬酸（盐）生产企业达到环保要求，可进行柠檬酸（盐）的生产与出口工作，其中 15 家企业坐落于山东省、江苏省，其余 8 家分布于山西、湖南、湖北、安徽、云南、甘肃和新疆七省、自治区。23 家企业中规模较大的有潍坊英轩、日照金禾、安徽丰原、山东柠檬、宜兴协联、黄石兴华等，2010 年柠檬酸产量合计占全国产量的 90% 以上。从 2010 年我国柠檬酸产品海外市场分布的情况可知（见图 1-6-5），我国拥有一批企业规模大，产品质量好的柠檬酸生产厂家，它们分别是日照金禾、潍坊英轩、安徽丰原和山东柠檬等企业。

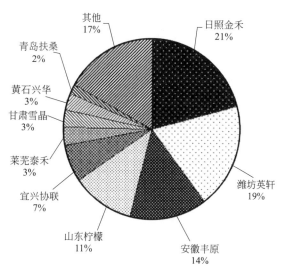

图 1-6-5 2010 年我国柠檬酸生产企业出口量占全国出口总量比例（数据来源：中国海关）

6.2 柠檬酸废渣的资源化利用

2005 年 7 月我国发布了《国务院关于加快发展循环经济的若干意见》文件，标志着我国循环经济工作全面启动。这是以"减量化、再利用、资源化"为原则，提高资源利用效率为核心，促使资源利用由"资源-产品-废物"模式转向"资源-产品-废物-再生资源"的循环模式，尽可能减少资源消耗和环境成本，实现可持续的社会经济与自然生态系统相和谐的发展路线。

柠檬酸废渣资源的再利用正是符合循环经济的发展要求。工业化生产造成大量的废渣不仅占用土地，而且易造成环境污染。如柠檬酸废渣得到有效处理及加工，不但可以增加企业的副产物产值，而且也避免了破坏环境的隐患。在国家政策方针的指引下，企业加大配合力度，与科研人员共同开发与改造，将柠檬酸废渣资源再利用得以实现。事实证明，柠檬酸废渣可替代天然石膏、生产饲料、种植蘑菇、制备壳寡糖等，在建筑、农业和食品等领域均能有效应用，既节约矿物资源，又能实现资源再利用和循环经济，走可持续发展的产业道路。

6.2.1 柠檬酸废渣来源及发生量

在柠檬酸工业化生产过程的发酵液中分离提取柠檬酸时，目前广泛应用的钙盐提取法将形成含大量硫酸钙的固体废弃物即柠檬酸废渣，又称柠檬酸石膏。据统计，2010 年我国柠檬酸产量高达 100 万吨，如用钙盐法提取柠檬酸理论上每生产 1t 柠檬酸可产生 1.34t 副产物柠檬酸废渣，因此在经济迅速发展和环保意识增强的今天，寻求柠檬酸废渣变废为宝的工艺技术迫在眉睫。

6.2.1.1 柠檬酸废渣来源

（1）钙盐提取柠檬酸技术

我国柠檬酸生产的主要工艺步骤包括原料粉碎、生物发酵、提取及精制、包装 4 个步骤（图 1-6-6），通过生物发酵的方法制得粗柠檬酸液后采用钙盐法提取柠檬酸，过滤后于发酵上清液中加入石灰(碳酸钙或氢氧化钙)，中和反应后得到柠檬酸钙、水和二氧化碳；再经过浓硫酸酸化反应，将柠檬酸钙转化为硫酸钙和柠檬酸，之后经过脱色置换得到纯柠檬酸液，在此生产过程中产生大量的硫酸钙即是柠檬酸废渣。

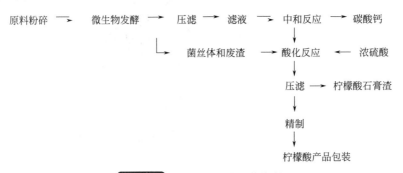

图 1-6-6　钙盐提取法工艺流程

柠檬酸生产过程中的酸化反应方程：

$$Ca_3(C_6H_5O_7)_2 \cdot 4H_2O + 3H_2SO_4 + 4H_2O \longrightarrow 2C_6H_8O_7 \cdot H_2O + 3CaSO_4 \cdot 2H_2O$$
　　四水柠檬酸钙　　　　　硫酸　　　　　　　　粗柠檬酸液　　　　二水石膏

（2）柠檬酸的"三废"处理技术

柠檬酸工业化生产中的"三废"问题一直备受关注，大量污染物的存在遏制了企业发展壮大的步伐，但同时也坚定了柠檬酸企业及相关科研人员解决问题的决心。面对巨大的挑战，在一些优秀企业和科研人员的共同开发下，柠檬酸生产中的"三废"问题被治理。

柠檬酸工业生产带来的污染物主要有废液和固体废弃物。废液中含有大量的有机物和氨氮等，它们的富集可引起水生生物的过度繁殖，进而因缺氧大量死亡，使得水质变臭，水环境恶化。通常废液的处理采用预处理-厌氧-好氧的方法进行，经生物滤池处理后 90% 以上可循环利用，其余水质全部达标可排放，此外，废液处理过程中产生沼气也可作为能源使用；柠檬酸生产的固体废弃物主要有菌丝体和硫酸钙废渣。废弃的菌丝体中含有蛋白等多种营养物质，将废水处理产生的沼气作为菌丝体的动力能源，将其烘干后可用作饲料出售；硫酸钙可经过高温加压过滤后作为水泥添加剂出售。综合以上分析和处理方法，设计出柠檬酸污水治理 IC 厌氧技术，不仅解决了"三废"污染问题，也形成了"废水—沼气—发电—蛋白饲料"的资源再利用、循环经济生态产业链，实现了柠檬酸企业的废弃物零排放，副产物高产值的生产目的。

"三废"处理技术的推广和节能减排措施的实施，使得我国柠檬酸行业污染排放量逐年减少。据统计，2008 年柠檬酸全行业年化学需氧量(COD)产出量是 250724t，经治理后排放量达 5296t，去除率约为 98%；柠檬酸全年最终排入自然水体中的 COD 总量为 2281t，不足总产出量的 1%；全行业的废水处理站年产沼气 $1.254 \times 10^8 m^3$，相当于 $1.25 \times 10^5 t$ 原煤；全行业其他环保循环经济约合 5224 万元，行业总体取得了巨大的经济效益。

6.2.1.2　柠檬酸废渣产生量

在柠檬酸生产行业中，其提取工艺方法有钙盐法、离子交换法、溶剂萃取法等，近些年色谱分离技术等也逐渐在柠檬酸生产行业应用，尽管柠檬酸提取方法多样且技术不断创新，但在我国柠檬酸生产企业中钙盐提取法仍是主流技术。随着我国柠檬酸工业规模的扩大与增产，钙盐提取法造成的柠檬酸废渣的产量也逐年增长。

（1）我国柠檬酸生产技术水平

柠檬酸工业从 1999 年起进入快速发展期。1999 年柠檬酸行业平均产酸 12.3％；发酵生产周期 64.97h；总收率为 77.5％，到 2008 年，我国柠檬酸行业平均产酸 13.92％；发酵生产周期 60.03h；总收率为 88.05％，当年日照金禾生化集团产酸可达 14.69％，宜兴协联生化可将发酵周期缩短为 54.98h，而山东柠檬生化的总收率超过 90％；柠檬酸的生产技术指标发生翻天覆地的变化。

经十多年发展，我国柠檬酸生产技术、原料、能耗和水耗指标都取得了较大进步。对比 1999 年柠檬酸产业，2008 年粮耗、电耗、汽耗和水耗分别为 1999 年的 93.6％、54.7％、49.3％和 19.7％。

（2）柠檬酸废渣的产量

我国柠檬酸原料多以粮食为主，经生物发酵和提取纯化制得纯品。在提取工艺中，依靠化学原理将有机酸从混合液中置换出来再进行一系列提纯浓缩结晶，最终得到纯度较高的有机酸。柠檬酸石膏就是在复分解反应过程中产生的副产物，这个反映属不可逆反应。理论上每生产 1t 柠檬酸可产生 1.34t 副产物柠檬酸石膏，由于部分杂质和水分的存在，实际每吨柠檬酸产生约 2.4t 废渣石膏，折合干渣近 1.6t。据我国发酵产业协会统计得到，目前我国的柠檬酸产量超过 100 万吨，其中柠檬酸生产中近 90％企业采用钙盐法提纯柠檬酸，故全行业副产物柠檬酸废渣（含水）总计约合 160 万吨，副产物石膏的密度约为 $1.6t/m^3$，含水量约为 45％～50％。

6.2.2　柠檬酸废渣性质

6.2.2.1　柠檬酸废渣的成分

石膏包括软石膏和硬石膏两种矿物质。软石膏又称二水石膏，是二水硫酸钙，分子式为 $CaSO_4 \cdot 2H_2O$，理论成分是 CaO 为 32.6％，SO_3 为 46.5％，含水率为 20.9％。硬石膏为无水硫酸钙，分子式为 $CaSO_4$，理论成分是 CaO 为 41.2％，SO_3 为 58.8％，其密度为 2.8～$3.0g/cm^3$。自然环境里，在一定的地质条件下，这两种石膏可相互转化。

柠檬酸废渣之所以被称为柠檬酸石膏，正是因为其成分与天然石膏成分相近（表 1-6-2）。通过对柠檬酸废渣进行化学成分分析和 X 射线荧光光谱分析，测定和确定了废渣中的 CaO、SO_3 及其他金属氧化物含量。柠檬酸废渣的主要成分是 $CaSO_4 \cdot 2H_2O$，其 SO_3 的含量为 45％～48％，同时含有 SiO_2、Al_2O_3、Fe_2O_3、MgO 等杂质。

表 1-6-2　天然石膏与柠檬酸石膏成分对照表

类型	CaO/%	SO₃/%	结晶水/%	密度/(g/cm³)
软石膏	32.6	46.5	20.9	2.3
硬石膏	41.2	58.8	0	2.8～3.0
柠檬酸石膏	约 30	45～48	11～25	约 2.87

6.2.2.2　柠檬酸废渣成分的理化性质

柠檬酸废渣中的石膏以两种形态存在，分别是二水石膏和半水石膏。不同企业的柠檬酸废渣中两种形态石膏含量不同，是由于柠檬酸反应温度不同所致。柠檬酸在 80℃以下，形成二水石膏，为针状结晶；当温度达 85～95℃时，其成分为二水石膏和半水石膏的混合物；随着温度的升高，半水石膏比例加大；当温度达 95～100℃以上，则形成半水石膏和无水石膏的混合物；温度上升到 140℃ 以上时，形成无水石膏。

纯净的二水石膏无色透明，有纤维状、针状、片状等晶体形态；具玻璃光泽，性脆易断，相对密度 2.3；在加热条件下，可排除结晶水，形成半水石膏。半水石膏晶体属单斜晶系，晶体无色或白色，呈显微针状或块状，相对密度 2.55～2.76g，具微膨胀性。

柠檬酸生产工艺中，在将硫酸钙过滤分离时，由于二水石膏的针状结晶易折断，造成坚实的滤饼难于过滤，而半水石膏是片状结晶，形成的滤饼较疏松，易于过滤和洗涤。因此，在实际生产中通常将反应温度控制在 80～90℃，使生成半水石膏的比例相对增大。

目前，国内柠檬酸厂生产的副产物柠檬酸石膏主要成分是二水石膏，纯度 95％ 以上，此外含有一定量的残酸和菌丝体等，使得其 pH 值约为 3.8～4.5；柠檬酸含水分约 40％～50％，经过压滤工艺等处理后其水分约为 20％，细度较细，色泽多呈灰白色，但因有黏土、有机质等混入，部分柠檬酸石膏渣呈灰、浅黄或褐色，其主要的成分为二水石膏（$CaSO_4 \cdot 2H_2O$），伴有一定量的半水石膏（$CaSO_4 \cdot \frac{1}{2}H_2O$）和微量的金属氧化物等。

6.2.2.3 柠檬酸废渣积累存在的隐患问题

柠檬酸行业废渣的积累和排放主要面临以下问题：

（1）浪费土地资源

若产生含水分 50％ 的固体废弃物，每万吨废渣约占地 0.45 万立方米，以年产 10 万吨的柠檬酸企业为例，则需要 4.5 万平方米土地用于存放废渣。

（2）污染环境

柠檬酸石膏渣除含有石膏成分，还含有少量的有机物及残酸。有机物长时间堆放可散发酸臭气味，污染大气环境；而残酸伴随废渣水分，逐渐深入土壤，易造成腐蚀和水体污染，如在较热气温下，逐渐蒸发酸腐气息，将破坏大气环境。

（3）危害人体健康

柠檬酸石膏渣一般堆放于露天场地，随着天气的变换（如刮风、下雨），易造成粉尘飘落，厂区卫生环境破坏的同时，工人健康也受到威胁。

（4）限制企业发展

柠檬酸石膏渣的长期大量堆放，如不能及时解决，企业的环境保护工作和产品质量保证工作难以进行；企业面对废弃物填埋处理费用的逐年上升，其负担越来越重，如废渣长期存放，企业的发展也将处于尴尬境地。

6.2.3 柠檬酸废渣的资源化利用

柠檬酸副产物石膏目前还没有被合理有效地利用，长期积累造成的诸多问题，使得柠檬酸废渣资源化利用迫在眉睫。

在国家大力开展循环经济试点工作中，2007 年新疆天业集团率先投入到柠檬酸废渣综合利用的研究中，成为第一批的试点单位，组建了相关科研队伍，开始系统学习并走访同类厂家。企业充分利用资源特点，在提高石膏产品质量的基础上，逐步形成柠檬酸废渣转化为建筑原料的生产模式，开辟一条可持续发展的循环经济之路。

6.2.3.1 柠檬酸废渣综合利用的可行性分析

柠檬酸废渣石膏化学成分与天然石膏相近，只要采用合理的工艺，即可实现柠檬酸废渣石膏的资源化利用。

柠檬酸废渣中的主要成分是二水石膏和半水石膏，其中二水石膏含量可达 90% 以上。石膏加入到水泥生产中，可对水泥起到缓凝作用，同时还能提高水泥的早期强度，降低干缩变形，增强耐蚀性、抗冻性、抗渗性等性能；此外，天然石膏生产石膏砌块、石膏粉、石膏板材等，其产品要求相对较低，而粉刷石膏用量以每年 20% 的速度递增，可将柠檬酸石膏加工后应用于此，柠檬酸石膏代替天然石膏生产粉刷石膏的前景广阔。柠檬酸石膏中的二水石膏在高温条件下可脱去水分，生成无水硫酸钙，可在医疗、食品等领域应用。

柠檬酸石膏替代天然石膏的应用，无论在理论上还是技术上是完全可行的。近年来，我国经济飞速发展，环保意识日益增强，研发并采用适宜的工艺、设备和处理方法消除不利的影响因素，将柠檬酸石膏转变为一种质优廉价的再利用资源，不仅实现循环经济，更符合国家未来的发展方向。

6.2.3.2　柠檬酸废渣的应用前景[5]

利用柠檬酸石膏替代天然石膏符合国家产业政策，既可达到减排、利废、环保的目的，又可创造一定的经济效益。目前，我国柠檬酸废渣资源的开发与利用已在建筑、农业、食品医疗等领域广泛应用。

（1）在建材方面的应用

由于建材行业对石膏纯净度和色泽度要求较高，一般需要精制再加工，而柠檬酸石膏渣多含有矿物杂质，使得色泽参差不齐，含水分还较高，使得其未能广泛应用。自 2005 年，新疆某柠檬酸厂就开始攻克柠檬酸石膏渣在建筑领域的应用项目，并成功将石膏渣综合应用在水泥缓凝剂、建筑行业的代替使用上。

1）水泥缓凝剂　在发达国家，天然石膏的 80% 用于建筑制品，而水泥工业用量相对较少。我国作为世界上水泥的最大生产国，却是石膏企业的最大消费者。首先供应水泥厂的天然石膏要求 SO_4^{2-} 含量超过 35%，而柠檬酸石膏渣中 SO_4^{2-} 含量稳定在 46% 左右；其次有机酸本身就是水泥的缓凝剂，利用这两个特点，柠檬酸废渣可作为水泥缓凝剂应用。

首先去除废渣中多余的水分，同时控制柠檬酸石膏渣的粒度，然后与水泥熟料混合后，精磨达到细度要求即为水泥成品。试验证明，用柠檬酸石膏渣生产的硫铝酸盐水泥，与天然优质石膏生产的产品相比，其性能相当，水泥的水化速度相似。

2）石膏粉、石膏板和墙体砌块　在建筑领域中，石膏粉和石膏墙体材料的生产技术较为成熟，其产品性能要求相对较低，而我国粉刷石膏用量逐年递增，因此开发柠檬酸石膏生产建筑用石膏粉、石膏板等，市场广阔，且产品有较高的利润和较好的经济效益。

柠檬酸工业副产物石膏中尽管含有一定量的有机酸和杂质，但二水石膏（$CaSO_4 \cdot 2H_2O$）含量较高，去除不利成分影响后具有较强的石膏特性，可作为优质的生产原料，经回转炉高温处理等程序，成为粉刷石膏和生产石膏墙体的最佳材料。

3）石膏晶须　晶须结晶时，能以原子结构排列且高度有序，其内部存在的缺陷甚少，其强度接近于材料原子间价键的理论强度，是近乎完整的晶体。晶须复合材料中最为重要的增强组元，主要用于性能优异的复合材料的生产。硫酸钙晶须的机械强度大，在材料破裂过程中能起到缓放作用，有效抑制裂纹扩展，因此可作为生产树脂、涂料、造纸的增强剂或功能型填料的原料，也可用于摩擦材料、密封材料、保温及阻燃材料等。

制备硫酸钙晶须的主要原料是天然石膏，充分利用柠檬酸石膏与天然石膏相近的特点，可考虑用此替代天然石膏，生产性能优良、价格低廉、绿色环保的石膏晶须（纤维硫酸钙）。目前，国内仅有少数企业进行了试生产，未来市场发展潜力巨大。

（2）在农业方面的应用

1）堆肥　石膏是用作配制菌类堆肥的材料之一，可用于增加营养。天然石膏粉在堆肥中的用量一般为干重的 0.8%～1%。将柠檬酸石膏经水洗、脱水、烘干等程序处理后，其成分及性能与天然石膏相近。

柠檬酸石膏处理后，可完全代替天然石膏加入堆肥中，不仅提高培养基中硫、钙的含量，减少培养基中氮素的损失，加快培养基中有机质的分解，而且促进肥料中可溶性磷、钾的释放效果与天然石膏作用相近，其用量也与天然石膏相当。

2）土壤改良　目前，土壤环境受到废水、有机肥、废弃物、化肥、酸雨等污染日益严重，土壤中重金属滞留时间长，不被微生物降解，如经水或植物等介质传递，最终还将影响人类健康，因此对土壤重金属进行解吸治理势在必行。

土壤修复技术常用的改良剂有石灰、沸石、硅酸盐、促还原作用的有机质和烟气脱硫石膏等。童泽军等研究表明脱硫石膏可使滩涂围垦土壤中重金属含量降低，各重金属的可交换态解吸率均达 50% 以上，说明烟气脱硫石膏对土壤重金属解吸效果显著。柠檬酸石膏和脱硫石膏在本质上无区别，经处理后可完全达到和脱硫石膏在土壤重金属解吸方面相近的效果。

3）单细胞蛋白饲料　柠檬酸废渣中除含有石膏成分，还含有丰富的蛋白质和具有营养物质的菌体细胞，如能加以利用和加工，可用于生产高级单细胞蛋白饲料。

经研究证明，以柠檬酸废渣为主要原料，添加适量辅料后，用于酵母菌或混合菌体固态发酵，可提升其粗蛋白含量，活菌细胞数，增强香味，提高了可被动物利用的活性蛋白和饲料营养价值。

（3）在食品方面的应用

1）添加剂　在食品行业中，无水硫酸钙可用于豆制品工业，作为面团性质改性剂、酵母激活剂、豆制品凝固剂、胶凝剂、干燥剂等；食品原料谷类钙含量较低，因此还可作为一种经济的钙源补充剂应用于传统烘焙、发酵行业中；此外，添加于蔬菜罐头、人工甜味果冻和啤酒生产中，不仅可改善其口感，还能延长上架时间。

柠檬酸石膏以二水石膏和半水石膏为主。将其进行高温烘干可制得无水硫酸钙应用于食品行业，或用于填充与食品接触的塑料制品中，提高塑料的拉伸强度和冲击强度，增加体积。

2）食用菌栽培　柠檬酸废渣属酸性，含有一定的蛋白等营养物质，用于食用菌栽培技术中，可作为钙、硫复合矿物肥料，调节培养基的酸碱度。在平菇栽培技术中，将废渣中加入适量的石灰中和酸度，添加棉籽壳等高纤维物质，提高培养基的营养成分和通透性，低温发酵的菌体生长良好，菌盖较肥厚。

3）食物纤维素　食物纤维是不易被人体消化分解的重要食物之一，其预防和控制成人疾病的作用日趋明显。目前，国内外多用麸皮、玉米皮、谷壳等原料制得食物纤维素。

我国学者许剑秋等采用柠檬酸发酵残渣为原料，通过生物化学方法，提取食物纤维素。提取工艺包括过滤、酶解、软化、洗涤脱水和干燥粉碎等步骤，得到的食物纤维素源对比美国产品的指标相近，但原料的不同使其色泽偏重、蛋白含量偏高，因此在未来发展中还需对脱色与除菌体等工艺进行深入探讨。

（4）在医疗方面的应用

在医药领域中，药用级硫酸钙广泛应用于药物载体和石膏绷带生产中，同时也作为钙源补充剂代替化学纯试剂使用。柠檬酸石膏经加工处理可生成高质量的二水硫酸钙、无水硫酸钙和半水硫酸钙，应用于医疗方面。

（5）在造纸行业的应用

近些年，纸浆价格的不断攀升，为扩大利润空间，积极研发造纸技术是降低造纸生产成本的一种有效途径。

经研究表明，将柠檬酸石膏改性处理制得的硫酸钙添加于造纸生产中，产品体现出优异的强度性能。因此积极开发柠檬酸石膏的改性技术，将为造纸行业经济效益扩大迎来新的曙光。

6.3 柠檬酸废渣生产石膏技术

柠檬酸废渣是柠檬酸生产的副产物，每年生成 1t 柠檬酸就能产生 2.4～2.8t 废渣，我国柠檬酸生产厂家众多，年产废渣量超过 10 万吨，废渣中的残酸及微量元素等污染环境，也危害健康。

柠檬酸废渣资源的利用将有效地解决废渣的污染等问题，目前，柠檬酸废渣应用最广泛，且实现工业化生产的途径是将其应用于建筑行业。以柠檬酸废渣代替天然石膏生产半水石膏等技术，在理论上和实际生产中都是可行的；在此基础上，依据柠檬酸石膏特性，完善工艺，改进设备，小磨试验扩大至工业化生产，将其作为主要原料用于水泥缓凝剂、粉刷石膏、石膏天花等生产中，实现了低成本、低耗能、优质量、高效益的目标。

6.3.1 柠檬酸废渣生产石膏技术的原理

6.3.1.1 柠檬酸废渣生产石膏的可行性分析[6]

柠檬酸石膏渣主要由二水石膏和半水石膏组成，其成分与天然石膏相近，如表 1-6-3 所列。

表 1-6-3 某厂柠檬酸石膏与天然石膏成分含量对照表

类型	CaO	SiO$_2$	Fe$_2$O$_3$	Al$_2$O$_3$	MgO	结晶水
天然石膏/%	32.5	45.63	0.24	0.21	0.57	20.9
柠檬酸石膏/%	29.52	38.68	0.14	0.14	1.06	11.02

在建筑行业，熟石膏($CaSO_4 \cdot \frac{1}{2}H_2O$)加水调节，可释放大量热能，并逐渐膨胀凝固成具有多孔的固状硬块，因此除了在建筑行业外，在雕塑铸模和骨科医用方面也应用广泛。硬石膏($CaSO_4$)其水化硬化慢，在利用其制备新型建筑材料时，必须进行活化激发，提高水化速率，除作水泥配料、土壤改良剂外，常用于混凝土膨胀剂和特种水泥的制备。

在自然界中，一定地质和温度条件下，二水石膏、半水石膏、硬石膏可相互转化，根据这一规律，通过技术创新改革与机械自动化设备相结合，将柠檬酸废渣中的二水石膏生产为半水石膏、硬石膏等并精制，从而实现工业废渣转化成可利用资源，不仅有效解决废渣占地问题，提高环境质量，也为我国经济走可持续发展道路打下良好基础。

6.3.1.2 柠檬酸废渣生产石膏的原理

在 $CaSO_4$-H_2O 系统中主要有五相七态，分别是二水石膏($CaSO_4 \cdot 2H_2O$)、α 型和 β 型半水石膏(α-$CaSO_4 \cdot \frac{1}{2}H_2O$ 和 β-$CaSO_4 \cdot \frac{1}{2}H_2O$)、$\alpha$ 和 β Ⅲ 型硬石膏(α-$CaSO_4$ Ⅲ 和

β-CaSO$_4$ III)、II型硬石膏(II-CaSO$_4$)和I型硬石膏(I-CaSO$_4$)。

石膏结晶形态通常为二水石膏(CaSO$_4 \cdot 2H_2O$)、半水石膏(CaSO$_4 \cdot \frac{1}{2}H_2O$)和无水石膏(CaSO$_4$)三种,三种形态的石膏结晶在一定条件下可以彼此转化。柠檬酸石膏渣经洗涤、漂白工序后,当反应温度达65℃时,二水石膏开始进行脱水反应,水蒸气温度逐渐升高,二水石膏缓慢发生脱水,当温度达到95~110℃时,二水石膏迅速脱去1.5个结晶水,逐渐生成半水石膏;在饱和蒸汽条件下,于蒸压釜中经过缓慢脱水制得的半水石膏为α-半水石膏,其结晶良好,粗大整齐且坚实,俗称高强石膏;而在不饱和水蒸气或加热干燥环境中,二水石膏经过迅速脱水则制成β-半水石膏,其比表面积大,结晶较细小,松散,呈片状有裂纹晶体。

二水石膏在一定温度条件下转化为半水石膏的理论方程:

$$CaSO_4 \cdot 2H_2O \xrightarrow{\triangle} CaSO_4 \cdot \frac{1}{2}H_2O + \frac{3}{2}H_2O$$

半水石膏在更高温度条件下,可继续发生脱水反应。当温度达到196℃以上,半水石膏于蒸汽流中脱水生成相应的可溶性硬石膏,其性质与对应的半水石膏较为相似;当温度超过350℃时,可溶性硬石膏则转化为不溶性硬石膏。

半水石膏在高温条件下转化为可溶性硬石膏的理论方程:

$$\alpha\text{-}CaSO_4 \cdot \frac{1}{2}H_2O \xrightarrow{\triangle} \alpha\text{-}CaSO_4(III) + \frac{1}{2}H_2O$$

$$\beta\text{-}CaSO_4 \cdot \frac{1}{2}H_2O \xrightarrow{\triangle} \beta\text{-}CaSO_4(III) + \frac{1}{2}H_2O$$

二水石膏加热至高温400℃以上时,完全失去水分子形成不溶性的硬石膏(CaSO$_4$),将其与适量激发剂混合磨细制成的无水石膏水泥,常用于制作石膏板和室内抹灰原料,其反应方程为:

$$CaSO_4 \cdot 2H_2O \xrightarrow{\triangle} CaSO_4 + 2H_2O$$

此外,二水石膏煅烧温度达800℃时,已失去水分子的部分硬石膏(CaSO$_4$)将被分解,得到氧化钙(CaO),经磨细后制得高温煅烧石膏,其硬化后具有高强度、耐磨性和防水性,是理想的石膏地板原料,其反应方程:

$$CaSO_4 \cdot 2H_2O \xrightarrow{\triangle} CaSO_4 + 2H_2O$$

$$CaSO_4 \xrightarrow{\triangle} CaO + SO_2 + O_2$$

柠檬酸废渣的主要成分二水石膏将基于以上反应原理,通过控制反应温度,设定工艺路线和改造设备,将工业废渣变成可利用资源。二水石膏(CaSO$_4 \cdot 2H_2O$)转化生成的熟石膏(CaSO$_4 \cdot \frac{1}{2}H_2O$)、硬石膏(CaSO$_4$)及氧化钙(CaO)等广泛应用于建筑、医学等行业。

6.3.2 柠檬酸废渣生产石膏的工艺流程

柠檬酸石膏渣中含有水分高达40%~50%,生产目的和设备不同使得石膏渣在投入生产前,有时需去除一定水分。如新疆某柠檬酸厂研制的石膏渣气流干燥系统,以确保石膏渣的水分和粒度符合水泥缓凝剂要求,2005年10月该厂投入生产的石膏渣经干燥后水分仅为原来的 6.64%。将其直接与水泥熟料混合，精磨达一定细度，即为水泥成品。烘干后的石膏渣松散、强度适中，用作水泥缓凝剂，不仅节省天然石膏资源，免去了天然石膏的加工破碎工序，而且在水泥实际生产中，质量效益明显，优势突出。

此外，在企业和科研人员共同开发下，还有将石膏渣用于生产建筑用半水石膏和无水石膏的工艺路线，实现资源循环利用，为企业创造更高产值。

6.3.2.1　柠檬酸废渣生产 α-半水石膏的工艺流程[7]

柠檬酸石膏渣所含的水分不同，使得在生产 α-半水石膏时，采用的设备和生产工艺有所不同。

（1）湿法制备 α-半水石膏

湿法制备 α-半水石膏，采用蒸压脱水法使二水石膏在饱和蒸汽压下缓慢脱水转晶成 α-半水石膏，然后再干燥、粉磨和炒制，制成 α-半水石膏成品。该工艺设备不适宜加工湿粉状柠檬酸石膏。其生产工艺如图 1-6-7 所示。

石膏渣 ⟶ 脱水 ⟶ 成型 ⟶ 蒸压釜转晶 ⟶ 粉碎 ⟶ 回转窑干燥 ⟶ 粉磨 ⟶ 包装

图 1-6-7　湿法制备 α-半水石膏工艺路线

柠檬酸废渣石膏通过自然风干降低其水分，成型后再于蒸压釜中，在饱和水蒸气压力下加热，混入适量转晶剂（小于 0.1%）或者复合转晶剂（无机钠盐，钾盐，铵盐等），进行缓慢脱水结晶，粉碎后装入回转窑内，加热脱水，粉磨制得 α-半水石膏粉成品。

（2）液相法制备 α-半水石膏

液相法又称水热法，其反应过程是将颗粒状石膏转向纤维状半水石膏的过程。目前，德国 BSH 公司是世界上知名的液相法生产高强度 α-石膏的工艺装备制造商。

柠檬酸石膏渣中含有水分较高，而液相法所采用的设备正适合湿粉状柠檬酸石膏的加工和生产，首先将湿粉状石膏和水混合制得悬浮液，输送至密闭反应釜，搅拌混匀后，在一定温度和压力下，转晶生成 α-半水石膏。液相法生产 α-半水石膏的工艺路线如图 1-6-8 所示。

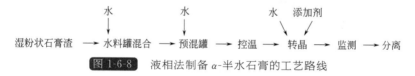

图 1-6-8　液相法制备 α-半水石膏的工艺路线

液相法直接利用湿粉状石膏渣，省去原技术中的天然石膏破碎、粉磨等工序。湿粉状石膏渣生产 α-半水石膏时，首先在水料罐中将石膏废渣与一定比例水混合，制得的混合泥浆通过加料传输系统送至液相生产系统的预混罐中，再添加一定比例热水，使料浆质量浓度达标后，控制其工艺温度，准备进行第一次晶体转化反应，在转晶转化器中，严格控制反应温度和压力，并添加水及一定量的添加剂，定时取样，于显微镜下观察晶体生成情况，检测晶体呈均匀针状，且无细小不规则颗粒物时，说明生成物基本上都是 α-石膏，之后将晶型较好的石膏料浆输送至离心分离机，在一定温度和热风条件下脱去大部分的水，干燥烘干后即得高强度 α-石膏晶体。

（3）α-半水石膏的性质与应用

柠檬酸石膏渣在加工、存储、晾晒过程中混有一定的杂质，致使生产的 α-半水石膏白度偏低，但是其优势特点明显。α-半水石膏结晶粗大、整齐致密，呈六方体。柠檬酸石膏制得的高密度高强度 α-半水石膏在电子显微镜下结晶完善，粗壮，其抗折强度、抗压强度等各项指标均符合行业标准，与天然优质石膏生产的同类产品指标近无区别。

柠檬酸石膏渣生产的 α-半水石膏性能优良，可作为粉刷石膏的原料，加入适量外加剂，配置的粉刷石膏具有凝结硬化快、黏结力强、体积稳定性好、质地细腻等优点，适用于强度要求高的抹灰工程、装饰制品及石膏板生产；可以加入防水剂，其制品用于湿度高的环境中；也可加入有机溶液，配成黏结剂使用。

6.3.2.2　柠檬酸废渣生产 β-半水石膏的工艺流程

通过选择合适的工艺流程，控制反应温度等条件，将柠檬酸废渣生产出建筑用 β-半水石膏。

（1）干法制备 β-半水石膏

干法是采用加热干燥法，将柠檬酸石膏渣预处理后，使二水石膏在不饱和水蒸气条件下，迅速脱水形成 β-半水石膏。其工艺如图 1-6-9 所示。

石膏渣 ➝ 洗涤 ➝ 漂白 ➝ 洗涤 ➝ 调节pH值 ➝ 干燥 ➝ 粉碎 ➝ 包装

图 1-6-9　干法制备 β-半水石膏工艺路线

采用天然石膏生产建筑石膏的工艺主要包含破碎、预粉磨、煅烧和储料输送四个环节。干法生产 β-半水石膏首先将废渣进行脱水预处理，采用水洗涤柠檬酸废渣，之后采用次氯酸进行漂白，调节其酸碱度后，于回转窑或机械炒锅中煅烧脱水，粉碎后制得 β-半水石膏（图 1-6-10）。

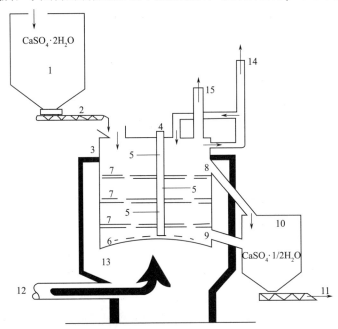

图 1-6-10　连续炒锅生产工艺流程

1—原料存储罐；2—入口输送带；3—锅体；4，12—进风口；5—进风管道；6—筛板；7—隔板；
8—上出料口；9—下出料口；10—产物存储罐；11—出口输送带；13—锅底；14，15—出风口

目前，国内较多企业选用此法制得石膏粉，选用不同煅烧设备对产品性能要求不同。国外普遍使用回转窑，严格控制反应温度，使得产品质量合格；国内企业则倾向于连续炒锅，认为回转窑生产产品质量不易控制。

（2） β-半水石膏的性质与应用

二水石膏在高温条件下煅烧为熟石膏，经磨细制成白色粉状的建筑石膏，其主要成分为

β-半水石膏。β-半水石膏晶体细小、体积松散。

以柠檬酸石膏渣为原料生产的β-半水石膏强度高,凝结硬化快,硬化后体积变化小,有较好的绝热、防火调湿等性能;质地洁白光滑,符合国家建材标准,常用于室内装潢粉刷和雕塑等领域;添加不同染料,可用于色彩鲜明的花饰装饰。

6.3.2.3 柠檬酸废渣生产纳米(超细)碳酸钙的工艺流程

碳酸钙粉体是重要的无机填料,广泛应用于塑料、橡胶、造纸、油墨、涂料、建材、医药、食品、电线电缆等众多行业。至今,我国碳酸钙生产企业已有 260 多家,轻质碳酸钙粉体生产能力近 200 万吨/年,并且正以每年 15% 以上的增长速度递增。目前轻质碳酸钙工业化生产工艺主要有:间歇鼓泡碳化法、连续喷雾碳化法、超重力反应结晶法等。上述碳酸钙生产工艺都伴随着严重的工业"三废"污染,每生产 1t 碳酸钙将排渣约 0.2t,排放废水 6~15t,排放二氧化碳约 1t。此外,每年因为生产碳酸钙而开山炸石导致毁掉好几座山,对生态环境具有一定的破坏作用。每年因为生产碳酸钙需要煅烧石灰,消耗了大量的能源。同时,我国每年工业副产品化学石膏不断增多,成为我国量大面广的固体废弃物,对环境的危害作用与日俱增,是我国急待处理的重要问题。如何利用这些化学石膏转化为活性轻质碳酸钙是资源综合利用的重要途径。

(1)超细碳酸钙生产工艺

用氨水和碳酸氢铵或氨水和二氧化碳处理石膏制备硫酸铵的生产工艺通常称为默斯堡格(Merseburg)工艺,至今已有近百年的历史了。恰文考肥料和化学品公司(FACT)对此进行了广泛的研究和开发,认为技术经济上是可行的,并在印度分别建立了日产 70t 和 300t 的硫酸铵生产装置。近 10 年来我国也有许多企业利用磷石膏为原料生产硫酸铵,并进一步将制备出的硫酸铵用于生产硫酸钾和农用复合肥的原料。

$$CaSO_4 \cdot 2H_2O(s) + NH_3 \cdot H_2O(aq) + NH_4HCO_3(s) \longrightarrow CaCO_3(s) + (NH_4)_2SO_4(aq)$$

但是,上述硫酸铵的生产工艺中是以磷石膏为原料,所制备的碳酸钙为粒径约 $30\mu m$ 的大颗粒,并且夹杂着一定的酸不溶性矿石杂质,没有明显地经济价值而被视作工业固体废弃物。采用优质化学石膏为原料,对石膏制备硫酸铵的生产工艺进行了改革,以制备活性超细碳酸钙作为目标产品,硫酸铵可作为副产品全部回收。"化学石膏制备活性超细碳酸钙生产工艺"与默斯堡格工艺的重要区别是目标产品不同,前者是碳酸钙,后者是硫酸铵。关键技术是控制反应条件使生成的碳酸钙颗粒均匀,粒径 $3\sim8\mu m$,并且碳酸钙的生成与活化同步完成,活化率大于 96%。其技术路线如图 1-6-11 所示。

柠檬酸石膏 ⟶ 自然风干1周 ⟶ 检验合格(主要为白度)(不合格需酸洗)⟶ 加分

散剂和碳酸氢铵研磨 ⟶ 加表面活化剂二次研磨 ⟶ 冷却 ⟶ 检验合格 ⟶ 包装出厂

图 1-6-11 柠檬酸石膏生产纳米碳酸钙技术路线

(2)超细碳酸钙的性质与应用

产品质量符合国家标准《工业活性超细碳酸钙 HG/T 2776—1996 指标和试验方法》。利用工业固体废弃物化学石膏为原料生产活性碳酸钙,充分合理地利用资源,节省能源,保护环境,实现我国政府一再倡导的可持续发展战略和循环经济的要求,具有十分明显的社会效益。同时,本项目属于绿色化工,没有废气废渣,废水量极少,活性超细碳酸钙生产成本远远低于碳化法,经济效益也十分明显。

纳米碳酸钙应用最成熟的行业是塑料工业，主要应用于高档塑料制品，用于汽车内部密封的 PVC 增塑溶胶。可改善塑料母料的流变性，提高其成型性。用作塑料填料具有增韧补强的作用，提高塑料的弯曲强度、弯曲弹性模量、热变形温度和尺寸稳定性，同时还赋予塑料滞热性。

6.3.3 柠檬酸废渣石膏的案例分析

目前，以柠檬酸石膏作为原料用于水泥缓凝剂、粉刷石膏等生产已经实现工业化。面对石膏价格上涨、企业成本上升，山东上联水泥发展有限公司小磨试验采用柠檬酸石膏替代二水石膏，并于 2001 年 10 月正式投入使用；2006 年新疆天业（集团）天辰化工有限公司采用柠檬酸渣 100％替代石膏进行水泥大生产试验，得出添加 3％～4％的电石灰以满足水泥生产工艺，实现了 100％替代；以某柠檬酸厂年产 1.8 万吨废渣计算，柠檬酸废渣资源的再利用使其节约占地约 0.04km²，年节约废渣处理费、环境污染处理费等合计 20 余万元；柠檬酸石膏价格低廉，以其替代天然石膏生产水泥，以年产 60 万吨水泥计算，年节约成本约 70 万元。

6.3.3.1 柠檬酸石膏废渣资源再利用案例分析

（1）水泥缓凝剂

水泥熟料添加一定量的石膏是为了控制成分铝酸三钙水化速度，延缓水泥凝固时间，有利于生产中的搅拌和施工；同时，还可提高水泥早期强度、降低干缩变形、改善抗冻抗渗性等。其技术路线如图 1-6-12 所示。

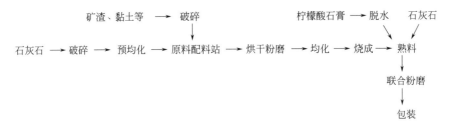

图 1-6-12　水泥缓凝剂生产工艺

首先对柠檬酸石膏成分进行分析，水泥生产中添加的天然石膏的规格 $SO_3 \geqslant 35％$，而柠檬酸石膏渣中 SO_3 含量维持在 40％～50％，因此完全可以替代天然石膏用于水泥生产；其次对其进行压滤工艺，去除废渣中多余的水分，将 40％～50％水分降低至 12％以下，检测柠檬酸石膏渣的粒度，再与石灰石混掺加入水泥熟料中（石灰石可避免因水分过多引起下料不畅和因酸度引起的水泥早期强度偏低的问题），混匀后进行联合粉磨，精磨达到细度要求后即为水泥成品。

柠檬酸石膏的物理性状较天然石膏更适合作水泥缓凝剂，采用自然干燥或气流干燥后得松散的颗粒，球状且强度适中，省去了天然石膏的开采、破碎等工艺，降低了人工、动力成本。采用柠檬酸石膏生产出的水泥产品品位高，抗折抗压性能良好。

（2）粉刷石膏

甘肃建材科研院等以某厂柠檬酸石膏渣为原料进行粉刷石膏的研究实验，首先对原料的化学成分和粒度进行系统分析，实验得出原料废渣中二水石膏含量约为 99％，混合粒度直径为 $17.99\mu m$，完全符合建筑石膏的生产要求。其次，根据 Lehmann 理论，充分分析目的石膏生产的适宜条件，制定正交实验方案。实验得出废渣中的柠檬酸对石膏形成和产品性能无影响，因此废渣可省去预处理程序，直接进行炒制；柠檬酸石膏在适宜脱水温度 200℃ 下制得 $\beta\text{-CaSO}_4 \cdot \frac{1}{2}H_2O$、Ⅱ型和Ⅲ型石膏混合体；而混合相粉刷石膏含半水石膏和Ⅱ型石膏，故对Ⅲ型石膏进行陈化处理，使与空气中的水结合，形成半水石膏；之后进行粉刷石膏应用试验，加入定量改性剂，得到针状晶体，结构致密；粉刷石膏性能优良，完全符合标准面层粉刷石膏的要求。其技术路线如图 1-6-13 所示。

石膏改性剂

柠檬酸石膏 → 离心脱水 → 炒制 → 混合相陈化 → 建筑石膏 → 混料机 → 包装

图 1-6-13　粉刷石膏生产工艺

用柠檬酸石膏生产的粉刷石膏为混合相建筑石膏，其纯度高、细度好，工艺适合工业化生产，产品质量符合相关标准要求。

（3）混合石膏粉

混合石膏是指 α-半水石膏和 β-半水石膏按比例混合制得的石膏粉。由于 α-半水石膏强度高、吸水率低，制陶浇注时膨胀率大；β-半水石膏干燥抗折强度低，制陶表面粗糙气孔多；因此需将二者按一定比例混合制作模具，现有应用的混合石膏粉中 α-半水石膏含量一般为 $25\% \sim 30\%$ 或 $40\% \sim 45\%$。

柠檬酸石膏含水量高、酸度高等特点使柠檬酸厂只能用其生产单一类型的半水石膏，且产品品位较低，使用范围有限。2012 年，于明华等发明了一步法生产混合石膏粉的工艺，挖掘了其潜在价值，扩大了应用领域。其工艺流程如图 1-6-14 所示。

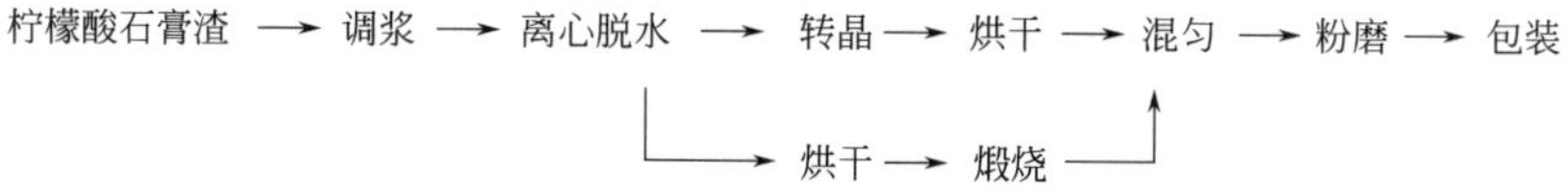

柠檬酸石膏渣 → 调浆 → 离心脱水 → 转晶 → 烘干 → 混匀 → 粉磨 → 包装
　　　　　　　　　　　　　　　　→ 烘干 → 煅烧 →

图 1-6-14　混合石膏粉生产工艺

一步生产混合石膏法，首先将柠檬酸废渣与水按比例混合，充分调浆后离心脱水，将脱水后物料（含水量约为 $15\% \sim 17\%$）分项处理，一部分输送至密闭蒸压釜中，进行蒸压转晶，再烘干制得 α-半水石膏；另一部分物料运输于烘干机，烘干后煅烧，制得 β-半水石膏；将 α-半水石膏和 β-半水石膏按比例混合送进球磨机中粉磨，包装成品。此工艺生产效率高、工艺步骤少，产品混合均匀、质量稳固。

采用柠檬酸石膏一步法生产混合石膏解决了混合石膏粉生产工艺复杂、耗能多、成本高等问题，并将柠檬酸石膏不仅应用于建筑低端产品，还应用于陶瓷磨具领域，增加了柠檬酸石膏的经济效益。

6.3.3.2　柠檬酸石膏废渣生产应用中的注意事项

柠檬酸石膏生产应用过程中，由于各厂柠檬酸石膏杂质含量有别，石膏渣生产选用的设备、温度等条件不同，使产品质量、纯度受到影响，因此，在实际生产中应注意以下常见问题，以提高产品质量。

（1）成分分析

柠檬酸废渣是工业废料，因此没有具体的质量指标要求；各柠檬酸厂所用原料和工艺的不同使得废渣成分有细微区别，因此在投入生产前必须进行成分测定，依据不同情况采取不同技术方案，进行小规模试验和预期分析。

（2）温度

石膏生产中最重要的是反应温度。目的产物不同，选择的温度范围不同。因此，在不同的生产设备和工艺中，还需探索最适反应温度。

（3）水分

不同生产设备对废渣水分要求不同。如适合蒸压釜设备生产 α-半水石膏的原料是含水分低的废渣块状石膏；而用于液相法生产 α-半水石膏的原料为湿粉状泥浆。此外，在生产工艺中，加入水调节的料液比对反应程度和成品质量也有一定影响，因此探索工艺路线和生产必须严格控制水分。

（4）时间

在实际生产中，无论采用何种工艺，即便确定了原料水成分和最适反应温度范围，在转晶和干燥过程中，都需严格控制反应时间。如受热时间过短，则成品百分比低，纯度低；如受热时间过长，则浪费能源，提高了生产成本。

6.4 柠檬酸废渣石膏的综合利用

6.4.1 柠檬酸废渣综合利用现状

工业副产石膏是指在工业化生产过程中排出的副产品石膏，包括各个行业所排出的如脱硫石膏、磷石膏、柠檬酸石膏、盐石膏、氟石膏、铜石膏等。

所有工业行业排出的各种工业废渣，今后应统称为"工业副产石膏"，这种称谓是比较科学的：一是大部分工业副产石膏都能利用，不再是废渣；二是它的确是各工业行业主产品以外的副产品，副产品也是产品，有利用价值。随着科学技术的发展，社会文明的进步，在以前被认为不能利用的"废渣"现都成为对社会有用的材料，我们的观念也与时俱进，不再称谓"化学石膏""废渣石膏"等名称。

我国是一个以大量消耗能源、自然资源发展经济的国家，虽然我国经济高速增长，但环境污染也越来越严重，人居环境也越来越恶劣，已经阻碍了我国经济的可持续发展。中央提出了"循环经济、可持续发展"的战略方针。影响环境的固体废弃物，其中包括各种工业副产石膏，对环境的影响以及可治理办法，是我们要密切注意和研究的重要课题。

6.4.1.1 柠檬酸石膏现状

柠檬酸石膏产量占工业副产石膏产量的第 3 位，是在生产柠檬酸过程中由碳酸钙中和硫酸而成，生产工艺不同，柠檬酸石膏颜色也不同，有白灰色、白色两种。全国约有柠檬酸厂家 20 余家，柠檬酸产量约 50 余万吨，产石膏废渣 100 余万吨。废渣中含有残硫酸，影响半水石膏的物理性能。

6.4.1.2 柠檬酸石膏的应用途径和办法

建材行业是"吃渣"量最大的行业，被誉为工业化的"清道夫"，是处理固体废弃物，实现循环经济的主力军。建工、建材行业主要产品有以下几个方面。

（1）水泥缓凝剂

代替天然石膏用于水泥缓凝剂，如果按目前全国水泥产量 10.2 亿吨计，预计消耗 4000 万吨，但不可能全部使用工业副产石膏。

（2）粉刷石膏

粉刷石膏包括各种腻子、黏结石膏，是消耗工业副产石膏的主导产品，使用面积大、用量多，按全国竣工面积 2.4 亿平方米计算，折成墙面为 6 亿平方米，每平方米使用 3kg，每年将消耗工业副产石膏 200 万吨左右。

（3）各种石膏制品

包括石膏砌块、条板、石膏砖等。石膏墙体材料是利用工业副产石膏的重要组成部分，今后我国将实行更加严格的"禁黏"政策，国家政策大力支持发展"非黏"制品，黏土制品逐步退出市场，高层建筑越来越多，给各种石膏墙体材料带来非常大的机遇和空间。

（4）纸面石膏板

纸面石膏板现在主要用于装饰装修工程。我国目前纸面石膏板仅有 10 亿平方米，年消耗天然石膏 70 万吨左右，可以全部用工业副产石膏来替代（现已有部分企业使用脱硫石膏）。目前我国纸面石膏板人均占有量只有 $0.77m^2$，距发达国家美国人均 $10.2m^2$ 还相差很远。如果过若干年后达到美国水平，那么纸面石膏板行业消耗工业副产石膏可达到 250 万吨左右。

（5）自流平石膏

自流平石膏目前在我国尚未得到大规模应用，但自流平石膏是一种非常具有发展前途的新型建筑材料，如果完全使用工业副产石膏，采用新技术，将生产成本降到 250～350 元/吨，自流平石膏可大规模在建筑工程中使用，年使用量可达到 300 多万吨。

（6）陶模粉

利用脱硫石膏，采用新技术生产陶筑用模具粉完全是可能的，有关科研单位已在做这方面的研究开发，如果这一目标实现，将可替代 40％的天然石膏，用量也将达到 60 余万吨左右。

6.4.1.3 技术研发支撑

（1）加大研发投入力度

柠檬酸石膏的循环利用，必须要有一定程度的技术研发作为支撑，才能更好、更快地实行循环经济。

柠檬酸石膏本身有许多特性与天然石膏不同，例如工业副产石膏高细度、高含水量、成分波动大、含有有害物质等，特别需要去研究和处理。要研究就要有投入，加大研发投资力度是非常重要的，可以通过政府各相关部门（科技部门、环保部门等）争取资金支持，也可自筹和与排渣企业合作，争取企业的支持，加大投入力度，使柠檬酸石膏的研究开发得到充分的资金支持。

（2）重点研究产业化技术

在柠檬酸废渣综合利用过程中，要研究各种新工艺、新技术，重点研发适合柠檬酸石膏特性的煅烧脱水设备、粉磨设备、环保设备、自控智能设备等，形成几个不同规模的成熟生产工艺线，这样才能适合发展的要求，规模过小，质量、污染、成本都不易控制。

（3）大力拓展柠檬酸石膏应用领域

柠檬酸石膏产量过大，如果仅限于目前我国对石膏材料的需求量，不能消耗掉过多的柠檬酸石膏，因此扩大柠檬酸石膏的应用领域和范围是至关重要的。尽可能多地使用柠檬酸石膏，并替代天然石膏，不断研发柠檬酸石膏的新产品，重点用于粉刷石膏、自流平石膏、水泥缓凝剂，替代天然石膏生产各种墙体材料，选用优质脱硫石膏用于陶模。在农业上用于改良农田、制作筑路材料、制作煤矿防瓦斯材料，制作石膏微纤维材料等，做到最大简量化。尽量减少柠檬酸石膏对环境造成的污染和破坏。我国目前虽有一些新产品，例如粉刷石膏、石膏墙体材料、自流平石膏，但目前用量不大，推广应用石膏新型建材，扩大用量也将是一项重要任务。

最有发展前途及用量巨大的领域有以下几方面。

1) 地墙材料 大力发展自流平石膏，根据国外经验，每平方米可消耗 4kg 自流平石膏，我国每年竣工建筑面积 23 亿平方米(2005 年全国经济普查数据)，如果全部使用可消耗工业副产石膏，将使用 160 万吨，减少水泥用量 200 万吨。

采用柠檬酸石膏作为原料，可大大降低自流平石膏的生产成本，对推广应用大有好处。自流平石膏在我国还未大量使用，如果能达到高流动度、低膨胀率、较好的强度，自流平石膏市场需求是巨大的。

在国家"禁实"政策的限制下，大力推进各种墙体材料的应用，充分利用工业副产石膏成本低，质量好的优势，与其他墙体材料厂家竞争，以占领更大的市场份额，最大限度地使用工业副产石膏。

2) 粉刷石膏 采用柠檬酸石膏的基料，使其售价降低到 250 元/吨以下，就具有与水泥基作为粉刷材料的竞争优势。粉刷石膏市场用量也是巨大的，目前我国粉刷石膏因生产成本较高，使用仅限于北京地区，其他地区只有少量应用。解决好粉刷石膏收缩裂缝，掌握好凝固硬化时间，采用混合相双组分结构，降低外加剂用量及成本，大规模应用在内墙粉刷上是完全可能的。

6.4.1.4 结语

柠檬酸石膏是我国在向工业化强国前进中必然遇到的一个不可回避的问题，也是一个必须要解决的问题，在中央提出的"循环经济、节约资源、能源和可持续发展"方针指引下，按照"减量化、资源化、再利用"的原则，我相信，依靠建材行业广大科技人员聪明才智，定能最大可能地解决好这些问题，为中国经济腾飞和可持续发展做出应有的贡献。

6.4.2 利用柠檬酸石膏生产建筑石膏粉的试验研究

随着化学工业的迅速发展，化学石膏的排放量逐年增加。主要的化学石膏种类有磷石膏、烟气脱硫石膏、芒硝石膏、氟石膏、盐石膏、柠檬酸石膏等品种，目前，我国的工业副产石膏资源非常丰富，利用其生产石膏建材对于环境综合治理意义非常重大。柠檬酸石膏是工业副产石膏的一个重要品种，我国年排放量约为 50 万吨，目前大多作为废弃物排放，造成严重的环境污染。柠檬酸的提取工艺一般采用钙盐法，每生产 1t 柠檬酸将产生 2.4t 柠檬酸石膏。

建筑石膏粉是一种新型装修材料，我国的建筑石膏是 90 年代初从德国引进的建筑石膏粉生产线开始发展起来的，近几年发展很快，产品的年需求量以 20%～30%的增长速度发展。

建筑石膏粉作为新型抹灰材料，具有以下优点：a. 生产能耗低，生产 1t 石膏胶结料所需的燃料比生产 1t 水泥所需的燃料要低 78%；b. 石膏制品的容重是黏土制品、水泥制品等传统建材制品容重的 70%；c. 石膏建材属于不燃体，耐火极限可达 2h 以上；d. 石膏建材具有吸收大气水分和释放湿气的独特"呼吸功能"，调节室内空气湿度，可提高居住的舒适感；e. 石膏是气硬性胶凝材料，其干湿循环引起的体积干湿缩值在胶凝材料中是最小的。

柠檬酸石膏其中存在残留的柠檬酸，用于生产粉刷石膏时，由于柠檬酸本身就是一种石膏缓凝剂，需要考虑残留柠檬酸对于石膏性能的影响。通过水洗工艺处理，可以消除柠檬酸对于石膏性能的影响，通过密封，可以防止柠檬酸的挥发。所以，制定水洗以及密封条件的试验方案来研究柠檬酸残留对于柠檬酸石膏的影响。

建筑石膏粉是通过改性剂制成的抹灰材料，目前的理论研究表明，依靠缓凝剂和半水石膏配制的建筑石膏粉，凝结硬化时间是跳跃式的，不利于施工操作，而采取混合建筑石膏粉，凝结硬化时间呈现连续性，施工效果比较好。二水石膏在常压下脱水，依照 Lehmann 的理论，随温度的变化石膏发生的晶型转变可以看出，制定的建筑石膏的烧结温度应在 120～240℃ 之间。

为了研究可能存在的柠檬酸残留对于建筑石膏性能的影响，制定出 4 种不同条件下不同脱水温度对石膏性能影响的正交试验，分别为是否先经过水洗处理和是否在密闭条件下脱水。试样应在试验前由 40℃ 干燥箱中烘至恒重。封闭方式为装入铝制密封盒，脱水设备为 101-2 型干燥箱，温度波动为 1℃，脱水时间均控制为 6h，封闭陈化时间均控制为 24h，稠度控制为 1805mm。

经不同脱水温度对于柠檬酸石膏的影响表明，柠檬酸石膏的适宜脱水温度为 200℃，比普通天然石膏适宜的 150～180℃ 的炒制温度要高一些。在这一温度下，根据 Lehmann 的理论，由于石膏的进行转换是一个连续过程，所以石膏呈现出的晶相结构应该为 β-$CaSO_4 \cdot \frac{1}{2} H_2O$、Ⅲ-$CaSO_4$、Ⅱ-$CaSO_4$ 的混合体。建筑石膏粉所需的是半水石膏和Ⅱ型无水石膏，Ⅱ型无水石膏也称可溶性无水石膏或慢凝无水石膏。Ⅲ型无水石膏为脱水半水石膏，其晶相结构与原半水石膏相同，Ⅲ型无水石膏与空气中的水分相遇会很快水化成半水石膏，为不稳定相。混合相石膏中存在的Ⅲ型无水石膏会导致粉刷石膏性能的不稳定性。主要表现为：当缓凝剂采用相同掺量时，每批粉刷石膏的凝结时间都有所不同。原因是半水石膏中的Ⅲ型无水石膏在石膏水化过程中起到了促凝作用。Ⅲ型无水石膏经陈化处理后和空气中的水结合变成半水石膏，从而制造出由半水石膏和Ⅱ型石膏组成的混合相石膏粉。

采用连续式炒锅在 200℃ 温度条件下，对柠檬酸石膏进行炒制脱水制得建筑石膏粉。石膏性能如表 1-6-4 所列。

表 1-6-4　柠檬酸石膏性能表

标准要求值	等 级			
	优等品	一等品	合格品	测试值
抗折强度/MPa	≥2.5	≥2.1	≥1.8	≥3.1
抗压强度/MPa	≥5.0	≥4.0	≥3.0	≥10.8
细度,0.2mm 方孔筛筛余/%	≤5.0	≤10.0	≤15.0	≤0.7

试验研究表明，柠檬酸石膏经连续性炒锅炒制后的建筑石膏凝结过程呈现出连续性变化，而非一般情况下出现的跳跃式变化，说明经 200℃ 炒制后的建筑石膏经 24h 陈化后是一种混合相石膏，另外，说明蛋白类改性剂对于柠檬酸石膏同样有效，该石膏改性剂的适用性强。可以成功地对柠檬酸建筑石膏进行凝结时间调整。

① 利用柠檬酸石膏替代天然石膏生产建筑石膏粉符合国家的产业政策，可以达到减排、

利废的目的，既有利于环境保护又创造经济效益和社会效益。

② 柠檬酸石膏区别于天然石膏的特点是细度好、纯度高。经试验表明在原料预处理过程中需要增加离心脱水设备进行干燥处理，不需要增加其他预处理程序。

③ 建筑石膏粉是一种新型抹灰材料，柠檬酸石膏生产建筑石膏粉技术可行，产品性能能够达到相关标准要求。

④ HP 石膏改性剂对于石膏具有缓凝作用，并在凝结硬化过程中可以起到促进结晶化程度的作用，从而提高石膏强度。

6.4.3　利用柠檬酸废渣替代天然石膏生产水泥的试验研究[8]

近年来，我国经济高速发展，对石膏资源需求量大增，我国是石膏资源大国，但也是质量穷国，优质石膏只占总储备量的 8%，同时石膏不是再生资源，因此减少工业发展对石膏矿产资源的过分使用，加强对化学石膏的利用，实行循环经济的发展观念，是具有战略意义的决策。柠檬酸废渣是生产柠檬酸时得到的副产品，每生产 1t 柠檬酸可产生废渣 2~3t，其主要成分为 $CaSO_4 \cdot 2H_2O$，与天然二水石膏相近，属化学石膏。其他如生产磷酸时得到的磷石膏、生产硼酸时得到的硼石膏、生产氢氟酸时得到的氟石膏，还有燃煤电厂煤烟脱硫得到的脱硫石膏，均称为化学石膏。随着天然石膏的日渐枯竭，化学石膏成为了重要的石膏资源。各国都对化学石膏的利用十分重视。我国利用化学石膏资源起步较晚，但近年来在研究开发这种资源方面取得了一定成果，如利用化学石膏制造建筑石膏及制品，以化学石膏替代天然二水石膏作为水泥絮凝剂等。但因化学石膏多为潮湿的细粉末，自由水含量高达 25%以上，且含有一定的有害杂质，因而限制了其大规模地应用。大量排放的柠檬酸废渣或是排入河道，或是掩埋于山沟中，甚至积压占用大量农田，对环境的污染是十分严重的。

柠檬酸废渣除形态及所含少量杂质与天然石膏有差异外，主要成分 $CaSO_4 \cdot 2H_2O$ 的含量超过 50%，优于天然二水石膏，更适合作为絮凝剂应用与水泥生产中。石膏是水泥生产中不可缺少的原料，在水泥中掺加的比例约为 5%，如用柠檬酸渣全部取代石膏，则可将柠檬酸渣基本消化，既减少环境污染又能节约能源和资源，是一项意义深远的工作。

6.4.3.1　柠檬酸废渣的改性

柠檬酸废渣在主要成分 $CaSO_4 \cdot 2H_2O$ 含量上与天然石膏没有差异，均为 90%左右，其主要差异在于游离酸、有机物及二氧化硅等少量的有害杂质，虽有害物质总量仅占 3%左右，但对生产设备及水泥性能有一定的危害。特别是游离酸，不仅腐蚀设备，对水泥凝结时间也有较大影响，使用前必须做净化处理。通常的处理方法是将柠檬酸废渣存放、陈化一段时间，以水萃取工艺去除水溶性的游离酸及部分硫酸盐，每清洗 1t 柠檬酸废渣需耗水 2~5t，如将游离酸全部去除则需用其至少 5 倍的水量。这种处理工艺很简单，有时以雨水自然冲洗即可解决，但其损耗及对环境的污染是巨大的，不宜采用。采用石灰中和法，将柠檬酸废渣 pH 值控制在 5 以上（过低会延长水泥凝结时间、降低早期强度）可消除掉柠檬酸废渣的酸性，并使残剩的水溶性有害物质转变成不溶性形态，从而使这些杂质的影响进一步被消除。但石灰中和法很难实现流水化作业，工人劳动强度大，制造成本高，另外此法虽可消除柠檬酸废渣中的杂质，但无法消除柠檬酸废渣中的自然含水量，所得制品需长时间储存、晾干，且强度低、易吸潮、防水性差，因而难以推广。精选三种原料复配对柠檬酸废渣进行改性处理，同时受化工厂造气炉用型煤加工技术的启发，利用新工艺新设备对改性后的柠檬酸废渣进行固化造型，进一步提高其防水、防潮、抗压性能，实现流水化作业。

6.4.3.2　柠檬酸废渣的固化成型

柠檬酸废渣的固化成型是柠檬酸废渣利用的关键环节，也是一个公认的难题。采用一般成型工艺所得制品往往因防水性差、强度低、不易储存等缺陷难以满足生产需求。我们吸取化工厂造气炉用型煤加工技术的优点，对柠檬酸废渣加工工艺及设备进行革新优化，其工艺示意如图 1-6-15 所示。

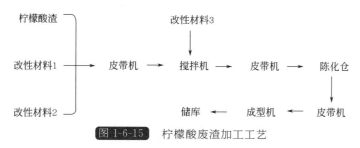

图 1-6-15　柠檬酸废渣加工工艺

所得制品为椭圆球状，直径 20mm，出成型机经智能颗粒强度试验机检测其平均抗压强度为 720N/球，含水量＜12％，由 3m 高处自由落至钢板，其跌落强度＞85％（取 10 个单球跌落，以 13mm 筛筛分，取＞13mm 级的质量百分数）；浸水强度＞320N/个，复干强度＞500N/个，储存 3d 后强度增长至 1020N/个，跌落强度、浸水强度及复干强度均有所增长。由于制品为球状，无需破碎，且入库后仍保持一定强度，不溃散，不黏糊，完全可以满足正常生产需要。

6.4.3.3　柠檬酸渣及其制品 100％代替天然石膏生产水泥试验[9]

（1）试验材料

① 柠檬酸渣：日照市柠檬酸厂，柠檬酸渣呈泥糊状，风干后呈土坯状，其成分见表1-6-5。

②柠檬酸渣制品：以日照市柠檬酸厂排放的柠檬酸渣添加改性材料制成，椭圆球状，自由水 9％，SO_3 为 39.2％，分不同时间取 3 份样品，化学成分如表 1-6-6 所列。

③熟料：日照荣安建材有限公司日产 1200t 新型干法熟料生产线所产熟料。

④矿渣：日照钢铁厂矿渣。

⑤二水石膏：枣庄邿州石膏矿。

表 1-6-5　柠檬酸渣化学成分　　　　单位：％

序号	水分	SiO_2	Fe_2O_3	Al_2O_3	CaO	MgO	SO_3	结晶水
1	20.6	2.11	0.20	0.18	43.16	0.03	54.36	17.23
2	31.2	1.96	0.09	0.51	35.36	0.10	50.18	20.11
3	28.0	3.01	0.13	0.41	42.11	0.03	49.03	16.21
平均值	26.6	2.36	0.14	0.37	40.21	0.05	51.19	17.85

表 1-6-6　柠檬酸渣制品化学成分　　　　单位：％

序号	水分	SiO_2	Fe_2O_3	Al_2O_3	CaO	MgO	SO_3	结晶水
1	9.10	3.12	0.13	0.41	41.36	0.11	40.20	18.32
2	8.20	3.48	0.06	0.23	39.71	0.19	39.61	16.58

序号	水分	SiO$_2$	Fe$_2$O$_3$	Al$_2$O$_3$	CaO	MgO	SO$_3$	结晶水
3	9.50	2.97	0.11	0.19	37.90	0.10	38.20	15.31
平均值	8.93	3.19	0.10	0.28	39.66	0.13	39.34	16.74

（2）试验方法

取熟料、矿渣分别与适量天然二水石膏、柠檬酸渣制品按一定比例混合，用 Φb500mm×500mm 小磨粉磨至一定比表面积，按 GB 175—2007 进行物理性能检验。

用柠檬酸渣及柠檬酸渣制品全部取代二水石膏，水泥性能变化不大，但掺加未经改性处理的柠檬酸渣的水泥终凝时间明显偏长，水泥需水性增大，且经多次试验表明由于柠檬酸渣游离酸含量波动较大，凝结时间不易控制，终凝最长可达 8h，不利于正常施工，而掺加改性处理后的柠檬酸渣制品的水泥凝结时间与掺加天然石膏的基本一致，且早期强度与后期强度都有不同程度的增长。另外，掺加柠檬酸渣及柠檬酸渣制品的水泥在相同的粉磨时间内，与天然石膏相比，制成的水泥比表面积偏大，有一定助磨效果。

6.4.3.4 柠檬酸渣 100% 代替天然石膏工业生产

在工业批量试生产中，样品 1 为加天然石膏的 P·O52.5 级水泥，样品 2 为掺加柠檬酸渣制品的 P·O52.5 级水泥，试验结果如下：工业生产结果与实验室结果基本一致，各项质量指标均达到 GB175—2007 要求。将样品送至相关水泥质量监督检验站对放射性指标进行检验，检验结果为内照射度指数 $Ir=0.2$（国标要求<1.0），外照射度指数 $Ir=0.3$（国标要求<1.0），均符合 GB6566—2010 标准要求。

6.4.3.5 存在问题和改进措施[9]

（1）存在问题

① 柠檬酸渣在与石膏搭配使用过程中，在用装载机按比例混合后通过破碎机、链板机和提升机入库时，因柠檬酸渣具有黏性，在提升机入口和磨头仓入口处易发生堵塞，需人工经常清理，加大了岗位工的劳动强度，降低了工作效率。

② 因柠檬酸渣的 SO$_3$ 含量 45% 左右，为粉状，而我公司所用块状天然二水石膏 SO$_3$ 含量 35% 左右，SO$_3$ 含量悬殊。由于柠檬酸渣与石膏的搭配均匀程度及二者在磨头仓内的离析等原因，影响了水泥生产控制过程 SO$_3$ 的合格率，使用柠檬酸渣后 SO$_3$ 合格率降低约 5%。

（2）改进措施

① 尽量控制柠檬酸渣的水分，低于 10% 时使用难度降低；条件具备时最好添加烘干设备，以加大使用时掺加比例。

② 在容易黏结堵塞部位安装振打器，或改变下料溜子角度，以减轻黏结堵塞现象。

③ 适当增加出磨水泥 SO$_3$ 的检测频次，最好使用快速测硫仪检测，以缩短检验时间，便于及时调整。

6.4.3.6 经济效益分析

柠檬酸渣制品单条生产线按日产 120t 计，总投资约为 60 万元。改性加工后每吨柠檬酸渣制品综合成本为 75 元/t，优质天然石膏进厂价现为 115 元/吨，每吨差价为 40 元，年产 60 万吨水泥粉磨站年用石膏量为 3 万吨，年可节约资金为 120 万元，半年即可收回投资成本。且柠檬酸渣制品为工业废渣，利用后即可改善社会环境，又可为企业获得免税优惠政策创造有利条件，经济效益和社会效益十分显著。

6.4.3.7　结束语

经改性处理和特殊工艺制成的柠檬酸渣制品克服了柠檬酸渣及一般制品易堵糊设备、下料不畅、防水性差等缺陷，完全可 100％取代天然石膏作为水泥缓凝剂。每吨水泥成本可下降 2～3 元；实验室试验及工业试生产表明，掺加该制品的水泥质量性能优于掺加天然石膏制成的水泥；推而广之，柠檬酸渣的利用经验可为其他化学石膏如磷石膏、氟石膏、脱硫石膏的大规模应用提供指导。

6.4.4　柠檬酸废渣生产石膏晶须的工艺流程[10]

石膏晶须是具有良好力学性能和广泛应用前景的增强材料。它是以生石膏为原料，经特定工艺及配方合成的硫酸钙纤维状单晶体，具有完善的结构、完整的外形、特定的横截面、稳定的尺寸，是一种有着许多特殊性能的非金属材料。石膏晶须长径比通常在 30～80 之间，平均长度为 30～150μm，平均直径为 1～4μm。石膏晶须可分为无水石膏（$CaSO_4$）晶须、半水石膏（$CaSO_4 \cdot \frac{1}{2}H_2O$）晶须和二水石膏（$CaSO_4 \cdot 2H_2O$）晶须。它们外观都为白色蓬松状固体。

采用柠檬酸石膏作为原料，经水热法直接得到半水石膏晶须，经过干燥得到无水石膏晶须。由于是工业生产废弃物再利用，不但大大降低了石膏晶须的生产成本，而且保护了生态环境，是未来工业发展的方向。

（1）石膏晶须的生产工艺

1）制备原理　石膏晶须的制备实际上是颗粒状的石膏（二水硫酸钙）向纤维状无水石膏的转化过程。石膏晶须的生成实质是一个溶解-结晶-脱水的过程。

$CaSO_4 \cdot 2H_2O$ 的溶解过程：

$$CaSO_4 \cdot 2H_2O \longrightarrow Ca^{2+} + SO_4^{2-} + 2H_2O$$

$CaSO_4 \cdot \frac{1}{2}H_2O$ 的结晶过程：

$$Ca^{2+} + SO_4^{2-} + \frac{1}{2}H_2O \longrightarrow CaSO_4 \cdot \frac{1}{2}H_2O$$

$CaSO_4 \cdot \frac{1}{2}H_2O$ 脱水生成无水石膏晶须过程：

$$CaSO_4 \cdot \frac{1}{2}H_2O \longrightarrow CaSO_4 + \frac{1}{2}H_2O$$

2）石膏晶须的制备　利用柠檬酸生成中产生的柠檬酸石膏废渣，经过处理来制得石膏晶须。在柠檬酸生成过程中，柠檬酸钙与硫酸反应生成柠檬酸溶液和硫酸钙，其中柠檬酸溶液经过结晶得到柠檬酸晶体，而硫酸钙可以作为生产晶须的原料。其化学反应式为：

$$Ca_3(Cit)_2 + 3H_2SO_4 \longrightarrow 3CaSO_4 + 2H_3(Cit)$$

具体步骤如下。

① 向含 80％柠檬酸石膏的乳浊液中加入 50％的硫酸溶液（按每 100g 石膏加入 0.2mL 50％硫酸的比例）均匀搅拌。再向其中加入表面活性剂溴代十六烷基吡啶，表面活性剂与石膏质量比为 3∶100，均匀搅拌，装入高压釜中，升温至 120℃，并维持 20min。

② 将经过水热的产物从高压釜中取出，过滤，滤渣直接放入干燥炉中，在 220℃环境中

干燥 1h，得到产品。

（2）石膏晶须的性质与应用

利用钙盐法生产柠檬酸时排出的柠檬酸石膏废渣作为原料，向柠檬酸石膏废渣中加入表面活性剂溴代十六烷基吡啶，加入量与石膏质量比为 3：100，通过加入 50% 的 H_2SO_4，使柠檬酸石膏与 50% H_2SO_4 的质量比为 500：1，再在 120℃ 水热反应 20min，使颗粒状石膏发生结构转变，生成纤维状的半水石膏晶须，经 220℃ 干燥得到长径比为 80、长为 200～400μm 的经济附加值高、应用广泛的无水石膏晶须。

石膏晶须与其他短纤维相比，具有耐高温、抗化学腐蚀、韧性好、强度高、易进行表面处理、与橡胶塑料等聚合物的亲和能力强、毒性低等优点，而且价格在晶须种类中最低，具有其他晶须无可比拟的性能价格比，被广泛应用于增强塑料、橡胶、摩擦材料、造纸、环境工程等行业与领域。

6.4.5 利用柠檬酸渣生产装饰石膏板的研究[11]

尚国平等对柠檬酸渣做适当处理后，成功地制成石膏板等系列建材制品。石膏板达国家一等品标准（JC/T 799—2007），在柠檬酸渣的综合利用方面具有突破性进展。该项技术具有明显的环境效益和经济效益，有较好的推广利用价值。

6.4.5.1 柠檬酸渣的性质

生产柠檬酸产生的废渣脱水后呈膏体状，自然密度 1600 kg/m^3。当沉入度为 12cm 时，含水率为 60%，废渣 pH 值为 5～6。废渣的主要成分为二水石膏($CaSO_4 \cdot 2H_2O$)，含量大于 85%，其他杂质约为 10%。钙泥主要成分 SO_3 为 43.53%、CaO 为 31.30%、MgO 为 0.08%。柠檬酸渣中含有多种污染环境的有害元素，在运输和堆存过程中如遇雨水浸刷，则会溶出并危害环境。对柠檬酸渣进行有害元素含量调查，测定结果见表 1-6-7。

表 1-6-7 柠檬酸渣中有害元素含量

元 素	Cr	As	Pb	Cd	Mn	Fe	F	Hg
含量/(mg/kg)	9.5	40.83	5	0.054	3.43	80.7	39	0.076

6.4.5.2 柠檬酸渣制石膏板工艺流程

柠檬酸渣制石膏板的工艺流程如图 1-6-16 所示。

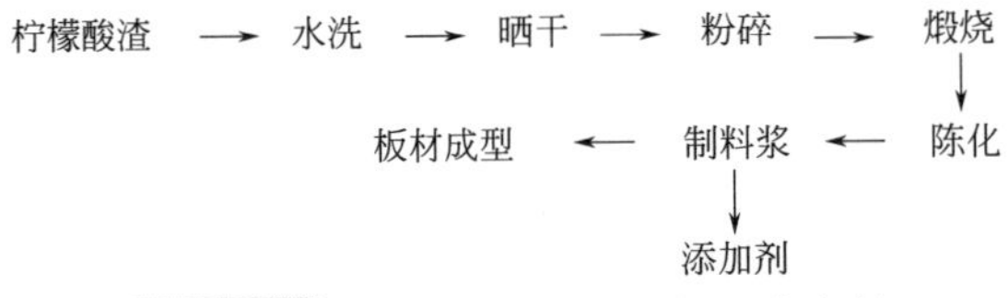

柠檬酸渣 ⟶ 水洗 ⟶ 晒干 ⟶ 粉碎 ⟶ 煅烧

板材成型 ⟵ 制料浆 ⟵ 陈化

添加剂

图 1-6-16 柠檬酸渣制石膏板工艺流程

6.4.5.3 试验方法

（1）柠檬酸渣预处理

钙泥是一种化学石膏，主要成分为二水硫酸钙，本身不具活性，必须进行煅烧，使之成为半水石膏($CaSO_4 \cdot \frac{1}{2}H_2O$)，才能成为能够凝结并产生强度的胶凝材料。

从成分看化学石膏与天然石膏区别不大，但化学石膏内的微量杂质对石膏的各项性能会产生巨大影响。如石膏中微量柠檬酸盐将使凝结时间大大推迟，微量磷或氟可使石膏制品强度显著降低。试验初期，锻烧后的半水石膏按自然石膏用水量加水后，数小时不凝结。后用冷水和热水对钙泥进行几十次水洗，以清除残留的柠檬酸，效果仍不理想。经多次分析与试验后，最终确定以化工原料 A 作为添加剂，与水配成 1:3 溶液，加入钙泥中。经 1~2 次水洗，能够达到预期目的。清除有害杂质的钙泥脱水锻烧后，凝结时间达到了建筑石膏国家标准规定要求。

（2）煅烧温度控制

预处理后的柠檬酸渣，经晒干、粉碎，使细度符合要求后进行煅烧。煅烧的关键是煅烧温度的控制。从理论上讲，常压下 107℃ 二水石膏开始脱去一个半结晶水，180℃ 二水石膏开始脱去半个结晶水。如温度掌握不好，则会形成较多的Ⅲ型无水石膏或残留二水石膏。多次试验结果说明，钙泥石膏的煅烧温度一般掌握在 170℃ 为好。

由于石膏为热不良导体，在煅烧脱水过程中，物料的温度梯度变化较大，所以要加强搅拌。除以温度计控制温度外，要随时观察物料的沸腾状态及流动性能。当物料第 1 次沸腾时，表明脱水过程剧烈，流动性逐渐增加。随着温度的继续升高，物料的流动性变差，直到第 2 次沸腾即将到来，温度达 170℃ 左右时停止加热。自然冷却，陈化 5~7d，使物料内部相组分均匀一致。照此操作条件炒制得到的建筑石膏，其各项性能指标分别为水/灰为 0.96、烘干抗拆强度 2.91MPa、烘干抗压强度 6.4MPa。

（3）建筑石膏外添加剂选择

天然石膏在制作产品过程中要根据产品的用途和需要添加外加剂以改善性能。由于化学石膏的特殊性，某些性质有别于天然石膏，因此要对外加剂作重新选择，选择的原则是外加剂价廉易得，对石膏产品的性能改善显著。

① 减水剂石膏制品的强度与用水量有一定的关系。在保证流动性良好的情况下，水灰比越小，制品的强度越好。影响水灰比的主要因素是加水后固液界面的自由能和颗粒间的摩擦力，在同样水灰比条件下增加和易性。经多次试验和筛选，综合各项指标，我们确定了 HC 型。加入量为 0.01%，减水率 8%，石膏板强度提高 10%。

② 增强剂的主要作用是在浆料硬化过程中，当水分挥发后形成一层保护膜，即防止水分重新侵入，同时也起到提高制品强度的作用。选择聚乙烯醇缩脲甲醛胶为增强剂，掺量 2% 能使石膏板抗折强度提高 20% 左右，且防水性能和受潮挠度明显改善。

（4）装饰石膏板制备条件

1）料浆制备　炒制后的半水石膏和外加剂按表 1-6-8 所列用量，先取定量的水和纤维倒入容器，然后倒入半水石膏搅拌，全部湿润后倒入减水剂、增强剂，搅拌均匀。

表 1-6-8　浆料制备材料配比

石膏	水	减水剂	增强剂	纤维
100	85	0.01	2	1

注：先将减水剂配成 1% 溶液。

2）板材成型与烘干　将制备好的料浆迅速倒入 500mm×900mm×90mm 的石膏板模具中，用刮刀抹平，终凝脱模后进行干燥。

（5）柠檬酸渣制石膏板物理性能

通过上述大量试验与探索，用柠檬酸厂废渣制备出石膏天花板 500mm×900mm×90mm 产品由相关产品质量监督检验测试中心站测试，各项技术参数符合国家石膏板标准

（JC/T 799—2007）一等品要求。

除石膏板外利用柠檬酸废渣还可以制作建筑砌块、粉笔、石膏像等，效果也很好。

6.4.5.4 经济分析

由于为废物利用，国家免税。照此计算每年 1500t 柠檬酸渣利用后可获纯利 150 万元。同时节约运输费 20 多万元，减少征地约 $1000m^2$，改善了环境、消除了污染，经济效益和环境效益相当可观。

参 考 文 献

[1] 王尊彦，金其荣．发酵有机酸生产与应用手册 [M]．北京：中国轻工业出版社，2000，11-18.

[2] 孙荣，王燕，杨平平．柠檬酸发酵现状及展望 [J]．中国调味品，2011，(1)：90-93.

[3] 朱亦仁，王锦化，张振超，等．发酵柠檬酸提取方法的研究进展 [J]．精细与专用化学品，2003，(14)：18-24.

[4] 冯志合，卢涛．中国柠檬酸行业概况 [J]．中国食品添加剂，2013，(3)：159-162.

[5] 李刚．柠檬酸固体废弃物——石膏渣的综合利用 [J]．中国资源综合利用，2008，(5)：23-25.

[6] 刘伟坤，李建生，柯颖仪．柠檬酸渣代替二水石膏的试验及应用 [J]．吉林建材，2003，(3)：40-43.

[7] 董秀琴，赵建华，王文忠．利用柠檬酸石膏液相法生产高强度 α-石膏的研究 [J]．中国非金属旷工业导刊，2010，(5)：26-28.

[8] 王传虎，葛金龙，秦英月，等．利用石英尾沙和柠檬酸废渣石膏生产水泥的研究及实践 [J]．水泥，2008，(11)：11-15.

[9] 刘贤刚．柠檬酸渣代替天然石膏应用于水泥生产 [J]．发酵有机酸科技交流，2005，(10)：12-15.

[10] 谭艳霞，李沪萍，罗康碧，等．工业副产品石膏制硫酸钙晶须的现状及应用 [J]．化工科技，2007，(3)：46-50.

[11] 陶珍东，王晓波，王菲菲．柠檬酸渣作墙体材料的研究 [J]．砖瓦，2009，(11)：35-38.

7

制糖废糖蜜的综合利用

7.1 绪论

7.1.1 制糖工业概况

制糖工业是利用甘蔗或甜菜等农作物为原料，生产原糖和成品食糖及对食糖进行精加工的工业，在国民经济中占有重要地位，其生产过程几乎包括了所有主要的化工单元，是具有综合化工单元生产过程的食品生产企业，而其产品就是我们通常所说的食糖。食糖生产工艺流程如图 1-7-1 所示。

提汁 → 清净 → 蒸发 → 结晶 → 分蜜 → 干燥

图 1-7-1 食糖生产工艺流程

无论是用甘蔗制糖还是甜菜制糖均可以根据以上流程进行生产，下面以甘蔗制糖对生产工艺进行一下说明。

1）提汁　即将预处理过的蔗料进行破碎和压榨，得到蔗汁的过程。

2）清净　压榨出来的蔗汁还含有很多杂质，清净即通过加入石灰和二氧化硫等助剂使蔗汁脱色，并产生 $CaSO_3$ 沉淀将蔗汁中杂质除去，得到清汁。

3）蒸发　蔗汁经过清净处理后得到的清汁浓度为 12～14°Bé（即含水 86%～88%），如果将含大量水分的稀汁直接送去结晶，将要消耗大量的蒸汽，这样既消耗能源又延长煮糖的时间，因此清汁必须经过蒸发工段，除去大量的水分，浓缩成 60°Bé 左右的糖浆，才能进行结晶。

4）结晶　将糖浆进一步浓缩达到过饱和状态，使食糖以晶体形式析出；

5）分蜜　结晶析出的结晶糖与母液（即糖蜜）混合在一起，分蜜即通过离心等操作将它们分开。

6）干燥　自离心机卸下的食糖温度较高并且含水分较多，为了降低其温度和水分，需经过多级振动筛震动以将其充分打散，进行散热、冷却、挥发、干燥，从而使其温度降低、水分被蒸发至商品包装的要求。

众所周知，食糖是天然营养食品，1kg 食糖可提供 1463kJ 热量，它既是人们生活的必需品，也是食品工业及下游产业的重要基础原料，与粮、棉、油等同属关系国计民生的大宗产品。目前世界上有 114 个产糖国家和地区(欧盟作为一个地区统计)，年产量在(40～50)万吨以上的国家有 45 个(甘蔗糖国家 25 个、甜菜糖国家 20 个)，100 万吨以上的国家和地区有 23 个，而 500 万吨以上的国家和地区只有巴西、印度、欧盟、中国、泰国、美国、墨西哥和澳大利亚。其中在主产区中，中国、美国、日本、埃及、西班牙、阿根廷和巴基斯坦 7 个国家是既生产甘蔗糖又生产甜菜糖的国家。甜菜糖的生产地主要是西欧、北美的发达国家和俄罗斯、东欧等国，亚洲只有少数国家生产甜菜糖。2015 年全球食糖产量为 1.8 亿吨，2016 年全球食糖产量为 1.77 亿吨。

我国是全球重要的食糖主产区之一，现有大中小型糖厂 500 多家，分布在全国 18 个省区，生产能力超过 1000 万吨/年，其中，甘蔗糖厂 300 多家，主要集中在南方的广西、云南、广东、海南及临近省区，日榨糖能力可达 48 万吨；甜菜糖厂几十家，主要集中在北方的新疆、黑龙江、内蒙古及临近省区，日处理甜菜可达 10 万吨。2001～2011 年我国食糖产量见表 1-7-1。

表 1-7-1 近十年我国食糖产量

榨　季	产量/万吨
2001～2002	849.7
2002～2003	1064
2003～2004	1002.3
2004～2005	917.4
2005～2006	881.5
2006～2007	1199.41
2007～2008	1482.02
2008～2009	1243.12
2009～2010	1073.83
2010～2011	1046

糖料种植在我国农业经济中占有重要地位，其产量和产值仅次于粮食、油料、棉花，居第四位。近年来，我国的食糖产量保持了稳中有增的持续增长态势，其中蔗糖产量一直保持增长，而甜菜糖产量有所下降，主要是受甜菜种植面积减少影响。最近几年白糖的需求量一直比较强劲，除了 2006 年白糖需求是负增长以外，最近几年白糖的需求增长幅度均超过 5％，2007 年更是达到了 15％，最近几年白糖需求的平均增长速度在 3％～5％左右。虽然我国产糖量(2007～2008 榨季最高，达到 1484 万吨)在世界产糖国中位居第四(仅次于巴西、印度、欧盟)，糖消费量更是位列第三(仅次于印度和欧盟)，但人均食糖消费量仅为 7kg 左右，而世界人均为 22kg(若扣除我国的人口则为 25kg)，发达国家更是达到人均 40kg，因此我国食糖消费仍居世界最少国家之列，也就是说，随着人民生活水平的不断提高，我国制糖工业和食糖消费仍将有巨大的发展空间，2011 年 1 月 22 日，农业部指出要稳定发展糖料生产，适当增加面积、提高单产、增加总产，切实保障食糖有效供给。中国是世界食糖最大的潜在市场，如此巨大的食糖产销量面前，不可避免的是大量制糖副产物的产生

与处理问题。如何实现对制糖工业副产品如废糖蜜的综合利用、化废为宝成为当下制约制糖工业发展的一大瓶颈，也是决定我国制糖工业能不能可持续发展的关键问题。

7.1.2 废糖蜜来源及发生量

废糖蜜是制糖厂的主要副产品，是从末号糖膏中分离出来的母液，又称最终糖蜜，其组成因糖料品种、成熟程度、种植气候、土壤条件及糖厂的加工方法不同而有变化。废糖蜜的特点是含有大量的无氮抽出物（60%），其无氮抽出物几乎全为糖分（蔗糖、还原糖），如甜菜制糖生产中只能提取浸出汁中35%～40%的糖分，其余均留在废糖蜜中，因此废糖蜜可作为饲料的添加剂，是牲畜饲料的调味品，具有促进牲畜食欲与消化及增进体质发育的作用；此外，废糖蜜中绝大多数的糖类是蔗糖和还原糖，它们都是可发酵性糖类，只需要补充一些氮源和磷源就可以直接作为发酵工业的原料，和淀粉质原料相比其可省去糖化工艺。目前可用于工业生产规模的产品有酒精、柠檬酸、味精、甘油、酵母、丙酮、丁醇、乙醇、乳酸、草酸、葡萄糖酸、抗生素等。

我国制糖工业的规模非常巨大，糖厂每天生产用的原料、材料以及产品与副产品都是以千吨计算的，如果按照每产1000t蔗糖可产生200～300t废糖蜜计算，我国每年可产废糖蜜200万～300万吨甚至更多，如果能充分利用这些副产物将会带来不可估量的经济效益。

7.1.3 废糖蜜的性质、成分、特征

7.1.3.1 废糖蜜的成分

（1）甘蔗废糖蜜的成分

甘蔗废糖蜜是甘蔗制糖厂的副产品，对含干固物75%的甘蔗废糖蜜，它的一般组成范围见表1-7-2。

表 1-7-2 甘蔗废糖蜜成分表

项　　目	含量/%
总糖分	48～56
蔗糖	30～40
还原糖	15～20
非发酵性糖	2～4
有机非糖物	9～12
可溶性胶体和其他糖类	4.0
有机酸	3.0
含氮物	2～3
硫酸灰分	10～15
钠	0.1～0.4
钾	1.5～5.0
钙	0.4～0.8
氯	0.7～3.0
磷	0.6～2.0

甘蔗废糖蜜中的总糖分一般比甜菜废糖蜜中的要高，而且还原糖含量特别高，蔗糖的溶解度会受还原糖和无机灰分的影响，表现为还原糖的存在会降低其溶解性而无机灰分的存在会增加其溶解性。除蔗糖等可发酵性糖外，甘蔗废糖蜜中还含有 $2\% \sim 4\%$ 的还原物质，是不能起发酵作用的，称为非发酵性糖，它可能是由还原糖与含氮化合物结合而成，对于某些用途，例如废糖蜜作动物饲料，含有非发酵性糖问题不大，因为它像其他还原糖一样都具有饲养价值，但是，当以废糖蜜生产酒精与酵母时它的发酵效率却只能与废糖蜜中的可发酵性糖含量有关。

甘蔗废糖蜜中的磷和钙含量一般比甜菜废糖蜜所含的高得多，但作为与动物饲料有关的一个重要无机物——以氯化钾形式存在的钾，在两类糖蜜中的含量都非常高，因此在用作饲料时糖蜜比例不能太高，否则会导致动物腹泻。

甘蔗废糖蜜中的含氮化物相当低，换算成蛋白质（即 $N \times 6.25$）平均约 $2\% \sim 3\%$，真蛋白的比例相当低，由氮组成少量氨基酸、酰胺及其他含氮化合物；甘蔗废糖蜜中的氨基酸含量不多，在作动物饲料时作用不大，但因为氨基酸与还原糖受热时会形成一种黑色物质，使得糖蜜带有深色，这被称为美拉德反应或褐化反应，其与有些废糖蜜在储藏期间的碳化变质有关。

关于非氮有机物，其中可溶性胶体和淀粉、多缩戊糖等物质能占总有机非糖物的 1/3，有机酸以乌头酸最多，占 3% 以上；此外，还有少量柠檬酸、苹果酸、琥珀酸等，还带有少量蜡、固醇、沥青等。

甘蔗废糖蜜中含有很少量维生素，在作为动物饲料时其作用不大，但是，甘蔗废糖蜜中含有足够的促生素，这对酵母生产大有帮助、对家禽饲养也是有利的。表 1-7-3 是甘蔗废糖蜜中维生素的平均含量。

表 1-7-3 甘蔗废糖蜜中维生素的平均含量

项目	含量/(mg/kg)
促生素	1.2~3.2
叶酸	0.04
环己六醇	6000
泛酸钙	54~64
吡哆醇	2.6~5.0
核黄素	2.5
硫胺素	1.8
烟酸	30~800
胆碱	600~800

（2）甜菜废糖蜜的成分

甜菜废糖蜜的成分组成如表 1-7-4 所列。

表 1-7-4 甜菜废糖蜜成分表

项目	含量/%
干固物	74~78

项目	含量/%
蔗糖	48～52
还原糖	0.2～1.2
棉子糖	0.5～2.0
有机非糖物	12～17
含氮化合物	6～8
甜菜碱	3～4
谷氨酸及其前体	2～3
非氮化合物	6～8
硫酸灰分	10～17
钠	0.3～0.7
钾	2.0～7.0
钙	0.1～0.5
氯	0.5～1.5
磷	0.02～0.07

甜菜废糖蜜所含的总糖分一般比甘蔗废糖蜜少，而且几乎全部是蔗糖，只有少量还原糖和属于三糖类的棉子糖；在甜菜废糖蜜中蔗糖含量很大程度上受灰分含量的影响，灰分在溶液中与蔗糖结合，一般在溶液中 1kg 灰分能结合 1.5kg 蔗糖，其中钾盐和钠盐与蔗糖的结合能力较大，这种结合称为成蜜作用，而另一些无机盐如镁的成蜜作用就没有钾盐和钠盐那么大，因此可利用这种关系以改善原蜜抽提蔗糖的效率，Quentin 法就是采用离子交换法用镁离子来置换钾、钠离子，结果获得的废糖蜜含蔗糖很少，而且废糖蜜的量也比较少。

甜菜废糖蜜中的有机非糖物比甘蔗废糖蜜中的多，其中含氮化合物占了 1/2 之多，含氮化合物主要是甜菜碱、谷氨酸及其前体，甜菜废糖蜜在碱性情况下受热会发出鱼腥味，含氮化合物使甜菜废糖蜜带有泥土滋味，而甘蔗废糖蜜则带有水果味，甜菜废糖蜜的促生素与甘蔗废糖蜜相比较少。表 1-7-5 是甜菜废糖蜜中的维生素的平均含量。

表 1-7-5　甜菜废糖蜜中维生素的平均含量

项目	含量/(mg/kg)
促生素	0.04～0.13
叶酸	0.2
环己六醇	5000～8000
泛酸钙	50～100
吡哆醇	5.4
核黄素	0.4
硫胺素	1.3
烟酸	20～45
胆碱	400～600

7.1.3.2　废糖蜜的性质

（1）比重计糖锤度

比重计糖锤度是用来反映废糖蜜含糖量多少的技术指标之一。糖锤度计原来是用作测定纯蔗糖溶液的仪器，反映蔗糖溶液中的总蔗糖分的质量百分数，因此对于纯蔗糖溶液来讲，糖锤度既相当于总蔗糖分，也可用其表示总干固物（质量/质量）的百分数；但对于废糖蜜来讲，由于其所含其他物质既杂且多，因此已不能完全用糖锤度来表示其糖分含量，也不能用以代表总可溶性固形物含量。

（2）折光计糖锤度

折光计糖锤度亦是用以反映废糖蜜含糖量多少的技术指标，但由于废糖蜜中其他成分的存在，使得折光糖锤度与实际值之间的误差较大，一般是废糖蜜中不纯物越多其误差会越大。

（3）干固物

将废糖蜜样品加热除去水分后称重即可得到其干固物指标，由于废糖蜜中含有的还原糖受热容易分解，因此一般不能对废糖蜜直接加热除去水分，可以采用低温真空干燥或喷雾干燥的方法进行。

对于糖锤度与干固物之间的关系，一般糖锤度在数值上会高于干固物，但它们之间的差值会随着所存在的非糖物质的种类不同而不同。

（4）黏度

废糖蜜的黏度会因为其他非糖成分的影响而有所变化，一般来讲甜菜废糖蜜的黏度比甘蔗废糖蜜的黏度低，且不同纯度、不同地区的甜菜废糖蜜的黏度差别很小，而甘蔗废糖蜜的黏度受有机非糖物的影响较大，且随着种植气候、土壤、收获条件和糖厂加工方法等的不同会有较大差异。

废糖蜜还有一种性质叫作临界黏度，即废糖蜜中干固物超过一定含量时其黏度会大幅度升高，例如甘蔗废糖蜜的临界黏度在 81°～85° 比重计糖锤度之间。

废糖蜜的黏度会受温度和干固物含量的影响，温度越高黏度越小，一般来讲温度每升高 10℃ 黏度能降低 1/2，干固物含量的减少会导致黏度的降低。

（5）比热容

不同地区、不同品种的废糖蜜，其比热容会有一定程度的差异，在计算中一般会采用 0.5（即水的 1/2）这个数字。

（6）稳定性

废糖蜜在受热时会产生分解，导致糖分的损失，温度越高，糖分损失速度越快。数据显示，在低于 40℃ 时废糖蜜相对比较稳定；当达到 60℃ 时，几天时间废糖蜜中糖分损失可达 2%；当高于 100℃ 时，1h 内糖分损失甚至能达到 5% 以上。因此，废糖蜜在保存过程中必须保持低温。

（7）冻胶现象

有些地区的甘蔗废糖蜜当与磷酸混合时会呈现一种冻胶现象，特别是当废糖蜜用作饲料的液体补充剂时这种现象会更加明显，但甜菜废糖蜜则很少发生这种现象。形成冻胶现象的机理尚未获悉，但有机酸是发生冻胶现象的原因之一，原因是在没有发生冻胶现象的甘蔗废糖蜜中加入有机酸会引起冻胶现象，这种冻胶的形成多半是由形成的磷酸钙填结在其他有机物当中导致，实际生产中可以通过加入硫酸降低 pH 值来减轻这种现象。

7.1.4 废糖蜜的资源化可能性

废糖蜜是制糖业的主要副产品之一，约含 80% 的干物质，其中 1/2 是糖类。早在 20 世纪我国就有学者报道，用离子交换树脂法所产的糖蜜，固形物含量为 75.90%，其中大部分为糖类，包括蔗糖、棉实糖、葡萄糖、果糖等，除糖分外还含有糖苷、氨基酸、甜菜碱氮、胞苷、腺苷等多种可利用成分，是一种很宝贵的资源。用糖蜜代替淀粉类原料进行工业生产可以节约大量粮食，并且还具有原料价廉、转化率高、发酵周期短、投资省、经济效益好等优点。随着我国制糖行业的发展和糖产量的提高，大量废糖蜜的综合利用成为重大课题，实现废糖蜜的资源化利用不但有其科学性更有其经济性，随着科学研究的不断深入，废糖蜜终将会成为更好服务于人类的宝贵资源。

7.2 废糖蜜的用途

废糖蜜作为一种优良的碳源，我们应该大力发展利用其进行微生物培养，如生产酵母、培养细胞提取单细胞蛋白等，而作为淀粉替代原料，还可以利用其进行酒精、柠檬酸、乳酸、甘油等工业试剂的发酵生产，从而实现资源的循环利用，实现上述工业的可持续发展。

7.2.1 废糖蜜用于生产酵母

自从酿酒、制醋、制酱的历史开始，人类就开始与酵母打交道，早在公元 3000 年前，人类就已经学会了利用酵母来制作各种发酵产品；酵母作为微生物菌体被人类工业化生产，也是全球之最，没有哪个其他微生物品种可与之相比[1]。全世界酵母的产量可达上百万吨，分布在全球各地，国家不分大小和贫富都有酵母厂或者用酵母生产的产品。因为人们每天赖以生存的面粉食品，必须经酵母发酵才能更好地食用，人们喜爱的各种酒类饮料都必须经酵母菌发酵而成。

200 多年前，酵母泥作为一种产品出现在市场上，这被视为近代酵母工业的开始，这种产品的特点是发酵速度快，但运输和使用不便，从而使产品的商业化受到了一定的限制；现在市场上销售最多的是活性干酵母（Active Dry Yeast，ADY），种类有面包、酒精、葡萄酒用的活性干酵母等，它是特殊培养的鲜酵母经压榨干燥脱水后仍保持较强的发酵能力的干酵母制品，被广泛用于食品工业和发酵工业。

面包活性干酵母作为面粉的膨松剂，用于面包、馒头、饼干的生产制作。如果我国广大农村都用酵母代替传统的老面法和化学品发酵剂，则需求量为 32 万吨，但目前全国的产量不足 4 万吨。酒用活性干酵母用于白酒、酒精、醋的生产发酵，可以节约人力、物力，降低成本，提高粮食利用率（3%～5%）。目前国内正在以酒用活性干酵母代替白酒厂和酒精厂酵母培养车间，大大节省了建厂投资。啤酒、葡萄酒等企业也需要专用的啤酒和葡萄酒酵母，以提高酒的品质和稳定性。

活性干酵母的生产技术的发展，为社会提供了高质量、便于运输的活性干酵母产品，更加促进了酵母在边远地区和工厂的流通，方便了人们的生活，提高了产品质量，促进了酵母更广泛的应用。

酵母菌另一大类的用途是生产调味品即酵母味素，其原理是利用酵母富含 48%～50%

的蛋白质、8%～10%的核酸、经酵母自溶和酶水解而成的氨基酸和核苷酸的水溶液，浓缩成膏状或经喷雾干燥而成粉状产品，其味道鲜美，营养丰富，若经美拉德生化反应则可形成具有海鲜、牛肉、鸡肉和猪肉香味的风味化调味品，受到人们的青睐；国外酵母味素的企业已将酵母味素认定为极具潜力的新一代高科技复合调味品，欧美早已用酵母味素代替了味精，达到年产量3万～6万吨规模。我国味精产量高达110万吨，而酵母味素还不足1万吨，预计将来会以每年60%的速度增长，具有广阔的投资前景。

另外，从酵母细胞里提取药物，如核糖核酸、麦角甾醇、谷胱甘肽、活性多糖、细胞纤维素等都已工业化生产，在酵母发酵过程中添加某些物质则可以生产各种系列微量元素酵母，补充人体之不足，较其他化学微量元素有更高的生物利用度。

总之，酵母对人类饮食生活的贡献巨大，而现代生物技术的发展，更是扩大了酵母菌在人类社会中的作用范围，食品、化工、冶金、信息、能源、环保、制药、美肤等领域都有酵母菌的广泛应用。酵母作为工程菌生产高级生化产品和药品的产品已经层出不穷，利用酵母生产燃料酒精已经实现，利用酵母生产新一代健康调味品已经初具规模，从酵母细胞里提取的药物已达十多种，利用酵母菌生产有机酸、醇、脂等高级化工原料也越来越多。酵母工业作为生物技术产业中的一个支柱，正在蓬勃壮大、加速发展，相信未来市场对酵母的需求量将越来越大。

7.2.2　废糖蜜用于生产单细胞蛋白

单细胞蛋白，也叫作生物蛋白或菌体蛋白，它是利用工农业废料及石油废料等人工培养的微生物菌体。单细胞蛋白不是一种纯蛋白质，而是由蛋白质、脂肪、碳水化合物、核酸及不是蛋白质的含氮化合物、维生素和无机化合物等混合物组成的细胞质团。

单细胞蛋白所含的营养物质极为丰富，其中，蛋白质含量高达40%～80%，比大豆高10%～20%，比肉、鱼、奶酪高20%以上；氨基酸的组成较为齐全，含有人体必需的8种氨基酸，尤其是谷物中含量较少的赖氨酸；还含有多种维生素、碳水化合物、脂类、矿物质，以及丰富的酶类和生物活性物质，如辅酶A、辅酶Q、谷胱甘肽、麦角固醇等。因此，单细胞蛋白不仅可以充当动物饲养的饲料，还可以作为人类的食品添加剂，甚至作为食物直接食用。

由于世界人口暴增，同时动物饲养量也在大增，每年全人类食物及动物饲料之所需的蛋白质总量将达到几十亿吨到几百亿吨，传统的农业生产根本满足不了人和动物对蛋白的需求。目前，全世界有10多亿人缺乏蛋白质营养，所以，开发新的蛋白来源势在必行，而微生物作为一种蛋白来源为我们解决粮食危机提供了新的选择。

常见的单细胞蛋白主要有酵母蛋白、细菌蛋白和藻类蛋白等，此外用于生产单细胞蛋白的微生物还包括放线菌霉菌以及某些原生生物等，这些微生物通常都具备对培养条件要求简单、生长繁殖迅速等优点。与传统的动植物养殖相比，利用微生物生产蛋白质具有效率高、易控制、污染小等优点，对解决世界蛋白质缺乏具有重要作用，且可以利用许多的工农业废料，实现资源的二次利用、化废为宝。

废糖蜜是制糖行业的副产物，含有较多的糖分和氮、磷等物质，且含有可供微生物生长的各种微量元素和生长因子，因此，废糖蜜是一种可以被用来生产单细胞蛋白的资源[2]，随着糖蜜的产量日益增加和畜牧业、养殖业的发展，进行利用废糖蜜开发蛋白饲料的研究是非常必要的。利用废糖蜜对上述微生物进行培养生产单细胞蛋白，不但可以为人类提供崭新的食物来源、为动物饲养提供营养丰富的饲料，还可以实现废糖蜜的再利用、提高其附加值，增加社会经济价值，为我国制糖行业清洁生产、循环经济的发展提供新思路。

目前单细胞蛋白在世界上一些经济发达的国家已有一定生产规模，欧洲、美国等国家和地区用微生物蛋白生产的各种食品已有近百种，这些食品含蛋白高、含脂肪低、不含胆固醇，在市场上很受欢迎，现在世界上许多国家都相继投资建厂生产单细胞蛋白。我国单细胞蛋白生产起步较晚、产量较小且经营分散，但我国每年用于食品、饲料的单细胞蛋白需要量在千万吨以上，因此单细胞蛋白在我国将有极为广阔的发展前景。

7.2.3 废糖蜜发酵生产酒精

酒精主要包括食用酒精和工业用酒精两种，食用酒精可以用于酒类、含酒饮料及食品的生产，而工业酒精则可用作燃料、洗涤剂、防冻剂等，随着社会的进步、人们生活水平的提高，对酒精尤其是工业酒精(比如作为汽车燃油的动力酒精)的需求量呈现出井喷式的增长。

废糖蜜作为一种营养价值丰富的糖厂副产品，可以通过酵母发酵用于酒精发酵生产，其生产的酒精既可以作为食用酒精(如世界著名的兰姆酒即以甘蔗废糖蜜制成)，也可以充当工业酒精。发酵前，废糖蜜需经过适当处理，如稀释、添加硫酸铵及生长因子等。经过处理的废糖蜜接入生长旺盛的酿酒酵母，首先在通氧条件下让酵母增殖，然后在厌氧条件下进行发酵，即可以得到酒精，通过蒸馏法可以将酒精分离出来。

利用废糖蜜发酵生产酒精，还可以采用固定化细胞技术[3]，采用该技术生产酒精具有速度快、效率高、易控制、污染少等特点，目前已经研究的酒精发酵的固定化材料主要包括PVA(聚乙烯醇)、海藻酸钠/钙、聚苯乙烯、聚乙酸乙烯酯和天然硅酸盐类等，多种材料的配合使用也已成为固定化技术的发展趋势之一。固定化方法可以采用包埋法、吸附法和共价偶联法，而用于固定化的菌种可以是酿酒酵母，也可以是面包酵母、运动发酵单胞菌、马克丝克鲁维酵母等。要实现固定化细胞发酵酒精的工业化，关键的问题是解决大规模制备高活性、长寿命的固定化细胞和开发合适的发酵生物反应器，中科院过程研究所在"七五"国家技术攻关的基础上，经过不断的试验和完善，成功进行了磁场流化床反应器大规模糖蜜酒精发酵的中试试验，采用磁性固定化酵母细胞技术，对大规模磁场流化床反应器糖蜜酒精发酵工艺进行了研究，使糖蜜中糖的转化率达到92%以上、残糖浓度在1.5%以下，发酵液中酒精浓度可达9.5%，通过对其经济可行性进行分析，表明采用磁场流化床反应器进行糖蜜酒精发酵具有很好的经济效益。如图1-7-2所示。

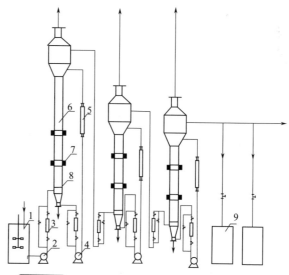

图 1-7-2　磁场流化床反应器中试规模反应流程

1—拌料罐；2—进料泵；3—液体流量计；4—循环泵；
5—夹套换热器；6—三层流化床反应器；7—磁场线圈；
8—液体分布板；9—出料罐

7.2.4　废糖蜜发酵生产柠檬酸

柠檬酸又名枸橼酸，是一种重要的有机酸，无色晶体，常含一分子结晶水，无臭，有很强的酸味，易溶于水，在饮料、食品添加剂、洗涤剂及医药等行业具有极多的用途。

我国是全球最大的柠檬酸生产国，2010 年，我国柠檬酸产量达到 98 万吨，创历史最高，占世界年产量的 65％左右，2011 年与 2010 年基本持平。由于我国柠檬酸产能增长过快，已出现严重的供大于求局面，再加上技术创新滞后及国际市场竞争激烈，柠檬酸产业经济效益呈下滑态势。但与国际消费量相比，如美国人均消费柠檬酸为 1kg/年，而我国人均消费仅为 0.05kg/年，我国柠檬酸行业仍有较大发展空间，未来应从扩大内需和生产技术等方面寻求突破。

柠檬酸的生产可以采用水果提取法、化学合成法和生物发酵法。

① 水果提取法是从柠檬、橘子、苹果等柠檬酸含量较高的水果中提取，此法提取的成本较高，不利于工业化生产。

② 化学合成法是以丙酮、二氯丙酮或乙烯酮为原料进行化学合成，该方法工艺复杂、成本高且安全性低。

③ 生物发酵法则是以黑曲霉为生产菌种，利用糖类或淀粉类原料进行生产，主要是以玉米淀粉为原料生产，但近几年随着玉米等原料价格的走高和世界粮食危机的日益严重，利用工业废料生产柠檬酸成为首要选择，制糖废料——废糖蜜成为安全、环保的廉价原料[4]。

废糖蜜的营养成分完全能够满足柠檬酸生产菌——黑曲霉的生长、产酸需求，通过控制温度、pH 值、溶解氧等条件，可以获得满意的产酸率，一般来讲，每消耗 2.5～2.8t 废糖蜜可以得到 1t 柠檬酸，而通过液体深层发酵、细胞固定化等先进技术的应用，还可以进一步提高柠檬酸的转化率和产率。

7.2.5　废糖蜜发酵生产氨基酸

氨基酸(amino acid) 是含有氨基和羧基的一类有机化合物的通称，它是生物功能大分子蛋白质的基本组成单位，是构成动物营养所需蛋白质的基本物质。从营养学角度进行分类，氨基酸可分为必需氨基酸、半必需氨基酸和非必需氨基酸三类，其中必需氨基酸是生物体不能合成但又是维持生长所必需的，因此必须靠体外摄入，对于人体来讲，有赖氨酸、色氨酸等 8 种氨基酸是必需氨基酸，当人体缺乏这些氨基酸时就会导致某些疾病的发生；随着人们生活水平的提高，人们对健康的重视程度日益加深，对疾病的态度也由以前的被动治疗向现在的主动预防转变，而氨基酸作为一种重要的生命代谢物质，其保健医疗作用越来越被人们所重视。

目前，全世界氨基酸总产量 600 多万吨，我国氨基酸产量已达 400 万吨左右。对于如此大量的生产，氨基酸生产仍然沿袭了抽提法、化学合成法和生物法(酶法和发酵法) 等几种方法，其中发酵法为生产氨基酸的首选方法[5]。废糖蜜可以直接被氨基酸生产菌所利用，进行氨基酸的生产，但由于废糖蜜中含有较多的生长因子，因此必须通过去除或者抑制的方法才能进行正常的生产，有研究报道也可通过适当添加表面活性剂或者流加的方式进行发酵生产。

7.3 废糖蜜回收制备高活性干酵母

活性酵母是指以粮食、糖类等为原料，利用生物工程技术、发酵通风培养得到的、具有发酵活性的纯微生物制品；活性干酵母是指以固体形式存在，在常温下能够长期储存而不失去活性，且在一定条件下复水活化后，即恢复成自然状态并具有正常发酵活性的酵母细胞；而高活性干酵母（HADY）是最近几十年才发展起来的一种酵母产品，它采用流化床干燥系统，用低温快速干燥方式，加入乳化剂使酵母使用前不需复水活解，可以直接与面粉等生产原料混合使用，因而也称为即发活性干酵母（IADY）。高活性干酵母含水分 4%～6%，颗粒小，发酵速度快，其活性和储藏期均大大优于以前的活性干酵母。

世界上最早开发和研究高活性干酵母产品的公司是荷兰的 Gist 公司，其在 20 世纪 60 年代末就已经成功研发并生产出了高活性干酵母，发酵活性一般可以保持 1～2 年左右。我国直到 20 世纪 80 年代中期，才由广东率先引进了国外先进的高活性干酵母的生产技术和设备，建成了两家大型的具有当代国际先进水平的高活性干酵母生产企业，即广东丹宝利酵母公司和广东梅山-马利酵母公司；目前，我国生产高活性干酵母的企业主要有湖北安琪酵母公司、广东丹宝利酵母公司和梅山-马利酵母公司、哈尔滨-马利酵母公司等数家。

随着我国高活性干酵母市场的扩大，除了国内高活性酵母生产企业的产品外，国外大型企业的酵母产品也先后进入中国市场，高活性干酵母产品无论是在国内还是在国际市场上的竞争日益激烈，各酵母企业正在加强技术研发，通过研究开发和储备新的生产用高活性酵母菌种、开发行业清洁生产和环境保护新技术来不断增强自身的行业竞争力，这些措施也为产业的健康持续发展奠定了良好的基础。

废糖蜜是甘蔗或甜菜糖厂制糖的副产物，近年来，随着糖厂提取工艺方法的不断改进，糖分的提取率得到不断提高，导致废糖蜜中总固形物的含量有所增加，但可发酵性糖含量却有所降低。目前，国内废糖蜜中总固形物含量大多在 75%～95% 之间，而可发酵性糖的含量大多在 40% 左右。又由于废糖蜜的组成极其复杂，不仅含有对微生物生长有益的成分如糖分、无机物、有机非糖物、生物生长素等，同时存在多种微生物难以利用和转化的成分，甚至含有一些对微生物的生长代谢产生抑制毒害作用的物质，如亚硫酸盐、硝酸盐、胶体物质、挥发性有机酸、微生物等。因此，在用作酵母培养物时需要对废糖蜜进行一系列预处理，并且需要添加酵母生长所必需的氮、磷等物质。

7.3.1 废糖蜜原料的预处理

为了满足酵母生长的需要，对废糖蜜进行预处理时要达到以下的要求。

① 废糖蜜中干物质的浓度可达 80～90°Bé，糖分含量往往也能达到 50% 以上，在这样高的浓度下酵母的生长会非常困难，因此，在对酵母进行扩大培养之前必须对废糖蜜进行加水稀释，其具体稀释程度随采用的工艺流程不同而有所区别。

② 由于废糖蜜营养丰富、是微生物良好的培养基，因此一般都会污染有很多杂菌，其中不乏一些产酸细菌。为了保证稀释后的废糖蜜能进行正常的酵母生长，一定要对其进行加酸酸化，并辅以加热灭菌或添加防腐剂等操作。

③ 废糖蜜中含有大量的焦糖、氨基糖等含黑色素的胶体物质，它们的存在是培养时产生大量泡沫的主要原因，而泡沫的大量形成会导致酵母培养设备利用率的降低，甚至会引起

培养失败；此外，这些胶体物质由于带有和酵母细胞相反的电荷，因此它们会吸附在酵母细胞表面，严重影响酵母的生长和新陈代谢作用，使酵母的产量和质量降低。因此，在培养前除去废糖蜜中的胶体和色素物质，不仅可以提高酵母培养设备的有效容积和利用率，而且还可以提高酵母的产量和质量。

④ 废糖蜜中游离的有机酸对酵母生长有较强的抑制作用，较低浓度的挥发酸即能抑制酵母繁殖并加速其细胞的死亡，并且有资料显示当 pH 值降为 4 时，酵母对挥发酸的敏感性最强，因此废糖蜜预处理时必须通风除去挥发酸。

⑤ 废糖蜜中存在的糠醛会引起酵母细胞出芽数的减少，并且细胞也会变小，从而影响酵母的繁殖和生长活性。

⑥ 废糖蜜中往往含有较多的灰分，一般为 5%～15%，其含量随原料品种、产地、制糖工艺条件和方法的不同而有差异；高含量的灰分会严重影响酵母的生长能力，而且还会导致酵母培养罐、管道和换热设备等产生污垢，因此应将废糖蜜中的灰分尽可能地除去。

⑦ 一般情况下废糖蜜中含有的重金属离子并不多，但对于一些重金属离子如铜离子（Cu^{2+}），其在较低含量（5～10mg/kg）时即可抑制酵母的生长和繁殖，因此应十分重视废糖蜜中重金属离子的含量。

根据以上对废糖蜜的要求，其预处理程序一般需包括稀释、酸化、灭菌、澄清和添加营养盐等过程。

7.3.1.1 废糖蜜的稀释

废糖蜜在使用前要求稀释至 30～40°Bé，当采用自然沉降的方法澄清时，稀释浓度一般为 30～35°Bé；而当采用糖蜜离心机进行机械分离澄清时，稀释浓度一般为 35～40°Bé。废糖蜜的稀释可以作为独立工段单独进行，也可与酸化、灭菌、添加营养盐和澄清工段同时一道进行。

（1）废糖蜜稀释的目的

① 降低其黏稠度，便于管道输送。

② 降低密度，便于杂质分离。废糖蜜中的固体颗粒和胶体物质等，其密度与原糖蜜相差无几，而将糖蜜稀释后其密度下降，液相与固体颗粒之间形成较大的密度差，有利于排渣与澄清操作。

③ 糖蜜经稀释后，其比热容增大，易于传热，可以提高杀菌效果。

（2）废糖蜜的稀释方法

一般废糖蜜的稀释方法可以分为间歇法与连续法 2 种。

1）间歇稀释法　糖蜜的间歇稀释是分批在稀释罐内进行的，稀释罐内附有搅拌器。首先，将糖蜜由输送泵送入高位槽，然后经过磅秤称重后流入稀释罐，同时加入一定量的水和其他必要的添加剂，开动搅拌器充分拌匀，即得所需浓度的稀糖液。

2）连续稀释法　目前我国废糖蜜稀释最常采用的方法，通过连续稀释器进行，常用的连续稀释器有两种形式。一种是不带搅拌器的连续稀释器，该稀释器为一只圆筒形的管子，顺着管长装有若干孔板式的隔板和一块筛板，为了使糖蜜与水更好地混合，各板上的孔位都是交错配置，即一个孔在上部一个孔在下部，这样使液体在流动过程中，呈湍流式运动，隔板上孔的直径，是根据保证液体在器内的湍流式流动来计算的，隔板固定在一对水平轴上，能与轴一道拆卸，以便清洗，稀释器安装时通常出口的一端向下倾斜，这种稀释器的混合效果较好，同时也节省动力。另一种是立式连续稀释器，该稀释器也是一只圆筒形的管子，它是利用截面积不断的改变，保证液体在容器内的湍流式流动来达到糖蜜与水均匀混合的目的，糖蜜连续稀释时，首先用泵将糖蜜送至高位槽，然后借位压流往稀释器，与来自另一高位槽的热水混合。保证稀糖液的一定浓度是连续稀释器操作的关键，调节稀糖浓度是依靠相应的阀门用人工控制，在大型工厂中采用能调节水及糖蜜流量的联动泵来控制。

（3）废糖蜜稀释用水量的计算

废糖蜜稀释时，控制稀糖液的浓度是一关键的环节，为了制备一定浓度的稀糖液及精确计算所需的加水量和最终糖蜜量，通常可以采用下列公式来进行计算：

$$Mc_1 = V\rho c_2$$

式中　　M——稀释前糖蜜量，kg

c_1——稀释前糖蜜浓度，°Bé；

V——稀释后糖液的体积，L

ρ——稀释后糖液的密度，kg/L；

c_2——稀释后糖液的浓度，°Bé。

由上式可以算出，配置体积为 V 的稀糖液所需的糖蜜量：

$$M = V\rho c_2 / c_1$$

若稀释时所需水量为 W，则

$$W = V\rho - M$$

由于

$$V\rho = Mc_1 / c_2$$

所以

$$W = M(c_1 - c_2)/c_2$$

7.3.1.2　废糖蜜的酸化

废糖蜜加酸酸化的目的是防止杂菌的繁殖，加速糖蜜中灰分与胶体物质沉淀，同时调整稀糖液的酸度，使之适于酵母的生长。由于甘蔗糖蜜为微酸性，甜菜糖蜜为微碱性，而酵母发酵最适 pH 值为 4.0～4.5，所以工艺上要求糖蜜使用时要加酸。对甜菜糖蜜来说，加酸可以使其中的 Ca^{2+} 生成硫酸钙沉淀，从而加速糖蜜中胶体物质与灰分一道沉淀而除去。

加酸的方法各地略有不同。通常间歇发酵时，较普遍的是采用将酸加入稀糖液中的方法，也有将酸直接加入原始糖蜜中的，但此法在我国很少采用。现在我国多采用将废糖蜜稀释到 40%～60% 时加酸，然后加热澄清，取清液再进行稀释。这样既能提高酸的灭菌作用，又可加速沉淀，并能减少酸化设备的容积，提高设备利用率。除此以外它还有以下优点：糖蜜只需经过一次稀释，简化了生产过程，有利于实行自动化；加酸可在室外进行，以降低厂房的高度；无需设置单独的输酸管道。但缺点是：由于糖蜜黏度大，为了保证糖蜜和酸均匀混合，必须有专门的混合器；酸化后储存时储槽的槽壁必须用涂沥清漆或聚氯乙烯板等耐酸材料。

糖蜜酸化时，通常用硫酸来酸化，也可用磷酸或盐酸。在用硫酸时，生成的硫酸盐是生产设备积垢的主要原因之一；而磷酸由于价格较高较少使用；使用盐酸时，在以后的生产过程中不生成沉淀，并且用盐酸酸化后回收酵母的色泽较好，这是因为氯离子能起一定的漂白作用，但盐酸的腐蚀性较大，在缺乏耐酸材料的情况下用盐酸有一定的困难，且高浓度的氯离子对酵母的生长有阻碍作用。

加酸量与方法一般随糖蜜的种类而异，如甘蔗糖蜜稀释时可直接加入稀糖液量 0.2%～0.3% 的浓硫酸，混合均匀即可，用酸量约为 2～3.5kg/t 废糖蜜；甜菜糖蜜大多带有碱性，故用酸量较甘蔗糖蜜为多，在对甜菜糖蜜进行酸化时应注意通风，因为其中的有机碱

（—NH₂）在加酸时与酸作用能放出剧毒的黄棕色气体 NO_2，为了避免中毒，酸化槽必须要有排气孔，酸化工段应有良好的通风设施。

7.3.1.3 废糖蜜的灭菌

废糖蜜中常污染大量的微生物，主要包括野生酵母、白色念球菌以及乳酸菌等产酸微生物。为了防止糖液被这些微生物污染，保证酵母培养的正常进行，除了加酸以提高糖液的酸度外，最好还要进行灭菌操作。灭菌方法有以下两种。

（1）加热灭菌

加热灭菌即通过一定的设备将废糖蜜加热到一定温度并保持一定时间，以杀灭其中存在的各种微生物的操作。加热灭菌根据操作的连续性通常可以分为两种类型：一种是间歇灭菌，另一种是连续灭菌，分别对应的是间歇灭菌设备和高温瞬时灭菌设备，而间歇灭菌设备根据灭菌条件的不同又可以分为常压灭菌设备和高压灭菌反应釜。

1）常压灭菌设备　常压灭菌是将废糖蜜稀释到一定的浓度后，通蒸汽加热到 80～90℃，维持 1h，即可达到灭菌的目的。该灭菌设备一般带有通风装置，便于在废糖蜜稀释中更快将其混匀，且保证在加热灭菌前的处理过程中加入酸碱调节溶液 pH 值更均匀。为了保证废糖蜜能在灭菌后长期保持，且不使糖分损失过大，通常该设备带有可以通入冷却水的降温装置，以便将灭菌后的稀糖溶液迅速降到既能保持其不被微生物污染又尽可能减少糖分损失的温度。该设备投资省、操作简单、营养物质损失少，但由于灭菌温度较低，因此不能将废糖蜜中的芽孢菌类微生物杀死。

2）高压灭菌反应釜　该灭菌方式是将处理后的废糖蜜泵入一个带压的反应釜中，然后升温使反应釜压力达到 0.15MPa，保持 0.5h 左右达到灭菌的目的。该反应釜一般要求有夹套装置，可以迅速将灭菌后的稀糖溶液降温，以减少其中营养成分的损失。由于该设备是高压灭菌，温度可以达到 121℃，因此可以杀灭包括芽孢菌类在内的各种微生物，确保糖液的无菌状态，但也恰恰因为较高的温度，使得培养基中的糖分容易碳化，并且容易破坏培养基中的其他一些有益成分。

3）高温瞬时灭菌设备　高温瞬时灭菌是现在酵母工厂最常采用的灭菌方法，它是将过滤后一定浓度的废糖蜜通入一定压力的蒸汽，使之瞬时升到一定的温度，并根据该温度下微生物的致死时间，使废糖蜜在该时间内通过设计好的蛇管；之后经过一个压力容器，通过真空闪蒸技术迅速将废糖蜜温度降低到既能保持其不染菌又最大限度保持其营养成分的程度。该设备操作的关键是保证废糖蜜在要求的温度下一定时间内通过一定长度的蛇管，因此这就要求在灭菌前一定要设计好废糖蜜的流速、蒸汽的压力以及蛇管的长度等，否则将会严重影响灭菌效果。该设备的最大优点是能在保证理想的灭菌效果的同时最大限度地保护废糖蜜中的营养成分不被破坏，而其缺点是由于废糖蜜是在高温下通过蛇管，因此容易导致结垢甚至堵塞。另外，该设备对自动化程度要求较高。

稀糖液的加热除了灭菌外还有利于澄清作用，但加热处理需要消耗大量的蒸汽，又需要增设冷却、澄清设备，小型工厂一般不宜采用。

（2）药物防腐

我国糖蜜酒精工厂常用漂白粉、甲醛、氟化钠等作为药物防腐剂，用量为每吨糖蜜加漂白粉 200～500g 或 40% 的甲醛 600mL 糖液量 0.01% 的氟化钠；也有用五氯代苯酚钠作为防腐剂的，其用量为 0.004%，但在使用时应注意，由于在酸性环境中易分解成五氯苯酚和钠盐，所以应添加在未酸化的糖蜜稀释液中。

7.3.1.4　废糖蜜的澄清

糖蜜中含有很多的胶体物质、灰分和其他悬浮物质，它们的存在对酵母的生长与代谢均有毒害，故应当尽可能将其除去。糖蜜的澄清方法有以下几种。

（1）加酸通风沉淀法

此法又称冷酸通风处理法。将糖蜜加水稀释至 $50°Bé$ 左右，加入 $0.2\%\sim0.3\%$ 浓硫酸，通入压缩空气 1h，静止澄清 8h，取出上清液作为制备糖液用，通风一方面可赶走 SO_2 或 NO_2 等有害气体以及挥发性酸和其他挥发物质，另一方面可增加糖液中的含氧量，提高糖液的溶氧系数，以利于酵母的增殖。

（2）热酸处理法

在较高的温度和酸度下，对糖蜜中有害微生物的灭菌作用和胶体物质、灰分杂质的澄清沉降作用均较强。采用热酸处理法，通常把酸化灭菌和澄清操作同时进行，工艺上在原糖蜜稀释时，采用阶段稀释法：第一阶段先用 $60℃$ 温水将糖蜜稀释至 $55\sim58°Bé$，同时添加浓硫酸调整酸度，pH 值控制在 $3.0\sim3.8$ 之间，进行酸化，然后静止 $5\sim6h$；第二阶段则将已经酸化的糖液再稀释到酵母培养液所需的浓度（即 $12\%\sim14\%$）。

此外，我国某些工厂在采用热酸通风沉淀操作时采用以下过程：糖蜜加水稀释到浓度为 40%，然后加入一定量的硫酸，将 pH 值调节到 $4.0\sim4.5$，放入澄清槽加热至 $80\sim90℃$；通风 30min，通风后保温 $70\sim80℃$ 静止澄清 $8\sim12h$，然后取出上层清液冷却；以后处理按一般的工艺流程进行。所得沉淀物质可再加 $4\sim5$ 倍的水充分搅拌，然后静止澄清 $4\sim5h$，所得的澄清液可用作下一次稀释糖蜜用水，残渣则弃去。从提纯效果来看，这个方法比冷酸通风处理法好，但这个方法的缺点是澄清时间较长，需要较多澄清桶，占地面积大，花费劳动力多。

另外，有些工厂通过添加聚丙烯酰胺（PAM）絮凝剂来加快稀糖液的澄清处理。可大大缩短澄清时间。其工艺操作如下：先将糖蜜加水稀释 $40\sim50°Bé$，加一定硫酸调 pH 值为 $3.0\sim3.8$，加热 $100℃$，添加 8×10^{-6} 的 PAM，搅拌均匀，静止 1h 絮凝澄清，取上清液即可。

（3）机械分离法

机械分离法最常用的是压滤法和离心机分离法。用糖蜜离心机连续澄清，对于质量较好的糖蜜经适当稀释后，加热至 $95℃$ 即可直接用糖蜜离心机澄清除杂，其对杂质澄清的效果较好，处理损失可降低到 2% 以内。另外，如果采用压滤机过滤，则能提高工作效率、方便实现自动化。

糖蜜分离机是现代酵母工厂去除糖蜜杂质最为有效的分离设备，通常选用的离心机是碟片活塞排渣分离机，其分离因数在 10000 左右。糖蜜分离机可以在高度分散的悬浮液中通过高速离心的作用，将极细微的固体颗粒从液相中分离沉降至转鼓的内壁上，当储存至一定量后分离机自动排渣，排渣后继续进行离心分离。利用糖蜜分离机可以实现程序的自动控制、机器在连续运转过程中实现自动化排渣大大节省了时间、提高了生产效率，且卫生程度高不易染菌、糖蜜清液杂质少、质量好；但在生产时对糖蜜溶液中杂质含量有一定的限制、设备一次性投入费用较大。

7.3.1.5　营养盐的添加

酵母生长繁殖时需要一定的氮源、磷源、生长素、镁盐等。新鲜甘蔗汁或甜菜汁原含有足够酵母所需的含氮化合物、磷酸盐类及生长素，但由于经过了制糖和糖蜜的处理等工序而大部分丧失。糖蜜因制糖方法的不同所含的成分也不一样，稀糖液中常常缺乏酵母营养物质，不但直接影响酵母的生长，而且影响酵母的质量。因此必须对糖蜜进行分析，检查是否缺乏营养组分，了解缺乏的程度，然后有针对性地添加必需的营养组分。

（1）甘蔗废糖蜜所需添加的营养组分和生长素

甘蔗糖蜜对酵母生长繁殖来说需要添加氮源、磷源、镁盐和生长素。

1）氮源　氮的需要量可根据酵母细胞数及糖蜜中氮的含量来计算。例如假设每毫升培养液中含有 1.5 亿个酵母细胞，即每升中含有 1500 亿个，每 1 亿个酵母重 0.07g，则每升培养液中酵母细胞的重量为 $1500 \times 0.07 = 10.5g$。已知鲜酵母含氮量为 2.1%，则每升培养液含氮量为 $10.5 \times 0.021 = 0.22g$。若制备 1L 培养液需用废糖蜜 150g，而糖蜜含氮约 0.5%，其中能被酵母利用的氨基态氮及其他氮素为 20%～25%，即 150g 糖蜜中含有能被利用的氮仅为 0.15g。由此可见，甘蔗糖蜜中的氮不能满足酵母生长繁殖的需要，故甘蔗糖蜜需添加氮源。

我国工厂普遍采用硫酸铵作为氮源，因为铵易被酵母消化，用量为每吨糖蜜添加含氮量 21% 的硫酸铵 1.0～1.2kg，即添加量为 0.1%～0.12%。有些工厂添加尿素，尿素含氮量为 46%，因而可适当减少用量，通常为硫酸铵用量的 1/2。也有以酵母自溶物作为稀糖液的氮素补充物使用的，通过取分离出的酵母泥，置于 35～40℃ 温度下使酵母细胞自溶，菌体的蛋白酶将酵母细胞分解为氨基酸作为氮源的补充，这样可减少 3/4 的硫酸铵用量。还有添加麸曲作为氮源补充剂的，麸皮中含有丰富的蛋白质，但不能直接为酵母利用，如用蛋白质分解能力强的曲霉菌制成麸曲，再加热 50℃，保温 6h 便可使蛋白质分解变为可溶性氮，同时曲霉菌还能合成酵母所需要的生长素，故添加麸曲除了可补充稀糖液中的氮源外，还能补充生长素，这样可大大节省硫酸铵和尿素的使用量。

2）磷源　我国甘蔗糖蜜工厂所添加的磷酸盐，多数为钠、钾、铵、钙盐类，由于溶液呈酸性，因此适于酵母的生长繁殖，其中最常采用的是过磷酸钙，用量为糖蜜量的 0.25%～0.3%。

3）镁盐　镁盐的存在不仅能促进酵母的生长和繁殖，还能扩大酵母生长素的效能，这是因为激酶的催化反应离不开 Mg^{2+}，同时酵母的生长素需有镁盐共同存在才能发挥效能。我国糖蜜工厂通常添加硫酸镁，用量为糖蜜量的 0.04%～0.05%。单独加入氯化镁或硝酸镁则无作用，如与硫酸铵同时使用则能促进效能。

4）生长素　酵母必要的生长素有维生素 B_1、维生素 B_2、肌醇、生物素及泛酸等，各种糖蜜中的生长素由于制糖过程中的高温蒸发或糖蜜处理时加热而被破坏，宜适当添加酵母生长素，一般是添加适量的玉米浆、米糠或麸曲自溶物等作为酵母生长素的补充。

（2）甜菜废糖蜜所需要添加的营养组分

甜菜糖蜜中往往氮源足够，只缺乏磷酸盐，目前一般甜菜糖蜜都用过磷酸钙来作磷源，其用量为甜菜糖蜜量的 1%，也有少量直接用磷酸来作磷源的。

7.3.1.6　稀释糖液的储存

经处理好的稀糖液需在流加罐中暂时存放，如不注意存放过程中的卫生条件或存放方法不当将会造成稀糖液的重新污染。稀糖液存放时的温度情况可分两种区别对待：一种是热存放，糖液温度在 60℃ 左右或更高些，适合于气候炎热的地区；另一种是冷存放，糖液温度在 20℃ 以下，以 10℃ 左右最为适宜，适合于气候寒冷的地区。最好不要在 30℃ 左右的温度下长期存放，否则会使大多数微生物迅速生长繁殖。

存放时间一般不宜超过 48h，否则应重新杀菌。如果经灭菌后在密封罐中存放，存放时间可适当长一些。

7.3.2 酵母生产工艺

酵母为兼性微生物，在有氧条件和无氧条件下均能生长：无氧条件下，酵母通过发酵作用代谢底物生成醇、酸等各种代谢产物；而有氧条件下，酵母通过呼吸作用进行生长繁殖，得到大量酵母细胞。高活性干酵母其产品本身为酵母细胞，因此应在有氧条件下进行生产。

7.3.2.1 酵母细胞的有氧代谢

对绝大多数酵母来说有氧代谢是细胞生命活动所需能量的主要来源。其整个过程是葡萄糖经 EMP 途径形成丙酮酸后，在有氧条件下再形成乙酰辅酶 A，随后进入三羧酸（TCA）循环，彻底氧化成二氧化碳和水。TCA 循环的一系列反应从丙酮酸被焦磷酸硫胺素活化生成乙酰辅酶 A 开始，乙酰辅酶 A 作为乙酰基的载体进入 TCA 循环。此外，TCA 循环中的中间代谢产物可用来作为酵母蛋白合成中的氨基酸前体物质及细胞中许多大分子组成的碳架。

戊糖循环途径（HMP 途径）是酵母分解代谢葡萄糖的另一个重要途径，也是酵母发酵葡萄糖的候补途径。此代谢供应必要的碳架来合成细胞组分如 5-磷酸核糖等，并且亦可通过 3-磷酸甘油醛进入 EMP 途径形成丙酮酸。

为了氧化某些二碳化合物（乙酸盐、乙醇等），酵母有时还会进行乙醛酸循环，它是 TCA 循环的补充途径，能够将多余的乙酰基转化成草酰乙酸，再进入正常的 TCA 循环。

7.3.2.2 酵母糖代谢的调节效应

酵母菌的呼吸和发酵作用间彼此相互作用，成为酵母糖代谢的自我调节措施。

（1）巴斯德效应

有氧条件下，酵母的有氧呼吸抑制无氧发酵的作用称为巴斯德效应。巴斯德效应是一种重要的调节机制，用来调节葡萄糖的利用率以满足细胞对能量和用于合成作用的中间代谢产物的需要。当酵母进行呼吸作用时，酒精产量大为降低，单位时间内的耗糖速率减慢，这提高了能量的利用率，使之能合成更多的酵母细胞。

（2）克雷布特效应

高浓度的糖抑制酵母呼吸使之进行酒精发酵的作用称为克雷布特效应。这是因为当糖浓度超过 5% 时酵母细胞中呼吸酶的合成和线粒体的形成会受到抑制。

由巴斯德效应和克雷布特效应可以看出，酵母菌的糖代谢途径受到溶氧和糖浓度的控制，从而使酵母的呼吸和发酵作用间彼此相互调节。为了获得较高的酵母收得率应该严格控制培养液中糖的浓度。

（3）卡斯特效应

有氧条件下，酒香酵母发酵葡萄糖的速度比无氧条件下更快，这种通风对乙醇发酵的刺激作用称为卡斯特效应。

7.3.2.3 酵母细胞的生物合成

（1）酵母合成的化学反应

由糖类（如六碳糖）合成酵母的生物化学反应很复杂，每一步反应的进行都需要不同酶的催化作用。酵母的主要成分是蛋白质，由己糖生成蛋白质的反应可简单分为以下几个阶段。

六碳阶段：$C_6H_{12}O_6 + H_3PO_4 \longrightarrow C_6H_{10}O_6(PO_3H_2)_2 + H_2O$

三碳阶段：$C_6H_{10}O_6(PO_3H_2)_2 \longrightarrow C_3H_5O_3PO_3H_2$

$$C_3H_5O_3PO_3H_2 + O_2 \longrightarrow CH_3COCOOH + H_3PO_4$$

二碳阶段：$CH_3COCOOH \longrightarrow CH_3CHO + CO_2$

上述反应可合并为：$C_6H_{12}O_6 + O_2 \longrightarrow CH_3CHO + H_2O + CO_2$

二碳化合物合成酵母蛋白阶段：$CH_3CHO + NH_3 + O_2 \longrightarrow C_{12}H_{20}N_3O_4 + H_2O$

于是，由己糖合成酵母蛋白的反应可简写为：

$$C_6H_{12}O_6 + NH_3 + O_2 \longrightarrow C_{12}H_{20}N_3O_4 + H_2O + CO_2$$

有必要指出，上述反应仅简单表示酵母蛋白生物合成的主要过程，并且式中的酵母蛋白也不是真正的分子式，仅仅是酵母蛋白主要元素的大致比例。此外，在酵母生长过程中，会有7％的蛋白质被消耗掉，作为代谢物排泄到培养液中。酵母非蛋白物质如维生素、脂肪、聚糖等碳水化合物，其生物合成反应亦相当复杂。有人提出，在糖蜜培养基中，以蔗糖为碳源、氨为氮源，假定不产生除水和二氧化碳以外的代谢产物，酵母细胞合成的反应式可用下式表示：

$$C_{12}H_{22}O_{11} + NH_3 + O_2 \longrightarrow C_6H_{11}O_3N + H_2O + CO_2$$

（2）酵母细胞的生长得率

微生物的生长与产物的形成一样，都是生物物质转化的过程，在这个过程中，供给生长的营养物质转化成细胞，生长得率即是定量描述细胞对营养物的收得系数，其代表营养物转化为微生物细胞的效率。

由此，生长得率可定义为每消耗单位数量的基质所得到的菌体量，即：

$$Y_{X/s} = \frac{\Delta X}{\Delta S} = \frac{菌体增加数量}{基质消耗数量}$$

式中　$Y_{X/s}$——基质生长得率。

除用基质消耗数量表示外，生长得率还可以用氧的消耗量、ATP消耗量、能量消耗等来表示，分别对应为氧生长得率、ATP生长得率和能量生长得率。

7.3.2.4　酵母菌的营养

营养物质是生命活动的基础，没有营养，酵母的生命活动就会终止。酵母菌需要从生长环境中不断吸收营养物质，加以利用，从中获得能量并合成新的细胞物质，同时排出废物，形成一个营养物质不断进入和代谢废物不断排出的新陈代谢过程。不同的微生物可利用的营养物质有所不同，对于酵母来讲，为了维持其良好的生长和繁殖，一般需要以下几类营养物质。

（1）碳源

碳源是构成酵母细胞和代谢产物碳架的来源物质，同时又是合成细胞所需生物能量的来源，理论上来讲，每得到1g干酵母需要2g左右的碳水化合物。

酵母可利用多种不同的碳源，如各种单糖、某些低聚糖甚至是一些非糖化合物（如乙醇）等，最易被酵母利用的糖类包括葡萄糖、甘露糖、果糖、半乳糖、麦芽糖、蔗糖、乳糖、蜜二糖、海藻糖、棉子糖等。一些工业废料（如废糖蜜）也是酵母生长良好的碳源。

（2）氮源

氮源是构成酵母细胞中所含蛋白质、核酸、酶等成分，以及代谢产物中氮素来源的营养物质。无机氮源如氨、铵盐、尿素等，可以很好地被酵母所利用，硝酸盐和亚硝酸盐可以被有些酵母（如假丝酵母、汉森酵母）利用；有机氮源如氨基酸、胺、嘌呤或嘧啶可以作为大多数酵母的唯一氮源，相对较易被酵母同化的氨基酸有 α-丙氨酸、α-氨基丁酸、天冬酰胺、天冬氨酸、谷氨酸、亮氨酸、异亮氨酸等。糖蜜原料中的氮可以部分的被酵母所利用，其可利用性随产地和糖厂生产工艺不同而不同，一般为 0.1%～1%。

（3）无机盐类

无机盐是酵母生命活动中不可缺少的物质，其主要功能包括：a. 构成菌体的成分；b. 维持酶的活性或作为酶活性基团的组成部分；c. 调节渗透压、pH 值、氧化还原电位等；d. 作为自养菌的能源。

酵母组成元素除 C、H、N、O 外，其他比较重要的还有 P、K、Ca、Mg、Na、S 和 Fe、Zn、Cu、Mn 等微量元素，而这些维持酵母生命活动的无机元素需要由培养基来提供，在以糖蜜为原料的培养基中，除磷酸盐和镁盐外其他通常具有足够的量。

（4）维生素

酵母生长所需的主要维生素包括生物素、泛酸、肌醇和硫胺素。研究表明，在糖蜜培养基中缺乏的通常是生物素，其他维生素一般糖蜜均能足量提供。

7.3.2.5 酵母菌的培养方式

（1）间歇培养

酵母菌的间歇培养是指一次性投料和一次性收获产品的批次式操作。由于培养液中的初始糖浓度较高，即使在溶解氧浓度足够高的情况下，酵母在生长的同时也会产生大量的乙醇，而大量乙醇的生成势必会影响酵母对糖的收得率，因此，间歇培养一般应用于酵母生产中的纯种培养阶段。在纯种培养阶段采用一次性投料的间歇培养有以下有点：a. 糖浓度较高，酵母细胞具有较高的繁殖速率，仅通过几级培养就可迅速获得较多的种子；b. 培养过程中不加入培养基减少了污染杂菌的机会，有利于生产中微生物的控制；c. 酵母菌在营养丰富的培养基中生长，同时产生一定量的乙醇，有利于获得健壮的种子。

有氧条件下，酵母菌的间歇培养可分为两个生长阶段。第一阶段，培养基中的糖含量较高，这时酵母细胞会利用培养基中的糖类进行生长，同时分泌大量乙醇。在此阶段，细胞生长繁殖迅速，细胞出芽率接近 100%。第二阶段，当培养基中的糖分消耗殆尽时，酵母菌生长会出现一个短暂的停滞期，接下来酵母会进入同化所分泌乙醇的第二生长期。此时细胞的呼吸活性上升、生长速率较慢。

（2）流加培养

酵母的生长与代谢不仅取决于是否有氧，而且与糖的浓度有关。由于酵母具有 Crabtree 效应，当培养基中糖含量较高时，即使在有氧条件下，酵母在生长的同时也会产生大量乙醇，从而使酵母对糖的得率下降。为了得到最高的酵母得率，一般认为培养基中的糖浓度必须低于 0.0004%，而这在实际生产中是不现实的，在如此低的糖浓度下，酵母的生长速率将很低。在实际的酵母生产中，可发酵性糖的浓度一般控制在 0.1% 以内，但由于糖蜜中存在非可发酵性糖，实际上总糖浓度应控制在 0.01%～0.5%，有时甚至更高，如发酵的开始阶段可将糖浓度控制在 1% 左右。在这种情况下，酵母菌以较快的速度生长，同时产生少量的乙醇。发酵后期，糖浓度下降，酵母菌又可同化培养基中大部分的乙醇，酵母对糖的收得率可取得较高的结果，一般可达 40% 以上。

如果采用一次性投料的间歇培养方式生产酵母，若培养基中糖浓度低，虽然可获得较高的酵母收得率，但酵母浓度太低，如当培养基中初始糖浓度为 1% 时，酵母浓度最多为 0.4%，如此设备的利用率太低；如果提高培养基中糖的浓度，虽然可获得较高的酵母培养浓度，但酵母得率下降，如当培养基中初始糖浓度大于 5％时，酵母对糖的收得率只能达到 20％～30％。很明显，在酵母生产时采用一次性投料的分批培养是不可行的，而采用流加培养的方式有望获得满意的效果。

在流加培养过程中，培养基中的糖浓度可以根据工艺要求控制在较低的水平，并且可以根据酵母的耗糖情况调整糖流加的速率，使得糖的流加速率等于酵母的耗糖速率，即酵母利用多少就流加多少，维持培养基中的糖浓度在适当的水平。这样，酵母会始终处在较低糖浓度的环境中，保证了酵母对糖较高的收得率，同时随着流加培养过程的进行，培养基中的酵母浓度也会越来越高。

当然，在流加培养过程中，由于同样会受到氧的供应、抑制物质的积累、生物空间的不足以及细胞老化等多种原因的影响，同分批间歇培养一样，酵母生长也会出现减速、静止乃至衰退的现象。

（3）连续培养

连续培养即在酵母培养系统中，连续添加培养基同时连续收获酵母细胞的操作。与分批培养相比，连续培养有以下特点：a. 培养过程中酵母细胞处于对数生长期，生长旺盛，繁殖迅速；b. 培养器中酵母浓度及操作参数不随时间而变，易实现自动化；c. 酵母细胞浓度较低；d. 长时间操作容易染菌。

根据所使用连续培养容器的个数，连续培养可分为单级连续培养和多级连续培养。在单级连续培养中，要想获得较高的酵母收得率，其生产速率必然会下降，而采用多级连续培养，则可解决酵母收得率与生产速率之间的矛盾，这是因为采用多级连续培养时可在第一级保持较高的糖浓度，允许产生一定的酒精，而在最后一级中保持较低的糖浓度，酵母又可利用其分泌的酒精，这样可在提高生产速率的同时保证较高的酵母收得率。另外，采用多级连续培养还便于控制酵母的质量，多级连续培养克服了单级培养时酵母细胞处于对数生长期出芽率较高、没有完全成熟、不利于储存的缺点，通过分别控制各级培养器的条件，使酵母细胞成熟，从而保证了酵母产品的质量。实际生产中，酵母的多级连续培养一般为 2～5 级。

7.3.2.6　酵母菌的生长

无论何种培养方式，酵母菌的生长均需经过适应期、积累期和成熟期 3 个时期。

（1）酵母的适应期

酵母接种后，细胞从静止状态到开始大量繁殖所需的一段时间称为酵母的适应期，又叫延滞期。酵母适应期为 0.5～2h，因培养条件和种子状态而异。在适应期内，酵母细胞的原生质内发生复杂的生物化学过程，细胞数目并不增加，但每个细胞的体积增大，原生质变得更加均匀，储藏物质逐渐消失，代谢机能非常活跃，然后就开始出芽繁殖。

（2）酵母的积累期

适应期结束后，酵母细胞即进入迅速生长繁殖的对数生长期，此时在保证营养物质和氧供应的前提下酵母细胞迅速积累，最快约 3h 细胞即可增殖 1 倍。整个酵母积累期为 10～30h，酵母细胞一般繁殖 3～5 代，细胞扩大 8～32 倍。

（3）酵母的成熟期

积累期结束后，由于积聚了好几代的细胞，细胞大小不尽相同，有些细胞个体较小，有些甚至还没有与母细胞分离，而有些刚出芽的细胞其胞内储藏物质很少，容易在其后的冷藏、干燥和储存过程中死亡。而商品酵母要求必须是成熟的细胞，胞内储藏物质多，为了达到这一要求，酵母培养过程中必须要有一个成熟期。酵母的成熟期一般为 0.5～2h，此时不再添加营养物质且要减少通风量，酵母细胞数量增加很少，但细胞重量却有所增加。

7.3.2.7　生长速率与酵母浓度的限制

为了获得较高的酵母收得率，不仅要严格控制培养基中的糖浓度，还要严格控制酵母的生长速率，这是因为酵母的比生长速率与基质浓度有关。由 Monod 方程可知，提高限制性基质（糖）的浓度可以提高菌体的比生长速率，但由于 Crabtree 效应，糖浓度的提高会促使酵母代谢产生更多的乙醇，从而导致酵母对糖收得率的下降。有研究表明，当通过提高糖浓度使酵母的比生长速率提高 30% 时，用于生成乙醇的葡萄糖比例将有接近 40% 的提升，乙醇的大量生成使酵母收得率大为降低。因此，在工业化生产中，为保证较高的酵母收得率，应将酵母的比生长速率控制在 0.15/h～0.25/h 的范围内。

目前，在实验室对酵母进行培养时酵母干固物浓度可达 100g/L 以上，但在工业生产中，最终酵母干物质浓度一般只有 40～50g/L，造成这种现象的原因主要有以下几方面。

1）供氧不足　随着培养过程的进行，酵母浓度越来越高，其耗氧速率越来越大，但另一方面，培养液的浓度和黏度不断增加，使氧的扩散速率越来越小，从而造成了供氧不足。

2）局部营养不足　培养液浓度和黏度的增加增大了营养物质扩散的难度，特别是在酵母浓度较大的地方容易造成营养供应不足。

3）抑制剂积累　酵母培养过程中培养基中的抑制剂来源于两个部分：一部分是培养基即糖蜜中固有的有毒物质；另一部分是酵母生长过程中代谢产生的各种物质，随着培养过程的进行，培养基中抑制剂的浓度会越来越高，最终会导致酵母生长越来越慢，甚至会导致酵母生长停滞甚至衰亡。

4）渗透压增高　随着培养过程的进行，培养基的渗透压将不断增加，而在高渗透压溶液中，容易导致酵母细胞脱水、原生质收缩和质壁分离，从而影响酵母的生命活动、甚至死亡。

5）生物空间不足　有研究认为，当酵母细胞浓度达到 10^9～10^{10} 个/mL 时，即使培养基中仍然有充足的营养成分，菌体的生长也几乎停止，这是由于每个酵母细胞都必须占有一定的生存空间。

虽然有上述原因造成酵母培养时细胞浓度不能太大，但任何培养浓度的提高都代表了生产设备利用率的提高、废液排放量的减少和生产成本的降低，因此，高浓度的细胞培养一直以来都是人们所追求的目标。针对以上限制因素，我们可以从以下几方面来进一步提升酵母的培养浓度：a. 通过改进培养设备的结构等方法来提高其供氧速率；b. 选用营养更加丰富的培养基；c. 加大接种量；d. 培养液中抑制剂、菌体的不断分离。

7.3.2.8　染菌及防治

所谓染菌，即是在酵母培养过程中，培养基中除酵母外存在其他微生物的生长和繁殖。理论上来讲，其他微生物的生长会导致酵母培养的失败，但在工业生产过程中要想严格做到酵母纯种培养是非常苦难甚至是不现实的，酵母生产中总是允许培养液中有少量杂菌的存在，包括细菌、野生酵母、霉菌等。由于酵母生长周期短、接种量大、培养基 pH 值低等原因，酵母在培养过程中具有明显的生长优势，因此会对其他杂菌的生长和繁殖产生较强的抑制作用。一般来讲，酵母培养过程中培养液中的杂菌数小于酵母细胞数的 1% 即认为没有影响。

虽然少量杂菌的存在不会使酵母培养失败，但它们的存在会造成培养基中糖的额外损耗，导致酵母收得率的降低，并且杂菌的生长代谢活动会改变培养基的营养条件，影响酵母的生长和质量，因此在生产过程中应注意对杂菌的控制，可以从以下几方面做好杂菌污染的预防工作：空气的净化；培养基及有关设备的灭菌；培养物的移接；环境消毒；等等。

7.3.3 酵母干燥工艺

7.3.3.1 酵母的分离与洗涤

培养结束后，培养液中仍然会有酵母未利用完的营养物质，还会有一些色素及酵母代谢产物等，因此应在短时间内将酵母细胞从培养基中分离出来。一般来讲，培养基中的酵母浓度约为 $30 \sim 50 g/L$，经分离浓缩后酵母乳中固形物浓度可达 $150 \sim 210 g/L$，再经过加水洗涤，洗去酵母细胞表面及乳液中残存的糖蜜色素、剩余的营养物质、细胞碎片及杂菌等。

酵母的分离与洗涤通常利用碟式离心澄清机进行，其浓缩率一般为 $5 \sim 20$ 倍，根据操作方式可以分为间歇分离洗涤法和连续分离洗涤法。

1）间歇分离洗涤法　一般离心 3 次、洗涤 2 次，离心和洗涤操作间隔进行，故生产时间较长，适合小规模生产。

2）连续分离洗涤法　一般采用 3 台离心机串联进行操作，酵母乳和清洗用水在管道式混合器中混合，分离和洗涤同时进行，并且后一步离心的上清液可以作为前一步离心的洗涤液，大大节约了洗涤用水。该法能节省大量生产时间，但由于一次性投资较大，因此适合于大规模生产。

经分离洗涤后的酵母乳仍含有较多水分，具有一定的流动性，为了使其成为含酵母固形物 $28\% \sim 34\%$ 的酵母块，便于储藏、包装和运输，应对酵母乳进行过滤，并且过滤后得到的酵母块更便于成型造粒，同时降低干燥操作的能耗、缩短干燥时间，保证酵母的质量。

酵母乳常用的过滤设备是板框过滤机和真空转鼓过滤机。板框过滤机的优点是压差大、结构紧凑、操作稳定、酵母含水量易于控制、清洁方便，但是其劳动强度大、效率低、酵母在空气中暴露的时间长。而真空转鼓过滤机便于实现连续操作、减少了酵母与环境的接触机会、且劳动强度降低、适合大规模生产，但其也有不足之处，即压差有限、水分不易控制且预敷层费用较高。

7.3.3.2 酵母乳的冷藏

分离后的酵母乳不可能立即制成干酵母，在干燥之前应将其储存在一定的设备中；储存过程中应特别注意环境温度的维持，既不能因为温度过高使酵母腐败，又不能因温度过低将酵母冻死，一般在 $0 \sim 2{}^\circ\!C$ 条件下进行保存，并且不能超过 $4{}^\circ\!C$。酵母乳冷藏罐通常是由带夹套的不锈钢罐和搅拌器组成，其夹套可以通入冰水用以维持酵母乳储存的温度，而搅拌器则可以保证酵母乳与冰水间的均匀交换、使罐内酵母乳温度均匀一致。

7.3.3.3 酵母的干燥

经离心和过滤的酵母含水量仍然较多，要想达到商品高活性干酵母 $4\% \sim 6\%$ 含水量的要求，需要对过滤酵母进行干燥操作。

酵母细胞中的水分主要有以下几种存在形式：一种是细胞内的自由水分，这部分水分可以通过干燥方法较容易地除去；另一种是细胞内亲水大分子周围以氢键和范德华力结合的一部分结合水，这部分水分在干燥后期才可以除去；还有一种是参与细胞内分子构象和结构形成的水分，这部分水分不允许在干燥过程中除去，因为一旦失去这部分水分，细胞内分子结构将会受到影响，从而降低复水后酵母的活性和质量。

为了保证商品酵母的活性，干燥方法的选择就显得尤为重要，历史上对活性干酵母的干燥可以追溯到19世纪上半叶的吸水干燥法，经过接近两个世纪的发展，现在的干燥方法主要为动态气流干燥法等。另外，通过往发酵乳中加入一定的保护剂也能显著提高酵母的复水活性，有研究表明海藻糖对酵母活性的保护效果最好，此外司班-60和吐温-80也有较好的保护效果[6]。

（1）吸水干燥

酵母的吸水干燥最早是将酵母吸附到纸上，然后晾干，即可得到活性干酵母。这种方法在大规模使用和生产中难以实施，并且在储存过程中酵母的稳定性不高。后来在生产中有采用将酵母与淀粉、面粉等低含水量物质相混合的方法对酵母进行干燥的，该方法所得的活性干酵母基本没有活性损失，含水量在10％～20％之间，但储存期一般只有1～4周。

（2）静态气流干燥

静态气流干燥法是首先将压榨酵母挤压成直径为1.5～4.5mm的面条状，再用刀切成1～3cm的长度，然后送入干燥室干燥。酵母在干燥室内基本上处于静止状态，通过热空气吹过酵母颗粒层，逐渐带走其中的水分，使酵母得以干燥。

静态气流干燥法可以连续操作也可以分批操作，连续操作时有连续隧道式干燥器，而分批操作可以采用箱式干燥器、批式隧道式干燥器等。

（3）喷雾干燥

喷雾干燥是利用特殊的雾化器将酵母乳雾化，然后再短时高温脱水将酵母干燥。经过喷雾干燥的活性酵母其化学成分分解较少，但由于高温下酵母细胞迅速脱水，使酵母细胞受到损伤，致使酵母的生物活性损失较大，有时甚至达到70％以上。因此，该方法在活性干酵母的生产中很快被淘汰了。

（4）动态气流干燥

20世纪50年代，活性干酵母的干燥普遍开始采用动态的气流干燥方法。动态气流干燥中，酵母颗粒悬浮于热空气中，颗粒处于运动状态，与热空气的接触比较充分，传热传质效果较好，干燥室温度较低、干燥时间较短，因而大大提高了活性干酵母的生物活性，一般情况下酵母细胞经动态气流干燥后其失活率低于10％。

动态气流干燥既可进行分批操作也可进行连续操作，其操作设备可分为沸腾床干燥器和流化床干燥器。它们是将经过加热和脱水的空气通入一个具有特殊网板的干燥床中，利用风的动力将经过造粒后的酵母粒吹起脱水，进而制成高活性干酵母。由于既要将酵母干燥到极低的含水量，又要保持干燥后酵母的活性，因此对设备要求非常高，干燥床的设计制造以及操作都比较复杂。

1）沸腾床干燥器 又称沸腾干燥床，是利用流态化技术设计的一种干燥器。操作时气体与固体接触良好，故有较高的传热传质速率，又由于固体颗粒较小，故干燥面积很大，所以其容积干燥强度是所有干燥器中最大的一种。

沸腾床干燥器其主体部分是一个下部小、上部大的圆柱体，里面有许多温度和压差传感器以及干燥床的放料装置、干燥床网板等；其中底部网板是干燥床主体中的核心部分，有鸭嘴式、圆锥式和圆柱式等形式。生产过程中，空气脱水器将空气通入一个热交换器，用冰水将其冷却到−7℃以下，使空气中的水分结露析出，达到脱水的目的；或者利用硅胶吸水将空气中的水分除去。处理后的空气绝对湿度应在6g/kg以下。经脱水后的干空气首先经一道预热，以防温度骤然升高造成空气加热盘管的爆裂，然后再通入一个高温蒸汽热交换器进行空气加热，使之达到干燥床所要求的温度。此时，干热空气从底部进入沸腾床中，与从顶部进入的酵母颗粒进行水分的交换，在较短时间内将酵母干燥至要求的水分状态，干酵母在自重作用下从底部排出，而交换后的废空气则从设备上部排出，该过程由于形似沸腾故名沸腾床干燥器。在酵母的干燥过程中必定会产生一定数量的粉尘，而这些粉尘中也含有较多的酵母，因此需要用旋风分离器进行分离回收，另一方面也可以起到保护环境的作用。

沸腾床干燥器用于酵母干燥时易于控制干燥温度，所得活性干酵母的质量较好，有利于连续化和自动化生产，设备紧凑、结构简单、生产能力高、动力消耗小。

2）流化床干燥器　又称流化干燥床，是通过干燥空气的流向控制物料的流向，酵母刚进入时水分较大，通过气流作用，水分逐步进入空气中；同时干酵母逐渐被吹至干燥床的尾部，在振荡筛的作用下，产品中较大的颗粒被分出，合格的酵母产品通过气流输送进入产品储罐。

流化床干燥器的主体结构是一个卧式设备，下部为长方形风室，上部为半圆柱形物料干燥室，在风室和物料干燥室之间有通风网板相隔，风室分成若干互不相通的单元，物料室则由挡板分成若干室和各独立的风室相通。生产中，干热空气由各独立的风室通过筛网进入上部的物料干燥室，酵母在各物料干燥室进行干燥，随着水分的蒸发，酵母会变得越来越轻，此时会被空气吹过挡板进入下一个干燥室，直至最后达到含水量要求干燥结束。

利用流化床对酵母进行干燥具有以下优点：传热效果好、自动化程度高、操作灵活、生产能力大；但其缺点是酵母含水量容易因加热蒸汽和空气湿度等的变化而产生波动。

目前，酵母生产工厂广泛使用的是带搅拌的卧式流化床干燥器，也有工厂使用流化床和沸腾床相结合的形式进行干燥，可以更进一步地节省能耗、降低酵母活性损失。

7.3.4　高活性干酵母的包装

高活性干酵母的包装可以参照活性干酵母的包装方式、采用活性干酵母的包装设备进行包装，根据不同用户对包装规格等要求的不同，可以包装成 10～10000g 大小不等的规格。为了保证干酵母的活性，一般情况下均为真空包装。

高活性干酵母的包装系统通常由包装机及附属设备、均质器、酵母贮罐、充氮系统和金属探测装置组成。

7.3.4.1　包装机及附属设备

包装机及附属设备是整个高活性干酵母包装系统的核心部分，具有称重、包装、整形及充氮、抽真空等多种功能，目前包装设备主要有以下 3 种。

（1）全自动真空包装机

该机有不同型号，可以根据其外形分为枕头式和长方式，还可以根据包装规格分成500g、450g 等不同包装重量的型号，但不论是什么型号的包装机，其主要组成包括称量系统、制袋系统、光电自动切袋系统、自动灌装系统、振动整形系统、抽真空系统、二次整形系统和日期打印系统。

全自动真空包装机是一个高度机电一体化的设备，包装过程中所有的步骤都在一台设备中完成，包装质量稳定、工作效率高、适合大规模连续生产，但同时由于其较高的自动化程度，因此其结构复杂、不易维修，且设备购置费用较高、前期投入较大。

（2）半自动真空包装机

该机一般包括灌装部分和抽真空部分，这两个部分可以根据自动化要求程度的不同选择不同型号的设备，其中灌装系统还可以分为自动灌装和手工灌装。

半自动真空包装机灵活性较高，适合小包装产品的包装，并且其自动化程度相对较低，因此一次性投入费用较低。但由于其包装环节较多，因此应特别注意包装环境的卫生、防止污染。

（3）灌装包装机

该机可以分为真空灌装包装机和非真空充氮包装机两种，一般由调速系统、主传动系统、拉袋系统、供纸系统、袋成型系统、热封系统、电控系统、自动日期烫制系统、光电补偿系统、成品输送系统和计量系统组成。

灌装包装机设备操作简单、卫生要求合格、购买维修费用较低，但对于充氮产品其保质期较短。

7.3.4.2 均质器

均质器主要是将不同时间和不同批次的酵母产品进行混合，以使整个产品质量更加稳定。均质器的类型主要有卧式、锥式、V形以及多维形等，在酵母生产企业中使用卧式和锥式的较多，主要是因为这两种类型的均质器结构简单、产量高、产品质量稳定。

7.3.4.3 酵母贮罐

酵母贮罐用于酵母贮存，以不锈钢罐为主。为了保证酵母储存过程中质量的稳定，酵母贮罐要求带有充氮系统，并且要有旋风除尘装置。

7.3.4.4 充氮系统

充氮系统一般包括制氮机和氮气填充装置两部分，现在酵母工厂普遍使用的制氮机是分子型制氮机，即将空气中的氮气截流后收集处理，制成酵母包装过程中所用的包装气体。

7.3.4.5 金属探测装置

金属探测装置可以用来检测高活性干酵母成品中是否混入危害食品安全的金属屑等。检测位置一般有两种选择：一种是检测未包装的酵母粉；另一种是检测包装后的产品。如发现可疑产品应及时采取措施进行处理。

7.4 废水治理及综合利用

酵母工业是一个新兴产业，近年来，我国酵母工业增长势头强劲，越来越多的酵母被广泛用于酿酒、食品、医药、饲料、化妆品等领域，但同时酵母工业又是用水大户，在酵母厂里，除工艺过程用水以外，废糖蜜的处理、半成品和成品的冷却、酵母乳液的洗涤等都需要用水，有资料显示，国内目前每生产1t活性干酵母平均要产生60～130t的废水。由于酵母不能完全利用培养基中的营养物质，并且在生长繁殖过程中酵母也会产生各种各样的代谢产物，因此酵母生产过程中产生的废水是污染最严重、处理难度最大的工业废水之一[7]。据保守估计，一个年产1万吨干酵母的工厂所排放的废水污染相当于一个12万人口的城镇所排出的生活污水的污染负荷，随着酵母工业迅速发展，酵母工业废水的污染问题已成为制约酵母企业发展的瓶颈。

7.4.1 酵母工业废水的特点

酵母工业所排放的废水属于高浓度有机废水，其COD可达80000mg/L、总氮500～1500mg/L、硫酸盐2000 mg/L；另外还含有约0.5%的干物质，其主要成分是酵母蛋白质、纤维素、胶体物质，以及废糖蜜中未被彻底利用的营养物质如残糖等，这些物质都较难以被降解[8]。除有机物浓度高以外，酵母工业废水中的焦糖化合物还使得酵母废水颜色较深，同时还含有高浓度的发酵过程中的酵母代谢产物、无机盐类、硫酸根等，导致其可降解性能较差。酵母生产废水特性见表1-7-6。

表 1-7-6　酵母生产废水特性

项目	甘蔗废糖蜜原料		甜菜废糖蜜原料	
	一遍分离废水	两遍分离废水	一遍分离废水	两遍分离废水
pH 值	6.0~6.3	6.0~6.5	6.0~6.3	6.0~6.5
COD/(mg/L)	50000~80000	10000~20000	30000~40000	500~1000
BOD/(mg/L)	20000~30000	6000~8000	10000~20000	200~500
SS/(mg/L)	1200	600	800	200

7.4.2　酵母工业废水的处理

根据目前国内外酵母生产厂家酵母废水处理情况分析，以废糖蜜为原料发酵生产酵母，其排放废水由于浓度高、生化性能低等特点，大多数酵母工厂治理废水均采用综合方法进行治理，主要有以下几种方法[9]。

7.4.2.1　厌氧生物处理法

厌氧生物处理法是目前对以废糖蜜为原料进行酵母生产的工业废水的主要处理方法，它可以有效地去除有机污染物并使其矿化。厌氧条件下，通过多种微生物种群的协同作用，废水中的复杂有机化合物被转变为甲烷和二氧化碳等气体(俗称为沼气)，转化过程中不同微生物之间相互促进、相互制约，构成了非常复杂的生态系统。

厌氧生物处理法在废水处理过程中主要有以下优点：a. 适合高、中浓度工业废水处理；b. 处理过程中微生物对营养要求低；c. 污泥产量小；d. 能耗低，可实现废物再利用；e. 适合各种处理规模的污水工程。

厌氧生物处理技术兼顾了工业废物的可再生利用，具有较高的经济效益和社会效益，但由于其处理后废水中COD含量仍然较多，因此需要进行后处理，或作为其他废水处理方法的预处理。

厌氧生物处理技术可分为厌氧接触生长工艺和厌氧悬浮生长工艺，其设备既有传统的反应器又有现代的高效反应器，目前利用较多的主要有以下几种类型。

(1) 厌氧消化池

厌氧消化池是传统的污水处理设备，生产过程中污水、污泥定期或连续加入厌氧消化池，经微生物作用后所产气体(沼气) 从顶部排除，污水和污泥则分别由消化池的上部和底部排出；一般来讲在一个消化池内即可完成厌氧发酵和液体与污泥的分离过程。消化池内通常设有搅拌装置，可以使污水与活性污泥充分接触，加快处理速度；处理完成后停止搅拌，通过静置使污泥与上清液实现分离。有的消化池外还有热交换器，可以给消化池直接或间接加热，以满足消化池内微生物的工作需求。

近年来由于各种高效的厌氧消化反应器的出现，传统厌氧消化池的使用越来越少，但在有些特殊领域如高浓度有机工业废水的处理、难降解有机工业废水的处理等方面，厌氧消化池仍以其操作方便、处理量大而广泛使用。

（2）厌氧接触反应器

与厌氧消化池不同，厌氧接触反应器的厌氧发酵和液体与污泥的分离过程分别在消化池和沉淀池中进行。其消化池内装有搅拌装置，流体在其中是完全混合的，混合液排出后进入沉淀池进行固液分离，污水由沉淀池上部排出，活性污泥则泵回至消化池重新利用，这样既可避免活性污泥的损失，又可提高消化池内的污泥浓度，在一定程度上提高了设备的有机负荷率和处理效率。除以上特点外，厌氧接触反应器还有耐冲击负荷能力强、生产过程稳定等优点，但由于需要污泥回流，因此其设备相对较复杂、操作较烦琐。

（3）厌氧生物滤池

厌氧生物滤池（简称厌氧滤池）是 20 世纪 60 年代由美国科学家研究发展起来的第一个高效厌氧反应器，它是一种内部填充有微生物载体的厌氧生物反应器，厌氧微生物部分附着生长在填料上形成厌氧生物膜，另外有一部分微生物悬浮生长于填料的间隙中形成聚集体。由于使用了填料等生物固定化技术，活性污泥在反应器内的停留时间得到了大为延长，因此使反应器的效率得到了极大的提高。

厌氧滤池可以按其中水流的方向分为上流式厌氧滤池和下流式厌氧滤池两种类型。在上流式厌氧滤池中，污水从滤池底部进入，在流经反应器的过程中逐渐被微生物水解、酸化，从而转化成乙酸和甲烷。有资料显示，废水中有机物的去除主要是在反应器的底部进行，大部分 COD 的去除是在 0.3m 以内完成的，1.0m 以上 COD 的去除基本上不再增加。由于废水在反应器内随高度有规律地变化，因此相对应的反应器内的微生物种群也呈现出一种有规律性的分布，在反应器底部，发酵菌和产酸菌占有较大比重，逐渐往上，产乙酸菌和产甲烷菌逐渐增多，在反应器上部占主导地位。下流式厌氧滤池与上流式厌氧滤池恰好相反，污水由反应器上部进入，经微生物作用后从下部流出。

无论是上流式还是下流式厌氧滤池，都具有以下优点：a. 微生物浓度较高，有机负荷大、耐冲击负荷能力强；b. 污水停留时间短；c. 运行管理方便。

与下流式厌氧滤池相比，上流式厌氧滤池由于活性污泥集中于底部，因此容易引起反应器的堵塞，另外对于高悬浮物含量废水来讲上流式厌氧滤池的处理能力也较小。

（4）升流式厌氧污泥床反应器

升流式厌氧污泥床反应器（UASB）是由荷兰科学家首先于 20 世纪 70 年代研制成功的，是目前应用最广泛的废水处理系统，结构简单，运行管理简单是其优点。

升流式厌氧污泥床反应器主体可分为两个部分，即微生物作用区和气、液、固三相分离区。微生物作用区位于反应器下部，是由沉淀性能良好的活性污泥（颗粒污泥或絮状污泥）形成的厌氧污泥床；气、液、固三相分离区位于反应器上部，实现气体（沼气）、废水与污泥的分离。

升流式厌氧污泥床反应器工作时，酵母生产废水从底部进入，向上流经厌氧污泥床，通过废水与污泥的接触发生厌氧反应，反应过程中产生的气体引起污泥床的扰动，可以起到搅拌的作用；产生的气体一部分作为自由气体上升至反应器的顶部进入集气室内，另一部分会附着在污泥颗粒上，当污泥颗粒上升时会撞击到脱气挡板的底部，引起附着气体的释放，这一部分气体也被收集进集气室，而污泥颗粒则会重新沉降回作用区进行反应；处理后的废水会从反应器顶部的排水堰排出，而液体中包含的一些固体物和活性污泥则在沉淀区分离出来沉积在反射板上，当累积在反射板上的固体物重力超过摩擦力时则会重新滑落回作用区。

要使升流式厌氧污泥床反应器持续稳定地工作，必须要在反应器内形成沉降性能良好的活性污泥，并伴随消化产气和进水形成良好的、分布均匀的自然搅拌作用，而且要有设计合理的三相分离器以尽可能将性能良好的活性污泥保留在反应器内。

升流式厌氧污泥床反应器从启动到稳定运行需要较长的时间，这期间主要是对活性污泥进行培养驯化，良好的活性污泥能针对酵母生产废水的特点进行快速处理，为了节省污泥驯化时间，直接从酵母废水处理反应器中获得微生物是不错的选择。反应器启动前期要重点控制反应器的温度和活性污泥的适应性，此时可以将反应器温度控制在 36℃ 左右、采用大流量低浓度的废水进入方式使污泥得到慢慢驯化，在负荷逐渐提高过程中，要严格监控 pH 值、挥发性脂肪酸、进水量、产气量及浓度等参数，随时观察污泥的洗出情况，注意防止废水中酵母菌在反应器内的沉积，少量污泥的洗出对反应器稳定工作状态的形成是有利的。前期驯化过程结束后，絮状污泥迅速减少，颗粒污泥迅速增加直至将反应器大部分充满时，反应器进入稳定运行阶段，此时反应器的 COD 最大处理负荷可以超过 $50kg/(m^3 \cdot d)$。

（5）流化床和膨胀床系统

厌氧流化床反应器是 1982 年 Jeris 开发研究成的，该系统依靠在惰性载体微粒表面形成的生物膜来保留厌氧污泥，液体与污泥的混合、物质的传递依靠使这些带有生物膜的微粒形成流态化来实现，而流态化则依靠一部分出水回流来形成。惰性载体最初采用的是砂子，后来采用无烟煤、塑料等低密度载体以减小所需的液体上升流速，从而减少提升费用。由于载体的比表面积一般都很大，故反应器中厌氧微生物浓度也较大。该反应器主要有以下特点：a. 反应器内生物量较大，并且生物膜较薄，因此反应负荷高、速度快；b. 流态化保证了厌氧微生物与被处理物质间的充分接触；c. 克服了厌氧生物滤池的堵塞和沟流问题；d. 流态化的稳定性较难以保持；e. 回流水需要量较大，增加了运行成本；f. 固液分离存在一定困难。

根据颗粒膨胀程度和流体流速大小，该反应器可分为膨胀床和流化床。膨胀床运行流速控制在略高于初始流化速度，相应的膨胀率为 5%～20%；而流化床通常则按 20%～100% 的膨胀率运行。

厌氧颗粒污泥膨胀床（EGSB）反应器是最近才研发出来的新技术，其应用速度较快，属于第三代的厌氧反应器，工作时其运行在较大的上升流速下使颗粒污泥处于悬浮状态，从而保证了污泥颗粒与废水的充分接触。与第二代升流式厌氧污泥床反应器（UASB）小于 1～2m/h 的运行速度相比，厌氧颗粒污泥膨胀床的流体上升流速可以达到 6～12m/h，运行在膨胀状态。高流速虽然提高了反应器的处理速度，但也带来了一些不利影响，如不适合高浓度工业废水的处理、不易除去颗粒有机物等。

（6）厌氧复合床反应器

厌氧复合床反应器由加拿大 Guiot 等于 1984 年首次提出，实际上它是将升流式厌氧污泥床反应器与厌氧滤池两种工艺相结合的反应器结构，通常是将厌氧滤池置于污泥床反应器的上部。

厌氧复合床反应器可发挥升流式厌氧污泥床反应器与厌氧滤池的优点，改善运行效果，并且减小了滤料层的厚度，在池底布水系统与滤料层之间留出了一定的空间，便于悬浮状态的絮状污泥和颗粒污泥在其中的生长和积累。当废水依次通过悬浮的污泥层与滤料层时，其中的有机物将与污泥及生物膜上的微生物接触并得到稳定，增加了反应器中总的生物固体量。另外，厌氧复合床反应器可不设三相分离器，并减少了滤池堵塞的可能。

7.4.2.2 好氧生物处理法

近几十年来，好氧生物处理领域研究的主要内容是通过改进好氧微生物固定技术和曝气技术来提高污水处理的效果。对于酵母生产废水这种高浓度的有机废水来说，单纯的好氧处理是不经济的，好氧处理可以与厌氧处理结合使用，从而有效避免好氧处理过程中的动力消耗过大和污泥膨胀等问题，使好氧处理更加稳定，并且可以大大降低废水中的污染物。

好氧生物处理是利用悬浮生长的微生物絮凝体处理水中的有机污染物，生物絮凝体由好氧性微生物及其代谢和吸附的有机物、无机物组成，具有降解废水中各种有机污染物的能力。是否具有足够数量和性能良好的活性污泥是关系好氧生物法处理废水成败的关键，大量高活性微生物聚集在一起可以形成微生物高度活动中心，对废水中的有机物具有很强的吸附和氧化分解能力。

好氧生物处理废水过程一般可分为生物吸附阶段、有机物的生物降解与菌体合成和代谢阶段、凝聚与沉淀澄清阶段3个阶段。

① 在生物吸附阶段，废水与活性污泥微生物充分接触，形成悬浊液，废水中的污染物被比表面积巨大且表面上含有多糖类黏性物质的微生物吸附和黏连，呈胶体状的大分子有机物被吸附后，首先在水解酶作用下分解为小分子物质，然后这些小分子物质与溶解性有机物在酶的作用下或在浓度差的推动下选择性渗入细胞体内，使废水中的有机物含量下降而得到净化。

② 在有机物的生物降解与菌体合成和代谢阶段，有些被吸附进入细胞体内的有机物被微生物的代谢作用降解，并经过一系列中间状态继续被氧化为终产物二氧化碳和水，此过程一般进行比较缓慢，微生物获得一定的生长和代谢使活性污泥又呈现活性，恢复吸附和吸收能力。

③ 在最后的凝聚与沉淀澄清阶段，由于许多微生物的凝聚特性，它们会形成絮凝体而沉淀，并且在沉淀过程中还能将一些不能被降解的污染物夹带一起形成沉淀，起到澄清作用，提高了污染物的去除效率。

目前各种各样的好氧生物处理技术运用在废水处理领域，但在处理高浓度有机废水中应用最广的仍然是活性污泥法，除此以外还有生物膜法等。

（1）活性污泥法

活性污泥法由初次沉淀池、曝气池、二次沉淀池、曝气系统以及污泥回流系统等组成。曝气池与二次沉淀池是活性污泥系统的基本处理构筑物，由初次沉淀池流出的废水与从二次沉淀池底部回流的活性污泥形成混合液，同时进入曝气池，在曝气作用下混合液溶解有足够的氧气并使活性污泥和废水充分接触，废水中的可溶性有机物被活性污泥所吸附并被存活在活性污泥中的微生物所分解，从而使废水得到净化。在二次沉淀池内，活性污泥与被处理后的废水分离，处理水排放，活性污泥则进行浓缩再以较高的浓度回流曝气池；由于活性污泥不断的生长增多，部分污泥会作为剩余污泥从系统中除去，或者送往初次沉淀池提高初沉效果。

作为有较长历史的生物好氧处理系统，活性污泥法在长期的生产实践中发展出了多种池型和运行方式，例如有推流式曝气池、完全混合曝气池，有普通曝气法、渐减曝气法、阶段曝气法等，另外还可以根据池深、曝气方式、氧源等分为深水曝气池、深井曝气池、射流曝气池、富氧曝气池等。

1）传统活性污泥法　又称推流式活性污泥法，其曝气池为推流式，废水从一端进入池内，回流污泥也于此同步流入，混合液在二次沉淀池进行泥水分离，污泥由池底部排出，剩余污泥排出系统，回流污泥回流曝气池。

废水中的有机污染物在曝气池内与活性污泥充分接触，经历了吸附和代谢两个阶段的完整降解过程，其浓度沿池长度逐渐降低。活性污泥在池内也经历了从对数增长到减衰增长以至于到内源代谢期一个比较完整的生长周期。

传统活性污泥法的主要优点是处理效果好，特别适合于处理净化程度和稳定程度要求较高的废水；但其缺点是曝气池容积大、占用面积多，并且池末端容易形成供氧速率高于需氧速率的现象、对冲击负荷适应性较弱。

2）完全混合活性污泥法　用该法处理时，废水进入曝气池后可与池内原混合液废水充分混合，池内组成、活性污泥负荷、微生物种群等完全均匀一致，因此曝气池内所有位置的废水中有机污染物浓度、污泥浓度变化、生化反应、氧呼吸率等参数基本相同。

通过对活性污泥负荷值的调整，可以将完全混合曝气池内的有机物降解反应控制在最佳状态，并具有稀释进水浓度、基本完成有机物降解反应即可进行泥水分离的特点，适合高浓度有机废水的处理。

3）阶段曝气活性污泥法　又称分段进水活性污泥法或多段进水活性污泥法，其废水是沿池长分段注入曝气池，这样有机负荷分布比较均衡，提高了曝气池对冲击负荷的适应能力，并且改善了供氧速率与需氧速率之间的矛盾，有利于降低能耗，又能够比较充分地发挥活性污泥的生物降解功能。由于混合液中污泥浓度沿池长逐步降低，因此减轻了二次沉淀池的负荷，有利于提高二次沉淀池的固、液分离效果。

4）吸附　再生活性污泥法又称生物吸附法或接触稳定法，其运行特点是将活性污泥对有机污染物降解的两个过程——吸附和代谢分别在各自的反应器内进行。废水和经过再生池得到充分再生、具有很强活性的活性污泥同步进入吸附池，二者充分接触，使大部分处于各种形态的有机物被活性污泥所吸附，废水得到净化。由二次沉淀池分离出来的污泥首先进入再生池，活性污泥微生物对所吸附的有机物进行代谢活动，有机物降解，微生物增殖，微生物进入内源代谢期，污泥的活性、吸附功能得到充分恢复，然后再与废水一同进入吸附池。

5）延时曝气活性污泥法　又称完全氧化活性污泥法，其主要特点是有机负荷低，污泥持续处于内源代谢状态，剩余污泥少，且污泥稳定、不需再进行消化处理。该工艺还具有处理水质稳定性较高、对废水冲击负荷适应性较强和不需要初次沉淀池等优点；其主要缺点是池容大、曝气时间长，建设费用和运行费用比较高。

理论上来讲，延时曝气活性污泥法是不产生污泥的，但在实际生产中仍会产生少量剩余污泥，其成分主要是一些无机悬浮物和微生物内源代谢的残留物。

6）其他方法　除以上各种方法以外，活性污泥法还有高负荷、纯氧曝气、浅层低压曝气、深水曝气、深井曝气等各种方法，由于使用较少本章不再做一一介绍。

（2）生物膜法

生物膜法又称固定膜法，是和活性污泥法并列的一类废水好氧生物处理技术。该法是土壤自净过程的人工化和加强化，主要用于去除废水中溶解的和胶体的有机污染物。采用这种方法的构筑物有生物滤池、生物转盘、生物接触氧化池和生物流化床等。

1）生物滤池　生物滤池是在滤池内设置固定的滤料，通过布水器将废水均匀的分布在滤池表面，废水沿着滤料的空隙从上向下流动到池底，通过集水、排水渠，流出池外。当废水通过时滤料截留了废水中的部分悬浮物，同时把废水中的胶体和溶解性物质吸附在自己表面，此时栖息在生物膜上的微生物即摄取污水中的有机污染物作为营养，对废水中的有机物进行吸附氧化作用，因而废水在通过生物滤池时能得到净化。在有机废物被分解的同时，微生物机体则在不断增长和繁殖，也就增加了生物膜的数量。当生物膜达到一定厚度时氧就无法透入生物膜内层，造成内层缺氧，使生物膜的附着力减弱；此时，在水流的冲刷下，生物膜开始脱落随着废水流出池外，随后在滤料上又会长出新的生物膜，如此循环往复。

生物滤池的主要优点是结构简单、操作容易、能经受一定有毒废水的冲击负荷；但其缺点是出水水质随废水处理量、浓度以及环境温度的不同变化较大

2）生物转盘　生物转盘技术是生物膜法处理废水技术中的一种，早在1900年就由德国的韦加德提出，但直到20世纪60年代才在欧、美、日等国得到迅速发展。我国对生物转盘技术的研究始于20世纪70年代，并在工业废水和生活废水的处理中取得了较好的效果。

生物转盘是由一系列平行的旋转圆盘、转动横轴、动力及减速装置、氧化槽等部分组成，微生物就生长在圆盘的盘面上，氧化槽中充满了待处理的废水，约1/2的盘片浸没在废水水面之下，废水在槽内缓慢流动，盘片在转动横轴的带动下慢慢转动。由于盘面微生物与废水的不断接触，使废水中的有机物不断地被分解而得到净化。

运行过程中，生物膜的长度和厚度逐渐增长，但圆盘在水中不停地转动产生恒定的剪切力，使生物膜不断脱落，因而生物膜厚度大体上不变，脱落的生物膜由于密度较大易于沉淀。

生物转盘技术具有微生物浓度高、易于生长繁殖、运行效率高、抗冲击负荷能力强、污泥产生量少、动力消耗低等优点，但同时具有缺乏备用能力、难于调整运力、需氧量大等缺点。

3）生物接触氧化池　又称淹没式曝气生物滤池，其在反应器内设置填料，部分微生物以生物膜的形式附着生长于填料表面，部分则呈絮状悬浮生长于水中，经过充氧的废水与长满微生物的填料相接触，在微生物作用下废水得到净化。生物接触氧化法兼有活性污泥法与生物滤池的特点。

生物接触法中微生物所需的氧通过人工曝气池提供，生物膜生长至一定厚度后氧无法向生物膜内层扩散，近填料壁的微生物将出于缺氧而进行厌氧代谢，产生的气体及曝气形成的冲刷作用会造成生物膜的脱落，并促进新生物膜的生长，脱落的生物膜将随出水流出池外，形成生物膜的新陈代谢。

生物接触氧化法由于填料的比表面积较大、池内的充氧条件良好、单位容积的生物固体量高，因此具有较高的容积负荷；又由于相当一部分微生物附着生长在填料表面，因此其不需要设污泥回流系统，也不存在污泥膨胀问题；由于生物固体量多，水流属完全混合型，因此生物接触氧化池对水质水量的变化具有较强的适应能力；其污泥产量相当于或低于活性污泥法。

4）生物流化床　生物流化床的研究和应用始于20世纪70年代初，其在反应器中装入粒径较小、密度大于水的载体颗粒，如砂、焦炭、陶粒等，通过废水以一定的流速自下而上地流动使载体层流化，微生物生长于载体表面形成生物膜，废水中的有机污染物通过与载体表面生长的生物膜相接触而达到去除的目的。

生物流化床内生物固体浓度很高，氧和有机物的传质效率也很高，因此是一种高效的生物处理构筑物。它是通过载体表面的生物膜发挥去除作用，但从反应器的形式上看它有别于生物转盘、生物滤池等其他生物膜法。在生物流化床中，生物膜随载体颗粒在水中呈悬浮状态，加之反应器中同时存在有或多或少的游离生物膜和菌胶团，因此它同时具有活性污泥法

的一些特点。从本质上讲，生物流化床是一类既有固定生长法特征又有悬浮生长法特征的反应器，这使得它在微生物浓度、传质条件、生化反应速率等方面有一些优点。

根据供氧方式、脱膜方法及床体结构等因素，好氧生物流化床可分为两相床和三相床：两相床是在生物流化床外设充氧设备和脱膜设备，在流化床内只有液、固两相；而三相床为反应器内气、液、固三相共存，即向流化床直接充氧而不设体外充氧装置，由于气体激烈搅动造成的紊流，生物颗粒之间摩擦较剧烈，可使表层的生物膜自行脱落，因此一般不设体外脱膜装置。

两相床与三相床相比各有特点，如两相床反应器中流体分布均匀、水利条件平稳、载体挂膜容易、反应器规模较大等，而三相床则传质条件好、氧利用率高、设备和流程相对简单，近年来应用较多的是三相生物流化床。

7.4.2.3　物理化学处理法

由于酵母生产废水的可生化性能极差，因此无论采用何种生化技术处理都难以达到国家排放标准，目前很多以废糖蜜为原料来生产酵母的企业在处理其生产废水时，都对废水进行了清污分流处理，高浓度有机废水由于含有丰富的 N、P、K 等养分及富含有机质，在处理这类废水时一般采用蒸发浓缩后再干燥成肥料等副产品的方法，而对于低浓度的有机废水则直接采用生化处理方法，这样可大大提高污水中各种污染物的去除率。

（1）物理处理方法

物理处理方法主要有农灌法和生产有机-无机复合肥料法两种。

1）农灌法　农灌法是将酵母生产废水进行一定程度的稀释后进行农业灌溉，由于废水中含有植物生长所需要的各种物质和一些微量元素、有机质，因此具有较高的肥效。将废水作为肥料被农作物吸收利用可以形成良好的生态循环过程，实现循环经济。农灌法具有投资少、操作简单等优点，但该法在施行中应根据土壤类型确定废水的施用量，否则会导致生态恶化。

2）生产有机-无机复合肥料法　酵母生产废水含有丰富的氮、磷、钾元素及丰富的有机质，是农作物的良好肥料，对作物的生长有很好的效果，有明显的抗病、增产效果，通过浓缩、干燥等方法将其制成复合肥料可以取得较好的环境效益和经济效益。

利用废糖蜜生产酵母的废水生产有机-无机复合肥料主要包括蒸发和干燥两个工段。采用浓缩液掺入辅料工艺可以完全解决干燥问题，辅料的选择对于酵母生产企业来说，主要有糖渣、生化污泥等固废物，也可添加部分谷糠粉、玉米芯粉等，然后与浓缩液混合后采用圆盘造粒机挤压造粒后稍许干燥即可制成肥料。此工艺操作简单，如果将浓缩液与固废物混合后进行发酵，可以大大增加废料的有机质，提高废料的品质，更利于土壤性状的改良和农作物的吸收。

（2）化学处理方法

化学处理方法应用范围较广泛，既可以作为污水处理前的预处理，又可以作为中间处理方法，还可以作为其他方法如生化方法处理后的后续处理步骤，其操作简便、针对性强、效果显著，特别是对于一些微生物难以降解的污染物，其去除效果非常明显，但由于会用到各种试剂，因此其缺点是运行成本较高。化学处理常用方法有絮凝（混凝）沉降法、空气催化氧化法、光化学法、电化学法等，一般运用较广的是絮凝沉降法。

絮凝沉降法是指向废水中投入一定的化学药剂，使之与废水中的溶解物质、细微悬浮物和胶体杂质相互作用，生成难溶于水的沉淀物，以降低废水中污染物的方法。常用药剂主要有聚丙烯酰胺、壳聚糖、聚合铝盐、聚合铁盐、石灰乳、活性白土等，并且有时需多种药剂相互配合使用才能取得良好的处理效果。如采用活性污泥絮凝——$Ca(OH)_2$絮凝沉淀法对酵母废水进行处理结果表明：活性污泥絮凝沉淀能起到调 pH 值和稀释进样浓度的作用；$Ca(OH)_2$絮凝沉淀处理能够起到调节 pH 值的作用，同时对于 SO_4^{2-} 能起到比较好的去除率。

7.4.3 酵母工业的清洁生产

近年来，随着酵母工业的不断发展和国家环保意识的加强，酵母生产废水处理形势越来越严峻，越来越多的企业开始重视有机废水的综合处理与利用，如何做到增产不增污、实现排污总量控制的目标、达到保护水资源、保护环境的目的，是摆在酵母生产企业和环保工作者面前亟待解决的问题[10]。

对酵母生产企业来讲，应当根据酵母生产的特点，在酵母生产过程中搞好生产管理与技术的创新，从生产工艺和设备两方面着手，依靠工艺进步和设备改进，实现清洁生产，从生产源头减少污染物的排放和消除污染物的产生[11]。

清洁生产是指不断采取改进工艺设计、使用清洁的能源和原料、采用先进的工艺技术与设备、改善管理、综合利用等提高资源利用效率，从源头消减污染物产生的措施，以减少或消除对人类健康和环境的危害。

根据清洁生产的基本概念和已有的实践经验，实现清洁生产大致可归纳出以下一些途径。

7.4.3.1 原料的综合利用

原料的综合利用是清洁生产的首要问题，如果能将原料中所有的成分都转化为产品，清洁生产的主要目标也就实现了。

废糖蜜是高活性干酵母生产的主要原料，而生产过程中酵母对糖蜜原料的利用率与其处理工艺有很大关联，目前酵母生产大多采用传统的沉淀法和离心分离法。这两种方法的弊端是提取不够彻底，被排入污水处理系统的糖渣中仍有 $5\%\sim10\%$ 的糖蜜，这部分水 COD 含量高达 1.2×10^6 mg/L 以上，而通过引入卧螺式离心机和板框压滤机将这一部分的糖蜜进行回收再利用，不仅极大地减轻了污水处理的负担，而且使糖蜜利用率得到了极大的提高，降低了企业的生产成本。

7.4.3.2 水资源的综合利用

水资源的综合利用在我国发酵工业中是大有潜力的，据统计，相同产品在不同地区或企业其用水量能相差数倍甚至十几倍，对水资源有效的综合利用不仅可减少环境污染，而且可大大降低企业的用水费用。对水资源的合理利用可遵循以下原则：a. 将供水、用水和净水作为一个完整的系统来考虑，统筹安排；b. 尽量少从水源取水，除非特殊用途和补充系统中水的损失，使用适当处理过的生产废水、城市污水和地表水；c. 节约用水、一水多用；d. 对工艺进行净化，以再生、复用，建立无废水排放的闭路用水循环系统。

有资料显示，通过对酵母菌种的驯化，可以利用酵母生产废水代替清水作为废糖蜜稀释处理用水，这极益于水资源的循环利用和环境保护。

7.4.3.3 二次资源的综合利用

一般产品的生产流程是线性的，生产流程的始端是原料，末端是产品，而中间则伴有废物的产生。但从一定意义上来讲，废物中除了未提取完的产品外，都是未利用的原料和中间产物，因此应将它们作为二次资源加以利用，而不应作为废物进行处理。

如酵母生产废液中的色素，其是在制糖加工过程和酵母培养过程中逐步积累而成的多种色素混合物，含有酚类和氨基氮化合物等成分，其中焦糖色素和美拉德反应生成的褐色聚合物占 70% 以上，而焦糖色素已广泛应用于食品、调味品、饮料及医药工业，如糖果、焙烤食品、肉类罐头、酱油、酱菜、食醋、卤味、有色饮料、有色酒类等产品。糖蜜酵母废液是一种很好的廉价天然焦糖色素源，数量非常大，从废水中提取焦糖色素，既充分利用了天然资源，又大大降低成本，减少废水的污染程度，实现废物资源化，具有较高的经济效益和社会效益[12]。

7.4.3.4 废物综合利用

就酵母生产行业来讲，其废物可以作为菌体蛋白饲料、肥料等副产物进行利用，真正做到"无废"排放。

参 考 文 献

[1] 于景芝. 酵母生产与应用手册 [M]. 北京：中国轻工业出版社，2005.

[2] 张良健，岳丕昌. 废糖蜜的综合利用 [J]. 中国甜菜糖业.1996(2)：49-51.

[3] 王锋，吴天祥，刘巍峰等. 磁场流化床反应器大规模糖蜜酒精发酵可行性的研究 [J]. 酿酒科技，2006，(6)：32-34.

[4] 糖厂副产品的利用. 英国塔特•莱尔公司来华技术座谈资料：29-41.

[5] 秦人伟，郭兴要，李君武. 食品与发酵工业综合利用 [M]. 北京：化学工业出版社.2009.

[6] 张建峰，耿宏伟，王丕武. 酿酒活性干酵母生产工艺优化及干燥剂的选择[J]. 食品科学，2011，32(09)：213-216.

[7] 周旋，刘慧，王焰新. 酵母废水处理技术进展 [J]. 工业水处理，2007，27(7)：8-11.

[8] 李知洪，肖冬光，梁音. 以糖蜜为原料的酵母废水处理技术[J]. 酿酒科技，2010，(7)：86-92.

[9] 王凯军，秦人伟. 发酵工业废水处理. [M]. 北京：化学工业出版社.2000.

[10] 陈坚. 环境生物技术. [M]. 北京：中国轻工业出版社，2010.

[11] 毛忠贵. 生物工业下游技术. [M]. 北京：中国轻工业出版社，2005.

[12] 龚美珍，殷绍平. 糖蜜酵母废水提取焦糖色素的研究 [J]. 中国调味品，2005，(11)：43-46.

中篇
废水（液）综合利用技术

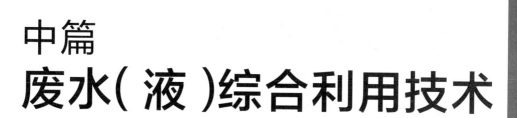

1

推广发酵剩余资源厌氧
发酵生产沼气

1.1 沼气的概念、起源与发展

1.1.1 沼气的概念

　　沼气是有机物质在厌氧条件下经过多种细菌的发酵作用而最终生成的一种混合气体。在自然界中的湖泊、池塘、河流、沼泽地，常常看到有许多气泡从底部淤泥中冒出水面，如果把这些气体收集起来可以点燃，这种气体即为沼气，因为它最初是在沼泽地中发现的，故因此而得名。

　　沼气的主要成分是甲烷，通常占总体积的 $50\%\sim70\%$；其次是二氧化碳，约占总体积的 $30\%\sim40\%$；其余硫化氢、氮、氢和一氧化碳等气体约占总体积的 5%。其密度为 $1.22g/L$。目前沼气很难液化装罐，只能以管道输气，因为其临界压力很高，平均为 56.64atm（1atm＝1.01325×10^5 Pa，下同）。甲烷的分子直径极小，约为水泥砂浆孔隙的 $1/4$，故易漏气，因此在建造沼气池时一定要做到内部密封，尤其是储气箱不能漏气。沼气与空气按 $1:10$ 的比例混合，在封闭状态下遇火会迅速燃烧膨胀并发生很大的推动力，所以沼气是一种良好的气体燃料，燃烧时火焰呈蓝色，最高温度可达 1200℃ 左右。沼气中因含有二氧化碳等不可燃气体，其抗爆性能好，辛烷值较高，又是一种良好的动力燃料。

1.1.2 沼气的起源与发展

　　据资料记载，在公元前 10 世纪的亚述和公元 16 世纪的波斯，沼气就曾经被用来加热洗澡水。1860 年，法国人 L·穆拉将简易沉淀池改进成沼气发生器（又称自动净化器），拉开了人类研究和利用沼气的序幕。1895 年，厌氧发酵技术传到了英国，埃克塞特市（Exeter）通过污水处理产生沼气，用来点亮路灯。20 世纪 30 年代，随着微生物科学的发展，厌氧细菌被分离出来，并掌握了促进沼气产生的适宜条件。1925 年和 1926 年，德国、美国就分别建造了备有加热设施及集气装置的消化池，可称为历史上大、中型沼气发生装置的原型。第二次世界大战之后，沼气发酵技术虽在西欧一些国家得到一定应用，但由于受到廉价石油大量涌入市场的冲击，其发展受到较大影响。直到后来世界性能源危机出现后沼气才又重新引起各方面的重视。现在，户用沼气技术是沼气技术领域最普通的一种利用形式。

我国很早就有利用天然生物生成气(沼气)的记载。远在公元前1世纪的西汉，钻凿了人类第一口天然气井——临邛火井，继后又钻凿了自流井火井、合川火井等。战国时代的秦蜀郡守李冰就曾经督办过天然气。19世纪80年代，我国广东潮梅一带民间开始了人工制取瓦斯的试验，到19世纪末出现了简陋的瓦斯库，并初知瓦斯生产方法。进入20世纪70年代，农村生活燃料出现严重短缺，四川、江苏、河南等地再次掀起发展沼气高潮，几年时间全国沼气池总数增加到700多万个。1980年后，我国在认真总结沼气利用经验教训的基础上，组织1700多名沼气技术工作者，对沼气关键技术进行协作攻关，提出了"因地制宜、坚持质量、建管并重、综合利用、讲求实效、积极稳步发展"的沼气建设方针，通过引进消化国外厌氧研究新成果，研究总结出了一套农村户用水压式沼气池"圆、小、浅"科学建池技术、发酵工艺及配套设备，同时建立了从国家到省、地(市)、县的沼气管理、推广、科研、质检及培训体系，使我国的沼气建设进入了健康、稳步发展的新阶段[1]。

1.2 沼气发酵的基本原理

1.2.1 沼气的成分与性质[2,3]

沼气的主要成分甲烷是一种简单的有机化合物，是良好的气体燃料，它的化学性质极为稳定，微溶于水；比空气约轻1/2；无色、无毒、无臭。一般沼气燃烧前略带蒜味，这是其中含有少量的硫化氢和某些有机化合物的缘故。沼气与空气混合燃烧时，呈淡蓝色火焰，最高温度可达1400℃，能够产生大量的热量。

(1) 甲烷的性质

1) 甲烷的物理性质　甲烷是无色、无臭、比空气轻的可燃性气体，对空气的相对密度是0.55，扩散速度较空气快3倍，临界温度为−82.5℃，着火点是537.2℃。甲烷对水的溶解度极小，在20℃、1个大气压时(1.01325×10^5 Pa)，100体积的水只能溶解3体积的甲烷，也就是说它的溶解度是3%。

2) 甲烷的化学性质　甲烷是一种简单的烃类化合物，分子由4个氢原子和1个碳原子组成；分子量为16.043。甲烷的化学性质比较稳定，一般条件下不易与其他物质反应，但当外界条件适合时也能发生反应。

(2) 甲烷的燃烧

甲烷在空气中燃烧时，生成二氧化碳和水，并释放出大量的热量，火焰呈浅蓝色，化学反应式为：$CH_4 + 2O_2 \longrightarrow CO_2 + 2H_2O + 35.91 MJ/mol$。

甲烷与氧气化合的体积比为1:2，而它在空气中完全燃烧的体积比为1:10，并产生大量的热量。沼气的热值为$2.3 \times 10^4 J/m^3$。

1.2.2 沼气发酵过程

沼气发酵又称为厌氧消化、厌氧发酵和甲烷发酵，是指有机物质(如人畜家禽粪便、秸秆、杂草等)在一定的水分、温室和厌氧条件下，通过种类繁多、数量巨大且功能不同的各类微生物的分解代谢，最终形成甲烷和二氧化碳等混合性气体(沼气)的复杂的生物化学过程。

早在 20 世纪初，V. L. Omeliansky（1906）提出了甲烷形成的一个阶段理论，即有纤维素等复杂有机物经甲烷细菌分解而直接产生甲烷和二氧化碳；从 20 世纪 30 年代起，有人按其中的生物化学过程而把甲烷形成分成产酸和产气两个阶段；至 1979 年，M. P. Bryant 根据大量科学事实提出把甲烷的形成过程分成三个阶段，如图 2-1-1 所示。

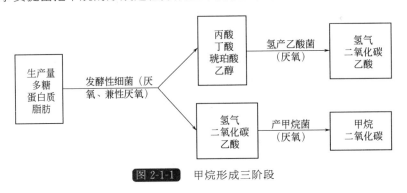

图 2-1-1　甲烷形成三阶段

1.2.3　沼气发酵微生物

沼气发酵微生物是沼气形成重要的因素和物质前提，在适宜沼气发酵微生物生长条件下，并使各种类群的微生物得到基本的生长条件，各种发酵原料才能被转化为沼气。

1.2.3.1　沼气发酵微生物的种类

沼气发酵是一种极其复杂的微生物和化学过程，是微生物生命活动的结果。沼气发酵微生物分为发酵性细菌、产氢菌、产乙酸菌、食氢产甲烷菌和食乙酸产甲烷菌 5 大类菌群。从复杂有机物的降解到甲烷的形成，沼气发酵过程可分为产酸阶段和产甲烷阶段。前 3 类细菌的活动可使有机物形成各种有机酸，统称为不产甲烷菌；后 2 类细菌的活动可使各种降解生成的有机物转化成甲烷，因此，将其统称为产甲烷菌。

（1）不产甲烷菌

在沼气发酵过程中，不能直接产生甲烷的微生物统称为不产甲烷菌。不产甲烷菌能将复杂的大分子有机物变成简单的小分子量的物质。它们的种类繁多，现已观察到的包括细菌、真菌和原生动物 3 大类。以细菌种类最多，目前已知的有 18 个属 51 个种，随着研究的深入和分离方法的改进，还在不断发现新的种。根据微生物的呼吸类型可将其分为好氧菌、厌氧菌；根据作用基质来分，有纤维素分解菌、半纤维素分解菌、淀粉分解菌、蛋白质分解菌、脂肪分解菌和其他一些特殊的细菌，如产氢菌、产乙酸菌等。

（2）产甲烷菌

在沼气发酵过程中，利用小分子量化合物形成沼气的微生物统称为产甲烷菌。如果说微生物是沼气发酵的核心，那么产甲烷菌又是沼气发酵微生物的核心。产甲烷菌是一群非常特殊的微生物。它们严格厌氧，对氧和氧化剂非常敏感，适宜在中性或微碱性环境中生存繁殖。它们依靠二氧化碳和氢气生长，并以废物的形式排出甲烷，是要求生长物质最简单的微生物。产甲烷菌的种类很多，目前已发现的产甲烷菌有 3 目、4 科、7 属和 13 种，根据它们的细胞形态分为八叠球菌、杆菌、甲烷螺旋形菌类。由于产甲烷菌繁殖较慢，在发酵启动时需加入大量的产甲烷菌种。产甲烷菌在自然界广泛分布，如土壤中，湖泊、沼泽中，反刍动物(牛羊等)的肠胃道中，淡水或咸水池塘污泥中，下水道污泥、腐烂秸秆堆、牛马粪以及城乡垃圾堆中都有大量的产甲烷菌存在。由于产甲烷菌的分离、培养和保存都有较大的困难，故迄今为止所获得的产甲烷菌的纯种不多。一些菌的培养方法没有过关，所以产甲烷菌的纯种还不能用于生产，这些直接影响到沼气发酵研究的进展，也是沼气池产气率提高不快的重要原因。

1.2.3.2　沼气发酵微生物的作用

在沼气发酵过程中不产甲烷菌与产甲烷菌相互依赖，互为对方创造维持生命活动所需的物质基础和适宜的环境条件；同时又相互制约，共同完成沼气发酵过程。它们之间的相互关系主要表现在下列几个方面[4]。

（1）不产甲烷菌为甲烷菌提供营养

原料中的碳水化合物、蛋白质和脂肪等复杂有机物不能直接被产甲烷菌吸收利用，必须通过不产甲烷菌的水解作用，使其形成可溶性的简单化合物，并进一步分解，形成产甲烷菌的发酵基质，这样，不产甲烷菌通过其生命活动为产甲烷菌源源不断地提供合成细胞的基质和能源。另外，产甲烷菌连续不断地将不产甲烷菌所产生的乙酸、氢和二氧化碳等发酵基质转化为甲烷，使厌氧消化中不至于有酸和氢的积累，不产甲烷菌也就可以继续正常地生长和代谢。不产甲烷菌与产甲烷菌的协同作用，使沼气发酵过程达到产酸和产甲烷的动态平衡，维持沼气发酵的稳定运行。

（2）不产甲烷菌为产甲烷菌创造适宜的厌氧生态环境

在沼气发酵启动阶段，由于原料和水的加入，在沼气池中随之进入了大量的空气，这显然是对产甲烷菌有害的，但是由于不产甲烷菌类群中的好氧和兼性厌氧微生物的活动，使发酵液的氧化还原电位（氧化还原电位越低，厌氧条件越好）不断下降，逐步为产甲烷菌的生长和产甲烷菌创造厌氧生态环境。

（3）不产甲烷菌为产甲烷菌清除有毒物质

在以工业废弃物为发酵原料时，其中往往含有酚类、苯甲酸、氰化物、长链脂肪酸和重金属等物质，这些物质对产甲烷菌是有毒害作用的；而不产甲烷菌中有许多菌能分解和利用上述物质，这样就可以解除对产甲烷菌的毒害。此外，不产甲烷菌发酵产生的硫化氢可以与重金属离子作用，生成不溶性的金属硫化物而沉淀下来，从而解除了某些重金属的毒害作用。

（4）不产甲烷菌与产甲烷菌共同维持环境中适宜的酸碱度

在沼气发酵初期，不产甲烷菌首先降解原料中的淀粉和糖类等产生大量的有机酸；同时，产生的二氧化碳也部分溶于水，使发酵液的酸碱度下降。但是，由于不产甲烷菌类群中的氨化细菌迅速进行氨化作用，产生的氨中和部分有机酸。同时，由于产甲烷菌不断利用乙酸、氢和二氧化碳形成甲烷，使发酵液中有机酸和二氧化碳的浓度逐步下降。通过两类群细菌的共同作用，就可以使 pH 值稳定在一个适宜的范围。因此，在正常发酵的沼气池中，pH 值始终能维持在适宜的状态而不用人为地控制。

1.2.3.3　沼气发酵微生物的特点

理论和实践证明，沼气发酵过程实质上是多种类群微生物的物质代谢和能量代谢过程。在此过程中，沼气发酵微生物是核心，其发酵工艺条件的控制都以沼气发酵微生物学为理论指导。沼气发酵微生物具有以下特点[5]。

（1）分布广，种类多

上至 12000m 的高空，下至 2000m 的地层深处，都有微生物的踪迹。目前，已被人们研究过的微生物有 3 万～4 万种。沼气发酵微生物在自然界中分布也很广，特别是在沼泽、粪池、污水池以及阴沟污泥中存在有各种各样的沼气发酵微生物，种类达 200～300 种，它们是可利用的沼气发酵菌种的源泉。

（2）繁殖快，代谢强

在适宜条件下，微生物有很高的繁殖速度。产酸菌在生长旺盛时，20min 或更短的时间内就可以繁殖一代。产甲烷菌繁殖速度很慢，约为产酸菌的 1/15。微生物所以能够出现这样高的繁殖速度，主要是因为它们具有极大的表面积和体积比值，例如直径为 $1\mu m$ 的球菌，其表面积和体积比值为 6 万，而人的这种比值却不到 1。所以，它能够以极快的速度与外界环境发生物物交换，使之具有很强的代谢能力。

（3）适应性强，容易培养

与高等生物相比，多数微生物适应性较强，并且容易培养。在自然条件下，成群体状态生长的微生物更是如此。例如，沼气池里的微生物（主要是厌氧和兼性厌氧两大菌群）在 10～60℃ 条件下都可以利用多种多样的复杂有机物进行沼气发酵。有时经过驯化培养后的微生物可以加快这种反应，从而更有效地达到产生能源和保护环境的目的。

1.3 沼气的发酵工艺

1.3.1 沼气发酵的基本条件

沼气发酵是一个复杂的生物化学过程，需要具备下列 7 个条件才能产生质优量足的沼气[6]。

（1）碳氮比适宜的发酵原料

发酵原料是沼气发酵微生物赖以生存的物质基础，也是微生物生命活动的营养物质。按形态分为液态和固态原料两类；按营养成分又分为富氮原料和富碳原料两类；按其来源分为农村沼气发酵原料、城镇沼气发酵原料和水生植物三类。

1）富氮原料　通常指富氮元素的人、畜和家禽粪便，这类原料经过人和动物肠胃系统的充分消化，一般颗粒细小，含水量较多，因此，在沼气发酵时它们不必要进行预处理就容易厌氧分解，产气很快，发酵期较短。

2）富碳原料　通常指富含碳元素的秸秆和秕壳等农作物的残余物，这类原料富含纤维素、半纤维素等物质。这类原料质地松散、密度小，进池后易漂浮形成发酵死区——浮壳层。因此，在发酵前一般要进行预处理。富碳原料比富氮原料分解慢，但产气周期长。

碳氮比（C/N）指有机物中总碳的含量与总氮的含量的比值，它是衡量原料分解及微生物活动的一个指标，对微生物而言碳氮比（C/N）以（25～30）：1 为宜，牛粪与马粪的碳氮比（C/N）为（24～25）：1，羊粪的碳氮比（C/N）为 29：1，猪粪的碳氮比（C/N）为 13：1，鸡粪为 16：1，鲜人粪为 3：1。

（2）质优量足的菌种

沼气发酵的前提条件是要接种入含有大量沼气发酵微生物（不产甲烷菌和产甲烷菌），或者说含量丰富的菌种，如同发面需要酵头、酿酒需要曲子一样。

采集接种物的来源很多：沼气池的沼渣与沼液，湖泊、沼泽，池塘底部，阴沟污泥，污水处理厂的活性污泥，积水粪坑中，反刍动物的粪便及其肠胃中，屠宰厂、酿造厂的污水等。给新建的沼气池加入沼气菌种，目的是快速启动发酵，并不断地富集繁殖菌种，以保证大量产气。农村沼气池启动时一般加入接种物的量为总投料量的 $10\%\sim30\%$。

（3）严格的厌氧环境

产甲烷菌只能在严格厌氧的环境中才能生长，所以，在修建沼气池时要严格密闭，做到不漏水不漏气。这不仅是收集沼气的需要，也是保证微生物在厌氧条件下生活得好，使沼气池能正常产气的需要。

（4）适宜的发酵温度

温度是沼气发酵的重要外因条件，温度适宜则细菌繁殖旺盛，活力强，厌氧分解和生成甲烷的速度就快，产气量就多，所以温度是产气好坏的关键因素。研究发现，在 $10\sim60℃$ 的范围内，研究均能正常发酵产气。当池温低于 $10℃$ 或高于 $60℃$ 时不能产气。农村沼气池靠自然温度发酵，在 $10\sim30℃$ 的范围内，温度越高，产气量越大。这就是沼气池在夏季尤其是 7 月份产气量最大，而在冬季最冷的 1 月份产气量最少甚至于不产气的原因。因此，农村沼气池在管理上强调冬季必须采取保温措施（如建在日光温室中、池子上面覆盖保温材料、搭建拱棚）。

（5）适宜的酸碱度

沼气微生物的生长、繁殖，要求发酵原料的酸碱度保持中性或者微偏碱性，过酸、过碱都会影响产气。研究表明，酸碱度在 pH 值为 $6\sim8$ 之间均可产气，以 pH 值为 $6.5\sim7.5$ 产气量最高，pH 值低于 6 或高于 9 时均不产气。农村户用沼气池发酵初期由于产酸菌的活动，池内产生大量的有机酸，导致 pH 值下降。随着发酵的持续进行，氨化作用产生的氨中和一部分有机酸，同时产甲烷菌的活动使大量的挥发性酸转化为甲烷和二氧化碳，使 pH 值逐渐回升到正常值。所以，在正常的发酵过程中，沼气池内的酸碱度变化可以自然进行调节，先由高到低，然后又升高，最后达到恒定的自然平衡（即适宜的 pH 值），一般不需要进行人为调节。只有在配料和管理不当使正常发酵过程受到破坏的情况下，才可能出现有机酸大量积累，发酵料液过于偏酸的现象。此时，可取出部分液料，加入等量的接种物，将积累的有机酸转化为甲烷，或者添加适量的草木灰或石灰澄清液，中和有机酸，使酸碱度恢复正常。

（6）适度的发酵浓度

农村沼气池的负荷常用容积有机负荷表示，即单位体积沼气池每天所承受的有机物的数量，通常以 $kgCOD/(m^3 \cdot d)$ 为单位。容积有机负荷是沼气池设计和运行的重要参数，其大小主要由厌氧活性污泥的数量和活性决定。农村沼气池的负荷通常用发酵原料的浓度来体现，适宜的干物质浓度为 $4\%\sim10\%$，即发酵原料含水量为 $90\%\sim96\%$。发酵原料浓度随着温度的变化而变化，夏季一般为 6% 左右，冬季一般为 $8\%\sim10\%$。浓度过高或过低都不利于沼气发酵。浓度过高，则含水量过少，发酵原料不易分解，并容易积累大量酸性物质，不利于沼气菌的生长繁殖，影响正常产气；浓度过低，则含水量过多，单位容积里的有机物含量相对减少，产气量也会减少，不利于沼气池的充分利用。

（7）持续的搅拌

静态发酵沼气池原料加水混合与接种物一起投进沼气池后，按其密度和自然沉降规律，从上到下将明显地逐步分成浮渣层、清液层、活性层、沉渣层 4 层，这样的分层分布对微生物以及产气是很不利的。大量的微生物聚集在底层活动，因为此处接种污泥多，厌氧条件好，但原料缺乏，尤其是用富碳的秸秆作原料时容易漂浮到料液表层，不易被微生物吸收和分解；同时形成的密实结壳不利于沼气的释放。为了改变这种不利状况，就需要采取搅拌措施，变静态发酵为动态发酵。沼气池的搅拌通常分为机械搅拌、气体搅拌和液体搅拌3种方式。机械搅拌是通过机械装置运转达到搅拌的目的；气体搅拌是将沼气从池底部冲进去，产生较强的气体回流，达到搅拌的目的；液体搅拌是从沼气池的出料间将发酵液抽出，然后从进料管冲入沼气池内，产生较强的液体回流，达到搅拌的目的。农村户用沼气池通常采用强制回流的方法进行人工液体搅拌，即用人工回流搅拌装置或污泥泵将沼气池底部料液抽出，再泵入进料口入池，促使池内料液强制循环流动，提高产气量。实践证明：适当的搅拌方式和强度可以使发酵原料分布均匀，增强微生物与原料的接触，使之获取营养物质的机会增加，活性增强，生长繁殖旺盛，从而提高产气量。搅拌又可以打碎结壳，提高原料的利用率及能量转换效率，并有利于气泡的释放。采用搅拌后平均产气量可提高30%以上。

1.3.2 沼气发酵的原料

1.3.2.1 沼气发酵原料的类型

适宜沼气发酵的原料种类较多，沼气发酵是适用对象最广的有机废弃物处理方式。根据原料来源主要分为工业废弃物(废水、废渣)、农林业废弃物(作物秸秆、杂草、树叶等)、畜禽养殖业废弃物(猪粪、牛粪、鸡粪等)、生活废弃物(城市生活有机垃圾、生活污水、污泥)，其中工业废弃物包括轻工业废水废渣(如酒精废水和淀粉废水等)和非轻工业废水废渣(如屠宰废水和制药废水等)[7]。

根据原料特性的分类见表2-1-1，除高固体高木质原料外均可以采用沼气发酵进行处理，而高固体高木质原料难以消化，适宜用热化学方法进行处理。一般溶解性原料容易消化，有机物分解率可达90%以上，适宜采用上流式厌氧污泥床、颗粒膨胀床、内循环流化床、厌氧滤器、纤维填料床、复合厌氧反应器等厌氧反应器进行处理；低、中固体原料一般所含固体物较细碎、纤维素和木质素含量较低，比较容易分解，分解率通常在60%以上，这些原料适宜采用完全混合式反应器、厌氧接触工艺、升流式固体反应器、塞流式反应器进行处理；高固体原料一般含有大量纤维素，分解周期长，又难以用泵输送，适宜采用干发酵工艺和固体渗滤床两相厌氧发酵工艺进行处理。

表 2-1-1　沼气发酵原料的类型

类型	(悬浮)固体物含量/%	举例
溶解性原料	<1	酒醪滤液、豆制品、啤酒废水、柠檬酸废水
低固体原料	1~6	酒醪、丙丁醪、鸡和猪舍冲水、污泥
中固体原料	6~20	猪粪、鸡粪、牛粪
高固体低木质原料	>20	城市生活有机垃圾
高固体中木质原料	>20	稻秸、麦秸、玉米秸、草
高固体高木质原料	>20	树枝、锯末

1.3.2.2 发酵原料有机质含量

为了准确而有效地评价和计量发酵原料中的有机质含量，常用以下方法对原料进行评价和计量。

（1）总固体（TS）

总固体（TS）又叫干物质（DM）。将一定原料在103～105℃的烘箱内烘至恒重，它包括可溶性固体和不溶性固体，因而称为总固体。固体原料的总固体含量用百分含量表示，计算方法如下：

$$TS(\%)=\frac{W_2}{W_1}\times 100$$

式中　W_1——烘干前样品质量，g；

$\quad\quad W_2$——烘干后样品质量，g。

液体样品中的总固体含量也可以用 mg/L 或 g/L 表示，计算方法如下：

$$TS(mg/L)=\frac{W}{V}$$

式中　W——烘干后样品质量，mg 或 g；

$\quad\quad V$——烘干前样品体积，L。

（2）悬浮固体（SS）

悬浮固体是指水样经离心或过滤后得到的悬浮物经蒸发后所得的固体物。将水样用事先恒重好的定量滤纸过滤，再将滤渣与定量滤纸在103～105℃的烘箱内烘至恒重，称重后即可得到样品中悬浮固体含量。计算方法如下：

$$SS(mg/L)=\frac{W-W_0}{V}$$

式中　W——过滤烘干后样品总质量，mg；

$\quad\quad W_0$——滤纸质量，mg；

$\quad\quad V$——烘干前样品体积，L。

（3）挥发性固体（VS）和挥发性悬浮固体（VSS）

是指总固体（TS）或悬浮固体（SS）中的有机组分。将得到的 TS 或 SS 进一步放入马弗炉中，在550℃下灼烧2h。在上述条件下，有机物全部分解挥发，剩余部分为灰分（Ash），主要是无机盐或矿物质等。VS 常用百分含量表示，计算方法为：

$$VS(\%)=\frac{TS-Ash}{TS}\times 100$$

VSS 通常用来表示水中生物有机体的量，即活性污泥中微生物的量，一般用 mg/L 表示，计算方法为：

$$VSS(mg/L)=\frac{W_2-W_3}{V}$$

式中　W_2——蒸发皿和悬浮固体灼烧前质量，mg；

$\quad\quad W_3$——蒸发皿和悬浮固体灼烧后质量，mg；

$\quad\quad V$——烘干前水样体积，L。

（4）化学需氧量（COD）

化学需氧量（COD）是指在一定条件下样品中的有机物与强氧化剂重铬酸钾作用时所消耗的氧的量，在该条件下有机物几乎全部被氧化，这时消耗的氧的量即为化学需氧量（COD），其单位为 mg/L。化学需氧量较为准确地反映样品中有机物的含量，因此成为评价进水（进料）的最重要指标之一。

其测定原理是用强氧化剂(我国标准为重铬酸钾),在酸性条件下将有机物氧化,过量的重铬酸钾以亚铁灵(1,10-二氮杂菲)为指示剂,用硫酸亚铁铵回滴,根据所用硫酸亚铁铵的量可计算出水中有机物消耗氧的量,计算公式为:

$$COD(mg/L) = \frac{(V_0 - V_1) \times N \times 8 \times 1000}{V_2}$$

式中　N——硫酸亚铁铵标准溶液摩尔浓度,mol/L;

V_0——空白样消耗的硫酸亚铁铵标准液体积,mL;

V_1——样品消耗的硫酸亚铁铵标准液体积,mL;

V_2——样品体积,mL;

8——1/4mol 氧气的质量(亚铁离子转化成铁离子消耗 1/4mol 的氧气)。

（5）生化需氧量(BOD)

生化需氧量(BOD)是有氧条件下,由于微生物的活动,将水中的有机物氧化分解所消耗的氧的量。生化需氧量代表了可生物降解的有机物的数量,通常在 20℃温度下、经 5d 培养所消耗的氧的量,用 BOD_5 表示。

1.3.2.3　发酵原料产气能力计算

（1）COD 理论计算法

COD 理论计算法,主要针对容易测定 COD 的液体原料,包括溶解性废水和含悬浮固体的废水。理论的 COD 可根据化学方程式求得。

（2）Buswell 方程理论计算

Buswell 方程理论计算,也可以理解为按 VS 进行理论计算。该方法主要针对固体原料。通过原料的 VS 含量测定和元素(C、H、O 和 N)含量分析,利用 Buswell 提出的有机物 $C_n H_a O_b N_c$ 厌氧发酵产甲烷、二氧化碳、氨的反应式进行理论计算。

通过计算每千克原料(以 VS 计算)在标准条件下的理论产甲烷和产二氧化碳量,其(C＋H)/O 的比值越大,理论产甲烷能力越大。

（3）沼气产量试验测定

试验测定出的沼气产量也称为生化产气能力。生化产气能力指在无抑制存在的情况下保证足够长的厌氧发酵时间使得原料中可生物降解部分全部被降解并转化为沼气的量。通常,高温(55℃)条件下的发酵时间为 50d,中温(35℃)条件下的发酵时间为 100d,当然,无论高温还是中温,试验结束的依据就是产气停止。但要注意接种用的厌氧活性污泥要用孔径为 1～2mm 的筛网去除粗大的颗粒残渣,且污泥为不再产气的发酵液为好,以免影响试验结果。最好是设置一组不加发酵原料的空白对照来测定接种物本身的产气量,通过扣除接种物本身的产气量即为原料的实际产气量。每个样品应设置 3 组重复实验。表 2-1-2 为某酒精废醪和啤酒废水的性质及产气量举例。

表 2-1-2　酒精废醪和啤酒废水的性质及产气量举例

废水	pH 值	COD/(mg/L)	BOD/(mg/L)	产气量/(m³/kgCOD)
酒精废醪	3.5～4.5	30000～45000	20000～28000	0.45～0.5
啤酒废水	6.5	6070	1000～1500	0.45

1.3.3　食品工业发酵剩余资源生产沼气工艺

食品工业废水主要包括高浓度、高悬浮物有机废水,低 SS 有机废水和难降解有机废水三大类。由于每年工业废水产生量较大，直接排放不仅会造成能源的直接浪费，还会造成环境污染，因此对工业废水进行回收再利用的研究显得非常重要。而在食品工业中，废水中的有机物含量较高，而沼气是一种清洁能源，因此如果能在食品工业废水与沼气之间建立一种联系，使废水转变为沼气，不仅能够节约资源、保护环境，而且还可以变废为宝，这将具有非常重大的意义。

1.3.3.1 高浓度、高悬浮物有机废水制备沼气

该类废水可生化性好，主要有酒精、白酒、淀粉、味精、柠檬酸废水，除可回收大量沼气能源外，还可获得大量有机肥或饲料，经济效益、社会效益和环境效益显著。相对来说，每立方米沼气的投资较低，应该说是近期发展的重点。

占我国工业废水 BOD 总量 18% 的酒精糟液，其中薯干酒精糟液 COD 高达 50000mg/L，BOD 达 25000mg/L，SS 达 22000mg/L；近年来使用增多的木薯干原料，其废液 SS 浓度更高。国内大部分企业主要采用以下 3 种方式处理高浓度、高悬浮物有机废水。

（1）单级厌氧（CSTR 或 USR）制备沼气

由于废水中含有高浓度、高悬浮物有机物，在制备沼气前，要先将废水充入沉砂池除去废水中的部分杂质。污水经换热器将温度降低后再充入 CSTR 反应器进行厌氧处理，得到沼气。反应器中的 pH 值对产甲烷菌的生命活动有较大的影响，从而将影响沼气的制备，因此要严格控制好反应器中的 pH 值，一般为 6.7～7.0。反应器中的废水等杂质再经过一系列的处理使之达到排放标准再排放。

CSTR 适用于酒精全糟液处理。图 2-1-2 为山东博兴酒厂处理酒精全糟液的工艺路线。

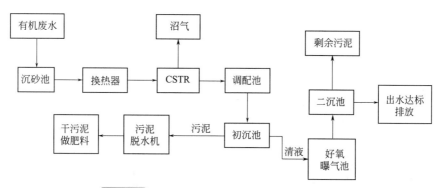

图 2-1-2 单机厌氧（CSTR）生产沼气工艺流程

该工艺主要适用于酒精全糟液，其特点是对悬浮物没有严格要求，在酒精行业适用范围较广泛，全糟液、过滤液都可用。

CSTR 反应器一般为钢制，装有搅拌和回流装置，采用高温 54℃ 发酵，操作简单，启动容易，一般 15～30d 就可以投入正常使用。采用 CSTR 反应器对有机废水处理后可以得到大量的沼气。

该方法的缺点是，在进行沼气生产和废水处理使之达标的连续化操作中，配水后造成好氧处理装置增大，使占地面积和曝气能耗增大。

（2）单级厌氧（UASB）制备沼气

1）固-液分离　为了提高经济效益，采用 UASB 反应器来处理高浓度有机废水生产沼气。由于废水中悬浮物较多，对设备磨损严重，因此采用若干台（一般为 12 台）立式离心机

进行固液分离，立式离心机的悬浮物去除量较低。经离心机固液分离之后，污水中尚含有大量悬浮物，为了确保 UASB 的运行条件，废水需经化学絮凝沉淀池再次固液分离，通过管道送至格栅入口。

2）预处理　经离心分离后，滤液进入平流式沉淀池大约沉淀 1d，经立式水泵提升后，污水送至冷却塔。污水提升前先经过格栅去除大块杂物，格栅是为保护立式水泵不被堵塞而设置的。经格栅后废水进入集水池，在集水池上设若干台（一般为 3 台左右）立式水泵，当处理过程满负荷时减少工作的立式水泵台数。为了排除可能沉积在集水池的泥沙，集水池上设回流搅拌管及泥沙排除管（从溢流槽排出）。水泵受集水池中水位控制。

污水在冷却塔中进行冷却，水温从 80～85℃ 下降至 60℃ 左右，降温后的污水进入调节池。调节池内水温控制的幅度由厌氧池内水温决定，水温严格控制在 50～55℃，且波动幅度控制在 1～2℃。

UASB 反应器中 pH 值低于 6.5 将抑制产甲烷菌的生命活动，使有机酸转化为沼气的过程受到抑制，此时厌氧池出水 pH 值明显下降。因此厌氧池出水 pH 值是厌氧池工作是否正常的标志之一。正常情况下，厌氧池出水 pH 值应大于 6.7，最好大于 7.0，所以在冷却塔采用石灰调节 pH 值。调节池内的污水用水泵提升送入厌氧池。

3）厌氧 UASB 反应器　在厌氧池运行中要注意控制池内温度和 pH 值。在进入正常运行之后，厌氧菌将有所增长，其增长量约为所去除 COD 的 5%～10%，故需经常将厌氧污泥排到污泥中间池。在运行过程中，一些污泥附近产生气泡且上浮到厌氧池水面，形成浮渣，浮渣可能阻碍沼气溢出。为了克服这些麻烦，可设置浮渣排放漏斗，运行时定时排出浮渣。

为了防止厌氧池内沼气压力过大，设计中考虑设置水封。当厌氧池中压力过大时沼气自动通过水封，使厌氧池内压力下降。在厌氧池检修时，水封去盖之后可以充当通风孔之用。

该工艺主要适用于酒精过滤液的处理。图 2-1-3 为徐州房亭酒厂污水处理工艺流程。

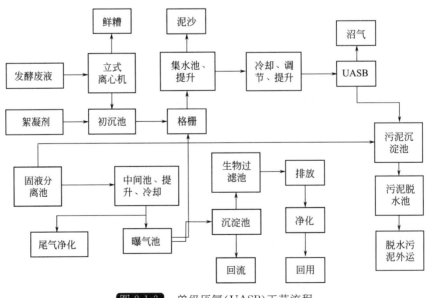

图 2-1-3　单级厌氧(UASB)工艺流程

UASB 反应器具有滞留高浓度生物质、处理负荷高、运行稳定等优点，用于处理高浓度酒精废水运行约半年即可进入稳定运行期。但由于滤液原料 COD 较高，在生产沼气的同时若要求进行污水处理很难达标，而且流程较长，管理操作较为复杂。

（3）两级厌氧(CSTR＋UASB 或 UASB＋UASB)制备沼气

为了去除一级厌氧处理后废水中残留的 COD，提高能源回收量并减少好氧处理能耗，同时随着厌氧发酵装置、过滤机械和配套设备的技术不断发展，总结国内外处理高浓度、高 SS 废液的经验教训，提出了两级厌氧-好氧处理工艺的技术路线。2002 年 10 月，该工艺在 UNDP/GEF 和国家发改委示范项目——青岛酒厂(万吨/年)薯干废液处理示范工程中得到全面实施。其工艺流程如图 2-1-4 所示。

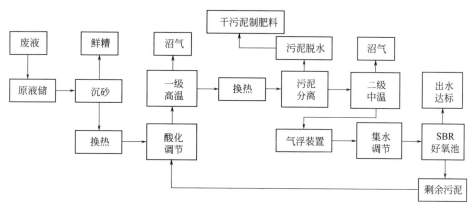

图 2-1-4　两级厌氧(CSTR＋UASB)工艺流程图

本工艺的优点如下。

① 一级厌氧采用 CSTR 进行高温处理。高温消化具有较高的微生物生长速率和较高的产甲烷活性，其发酵速率通常为中温的 2.5 倍。不仅能得到大量的沼气，同时具有较高的 COD 去除率，一般可达 83％以上。

② 二级厌氧采用 UASB 进行中温厌氧发酵。中温厌氧微生物种类较多，有利于废水中较难降解有机物的进一步净化，进一步得到大量的沼气并去除废水中的 COD。

③ 本工艺对剩余污泥进行循环利用，提高了能源的利用率，沼气的生产率较高。

一级高温 CSTR 和二级 UASB 串联进行厌氧发酵，可相互补充，发挥各自反应器的优势，适应高浓度、高悬浮物的有机废液，从而获得厌氧生物处理并制备沼气的最佳效果。并且相比一级厌氧工艺，本工艺投资少、运转成本低、能耗低、占地面积少。

1.3.3.2　低 SS 有机废水制备沼气

在利用低 SS 有机废水制备沼气时，要先对进水进行固液分离，然后进入酸化反应器。在酸化池中让废液得到充分水解和酸化，产酸菌将复杂的有机高分子物质转化为小分子物质后，废液进入厌氧池反应器进行厌氧发酵，产生沼气。根据废水水质和水量，酸化池可以采用酸化池和 CSTR 等。

利用该类废水生产沼气的工艺如图 2-1-5 所示。

该工艺适合处理第一类废水中浓度不高的废水，主要食品行业有制糖、啤酒、黄酒、酶制剂等。该工艺通过沼气发酵，能回收一定量的沼气。

1.3.3.3　难降解有机废水制备沼气

该类废水中含高氨氮、高硫、高盐等干扰物或其他难以降解的物质，对于这类废水，在

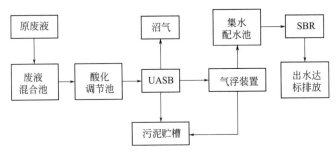

图 2-1-5　低 SS 废水处理(沼气制备)工艺流程

进行厌氧发酵制备沼气之前必须先进行预处理,否则将干扰厌氧发酵的进行。

难降解有机废水主要指可生化性差的废水(一般 COD/BOD>24 的有机废水)和含有抑制厌氧微生物代谢物质的废水。

(1) 可生化性差的废水

对于这类废水,可以采用沉淀、过滤、冷却处理,再直接进行厌氧处理。厌氧反应器可以采用 UASB、EGSB、IC 等高效厌氧反应器。

糖糠、植物油、香料等食品行业的废水可以采用该类处理方法。

(2) 含有厌氧微生物抑制物的废水

有机废水中含有一定数量的硫、氮和盐类会抑制厌氧微生物,使厌氧生化处理无法进行。为此,需要进行一定的预处理,将抑制物在厌氧发酵处理前去除。再将除去抑制物后的废水充入厌氧池进行厌氧发酵制备沼气。

1) 高含硫有机废水厌氧生物处理　国内很多试验已证明,在两相厌氧消化的产酸相中,依靠硫酸盐还原菌将硫酸盐还原为 S^{2-} 的化合物,再将 S^{2-} 从酸相中去除,从而达到去除硫酸盐的目的。对产酸相中产生的硫化物可采用下述方法去除:a. 产酸相产生的气体(主要为硫化氢)分别经固体脱硫剂或用稀碱溶液吸收进行脱硫;b. 产酸相的出水先进入脱硫反应器,利用无色硫细菌在好氧条件下将水中的硫化物氧化为单质硫,从而去除水中的硫化物。

2) 高含氮有机废水处理　高含氮有机废水,如味精废水、玉米酒精废水和制革废水等,含氮量均超过 2000mg/L,厌氧微生物难以降解 NH_3-N。有机氮过高还会抑制厌氧微生物的生长代谢。

(3) 高含盐有机废水

一般含盐废水当 Cl^- 浓度超过 5000mg/L 时,厌氧发酵就会受到抑制,厌氧处理效率大幅下降。对此,应采取预处理方法去除,若 Cl^- 浓度在 3000mg/L 以下,可采用膜分离方法去除盐;若 Cl^- 超过 3000mg/L,可采用多效蒸发浓缩的方法去除盐。

1.4　沼气净化

1.4.1　沼气的成分及其物理性质

1.4.1.1　沼气的成分

利用食品工业废水制备的沼气主要是通过对废水中的糖类、脂类和蛋白质类等有机物进行厌氧发酵产生的。它们各自产生沼气的厌氧反应如下[8]。

（1）糖类的厌氧降解

废水中最主要的污染物是多糖，多糖在厌氧微生物的作用下水解成单糖，单糖最终生成摩尔数相同的 CH_4 和 CO_2：

$$2(C_6H_{10}O_5)_x + xH_2O \longrightarrow x(C_{12}H_{22}O_{11})$$
$$C_{12}H_{22}O_{11} + H_2O \longrightarrow 2C_6H_{12}O_6$$
$$C_6H_{12}O_6 \longrightarrow 3CH_4 + 3CO_2$$

多糖→单糖→（乙、丙、乳、丁）酸、乙醇、二氧化碳→CH_4＋CO_2

（2）脂肪酸厌氧降解

废水中还含有种类较多的脂肪酸，脂肪也会水解成脂肪酸，在厌氧条件下脂肪酸最后生成 CH_4 和 CO_2。脂肪酸的消耗，使废水的 pH 值升高。实际运行证明，较低 pH 值的废水经厌氧生物过程后 pH 值升到 7.0 左右。

$$2RCH_2CH_2COOH + CO_2 + 2H_2O \longrightarrow 2RCOOH + CH_3COOH + CH_4$$
$$CH_3COOH \longrightarrow CH_4 + CO_2$$

（3）脂肪的厌氧降解

废水中的脂肪在胞外酶的作用下，经水解过程生成甘油和脂肪酸，甘油经丙酮酸降解生成 CH_4 和 CO_2。是脂肪和脂肪酸经厌氧生物化学过程处理的最终产物中，CO_2 的量比 CH_4 少。

（4）蛋白质厌氧降解

蛋白质在厌氧微生物作用下，经一系列的生化过程生成氨基酸，氨基酸通过加氢还原等途径脱氢，生成脂肪酸和氨。氨在水中电离也是使出水的 pH 值升高的因素之一。

蛋白质→肽→氨基酸→脂肪酸＋NH_3；$NH_3 + H_2O \longrightarrow NH_4^+ + OH^-$

由上述反应过程可知，一般情况下，沼气的主要化学成分是 CH_4 和 CO_2；此外，还含有微量的 H_2、N_2、NH_3、H_2S 以及少量的水蒸气，其中甲烷占 50%～70%，二氧化碳占 30%～40%。

1.4.1.2 沼气的性质

沼气是无色气体，由于它常含有微量的硫化氢气体，所以脱除硫化氢前有微量的臭鸡蛋味，燃烧后臭鸡蛋味消除。沼气的主要成分是甲烷，它的理化性质也接近于甲烷（见表 2-1-3）[9]。

表 2-1-3 甲烷与沼气的主要理化性质

理化性质	甲烷（CH_4）	标准沼气（CH_4 60%，CO_2＜40%）
体积百分数/%	54～80	100
热值/(kJ/m³)	35820	21520
密度（标准状态）/(g/L)	0.72	1.22
相对密度（与空气相比）	0.55	0.94
临界温度/℃	−82.5	−48.42～−25.7
临界压力/10^5Pa	46.4	53.93～59.35
爆炸范围（与空气混合的体积百分比）	5～15	8.80～24.4
气味	无	微臭

（1）热值

甲烷是一种发热值相当高的优质气体燃料。1m³纯甲烷在标准状况下完全燃烧可放出35820kJ的热量，最高温度可达1400℃。沼气中因含有其他气体，发热量稍低，约为20000～29000kJ，最高温度可达1200℃。因此，在人工制取沼气中应创造适宜的发酵条件，以提高沼气中甲烷的含量。

（2）相对密度

与空气相比，甲烷的相对密度为0.55，标准沼气的相对密度为0.94。所以，在沼气池气室中，沼气较轻，分布在上层；二氧化碳较重，分布在下层。沼气比空气轻，在空气中容易扩散，扩散速度比空气快3倍。当空气中甲烷的含量达25%～30%时，对人畜有一定的麻醉作用。

（3）溶解度

甲烷在水中的溶解度很小，在20℃、1个大气压下，100单位体积的水只能溶解3单位体积的甲烷，这就是沼气不仅在淹水条件下生成，还可用排水法收集的原因。利用水封储存沼气也是利用这一原理。

（4）沼气的含湿量

沼气中一般含有不同程度的水蒸气，特别是高、中温发酵，水蒸气含量较多。每一标准立方米沼气中所含有的水蒸气质量称为沼气的绝对湿度。绝对湿度在数值上等于水蒸气在其分压力与温度下的重量，其只表示湿沼气中实际所含水蒸气的多少。

相对湿度 Φ 可以用沼气中实际的水蒸气分压力 P_{vp} 和同温度下饱和水蒸气的分压力 P_n 的比值来表示。相对湿度反映了湿沼气中水蒸气含量接近饱和的程度，当 $\Phi=1$ 时即为饱和湿沼气。

含湿量是指厌氧发酵所生成的沼气相对于1kg干沼气所含水蒸气质量。由于沼气含有一定的水分，所以在沼气燃烧前要进行脱水。

（5）临界温度和压力

气体从气态变成液态时，所需要的温度和压力称为临界温度和临界压力。标准沼气的平均临界温度为−37℃，平均临界压力为 56.64×10^5 Pa（约56个大气压）。这说明沼气液化的条件是相当苛刻的，这也是沼气只能以管道输气，不能液化装罐作为商品进行能源交易的原因。

（6）分子结构与尺寸

甲烷的分子结构是1个碳原子和4个氢原子构成的等边三角四面体，分子量为16.04。其分子直径为 3.76×10^{-10} m，约为水泥砂浆空隙的1/4，这是研制复合涂料、提高沼气池密封性的重要依据。

（7）燃烧特性

甲烷是一种优质气体燃料，1体积的甲烷需要2体积的氧气才能完全燃烧。氧气约占空气的1/5，而沼气中甲烷含量为60%～70%，所以1体积的沼气需6～7体积的空气才能充分燃烧。这是研究沼气用具和正确使用用具的重要依据。

（8）爆炸极限

当沼气与空气混合到一定浓度时，遇到明火会引起爆炸，这种能爆炸的混合气体中所含沼气的浓度范围称为爆炸极限，用百分数表示。沼气在空气中的浓度若低于某一限度时，氧化反应产生的热能不足以弥补散失的热量，因此无法燃烧，此时称为爆炸下限；当沼气在空气混合物中含量增加到能形成爆炸混合物时的最大浓度，称为爆炸上限。

在常压下，标准沼气与空气混合的爆炸极限是 8.80%～24.4%；沼气与空气按 1:10 的比例混合，在封闭条件下遇到火会迅速燃烧、膨胀，产生很大的推动力，因此，沼气除了可以用于炊事、照明外还可以用作动力燃烧。

1.4.2 沼气净化

沼气的净化包括去除二氧化碳、脱水及脱硫。沼气净化系统主要设备包括脱硫塔、汽水分离器、凝水器、阻火器等[10,11]。

（1）去除 CO_2

沼气中的 CO_2 去除方法包括物理或化学吸收、分子筛吸附和膜分离法。

1) 物理和化学吸收　物理和化学吸收方法应用广泛，即使在气体压力很低的情况下也能有效分离，而且工艺流程比较简单，需要的基础投资和成本相对较低。

最简单和便宜的吸收剂是水，CO_2 和 H_2S 在水中的溶解度比 CH_4 大，因此水洗能同时去除 CO_2 和 H_2S。沼气通过压缩后从吸收塔底部进入，水从顶部进入进行错流吸收。吸收了 CO_2 和 H_2S 的水可以通过减压或者用空气吹脱再生。CO_2 和 H_2S 的去除率与吸收塔的尺寸、气体压力、气体组分浓度以及水的流速和纯度有关，理论上可以达到 100% 的去除率。Dubey 的研究表明，气体压力和水的流速对去除率的影响大于吸收塔直径的影响。

另一种常用的吸附剂为 Selexol，主要成分为二甲基聚乙烯乙二醇（DMPEG）。CO_2 和 H_2S 在 Selexol 中的溶解度比在水中的溶解度大。一般使用水蒸气或者惰性气体吹脱 Selexol 进行再生。水和 Selexol 对 CO_2 和 H_2S 的吸收是纯粹的物理过程，而化学吸收涉及溶质与溶剂之间化学键的形成，溶剂的再生需要打破原有的化学键，因此需要较高的能量投入。

通常的化学溶剂包括胺溶液（单乙醇胺、二乙醇胺和三乙醇胺）和碱溶液 [NaOH、KOH、$Ca(OH)_2$]。Biswas 等研究指出，经过 10% 单乙醇胺（MEA）溶液吸收以后，CO_2 质量分数从 40% 减少到 0.5%～1.0%，MEA 溶液通过煮沸 5min 后得到再生。

2) 分子筛吸附　由于该过程是在高温高压条件下完成，因此压降较大而且需要提供较多能量。选择不同孔径的分子筛或调节不同的压力，能够将 CO_2、H_2S、水汽和其他杂质选择性地从沼气中去除。当压力减小时，分子筛中吸附的化合物组分会释放出来，所以这个过程称作"变压吸附"（PSA）。通常用焦炭制作富有微米级孔隙结构的碳分子筛来净化沼气。

3) 膜分离工艺　膜法分离主要有以下 2 种。

① 高压气相分离。膜的两侧都是气相，但是所需压力较高。压缩至 3.6MPa 的沼气首先通过活性炭床以去除卤化烃和部分 H_2S，然后通入滤床和加热器，再进入到膜分离单元中。膜由乙酸纤维素制成，可以分离 CO_2、H_2O 和 H_2S 等极性分子，它对 CO_2 和 H_2S 的渗透能力分别比 CH_4 的渗透能力高 20 倍和 60 倍，但这种膜不能分离 N_2。经验表明，该膜可以持续使用 3 年，但是在使用 1.5 年后膜的渗透性会减少 30%。

② 气-液相吸收膜分离。该膜的一侧为气相，另一侧为液相，不需要较高压力。沼气中的 H_2S 和 CO_2 分子透过一个多孔的疏水膜在另一侧的液相中被吸收去除。沼气从膜的一侧流过，其中的 H_2S 和 CO_2 分子能够扩散穿过膜，在另一侧被相反方向流过的液体吸收，吸收膜的工作压力仅为 0.1MPa，温度为 25～35℃。液相的吸收剂可以用化学吸收中提到的胺溶液和碱溶液。

（2）脱水

沼气从厌氧发酵装置产出时，携带大量水分，特别是在中温或高温发酵时沼气具有较高的湿度。一般来说，$1m^3$ 干沼气中饱和含湿量，在 30℃时为 35g，而在 50℃时则为 111g。当沼气在管路中流动时，由于温度、压力的变化，水蒸气冷凝增加了沼气在管路中流动的阻力，而且由于水蒸气的存在还降低了沼气的热值。水和沼气中的 H_2S 共同作用，更加速了金属管道、阀门以及流量计的腐蚀或堵塞。另外，在使用干法化学脱硫时，氧化铁脱硫剂对沼气湿度也有一定的要求。因此，需对沼气的水分进行脱除。常用的方法有 2 种：a. 重力法，即采用汽水分离器，将沼气中的部分水蒸气脱除；b. 在输送沼气管路的最低点设置凝水器，将管路中的冷凝水排除。

1）汽水分离器　沼气汽水分离器一般安装在输送气系统管道上脱硫塔之前，沼气从侧向进入汽水分离器，经过汽水分离器后从上部离开进入沼气管网。根据沼气量的大小，汽水分离器的规格型号见表 2-1-4。

表 2-1-4　汽水分离器规格型号

型号	汽水分离器外径/mm	进出口管径/mm	适用情况
GS-600	φ600	DN150～200	沼气量≥1000m³/d
GS-500	φ500	DN100～150	沼气量 500～1000m³/d
GS-400	φ400	DN50～100	沼气量≤500m³/d

2）凝水器　一般安装在输送管道的埋地管网中，按照地形与长度在适当的位置安装沼气凝水器。冷凝水应定期排除，否则可能增大沼气管路的阻力，影响沼气输送气系统工作的稳定性。凝水器有自动排水和人工手动排水两种形式。根据沼气量的大小，沼气凝水器的规格型号大致见表 2-1-5。

表 2-1-5　沼气凝水器规格型号

型号	凝水器外径/mm	进出口管径/mm	适用情况
NS-600	φ600	DN150～200	沼气量≥1000m³/d
NS-500	φ500	DN100～150	沼气量 500～1000m³/d
NS-400	φ400	DN50～100	沼气量≤500m³/d

（3）脱硫

沼气脱硫即除去沼气中混有的 H_2S 气体。H_2S 是一种有毒有害气体，在空气中或是潮湿条件下对管道、燃烧器以及其他金属设备、仪器仪表有强烈的腐蚀作用。各种品牌的沼气发电机厂商均要求，在沼气作发电燃料时，沼气中 H_2S 含量不超过 $300mg/m^3$；作为管道燃气使用时，H_2S 含量不超过 $15mg/m^3$。在沼气使用前，必须脱除沼气中的 H_2S。沼气脱硫的方法有很多，主要有生物氧化、化学反应、物理吸附。

1）生物氧化　生物氧化是在适宜的温度、湿度和有氧的条件下，通过硫细菌的代谢作用将硫化氢转化为单质硫。根据微生物的活动类型，能够将硫化物转化为单质硫的微生物有 3 种，即光合细菌、反硝化细菌和无色硫细菌。

反应过程为：

$$H_2S + 2O_2 \longrightarrow H_2SO_4$$
$$2H_2S + O_2 \longrightarrow 2S + 2H_2O$$

脱硫微生物菌群的作用结果是将沼气中的 H_2S 转化为单质硫和稀硫酸后达到沼气脱硫的效果。这种脱硫技术的关键是如何根据 H_2S 的浓度和氧化还原电位的变化来控制反应装置中溶解氧浓度。

生物脱硫的优点是：不需要化学催化剂、没有二次污染；生物污泥量少；耗能少，处理成本低；H_2S 去除率高，可回收单质硫。生物脱硫既经济又环保。

2）化学反应　化学反应包括湿法脱硫和干法脱硫。

① 湿法脱硫。所谓湿法脱硫，特点是脱硫系统位于管道的末端，脱硫过程的反应温度低于露点，所以脱硫后的沼气需要再加热才能排出。由于是气液反应，其脱硫反应速度快、效率高、脱硫剂利用率高，如用石灰作脱硫剂时，当 Ca/S＝1 时，即可达到 90％的脱硫率。但是，湿法烟气脱硫存在废水处理问题，初投资大，运行费用也较高。

反应过程为：

$$CaCO_3 + H_2S + 1.5O_2 \longrightarrow CaSO_3 + H_2O + CO_2$$
$$2CaSO_3 + O_2 \longrightarrow 2CaSO_4$$

但由于湿法脱硫存在上述问题，故我国普遍采用干法脱硫。

② 干法脱硫。即在常温下将沼气通过脱硫剂床层，沼气中的 H_2S 与活性氧化铁接触，生成三硫化铁，然后含有硫化物的脱硫剂与空气中的氧接触，当有水存在时铁的硫化物又转化为氧化铁和单质硫。这种脱硫再生过程可循环进行多次，直到氧化铁脱硫剂表面的大部分孔隙被硫或其他杂质覆盖而失去活性为止。

反应过程为：

$$Fe_2O_3 \cdot H_2O + 3H_2S \longrightarrow Fe_2S_3 \cdot H_2O + 3H_2O + 63kJ/mol$$
$$Fe_2S_3 \cdot H_2O + 1.5O_2 \longrightarrow Fe_2O_3 \cdot H_2O + 3S + 609kJ/mol$$

干法脱硫的优点是：脱硫剂可以循环使用，再生后的氧化铁可继续脱除沼气中的 H_2S；脱硫效果较好。但随着脱硫反应的进行，脱硫剂在使用一段时间后需要更换。

3）物理吸附　物理吸附用得较多的是活性炭吸附。在变压吸附系统中 H_2S 可以通过用碘化钾溶液浸泡过的活性炭去除，H_2S 被转化为单质硫和水，硫被活性炭吸收。此反应最佳条件为：压力 $0.7 \sim 0.8MPa$；温度 $50 \sim 70℃$；气体停留时间为 $4 \sim 8h$。如果 H_2S 的体积分数在 3×10^{-6} 以上，则需要进行再生。

（4）阻火器

常用的沼气阻火器也分为湿式阻火器和干式阻火器两种，二者均安在沼气管道中。

1）湿式阻火器　是使用了水封阻火的原理，沼气经过罐内水层而被阻火。其缺点是增大了管路的阻力损失，并有可能增加沼气中的含水量，同时在运行管理中要时刻注意罐内的水位，水位太高则增加了管道阻力，水位太低则可能会失去阻火的作用，而且在冬季阻火器内的水有可能会形成冰冻而阻塞了沼气输送管道。因此，在大型沼气工程中一般采用干式阻火器。

2）干式阻火器　也称为消焰器，是在输送气管道中安装一只中间带有铜网或铝网层的装置，其阻火原理是铜丝或铝丝能迅速吸收和消耗能量，使正在燃烧的气体的温度低于其燃点，将火焰就此熄灭，从而达到灭火的目的。铜网或铝网的目数很小且有十几层间距相叠，当沼气中混入的空气量较多时火焰会将铜网或铝网熔化，熔化了的网丝形成一个封堵，将火焰完全封住；当沼气中混入的空气较少时，在阻火器和燃烧点之间的管道内会很快将空气耗尽，火焰自动熄灭。多层网丝阻火器的缺点是阻力较大，并且熔化后将完全不能工作。为防止管道中的沼气压力损失过大，阻火器处的管道被局部放大，同时也要求定期地清洗网丝上的污垢或更换网丝，安装时干式阻火器应尽量靠近燃烧点，以缩短回火在沼气管路中的行走距离。

一般根据沼气量的大小，要选择不同规格的阻火器。表 2-1-6 为不同规格的干式阻火器。

表 2-1-6 干式阻火器规格型号

型号	阻火器尺寸/mm	进出口管径/mm	适用情况
HF-200	$\phi300$	$DN150\sim200$	沼气量≥1000m³/d
HF-150	$\phi250$	$DN100\sim150$	沼气量 500～1000m³/d
HF-100	$\phi200$	$DN50\sim100$	沼气量≤500m³/d

1.5 发酵剩余资源制取沼气案例分析

（1）案例一：柠檬酸废水厌氧产沼气的分析[8]

某柠檬酸厂为柠檬酸生产规模 6 万吨/年，日排放柠檬酸综合废水 7000m³，其 COD 高达 10000mg/L，可生化性较好（BOD/COD=0.6）。柠檬酸废水中含有的有机污染物主要有糖类、脂肪、脂肪酸、蛋白质等，这些有机物质在厌氧反应器中进行厌氧生化过程，根据厌氧降解反应可知，理论最终产物一般为 CO_2、CH_4、H_2O、H_2S 等。不同的污染物厌氧消化所产生的沼气量不同，并且沼气组分也有所不同。

该柠檬酸厂采用二级 UASB 厌氧处理，第一级高温厌氧温度为 54～56℃，第二级中温厌氧温度为 30～35℃，经换热器保持发酵温度。

其发酵工艺流程如图 2-1-6 所示。

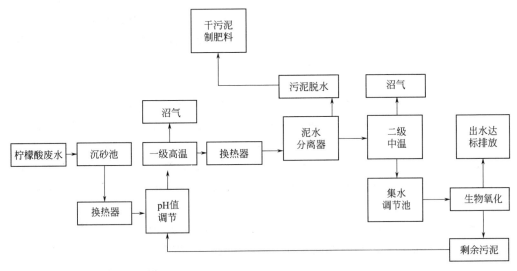

图 2-1-6 柠檬酸废水厌氧发酵产沼气工艺流程

用厌氧 UASB 对其进行处理，经厌氧发酵后，COD 的去除效率可以达到 90％以上，去除 1kgCOD 可产生 0.6m³ 的沼气。处理 7000m³ 的废水可产生沼气 38000m³ 以上（处理 1m³

的废水约产生沼气 $5\sim6m^3$），经测定，沼气中主要含有的是 CH_4、CO_2，以及少量的 H_2O、H_2S、CO、O_2、H_2。利用此法的柠檬酸发酵厌氧发酵产沼气组分见表2-1-7。

表 2-1-7 柠檬酸废水厌氧废水产沼气组分

产沼气量 38000m³/d	沼气组分/%					
	CH_4	CO_2	O_2	CO	H_2S	其他气体
	71.2	23.0	0.1	0.3	0.3	5.1

目前该厂用此方法得到的沼气用于 1 台 4t/h 燃气锅炉和 1 台 4000000kcal/h 溴化锂制冷机的燃料并有部分沼气供全厂的食堂利用，完全替代了食堂燃煤，多余的沼气由沼气自动燃烧器进行自动放空燃烧。但因沼气中含有少量 H_2S，经燃烧后被氧化成单质 S 或 SO_2，造成烟道的堵塞和 SO_2 对空气的二次污染，因此在沼气利用前必须进行脱硫。沼气的充分利用产生了较好的经济效益，每年可为厂内生产节约 300 万元以上的蒸汽。

（2）案例二：高温 CSTR-中温 UASB 两级厌氧处理木薯酒精废水[12]

截至 2009 年年底，我国约有木薯酒精生产企业 30 多家，木薯酒精产量 700 万吨/年，以木薯为原料生产酒精在我国广东、广西、湖北、江苏等有较为广阔的市场。常规生产工艺中，每生产 1t 木薯酒精排出的废水约为 12～15t，且木薯酒精废糟液出水温度高，含有大量的有机化合物及悬浮物，COD 高达 30～60g/L，悬浮物高达 20～30g/L，pH 值较低，属于典型的高浓度废水。如果该废水不能得到稳定、可靠的处理，势必对环境造成严重污染。

木薯酒精糟液含有大量的悬浮物，其浓度高、黏度大，直接固液分离处理较为困难；且其分离后的糟渣由于蛋白质含量低，作饲料销售困难。对该类废水可以考虑采用两级厌氧发酵，一级厌氧反应器直接进行高温全糟发酵，在回收沼气的同时解决沼渣的出路问题，二级厌氧反应器对后续高浓度残液进行处理。

1）实验部分

① 实验废水。实验用的木薯酒精废水取自江苏某木薯酒精厂。废水先经高温厌氧连续流搅拌式反应器（CSTR）处理并沉淀后，上清液作为上流式厌氧污泥床（UASB）的进水。为了防止水质发生变化，水样储存在 4℃ 的冰箱中备用。

② 接种污泥。接种污泥取自该酒精厂污水处理站内 UASB 的颗粒污泥，VSS 为 42g/L。高温 CSTR 和中温 UASB 的接种污泥量分别为 1L 和 0.5L。

③ 实验装置与运行。一级厌氧反应器 CSTR 采用厌氧发酵罐（上海世友生物设备有限公司），总体积为 5L，工作体积为 4L。采用电动搅拌器进行搅拌，转速 200r/min，水浴加热，并通过自控装置将反应器温度稳定在 （55±1）℃。二级厌氧反应器 UASB 控制负荷连续运行，总体积为 2L，其中反应区体积为 1.16L。反应区高度为 280mm，内径为 70mm。反应器壁缠绕电热丝并连接温控装置，控制温度为 （37±1）℃。

木薯酒精废水两级厌氧小试试验工艺流程如图 2-1-7 所示。废水通过蠕动泵从 CSTR 上部进入，出水进入沉淀池，泥水分离后部分出水作为 UASB 的进水。沉淀池中污泥定期回流至 CSTR，回流比为 1：1。UASB 进水经磁力搅拌器搅拌均匀，通过蠕动泵由反应器底部进入，出水经三相分离器实现气、液、固分离后由反应器上部旁侧的出水口自流排出。

2）结果与讨论

① 木薯酒精废水的水质特征。木薯酒精废水主要来自于酒精蒸馏塔排出的废液，糟液

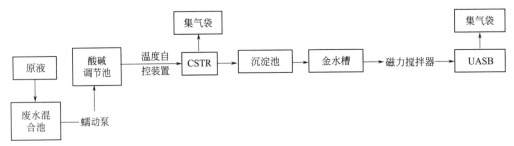

图 2-1-7　木薯酒精废水两级厌氧小试试验工艺流程

温度高达 90℃ 左右，pH 值为 4.0～4.2，木薯酒精废水的水质特征见表 2-1-8。由表 2-1-8 可以看出，废水的 COD 和 SS 分别为 40～70g/L 和 20～30g/L，总碳水化合物质量浓度达 45.2g/L，属于高含糖酸性有机废水。

表 2-1-8　木薯酒精废水水质指标

项目	数值	项目	数值
TCOD/(g/L)	40～70	总碳水化合物/(g/L)	45.2
SCOD/(g/L)	30～35	溶解性碳水化合物/(g/L)	7.6
SS/(g/L)	20～30	溶解性蛋白质/(g/L)	5.7
溶解性 TN/(g/L)	0.8～0.9	pH 值	4.0～4.2
溶解性 TP/(g/L)	0.2～0.4	温度/℃	90

利用有机元素分析仪对木薯酒糟废液的元素组成进行分析，得到干燥后基质中各元素的质量分数分别为 C 45%、O 42%、H 9%、N 2.1%、S 0.82%。根据元素的组成推导出基质的模拟分子式为 $C_{3.75}H_9O_{2.625}N_{0.15}S_{0.025}$。这一结果与实验用水来源企业的生产情况较为吻合。该企业在木薯酒精生产过程中不添加任何化学原料，采用全生物的发酵工艺流程，因此木薯酒精废水中 C、H、O 的比例较高，而 S 的含量很小，这有利于废水的厌氧生物处理。同时较低的 N 含量也表明木薯酒糟的蛋白质含量较低，其用于加工生物制品产生的经济效益也较低。

从木薯酒精生产工艺过程可知，蒸馏后的木薯酒精废水温度很高（>90℃），为了充分利用酒精蒸馏废糟液自身的热能，一级厌氧采用高温厌氧 CSTR，CSTR 对废水悬浮固体的含量没有要求，可采用全糟厌氧发酵，因此很适合处理高 SS 的木薯酒精废水。并且可充分利用来自酒精废液自身的热能，保证厌氧发酵效率。经过一级高温厌氧处理后，废水温度有所降低，但是出水残余的 COD 仍然较高，不能直接进行好氧处理，需进行二级厌氧处理。二级厌氧采用中温 UASB，UASB 底部可维持很高的污泥浓度，反应器运行稳定并能充分利用中温条件下不同种类厌氧微生物的特性继续处理木薯酒精废水，回收能量。

② 两级厌氧处理木薯酒精废水结果分析。在高温（55℃）条件下进行 CSTR 的快速启动。CSTR 采用低负荷启动，经过 80d 左右的稳定运行，COD 容积负荷达到了 14kg/(m³·d)。在 37℃ 的中温条件下进行 UASB 的低负荷启动，经过 30d 左右 UASB 运行稳定，运行期间进水 COD 容积负荷一直稳定在 3kg/(m³·d) 左右。启动及运行过程中，没有对两级厌氧系统的 pH 值进行人为调节和控制。两级厌氧反应器稳定运行后的实验结果见表 2-1-9。

表 2-1-9　两级厌氧处理后的实验结果

项目	CSTR 进水	CSTR 出水	UASB 出水
COD 容积负荷/[kg/(m³·d)]		14	3
TCOD/(g/L)	40~70	5~6	3~3.7
SCOD/(g/L)	30~35	4~5	2~3
SS/(g/L)	20~30	1.3~2.1	0.5~1.2
溶解性 TN/(mg/L)	800~900	440~540	420~530
溶解性 TP/(mg/L)	200~400	32~45	20~30
NH_4^+-N/(mg/L)		220~330	310~350
pH 值	4.0~4.2	7.8~8.4	7.8~8.4
温度/℃	90	55	37
甲烷体积分数/%		55~60	55~60
产气量/(L/d)		18	0.25
甲烷产气率(以 TCOD 计)/(m³/kg)		0.20~0.25	0.10~0.12
甲烷产气率(以 SCOD 计)/(m³/kg)		0.37~0.50	0.12~0.19

由表 2-1-9 可以看出,木薯酒精废水经一级厌氧沉淀处理后,TCOD 去除率为 90% 左右,SS 去除率>80%,产气量 18L/d,其中甲烷体积分数为 55%~60%;二级厌氧处理后,TCOD 去除率为 44% 左右,SS 平均去除率 40%,产气量 0.25L/d,其中甲烷体积分数为 55%~60%。两级厌氧处理对 COD、SS、溶解性 TN、溶解性 TP 的总平均去除率分别达到 94%、96%、44%、87%。

实验结果表明,高温厌氧 CSTR 适用于处理高固含量的木薯酒精废水。TCOD 和 SCOD 的去除率分别为 90% 和 86%,部分 SS 能够在全糟厌氧反应器中进行降解,降解率约为 50%,甲烷产率以 TCOD 和 SCOD 计分别是 0.20~0.25m³/kg、0.37~0.50m³/kg。

采用中温 UASB 对发酵残液进行后续处理,当 UASB 的 COD 容积负荷在 3kg/(m³·d) 左右时对 TCOD 的去除率为 44% 左右,产气量为 0.25L/d,但甲烷体积分数>55%,同样以 SCOD 计的甲烷产气率>以 TCOD 计的甲烷产气率。

从上述数据可以看出,一级厌氧的甲烷产气量比二级厌氧的甲烷产气量高,且在制备甲烷的同时,实现了废水处理,使之达到排放标准。

(3) 案例三:酒精废水处理及资源利用[13]

酒精生产工业是我国排放有机污染物浓度较高的行业之一。酒精生产废水黏度大、pH 值低、温度高、有机物和悬浮物含量高。酿酒的原料均采用农作物,而生产酒只利用了原料中的淀粉或糖分,其他成分不仅未被破坏,而且在发酵过程中会产生多种氨基酸和蛋白质;若随废水一起处理会因负荷高而耗费较多的基建投资和运行费用。遵循国家关于废水治理的技术政策,以废水的"无害化、减量化、资源化"为目标,通过综合利用的途径,回收废水中的有机资源,使之转化成有较高价值的副产品,余下的废水再行处理,达到经济效益、环境效益和社会效益的统一。回收饲料、厌氧处理、好氧处理具有能耗低、投资省、处理效果稳定等特点,成为国家推荐的经济、有效、实用的环保技术。

天津市宁河县某酒厂以玉米为原料,年产酒精 4 万吨,年产生废醪 60 万吨,其中 15 万吨用于生产回用。设计废水量为 1500m³/d。进水水质及排放标准如表 2-1-10 所列。

表 2-1-10　进水水质及排放标准

项目	COD/(mg/L)	BOD/(mg/L)	SS/(mg/L)	pH 值	温度/℃
废水水质	55000～61000	25000～30000	30000	4.5	90～100
排放标准	≤300	≤100	≤150	6～9	

处理工艺流程见图 2-1-8。

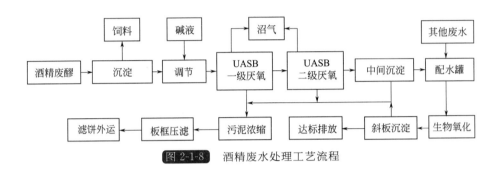

图 2-1-8　酒精废水处理工艺流程

根据废水水质可知，酒精废水属于高浓度、高悬浮物的有机废水，采用二级 UASB 厌氧处理，第一级高温厌氧，第二级中温厌氧，此法既可以将废水厌氧发酵较彻底又能够充分利用原废水热能，节省换热设备投资和冷却水量。废水经泵打入 UASB，在罐底部均匀分布，缓慢上升，形成悬浮污泥层，废水经过悬浮污泥层时有机物被吸附、降解，产生的 CH_4、CO_2 混合气体在上升过程中经三相分离器收集，废水由溢流槽排出，污泥自动回流至罐底。

本工艺一级高温厌氧条件为 54～56℃，二级中温厌氧条件为 30～35℃，经换热设备保持发酵温度。一级厌氧使高浓度废水得以初步净化，容积负荷 9kgCOD/(m^3·d)，有机物去除率 75% 左右，COD<7500mg/L，BOD_5<3850mg/L，SS<1500mg/L；二级厌氧容积负荷 3kgCOD/(m^3·d)，有机物去除率 75%～80%，COD<1875mg/L，BOD_5<750mg/L，SS<375mg/L。二级厌氧部分出水回流至调节池，一方面起到冷却原废水、调节碱度的作用，另一方面将驯化污泥水与厌氧处理进水混合，在进水中混入厌氧菌，使后面的厌氧处理更容易。经厌氧处理的废水中含有污泥，经沉淀池后进入好氧处理系统。

厌氧反应器的种泥选用相邻酒厂厌氧反应器含水率为 70% 的脱水污泥，厌氧污泥浓度按照 $20kg/m^3$ 计，共需种泥 520t，经过稀释后分别定量注入厌氧反应器，稳定 3d 左右。采取连续进水方式，将低浓度废水和糟液按比例混合。一级厌氧容积负荷为 1kgCOD/(m^3·d)，通过较小的上升流速对污泥床进行轻微的搅动，去除部分活性较差的污泥和死泥，增强种泥的活性，逐步适应本厂酒精废水；逐步提高负荷至 9kgCOD/(m^3·d)，每次增加幅度约 1 倍，调节投碱量使进水 pH 值稳定在 6.0 以上。定时检测进、出水 COD 浓度，保证去除率在 60% 以上，同时控制反应器内挥发酸浓度在 500mg/L 以内，防止反应器酸化。二级厌氧容积负荷从启动时算起就较低，从 0.5kgCOD/(m^3·d)逐步上升到 3kgCOD/(m^3·d)，但去除率一直稳定在 75% 左右。3 个月时达到全负荷运行。

酒精废水属高浓度有机废水，采用 UASB 反应器对其进行厌氧消化处理，不仅大幅度降低了废水的 COD，而且产生大量可供回收利用的沼气。产气率 $13m^3$ 沼气/m^3 糟液，年产沼气 585 万立方米。按 $1m^3$ 沼气发电 1.5 千瓦时计，年发电量 877.5 万千瓦时，可节省厂内年用电量的 1/3～2/3，年节省电费 438.75 万元。通常 1000m³ 沼气燃烧的热值相当于 1t 煤的热值，每吨煤价按 800 元计（当时价格），年节省 468 万元。并且全年减排二氧化硫 117t，二氧化碳 2574t，烟尘 87.75t，灰渣 1521t，大大减轻了环境污染物质的排放。

1.6 沼气储存

沼气净化后的甲烷质量分数大于 96％，与天然气相似。甲烷的临界温度和压力分别为 -82.5℃ 和 4.75MPa，在常温常压下不能液化，因此它储存较为困难。日本开发出一种吸收式储存技术，通过在储气柜（罐）中填充一种吸收剂，将气体分子（CH_4 和 CO_2）结合在吸收剂的微孔内，从而增加气体的填充密度[14,15]。

常见的储气柜有低压湿式储气柜、低压干式储气柜、高压干式储气柜双膜干式储气柜和产气储气一体式储气柜等。但储气柜属于易燃易爆容器，所以储气柜与周围建筑物之间应有一定的安全防火距离，具体规定如下：a. 湿式储气柜之间防火间距应大于或等于相邻较大柜的半径；b. 干式储气柜的防火距离应大于相邻较大柜直径的 2/3；c. 储气柜与其他建筑、构筑物的间距应不小于相关规定中的防火距离；d. 对容积小于 20m³ 储气柜与站内厂房的防火间距不限；e. 罐内周围应有消防通道，罐区应留有扩建的面积。

（1）低压湿式储气柜

低压湿式储气柜是可变容积的金属柜，它主要由水槽、钟罩、塔节以及升降导向装置所组成。当沼气输入气柜内储存时，放在水槽内的钟罩和塔节依次（按直径由小到大）升高；当沼气从气柜内导出时，塔节和钟罩又依次（按直径由大到小）降落到水槽中。钟罩和塔节、内侧塔节与外侧塔节之间利用水封将柜内沼气与大气隔绝。因此，随塔节升高，沼气的储存容积和压力发生变化。

根据导轨形式的不同，湿式储气柜可分为以下 3 种。

1）外导架直升式气柜 导轮设在钟罩和每个塔节上，而直导轨与上部固定框架连接。这种结构一般用在单节或两节的中小型气柜上。其优点是外导架加强了储气柜的钢性，抗倾覆性好，导轨制作安装容易。缺点是外导架比较高，施工时高空作业和吊环工作量大，钢耗比同容积的螺旋导轨气柜略高。

2）无外导架直升式气柜 导轨焊接在钟罩或塔节的外壁上，导轮在下层塔节和水槽上。这种气柜结构简单，导轨制作容易，钢材消耗小于外导架直升式气柜，但它的抗倾覆性能最低，一般仅用于小的单节气柜上。

3）螺旋导轨气柜 螺旋形导轨焊在钟罩或塔节的外壁上，导轮设在下一节塔节和水槽上，钟罩和塔节呈螺旋式上升和下降。这种结构一般用在多节大型储气柜上，其优点是没有外导架，因此用钢材较少，施工高度仅相当于水槽高度。缺点是抗倾覆性能不如有外导架的气柜，而且对导轨制造、安装精度要求高，加工较为困难。适用于大型沼气工程。

（2）低压干式储气柜

干式储气柜又可分为钢性结构与柔性结构两种结构。钢性结构的干式储气柜整体由钢板焊接而成，一般适用于特大型的储气装置。其制作工艺要求很高，并配有成套的安全保护设备，因而其工程投资较大。

（3）高压干式储气柜

储存压力最大约 16MPa，有球形和卧式圆筒形两种。高压气柜没有内部活动部件，结构简单。按其储存压力变化而改变其储存量。多用于储存液化石油气、烯烃、液化天然气、液化的氢气等，近几年也有用来储存沼气。容量大于 $120m^3$ 者常选用球形，小于 $120m^3$ 者则多用卧式圆筒形。

（4）双膜干式储气柜

双膜干式储气柜通常由外膜、内膜、底膜和混凝土基础组成，内膜和底膜围成的密闭内腔用于储气，外膜与内膜夹层的空间作为调压空间。充气为球体形状。储气柜设防爆鼓风机，鼓风机可自动调节气体的进、出量，以保持气柜内气压稳定。内外膜和底膜均由 HF 熔接工序熔接而成，材料经表面特殊处理加高强度聚酯纤维和丙烯酸酯清漆。储气柜可抗紫外线、防泄漏，膜不与沼气发生反应或受影响，在使用温度为 $-30\sim60℃$ 时，抗拉伸强度较强，克服传统柔性干式储气柜的缺点。

1.7 沼气输送

用于输送沼气的管道主要有两种，分别是钢管和塑料管，使用时要根据压力、温度等实际情况来选择最合适的沼气输送管道。

（1）钢管

钢管是燃气输配工程中使用的主要管材，它具有强度大、严密性好、焊接技术成熟等优点，但它耐腐蚀性差，需要进行防腐处理。钢管按制造方法分为无缝钢管及焊接钢管。在沼气输配中，常用直缝卷焊钢管，其中用得最多的是水煤气输送管网。钢管按照表面处理不同分为镀锌（白铁管）和不镀锌（黑铁管）2 种；按壁厚不同分为普通钢管、加厚钢管及薄壁钢管 3 种。

小口径无缝钢管以镀锌管为主，通常用于室内，若用于室外埋地敷设时也必须进行防腐处理。直径大于 150mm 的无缝钢管为不镀锌黑铁管。沼气管道输送压力不高，采用一般无缝管或碳素软钢制造的水煤气输送管网；但大口径燃气管通常采用对接焊缝或螺旋焊缝钢管。

钢管可以采用焊接、法兰和螺纹连接。

埋地沼气管道不仅承受管内沼气压力，同时还要承受地下土层及地上行驶车辆的荷载，因此，接口的焊接应按照受压容器要求施工，工程以手工焊接为主，并采用各种检测手段鉴定焊接的可靠性。有关钢管焊接前的选配、管子组装、管道焊接工艺、焊缝的质量要求等应遵照相应的规范。

大中型沼气工程的设备与管道、室外沼气管道与阀门、凝水器之间的连接常以法兰连接为主。为保证法兰连接的气密性，应使用平焊法兰，密封面垂直于管道中心线，密封面间加石棉或橡胶垫片，然后用螺栓紧固。室内管道多采用三通、弯头、变径接头或接头等螺纹连接管件进行安装。为了防止漏气，用管螺纹连接时接头处必须缠绕适量的填料，通常采用聚四氟乙烯胶带。

（2）塑料管

沼气输送工程中主要采用聚乙烯管，有的南方地区也常使用聚丙烯管，虽然聚丙烯管比聚乙烯管表面硬度高，但是耐磨性、热稳定性较差，其脆性较大，又因这种材料极易燃烧，故不宜在寒冷地区使用，也不宜安装在室内。聚乙烯管具有以下优点：a. 塑料管的密度小，只有钢管的 1/4，对运输、加工、安装均很方便；b. 电绝缘性好，不易受电化学腐蚀，使用寿命可达 50 年，比钢管寿命长 2～3 倍；c. 管道内壁光滑，抗磨性强，沿程阻力较小，避免了沼气中杂质沉积，提高了输送能力；d. 具有良好的挠曲性，抗震能力强，在紧急事故时可及时抢修，施工遇到障碍时可灵活调整；e. 施工工艺简便，不需除锈、防腐，连接方法简单，管道维护简便。

但是使用塑料管时要注意：a. 塑料管比钢管硬度低，一般只能用于低压，高密度聚乙烯管最高使用压力为 0.4MPa；b. 塑料管在氧及紫外线作用下易老化，因此不应架空铺设；c. 塑料管材对温度变化极为敏感，温度升高塑料弹性增加，刚性下降，制品尺寸稳定性差，而温度过低，材料变硬、变脆，又易开裂；d. 塑料管刚性差，如遇到管基下沉或管内积水，易造成管路变形和局部堵塞；e. 聚乙烯、聚丙烯管材属于非极性材料，易带静电，埋地管线查找困难，用在地面上做标记的方法不够方便。

塑料管道的连接根据不同的材质采用不同的方法，一般来说有焊接、熔接和黏结等。对聚丙烯管，目前采用较多的是手工热风对接焊，热风温度控制在 240～280℃。聚丙烯的黏结，最有效的方法是将塑料表面进行处理，改变表面极性，然后用聚氨酯或环氧胶黏剂进行黏合。

聚乙烯的连接，常采用热熔焊，包括热熔对接、承插热熔及利用马鞍管件进行侧壁热熔。另一种是电熔焊法，它是带有电热丝的管件，采用专门的焊接设备来完成。当采用成品塑料管件时，可在承口内涂上较薄的黏合剂，在塑料管端外缘涂以较厚的黏合剂，然后将管迅速插入承口管件，直至双方紧密连接为止。

聚乙烯管与金属管的热熔连接，熔接前先将聚乙烯胀口，胀口内径比金属管外径小 0.2～0.3mm，并有锥度。连接时先将金属管表面清除污垢，然后将金属管加热到 210℃ 左右，将聚乙烯管承口套入，聚乙烯管在灼热金属管表面熔融，呈半透明状，冷却后即能牢固地融合在一起，其接口具有气密性好、强度高等特点。此外也可使用过渡接头。

1.8 沼气利用

近年来，沼气的主要用途包括沼气直接作为燃气使用、沼气发电、沼气燃料电池、沼气压缩制汽车燃料、生产其他化工原料和产品等。沼气作为一种清洁能源，受到各国的大力推广。沼气的开发，不仅实现了能源充分利用、环境保护等，还实现了一定的生态效益、社会效益，并具有很大的经济效益[10,16～18]。

（1）直接作为燃气使用

这种利用途径已被广泛采用。沼气的热值常在 5000～6000kcal/m³，高于城市煤气而低于天然气，是一种优良的民用燃料。在农村利用沼气进行取暖、炊事和照明；在工业上作为替代煤的廉价燃料，该技术虽然比较成熟，但是在使用中没有发挥出更大的经济效益。

（2）沼气发电

沼气发电的特点如下。

① 甲烷的燃烧速度较低，而沼气中除了甲烷外又含有 40% 左右的二氧化碳，使其燃烧速度更低，容易造成沼气发动机的后燃现象严重，排烟温度 650～700℃，从而造成发电机的耗能增加及热效应降低。目前，国内研制的火花点火式全沼气发动机快速燃烧系统使排气温度接近 500℃ 的国际先进水平。

② 由于沼气中二氧化碳的存在，它既能减缓火焰传播速度，又能在发动机高温高压下

工作时起到抑制"燃爆"倾向的作用。这是沼气较甲烷具有更好抗爆特性的原因，因此，可在高压缩比下平稳工作，同时使发动机获得较大功率。

③ 用于发电的沼气，其组分中甲烷含量应大于60%，硫化氢含量应小于0.05%，供气压力不低于6kPa。

④ 以柴油机改装为全燃沼气的奥托机时，沼气中含二氧化碳，在不改变原发动机容积的情况下，由于不能增加混合气的热值，所以沼气发动机热效率一般在25%~30%范围内。

（3）沼气燃料电池

燃料电池是一种将储存在燃料中的化学能直接转化为电能的装置，沼气燃料电池发电与沼气燃烧发电相比，具有以下优点：a. 不受卡诺循环限制，能量转化效率高，综合效率可达60%~80%；b. 振动和噪声小且污染性极低，几乎不排出CO、NO_x与SO_x；c. 模块结构，积木性强，比功率高，既可以集中供电也适合于分散供电。

在北美、日本和欧洲，燃料电池发电已进入快速发展阶段，将成为21世纪继火电、水电、核电后的第4代发电方式。日本的东芝公司从20世纪70年代开始重点研发分散型燃料电池，至今已将200kW机、11MW机形成了系列化，其中11MW机是世界上最大的燃料电池发电设备。安装在美国和日本的2台燃料电池，累计运行时间均已突破40000h。目前，中国科学院广州能源研究所与日本能源研究所合作，开展了沼气燃料电池系统的实用化研究，在广东番禺建成1座200kW的磷酸型沼气燃料电池示范工程。

（4）沼气压缩制汽车燃料

欧美国家已有规模化的车用沼气生产，瑞典还生产出世界上第一列沼气火车，该火车可连续运行600km，最高时速可达130km/h。我国是一个缺油国家，发展车用燃料，更能体现沼气的价值。鞍山市垃圾填埋气制取汽车燃料示范工程于2004年投入使用，每天处理垃圾填埋气10000m³，经过净化压缩后作为汽车燃料，每天产量为6000m³。科技部"十二五"国家科技支撑计划项目重点支持工业企业废弃物产沼及燃气化应用模式研究中，利用沼气发展车载燃气是废弃物资源高值化应用的重要体现。

（5）利用沼气生产化工原料和产品

1）生产CH_4和CO_2工业气体　通过净化提纯技术，把CH_4和CO_2从沼气中直接分离出来作为工业气体使用。其中CH_4可用来替代天然气合成燃料和多种基础化学品，例如，甲烷可直接转化成乙炔、氯甲烷、氢氰酸和硝基甲烷等。

2）生产合成气$CO+H_2$　在化学工业领域，合成气是生产多种高附加值液体燃料和化工产品的重要原料。例如合成氨生产化肥，或经费托合成制取液体燃料（汽油和柴油），也可转化成甲醇、二甲醚、低碳混合醇和低碳烯烃等一系列重要产品。通常，合成气通过天然气的二氧化碳重整得到：

$$CH_4+CO_2\longrightarrow 2CO+2H_2$$

沼气的主要成分正好是甲烷和二氧化碳，利用沼气经催化剂重整制取合成气，则可替代天然气生产合成气，开辟低耗、低成本地利用废弃物生产化学品的绿色、清洁生产新工艺，实现沼气户用向工业化应用的重大转变，把农业废弃物转化成高附加值产品，在农村形成一个新的产业，即沼气化工，为农业和农村开辟出新的致富之路。另外，沼气化工可以减少化工产品生产对化石原料的依赖，实现从化石基化工向生物基化工的转变。

利用食品工业发酵剩余资源制备的沼气可以作为工厂的燃料进行燃烧、发电、制备其他化工原料等，剩余的沼气可以实现其他经济价值。这将不仅能使发酵剩余资源得到很好的利用，而且可以节省大量成本。

参 考 文 献

[1] 王义超. 中国沼气发展历史及研究成果述评 [J]. 农业考古，2012，(3)：266-269.

[2] 王俊生，刘应龙. 沼气推广的研究与探讨 [J]. 科技情报开发与经济. 2009, 19, (13)：124-126.

[3] 陶亮. 水葫芦干式厌氧发酵制沼气实验研究 [D]. 广州：华南理工大学，2011.

[4] 赵红. 腐烂柑橘与猪粪混合厌氧发酵技术研究 [D]. 武汉：华中农业大学，2010.

[5] 周文娟. 蔬菜秸秆的厌氧发酵特性及沼液的综合利用 [D]. 杨凌：西北农林科技大学，2012.

[6] 刘艳敏. 沼气工程厌氧反应器一种多功能装置的开发及其效果的研究 [D]. 杨凌：西北农林科技大学，2010.

[7] 文凯. 不同类型原料发酵产气规律及影响因素研究 [D]. 重庆：重庆大学，2016.

[8] 刘锋，吴建华，马三剑. 柠檬酸废水厌氧产沼气的分析与利用 [J]. 苏州科技学院学报（工程技术版），2001,14(3)：36-39.

[9] 李惠斌. "四位一体"能源生态模式研究[D]. 天津：河北工业大学，2007.

[10] 李东，袁振宏，孙永明，马隆龙. 中国沼气资源现状及应用前景 [J]. 现代化工，2009，29(4)：1-5.

[11] 黎良新. 大中型沼气工程的沼气净化技术研究 [D]. 南宁：广西大学，2007.

[12] 陈金荣，谢丽，罗刚，周琪. 高温 CSTR—中温 UASB 两级厌氧处理木薯酒精废水 [J]. 工业水处理. 2011，31(2)：33-36.

[13] 刘华，孙丽娜，陈锡剑，沈新天，荆建刚，周永纯. 酒精废水处理及资源利用 [J]. 环境科学与技术，2011，34(4)：180-183.

[14] 陈祖岳，金玲. 浅谈沼气发电工程及气体的净化处理与安全输送 [J]. 城市建设理论研究，2015，(21).

[15] 甘福丁，苏轲，魏世清，伍琪，甘伟玲. 两种沼气储气装置结构及使用性能分析 [J]. 中国沼气，2015,33(1)：84-86.

[16] 赵新波，祝诗平. 沼气研究和利用的现状与发展趋势 [C] //自主创新与持续增长中国科协年会，2009.

[17] 赵梅娟. 基于智能鸡舍的太阳能沼气工程的技术研究 [D]. 保定：河北农业大学，2011.

[18] 张西子. 浅谈沼气发电 [J]. 科技视界，2012，(23)：329-330.

2

推广麦汁煮沸二次蒸汽回用

2.1 啤酒行业资源能源消耗及技术现状

随着技术进步，技术装备水平提高，指标定额管理加强，啤酒生产的各种消耗指标都呈较明显的下降趋势。2009 年啤酒企业消耗指标的加权平均数（产量平均）显示，每 1kL 啤酒耗粮相比 2008 年减少 1.5kg、电减少 3.1kW·h、水减少 0.4m³、煤降低 7.9kg；以降幅而言，煤耗降幅最大，为 11.3%；依次是取水、耗电和粮耗，降幅分别为 6.8%、4.1% 和 1.0%。

2.1.1 能源消耗情况

2016 年我国啤酒产量超过 471.5 亿升，已连续 15 年保持世界第一。我国啤酒行业千升啤酒耗麦芽量 134.3kg，酒花 2.28kg，热麦汁量 1138L，冷麦汁量 105.3L，二氧化碳量 69.5L，标煤耗量一般在 140kg 左右。

啤酒企业生产过程中能源消耗主要分布于制麦、糖化、煮沸、发酵、过滤、杀菌和废液处理阶段。

2.1.2 资源消耗情况

啤酒企业生产过程中需要新鲜水消耗的可归纳为以下几个过程（见图 2-2-1），其各需要水量的比例为：拌料水 50%；循环补水 30%；洗涤水 10%；锅炉补水 10%。

2.1.3 污染物排放情况

啤酒工业的污染主要为水污染。啤酒工业废水中主要污染物为 COD_{Cr}、BOD、SS、氨氮等，

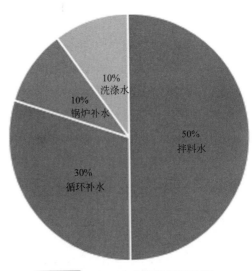

图 2-2-1　各工序水资源用量比例

其主要来源于糖化、发酵、包装过程中残留的麦汁、酒花、废酵母以及设备管道冲洗残水等。啤酒废水中主要含糖类、醇类、蛋白质等有机物；有机物浓度较高，虽然无毒，但易于腐败，排入水体要消耗大量的溶解氧，对水体环境造成严重危害。为减少啤酒工业废水、污水对环境的危害，啤酒生产企业一般采用中水处理设备对其产生的废水、污水进行处理。中水处理工艺流程见图 2-2-2。

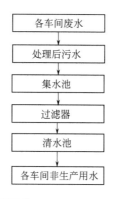

图 2-2-2 中水处理工艺流程

2.1.4 行业技术现状

2.1.4.1 行业技术结构

各类技术根据在生产过程中的功能可细分为生产过程技术、污染治理技术和回收利用技术三大类。各类技术的逻辑关系可用工艺流程框图的形式表示，如图 2-2-3 所示。

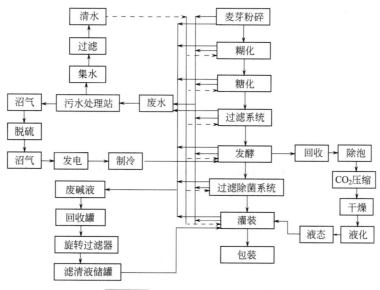

图 2-2-3 啤酒行业技术结构框图

2.1.4.2 行业技术水平

收集汇总先进适用技术在行业中的普及率可以为行业整体技术水平评价和未来的发展趋势分析作参考。各项技术的现状普及率和"十二五"期间普及率预测如表 2-2-1 所列。

表 2-2-1 行业节能减排技术水平现状

技术类型	技术名称	现状普及率/%	"十二五"期间普及率/%
生产型技术	低温液化技术	20	80
	浓醪发酵技术	5	60
	差压蒸馏技术	25	70
回收技术	玉米酒精糟液回收	100	
	CO_2回收	5	40
	麦汁煮沸二次蒸汽回用技术		
末端处理技术	薯类全糟液厌氧发酵生化处理技术	5	60
	玉米废水 IC 生化处理技术	10	60

2.1.5 节能降耗、低碳经济

伴随着生产要素成本的上升、资源环境的约束和国际竞争格局的变化,粗放式发展模式已难以为继,实现经济转型成为了我国经济发展的首要任务。啤酒行业要适应这个趋势才能实现可持续发展。

原料、能源是企业生产成本的重要组成部分,2009 年啤酒行业效益好转的主要原因之一就是啤酒原料价格低位徘徊。2010 年 1～4 月进口啤酒大麦的平均价格为 225 美元/吨,延续了 2009 年下半年的低价走势,但是从长远看,啤酒原料属于农产品类,是可再生的资源类大宗商品,而水、煤炭和原油等其他能源均是不可再生能源,未来的价格上涨显然是可以预见的。因此,今后啤酒业面临着成本压力较大的问题。

节能降耗将成为应对上述问题的方法之一,国家工信部、环保部近两年出台或准备出台针对啤酒行业的一系列相关法律法规,一方面对企业的能耗指标予以限定,加强了监管力度;另一方面对使用节能技术和装备的企业给予鼓励和资金补贴。近几年,我国啤酒业应用清洁生产技术和节能减污措施取得了比较好的成效,能耗指标逐年降低。行业协会积极配合企业上报相关项目、开展相关行业活动,努力推动啤酒行业经营理念和生产模式的转变,以全面提高行业节能低耗、低碳经济的综合效益,有效地促进啤酒行业健康、稳定、可持续发展。

低碳经济是哥本哈根联合国气候变化峰会上的主要议题之一,低碳经济以低能耗、低排放、低污染为基础,其实质是提高能源利用效率和创建清洁能源结构;积极应对低碳经济和尽早进入低碳模式是啤酒行业实现可持续发展的内在需求,也是促进啤酒行业实现经济增长方式转变的机遇。因为,发展低碳经济有利于突破行业发展过程中资源和环境的瓶颈,有利于调整产业结构,顺应中国经济乃至世界经济社会变革的潮流;也有利于推动啤酒行业产业升级和技术创新,打造啤酒行业未来的国际核心竞争力。

2.2 麦汁煮沸技术

2.2.1 麦汁煮沸工艺进展

1890 年以前,几乎只有用煤燃烧的方法来煮沸麦汁,且控制十分困难。结果使具有低于 40%燃料消耗的蒸汽加热煮沸锅赢得立足之地并呈现出大幅度发展的前景。这一进展经历了相当长的一段时期才得以实现。这是由于当时没能立即设计出具有能生产至少同样质量麦汁的蒸汽加热煮沸锅，还未具备有效的分析方法，以致难于对不同的看法做出客观的评价。通过不断试验和改进才研制出蒸汽加热煮沸锅的合适几何形状和加热面积，以满足麦汁煮沸物料达到"扬波卷浪"目的的需要[1]。

随着不锈钢材料的采用又重新出现加热面积问题。鉴于不锈钢对自动清洗具有其优点，然而导热系数低，在锅内增加加热元件又会产生清洗问题，促使研制了外加热器。外加热器除了具有较高的温度，可以在工艺上改进煮沸方法的优点外，还提供了可以利用没有空气渗入的排出蒸汽作为热回收的可能性。然而它亦存在缺点，即麦汁循环用泵耗用动力，锅中温度可能低于沸点，从而会延迟反应速度，尽管通常用 7～15 倍的环流量，但是由于在煮沸过程进行的时候，来自外加热器的麦汁和锅中尚未沸腾的麦汁混合均匀与否是无法保证的，即进入外加热器的麦汁有部分已煮沸一次，或多次甚至或超过限度。

使用外加热器虽然减少了煮沸时间（在 106～110℃下约 75min），然而在通常情况下不可能达到节能的效果。事实上，由于改善煮沸强度，可能获得较好的麦汁和啤酒质量，然而似乎增加了能耗[2]。

2.2.1.1　麦汁煮沸概念

麦汁煮沸是啤酒制造与其他酒类不同的独特工序。在糖化醪液过滤之后的麦汁里加了酒花之后，让其激烈地沸腾、蒸发，最多可达 2h[3]。

麦汁煮沸是与绿麦芽干燥并列的啤酒制造过程中耗能最多的工序。目前啤酒工厂（不包括麦芽制造）经图 2-2-4 流程的粉碎之后，每制造 1kL 啤酒要消耗 6.0×10^5 kcal 左右的能量（燃料＋电力），而老法麦汁煮沸工序就要耗费其中的 1/4 左右即 $(1.2\sim1.6)\times10^5$ kcal 能量（1kcal＝4.186kJ，下同）。它们在啤酒制造所需总时间（40d）中不到 0.15％的 1.5h 之内因麦汁煮沸全部消耗掉。

2.2.1.2　麦汁煮沸必要性

啤酒生产的第一步工作就是制备出良好的麦芽汁，麦汁的质量好坏与麦汁的煮沸有着直接的关系，很多质量问题是通过麦汁煮沸来解决的。麦汁煮沸对下一步发酵过程的工艺控制，直至生产出优质的产品，都有着极其重要的影响。煮沸工序质量的好坏直接影响着风味的改进、凝固物的形成、稳定性问题及麦汁浓度的控制等[4]。

2.2.1.3　麦汁煮沸目的[5]

麦汁煮沸的目的是在如下几方面稳定麦汁：a. 杀死破坏性微生物；b. 减少凝固性氮，从而提高胶体稳定性；c. 提取酒花中有效物质，赋予啤酒独特的香味和风味；d. 蒸发不良的挥发性成分。

2.2.1.4　麦汁煮沸热传导原理[6]

同大多数稳定状态一样，麦汁煮沸热传导速率"Q"是面积、驱动力和阻力的函数。可以设定为：

$$Q=UA\Delta T$$

式中　U——总热传递系数，kW/(m²·K)；

　　　A——表面积，m²；

　　　ΔT——总温差，K；

热传递系数越大，热传导阻力越小。就麦汁煮沸来说，把 UA 合起来就得出一个热流量

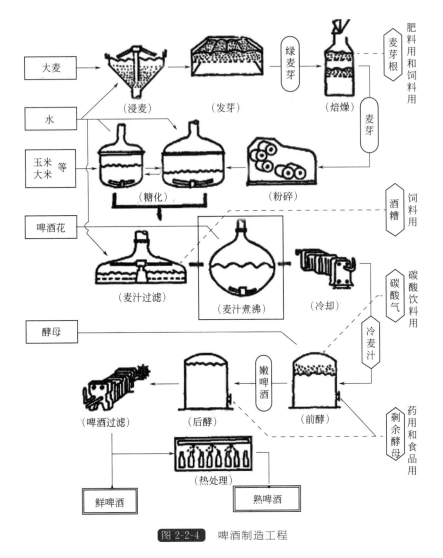

图 2-2-4　啤酒制造工程

率 q（kW/m^2），它表示单位面积上热流的密度。

总热传递系数是由膜传递系数和结垢因素（或称阻力因素）构成的，如图 2-2-5 所示。在这些膜系数中有一系数通常要比其他的系数小得多。但这个较小的膜系数能有效地控制总的热传递速率。因此麦汁一侧热传递及其相关的结垢便成了控制的因素。

通常，加热介质是蒸汽，它释放了潜热便形成凝液，在此发生了热传递，因温度下降而释放出热量。蒸汽一侧的热传递，在理论上可借助于滴状冷凝或膜状冷凝 2 种机制来实现；后一种不是层流就是湍流。实际上，经常发生的几乎都是层流膜冷凝，它的膜系数与麦汁侧的比较相对要高。

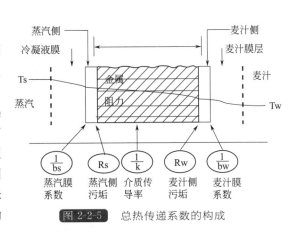

图 2-2-5　总热传递系数的构成

煮沸锅的加热部分采用不锈钢304或316制造。虽然铜材比不锈钢具有更高的导热性能并且可用较薄的金属管壁（有代表性的壁厚1.6mm），但这并不是一个控制热传递速率的重要因素。煮沸锅内麦汁侧的热传递模式可分为强制对流、成核煮沸或膜煮沸3种，如图2-2-6所示。

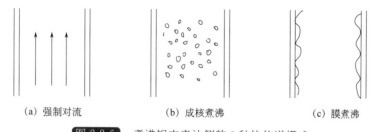

(a) 强制对流　　　　　　(b) 成核煮沸　　　　　　(c) 膜煮沸

图 2-2-6 煮沸锅内麦汁侧的3种热传递模式

膜煮沸是应避免采用的模式，因为蒸汽膜会覆盖材料表面，阻断麦汁与加热表面接触，导致热传递速率降低，以及因"烧焦"而加快结垢。与铜材相比，不锈钢是非可湿性的表面（而铜材是可湿性），如图2-2-7所示。

(a) 铜材　　　　　　　　　　　(b) 不锈钢

图 2-2-7 铜与不锈钢的性能比较

膜煮沸在较小的温度下即可发生，因此蒸汽压力是不宜超过0.4MPa（表压）。在较小的温差下，或在某些表压0.1MPa的设备中，利用背压抑制蒸汽泡形成时，即可发生强制对流。为了达到较高的热传递速率，只有采用强制传递模式。所以，必须采用高流速才能达到充分的湍流态，即较高的雷诺系数 Re。因此，需采用大流量的泵以及多级热交换设备。这从热传递观点来说是完全可以接受的，但对麦汁质量并不利。

成核煮沸却大不一样，它是依靠蒸汽泡形成而引起高度湍流以促进热传递的。这些气泡的出现，连同湍流共同促进凝固物的形成。由于气/液累面积增大，加之两相间的扰动作用，也加快了易挥发物的去除。此外，背压的消除可降低剪切应力，并且在煮沸过程中减少或完全取消泵送，还可进一步减少剪切力。成核煮沸热传递理论要比仅仅涉及麦汁流速、管径和麦汁特性(主要是黏度)的强制对流煮沸热传递理论更为复杂。

2.2.1.5 麦汁煮沸锅

煮沸锅常为立式圆柱形容器，通常配有盘式锅底。较典型的结构比例是高度(麦汁深度)与锅体直径之比约为1:1。过去曾用过矩形煮沸设备，但它存在2个问题：a. 必须有高强度的搅拌(及其剪切力)才能充分混合；b. 由于差速热膨胀产生高应力而引起过早的机械性损坏。相比之下，圆柱形煮沸锅的机械强度好，混合充分彻底，并且物料容易循环流动。

（1）内加热器

内加热器和外加热器有明显的差别，在20世纪60年代，采用卡兰德里亚外加热器之前，内加热器(见图2-2-8)已经有了规范。如美国市场，仍然有各种规格的内加热器；并且常装有一台特大型排风机的开口煮沸式，尽管在某种情况下采用泵循环系统，这与带泵的外

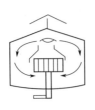

图 2-2-8　内加热器

部麦汁煮沸装置有更多共同之处，但还是将外部麦汁煮沸器装在锅内部更有效。内加热器，除加泵系统外，热传递通常依靠成核煮沸热传递，而非强制对流。大多数的现代化设计主张采用立式列管形式，这和外部麦汁煮沸器设计原理相似，但采用短管结构（有代表性的长度是 1～2m），以使加热至煮沸的时间尽可能缩短和部分麦汁先沸腾起来。应当采用文丘里分流器设计，以使煮沸锅内产生滚动循环，借以防治暴沸。对于蒸发强度要求不高、费用较低的煮沸设备，常采用夹套和蛇管加热的设计。但是这种结构，对所需的物料循环、混合及强烈煮沸不起作用。

内加热器有两大缺点：a. 在锅容量低时无法开始麦汁加热；b. 需要频繁进行原地清洗才能维持运行。

（2）外加热器

20 世纪 60 年代，最初的麦汁外煮沸装置是短管型的设计；后来又采用了大直径管子，适用于整酒花的生产工艺。这些早期的外麦汁煮沸设备明显优点是其启动加热能力较好。它在低麦汁量时就可煮沸，并且原位清洗效果较好；在温度略有提高时，也能较好地利用啤酒花。从第一台外煮沸装置问世以来，外加热器方面已取得了两项重大的技术改进：a. 根据成核煮沸热传递原理所做的结构改进；b. 根据强制对流进行设计的新结构。如图 2-2-9 所示。

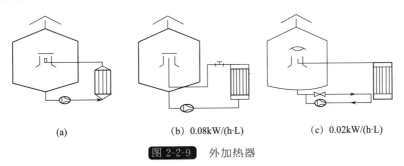

(a)　　　　　　(b) 0.08kW/(h·L)　　　　(c) 0.02kW/(h·L)

图 2-2-9　外加热器

（3）泵力外加热器

随着颗粒酒花代替整酒花，加热器进行了结构上的改进：在多程结构中采用较小的管径，如正在付诸实施的加热器共有 120 支管，管长为 4m 的 3 程式；另一台管长 12m，有总管数 40 支"折叠"成 3 程的加热器等。改进的目的是用可靠的强制对流热传递煮沸方式来取代明显不稳定的沸腾热传递。沸腾一般借助于背压装置或调解阀加以抑制，但其工艺过程还存在缺点：调节阀连同高流速的多程加热器，需要特大的泵运行等，带来较高的剪切应力会破坏凝固物的聚凝作用，不利于凝固物的分离。

力图消除沸腾而迫使两相液留在加热器内和出口管道中进行传递（如在工程上），这种考虑对麦汁质量是不利的。即使避免了强烈的两相湍流，但对改进酒花的利用和易挥发物质的去除有减弱作用，因为这种设备的蒸发作用是在麦汁煮沸锅的循环进口处瞬间完成的。

（4）组合型的煮沸漩涡沉降设备

组合型煮沸漩涡沉降槽（多用途煮沸锅的结构改进）是根据使用的各种热传递装置对扩散通道再次加以改进，如图 2-2-10 所示。利用一个中心文丘里扩散器在煮沸期间进行强制性循环，接着在煮沸后又进行分开的泵力漩涡沉降循环。

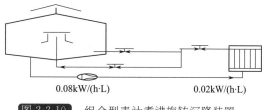

0.08kW/(h·L)　　　　　0.02kW/(h·L)

图 2-2-10　组合型麦汁煮沸旋转沉降装置

2.2.1.6　不同煮沸方式优缺点比较

（1）内加热器煮沸锅

1）优点　a. 投资少，无需维护，没有磨损；b. 无需更多的电耗；c. 没有热辐射损失；d. 煮沸温度和蒸发率可调整；e. 在麦汁煮沸时不产生泡沫，也没有带入空气；f. 可使用低压饱和蒸汽（0.1MPa）；g. 内加热器管束中的流速低[7]。

2）缺点　a. 内加热器的清洗较困难；b. 当蒸汽温度过高时会出现麦汁局部过热，因为在管束中麦汁流速较小；c. 麦汁局部过热会导致麦汁色泽加深、口味变差。

（2）外加热器煮沸锅

1）优点　a. 在外加热器里麦汁煮沸温度可达 108～112℃，在煮沸锅麦汁入口处，由于压力降低，带来强烈的水分蒸发，因此可缩短麦汁煮沸时间 20%～30%；b. 可提高酒花苦味物质收得率，可凝固性氮析出彻底；c. 循环次数可调节；煮沸强度和煮沸温度可调节；d. 只需压力很低的饱和蒸汽（0.3MPa）；e. 借助卸压效应，可使更多的对香味不利的挥发性物质蒸发。

2）缺点　a. 由于需要泵循环，因而耗电量增加；b. 外加热器产生大量辐射热损失；c. 增加额外投资费用；d. 外加热器中麦汁高速流动产生很大的剪切力。

（3）低压麦汁煮沸

低压内加热煮沸锅属于压力容器，所以在乏汽排汽管上必须安装安全阀、真空阀、排汽阀、乏汽排汽管闸板，并且锅壁厚度、焊接质量也要满足压力容器的要求。要采用密封式的人孔及酒花自动添加系统。目前低压麦汁煮沸的温度多采用 102～104℃，锅内压力为 0.108～0.121MPa。

采用内加热煮沸锅进行低压麦汁煮沸的过程为：在 100℃ 预煮沸 10min 左右；在 10～15min 内将麦汁温度从 100℃ 升至 102～104℃；在 102～104℃ 的低压煮沸 15min 左右；在 15min 内将锅内的压力降至大气压，麦汁温度降至 100℃；降压后麦汁在 100℃ 下煮沸约 10min。

低压麦汁煮沸的煮沸时间可缩短至 60～70min，蒸发率约 6%，同时二次蒸汽的温度高，便于回收利用，可产生 96℃ 热水，用于麦汁的预热。

用外加热器，煮沸 75min，在苦味质的溶解、可凝固氮的沉淀和减少二甲基硫方面与老式内加热器煮沸锅煮沸 90～120min 的效果一样。而用蒸汽机械再压缩热回收的外加热器的各项指标，包括苦味质在内与内加热器煮沸的几乎相同。外加热器煮沸的麦汁颜色稍浅，因为减少麦汁的氧化，多酚、花色苷和单宁含量也降低。

麦汁连续高温煮沸法与传统法生产的啤酒比较，在风味或挥发物组成上稍有不同。一般温度增高使颜色和苦味值相应增加。但 Pils 啤酒颜色则稍深于传统法，苦味值稍低于传统法；而 Kolsch 啤酒颜色箱浅于传统法，苦味值稍高于传统法。高温连续煮沸法啤酒的不凝固氮含量降低，同时降低二甲基硫和它的前体物质的含量。

麦汁低压煮沸法生产的啤酒，颜色稍深于传统法，苦味值、二甲基硫含量均低于传统法，其他指标无大差别。

2.2.1.7 麦汁煮沸的技术条件

（1）麦汁煮沸时间

麦汁煮沸时间对啤酒的性质影响很大，确定麦汁煮沸时间的依据包括啤酒的品种、麦汁的浓度和煮沸方法。

（2）煮沸强度

煮沸强度为麦汁煮沸时，每小时蒸发的水分相当于混合麦汁的百分数。

在常压麦汁煮沸时，煮沸强度高意味着麦汁煮沸时对流强烈，在加热面上形成大量细小的蒸汽泡；这些细小的蒸汽泡吸附变性蛋白质，聚合成为大的絮状物，有利于凝状物与麦汁分离。

（3）pH 值

麦汁煮沸时的 pH 值在 5.2～5.6 范围内较理想。

（4）添加酒花

酒花添加方法与啤酒类型、工艺操作有关，一般分为一次添加法、二次添加法和三次添加法。

1）二次添加法　通常第一次将 70％～80％ 酒花在煮沸开始后 10～15min 加入，煮沸结束前 10～30min 添加剩下 20％～30％ 的酒花。随着煮沸时间的缩短，二次添加酒花改为：在煮沸开始后 10min 添加 80％～90％ 酒花（苦型酒花），在煮沸结束前 10min 将剩下的 10％～20％，最好采用香型酒花加入。

2）三次添加法　在麦汁煮沸时间为 90min 的情况下广泛应用。第一次添加酒花在麦汁煮沸开始后 5～10min，添加总量大约 50％ 的酒花；第二次在麦汁煮沸后 30min，添加约总量 30％ 的酒花；第三次在麦汁煮沸结束前 5～10min 添加香型酒花，甚至可在回旋沉淀槽中添加香型酒花，添加量为总量的 20％。

过去以每百升成品啤酒来计算添加酒花的克数，由于各种酒花中所含苦味物质（α-酸）的量不同，应以 α-酸含量的多少来计算酒花添加量。

2.2.2 麦汁煮沸工艺控制

糖化耗汽量占酿酒过程 50％ 左右，而煮沸阶段占糖化耗汽量 50％ 以上。如果采用低压煮沸，虽能节约能源，但需要投入大量的资金对现有糖化煮沸系统进行改造。目前在设备未经改造的情况下通过优化麦汁煮沸工艺即降低煮沸强度可实现节约蒸汽和水，从而降低生产消耗。通过大量的试验，摸索出合理的煮沸强度，达到既不影响产品质量又能节能增效的目的[8]。

2.2.2.1 麦汁煮沸过程中的主要控制点

某啤酒集团科研技术中心对麦汁煮沸过程节能工艺优化进行了系统的研究。

（1）煮沸时间

煮沸时间的长短对蛋白质的凝固起决定性作用。在开始煮沸的 0.5h 内蛋白质的凝固析出最为明显，随着煮沸时间的延长则逐渐减弱；如果煮沸时间过长，又会使已变性凝固的蛋白质部分重新复溶[9]。

煮沸时间长短对麦汁的色度有重要影响。煮沸过程中麦汁色度约增加 2.5EBC，并且在后半时比前半时要增加得多。麦汁煮沸时间过长会使麦汁色泽加深。

延长煮沸时间也增加了能源消耗，应在保证蛋白质充分凝固的条件下尽可能缩短煮沸时间。目前国内煮沸时间一般控制在 60～90min，最长不超过 100min。

（2）煮沸麦汁的 pH 值

煮沸麦汁的 pH 值应控制在 5.2～5.4，不应超过 5.6。如果煮沸麦汁 pH 值偏高，虽然酒花利用率也高，但啤酒苦味粗糙。同时高 pH 值不利于蛋白质的变性凝固，还会加深麦汁的色度。麦汁煮沸的 pH 值取决于混合麦汁的 pH 值，煮沸过程中 pH 值约下降 0.2～0.4，所以，煮沸前麦汁 pH 值调节在 5.4～5.6 之间才能保证定型麦汁 pH 值在 5.2～5.4 之间。

（3）酒花添加

麦汁煮沸过程中酒花不宜过早加入，因为酒花单宁比麦壳单宁活泼，易被氧化，而麦壳单宁对啤酒的口味、保质期的损害却比酒花单宁要大，所以酒花加得早而多会影响麦壳单宁的去除。其次，酒花加得太早会使已异构化的苦味树脂转变为没有苦味的物质，从而影响酒花利用率。

（4）煮沸条件控制

在麦汁煮沸过程中应经常测定麦汁浓度，观察麦汁翻腾和蛋白质凝固情况，注意控制蒸发量和蒸汽压力，以保证最终麦汁浓度在工艺范围内。煮沸终了麦汁应清亮透明，有明显的蛋白质絮状沉淀物。

2.2.2.2 麦汁煮沸节能工艺优化

（1）试验方案

最新研究观点认为，煮沸强度达到 7% 即可满足麦汁煮沸过程中蛋白质良好絮凝的目的[10]。

采用相同原料和相同工艺，我们对 11°P 麦汁做降低煮沸强度试验。具体方案如表 2-2-2 所列。

表 2-2-2　试验方案

项目	方案一	方案二	方案三	对照方案
煮沸时间/min	90	90	70	90
煮沸强度/%	8	7	7	9

（2）试验结果

从糖化开始，我们对糖化麦汁、发酵液、成品酒进行跟踪分析，结果分别见表 2-2-3～表 2-2-5。

表 2-2-3　糖化麦汁

| 糖化号 | 228 | 228 | 229 | 229 | 231 | 231 | 233 | 233 |
	2#	3#	5#	6#	0#	1#	5#	6#
煮沸时间/min	90（方案一）		90（方案二）		70（方案三）		90（对照）	
煮沸强度/%	8	8.1	7.0	7.1	7.1	7.1	9.0	9.1
色度/EBC	2.45	1.76	1.98	1.76	2.03	2.56	1.38	1.95

糖化号	228	228	229	229	231	231	233	233
	2#	3#	5#	6#	0#	1#	5#	6#
总氮/(mg/L)	682.8	705.2	702.96	668.23	689.36	693.26	710.82	698.46
区分(ABC)/%	16/18/66	14/21/65	10/18/72	13/20/66	11/20/69	14/18/68	12/18/70	12/19/69
热凝固性氮/(mg/L)	11.5	12.8	14.2	13.9	14.5	13.6	9.2	8.6
总多酚/(mg/L)	18	23	21	25	19	20	21	18
花色苷/(mg/L)	18	23	21	25	19	20	21	18
DMS/(mg/L)	0.027	0.028	0.017	0.032	0.025	0.036	0.029	0.024
TBA	0.318	0.346	0.223	0.215	0.236	0.217	0.465	0.458

表 2-2-4　发酵液

发酵罐号	133	145	150	137	146	138	141	149
	#	#	#	#	#	#	#	#
煮沸时间/min	90(方案一)		90(方案二)		70(方案三)		90(对照)	
煮沸强度/%	8	8.1	7.0	7.1	7.1	7.0	9.0	9.1
总氮/(mg/L)	499.57	494.36	487.59	501.24	513.46	487.96	506.48	512.37
区分(ABC)/%	13/21/66	19/17/64	10/21/69	17/18/65	14/20/66	18/17/65	12/20/68	15/19/66
热凝固性氮/(mg/L)	13.2	13.5	15.7	16.2	15.5	16.8	11.2	12.4
总多酚/(mg/L)	57	58	49	56	57	58	55	52
发酵度/%	67.4	68.2	67.9	68.7	66.9	67.2	67.8	66.5

表 2-2-5　成品酒

发酵罐号	1	1	1	1	1	1	1	1
	33#	45#	50#	37#	46#	38#	41#	49#
煮沸时间/min	90(方案一)		90(方案二)		70(方案三)		90(对照)	
煮沸强度/%	8	8.1	7.0	7.1	7.1	7.0	9.0	9.1
热凝固性氮/(mg/L)	13.8	13.6	16.3	15.8	15.4	16.8	11.8	12.5
总多酚/(mg/L)	55	52	57	55	58	52	50	48
硫酸铵极限值/(mL/100mL)	21	20	16	15	16	14	22	23
浊度(保质期 $N=7$)/EBC	0.35	0.34	0.36	0.33	0.34	0.36	0.32	0.35

从表 2-2-3～表 2-2-5 中可得出以下结论：a. 煮沸强度高，热凝固氮含量较低，但是，麦汁 TBA 值较高，麦汁的热负荷高，从而使麦汁中羰基化合物含量增多，造成啤酒口味粗糙；b. 降低煮沸强度，麦汁中的热凝固氮含量相对较高，但麦汁 TBA 值较低，其热负荷较低，可提高啤酒的风味稳定性；c. 不同煮沸强度的麦汁，其总氮及区分、DMS 含量均在正常范围，麦汁均较清亮；d. 降低煮沸强度后冷凝固物量略有增加，增加一次冷凝固物排放；e. 发酵液各项指标相差不大，说明降低煮沸强度对发酵影响不大；f. 降低煮沸强度后，过滤相同清酒量，过滤机进出口压差没有明显上升；g. 不同的煮沸强度，其清酒色度均小于

0.38EBC；h.从成品酒分析数据看，煮沸强度高，其成品酒的硫酸铵极限值略高，即引起蛋白质浑浊的概率小，而煮沸强度低的成品酒，其硫酸铵极限值也在正常范围内；i.成品酒热凝固性氮、总多酚相差不大，降低煮沸强度后成品酒保质期未受到影响。

（3）各试验方案的成本分析

通过优化麦汁煮沸工艺即降低煮沸强度后，定型麦汁各项指标合格，发酵降糖及双乙酰还原正常，过滤清酒色度较低，成品酒保质期未受到影响。降低煮沸强度后，不仅提高了成品酒的非生物稳定性，还改善了啤酒的口感，达到了降低消耗、节能增效的目的。从表2-2-6试验结果对比及经济效益分析看确定方案三为最佳方案。

表 2-2-6 不同试验方案成本对照表

煮沸时间/min	90（方案一）	90（方案二）	70（方案三）	90（对照）
煮沸强度/%	8	7	7	9
单锅耗汽量/t	8.3	7	5.5	9.5
与对照相比单锅节约蒸汽量/t	1.2	2.5	4	0
与对照相比单锅节约煤量/t	0.2	0.42	0.67	0
与对照相比单锅节约水量/t	1	2.1	3.3	0
与对照相比单锅节约成本/元	80	168	268	0
与对照相比吨酒节约成本/元	1.3	2.8	4.47	0

注：每吨煤390元；每吨水2元；1t煤产生6t蒸汽；煮1t水需消耗1.2t蒸汽；单锅产量为60t。

（4）缩短煮沸时间的试验[11]

一定时间的麦汁煮沸，可以使蛋白质变性析出、蒸发水分、浓缩麦汁，提高啤酒的生物稳定性和非生物稳定性。目前，企业从节约能源、降低消耗的方面考虑，希望在保证质量的前提下尽可能地缩短煮沸时间。有的啤酒企业已经将煮沸时间下调至60min、50min，甚至更低，煮沸强度不超过8.5%，这么短的煮沸时间能否达到煮沸目的呢？国内某啤酒公司的煮沸设备是外加热器煮沸锅，单锅产量50m³麦汁，煮沸温度105℃，常压煮沸。采用相同原料和相同工艺，对10°P和11°P麦汁做缩短煮沸时间的试验。煮沸时间由原来的70～80min缩短到50～60min。从糖化开始，对试验麦汁进行全过程跟踪，同时保留原煮沸工艺做对比分析。

对糖化麦汁、发酵液及成品酒的分析结果分别见表2-2-7～表2-2-9。

表 2-2-7 糖化麦汁

品种	煮沸时间/min	煮沸强度/%	色度/EBC	TBA 值	凝固氮/(mg/100mL)	蛋白质区分		
						高/%	中/%	低/%
10°P	80	9.1	5.3	0.23	1.1	20	12	68
10°P	80	9.0	5.1	0.25	1.2	23	19	58
10°P	60	8.7	4.8	0.23	1.2	21	19	62
10°P	60	8.8	4.8	0.21	1.4	20	23	57
10°P	50	8.6	4.5	0.18	1.3	24	17	59
10°P	50	8.5	4.4	0.21	1.5	23	18	56

品种	煮沸时间/min	煮沸强度/%	色度/EBC	TBA 值	凝固氮/(mg/100mL)	蛋白质区分		
						高/%	中/%	低/%
11°P	80	9.0	5.5	0.23	1.4	19	17	64
11°P	60	8.7	5.4	0.21	1.6	22	23	55
11°P	50	8.6	5.0	0.21	1.7	19	23	58

表 2-2-8　发酵液

品种	罐号	酒龄/d	煮沸时间/min	色度/EBC	发酵度/%	凝固氮/(mg/100mL)	多酚/(mg/L)
10°P	301	22	80	4.9	68.6	1.3	69
10°P	305	25	50	4.6	69.2	1.5	88
11°P	103	26	80	4.5	70.7	1.5	70
11°P	106	27	50	4.5	69.4	1.7	75

表 2-2-9　成品酒

品种	罐号	煮沸时间/min	色度/EBC	凝固氮/(mg/100mL)	多酚/(mg/L)	硫酸铵极限值/(mL/100mL)	TBA 值	溶解度/(μg/L)
10°P 花河啤酒	301	80	4.7	1.5	68	20	0.11	48
10°P 花河啤酒	305	50	4.6	1.6	85	15	0.10	57
11°P 花河啤酒	103	80	4.4	1.5	70	19	0.11	71
11°P 花河啤酒	106	50	4.4	1.8	73	17	0.09	50

（5）讨论

① 从糖化数据看，各时间段的指标略有差距。煮沸时间长，煮沸强度高，凝固氮较低，麦汁中的蛋白质凝聚析出较好。但是，麦汁 TBA 值较高，麦汁的热负荷高，这会给麦汁带来较多的负面影响，如羰基化合物，尤其是糠醛含量的增多；麦汁中芳香物质过多，造成啤酒口味粗糙，同时也使麦汁的色度加深。煮沸时间短的麦汁，煮沸强度低，麦汁的凝固氮略高，麦汁中的蛋白质析出相对较少。由 TBA 值可以看出，煮沸时间短的麦汁，其热负荷较低，提高了啤酒的风味稳定性。

隆丁蛋白质区分不同煮沸时间的麦汁，均在正常的范围内。

② 用肉眼观察，不同煮沸时间的送酒麦汁都有较多的絮状沉淀，冷却麦汁均清亮。

③ 发酵液的各项指标差别不大，多酚＜100mg/L、凝固氮＜2.0mg/100mL 均在正常范围内，煮沸时间长，发酵液的色度略高。

④ 在过滤时，煮沸时间长的发酵液滤到 200kL 时滤酒压差为 0.03MPa，而煮沸时间短的发酵液在滤到 200kL 时滤酒压差为 0.05MPa；从周期滤酒量和吨酒耗土来看，二者没有明显差距。总的来说，煮沸时间长，其发酵液的过滤性能要好些。从滤酒质量来看，二者的清酒浊度都较好，均控制在 0.38EBC 以下。

⑤ 从成品酒的分析数据来看，煮沸时间长的麦汁，其成品酒的硫酸铵极限值略高一些，即其蛋白质浑浊的概率略小一些。而煮沸时间短的成品酒，硫酸铵极限值也在正常范围内。

从 TBA 值看，由于暂时性的羰基化合物可以被酵母利用，因此成品酒的 TBA 值与麦汁相比都有所下降。煮沸时间短的啤酒，TBA 值略低，啤酒的风味稳定性有所提高。

除此之外，多酚、可凝固性氮、啤酒色度、溶解氧差别不大。

（6）经济分析

① 取煮沸时间 50min 和 80min 的啤酒进行经济分析。

现场提供的数据为：煮沸 80min 需耗汽 9.0t，煮沸 50min 耗汽 6.2t，单锅节汽 2.8t，按 1t 煤产 3.8t 汽计算，可得单锅节煤 0.74t。

以 10min 蒸发 0.8t 水计算，单锅节水：

$$(80-50)/10\times0.8=2.4t$$

由倒麦汁泵耗电 37kW·h，可知单锅节电：

$$(80-50)/60\times37=18.5kW\cdot h$$

② 在不考虑洗糟残糖变化的情况下，缩短煮沸时间 30min，单锅可节约人民币为：

$$0.74\times160 元/t+2.4\times2.8 元/t+18.5\times0.47 元/(kW\cdot h)=133.82 元$$

③ 以年产 10 万吨啤酒计算，每年可节约人民币约 27 万元。

缩短麦汁的煮沸时间，在合理的保质期内，不仅可以保证啤酒的非生物稳定性，还可以提高啤酒的风味稳定性。在近 4 个月的时间里，公司对 50 多个批次的试验成品进行跟踪，啤酒的非生物稳定性和风味稳定性都控制在较好的水平。

结合以上经济分析，缩短麦汁煮沸时间，可以在保证质量的前提下为企业节约能源、降低消耗。

2.2.3 麦汁煮沸装置使用注意事项

对于高效率的煮沸装置来说，重要的是要确保各操作要点都正确无误，例如，所供饱和蒸汽要充足，过热和不凝部分必须降至最低限度；蒸汽流量控制阀上限值要求稳定在最大值 0.4MPa，加热器外壳上应装有高效的自动排气装置，因为空气排放不畅将会大幅度降低热传递效率；排放系统的能力应按最大运行负荷的 2 倍配置，这对加热器在低压蒸汽条件进行启动是必要的；麦汁循环管道的设计，要力求使两相流体产生的剪切力降至最低限度；控制麦汁加热过程，因为此阶段要比沸腾阶段更容易产生结垢。

2.2.4 麦汁煮沸系统

从 20 世纪起麦汁煮沸系统已经使用蒸汽加热，并经过多种改进，其热效率不断提高，到 20 世纪 70~80 年代已基本形成现代的麦汁煮沸系统，到 90 年代更涌现出多种节能、高效的麦汁煮沸[12]系统。

2.2.4.1 现代麦汁煮沸系统的区分

现代麦汁煮沸系统可以根据蒸发方式和糖化过程的作用点来划分。

（1）按蒸发方式划分

根据原理不同，现代麦汁煮沸系统的蒸发方式有 4 种：a. 通过压力改变蒸发过程；b. 内加热/外加热蒸汽系统；c. 薄层蒸发；d. 通过汽提气体。大多数麦汁煮沸系统同时运用两种蒸发方式，以达到良好煮沸效果和节约能源的目的。如图 2-2-11 所示。

（2）按在糖化过程的作用点划分

现代麦汁煮沸系统主要在煮沸锅或回旋沉淀槽与冷却器之间增加设备装置，以达到更好的煮沸效果和更短的煮沸时间。根据在糖化过程的作用点可以划分为两类，如图 2-2-12

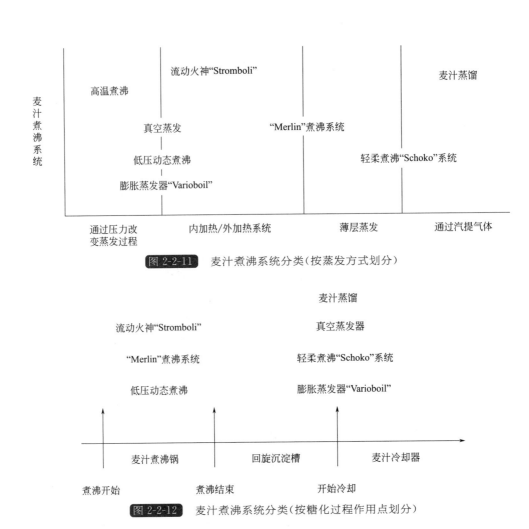

图 2-2-11　麦汁煮沸系统分类（按蒸发方式划分）

图 2-2-12　麦汁煮沸系统分类（按糖化过程作用点划分）

所示。

（3）煮沸系统工艺参数

传统煮沸系统（内加热器/外加热器）对煮沸时间和煮沸强度均有较大限制，在能源和效率方面不够理想，在新型麦汁煮沸系统中对这两方面的改进较大，工艺参数也有较大变动，对煮沸时间和煮沸强度均有缩减（见表 2-2-10）。

表 2-2-10　各种煮沸系统的工艺参数

煮沸系统	煮沸时间	煮沸程度
内加热器/外加热器	60～90min	100℃
动态低压煮沸系统	40～60min	100～103℃
轻柔煮沸"Schoko"系统	40～60min	97～99℃
麦汁蒸馏系统	约40min+汽提	100℃
真空蒸发器	40～60min+真空蒸发	100℃
膨胀蒸发器"Varioboil"	约40min+真空	100℃
"Merlin"煮沸系统	35～40min+汽提	100℃
流动火神"Stromboli"	约60min	100℃

2.2.4.2　几种煮沸系统的特点

在煮沸过程中平衡煮沸温度和时间的关系至关重要，如果煮沸时间过长，不仅啤酒的泡持性会降低，而且会浪费大量的能源。如果使用传统的内/外加热器来提高麦汁的升温速度和蒸发速率，只能采用较高的蒸汽压力和增加加热表面积来实现，如此一来麦汁所受的热负荷就会升高，给麦汁和啤酒带来焦糊味。现代麦汁煮沸系统在这方面做了较多改进，下面介绍几种煮沸系统。

（1）动态低压煮沸系统

动态低压煮沸系统的煮沸过程主要分 3 个步骤。

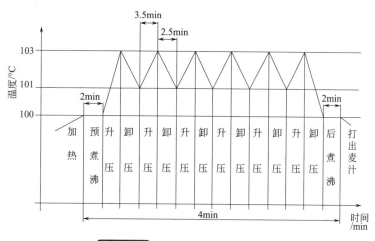

图 2-2-13　动态低压煮沸系统工艺

1）常压预煮沸　利用热能储存罐中 97℃ 热水与麦汁热交换，使麦汁升温到 95℃，进入煮沸锅由内加热器升温到 100℃。

2）动态煮沸　预煮沸阶段结束后，二次蒸汽换热器排空阀关闭，煮沸锅压力从 50mbar 升高到 150mbar（1mbar＝10^3Pa，下同），麦汁温度升高到 103℃，再关小蒸汽阀门开度到 20％，煮沸锅压力下降到 50mbar，麦汁沸点温度降到 101℃，压力的下降使麦汁达到汽提的效果。升压和降压过程反复 6～8 次，煮沸锅压力再降为常压状态。

3）常压后煮沸　动态煮沸结束后，打开二次蒸汽换热器排空阀，最后常压煮沸阶段，煮沸 2～5min 使麦汁达到所需浓度，煮沸结束打出麦汁（见图 2-2-13）。

动态低压煮沸系统总的煮沸时间较短，使整个煮沸锅的麦汁在压力变换过程中产生剧烈的沸腾和蒸发，不仅加剧了蛋白与多酚的聚合，还原类物质的形成和酒花的浸出，还加速了二甲基硫等不良风味物质的挥发，而且由于在密闭系统中进行煮沸，大大降低麦汁与空气的接触，从而减少了麦汁的氧化，提高了啤酒的风味稳定性。

（2）"Merlin"煮沸系统

"Merlin"煮沸系统的核心部分为一个圆锥形的加热表面，可以分成 1/3 和 2/3 两个区域，其加热面积与内加热器相同，均为 0.06m²/kL 麦汁[13]。麦汁被泵连续送到双层夹套加热表面，并达到蒸发点（见图 2-2-14）。因为主要是在加热带上进行蒸发，由于极薄的麦汁层和巨大的加热表面，对啤酒质量有影响的物质会最大限度地与乏汽一起排出[14]。麦汁从 93℃ 加热到 95℃ 时有 0.8％ 的蒸发量，在煮沸时有 1.8％ 的蒸发量，在汽提时平均有 1.5％ 的蒸发量，总蒸发量为 4.1％～4.5％；而传统加热器的总蒸发量是 8％。低蒸发量不仅会使

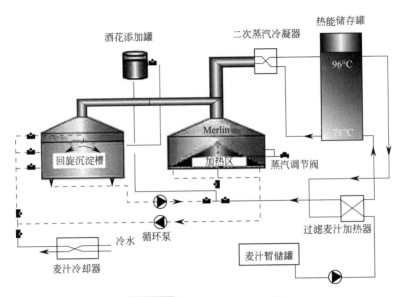

图 2-2-14　"Merlin"煮沸系统

促进啤酒泡持性的含氮物质得以保留,还防止了蛋白质的过度凝聚。"Merlin"煮沸系统无明显的加热和煮沸阶段,热负荷值 TBA 比传统煮沸器要低得多,啤酒的泡沫稳定性、胶体稳定性和口味稳定性均得到明显改善。

(3) 轻柔煮沸"Schoko"系统

轻柔煮沸"Schoko"系统的关键部件是膨胀蒸发装置。该装置可以使麦汁在一次性的流动过程中迅速蒸发掉7％的水分,避免在传统煮沸锅中长时间蒸发,从而达到节能的目的。当麦汁沿切线方向进入蒸发器时,沿容器内壁以薄层螺旋状流入,麦汁由上而下进行旋转,然后沿罐壁进入下方的圆柱部分。容器的结构和麦汁流量相协调,可产生较大的表面积,使麦汁能在无泡沫状态下蒸发,形成的蒸汽由泵抽走并被液化(见图 2-2-15)。采用轻柔煮沸"Schoko"系统,麦汁仅在煮沸锅里97.5℃高温条件下维约 60min,比传统煮沸时间大为减少,可以节约大量蒸汽。啤酒的分析结果与传统方式生产的啤酒完全相同,对啤酒的品评和强化保质期实验也未显现差别。

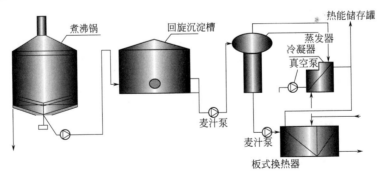

图 2-2-15　轻柔煮沸"Schoko"系统

(4) "Stromboli"流动火神煮沸系统

"Stromboli"流动火神麦汁煮沸系统有一个像帽子似的双层罩分配伞,其宽度可以任意调节，表面积和循环率都可以控制，因而保证了麦汁从两个分配伞之间均匀流出。通过麦汁调节器的双分配伞来调节麦汁喷洒速度，这种喷洒方式能够形成很大的表面积（见图2-2-16），所以总蒸发量只需要3%～4%，煮沸时间只需要30min，就足以能够达到排出二甲基硫等不良气味物质的目的，因此，可以节约大量的能源。另外，即使没有热量供给，"Stromboli"系统也可以进行麦汁煮沸。麦汁从煮沸锅下面的麦汁抽出管抽出来，通过麦汁变频输送泵，经由麦汁输送中心管，再经喷射泵上升到麦汁调节器。在加热器内，麦汁利用流动的动能进行循环。在循环过程中麦汁不需要热能，在锅内麦汁每小时循环6～8次（见图2-2-17）。

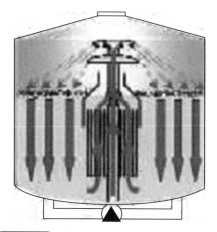
图 2-2-16　"Stromboli"系统加热麦汁循环

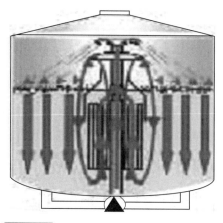
图 2-2-17　"Stromboli"系统泵送麦汁循环

（5）麦汁蒸馏系统

麦汁蒸馏系统包括一个麦汁煮沸锅、一个热浊汁沉淀罐、一个麦汁蒸馏柱和一个顺流板式麦汁冷却器（见图2-2-18）。麦汁蒸馏采用2步麦汁煮沸工艺：第1步，麦汁在煮沸锅达到煮沸温度时，滞留在麦汁煮沸锅内30～50min，同时被轻度搅拌，无实质性的蒸发；第2步，麦汁煮沸锅里的麦汁被泵到沉淀罐里或沉淀槽中。麦汁澄清过程一结束，蒸馏过程就开始了。在蒸馏柱里，

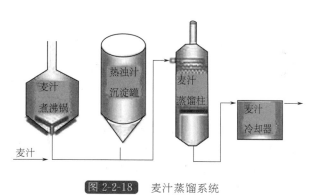
图 2-2-18　麦汁蒸馏系统

麦汁被泵入并向下流，蒸汽被注入逆流中，蒸馏柱中装有一些座板和圆环用来增大接触面积并提高蒸汽和麦汁间的热交换。麦汁蒸馏工艺主要优点是由于降低了能量消耗，节省大量能量，只需较少能量用以消除不需要的易挥发混合物（DMS），易于回收残余热量，能有效灵活地消除麦汁中的易挥发混合物（可降低96%的DMS浓度），增强了泡沫的稳定性，最终麦汁煮沸色度较低，减少"Strecker"反应，使乙醛产生量更低。

（6）真空蒸发器

真空蒸发器是安装在回旋澄清罐和麦汁冷却器之间（见图2-2-19），煮沸时麦汁在煮沸锅后被蒸汽加热至沸腾后调小蒸汽压力，仅提供热量使麦汁保持微沸状态，经过60min后麦

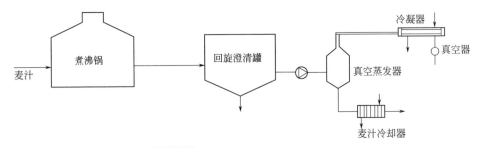

图 2-2-19 麦汁真空蒸发器设备示意

汁通过抽真空减压后从切线方向进入在澄清罐和冷却器之间的真空蒸发器中，压力由 1bar 降为 -0.4bar，压力的突然下降导致麦汁沸点降低，麦汁中可挥发性成分瞬间蒸发，将 DMS 等不良杂味物质挥发掉，形成的二次蒸汽被二次蒸汽冷凝器回收，麦汁温度由 95℃ 下降到 85℃ 以下，经过麦汁冷却器进入发酵罐。由于麦汁在煮沸锅时间不长，并处于微沸状态，热负荷降低，对风味稳定性更好，更加节能。

从以上几种煮沸系统可见，现代麦汁煮沸系统的趋势是更加重视能源节约，不断积极地采取节能技术，有效地降低生产成本，并同时保证产品的质量和效率稳步提高，以获得更大的经济效益和社会效益。

2.3 啤酒生产节能减排技术介绍

2.3.1 低压煮沸、低压动态煮沸技术

20 世纪 90 年代以前，糖化煮沸采用常压煮沸工艺，煮沸产生的二次蒸汽直接排放到大气中，煮沸时间 90～120min，煮沸强度在 8%～10%，总蒸发量为 12%～15%。传统常压煮沸工艺存在以下缺点：麦汁的热负荷大；加热过程中麦汁有局部过热现象；为驱除不利气味物质造成高蒸发率；造成二甲基硫和可凝固性氮之间的矛盾；加热过程中的波动阶段，易破坏对泡沫有利的物质；蒸发量大且清洗频繁，增加了生产成本和环境负担；煮沸锅内麦汁均匀性较差、能耗高等缺点。

1）技术介绍　依据液体压力升高，沸点升高的原理。在一定压力下煮沸麦芽汁，通过系统的自动控制，产生多频次的升压-降压，使煮沸锅内的麦汁出现多次的暴沸（闪蒸）。暴沸状态一直持续到温度与压力平衡为止。通过麦汁的强烈运动，从而促进了麦汁的对流和气味物质的挥发。

2）技术适用条件　适用于啤酒发酵过程中的糖化阶段。

3）节能减排效果　按年产量 105kL 啤酒计算：年节约标煤 7.6×10^5 t；年 CO_2 减排量 2×10^3 t；年 SO_2 减排量 15.2t。单位节约标煤 7.6kg/kL；单位 CO_2 减排量 20kg/kL；单位 SO_2 减排量 0.152kg/kL。蒸汽用量可下降近 3t 左右；按 1t 蒸汽需 0.129t 标煤计算，可节约标煤 0.38t/锅次。

4）成本效益分析　年节约费用：76 万元。

5）技术应用情况　总煮沸时间短，能耗低；产品 DMS 含量低及蛋白质凝固效果好；避免麦汁过度加热；大清洗间隔周期延长，加热器的连续工作时间长，提高糖化产能，技术普及率高。

2.3.2 提高二氧化碳回收利用率技术

1) 技术介绍 回收的二氧化碳经过水洗涤除去水溶性杂质，被压缩机压缩后变为高温高压气体，再进过水冷却、过滤除臭、干燥等步骤，最后经液化器变为液态，储存在二氧化碳储罐内。经洗涤干燥后的 CO_2 可重新用于备压、保压等工艺和成品啤酒中。

2) 技术适用条件 该技术适用于发酵啤酒过程中的二氧化碳气体回收再利用。

3) 节能减排效果以及成本效益分析 累计节约标煤 5.4×10^4 t，累计回收 CO_2 1.2×10^5 t，节约费用 1.35 亿元。年节约标煤 9.5×10^3 t，年回收 CO_2 2.52×10^4 t，价值 3000 多万元。单位 CO_2 回收量 18.8kg/kL，单位节约标煤 7.1kg/kL。

4) 技术推广应用情况 CO_2 的回收，可提高能源的综合利用率，节约生产成本，减少温室。

气体的排放，从而降低了温室效应的产生因素，对生态环境有着深远的影响；有着很大的经济效益和社会效益；技术普及率高。

2.3.3 沼气双重发电和制冷技术

1) 技术介绍 啤酒生产工艺废弃物进入厌氧消化罐产生的沼气经过脱硫处理后进入燃气轮机燃烧室燃烧，产生高温高压烟气推动燃气内燃机发电机组发电，燃气内燃机排出的烟气和发电机的水套循环水直接进入烟气热水补燃型溴化锂吸收式冷水机组，驱动机组进行制冷运行，对外提供空调冷水。

2) 技术适用条件 适用于以啤酒发酵行业。

3) 节能减排效果 年节约标煤 1.88×10^4 t；年 CO_2 减排量 5×10^4 t；年 SO_2 减排量 7t。单位节约标煤 14kg/kL；单位 CO_2 减排量 37.3kg/kL；单位 SO_2 年减排量 5×10^3 kg/kL。年节约电力 7×10^6 kW·h。

4) 技术应用情况 优点：减少了温室气体的排放，最大限度地利用了沼气的热能，运行操作简单，自控设备不多，是清洁能源，可以产生很好的经济效益。实现能源的阶梯利用，提高能源的综合利用率，保护环境，节约能源。缺点：沼气经过脱硫等处理后送至沼气内燃发电机发电，而无论将沼气直接引入锅炉燃烧还是采用加热热风方式燃烧，都存在安全使用的问题，在生产中要避免事故发生。

2.3.4 污染末端控制技术

污染末端控制技术是指通过化学、物理或生物等方法将企业中已经产生的污染物进行削减或消除，从而使企业的污染排放达到环境标准或相关要求的技术。具体包括水污染控制技术、大气污染控制技术、固体废物末端处置技术等。

以清洗剂（碱液）回收循环利用技术为例。

1) 技术介绍 采用物理过滤，将碱液中的细纤维、铝盐和胶类形成的黏性物过滤掉，使碱液恢复活性，延长碱液使用寿命，理论上可以延长碱液使用时间达未安装前的 1 倍。

2) 技术适用条件 适用于原料生产清洗产生的废水处理。

3) 节能减排效果以及成本效益分析 年节约碱液 1.2×10^3 t，年节约费用 100 万元；年回收 2% 左右的废碱液 10^4 t，年减少购买 30% 碱液 700t，年节约费用 60 万元；年节约调节污水 pH 值酸用量 200t，年节约费用 180 万元；年节省石灰用量 900t，年节约费用 40 万元。

4）技术推广应用情况 减少烟气脱硫剂使用量，减少排碱期间调节 pH 值的酸用量和调节酸性污水的碱用量，节省石灰用量；达到了以废治废的目的，减少了对环境的污染；技术普及率高。

2.3.5 工艺技术优化组合方案

从生产全流程优化角度，综合考虑生产技术、资源能源综合利用技术和末端治理技术间的配套关系，提出若干代表未来行业节能减排技术进步方向的先进工艺技术组合方案，为新建企业技术路线选择或现有企业技术改造提供指导。

2.3.5.1 工艺技术组合 1

（1）工艺技术组合方案（见图 2-2-20）

1）低压煮沸、低压动态煮沸技术 依据液体压力升高沸点升高的原理。在一定压力下煮沸麦芽汁，通过系统的自动控制产生多频次的升压-降压，使煮沸锅内的麦汁出现多次的暴沸（闪蒸）。暴沸状态一直持续到温度与压力平衡为止。通过麦汁的强烈运动，从而促进了麦汁的对流和气味物质的挥发。

2）煮沸锅二次蒸汽回收 从煮沸锅回收的二次蒸汽通过热能回收系统回收到热能储罐，可以利用其对麦汁进行预加热。煮沸过程产生的二次蒸汽经蒸汽回收管路通过薄板换热器制作蓄热水和洗净温水，蓄热水通过麦汁预热器用于下一批麦汁的预热[14]。

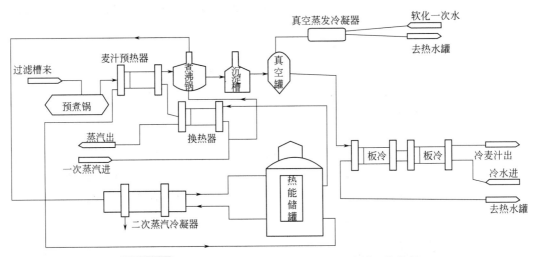

图 2-2-20 热能回收与真空蒸发连用的麦汁煮沸系统流程

（2）可实现的节能减排水平

投资成本约 320 万元。技术经济分析如表 2-2-11 所列。

表 2-2-11 技术经济分析表

物耗能耗	数量（应用技术前）	数量（应用技术后）	单位（100kL 麦汁/锅）
蒸汽消耗量	35	25	t/锅
冰水消耗量	140	120	t/锅
煤消耗量	7.52	4.70	t/锅
DMS 去除率	—	40	%

污染物排放	数量（应用技术前）	数量（应用技术后）	单位（100kL 麦汁/锅）
SO_2	0.07	0.04	t/锅
CO_2	19.71	12.32	t/锅

（3）工程实例：某啤酒股份有限公司组合技术案例与技术经济指标介绍

麦汁进入煮沸状态约 5min 后系统进入正常状态，蒸汽冷凝器的进口被关闭，同时降低二次蒸汽冷凝器内冷却水的流量，通过煮沸锅的加热器对麦汁不断蒸发使得锅内压力增加 $0.09 \sim 0.2$bar，煮沸锅内麦汁温度也升高至 103℃左右，整个升压过程约需要 $3 \sim 5$min；当煮沸锅压力达到最大时，二次蒸汽大量通过冷凝器，进行最大的冷凝过程，同时，减少煮沸锅加热器的蒸汽供给量；经过 $3 \sim 5$min，由于二次蒸汽的大量冷凝，煮沸锅内压力降至 105kPa。在煮沸锅降压的过程中，锅内麦汁暴沸，暴沸状态一直持续到温度与压力平稳为止。每一次减压过程中会额外产生 0.6% 的蒸发量。最后，当减压到常压后将继续进行 10min 的常压煮沸，以达到总的蒸发强度。

动态低压煮沸工艺不仅可进一步缩短煮沸时间，而且有效地降低了麦汁中不良挥发性物质的含量，在提升麦汁质量的同时节约了蒸汽消耗。

2.3.5.2　工艺技术组合 2

（1）工艺技术组合方案，组合以下几种技术。

1）麦汁冷却过程真空蒸发回收二次蒸汽技术　从麦汁冷却过程真空蒸发回收的二次蒸汽通过热能回收系统回收到热能储罐，可以利用其对麦汁进行预加热。以水为载冷剂，先将常温的自来水冷却至 $3 \sim 4$℃，然后与热麦汁进行热交换，一次将麦汁冷却至工艺要求的温度 $7 \sim 8$℃。

2）提高二氧化碳回收利用率技术　回收的二氧化碳经过水洗涤除去水溶性杂质后被压缩机压缩后变为高温高压气体，再经过水冷却、过滤除臭、干燥等步骤，最后经液化器变为液态，储存在二氧化碳储罐内。经洗涤干燥后的 CO_2 可重新用于备压、保压等工艺和成品啤酒中。

3）碱液回收循环利用技术　采用物理过滤，将碱液中的细纤维、铝盐和胶类形成的黏性物过滤掉，使碱液恢复活性，延长碱液使用寿命，理论上可以延长碱液使用时间达到未安装前的 1 倍。

4）水资源回收利用　它利用设备本身的凝结水泵输水时提供的动能，通过引射装置来吸走闪蒸罐内的二次蒸汽，从而确保回水器内压力永远低于设备凝结水排出口的压力，使凝结水能顺畅的流回凝结水回水器，同时提高了设备的蒸汽利用效率。

5）沼气双重发电和制冷技术　啤酒生产工艺废弃物进入厌氧消化罐产生的沼气经过脱硫处理后进入燃气轮机燃烧室燃烧，产生高温高压烟气推动燃气内燃机发电机组发电，燃气机内燃机排出的烟气和发电机的水套循环水直接进入烟气热水补燃型溴化锂吸收式冷水机组，驱动机组进行制冷运行，对外提供空调冷水。

（2）可实现的节能减排水平

麦汁冷却过程真空蒸发回收二次蒸汽技术 2000 多万元（政府补助 300 万元）；提高 CO_2 回收利用率利用 2850 万元；碱液回收循环利用技术 76 万元；沼气双重发电和制冷技术 3000 多万元。共计 7926 万元（上级政府补助 300 万元）。

技术经济分析如表 2-2-12 所列。

表 2-2-12　技术经济分析表

物耗能耗	数量(应用技术前)	数量(应用技术后)	单位
耗水量	6.94	5.24	m^3/kL
耗电量	84.16	68.24	$kW \cdot h/kL$
耗标煤量	80.37	57.49	kg/kL
综合能耗	112.36	66.58	kg/kL

污染物排放	数量(应用技术前)	数量(应用技术后)	单位
废水	—	444	$10^4 m^3/a$
COD	720	600	t/a
	0.6	0.5	kg/kL
BOD	—	1.44	t/a
	—	0.02	kg/kL
氨氮	15.49	1.20	t/a
	0.009	0.1	kg/kL
二氧化碳	25.27	18.08	$10^4 t/a$
	210.57	150.63	kg/kL
二氧化硫	828	588	t/a
	0.69	0.49	kg/kL
烟尘	72	48	t/a
	0.06	0.04	kg/kL
固体废物产生量	—	202848.96	t/a
	—	112.70	kg/kL

（3）工程实例　某啤酒集团有限公司组合技术案例与技术经济指标介绍

工业技术包括：麦汁冷却过程真空蒸发回收二次蒸汽技术、提高二氧化碳回收利用率技术、碱液回收循环利用技术、水资源回收利用、沼气双重发电和制冷技术。

1）麦汁冷却过程真空蒸发回收二次蒸汽技术　从麦汁冷却过程真空蒸发回收的二次蒸汽通过热能回收系统回收到热能储罐，可以利用其对麦汁进行预加热。以水为载冷剂，先将常温的自来水冷却至 3～4℃，然后与热麦汁进行热交换，一次将麦汁冷却至工艺要求的温度 7～8℃。

公司 2007 年每吨蒸汽耗煤 131.51kg、每千瓦时电耗煤 1kg 计算。该项目节约蒸汽 69167t、节电 664.45 万千瓦时，相当于减少燃煤 15988.96t。根据公司 2007 年实际情况，吨煤烟尘、二氧化硫排放量分别为 0.0002t、0.0030t，该项目可减少烟尘与二氧化硫排放量分别为 3.2t/a、47.97t/a。

2）提高二氧化碳回收利用率技术　回收的二氧化碳经过水洗涤除去水溶性杂质后被压缩机压缩后变为高温高压气体，再进过水冷却、过滤除臭、干燥等步骤，最后经液化器变为液态，储存在二氧化碳储罐内。经洗涤干燥后的 CO_2 可重新用于备压、保压等工艺和成品啤酒中。

公司使用的 CO_2 回收设备为丹麦尤宁公司的产品,配套压缩机组为德国诺尔曼公司产品。项目累计总投资为 2850 万元,累计回收 CO_2 12.2 万吨,价值 1.35 亿元。在取得良好经济效益的同时也减少温室气体的排放量。

3）碱液回收循环利用技术　采用物理过滤,将碱液中的细纤维、铝盐和胶类形成的黏性物过滤掉,使碱液恢复活性,延长碱液使用寿命,理论上可以延长碱液使用时间达到未安装前的 1 倍。

安装在线过滤后碱液使用时间有一定的延长,每年可节省碱液用量 1214.96t,每年可节约费用 100 多万元。每年回收利用 2% 左右的废碱液约 10000 多吨,可以减少购买 30% 液碱约 700t,全年可节约近 60 万元,同时节约用于调节污水 pH 值酸用量约 200 多吨,节约金额 180 万元,合计可节约费用 200 多万元。将废碱液回收后,用于锅炉烟气脱硫使用,减少了石灰投加量。2005 年以来,共回收了 19642t 废碱液用于脱硫使用,按废碱液浓度为 2% 计,共节省石灰用量 900 多吨,价值 40 万元;废碱液可消减的二氧化硫排放量为 390 多吨。经济效益和环境效益都比较可观。

4）水资源回收利用　水是啤酒生产的主要原料,啤酒生产企业是一个耗水大户,目前我国啤酒企业生产 1kL 啤酒平均耗水约为 $8 \sim 10m^3$,因此啤酒生产企业节水的意义非常深远。该公司通过多种途径节水,实现了分质用水、阶梯用水和循环用水。

它利用设备本身的凝结水泵输水时提供的动能,通过引射装置来吸走闪蒸罐内的二次蒸汽,从而确保回水器内压力永远低于设备凝结水排出口的压力,使凝结水能顺畅的流回凝结水回水器,同时提高了设备的蒸汽利用效率。

2007 年该公司啤酒产量是 2000 年的 2.09 倍,但总用水量仅上升了 6.2%,啤酒耗水从 8.1t 下降到 4.74t,处于国内同行领先水平。

5）沼气双重发电和制冷技术　啤酒生产企业污水处理站每天产生的大量沼气一般都没有利用。该公司每天产生 $10000 \sim 12000m^3$ 沼气,此前没有加以利用。目前全国大部分啤酒厂污水处理站的沼气只是简单地用于锅炉的补充燃料和酵母烘干。该公司对沼气进行回收、脱硫处理后用于发电、溴化锂制冷。该项目的实施,填补了国内这方面的空白,为推动整个行业在合理利用沼气资源、减少温室气体排放方面做出了表率。

项目于 2007 年 6 月完工并开始调试与试运行,项目总投资 3000 多万元。该项目的实施将使公司沼气回收利用率达到 98% 以上,每年产生的环保电和制冷所节约的电力约 700 万千瓦时。项目每年减少 5 万标准吨的 CO_2 排放,减少 7t 的 SO_2 排放。

2.3.6　无土过滤（错流过滤）技术

以前,几乎全世界的啤酒一直都采用硅藻土过滤,其耗量为 $1.3 \sim 1.4kg/kL$ 啤酒,并产生大量废土有待处理。随着世界啤酒产量日益增长,硅藻土资源日益枯竭,啤酒酿造界不得不考虑另寻其他辅助剂或不使用助滤剂的滤酒方法。错流过滤就是在这种背景下,于 20 世纪 80 年代末开始进行研制和开发的。无土过滤技术即错流过滤技术（或称错流技术或微过滤技术,简称 CMF）。目前此项技术主要还是用于酵母啤酒的回收,啤酒过滤已进行到中型规模试验。

错流过滤技术的应用使啤酒过滤不再依靠助滤剂,可以使整个啤酒一次过滤完成,不必再从废酵母中回收啤酒,而且可以通过过滤保持无菌状态,不需要巴氏灭菌。错流过滤技术对解决硅藻土资源紧缺、节约过滤过程耗能、减少环境污染都有非常重要的意义。此项技术的应用范围也将扩展到麦汁过滤和从回旋沉淀槽回收麦汁等方面的开发。

该技术的应用，不仅具有改善啤酒过滤质量、减少啤酒损失和减少环境污染的巨大潜力，并且还是促进啤酒生产连续化的一个重要组成部分。

（1）错流过滤技术的基本原理

过滤是一个流体分离的过程。当流体通过不同孔径的筛板时固体物质被截留在筛板上，而被分离的产品则流进预先准备好的容器中。传统的过滤技术是静态的，在过滤过程中，由于滤液中的固形物不断沉积，滤层厚度越来越厚，过滤压差越来越大，以致最后压差增大至无法过滤。错流过滤是动态的，滤液以切线方向流经滤膜，未滤液和已滤液的流向是垂直的。由于未滤液高流速形成湍流的摩擦力，可以将附在滤膜上少量沉积物带走，不致堵塞滤孔，未滤液中的固形物则不断增长。此未滤液经过不断回流，固形物浓度不断增长，最后达到固液分离。由于靠近器壁流体的拖拉作用，流速减慢，在实践中仍会有薄的沉积物形成在滤膜的表面上，此与过滤物质的黏度和错流速度有关，利用定时逆流，就可以解决此问题而不致堵塞滤孔（见图 2-2-21）。

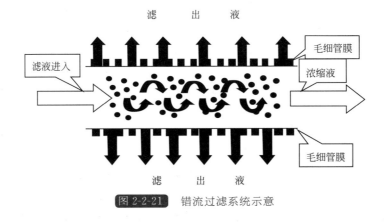

图 2-2-21　错流过滤系统示意

（2）错流过滤系统常用的几种膜

1）错流过滤膜所用材料　膜材料一般选用塑料、聚丙烯、聚砜、聚醚砜或陶瓷膜。通常所用的是聚合膜和陶瓷膜。

2）滤膜的种类　滤膜根据孔径不同，可分为微孔过滤膜、超滤膜、纳滤膜、反渗透膜等；滤膜根据形状不同，可分为中空纤维膜或毛细管膜、管状膜、螺旋卷式膜等。

（3）技术点评

1）优点　主要包括：a. 错流过滤技术无论清洗或过滤都处于密闭状态，可实现自动进行、连续生产，极大地提高生产效率；b. 对环境无污染、无废料排放，啤酒损失小，可实现"清洁化"生产；c. 可代替硅藻土和精滤机的二级过滤，大大降低生产成本；d. 可以使用该技术进行纯生啤酒的生产；e. 自动化程度高，维修方便；f. 无需使用助滤剂；g. 适合过滤不同种类的啤酒。

2）缺点　主要包括：a. 容易产生积垢，堵塞薄膜滤孔；b. 生产费用昂贵。

2.3.7　热泵技术

热泵是一种把热量从低温热源传送到高温热源的装置，其工作原理与制冷机的工作原理相同，只是目的不同而已。制冷机的目的是将局部空间的温度降低并一直保持下去，这就意味着要把这一区间的热量不断地取出。热量传递是有方向性的，热量从高温热源传向低温热源是自然界自发的过程，相反的过程就需要外界对系统做功。参见图 2-2-22，要把热量 Q_2 从低温热源传到高温热源去，外界就必须做功 W，由热力学第一定律可知，在实现制冷的同时，还要将热量 $Q_1 = Q_2 + W$ 在高温热源处排出。而热泵的目的是为了获得热量，它使用的方法与制冷相同，即利用外界做功(机械功或电能)的手段吸取热量，并将这一热量加上机械功

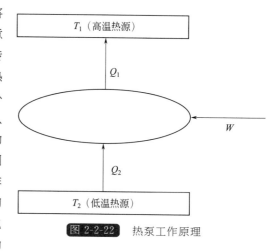

图 2-2-22　热泵工作原理

的能量送到需要能量的地方。热泵本质上就是一台"用于制热的制冷机"。

热泵虽然消耗机械功或电能，但它在运行时不是直接将机械功(或电能) 转变为热能来利用，而是借助于消耗机械功从大气等热能或余热连同热泵本身所消耗的机械功一起，对低位热源供热，从而有效地把难以直接应用的低品味热能利用起来，达到节能的目的。所以热泵是一种充分利用低品味能的高效节能装置。

根据用途热泵可分为民用(加热室温)和工业用(回收废热再利用)。例如废汽通过热泵回收用于蒸发器，或用于烘缸加热以干燥湿纸页等。

初级热泵利用自然热源，如外界空气、土壤、地下水、地表水等，加热室温。二级热泵回用废热作为热源。三级热泵是把初级与二级热泵串联，进一步提高温度。

根据工作原理，热泵可分为空气压缩式热泵、蒸汽压缩式热泵、蒸汽喷射式热泵、吸收式热泵和半导体热泵。

各种不同形式的能量转换能力是不同的，或它们转换为功的能力是不同的。有的能量能够全部转变为功，或转变为其他形式的能量，例如机械能和电能；有的能量只能够部分地转变为功，另一部分是不可能转变为功的，例如热能和以热量形式转移的能量；还有的能量则全部都不可能转变为功，例如周围自然环境，大气、海水等的内能和以热量形式输入或输出环境的能量。因此，我们把在周围环境条件下任一形式的能量中，理论上能够转变为有用功的那部分能量称为有效能，能量中不能够变为有用功的那部分能量称为无效能。

使用有效能的概念可以用来评价能量的质量或级位。单位数量相同而形式不同的能量，有效能含量大的能量称其能的级位高或能质高；有效能含量少的能量称其能的级位低或能质低。因此，机械能、电能和有用功是高级位能或高质能，而热能和热量是低级位能或低质能。温度高的热量比温度低的热量具有较高的能级或较高的能质。温度越低，有效能含量越少。而自然环境的热能以及从环境输出输入的热量都是无效能，其有效能的含量为零。

从这个意义上讲，热力学第一定律可表述为：在封闭系统内，有效能与无效能的总和保持不变。虽然有效能与无效能的比值可变化，但变换的情况服从热力学第二定律：在封闭系统的不可逆过程中，有效能可转变为无效能；在可逆过程中，有效能恒定；无效能不可能转变为有效能，即热量不可能自动地从冷物体转移到热物体。热不可能连续地、全部地转换为功，而由有效能转变为无效能可产生热。

热泵是以高级位能将低温热载体提到高温，输入的功带动低温热载体到高温，因此输出

的能与输入的功的比值都大于 1，我们把这个比值称为性能系数（Coeffcient of Performance）。热泵的性能系数可表示为：

$$\varepsilon_h = \frac{Q}{E_m} = \frac{Q}{E_e}$$

式中　ε_h——热泵的性能系数；

　　　Q——输出的能量；

　　　E_m——输入的机械能；

　　　E_e——输入的电能。

卡诺热泵是一种理想化的工质传递过程，认为在工质传递过程中无摩擦，无能量的损失，其性能系数[15]：

$$\varepsilon C_h = T_h / (T_h - T_c)$$

式中　εC_h——卡诺热泵性能系数；

　　　T_h——工质冷凝温度；

　　　T_c——工质蒸发温度；

但实际热泵的 ε_h 仅为卡诺热泵 εC_h 的 50%～60%。

2.4　麦汁煮沸二次蒸汽回用

在啤酒生产中，糖化车间蒸汽消耗占啤酒生产总耗汽的 70% 以上，而糖化车间内麦汁煮沸过程耗用蒸汽量最大。据测算，麦汁煮沸耗蒸汽占糖化总用汽量的 65.86%，但其中 87.2% 的热量转化为二次蒸汽逸出排掉。国外啤酒行业十分注意二次蒸汽的回收利用，且国内企业也已充分考虑并采取措施回收这部分热能，但从总体来看国内啤酒企业吨啤酒耗标准煤达 100kg，仍高于国外 80kg 的水平[16]。

近年来，随着能源供应的紧张，二次蒸汽的回收利用作为蒸汽供热系统的重要节能措施引起了广泛的重视[17]。

2.4.1　理论基础

（1）二次蒸汽的产生过程

由水蒸气的性质可知，水的沸点温度(也称饱和温度)随着压力升高而升高；相反，当压力降低时沸点温度也相应降低。如当蒸汽压力为大气压力时水的沸点温度为 100℃，1.0MPa(绝压)时水的沸点温度为 179.88℃。同时我们也知道，蒸汽在压力不变时冷凝放热，如果只放出汽化潜热，则蒸汽凝结水为该压力下的饱和水，温度仍为 179.88℃。当凝结水减压到大气压时，(如通过疏水阀进行排空或进入凝结水回收管道时)，水的温度将随压力降低而降到大气压下的饱和温度，即 100℃[18]。

由上述可知，当具有饱和温度(如 1.0MPa 绝压饱和温度为 179.88℃)的凝结水通过疏水阀孔减压后(如减至大气压力，饱和温度为 100℃)，凝结水由于温度降低将放出显热 $(179.88-100) \times 4.1868 = 344.44$kJ/kg。这部分热量，将使一部分水汽化成低压蒸汽，饱和水减压后产生的低压蒸汽叫二次蒸汽。有多少水再次蒸发决定于凝结水和二次蒸汽的压力，凝结水压力越高，二次蒸汽压力越低，产生的二次蒸汽数量越多。

（2）二次蒸汽数量的计算

任何一个蒸汽系统，蒸汽送进加热设备而产生凝结水排至任意低压力出口，或者大气压低于原蒸汽压力，都会产生二次蒸汽。根据原蒸汽压力和二次蒸汽压力，便可求出产生的二次蒸汽量。

（3）二次蒸汽的综合利用

回收二次蒸汽系统可采用开放式和密闭式的两种形式。但因开放式回收系统的闪蒸热损失较大，回收温度低和管网腐蚀严重，所以目前一般采用密闭式回收系统。

密闭式二次蒸汽回收系统由疏水阀、回水管道、回收装置、自控装置与系统的锅炉和用汽设备组成。饱和蒸汽在用汽设备中凝结成同温度的饱和水，经疏水阀排入回水管道，汇入集水罐后再通过回收装置输至锅炉或除氧器等处；集水罐设压力调节阀集中控制回水压力，二次蒸汽一般引至软水箱利用。

二次蒸汽的利用关键是凝结水的回收和利用过程。凝结水的回收过程包括余压回水和加压回水的两种方式，其中加压回水因管内流体为单相流动，相对要简单些；余压回水则是利用疏水阀的疏水背压为动力，管内流体为两相运动，状态相对复杂。但多数回收系统采用的是余压回水这种方式，而凝结水最佳利用方式是直接输入锅炉。

二次蒸汽回收利用系统中疏水阀质量不过关，以及给水泵被高温凝结水汽蚀破坏这两个问题普遍存在，目前经过不断改进、研究，这方面问题也得到了相应的改善，如通过用罐体型集水容器取代高位水箱及下水管路，在罐体下直接装电机泵，并在集水器内增设自动调压装置，除油污和杂质的除污装置，以及汽蚀消除装置等加以调节，从根本上消除了高温水汽蚀发生的条件。

二次蒸汽回收利用是一项完善蒸汽供热系统的实用节能技术，其本身有待于完善，随着此项技术的不断开发和改进，定能为各行业创造出可观的经济效益[19]。

（4）麦汁煮沸二次蒸汽回收的节能

麦汁煮沸是啤酒生产的关键工艺之一。在煮沸过程中，一方面使蛋白质凝固，浸出酒花苦味和香味，另一方面蒸发出多余的水分使麦汁达到一定的浓度。近年来，国内不少啤酒厂在麦汁煮沸工艺中采用内加热器、低压煮沸等新技术，不仅使蒸发强度有很大提高，而且对流强烈，煮沸时间可以相应缩短从而取得很好的效果。由于煮沸锅容量大，煮沸强度高，蒸发出的水分形成了大量的二次蒸汽，因而对这部分蒸汽热量的回收是啤酒厂节能降耗的一条重要途径[20]。

（5）二次蒸汽热能回收的工艺流程及节能效益

在麦汁制备中，麦汁一段冷却产生大量的78℃的热水，作为酿造用水储备在水箱内，可利用这部分热水来回收二次蒸汽的热能，其工艺流程见图 2-2-23。图中 78℃ 的热水用热水泵泵入二次蒸汽回收器中，水温升高至96℃进入储水箱内，然后泵入麦汁预热器，将 72℃ 的麦汁加热至 92℃ 进入煮沸锅，热水

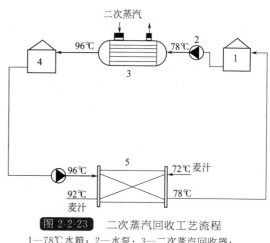

图 2-2-23　二次蒸汽回收工艺流程
1—78℃水箱；2—水泵；3—二次蒸汽回收器；
4—96℃水箱；5—麦汁预热器

经冷却后回到 78℃ 水箱，而二次蒸汽在回收器中释放热量后变成冷凝水排出。这样从二次蒸汽回收的热量最终用于预热进入煮沸锅的麦汁，从而节约能量。麦汁低压煮沸的工艺曲线（见图 2-2-24）。

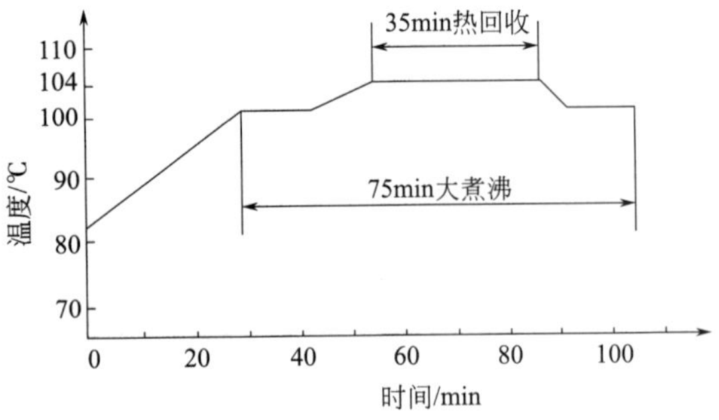

麦汁煮沸产生大量的二次蒸汽，蒸发掉的水量 M_1 可按下式计算：

$$M_1 = qvh_1 \ (m^3/\text{批})$$

式中 q——煮沸强度，$q = 8\%/h$；

         v——每批煮沸麦汁量，设 $v = 50m^3$；

         h_1——煮沸时间，$h_1 = 75min$。

$$M_1 = 0.08 \times 50 \times 75 \div 60 = 5 \ (m^3/\text{批})$$

设二次蒸汽 h_2 在 75min 煮沸过程均匀产生，则 35min 内回收的二次蒸汽热量为：

$$Q_1 = M_1 r h_2 / h_1$$

式中 r——汽化潜热，104℃ 饱和蒸汽，$r = 2248.08kJ/kg$。

$$Q_1 = 5 \times 10^3 \times 2248.08 \times 35 \div 75 = 5.246 \times 10^6 \ (kJ)$$

回收的热量如果用煤燃烧提供，按原煤的发热量为 $Q_2 = 23MJ/kg$（5500kcal/kg），热能利用率为 60% 计，则煮沸每批料耗煤量 M_2 为 60% 计，则煮沸每批料耗煤量 M_2 为：

$$M_2 = Q_1 / \eta Q_2 = 5.246 \times 10^6 / (0.6 \times 23 \times 10^3) = 380 \ (kg)$$

每批料最终热麦汁量为 $(50-5) \times 10^3 kg$，按 1062kg 麦汁生产 1t 啤酒，则 10 万吨啤酒厂每年节约用煤量为：

$$G = 380 \times 10^3 \div 45 \times 10^3 \times 1.062 = 896.8 \ (t)$$

按市场煤价 380 元/吨计，每年的节煤费用为 34.05 万元。

图 2-2-24   麦汁煮沸工艺曲线

2.4.2   技术解释和具体方法

2.4.2.1   基础理论

麦汁过滤后约在 78℃，需要加热到沸腾状态。从煮沸锅回收的二次蒸汽通过热能回收系统回收到热能储罐，可以利用其对麦汁进行预加热。这样可以省去从 78℃ 加热至近沸的加热蒸汽，既节约成本又利于环保。

2.4.2.2   具体方法

煮沸锅煮沸时产生大量的二次蒸汽，不使其排入大气中，使蒸汽先与低温水进行热交换，产生热水存储在高温热水罐中，该高温热水通过薄板加热器对刚过滤的麦汁进行预加热，预热后的麦汁一般可达到 94℃，进入煮沸锅。被冷却的水则回到热水罐底层（即低温水罐），低温水再进行下一次循环。经一次热交换后的蒸汽则变成高温热水，利用热能回收装置再进行热能回收，存储至热水罐中，用于其他 CIP 清洗等。

利用热能储罐对麦汁进行预加热，既节约蒸汽能源又有利于环保。糖化车间煮沸锅的蒸汽消耗占全厂的 40%。煮沸锅煮沸强度为 8%~12%，以 50m³ 煮沸量为例，每生产一锅麦汁将有 5m³ 水被蒸发，二次蒸汽带走的热量占全厂能源消耗的 20% 左右。从节能角度，煮沸锅的二次蒸汽必须回收利用[21]。

煮沸锅二次蒸汽也可以采用其他类似的回收方式，总之要将煮沸锅二次蒸汽的热量换热吸收、储存、再用。

2.4.3 工艺流程

煮沸过程的能源节约与能源回收途径见图2-2-25。

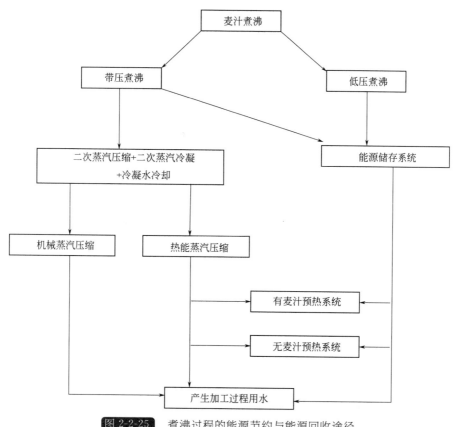

图 2-2-25 煮沸过程的能源节约与能源回收途径

2.4.3.1 二次蒸汽能源储存系统

能源储存系统包括二次蒸汽冷凝器、麦汁加热器、能源储存罐、冷凝水冷却器和麦汁内加热器等。这个系统使用来自能源储存罐的约97℃热水将过滤麦汁从74℃加热到约96℃，热水则被冷却到78℃左右，回收到能源储存罐；78℃的热水被二次蒸汽冷凝器加热到97℃，再回收到能源储存罐，用于下一次过滤麦汁加热的需要。从冷凝器排出的冷凝水用20～30℃的冷水冷却后排除，冷水则被加热到85℃，这样，冷水则不需要另外的蒸汽加热，这个能源储存系统需要4%～5%的蒸发强度，节约麦汁加热需要的能源可以达到75%左右。

2.4.3.2 二次蒸汽机械压缩系统

机械压缩系统由机械压缩机、二次蒸汽冷凝器、外加热器和冷凝水冷却器等组成。机械压缩机通常使用旋转活塞式压缩机，将过热二次蒸汽压缩到0.4bar(1bar＝10⁵Pa，下同)，将0.4～4bar的锅炉蒸汽喷射到压缩蒸汽中形成饱和蒸汽(104℃)，再送入加热器对麦汁进行加热，这样所消耗的锅炉蒸汽需要量就很少；形成的冷凝水通过冷却器将15℃的冷水加热到85℃，这种蒸汽压缩系统可以节约麦汁加热需要的主能源成本60%左右。

2.4.3.3 热能蒸汽喷射压缩系统

这个系统包括热能喷射式压缩机、二次蒸汽冷凝器、能源储存罐和冷凝水冷却器、麦汁加热器等，在喷射式压缩机的喷嘴中，锅炉蒸汽以尽可能高的速度喷入，并在喷嘴后部与部分二次蒸汽均匀混合，这意味着在吸入压力和膨胀压力之间形成了更多的热能源和合适的蒸汽温度，用来煮沸麦汁。一部分二次蒸汽进入二次蒸汽冷凝器，生成97℃的高温水，通过麦汁加热器对过滤麦汁进行加热，使之达到92℃，将87℃的热水回收到能源储存罐。二次蒸汽的冷凝水由板式热交换器将15℃的热水加热到85℃，15℃的冷水也可以进入二次蒸汽冷凝器加热成为78℃的热水，用来进行能源储存罐的循环。此系统可以节约麦汁煮沸主能源的65%，节约预热麦汁需要的主能源的50%左右。

2.4.3.4 麦灵（Merlin)能量回收系统

煮沸锅在加热、沸腾和汽提过程中产生的二次蒸汽连同回旋槽产生的二次蒸汽，经过蒸汽冷凝器进行热交换，将从麦汁预热器出来的78℃热水加热到97℃后，送储存罐作为能量储存。用97℃的热水预热进煮沸锅的麦汁使其温度达93℃，再通过Merlin系统将麦汁加热至沸腾。这样，不但煮沸锅的二次蒸汽得到回收，而且回旋槽上升的二次蒸汽也得到了回收。

Merlin系统煮沸锅和回旋槽的二次蒸汽完全回收并将热量储存在能量储罐中，用来预热麦汁，与无蒸汽冷凝器热量回收装置，总蒸发率12%的老系统相比，可节约能源72%。

2.4.3.5 STEINECKER 公司的三种热能回收方式

（1）热能回收储存系统

主要通过二次蒸汽冷凝将煮沸锅二次蒸汽通过热交换产生的热水以热能形式储存，再用来预热进入煮沸锅的麦汁。

（2）热力式蒸汽压缩

二次蒸汽被吸入热力式蒸汽喷射压缩机，经压缩后回到热循环系统——外煮沸器或内煮沸器，新鲜蒸汽(>8bar)作为推进剂。过量的蒸汽通过蒸汽冷凝器冷凝，由此产生的约80~97℃热水可储存在一个能源储存系统中，用来预热进入煮沸锅的麦汁。

（3）机械式蒸汽压缩

二次蒸汽通过机械式蒸汽压缩机产生过热蒸汽，通过冷凝器冷凝又变成饱和蒸汽，作为新鲜蒸汽使用。该系统通过、低压煮沸产生108℃的热水放在储罐内储存再利用。

2.4.3.6 莫拉(MEURA)的麦汁煮沸系统

（1）带循环泵的双扩散内煮沸

MEURA公司采用带麦汁循环泵的双扩散内煮沸加热器。煮沸锅底下引出3根麦汁抽出管，其中2根管把煮沸锅内麦汁引出来，再通过另1根管把麦汁送回煮沸锅内。麦汁在煮沸锅内通过内加热器反复循环，麦汁始终处于运动状态，避免了麦汁在加热过程中形成温度梯度和脉冲现象。蒸发率通过调整泵速和蒸汽压力予以控制。

（2）双层扩散外加热煮沸器

煮沸锅底部引出3根麦汁抽出管和1根麦汁进口管。引出来的麦汁汇集到1根管内，通过泵送至外加热器连续加热后再通过煮沸锅底中央管送到煮沸锅内。中心管底部有一伞形喷射装置，将麦汁喷射到锅顶面再分散下来。另一根管从锅体侧面将麦汁送到锅内。麦汁通过外加热器循环则更加均匀。

由于加热表面积增大，蒸汽压力降低，可实现不同蒸发率，麦汁均匀性良好，结垢减少，煮沸效果好。

2.4.3.7　新型麦汁汽提系统

麦汁汽提系统包括一个煮沸锅、一个麦汁沉淀罐（或回旋沉淀槽）、一个麦汁汽提器和一台麦汁薄板冷却器。麦汁汽提器设在麦汁沉淀罐与薄板冷却器之间。

（1）麦汁汽提工艺步骤

麦汁汽提工艺主要分2个步骤。

1）加热煮沸阶段　麦汁在煮沸锅内加热到100℃，停留30～50min；然后泵入沉淀槽沉淀出热凝固物。

2）汽提阶段　沉淀后的热麦汁经麦汁预热器进入汽提器，麦汁通过分配管自上而下喷淋，通过环状填料与自下而上的蒸汽对流；麦汁中有害物质经汽提挥发出去，流下的麦汁再泵送至冷却器冷却至酵母添加温度。汽提器上升的蒸汽通过蒸汽冷却器将冷水加热，再作为糖化用水或用来预热进入煮沸锅的麦汁，以有效地利用热能[22]。

（2）麦汁汽提工艺的优点

主要优点：a. 通过汽提可有效地控制麦汁挥发组分，尽可能地排除对啤酒口味不利的有害物质，如DMS等，排除率可达96％；b. 有利于改善麦汁和啤酒质量，提高啤酒泡持性，提高啤酒口味纯净性；c. 具有显著的节能效果；d. 有利于环保，汽提操作结束后挥发性物质被冷凝并进行处理，不污染环境。

2.4.4　技术链接和案例推广

2.4.4.1　煮沸锅二次蒸汽回收技术

1）技术介绍　从煮沸锅回收的二次蒸汽通过热能回收系统回收到热能储罐，可以利用其对麦汁进行预加热。煮沸过程产生的二次蒸汽经蒸汽回收管路通过薄板换热器制作蓄热水和洗净温水，蓄热水通过麦汁预热器用于下一批麦汁的预热。

2）技术适用条件　适用于发酵啤酒过程中的二氧化碳气体回收再利用。

3）节能减排效果　按麦汁预热温度每锅提升3.6℃计算，年节约标煤69.16t；年CO_2减排量183.97t；年SO_2减排量1.38t。单位节约标煤0.45kg/kL；单位CO_2减排量1.19kg/kL；单位SO_2减排量8.9×10^{-3}kg/kL。

4）成本效益分析　年节约热量3.24×10^8kcal(以1500锅计)；年节约蒸汽量4.93×10^2t；年节约天然气量5.2×10^4m³；年节约资金(以天然气计)10万元。

5）技术推广应用情况　利用热能储罐对麦汁进行预加热，可提高能源的综合利用率，保护环境，节约能源；且工艺简单，可操作性强，辅助设备少，运行方便。技术普及率高，"十二五"推广比例约为80％。

2.4.4.2　麦汁冷却过程真空蒸发回收二次蒸汽

1）技术介绍　从麦汁冷却过程真空蒸发回收的二次蒸汽通过热能回收系统回收到热能储罐，可以利用其对麦汁进行预加热。以水为载冷剂，先将常温的自来水冷却至3～4℃，然后与热麦汁进行热交换，一次将麦汁冷却至工艺要求的温度7～8℃[18]。

2）技术适用条件　适用于发酵啤酒过程中的二氧化碳气体回收再利用。

3）节能减排效果　按每吨蒸汽耗煤131.51kg，1kW·h电耗煤1kg计算年节约标煤1.14×10^4t；年CO_2减排量3.03×10^4t；年SO_2减排量47.97t；年烟尘减排量3.2t。单位节约标煤8.51kg/kL；单位CO_2减排量22.6kg/kL；单位SO_2减排量0.0358kg/kL。

4）成本效益分析　年节约蒸汽6.9×10^4t；年节电6.64×10^6kW·h。

5）技术推广应用情况　省去液氨蒸发冷却酒精水；冷水经过换热后全部转化为糖化用水，用水量降低40％；节省蒸汽用量，麦汁热回收率提高；技术普及率高。

2.4.4.3　案例推广

（1）案例1：啤酒厂麦汁煮沸的热能回收及利用

啤酒厂糖化工段的麦汁煮沸需消耗大量的热能，而回收煮沸过程中产生的二次蒸汽的热能并进行再利用（见图2-2-26），其节能效果相当显著。山东省轻工业设计院刘建龙提出了几种热能回收的方法并进行了量化比较，结果如表2-2-13、表2-2-14所列，带热能回收的低压煮沸比常压煮沸节能56％，比低压煮沸节能43％，比带热能回收的常压煮沸节能23％。建议啤酒厂新建麦汁煮沸系统宜采用带热能回收的低压煮沸装置，而对于目前大多数常压煮沸系统的啤酒厂来说可以通过技术改造来实现[23]。

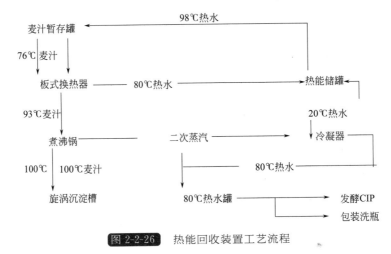

图 2-2-26　热能回收装置工艺流程

表 2-2-13　常压煮沸与低压煮沸节能对比

序号	项目	常压煮沸	低压煮沸	备注
1	麦汁煮沸温度	100℃	105℃	
2	麦汁煮沸时间	1.5h	1h	
3	麦汁煮沸强度	10％/h	8％/h	
4	蒸发水量	2.029W	W	
5	蒸汽耗量	2.029D	D	

注：W、L 分别代表低压蒸煮条件下的蒸发水量和蒸汽耗量。

表 2-2-14　四种煮沸方式节能对比

序号	项目	常压煮沸/MJ	带热能回收的常压煮沸/MJ	低压煮沸/MJ	带热能回收的常压煮沸/MJ	备注
1	加热麦汁耗热量	5570	1860	6870	2800	
2	煮沸时的耗热量	19900	19900	10000	10000	
3	糖化CIP耗热量	4300	0	4300	0	
4	发酵CIP耗热量	7500	0	7500	3000	
5	包装洗瓶水耗热量	1000	0	1000	1000	
6	合计	38270	21760	29580	16800	

啤酒生产过程需要消耗大量热能，从我国目前的生产水平来看，每生产 1t 啤酒需耗热能约为 2930～3810MJ，折标准煤为 100～130kg/t 酒；还有个别工厂的热能消耗高达 5280MkJ/t 酒，折标准煤为 180kg/t 酒。差距如此之大，除了工厂的管理水平不同之外，还与是否配备了热能回收设备以及注意节能都有很大的关系。

糖化工段的热能消耗是啤酒厂消耗热能的大户。一般来讲，糖化过程的热能消耗为 920kJ/t 酒，折标准煤为 32kg/t 酒，约占整个啤酒生产耗能的 30％～45％（生产用汽）。而麦汁煮沸过程的热能消耗为 566MJ/t 酒，折标准煤为 19.3kg/t 酒，约占糖化过程热能消耗的 61％。因此煮沸过程的热能回收对于啤酒生产的节能是十分有意义的。

结论如下。

① 煮沸二次蒸汽的热能回收装置，其节能效果是相当显著的。带热能回收的低压煮沸比常压煮沸节能 56％；比低压煮沸节能 43％；比带热回收的常压煮沸节能 23％。

② 新建的糖化车间宜采用带热能回收的低压煮沸装置。对于大多数目前常压煮沸的啤酒厂来说，通过技术改造，增加一套热能回收装置可以起到明显的节能效益。

（2）案例 2：啤酒生产糖化工段热能回收利用

啤酒生产中有 50％～60％的蒸汽热能消耗在糖化工段，因此糖化工段能源的节约和回收利用意义重大，而在糖化工段，能源消耗重点是麦汁煮沸。麦汁煮沸工序的节能措施主要有：a. 降低煮沸温度；b. 降低煮沸强度；c. 缩短煮沸时间；d. 选用好的加热系统；e. 使用合适的疏水系统，回收冷凝水；f. 二次蒸汽的回收利用[24]。

糖化热能回收、包装热能回收及锅炉系统的流程分别见图 2-2-27～图 2-2-29。

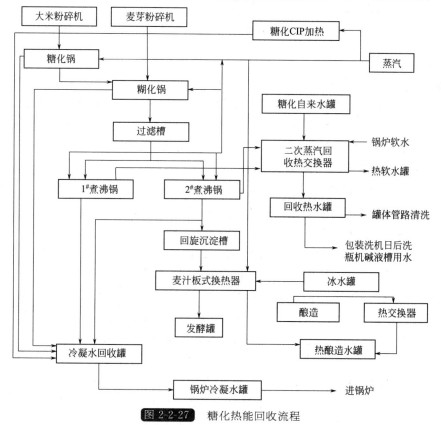

图 2-2-27　糖化热能回收流程

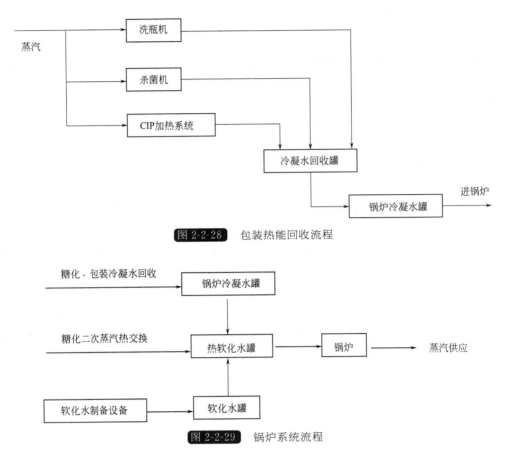

图 2-2-28 包装热能回收流程

图 2-2-29 锅炉系统流程

热能回收系统说明如下。

1）麦汁煮沸二次蒸汽的回收 目前该厂使用 2 台煮沸锅，轮流使用，通过安装煮沸锅二次蒸汽回收系统：a. 将糖化用热水经二次蒸汽回收系统的热交换器，加热到 96～98℃，进入热水储罐，供糖化、发酵设备和管道清洗以及包装线洗机后第 1 天洗瓶机碱液槽的用水；b. 剩余的热能，直接将锅炉处理后的软水用泵送到二次蒸汽回收系统的热交换器，加热到 96～98℃，进锅炉热软水罐供锅炉使用。

2）麦汁冷却热能的回收 糖化工序采用冰水冷却麦汁，冰水与热麦汁热交换后变为80℃的热水。这些热水主要用作糖化自身的投料、洗槽及设备清洗。

3）蒸汽冷凝水的回收利用 啤酒生产要使用大量的蒸汽，主要用汽点除了糖化工序，就是包装车间的洗瓶机和杀菌机。包装的用汽约占总用汽量的 40%。蒸汽使用后产生的冷凝水通过合适的疏水阀和回收设备进行回收，直接进入锅炉，冷凝水的温度在 95℃以上。该厂将所有用汽设备产生的冷凝水集中到冷凝水回收罐，回收罐安装高低液位探头，当冷凝水量达到高液位时，热水泵自动运行，将冷凝水送到锅炉的冷凝水储罐，可直接进锅炉；当冷凝水液位降到低液位时，热水泵自动停止运行。该系统在改造时均利用闲置的管道和泵、罐，投入费用很低，且自动控制，但经济效益极为可观。回收冷凝水和二次蒸汽有几大好处：a. 节约燃料费用；b. 节约水的费用；c. 节约软水处理费用；d. 减少锅炉二氧化硫和一氧化碳等的排放；e. 减少二次蒸汽和冷凝水的排放。该厂自改造后，每千升酒的耗标煤量从 2004 年的 63kg/kL 降到目前的 40kg/kL 左右，取得很好的经济效益。

当然，节约热能的工作远不止这些，例如：a. 提高锅炉的热效率及合理安排生产，根据生产情况安排锅炉的运行，对于燃煤锅炉可增加蓄热器；b. 检查蒸汽管道和阀门的保温效果；c. 正确选用和安装疏水系统，特别是选用合适的疏水阀，杜绝各种跑、冒、滴、漏；d. 加强检查并定期对换热器进行除垢以提高换热效果等。

（3）案例 3：啤酒煮沸真空蒸发热能利用技术

啤酒厂麦汁煮沸耗热占全厂生产用热的 50%，实现煮沸二次蒸汽的再利用是企业能否获得较高经济回报的重要环节。从技术原理、技术优势、经济成本等角度对储能与真空蒸发联合热能回收系统进行了分析和阐述，以期为啤酒企业在借鉴和引进节能新技术中起到促进作用。

1）啤酒煮沸真空蒸发热能利用技术　资料显示，啤酒厂总体热能消耗和电能消耗分配比例分别见图 2-2-30 和图 2-2-31。从图 2-2-30、图 2-2-31 可见，啤酒厂的酿造车间热能消耗占 50%、包装车间占 40%、其他占 10%；而电能消耗以冷冻车间为最大，占整个企业用电的 46%。从数据看出，酿造车间是消耗热能最多的部门，无论采用哪种煮沸方式，糖化车间消耗热能所占比例最大，而其中煮沸锅消耗热能占 40% 左右。如果能够将这一环节的热能回收再用，将在很大程度上改善整个企业的能源消耗状况，降低生产成本，为企业带来可观的经济收益。同时，由于二次蒸汽中含有多种挥发成分，对环境有一定影响，如果伴随二次蒸汽的回收而杜绝直接外排，还将改善生态环境，为企业的可持续发展奠定基础。

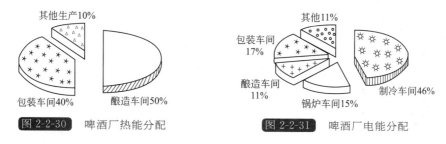

图 2-2-30　啤酒厂热能分配　　　　图 2-2-31　啤酒厂电能分配

世界各啤酒生产国一直致力于研究新的高效节能技术，包括发明先进的设备和进行工艺技术改进。尽管各国在研发的工艺和设备上有所不同、形式多样，但其原理和目的却是一致的。目前，在煮沸热能余热回收利用方面主要有几种热能回收技术：a. 热交换的热能回收系统；b. 二次蒸汽机械压缩的热能回收系统；c. 二次蒸汽热力压缩的热能回收系统；d. 储能与真空蒸发的热能技术。以上 4 种热能回收利用技术各有优势，前 3 种是传统的常压和低压煮沸方式，不同的煮沸方式对产品质量产生不同的影响。

传统的煮沸是采取常压或低压两种煮沸方式，良好的煮沸效果是视其可凝固性氮的沉降状况和影响啤酒风味物质——二甲基硫及其前驱体排除效果而定的。一般要求：a. 冷却麦汁中二甲基硫（DMS）及其前驱体（DMS-P）期望值<100μg/L；b. 冷却麦汁中残留可凝固性氮>15mg/L。但这是矛盾的两个方面，其一是受煮沸温度的影响。如果煮沸温度高，加强煮沸强度虽然冷却麦汁中二甲基硫（DMS）与其前驱体（DMS-P）可达到期望值<100μg/L，但冷却麦汁中残留的可凝固性氮含量>15mg/L，易使有利于啤酒泡沫的蛋白质沉降过量，从而影响啤酒泡沫的稳定性。如果煮沸温度低，降低煮沸强度，煮沸麦汁中可凝固性蛋白质沉淀效果差，冷却麦汁中残留的可凝固性氮含量<15mg/L，虽然有利于啤酒泡沫的稳定性，但不利于保存，且麦汁中二甲基硫（DMS）及其前驱体（DMS-P）挥发效果差，达不到期望值>

$100\mu g/L$，必然影响啤酒的口味。其二是受煮沸时间的影响。如果煮沸时间长，DMS及其前驱体(DMS-P)可达到期望值>$100\mu g/L$，但影响啤酒泡沫的蛋白质易过量沉降，冷却麦汁中残留的可凝固性氮含量<$15\mu g/L$，不利于啤酒泡沫的持久性。如果煮沸时间短，虽然麦汁中可凝固性氮含量保持>$15mg/L$，但影响啤酒口味的DMS超过理想期望值>$100\mu g/L$，不利于改善啤酒的口味。按照传统煮沸方式，要使麦汁中DMS达到<$100\mu g/L$的理想期望值，就需要采取高温、长时间煮沸或降低回旋槽温度来实现，但不能降低影响啤酒泡沫的可凝固性氮含量。在传统煮沸工艺中，获取这两个指标是矛盾的。为了解决这对矛盾，真空蒸发装置及热能回收系统应运而生。

2）真空蒸发回收热能系统

① 原理。真空蒸发原理是利用"溶液的沸点随着压力降低而下降"的机理，真空蒸发时麦汁通过抽真空减压后从切线方向进入真空罐，工作压力由约1个大气压降为0.6个大气压（绝对压力），压力的突然下降导致麦汁沸点降低，麦汁中可挥发性成分瞬间蒸发，DMS等不良杂味物质被挥发掉。这样形成的二次蒸汽被二次蒸汽冷凝器回收，同时形成2%的后蒸发量，可将前期煮沸时间缩短，有利于保留丰富啤酒泡沫物质可凝固性氮，从而进一步降低能耗，使啤酒色度下降、口味更加柔和。

② 工艺流程。真空蒸发热能回收装置工艺流程见图2-2-32。

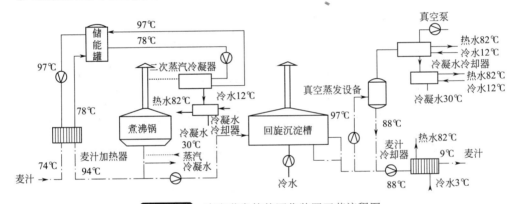

图 2-2-32　真空蒸发热能回收装置工艺流程图

③ 流程阐述。该系统主要包括两段热能回收装置：第一段为热能回收储存装置；第二段为真空蒸发热能回收装置，两者组成联合热能回收系统。第一段的热能回收储存装置是利用煮沸锅对麦汁进行正常煮沸，使总蒸发量至少保持在4%，确保麦汁中二甲基硫前驱体(DMS-P)有充足时间游离为二甲基硫(DMS)。煮沸的麦汁与传统方法一样进入回旋澄清槽，经过静置并分离出热凝固物，在送往薄板冷却器之前开始第二段热能回收过程。第二段真空蒸发装置在将热麦汁在送往薄板冷却器途中，从旁通管引出泵送至真空蒸发器，此环节需要实现：a. 产生2%的第二次后蒸发量，该蒸发量可根据需要灵活控制；b. 通过真空低压蒸发挥发掉以二甲基硫为代表的不良气味，由于煮沸时间缩短，保留了麦汁中可凝固性氮，有利于提高啤酒泡沫；c. 麦汁热负荷进一步降低，使硫代巴比妥酸和色度下降，有利于提高麦汁质量和改善啤酒口味。联合热能回收装置将整个麦汁煮沸过程中的热量通过两种不同形式进行全部回收，即通过第一段热能储存方式将二次蒸汽经过冷凝冷却器将78℃的水加热到97℃后储存于能量储罐中，以供煮沸麦汁预热之用；通过第二段真空蒸发过程中产生的二次蒸汽经过冷凝器冷凝，使逆向流动的酿造水加热到80℃，冷却时形成的二次蒸汽冷凝

水也被用来加热作为酿造用水，其自身温度则下降至 35℃。

④ 工艺特点。真空蒸发回收热能装置一经采用就显示出许多优点。一是麦汁和啤酒质量得到改善，啤酒稳定性得到提高。真空蒸发装置低沸点蒸发可挥发掉影响啤酒口味的杂味物质。特别是冷麦汁中的二甲基硫可达到理想的期望值 <100μg/L，影响啤酒口味物质的斯特雷克尔醛也下降到 25% 以下。由于采取温柔蒸发，保留了冷却麦汁中残留可凝固性氮 >15mg/L(平均上升了 0.9mg/L)，可延长啤酒泡持性 10s。二是节能降耗。采用真空蒸发工艺后，煮沸时间由原来的 90min 缩短到 40~60min，蒸发率由 8%~12% 下降到 5%~6.5%，仅用于麦汁加热和煮沸的原始热能消耗就可下降 60%。在电能和热能上的节能效果与传统的相比，其效果明显，见图 2-2-33。由图 2-2-33 可见，在 A、B、C 三种形式中，B系统降低热耗约 35%、C 系统降低热耗约 60%，B、C 系统降低电耗约 10%。与传统的煮沸方式相比，真空蒸发与联合储能技术的优势是非常明显的。

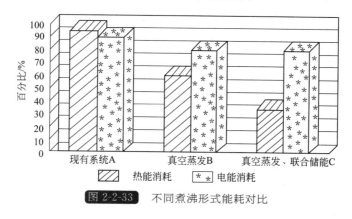

图 2-2-33 不同煮沸形式能耗对比

3) 效益分析 由于真空蒸发热耗和电耗节约明显，因此其经济指标明显优于其他一些热能利用方式，从一些关键指标就能反映出 4 种热能利用系统的差异（见表 2-2-15）。从表2-2-15 可见，采用不同的热能回收方式对比原始能源消耗费用是不同的。在确保工艺要求条件下，真空蒸发与联合储能系统单位成本最低，无疑是最经济的热能回收方式。在条件允许的情况下，尤其对新改扩建的大规模啤酒生产企业，在工艺设计和改造中采用该技术是企业增效的良好途径。以一个年产 50000t 的啤酒厂为例，该工艺的关键技术指标见表 2-2-16。

表 2-2-15 4 种热能系统经济指标比较

项目	无回收系统	真空储能系统	蒸汽热力压缩	蒸汽机械压缩
麦汁加热能耗量/(kW·h)	3433	756	3433	1841
麦汁煮沸能耗量/(kW·h)	5678	266	0	2176
需额外制备热水量/(kW·h)	0.15	0.08	0.06	0.09
热水制备耗热量/(kW·h)	1230	656	492	783
总耗热量/(kW·h)	10341	4034	3925	4755
总耗电量/(kW·h)	10	50	325	165
热能成本/元	2124	828.58	806.2	976.7
电能成本/元	8.22	41.08	267.02	135.6
能耗总成本	2132	869.67	1073.22	1112.24
单位成本/(元/10^2L 啤酒)	2.37	0.97	1.19	1.24

表 2-2-16 关键技术指标

生产规模/(t/a)	热耗成本/(万元/a)	工艺投资/万元	成本节约/(万元/a)	投资偿还期/a
50000	400	280	60%,240	1.2

4）结论 啤酒煮沸环节是啤酒制造业中热能消耗量最大的环节，其煮沸产生的二次蒸汽含有大量的热能，回收和利用这些热能是啤酒企业规模化生产、节能创收的重要措施。它是在传统的热能回收的基础上进一步节约了能源。

啤酒厂糖化车间煮沸锅的蒸汽消耗占全厂的 40%，煮沸强度为 8%～12%。以 50m³ 煮沸锅为例，每生产一锅麦汁将有 5m³ 水被蒸发，并被排放到大气中，二次蒸汽带走的热量占全厂能源消耗的 20% 左右。全国大约有啤酒企业 400 家，排放二次蒸汽带走的热量约 23×10¹²kJ/a，回收二次蒸汽每年节约 8.0×10⁵t 标准煤，并可大量减少废气排放量。

（4）案例 4：啤酒生产煮沸系统二次蒸汽回收利用

某企业考察二次蒸汽回收的效果，进行了一组试验。麦汁煮沸的能耗占全厂 30%，煮沸系统节能降耗需求迫切，投入使用的 10kL 糖化设备在设计上充分考虑到了这一点，安装了一套二次蒸汽回收系统[25]。

1）二次蒸汽回收流程 煮沸过程产生二次蒸汽的热量用水置换回收并储存于储能罐中，将储能罐水温由 78℃升温至 97℃，再将储能罐中的热水用饱和蒸汽加热至 103℃以上，用此热水去预热麦汁至 97℃以上，进入煮沸锅能迅速达到沸腾状态。这样既节省了蒸汽消耗，又缩短了麦汁在锅内升温时间，缩短煮沸锅的周转时间。

2）试验方案 本次共试验 8 锅（糖化号 116～123），全部采用自控操作，煮沸方式采用低压煮沸。工艺过程为：常压预煮沸 10min，低压煮沸 45min，常压后煮 20min，在试验过程中根据实际情况再进行合理的调整。麦汁浓度要求为 10.90～11.20°P。

3）试验结果与分析

① 热能回收。在低压煮沸过程中进行热能回收，储能罐的水温变化见表 2-2-17。

表 2-2-17 热能回收过程中温度的变化

糖化号	低压煮沸时间/min	储能罐	
		上层水温/℃	下层水温/℃
116	40	94.7	67.1
117	40	98.9	71.6
118	40	99.1	90.7
119	45	101.7	97.5
120	45	101.5	96.0
121	45	101.4	99.7
122	45	100.9	101.8
123	40	99.6	100.2

从表 2-2-17 可以看出热能回收达到了预期的效果，储能罐的水经过二次蒸汽的加热，温度能达到 100℃左右。根据试验记录，储能罐上层水温在 15min 内即可达到 100℃。在夏季，即使每天 4 锅的批次，在下一锅麦汁过滤结束时储能罐的水温只降低 1～2℃，完全可

以达到预热下一锅麦汁的目的。

② 麦汁预热。将储能罐中的热水用饱和蒸汽加热到103℃来预热麦汁，这个过程的温度变化见表2-2-18（每隔10min记录一次）。

表 2-2-18 麦汁预热过程中温度的变化

糖化号	储能罐		换热器出口温度/℃	麦汁预热后温度/℃	煮沸锅麦汁温度/℃
	上层水温/℃	下层水温/℃			
118	97.9	71.4	66.5	60.3	77.7
	97.8	73.5	91.3	91.3	90.2
	97.8	74.9	93.3	93.3	95.0
119	98.7	89.0	78.3	73.8	77.2
	98.7	77.8	102.0	94.2	94.2
	98.6	78.0	103.2	97.4	97.2
120	99.7	99.4	99.1	86.4	81.1
	99.7	82.6	102.5	94.8	95.2
	99.6	80.7	103.7	96.7	99.7
122	100.3	87.2	99.2	90.8	86.1
	100.2	82.8	102.4	95.6	95.2
	100.2	82.0	103.0	97.9	97.1
123	99.8	100.8	85.0	64.7	88.1
	99.8	84.3	102.5	95.4	95.6
	99.4	82.4	103.8	96.7	96.1

注：118在预热麦汁时未用蒸汽加热，119～123用蒸汽加热。

麦汁由暂存槽泵入煮沸锅的20min内，温度平均能上升到96.8℃，煮沸锅内麦汁的最终温度平均可达97.3℃。即使储能罐的热水不经过饱和蒸汽加热，而直接预热麦汁也可以使麦汁温度达到95℃。

③ 煮沸强度及麦汁浓度。通过表2-2-19、表2-2-20的数据可以看出低压煮沸的煮沸强度较稳定，在低压煮沸的过程中麦汁的浓度都上升0.8°P。

表 2-2-19 煮沸强度的测定 　　　　　　　　　　　　　　　　单位:°P

糖化号	低压煮沸 40min/45min	前 50min/55min	前 70min/75min
116	6.0	6.0	8.0
117	7.0	6.7	9.0
118	7.4	7.0	8.0
119	6.0	6.8	8.0
121	6.0	7.0	8.5
122	6.0	7.0	9.0
123	7.8	8.6	8.7

表 2-2-20 麦汁浓度的测定   单位：°P

糖化号	混合麦汁	低压结束	煮沸结束
116	9.8	10.6	11.2
117	9.4	10.2	11.0
118	9.8	10.6	11.2
119	9.8	10.6	11.2
121	9.2	10.0	11.0
122	10.0	10.8	11.2
123	9.6	10.4	11.0

由实验室测得的数据看，麦汁的理化指标都达到要求。

4）结论　采用二次蒸汽回收系统既减少了对周围环境的污染，又将二次蒸汽的绝大部分能量回收，大大节约了糖化车间的蒸汽消耗，在充分利用二次蒸汽的情况下所耗蒸汽量仅为传统煮沸的 1/3 左右。事实上煮沸二次蒸汽回收的热能会大于麦汁预热所需的热能，此部分多余热能可以再利用起来去制备热水供发酵及灌装等使用，达到将热能尽量回收的目的。

（5）案例 5：麦汁煮沸二次蒸汽用于杀菌机喷淋水升温技术

某啤酒厂用糖化煮沸时产生的二次蒸汽，对储热罐中的水进行加热，用泵打至包装杀菌机 4 区和 5 区，通过薄板换热器进行热交换，以达到给喷淋水升温的目的。

糖化工段麦汁煮沸时会产生大量二次蒸汽，包装车间杀菌机要消耗大量的蒸汽，若将煮沸产生的二次蒸汽用来给杀菌机喷淋水加热，则可节省大量的蒸汽。

1）生产现状　该厂包装线杀菌机原来用直接蒸汽加热，蒸汽用量为 0.7t/h，占整个车间消耗量的 40% 以上；糖化每批麦汁煮沸产生二次蒸汽约 5t，前期改造已经回收利用了 2t，还有 3t 可利用；外购蒸汽，每吨价格 129 元，因此生产成本很大[26]。

2）杀菌机水及热能平衡　杀菌机共 8 个区 9 个水箱，采用 9 台水泵供水；其中 1、2、3 区属于预热升温区；6、7、8 区属于冷却降温区；4 区是高温过热区，有 2 个水箱；5 区是保温杀菌区。其中 1、8 区水箱，2、7 区水箱，3 区水箱相互连通，基本能自成平衡循环。4、5 区水箱也连通，直接通蒸汽加热。

3）杀菌机利用糖化回收热量的实施见图 2-2-34。

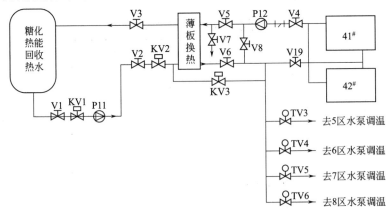

图 2-2-34 杀菌机利用糖化回收热量

① 糖化车间将煮沸锅产生的二次蒸汽引至热能回收罐加热水，回收罐底增加 3 台泵：1 台作为热能循环泵，$Q=100t/h$，$H=40m$；2 台作为杀菌机热水供水泵，$Q=60t/h$，$H=25m$。通过 PLC 编制了个简单的控制程序：当 PLC 的输入端同时接收到包装车间的生产信号以及热能回收罐水温达到 75℃ 的信号时，输出端动作，控制供水泵的开启实现了对包装车间自动控制供热水。

② 包装车间杀菌机在 4 区管路上加装了 2 台 2.2kW 水泵，用于 4 区 2 个水箱的热交换，采用 2 台变频器（三菱，F740-2.2）控制水泵。控制原理如下：AI 智能调节仪根据水温的变化相应地输出 0～20mA 控制信号（按设定好的 PID 曲线），将此信号接到变频器的输入端，用来控制变频器的输出频率，保证 4 区水温稳定在工艺指标。项目实施后糖化提供热水到包装的温度 80～82℃，交换后回水温度 75～77℃，通过变频器控制，将杀菌机 4 区温度控制在 66℃、5 区温度控制在 62℃，满足了杀菌工艺要求不需要再消耗一次蒸汽。

③ 在杀菌机控制柜内增加了一套简单的控制系统，以便于操作工操作。控制原理如下：每次开班前，操作工按下接通按钮，给酿造车间一个生产信号，如果糖化水罐水温达到 75℃ 就会反馈回来一个 DC24 伏信号，杀菌机 PLC 接收到此信号后输出端动作，控制 2 台热交换泵的开启，即使用糖化热能回收系统对 4 区水箱的水进行加热。

如糖化不生产或者没有热能提供，操作工可打开蒸汽管路上的截止阀，将加热系统切换到原来的蒸汽加热状态。在糖化提供热水足够的情况下，可以考虑在开班时直接将热水加到 4 区水箱并适当加给 5、6、7、8 区水箱，直接用于调节水温（设置气动阀 KV3 控制）。

④ 为方便清洗，在杀菌机循环水侧设置反冲洗系统（通过 V5、V6、V7、V8、V19 控制）和过滤器，防止菌膜和碎玻璃的堵塞。在每次杀菌机大刷洗时都要通过循环，将薄板换热器清洗干净。

4）利用薄板冷却器进行调温方案见图 2-2-35。

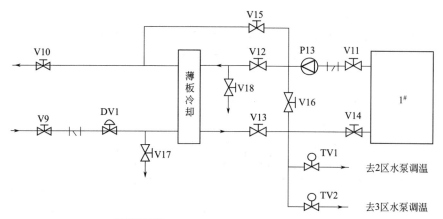

图 2-2-35 利用薄板冷却器进行调温方案

① 利用杀菌机系统原有的薄板冷却器给 1 区水箱的水独立循环降温，并用降温后的冷水用于调节 2、3 区水箱（即 7、8 区的喷淋水）温度。

② 在杀菌机循环水侧设置反冲洗系统（通过 V12、V13、V16、V18、V14 控制）和过滤器，防止菌膜和碎玻璃的堵塞，方便清洗。

③ 在冷媒侧加装过滤器和电磁阀控制，并设置反冲洗系统（通过 V12、V16、V15、V17 控制），解决冷媒侧易堵的问题。

5）改造效果及注意事项

① 为满足喷淋压力达 0.02～0.04MPa 的工艺要求，在改造初期曾考虑热交换系统用原来的水泵，但改造后发现喷淋压力达不到工艺要求，后使用功率较大的泵。

② 糖化提供 80～82℃ 的热水给杀菌机，满足了工艺要求，杀菌机目前蒸汽消耗为 0.06～0.07t/kL 酒，只要与糖化生产配合好，1#包装线杀菌机可以做到基本不耗能（蒸汽）。

③ 节水：通过糖化回收热能的利用和薄板冷却器的使用，可以做到杀菌过程非常低的水耗（仅为补充蒸发消耗）。

由于水温调节的能力加强，水温控制效果改善，对杀菌单位的控制、酒损瓶损的降低、提高生产效率都收到了很好的效果。

（6）案例 6：啤酒厂煮沸蒸汽余热利用系统

啤酒厂麦汁煮沸过程耗热占全厂热耗 50%，能否回收利用煮沸过程的蒸汽余热是实现企业节约能源、提高经济效益的关键[27]。

1）啤酒厂余热基本情况概述　余热属于二次能源，是一次能源的热量在完成某一工艺过程后所剩余的热量。由于生产工艺、生产设备以及原料和燃料的不同，余热资源品位和特性也不同，从而对余热利用造成一定的困难。

啤酒厂余热能源品位低，并且由于生产的周期性使得热负荷不稳定。以某啤酒厂为例：每条生产线有 3 个工艺环节，分别为糖化、煮沸和发酵。现有的工艺流程是将煮沸锅产生的 115℃ 饱和蒸汽引入到汽水换热器，将进口温度为 78～84℃ 的麦汁加热至 98℃，经过汽水换热器出来的蒸汽进入开式蒸发水箱，其中有 50% 的蒸汽放出潜热变成凝结水用于回收，剩余 100℃ 的 8t/锅蒸汽排放到空气中。该厂有 3 条独立的生产线，每条生产线平均每天可产 7 锅，全厂每天可以回收 168t 蒸汽。由于需要等料（上一工序未准备好）或洗涤煮沸锅，煮沸锅的生产时间是不连续的，每锅的间隔时间为 2～3.5h。后续工艺中需要对 100℃ 的热麦汁用 4℃ 的冷水进行冷却，冷冻水由该厂制冷站的 3 台螺杆制冷机组产生。

根据业主要求，利用煮沸过程中放散的蒸汽余热结合原有管道和制冷系统，设计蒸汽驱动的工艺冷却水制取系统。根据业主提供数据和实地调研，原蒸汽及冷水系统示意图如图 2-2-36 所示。

原蒸汽系统与冷冻水系统是相互独立的，煮沸锅产生的蒸汽经换热器换热后进入开式蒸

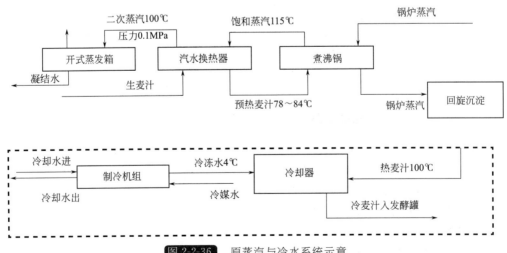

图 2-2-36　原蒸汽与冷水系统示意

发箱，多余的蒸汽直接排放掉；由该厂制冷站的 3 台螺杆制冷机组制取冷却器需要的冷冻水。汽水换热器和冷水机组的性能参数见表 2-2-21。

表 2-2-21 原系统主要设备性能参数

汽水换热器	蒸汽进口/出口温度/℃	蒸汽流量/(t/d)	麦汁进口/出口温度/℃	麦汁流量/(t/d)
	115/100	168	78~84/98	136
冷水机组(×3)	制冷剂	冷冻水进/出口温度/℃	冷冻水流量/(t/h)	制冷量/功率/kW
	R22	35/—7	80	750/200

拟采用蒸汽驱动吸收式制冷机组全部或部分取代制冷站的冷量，实现能量的合理回收利用。

2）热力计算及系统方案　该方案主要涉及放空的 100℃ 蒸汽的低温余热回收。因蒸汽品位较低，故采用单效溴化锂吸收式机组对该部分蒸汽余热进行回收。按照生产要求，需对 100℃ 的热麦汁用 4℃ 的冷水进行冷却。按每天 21 锅的产量计算，1d 需消耗 4℃ 的冷水约 1365t，则 1d 的制冷量：

$$Q = C_水 m \Delta t = 9.14 \times 10^7 \, kJ$$

其中，$C_水 = 4.186 kJ/(kg \cdot ℃)$，$m = 1.365 \times 10^6 \, kg/d$，$\Delta t = 20 - 4 = 16℃$。

若每年按 300d 算，则一年的制冷量 Q_0 为

$$Q_0 = Q \times 300 = 27000 GJ$$

若采用吸收式溴化锂制冷机，其 COP 值取 0.7，故需要供给的热量 Q_g 为

$$Q_g = Q_0/COP = (9.141 \times 10^7)/0.7 = 1.3 \times 10^8 \, kJ/d$$

按 50% 的回收率，可回收的 100℃ 饱和蒸汽量为 84t/d，其热量（只计算潜热）为：

$Q_q = m_汽 \cdot r = 1.9 \times 10^8 \, kJ$（其中水的汽化潜热 $r = 2256.6 kJ/kg$，$Q_q > Q_g$，故蒸汽量满足需求。

因溴化锂制冷系统最低只能产生 7℃ 的冷水，需采用二级制冷形式。又因为生产过程的周期性，因此主要考虑 2 个方面问题：a. 余热蒸汽回收方式；b. 二级制冷方式。目前对于周期性余热回收一般有储能系统和间隔生产（即 3 条生产线时间错开，尽可能使得余热连续产生）的方式，本方案采用储能系统的方法。考虑到该厂所在地区采用峰谷电价和原有制冷机组的性能，采用全负荷冰蓄冷的方式对溴化锂机组产生的 7℃ 冷水进行二次冷却，达到生产工艺的要求。系统方案及主要设备如图 2-2-37 所示。

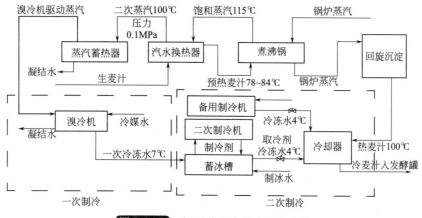

图 2-2-37 新型蒸汽冷却水系统流程

该方案中，对原螺杆式制冷机组进行改造，蓄冰槽作为制冷机组蒸发器，由煮沸锅放空的饱和蒸汽通过蓄热器储存起来作为溴化锂机组的驱动热源，机组产生的 7℃冷水作为取冷剂通过蓄冰槽进行二次冷却，温度降低到 4℃后冷却热麦汁以便进行发酵环节。

冰蓄冷系统采用全负荷蓄能，即将电力高峰期的冷负荷全部转移到电力低谷期，白天时段所需要的冷量均由电力低谷时段所蓄存的冷量供给。

系统中主要设备的性能参数见表 2-2-22。

表 2-2-22 新系统主要设备性能参数

蓄热器	蒸汽进口/出口温度/℃	蒸汽流量/(kg/h)	麦汁进口/出口温度/℃	形式
	115/100	180	78~84/98	变压式
溴冷机	机组形式	驱动蒸汽表压力/MPa	冷冻水进口/出口温度/℃	制冷量/功率/kW
	蒸汽驱动单效	0.1	35/7	334~4853/20
蓄冰槽	体积/m³/RTH①	乙二醇溶液/kg/RTH	二次水进出口温度(取冷)/℃	融冰形式
	0.078	4.10	8~2	外融冰

① RTH：RTH(冷冻吨·小时)是蓄冷量单位，1t0℃的水在 24h 内变成 0℃的冰所需要的制冷量。

3）一次能耗率及经济运行指标　原系统中饱和蒸汽的余热 Q_q 是放空的，同时还有 2 台螺杆式制冷机组在运行，耗电量 W_0。同原系统相比，新系统增加了溴化锂吸收式机组的耗电 W_1、蓄冰槽的耗散量 Q_b 以及二次制冷机组的耗电量 W_2。仅从数量的角度来说，以原系统为基准，运行一年，新系统节约的能量 ΔQ 为

$$\Delta Q = Q_2 + W_0 - (W_1 + Q_b + W_2)$$

则一次能源节约率 $\eta_{1\text{-}2}$ 为

$$\eta_{1\text{-}2} = \Delta Q/(Q_2 + W_0) = 1 - (W_1 + Q_b + W_2)/(Q_q + W_0)$$

式中　W_1——溴化锂吸收式机组的耗电量；

　　　W_2——二次制冷机组的耗电量；

　　　Q_q——原系统中饱和蒸汽的余热。

计算可得，新系统较原有系统节约能量 8660.4GJ，一次能源节约率为 63.7%。

参 考 文 献

[1] 张一慧. 啤酒厂的节能——介绍现代麦汁煮沸的几种方法 [J]. 酿酒，1985，(Z1)：6-12.

[2] 高寿清. 麦汁煮沸的最近发展 [J]. 食品与发酵工业，1986，(3)：70-80.

[3] 程辉军. 浅谈麦汁煮沸基本概念 [J]. 啤酒科技，2008，(3)：44-45.

[4] 郭泽峰. 优化麦汁煮沸条件，提高麦汁质量 [J]. 啤酒科技，2011，(5)：40-42.

[5] 王宏华. 麦汁煮沸的作用 [J]. 啤酒科技，2002，(7)：32，68-70.

[6] 王子栋. 麦汁煮沸中相关问题的探讨 [J]. 中国酿造，2006，(2)：50-53.

[7] 刘飞鸣. 麦汁煮沸设备的传热与流动研究 [D]. 杭州：浙江大学，2004.

[8] 赵玉祥. 麦汁煮沸工艺的优化试验 [J]. 啤酒科技，2007，(5)：20-21.

[9] 郭泽峰. 麦汁煮沸工艺条件的优化 [J]. 酿酒科技，2011，(6)：62-64.

[10] 柳立芹. 麦汁煮沸过程节能工艺优化 [J]. 啤酒科技，2006，(12)：48-49.

[11] 陈国龙. 缩短麦汁煮沸时间的可行性分析 [J]. 啤酒科技. 2005，(1)：40-41.

[12] 张宇锋. 麦汁煮沸系统与工艺技术 [J]. 广西轻工业，2010，(8)：18-19，51.

[13] 崔云前，于同立，张志永. 麦汁煮沸节能技术探讨 [J]. 酿酒科技，2005，(10)：48-50.

[14] 宋峰，彤克进. 煮沸锅二次蒸汽的利用研究 [J]. 啤酒科技，2002，(12)：15-16.

[15] 陆恩锡，吴震. 蒸馏过程热泵节能——热泵基本原理 [J]. 化学工程，2008，(8)：75-78.

［16］王辉，郭海庭．麦汁正压煮沸及其二次蒸汽回收的认识和实践［J］．啤酒科技.2001，（1）：32-34.

［17］涂馨．二次蒸汽的综合利用［J］．昆明冶金高等专科学校学报，1999，（4）：74-75.

［18］林兴华，徐秋华．麦汁煮沸二次蒸汽的回收——啤酒厂节能技术之三［J］．酿酒，2000，（1）：44-46.

［19］刘志喜．关于低压煮沸二次蒸汽回收问题［J］．酒：饮料技术装备，2002，（3）：28-30.

［20］徐秋华，林兴华．麦汁煮沸二次蒸汽回收的节能［J］．能源工程，1998，(1)：34-36.

［21］邹琼，马奇．啤酒煮沸二次蒸汽利用——储能与真空蒸发联合热能回收系统［J］．资源开发与市场，2008，（1）：13-15.

［22］赵大训，刘尚义．莫拉公司对麦汁煮沸系统的重大突破［J］．啤酒科技，2002，（3）：52-54.

［23］刘建龙．啤酒厂麦汁煮沸的热能回收及利用［J］．山东食品发酵，2005，（4）：19-21.

［24］陈剑锋．啤酒生产中热能的回收利用［J］．啤酒科技.2008，（9）：48-49.

［25］徐贵．糖化二次蒸汽的回收应用［J］．啤酒科技，2006，（12）：62-64.

［26］唐少峰，黄立杰．麦汁煮沸二次蒸汽热能在杀菌机的回收利用［J］．啤酒科技，2010，（11）：33-34.

［27］张德莉，臧全忠，孙大康．啤酒厂二次蒸汽余热利用系统方案探讨［J］．建材世界，2011，（6）：127-129，136.

3

推广味精废母液生产
复合肥

3.1 味精工业概况

3.1.1 味精产业简介

味精形状为白玉色斜方晶体系柱形八面体，味精易溶于水，具有吸湿性，味道极为鲜美，溶于 3000 倍的水中仍具有鲜味，其最佳溶解温度为 70～90℃。味精在一般烹调加工条件下较稳定，但长时间处于高温下易变为焦谷氨酸钠，不显鲜味且有轻微毒性；在碱性或强酸性溶液中，难于溶解或产生沉淀，其鲜味也不明显甚至消失。它是既能增加人们的食欲，又能提供一定营养的家常调味品。

味精在中国的生产始于 1923 年，自 20 世纪 80 年代开始进入高速发展阶段，并于 1992 年成为世界味精生产的第一大国。我国味精生产主要分布在山东、河南、河北、江苏、广东、浙江等地，据统计，2007 年六省的产量占到全国的 77.94%，山东、河南、河北三省的产量则占到了全国的 1/2 以上。

味精工业是我国发酵工业中最大污染源，2007 年味精行业产生高浓度有机废水总量为 2850 万吨，年 COD 产生总量为 142 万吨，每生产 1t 味精产品将产生 15t 左右的高浓度废水。味精行业突出的共性问题是由高浓度有机废水引起的污染，其中发酵废母液或离交尾液是其主要的污染源，由于发酵废母液中含有残糖、菌体蛋白、氨基酸、铵盐及硫酸盐等，是典型的高 COD_{Cr}、高 BOD_5、高菌体含量、高 NH_3-N、高 SO_4^{2-}、低 pH 值的"五高一低"废水。

3.1.2 国家产业政策

随着人民生活水平的提高，我国味精行业迅猛发展，但随之而来的是味精行业对环境和生态系统所带来的负效应日益突出，成为制约味精行业可持续发展的主要因素。味精生产产业链起源于玉米加工—生产玉米淀粉—加工成淀粉糖—发酵成谷氨酸—谷氨酸转化为味精；采用发酵技术进行玉米深加工生产谷氨酸，在谷氨酸发酵过程中会排放大量的污水和废气，需要环保投入，其中治理 10 万吨的污水需要投入(5～6) 千万元。环保投入比例占总生产成本的 15%，环保费用开支大也是构成味精行业发展的壁垒，为此国家出台一系列的环保政策用于味精生产污染物治理。2004 年 1 月国家环境保护总局和国家质量监督检验检疫总局发布了《味精工业污染物排放标准》(GB 19431—2004)，并于 2004 年 4 月实施；标准规定了味精工业企业水污染、恶臭污染物排放标准值；水污染排放标准分年限规定了水污染物日均最高允许排放浓度、吨产品污染物排放量以及日均最高吨产品排水量，为味精行业污染物的治理提供了坚实的基础。2007 年为推进行业结构调整，促进产业优化升级，减少对环境的污染，实现节能减排目标，降低资源消耗，减少污染物排放，国务院、国家发展和改革委员会、国家环境保护总局加大了味精行业落后生产能力淘汰力度，淘汰年产 3 万吨以下味精生产企业，分别出台了《节能减排综合性工作方案》《关于做好淘汰落后造纸、酒精、味精、柠檬酸生产能力工作的通知》《关于促进玉米深加工业健康发展的指导意见的通知》。经过2007～2008 年的整合，味精企业约 30%～40% 的产能退出市场。2009 年，国家进一步出台了《轻工业调整和振兴规划》政策限制产能 10 万吨以下的味精企业发展，味精生产企业的总数减少到 35 家左右。2010～2013 年工业和信息化部分别出台了《关于下达 2010 年工业行业淘汰落后产能目标任务的通知》《关于下达 2011 年工业行业淘汰落后产能目标任务的通知》《关于下达 2012 年 19 个工业行业淘汰落后产能目标任务的通知》《关于下达 2013 年 19 个工业行业淘汰落后产能目标任务》，淘汰味精行业落后产能 18.9 万吨、8.38 万吨、14.3 万吨、28.5 万吨。与其他调味品集中度整体较低的品牌相比，味精行业集中度相对较高，为企业污染物的治理提供了有利的条件。

由于国家产业政策的调整，清洁生产和排污标准的实施以及科技水平不断提升，使得味精的生产及产品质量都得到了不断的改善。"新型浓缩等电结晶工艺偶联膜处理提限技术"和"双酶法生产技术"的广泛应用不同程度地改善了味精行业的提取、收率以及能耗等指标。在生产过程中，味精行业将高浓度有机废水进行了有效处理，通过资源综合利用，生产出高附加值的饲料蛋白粉、固体硫酸铵和液体蛋白等副产品，实现了高浓度有机废水零排放；通过循环利用生产中的水资源，大大节约了味精生产用水，实现了味精行业的清洁生产及资源化利用，符合《中华人民共和国清洁生产促进法》和《中华人民共和国循环经济促进法》。2005～2008 年，味精行业吨产品的水耗平均每年下降 11%，能耗下降 3.9%，通过相关工艺的改革，提高了产酸率和味精总收率，也提高了劳动效率，降低了员工的劳动强度。据统计，2008 年度味精行业发酵转化率比 2007 年提高了 7 个百分点，平均产酸率比 2007 年提高 5 个百分点。味精属于发酵行业，发酵工业未来的发展面临着要降低资源消耗、加强环保治理的双重压力，从而使行业发展的部分产品的生产成本有所提高。发酵工业始终要坚持循环经济发展的理念，走循环经济和综合利用的发展道路，加快发酵工业的产业结构调整，坚持上规模、上水平，提高资源利用水平，逐渐减少污染物排放，降低单位产品能耗、物耗。味精和柠檬酸行业能源资源消耗水平见表 2-3-1。

表 2-3-1　味精和柠檬酸行业能源资源消耗水平

能源消耗指标	单位	产品	消耗水平			
			国内准入[①]	国内一般[②]	国内先进[②]	国际先进[②]
电耗	kW·h/t	味精	—	1100	700	600
		柠檬酸	—	1100	950	—

能源消耗指标	单位	产品	消耗水平			
			国内准入①	国内一般②	国内先进②	国际先进②
汽耗	t/t	味精	—	9	7	6
		柠檬酸	—	5.37	4.30	—
综合能耗	tec/c	味精	2.8	1.9	1.7	1.5
		柠檬酸	2.5	1.82	1.72	—
主原料(玉米)	t/t	味精	2.5	2.2	1.9	1.7
		柠檬酸	1.9	1.8	1.75	—
取水量	t/t	味精	100	85	60	55
		柠檬酸	40	35	30	—

①关于促进玉米深加工业健康发展的指导意见。

②调研数据。

注:"—"与国外采用的原料不同,不可比较。

发酵工业的废水、废渣糟中含有丰富的蛋白质、氨基酸、糖类和多种微量元素,具有较高的化学需氧量(COD)。随着发酵产品产量的增长,产生的废水、废气和废渣也随之增加。因此,发酵工业的有机废水治理任务艰巨,为使废水达标排放,味精企业一定要加大治理力度,对废水进行严格处理。味精和柠檬酸水污染物排放水平见表2-3-2。

表 2-3-2　味精和柠檬酸水污染物排放水平

污染物排放指标	单位	产品	排放水平			
			国内准入①	国内一般②	国内先进②	国际先进②
废水排放总量	m³/t	味精	150	55	25	20
		柠檬酸	80	40	25	—
COD	mg/L	味精	200	100	60	50
		柠檬酸	150	100	90	—
氨氮	mg/L	味精	50	30	25	20
		柠檬酸	15	12	10	—
悬浮物	mg/L	味精	100	50	30	25
		柠檬酸	80	50	40	—

① 污染排放标准。

② 调研数据。

注:"—"与国外采用的原料不同,不可比较。

目前针对我国味精行业资源消耗和废水治理的现状,我国味精行业技术发展的方向是加快研究开发绿色制造技术,实现水和物料的循环利用,构建健康绿色的循环利用体系。味精行业高浓度废液资源化处理技术发展的目标是:a.废水经深度处理后,达到中水回用要求,实现零排放,节约水资源;b.通过清洁生产及资源化技术,对发酵高浓度有机酸性废液中的各种营养物质进行回收利用,联产菌体蛋白、硫酸铵、复混肥等有用的物质,实现"资源—产品—再生资源—再生产品"的循环经济模式,达到社会、经济、环境协调发展的要求,实现废弃物的资源化。

3.1.3 味精生产工艺及产污节点

味精主要是通过大米、玉米、淀粉、糖蜜为主要原料经发酵法加工而成的一种粉末状或结晶状的产品，主要成分为谷氨酸钠，个别厂家以小麦为原料。生产工艺为：原料→处理→淀粉→液化→糖化→发酵→分离与提纯→产品。味精生产全过程可划分为 4 个工艺阶段：原料的预处理及淀粉水解糖的制备；谷氨酸发酵；谷氨酸的提取；味精精制。其工艺流程如图 2-3-1 所示。

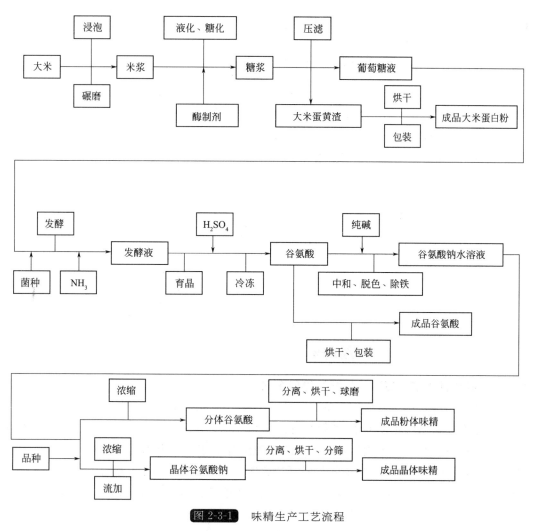

图 2-3-1 味精生产工艺流程

在味精生产厂设置了与 4 个工艺段相对应的主要生产车间为糖化车间、发酵车间、提取车间和精制车间。

3.1.3.1 原料预处理及水解糖制备（糖化车间）

以淀粉或大米为原料首先要制备葡萄糖才能供发酵使用，淀粉水解糖的方法有酸水解法、酶水解法、酸酶结合水解法。双酶水解法是利用专一性很强的淀粉酶及糖化酶水解为葡萄糖的方法。双酶法制糖，糖液质量好（含糖量高，透光率高），淀粉转化率高，有利于发酵和提取，该工艺液化和糖化（除生产淀粉过程外）基本上不产生高浓度有机废水，外排的仅仅是冷却水和冲洗水。所以味精生产制糖过程主要是双酶法。图 2-3-2 为以淀粉为原料的制糖工艺流程及排污流程。

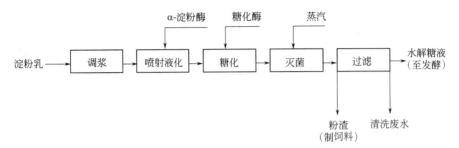

图 2-3-2　淀粉水解制糖工艺及排污流程

由图 2-3-2 可知，制糖生产过程中主要污染物是生产排出的制糖清洗废水，另外还有极少量的粉渣排放，该类废渣可以作为饲料出售而综合利用。

图 2-3-3 为以大米（玉米）为主要原料的制糖工艺，生产过程中主要污染物是生产排出的制糖清洗废水和洗涤水，米渣可作为饲料出售。

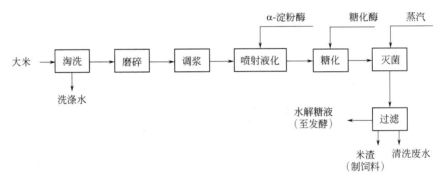

图 2-3-3　大米制糖工艺及排污流程

3.1.3.2　谷氨酸发酵与提取（发酵、提取车间）

谷氨酸的发酵包括谷氨酸生产菌的育种、扩大培养和发酵等过程。谷氨酸的提取是将谷氨酸生产菌在发酵液中积累的 L-谷氨酸提取出来。谷氨酸提取收率是指提取的谷氨酸占发酵液中谷氨酸的百分比。国内外发酵工业的谷氨酸提取工艺，大体经历了从“一步冷冻等电工艺”向“冷冻等电加离子交换工艺”（简称“等电离交”），以及“浓缩等电加转晶工艺”（简称“浓缩等电”）演变的发展过程，目前国内谷氨酸提取工艺以等电离交为主，浓缩等电次之。图 2-3-4、图 2-3-5 为谷氨酸发酵与提取生产工艺及排污流程。

图 2-3-4 给出了离交工艺谷氨酸发酵与提取生产工艺流程及排污流程。在该工艺中二次分离谷氨酸后的废液称离交尾液，二次分离谷氨酸后离子交换柱需要冲洗再生，产生的废水称为树脂洗涤水。该生产过程中主要污染源为谷氨酸提取的离交尾液及树脂洗涤水，该部分废水排放量大，污染物浓度高、难处理，是制约味精生产发展的主要因素之一。谷氨酸发酵过程中还将排出连消灭菌洗罐废水。

图 2-3-5 给出了浓缩等电工艺谷氨酸发酵与提取生产工艺流程及排污流程。该生产过程中主要污染源为谷氨酸提取的分离尾液，无树脂洗涤水，同时排出连消灭菌洗罐废水，而且在浓缩过程中产生污冷凝水。

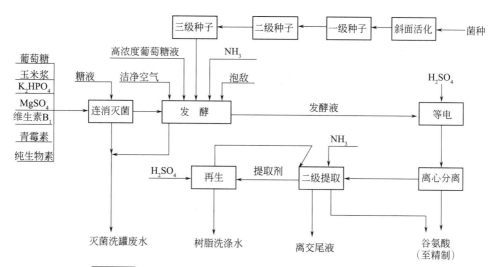

图 2-3-4 谷氨酸发酵与提取生产工艺及排污流程（离交工艺）

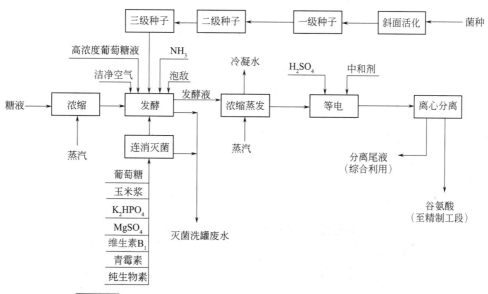

图 2-3-5 谷氨酸发酵与提取生产工艺及排污流程（浓缩等电工艺）

在谷氨酸发酵提取过程中，无废渣产生，废气主要来自发酵和提取过程中使用氨水而产生的无组织排放。等电离交工艺，虽然提取收率高（高于浓缩等电），但酸、氨消耗高，废水量大，处理难度大，成本高。

总之，谷氨酸发酵与提取是味精生产过程中污染物产生量最大的环节，排放水量大、浓度高，难以采用常规的生物＋深度处理实现达标排放，目前普遍采用加氨中和、蒸发浓缩的方法，生产复合肥或者提取菌体蛋白生产饲料。

3.1.3.3 谷氨酸精制生产味精

从发酵液中提取得到的谷氨酸，仅仅是味精生产中的半成品。谷氨酸与适量的碱进行中和反应，生成谷氨酸钠，谷氨酸钠溶液经过脱色及离子交换柱除去 Ca^{2+}、Mg^{2+}、Fe^{2+}，即可得到高纯度的谷氨酸钠溶液，最后通过减压浓缩、结晶及分离，得到较纯的谷氨酸钠晶体即味精，其工艺流程如图 2-3-6 所示。

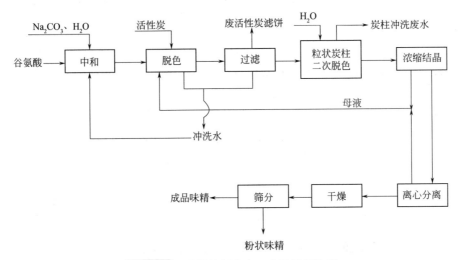

图 2-3-6　味精精制生产工艺及排污流程

精制生产过程中主要污染源为废水，其废水排放为脱色时粒状炭柱冲洗废水，而脱色压滤洗滤布水经沉淀后全部返回中和工序，作为谷氨酸溶解水使用而不外排。固体废物主要为过滤产生的废活性炭滤饼。精制产生的脱色活性炭由原生产厂家回收。

总之，味精生产工艺过程中废水主要来源为：a. 原料处理后剩下的废渣（米渣）；b. 发酵液经提取谷氨酸（夫酸）后废母液或离子交换尾液；c. 生产过程中各种设备（调浆罐、液化罐、糖化罐、发酵提取罐、中和脱色罐等）的洗涤水；d. 离子交换树脂洗涤与再生废水；e. 液化（95℃）至糖化（60℃）、糖化（60℃）至发酵（30℃）等各阶段的冷却水；f. 各种冷凝水（液化、糖化、浓缩等工艺）。

表 2-3-3 给出了国内几个大中型味精厂的废水水量和水质情况。

表 2-3-3　国内部分味精厂废水水量和水质

项目	武汉周东味精厂		青岛味精厂[①]	邹平发酵厂		沈阳味精厂[③]	
	浓废水	淡废水	浓废水	浓废水[②]	淡废水	浓、淡废水混合	排放标准
水量/(m³/d)	400	600	750	350	3000	10200	
COD/(mg/L)	20000	2500	60000	50000	1500	2768	≤300
BOD$_5$/(mg/L)	10000	750	30000	25000	750	800	≤150
NH$_4^+$-N/(mg/L)	10000	200	10000	15000	200		≤25
SO$_4^{2-}$/(mg/L)	20000		35000	70000		3000~3200	
SS/(mg/L)	200		10000	8000		5700~6500	≤200
pH 值	1.5~1.6	5~6	3.0~3.2	1.5~1.6	5~6	3.0	6~9

① 给出的浓废水；
② 未去除菌体蛋白的离子交换水；
③ 给出的混合废水。

表 2-3-4 为生产味精的主要污染物、污染负荷和排放量。由该表可见，发酵废母液或离子交换尾液虽占总废水量的比例较小，但是 COD 负荷高达 30000~70000mg/L，废母液 pH

值为 3.2，离子交换尾液 pH 值为 1.8～2.0，是味精行业亟待处理的高浓度有机废水；而属于中浓度有机废水的洗涤水、冲洗水排放量大（100～250m³/t 产品），负荷为 1000～2000mg/L，相当于啤酒行业的废水污染负荷，也是应该设法处理的有机废水。至于冷却水，只要管道不渗漏，基本不会产生污染负荷。

表 2-3-4　味精生产主要污染物、污染负荷和排放量

污染物分类	pH 值	COD /(mg/L)	BOD /(mg/L)	SS /(mg/L)	NH₄⁺-N /(mg/L)	Cl⁻ 或 SO₄²⁻ /(mg/L)	w 氨氮/%	w 菌体/%	排放 /(t/t 味精)
高浓度(离子交换尾液或发酵母液)	1.8～2.0	30000～70000	20000～42000	12000～20000	500～7000	8000 或 20000	0.2～0.4 1.5	1.0～1.5	15～20
中浓度(洗涤水/冲洗水)	3～3.2	1000～2000	600～1200	150～250	1.5～3.5				100～250
低浓度(冷却水/冷凝水)	3.5～4.5	100～500	60～300	60～150	0.2～0.5				100～200
综合废水(排放口)	6.5～7	1000～4500	500～3000	140～150	0.2～0.5				300～500

3.1.4　味精废水特性及处理工艺

由于谷氨酸的提取工艺有多种，不同生产工艺产生的废水水质基本相近，但残留的有机物、无机物含量也有差异，数据如表 2-3-5、表 2-3-6 所列。

表 2-3-5　不同生产工艺味精废水主要成分　单位:mg/L(pH 值除外)

项目	冷冻等电点法	离子交换法	钾盐法	浓缩等电点法
COD	6.0×10	3.6×10	6.0×10	6.0×10
BOD	3.6×10	1.695(总)	6.0×10	6.0×10
NH₄⁺-N	6.0×10		6.0×10	6.0×10
Cl⁻	2.0×10	6.0×10		6.0×10
SO₄²⁻				
pH 值	3.0～3.2	0.1～0.5	6.3～6.5	2.0～4.0

表 2-3-6　各种味精废水主要有机物含量

味精废水 名称	pH 值	COD_Cr /(mg/L)	BOD₅ /(mg/L)	总固形物 /(g/L)	残糖/%	残留谷氨酸/%	SO₄²⁻/%
冷冻等电	3.2	4.5～5.0	2.2	13	0.70～0.80	1.4	
等电离交	1.5	3.5～4.0	1.5	9～11.9	0.1～0.2	0.1～0.2	3.26
离交聚晶	1.5	2.5～3.0	1.2	7～8.0	0.1～0.2	0.1	3.32
甜菜糖	3.2	6.5		14～15	0.7～0.8	1.4	

我国的多数味精生产企业中谷氨酸下游提取大都采用"冷冻等电"工艺或"等电离交"工艺。"冷冻等电"工艺谷氨酸提取收率达 75%～80%，"等电离交"工艺可以达到 90%，但是

离交带来的副作用很大。每生产 1t 味精排放 20～25t 母液，其 SO_4^{2-} 含量在 5%，COD 高达 $(5～8)×10^4$ mg/L，属于高浓度有机酸性废水。表 2-3-7 为冷冻等电点离子交换工艺提取谷氨酸废水水质特性。

表 2-3-7 等电离交提取谷氨酸废水水质特性

参数	数据	参数	数据
密度/(g/cm³)	1.030～1.040	pH 值	1.5～3.2
COD/(mg/L)	50000～80000	BOD/(mg/L)	25000～40000
NH_4^+-N/(mg/L)	4000～6000	TKN/(mg/L)	6000～10000
PO_4^{3-}-P/(mg/L)	100～200	TP/(mg/L)	400～600
还原糖/%	0.5～1.0	总糖/%	0.7～1.3
谷氨酸菌体/%	1	TSS/(mg/L)	700～2000
谷氨酸/%	1.2～1.5	SO_4^{2-}/(mg/L)	8000～9000
挥发酸/(mg/L)	400～800		

由表 2-3-5～表 2-3-7 可以看出，味精生产的废水有机物和悬浮物菌丝体含量高，酸度大，氨氮和硫酸盐含量高。味精废液过去一直采用末端治理的技术，其处理方法可简单归纳为物化处理、厌氧处理和好氧处理三种类型，见图 2-3-7；其特点是不仅投资大，而且不能从根本上解决问题。随着生产规模的不断扩大，味精废液的污染日趋严重，母液处理方法的改进也引起了企业的普遍重视。采用味精清洁生产技术不但可以有效地提高回收率，降低成本，还可以提高产品质量，提高综合效益，将污染消灭在工艺过程中，并使废弃物资源化，有利于经济和环境保护的协调发展，同时为清洁生产之路开辟新途径。

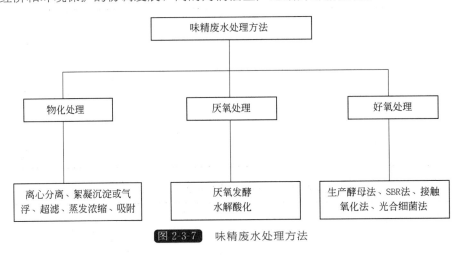

图 2-3-7 味精废水处理方法

3.2 味精废母液的综合利用

目前，国内味精厂从发酵液中提取谷氨酸时，普遍做法是事先不需分离菌体，直接从含有菌体和蛋白质的发酵液及其浓缩物中提取谷氨酸；同时，国内越来越多味精企业的发展趋向是等电母液不再经过离交柱回收残留谷氨酸，直接进行综合利用和废水处理后达标排放，以降低生产成本，提高综合效益。因此，等电母液中含有大量的蛋白质及其他营养成分，再利用价值很高。为此，味精企业相继研发了对发酵废母液的综合利用和废水治理工艺；例如，发酵废母液生产饲料酵母，发酵废母液提取菌体蛋白，生产液态有机肥，发酵液去菌体浓缩等电点提取谷氨酸—浓缩废母液进行造粒制备有机复合肥料等。

3.2.1　味精废母液性质及特征

味精废母液是指味精发酵液提取谷氨酸后排放的母液。我国味精生产基本上以淀粉质和糖质原料（如大米、淀粉、糖蜜）通过发酵法生产，味精废母液主要来源于提取味精后的发酵废液，浓缩结晶遗弃的结晶母液。一般每生产 1t 味精消耗淀粉 2.1～2.3t、尿素 0.60～0.70t、硫酸 4.1～4.5t，约有 25t 发酵废液排出；发酵液中提取谷氨酸后，大部分物料都留在废水中。因此，废水中含有大量的有机物。此类水质特性：废液中含有 2%～5% 的湿菌体及蛋白质等固形物（菌体富含蛋白质、脂肪、核酸等营养物质），含有 K^+、Na^+、NH_4^+、Mg^{2+}、Ca^{2+}、Fe^{2+}、Cl^-、SO_4^{2-}、PO_4^{3-} 等无机离子，消泡剂，色素，尿素，各种有机酸，小于 1% 的其他氨基酸，0.6%～0.8% 的 NH_4^+，残糖（<1%），以及 1.0%～1.5% 的味精，此外还有 0.05%～0.1% 左右的核甘酸类降解产物。一般情况下，废液 pH 值为 1.8～3.2，COD 为 30000～70000mg/L，BOD 为 20000～42000mg/L，SS 为 12000～20000mg/L，NH_4^+-N 为 5000～7000mg/L，SO_4^{2-} 为 8000～9000mg/L，残留的谷氨酸含量为 1.2%～1.5%（有时达 2%），约占发酵液谷氨酸含量的 20%～25%；有机物和无机物含量都很丰富，是一种营养丰富的优良资源。这种废液若直接排放不仅造成资源浪费，而且严重污染环境。

3.2.2　味精菌体蛋白回收技术

菌体蛋白又称微生物蛋白或单细胞蛋白（SCP），是利用工业废水、废气、天然气、石油烷烃类、农副加工产品以及有机垃圾等作为培养基，培养酵母、非病源性细菌、微型菌、真菌等单细胞生物体，然后经过净化干燥处理后制成，是食品工业和饲料工业重要蛋白质来源。菌体蛋白营养丰富，蛋白质含量 40%～60%，而且各种氨基酸搭配合理，维生素含量也十分丰富，是一种具有较高价值的饲料蛋白。

3.2.2.1　菌体蛋白的特点

菌体蛋白的优越性表现为：生长速度快，蛋白质含量高；原料来源丰富，石油、天然气、淀粉、废糖蜜、废酒糟水、味精废水等均可作原料；生产过程易控制，可工业化生产，不受气候、土壤和自然灾害的影响，可连续生产，成功率高；营养功能多，除蛋白质外，还含有丰富的维生素。表 2-3-8 为酵母中各种维生素的含量。

表 2-3-8　酵母中各种维生素的含量

维生素名称	含量/(mg/kg)
硫胺素（B_1）	15～18
核黄素（B_2）	54～68
泛酸（B_3）	130～160
胆碱（B_4）	2600

维生素名称	含量/(mg/kg)
烟酸（B_5,-PP）	500～600
吡哆醇（B_6）	19～30
生物素（B_7,H）	1.6～3.0
环己六醇（B_8）	5000
叶酸（B_9,B_{10},B_{11},Bc,M）	3.4
钴胺素（B_{12}）	0.08

菌体蛋白的产品中以饲料酵母的应用最为广泛，适用于饲料的酵母菌有产朊假丝酵母、热带假丝酵母、啤酒酵母、酶脂假丝酵母、葡萄酒酵母、巴氏酵母和白地酶等。饲用酵母中蛋白质含量为 46%～65%，在粗蛋白含量上与鱼粉接近，各种氨基酸含量比鱼粉稍差；同时酵母中还含有较高的维生素。与植物性蛋白质饲料相比，虽然豆饼（粕）等也含有丰富的蛋白质和优质的氨基酸，其蛋白含量为 42%～47%，但生大豆饼（粕）含有抗营养因子，如胰蛋白酶抑制因子、凝集素等，通过加热可使抗营养因子破坏，还可使饼中蛋白质三级结构开张，疏水基因更多地暴露于蛋白质分子表面，使蛋白质溶解度降低，从而消化利用率降低。而棉籽、菜籽和胡麻等饼粕因含有对畜、禽有毒、有害物质，限制了它们在饲料中的大量使用。芝麻和向日葵籽的饼粕类产量较小，且不集中，饲料工业尚难以广泛使用。表2-3-9为酵母与各种青饲料营养成分比较。利用工业"三废"生产菌体蛋白饲料，一方面可缓解蛋白质资源的紧缺问题，另一方面又能解决工业废弃物造成的环境污染问题。

表 2-3-9　酵母与各种青饲料营养成分的比较　　　　　单位：%

饲料名称	水分	粗蛋白质	粗脂肪	糖和淀粉	粗灰分	粗纤维
酵母	8	50	4	30	8	
红薯藤	87.5	1.1	0.4	4.5	0.9	5.6
南瓜	84.4	2	1.5	9.2	1.1	1.8
胡萝卜	81.5	3	0.8	12.5	1.2	1
洋姜茎	81.8	2	1.1	7.7	2.9	4.5
水浮莲	92.63	0.63	0.79	2.93	1.78	1.24
水葫芦	93.92	1.19	0.24	2.21	1.33	1.11

谷氨酸菌体蛋白是味精生产过程中的副产品，它是由谷氨酸生产菌制取谷氨酸经提取精制味精后的废弃菌体，谷氨酸菌体蛋白占味精废水中有机成分的 30%～40%，通过分离、干燥、磨粉后制成的一种单细胞蛋白，含有丰富的蛋白质和其他营养物质。在谷氨酸发酵液中含有约 4% 的湿菌体，提取干燥后可生产蛋白质含量超过 70% 的高质量蛋白。谷氨酸菌体蛋白呈粉末状或细颗粒状，其颜色因发酵过程中使用的糖质原料不同而不同，通常为灰白色至土黄色（褐色），有的甚至呈棕褐色至深褐色产品，具有菌体所特有的微香，无异臭，这些菌体蛋白具有经济和营养价值。各味精生产厂家一般都对母液中的菌体蛋白进行提取和回收处理，通过菌体的提取，不仅可以获取富有营养价值的蛋白，而且也起到去除有机污染物的作用。

3.2.2.2 菌体蛋白的提取方法

谷氨酸菌体蛋白来自于发酵液或味精母液中，根据菌体的特点，常用的菌体蛋白的提取方法有加热沉淀法、高速离心分离法、超滤法、絮凝沉淀或气浮、吸附法、蒸发浓缩法等。

（1）加热沉淀法

味精废水经加热杀死谷氨酸菌体，使菌体蛋白变性后絮凝沉降，过滤后可回收菌体蛋白，粗蛋白含量＞50%，回收的蛋白质可作为饲料添加剂。该方法属于最为简单的菌体回收方法，菌体中的蛋白质只要加热到80℃，菌体和可溶性蛋白质即可析出，形成较大絮花沉降，经沉降分离即可回收菌体，其工艺流程如图2-3-8所示。

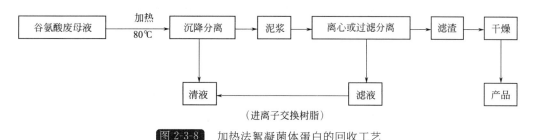

图 2-3-8 加热法絮凝菌体蛋白的回收工艺

但此法的不足之处是能量消耗太大，不适合连续生产。若能做好热能的循环利用，则为一种简单易行的提取味精菌体的方法。

（2）高速离心分离法

高速离心分离法就是采用高速离心分离设备，利用菌体与溶液密度差加以分离。高速离心分离一般用于提取味精生产中发酵液或母液的谷氨酸菌体以及回收味精废水酵母生产中的酵母菌体。味精生产中的谷氨酸发酵液，谷氨酸菌体小(0.7～3μm)，并带有很强的亲水性，菌体分离比其他发酵产品困难，普通离心机不能分离，必须用高速离心方法，通常用进口的碟片离心机进行分离菌体。该法多与蒸发浓缩法一起使用，以回收味精废水中的菌体蛋白。该技术在西方一些发达国家已有成套设备，即通过离心分离把废液分离成滤液和滤渣，再通过多效负压蒸发器把滤液浓缩到含水率为45%左右，蒸发器的二次蒸气通过压缩后再作为蒸发器的热源。冷凝水用于进料的预热并回用于生产，将滤渣和滤液浓缩后的固体经造粒、烘干、筛选，最终做成成品肥料。例如上海天厨味精厂从1995年采用该工艺投入运行，其中所得的味精菌体粗蛋白为75%（灰分＜5%，含16种氨基酸），可作为高效价蛋白饲料添加剂代替进口鱼粉，取得了良好的环境效益和经济效益。福州味精厂采用该工艺，也得到了粗蛋白＞75%、含粗脂肪3%～5%、灰分＜4%的饲料蛋白。目前，我国消化吸收国外公司的相应技术，已经设计研制成用于谷氨酸发酵液分离菌体的离心分离机（如国产JMDJ211VCD-03型高速离心机对菌体的回收率80%～87%），解决了离心分离机全部选用进口机的问题。采用高速离心分离机去除菌体具有处理量大（能处理80m³/h谷氨酸发酵液），可连续运行，完全适用于提取菌体蛋白工业化生产的要求等特点。但该法的不足之处也比较明显，它一次性投资很大，并且加热蒸发工艺和干燥工艺都需消耗很大的能量，使单位体积废水的处理成本偏高，且离心分离过程中易损失发酵液，同时在处理过程中还需加防垢剂，并定期除垢以降低能耗，维护管理比较麻烦。

（3）膜分离法

谷氨酸发酵液中的菌体与其他胶体物质均以悬浮状态存在，由于细胞表面含有复合多糖类物质，在静电排斥作用下，各个菌体呈分散状态，加之菌体对水的亲和力很强，所以在发酵液中具有相对的稳定性，又因菌体小而轻[相对密度 1.04，菌体大小为(0.7～1.0) μm×(1.0～3.0)μm]。因此，谷氨酸发酵液中分离出菌体的难度较其他微生物大。如何去除谷氨酸发酵液中的菌体是味精生产过程中需要解决的关键技术。

膜分离技术是近三十多年来发展起来的高新技术，是多学科交叉的产物，目前已经工业化应用的膜分离过程有微滤(MF)、超滤(UF)、反渗透(RO)、渗析(D)、电渗析(ED)、气体分离(GS)、渗透汽化(PV)、乳化液膜(ELM)等。反渗透、超滤、微滤、电渗析这四大过程在技术上已经相当成熟，形成了相当规模的产业，有许多商品化的产品可供不同用途使用。其中超滤、反渗透和电渗析等方法已在多个领域中得到应用，成为国内外研究的热点。运用膜分离技术可实现味精清洁生产，也符合味精废水资源再生的要求，已逐步在味精废水处理中发挥着越来越重要的作用。

目前，用于味精废水处理的膜分离工艺主要为超滤。超滤(UF)也叫错流过滤，是一个以压力驱动的膜分离过程，它利用多孔材料的拦截能力，将颗粒物质从流体及溶解组分中分离出来。也就是指主体流动方向平行于过滤表面的压力推动过滤过程。平行于过滤表面的流体流动可在膜表面产生剪切作用，移走膜面沉积物防止滤饼或沉积层形成，使过滤操作可在较长时间内连续进行。超滤膜的典型孔径在 0.01～0.1μm 之间，对于细菌和大多数病毒、胶体、淤泥等具有极高的去除率，从而达到分离、分级、纯化、浓缩的目的。图 2-3-9 为中空纤维超滤膜外压式工作流程。

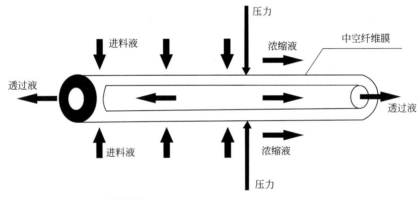

图 2-3-9 中空纤维超滤膜外压式工作流程

超滤技术分离发酵液中菌体的关键是膜，早期的膜是各向同性的均匀膜，即微孔薄膜，其孔径通常是 0.05～1.0mm，一般是由乙酸纤维或硝酸纤维或此二者的混合物制成；近年来为适应发酵和食品工业上灭菌的需要，发展了非纤维型的各向异性的不对称超滤膜，例如聚砜膜、聚丙烯腈膜、金属膜和陶瓷膜等。

超滤技术可以去除废水中的部分 COD，并浓缩回收蛋白质等有用物质。例如，用超滤膜处理味精厂发酵母液，可将母液中的菌体及蛋白质与营养物质从母液中分离并浓缩，作为动物饲料，滤液的污染负荷可降低 50% 以上。目前国内一些味精生产厂和研究机构正考虑将此项技术用于提取味精发酵液或味精母液中的菌体。

韩式荆等利用超滤法，废水中菌体的提取率＞99%，并大大降低了废水中 COD 和BOD，对日处理 25t 味精废水进行了长期运行试验，效果良好。

南开大学环境学院将超滤技术和生物处理结合起来，利用超滤来处理生物处理后的废液，避免了排放后的二次污染。

中国船舶工业总公司九环环保工程集团鉴于提取的谷氨酸菌体大小（700～1000nm）比谷氨酸发酵液中同时存在的蛋白和胶体分子大得多，研制出一种膜孔尺寸为800～1000nm的高分子膜材料，并将其制成外压管状的膜管，让谷氨酸发酵液在内外管的环隙中做高速流动，利用流体的压力使溶液中溶质分子<800nm的透过外压管状膜，菌体则被完全截留，并被高速液流冲走，实现自净式循环过滤，直至菌体在液流中的浓度满足烘干要求时停止。用这种方法不仅可以解决超过滤膜提取菌体时滤速极慢[5～10L/（m·h）]的问题，也可以解决膜的反冲洗问题；但该法处理量较小。

广州奥桑味精食品有限公司将味精精制末次母液经活性炭吸附、过滤，再应用超滤膜系统进行过滤，去除味精母液中的色素、重金属、大分子有机物等物质，滤液用于鸡汁、鸡精、海鲜汁等复合调味品的生产。通过大量的生产试验和验证证明末次母液使用的新工艺所生产的鸡汁、海鲜汁等复合调味品与使用味精生产的质量无差异，且产品安全可靠，工艺具有良好的稳定性和可操作性，值得在其他复合调味品中推广应用。结果表明：公司采用膜过滤新技术，每年处理味精末次母液10000t，可节约成本332.1万元；将膜过滤液直接用于复合调味品生产，膜过滤处理末次母液滤液体积回收率为90%，谷氨酸钠含量为40%，每年可节约精制成本110.6万元；该项目每年为公司创造的经济效益约443万元。

据熊万刚报道：以具有50000t/a的谷氨酸生产规模的南京久吾高科的陶瓷超滤膜为例，进行了谷氨酸发酵液超滤除菌体的成本分析和运行费用概算，结果表明：a. 菌体蛋白回收率可高达99.5%，比以离交废液提取菌体蛋白工艺高20%，每天可多回收菌体蛋白2～2.5t；b. 除菌体等电点加离交提取工艺收率可比带菌等电点加离交提取工艺收率提高0.5%～1.0%；c. 等电点上清液谷氨酸含量下降25%，高流液量、离交废液量、硫酸用量、复合肥四效蒸发量均相应减少；d. 对离交柱的污染比带菌体时小得多，从而减少了离交柱的清洗次数和因树脂结块"漏吸"而造成的谷氨酸的损失。使用膜技术分离发酵液菌体，其工艺的成本贡献率已大于该工艺的成本消耗率，"成本"不再成为膜技术在味精行业应用的"门槛"。

黄继红研究了无机钛合金膜除菌体的操作条件：溶液pH值、操作压力、膜表面流速、温度等对通量的影响；实验表明，钛合金膜对菌体的截留率大于99%，膜清洗后通量恢复率始终大于97%，可满足生产的需要。

超滤技术作为一种新兴的分离技术，具有常温操作、设备简单、占地面积小、操作方便且分离效果好，对菌体的提取率>90%等优点，但超滤技术在处理味精废水中也存在一些问题：膜在操作时极易被污染和阻塞，造成膜通量锐减；不同材质的膜其使用范围不同；易出现浓度极化现象；膜的性能有待提高。

（4）絮凝沉淀或气浮

在菌体蛋白质分子中存在着羧基、羟基和胺基的极性基团，这些极性基团对极性水分子具有很强的亲和力，所以这些基团的周围就吸附了厚厚的富有弹性的水化膜，这层水化膜也使胶体在水中保持十分稳定的状态，这种胶体也称亲水胶体。亲水胶体的存在给菌体脱水带来了困难。高分子絮凝剂是通过长碳链上的一些活性官能团吸附多个微粒，它在微粒之间形成架桥作用，在这种作用下许多微粒连接在一起形成一个絮团。味精废水中含有大量的蛋白质、残糖等，黏性大、难以压缩沉降，且呈强酸性（pH值为1.8～3.2），悬浮颗粒带较强的正电荷，必须采用合适的絮凝剂才能把谷氨酸菌体蛋白分离出来；所以通过在味精母液中加入絮凝剂可以使其中的菌体形成大的絮团，有助于菌体的分离。常用的铁盐、铝盐等无机絮凝剂的适宜 pH＞6.0，对酸性较高的味精废水处理效果不佳；单纯的无机絮凝剂即使配合助凝剂，絮凝效果也不理想，难以满足实际应用的要求，且无机絮凝剂用于提取菌体蛋白时，提取后的产物会因颜色、毒性等问题不能使用，在味精废水处理过程中，无机絮凝剂很少单独使用，一般均作为助凝剂与有机絮凝剂配合使用。有机絮凝剂对味精废水的絮凝效果较好，聚丙烯酰胺有较好的絮凝性能，但毒性较强；聚丙烯酸钠絮凝效果好、用量少、无毒，能适应较低范围的 pH 值，可不经调整 pH 值直接使用，因此，在味精废水菌体蛋白回收中已被广泛使用。

张凡选用强负电荷、高分子量的絮凝剂，使味精菌体蛋白等悬浮颗粒先在强负电荷絮凝剂的电性中和作用下脱稳，然后在高分子絮凝剂的凝聚架桥作用下使其高速絮凝，味精菌体既是被絮凝物质又是微生物絮凝剂。微生物絮凝剂也是一种新型的絮凝剂，无毒无害，而且可以被微生物降解，使用安全、方便，适于提取味精菌体蛋白。

中科院广州能源研究所报道，选用碱性的造纸黑液作为酸性味精废水的中和剂，进行厌氧消化预处理，把味精废水与造纸黑液混合，通过控制混合液的 pH 值，可把溶解在黑液中的木质素及悬浮在味精废水中的菌体沉降下来，但沉淀下来的菌体木质素混合物需进一步处理，否则不能取得经济效益。

大量的研究发现，两种或两种以上的絮凝剂配合使用，絮凝效果要优于单独使用一种絮凝剂。张惠玲等采用絮凝法进行分离谷氨酸菌体的机理研究，结果表明采用絮凝法对味精发酵生产过程中的发酵液中的菌体进行除菌处理，得到了无机凝聚剂与高分子絮凝剂优化复合使用是发酵液去除菌体的有效办法。由不同条件下菌体的絮团形态扫描电镜照片可以看到，无机凝聚剂的加入可有效地降低菌体的 Zeta 电位，形成较小的絮团；高分子絮凝剂的加入，由于架桥作用，因而可形成较大的絮团，从而加快沉降速度，提高絮凝效果。

絮凝法不能单独使用，必须和沉淀法或气浮法结合，构成絮凝沉淀或絮凝气浮，是分离谷氨酸菌体的主要方法之一。买文宁采用聚丙烯酸钠絮凝-气浮分离技术处理谷氨酸发酵母液，SS 和 COD 的去除率分别达到 85％和 35％，大大地减轻了后续处理的有机负荷，同时能够从 1t 发酵母液中提取出 20.4kg 菌体蛋白饲料。

絮凝剂的凝聚作用有助于味精废水中悬浮菌体的回收，在实际生产中应该充分发挥助凝剂的作用，节约主要絮凝剂的用量，既提高了处理效果又节省了处理费用。同时，还要考虑分离后菌体的资源化利用，处理中应选择用量少、絮凝效果好、无毒无害的絮凝剂。此方法的不足之处是专用的絮凝剂普遍存在价格昂贵而导致处理成本高的问题，另外还存在处理工艺复杂、总收率较低、难以实现提高谷氨酸收率等缺点。

（5）蒸发浓缩

日本、西欧发达国家多以浓缩法处理发酵工业废水。日本学者 YOSH 和吉村实报道将谷氨酸母液经过蒸发浓缩脱盐后用作畜类饲料添加剂，取得了良好的效果。因此国内也有人提出以蒸发浓缩法处理味精废水。我国轻工部环保所的试验结果表明，谷氨酸废液浓缩、干燥后的菌体蛋白可制成复合肥，废水中 COD 和 BOD 去除率超过 98％。尽管流程简单、操作容易，但蒸发浓缩过程的能耗过大，且当浓缩到固形物 50％以上，浓缩物黏度太大，继续浓缩脱水困难，实际应用起来有一定的困难，目前尚不能连续生产。

加热沉淀法、高速离心分离法、超滤法、絮凝沉淀或气浮、吸附法、蒸发浓缩法等处理味精废水分别具有不同的特点。表 2-3-10 为各种物化方法处理味精废水效果。

表 2-3-10　各种物化方法处理味精废水效果

处理方法	废水类型或水质资料	处理效果	备注
离心分离	谷氨酸或酵母发酵液	菌体提取率 55%～85%	国产高速离心机
超滤	谷氨酸发酵液或母液	菌体提取率 99%	
浓缩干燥	谷氨酸母液	COD 去除率 79%～98% BOD_5 去除率 91%～98% 氨氮去除率 85.5%	多效蒸发后干燥制肥
絮凝-沉淀	COD10～30g/L	COD 去除率 20%～38%	与造纸黑液混合处理采用高分子絮凝剂,沉渣可制饲料
	COD40g/L	COD 去除率 30%～50%	
絮凝-吸附	COD400g/L	COD 去除率 69%	木质素作絮凝剂,沸石作吸附剂
絮凝-沉淀	SS9.6g/L	SS 去除率 43%	
吸附	COD<1.7g/L	COD 去除率 55%～66%	活性炭作吸附剂

3.2.2.3　菌体蛋白的提取工艺

发酵液或味精母液中的菌体蛋白通过加热、絮凝、离心、超滤等方法,不仅可以提取富有营养价值的饲料蛋白,而且也起到去除有机污染物的作用。依据味精废液来自不同的工段,味精蛋白的生产工艺分为以下 3 种。

（1）离交母液中提取味精菌体蛋白

等电点离子交换提取谷氨酸后,从离交母液中提取味精菌体蛋白。目前,大多数味精厂均采用此法,其工艺流程见图 2-3-10。

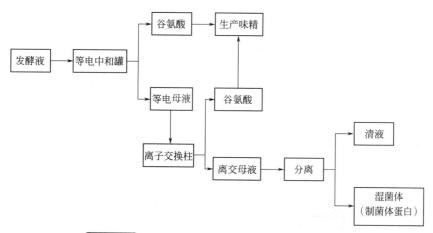

图 2-3-10　离交母液中提取味精菌体蛋白工艺流程

莲花味精厂提取味精菌体蛋白的工艺流程:味精母液→收集池→调节池→气浮塔→脱水→干燥→谷氨酸菌体蛋白。操作要点:生产车间的味精母液进入调节池,然后用泵打入蛋白提取罐中,加入絮凝剂,分层;下层废水排至污水池中,上层湿蛋白排至蛋白池中,经料浆泵打入蛋白储罐中,用带式压滤机进行一级脱水,除去 3%～4% 的水分,滤液排至滤液储罐,经滤液泵排至污水池。滤出的蛋白卸入物料桶,经电动葫芦提升,卸入给料斗内,再加入空心浆液干燥机中,进行二级脱水,除去 10%～20% 的水分,最后将含水量小于 5% 的蛋白送到气流干燥机中进行干燥,干蛋白排放至蛋白储罐,经包装即为成品。

该法存在的不足之处是：菌体存在会干扰谷氨酸结晶和沉降，谷氨酸一次等电提取率较低，影响主产品提取效率；菌体颗粒容易堵塞并紧贴在后段工艺的离子交换柱上，使冲洗次数增加，冲洗水量加大，而且冲洗排水污染浓度增高；等电点工艺排放的废水，不论是等电母液还是后面的离交废水污染浓度都很高。

（2）等电母液生产法

提取完谷氨酸后，在等电母液中再加絮凝剂或其他方法提取菌体蛋白，工艺流程见图2-3-11。

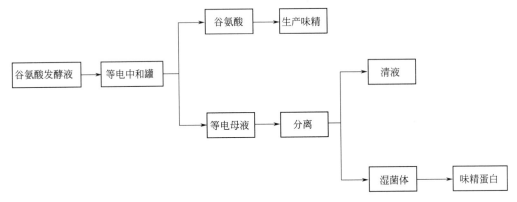

图 2-3-11 等电母液中提取味精菌体蛋白工艺流程

该法的特点是减少了离子交换这个环节，实际上是增大了谷氨酸的损失量，降低了味精生产企业的经济效益，因此实际生产中该法基本上没有使用。

（3）谷氨酸发酵液生产法

谷氨酸发酵液生产法把废水治理的起点从离交母液移到谷氨酸发酸液，即在谷氨酸发酵结束后，先回收菌体，然后再进行等电点结晶谷氨酸，其工艺流程见图 2-3-12。

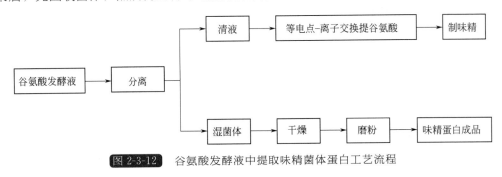

图 2-3-12 谷氨酸发酵液中提取味精菌体蛋白工艺流程

该工艺特点是不仅可以生产副产品味精蛋白，而且可以明显提高一次等电点的谷氨酸提取率，获得的晶体纯度明显改善，提高企业的经济效益；离子交换柱堵塞频次减少，离交冲洗水量和污染物浓度都有所下降；更重要的是由于从发酵液中回收了菌体，不论是等电母液还是离交母液，其化学需氧量（COD）浓度都明显下降，降低了后续污染治理工作量。该法是味精生产值得推广的方法。

鲍启钧报道，对离心除菌后的谷氨酸发酵液用低温等电点-离子交换提取谷氨酸晶体，由于先除菌后提取，谷氨酸一次等电点回收率提高了1％～3％的良好效益（中试结果实际提高 3％～5％）。

3.2.2.4　菌体蛋白干燥设备的应用现状

目前国内味精菌体蛋白干燥主要使用的设备有管束式干燥机、高速搅拌干燥机、旋转闪蒸干燥机。从干燥的产品质量看，高速搅拌干燥机最佳，其次为旋转闪蒸干燥机和管束式干燥机。从干燥产品的成本上看，管束干燥机的成本最低，其次为高速搅拌干燥机和旋转闪蒸干燥机。管束式干燥机使用热源为蒸汽，其他干燥机使用机械炉排燃煤热风炉或手烧热风炉。管束式干燥机系统组成简单，但结构复杂，维修点多；高速搅拌干燥机和旋转闪蒸干燥机结构简单，维修维护比较容易。虽然管束式干燥机的特点是效率高，但由于味精菌体蛋白是高黏度物料，而管束式干燥机很难处理高黏物料，只能采用返混工艺，在湿料里大量混入干料，以降低物料的黏度，这样就导致在味精菌体蛋白的干燥上，管束式干燥的使用效率反而比较低，去水能力由处理一般物料时 $4 \sim 5 \mathrm{kg}$ 水/（$\mathrm{m}^2 \cdot \mathrm{h}$）降低为 $3 \sim 3.5 \mathrm{kg}$ 水/（$\mathrm{m}^2 \cdot \mathrm{h}$）。因此，现在一般厂家在选用味精菌体蛋白干燥设备时已经很少选用管束干燥机。管束式干燥机目前主要适用于胚芽、纤维、酒糟等物料干燥。旋转闪蒸干燥机必须是为味精菌体蛋白专门设计的，不是一般通用的，一般通用的旋转闪蒸干燥机需要针对味精菌体蛋白做相应的改进，否则干燥效果不好。高速搅拌干燥机是一种新型干燥设备，主要针对高黏度高湿度物料的干燥，我国第一台味精菌体蛋白干燥机就是采用的高速搅拌干燥机，这种设备干燥产品品质高，结构简单，易维修维护。

3.2.2.5　菌体蛋白的营养特性与应用

味精蛋白呈粉末状，其颜色因发酵过程中使用的糖质原料不同而不同，通常为灰白色至土黄色或褐色，蛋白质含量高，但因提取工艺的不同，还是有很大的差异（50%～75%），具有微香，无异臭，但在畜禽生产中应用报道较少。赵晓芳等、白志民等和郭金铃等对味精蛋白营养价值进行了测定和比较分析，味精蛋白总能量很高，粗蛋白含量超过鱼粉，但真蛋白质含量较低；氨基酸总量和必需氨基酸总量都高于豆粕；氨基酸中的谷氨酸含量最高（9.02%），半胱氨酸含量最低（0.10%）。通过赵晓芳等和郭金铃等在成年公鸡上的消化代谢试验表明，味精菌体蛋白代谢能、氨基酸消化率均比豆粕低，蛋氨酸消化率最高。袁品坦用味精蛋白替代 50% 的鱼粉（其他用料及配比相同）饲喂"杜大"瘦肉型杂交仔猪 2 个月，结果表明：日采食量、料肉比和增重耗料成本试验组均低于对照组，日增重试验组高于对照组，试验效果明显。杭文荣用味精蛋白替代 75%、50%、30%、15%、5% 的鱼粉配成的饲粮饲喂生长期的古田黑番鸭，以鱼粉配成的饲粮为对照组。结果表明：试验各组平均日增重及饲料报酬，均较高于对照组，但不随味精蛋白替代比例的变化而呈规律性变化，增重总体无差异。杭文荣用味精蛋白替代 50%、100% 的鱼粉饲喂肉用红布罗仔鸡。结果表明，每组鸡的采食、粪便、毛色均正常，试验结束时各组日增重随着味精蛋白添加量的增加有规律的降低，但差异不显著。白志民报道，浙江嘉兴生长猪饲粮中添加 3% 味精蛋白效果最好，平均日增重和料肉比与对照组、2% 和 4% 添加组相比，差异显著。

3.2.3　硫酸铵回收技术

在谷氨酸的发酵过程中不仅要满足细菌生产繁殖，又要使细菌能够生长并分泌大量的谷氨酸以提高产酸率和转化率，在发酵培养基中必须加入足够的营养物质，如玉米浆等有机物以及氯化钾、磷酸二氢钾、硫酸镁、硫酸锌、硫酸锰、硫酸铁等无机物，谷氨酸被分离后，这些无机物质部分遗留在废母液中，是一种治理难度很大的工业废水。表 2-3-11 为味精冷冻等电母液的成分及含量。

表 2-3-11　味精冷冻等电母液的成分及含量

味精废母液成分	SO_4^{2-}	Na^+	P	还原糖	谷氨酸
含量(质量分数)/%	≤15	≤0.8	≤15	≤1.0	≤2.0

对于以硫酸作为味精提取主要原料的企业,每生产 1t 味精约需要 0.3t 浓硫酸和 0.1t 液氨,其废水中 NH_4^+-N 浓度达 10000mg/L,SO_4^{2-} 浓度达 8000mg/L,而且 pH 值低,一般 pH 值在 3 左右,在全国每年要排放 1000 多万吨这种高浓度有机废水,不仅严重污染了自然环境,而且制约了味精行业的发展。如采用生物法处理味精废水,因废水中存在大量 SO_4^{2-},处理难度大、费用高。为此,多数发酵生产厂家采用蒸发浓缩后制造复合肥料的方式处理发酵液废水中的硫酸铵,这种方式虽然也为硫酸铵找到了归宿,但利用价值过低,特别是废水中存在大量的硫酸根,带入肥料中对农作物的生长,特别是对农田土质都具有负面作用。采用浓缩-连续结晶工艺处理味精废母液,不但使这部分废水达到零排放,而且生产出优质的硫酸铵肥料,市场供不应求,经济效益可观。味精废母液生产硫酸铵工艺见图 2-3-13。

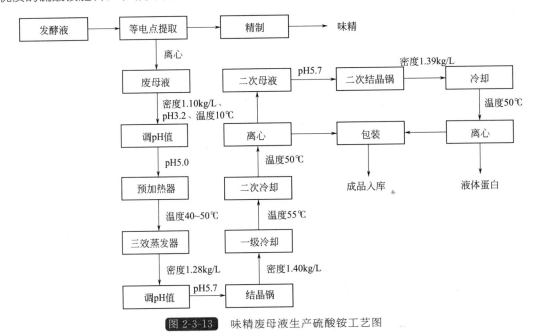

图 2-3-13　味精废母液生产硫酸铵工艺图

该工艺除加液氨调 pH 值外不需添加其他物质即可生产氮(N)含量(以干基计)≥19.0%、硫(S)18% 的无机复混肥。由于硫酸铵含有 N 和 S 两种养分:一是适于碱性土壤和碳质土壤;二是对农作物极为有利,尤其对水稻,可以提高光合作用效能;三是适合于口感好的经济作物,如瓜果、柑橘、甘蔗作物等,也可用于医药等方面。硫酸铵还可改善其他肥料的造粒性能,是团粒法生产复混肥的主要原料之一,增产效果显著,具有明显改善农产品品质的作用。而离心出来的液体蛋白作副产品出售,该粗蛋白含量≥25%(干基计),氨基酸含量高,可作奶牛专用饲料等,有很好的利用价值。

为了更合理地回收和综合利用发酵生产废水中的硫酸铵,河南莲花味精股份有限公司提出了发酵生产废水中硫酸铵回收利用的新途径。新工艺技术方案是将精制分离谷氨酸后的废水(母液)进行蒸发浓缩;去除菌体后将其中结晶析出的硫酸铵进行重结晶、提纯、分离,制备高纯度的硫酸铵用作化工原料;结晶分离硫酸铵后的废母液用作加工复合肥原料。图

2-3-14为硫酸铵提取工艺流程。

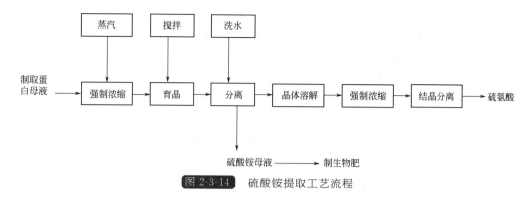

图 2-3-14　硫酸铵提取工艺流程

味精废母液通过本工艺，每 $100m^3$ 发酵废液可产生经济效益约 5000 元，所开发的产品技术含量和附加值大幅度增高，产品质量进一步提高，实施了清洁生产，实现减排降耗，发展循环经济，达到环境保护和经济增效的双赢目的，是实现味精高浓度废液资源化利用大势所趋。影响硫酸铵提取效率的因素主要有以下几种。

（1）pH 值的控制

首先把废母液 pH 值（3.0～3.5）用液氨调至 4.5～5.0 去三效蒸发器浓缩，浓缩后的废母液在三效蒸发器析出少量晶体后第二次调 pH 值至 5.7，充分与废母液 SO_4^{2-} 的作用结合达到饱和状态，之后去结晶锅结晶，保持溶解和结晶平衡，从而达到最佳的结晶效果。

（2）密度的控制

出料密度的大小直接影响硫酸铵的产率。要求进三效蒸发器废母液密度为 1.1kg/L 左右，出料密度为 1.28kg/L。连续结晶锅控制出料理想密度为 1.40kg/L，硫酸铵产量最大，质量也可达到要求。

（3）温度、液位的控制

连续结晶锅控制温度不能太高，需要稳定的真空，三效蒸发器真空度在 0.16MPa，结晶锅真空度在 0.12MPa 的情况下，蒸发浓缩温度在 60℃ 较为理想。液位控制也是关键，控制连续结晶锅液位在 50% 以上可以保证硫酸铵育晶时间长而达到较大颗粒，分离容易且产量大。上离心机的结晶悬浮液温度控制在 50℃ 左右硫酸铵析出最多，液位低、温度高、分离的硫酸铵颗粒会形成细状、粉状，产量小；而温度过低导致分离困难，硫酸铵含水分高。

（4）离心机洗水的控制

离心机洗水量的大小决定硫酸铵的产量和质量，根据料液进离心机的速度和密度控制，洗水量过大会导致硫酸铵的流失，而洗水量过小会导致分离困难，硫酸铵产品质量达不到要求。

3.2.4　味精母液培养菌体技术

林艳等报道味精工业排出的味精母液中含有大量微生物生长所需的残糖、有机酸、氨基酸，也含有核苷酸及无机盐，这对培养菌体（如酵母等）十分有利。林艳等用味精母液培养属于假丝酵母属的饲料酵母，培养醪液是用味精离子交换工序排放的酸性废液和碱性洗脱液按 6：1 的比例混合而成，在不添加糖和营养液、不过滤、不灭菌、pH3.2～3.5、温度 32～35℃、通气量为 1：1.1（体积比）、接种量为 0.5%（酵母泥）的工艺条件下，培养 10h，干酵母平均得率为 13.2g/L 以上，产品质量符合我国药典的要求。经过酵母培养后，废液的 COD 去除率达 60%~80%，悬浮物去除率达 90% 以上，每 100m³ 废液可产 1.3t 干酵母，二次废水 BOD_5 和 COD 之比基本保持不变，pH 值提高到 5~6，这种二次废水不仅更适合生物处理，可以进一步浓缩干燥成富含营养素、维生素和矿物质的饲料添加剂，用于饲料加工。利用味精母液培养菌体的工艺流程如图 2-3-15 所示。

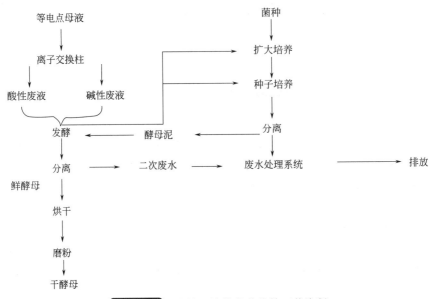

图 2-3-15 味精母液培养菌体的工艺流程

由发酵废母液培养的菌体（饲料酵母）是一种富含氨基酸、维生素的蛋白饲料，经动物试验表明，鸡、猪的吸收率均有提高，可以明显提高产奶、产蛋量，其应用效果与秘鲁鱼粉基本相当。

黑亮在利用酵母菌对味精废水进行连续小试处理中报道，处理后的出水 SS 升高，其中含有大量的酵母菌体，成分分析结果表明菌体蛋白含量为 57.9%，氨基酸分布均衡，可以回收为饲料添加剂，菌体的蛋白质含量和氨基酸含量见表 2-3-12、表 2-3-13。

表 2-3-12 出水菌体作为单细胞蛋白的营养评价　　　　单位:%

项目	初水分	水分	粗蛋白	粗脂肪	粗灰分	无氮浸出物
结果	58.3	10.8	57.9	6.4	5.0	19.9

注:粗纤维含量很少,可忽略不计。

表 2-3-13 出水菌体氨基酸在产品中的质量分数　　　　单位:%

项目	含量	项目	含量	项目	含量	项目	含量
Asp	1.57	Ala	1.41	Leu	0.32.	His	0.02
Thr	1.25	Cys-cys	0.07	Tyr	4.34	Arg	3.62
Ser	3.78	Val	1.35	Phe	0.08	Pro	3.23
Glu	16.18	Met	3.66	Lys	5.23	Trp	—
Gly	0.59	He	2.62	NH3	1.49	总量	50.83

由此可见，该组菌体粗蛋白含量较高，高于普通的饲料酵母（粗蛋白含量 41.3%）和国产鱼粉（粗蛋白含量 55.0%），略低于进口鱼粉（粗蛋白含量 62.0%），而其粗脂肪含量（6.4%）却低于鱼粉中粗脂肪含量（9.3%）。各种氨基酸含量都比较丰富，不仅含有人畜生长代谢必需的 8 种氨基酸，而且还含有谷物中含量较少的赖氨酸（Lys），其含量略高于鱼粉中的含量。因此，它属于一种高蛋白低脂肪优质饲料粉，可用于各种饲料添加剂。另外，谷氨酸的含量明显高于其他氨基酸的含量。结果表明，包括谷氨酸在内的废水中的部分氨基酸可能被酵母菌直接吸收。

黄世文以啤酒、味精发酵废水为主要成分，添加少量其他元素研制成发酵培养基，一些特异的真菌、细菌和链霉菌能有效利用这些发酵培养基进行发酵培养，产生菌丝团或发酵代谢产物。TAS-1 和 HX-0501 发酵原液及稀释 10 倍、50 倍后，对多种病原真菌具有很好的研制效果。试验证明其分离、保存的 AA、CL 真菌，TAS-1 放线菌和 HX-0501 细菌均能在味精发酵废水培养基中发酵培养，TAS-1 和 HX-0501 发酵培养后可产生代谢产物。生物测试结果表明，TAS-1 和 HX-0501 代谢产物对水稻多个病原真菌和兰花病原菌有较好的防治效果。现正优化废水培养基发酵培养 TAS-1 和 HX-0501 的参数，从而获得效价更高的菌种。利用废水研制发酵培养基，培养特定微生物生产生物农药目前正申请国家发明专利。是否可利用食品工业废水大规模生产食用菌菌种值得进一步研究。

苏云金芽孢杆菌（*Bacillus thuringiensis*，简称 Bt）制剂是一种生态效益良好的生物农药，并且可以利用工农业废料进行生产，很值得深入研究和大量生产。味精废水中含有大量的各种氨基酸。烟台大学的林剑提出以味精废水为原料经中和及适当调整组成后，可用作培养苏云金杆菌 HM-1 菌株的培养基培养苏云金杆菌。培养基的成分为：玉米浆 $1.0 \sim 1.2\text{mL}/100\text{mL}$，淀粉 $2.0 \sim 2.5\text{g/mL}$，葡萄糖 $0.5 \sim 1.2\text{g}/100\text{mL}$，$CaCO_3$ $0.1 \sim 0.2\text{g/mL}$、磷酸氢二钠 $0.03\text{g}/100\text{mL}$、总固形物 $3.2 \sim 3.6\text{g/mL}$；用味精废水对苏云金杆菌 HM-1 菌株进行了摇瓶培养及深层培养研究，确定了苏云金杆菌 HM-1 菌株最佳培养条件为温度 $32 \sim 34℃$、通风比 1∶1.1、搅拌转速 400r/min。在此条件下培养，发酵液中的芽孢浓度可达到 75×10^8 个/mL。杨建州利用 30L 全自动搅拌式发酵罐研究了驯化后的苏云金芽孢杆菌 Bt 菌株在只添加少量营养物质的味精厂高浓度有机废水中的发酵特性，并进行了生物毒性测定。结果表明该技术在有效处理味精废水的同时还可大量发酵生产经济效益和社会效益均良好的无公害生物农药，具有较高的工业应用价值。

3.2.5 生产复合肥技术

目前，先进国家味精厂利用发酵液除菌体浓缩等电点提取谷氨酸-浓缩废母液，生产有机复合肥料，该工艺的特点是：a. 避免菌体及破裂后的残片释放出胶蛋白、核蛋白和核糖酸影响谷氨酸的提取与精制，由于菌体蛋白粉（含蛋白质 70% 左右）是一种经济价值与饲料价值很高的饲料添加剂；b. 发酵液除菌体与浓缩外，均能提高谷氨酸的提取率与精制得率；c. 除菌体浓缩等电点提取工艺，使废母液浓度提高，有利于继续中和生产复合肥料，从而彻底清除污染。

发酵液除菌体浓缩等电点提取谷氨酸-浓缩废母液生产有机复合肥料工艺，引起国内有关厂家的重视。上海天厨味精厂引进开发并投入生产，其生产工艺流程如图 2-3-16 所示。该厂年产味精 8000t，自引进该工艺投产以来，取得了显著的经济效益：a. 味精的收率（质量分数）从 77% 提高到 85%；b. 废水排放物总量大为降低，COD 下降 79.2%，氨氮下降

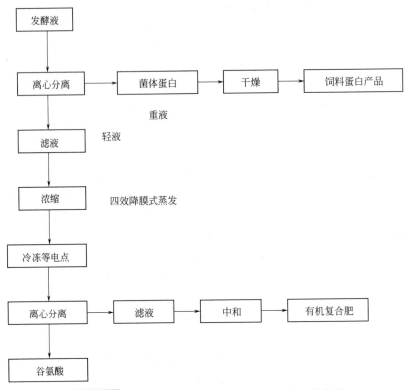

图 2-3-16 发酵液除菌体生产有机复合肥料工艺流程

85.5%,实现废水直接排入城市下水管网;c.每年可生产菌体菌白粉 1500t,有机复合肥料 3500t。同时还可利用余热余压发电 300 万千瓦时,年增利税 1000 多万元。

此外,国外利用味精废母液还可制备有机复合肥,我国也有单位做过试验。试验表明,在农田应用可获得显著增产效果,玉米增产率达 24.4%,白菜增产率为 35.7%,水稻增产率达 55.3%。用味精废母液制作有机肥料的工艺流程如图 2-3-17 所示。

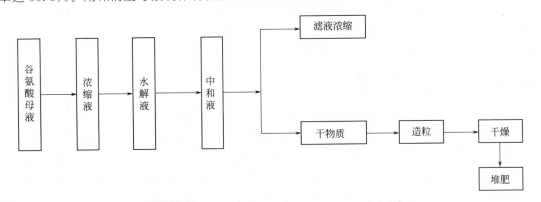

图 2-3-17 味精废母液制作有机肥料的工艺流程

制作肥料的主要操作方法为:将味精废液真空浓缩至密度为 1.25～126g/cm³(70℃),然后加酸水解(硫酸优于盐酸),酸用量为浓缩液的 30%(体积比);水解条件为 120℃、压力 0.1MPa、3h,然后冷却,用氨中和至 pH=5.0,再经浓缩、造粒即得肥料成品。还可通过调整元素构成制成复合有机肥料。这种肥料的施用可用于农作物的病虫防治,如可减轻水稻纹枯病；对白菜的软腐病、干烧心也有防治效果；同时还可提高土壤肥力，特别对盐碱性土壤有改土增温效果。味精母液制取有机肥料后，1t 有机肥排放废水 $6m^3$ 左右，废水无色无杂质，pH 值为 3.2。另有大部分水变为无污染的蒸汽冷凝水，可循环使用，亦可直接排放。

3.2.6　制备液体肥技术

高浓度有机味精废水，其废液浓度高，除含有较高的有机物和全氮外，还含有钾、磷、钙等元素及一定量的中微量元素和蛋白质、氨基酸、还原糖等营养成分。据报道，味精废液中核酸水解物用作植物生长素对水稻、蔬菜、瓜果、食用菌、茶叶有明显增产作用，并有保花护果促进果实早熟作用。利用味精废液生产液体肥料对于开发利用味精废液资源，提高农作物种植效益具有重要的意义。

3.3　味精废母液喷浆造粒制备固体复合肥技术

针对于高浓度味精废水的干固物 60% 以上为有机质，含有大量的蛋白质、维生素、氮、磷、钾等，是制造有机复合肥的良好原料。采用先进的蒸发、浓缩、干燥工艺技术进行浓缩造粒制备有机复合肥，不但彻底根治污染，实现水污染物零排放，而且可以回收有机质，使其返回农田，从而加强土壤中各种微生物的活动，增强土壤的保肥供肥能力，改善因施用无机化肥产生 N、P、K 比例失调而造成的板结、咸化等土壤的物理结构，调整土壤的缓冲与活性，改善农作物的生长条件，实现良好环境效益、经济效益和社会效益。所以，味精废水的资源化治理走蒸发浓缩造粒的道路，不仅可以解决味精废水的高氨氮难处理问题，更能实现味精生产过程中污染减排和综合利用的宗旨，是国内外味精废水综合治理的主导研究方向。

3.3.1　复合肥概述

复合肥料是指由化学方法或(和)混合方法制成的含作物营养元素氮、磷、钾中任何两种或三种的化肥，其作用是满足不同生产条件下农业需要的多种养分的综合需要和平衡，它们的规格按 $N—P_2O_5—K_2O$ 的含量百分比进行标记，如 15—15—15 表示该复合肥料含有 N、P_2O_5、K_2O 各 15%。复合肥料也可含有一种或几种中量和(或)微量营养元素，如 12—12—12—5（S）表示复合肥料含有 N、P_2O_5、K_2O 各 12%，还含有 S 5%。在美国复合肥料与掺混肥料是同义词。在欧洲一些国家两者含义不同，复合肥料在其生产过程中发生显著的化学反应，如磷酸铵类肥料、硝酸磷肥、硝酸钾和磷酸钾等；掺混肥料在生产过程中只是简单的机械混合。

复合肥的生产方法有多种，主要根据所生产的配料体系和一些实际情况来进行选择。目前常用复合肥的生产工艺有团粒法、料浆法、熔体造粒法、掺混法、挤压法、涂布造粒法等。

（1）团粒法

以单体基础肥料［如尿素、硝铵、氯化铵、硫铵、磷铵(磷酸一铵、磷酸二铵、重钙、普钙)、氯化钾(硫酸钾)等］为原料，经粉碎至一定细度后，物料在转鼓造粒机(或圆盘造粒机)的滚动床内通过增湿、加热进行团聚造粒，造粒物料经干燥、筛分、冷却即得到 N-P-K 复合肥产品；在成粒过程中，有条件的还可以在转鼓造粒机加入少量的磷酸和氨，以改善成粒条件。这是国际复合肥生产广泛采用的方法之一，早期的美国及印度、日本、泰国等东南亚国家均采用此法生产。根据使用造粒设备的不同,可分为圆盘成粒、转鼓成粒、双浆混合成粒等工艺;前两种方法是目前复合肥料厂生产中广为采用的方法,其技术成熟、质量可靠。

该法原料来源广泛易得,加工过程较为简单,投资少,生产成本低、上马快,生产灵活性大,产品的品位调整简单容易,通用性较强,采用的原料均为固体,对原材料的依托性不强,由于是基础肥料的二次加工过程,因此几乎不存在环境污染问题,由于我国目前的基础肥料大部分为粉粒状,因此我国中小型规模的复合肥厂大多采用此种方法。目前,该种生产技术在国内已日趋成熟,国内最早开发和拥有该项生产技术和成套装备知识产权的单位为上海化工研究院。

（2）料浆法

以磷酸、氨为原料,利用中和器、管式反应器将中和料浆在氨化粒化器中进行涂布造粒,在生产过程中添加部分氮素和钾素以及其他物质,再经干燥、筛分、冷却而得到 N-P-K 复合肥产品,这是国内外各大化肥公司和工厂大规模生产常采用的生产方法。料浆法的优点是生产规模大,生产成本较低,产品质量好,产品强度较高。

常用料浆法生产的复合肥有硫酸铵-磷酸铵系复合肥料和硝酸铵-磷酸铵系复合肥料。

1）硫酸铵-磷酸铵系复合肥料　由硫酸铵与磷酸铵、钾盐组成的一系列硫磷铵系复合肥料,其具有吸湿性小,呈微酸性,对碱性土壤有改良的作用,对茶叶、甘蔗有其独特的肥效,适用于多种土壤和作物特点。20 世纪 70 年代中期,美国国家肥料开发中心研究成功的管道反应器用氨中和磷酸、硫酸的技术首先应用于硫磷铵系复合肥的生产,该法已在我国的复合肥生产中得到广泛的应用。

2）硝酸铵-磷酸铵系复合肥料　该复合肥料生产多数是把硝酸铵浓溶液加入磷酸与氨反应器的预中和器,或者把浓硝酸铵溶液加入回转鼓氨化粒化器,与预中和器提供的磷酸铵料浆一起在氨化粒化器内造粒。少数工厂把硝酸和磷酸的混合酸用氨中和,生成的 N-P 料浆返料造粒,或者再加钾盐制造 N-P-K 复合肥料。硝酸铵的溶解度大,硝磷铵料浆的造粒更是一个典型的料浆造粒过程。20 世纪 60 年代后期,荷兰 Starmicarbon 公司和挪威 Norsk Hydro 公司均开发了复合肥料适用的熔融体塔式喷淋粒化工艺技术,硝磷铵和硝酸磷肥工厂设计为塔式造粒的比例增多。在这种工艺技术中,硝酸铵或硝酸磷肥中和料浆浓缩至大于96％的浓度,把浓料浆用泵送至造粒塔顶,在一个快速混合的搅拌槽里把料浆和加入的钾盐细粉、返料细粉混合,料浆经旋转喷洒器从塔顶喷下,在空气流中凝固成粒。

法国钾盐工程公司（PEC)在该公司的硝酸磷肥和硝磷铵系复合肥料技术中大力推广"成粒干燥器"(spherodizer)造粒技术(在中国称喷浆造粒技术),该技术是美国的化学与工业公司于 20 世纪 50 年代初应用于磷酸铵的生产,法国 PEC 把该法用于浓度低的碳化法硝酸磷肥生产中。前苏联的料浆浓缩法磷酸铵,罗马尼亚的磷酸铵生产也用这种方法把磷酸铵浆造粒干燥。中国安徽的铜陵磷铵厂及中国数十家料浆浓缩法磷铵厂均用此法来实现料浆的造粒干燥操作。

（3）熔体造粒法

熔体造料技术是料浆法造粒技术中的一种特殊形式,其原理是物料处于高温熔融状态,含水量很低,可流动的熔体直接喷入冷媒体中,物料在冷却时固化成球形颗粒;或者可流动熔体喷入机械造粒机内的返料粒子上,使之在细小的粒子表面涂布或粒结成符合要求的颗粒。溶液的蒸发或浓缩需要消耗能量,但在能量利用方面远较干燥颗粒产品有效,更何况在某些生产工艺中还可以充分利用反应热来蒸发部分甚至全部水分;一般的造粒工艺,干燥机通常是造粒装置中最大的而且也是最昂贵的设备，熔体造粒工艺无需干燥，节省了投资和能耗。熔体造粒法制复合肥技术最早应用于磷酸一铵、硝酸磷酸铵、尿素磷酸铵，在这些生产方法中，可以加入钾盐或其他固体物生产颗粒状氮磷钾复合肥产品。按造粒方式的不同，熔体造粒法制复合肥工艺还可分为造粒塔喷淋造粒工艺、油冷造粒工艺、双轴造粒工艺、转鼓造粒工艺、喷浆造粒工艺、盘式造粒工艺、钢带造粒工艺等。随着复合肥生产技术的进步，熔体造粒技术逐渐演变成了一种独立的复合肥料生产技术。

（4）掺混法

把两种以上的粒状肥料配合干混而得到的肥料称为掺混肥。选用掺混肥可以因地施肥、因作物施肥从而达到科学施肥。最早从事粒状肥料的掺混是由美国马里兰州巴尔的摩地区的Willian Davison 和 P. S. Chappell 组成的公司在 1936 年开始使用。掺混肥料商根据所采集到的土壤样品进行分析其养分含量和 pH 值，了解农户种植的作物和期望的收获量提出每英亩田的 N-P-K 养分的使用量，由此推荐配方和施用量，其结果会比原有的固定规格的粒状复混肥料更适合农作物栽培的需要，使农业施肥科学化，有益于防止过度施肥造成的资源浪费和化肥污染问题。在化肥工业发达的西欧国家，多数生产团粒复合肥料和料浆造粒法复合肥料，掺混肥料占的比例小。南美洲多数国家的化学工业比较薄弱，常常购买国外的基础肥料，经掺混提供农业所需的肥料混合物较为普通。

（5）挤压法

挤压造粒是固体物料依靠外部压力进行团聚的干法造粒过程。物料在高压下粒子紧密靠近而引起分子力、静电力，使粒子紧密结合，它可以看作是一个连续过程。挤压造粒受到多种因素的影响，主要有物料的性质，如其脆性、硬度、密度、磨损、腐蚀性、水分、温度、肥料粒子形状、颗粒分布、流动性等。挤压造粒工艺过程一般不需要干燥和冷却工序，特别适用于加工热感性物料，同时节省投资和能耗。操作全部在干燥的条件下进行，无废水外排污染环境；且因腐蚀可能性小，设备制造可选用一般材料，造价较低。挤压法可以生产出比一般复合肥料浓度更高的肥料，还可根据需要往原料中添加有机肥料或其他营养元素。国际肥产开发中心 1987 年为发展中国进行的一项研究表明：对于年产 12 万吨粒状 N-P-K 肥料装置，挤压造粒法的投资比料浆法低 50%。挤压法操作简单，且可实现生产自动化控制，如有需要能迅速改变产品的品级，生产方便灵活。挤压法装置无一定的经济规模，小装置生产同样经济可行，也可根据用户要求小批量生产专用肥料，生产和经营都较灵活。

由于挤压法所具有的优点，现已广泛用于单一肥料、复合肥料等的造粒。特别是上海化工研究院开发的碳铵系复混肥的挤压造料工艺，经广泛推广应用表明挤压法造粒工艺也是适合我国国情的一种复混肥加工工艺。

以上所述为国内复合肥生产工艺的基本情况。在国外，复合肥生产工艺大致相同，只是在具体细节上略有差异。总之，复合肥料的生产要有合理的生产工艺、严格的科学配方、适当的生产设备、必要的检测手段来组织生产，方能做到装置的正常运行，降低能耗，降低成本，保证质量。

3.3.2 喷浆造粒技术

喷浆造粒就是把料浆（混合物、溶液与溶质）中的水分（能汽化的液体总称），通过喷射到一设备中，用加热、抽压的方法，使料浆中的水分汽化并分离后，留存不会汽化（在一定条件下）的固体形成粒状的过程称喷浆造粒。

磷铵颗粒肥料的料浆喷涂造粒的工序有以下几种。

（1）磷铵料浆制备

料浆法就是以磷酸、氨为原料，利用中和器、管式反应器将中和料浆在喷浆造粒机中进行涂布造粒，在生产过程中添加部分氮素和钾素以及其他物质，再经干燥、筛分、冷却而得到 N-P-K 复合肥产品，这是国内外各大化肥工厂常采用的大规模生产方法。该法的优点是既可生产磷酸铵也可生产 N-P-K 肥料，同时也充分利用了酸、氨的中和热蒸发物料水分，降低造粒水含量和干燥负荷，减少能耗，生产规模大，生产成本较低，产品质量好，产品强度较高。

1）原料　氨和磷酸(主要是湿法磷酸)。由于无水液氨和浓度为 52%～54%P$_2$O$_5$的湿法磷酸以及浓度为 63%～76%P$_2$O$_5$的多磷酸都可以作为商品进行贸易和长途运输，所以磷酸铵肥料工厂并不一定要与合成氨厂和磷酸厂邻近和配套生产。

2）生产方法　磷酸与氨反应可生成磷酸一铵、磷酸二铵和磷酸三铵；前两种稳定，后一种不稳定。当氨与磷酸的摩尔比大于 2.0 时会有部分磷酸三铵生成，但在室温下即分解成磷酸二铵和氨。

3）磷铵料浆制备工艺　中和度：磷酸的第一个 H$^+$ 被中和时中和为 1，产物为磷酸一铵；磷酸的第二个 H$^+$ 被中和时，中和度为 2，产物为磷酸二铵。

$$H_3PO_4 + NH_3 \longrightarrow NH_4H_2PO_4$$
$$H_3PO_4 + 2NH_3 \longrightarrow (NH_4)_2HPO_4$$

摩尔比控制：NH$_3$/H$_3$PO$_4$ = 1.25～1.35；料浆含水量 18%～20%。工艺流程如图 2-3-18所示：

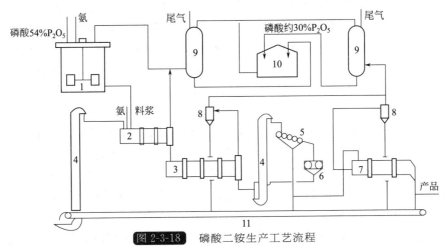

图 2-3-18　磷酸二铵生产工艺流程

1—预中和反应器；2—转鼓造粒机；3—回转干燥机；4—斗式提升机；5—筛；6—破碎机；
7—冷却机；8—旋风分离器；9—洗涤塔；10—贮槽；11—传送装置

它是以浓度为 38%～42%P$_2$O$_5$的湿法磷酸在预中和反应器内与氨反应，控制反应物料中的氨与磷酸的摩尔比约为 1.4（处于磷酸铵溶解度最大点），反应热使物料升温达到沸点（约为 115℃），并蒸发一部分水。热的磷酸铵料浆含水 16%～20%，送入转鼓造粒机，再通入一部分氨，使物料的氨与磷酸的摩尔比接近 2.0，产生的热量又蒸发一部分水（氨与磷酸的摩尔比从 1.4 提高到 2.0 时，磷酸铵的溶解度降低而析出结晶）。反应料浆与后续工序返回的干粉粒料一起成粒。造粒机出来的湿颗粒进入回转干燥机，用热炉气并流干燥。干颗粒物料进行筛分，合格颗粒经冷却后包装或入库；筛下的粉粒返回造粒机；粗粒经破碎后返回筛子。从预中和反应器、造粒机和干燥机逸出的氨和粉尘，用稀磷酸洗涤回收，然后送回预中和反应器。用此流程也可以生产粒状磷酸一铵(控制氨与磷酸的摩尔比在预中和器内约为0.6，造粒机内为1.0)。

（2）成粒过程

用料浆泵输送浓缩料浆到喷枪，并用压缩空气使料浆雾化喷射到机内返料幕上逐步喷涂成粒。

技术要点：喷浆造粒必须有适量的返料作为成粒的核心，返料必须被扬料抄板泼撒成均匀的料幕，料浆必须喷成雾状，喷射距离适当，喷涂成粒过程与干燥同步。

3.3.3 喷浆造粒工艺

喷浆造粒工艺是一种以涂布为主的造粒工艺，其主体设备是转鼓造粒机和干燥机结合于一体的设备；干燥机内原、辅基料和返料在抄板的作用下扬起料幕，料浆由头部经喷嘴雾化均匀喷涂在干燥机内料幕的晶种上，同时在热风的对流加热下，浆料干燥固化或冷却结晶固化，固化的肥料使粒子逐渐长大，粒子经逐层涂布，逐渐增大到合格的尺寸，成为合格粒子。设置内筛分、内破碎的喷浆造粒机出口端设有分级锥体和圆筒筛板。

传统的喷浆造粒生产工艺，由筛分、破碎、喷浆造粒机外和输送系统组成，其特点是工艺流程长、设备投资大、能耗高、生产环境恶劣、不易实现自动化控制等一系列弊端。为此，20世纪90年代初成都科技大学和一些厂家共同研究成功了内返料、内分级、内破碎技术（简称"三内"技术)喷浆造粒干燥机。该技术的特点是：在喷浆造粒干燥机内设置内返料螺旋装置、内分级筛分装置和内破碎装置，使造粒、干燥、分级、破碎在同一台设备内完成，从根本上消除了传统流程的各种弊端。

3.3.3.1 喷浆造粒干燥机

喷浆造粒干燥机是复合肥料生产过程中的关键设备，如图2-3-19所示。该设备为一倾斜安装的回转圆筒，筒内设置造粒段、干燥段、光筒段、分级锥、内筛分、内破碎和逆向输送粉料的矩形断面的内螺旋，螺旋铲料口安放在分级锥底部区域，当筒体每旋转一周，螺旋就将进行初分级后的细粉铲进主螺旋一次。对于内筛分下的细颗粒和内破碎后的细粉由附螺旋收集汇集于主螺旋，粉料随筒体旋转逆向输送到造粒机前端的造粒段进行再一次造粒。该设备适用于冷、热造粒以及高、中、低浓度复混肥的大规模生产，其工作原理是熔融液体在高压泵的作用下进入特殊设计的雾化喷头，被雾化成细小的液滴，并与回转圆筒内的细小颗粒晶核相接触，液滴黏附在晶核表面在高温干燥介质的作用下，迅速完成热质交换过程，颗粒增大，增大后的颗粒被筛分，细小的颗粒返回作为晶核；也有部分成为粉状物料，也被返回作为晶核。

喷浆造粒干燥机的特点：a. 溶液、高温熔融液物料的干燥造粒处理一次完成；b. 设备运行稳定、操作简单、寿命长；c. 运行成本低、热效率高；d. 产品品质好，物料成形率高；e. 单机产量大。

喷浆造粒其颗粒形成的过程除受料浆含水量、料浆温度、料浆压力、压缩空气压力、喷枪结构等因素影响外，还受料幕密度、料幕均匀度和形成料幕颗粒的粒度和粒度分布的影响，这些与扬料板结构、转筒直径、转速、造粒段长度和挡板高度都有一定关系。在造粒过

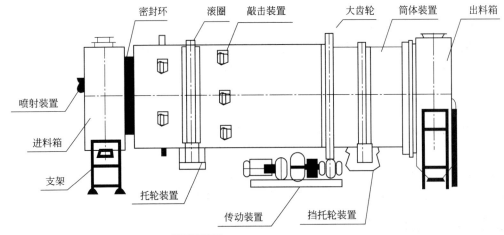

图 2-3-19　喷浆造粒干燥机示意

程中保持颗粒一定的尺寸和颗粒群粒度的均匀性，一定程度上取决于颗粒的成长速度和颗粒在造粒段停留的时间；该速度和时间又取决于喷料的物性，液滴自由飞散时间、涂层厚度、气体质量流量以及分散液滴与料幕颗粒之间的作用条件和传热过程，因此形成复杂的流体力学和传热条件。

3.3.3.2 "三内"技术喷浆造粒干燥机基本结构及特点

喷浆造粒"三内"技术(内返料、内筛分、内破碎)在适当加长的造粒干燥机内部设置内返料螺旋、内筛分、内破碎装置。实现粉料在造粒干燥机内封闭循环，彻底根治了粉尘污染，操作环境得到净化。喷浆造粒"三内"技术如图 2-3-20 所示。喷浆造粒干燥机为一倾斜安装的回转圆筒，主要由进气箱、出气箱、筒体装置、传动装置、托轮装置、挡托轮装置和喷枪等组件组成；筒内设置造粒段、干燥段、光筒段、分级锥、内筛分、内破碎和逆向输送粉料的矩形断面的内螺旋，螺旋铲料口安放在分级锥底部区域，当筒体每旋转一周，螺旋就将进行初分级后的细粉铲进主螺旋一次。对于内筛分下的细颗粒和内破碎后的细粉由附螺旋收集汇集于主螺旋。粉料随筒体旋转逆向输送到造粒机前端的造粒段进行再一次造粒。

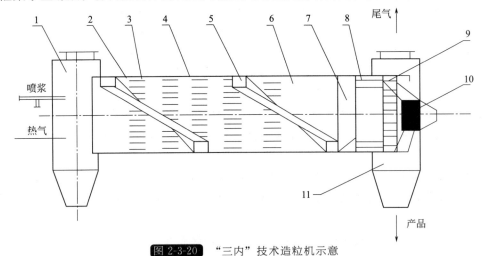

图 2-3-20　"三内"技术造粒机示意

1—进料罩；2—造粒段；3—扬料板；4—干燥段；5—返料螺旋；6—光筒段；
7—分级锥；8—内筛分；9—提升槽；10—破碎机；11—出料罩

① 进气箱内设有炉气分布器，热炉气从侧面进入，经炉气分布器均匀地进入筒体内。进气箱内设有返料管，筛选后的细料由返料管返回筒体重新造粒。返料管由双层钢管构成，内衬硅酸铝纤维保温棉，避免物料受高温袭击而分解。出气箱上有下料口、出气孔、观察孔和人孔等，物料从筒体排出由此处流入下道工序，其位置和结构可根据用户要求而定。

② 传动装置中主电机与减速箱之间采用液力偶合器连接，起到减震保护电机的作用。设有辅助传动以利于设备检修。

③ 挡托轮装置采用常规结构形式。

④ 喷枪设计是喷浆造粒干燥机设计中的一项重要内容。喷枪共有 3 种形式：a. 两相流外混合式；b. 三相流内外混合式；c. 三相流外混合式。重点考虑料浆的温度、浓度、黏度及喷浆量等因素，以期用最低的能耗实现最佳的雾化效果。

⑤ 筒体装置设计最为复杂，除了筒体外部结构的设计，更重要的是做好筒体内部结构设计。a. 筒体外部设计，包括筒壁、滚圈和大齿圈等按照常规设计，应考虑到物料温度、强度校核、传动等因素的影响。b. 内返料结构形式有开式螺旋槽、闭式螺旋体、螺旋导料板、逆向扬料板等。这几种形式各有优缺点，并分别适用于不同场合。返料螺旋可采用单条或双条。两者相比各有利弊，前者结构简单，对筒体内部扬料板排布结构影响较小，但每转动 1 圈，铲料 1 次，则返料较为集中，容易堵塞，一般适合直径较小（$\phi 4.25\text{m}$ 以下）的造粒机；后者筒体每转动 1 圈，返料螺旋同时铲料、返料各 2 次，进出料均匀，避免堵塞，1 条返料螺旋承担 1/2 的返料量，其结构尺寸可适当缩小，但在筒体截面上形成两个料幕缺口，造成缺口处风速加大，影响造粒效果，一般用在较大直径（$\phi 4.25\text{m}$ 以上）的造粒机上。截面尺寸的设计要考虑诸多因素，如返料粒度、返料量、颗粒间的摩擦力、颗粒与转筒壁间的摩擦力、返料螺旋体的利用系数、填充系数以及返料在螺旋体内的停留时间等。c. 内分级、内筛分实际上是内返料装置的一部分，设计中应结合起来考虑。分级锥的锥角在 $25°\sim 30°$ 之间，分级锥高度一般略低于挡圈高度。筛网一般选用条形筛，筛网背面设有振打装置，筒体每转动 1 圈，钢球振打 1 次，以防筛网堵塞。d. 内破碎装置安装在出气箱上，筒体尾部设有铲勺，随着筒体转动，把铲起的物料撒在溜槽上，进入破碎机破碎。破碎机按常规标准选型。对于黏性物料，一般不安装内破碎装置。

3.3.3.3 喷浆造粒干燥机的设计

在选择喷浆造粒干燥设备的生产运行参数时，首先根据物料的性质选择干燥介质，根据实验或经验确定干燥系统工艺操作参数；然后通过物料平衡与热量平衡计算，确定筒体直径、长度和头尾挡圈高度，选择扬料板结构形式，计算扬料板截面尺寸与造粒机装载系数后，选择筒体转速，确定筒体安装倾斜度，计算物料停留时间；根据筒体尺寸、转速、物料密度及装载系数等，计算传动功率，最后设计内返料螺旋、扬料板和内分级锥装置的结构和尺寸以及选定喷嘴形式和数量。

2001 年山东省化工规划设计院廖俊才等介绍了"$\phi 4.75\text{m} \times 18\text{m}$ 带内返料装置喷浆造粒干燥机的工艺设计"

（1）主要工艺参数的选择

① 产能 20t/h（500t/d）N-P-K 三元复合肥　含水率≤1.5%；出料温度 80～100℃；出料粒度 1～4mm≥90%；

② 料浆量 19.6m³/h；初始水分 30%～34%；料浆温度≤95℃。

③ 返料量 80～100t/h（4～5 倍产量）；返料温度 80～100℃。

④ 填充系数　造粒段15%，干燥段13%，全容积319m³。

根据有关生产经验，在以上工艺参数条件下，初步确定选用 $\phi 4.75\text{m}\times18\text{m}$ 的喷浆造粒干燥机，本设计计算的目的除了确定在既定的生产能力下，造粒机的总体尺寸、电机功率、整机结构等能否满足需要外，更主要的是造粒机内部结构（扬料板、挡圈、内返料、内分级装置等）的设计。

（2）设计计算结果

1）筒体最佳转速为 4r/min

2）物料停留时间为 15min

3）造粒段挡料圈高度　$H=650\text{mm}(H/R=0.3$，见图2-3-21），干燥段挡圈在筒体尾部，高度也取 $H=650\text{mm}$。

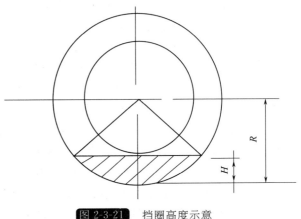

图 2-3-21　挡圈高度示意

4）主传动功率　佐野氏公式是计算造粒机传动功率常用的方法之一。它包括以下内容。

① 筒体内粉粒体运动需要的动力（克服偏心力矩）

$$P_1=13.33D^3LS_pN(C_1\times\sin\eta+C_2\times D\times N^2)\times0.735\text{kW}$$

式中　D——筒体直径，m；

L——筒体长度，m；

S_p——粉粒体的密度，t/m³；

N——筒体转速，r/min；

C_1——充满度系数 $0.00457(\sin\theta)^3$，θ 为充满度夹角，当筒体充满度系数为 15% 时求得 $\theta=42°$，所以 $C_1=0.001369143$；

C_2——充满度系数，$C_2=9.61\times10^{-7}[1-(\cos\delta)^4]$，休止角 $\delta=36°$ 求得 $C_2=5.5\times10^{-7}$；

η——粉粒体休止角，(°)。

代入有关数据求得 $P_1=61.6\text{kW}$

② 筒体旋转所需要的动力

$$P_2=1.868\times10^{-3}MD^2N^2\times0.735\text{kW}$$

式中　M——筒体质量（包括附属物），取其为160t。

代入有关数据得　$P_2=63.5\text{kW}$

③ 筒体支撑部分的摩擦力

$$P_3=0.0697DN(M+n)\left(U_R+\frac{U_B\times D_B}{D_R}\right)\times\frac{\cos\alpha}{\cos\delta}\times0.735\text{kW}$$

式中　D——滚圈直径，m；

n——筒体内物料质量，t；

U_R——滚圈与托轮之间的摩擦系数；

U_B——轴承的摩擦系数；

D_B——轴承直径，m；

D_R——托轮直径，m；

α——筒体的倾斜度，(°)；

δ——滚圈与托轮之间的接触角，(°)。

代入有关数据得 $P_3 = 32.6$kW。

④ 总功率

$$P = P_1 + P_2 + P_3 = 61.6 + 63.5 + 32.6 = 157.7\text{kW}$$

考虑其他因素，取 $\lambda = 1.5$，$P_{总} = \lambda P = 236.6$kW。

根据计算得出本机应取电机功率 250kW，这样既满足了设计要求又选取了合理的富裕系数。

5）内返料螺旋结构尺寸　螺旋口面积为 0.12m^2，按矩形口考虑单边长 390mm。

实际选取长 380mm，高 500mm，做成双螺旋，铲口做成喇叭状，以利于铲料时更充分，如图 2-3-22 所示。

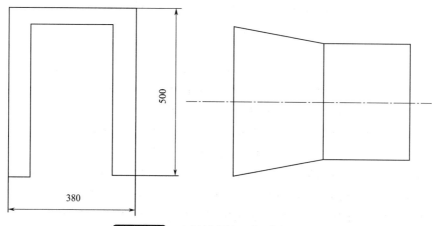

图 2-3-22　内返料螺旋示意（单位：mm）

6）扬料板的结构尺寸　造粒段选用 32 块扬料板，干燥段的后 2 排选用 28 块扬料板，其余也选用 32 块扬料板，后段扬料板少的原因是物料成粒后，筒体尾部既要干燥，又要防止扬尘，结构见图 2-3-23。

造粒段喷枪喷出的料浆密集度一般沿集束径向减弱，筒体直径越大边沿部分料浆密集度越小，那么抄板扬起的细粒越不易造粒，因此造粒段抄板应适当加长，A_2 角度应适当减少，取 $L_1 = 370$mm，$L_2 = 220$mm，$L_3 = 190$mm，$\alpha_1 = 135°$，$\alpha_2 = 135°$。

为了形成均匀料幕以防止炉气短路，抄板在筒体轴向相邻的应交叉排列。圆周向相邻的牙形也应交错排列。设备运转后形成一个均布的幕帘，提高造粒干燥效率。

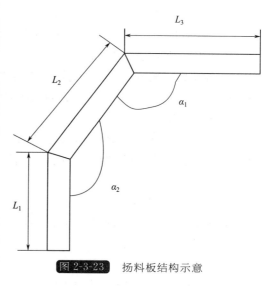

图 2-3-23　扬料板结构示意

7）分级锥高度及结构　分级锥起粗、细粒的分级作用，又起一定的挡料圈作用。即成品≥1mm 颗粒通过，又要挡住≤1mm 颗粒，由返料螺旋返回造粒段，分级锥角度在 25°～30°间，根据实际运行操作经验选取以上尺寸是合理的。

8）内筛分设计　主要依据处理物料量确定筛分面积，选用滚筒筛，条形筛孔，筛网背面设有振打装置，定期振打，防止筛孔堵塞。

9）喷枪设计　喷枪选用三相流内外混合式，一般 $\phi 4.25m$ 以上的喷浆造粒干燥机每台使用 2 支喷枪，料浆压力和空气压力选取 0.3MPa。

10）其他承托及其余部分　按常规的计算或类比法。

3.3.4 味精母液喷浆造粒案例

3.3.4.1 味精母液喷浆造粒

2002 年安徽临泉化工股份有限公司的季保德在"用味精废液沉淀物生产有机复合肥的新工艺"中介绍将味精废液沉淀物与尿素一起熔融，通过液面加压和特制喷嘴喷浆造粒生产有机复合肥的一种新工艺，其具体工艺如下。

(1) 工艺方案

将干粉和尿素通过计量按一定的比例加入熔解槽内，用 0.60～1.20MPa 的蒸汽加热熔解成料浆，经液面加压后，通过特制的喷嘴喷到造粒机内（已计量过的）磷酸一铵和氯化钾上。料浆作为造粒的液相，由喷嘴喷出雾状的液滴，遇冷空气冷凝成半液态半固态且带有黏性的母球成球源，将粉状物料黏附在其表面并将其包裹起来，在造粒机的不断转动下，母球逐步凝聚长大并球化成粒。由于干粉不直接或只有一小部分与造粒机、干燥机、冷却机的筒体或抄板接触，加之干燥机内部结构改造成导料区、空挡区、预热区、二次造粒区、预烘干区、烘干区，冷却机内部结构改造成导料区、空挡区、圆整区、冷却区后，解决了以前生产中遇到的问题，避免了干粉在造粒机内熔化和在干燥机、冷却机内粘附设备的现象，实现了高浓度复混肥的生产，使生产工艺得到进一步稳定。从造粒机出来的物料通过陈化皮带进入干燥、冷却、筛分、表面处理、计量包装系统，其工艺流程如图 2-3-24 所示。

(2) 工艺指标

蒸汽压力 0.60～1.20MPa；熔融料浆的浓度 90%～98%；干燥机进口温度 120～150℃；干燥机出口温度 60～65℃；造粒机出口物料的 pH 值为 6.0～6.5。

关于工艺指标的说明如下。

① 如果料浆浓度<90%，易导致造粒物料含水率高，加大干燥负荷，甚至会出现过成球；如果料浆浓度>98%，将导致造粒物料液相量减少，颗粒粒度小，粒度合格率低，同时产量降低、消耗增加。

② 干燥机进出口气体温度低于下限，成品水分不易保证达标；高于上限时，干燥后的成球源易受热呈熔融状出现扁平状颗粒，影响产品外观质量，也易导致干燥机黏壁。

③ 造粒物料的 pH<6.0 或 pH>6.5 时造粒物料不易成球，产量低、消耗高、系统物料不易达到动态平衡。调整造粒物料酸碱度的方法一般是加入 1%～3%的碳酸氢铵，加入碳酸氢铵可提高物料的 pH 值。

(3) 常用生产配方

以复混肥(15-15-15)举例说明。

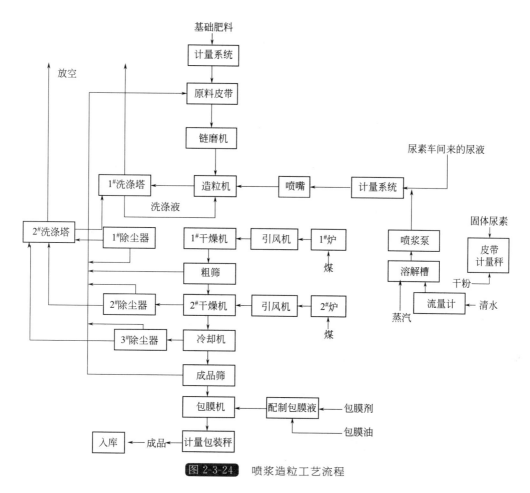

图 2-3-24 喷浆造粒工艺流程

1）原料，见表 2-3-14。

表 2-3-14 原料组成

原料名称	$W(N)/\%$	$W(P_2O_5)/\%$	$W(K_2O)/\%$	$W(H_2O)/\%$
尿素	46.3	0	0	0.5
氯化钾	0	0	60	1.0
磷酸一铵	10	44	0	1.0
氯化铵	25	0	0	1.0
干粉	14	0	3	5
黏土	0	0	0	10

2）以干粉为原料的复混肥配方，见表 2-3-15。

表 2-3-15 复混肥生产的原料配比（用干粉）

原料名称	所占比例/%	原料名称	所占比例/%
尿素	18.5	磷酸一铵	34.0
氯化钾	23.5	干粉	24.0

注：设计养分：总氮、有效五氯化二磷、氯化钾百分含量分别为 15.33%、14.96%、14.82%，即 15.33-14.96-14.82，w_{H_2O} 为 1.87%。

生产过程中氮元素将挥发 0.2%～0.3%，则设计养分将为 15.17-15-14.85 或 15.03-15.08-14.86，生产过程中多于 1.5% 的水分将被除去：

1.87%－1.5%＝0.37%

则产品的最终养分为：

15.22-15.04-14.91 或 15.08-15.13-14.92

即产品的最终养分在 45.13%～45.17% 之间

（4）效果

成球率由原来的 50%～60% 提高到 80%～90%；含氮量控制精度在 ±1.0% 的范围内；总养分控制精度在 ＋1.5% 的范围内；水分 ≤1.5%；抗压碎力由原来的 13～15N 提高到 16～20N，有效地防止了颗粒粉化和结块；产量比原来提高 30% 左右，产品外观圆润光滑，呈玉质状；生产工艺稳定，操作弹性增大；蒸汽消耗量与原来基本持平（30～40kg/t 肥）；解决了尿基复混肥黏壁、结垢、产量低等问题，特别是干燥机内部结构稍加改造后，可连续生产 6～8 月不黏壁。

（5）经济效益

1）主要设备及投资概况

① 主要设备

斗式提升机	HT250 型	1 台
皮带计量秤	$L＝2000$	1 台
喷浆泵	IN50-32-250-C	1 台
流量计	IFS40100	2 台
熔解槽	$\Phi2200\times2200$	1 台
喷浆装置		1 套
保温管道		1 套
计量及控制装置		1 套
附件		

② 投资概况：50000t/a 生产线新增设备投资 20 万元，100000t/a 生产线新增设备投资 25 万元。

2）生产成本　原料价格：以干粉为原料，每吨复合肥生产成本为 1067.25 元；不使用干粉，生产成本为 1129.30 元；若按年产 50000t 复混肥计算，用干粉作原料每年可多创经济效益 310.25 万元。

（6）喷浆造粒工艺的特点

主要包括：a. 以熔融料浆为液相，取代了蒸汽造粒，降低了消耗；b. 可根据生产需要选择不同的料浆浓度和比例；c. 保留了团粒法原工艺路线不变，不需要对原装置工艺路线做改动。

3.3.4.2　莲花味精集团味精发酵母液综合处理工艺技术

2002 年买文宁在"味精发酵母液综合处理工艺技术"中报道了莲花味精集团采用气浮提取菌体蛋白-多效蒸发-喷雾干燥生产固体有机复混肥的综合工艺技术处理味精发酵母液，工程应用证明在废水达标排放的情况下取得了显著的经济效益，创出了一条味精发酵母液切实可行的处理途径。

（1）废水水质水量

莲花味精集团年产味精 14 万吨，居全国味精生产企业的第一位。在味精生产过程中，味精母液产生量为 $3600m^3/d$，年排放味精母液高浓度有机废水 100 万吨以上。其生产工艺流程如图 2-3-25 所示。

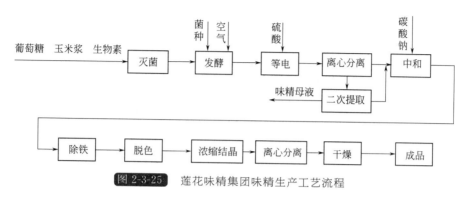

图 2-3-25 莲花味精集团味精生产工艺流程

本企业所产生的废水主要为味精发酵过程中所排放的发酵母液，主要污染物为 COD、BOD_5、SS、SO_4^{2-}、NH_4^+-N 等，处理水质执行《污水综合排放标准》（GB 8978—1996）中味精工业二级排放标准，设计水量为 $3600m^3/d$，废水中主要污染物浓度及排放标准见表2-3-16。

表 2-3-16 味精发酵母液废水的浓度及排放标准

项目	COD/(mg/L)	BOD_5(mg/L)	SS/(mg/L)	SO_4^{2-}/(mg/L)	NH_4^+-N/(mg/L)	pH 值
味精母液	35000~45000	20000~25000	10000~15000	40000~50000	10000~15000	2~3
排放标准	≤300	≤100	≤150	—	≤25	6~9

（2）处理工艺技术

1）处理工艺技术 莲花味精集团味精母液综合处理工程的主体工艺采用味精母液提取菌体蛋白生产饲料、浓缩干燥生产固体有机复混肥，处理工艺流程如图 2-3-26 所示。

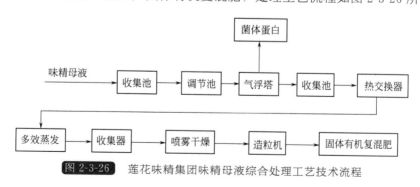

图 2-3-26 莲花味精集团味精母液综合处理工艺技术流程

2）工艺技术特点

① 整个工艺过程所选择的主要设备有絮凝气浮塔、三效减压浓缩蒸发器、离心喷雾干燥塔、造粒机等。该工程将大型减压浓缩蒸发器、离心喷雾干燥机等先进设备应用到高浓度有机废水的处理当中，从实际生产情况来看，设备选型合理，生产操作简单方便，运转安全

稳定。

② 本工程把废水处理与综合利用充分的结合起来，采用本处理工艺在实现味精废水达标排放的同时，回收味精母液中排放大量的菌体蛋白和其他有营养价值的有机物质，生产菌体蛋白饲料和固体有机复混肥，从而根治了味精废液排放对环境造成的严重污染，实现了综合利用。

（3）工程运行结果

1997年12月本废水处理工程验收和正式投产运行，在运行过程中处理水作为冷凝水排放，生产出菌体蛋白饲料和固体有机复混肥。固体有机复混肥主要成分的监测结果见表2-3-17。

表 2-3-17　固体有机复混肥的主要成分

序号	项目	检测结果	序号	项目	检测结果
1	水分	4.46%	5	五氧化二磷	0.32%
2	有机物	90.2%	6	氧化钾	0.53%
3	速效氮	15.52%	7	镁	895mg/kg
4	总氨	16.60%	8	pH 值	3.31

（4）工程运行经济分析

莲花味精集团味精母液综合处理工程总投资为3256万元，年工作日按330天计，每天处理味精母液3600t，每年处理味精母液1.188Mt。工程运行成本和运行效益见表2-3-18。

表 2-3-18　味精母液处理系统的运行成本及运行效益

序号	项目	数量	单价	金额/（万元/年）
1	工资费	960 人	8000 元/年	768
2	电费	35M/kW·h	0.5 元/(kW·h)	1750
3	蒸汽费	0.268455Mt	60 元/t	1610
4	煤费	0.040656Mt	150 元/t	610
5	药剂费	165t	12380 元/t	204
6	材料费			396
7	维修费	5%		163
8	折旧费	7%		228
9	运行成本合计			5729
10	菌体蛋白饲料	0.016500Mt	2200 元/t	3630
11	具体有机复混肥	0.132000Mt	900 元/t	11880
12	运行效益合计			15510

本废水处理工程年运行费用为5729万元，单位处理成本为48.2元/m^3。在废水处理过程中72t味精母液可生产1t菌体蛋白饲料，9t味精母液可生产1t固体有机复混肥，每年可生产菌体蛋白饲料0.0165Mt和固体有机复混肥0.132Mt，年产值为15510万元，单位产值为130.6元/m^3，去除运行成本5729万元每年能够获得9781万元的经济效益，单位经济效益82.4元/m^3，本废水综合处理工程具有显著的环境效益和经济效益。

（5）产品的推广

师国忠通过"利用味精尾液生产复混肥"实例报道了河南莲花集团利用味精尾液生产复混肥的情况。

1）研制概况　首先对味精尾液进行成分分析，然后浓缩、脱水制成粉状物，加入适量化肥，造粒，试制不同配方的复混肥。研制有机-无机复混肥的主要原料有干固粉（为味精尾液提取物）、磷酸二氢铵、氯化钾、尿素、调理剂等。味精尾液及其干固粉养分含量及性质见表2-3-19。

表 2-3-19　味精尾液及干固粉养分含量

项目	TN/%	P₂O₅/%	K₂O/%	S/%	有机质/%	氨基酸/%	Ca/(mg/kg)	Mg/(mg/kg)	Fe/(mg/kg)	H₂O/%	pH 值
尾液	1.9	0.03	0.05	4.0	1.9	1.0	—	—	—	90.0	2.0
干固粉	16.8	0.3	2.6	18.6	16.7	11.0	4.1	0.3	0.2	4.0	3.8

2）复混肥生产工艺

① 转鼓造粒。先把尾液浓缩，采用离心喷雾干燥法，生产干固粉，添加适量化肥后采用转鼓造粒法造粒，年产5万吨，主要工艺流程如图2-3-27所示。

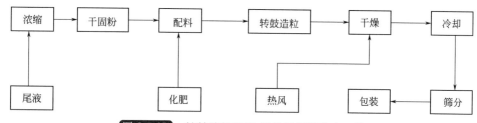

图 2-3-27　转鼓造粒有机-无机复混肥生产工艺

② 喷浆造粒。把浓缩味精尾液直接进行喷浆造粒，添加适量化肥，生产有机无机复混肥，4条生产线年产16万吨，其工艺如图2-3-28所示。

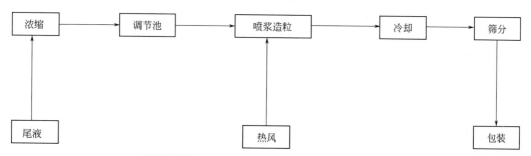

图 2-3-28　喷浆造粒生产有机-无机复混肥工艺

3）田间试验与结果

① 供试有机复混肥。小麦试验用复肥1，氮、磷、钾总养分为45%，棉花试验用复肥3，总养分为25%左右；花生试验用复肥2，总养分为30%左右；有机-无机复混肥除氮、磷、钾外，还含有硫9%～12%，有机质8%～10%，氨基酸4%～8%及微量元素。

② 供试土壤状况。供试土壤大多为潮土，肥力中上等，土壤养分状况如表2-3-20所列；作物的增产效果见表2-3-21。

表 2-3-20 供试土壤养分状况

试验单位	层次/cm	pH 值	有机质/(g/kg)	全氮/(g/kg)	速效磷/(g/kg)	速效钾/(g/kg)	供试作物
河南省农科院	0—20	8.2	6.7	0.67	9.42	46.9	小麦
土肥所	20—40	8.3	5.8	0.62	11.42	62.6	
周口地区农所	0—20	8.1	7.3	0.79	11.7	97.8	小麦
开封市土肥站	0—20	8.0	8.0	0.47	7.0	51.2	花生
扶沟县农技站	0—20	8.0	10.0	0.89	6.4	80.0	棉花

表 2-3-21 有机-无机复混肥对小麦、棉花、花生产量的影响

作物	施肥情况	产量/(kg/亩)	较CK增产	
			kg	%
小麦	CK	264.4	—	—
	习惯施肥	312.23	47.77	18.1
	有机复合肥1	390.00	125.56	47.5
棉花	CK	44.46	—	—
	习惯施肥	60.09	15.63	35.1
	有机-无机复肥3	70.97	26.5	59.6
花生	CK	210.0	—	—
	习惯施肥	248.0	38.0	18.2
	有机-无机复肥2	286.7	76.7	36.5

注:CK 为不施肥的对照组;1 亩=666.7m^2,下同。

由表 2-3-21 看出,供试三种作物,施用有机-无机复合肥均有明显的增产效果,比对照增产 36.5%～59.6%。小麦施用有机-无机复混肥促进了冬前和拔节期的分蘖,增加了每亩有效穗数和千粒重,从而提高了产量;棉花施用有机-无机复混肥棉株长势健壮,叶色深绿,开花集中,结铃高,铃重增加,且现蕾、开花、吐絮提前;花生施用有机-无机复混肥能提高单株结果数、百果重和双仁率,而且秕果明显降低,结实性状得以显著改善。试验结果还表明,有机-无机复混肥较无机复混肥增产 15.6%～24.9%。

从 2004 年 9 月第一条生产线投产后,根据农业生产发展的需要,针对当前土壤养分状况和作物需肥特点,提高产品的科技含量,开发出氮、磷、钾总养分分别为 16%、25%、32%等一系列有机-无机复混肥,投放市场后很受欢迎。结合集团治污需要又上了 4 条生产线,使复混肥年生产能力达到 20 万吨,产值超亿元,利税 2800 万元,产品被国家有关部门认定为"绿色产品",真正实现了变废为宝,使莲花集团的环保产业由投入型转变为效益型。

3.3.4.3 喷雾流化床低温造粒干燥设备技术在谷氨酸废水治理中的应用

2012 年欧美投资集团(内蒙古)生物科技有限公司胡昌禄在"喷雾流化床低温造粒干燥设备技术在谷氨酸废水治理中的应用"中介绍了连续喷雾流化床低温造粒干燥设备在谷氨酸废水治理中的应用。

(1) 造粒原理

喷雾流化床低温造粒干燥设备是流化床干燥技术的一种创新性应用技术,专门用于液体

物料的干燥造粒，通常用于大规模工业生产中的连续生产作业。流化床干燥室的流化层内置热交换器，可以实现节能降耗，减小设备体积。液体物料通过雾化器（又称为喷嘴）雾化，喷射到干燥室内处于流化状态的固体颗粒（称为晶种）表面，被热介质快速干燥，溶剂被蒸发，而干物质被留在晶种颗粒表面。干燥后的颗粒又再次作为晶种被新的液体物料涂层、干燥，经过反复的涂层、干燥过程，当颗粒达到一定的粒度后从出料口排出完成干燥过程。其造粒原理及工艺流程如图 2-3-29、图 2-3-30 所示。

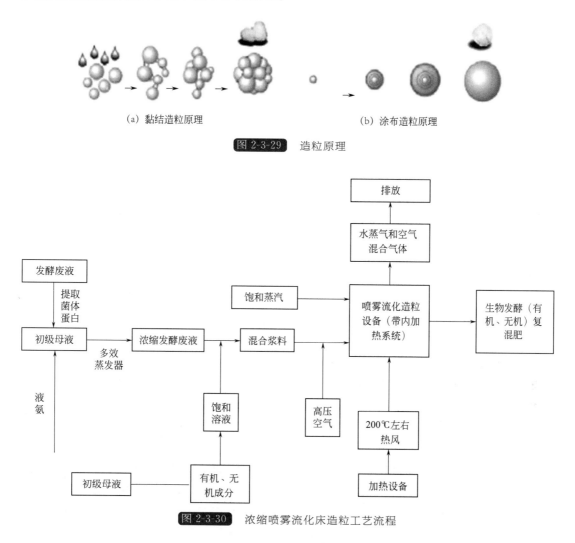

(a) 黏结造粒原理　　　　　　　　(b) 涂布造粒原理

图 2-3-29　造粒原理

图 2-3-30　浓缩喷雾流化床造粒工艺流程

（2）技术特点

主要包括：a. 喷雾、脱水、造粒、干燥一步完成，直接从浓缩液得到颗粒产品；b. 产品粒度可在一定范围（1.5～2mm）内自由调节；c. 操作简单可靠，自动化程度高；d. 床层温度均匀，热效率高；e. 系统微负压操作，无粉尘飞扬；f. 采用填料、循环水除尘，产品收率高，废气容易治理，并达到环保要求。

（3）喷雾流化床低温造粒干燥设备在谷氨酸生产废水中的应用需考虑的因素

谷氨酸生产高浓度废水中的主要成分为硫酸铵，它在废水固型物中的质量百分比含量平均在 70% 以上，用低温干燥的方式将谷氨酸生产高浓度废水制造的颗粒状有机-无机复合肥中硫酸铵含量应该在70%以上，而且其中的有机成分大部分未分解和焦化，价格比谷氨酸生产高浓度废水用"高温喷浆造粒"所生产的肥料价格应有所提高。因为低温干燥的方式生产的有机-无机肥撒在农田里可以缓慢释放，肥效长久。但喷雾流化床造粒低温干燥生产颗粒状有机肥-无机复合肥适合于所有谷氨酸生产企业的高浓度废水，喷雾流化造粒前其原料中的糖分含量必须小于4%，否则因糖分过高，原料在干燥造粒过程中流化状态受到影响，最终会造成死床。所以采用喷雾流化造粒工艺低温干燥生产复合肥，在喷雾流化造粒前，原料必须调整配方将糖分含量控制在小于4%以内，其糖分含量越低、无机成分越高，则喷雾流化造粒效果越好。

（4）喷雾流化床低温造粒干燥设备在谷氨酸生产废水中的应用实例

1）生产生物发酵氮钾复混肥（N15-K5）　将提取菌体蛋白后的谷氨酸发酵废液用四效蒸发浓缩设备浓至27°Bé以上，固形物含量约40%，将48kg氯化钾溶解于107kg未浓缩的提取菌体蛋白后的谷氨酸发酵废液中制成饱和溶液，将该饱和溶液与1000kg浓缩发酵废液进行混合，制得混合溶液。通过高压空气和安装在适当位置的喷枪将该溶液以雾状喷入喷雾流化造粒设备内。造粒设备主机进风温度175℃，流化床料层温度94～98℃，喷枪压力0.22MPa，通过调整引风风机频率使物料在流化床面呈流化状态；该设备连续运行，制得的产品粒径1.5～3mm的占90%以上，成品色泽保持自然色，杜绝明显炭化现象。成品堆密度0.73～0.83g/cm³，产品中含氮16%左右、硫20%左右、有机质＞13%、氨基酸＞10%、水分含量＜4%。制成生物发酵氮-钾复混肥（N15-K5）约455kg。

2）生产生物发酵氮磷复混肥（N15-P5）　将提取菌体蛋白后的谷氨酸发酵废液用四效蒸发浓缩设备浓缩至27°Bé以上，固形物含量约40%，将70kg磷酸一铵溶解于190kg未浓缩的提取菌体蛋白后的谷氨酸发酵废液中制成饱和溶液；将该饱和溶液与浓缩发酵废液1000kg进行混合，制得混合溶液。通过高压空气和安装在适当位置的喷枪将该混合溶液以雾状喷入喷雾流化造粒设备内。造粒设备主机进风温度175℃，流化床料层温度94～98℃，喷枪压力0.22MPa，通过调整引风风机频率使物料在流化床面呈流化状态；该设备连续运行，制得的产品粒径1.5～3mm的占90%以上，成品色泽保持自然色，杜绝明显炭化现象。成品堆密度0.73～0.83g/cm³，即可生产出含氮（N）15%、磷（P）5%的生物发酵氮-硫复混肥（N15-P5）483kg。

3）生产生物发酵氮磷钾复混肥（N15-P5-K5）　将提取菌体蛋白后的谷氨酸发酵废液用四效蒸发浓缩设备浓缩到27°Bé以上，固形物含量约40%，将80kg磷酸一铵和33kg氯化钾溶解于220kg未浓缩的提取菌体蛋白后的谷氨酸发酵废液中制成饱和溶液；将该溶液与1000kg浓缩发酵废液进行混合，制得混合溶液；通过高压空气和安装在适当位置的喷枪将该混合溶液以雾状喷入喷雾流化造粒设备内。造粒设备主机进风温度175℃，流化床料层温度94～98℃，喷枪压力0.22MPa，通过调整引风风机频率使物料在流化床面呈流化状态；该设备连续运行，制得的产品粒径1.5～3mm占90%以上，成品色泽保持自然色，杜绝明显炭化现象。成品堆密度0.73～0.83g/cm³，即可生产出含氮（N）15%、磷（P）5%、钾（K）5%的生物发酵氮磷钾复混肥（N15-P5-K5）528kg。

（5）工艺典型的特点

本工艺不仅解决烟气问题，还解决"高温喷浆造粒"所生产的复合肥对土壤的污染隐患。

3.4 味精废母液制备液体复合肥技术

3.4.1 液体复合肥概述

　　液体复合肥又称流体复合肥，俗称液肥，是含有两种或是两种以上的作物所需的营养元素的液体产品。这些营养元素作为溶质溶解在水中成为溶液或借助悬浮剂的作用悬浮于水中成为悬浮膏状体。液体肥料发展至今，品种甚多，大致可以分为液体氮肥和液体复合肥料两大类。其中液体氮肥的有效物质有铵态、硝态和酰胺态氮，如液氨、氨水、氮溶液。液体复合肥含有植物生长所需的全部营养元素，如氮磷钾钙镁硫和微量元素等，也可以加入溶于水的有机物质（如腐殖酸、氨基酸、植物生长调节剂等）。液体复合肥可以根据作物生长所需要的营养需求特点来设计肥料配方，随时根据作物不同长势对肥料配方做出调整。科学的配方可以显著地提高肥料利用率，液体肥料的肥效通常比常规复合肥料高30%以上。

　　液体复合肥在其养分表示形式上与传统颗粒复合肥大同小异，一般用 $N\text{-}P_2O_5\text{-}K_2O$ 来表示液体肥料中的不同配比，如 20-10-20 则表示这个配方的水溶性肥料中的总氮含量是 20%，五氧化二磷 10%，氧化钾 20%。有些产品也会用 $N\text{-}P_2O_5\text{-}K_2O+TE$ 表示，TE 则表示肥料中含有微量元素，生产厂商一般会在技术手册中说明肥料中微量元素的含量以及形态。在液体复合肥中添加中微量元素一般以螯合态居多，这些中微量元素施入土壤后可以被植物慢慢吸收，对矫正植物微量元素缺乏症有明显效果。

　　我国于 20 世纪 50 年代开始发展液体复合肥料生产，主要用于叶面施肥，虽然起步较晚，但发展迅速。1958 年，黑龙江省友谊农场用飞机对小麦喷施普通过磷酸钙的浸出液，平均增产 12.3%。1964 年，曙光农场和九三农垦局用飞机对大豆喷施液肥，每亩（约 $667\mathrm{m}^2$）仅用 10g 钼酸铵，加 3.3kg 水配成，增产幅度达 8%～12%，随即推广到 50 多个大型国营农场。1980 年，辽宁省对近 130 万亩农田用飞机喷施磷酸二氢钾水溶液，增产粮食近 3000 万公斤，纯利润达 654 万元。1981 年，河南省用飞机对 520 万亩小麦喷施磷酸二氢钾溶液，平均增产率为 7.3%，共计增产小麦 1 亿多公斤，增效 3200 万元。我国各地陆续开发、生产和应用的叶面肥料有数十种之多，实践结果表明，它适用于多种大田作物和经济作物，既可促使作物提早收获，又能改善作物产品的品质，如使用得当，一般能增产 8%～20%，经济效益较为显著。

　　我国是农业大国，目前化肥消费量仍居世界首位，在大量的化肥消费中，液体复合肥的消费量所占的比重还很小，同世界上发达国家相比还存在着相当大的差距。液体复合肥的发展水平在一定程度上与国家的农业发展水平、地理和气象条件、化肥生产企业的农化服务意识以及农民对液体复合肥的生产和施用有相当大的关系。随着我国科学施肥的推广和现代农业节水灌溉技术的成熟及普及，液体肥料的生产、施用必将得到迅速发展。

　　液体复合肥的特点如下。

　　（1）优点

　　① 生产成本较低。生产时不需要蒸发、干燥过程，因而能耗与操作费用低，同时工艺流程简化，设备简单，投资少。

　　② 环境污染较小。在生产、运输和施用时不会出现粉尘、烟雾对环境的影响。

　　③ 产品质量稳定。不存在吸湿和结块的问题。

④ 施用液体复混肥料的方法较多，既可直接放入灌溉水中，也可放进喷灌水中进行喷施或滴灌，还可在稀释后作为叶面肥喷施；除了用液体肥料施洒机外，对于大面积的农田可用飞机喷施。因此施用便捷，费用省，收效快。

⑤ 土壤中的亚硝化细菌、硝化细菌可能使施用的氨遭受损失。例如在液体复混肥料中添加硝化抑制剂，就可以抑制这类细菌的危害作用，提高氨的利用率以达到增产的目的。因消化抑制剂的用量通常仅为氨的百分之几，要求它与氮均匀分布以起到抑制作用，将少量的消化抑制剂与肥料混合均匀，液体肥料自然较固体肥料容易实现。

⑥ 固体肥料在储运过程中，由于颗粒的形状与密度的差异常产生离析，因而造成参差不齐，影响施用后的肥效。液体肥料则不会出现这样的问题。

⑦ 可根据作物特性及当地的土壤情况，实行按需配方生产和施用。除了大量营养元素（氮，磷、钾）外，还可根据农业生产的需要适当添加中量营养元素（钙、镁、硫）、微量营养元素（铁、锰、铜、锌、硼、钼）以及杀虫剂、除草剂、植物生长促进剂（植物激素）等。实行配方施肥，以充分满足作物生长的需要，从而获得优质和高产，增加农业收益。微量营养元素、杀虫剂、除草剂、植物生长促进剂等用量少，应当根据需要加入液体复混肥料或在生产液体复混肥料时配合原料加入，均可混合均匀，使液体复混肥料成为多功能的产品，施用时方便，既省工又省时。若将微量营养元素或农药等加入固体肥料时，就难以均匀，若将其施用将造成部分作物短缺，而另一部分过剩，严重时甚至出现中毒，造成减产。

⑧ 提高作物肥料利用效率。

⑨ 微量元素的加入和施用可以均匀。

⑩ 液体肥料的储运、装卸、施用所需的劳动力均较固体肥料少。

（2）缺点

① 生产液体复混肥料的原料必须是水溶性的，并要求各原料组分之间的化学反应不产生沉淀物，所以液体复混肥料对原料的选择有一定的局限性。

② 液体复混肥料因其不同的组成而有不同的盐析温度，因此在配料时要考虑到可能遇到的最低温度，以免液体复混肥料在低温时产生结晶并沉淀。这一要求同样使其对原料的选择受到一定约束。

③ 液体复混肥料的储存和运输需要特制的容器和运输车辆，费用较高。

④ 液体复混肥料的有效组分浓度较固体复混肥料低，所以按有效组分计的运费比固体复混肥料高。

⑤ 悬浮液肥料是在肥料的饱和溶液中悬浮有多种营养元素，甚至微量营养元素。农药的微粒虽加有悬浮剂，可使这些微粒能持久悬浮而不析离，但储存时间过长，特别是在运输中不断受到震动时可能使悬浮液的胶体结构减弱，甚至破坏，将导致晶体沉降和离析。

3.4.2　味精废母液生产液态肥

众所周知，味精工业是我国的污染大户之一，生产 1t 味精大约要排放 20t 高浓度有机废水。味精废母液含有丰富的蛋白质、氨基酸、还原糖、菌体和 N、P、K 及微量元素等营养成分，是宝贵的植物营养资源，如能将味精废母液开发为基质栽培营养液，既能为其资源化利用找到新的出路，又可为农产品的安全生产获取廉价优质的营养资源，从而获得一举两得的效果。

浙江大学的周学来在 2005 年报道了味精废母液作基质栽培营养液的可行性初探。彭智平等 2009 年研究用不同液体肥料（20-7-18)对大白菜产量和品质的影响，结果表明：以味精废液为基础调节 pH 值发酵配制的有机液体肥料的使用效果最好，氮、磷、钾养分吸收量比无机液体肥料处理和固体混合肥处理均有提高，其中 N 分别提高 33.1% 和 16.2%，P_2O_5 分别提高 31.5% 和 11.1%，K_2O 分别提高 22.7% 和 10.2%，大白菜产量分别提高 6.8% 和 21.9%。李志伟采用盆栽试验方法研究了味精废渣肥对油菜生长和土壤化学性状的影响，结果表明：与施用等氮量的尿素相比，施用味精废渣肥可显著增加油菜的生物量，增加土壤有机质含量，还可显著增加土壤全氮、土壤有效磷（采用碳酸氢钠浸提的方法进行土壤有效磷测定的结果）和有效硫的含量，降低土壤 pH 值；施用味精废渣肥和有机肥可显著增加土壤脲酶活性；施用味精废渣肥对土壤有效铁、有效锌和磷酸酶活性无显著影响。

3.4.3 味精废母液生产液态肥案例

3.4.3.1 味精废母液作基质栽培营养液的研究

本实验由浙江大学的周学来利用盆栽番茄来完成(该项目为国家自然基金项目)

（1）材料与方法

1）供试作物　番茄品种早丰二号。

2）基质配制　取华家池小粉土，磷矿粉（P_2O_5 29%），菌肥（草炭吸附固氮菌 W12 菌液)和食用菌下脚料（采自浙江省农科院食用菌栽培基地，为金针菇菇渣，主要养分含量为：TN1.28%，TP1.04%，TK1.58%)，按表 2-3-22 所列比例（体积比）配制 4 种栽培基质。

表 2-3-22　基质成分配比

基质编号	食用菌下脚料	土壤	磷矿粉	钾长石粉	菌肥
1	8		0.5	0.5	1
2	5	3	0.5	0.5	1
3	8	1	0.5	0.5	
4	8	1			1

3）营养液种类与配制

① 完全营养液。养分组成（mg/L）：Ca（NO_3)$_2$680；$KNO_3$525；$KH_2PO_4$200；$FeSO_4$4.07；$MnSO_4$1.78；硼酸 2.43；$ZnSO_4$0.28；$CuSO_2$0.12；$NaMoO_3$0.128；$MgSO_4$250；电导率 2.0～2.5mS/cm；pH 值为 5.8～6.0。

② 味精废液。取自杭州味精厂未经处理的味精废母液，其电导率 75mS/cm，TN 1.08%，TP 0.82%，TK 2.07%。根据番茄营养液电导率为 2.0～2.5mS/cm 的要求，将味精废母液稀释 30 倍，并调节 pH 值至 5.8～6.0，作营养液浇施。

③ 清水对照。普通自来水。

4）栽培方法　用 PVC 塑料盆每盆装基质 500g，各基质与不同营养液处理组合重复 4 次。于 2002 年 4 月 21 日移栽株高约 8cm，茎粗约 3mm 的 3 叶期番茄幼苗，每盆 1 株，每天浇水至湿润，前期各营养液每周浇 1 次，从第 4 周始每 3 天浇 1 次。观察记载番茄株高、叶片数、茎粗、始花期、结果数及产量等，并测定各处理的基质电导率。

5）数据处理　采用 DPS 数据处理系统对试验结果进行统计分析。

（2）结论

味精废母液不仅含有丰富的 N、P、K 及微量元素等无机营养成分，而且富含氨基酸、蛋白质、菌体细胞等有机营养，经适当稀释处理后作为番茄营养液浇施的效果优于完全营养液，但应根据番茄能耐受的营养液电导率要求确定稀释倍数，用于其他作物时也应遵守这一原则。因此，味精废母液不仅能满足番茄所需的营养要求，而且其营养效果优于纯无机的完全营养液。用味精废母液作基质栽培的营养液，其关键技术是调节稀释液的电导率至栽种植物所能接受的水平；同时发现，以食用菌下脚料配制无土栽培基质时需防止其二次发酵产生的影响。

3.4.3.2 味精废渣肥对油菜生长和土壤化学性状的影响研究

本实验由河北农业大学李志伟等介绍。

（1）供试材料

供试土壤为潮褐土，取自河北农业大学教学基地，基本理化性质：pH8.07，有机质20.37mg/kg，全氮 1.050g/kg，全磷 0.600g/kg，碱解氮110mg/kg，有效磷 20.35mg/kg，速效钾 190.6mg/kg，有效铁 4.7mg/kg，有效锌 2.3mg/kg。

供试植物为油菜，品种为"华王"。

供试无机肥料为尿素（N46%）、味精废渣肥（含 N16%，由梅花生物科技集团股份有限公司提供）。味精发酵原料（玉米）淀粉经糖化处理提取谷氨酸后剩余的"废液"，在发酵池沉淀提取饲料蛋白后，经氨气中和酸度（同时提高肥料氮素含量）后喷浆造粒形成 TN 16%、P 0.34%、K 0.88%、有机质 18.2% 的颗粒肥。有机肥料为牛粪（N 1.29%、P 0.39%、K 1.39%、水分 51%）。

（2）试验设计

味精废渣肥氮量施用（用 WN 表示）分别为 0（WN0）、100（WN1）mgN/kg、200（WN2）mgN/kg、400（WN3）mgN/kg；尿素与味精废渣肥等氮量施用（尿素 N 用量用 CN 表示）分别为0（CN0）、100（CN1）mgN/kg、200（CN2）mgN/kg、400（CN3）mgN/kg；另设有机肥（腐熟牛粪，用 M 表示）用量分别为 0（M0）、150（M1）t/hm²；牛粪与尿素氮配施处理为完全试验设计，共 12 个处理，每个处理 4 次重复；磷肥（P_2O_5）、钾肥（K_2O）用量均为 100mg/kg，肥料均做底肥与土拌匀后一次性施入。

（3）测试方法

植物全氮，土壤 pH 值，土壤有机质和全氮，土壤有效磷，土壤有效硫、有效铁和锌等养分测定均采用常规农化分析方法。

土壤脲酶活性测定采用苯酚钠次氯酸钠显色法。土壤磷酸酶活性采用磷酸苯二钠比色法。

（4）结论

与施用等氮量的尿素相比，施用味精废渣肥可显著增加油菜的生物量，增加土壤有机质含量，还可显著增加土壤全氮、土壤 Olsen-P 和有效硫的含量，降低土壤 pH 值。施用味精废渣肥和有机肥可显著增加土壤脲酶活性。施用味精废渣肥对土壤有效铁、有效锌和磷酸酶活性无显著影响。

3.4.3.3 施用有机液体肥料对大白菜养分吸收和产量的影响

本项目由广东省农科院土壤肥料研究所的广东省养分资源循环利用与耕地保育重点实验室彭智平等介绍。该课题为广东省科技攻关项目 （2008A02010025，2009A0201003）；广州市科技计划项目（09A84071581）。

（1）试验材料

大田试验在佛山市三水区大塘镇进行。供试土壤为北江冲积物发育的水稻土。土壤养分测定结果为：有机质含量17.1g/kg，pH值为5.0，氨氮13.9mg/kg，速效磷（P_2O_5）82.3mg/kg，速效钾（K_2O）50.9mg/kg，交换性钙1409.1mg/kg，交换性镁97.2mg/kg，有效锌8.1mg/kg，有效硼0.85mg/kg。供试大白菜品种为良庆，2006年10月种植，每亩种植4000株。

（2）试验方法

试验设置如下处理：a. 对照（CK），固体混合肥（20-7-18），由硝酸铵、磷酸和氯化钾混合而成；b. 无机液体肥料（IFF，20-7-18），由尿素、磷酸和氯化钾混合而成；c. 有机液体肥料1（OFF1，20-7-18），由硝酸铵、磷酸、氯化钾和味精废液混合而成，味精废液的加入量为30%；d. 有机液体肥料2（OFF2，20-7-18），由硝酸铵、磷酸、氯化钾和酸性发酵液混合而成，酸性发酵液加入量为33%；e. 有机液体肥料3（OFF3，20-7-18），由硝酸铵、磷酸、氯化钾和碱性发酵液混合而成，碱性发酵液的加入量为33%。其中酸性发酵液由味精废液、水和糖蜜以1:1:1混合后，接种酵母菌，通气发酵15d而成；碱性发酵液由味精废液、水和糖蜜以1:1:1混合后加入10%石灰调节pH值至6.5，接种酵母菌，通气发酵15d而成。

每个处理3次重复，小区面积28.5m²，随机区组排列，每个小区施用7.5kg鸡粪肥作基肥，在种植前撒施并覆土。每个小区追肥施肥量保持一致，N为1kg、P_2O_5为0.35kg、K_2O为0.9kg，分3次使用：第1次追肥在移栽后10d，施肥量为总量的30%；第2次追肥在移栽后17d，施肥量为总量的40%；第3次追肥在移栽后27d，施肥量为总量的30%。固体混合肥撒施后淋水，液体肥料用水稀释后淋施，每次施肥各小区保持相同的用水量。

（3）测定项目及方法

在大白菜收获期每个处理采集植株地上部6棵，分析植株氮、磷、钾、钙、镁的干物养分含量，并测定鲜重和水分含量；测定方法参考《土壤农业化学常规分析法》。

大白菜收获期统计每区产量，并采集植株6棵，测定农产品的维生素C、可溶糖和硝酸盐含量，测定方法参考《植物生理生化实验原理和技术》。

采用Excel和SAS8.1进行数据处理及统计分析。

（4）结论

通过研究不同液体肥料（20-7-18）对大白菜产量和品质的影响，结果表明：以味精废液为基础调节pH值发酵配制的有机液体肥料的使用效果最好，氮、磷、钾养分吸收量比无机液体肥料处理和固体混合肥处理N分别提高33.1%和16.2%，P_2O_5分别提高31.5%和11.1%，K_2O分别提高22.7%和10.2%，大白菜产量分别提高6.8%和21.9%。

3.5 味精废母液喷浆造粒尾气治理技术

目前谷氨酸行业采用喷浆造粒生产有机-无机复合肥料的工艺来处理提取谷氨酸后的离交母液或等电母液，生产工艺如图2-3-31所示。

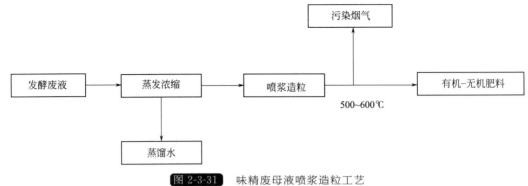

图 2-3-31　味精废母液喷浆造粒工艺

工艺过程中由于采用高温热空气直接加热富含有机物的浓缩等电母液或等电母液，原料中的水分和有机物会一同逸出，形成了带有强烈异味的不易扩散的烟气，有机物在光照条件下与大气中的氮氧化物反应，产生破坏臭氧层和温室效应的物质。其尾气中成分较复杂，主要有飘尘、粉尘及细小的复合肥颗粒，气体主要成分为燃煤所带来的大量有毒、有刺激性气味的气体。主要气体成分有 H_2S、SO_2、SO_3、NO_2、NH_3、H_2O（汽）等，特别在阴雨天或气压较低时，常造成厂区及附近居民生活区烟雾弥漫，酸雾和酸雨的危害相当严重，烟尘和废气的排放浓度远远超过国家排放标准的规定，此污染使味精等发酵行业面临限产和停产的局面，所以对废母液喷浆造粒尾气治理刻不容缓，必须进行治理。多年的实践使多数味精企业认识到，良好的环境是发酵生产所必需的，防治环境污染对味精企业是至关重要的任务之一。

3.5.1　技术原理

谷氨酸等电清液喷浆造粒中产生的较强异味污染烟气可以通过污染烟气→喷淋洗涤（洗涤液为 45℃发酵废液）→喷淋洗涤（自然循环洗涤 30℃）→生物处理（26℃）→排放的工艺处理，处理效率由原来的 20％左右提高到 65％左右；其原理是气相与液相相遇，破坏相间平衡，分子间发生激烈碰撞，结成大颗粒物团，大颗粒下降至集污室，小颗粒随气流上升，遇金属烧结网，其金属烧结网的显著特点是具有很好的通气阻水性能，能阻碍颗粒胶团通过，拦截住粉尘及煤焦油类物质，从而达到烟尘去除的目的，实现清洁生产。

3.5.2　工程介绍

3.5.2.1　早期工程

（1）工艺流程

本工艺系统由烟尘收集系统、水洗房、喷淋沉降室、拦截室（内置金属烧结网）、循环水系统、集水室及集污室、电控系统、系统变频风机、排气烟囱等组成（见工艺流程简图 2-3-32）。

喷浆造粒尾气经烟尘收集系统收集后，首先进入水洗房，对气体进行降温和初步净化，截留一部分粉尘等杂质，同时吸收一部分 NO_2、SO_2、H_2S、SO_3、NH_3、有机气体等。通过水洗房后的气体温度应控制在 50℃左右。

在烟尘收集系统合适位置开孔，接一条 $\phi300$ 管道，进入喷淋沉降室（内置 2 个喷嘴，1 个用于正常实验喷水，产生液相；1 个用于反冲洗金属烧结网），利用液相与含尘气体，

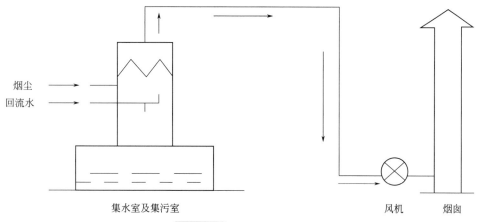

图 2-3-32　工艺流程简图

H_2S、SO_2、SO_3、NO_2及有机气体（气味）等进行相继接触，打破相间平衡，使其与液膜、液滴、气泡等发生碰撞、扩散、黏附等作用，将其凝聚到液滴里或结成大颗粒物团而下降至集污室。喷淋沉降室同时兼有去除气态污染物［H_2S、SO_2、SO_3、NO_2、NH_3、H_2O（汽）等一些有机气体］的作用，也具有脱硫及各种酸雾的作用，这些污染物随液相下降到集水室，所以对除尘净化、废气治理、去除异味、脱臭等也具有很好的作用，净化后的气体温度控制在 $30\sim35℃$。

在拦截室里，随气流自下而上的小液滴遇金属烧结网（孔径为 $80\mu m$），因金属烧结网具有很好的通气阻水的性能，把小液滴及凝聚到其中的烟尘拦截下来，沉降至集污室里，在集水室及集污室的合适位置开口并安装阀门，定期进行排放污水和固体废弃物，从而达到治理喷浆造粒车间尾气烟尘的目的。

回流水采用味精生产工艺废水，以达到节约水的目的，也可以采用地下水或自来水，这样在集水室合适位置开口，安装配套水泵，经集水室沉淀过滤后，也可循环使用，定期排放至污水处理厂进行集中处理。经过本套实验装置处理后的气体，排放浓度符合国家规定的要求，气味也大大减小，达到了本次大气污染治理实验的目的。

（2）案例：河南莲花味精股份有限公司味精废气处理

河南莲花味精股份有限公司选用以上工艺后尾气主要成分处理前后测定对比如表 2-3-23 所列。

表 2-3-23　处理前后烟气成分

尾气名称	处理前浓度/(mg/m³)	处理后浓度/(mg/m³)	去除率/%
烟尘	475.8	未检出	100
SO_2	0.04	0.03	25
SO_3	0.06	0.02	66.7
H_2S	0.03	0.02	33.3
NO_2	0.08	0.075	6.3

经过本套实验装置处理后的气体，排放浓度符合国家规定的要求，气味也大大减小，达到了大气污染治理实验的目的。

3.5.2.2 现行处理工艺

造粒机尾气的处理，通常采用二级洗涤的方法，洗涤水循环使用，浓度≥20°Bé时送入浓浆池和四效浓缩液一起喷浆造粒。沉淀池再补充新水。此工艺基本上能够完全除去烟尘和复合肥微粒。但是，在此过程中洗涤出的溶解性酸性物质也大量滞留在循环水中，循环水 pH 值很快降至 2.5～3.0，管道设备腐蚀严重。实践中循环水的 pH 值＋0.5 基本上就是烟囱排出废气的酸碱度，天气晴朗时这些酸性气体溶入大气，如遇阴雨天或地面气压低时成酸雨或凝结成酸雾降落地面，对农作物造成危害。

新的治理方法：生产实践中发现，对排放废汽中烟尘和微粒二次洗涤和三次洗涤效果一样，分水分级的二次洗涤，一级循环水 pH 值比二级循环水低约 0.5。针对复合肥造粒机污染主要是酸液危害的问题，根据这一思路，利用清洁生产原理，在生产过程中查找可利用"资源"，设计了一种新的治理方法，可达到"以废治污"不增加费用、节水、排放废气 pH≥5.0 的多种效果。见图 2-3-33。

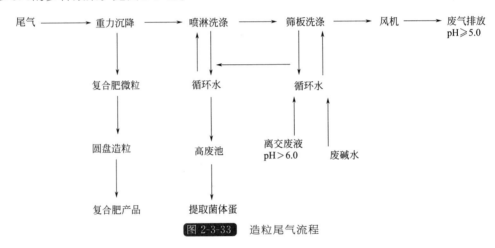

图 2-3-33 造粒尾气流程

（1）工艺流程简述

喷浆造粒机尾气，首先进入重力沉降室，利用重力沉降作用将大部分烟尘和复合肥微粒从烟气中分离出系统，经圆盘造粒机造粒后形成产品，除尘后的尾气经过二级洗涤排放。本方法主要是利用离交废液的高 pH 值流段和清洗四效浓缩设备的碱水作为循环洗涤用水。这部分废液 pH 值为 6～11，原来直接排入高废池，可引起局部 pH 值升高而影响菌体蛋白提取，把这部分废液单独收集作为造粒机尾气循环用水，加上清洗四效的废碱水，正好"物尽其用"，而且使尾气洗涤水由原来的"死水"（分批换水）"活"起来，（连续补水）并维持较高的 pH 值，从而减少或消除废汽排放形成的酸液对环境的危害。

（2）需用废液量的计算

以年产 30000t 谷氨酸为例，每天产生的四效浓浆约为 210m³，生产复合肥约 110t，水分蒸发量为 100t 左右，pH 值在 3.0～3.5，H^+ 浓度为 10^{-3} mol/L，离交废液与废碱水混合液 pH 值为 11，OH^- 浓度为 10^{-11} mol/L；两种液体混合后，溶液 pH≥5.0，即为离交废液的需用量。

3.5.2.3 新型喷浆造粒气溶胶烟气静电处理器

2009 年由山东轻工业学院（现齐鲁工业大学）的臧立华报道了一种喷浆造粒气溶胶烟气静电处理器的专利。该设备是一种用于处理发酵、制药等行业发酵废液喷浆造粒形成气溶胶烟气污染物的静电处理器，包括上集气室、下集气室；上集气室上面设有阴极绝缘箱。在上、下集气室之间设有多个导电玻璃钢阳极管；在上集气室内设有清洗阳极管的喷淋装置；在阳极管的中心分别悬挂有阴极线，各阴极线的上端与上集气室内的阴极大梁相连，下端与下集气室内的调直砣相连，各调直砣通过下部定位阴极框连为一整体。此种气溶胶烟气静电处理器的有机物去除率达95％以上，具有广阔的推广前景。

参 考 文 献

[1] 于信令. 味精工业手册 [M]. 北京：中国轻工业出版社，2009.

[2] 《味精工业废水治理工程技术规范》编制组. 《味精工业废水治理工程技术规范》(征求意见稿)编制说明. 2011. (1). HJ2030—2013

[3] 汤艳红. 菱花集团发展循环经济模式研究 [D]. 西安：西北大学，2010.

[4] 味精生产工艺流程图 [EB/OL]，http://wenku.baidu.com/view/aa414f21ccbff121dd3683e8.html

[5] 王凯军，秦人伟. 发酵工业废水处理 [M]. 北京：化学工业出版社，2000.

[6] 买文宁. 生物化工废水处理技术及工程实例 [M]. 北京：化学工业出版社，2002.

[7] 黑亮. 利用酵母菌处理高浓度味精废水的研究 [D]. 杨凌：西北农林科技大学，2002.

[8] 林艳. 利用谷氨酸离交废水生产单细胞蛋白的研究 [D]. 济南：山东轻工业学院，2009.

[9] 卢向阳，饶力群，彭丽莎，等. 酒糟单细胞蛋白饲料生产技术研究 [J]. 湖南农业大学学报，2001，(4)：317-320.

[10] 黄翔峰. 味精生产废水治理技术发展 [J]. 中国沼气，2000，8(3)：3-8.

[11] 许汉祥. 味精行业的污水治理 [J]. 轻工环保，2003，18(1)：33-37.

[12] 王春生，袁品坦. 谷氨酸母液离交回收工艺的改进及应用效果 [J]. 发酵科技通讯，1998，7(4)：15-19.

[13] 陈颖敏，李育宏，李亮. 膜分离技术在环保中的应用研究和进展 [J]. 环境科学动态，2004，(2)：18-19.

[14] 熊万刚. 超滤技术用于谷氨酸发酵液中菌体的分离 [J]. 发酵科技通讯，2011，40(4)：47-49.

[15] 王洪波. 超滤法浓缩麦芽糖的研究 [J]. 安徽农业科学，2012，40(9)：5347-5348.

[16] 韩式荆，李书申. 超滤法分离味精废水中的菌体 [J]. 环境化学，1989，8(8)：35-40.

[17] 刘庆余，李得翔，张峥，等. 生物与超滤方法处理味精厂废水的初步研究 [J]. 水处理技术，1991，17(2)：129-132.

[18] 冯文清. 超滤技术在味精末次母液生产复合调味品的研究 [J]. 发酵科技通讯，2011，40(1)：24-26.

[19] 黄继红，张鹰，章勤，等. 无机膜分离谷氨酸菌体应用技术研究 [J]. 发酵科技通讯，2006，35(3)：9-12.

[20] 张凡. 味精生产废水中提取菌体蛋白初探 [J]. 河南科学，2002，17(4)：419-422.

[21] 徐雪宜，王祖宜. 味精废水与造纸黑液混合液的厌氧处理 [J]. 环境科学与技术，2002，(2)：37-40.

[22] 张惠玲，丁忠浩，伊江明. 絮凝法分离谷氨酸菌体的机理研究 [J]. 武汉大学科技学报 (自然科学版)，2004，27(3)：257-259.

[23] 买文宁. 谷氨酸发酵母液提取菌体蛋白技术 [J]. 水处理技术，2002，28(4)：245-246.

[24] YOSH IMURA M. Environmental conservation in the fermentation industry [J]. Nippon Nogei-kagaku Kaishi，1995，69(3)：337-345.

[25] 吉村实. 日本酿造协会会志 [J]，1995，90(5)：337-343.

[26] 王周胜. 味精废水治理的新经验-全浓缩干燥法治理味精废水探讨 [J]. 轻工环保，1992，14(2)：38-40.

[27] 刘垒. 味精蛋白的营养价值及其在生长猪中的应用研究 [D]. 重庆：西南大学，2009.

[28] 杨小娇. 谷氨酸发酵废水中提取菌体蛋白研究进展 [J]. 中国酿造，2009，(8)：21-23.

[29] 鲍启钧. 味精废水治理的技术路线探讨 [J]. 中国给水排水，1998，14(6)：23-25.

[30] 赵晓芳. 味精蛋白资源调研及营养价值评定 [D]. 泰安：山东农业大学，2003.

[31] 白志民，白成军，郑伟. 味精蛋白在饲料中的应用 [J]. 养殖技术顾问，2006，(5)：17.

[32] 郭金玲，程伟，霍文颖，等. 味精蛋白对鸡代谢能和养分代谢率影响的研究 [J]. 中国畜牧杂志，2008，44(21)：42-45.

[33] 袁品坦. 谷氨酸菌体蛋白的开发和利用 [J]. 饲料研究，1991，(3)：2-4.

[34] 杭文荣. 谷氨酸菌体蛋白 (ScP) 的利用 [J]. 福建轻纺，1997，(2)：9-15.

[35] 李锦荣. 糖蜜淀粉发酵味精处理废母液生产硫酸铵工艺研究 [J]. 甘肃糖业，2011，(3)：34-37.

[36] 谷丰，刘云燕. 谷氨酸母液提取硫酸铵并制备复合肥技术研究 [J]. 2011，发酵科技通讯，2011，40(2)：16-18.

[37] 黄世文，王玲，王全永. 利用啤酒和味精废水开发微生物发酵培养基及其应用研究 [J]. 上海环境科学，2007，26 (4)：180-184.

[38] 喻子牛. 苏云金芽孢杆菌制剂的生产和应用 [M]. 北京：中国农业出版社，1993.

[39] Capalbo D M. Bacillus thuringiensis: fermentation process and risk assessment. a short review. Memorias Do Instituto Oswaldo Cruz. 1995，90(1)：135-138。

[40] 林剑. 利用味精废水深层培养苏云金杆菌 [J]. 化工环保. 1999，19 (2)：100-103.

[41] 杨建州，温官，张洪勋，等. 味精废水发酵培养苏云金芽孢杆菌的研究 [J]. 环境污染治理技术与设备. 2002，1 (6)：35-40.

[42] 王绍文. 高浓度有机废水处理技术与工程应用 [M]. 北京：冶金工业出版社，2003.

[43] 唐受印. 食品工业废水处理 [M]. 北京：化学工业出版社，2001.

[44] 周学来，周钗美，朱日清，等. 味精废母液作基质栽培营养液的可行性初探 [J]. 浙江大学学报 （农业与生命科学版），2005，31(2)：157-160.

[45] http://www.agri.gov.cn/.

[46] 李玉峰. 复合肥生产工艺综述 [J]. 攀枝花学院学报，2002，19(5)：84-85.

[47] 张一. 某味精厂高浓度有机废水处理工艺的改进研究 [D]. 成都：成都理工大学，2006.

[48] 赵萌. 高浓度味精废水和污泥的资源化研究 [D]. 哈尔滨：哈尔滨工业大学，2007.

[49] 季保德. 用味精废液沉淀物生产有机复合肥的新工艺 [J]. 磷肥与复合肥，2002，17(3)：55-57.

[50] 绳新安. 喷浆造粒干燥机的发展和应用概论 [J]. 化工设计通讯，2005，31(1)：32-33.

[51] 刘玉良，陈文梅，雷明光. 磷复肥喷浆造粒粉料封闭循环的研究 [J]. 化工进展，2003，22(8)：790-793.

[52] 廖俊才，李克甫，侯文博，等. 带"三内"装置的φ4.75m×18m喷浆造粒干燥机的设计 [J]. 磷肥与复肥，2001，16(3)：19-24.

[53] 买文宁，孙中党，谢丽娜，等. 味精发酵母液综合处理工艺技术 [J]. 河南科学，2002，20(4)：388-391.

[54] 师国忠. 利用味精尾液生产复混肥 [J]. 科技纵横. 2002，(6)，34-35.

[55] 胡昌禄. 喷雾流化床低温造粒干燥设备技术在谷氨酸废水治理中的应用 [J]. 发酵科技通讯，2012，41(3).

[56] 彭智平，詹愈忠，丁俊红，等. 施用有机液体肥料对大白菜养分吸收和产量的影响. 广东农业科学，2009，(11)：62-64.

[57] 李志伟，高志岭，刘建玲，等. 味精废渣肥对油菜生长和土壤化学性状的影响研究 [J]. 农业环境科学学报 2010，29(4)：705-710.

[58] 中国土壤学会农业化学委员会. 土壤农业化学常规分析法 [M]. 北京：科学出版社，1983.

[59] 李合生. 植物生理生化实验原理和技术 [M]. 北京：高等教育出版社，2000.

[60] 刘峰. 复合肥车间尾气处理实验探讨 [J]. 发酵科技通讯，2007，36(2).

[61] 田晓燕. 复合肥废气治理的探讨 [J]. 发酵科技通讯，2009，38(4)：18-19.

[62] 熊万刚，荣维华. 复合肥喷浆造粒机尾气治理方法 [J]. 发酵科技通讯，2008，37(3).

[63] 臧立华(山东轻工学院). CN201419120. 2010.

4

推广玉米浸泡水培养
饲用酵母粉

4.1 淀粉工业概况

中国淀粉生产距今已有 3000 多年，19 世纪初发现玉米淀粉可以用磨碎浸泡后的玉米制造，湿磨法玉米淀粉生产从此开始，一直发展至今[1,2]。20 世纪 50 年代以后，世界淀粉业随着转基因玉米的开发，不仅品质得到改善，产量也随之大幅度提高；同时由于淀粉的广泛用途，淀粉糖和淀粉酒精工业的发展，社会对淀粉的需求日益增长，这也给湿磨法玉米淀粉生产带来更大的发展机遇。淀粉生产装备改进，生产规模向大型化发展，产品质量得到改善，能耗降低，世界各地的淀粉工业也迅速发展起来。玉米淀粉以美国为首，马铃薯淀粉主要在欧洲，木薯淀粉和米淀粉主要在远东地区。

玉米是世界 3 大粮食作物之一，其产量已跃居世界粮食品种的首位。美国是世界上玉米第一生产大国，2007 年世界玉米产量为 7.0345 亿吨，其中美国玉米产量为世界玉米总产量的 38%；中国第二，占世界总产量的 20%。玉米生产在中国的粮食生产和经济发展中占有重要地位[3,4]。

近年，世界淀粉业取得较快发展，平均年递增在 14% 以上[5]。而且淀粉深加工在规模上将继续扩大，技术上更尖端，产品更多样化。特别是 90 年代以后增长幅度较大。2013 年世界淀粉年产量 6.880 亿吨，比 2003 年的 4.9 亿吨增长 40.4%。2013 年，美国淀粉总产量 2.9 亿吨，占世界淀粉总产量的 42.15%，中国淀粉总产量 2.305 亿吨，占世界淀粉总产量的 33.5%。美国淀粉总产量 2013 年比 2003 年增长 16.47%；中国淀粉总产量 2013 年比 2003 年增长 215.32%[6]。

玉米淀粉的应用范围很广，用途很大。目前世界上大约 2/3 的淀粉用于食品、医疗、饮料等方面，1/3 用于造纸、包装、纺织、石油等方面。淀粉在食品工业中的应用主要是作为添加剂。例如磷酸淀粉有乳化和稳定的特性，制作糕点、冷饮有独特风味；有一种变性淀粉加入快餐食品后可减少蒸煮时间，加入罐头、盘菜后可加速热的传递，减少消毒和冷却时间。以淀粉为原料又可以进一步加工，生产 DE 值不同的葡萄糖浆，作为甜味剂、乳化剂、稳定剂等。以淀粉为原料制成的多糖胶，不仅可以添加到多种食品和饮料之中，而且在石油开采中具有极高的应用价值。还有一种变性淀粉（淀粉-丙烯酰胺接枝共聚物）也在石油开采中被广泛应用。以淀粉为原料合成的低温磷化液，在金属表面处理时具有特殊作用。淀粉特殊处理后还可用在外科手术的防护上，淀粉加工成的葡萄糖浆也在医疗中有巨大作用。近年来玉米淀粉还成为一种颇具开发价值的新型能源，美国、巴西等已利用玉米淀粉大量生产酒精，用作汽车燃料等。淀粉工业是我国玉米使用量较大的一个行业，每年使用玉米为 400 万吨以上，可生产淀粉 250 多万吨、玉米油 7 万多吨、玉米蛋白粉 21 万多吨、纤维饲料 70 多万吨、玉米浆 20 多万吨、植酸 1 万多吨。我国现在约有玉米淀粉厂（公司）300 余家，日加工玉米 600t 以上的厂家有 6 个，日加工玉米在 50t 以上的有 72 家，全国淀粉厂生产技术水平高低相差较大，有自动化控制操作的现代化大型生产线，也有普通小型设备配套的生产线，这些生产线的水、电、气用量不同，玉米单耗也有差距，各种产品得率和质量也不相同，从而导致各企业的经济效益有一定的区别。我国玉米淀粉厂的两项指标水平为：较高水平（总干物产率≥98％，淀粉产率≥67％）、中等水平（总干物收率≥95％，淀粉收率≥65％）、较低水平（总干物收率≥93％，淀粉收率≥63％）[7]。

  玉米不仅种植地区分布广泛，具有耐旱、高产、适应性强的栽培特点，而且作为淀粉加工原料有其独特的优点，因而赢得了淀粉市场的优势，其主要优点：a. 加工不受季节的限制，一年四季都能得到原料；b. 玉米淀粉的质量较好；c. 玉米籽粒中淀粉含量达 64％～78％，如果采用先进工艺，则淀粉得率高；d. 玉米综合利用能得到好的经济效益，几乎玉米产品的 99％都可以得到利用；e. 玉米制淀粉过程中产生的浆液比薯类少，易于回收。基于以上优点，目前国内 70％以上的工业化淀粉生产厂都以玉米作主要原料。世界上大部分淀粉是用玉米生产的，如美国等一些国家则完全以玉米为原料。为适应对玉米淀粉量与质的要求，玉米淀粉的加工工艺已取得了引人注目的发展。特别是在发达国家，玉米淀粉加工已形成重要的工业生产产业[8]。

4.1.1   淀粉加工在玉米加工中的地位

  淀粉原料来源广泛，但有工业生产价值的仅有玉米、木薯、马铃薯、红薯、小麦等几种，特别是玉米亩产高、易栽培种植，不仅富含淀粉，还富含多种高营养的组分，又便于储存运输，而且价格低，因而玉米是淀粉工业最主要的原料，我国淀粉生产原料 90％以上来源于玉米。其次是木薯，它也是一种易种植并富含淀粉的作物，但因是亚热带作物，受其生长条件的限制，故我国木薯淀粉生产主要在广东、广西地区；木薯淀粉产量占第二位，为5％左右。马铃薯也是生产淀粉的好原料，近年来产量增长较快，但总体产量不大。其他原料淀粉产量较少。

  通过表 2-4-1 5 种原料的淀粉含量和水分含量可以看出，玉米和小麦淀粉含量高、水分低，最适合制造淀粉，但小麦是我国大多数地区主要食用量，只有少量小麦用于制造淀粉。"三薯"淀粉虽然在民用上占有重要地位，但淀粉含量仅占本身重量的 1/4 左右，且木薯淀粉含量受品种影响较大，最高也不超过 1/4，制淀粉成本较高，只有最适合生产的地区，原料价格便宜，才有可能采用，如广东、广西的鲜木薯。马铃薯淀粉虽然有一些玉米淀粉不具备的特性，适合制作某些变形淀粉，如预糊化淀粉，但马铃薯储存条件要求在 5℃左右，储存困难，一般都是季节性生产，产量受限制，只有黑龙江、宁夏、内蒙古等地区产量较大，唯有玉米价廉物美又能常年生产，是理想的淀粉原料。

表 2-4-1 不同淀粉原料淀粉和水分含量(湿基)

原料名称	淀粉含量/%	水分含量/%
玉米	61	14
木薯	28	66
马铃薯	18	78
红薯	23	68
小麦	64	14

由表 2-4-2 中几种淀粉原料各成分的比较可以看出,玉米除淀粉含量高以外,蛋白质、脂肪、矿物质含量都高,是"三薯"所不可比的。与小米相比虽然蛋白质含量略低,但脂肪高出 1 倍,故玉米作为淀粉生产的原料,其副产品回收的价格即可相当于购买原料玉米价格的 1/3,因而玉米成了淀粉生产中最主要的原料。

表 2-4-2 不同淀粉原料各成分含量(干基)[9]

原料名称	淀粉/%	蛋白质/%	脂肪/%	纤维/%	灰分/%
玉米	71	9	4.6	2.4	1.8
木薯	77	1	0.9	2.9	2.8
马铃薯	82	2	0.5	2.0	3.6
红薯	72	1.5	0.9	3.2	4.0
小麦	74	13	2.3	3.4	1.7

目前世界上已开发出来的玉米加工产品多达几十类、数千个品种,主要有饲料、淀粉、淀粉糖、酒精、玉米油、淀粉塑料、玉米食品及其他深加工产品。其中饲料加工消耗的玉米数量最大,约占玉米总产量的 1/2;其次就是淀粉加工,虽然在玉米消耗数量上不及饲料加工,但它是玉米深加工的主要基础原料,通过淀粉初加工和深加工制成的产品种类繁多,许多科技含量颇高的玉米加工新产品都是以淀粉为原料制成的,不仅在各行各业中应用广泛,而且在一定程度上代表着玉米加工业的发展未来。在美国,淀粉、甜味剂和乙醇占据玉米深加工产业的 95%,目前我国的情况虽与此不尽相同,但是对上述三类产品的开发也呈加速之势,并且会直接关系到我国玉米深加工的发展前途,对于我国玉米加工业在世界上的地位会有重要影响。

4.1.2　淀粉工业的现状和特点

进入 21 世纪以来,中国淀粉行业发展迅猛,为淀粉加工业的发展提供了有力保障。玉米淀粉业快速增长,玉米淀粉和淀粉糖产量位居世界第二位,出现了一批规模大、水平高的玉米淀粉和淀粉糖加工骨干企业。淀粉产业链不断延长,玉米淀粉加工企业 90% 以上有多种深加工产品的生产,以淀粉为原料的谷氨酸、赖氨酸、苏氨酸、山梨醇、化工醇等产品发展迅速。同时,淀粉需求的增加和社会发展的需要也促使淀粉生产企业改进技术装备,减少能耗,实现可持续发展,研发的成果得到广泛应用,更有力地促进了淀粉加工业的生产技术水平的提高和产品的更新换代。2001 年以来,我国淀粉年产量保持在平均 17% 的增长速度,并在 2005 年突破了千万吨。2012 年国内淀粉总产量超过 2253 万吨;中国淀粉工业协会预计 2017 年我国玉米淀粉产量增至 2450 万吨。淀粉工业被誉为朝阳产业，可直接带动农业、食品、造纸、医药、化工、石油等诸多行业的发展。目前，我国淀粉工业虽已取得很大进步，但年人均消费只有 8.5kg，为美国的 9.4%，日本的 36.6%，且低于泰国人均消费水平，因此仍有很大发展空间。

中国淀粉生产地区，基本上都是在原料产区。玉米淀粉生产主要集中在玉米产量大的山东、吉林、河北、河南，近几年山东省玉米淀粉年产量居首位，河北、吉林次之，以 2006 年为例，山东省玉米淀粉产量 574 万吨；河北省玉米淀粉产量 230 万吨；吉林省玉米淀粉产量 203 万吨，分别占全国玉米淀粉总产量的 47.58%、19.09% 和 17.03%，合计占全国玉米淀粉总产量的 83.69%。同时，以上 3 省的淀粉生产大企业也多，据行业统计，年产量在 10 万吨以上的淀粉企业占全国的 84%。木薯淀粉生产主要集中在广西壮族自治区，该区年产木薯 600 万吨，占全国木薯总产量的 70% 以上，2006 年该区木薯淀粉总量占全国木薯淀粉总产量的 80% 以上。马铃薯淀粉集中在中国的"三北"地区，全国马铃薯种植面积和产量均居世界第二位。

近年来国内外淀粉及其深加工产品呈显著发展趋势。世界淀粉产量：1996 年约 3600 万吨，1999 年约 4700 万吨，2000 年约 4850 万吨，2013 年约 6880 万吨。美国淀粉产量占世界总量 50% 以上，1996 年深加工消耗玉米 4246.8 万吨，2001 年消耗玉米 5143.5 万吨，年平均递增 3.9%。我国淀粉及其深加工的发展形势更好，1996 年淀粉产量 264.5 万吨，2001 年达 530 万吨，平均年递增 14.9%，2013 年产量达到 2500 万吨；1996 年淀粉糖产量 36.5 万吨，2001 年约 140 万吨，平均年递增 30%；其他发酵产品也是成倍增长。

4.1.3 玉米淀粉生产的主要工艺

19 世纪初 Yankee 首先分析玉米淀粉可以用磨碎浸泡后的玉米得到，即湿磨法玉米淀粉生产从此开始，一直发展至今[10]。玉米淀粉湿磨法生产的基本过程为一泡、二磨、三分。一泡，是指玉米首先经过亚硫酸浸泡，使各组成部分疏松，削弱相互之间的联系，亚硫酸还可以破坏蛋白质网，使玉米粒表皮的半渗透膜变为渗透膜，加速和促进渗透及扩散作用，使玉米粒大量吸水而膨胀、软化，同时提出可溶性物质。二磨，是指粗磨和细磨，软化后的玉米胚芽具有弹性，粗磨使玉米粒破碎从而使玉米胚芽与其他组分游离开以便分离，故粗磨也称胚芽磨，细磨又称精磨或纤维磨，通过细磨研磨，可使淀粉和纤维及其他组分分开。粗磨和细磨都必须在湿态下工作，磨后物料呈不规则的稀浆状。三分，即一分胚芽、二分纤维、三分麸质，粗磨后利用胚芽分离设备分出胚芽，细磨后利用筛分设备分出纤维，最后粗淀粉乳再用高效分离设备分离麸质精制淀粉。其他只需要一般的浓缩、过滤、脱水、干燥等设备进行各成品的最后加工处理。

玉米淀粉生产基本上采用湿磨法。玉米湿法加工中第一道也是最重要的一道工序就是浸泡工序；玉米浸泡的质量，直接影响到后道工序的正常生产，影响淀粉生产的出率、质量和产量。在整个淀粉生产过程中，浸泡工段周期最长，能量消耗大，不适宜的浸泡工艺不仅增加成本，而且影响产品质量和产量。所以，寻求一种有效的方法确定最佳浸泡终点，对提取收率、降低能耗、保证质量等都是非常必要的。目前国内存在的原料品质波动大、浸泡工艺参数选择手段落后以及新工艺开发困难等问题，严重制约了淀粉企业产品品质的提高、竞争力的发挥，也限制了企业经济效益的提升，这一状况迫切需要通过技术攻关加以解决。

（1）传统湿法浸泡工艺

这种工艺的要点：a. 采取热环流程，即生产过程中洗涤用水都需加热至 40~45℃，保持系统温度在 30~40℃，并且生产过程排出的过程水全部回用于生产，最大限度地回收干物质；b. 采取逆流处理流程，整个生产过程中新水都是从最后一级加入，新料从最前一级加入，以保持最大浓度差，使抽提、洗涤更为完全；c. 用亚硫酸浸渍玉米；d. 生产过程温度不能过高，由于玉米有易糊化性质，物料不能直接加热，洗涤水加温也应严格控制在 48℃以下；e. 尽可能采取连续化、均衡生产[11]。其工艺流程如图 2-4-1 所示。

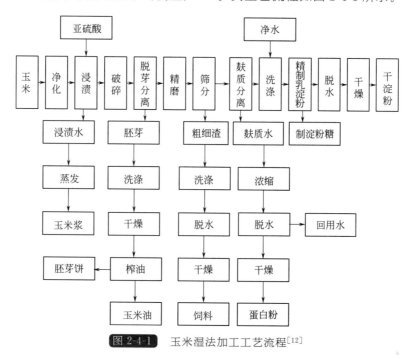

图 2-4-1 玉米湿法加工工艺流程[12]

湿磨法玉米淀粉生产包括玉米清理、玉米湿磨和淀粉的脱水干燥 3 个主要阶段。如果与淀粉的水解或变性处理工序连接起来，可以考虑用湿磨的淀粉乳直接进行糖化或变性处理，省去脱水干燥的步骤。

湿磨法玉米淀粉生产的工艺流程中，大致可分为 4 个部分：a. 玉米的清理去杂；b. 玉米的湿磨分离；c. 淀粉的脱水干燥；d. 副产品的回收利用。其中玉米湿磨分离是工艺流程的主要部分[13]。

从玉米的浸泡到玉米淀粉的洗涤整个过程都属玉米湿磨阶段，在这个阶段中玉米籽粒的各个部分及化学组成实现了分离，得到湿淀粉浆液及浸泡液、胚芽、麸质水、湿渣淬等。浸泡后淀粉的主要生产工艺包括以下阶段。

1）玉米的浸泡阶段　玉米的浸泡是湿磨的第一环节，浸泡的效果如何将影响到后面的各个工序，以至影响到淀粉的得率和质量。

① 玉米浸泡工艺。一般情况下，将玉米籽粒浸泡在含有 0.2%~0.3%浓度的亚硫酸水中，在 48~55℃的温度下保持 60~72h，即完成浸泡操作。

② 浸泡作用。在浸泡过程中亚硫酸水可以通过玉米籽粒的基部及表皮进入籽粒内部，使包围在淀粉粒外面的蛋白质分子解聚，角质型胚乳中的蛋白质失去自己的结晶型结构，亚硫酸氢盐离子与玉米蛋白质的二硫键起反应，从而降低蛋白质的分子量，增强其水溶性和亲

水性，使淀粉颗粒容易从包围在外围的蛋白质间质中释放出来。亚硫酸作用于皮层，增加其透性，可加速籽粒中可溶性物质向浸泡液中渗透。亚硫酸可钝化胚芽，使之在浸泡过程中不萌发。因为胚芽的萌发会使淀粉酶活化，使淀粉水解，对淀粉提取不利。亚硫酸具有防腐作用，它能抑制霉菌、腐败菌及其他杂菌的生命活力，从而抑制玉米在浸泡过程中发酵。亚硫酸可在一定程度上引起乳酸发酵形成乳酸，一定含量的乳酸有利于玉米的浸泡作用。

经过浸泡可起到降低玉米籽粒的机械强度，有利于粗破碎使胚乳与胚芽分离。经过浸泡，玉米中 7%～10% 的干物质转移到浸泡水中，其中无机盐类可转移 70% 左右；可溶性碳水化合物可转移 42% 左右；可溶性蛋白质可转移 16% 左右。淀粉、脂肪、纤维素、戊聚糖的绝对量基本不变。转移到浸泡水中的干物质有 1/2 是从胚芽中浸出去的。浸泡好的玉米含水量应达到 40% 以上[14]。

③ 浸泡方法。玉米浸泡的工艺有 3 种，即静止浸泡法、逆流浸泡法和连续浸泡法。

2）玉米的粗破碎与胚芽分离

① 胚芽分离的工艺原理。玉米的浸泡为胚芽分离提供了条件，因为经浸泡、软化的玉米容易破碎，胚芽吸水后仍保持很强的韧性，只有将籽粒破碎，胚芽才能暴露出来，并与胚乳分离。所以玉米的粗破碎是胚芽分离的条件，而粗破碎过程保持胚芽完整，是浸泡的结果。破碎后的浆料中，胚乳碎块与胚芽的密度不同，胚芽的相对密度小于胚乳碎粒，在一定浓度的浆液中处于漂浮状态，而胚乳碎粒则下沉，可利用旋液分离器进行分离。

② 玉米的粗破碎。粗破碎就是利用齿磨将浸泡的玉米破成要求大小的碎粒，一般经过两次粗破碎：第一次破碎可将玉米破成 4～6 瓣；经第一次胚芽分离后，再进一步破碎成 8～12 瓣，将其中的胚芽再次分离。进入破碎机的物料，固液相之比应为 1：3，以保证破碎要求，如果含液相过多，通过破碎机速度快，达不到破碎效果。如果固相过多，会因稠度过大而导致过度破碎，使胚芽受到破坏。

③ 胚芽的分离。从破碎的玉米浆料中分离胚芽通用的设备是旋液分离器，水和破碎玉米的混合物在一定的压力下经进料管进入旋液分离器。破碎玉米的较重颗粒浆料做旋转运动，并在离心力的作用下抛向设备的内壁，沿着内壁移向底部出口喷嘴。胚芽和玉米皮壳密度小，被集中于设备的中心部位经过顶部喷嘴排出旋液分离器。

在分离阶段，进入旋液分离器的浆料中淀粉乳浓度很重要，第一次分离应保持 11%～13%，第二次分离应保持 13%～15%。粗破碎及胚芽分离过程中，大约有 25% 的淀粉破碎形成淀粉乳，经筛分后与细磨碎的淀粉乳汇合。分离出来的胚芽经漂洗，进入副产品处理工序。经过破碎和分离胚芽之后，由淀粉粒、麸质、皮层和含有大量淀粉的胚乳碎粒等组成破碎浆料。在浆料中大部分淀粉与蛋白质、纤维等仍是结合状态，要经过离心式冲击磨进行精细磨碎。这步操作的主要工艺任务是最大限度地释放出与蛋白质和纤维素相结合的淀粉，为以后这些组分的分离创造良好的条件。

磨碎机的主要工作构件是两个带有冲击部件(凸齿)的转子，这些凸齿都分布在同心的圆周上，随着由中心向边缘的冲击，每后面一排的各冲击磨齿之间的间距逐渐缩小，以防没有经过凸齿捣碎的胚乳通过，

物料进入冲击磨，玉米碎粒经过强力的冲击，使玉米淀粉释放出来，而这种冲击作用，可以使玉米皮层及纤维质部分保持相对完整，减少细渣的形成。为了达到磨碎效果，要遵守下列工艺规程，进入磨碎的浆料应具有 30～35℃ 的温度，稠度 120～220g/L。用符合标准的冲击磨，可经一次磨碎，达到所要求的磨碎效果。其他各种磨碎机，经一次研磨往往达不

到磨碎效果，要经过多次研磨。

④ 纤维分离。细磨浆料中以皮层为主的纤维成分是通过曲筛逆流筛洗工艺从淀粉和蛋白质乳液中被分离出去。曲筛又叫120°压力曲筛，筛面呈圆弧形，筛孔50pm，浆料冲击到筛面上的压力要达到 $2.1 \sim 2.8 kgf/cm^2$（$1kgf/cm^2 = 98.0665kPa$），筛面宽度为61cm，由6或7个曲筛组成筛洗流程，细磨后的浆料首先进入第一道曲筛，通过筛面的淀粉与蛋白质混合的乳液进入下一道工序；而筛出的皮渣还裹带部分淀粉，要经稀释后进入第二道曲筛，而稀释皮渣的正是第二道曲筛的筛下物，第二道曲筛的筛上物再经稀释后送入第三道曲筛；稀释第二道曲筛筛出的皮渣用的又是第三道曲筛的筛下物，以此类推。最后一道曲筛的筛上物皮渣则引入清水洗涤，洗涤水依次逆流，通过各道曲筛。最后一道筛的筛上物皮渣纤维被洗涤干净，淀粉及蛋白质最大限度地被分离进入下一道工序。曲筛逆流筛洗流程的优点是淀粉与蛋白质能够大限度地分离回收，同时节省大量的洗渣水。分离出来的纤维经挤压干燥作为饲料。

⑤ 麸质分离。通过曲筛逆流筛洗流程的第一道曲筛的乳液中的干物质是淀粉、蛋白质和少量可溶性成分的混合物，干物质中有5%～6%的蛋白质，前面已经提到，经过浸泡过程中 SO_2 的作用，蛋白质与淀粉已基本游离开来，利用离心机可以使淀粉与蛋白质分离。在分离过程中，淀粉乳的pH值应调到3.8～4.2，稠度应调到0.9～2.6g/L，温度在49～54℃，最高不要超过57℃。

离心机分离的原理是蛋白质的密度小于淀粉，在离心力的作用下形成清液与淀粉分离，麸质水和淀粉乳分别从离心机的溢流和底流喷嘴中排出。一次分离不彻底，还可将第一次分离的底流再经另一台离心机分离。分离出来的麸质（蛋白质)浆液经浓缩干燥制成蛋白粉。

⑥ 淀粉的清洗。分离出蛋白质的淀粉悬浮液干物质含量为33%～35%，其中还含有0.2%～0.3%的可溶性物质，这部分可溶性物质的存在，对淀粉质量有影响，特别是对于加工糖浆或葡萄糖来说，可溶性物质含量高，对工艺过程不利，严重影响糖浆和葡萄糖的产品质量。为了排除可溶性物质，降低淀粉悬浮液的酸度和提高悬浮液的浓度，可利用真空过滤器或螺旋离心机进行洗涤，也可采用多级旋流分离器进行逆流清洗，清洗时的水温应控制在49～52℃。

经过上述6道工序，完成了玉米的湿磨分离的过程，分离出了各种副产品，得到了纯净的淀粉乳悬浮液。如果连续生产淀粉糖等进一步转化的产品，可以在淀粉悬浮液的基础上进一步转入糖化等下道工序，而要想获得商品淀粉则必须进行脱水干燥。

3) 淀粉脱水、干燥　湿淀粉不耐储存，特别是在高温条件下会迅速变质。从上述湿法工艺流程中分离得到的含量为36%～38%的淀粉乳要立即输送至干燥车间。淀粉脱水采用机械脱水和加热干燥两种方法。

① 机械脱水。机械脱水对于含水量在60%以上的悬浮液来说是比较经济和实用的方法，脱水效率是加热干燥的3倍。玉米淀粉乳的机械脱水一般选用离心式过滤机。

淀粉的机械脱水虽然效率高，但达不到淀粉干燥的最终目的，离心过滤机只能使淀粉含水量达到34%左右，真空过滤机脱水只能达到40%～42%的含水量。而商品淀粉要干燥到12%～14%的含水量，必须在机械脱水的基础上，再进一步采用加热干燥法。

② 加热干燥。要迅速干燥淀粉，同时又要保证淀粉在加热时保持其天然淀粉的性质不变，主要采用气流干燥法。气流干燥法是松散的湿淀粉与经过清净的热空气混合，在运动的过程中，使淀粉迅速脱水的过程。经过净化的空气一般被加热至120～140℃作为热的载体，

这时利用了空气从被干燥的淀粉中吸收水分的能力。在淀粉干燥的过程中，热空气与被干燥介质之间进行热交换，即淀粉及所含的水分被加热，热空气被冷却；淀粉粒表面的水分由于从空气中得到的热量而蒸发，这时淀粉的水分下降；水分由淀粉粒中心向表面转移。空气的温度降低，淀粉被加热，淀粉中的水分蒸发出来。采用气流干燥法，由于湿淀粉粒在热空气中呈悬浮状态，受热时间短，仅 3～5s，而且，120～140℃的热空气温度被淀粉中的水分汽化所降低。所以淀粉既能迅速脱水同时又保证了天然性质不变。

（2）高压浸泡工艺

高压浸泡工艺是近年来制取玉米淀粉的一项新技术，就是用高压方法加速玉米的吸水速率来取代传统的亚硫酸浸泡工艺。试验证明，传统的亚硫酸工艺玉米吸水至少要 12h 才能达到饱和，而使用高压浸泡技术只需浸泡 1～2h 玉米含水就可达 40%～50%，当压力为1.5MPa，胚乳能充分膨胀并具有弹性；当压力为 10.5MPa，仅浸泡 5min 就可使玉米含水率达 35%，甚至更高。此法与常规方法即连续浸泡工艺比较，浸泡液用量和浸泡时间大大减少，玉米干物质溶出到浸泡液中不超过 0.5%。这对于我国玉米湿法生产燃料酒精工业来说将具有十分诱人的前景。首先，不使用亚硫酸，将大大降低设备防腐投资；其次，浸泡时间大大缩短，浸泡容积仅相当于常规方法的 20%，可大大减少设备和土建投资；再者，干物质很少溶入浸泡液中，酒精产率与干法几乎相同，而且副产品 DDGS 质量和收率基本不变。另外，能耗和污水处理费用也将大幅度降低。

（3）酶法浸泡工艺

为了缩短浸泡时间，尝试用酶代替亚硫酸来降解蛋白质网，即在传统工艺中直接用酶（蛋白酶或糖化酶）液浸泡玉米，结果无明显的改善。也尝试在浸泡过程中加入细胞壁降解酶，结果稍有改善。如果将酶直接加入浸泡液，由于酶分子比 SO_2 分子体积大，进入胚乳更加困难，有可能造成酶分子尚未与胚乳接触便随浸泡液一起被排掉了。酶法浸泡工艺流程见图 2-4-2。

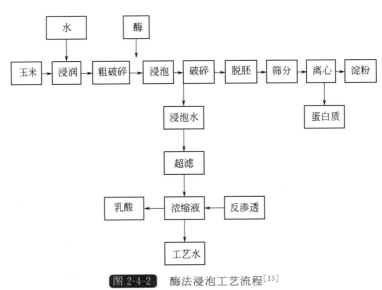

图 2-4-2　酶法浸泡工艺流程[15]

采用酶法浸泡相对于传统的 SO_2 浸泡法有以下的优点：a. 缩短浸泡时间，节省能耗和浸泡罐的投资费用；b. 缩短浸泡时间可提高工厂的生产能力，传统工艺浸泡时间为 48～

64h，酶法浸泡为 8～11h；c. 可使用破碎玉米，不用粗磨便可直接浸泡提高了回收率；d. 减少 SO_2 的用量，传统浸泡工艺使用 0.25％的亚硫酸，酶法浸泡使用 0.06％的亚硫酸，减少了对环境的污染；e. 酶法浸泡的浸泡水与传统工艺相比，可溶物含量较少，约少 90％，这种浸泡水可用超滤和反渗透联用的方法把浸泡水分离为小体积的浓缩液和大体积的工艺水，工艺水的 COD 值降到 1000mg/L 左右，可作为工艺回用水[16]。浓缩液中可回收乳酸等有用物质，不必使用蒸发器。传统工艺使用蒸发器除去水分，每千克水能耗为 230kJ，与此相比，反渗透能耗为 37. kJ[17]。

用酶法浸泡的玉米的淀粉和蛋白质收率相比传统浸泡工艺都有显著提高，淀粉收率提高 1 个百分点，蛋白质收率提高 3.5 个百分点。淀粉收率提高是由于酶法浸泡打破蛋白质网的效果比传统工艺的 SO_2 浸泡效果好，使蛋白质网分解得更彻底，淀粉颗粒更大程度地释放出来，纤维中的联结淀粉含量减少，蛋白质与淀粉在离心分离中分离程度提高，因而残留在副产品纤维和蛋白质中的淀粉含量降低。成品淀粉收率增加且蛋白质含量比传统工艺的蛋白质含量低，传统工艺的蛋白质含量为 0.3％～0.4％，而酶法为 0.19％～0.28％。酶法生产的淀粉的成浆性能优于传统工艺生产的淀粉。

4.1.4 玉米废水来源及发生量

（1）玉米废水来源

由玉米淀粉生产工艺流程可以看出，玉米淀粉湿磨法生产中水的用量最大，要高出玉米用量的几倍，甚至几十倍。从玉米输送到各种主、副产品的制造都离不开水，而所加入的水除部分随产品带走外，都需从系统排出。生产玉米淀粉所产生的废水可分为两部分：一部分是浸渍液，这一部分有机物含量特别高（主要成分是蛋白质），但水量较少；另一部分就是从玉米破碎去胚到淀粉干燥整个生产过程中所产生的废水，可以称为过程水，这一部分的水量较大，约为浸渍水的 4～5 倍。大型玉米淀粉厂废水来源除这 2 部分外，还包括输送水，因此玉米淀粉废水来源可分为 3 部分。

1）输送玉米水　大型玉米淀粉厂，玉米在送去浸泡的过程中，一般采用水力输送，水经过几次重复利用后一般都排入地沟。

2）玉米浸泡水　大型（2 万吨以上）淀粉厂一般都有蒸发工序，浸泡水经蒸发后，浓缩成 40％上的浓玉米浆销售给发酵厂做培养基用或加入纤维饲料中，但受季节及销售的影响，有时也有部分放入地沟；中小型淀粉厂浸泡水直接排放或提取植酸后排放。

3）工艺过程水　玉米淀粉加工过程中，水的用量一般是淀粉生产量的 8～12 倍，即生产 1t 淀粉要消耗 8～12t 水，高的可达 30t。如果由于工艺上的缺陷或操作的问题而不能实现闭环流，一部分带有干物质的水不可避免地被排出系统之外。

湿磨法淀粉生产是由干到湿再转干的过程，即"干—湿—干"，淀粉生产用玉米本身为干态，一般含水分 14％以内，而成品淀粉的含水指标也在 14％以内，其他副产品除玉米浆外含水量都低于 12％，玉米油基本不含水。因此不难看出，生产过程中加入多少水就需利用机械及热力除去多少水，在排放这些水的同时还会带走大量干物质。

玉米淀粉工业废水是高浓度有机废水，其排放 COD 值在 3000mg/L 以上，pH4.8 左右。玉米淀粉生产过程中，每生产 1t 淀粉消耗玉米 1.6t，每消耗 1t 玉米排出 2.5t 淀粉废水。通常年产 5000t 的淀粉厂，其日排放废水达 500m^3，年产 60000t 的啤酒生产厂，日排放废水达 1500m^3。废水如不处理直接排入环境水体中，将会造成环境水体缺氧，使水生生物窒息死亡，对环境带来严重危害。

（2）玉米废水水质特点

由表 2-4-3 可知，玉米淀粉废水水质主要特点如下：a. 玉米淀粉废水含有丰富的碳水化合物及氮、磷等营养物，COD 在 10000～20000mg/L 之间，属可生化性较好的高浓度有机废水，适宜采用生化处理工艺；b. 废水中悬浮物及胶体蛋白含量较高，含量过高对厌氧污泥系统的发展会产生不利影响；c. 玉米浸泡过程中会有少量 SO_3^{2-} 及 SO_4^{2-} 进入废水系统，在厌氧处理过程中，这些含硫的化合物被微生物还原为硫化氢，当亚硫酸盐及硫化氢超过一定值时就会对厌氧系统产生一定的抑制作用。

表 2-4-3 玉米淀粉生产废水水质[18]

项目	COD_{Cr}/(mg/L)	TSS/(mg/L)	TN/(mg/L)	pH 值	SO_4^{2-}/(mg/L)
含量	10000～20000	800～1500	200～350	4～6	300～500

在玉米淀粉的生产过程中，原料玉米中的淀粉、蛋白粉等成分被提取后，残余在废水中的物质为碳水化合物、可溶性蛋白质和无机盐等[19]，这些物质如果直接排放到污水处理站进行处理，造成资源浪费，增加企业的运行成本，如果处理不彻底还会造成水体污染。这些物质可为微生物的生长繁殖提供物质基础，玉米淀粉废水中的有机物组成见表 2-4-4。

表 2-4-4 玉米淀粉废水中有机物组成

项目	总糖	粗蛋白	粗纤维	脂肪
浓度/%	0.3～0.5	1.9～2.1	2～3	0.1～0.3

4.1.5 资源化途径

玉米湿磨加工法最大的优势是将玉米的各个组成部分有效地分离，根据其不同的性质进行利用。玉米淀粉生产的副产品主要有玉米浸泡液、胚芽、玉米纤维、玉米麸质水等，对这些副产物进行加工可得到玉米浆、玉米胚芽油、麸质粉、玉米黄色素、玉米肌醇蛋白、食用纤维等系列产品。这些副产品各有用途，对其进行深入研究开发，不但可消除污染而获得有用产品，而且还有良好的经济效益与社会效益。玉米淀粉生产的副产品综合利用途径如图 2-4-3 所示[20]。玉米籽粒中的可溶性物质在玉米浸泡工序大部分转移到浸泡液中，浸泡液中的干物质包括多种可溶性成分，如可溶性糖、可溶性蛋白质、氨基酸、肌醇磷酸、微量元素等，因此玉米浸泡液是一种高蛋白、高能量营养物，同时含有丰富的维生素 B 和矿物质。浸出液可以提取植酸，浓缩生产玉米浆可作饲料和生产抗生素、酵母及酒精。

饱和的玉米浸泡液称为稀浸泡液，干物质含量为 5%～8%；蒸发后干物质含量大约为50%，称为浓浸泡液，也称玉米浆。玉米浆干燥后干粉呈褐色至淡黄色，水溶性蛋白质保持完好蛋白质含量≥42%，水分含量≤8%，广泛应用于抗生素工业（青霉素、红霉素、庆大霉素、大观霉素、金霉素）、维生素（维生素 C、维生素 B_2 等）、氨基酸（味精、赖氨酸、苯丙氨酸等）、酶制剂（淀粉酶、糖化酶等）等发酵工业，在生物发酵过程中作水溶性植物蛋白及水溶性维生素等营养元素补充剂。玉米浆干粉在饲料工业中也有广泛应用，是玉米浆的更新换代产品。

从浸提液提取植酸钙（菲汀）、植酸，工艺简单，投资少，经济效益高，无环境污染；有

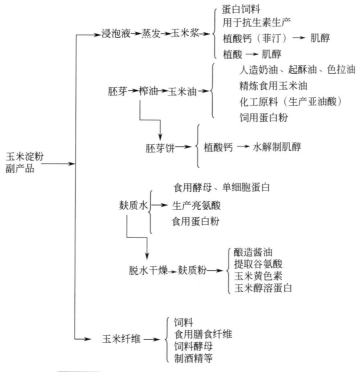

图 2-4-3 玉米淀粉生产的副产品综合利用途径

条件的可进一步加大投资生产肌醇。植酸和肌醇在食品、医药、化工、稀土元素富集等方面都有广泛用途。

（1）玉米湿法加工产品种类

由于玉米湿法加工产品种类较多，根据各自的营养特性及动物的口粮配合组分，单独或与其他成分相配合，广泛应用于猪、鸡、牛、鱼和其他动物饲料中，综合起来主要有以下几种[21,22]。

1）淀粉类　主要用作颗粒饲料中的增黏剂及在蛋白饲料保持水分。近年来开发的α-淀粉，又称预糊化淀粉，是将淀粉通过物理方法（挤压、喷雾、加热）处理而得到的一种变性淀粉。其最大特点是溶解速度快，此外对液状营养物质有良好有吸附包密性，并且有黏结、保型性能。添加 20％～25％的α-淀粉可制得优质的鳝鱼颗粒饲料和其他宠物饲料。

2）玉米蛋白粗粉　主要由鼓质蛋白组成，另添加部分浓缩玉米浆、维生素和矿物质，其蛋白含量高达 60％以上，是一种高蛋白、高热量饲料，是幼鸡生长和母鸡下蛋的高效促进剂，对家禽的羽毛和蛋黄颜色也起很大作用，是优质的家禽饲料。

3）玉米麸质饲料　主要由纤维和浸泡液组成，其中浸泡液固体物质含量 20％～30％，有的高达 40％以上，蛋白含量为 21％。主要用于奶牛、肉牛等反刍动物。由于其纤维含量较高，只许少量用于猪饲料，且要求纤维加入量小于 10％。

4）玉米胚粗粉　主要作鼓质饲料成分，也可充当维生素、矿物质等营养物质的载体。饲料中添加 30％的玉米胚粗粉，有明显促进幼猪生长的作用，与其他成分相配合，是较理想的猪用饲料。

作为饲料配方，玉米浸泡水是一种高蛋白、高能量营养物，同时富含丰富的维生素 B 和矿物质。浓缩玉米浆与纤维混合生产高蛋白饲料。饲料研究者将玉米皮和浸泡水混合饲料进行了饲养牛和鸡的试验，证明玉米淀粉厂的玉米皮和浸泡水混合以后是良好的牛和鸡的饲料，可以直接以湿料喂饲，也可以干燥以后使用，但湿料效果更好。其配合比例是玉米皮与浸泡水为 2∶1 效果最好。

玉米淀粉生产工艺过程中水分要尽可能地循环利用，但也不能含其他有害物质而影响产品品质，经循环后排出的水，如直接排放则污染环境，进入污水处理厂因为发生量极大则增加企业运行成本，可进行资源化利用后再进行处理，废水首先经过预处理，即沉淀、回收干物质，做成饲料，既创造经济效益，又除去相当一部分的 COD，减少了后续工序负荷。

（2）淀粉废水资源化

淀粉厂废水资源化有以下几种。

1）利用淀粉厂废水生产单细胞蛋白　李素玉等[23]研究表明，白地霉和扣囊拟内孢霉能以玉米淀粉生产废水为营养基质进行生长繁殖。在生长过程中不仅可获得单细胞蛋白质，同时实现了净化后的废水 COD 值 300mg/L 以下，COD 去除率在 90％以上，pH 值为 7 左右，直接净化了玉米淀粉工业废水。雷晓燕等[24]从小麦淀粉厂废水处理池的活性污泥中筛选得到的细菌 B-2，可利用淀粉厂废水中残留的有机物质作为营养物进行生长，产生单细胞蛋白，废水中按 1∶1 的比例加入尿素和磷酸二氢钠，初始 pH 值为 5.5，培养 11h 即可收获单细胞蛋白，菌体的湿重和干重分别可达到 11.747mg/mL、2.189mg/mL。该工艺在生产单细胞蛋白的同时还可以使废水的 COD 明显降低，使处理后的废水 COD 达到 784.8mg/L。

2）回收蛋白作饲料　张风君等[25]采用调节等电位点-超过滤组合技术对玉米淀粉废水的资源回收和处理进行研究，确定了最佳工艺参数。结果表明，通过调节等电位点，可回收粗蛋白用作家禽饲料，同时废水中的 COD、TSS 和 BOD 去除率可分别达 48.8％、49.6％和 27.2％以上，减轻了后续超过滤处理压力；通过超过滤进一步处理，出水 COD、TSS 和 BOD 去除率分别达 91.3％、92.5％和 95.1％。许剑秋[26]论述了玉米淀粉厂排放的黄浆水经发酵法生产饲料蛋白的工艺流程。结果表明，采用该工艺生产饲料蛋白，其蛋白含量与饲料酵母接近，同时可解决淀粉厂的废水污染问题。

3）利用淀粉废水生产微生物絮凝剂　微生物絮凝剂克服了无机絮凝剂和合成高分子絮凝剂的上述缺点，它可以被生物降解，对生态环境无害。人们虽然发现了微生物絮凝剂的诸多优点，但目前国内外大多使用合成、半合成培养基，生产成本较高。因此，寻找廉价的培养基并确定其最优培养条件，降低微生物絮凝剂生产成本，是其真正成为商品的关键所在。

蔡琳晖等[27]研究菌株 NII4，以高浓度玉米淀粉废水为碳源生产微生物絮凝剂的可行性及其相关工艺条件。结果表明，以预处理后的淀粉废水为碳源，利用菌株 NII4 培养生产絮凝剂，培养液对水样中的 SS 的去除率可达到 85％或更高。王园园等[28]利用淀粉废水驯化、培养复合型微生物絮凝剂产生菌，并对其培养条件，如废水 COD 浓度、氮源、营养比以及培养时间等进行了研究。结果表明，由复合型絮凝剂产生菌 M17 合成的絮凝剂 CMBF-17 对高岭土悬液的絮凝率达 90％。

4.2 玉米浸泡水利用概述

4.2.1 玉米浸泡水性质、成分及特征[29]

4.2.1.1 蛋白质

玉米浸泡水中含有 2% 左右的蛋白质，而玉米蛋白质中大致分为白蛋白、球蛋白、醇溶蛋白和谷蛋白，在玉米蛋白中所占百分比为 8%、9%、30%、40%，其中最有生物活性的为前 2 种蛋白。对于玉米浸泡水中蛋白的利用，将浸泡水中的蛋白质提取出来，可以制成各类水解蛋白、调味品等。

采用玉米浸泡水为原料，利用其中的碳、氮以及无机盐（如磷、钾、钙、镁）的含量能满足假丝酵母生长繁殖的需要，除用一些消泡剂和少量微量元素外，不需添加其他辅料生产酵母单细胞蛋白，作为饲料酵母，但工艺较复杂，设备要求较高[30]。也有把这些蛋白回收起来，制成各种生物活性肽，如抗氧化肽，成为功能性食品。玉米胚蛋白质质量接近全蛋蛋白、大豆粉蛋白，并基本上符合世界卫生组织推荐的标准氨基酸模式。水溶性差是限制玉米蛋白质利用发展的重要因素[31]。目前世界上对玉米蛋白质的利用方式有两大基本利用路线：一是作为工业副产品产出的玉米蛋白粉、玉米蛋白饲料、玉米蛋白粗粉、玉米纤维蛋白饲料等，大量应用于配合饲料；二是玉米胚蛋白质的开发生产应用于食品或饲料添加剂。

4.2.1.2 植酸

湿法生产玉米淀粉时产生大量的玉米浸泡水，生产 1t 淀粉大约产生 1t 以上的玉米浸渍水，其中含有 1% 左右的植酸。植酸又称为肌醇六磷酸酯，是一种淡黄色或淡褐色浆状液体，分子组成为 $C_6H_{18}O_{24}P_6$，分子量为 660.08，含磷 28.16%[32]。植酸易溶于水、乙醇、丙酮，不溶于无水乙醚、苯、己烷、氯仿。植酸作为螯合剂、抗氧化剂、保鲜剂、水的软化剂、发酵促进剂、金属防腐蚀剂等，广泛应用于食品、医药、涂料、日用化工、金属加工、纺织工业、塑料工业及高分子工业等行业领域。

植酸有以下几种功能：a. 植酸以植酸钙镁钾盐的形式广泛存在于植物种子内，也存在于动物有核红细胞内，可促进氧合血红蛋白中氧的释放，改善血红细胞功能，延长血红细胞的生存期；b. 植酸本身就是对人体有益的营养品，植酸在人体内水解产物为肌醇和磷脂，前者具有抗衰老作用，后者是人体细胞重要组成部分；c. 植酸对绝大多数金属离子有极强络合能力，络合力与 EDTA 相似，但比 EDTA 的值范围更广；d. 每个植酸分子可提供六对氢原子使自由基的电子形成稳定结构，从而代替被保鲜物分子作为供氧分子，避免被保鲜物氧化变质；e. 植酸有良好导电性。

4.2.1.3 脂多糖

玉米浸泡水中大约含 1% 的脂多糖，其是由类脂和多糖结合在一起的大分子化合物。在脂多糖研究方面，江南大学杨绍军、陈正行曾对脂多糖进行过一系列的研究，分别对南瓜脂多糖、米糠脂多糖进行了研究，植物脂多糖分子量比细菌脂多糖小得多，使得其有可能在一种新型疗法（皮肤渗透法）中进行应用，且植物脂多糖的半致死量较大。目前，植物脂多糖的研究已成为多糖研究的热点之一，具有很好的保健作用。

4.2.2 玉米浸泡水利用技术

4.2.2.1 蛋白质回收及利用

传统的方法是利用蛋白质的性质,如采用等电点法,这种方法分离出的蛋白质不到玉米浸泡水中蛋白质总量的40%,大部分造成浪费;也有用三氯乙酸沉淀法,研究表明蛋白质回收率为65.3%,但三氯乙酸本身有微毒,给蛋白质的利用带来一定的问题,不能直接加以利用;用超滤法时,用截留分子量为1万的膜蛋白质分离率可达到92.3%[33],以玉米浸泡水为原料,采用超滤压力为0.1MPa,超滤温度为45℃,超滤pH值为7.5条件下,蛋白质截留率为81.78%[34],但如果浸泡水未经处理,超滤膜很容易堵塞,造成过滤困难,尤其是截留分子量1万、2万的膜,且成本很高。卢娜等[35]以玉米淀粉生产过程中的浸泡液作为原料培养基,在5L发酵罐中培养苏云金杆菌生物杀虫剂,以浸泡液为培养基的苏云金杆菌发酵液毒效比常规培养基高89%,为玉米浸泡水的利用提供了新途径。可以采取乙醇处理,主要利用乙醇能够把蛋白质沉淀下来,然后过滤可得到蛋白质,这在从大豆粕中提取大豆浓缩蛋白中应用的很多。郑恒光等[36]以含水酒精为溶剂,采用同油脂浸出十分相似的工艺,脱除低温脱脂大豆粕(白豆片)中的可溶性碳水化合物,得到蛋白干基含量在65%以上的大豆浓缩蛋白商业化产品;而后在碱性条件下采用同提取分离蛋白相似的办法,对大豆浓缩蛋白进行高压均质、热处理及喷雾干燥,得到功能性大豆浓缩蛋白产品。采用此种方法实际上是分步沉淀,需要多次向原料中加入乙醇,每次加入乙醇后要进行沉淀的分离,这样如果用于工业上成本也会相应增加,乙醇的用量也会很大,对浓度要求也很高。

近几年,絮凝剂在水处理中使固体絮凝用得越来越多,从而达到净化水的目的。絮凝剂就是一种用来使溶液中的溶质、胶体或者悬浮物颗粒产生絮状沉淀的物质,在固液分离和水处理过程中用以提高微细固体物的沉降和过滤效果,被广泛应用于化工、矿业、环保等领域。水的净化处理方法有许多种,如生化、离子交换、吸附、化学氧化、电渗析等,但"絮凝沉淀法"被普遍认为是一种较为有效的预处理方法。随着科学技术的发展,絮凝剂的种类也日益丰富,根据化学成分的不同,可分为无机絮凝剂、有机絮凝剂和微生物絮凝剂[37]。一般根据水的特点,选择不同的絮凝剂,玉米浸泡水在pH值为4.2左右,所含蛋白质带负电,要使絮凝效果好,需加入阳离子絮凝剂,如果絮凝剂的种类和投加量选择合适,回收的可用蛋白质可用作动物饲料、优质蛋白添加剂可直接利用。有研究[38]采用絮凝法回收水产品废水中的蛋白,选用食用褐藻胶作凝聚剂(1%)充分搅拌后静置,最后将凝聚物离心脱水。近年来,壳聚糖在食品废水中回收蛋白质的方法使用越来越多,这在于壳聚糖对蛋白质有很强的凝聚作用,不需助凝剂就可以从液体中较快地分离出蛋白质,收集絮凝物即可达到回收蛋白质的目的。如陈天等[39]研究发酵液中蛋白质含量在0.5%,在1L发酵液中加入(200~400)×10^{-6}的壳聚糖,经搅拌静止后过滤,蛋白质的回收率可达90%~98%以上。采用壳聚糖,从盐类和pH值对絮凝效果的影响,进行了壳聚糖-蛋白质复合物的分离研究。同时以壳聚糖为絮凝剂,回收豆制品厂废水中的大豆蛋白[40]。除此之外,也有采用其他絮凝剂的,张文娟等[41]从海藻中提取天然高分子絮凝剂,采用化学絮凝法处理含蛋白质的废水,从中回收絮凝产物。郭素荣等[42]选用海藻直接制作天然高分子有机絮凝剂,用该絮凝剂处理COD初始质量浓度为3000~13000mg/L的蛋白废水,存在一个适宜的投加量和pH值范围,投加质量浓度为12.5g/L、pH值为2.4时,COD去除率大于70%,最高可达79.56%;室温下絮凝反应快,生成絮体大,自然沉快。也有采用魔芋处理,魔芋葡甘露聚糖磷酸酯

(KGMP)作为一种阳离子絮凝剂，根据其与蛋白质共混胶，得到其应用于水处理的可能性[43]。

以后对蛋白质的回收，寻找一种絮凝剂是一种新的趋势，可以从以下几方面出发：a. 改性原先的絮凝剂，如壳聚糖改性；b. 寻找新的植物资源，如仙人掌；c. 复配，结合每种絮凝剂的性质，进行复合使用。

4.2.2.2 植酸回收

我国目前植酸生产的主要原料为米糠和植物胚芽。植酸的生产方法有 2 种：提取法与合成法。提取法制取植酸主要以农产品加工副产物如脱脂米糠、玉米浸渍水等为原料经分离、除杂、中和等工序制取。合成法主要是以非植酸化合物为原料(如六羟基苯、淀粉等)通过化学反应制得。目前合成法制取植酸的费用远远高于提取法制取植酸，所以一般采用提取法制取植酸。传统提取法的工艺大致可分为 2 个阶段：a. 植酸钙(菲汀)的制备；b. 制取植酸[44]。在玉米浸泡水中只需滤掉固体杂质就可以，而这一部分在蛋白质回收中固体杂质已除掉。肇立春、卢敏等在酸溶中用不同的酸，如 HCl、H_2SO_4 从酸浸次数上、在中和剂上进行了研究，得出采用复合中和剂［NaOH 和 $Ca(OH)_2$］效果明显比单一的好[45,46]。通过膜分离法制取的植酸产品质量好，植酸含量高，杂质含量小，外观透明，几乎无色。采用膜分离技术分离过程中，不发生相的变化，不消耗相变能，因此，能量消耗低。此法制取植酸过程中不引入其他化学物质，节省原料，不引入杂质离子，使产品杂质含量减小。超滤使蛋白质、淀粉等大分子物质一次性除去，并滤除了大部分色素，使产品质量提高，沉淀量减小，保存期增长，但大分子物质极易使超滤膜堵塞，因而生产工艺所要求的设备投资较高[47]。采用玉米浸渍水通过阴离子交换树脂吸附植酸，同时除去水中杂质，然后用一定浓度的氢氧化钠溶液解吸生成植酸钠，解吸液继续通过阳离子交换树脂即可得到植酸稀溶液，然后再使用升降膜式真空浓缩蒸发器浓缩植酸溶液到一定浓度即得到了产品植酸，在玉米浸泡水中平均收率达到 90％以上[48]。现在慢慢转向肌醇的制备，通过离子交换树脂吸附植酸、植酸根解析生成植酸钠、植酸钠浓缩液水解反应后水解液经过精制、浓缩、干燥、结晶等单元操作后可以得到肌醇产品。

4.2.2.3 脂多糖回收

对脂多糖回收利用没有蛋白质回收利用研究普遍，当采用一般方法去除大部分蛋白质时，其中的脂多糖浓度也很低，不宜采用立即提取脂多糖，必须把蛋白质、一般多糖分离后再分离脂多糖，可以采用浓缩方法去除；但脂多糖对温度敏感，采取浓缩经纳米滤浓缩后，溶液中蛋白质浓度也会相应增加，可以再分离出一部分蛋白质并除去其他多糖。要同时除去蛋白质和一般多糖，可采用有机溶剂法、盐析法、热变性法、酸碱变性沉淀法等，最适合的方法是有机溶剂法。因为使用酸碱或加热的方法会破坏脂多糖的活性，盐析法会使蛋白质中混入盐类，后面就需要增加脱盐处理，难度增加。脂多糖易被活性炭吸附，活性炭吸附及活性炭色谱分离等操作不会破坏物质的活性，当活性炭用量为原料质量的 2％，pH 值为 6.5，再把吸附了脂多糖的活性炭装在色谱柱中，用 10mmol/L Tris-HCl 和 10mmol/L NaCl 缓冲液洗脱，最后通过离子交换树脂进一步提纯，纯度可以提高到 97.4％，为非常有效的脂多糖提取方法。

4.2.2.4 其他利用

将玉米浸泡水直接用于丁醇发酵生产，结果表明，由 5.5％淀粉、8.5％玉米浸泡水和 0.2％KH_2PO_4 组成的发酵培养基获得了 19.3g/L 的总溶剂产量，其中丁醇占比达到 64.1％，结果好于完全培养基丁醇占比[49]。

卢娜等[50]以玉米淀粉生产过程中的浸泡液(玉米浸泡液)作为接种液和基质,利用"三合一"膜电极的单室空气阴极微生物燃料电池进行试验,采用在线监测电压和废水分析方法对产电功率和化学需氧量(COD)、氨氮进行测定,探讨高COD、高氨氮有机废水产电及废水处理的可行性,结果表明,经过94d(1个周期)的连续运行(固定外电阻为1000Ω),17d时输出电压达到最大(525mV),稳定期最大输出功率可达169.6mW/m²,此时电池相应的电流密度为440·2mA/m²,内阻约为350Ω,开路电压619.5mV;但燃料电池电子利用效率较低(库仑效率为1.6%);1个周期结束时浸泡液的COD去除率达到51.6%,氨氮去除率25.8%。本试验利用玉米浸泡液成功获得电能,同时对浸泡液有效地进行了处理,为其资源化利用提供新途径。

赵寿经等[51]通过以玉米浸泡水为基础的发酵培养基优化发酵产生乳酸,确定了干酪乳杆菌鼠李糖亚种L1013的最佳初始碳源浓度。从生产成本与工业化可行性考虑,选择80g/L葡萄糖作为最佳初始碳源。研究了不同浓度玉米浸泡水作为单独营养源对L-乳酸发酵的影响,40g/L玉米浸泡水培养基的L-乳酸产量最高,为40.05g/L。对以40g/L玉米浸泡水为基础,通过添加其他物质组成的简单培养基进行优化。最终表明,由40g/L玉米浸泡水和0.2g/L MnSO₄·H₂O组成的培养基L-乳酸产量为68.5g/L,生产成本比其他乳酸发酵培养基降低。

4.3　玉米浸泡水培养饲用酵母粉

4.3.1　技术原理

玉米浸泡水用量为加工玉米总量的45%,经浓缩后玉米浆的成分为:固形物40%~50%,蛋白质16%~30%,还原糖5%~7%,氨基酸8%~12%,乳酸7%~12%,磷4%~4.5%,钾2%~2.5%[52]。利用排放量大的玉米浸泡水添加少量生产淀粉糖的糖滤水生产饲料酵母(单细胞蛋白),技术成熟,经济上可行。饲料酵母是单细胞蛋白的一种,从它所含的蛋白质来看,接近于动物性蛋白质浓缩物,并富含维生素和各种酶,是一种营养丰富的高级蛋白质饲料添加剂,在混合饲料中加入2%~5%的饲料酵母,对家禽、家畜的生长有显著效果。

饲料酵母与解决人类蛋白质营养问题密切相关,它的制造过程是一个化害为利的环境保护手段。饲料酵母工业既是农业的补充,又是轻工业等部门综合利用的组成部分。在国家十分重视农业的今天,应把饲料酵母工业提上日程。国家环保政策强调,工业废水的治理要尽可能做到废弃资源再利用,所以最近几年食品发酵行业的相关企业都准备利用本厂的废水先生产饲料酵母,剩余废水再进一步处理达标排放。例如,有的淀粉厂利用本厂的玉米浸泡水和生产葡萄糖的糖蜜生产饲料酵母,废水中的COD可去除97%左右,这是综合利用和废水治理相结合的工艺,适合我国国情。

21世纪我国饲料工业所面临的问题就是饲料原料紧缺,其表现如下。

1)蛋白质饲料短缺　我国目前蛋白质饲料资源严重不足,据统计和预测,2010年和2020年,蛋白质饲料资源需求量分别为0.6亿吨和0.72亿吨,资源供给量分别为0.22亿吨和0.24亿吨,供需间缺口大,每年需花费大量外汇进口。

2)饲料及添加剂资源短缺　根据我国国民膳食结构和养殖业发展规划目标,在实现粮食生产规划目标 5 亿吨的前提下，2010 年、2020 年我国能量饲料需求量分别为 3.4 亿吨和 4.08 亿吨，而资源供给量分别为 2.57 亿～2.97 亿吨和 3.66 亿～4.16 亿吨，供需间缺口亦较大。

3）添加剂品种少、质量差、数量不足　国产添加剂品种和数量不足将是中长期制约我国配合饲料生产发展的重要因素。

一个年产 13019t 的饲用酵母厂，年利润可达 1583 万余元。如产量扩大 1 倍，生产成本会大大降低。采用综合利用和治理相结合的工艺治理污染，获得的最大的效益还是社会效益[53]。

4.3.2　案例分析

4.3.2.1　实验室研究案例

1）案例 1　刘晓兰等[54]研究了玉米皮水解液发酵生产饲料酵母的摇瓶间歇培养和分批补料培养条件，进行了 10L 反应器分批补料培养试验。研究结果表明：间歇培养的适宜底物浓度为 2% 糖浓度和 7% 麸皮水，摇瓶间歇培养和分批补料培养的酵母浓度分别达到 10.9g/L 和 21.6g/L，10L 反应器分批补料培养的酵母细胞浓度达 20.7g/L。

2）案例 2　李玉等[55]研究表明，白地霉净化和资源化玉米淀粉废水的最佳条件为：不经灭菌处理的废水中添加 0.1% KH_2PO_4。24h 振荡培养白地霉时，玉米淀粉废水的 COD 去除率为 90% 以上，每吨玉米淀粉废水可收获干燥 SCP 1.6kg 以上，净化后废水的 pH 值为 7 左右。

3）案例 3　李小雨[56]研究发现如下。

① 通过分别对 3 种酵母的生长特性进行研究得出：当以 10% 的接种量 10 个/mL 浓度的种子液，接种到装有 100mL 玉米浸泡水与糖蜜之比为 1∶1 的发酵液于 500mL 三角瓶中，30℃、pH 自然、180r/min 摇床培养；产朊假丝酵母在第 48 小时时发酵液的干物质量达到最大为 5.84g/100mL，与其对应的粗蛋白含量也达到了最大为 1.29g/100mL；白地霉在第 44 小时时，发酵液的干物质量达到最大为 5.61g/100mL，粗蛋白含量高达 1.37g/100 mL；热带假丝酵母的干物质在第 44 小时时达到最大为 5.78g/100mL，其粗蛋白含量达到 1.25g/100mL。在后续的发酵过程中，由于外界环境、酵母自身等条件的改变，酵母细胞发生自溶，发酵液的干物质量和粗蛋白含量呈下降趋势。

② 通过 3 种酵母以不同的组合方式按照上述方式进行单细胞蛋白生产发酵得出：采用白地霉与热带假丝酵母混合菌种发酵的方式进行生产得到的单细胞蛋白产量最大，其干物质为 5.87g/100mL，所得的干物质中含粗蛋白含量最高为 1.78g/100mL。因此选择白地霉与热带假丝酵母作为发酵玉米浸泡水与糖蜜的菌种。

③ 对玉米浸泡水与糖蜜进行了成分分析，得出：玉米浸泡水与糖蜜混合发酵液中除需添加少量氮源外，碳源及矿物质元素等营养成分充足，足够酵母菌正常生长发酵。

④ 通过单因素与正交试验得出：单细胞蛋白生产发酵的最优工艺为白地霉与热带假丝酵母以 1∶1 的混合比例、玉米浸泡水与糖蜜之比为 2.5∶1、氮源的添加量为 3.5g/100mL、培养基的 pH 值为 3.5、温度为 30℃、发酵时间为 48h、浓度为 10^7 个/mL 的接种量 12%、装液量为 15%。

⑤ 对成品单细胞蛋白饲料进行营养成分分析得出：所得到的产品具有极高的蛋白含量，并且含有多种氨基酸，营养价值非常丰富。

4.3.2.2 工程实验案例：

(1) 案例 1[57]：克氏瓶液体培养（或浅盘）

1) 培养基配比 葡萄糖 1%～2%、水解糖 10%、蛋白胨 1.0%～1.5%、硫酸铵 1%、磷酸二氢钾 0.05%、磷酸氢二钾 0.01%、黄浆水 0.1L、pH 值调至 6.5，在 100～120kPa 压力下灭菌 20～25min 后，将培养好的白地霉斜面菌种加入到无菌水或灭菌后的液体培养基中，以接种环刮下菌苔，摇碎。然后接种入克氏瓶液体培养基中，接种量为每支菌种接克氏瓶 1 瓶，接种后在 28～30℃下培养 24h。好的菌膜应是雪白、较厚、菌膜连成片，不易散碎，菌膜采收后用筛绢装好存放，并将菌丝体充分揉碎，以达到扩大菌种接种量的目的。采收 26～30 个克氏瓶可收菌体 150～200g。

2) 发酵罐培养（100L） 培养前在空罐中加入少量甲醛，用帆布盖严，用蒸汽熏至 95℃，保温杀菌 20min 后开始配培养基。培养基容量为 60L，其中水解糖 5%（含还原糖 4%～6%）、硫酸铵 1.0%～1.5%、磷酸 0.1%，其余为黄浆水和少量米糠油；升温至 95℃ 以上，恒温 1h，杀菌后调 pH 值为 4.8～5.4；将培养基用冷水降温至 30℃后（可通风加快冷却）接入菌种，一般 8～12h 即可放罐，发酵最终结果见表 2-4-5。

表 2-4-5 发酵最终结果

批次	培养液体积/L	pH 值	残糖/%	产量/kg		蛋白质/%	得率/[kg/t（黄浆水）]
				鲜菌体	折合干重		
1	60	5.4	0.12	4.8	0.54	38.12	9.0
2	60	4.9	0.10	5.0	0.55	40.03	9.1
3	60	4.8	0.14	4.6	0.51	38.56	8.5
4	60	5.2	0.20	4.6	0.51	4012	8.5
5	60	4.8	0.15	4.8	0.54	37.56	9.0

3) 成品分析及成本估算 经分析成品水分在 9%以下；灰分在 9%以下；粗蛋白质含量为 35%～40%；细菌数为 10000 个/g 以下；细度为 80 目筛通过 90%以上。成本估算见表 2-4-6。

表 2-4-6 饲料蛋白粉成本估算 单位:元/t 干

名称	需要量/t	单价/元	金额/元	备注
黄浆水	8	20	160	也可不计成本
水解糖	0.4	80	32	
硫酸铵	0.12	2000	240	
磷酸	0.08	6000	480	
盐酸	0.09	300	27	工业用
氢氧化钠	0.09	450	40.5	
其他			20	
合计（原材料）			999.5	
燃料附加费			300	
工资及附加费			600	
管理费			400	
总计			2299.5	

（2）案例 2[58]：玉米浸泡水干燥制粉参数

将玉米浸泡水收集到沉淀罐中，用 6mol/L 氢氧化钠溶液调节，使之产生沉淀，用泵打入长菱叶片过滤机，压力保持在(2.94～3.92)×10^5Pa。当压力超过 4.41×10^5Pa 时应停止压滤，用空气压缩机反吹，吹清滤饼中的水分，之后进行振荡卸料，将此饼输送到 JCH 型搅拌气流干燥机干燥。该机采用二级干燥并配以不同温度的热源，既可降低成本又可保持产品品质及色泽。烘干后的滤饼即为 1 号粉，其蛋白质含量达 41％，磷达 28.75％。将上述滤液再用氢氧化钙调节，使 pH 值达 8.4，产生二次沉淀，再经压滤，获得第二次滤饼，经烘干后为 2 号粉，其蛋白质含量为 23.6％，磷为 45.3％。

4.3.2.3 工程应用案例

（1）案例 1：玉米加工废水生产饲料级酵母

1）培养液配方及指标要求　培养液配方见表 2-4-7[52]。

表 2-4-7　培养液配方

项目	液量/(m³/a)	干物质浓度/%	干物量/(t/a)	糖度/%	含糖量/(t/a)
玉米浸泡水	256000	7	17920	2	5120
玉米皮渣水解液	500000	7	35000	2.5	12500
废糖蜜	12511	75	9383	3	5630
黄浆废水	6488.89	1.5	97.33		
营养盐及其他(消泡剂、碱)			3875		
总量	781488	8.48	66275		23250

培养液配方指标要求：a. 培养液总量 780000m³/a；b. 培养液干物浓度 8.5％；c. 培养液总糖浓度 3.0％；d. 培养液 pH 值为 4.2～4.4；e. 培养液灰分 10％～14％；

2）工艺流程　工艺流程见图 2-4-4[53]。

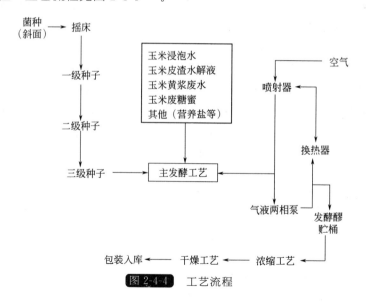

图 2-4-4　工艺流程

3）操作要点

① 基本条件。在年产 20 万吨淀粉糖厂的基础上，已有玉米浸泡废水储池、黄浆废水储

池以及废糖蜜储罐等配套设施，如有厌氧好氧生物污水处理工程则更好。

② 培养液配料。关键是总量及干物浓度将决定酵母单细胞蛋白添加剂的产量和发酵的好坏。总糖的含量决定发酵产品的质量和菌体细胞数。其他如营养盐及 pH 值等决定发酵条件控制的指标。

③ 菌种的质量是发酵的主要核心，必须采用适合利用废水为原料的优良菌株。

④ 发酵过程的控制条件一定要保证达到；有关总量各厂的排放量都不一样，所以只能用一参考数来平衡计算。

⑤ 发酵醪浓缩工艺，建议采用节能的热利用率高的板式蒸发器，蒸发速率快，热利用系数高，节能又节水，但投资稍大一点，建筑面积很小(1∶0.25 左右，每蒸发 1t 水耗 0.25t 蒸汽)。

⑥ 干燥设备采用高速离心或压力喷雾干燥器，出来的产品为颗粒状成品。

⑦ 包装采用药用真空包装和不透气塑料等。

⑧ 种子培养系统也采用喷射自吸式循环发酵装置。

4) 主要设备明细

① 发酵车间。种子制备及主发酵工艺设备包括：a. 菌种培育及配套设备、理化检测仪器仪表及摇床等；b. 一级种子罐(夹套换热)$V=0.5m^3$/台，2 台；c. 二级种子罐(蛇管换热)$V=4.2m^3$/台，2 台；d. 三级种子罐(蛇管换热)$V=32m^3$/台，2 台；e. 主发酵罐(蛇管换热)$V=200m^3$/台，10 台。配套设备(一)(专项非专利设备) 包括：a. 一级种子罐喷射器 2 台；b. 二级种子罐喷射器 2 台；c. 三级种子罐喷射器 2 台；d. 主发酵罐喷射器，每罐 8 只，80 台。配套设备(二)(专项非专利设备) 包括：a. 一级种子罐配用专项气液两相泵 2 台；b. 二级种子罐配用专项气液两相泵 2 台；c. 三级种子罐配用专项气液两相泵 2 台；d. 主发酵罐配用专项气液两相泵 40 台。配套设备(三) 包括：a. 发酵醪储罐容积 $V=265m^3$/台，4 台；b. 发酵醪输液泵流量 $Q=150m^3$/台，$25m^3$/h，6 台。

② 蒸发车间。建议采用"板式蒸发工艺装置"，每小时蒸发量 $60m^3$，2 台套，备用 $30m^3$/h，1 台套，此装置节能节水，热利用系数高，换热效率快，占地面积小，耗汽比大(1∶0.25)。

干燥车间建议采用高速离心或压力喷雾干燥器，初估蒸发水分 6t/h 左右。需 2 台套，配 1 台蒸发水分 2t/h。热源有 3 种方案参考：a. 用电加热热油温度可达 290℃，可省掉加热的汽凝水的配套装置；b. 采用热风炉，但对环保不利；c. 直接电加热，但成本可能高一点。

包装入库：仓库可利用大厂(即母体厂)配套的设施，但需专用仓库。

③ 公用工程。a. 电源设备由大厂解决，但需一定的投入，发酵、浓缩、干燥等各个工段都要用电，装机用量需 $4600kW\cdot h$；b. 供汽工程由大厂解决，主要是蒸发浓缩工艺和发酵上用汽，因此就有汽凝水的回收，以及冷却水回用和部分汁汽水回收返回污水处理，每小时用汽量约 25t；c. 冷却水循环利用工程比较大，但可以节约用水；d. 运输工程和仓储部分以大厂为主，但必须投入管理；e. 配合产品销售的饲养试验也是非常重要的，必须列入计划。

④ 主要技术经济数据。a. 饲料酵母单细胞蛋白添加剂，年产量 50000t；b. 年总产值 1.5 亿元；c. 总投资额估算，其中固定资产总投资 9986.2 万元；d. 目前产品市场价约为 3500 元/t 年销售收入 1.75 亿元；e. 年总成本 1683.4(车间成本)×50000 = 8417 万元；f. 该产品为综合利用环保产品，免税，年销售利润 1.75 亿元 - 8417 万元 = 9083 万元；

g. 年投资净利润率$(9083-3487.4)/9986.2\times100\%=56.03\%$；h. 年固定资产投入产品率 $6498.795/50000=0.1299$ 万元/t 产品；i. 年总投资额产品率 $9986.2/50000=0.1997$ 万元/t 产品；j. 劳动生产率 9083 万元/(125 人·a) ＝72.66 万元/(人·a)；k. 还贷年限，第一年建设期，第二年投产年，产量约 70%，第三年达年产量约 100% 可还清贷款。

（2）案例 2：玉米浸泡水作原料生产酵母单细胞蛋白

对年产 6 万吨淀粉的玉米淀粉厂所产生的玉米浸泡水作原料生产酵母单细胞蛋白的工艺、设备和各项技术经济指标进行了全面的测算，供有关企业参考。

1）工艺方案及工艺流程　由于采用玉米浸泡水为原料，碳、氮以及无机盐（如磷、钾、钙、镁）的含量能满足假丝酵母生长繁殖的需要，除用一些消泡剂和少量微量元素外，不需添加其他辅料。发酵设备采用循环喷射自吸式发酵罐发酵后，直接经板式蒸发器蒸发浓缩至干物质浓度 20% 时，用高速离心喷雾干燥机干燥成酵母粉，产品质量高，成本低，而且无废水污染环境。工艺流程见图 2-4-5[30]。

2）主要设备　见表 2-4-8[30]。

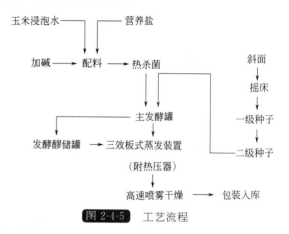

图 2-4-5　工艺流程

表 2-4-8　设备一览表

名称	规格	数量
浸泡水输送泵	流量 30t/h,扬程 30m	2 台
配料桶(带搅拌)	35m³/台	1 台
灭菌装置	不锈钢,冷却装置 8t/h	1 台套
主发酵罐(循环喷射自吸式)	衬不锈钢 50m³	2 台套
配套设备		
喷射装置	不锈钢	4 台
板式换热器	不锈钢	2 台
消泡装置		2 台
气液两相泵	循环量 720t/h,3kg/cm²	2 台
温度自控及溶氧检测仪		2 套
二级种子罐	8m³ 循环喷射自吸式	2 台套
一级种子罐	0.8m³ 循环喷射自吸式	2 台套
菌种、摇床、化验	全套设施	1 套
发酵醪液后热罐	衬不锈钢,35m³/台	2 台套
发酵醪液输送泵(衬胶)	流量 30m³/h,扬程 38m	2 台
三效板式蒸发设备(附热压器)	处理量 8m³/h,水闭路循环热源过热蒸汽或饱和蒸汽	1 套
高速离心喷雾干燥装置	蒸发水量 1250kg/h 热源过热蒸汽或饱和蒸汽	1 套

3) 总投资估算 由于依托淀粉厂，供电部分复配电源(只是在车间内设动力盘)，供汽部分室外管道(只在车间设分汽缸)，有关消防、绿化、行政后勤、劳保、厂内道路以及所有的维修管理都由母体厂统一安排，不列入投资。总投资分配如表 2-4-9 所列[30]。

表 2-4-9 总投资估算表

名称	估算费用/万元	名称	估算费用/万元
土建部分	40	筹建单位筹建费	9
设备部分	485	以母体厂为主,配套小型设施办公用品等	6
冷却水闭路循环系统	22	工人技术培训费 45×2000 元/h	9
车间配电(含照明)	18	可行性研究设计费	15
车间弱电(通讯及仪表)	12	菌种及技术服务费	12
车间消防安全部分	4	试车费	3.8
车间分汽缸部分	6	不可预见费	30
车间菌种、摇床、化验及处置室等	13	差价费	15

总投资中的固定资产投资额合计共 699.8 万元。单位成本估算及技术经济指标评估见表 2-4-10、表 2-4-11[30]。

表 2-4-10 单位成本估算

名称	单耗		单价/(元/t)	单位成本/(元/t)	年总成本/(万元/年)
	单位	数量			
玉米浸泡水	t/t	17	0.25	4.25	1.12
硫酸锌				8.5	2.24
消泡剂				17	4.5
自来水	m³/t	38	1.85	70.3	18.56
电	kW·h/t	900	0.5	450	118.56
蒸汽	t/t	12	50	600	158.4
包装材料	只/t	40	3	120	31.68
工资及附加	元/(人·月)	850		173.8	45.9
固定资产折旧				147.7	39
车间维修折旧				68.2	18
车间管理				108.5	28.64
车间成本				1854	489.45
企业管理				88.3	23.31
工厂成本				1854	489.45
销售费用				74.2	19.58
销售成本				1928.2	509.04
销售收入				3200	844.8
销售利润				吨利润 1271	335.75

表 2-4-11　技术经济指标评估

项目	评估值
年总产量	2640t/年
年总产值	509.05 万元
项目总投资额(建设期为一年)	699.8＋41.99＋92.23＝835.02 万元
流动资金利息	6.06 万元
全部建设还贷款期利息	170.47 万元
全部还贷年限(含建设期)	3 年 10 个月
销售收入	844.8 万元/年
销售年总成本	509.05 万元/年
投资利润率	40.2%
投资利税率	40.2%
投资收益率	44.88%
投资净产值率	45.9%
产值利税率	65.9%
单位能力投资额	0.3163 万元
产品劳动生产率	11.57 万元/(人·年)
净现值(累积数)	1543.1 万元/17 年
内部收益率	41.66%
盈亏平衡点(产量)	26.54%
利润	335.75 万元/年

根据财政部、国家税务局财税〔2001〕121 号文件的精神，玉米浸泡水生产的饲料酵母应为免税产品。目前进口的饲料酵母和酵母培养物的市场价为 4200 元/t 左右，本项目产品销售价暂定为 3200 元/t。经测算该项目总投资为 835.02 万元，其中固定资产投资为 699.8 万元，年净利润 335.75 万元。如果有旧厂房和可利用的旧设备，投资费可大大节省；相反，如果要完全新建，投资费需要增加。

参 考 文 献

[1] 尤新. 玉米深加工技术 [M]. 北京：中国轻工业出版社，1999，17-26.
[2] 于佳滨，吴延民，何军. 淀粉加工工艺及设备 [J]. 农机化研究，2004，(2)：54.
[3] 刘亚伟. 淀粉生产及其深加工技术 [M]. 北京：中国轻工业出版社，2001.
[4] 陈璟. 玉米湿磨法淀粉生产的主要原理 [J]. 淀粉与淀粉糖，1997，(2)：47.
[5] 郭月玲，江海东，张磊，等. 我国主要能源植物及其开发利用的现状与前景 [J]. 浙江农业科学，2009，1(6)：0-1062.
[6] http：//www. siacn. org/index. php？ optionid＝1125＆auto _ id＝21283
[7] 李会宁. 玉米淀粉渣中玉米黄色素的提取及性质测定 [J]. 氨基酸和生物资源，2000，22(4)：25-27.
[8] 彭桂兰，玉米淀粉湿法加工浸泡机理、工艺及智能专家系统的研究 [D]，长春：吉林大学，2006.
[9] 陈敬. 玉米淀粉工业手册 [M]. 北京：中国轻工业出版社，2009.
[10] Monica Haros. Effect of drying initial moisture and variety in corn wet milling [J]. Journal of Food Engineering，

1997，(34)：473-481.

[11] 李建秀. 超滤和反渗透联用处理玉米浸渍水 [J]. 化工进展，2003(10)：1105-1107.

[12] 王洪岩. 玉米淀粉生产工艺 [J]. 食品科技. 2010，10-11.

[13] 李艳，常俊然. 玉米浸泡工艺研究进展 [J]. 粮食与饲料工业，2006，(9)：25-26.

[14] 姜秀娟. 玉米淀粉湿法加工工艺的研究 [D]. 长春：吉林大学，2006.

[15] 任海松. 玉米淀粉的酶法湿磨工艺及其理化性质研究 [D]. 泰安：山东农业大学，2007.

[16] 李艳，常俊然. 玉米浸泡工艺研究进展 [J]. 粮食与饲料工业，2006，(9)：25-26.

[17] 李建秀. 超滤和反渗透联用处理玉米浸渍水 [J]. 化工进展，2003.

[18] 马道文，杨劲峰. 玉米淀粉生产废水资源化及处理技术研究 [J]. 河北化工，2010，33(7)：74-77.

[19] 李素玉，任娟. 无机盐在酵母菌净化玉米淀粉工业废水中的作用 [J]. 辽宁大学学报（自然科学版），2002，29(3)：283-286.

[20] 曹奎龙，李凤林. 淀粉制品生产工艺学 [M]. 北京：中国轻工业出版社，2008.

[21] 刘亚伟. 淀粉生产及其深加工技术 [M]. 北京：中国轻工业出版社，2001.

[22] 余平. 玉米混法加工产品的营养特性及在饲料生产中的应用 [J]，饲料工业，1992，13(8)：47-48.

[23] 李素玉，李光辉，杨淑春. 利用酵母菌净化玉米淀粉工业废水的研究 [J]. 水处理技术，2002，28(4)：227-229.

[24] 雷晓燕. 利用淀粉厂废水生产单细胞蛋白的研究 [J]. 辽宁化工，2005，34(4)：151-153.

[25] 张风君，王爽，赵芝清，等. 玉米淀粉废水回收及处理研究 [J]. 吉林大学学报（地球科学版），2004，34(10)：131-133.

[26] 许剑秋. 玉米淀粉废水生产饲料蛋白 [J]. 粮食与饲料工业，2002，(4)：24-25.

[27] 蔡琳晖，聂麦茜，贾建慧. 以预发酵淀粉废水为碳源生产微生物絮凝剂 [J]. 2007，36(5)：457-460.

[28] 王园园，王向东，陈希. 利用淀粉废水培养复合型絮凝剂产生菌研究 [J]. 中国给水排水，2007，23(9)：19-23.

[29] 熊杜明，王书云，杨立华，等. 玉米浸泡水利用的研究进展 [J]. 武汉工业学院学报，2009，28(2)：32-35.

[30] 王定昌，徐达伍. 利用玉米浸泡水生产单细胞蛋白 [J]. 粮油食品科技，2004，12(2)：12-13.

[31] 陆恒. 玉米蛋白质的营养价值利用研究 [J]. 武汉食品工业学院学报，1998(1)：22-28.

[32] 孙淑斌. 从米糠中提取植酸 [J]. 曲阜师范大学学报（自然科学版），2001，27(1)：71-72.

[33] 钱东平，曲保雪，朱丽红，等. 从玉米淀粉生产浸泡水水中提取蛋白质及脂多糖的研究 [J]. 安全与环境学报，2005，5(6)：23-25.

[34] 王文侠，翟丽萍. 玉米浸泡液蛋白质的超滤分离研究 [J]. 农产品加工学刊，2008(7)：115-117

[35] 卢娜，周顺桂，常明，等. 玉米浸泡液制备苏云金杆菌生物杀虫剂的影响因素研究 [J]. 环境工程学报，2007，1(9)：126-130.

[36] 郑恒光，杨晓泉，唐传核，等. 醇法大豆浓缩蛋白加工工艺及实践 [J]. 中国油脂，2007，32(4)：26-28.

[37] 陈金媛，陈梅兰. 高分子絮凝剂用于造纸黑液处理的研究 [J]. 工业水处理，2002，22(5)：42-44.

[38] 张宗恩，汪之和，肖安华，等. 鱼糜漂洗液中水溶性蛋白质的回收与利用 [J]. 上海水产大学学报，1999，8(1)：59-62

[39] 陈天，汪士新. 利用壳聚糖为絮凝剂回收工业废水中蛋白质，染料以及重金属离子 [J]. 江苏环境科技，1996(1)：45-46.

[40] 郑芸岭，徐玉佩. 天然絮凝剂壳聚糖回收大豆蛋白的研究 [J]. 粮食与油脂，1997(1)：6-12.

[41] 张文娟，徐珊珊. 用海藻制备絮凝剂处理蛋白废水的研究 [J]. 山东科学，2007，20(1)：34-37，41.

[42] 郭素荣，刘栋. 新型天然海藻絮凝剂处理食品废水的研究 [J]. 工业水处理，2006，26(9)：25-29.

[43] 许秀真，陈玉成，庞杰，等. 魔芋葡甘聚糖在污水处理中的应用 [J]. 环境科学动态，2003(4)：39-40.

[44] 杨文玉. 植酸制取工艺研究现状与展望 [J]. 中国油脂，2003，28(4)：46-48.

[45] 肇立春. 改进植酸钙生产工艺的研究 [J]. 粮油加工，2006(11)：54-55.

[46] 卢敏，殷涌光. 提高玉米浸泡液中植酸钙得率的提取工艺 [J]. 粮油食品科技，2006，14(3)：6-7.

[47] 戴传波，李建桥，李健秀. 植酸制取的研究进展 [J]. 食品工业科技，2007，28(2)：239-241.

[48] 李健秀，王树清. 吸附法制取植酸钠的工艺研究 [J]. 化学世界，1998，39(10)：518-519.

[49] 王术贵，熊万刚. 直接利用玉米浸泡水发酵生产丁醇 [J]. 发酵科技通讯 2009，38(3)：48-49.

[50] 卢娜，周顺桂，张锦涛，等. 利用玉米浸泡液产电的微生物燃料电池研究 [J]. 环境科学，2009，30(2)：

563-567.

[51] 赵寿经，朱克卫，齐红彬，等. 利用玉米浸泡水发酵生产 L（＋）-乳酸 [J]. 食品与发酵工业，2006，32(11)：55-58.

[52] 王定昌，徐达伍. 饲料级酵母单细胞蛋白生产技术 [J]. 粮食食品科技 2009，17(1)：7-9.

[53] 王定昌，徐达伍. 玉米淀粉厂的综合利用 [J]. 粮食食品科技 2007，15(4)：10-11.

[54] 刘晓兰，郑喜群，娄喜山，等. 玉米皮水解液发酵生产饲料酵母的研究 [J]. 齐齐哈尔大学学报，2002，18(2)：4-6.

[55] 李玉，李其久，尹依婷，等. 白地霉净化和资源化玉米淀粉工业废水的试验条件研究 [J]. 辽宁大学学报（自然科学版），2008，35(1)：81-84.

[56] 李小雨. 多菌种发酵玉米浸泡水和糖蜜生产单细胞蛋白 [D]. 黑龙江：哈尔滨工业大学，2010.

[57] 许剑秋. 玉米淀粉废水生产饲料蛋白 [J]. 粮食与饲料工业，2002(4)：24-25.

[58] 凌吉春. 玉米浸泡水的回收利用 [J]. 食品工业，1998，12(2)：46.

5

推广木薯干片干式粉碎
和鲜木薯湿法破碎分离

5.1 木薯淀粉行业概况

5.1.1 木薯淀粉简介

　　木薯属于热带作物,原产于亚马逊河流域,是世界三大薯类之一。木薯块根干物质含量 30%～40%,鲜薯含淀粉 32%～35%,蛋白质 1%～2%,脂肪 0.3%～4.3%,纤维素 1%～2%,灰分 1%,维生素 C 30mg/100g 左右,还含有少量的维生素 A、维生素 B_1、维生素 B_2 等(见表 2-5-1)[1,2]。木薯植株各部分都含有氢氰酸,其中叶部约占全株含量的 2.1%,茎部约占 36%,根部约占 61%,块根以皮层含量最高,为肉质部的 15～100 倍。木薯的块根含 30%的淀粉,木薯干则含有 70%的淀粉,被誉为"淀粉之王"。

表 2-5-1　木薯的组成(平均含量)

成分/%	鲜木薯	木薯干片	木薯淀粉
淀粉	27	68	85
纤维素	4	8	灰分 0.3
蛋白质	1	3	0.2
其他	3	8	0.5
水分	65	13	14

注:由于木薯品种、采收时间、自然条件、生产水来源不同,原料的淀粉含量有所差异。

5.1.2 国内外木薯淀粉行业现状

　　木薯产业是一个庞大的产品群,它包括木薯种植业、淀粉和酒精加工业、淀粉和酒精深加工业。这个产品群多达 3000 种产品,涉及国计民生和人民生活的各个领域,现实市场和潜在市场巨大,具有广阔的发展前景。目前世界上以淀粉及其衍生物为主产品的一些跨国公司的年销售额都在数十亿美元[3]。

世界上木薯产量最大的国家为尼日利亚，达 3300 余万吨；其次为刚果（金）、巴西、印度尼西亚、泰国。我国木薯产量约占世界产量的 2.5%。在非洲和拉丁美洲，木薯主要用于食品和饲料；在中国和泰国，木薯主要用于加工干片、颗粒、淀粉及其深加工产品。我国的木薯主要用于加工淀粉和酒精的原料，少量用于饲料[4]。

木薯进入国际市场的主要产品为干片和颗粒。泰国是木薯干片和颗粒的出口大国，近年出口量约为 480 万吨，占世界出口总量的 80%。20 世纪 90 年代以来，由于饲料工业和淀粉工业的迅速发展，国际市场对木薯的需求量逐年增长。据业内人士预测，到 2020 年世界木薯产量将达到 2.71 亿吨，市场空间十分可观。

我国木薯主要用于淀粉加工和酒精加工。木薯的深加工品主要有变性淀粉、化工产品、淀粉糖等。据不完全统计，我国木薯加工企业现有 200 多家，生产变性淀粉的厂家约有 150家。绝大部分厂家生产规模在 5000t 以下，万吨级以上的不到 10 家，广西明阳生化公司以年产 10 万吨的生产能力占据首位。其中，广西有木薯加工企业 50 多个，主要分布在南宁、北海、崇左和钦州等地，年产木薯淀粉 40 万～50 万吨，占全国木薯淀粉产量的 70%；广西还有木薯酒精加工企业 20 多家，年产量达 7 万吨以上。

目前，我国酒精的 1/3 产量是以木薯为原料。广西的木薯种植面积约为 $2.69 \times 10^5 hm^2$，其中 90% 以上用于加工木薯淀粉和酒精，木薯已经成为广西重要的能源原料作物。目前广西的木薯酒精企业总计 20 余家，年总产量达 60 多万吨。随着国内外对酒精能源需求量的日益增大，木薯酒精业已成为广西壮族自治区今后很长一段时间内的支柱产业。

木薯淀粉生产技术发展趋势是：淀粉加工向大型化发展；实现生产过程的自动控制；广泛推广节能技术及能耗低、效率高的设备；淀粉产品向系列化方向发展。

5.1.3 国家产业政策

随着世界矿物质能源的枯竭，发展可再生能源势在必行，作为可再生能源之一的生物质能源燃料酒精已列入我国能源发展规划。作为生产燃料酒精原料之一的木薯，经济价值突显。广西旱地和坡地适于发展木薯生产，发展空间比较大，如果充分开发土地资源，改良木薯种植技术，提高木薯亩产；开发木薯产品深加工，带动木薯产业链，将产生巨大的经济效益。生产酒精的原料主要有粮食类、薯类和糖蜜，其中用木薯生产酒精与其他作物相比，有着不可比拟的优势：木薯是非粮食农产品，且对土质的要求低，耐旱、耐瘠薄，符合"不争粮，不争（食）油，不争糖，充分利用边际性土地（指基本不适合种植粮、棉、油等作物的土地）"的国家粮食发展战略，同时用于发展燃料酒精也很符合当前国家生物质能源发展战略，有利于保障国家粮食安全和能源安全[5]。

1997～2002 年国家连续颁布了《中华人民共和国节约能源法》《中华人民共和国可再生能源法》《车用乙醇汽油使用试点方案》和《车用乙醇汽油使用试点工作实施细则》等，从政策上对生物质能源的发展进行了扶持。在热带亚热带地区，木薯是最为理想的不争粮地的能源作物，且是生产碳水化合物产量最高的作物。2001 年，中国颁布了《变性燃料乙醇》和《车用乙醇汽油》两项国家标准，并宣布中国将全面推广使用乙醇汽油，2002 年，中国开始在河南、黑龙江、吉林、安徽等省份开展试用乙醇汽油，现已有 9 个省开始使用燃料酒精，燃料酒精替代部分汽油已成趋势。2005 年，全国人大制定了《可再生能源法》，燃料乙醇在"十五"期间试点推广的基础上进一步扩大使用范围。经多方论证比较，木薯已列为中国农业"十一五"的重点替代能源作物之一，生物乙醇已列入中国能源发展规划。2007 年，"木薯汽油"已在广西成功启动，湖北、河北、江苏、江西、重庆等5省市也积极发展木薯、甘薯、甜高粱等非粮乙醇汽油，中国替代能源发展格局有望焕然一新。2007年4月15日，广西境内所有加油站开始销售含有10%的纯乙醇，标号为E90#、E93#的"新汽油"，标志着中国第一个非粮燃料乙醇汽油项目在广西成功投入使用。在2008年7月，农业部与财政部联合颁发的农科教发［2008］5号文件中，把木薯纳入了国家现代农业产业技术体系中[6]。

5.1.4　木薯淀粉生产工艺

木薯淀粉的生产过程是物理分离过程，是将木薯原料中的淀粉与纤维素、蛋白质和无机盐等其他物质分开的过程[7~13]。

在生产过程中，根据淀粉不溶于冷水和密度大于水的性质，用水及专用机械设备，将淀粉从水的悬浮液中分离出来，从而达到回收淀粉的目的。

根据所用原料的不同，木薯淀粉的生产可分为干法和湿法两种。

5.1.4.1　湿法木薯淀粉的生产工艺流程

原料输送→清洗→粉碎(碎解)→浸渍→筛分→除砂→分离→脱水→气流干燥→风冷→筛分→包装

（1）原料准备

木薯淀粉的原料为鲜木薯，要求鲜木薯新鲜，当天采购，当天进厂，当天加工，无泥、沙、根、须、木质部分及其他杂质混入。

（2）原料输送

采用集薯机、输送机等将木薯从堆放场输送到清洗机。在输送过程中要特别防止铁块、铁钉、石头、木头等杂物混入，并及时拣出其中的杂物。

（3）原料清洗

采用滚筒式清洗机，木薯原料随圆筒壁旋转滚翻前进，以水为介质(配水为1：4)喷洒、冲洗、沐浴、锉磨、清洗、除皮。要求通过清洗去净泥沙，去皮率达到80%以上。在清洗过程中还能够去除块根中的一部分氢氰酸。

清洗的好坏会直接影响到破碎、筛分系统设备的寿命和产品的质量。

（4）原料破碎

木薯淀粉主要储藏于块根的肉质部分，仅少量储于内皮。破碎的作用就是破坏木薯的组织结构，从而释放出更多的游离淀粉颗粒，易于分离。

木薯通过锤击、锉磨、切割、挤压等过程而被破碎，使淀粉颗粒不断分离出来，并以水为介质(配水为1：1)，将破碎后的木薯加工成淀粉原浆。目前普遍采用二次破碎工艺，以便使木薯组织的解体更充分、更细小，使淀粉颗粒的分离更彻底，对提高抽提率更为有利。

一般经过一次破碎的淀粉原浆能通过8.0mm左右的筛孔，经过二次破碎的淀粉原浆能通过1.2~1.4mm筛孔。

破碎后的皮渣不宜过细，否则不利于淀粉与其他成分分离，会增加分离细渣的难度。

为了促使淀粉分离，避免淀粉沉淀，需要对淀粉原浆进行搅拌。

（5）筛分(淀粉分离)

也称为浆渣分离，是淀粉加工中的关键环节，直接影响到淀粉的提取率和淀粉质量。

经破碎、搅拌后的稀淀粉原浆进行筛分，从而使淀粉乳与纤维分开。因为木薯渣是细长的纤维，其体积和膨胀系数都大于淀粉颗粒，密度又小于淀粉颗粒，通过筛分，使渣与淀粉乳分离，可达到分离、提纯淀粉的目的。同时，筛除的细渣需进行洗涤，以回收淀粉。洗涤水用部分循环水和补充的部分新鲜水。

目前普遍采取多次筛分或逆流洗涤工艺。

要求通过原浆筛分、洗涤，薯渣（干基）含淀粉在35%以下，其中含游离淀粉小于5%；乳浆的纤维杂质含量低于0.05%；乳浆浓度达到5~6°Bé。

（6）漂白

漂白是保证木薯淀粉产品质量的重要环节。漂白剂可以是二氧化硫、高锰酸钾等。

（7）洗涤除砂

经纤维洗涤系统的粗淀粉乳，其中含有细砂、细纤维、蛋白质、脂肪及可溶物等。根据比重分离的原理，将淀粉乳浆用压力泵抽入除砂旋流器，底流除砂，顶流过浆，达到除砂的目的。经过除砂，不仅可以除去细砂等杂质，而且可以保护碟片分离机。

（8）分离

分离的作用是从淀粉乳浆中分离出不溶性蛋白质及残余的可溶性蛋白质和其他杂质，从而达到淀粉乳精制、浓缩的目的。

目前普遍采用碟片分离机。它根据水、淀粉、黄浆蛋白的密度不同进行分离。

（9）脱水

经分离精制后的淀粉乳，浓度约18~21°Bé，仍含有大量水分，因而必须进行脱水，以利干燥。目前多采用刮刀离心机进行溢浆法脱水。要求通过脱水后湿淀粉含水率低于38%。

（10）干燥

由刮刀离心机脱水后的湿淀粉输送至气流烘干机进行干燥。气流干燥（又叫急骤干燥）整个工艺是在一瞬间完成，因此淀粉颗粒内部的水分来不及糊化就已被干燥，故不会发生糊化或降解现象。

干燥器热源可采用锅炉、热风炉或导热油炉，要求通过干燥，淀粉成品含水量在13.5%左右。可使用水分自动调节器，使淀粉水分在很小的范围内波动。

干燥后，淀粉通过旋风分离器与空气分离。

（11）淀粉冷却与过筛包装

淀粉经干燥后温度较高，为保证淀粉的黏度，需要在干燥后将淀粉迅速降温。冷却后的淀粉进入成品筛，在保证产品细度、产量的前提下进入包装工序。

5.1.4.2 干法木薯淀粉的生产工艺流程

干木薯片→粉碎→收集→浸渍→调浆→筛分→漂白→除砂→分离浓缩→脱水→气流干燥→风冷→筛分→包装。

（1）原料准备

干法生产木薯淀粉的原料为木薯干片，要求其干爽、不发霉、不变质、无虫蛀。

（2）原料的粉碎和收集

干木薯片的粉碎与鲜木薯有所不同，多采用干式粉碎和风送收集工艺，其所用的粉碎设备有雷蒙机、粉碎机（改进型）等；收集系统主要由抽风机、旋风收集器（或配套布袋除尘器）和调浆桶等组成。

干式粉碎比湿式粉碎的优点是粉碎度高（细、均匀），有利于提高出粉率；不足之处是环境粉尘大，能耗稍高。

另外需注意：干木薯片不能粉碎过细，否则同样会影响后续工艺处理和出粉率。

（3）浸渍

浸渍的目的是使淀粉和纤维充分吸水，有利于筛分分离，同时在浸渍过程还可除去部分砂泥杂物以及蛋白质、糖类、脂肪类、无机物等物质。

浸渍是干薯片淀粉生产中十分重要的一个环节，其工艺管理的好坏直接影响到产品质量、回收率等指标。

（4）筛分

同中篇 5.1.4.1 部分中（5）。

（5）漂白

干薯片淀粉的生产与鲜木薯不同，如果不经漂白工艺处理，将无法使其产品"白度"达到质量要求。

漂白机理主要是"氧化还原"反应(可用亚硫酸、漂白粉等)。其作用为：调节乳浆 pH 值，加速淀粉与其他杂质的分离，漂去淀粉颗粒外层的胶质，使淀粉颗粒持久洁白。

干法生产木薯淀粉的后续工艺流程与湿法生产木薯淀粉的流程一致。

5.1.5　木薯淀粉废水来源及发生量

木薯淀粉废水通常可根据生产工艺分为木薯清洗水和淀粉分离水（黄浆水）[14,15]。

1) 木薯清洗水　主要含泥沙、木薯碎皮、杂草和原料溶出有机物等；这些污染物(或悬浮物)约为薯类重量的 $1\%\sim5\%$，COD 含量不高，水量约占总废水量 50%。

2) 淀粉分离水（黄浆水）　含有大量的蛋白质，糖类和水溶性有机物质等；COD 含量很高，水量约占总废水量 50%。这些废水特别是黄浆水若不经过处理就排入水体，会消耗水中大量的溶解氧，造成水体缺氧使鱼类和水生物死亡。此外，废水中的悬浮物沉积在水体后会腐烂，释放出硫化氢和硫醇一类的有害气体，恶化水质，臭气难闻。

生产 1t 淀粉耗水 $10m^3$，多数淀粉厂耗水 $10\sim30m^3$。生产 1t 木薯淀粉将会产生 $10\sim25m^3$ 的有机废水。废水中的氢氰酸含量很高，约 0.015%。

5.1.6　资源化途径

目前，木薯淀粉废水的资源化利用技术主要包括利用木薯淀粉废水发展生态农业建设、从木薯淀粉废水中生产回收有用组分以及利用木薯淀粉废水生产新能源等方面[16]。

5.1.6.1　利用木薯淀粉废水发展生态农业建设

以废水治理为主体，结合饲养、灌溉、沼气、水生植物等综合的"生态工程"实施方案，来实现淀粉废水的资源化处理。例如建设生态系统生物塘，可用作种植水生植物(是良好的猪料和沼气原料)，饲养水生动物(鱼、鸭、鹅等)以及季节性灌溉农田，不但降低了污染物浓度，使废水达标排放，解决了淀粉废水对环境的污染问题，达到了环境保护的目的，而且在处理过程中实现了废水资源化利用，充分实现了环境效益与社会效益的有效结合。

5.1.6.2　从木薯淀粉废水中生产回收有用组分

可利用木淀粉废水生产微生物油脂、多糖、细胞蛋白、微生物絮凝剂、乳酸钙、食用菌、生物农药等。

5.1.6.3　利用木薯淀粉废水生产新能源

采用厌氧生物技术对木薯淀粉废水进行处理，不但可培养出活性良好的颗粒污泥，还能产生出新能源——沼气。

5.2 木薯淀粉废母液利用概述

5.2.1 木薯淀粉废母液性质成分及特征

废水组成大致为：蛋白质、总糖、有机酸和矿物质；COD_{Cr}浓度一般数千毫克每升以上，有些高达20000mg/L，可生化性较强；酸化影响，本身极易腐败，放置污染空气；含有毒物质氰化物，抑制生化反应，见表2-5-2[14,17,18]。

表 2-5-2　废水水质

序号	类别	pH 值	色度	SS/(mg/L)	BOD$_5$/(mg/L)	COD$_{Cr}$/(mg/L)	CN$^-$/(mg/L)	TN/(mg/L)	硫化物/(mg/L)
1	洗薯水			3400			16		
2	黄浆水	3.8~5		1600~2500	3000~7000	6000~18800	6		
3	混合废水	4.5	90	1000	6000	12000	15	30	40

5.2.2 木薯淀粉废水治理技术

目前薯类淀粉废水治理技术方法主要有以下几种。

5.2.2.1 自然沉淀法

木薯淀粉废水中的悬浮物含量很高，其中一部分是残余淀粉。目前，大多数中小型企业都修建了沉淀池，通过自然沉淀的方法将其直接回收并加以利用。由于废水中还含有其他的可溶性有机物，沉淀时间过长会导致酸化发臭，而且沉淀时间越长所需的沉淀池面积也越大，所以企业通常将沉淀时间控制在3h左右。

伍婵翠[16]以洗涤废水、一次分离废水、二次分离废水和混合废水为原料，进行了沉淀实验，结果表明混合废水和洗涤废水的沉淀量较大，主要是因为其中混有大量的砂土、薯皮等物质。分离废水的沉淀物经过分析检测，其中含有0.2%的残余淀粉，1.22%的粗蛋白。

而分离废水中的粗蛋白平均含量为3150mg/L，游离氨基酸的平均含量985.9mg/L，通过自然沉淀法的蛋白回收率仅有3.87%，游离氨基酸的回收率为0.46%。自然沉淀法回收的残余淀粉数量有限，而废水中蛋白质和氨基酸的回收率比较低，所以该方法并不是回收木薯淀粉废水中的蛋白质和氨基酸的有效途径。

5.2.2.2 絮凝沉淀处理法

絮凝沉淀法是一种物理化学处理法，通过加入絮凝剂，降低胶体溶液的稳定性，使分散状态的有机物脱稳、凝聚，形成聚集状态的颗粒物质从水中分离出来。其中絮凝剂的种类决定絮凝沉淀效果。一般常用的絮凝剂可分为无机高分子絮凝剂、有机高分子絮凝剂和微生物絮凝剂三类。

（1）无机高分子絮凝剂

无机高分子絮凝剂主要是聚铝与聚铁类。聚铝类具有投药量少、沉降速度快、颗粒密实、除浊色效果好等优点。而聚铁类除具有上述优点外，还具有价格低、pH值适用范围广等特点。

1）石灰浆絮凝　伍婵翠[16]采用石灰浆分别絮凝处理一次分离废水和二次分离废水来回收可溶性蛋白。结果表明，随着石灰浆加入量的增加，一次分离废水的pH值不断升高，浊度和 COD 都呈下降趋势，且废水的颜色逐渐加深，由最初的米白色→紫色→灰色，最后当 pH 值接近 13 时废水呈灰色偏黄色，此时的 COD 去除率达到 40% 以上。二次分离废水的处理效果与一次分离废水的处理效果相似，最后，当 pH 值达到 12.5 时废水呈粉红色，此时的 COD 去除率达到 65% 以上。

由于废水中的 Mg^{2+}、Fe^{3+}、Cu^{2+} 等与 OH^- 反应生成的沉淀有颜色，所以，随着 pH 值的增加废水的颜色会加深。

通过对实验得到的沉淀物进行分析检测，结果显示沉淀物中几乎包含蛋白质，所以用石灰浆作絮凝剂从木薯淀粉废水中不能回收蛋白质。

2）聚铁、聚铝和精制硫酸铝混凝　伍婵翠[16]分别选用聚铁、聚铝和精制硫酸铝处理一次分离废水和二次分离废水，用聚丙烯酰胺作为助凝剂。

一次废水处理结果：采用聚铁作为絮凝剂，聚丙烯酰胺作为助凝剂的组合，COD 去除率达 30%，浊度去除率达到 60% 左右。采用聚铝作为絮凝剂，聚丙烯酰胺作为助凝剂的组合，COD 去除率为 20%，比聚铁作絮凝剂的效果要差。采用精制硫酸铝作为絮凝剂，聚丙烯酰胺的组合，COD 去除率达 30%，但浊度去除率较高，可达到 80% 以上。

二次废水处理结果显示：3 种组合的 COD 去除率均达到 40%，甚至更高，浊度的去除效果也很明显。

韩冬等[19]研究了 PAC 对马铃薯淀粉废水的絮凝性能。结果表明，在 pH 值为 10 左右，PAC 投加量为 5000mg/L，PAM 投加量为 3.2mg/L 时，沉降 30min，废水 COD 去除率达 58.14%，浊度去除率可达 91.97%，SS 去除率达 91.11%。Fkunaga[20]通过向淀粉废水中加入聚合氯化铝及一种有机非离子聚合物，在搅拌情况下进行絮凝沉淀处理，将废水中的淀粉量由 2500mg/L 降到 20mg/L，COD 由 1750mg/L 降到 14mg/L，SS 由 200mg/L 降到不足 10mg/L。王荣民等[21]制备了固体复合聚合硫酸铁絮凝剂（SPFS），用其处理马铃薯淀粉废水，COD 去除率达到 68.8%，COD 去除量达 4738mg/L，处理过的废水久置无异味，颜色澄清，并对其制备原理做出了探讨，结果表明，SPFS 可作为生物法处理淀粉废水的预处理剂。

杨丽娟[22]利用石灰作混凝剂，聚丙烯酰胺为絮凝剂，对淀粉废水进行处理，结果表明：处理后的淀粉废水水质达到排放标准；且该法具有基建投资少、操作容易、耗能低、无二次污染等优点。王乃芝[23]采用混凝沉降-活性炭吸附的工艺流程，以工业废渣为混凝剂，以聚丙烯酰胺（PAM）为絮凝剂，对玉米淀粉废水进行了处理，结果表明出水达标排放，且达到了以废治废的目的，絮凝物经压滤脱水后掺在煤中作燃料，无二次污染，且投资省。

（2）有机高分子絮凝剂

有机高分子絮凝剂主是季铵盐类、聚胺盐类以及聚丙烯酰胺类等。近来，人们趋向于应用那些无毒、易生物降解、原料源广泛、价格低的天然改性高分子絮凝剂，如淀粉、纤维类、植物胺类、聚多糖类。

张佩芳[24]等采用聚-N-乙酰-D-葡萄糖胺（又名甲壳质）作为絮凝剂，在 pH 值为 3.5 的条件下对淀粉废水进行絮凝处理的试验研究，废水的 COD 去除率为 68%，且得到的沉淀物可作饲料或肥料。

许昭和[25,26]等采用一种新研制的天然絮凝剂（FNF）对玉米淀粉废水进行了处理以及回收蛋白粉的试验研究，废水的 COD 去除率为 85.1%，BOD 去除率为 80.8%，水质基本达到国家规定排放标准；每吨废水可回收 10kg 蛋白粉，粗蛋白含量为 36.45%，含 16 种氨基酸，可作动物蛋白饲料。陈益明[27]等采用调节沉淀池和回用池组合的工艺处理常州市饲料公司的玉米淀粉废水，并通过絮凝沉淀回收蛋白粉。

絮凝法回收蛋白的过程中由于加入了絮凝剂，所获得的蛋白含量不高，且其中含有絮凝剂的成分，不能用于生产高品质的蛋白产品。

（3）微生物絮凝剂

微生物絮凝剂具有不存在二次污染，对人畜无害，絮凝效果好，沉淀物还可以作为蛋白饲料等优点，日益引起人们的关注，并进行了广泛的研究和应用。

邓述波[28]等用微生物 A-9 所产的絮凝剂处理淀粉厂的黄浆废水。经絮凝沉降处理后，废水的 SS 和 COD 去除率分别可达 85.5％和 68.5％，效果明显优于常用的化学絮凝剂，且微生物絮凝剂具有无毒、无二次污染的特点，絮凝所得的蛋白可作为动物饲料进行综合利用。

刘晖等[29]以微生物絮凝剂（MBF7）处理淀粉工业废水。结果表明，在 1L 水中投加质量分数为 10％的 $CaCl_2$ 溶液 5mL，微生物絮凝剂（MBF7）20mL，在 pH 值为 9 的条件下，分别以 600r/min、400r/min、140r/min、70r/min、30r/min 搅拌 20s、20s、20s、120s、180s 时，浊度去除率高达 96.4％，具有安全无毒、无二次污染、絮凝效果好等特点，并且 MBF7 的热稳定性好，受温度的影响小。将其用于处理淀粉废水可以减少后续处理的负荷，而且沉淀下来的糖类可回收利用。王有乐等[30]研究了根霉 M9 和 M17 复配产生的复合型微生物絮凝剂 CMBF917 的絮凝特性，结果表明：CMBF917 为两菌分泌物，其具有投药量少、絮凝效果好、废水絮凝条件简易且成本低廉的特点，投药量仅为 0.1mL/L，无需调节废水 pH，投加 5mL/L10％的助凝剂 $CaCl_2$，即可使废水浊度和 COD 的去除率分别为 92.11％和 54.09％。

5.2.2.3　气浮处理法

气浮处理法是利用高压状态溶入大量气体的水（溶气水）作为工作液体，骤然减压后释放出无数微细气泡，废水中的絮凝物黏附其上，使絮凝物的密度远小于实际密度，随着气泡上升，将絮凝物浮至液面，达到液固分离的目的。气浮法处理废水时，应根据实际的处理物料和工业使用条件选择絮凝剂及操作条件，并选择适宜的气浮剂用量[31,32]。

买文宁[33,34]、BO JIN 等[35,36]采用气浮分离技术从淀粉废水中提取蛋白饲料，在得到蛋白饲料的同时，去除了废水中 80％的 SS 和 30％的 COD，有效地减轻了后续生物处理的有机负荷。牧剑波等[37]取湖北某淀粉厂废水，采用气浮一体化装置进行实验研究。在实验流程中，加入了药剂的废水通过泵进入一体化装置中，产生的溶气水直接由柱体下部通入，骤然减压后产生的微泡与从液面下方某处加入的废水形成逆流接触，废水中的絮凝物被黏附在微泡上随气泡上升至柱顶排出，柱下方处理后的清水经由液面控制装置流出；通过实验，分析了絮凝剂、气浮剂及各操作参数对处理效果的影响，得出：在进料位置 70cm，进气量 120L/h，进料量 100mL/min，液面高度 127cm 时为最佳操作条件。

5.2.2.4　生物处理法

生物处理法可分为好氧生物处理法和厌氧生物处理法。由于淀粉废水有机负荷高，处理难度大，在实际生产中往往将好氧处理法和厌氧处理法结合使用。

（1）好氧生物处理法

好氧生物处理法指利用好氧微生物的代谢作用来处理废水的方法。处理过程需要不断地向废水中补充大量的空气或氧气，以维持其中好氧微生物所需的足够的溶解氧浓度。在好氧条件下，淀粉废水中各种复杂的有机物被降解，最终氧化为二氧化碳和水等，部分有机物被微生物同化而产生新的微生物细胞，从而使污水得到净化。其主要方法有活性污泥法（SBR、CASS）、接触氧化法、好氧塘法、延时曝气法、生物膜法等。

在淀粉废水处理中用到的好氧生物处理方法有活性污泥法（SBR法）、循环式活性污泥法（CASS法）、生物接触氧化法、生物塘法等。

1）活性污泥法（SBR法）　又名间歇曝气。SBR工艺在我国工业废水处理领域应用比较广泛，但用SBR法处理淀粉废水研究较少。

活性污泥法的缺点是：a. 用地面积过大；b. 工艺操作过程中的臭味问题，产生数量较大的剩余污泥以及对氮磷去除率不够理想；c. 能耗较高；d. 由于负荷的增加而运转不稳定。特别是一些有抑制作用污染物的浓度变化，对细菌的生化活动有显著抑制作用。活性污泥技术在近年有不少改进，出现了一些新型的处理设备和技术，如纯氧曝气、延时曝气、接触稳定法、氧化池、AB法[37]等。

李生等[38]应用气浮-UASB-SBR组合工艺处理淀粉废水，在某淀粉公司进行工程实施，结果表明：在进水COD＝12000mg/L，BOD_5＝6400mg/L，悬浮物在800～1400mg/L的条件下，经过投药、气浮、UASB-SBR组合工艺，出水水质能达到GB 8978—1996一级排放标准；同时采用投药、气浮分离技术能够回收植物蛋白饲料，厌氧工艺可以回收沼气，具有很好的经济效益。

2）生物接触氧化法　即在生物接触氧化池内装填一定数量的填料，利用栖附在填料上的生物膜和充分供应的氧气，通过生物氧化作用，将废水中的有机物氧化分解，达到净化目的。生物氧化法是一种介于活性污泥法与生物滤池法之间的生物处理技术，兼具两者优点，处理效率较高，因此，广泛应用于污水处理工程领域[39]。

韩玉兰[40]研究了缺氧水解-生物接触氧化工艺处理玉米淀粉废水过程中温度、pH值、进水负荷对废水处理效果的影响。结果表明，缺氧段在pH值为6.5～7.0、温度为26～30℃条件下、COD去除率为70%；好氧段在pH值为7.5～8.7、温度为25～32℃、进水COD浓度为1700～2600mg/L条件下，COD去除率为80%～94%。玉米淀粉废水进水COD平均浓度为10000mg/L，出水水质COD可达到42～77mg/L，COD总去除率可达到99%以上。

3）生物塘法　是一种利用水体的天然净化能力处理废水的方法。该技术在20世纪50年代以后得到快速发展，尤其是在生活污水和有机工业废水方面。

淀粉废水经过生物塘多级净化，不但降低了污染物的浓度，使废水达标排放，而且在处理过程中实现了废水资源化利用，有效地解决了淀粉废水对环境的污染，达到了保护环境的目的。但氧化塘法占地面积大、处理效果受气候条件的影响大，是制约该法大规模应用的主要因素。

（2）厌氧生物处理法

厌氧生物处理法是指利用厌氧微生物处理淀粉废水的方法。该方法在处理高浓度有机废水方面，以其处理费用低、处理效率高等优点被广泛采用。其最终产物是以甲烷为主的可燃气体，可作为能源回收利用；剩余污泥量少且易于脱水浓缩，可作为肥料使用，处理工艺运行费用低。在当前能源日益紧张的形势下，该方法作为一种低能耗、可回收资源的处理工艺越来越受到各国的重视。近年来，厌氧发酵法处理淀粉废水主要有升流式厌氧污泥床（UASB）、厌氧流化床（AFB）、厌氧接触消化法（ACP）、厌氧折流板反应器（ABR）、厌氧生物滤池（AF）和垂直折流厌氧污泥床（VBASB）等方法。

1）升流式厌氧污泥床（UASB）　是厌氧反应器中理论较成熟、运用最为广泛的一类方法，有着丰富的工程实践经验。废水从污泥床底部进入，与污泥进行混合接触，微生物分解有机物产生沼气，沼气泡在上升过程中，不断合并逐渐形成大的气泡，气泡的上升产生强烈的搅动，在污泥床上部形成悬浮的污泥层。气、水、泥的混合液上升至三相分离器内，沼气气泡碰到分离器下部的反射板时，折向气室而被有效地分离排出；污泥和水则经孔道进入三相分离器的沉淀区，在重力作用下，水和泥分离，上清液从沉淀区上部排出，下部的污泥沿着斜壁返回到反应区内。

张春艳等[41]以山东青援食品集团淀粉废水处理实践过程为依据，确定了 UASB 最佳处理温度为 35～40℃，pH 值为 6～7。证明 UASB 工艺处理高质量浓度玉米淀粉废水是经济有效的，其运行费用低，处理效果稳定，COD 达到了 8kg/(d·m³) 的负荷，去除率达 90% 以上。

升流式厌氧污泥床反应器的特点是：a. 反应器内污泥浓度高；b. 有机负荷高，水力停留时间短；c. 反应器内设三相分离器，无污泥回流和混合搅拌设备；d. 污泥床内不填载体，节省造价及避免堵塞问题。

升流式厌氧污泥床反应器也有许多缺陷，例如反应器内有短流现象，影响其处理能力；进水中的悬浮物比普通消化池低得多，很容易引起堵塞；运行时间长，对水质和负荷的突变比较敏感。

2）厌氧流化床（AFB）　该反应器内填充着粒径小、比表面积大的载体，厌氧微生物组成的生物膜在载体表面生长，载体处于流化状态，具有良好的传质条件；微生物易与废水充分接触，细菌具有很高的活性，设备处理效率高。

方春玉等[42]对啤酒厂废水进行厌氧生物法处理。培养驯化活性污泥条件为温度(37±2)℃，pH 值为 7.3～8.0，接种量为 30% 体积(按反应器容积比计)的污泥和 100mL 活性炭。在此控制条件下培养出的活性污泥，对水 COD 的去除率可达 85%，去除效果良好。

3）厌氧接触消化法（ACP）　该法属第二代厌氧消化技术，由于采用将消化污泥回流至消化器的措施，可保持消化设施内较高浓度的生物量，从而提高了消化器的容积负荷。与上流式厌氧污泥床、厌氧滤床相比，厌氧接触消化法虽然负荷较低，但运行可靠，启动时间较短，但目前国内在淀粉废水处理方面的研究和应用并不多见。

缪凯等[43]采用高效厌氧反应器（UASB）—生物接触氧化为主体工艺来处理高浓度有机废水，处理后化学需氧量（COD_{Cr}）≤80mg/L，生化需氧量（BOD_5）≈20mg/L，pH 值为 6.8～7.2。

4）厌氧折流板反应器（ABR）　ABR 工艺是通过内置的竖向导流板，将反应器分隔成串联的几个反应室，在反应器内使被处理的废水沿折流板做上下流动，依次通过各个反应室，在水流和产气的搅拌作用下，进水中的底物与微生物充分接触得以降解去除。

ABR 工艺特点为：a. 良好的水力条件；b. 良好的生物分布；c. 生物固体截留能力强；d. 耐冲击负荷对有毒物质适应性强；e. 易于形成颗粒污泥。虽然具有以上优点，但 ABR 工艺的经济性问题、季节运行的可行性问题等还有待探讨。目前，尤为缺乏的还是较大规模的中试和在实际工程中的检验[44]。

5）厌氧生物滤池（AF）　厌氧生物滤池与好氧生物炭滤池均属于生物膜法的一种。厌氧生物滤池以填料作为厌氧微生物附着的载体，具有节能、易于建造、污泥产生量少和运行方便等优点，适合于小批量生活污水的处理，但厌氧生物滤池也存在诸如系统运行不稳定、上流式滤床易堵塞、下流式滤床处理效率低等缺点。主要用于处理含悬浮物较少的中、低浓度废水，近些年使用该方法处理淀粉废水方面的报道不多[45]。

6）垂直折流厌氧污泥床（VBASB）　该法是在 UASB 反应器的基础上发展起来的，可视为在 UASB 反应器内加四道垂直挡板，使反应器的水流上下垂直折流，最后处理过的废水经三相分离器流出反应器，使反应器内的水流呈推流的特点，所以反应器具有较高的容积负荷率。吴志超等[46]以淀粉废水为例进行了厌氧消化-超滤技术工艺的中试研究，指出污泥停留时间为 50d，pH 值在线控制为 7，温度在允许范围内尽可能高一些，污泥负荷在 1～3.5kg/(kg·d)时，COD 去除率为 90%左右。膜水通量稳定，运行稳定，具有很强的抗有机负荷冲击的能力。

（3）厌氧-好氧结合法（UASB-SBR 法）

由于淀粉废水有机负荷高，处理难度大，在实际生产中往往将好氧处理法和厌氧处理法结合而用。

常见的是 UASB-SBR 法，该方法采用 UASB-SBR 两级串联的厌氧与好氧相结合的生物处理技术。厌氧是该技术的主体，它针对淀粉废水有机负荷高、易生化的特性，使淀粉废水大部分有机物进行降解，然后再进入 SBR 进行好氧生物处理，以进一步降解废水中的有机物，最终使废水达标排放。

UASB 反应器由污泥层、污泥悬浮层、沉淀区及三相分离器组成，其中污泥层和三相分离器是其主要组成部分。李艳春[47]采用 UASB-生物接触氧化法处理玉米淀粉生产废水，研究主要 UASB 反应器启动、运行以及颗粒污泥的结构特性进行实践与探讨。结果表明，UASB 反应器经过启动阶段、负荷提高阶段以及稳定运行阶段后，可实现进水量 4513m³/d，进水 COD_{Cr} 平均浓度为 7867mg/L，反应器 COD_{Cr} 负荷为 7.3kg/(m³·d)，出水 COD_{Cr} 浓度为 480mg/L，去除率为 94%，而且运行稳定。

SBR 是序批式活性污泥法的简称，是反应和沉淀在同一个装置中进行的间歇式活性污泥处理法，一个运行周期由进水、反应、沉淀、排水排泥和闲置 5 个基本过程组成。长安大学的于慧卿[48]利用 UASB-SBR 工艺处理玉米淀粉废水，结果表明，整个工艺 COD 去除效率较高，从 UASB 进水至 SBR 出水，平均总 COD 去除率为 99%以上。同时，系统的氨氮去除效率较为稳定，平均去除率可达 93%左右，出水达到排放标准。孙震等[49]以山东某食品集团的淀粉厂废水为处理对象，采用 UASB-SBR 法对废水进行处理后，进水 COD 在10000mg/L 左右经系统处理后，COD 小于 150mg/L，去除率达到了 98%～99%。

针对淀粉废水有一定 SO_3^{2-}、SO_4^{2-} 含量，会对产甲烷菌有抑制作用的问题。甘海南[50]提出 SR-UASB-CASS 工艺，在工艺流程选择上采取脱硫措施，降低水中硫酸盐和亚硫酸盐的浓度，保证生化处理的正常运行。其中 SR 系统是利用生物处理设施兼有调节水质水量和酸化作用，将含亚硫酸盐、硫酸盐废水中的蛋白类高分子化合物和复合盐分解转化为水溶性的有机酸及少量的醇和酮等，以提高废水的可生化性。SR 系统出水进入 UASB 反应器，UASB 是该技术的主体设备，降解废水中的大部分有机物；然后进入 CASS 反应系统，CASS 是循环式好氧活性污泥生物反应系统，是 SBR 工艺的改进型，其流程由进水、反应、沉淀、排水等基本过程组成，各阶段形成一个循环。

王荣民等[51]采用三相厌氧-好氧一体式折流板生物反应器（见图 2-5-1），通过在好氧室添加无机高分子填料废弃橡胶作为好氧微生物附着生长的填料，结果表明，温度为 25～

35℃，pH 值为 5.0～8.5 时，三相厌氧-好氧一体式折流板生物反应器出水 COD 浓度低于 200mg/L，COD 总去除率最高达 98.7%；出水氨氮浓度在 10mg/L 左右，氨氮总去除率最高达 82.3%，出水水质能达标排放。

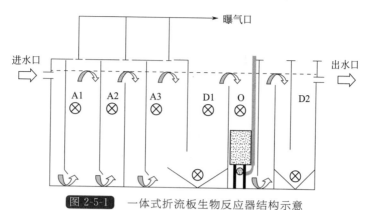

图 2-5-1 一体式折流板生物反应器结构示意
A1、A2、A3—厌氧反应池；O—好氧反应池；D1、D2—沉淀池

5.2.2.5 生物塘法

生物塘法又称氧化塘法或稳定塘法，是利用一些适宜的自然池塘或人工池塘，由于污水在塘内停留的时间较长，通过水中的微生物代谢活动可以将有机物降解，从而使污水得到净化的一种方法。

沈仲韬[52]根据海门县淀粉厂污水的水质特征，设计了以废水治理为主体，结合养鱼、灌溉、水生植物等的一个综合的生物塘技术。该厂利用厂区附近总面积约 15000m² 的 3 个废弃鱼塘，采用了厌氧、兼氧、好氧相结合的生物塘工艺。废水首先通过中和沉淀池，调节 pH 值达 7 左右，絮凝沉淀大部分悬浮物。然后废水进入其中的一个废弃鱼塘作为厌氧塘，COD 降低 60%。接着再进入另一个废弃鱼塘作为水生植物塘，水中种植的各种水生植物发生光合作用产生氧气，使塘中呈现兼性状态，再降解废水中 60% 的 COD。最后进入第三个废弃鱼塘，通过向该塘进行人工增氧，使其呈现好氧状态，塘中养殖的鱼、鸭、黄鳝等水生动物利用废水中有机物作食料，使 COD 再降解 80%，出水达标排放，可进行农田灌溉。杨凤江等[53]将玉米淀粉废水经格栅沉淀后用于喂猪、鸡等，废水排入氧化塘自然发酵 1～2d，排入水葫芦池净化 7d，再排入细绿萍池净化 7d，达到了农田灌溉水质标准，这部分水可用于灌溉稻田、果树和蔬菜等。

但生物塘法占地面积大、处理效果受气候条件的影响大是制约该法大规模应用的主要因素。生物塘法对于淀粉废水的处理技术还有待进一步改进。

5.2.2.6 光合细菌法

光合细菌菌体无毒，在污水处理中的应用始于 1960 年。日本科学家小林正泰等发现高浓度有机废水在自然界的自净过程是不同营养级的微生物群生态演替的结果，光合细菌在此过程中起着十分重要的作用。

光合细菌主要是红假单胞菌属，这种光合菌能在厌氧条件下进行不耗氧的光合作用，利用有机物作为光合作用的碳源和供氢体，分解并去除，而且能够承受高浓度的有机物，所以处理时不需稀释，可以直接处理。在适当的环境条件下，光合细菌法还可以取得良好的氮、磷等污染物的去除效果。光合细菌已经被广泛应用于废水中的有机污染物的去除，特别是食品工业、轻工业等产生的高浓度有机废水的去除[54,55]。

王宇新等[56]利用自行分离的对淀粉具有很高处理能力的球形红杆菌 L2 对山东文登淀粉厂的生产废水进行了中试，研究得到了 PSB 法的最佳条件：光照微氧废水在 PSB 槽滞留时间 36～42h，温度 30℃，pH 值为 7.0，淀粉废水处理后，其 COD 去除率为 95.7%，COD 降到 1000mg/L 左右。王剑秋等[57]采用序批式紫色非硫光合细菌法（PNSB SBR）处理高浓度淀粉废水，经过 2 个月的运行，进水淀粉废水化学需氧量（COD）浓度为 5000mg/L，运行周期为 48h，在微好氧、恒温 30℃的光照条件下，出水 COD 浓度为 500～1000mg/L，去除率达到 70%～90%。

光合细菌法处理淀粉废水，具有有机污染物去除效率高、投资省、占地少，且菌种污泥对人畜无毒无害、富含营养物质的蛋白饲料，是一种非常有前途的高浓度有机废水的净化处理技术。但光合细菌法，同样存在着对温度变化的敏感性，需要相应的加热和保温装置，晚上需要较强的白炽灯光照射，运行费用较高，存在管理不便等问题。

5.2.3 利用淀粉废水回收蛋白技术

目前，从淀粉废水中回收蛋白的技术主要有沉淀法、发酵法、气浮法、絮凝法和超滤法五大类。

5.2.3.1 沉淀法

采用沉淀法从淀粉废水中提取蛋白。该方法沉淀性能差，特别是在夏天气温高时，废水中的微生物易发酵酸化，且提取出的蛋白质量差，所以一般很少使用（参见中篇 5.2.2.1）。

5.2.3.2 发酵法

在发酵法生产蛋白的工艺中采用最多的菌种是白地霉。例如，黑龙江金丰玉米制品有限公司与黑龙江微生物研究所共同研制用淀粉废水生产单细胞蛋白的工艺[58]，该工艺采用玉米淀粉废水为原料，白地霉为菌种，发酵生产单细胞蛋白，并取得了成功，单细胞蛋白收率可达 1.39g/100mL，粗蛋白超过轻工业部 QB 1501—1992 标准，并含氨基酸 16 种、维生素 8 种，完全可替代鱼粉。另外，尹源明、何国庆[59,60]和许剑秋[61]也利用白地霉作菌种采用发酵法分别对小麦淀粉废水和玉米淀粉黄浆水进行了处理研究。

除了白地霉以外，也有采用其他菌种发酵生产蛋白的报道，例如孙崇凯、崔有信[62]等以小麦淀粉废水为原料，加入第二代种子酵母菌种，采用双酶法进行了淀粉废水糖化水解后培养面包酵母的试验研究。结果表明，经该工艺处理的淀粉废水的 COD 去除率达 70%，能成功地培养出面包酵母。

四川的潘红春[63]等对淀粉生产废水培养单细胞蛋白（SCP）做了初步研究，确定了适宜的营养条件。结果表明，热带假丝酵母是淀粉废水生产 SCP 的优良菌种，添加 0.1%尿素和 0.2%磷酸，在 32℃条件下发酵 14～20h，可得生物量 7.5g/L 左右的产物。成品粗蛋白含量达 35%，含有 19 种氨基酸，是优良的蛋白饲料。

还有报道指出，采用多种菌种混合发酵生产蛋白比采用单一的菌种生产蛋白的收率明显提高。例如，早在 1987～1990 年间，于伟君[64]等就分别采用了单种发酵法和混种发酵法进行了淀粉废水生产饲料酵母的研究。结果表明，3 株酵母混合发酵的结果最好，蛋白含量均在 70%以上，发酵后废水的粗蛋白去除率为 59%，总糖去除率为 73%，COD 去除率为 50%。且生产 1t 酵母可获得利润约 1000 元。

广西大学的梁智[65]也采用了混种发酵法来处理木薯淀粉废水，培养单细胞蛋白。他采用 A、B 两种菌种，A 菌的淀粉酶活性极强，可使淀粉转化为葡萄糖，但生育速度慢；B 菌不具有淀粉酶，但可以葡萄糖为碳源得以迅速生育，生长速度快。处理结果：COD 去除 60％以上，出水 pH 就近中性，菌体产率 15g/L，菌体蛋白含量达 50％以上。

采用发酵法虽然可以回收淀粉废水中的可溶性蛋白，但是 COD 去除率相对较低，还需进行二次处理。

5.2.3.3 絮凝法

絮凝法是通过加入絮凝剂，降低胶体溶液的稳定性，使之絮凝沉淀的方法（参见中篇 5.2.2.2）。

絮凝法回收蛋白的过程中由于加入了絮凝剂，所获得的蛋白含量不高，且其中含有絮凝剂的成分，不能用于生产高品质的蛋白产品。

5.2.3.4 气浮法

买文宁等[33]采用气浮分离技术，能够从 1t 淀粉废水中提取 5kg 蛋白饲料，同时废水中的 COD 去除率达 30％以上，减轻了后续生物处理的有机负荷（参见中篇 5.2.2.3）。

5.2.3.5 超滤法

近年来，国内已有采用超滤技术从淀粉废水中提取蛋白的报道。例如，内蒙古农科院的熊淑芳[66]等采用超滤法从马铃薯淀粉废水中回收蛋白质，所得的粗蛋白干重为 14g/L，蛋白含量为 65％。汤利飞[67]等用板式超滤器回收高梁、豌豆为原料的黄浆废水中的蛋白质，选用了分子量为 1 万～2 万的 PS 膜，使蛋白截留率达到 97.8％。

采用超滤法回收蛋白的效果因膜而异，截留值较高的膜对蛋白质的回收比较彻底，但是其他的非蛋白物质也被截留，从而影响了蛋白质的纯度。

5.2.4 淀粉废水资源化利用方法

淀粉废水主要含有可溶性淀粉、蛋白质、有机酸、矿物质及少量油脂。要发展循环经济，就要将淀粉废水中所含有机物回收利用，变废为宝，实现环境效益，在处理废水的同时产生很好的经济效益。

5.2.4.1 利用淀粉废水生产微生物油脂

能源需求的不断增长以及石化燃料燃烧造成的环境污染和温室效应，使 21 世纪的能源面临巨大挑战，可再生能源将成为未来可持续发展能源系统的主体。生物柴油是最重要的液体可再生能源产品之一，以植物油脂为原料生产生物柴油，原料成本占总生产成本的 70％～85％，而产油微生物具有资源丰富、油脂含量高、生长周期短、碳源利用谱广等特点，因此可以大大降低油脂生产成本。杜娟等[68]以甘薯淀粉废水为培养基质，筛选出高产油率的刺孢小克银汉霉（Cunningha-mella echinulata）F7。通过一系列培养条件的优化之后，产油率最高可达 60％，COD 去除率最高可达 87％。王宏勋等[69]利用马铃薯淀粉废水生产多不饱和脂肪酸（GLA），GLA 含量高达 229.72mg/L，COD 去除率达 76.31％，可以达到处理环境废水和生产生理活性物质的双重目的，为薯类淀粉加工废水处理与资源利用提供了一条新的处理途径。

5.2.4.2 利用淀粉废水生产多糖

邵荣等[70]将出芽短梗霉菌（Aureobasidium pullulans）和麦芽根添加到淀粉废水中，利用麦芽根丰富的酶系水解废水中的淀粉，其中含有的大量生长因子，可促使出芽短梗霉菌（Au-reobasidiun pullulans）进行短梗霉多糖分泌。控制发酵工艺中培养基初始 pH 值为

6.5，发酵温度为 28～30℃，转速为 180r/min，较适合于出芽短梗霉菌利用麦芽根与淀粉废水的混合培养液进行代谢，生产短梗霉多糖，产糖量约为 13g/L。普鲁兰多糖具有很好的成膜、成纤维、阻气、黏接性，而且无毒，易加工，已经广泛应用于食品、医药、化工和石油等领域。陈洁[71]等以马铃薯淀粉废水为碳源，用出芽短梗霉 W2003 在一定的发酵培养条件下，通过非水解淀粉的方法制得普鲁兰多糖，这为利用淀粉废水进行普鲁兰多糖生产提供了重要的试验依据和理论基础。

5.2.4.3　利用淀粉废水生产单细胞蛋白

王新春[72]用小麦淀粉废水培养山酵母菌，COD 去除率为 69.4%，优质酵母蛋白收率达 2.31%，实现环境效益和经济效益"双赢"的目的。吕建国等[73]采用超滤膜对马铃薯淀粉废水进行了回收蛋白质的中试试验，研究了超滤膜在回收工艺中的温度、压力、流速、浓度与通量及蛋白质截留率之间的关系。结果表明，超滤膜对马铃薯淀粉废水中的蛋白质的截留率大于 90%，COD 的截留率大于 50%，清洗效果好。利用马铃薯淀粉废水生产蛋白质是一种稳定、浓缩度高、浓缩效果好、安全、可靠、自动化程度高的马铃薯淀粉废水蛋白质回收新工艺。闫维东等[74]选育出适合于马铃薯废水生长的菌种，综合利用工艺流程，在固原市实施了马铃薯淀粉废水提取蛋白综合利用示范项目，经固原市环境监测站跟踪监测，废水中 COD 平均降低 75%，SS 平均降低 95.2%，蛋白质提取率平均 95.5%，节约用水约 50%，达到预期的效果。Jin 等[75]选择米曲霉、曲霉菌为发酵菌种，用淀粉废水生产大量的蛋白和真菌淀粉酶，处理后的废水 COD、BOD 和悬浮固体的去除率分别为 95%、93%、98%，可用于农业灌溉。李玉等[76]利用玉米淀粉废水培养白地霉，不经灭菌处理的废水中添加 0.1%KH_2PO_4，24h 振荡培养白地霉，玉米淀粉废水的 COD 去除率为 90% 以上，1t 玉米淀粉废水可收获干燥蛋白质 SCP1.6kg 以上，净化后废水的 pH 值为 7 左右。

5.2.4.4　利用淀粉废水生产微生物絮凝剂

蔡琳晖等[77]以预处理后的淀粉废水为碳源，利用菌株 NII4 培养生产絮凝剂，水样中的 SS 去除率可达 85% 或更高。培养液中还原糖浓度的波动能影响絮凝剂的产量，培养液中维持一定量的还原糖，有利于菌株 NII4 不断地产生絮凝剂。收获絮凝剂最佳时段与加入的菌量、培养基中还原糖的量、培养条件等诸多因素有关，但收获絮凝剂的最佳时间应在 NII 活菌体快速增长到死亡期间。王园园等[78]利用淀粉废水驯化、培养复合型微生物絮凝剂产生菌，并对其培养条件如废水 COD 浓度、氮源、营养比以及培养时间等进行了研究。结果表明，在 COD 浓度为 4000mg/L、氮源为尿素、C：N：P=100：5：2、培养时间为 42h、培养温度为 30℃、摇床转速为 150r/min 条件下，由复合型絮凝剂产生菌 M17 合成的絮凝剂 CMBF-17 的絮凝效果最好。该絮凝剂被用于处理养殖废水、印钞废水和印染废水时，对 COD、浊度及色度的去除率最高分别可达 54%、88% 和 75%。

5.2.4.5　利用淀粉废水生产乳酸钙

王岁楼等[79]研究利用小麦淀粉废水以双酶糖化发酵工艺生产乳酸钙，其工艺流程如下：淀粉废水→浓度调节→pH 值调节→淀粉酶、$CaCl_2$升温、糊化→保温液化→冷却加糖化酶→糖化→双酶水解糖化、加辅料、接种→发酵→提取→精制→乳酸钙。在适宜的条件下，按总淀粉计乳酸钙的得率可达 78.9%。

5.2.4.6　利用淀粉废水生产食用菌

朱辉等[80]利用淀粉废水培养金针菇和香菇，发现经液化处理后的淀粉废水较适合作金针菇和香菇液体深层发酵的培养液。金针菇在培养液起始 pH 值为 6.4 时生物量最高，香菇在培养液起始 pH 值为 5.1 时生物量最高。

5.2.4.7 利用淀粉废水生产生物农药

苏云金芽孢杆菌(Bt)是目前世界上应用最广泛的微生物杀虫剂,利用工业废水进行发酵生产 Bt 可以达到降低成本、治理污染的双重目的。王丽芳[81]研究发现,以淀粉废液为主要原料培养 Bt,其成本与以玉米粉为主要成分的培养基相比降低了 30％。其培养基组成为:淀粉废液 5％,酵母粉 0.2％,豆饼粉 2％,$CaCO_3$ 0.1％,$MgSO_4$ 0.03％,$(NH_4)_2SO_4$ 0.03％。发酵液干燥制得菌粉,杀虫效果达 96％～100％。卢娜等[82]采用摇瓶发酵试验,探讨了用淀粉废水为原料生产苏云金芽孢杆菌以色列亚种和球形芽孢杆菌微生物灭蚊剂。Bti187 和 Bs2362 菌株能在淀粉废水(含固率 2.5％)为唯一原料的培养基中正常生长发育,并且产孢、产毒。Bti187 和 B2362 在淀粉废水发酵 42h,其活菌数分别可达 $7.5×10^{11}$CFU/L、$4.5×10^{11}$CFU/L;抗热性芽孢数分别可达 $5.1×10^{11}$CFU/L、$2.7×10^{11}$CFU/L,均显著高于常规 LB 培养基。与 LB 培养基相比,淀粉废水培养有利于提高芽孢产率,缩短发酵周期。毒力测定表明,淀粉废水培养 42h 的 Bti 发酵液对淡色库蚊和白纹伊蚊的 LC50 分别为 $0.78μg/L$、$0.87μg/L$,淀粉废水培养 42h 的 Bs 发酵液对淡色库蚊和白纹伊蚊的 LC50 分别为 $0.70μg/L$、$16.06μg/L$,淀粉废水明显有利于 Bti187 与 Bs2362 菌株产毒。

淡紫拟青霉(*Paecilomyces lilacinus*)属于丝孢纲丝孢目丛梗孢科拟青霉属,是一些植物寄生线虫的重要天敌。由于该菌可适应不同的气候条件,对线虫卵具有较高的寄生率,可以有效控制土壤线虫数量,明显降低线虫危害,已被广泛用于生产实践中。邓国平等[83]以木薯淀粉废水作为培养基发酵生产淡紫拟青霉 E7,与常规的黄豆粉培养基作比较,检测其发酵液的 pH 值、产孢数的变化,用 2 龄线虫比较发酵液的生物毒性,并检测生物发酵后的废水的 COD 值,结果表明,在废水中分别添加 0.1％的尿素和磷酸二氢钠培养淡紫拟青霉 E7,得到的孢子数略低于以黄豆粉培养基生产的淡紫拟青霉 E7,但两者的孢子总数都在一个数量级,约 $2.5×10^{12}$个/L,差别不显著;生物毒性试验表明,用废水培养的淡紫拟青霉 E7 比黄豆粉生产的毒性略低,在相同的稀释倍数下,线虫幼虫死亡率达到 83.5％,废水处理后 COD 值可达到 563.4g/L(COD 值去除率达到 89.3％),pH 值在 7～9,处理后的水达到国家废水排放三级标准。今后的目标是利用基因工程进一步提高淡紫拟青霉 E7 的淀粉酶活性,提高其对废水中淀粉的生物降解效率。该技术的突破,将为淀粉废水的有效处理和污水中有用成分的综合利用与发展循环经济提供技术支撑。

与其他单纯的减负处理工艺相比,淀粉废水的资源化回收方法既可以去除废水中的一部分污染物,减轻环境的负担,又可以回收有用产品,创造经济效益。虽然,淀粉废水的资源化技术还存在一些不足之处,但是其所具有的无可比拟的优越性为它的发展奠定了良好的基础。现阶段,不同的企业应该根据自身的实际情况选用适合的方法才能达到理想的效果。

由于淀粉废水的有机浓度很高,所以在处理中很少使用一种处理方法,一般是将多种处理方法结合使用,好氧与厌氧、或絮凝沉淀与生物处理法相结合,使各种方法的优缺点相互补充以提高污水处理效率。

5.3 木薯淀粉废水处理工程实例

5.3.1 UASB-CASS-混凝工艺处理木薯淀粉废水[84]

由于木薯淀粉生产废水有机物浓度高,可生化性 BOD_5/COD 大于 0.5,属高浓度易生化有机废水，故采用"厌氧-好氧"工艺，主体厌氧工艺采用 UASB 反应器，好氧部分采用 CASS 反应器。考虑到废水有机物浓度高，用厌氧-好氧生物处理方法可能无法完全达标，故本工艺增加物化处理系统以确保稳定达标。

5.3.1.1　工艺流程

UASB-CASS-混凝工艺处理木薯淀粉废水的工艺流程见图 2-5-2。

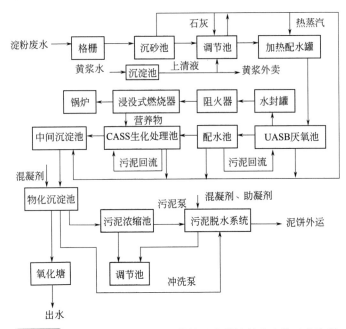

图 2-5-2　UASB-CASS-混凝工艺处理木薯淀粉废水的工艺流程

如图 2-5-2 所示，淀粉废水首先经过格栅去除大颗粒悬浮物和漂浮物后进入沉砂池，以去除废水中的较大无机颗粒，沉砂池出水依靠高程差流至调节池，在调节池内利用石灰调节废水 pH 值为 6～7，同时进行水质均质均量。黄浆水经沉淀池沉淀后，进入调节池，与洗木薯水汇合。沉淀池沉淀下来的黄浆可外卖。废水由调节池提升泵提升至加热配水罐，通入蒸汽加热至 35℃，加热废水由提升泵送至 UASB 进行厌氧生物处理，大部分有机物在 UASB 反应器中降解，反应过程中产生的沼气经水封罐、阻火器进入浸没式燃烧器燃烧。UASB 出水自流进入配水池(缺氧池)脱氮后进入 CASS 池进行生化处理。CASS 出水在管道混合器中与混凝剂混合，进入物化沉淀池沉淀后，废水可达标排放。沉砂池、调节池、UASB、配水池、CASS 池、中间沉淀池、物化沉淀池等处理单元产生的污泥排入污泥浓缩池浓缩处理后，由螺杆泵输送到污泥脱水机脱水，产生的泥饼作为有机化肥外运。污泥浓缩池的上清液和污泥脱水间的压滤液排入调节池进行再处理。

5.3.1.2　主体构筑物设计参数

整个工程包括预处理部分、厌氧部分、好氧部分和污泥处理系统。主要处理构筑物及设计参数见表 2-5-3。

表 2-5-3　主要构筑物设计参数

构筑物	数量	参数
格栅井	1 座	尺寸 3.0m×0.5m×1.2m

构筑物	数量	参数
沉砂池	4座	尺寸 6.0m×6.0m×4.0m,水力停留时间 5h
调节池	1座	尺寸 6.0m×6.0m×4.0m,水力停留时间 1.3h
加热配水罐	1个	尺寸 $\phi4×7m$,有效容积 88m^3,水力停留时间 1h
UASB 厌氧池	1座	钢质,尺寸 $\phi21×20m$,水力停留时间 3d
配水池(缺氧池)	4座	有效容积 100m^3,水力停留时间 1h
CASS 反应池	2座	尺寸 42.0m×8.5m×4.5m,力停留时间 20h
中间沉淀池	1座	尺寸 23.0m×4.5m×4.5m,水力停留时间 4h
物化沉淀池	1座	尺寸 23.0m×4.5m×4.5m,水力停留时间 4h
污泥浓缩池	1座	尺寸 4.5m×4.5m×5.5m,水力停留时间 24h
综合操作间	1座	总面积 50m^2

5.3.1.3 工程启动及运行

（1）启动过程

1）厌氧启动过程 UASB 反应器的接种污泥主要来自于污水处理厂的厌氧脱水污泥,含水率为 80%,VSS/SS 值在 0.6 左右。接种后反应器内污泥浓度为 8kgVSS/m^3(按反应器总有效容积计算)。调试阶段采用间歇进液的办法来调节进水 COD 浓度,进而控制负荷。由于淀粉生产期间为冬季,废水温度较低,通过加热配水罐对废水进行加温。在调试中 UASB 反应器内的温度始终控制在 35～38℃。

在调试过程中用 Ca(OH)₂ 来调节 pH 值,将 UASB 的进水 pH 值控制在 6.8～7.0之间。

由于淀粉废水的酸度较大,有机物浓度较高,如果在 UASB 反应器启动初期进水浓度过高,将对产甲烷菌产生抑制,不利于反应器的快速启动,因此在启动初期采用较低的进水浓度进水,控制进水 COD 浓度约 5000mg/L,从开始进水进泥至 UASB 罐水满历时 5d;在此过程中,厌氧污泥逐渐适应淀粉废水的特性,进行到第 5 天时有少量沼气产生。稳定运行一段时间后可逐步提升进水负荷直至到设计有机负荷 [5kgCOD/(m³·d)],负荷提升的条件为:a. 在进水 COD 的去除率达到 70% 以上以及出水 pH 值 6.9 以上;b. 每次提升负荷范围为 20%～30%。

在反应器启动过程中,每天测定反应器出水 COD 及其去除率、挥发性脂肪酸(VFA)、pH 值等指标,并定期测定反应器内污泥浓度,观察污泥形态变化。

2）好氧启动过程 接种污泥主要来自于污水处理厂的好氧脱水污泥,含水率为 80%,VSS/SS 值在 0.6 左右。将接种污泥投入 CASS 池进水闷曝 2d 后停机静置 3h,然后再进废水以排除部分上清液。如此闷曝与间歇进水共进行 5d。结果发现,CASS 池内液面出现大量的黏稠状乳白色泡沫,CASS 池内由暗黑色转为黄褐色,絮凝效果好,MLSS 值为 2500mg/L左右。于是开始小水量连续进水(遵循循序渐进的原则),将起始流量 20m³/h 至设计流量100m³/h,分为 5 段,每段差额 10～15m³/h,每段水量的运行时间为 2d,在确保运行稳定、污泥正常的前提下不断提高进水水量,10d 后处理量达到设计值,CASS 池的 MLS 值已有 3500mg/L[85]。保持设计处理水量又运行 10 多天,系统运行稳定,活性污泥生长良好，未出现污泥膨胀等现象。这说明 CASS 池好氧生化体统启动成功。

（2）工程运行效果

1）运行处理效果　废水处理工程于 2008 年 11 月投入运行，经过 3 个多月的调试进入稳定运行状态，并于 2009 年 2 月通过环保部门的验收，工程处理效果如表 2-5-4 所列。

表 2-5-4　工程处理效果

项目	UASB 反应器			CASS 反应池			（混凝）总排放口	
	进水 /(mg/L)	出水 /(mg/L)	去除率/%	进水 /(mg/L)	出水 /(mg/L)	去除率/%	出水 /(mg/L)	去除率/%
COD	13078	1750	86.6	1420	150	89.4	96	36.0
BOD$_5$	7297	821	88.7	712	25	96.5	18	28.0
SS	3386	805	76.2	770	132	82.9	42	68.2
pH 值	6.50	7.76		7.65	8.22		8.01	

2）工程运行经济效益　本废水处理工程总投资 500 多万元，占地面积为 78800m^2，处理水量 2400m^3/d，COD 去除量为 5341t/a。废水处理运行费用主要包括电费、人工费及药剂费，每天运行费用约 3360 元，吨水处理费用为 1.40 元/m^3。产沼气 9000m^3/d，主要作为辅助燃料供本厂使用，每天可节省煤炭约 5t/d，折合人民币约 3000 元。可见，通过利用废水产生的二次能源（沼气），解决了企业废水处理直接费用相对较高的问题。

5.3.1.4　问题及讨论

① 启动过程中，UASB 底部反应区 pH 值在每次负荷提升之后会出现降低的情况，然后在波动中上升。pH 值和碱度有一定的比例关系，在厌氧生物处理中产甲烷的最佳 pH 值是 6.8～7.2，但是由于厌氧过程的复杂性，很难准确地测定和控制反应器内真实的 pH 值。这就要靠碱度来维持和缓冲。为了测试系统的缓冲能力，在达到设计负荷并稳定运行后，将进水的 pH 值由 6.9±0.1 调节为 6.0±0.1 左右，经一段时间的监测、观察，厌氧系统运转正常，出水 pH 值在 7.1 左右。

② UASB 反应器进水经加热配水罐加温达到进水温度要求后采用间歇脉冲式进水方式，一方面这种进水方式增加了反应区的升流速度，改善了传质效率；另一方面有利于均匀的分布有机负荷，增强系统的稳定性。

③ 对淀粉废水而言，由于蛋白质的存在，使废水经厌氧处理后氨氮浓度大幅提高，氨氮浓度一般在 300～600mg/之间，有时高达 1000mg/L。氨氮浓度的升高，给后续的好氧处理带来一定的难度，也给废水的达标排放带来一定的困难。因此，为确保废水达标排放，在对废水中有机污染物进行处理的同时需对废水中的氨氮加以脱除。

该工艺是在总结多年的淀粉废水处理工程经验的基础上，研究采用了适合淀粉废水处理的生物脱氮工艺，即厌氧出水先经过缺氧池再进好氧池，并将好氧池的混合液和中间沉淀池的污泥同时回流到缺氧池。本工程通过加大配水池改造为四级缺氧池（停留时间由 1h 加大到 4h）。工程实践运行表明，缺氧池处理单元可去除 60% 以上的氨氮，大大减轻了后续好氧处理单元的负担。

采取 UASB-CASS-混凝工艺处理木薯淀粉废水，出水可达到国家《污水综合排放标准》

(GB 8978—1996) 一级排放标准；该废水处理工程每年去除 COD_5 341t，产沼气 90 多万立方米，可节省煤炭约 500 多吨，具有良好的环境效益、社会效益和经济效益；通过对废水产生的二次能源(沼气)进行综合利用，解决了废水处理直接费用相对较高的问题，可确保企业长期稳定运行。

5.3.2 UASB-SBR 联合工艺处理木薯淀粉废水 [86]

5.3.2.1 工艺流程

采用调节池＋UASB 反应器＋SBR 好氧池相结合的处理工艺处理废水，污水及污泥处理工艺流程如图 2-5-3 所示。

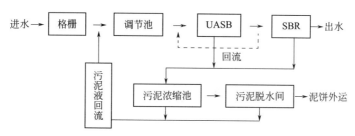

图 2-5-3 UASB-SBR 联合工艺处理木薯淀粉废水的工艺流程

5.3.2.2 工艺设计说明

生产废水经机械格栅截留大块悬浮物，进入调节池调节，调节池设有机械搅拌装置，通过酸碱剂、回流液和机械搅动使原水混合均匀，并使废水 pH 达到中性。出水进入 UASB 反应器，在反应器中产酸菌和产甲烷菌的作用下，大部分有机物分解为无机小分子物质和甲烷，剩余污泥进入污泥浓缩池，甲烷可以通过三向分离器收集，净化处理后可作为能源供生产或排放；出水则进入 SBR 进行好氧生物处理，以进一步降解水中的有机物。

调节池、UASB、SBR 等处理单元产生污泥排入污泥浓缩池进行浓缩，提高污泥的含固率，使污泥含水率低于 95%，污泥经浓缩后进入污泥脱水进行机械脱水，产生泥饼外运，污泥浓缩池、上清液及机械压滤液回流至调节池再继续处理。

5.3.2.3 各主要构筑物

（1）调节池

调节池采用矩形对角线出水，废水由左右两侧进入池后，经过不同的时间流到出水槽，设置机械搅拌装置，主要阻止废水中悬浮物质的沉淀。调节池采用钢筋混凝土结构，容积为 500m³，停留为 6h。

UASB 反应器采用半地下工钢筋混凝土结构，确保池内厌氧状态并防止臭气散逸，UASB 池上部采用盖板密封，出水管和出气管分别设水封装置。由于 SBR 的水回流，此时 UASB 水量为 3000m³/d，反应区容积为 3300m³，采用 3 座 UASB 并联运行，处理水量为 125m³/h，在常温条件下运行，COD 容积负荷为 5.0kg/(m³·d)，反应区停留时间为 8.0h。

（2）SBR 反应器

采用两个 SBR 反应器并联进行：一个反应池进水完成后，停止进水，在进行曝气、沉淀、出水等工艺时；另一反应池进行水，反应池容量为 1500m³，BOD 污泥负荷 0.3kg/(kg·d)，运行周期为 8h，其中进水 4h，曝气为 3h，沉淀为 0.5h，排水为 0.5h。曝气阶段每池供氧量 10kg/h，排出比约为 1/4。

（3）工程启动及运行

1）UASB 的启动　接种污泥取自城市污水处理厂的消化污泥，污泥体积 50m³，经过滤投入 UASB 反应器，注入淀粉废水浸泡，在启动开始采用间歇进水，同时由于甲烷菌活性在酸性条件下会受到抑制，UASB 反应器内的最佳 pH 值为 6.8～7.2，在启动开始应投入酸碱剂进行调节控制 pH 值和回流比，待出水 COD 去除率达到 80% 左右再增加进水量和进水频率。控制 COD 容积负荷由 $2.2kg/(m^3 \cdot d)$ 逐步提高到 $5kg/(m^3 \cdot d)$。当出水 COD 去除率 7d 内稳定在 80% 左右时才可进入下一阶段提高负荷。运行 1 个月后，反应器内污泥的质量浓度逐渐增大，产气量稳定，COD 去除率稳定在 80%～90% 之间。

2）SBR 的启动　SBR 启动时接种污泥也采用城市污水处理厂污泥，污泥的质量浓度为 3000mg/L，连续投加营养剂，闷曝至污泥呈现黄褐色后逐步增加水量，每曝 10h 后静置 2h，排出 1/3 的上清液再补充新鲜污水，经 2 个多月调试后进入稳定运行期。

3）工程运行情况　如表 2-5-5 所列。

表 2-5-5　处理后水质监测结果

处理单元	色度/倍	COD/(mg/L)	BOD/(mg/L)	SS/(mg/L)	pH 值
调节池	50	11800～14700	7210～9630	4430～5230	3.5
UASB 出口	50	544～705	105～118	785～843	6.8～6.9
SBR 出水	20	59～73	11～14	27～28	7.5～7.6

经过约 5 个月的调试运行，出水水质较好，工程验收对各单元处理结果进行监测（表 2-5-5），出水结果 COD 为 59～73mg/L，BOD 为 11～14mg/L，SS 为 27～28mg/L，色度为 20 倍，pH 值为 7.5～7.6，主要指标达到《污水综合排放标准》（GB 8978—1996）一级排放标准。

5.3.2.4　运行结果讨论

（1）COD 容积负荷的选择

UASB 对 COD 的容积负荷理论上可以达到 $6kg/(m^3 \cdot d)$，但绝大多数木薯淀粉企业属季节性生产企业，每个榨季只生产 3 个月甚至更短的时间，并且是在冬季生产。由于企业生产的时间短，环保设施的运行不稳定；冬天气温较低，影响菌种活性；作为新建的生化处理设施，各设季间的参数匹配有待进一步完善，污泥菌种的驯化有待进一步成熟。在实际生产过程中，UASB 的容积负荷普遍稳定在 $3～4kg/(m^3 \cdot d)$。因此，为了确保淀粉废水的稳定达标，在 UASB 设计时应充分考虑其实际所能达到的容积负荷。

（2）pH 值对 UASB 和 SBR 反应器的影响

厌氧反应器中 pH 值稳定非常重要，产甲烷菌最适宜 pH 值范围为 6.8～7.2。如果 pH 值低于 6.3 或高于 7.8，甲烷化速率降低。产酸菌的 pH 值范围为 4.0～7.0，超过甲烷菌最佳 pH 值范围，酸性发酵可能超过甲烷发酵，反应器内将发生"酸化"。工程运行时 UASB 曾出现酸化现象。如操作失误，过快提高进水 COD 浓度导致了 UASB 池出现酸化现象，应取出部分污泥，同时加入新鲜污泥和一部分碳酸氢钠，通过污泥驯化，UASB 酸化得到控制。UASB 后续工艺 SBR 出水出现 pH 值偏低，通过投加少量石灰水到 SBR 调节 pH 值为 7.0～7.5，出水 COD_{Cr} 浓度达到排放标准。

（3）水力负荷对颗粒化的影响

适时调整水力负荷，对促进颗粒污泥的形成是重要的。高水力负荷可以淘汰沉降性能差的絮状污泥，而保留沉降性能好的污泥。

本工程调试启动初期采用较小的水力负荷，有利于形成颗粒污泥的初生体。当出现一定数量的颗粒污泥后，提高水力负荷可冲出部分絮状污泥，使密度较大的颗粒污泥沉降到反应器底部，形成颗粒污泥层。这部分污泥可首先获得充足的营养而较快地增长，污泥能够实现颗粒化。

（4）温度对工程运行结果的影响

水温对 UASB 池和 SBR 池中的细菌微生物有着较大的影响。整个工程运行期间，淀粉原水水温在 15～43℃ 之间变换，原水通过调节池后，原水水温在此范围内变化。由于工程运行期较短，并经过冬季的变化，因此对整个系统在低温下长期运行还需进一步调整。

UASB 和 SBR 的启动时间比较长，主要是为了对污泥、菌种进行培养。淀粉企业作为季节性生产企业，每年只生产约 3 个月的时间，所以在停榨期间必须持续加强对设施维护，保持菌种的活性，以保证新榨季来临时环保设施能最快地调试正常。避免因设施的启动调试时间过长而造场或者错过开榨时机，或者废水得不到有效处理而超标排放。

UASB-SBR 联合工艺可有效处理木薯淀粉生产废水，在对 UASB 的容积负荷按 3～4kg/(m³·d) 进行设计时，并可使出水达到《污水综合排放标准》（GB 8978—1996）一级排放标准；酸碱剂投加比例及投加量对各单元 COD 去除率有较大影响，在工程运行实践中，需研究最优投加比和最佳投加量；UASB 运行过程，在保证 pH 值适宜甲烷菌的范围内也需考虑控制温度，在温度低时厌氧菌活性降低甚至发生死亡。因此，在冬季运行时需控制 UASB 反应器的温度，由于过度使用酸碱剂，SBR 需经常补充好氧菌所需营养剂。

5.3.3 三相生物流化床工艺处理木薯淀粉废水

在废水生物处理工艺中，生物流化床技术是一种新型的生物膜法工艺，它是将化工的流态化技术和生物工程的微生物固定化技术有机结合而产生的新型废水处理技术。

生物流化床是以微粒状填料如砂、焦炭、活性炭、玻璃珠、多孔球等作为微生物载体，以一定流速将空气或纯氧通入床内，使载体处于流化状态，通过载体表面上不断生长的生物膜吸附、氧化并分解废水中的有机物，从而达到对废水中污染物的去除。

三相生物流化床中的三相指的是固（生物膜）、液（废水）、气（空气）。图 2-5-4 为三相生物流化床结构示意，先将对废水中主要污染物、有降解作用的好氧生物，通过一定的方式固定在一定粒度的载体上。空气和待处理的废水从反应器底部同向进入，通过控制气、液两相的流速，使流化床反应器内载有生物体的固相呈流化状态。废水中的污染物与生长在载体上的好氧微生物接触反应，降解去除废水中的污染物。在反应器顶部，通过分离装置实现三相分离，澄清的废水从溢流槽排出[87]。

由于空气的搅动使生物膜及时脱落，控制载体上生物膜的厚

图 2-5-4 三相生物流化床结构示意

度，不需另设专门的脱膜装置。但有小部分载体可能从床中带出，需回流载体。三相生物流化床的技术关键之一是防止气泡在床内合并成大气泡而影响充氧效率，为此可采用减压释放或射流曝气方式进行充氧或充气。

因为微生物是固定在载体（如砂、玻璃珠、活性炭等）上的，所以微生物的停留时间比传统反应器的长得多，微生物的浓度也要高得多。该技术能使床内保持高浓度的生物量，传质效率极高，从而使废水的基质降解速度快，水力停留时间短，抗冲击负荷能力强。另外，流化床高径比较大，反应器具有占地面积小的优点。三相生物流化床技术越来越受到水处理界的重视，被认为是一种高效的生物处理废水技术。

5.3.3.1　三相生物流化床中氧传递特性研究[89]

① 利用亚硫酸钠氧化法测定氧传递速率，催化剂 Co^{2+} 浓度在 $(1\sim6)\times10^{-6}\,mol/L$ 时，体积溶氧系数随催化剂浓度的增加基本不增加；大于 $6\times10^{-6}\,mol/L$ 后体积溶样系数随着催化剂量的增加而大幅度增加；测定过程催化剂 Co^{2+} 浓度在 $1\times10^{-6}\,mol/L$ 时可保证测定结果的准确性。

② 三相流化床中的载体加入量增加时，同样气体流量下氧传递效率先增加后减少，气含率随着载体量的增加而下降。载体加入量的多少需根据实际处理需要及流化床本身的允许量来确定。

③ 随着气流量的增大，体积溶氧系数则逐渐增大，但是氧转移效率降低。过高的气体流速会带来载体流失的问题。

④ 在相同条件下，三相生物流化床中液体存在内循环流时的体积溶氧系数比不存在内循环流时的体积溶氧系数明显增加，氧转移效率高。在实验研究范围，自行设计的三相生物流化床中最大体积溶氧系数为 $0.0508s^{-1}$，氧转移效率 22.06%。

⑤ 由于影响三相生物流化床中氧传递速率的因素较为复杂，过程的模型建立较为困难，还没有获得相关参数间的关联式，有关传递过程机理也有待进一步研究。

5.3.3.2　好氧三相生物流化床工艺处理木薯淀粉废水[87]

固定化微生物技术是将微生物通过一定的技术方法固定在生物载体上，使菌体高度密集并保持其生物活性功能。固定化微生物技术应用于废水处理，有利于提高生物反应器内的微生物浓度，利于反应后的固液分离，缩短处理所需的时间。微生物附着固定在载体的表面，形成一层生物膜。微生物与载体的结合固定化过程如图 2-5-5 所示。

处理过程中，液相中溶解的或呈胶体状的有机物以及溶氧从液相进入生物膜，被生物膜中的细胞分解、利用。这样，在生物膜表面与液相中形成一个有机物和溶氧的浓度梯度，使废水中的有机物不断地被吸附到生物膜上，从

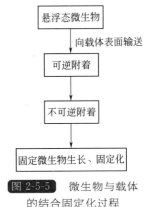

图 2-5-5　微生物与载体的结合固定化过程

而达到连续处理废水的目的。微生物的固定化也是实现好氧三相生物流化床处理废水工艺的必要条件。

实验所用的三相生物流化床反应器为自行设计，用有机玻璃制成。反应区高 1250mm，内径 50mm，中间设置一个可拆卸的内径为 35mm，高为 1000mm 的内循环管。流化床上部设置一个高 250mm，内径 150mm 的三相分离器，工作体积 2.0L。，反应器总体积为 4.0L，流化段有效体积 2.0L。实验装置如图 2-5-6 所示。

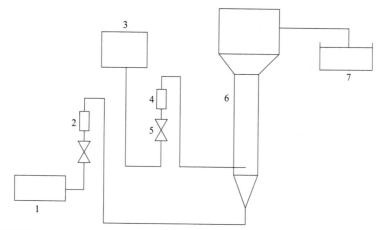

图 2-5-6　好氧三相生物流化床工艺处理木薯淀粉废水实验装置及流程示意

1—空气压缩机；2—气体流量计；3—水箱；4—液体流量计；5—阀门；6—流化床；7—出水储槽

生物载体分别选用活性炭；树脂；沉质陶粒和轻质陶粒。

选用的 4 种生物载体特性参数见表 2-5-6。

表 2-5-6　载体特性参数

载体种类	粒径/mm	真密度/(g/cm³)	堆重/(g/cm³)	比表面积/(m²/g)
活性炭	0.5～1	1.16	0.43	900
树脂	0.5～1	1.2～1.3	0.75～0.8	200
沉质陶粒	0.5～1	2.57	1.3～1.8	2.3
轻质陶粒	0.5～1	1.8～2.0	0.9～1.1	4.11

在反应器中加入一定体积淀粉废水，加入相同量不同类型的载体，以相同的进气量开始曝气，定时更换废水，同时洗去游离态的菌体。更换废水后曝气一定时间，以废水中 COD_{Cr} 的去除率为考察指标，考察载体的载膜情况。实验过程中，曝气每 24h 换一次水。换水时先滤出载体，用清水洗涤 3 次，再加入新鲜废水。

取样后分析废水中起始 COD_{Cr}，继续曝气。24h 后取样分析 COD_{Cr}，计算 COD_{Cr} 的去除率，实验结果见图 2-5-7。

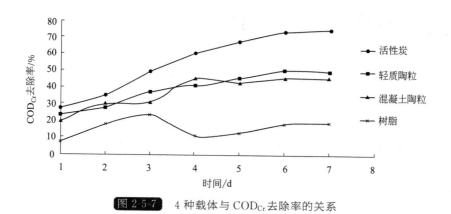

图 2-5-7　4 种载体与 COD_{Cr} 去除率的关系

上述实验结果表明，在 6d 后，4 种不同载体对木薯淀粉废水中 COD_{Cr} 的去除效果是有差别的，在相同实验条件下，活性炭载体对水中 COD_{Cr} 的去除效果最好，树脂去除效果最差。造成这一差异的主要原因是四者的表面性质及比表面积的差别。活性炭颗粒一般为多孔，比表面积最大，可负载较多生物量，其表面结构有利于菌群生长。树脂比表面积虽然比陶粒大，但是树脂表面很光滑，不利于微生物在其表面的附着生长。因此，处理效果较差。选择活性炭作载体进行下一步实验。

实验结果还显示在第 6 天左右，4 种载体对木薯淀粉废水中 COD_{Cr} 的去除率趋于稳定。在显微镜下观察发现，活性炭外面有一层一定厚度的生物附着膜，有大量的菌胶团，并出现线虫，说明其表面负载的生物膜性能趋于稳定。

以活性炭为载体，当粒径为 0.5～1mm，加入量为 10％（体积比），5d 后载膜基本稳定。载膜稳定后，在进气量为 100L/h，水力停留时间维持在 90min 时，废水中的 COD_{Cr} 去除率基本稳定在 80％左右。

5.3.3.3 厌氧预处理-三相生物流化床工艺处理木薯淀粉废水[87]

由于淀粉废水中主要污染物浓度高，废水中的污染物只经一级处理一般很难达到排放要求，通常要进行二级或多级处理。厌氧处理废水一般反应较缓慢，降解有机污染物所需的时间较长，但厌氧过程有两个重要作用：一是可以降低废水中大部分有机污染物；二是可以利用一些好氧微生物降解难以直接利用分解的有机污染物。但是，如只采用厌氧一级处理也难以将高浓度有机废水中的污染物降解达到排放要求。因此，对于高浓度有机废水通常采用厌氧-好氧相结合的处理工艺。例如赵建夫[88]等研究证实，焦化废水经 6h 厌氧酸化后再好氧生物处理 12h 与直接经好氧生物处理 12h 相比，可使废水中难降解有机物的去除率增加 50％左右。采用升流式厌氧污泥床（UASB）系统预处理染料废水，COD_{Cr} 去除率大于 60％，色度去除率在 80％，经 UASB 系统预处理后染料废水的生化性得到提高。

根据淀粉生产综合废水中有机污染物浓度高，可生化性能好的特点，进行了将厌氧处理与好氧处理相结合处理木薯淀粉废水工艺的初步研究。

厌氧处理实验条件为：加入的颗粒污泥的体积为废水体积的 10％（体积分数），起始 pH 值为 7.5 左右，低速搅拌，厌氧处理 24h，厌氧处理温度为 40℃。

好氧处理实验条件为：以活性炭为载体，粒径为 0.5～1.0mm，加入量为 10％（体积分数，以好氧生物流化床有效工作体积计），载膜基本稳定后进行实验。常温，水力停留时间为 90min，控制通气量为 100L/h。实验结果见表 2-5-7。

表 2-5-7 厌氧预处理-好氧三相生物流化床处理淀粉废水实验结果

序号	厌氧进水 COD_{Cr} 值 /(mg/L)	厌氧出水 COD_{Cr} 值 /(mg/L)	厌氧处理 COD_{Cr} 去率/％	好氧出水 COD_{Cr} 值 /(mg/L)	好氧处理 COD_{Cr} 值 /(mg/L)	COD_{Cr} 总去率/％
1	21300	1384	93.5	208	84.9	99.0
2	19860	1468	92.6	161	89.0	99.2
3	23179	1645	92.9	243	85.2	98.9

结果表明，用厌氧预处理-三相生物流化床来处理淀粉废水在技术上是可行的。在本试验条件下，COD_{Cr} 总去除率可达 99.0％。其中厌氧阶段 COD_{Cr} 去除率可达 93.5％，这就大大减轻了三相生物流化床处理的负荷，使得经后续处理后达标排放成为可能。该研究提出的

生物流化床处理流程，为解决淀粉废水问题提供了一条新的、切实可行的道路。

5.3.4　氧化-聚硅酸锌混凝法处理厌氧生化木薯淀粉废水 [90]

由于木薯淀粉废水的 COD_{Cr} 浓度较高，很多企业都采用二步法处理废水，先使用能适应高浓度 COD_{Cr} 的厌氧处理，使 COD_{Cr} 的质量浓度降低至 100mg/L 后，再进行适应低浓度 COD_{Cr} 的好氧处理。好氧生化处理受废水 COD_{Cr} 浓度影响很大，COD_{Cr} 浓度越小，好氧处理的效果越好，但好氧处理占地面积大，耗时长。使用氧化-混凝处理厌氧废水，可有效降低厌氧废水的 COD_{Cr} 浓度和浊度，提高处理效率，达到快速沉降和废水回用的目的。

聚硅酸锌盐是 20 世纪 90 年代由广西大学刘和清教授研制成功的新型无机高分子絮凝剂 [91]，聚硅酸锌絮凝剂处理制革工业废水的效果优于聚合硫酸铁 [92]。因此，可以用聚硅酸锌和高锰酸钾来处理厌氧生化木薯淀粉废水。

取广西某公司生产的木薯淀粉废水经厌氧生化后的出水为试验废水，废水外观呈黑灰色，浊度为 484NTU，COD_{Cr} 的质量浓度为 873mg/L，pH 值为 7.66。

5.3.4.1　絮凝剂的选择

絮凝剂中 Zn^{2+} 和 SiO_2 物质的量之比不同，絮凝效果也不同，在 Zn^{2+} 和 SiO_2 总的物质的量为 0.5mol 的条件下，分别配制 Zn^{2+} 和 SiO_2 的物质的量之比为 1:4、1:2、2:3、1:1、3:2、2:1、2.5:14:1 的 PSAZ 样品，在固定投加量、pH 值、快慢搅拌速率和时间的条件下处理废水，考察处理后废水的浊度并对比去除率的大小。厌氧处理后的废水 pH 值接近 8，投加量固定为 2mL，快搅拌速率设定为 250r/min，时间为 2min，慢搅拌速率为 6r/min，时间为 2min。试验得到的结果见图2-5-8。

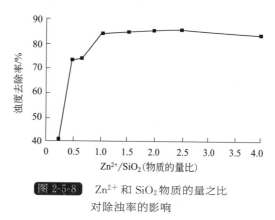

图 2-5-8　Zn^{2+} 和 SiO_2 物质的量之比对除浊率的影响

由图 2-5-8 可知，当 Zn^{2+} 和 SiO_2 物质的量之比大于 1 时，浊度的去除率趋于稳定；当 Zn^{2+} 和 SiO_2 的物质的量之比为 2.5:1 时，废水浊度去除率最大。从成本方面考虑，宜选用 Zn^{2+} 和 SiO_2 的物质的量之比为 2:1 的 PSAZ 来处理厌氧后的废水。

5.3.4.2　混凝过程最优条件选择

废水 pH 值、絮凝剂投加量、搅拌速率对絮凝效果都有不同程度的影响。根据 U10 * (10^8) 均匀设计使用表，按 1、3、4、5 列安排 4 因素 10 水平试验。取 1L 废水于烧杯中，用 H_2SO_4（或 NaOH）调节 pH 值，然后加入规定投加量的 PSAZ 絮凝剂，试验设定快速搅拌时间为 2min，慢速搅拌时间为 8min，沉淀时间为 20min。设计得到的均匀设计和试验结果见表 2-5-8。由于在 COD_{Cr} 去除率较大的条件下浊度去除率也较大，可以用 COD_{Cr} 的去除率为目标选择最优条件。

表 2-5-8　U10 * (10^8) 均匀设计及试验结果

PSAZ 投加量/(mL/L)	pH 值	快速搅拌速率/(r/min)	慢速搅拌速率/(r/min)	COD_{Cr} 去除率/%
0.5	7.5	250	80	48.67

PSAZ 投加量/(mL/L)	pH 值	快速搅拌速率/(r/min)	慢速搅拌速率/(r/min)	COD$_{Cr}$去除率/%
1.0	9.0	350	80	45.45
1.5	10.5	200	70	38.28
2.0	6.5	300	70	22.90
2.5	8.0	400	60	28.43
3.0	9.5	200	60	34.79
3.5	11.0	300	50	30.79
4.0	7.0	400	50	5.72
4.5	8.5	250	40	18.91
5.0	10.0	350	40	8.57

对表 2-5-8 中的试验结果进行逐步分析和用网格优化程序处理后，可知各因素对 COD$_{Cr}$去除率的影响为：PSAZ 投加量＞pH 值＞快速搅拌速率＞慢速搅拌速率。去除废水 COD$_{Cr}$的最优条件为：PSAZ 投加量为 0.5mL/L，pH 值为 8.75，快速搅拌速率为 285r/min，慢速搅拌速率为 60r/min。在此条件下进行了验证试验，结果 COD$_{Cr}$去除率可达到 60%，浊度去除率达到 93%。

5.3.4.3 氧化-混凝试验结果

经厌氧生化处理后的废水浊度和 COD$_{Cr}$含量较高，用好氧进行二次处理占地面积大、时间长，出水能否回用有待进一步研究，而仅靠混凝处理也达不到处理要求。通过用氧化剂结合 PSAZ 混凝过程处理厌氧后废水，由于高锰酸钾氧化性强且价格便宜，同时其稀溶液还具有一定的消毒和杀菌作用，所以选用高锰酸钾作为氧化剂。

氧化—混凝试验流程为：厌氧废水→加入 KMnO$_4$→搅拌→加入 PSAZ→搅拌→快速沉降→出水。

高锰酸钾除了具有氧化作用外同时具有助凝作用，水中有机物吸附在絮凝剂胶体颗粒表面，形成一层保护膜后会使胶体表面电荷密度增加，因此会阻碍胶体颗粒间的碰撞结合。由于高锰酸钾在中性条件下会生成二氧化锰胶体，则其通过氧化破坏有机物对胶体的保护作用，强化胶体脱稳作用，形成以二氧化锰胶体为核心的更加密实的絮体，从而提高絮凝效果。

通过选用不同投加量的高锰酸钾进行氧化反应，结果表明：随着高锰酸钾投加量的增加，COD$_{Cr}$和浊度去除率都是先升高后降低；当投加量为 0.02g/L 时，COD$_{Cr}$和浊度的去除率都到达最大值，分别为 68%和 99%；出水浊度仅为 2.0NTU。经氧化—混凝处理后的出水可回用于木薯清洗过程。

处理厌氧后废水使用的氧化剂和 PSAZ 的投加量都较少，药剂成本较低；试验最佳 pH 值为 8.75，接近废水的 pH 值，出水的 pH 值也不会过高。因此，厌氧废水采用高锰酸钾预氧化和 PSAZ 进行絮凝处理效果是比较理想的，可以有效解决好氧生化处理占地面积大和处理时间长的问题。

5.3.5 HCR 工艺处理木薯淀粉废水[15]

针对木薯淀粉废水的特点以及木薯淀粉生产厂家(广西崇左县某淀粉厂)的实际情况，选用高效好氧生物反应器(HCR)为核心的好氧生化工艺进行处理。

本次试验所用废水的先后次序为：一次分离废水→二次分离废水。每种废水的试验过程都是在保证系统运行稳定的情况下，逐步提高反应器的 COD 容积负荷，直到超出系统所能承受的负荷为止。经过 2 个多月的试验，废水的处理效果十分理想。

5.3.5.1 一次分离废水处理效果

HCR 对废水中有机物的去除效果：反应器中的活性污泥驯化结束后，先将 HCR 的进水流量固定为 29.5L/d，逐步增加进水的 COD 浓度，至原水浓度后再稳步增加 HCR 的进水流量至反应器运行稳定，观察并分析试验过程中各种指标和影响因素的变化情况。

（1）试验结果

采用 HCR 处理木薯淀粉一次分离废水可获得较好的处理效果：运行前 7d，进水流量保持不变，随着进水 COD 浓度的增加，出水 COD 浓度基本保持在 1000mg/L 以下；7d 后，逐渐增加反应器的进水流量，直至达到 HCR 反应器的最大容积负荷 45.6kgCOD/(m·d)；此时系统中累积的有机物和有毒物浓度达到微生物能承受的最大值，如果继续增大进水流量或进水 COD 浓度，反应器处理效果将急剧下降，出水 COD 大于 5000mg/L，出水浊度迅速升高（大于 4000NTU）。系统中活性污泥也会急剧膨胀，沉淀池中的污泥部分浮于池面，部分与池中液相形成悬浊液，污泥活性难以恢复。

（2）HCR 中的微生物生长变化情况

试验初期，反应器进水流量稳定在 29.5L/d，随着进水 COD 浓度的增加，污泥浓度也逐渐增加，用污泥沉降比、混合液悬浮固体浓度、混合液挥发性悬浮固体浓度、污泥体积指数等指标来表征微生物活性的变化。

当进水 COD 浓度增加到原水浓度时，污泥体积指数(SVI 值) 突增到 195mL/g，出现轻微的污泥膨胀。这是由于试验中进水浓度增加过快，使系统中的有机物浓度迅速增大，微生物的新陈代谢速率加快并大量繁殖，迅速消耗溶解氧，导致系统溶解氧(DO) 不足，丝状菌占优势地位所致。此时采取措施从系统中排出部分活性污泥，并适当补充曝气，反应器即可恢复正常。

进入负荷冲击期（第 8 天)后，逐渐增大进水流量，容积负荷和污泥负荷也相应增大，反应器中营养供给充足，微生物迅速繁殖，系统中剩余污泥产率高，需定时进行排泥。

当反应器容积负荷为 45.6kgCOD/(m·d)时，系统中有机物和有毒物累积浓度达到微生物所能承受的极限，有机物浓度或进水流量的增加都会严重影响微生物的代谢，使活性污泥系统发生突变。

试验表明，通过监测微生物活性指标来控制反应器的运行是行之有效的方法，本次试验的最佳微生物活性指标范围为：污泥沉降比 90%～98%，混合液悬浮固体浓度＜1.10g/L，污泥体积指数为 135mL/g，混合液悬浮固体浓度与混合液挥发性悬浮固体浓度的比值为 0.92～0.95。

5.3.5.2 二次分离废水的处理效果

采用一次分离废水处理中排出的剩余污泥作为种泥，无需驯化，就可直接用于二次分离废水的处理试验。试验前期，将系统进水流量控制在 29.5L/d，到了后期，逐渐增大进水流量，容积负荷较高，此时将进水流量固定在 60.5L/d，进行浓度冲击试验。

（1）HCR 对废水中有机物的去除效果

采用 HCR 反应器对木薯淀粉二次分离废水进行处理的效果非常好，平均 COD 去除率都在

95%以上，出水 COD 平均值低于 300mg/L，COD 容积负荷最高可达82.1kgCOD/(m・d)。当达到最大容积负荷时，系统进水流量大、水力停留时间短，反应器中的污染物和有毒物累积速度快。当污染物和有毒物浓度累积速率大于微生物代谢速率时，进水有机物浓度或进水流量的增加都会引发活性污泥的恶性膨胀，与处理一次分离废水时的现象相同。

（2）HCR 中微生物生长变化情况

试验过程中微生物一直处于高负荷状态，生物产率较高，为保证 HCR 的稳定运行，需根据实际情况从系统中适量排泥，以维持 HCR 中一定量的微生物数量。污泥浓度高，污泥的絮凝沉降效果良好。但在运行期间，HCR 进水 COD 浓度变化大，对微生物的活性有一定的影响。

5.3.5.3　HCR 对色度的去除效果

HCR 对色度的去除效果非常明显，但在处理一次分离废水时，出水色度较高，在 HCR 反应器后连接一个序批式活性污泥反应器（SBR），则取得了更好的处理效果，出水色度由 2^6 降到了 2^4。

5.3.5.4　结论

① 采用以 HCR 为核心的好氧生物工艺处理木薯淀粉废水，平均 COD 去除率在 90% 以上，出水的 BOD 平均 36mg/L，SS 低于 30mg/L，氰化物含量低于 0.5mg/L，色度为 16，出水达到《污水综合排放标准》（GB 8978—1996)的二级标准。

② 从试验结果可以看出，二次分离废水的处理效果明显比一次分离废水的处理效果要好得多，这可能是由两方面原因造成的：一是一次分离废水中的氰根离子含量是二次分离废水的 5 倍，这些氰根离子对微生物的生长起到了一定的抑制作用；二是由于废水处理的先后次序所致，在处理一次分离废水时，刚驯化好的污泥代谢速度还比较慢，到了处理二次分离废水时污泥已完全适应了周围的营养环境，进入了旺盛的代谢过程，所以处理效果明显提高。

③ 在 HCR 系统中，当污染物累积速率超过微生物的代谢速率时会诱发活性污泥的恶性膨胀，因此运行中应保证废水在 HCR 中有一定的水力停留时间，并控制反应器有机容积负荷小于引起污泥活性突变的临界值。

④ 废水经 HCR 处理后，其中有机物和营养物质转化为活性污泥中的菌胶团，可作为饲料蛋白回收使用，既可避免资源的浪费又可创造经济效益，减少废水处理的运行成本。

⑤ 由于 HCR 工艺具有启动快、系统操作简便灵活、占地面积小、抗冲击负荷能力强、空气氧转化利用率高等优点，本试验以小试的方式对工厂实际生产废水进行了处理研究，试验工艺系统连续运行，研究结果可作为工程设计的参考。建议在季节性生产的中、小型淀粉厂中推广使用。

参 考 文 献

[1] http://wenku.baidu.com/view/8c3b9ed533d4b14e852468bf.html.
[2] 詹玲，李宁辉，冯献. 我国木薯生产加工现状与前景展望 [J]. 农业展望，2010(6)：33-36.
[3] 黄洁，李开绵，叶剑秋，等. 中国木薯产业化的发展研究与对策 [J]. 中国农学通报，2006，22(5)：421-426.
[4] http://www.cncassava.com/new_view.asp?id=67774.
[5] http://wenku.baidu.com/view/e2ce9c24a5e9856a561260f0.html.
[6] 方佳，濮文辉，张慧坚. 国内外木薯产业发展近况 [J]. 中国农学通报，2010，26(16)：353-361.
[7] 杨振声. 年产 5000~10000 吨木薯淀粉厂设计浅谈 [J]. 化工设计通讯，1988，14(3)：55-58.

[8] 郭健. 木薯淀粉生产中浆渣分离的工艺与设备 [J]. 龙岩师专学报, 2004, 22(3): 83-84.

[9] 邵乃凡. 木薯淀粉生产工艺 [J]. 淀粉与淀粉糖, 1999, 101(3): 29-33.

[10] 金树人. 木薯的工业开发利用. 广州: 科学出版社广州分社, 1992.

[11] 王炽. 木薯淀粉生产技术. 南宁: 广西人民出版社, 1994.

[12] 伍玉碧. 木薯及木薯淀粉的开发利用 [J]. 木薯精细化工, 2001, 8(1): 1-4.

[13] Klanarong Sriroth 等著. 泰国木薯淀粉技术进展述评 [J]. 陈克强译. 木薯精细化工 2002, 12(1): 13-18.

[14] 莫凤明, 黎克纯. 木薯淀粉废水治理技术研究 [J]. 硅谷, 2010(8): 79, 125.

[15] 伍婵翠, 王燕舞, 刘康怀. HCR 工艺处理木薯淀粉废水 [J]. 桂林工学院学报 [J]., 2006, 26(2): 242-246.

[16] 伍婵翠. 木薯淀粉生产废水的水质特征及其资源化利用研究 [D]. 桂林: 桂林工学院, 2004.

[17] 岑超平. 木薯淀粉废水的絮凝法处 [J]. 上海环境科学, 2001, 20(1): 31-32.

[18] 覃定浩. 木薯淀粉行业循环经济模式的探讨 [J]. 化学工程与装备, 2010, (8): 214-216.

[19] 韩冬, 安兴才, 李杰. 混凝沉淀法处理马铃薯淀粉废水的应用研究 [J]. 水处理技术, 2009, 35(2): 68-71.

[20] Fkunaga MJP, 05096281A2, 1993.

[21] 王荣民, 王艳, 何玉凤, 等 (西北师范大学). CN101348294. 2009.

[22] 杨丽娟. 用石灰、聚丙烯酰胺处理淀粉生产废水 [J]. 辽宁城乡环境科技, 2001, 21(2): 52-55.

[23] 王乃芝, 苏永渤. 化学法处理淀粉生产废水 [J]. 工业用水与废水, 2000, 31(1): 29-31.

[24] 张佩芳, 倪哲明. 脱乙酰基甲壳质处理含淀粉废水的实验 [J]. 环境污染与防治, 1990, 12(3): 22.

[25] 许昭和, 卓鉴波, 张晓丽, 等. 利用 FNF 絮凝法处理玉米淀粉废水回收蛋白粉 [J]. 食品科学, 1990, (5): 19-21.

[26] 许昭和, 卓鉴波, 张晓丽. 淀粉工业废水的絮凝处理研究 [J]. 解放军预防医学杂志, 1991, 9(6): 415.

[27] 陈益明, 薛惠园. 玉米淀粉废水综合利用技术应用研究 [J]. 饲料工业, 1992, 13(3): 24-25.

[28] 邓述波, 胡筱敏. 微生物絮凝剂处理淀粉废水的研究 [J]. 工业水处理, 1999, 19(5): 8.

[29] 刘晖, 周康群, 刘洁萍, 等. 微生物絮凝剂处理淀粉废水 [J]. 仲恺农业技术学报, 2004, 17(2): 47-50.

[30] 王有乐, 张宝茸, 范志明, 等. 复合型微生物絮凝剂处理马铃薯淀粉废水的研究 [J]. 水处理技术, 2009, 35(5): 79-82.

[31] 王毅力, 汤鸿霄. 气浮净水技术研究及进展 [J]. 环境科学进展, 1999, 7(6): 94-103.

[32] 陈卫国, 任欣, 朱锡海. 溶剂气浮分离法的基础研究 [J]. 环境化学, 1997, 16(3): 220-226.

[33] 买文宁, 周荣敏. 从淀粉废水中提取蛋白饲料 [J]. 工业用水与废水, 2002, 33(3): 57-59.

[34] 买文宁. 气浮提取蛋白—UASB&SBR 工艺处理淀粉废水 [J]. 工业水处理, 2002, 22(6): 42-44.

[35] BO JIN, HANS JVAN LEEUWEN. Production of fungalprotein and glucoamylase by Rhizopus oligosporus fromstarch processing wastewater [J]. Process Biochemistry, 1999, 34(1): 59-65.

[36] BO JIN, BVAN LEEUWEN, PATEL H J. Utilization of starch processing wastewater for production of microbialbiomass protein and fungal alpha-amylase by Aspergillus oryzae [J]. BioresourceTechnology, 1998, 66(3). 201-206.

[37] 牧剑波, 任慧, 丁一刚, 等. 气浮一体化装置处理淀粉废水的应用研究 [J]. 河南化工, 2002, (8): 14-15.

[38] 李生, 李健, 邵振卿, 等. 利用气浮-UASB-SBR 工艺处理红薯淀粉废水 [J]. 周口师范学院学报, 2006, 23(5): 83-85.

[39] 牛天新, 郑洁敏, 宋亮. 生物接触氧化法的研究与应用进展 [J]. 杭州农业科技, 2008(4): 27-32.

[40] 韩玉兰, 巴文爱, 张有贤. 缺氧水解-生物接触氧化工艺处理玉米淀粉废水研究 [J]. 甘肃农业科技, 2007(1): 7-9.

[41] 张春艳. UASB 工艺处理玉米淀粉废水研究 [J]. 市政技术, 2008, 26(4): 334-336.

[42] 方春玉, 周健, 张会展. 处理啤酒废水的 AFB 反应器启动研究 [J]. 中国环保产业, 2006(12): 21-24.

[43] 缪凯, 俞南强, 王宝刚. 高效厌氧反应器与生物接触氧化工艺处理玉米淀粉生产中的废水 [J]. 粮食与食品工业, 2005, 12(6): 22-24.

[44] 王现丽, 肖晓存, 吴俊峰. 厌氧折流板反应器的工艺特性及其应用 [J]. 新乡师范高等专科学校学报, 2007, 21(2): 46-49

[45] 马传军, 费庆志. 厌氧生物滤池-好氧生物炭滤池联合处理生活污水 [J]. 环境化学, 2007, 26(1): 70-72

[46] 吴志超, 顾国维, 何义亮, 等. 高浓度有机废水厌氧膜生物工艺处理的中试研究 [J]. 环境科学学报, 2001, 21

（1）：34-38

[47] 李艳春．UASB/接触氧化工艺处理玉米淀粉废水研究 [J]．气象与环境学报，2009，25(1)：68-71

[48] 于慧卿．UASB-SBR 工艺处理淀粉废水 [D]．西安：长安大学，2007.

[49] 孙震，胡滨，张兆伯．山东某淀粉厂污水处理改造工程 [J]．环境工程，2001，6(19)：17-19.

[50] 甘海南，李善平，庞艳，等．UASB、SR、CASS法处理淀粉生产高浓度废水 [J]．云南环境科学，2000，19(8)：180-182.

[51] Wang R M，Wang Y，Ma G P，et al. Efficiency of porousburnt-coke carrieron treatmentofpotato starchwastewater with an anaerobic-aerobic bioreactor [J]．Chemical Engineering，2009，148：35-40.

[52] 沈仲韬．淀粉废水资源化的技术 [J]．环境保护，1993(3)：38-39.

[53] 杨凤江，李立明．利用水生植物治理淀粉废水 [J]．环境保护科学，1996，22(2)：24-26.

[54] 黄翔峰，李春鞠，章非娟．光合细菌的特性及其在废水处理中的应用 [J]．中国沼气，2005，23(1)：29-35.

[55] Nahjima F，Kamiko N，Yamamoto K. Organic Wastewater Treatment without Greenhouse Gas Emission by Photosynthetic Bacteria [J]．Water Science & Technology，1997，35(8)：258-291

[56] 王宇新，刘春朝，钱新民．光合细菌处理淀粉废水的中试研究 [J]．环境科学，1994，16(3)：39- 40

[57] 王剑秋，管运涛，滕飞．光合细菌法降解淀粉废水积累菌体蛋白的研究 [J]．清华大学学报，2007，47(3)：1-3

[58] 关贵兰．利用淀粉废水生产单细胞蛋白（SCP）的研究 [J]．饲料工业，1996，17(8)：38-41

[59] 尹源明，何国庆，冯澜，等．小麦淀粉废水 SCP 发酵菌种的筛选及其发酵条件初探 [J]．中国粮油学报，1998，13(1)：36-40.

[60] 何国庆，尹源明，冯澜，等．在小麦淀粉废水中培养白地霉的研究 [J] 中国粮油学报，1998，13(5)：33-37

[61] 许剑秋．玉米淀粉废水生产饲料蛋白 [J]．粮食与饲料工业，2002，(4)：24-25

[62] 孙崇凯，崔有信．利用淀粉废水培养面包酵母的研究 [J]．华东工学院学报，1992，(2)：76-79

[63] 潘红春，刘红，易晓辉．利用淀粉生产废水培养单细胞蛋白 [J]．中国饲料，1996，(13)：28-30

[64] 丁伟君，石俊艳，王丹，等．淀粉废水生产饲料酵母的研究 [J]．饲料工业，1991，12(12)：20-21

[65] 梁智．利用木薯淀粉废水生产单细胞蛋白的可行性探讨 [J]．饲料工业，1997，18(4)：26-27.

[66] 熊淑芳，张颖力．马铃薯提取淀粉后废水中蛋白质的回收利用 [J]．现代农业，1993，(11)：17-18.

[67] 汤利飞，冯秀玉．膜法回收淀粉废水中的蛋白质 [J]．食品研究与开发，1995，16(2)：11-21.

[68] 杜娟，王宏勋，金红林，等．甘薯淀粉废水发酵生产微生物油脂的研究 [J]．生物加工过程，2007，5(1)：33-36.

[69] 王宏勋，邓张双，周帅．利用淀粉废水生产多不饱和脂肪酸初步研究 [J]．环境科学与技术，2007，30(6)：94-96.

[70] 邵荣，许琦，刘珊珊，等．以淀粉废水、麦芽根制备生物材料——短梗霉多糖 [J]．食品科学，2007，28(8)：314-317.

[71] 陈洁，白林，吕亚娟，等．出芽短梗霉处理马铃薯淀粉废水 [J]．食品与发酵工业，2013，39(8)：119-121.

[72] 王新春．小麦淀粉废水生物处理生产酵母蛋白的研究 [J]．发酵科技通讯，2008，37(3)：20-21.

[73] 吕建国，安兴才．膜技术回收马铃薯淀粉废水中蛋白质的中试研究 [J]．中国食物与营养，2008，10(4)：37-40.

[74] 闫维东，陶德录．马铃薯淀粉生产废水综合利用技术研究 [J]．江苏环境科技，2007，20(2)：12-14.

[75] Jin B，Van LeeuwenH J，PatelB，et al. Utilisation of starch processingwastewater for production ofmicrobial biomass protein and fungal a-amylase byAspergillus oiyzae [J]．Bioresourse Technology，1998，(66)：201-206.

[76] 李玉，李其久，尹依婷．白地霉净化和资源化玉米淀粉工业废水的试验条件研究 [J]．辽宁大学学报，2008，35(1)：81-84.

[77] 蔡琳晖，聂麦茜，贾建慧，等．以预发酵淀粉废水为碳源生产微生物絮凝剂 [J]．应用化工，2007，36(5)：457-460.

[78] 王园园，王向东，陈希．利用淀粉废水培养复合型絮凝剂产生菌研究 [J]．中国给水排水，2007，23(5)：19-23.

[79] 王岁楼，张平之，王平诸．以淀粉废水为原料的乳酸钙发酵工艺研究 [J]．郑州粮食学院学报，1996，17(4)：20-25.

[80] 朱辉，何国庆．金针菇在淀粉废水中发酵的营养条件研究 [J]．生物工程学报，1999，15(4)：512-516.

[81] 王丽芳．以淀粉为原料生产微生物农药 [J]．微生物学杂志，1998，8(4)：53-55,

[82] 卢娜，王跃强，周顺桂，等．微生物转化淀粉废水制备生物灭蚊剂 [J]．生态环境，2008，17(3)：931-935.

［83］邓国平，袁宏伟，黄俊生．利用木薯加工废水生产淡紫拟青霉的研究［C］//第二届全国农业环境科学学术研讨会论文集．北京：中国农业生态环境保护协会、农业部环境保护科研监测所，2007：42-45.

［84］韩彪，张萍，张维维，等，UASB-CASS-混凝工艺处理木薯淀粉废水［J］．工业水处理，2010(8)：75-77.

［85］邓运智．云南某淀粉厂淀粉废水处理工程设计［J］．广西轻工业，2009，(12)：93-94.

［86］黎洪，黄伟，孙伟．UASB-SBR 联合工艺处理木薯淀粉废水研究［J］．大众科技业，2011，(6)：85-86.

［87］疏明君，李友明，谢澄，等．三相生物流化床处理中段废水时挂膜实验的研究[J]．黑龙江造纸，2002，(1)：1-4.

［88］赵建夫，钱易，顾夏声．用厌氧酸化预处理焦化废水的研究［J］．环境科学，1990，(3)：34-37.

［89］孙红霞，三相生物流化床处理淀粉废水工艺研究［D］．南宁：广西大学，2007.

［90］韦黎立，刘和清，陈立胜，等．氧化-聚硅酸锌混凝法处理厌氧生化淀粉废水的研究［J］．工业用水与废水，2011，42(3)：13-16.

［91］刘和清（广西大学）．CN94106231.7.1995.

［92］刘和清，袁天佑，李月兴，等．聚硅酸锌絮凝剂处理制革工业废水的研究［J］．水处理技术，1998，24(4)：244-248.

研发采用膜过滤技术(MF)回收菌体制成饲料

6.1 食品发酵工业生产过程的菌体概况

食品发酵工业的原料均为可食用的农产品。传统的加工工艺往往忽视原料的综合利用，所以有大量所谓下脚料被废弃。例如，以粮食为原料的酒精工业，每吨酒精要用 3t 粮食，副产 1t 二氧化碳排入大气，还有 1t 下脚料(包含大量的蛋白质、纤维素、脂肪、矿物质)成为蒸馏废液排出。又例如淀粉及淀粉糖工业，每获得 1t 产品要消耗 1.7t 粮食，有 0.7t 的下脚料，成为废渣和废水排出。

全国食品和发酵工业仅按粮食为原料的几个行业估计，包括酿酒、酒精、味精、柠檬酸、淀粉和淀粉糖，全年消耗粮食在 2000 万吨以上。其中白酒生产消耗粮食 1200 多万吨，酒精消耗 300 多万吨，味精消耗 90 多万吨，淀粉及淀粉糖消耗 200 多万吨。这些行业的主产品只利用粮食原料中的淀粉部分，大致只是原料的 2/3，还有 1/3 就是联产饲料的重要资源。食品发酵工业只有联产饲料才能做到化害为利，实现资源综合利用，使经济效益和环境效益、社会效益获得同步提高。食品发酵工业生产过程中的菌体利用则是实现资源综合利用的关键性因素[1]。

6.1.1 乳制品工业

近年来，人们消费乳制品的意识不断增强，加之国家积极倡导人们消费乳制品，乳制品成为人们日常生活中一种重要的营养食品，乳制品行业也成为我国新兴而极具发展潜力的食品行业。乳制品行业包括乳场、乳制品接收站和乳制品加工厂。乳制品行业废水可以分为两大类：一类是大流量的工业废水；另一类是牧场或小型乳制品接收站(例如奶酪加工站)的流出物。这些废水排放前必须经过处理[2]。

6.1.1.1 乳制品废水来源与特点

乳制品工业废水的主要来源是洗涤废水和产品加工废水。洗涤废水包括牛乳输送、加工过程中排出的洗涤水，器皿、设备、管道的清洗废水，以及加工场地的卫生清洁冲洗废水。洗涤废水属于高浓度有机废水，通常含有牛奶或者乳浆，还含有酸性或碱性洗涤剂和杀菌剂。通常洗涤废水不是全天持续排放，而是一天排放 1～2 次。产品加工废水包括生产各种乳制品产生的废水以及鲜奶流失量，来源于开始、中断以及停止乳制品生产线时，奶制品在用水稀释、排入洗涤站或者收集时被意外泼洒，据统计乳制品加工过程鲜奶流失量占鲜奶加工量的 1%～5%[3]。

乳制品工业废水水质的主要特点如下（见表 2-6-1）。

1）废水水量变化大　由于乳制品生产和加工的特点使其废水的水量日波动范围大，各项污染物浓度指标变化也较大，废水的产生量一般为乳制品加工量的 2 倍。

2）有机物含量高　洗涤废水和产品加工废水中含有较多的有机污染物质，主要有酪蛋白、乳脂肪、乳糖。这些污染物质在废水中呈溶解状态或胶体状态。大量高溶解性的有机物使乳制品工业废水的化学需氧量 COD 非常高。

3）可生化性好　乳制品工业废水中的有机物很容易被微生物分解，废水中 BOD_5/COD 比值大于 0.5，属于可生化性较好的废水。新鲜废水为乳黄色碱性废水，储存一段时间发酵后呈酸性，会产生大量乳白色浮渣。这类废水易腐化发酵，排入水体使接收水体富营养化，易引起藻类大量繁殖，消耗水中溶解氧，对水生动物造成危害，使水质恶化，所以排放前必须进行处理。

表 2-6-1　乳制品工业废水水质特点

指标	pH 值	COD/(mg/L)	BOD_5/(mg/L)	BOD/COD	SS/(mg/L)	总氮/(mg/L)	氨氮/(mg/L)
测定值	5～11	800～2500	600～1500	0.5 左右	130～1000	60～100	4～8

乳制品工业废水中含有大量以胶体和悬浮物形态存在的污染物，物化法流程短、设备简单、占地面积小，所以该法在乳制品工业废水的处理上应用相当广泛。国内处理乳制品废水主要采用的物化技术有混凝沉淀法及膜处理法等。

6.1.1.2　乳制品工业回收乳渣及其中的营养物质

乳制品储运、加工过程中，约有 1%～5% 的鲜奶流失到废水中。废水中蛋白质、脂肪、乳糖的存在状态与原乳中相同。如采用水解酸化处理乳制品工业废水，处理设施表面易聚集大量浮渣，一般采用物化方法，如采用气浮法或电浮法使蛋白质和脂肪颗粒脱稳凝聚，从而回收乳渣；回收的乳渣中蛋白质达 20%～40%，脂肪达 50%，可作为精饲料或蛋白发酵原料。乳脂肪中含量最多的是 C_{16} 和 C_{18} 饱和及不饱和脂肪酸，并且含有保健价值很高的共轭亚油酸。从乳渣中提取脂肪酸不仅可以解决环境污染问题，带来额外的经济效益，同时为实现乳制品废水处理全流程资源化打下良好基础。董爱军等[4]研究了采用酸水解法从乳制品废水浮渣中提取混合脂肪酸的方法，提取率达 55% 左右。最佳工艺条件为：盐酸浓度 12%，酸用量 3mL/g（以干乳渣汁），温度 50℃，水解时间 60min。混合脂肪酸的主要成分为 C_{12}、C_{14}、C_{16} 和 C_{18}，总含量为 94.05%，其中 C_{16} 和 C_{18} 总量达 65.12%。

6.1.2　酿酒工业

随着社会经济的发展和人民生活水平的提高，对酒的需求量日益增大。酒类产品产量大，并且主要集中在几个省份。随之而来的是酿酒工业排污量的增大，给我国的水环境造成十分严重的污染。酿酒工业废水是高浓度的有机废水，COD 浓度大，酸性高，含固量高，给治理工作带来较多的困难[5,6]。

6.1.2.1 酒精的生产原料及废液

生产酒精的原料：一类是玉米或薯干；另一类是糖蜜。糖蜜作为原料的酒精厂一般附属于糖厂，往往采用甘蔗或甜菜为原料制糖。对于以薯干为原料的酒精生产过程主要有：粉碎，备料，蒸煮，糖化，发酵，蒸馏，排除的废液为酒糟液，呈黏稠状态，含有大量的有机物，固形物含量5%～8%，残糖约0.35%[7]。其排水水质如表2-6-2所列。

表 2-6-2　酿酒厂排水水质及水量

	原料	排水量/[t/t(产品)]	COD/(mg/L)	BOD$_5$/(mg/L)	SS/(mg/L)	TN/(mg/L)	pH 值
制酒厂	糖蜜		2.5×10^4～12×10^4	0.4×10^4～6×10^4	0.25×10^4～1.5×10^4		4～6
	高粱		2×10^4～3×10^4	1.5×10^4～2×10^4	2×10^4～5×10^4	800～900	4～6
啤酒厂	大麦	10～25	1000～1500	500～1200	800～1000	10～50	4～6

酒的生产以水为介质，酿造过程需用大量的工艺水和清洗水。酿酒的原料均采用农作物，而生产酒只利用了原料中的淀粉或糖分，其他成分不仅未能破坏，而且在发酵过程中会产生多种氨基酸和蛋白质。这些成分是宝贵的物质资源，如果随废水一起处理，会因负荷高而耗费较多的基建投资和运行费用，影响企业治废的积极性。所以对酿酒废水的治理应采取"综合利用与治理污染相结合"的对策，即通过综合利用的途径，回收废水中的有机资源，使之转化成有较高价值的副产品，余下的废水再行处理和部分回用，只有这样才能达到经济效益、环境效益和社会效益的统一。

6.1.2.2 酿酒废水的处理技术

由于废液中有机物含量高，直接排入江河将严重污染生态环境，而且浪费了大量的有机物资源。酒精糟液分离回用法投资少、工艺设备简单、投产快及效益好。固液分离有几种方法，其常用的设备有沉降式卧螺离心机和微孔过滤机，应根据具体情况因地制宜地选用。

酒精废液含有微生物所需要的营养物质，这些物质被微生物利用后，一方面可以得到有用的产品(如酵母或其他真菌菌体)，另一方面可以降低废水的污染物(大部分被微生物所利用)含量，培养饲料酵母法是治理这类废水的一种较好方法。但是酒精废液中培养饲料酵母的营养成分不全或不足，需外加一定量物质，而且不能存在过高的悬浮物，故应进行固液分离，具体流程见图2-6-1。该技术特点是综合利用资源，变废为宝，废水污染负荷可去除40%，但是一次性投资较大。

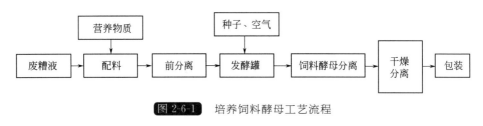

图 2-6-1　培养饲料酵母工艺流程

6.1.3　豆制品工业

豆制品生产企业遍布全国城乡，其废水排放量相当可观。豆制品生产废水是大豆在浸泡、制浆等加工过程中产生的，是典型的高浓度有机废水，除pH值低外，有毒有害物质很少，且具有良好的生物降解性。一般每加工1t大豆可产生废水7～10m³，其COD在2×10^4

mg/L 以上，BOD/COD 为 0.55～0.65，C：N：P 平均为 100：4.7：0.5 左右。因此直接排放豆制品产生废水会造成严重的环境污染，若能加以利用，既可解决排污问题又能获取一定的经济效益，因而对豆制品产生废水进行再利用的研究具有现实意义[8]。国外从 20 世纪60 年代开始对豆制品生产废水的处理进行研究并应用于工程实践。国内 20 世纪 70 年代也进行了广泛而深入的研究，其中研究和应用最多的是厌氧生物处理和好氧生物处理。近几年对豆制品生产废水中的污染物资源化利用也有了初步的研究。

不同工艺条件对培养菌体生长的影响不同，具体如下。

（1）不同时间对菌体生长的影响

魏群等[9]研究了利用豆制品生产废水培养油脂酵母。研究分别在不同时间范围内油脂酵母在培养过程中的生长、底物消耗及代谢产物生成规律。结果显示，培养的前 24h，菌体密度随着培养时间的延长而快速增大，此时菌体开始进入对数生长期；培养 24～48h 期间，菌体密度仍有增加，菌体处于对数生长期后期；培养 48～60h 期间，菌体进入稳定期；继续培养 60～96h，菌体密度开始下降，菌体进入衰退期。整个培养过程中，发酵液 pH 值逐渐升高，由 3.75 升至 7.5，培养的前 60h 升高幅度较大，说明菌体代谢旺盛，积累了大量的有机酸等代谢产物；60h 后 pH 值变化较小，说明菌体进入衰退期。培养的前 60h，残糖量随着培养时间的延长而减少，说明由于菌体繁殖和代谢消耗了培养液中的残糖；培养 72h 后，残糖量又上升，可能是由于菌体自溶释放出糖类物质所致。培养过程中，残糖量随发酵时间的延长而减少，说明由于菌体繁殖和代谢消耗了培养液中的含氮物质；但在培养 96h 后，残氮量又回升，说明此时菌体已经处于衰退期，由于菌体自溶使得培养液的含氮量回升。培养结果表明，选择培养时间为 60h 时收集菌体和降低废水污染指标(残糖、残氮)较为有利。

（2）不同预处理方式对菌体生长的影响

预处理方法包括自然澄清 24h，3000r/min 离心 10min 和絮凝加澄清（条件：0.4mg/L甲壳素，摇振 20min，3000r/min 离心 10min）。培养 60h 后，正常组和离心组菌体密度较接近，而絮凝组菌体密度较小，说明絮凝剂将废水中的富含营养物质的小颗粒絮凝沉淀下来，使菌体的生长受到影响。离心组的 pH 值最大，正常组的 pH 值次之，絮凝组的 pH 值最小。正常组的残氮量最大，絮凝组的残氮量最小，说明被絮凝的物质是含氮物。絮凝组的残糖量最大，正常组的残糖量最小，说明菌体对糖和氮的利用有一定的关联性，含氮物质被絮凝去除，使菌体对糖的利用也较小，造成培养液的残糖量增大。结果表明，在不同实验条件下，为提高油脂酵母的产量，适宜的废水预处理方法是选用自然澄清 12h 的废水作发酵培养液，如此可保证有效利用的物质量较多。

（3）不同 pH 值对菌体生长的影响

废水的 pH 值选择的是 3.5、4.5、5.5、6.5、7.5 接种培养，当初始 pH 值为 3.5、4.5、5.5 时培养 72h 菌体密度可达到最大值，且菌体产率随初始 pH 值的升高而增大。当初始 pH 值为 6.5 时，培养 60h 菌体密度可达最大值；当初始 pH 值为 7.5 时，培养 48h 菌体密度可达最大值。在初始 pH 值为 6.5 和 7.5 的条件下，当菌体达最大生长后菌体密度急剧下降，可能是由于前期菌体生长过快，过快消耗发酵液中营养；当菌体达最大生长后，发酵液中营养残留甚少，加之细胞生长过程中产生的代谢产物，使细胞所处营养环境恶劣，致使细胞自溶、菌体密度下降。可见，用豆制品废水培养油脂酵母的适宜初始 pH 值为 6.5，在此条件下，细胞产率较高且获得最大细胞产率所需时间较短，培养 60h 可获得最大细胞产率。

　　（4）接种量对酵母发酵的影响

　　分别按 5％、10％、15％、20％的接种量对废水进行接种，培养 60h 后，随着接种量的增大菌体密度呈上升的趋势，但在接种量超过 10％后菌体密度增加较慢。随着接种量的增加，pH 值由 7.18 增至 7.30，差异不大，说明增大接种量对培养菌体后的培养液的 pH 值影响不大。随着接种量的增加残糖量呈近似线形的增长，主要由于接种时带入的培养液引起的。当接种量为 5％～15％时，残氮量增加幅度非常小，接种量为 15％～20％时残氮量大幅度下降。从经济角度考虑，接种量控制在 10％左右最为经济。

　　通过豆制品生产废水培养油脂酵母适宜条件的研究发现，废水初始 pH 值为 6.5；接种量为 10％；发酵 60h 为最适宜条件。这种条件下，有利于油脂酵母的生长，同时废水中残糖量、残氮量最低，达到了资源化利用豆制品生产废水和降低排放水污染指标的目的。

6.1.4　果蔬汁生产

　　水果和蔬菜是人类重要的食品。自古人类就开始用简单的方法（如挤压、浸提等）获得果蔬汁，但由于不了解果蔬汁易败坏的原因，当时也只限于饮用前直接制造。直至 20 世纪 30 年代，果蔬汁制造工艺取得重大进展，例如 Schmitthenner 发明了无菌过滤工艺，即在常温下分离微生物的工艺；Mehlitz 研究了酶法澄清工艺并迅速投入实际应用。第二次世界大战以后，无论是在美国还是在所有欧洲国家，果蔬汁饮料工业都是发展最为迅速的工业之一。从 20 世纪 60 年代开始，第三世界各国的果蔬汁饮料的产量也迅速增加。目前，果蔬汁已发展成为世界食品市场重要的组成部分[10]。

　　近年来，随着果蔬汁加工业的兴起，人类已开发出应用于果蔬汁中的多种酶类，如果胶酶、果胶酯酶、纤维素酶、鼠李糖苷酶、中性蛋白酶、半乳甘露聚糖酶、液化葡萄糖苷酶等，其中使用最多的是果胶酶。

　　（1）果胶酶在果蔬汁生产中的应用

　　果蔬汁加工时首先将植物细胞壁破坏，大多数植物细胞壁主要由纤维素、半纤维素和果胶组成，其中果胶随成熟度的增加，酯化程度也较高，而且是影响出汁率的主要因素之一。果胶在植物中作为一种细胞间隙填充物而存在。它是由半乳糖醛酸 α-1，4 键连接而成的聚合物，其羧基大部分与甲醇发生甲酯化而形成果胶酸，果胶在酸性及高浓度糖存在下形成凝胶的性质用于生产果冻、果酱，但在果蔬汁加工中却导致压榨与澄清发生困难，而采用果胶酶则解决了这个问题。果胶酶作为果蔬汁生产中最重要的酶之一，已被广泛应用于果蔬汁的工业生产，以提高生产效率和产品的质量。

　　果胶酶用于果蔬汁时，除降低黏度外还可产生絮凝作用，使果蔬汁澄清。澄清机理的实质包括果胶的酶促水解和非酶的静电絮凝两部分。新加工的果蔬汁一般是稳定的胶体系统，其主要稳定因素是果胶，果胶的黏性对胶体起保护作用，也能阻止果蔬汁蛋白与带相反电荷的多酚物质或悬浮颗粒发生反应而沉降。当果蔬汁中的果胶酶作用部分水解，使体系黏度下降，胶体失去了稳定性，使原来被包裹在内部的带正电荷的蛋白质颗粒暴露出来，与其他带负电荷的粒子相撞，就导致絮凝的发生[11]。

　　利用超滤技术生产清汁及浓缩清汁在果蔬汁加工业中越来越流行。超滤比传统的过滤速度快、效果好，但它的主要缺点是由于果蔬汁中大量糖的存在，在超滤过程中会使超滤系统产生次生覆膜，降低了超滤通量。加入分解多糖物质的商品果胶酶，可减少次生覆膜的产生，提高超滤通量，增加了产量。如果果胶的残留物和一些中性聚糖分解不彻底，则在超滤时极易堵塞超滤膜，使超滤速度下降，超滤膜难以清洗。用果胶酶对超滤膜清洗与化学方法相比，其优点是能100％地进行生物分解，它们可以在最佳的 pH 值、温度下作用，缩短清洗时间，增加超滤膜的通透量和使用寿命，增加产量，节省能源。因此，超滤技术与酶技术配合对超滤作用的发挥至关重要[12]。

（2）漆酶在果蔬汁生产中的应用

漆酶是一种近年来伴随着超滤技术在果蔬汁中广泛应用而发展起来的新型酶类。膜技术被人们称为 21 世纪最具生命力的产业之一，而要想使膜技术在果蔬汁中得到大发展，解决膜污染问题是至关重要的。一旦过滤物中存在较大颗粒就会堵塞膜孔影响膜作用的发挥，因为新兴的膜工业所采用的膜，其孔径极小，因而容易发生堵塞；同时超滤膜不能截留活性酶类化合物，从而使其进入果汁滤出液中引起后者浑浊。由于以上原因，超滤技术与酶技术在果蔬加工业中配合使用已成为趋势。特别是为了解决超滤膜不能截留酶类化合物的问题，一种微生物性漆酶已为人们所广泛关注。该种酶可以使活性酶类化合物进行专一性酶法氧化反应，氧化的酚类物质自身作为聚合物而能被超滤膜所截留。这样使果汁及浓缩果汁澄清，色泽浅且稳定[13]。

用漆酶进行酶法稳定果汁的优点：a. 果汁及浓缩果汁澄清、色浅、稳定；b. 不需要用澄清剂及助滤剂；c. 污染问题少；d. 不需要用 PVPP（聚乙烯吡咯烷酮）、活性炭及吸附剂处理；e. 方法简单，易于自动化；f. 是一种面向未来的，生态保护性技术。

6.1.5 味精工业

中国是世界味精消费的最大市场，味精的产量仍稳步增长，但就在人们享受如此鲜美的味道之时，味精行业废水的排放却给我们赖以生存的环境带来了巨大的破坏[14]。

（1）味精生产废水的主要来源

味精工业是以大米、淀粉、蜜糖为主要原料的加工工业，味精废水通常分为两类：一类是发酵谷氨酸提取后的废水，目前基本上是等电点-离子交换提取工艺，其产生的废水属高浓度有机废水；另一类是相关车间的废水，诸如淀粉洗水、制糖洗水、发酵洗罐水、精制洗水等，属于中浓度有机废水。

（2）味精废水的处理方法

通常味精废水处理时并不将废水中悬浮的菌体去除，而菌体蛋白占废水中有机成分的30％～40％，同时菌体蛋白还是可以回收利用的物质，可以用来制成饲料、单细胞蛋白粉等有再利用价值的产品。所以味精废水中菌体的去除成为人们关注的问题之一。

味精生产中的菌体在 $0.7～3\mu m$，并带有很强的亲水性，菌体分离比其他发酵产品困难。在谷氨酸发酵液中含有约 4％的湿菌体，提取干燥后可生产蛋白质含量超过 70％的高质量蛋白，可以显著降低味精废水的处理成本。国内有些企业采用或正在试用高速离心机或絮凝沉降法去除菌体，但因投资大或过滤困难，效果不理想。超滤膜分离技术作为一种新兴的分离单元技术，具有操作简单、分离效果好、能耗较低等优点。因此，提出采用超滤技术去除味精废水中的菌体。

（3）超滤膜去除味精废水中菌体的工艺

采用超滤膜去除菌体的味精废水处理工艺过程如图 2-6-2 所示。

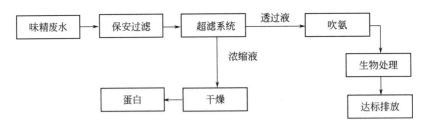

图 2-6-2 采用超滤膜去除菌体的味精废水处理工艺

根据王焕章等对不同浓缩倍数、不同温度、不同运行压力等因素进行对比试验，从而找出超滤膜去除菌体的最佳操作条件。

1) 不同浓缩倍数对超滤膜通量的影响　由图 2-6-3 可以看出，浓缩倍数越大，通量越小，虽然浓缩倍数大，可以减轻菌体干燥工艺的负荷，但却使超滤膜所承担的负荷加大，长时间运转可能会使超滤膜的通量产生不可恢复的损害。所以，选择一个合适的浓缩倍数是十分重要的。从图 2-6-3 可以发现，浓缩 5 倍时通量的降低并不十分明显，但要好于浓缩 10 倍时的通量所以，可以将浓缩 5 倍作为一种较好的选择。

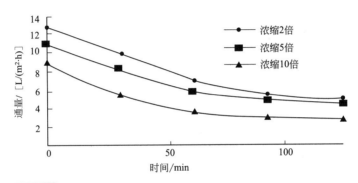

图 2-6-3 在不同浓缩倍数下通量随时间的变化(30℃、0.25MPa)

2) 不同温度对超滤膜通量的影响　由图 2-6-4 可以看出，通量随温度的升高而上升。由于温度过高一方面会导致超滤膜老化，影响超滤膜的寿命，另一方面也要消耗过多的能量。所以，在温度的选择上应以适度为宜，通常在 50~60℃ 之间。

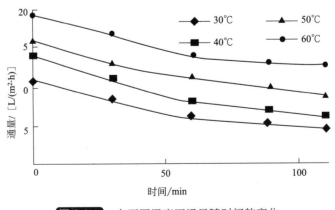

图 2-6-4 在不同温度下通量随时间的变化

3) 不同压力对超滤膜通量的影响　由图 2-6-5 可以看出，压力的升高有利于通量的增加，通常选择 0.25～0.30MPa 作为操作压力，压力太高一方面对超滤膜的寿命有影响，另一方面能耗也会升高。

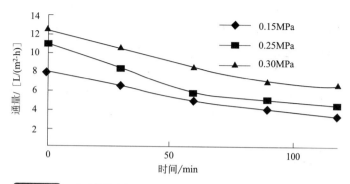

图 2-6-5 在不同压力下通量随时间的变化（30℃、0.25MPa）

味精废水属于高浓度有机废水，通常采用的生物法很难将其处理到达标排放，并且废水中的菌体蛋白也被降解，未能综合利用。而采用超滤膜去除废水中的菌体，可以很好地截留菌体，经处理后综合利用，同时降低了后面处理方法的负荷。试验之后，超滤处理味精废水的最适条件为 50℃、0.25～0.30MPa 的压力，浓缩倍数应控制在 5 倍左右。

（4）味精废水的资源化

欧盟及德国环保法规定发酵工业废水必须浓缩处理，认为浓缩处理后可以生产饲料和肥料，要比单纯用厌氧-好氧法处理合算。将高浓度有机废水浓缩处理后综合利用已经成为发展的趋势。经过大量研究工作，国内外专家曾达成共识，认为浓缩-等电点提取工艺将味精废水进行蒸发浓缩处理得到浓缩液是较为经济的工艺路线。但由于蒸发浓缩过程耗能过大，国内专家指出，味精废水的完全蒸发干燥处理不适合我国国情，是不可取的。为寻求更好的解决办法，我们研究利用微生物分解转化有机物和无机氮素合成各种营养素的功能，将味精废水浓缩液通过固体发酵全部转化为蛋白饲料，从而达到清洁"零排放"。此方案利用有机废水可制取廉价优质的生物蛋白饲料，有利于解决蛋白不足问题，同时由于加工成本低，设备投资少，因此可以为味精厂采用，在彻底解决味精废水污染问题的同时还可取得显著的经济效益[15]。

① 工艺方案如图 2-6-6 所示。

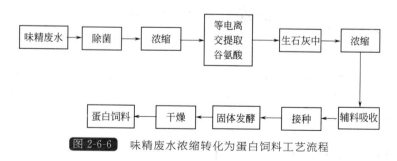

图 2-6-6 味精废水浓缩转化为蛋白饲料工艺流程

② 工艺特点

Ⅰ．浓缩设备简化。由于固体发酵要求含水 65％，浓缩液二次提取谷氨酸后用生石灰中和至中性，即使不浓缩亦可应用于固体发酵，若浓缩则设备材料可选碳钢，因此浓缩设备可以大大简化。

Ⅱ．干燥设备简化。浓缩液配辅料采用固体发酵后得到物化性质完全改变的由菌丝相连的疏松网络结构的蛋白饲料，由于不黏设备，含水由原 $60\%\sim80\%$ 降低为 50%，因此选用一般的饲料烘干机即可完成干燥。

Ⅲ．能源设备简化。由于固体发酵是产热过程，在不需蒸汽的情况下通过微生物的生长呼吸作用降去大量水分，因此较小的锅炉既能满足要求。

Ⅳ．经济效益显著。采用该工艺生产的生物蛋白饲料呈黄褐色，具有浓厚曲香味，含粗蛋白 35%，氨基酸综合达粗蛋白含量的 26%，并富含多种 B 族维生素及多种促生长因子。每吨蛋白饲料成本 860 元。以售价 1100 元/吨计，利润率为 21.8%。

6.2　膜技术概况

膜技术是建立在高分子材料基础上的新兴科学技术，是混合物质在通过半渗透膜时达到机械性分离的过程。实施膜技术的必要条件是压强梯度和势能梯度。膜的两面的压强差是分离过程的推动力，水的电渗析处理是以电力作为膜分离过程的推动力。

近年来，膜技术有长足的进步，并广泛应用于食品、化工、医药、生物技术等领域。例如果蔬汁的超滤澄清、乳制品的反渗透浓缩、水的电渗析处理等。目前，全世界使用平流方式(cross flow)精密过滤膜和超过滤膜面积已达 $2.4\times10^5\,m^2$，膜技术的应用不仅提高了食品的质量，而且简化了工艺，降低了成本，节约了能源[16,17]。

6.2.1　膜技术原理

膜分离是指用半透膜作为分离介质，借助于膜的选择渗透性作用，在能量、浓度或化学位差的作用下对混合物中的不同组分进行分离提纯。由于半透膜中滤膜孔径大小不同，可以允许某些组分透过膜层，而其他组分被保留在混合物中，以达到一定的分离效果。膜可以是固相、液相或气相，膜的结构可以是均质或非均质的，膜可以是中性的或带电的，但必须都具有选择性通过物质的特性。

具体的工作原理可分为两类：一是根据混合物物质的质量、体积、大小和几何形态的不同，用过筛的方法将其分离；二是根据混合物的不同化学性质分离开物质。膜分离技术的特征如表 2-6-3 所列。

表 2-6-3　膜分离技术的特征

膜分离技术	反渗透(RO)	超过滤(UF)	电渗析(ED)	精密过滤(MF)
膜的最大孔径	$3\sim20\text{Å}$	$10\sim1000\text{Å}$	$5\sim100\text{Å}$	$1000\sim10^6\text{Å}$
分离的目的	水的分离(浓缩)	低分子物质的分离	离子的分离	高分子量物质分离、微生物
分离的驱动力	压力	压力	电力	压力
被分离的物质	水	低分子量物质	离子	高分子量物质、微生物

注：$1\text{Å}=10^{-10}\,m$。

6.2.1.1　反渗透（Reverse Osmosis，RO）

反渗透，又称高滤，是渗透的逆过程，通过在待分离液一侧加上比渗透压高的压力，使原溶液中的溶剂压到半透膜的另一边。反渗透膜的过滤粒径为 $0.2\sim1.0\text{nm}$，操作压力在 $1\sim10\text{MPa}$[18]。其分离原理有以下几种。

1）毛细管流机理　针对乙酸纤维素膜提出，水进入乙酸纤维素膜的非结晶部分后，由于和羧基的氧原子发生氢键作用而构成结合水，孔径越小，结合越牢。结合水把孔占满，不与乙酸纤维素膜氢键结合的溶质就不能扩散通过，能与膜结合的离子和分子就通过了膜。

2）溶解扩散模型　把半透膜看作完全致密的中性界面，水和溶质被吸附到膜表面，然后在膜中扩散通过。

3）孔隙开闭原理　聚合物在压力下，改变无序的布朗运动，产生振动，使聚合物链之间的距离减小，使离子难以通过，从而与水分离。

反渗透在工业上最重要的大规模用途是海水和苦咸水的脱盐；其次食品工业中的废水也可用反渗透法进行处理以回收其中的有价值的产品，例如在制酪工业中可以从废水中回收乳糖和乳酸等。反渗透还可直接用于食品生产过程——液体食品的脱水，例如通过脱水可生产出的产品有咖啡、肉汁、茶叶、牛奶、橘子汁、番茄汁、糖浆[19]。

6.2.1.2　超滤（Ultra Filtration，UF）

超滤在一定压力下，含有小分子物质两类溶质的溶液流过被支撑的膜表面时，溶剂和小分子溶质透过膜，大分子被截留作为浓缩液被回收。超滤膜的粒径为 $5\sim10nm$ 之间，操作压力在 $0.1\sim0.25MPa$ 之间。

在所有的膜分离手段中，超滤的用途最为广泛，目前超滤可用于牛奶和肉类加工厂的污水处理；在淀粉加工、酿造、羊毛加工中所产生的污水也可用超滤法加以处理，以回收其中的许多有价值的产品；此外，超滤还可以进行食品的脱水、果胶的浓缩、酒精饮料的杀菌和澄清等；最后在医药工业中，超滤还可用于分离、提纯和浓缩具有生化作用的物质，如酶、病毒、核酸、特种蛋白质等。

6.2.1.3　电渗析法（Electro Dialysis，ED）

电渗析，在直流电场作用下，以电位差为推动力，利用离子交换膜的透过性，把电解质从溶液中分离出来，实现溶液的淡化、浓缩和纯化。

只能透过阳离子的阳离子交换膜和只能透过阴离子的阴离子交换膜交错排列。相间设有浓缩室和脱盐室，装置两端通入直流电，这样便能得到浓缩液和脱盐液。日本、科威特将电渗析法用于海水淡化及浓缩制盐。

电渗析在化学、食品、制药工业中的应用在最近几年得到了广泛研究，其中有的应用具有很大的经济价值，例如干酪乳清中矿物质的脱除，酒类产品(特别是香槟酒)中酒石酸的脱除等。

6.2.1.4　微滤（Micro Filtration，MF）

微滤以静压差为推动力，利用膜的"筛分"作用进行分离的膜技术，微滤膜具有比较整齐、均匀的多孔结构，在静压差的作用下，小于膜孔的粒子通过滤膜，比膜孔大的粒子则被阻拦在滤膜表面，从而实现不同组分的分离。微滤膜是均匀的多孔薄膜，厚度在 $90\sim150\mu m$ 左右，过滤粒径在 $0.025\sim10\mu m$ 之间，操作压力在 $0.01\sim0.2MPa$ 之间。

其分离原理有以下几种：a. 机械截留作用，截留比它孔径大或相对的粒子；b. 物理作用，如吸附和电性能；c. 架桥作用，微粒因为架桥作用被截留；d. 膜的内部截留作用，如将微粒截留在膜的内部。

微滤的一个最重要应用是在电子工业中生产超纯水；其次微滤的另一个较大规模的应用是在医院、制药企业和微生物实验室中制备无菌液体；除此之外，微滤还被大规模地用于啤酒、酒和软饮料的生产中，用孔径小于 $0.5\mu m$ 的微孔膜可有效除去其中酵母、霉菌和其他具有破坏性的生物体，代替原来高温瞬时灭菌和巴氏灭菌，保持酒和饮料的原有风味。在食品工业中，MF 广泛地用于分离，代替热处理用于杀菌，主要是除去悬浮固体颗粒、脂肪、大分子蛋白质。

6.2.1.5 纳滤 (Nanofiltration，NF)

纳滤是在反渗透基础上发展的膜分离技术。纳滤膜的截留粒径为 0.1～1nm，操作压力 0.5～1MPa，截留分子量为 200～1000，所以对水中的分子量为数百的有机小分子成分具有分离性能，能浓缩二价盐、细菌、蛋白质等大于 1000Da 的物质，它填补了反渗透和超滤之间的空白。

6.2.2 膜技术的特点

膜分离与传统的分离技术(蒸馏、吸收、萃取、深冷分离等)相比，具有以下特点：a. 膜分离工程不发生相变化，是一种节能技术；b. 膜分离在常温和一定压力下进行，特别适合热敏性物质，如酶、果汁的分离浓缩、精制等；c. 膜分离是一个高效的分离过程，其适用范围极广，从微粒级到微生物菌体，甚至离子级等；d. 膜分离设备本身没有运动部件，很少需要维护，可靠度很高，操作简单，降低操作费用；e. 膜分离具有良好的化学和温度适应性，提高了废物的利用率；f. 膜分离的压力降较低，膜的使用寿命较长。

6.2.3 膜技术在食品工业中的应用

膜分离过程一般不涉及相变化，操作温度在室温左右，具有投资小、占地少、无污染、高效、节能等特点，可减少产品流失，提高产品得率并避免环境污染，符合清洁生产工艺的要求与规范。由于膜技术的特点，膜技术在食品加工领域有其独特的适用性。整个分离过程在密闭系统中进行，避免和减轻了热和氧对食品风味和营养成分的影响，只需加压、输送和反复循环，费用约为蒸发浓缩的 1/5～1/2，还有冷杀菌潜势。目前膜分离技术已应用于乳制品、豆制品的加工、酶剂的提纯浓缩、果蔬汁的澄清及浓缩、天然色素等食品添加剂的分离浓缩及卵蛋白的浓缩等。

近几十年膜技术取得了显著进展，2014 年中国膜工业产值首次突破 1000 亿元，目前已广泛应用于化工、电子、轻工、医药、纺织、印染、造纸、发电、冶金、国防、石油、污水处理、农业、食品等各行业。膜分离技术是当代国际上公认的最具有经济效益和社会效益的高新技术之一[20,21]。

6.2.3.1 在果蔬汁生产中的应用

在果蔬汁生产中，膜技术有 2 个方面的主要应用：a. 微滤、超滤技术用于澄清过滤；b. 纳滤、反渗透技术用于浓缩。

(1) 微滤、超滤技术用于澄清过滤

用超滤法澄清果汁时，细菌将与滤渣一起被膜截留，不必加热就可除去混入果汁中的细菌。相对于酶法而言，滤汁中不存在未分解的果胶，长期储存极少出现二次沉淀。国外已采用超滤技术澄清苹果汁、菠萝汁和柑橘汁等，产品质量及经济效益较好。与常规澄清方法相比，超滤澄清的优点主要表现在：a. 可提高产量 5%～8%，可改善果蔬汁口味，保持其风味和营养成分；b. 可节约澄清剂、助滤剂等费用；c. 可减少设备和操作费用；d. 能达到除菌目的，省去除菌操作；e. 使果蔬汁易于浓缩[22]。

果蔬汁的超滤澄清工艺如图 2-6-7 所示。

图 2-6-7 果蔬汁超滤澄清工艺

（2）纳滤、反渗透技术用于浓缩

果蔬汁浓缩的目的是为了提高果汁成分的稳定性，减少体积以便于运输，同时期望能除去酸和产生不良气味的成分，改善果蔬汁风味。传统的果蔬汁浓缩方法采用蒸发与冷冻脱水两种，都存在高温或低温相变过程，能耗大，且因果蔬汁内含有大量有机酸，加热浓缩时容易氧化变质，营养成分损失严重，产品品质低。而冷冻浓缩与膜分离技术相结合可克服上述缺点。

对于高黏度的果蔬汁，尤其是随浓度升高而黏度迅速上升的果蔬汁（例如梨、桃、杏、番茄等），单纯利用膜技术无法将其浓缩到较高浓度。此时可采用反渗透与真空蒸发相结合的浓缩方法。由于反渗透法可很容易地将大多数果蔬汁浓缩到 25～30°Bé，而且与真空蒸发法相比其成本较低，因此可以反渗透作为预浓缩工艺，然后用真空蒸发法浓缩到较高的浓度。

例如，果蔬汁中的芳香成分在蒸发浓缩过程中几乎全部失去，冷冻脱水法也只保留大约8%，而用反渗透技术则能保留 30%～60%。

6.2.3.2 在乳品工业中的应用

反渗透、超滤技术主要用于乳清蛋白的回收和牛乳的浓缩。目前各国广泛应用超滤法作为回收乳清蛋白的标准技术。

用膜分离技术加工乳品比用其他方法更为经济。从牛奶生产酸奶或奶酪等传统上使用蒸发浓缩法，不但能耗较高，且会破坏牛奶中的某些热敏性成分，影响产品质量。将反渗透技术用于稀牛奶的浓缩，可生产出品质令人满意的奶酪及酸牛奶。用反渗透技术除去乳清中的微量青霉素，大大延长了乳制品的保质期。

采用反渗透法还能将乳清中的固形成分浓缩至 18%～30%，进一步干燥后成为家畜饮料或乳酪的原料。由于全干乳清中含有大量的乳糖和灰分，因而限制了它在食品中的应用。采用超滤技术，可在浓缩乳清蛋白的同时，从滤液中分离掉乳糖和灰分等。

日本对牛奶的超滤浓缩与真空蒸发法做了对比，结果表明，对于一个日处理量为226.8t 的工厂来说，设备投资与运转费用，采用超滤法均要便宜得多。古巴干酪公司生产干酪素的经验表明，每 4.536kg 干酪可制备 0.453kg 干酪素，剩下的 4.082kg 乳清若以反渗透法和蒸发法进行处理，每日处理牛奶量为 422t，一年生产 92d，可比单纯用蒸发干燥法节省 8 万美元。

采用超滤和反渗透技术，可在浓缩乳清蛋白的同时，从膜的透过液中回收乳糖和灰分等，具体见图 2-6-8，这就提高了乳清蛋白的质量，并获得了另一种乳制品——乳糖，而乳糖在医药工业、酸乳和婴儿食品中用途很广。

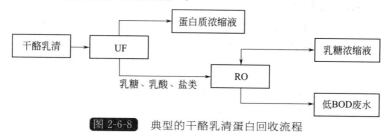

图 2-6-8 典型的干酪乳清蛋白回收流程

6.2.3.3　在酒类生产中的应用

用超滤膜能除去酒及酒精饮料中残留的酵母菌、杂菌及胶体等，使酒的澄清性得到改善，并获得良好的保存性，还能使生酒具有熟成味，缩短老熟期。一些酒经超滤处理后风味有所改善，变得清爽又醇香延绵。目前美国、意大利、日本等国采用超滤法对酒和酒精饮料进行精制，处理的酒类有葡萄酒、威士忌、烧酒、清酒、黄酒等。使用超滤法还可避免酒因热杀菌引起浑浊成分的析出，简化了过滤设备。

用超滤法代替离心分离法进行葡萄酒的提纯，可以在不加化学试剂的情况下制得透明葡萄酒，还可降低酒中的乙醇含量。

过滤是啤酒生产的重要环节，目的是除去啤酒中的酵母、蛋白质和多酚复合物等微小物质，改善啤酒的生物和非生物稳定性。经棉饼过滤或硅藻土过滤之后啤酒称为鲜啤酒或生啤酒，储存超过 1 周就会发生生物浑浊。人们日常饮用的瓶装啤酒，在装瓶后必须经过低温灭菌，使残留的酵母及其他杂菌停止繁殖，这样的啤酒称为熟啤酒，一般能保持 60～90d 或更长。生啤酒的口味虽优于熟啤酒，但不能长期保存，给运输及销售等带来一定的困难。为了使生啤酒能长期保存，建议采用超滤技术对啤酒进行精滤。

一个年产 3000t 食用酒精的工厂，就废水回用一项而言可提高酒精产量 1%～8%（平均4.5%），年创价值 4216 万元，而设备投资只需 20 万元左右；该厂日产酒精 8m³，每天成熟醪液约 100m³，每立方米成熟醪液可回收干酵母 3.6kg，每年可回收含水 10% 的干酵母120t，价值 24 万元；每吨酒精产废水按 12m³，则年回收含水 10% 的干酵母 480t，价值 96万元，预计设备投资为 40 万～50 万元。从数据中可以看出，膜分离运用到酿酒废水的综合治理中具有显著的经济效益和环境效益[23]。

6.2.3.4　在豆制品工业中的应用

蛋白质的分离和回收是膜技术在豆制品工业中的主要应用。传统的大豆分离蛋白制造方法是利用醇法和酸碱法，这些方法存在得率及纯度较低，溶解性较差等缺点，且工艺较复杂、特别是废水给环境带来相当大的危害。而采用膜分离方法，则可从根本上改变这种状态。豆乳制作时产生的大豆乳清，通常方法只能从中提取近 60% 的蛋白质，残留蛋白质采用超滤法进行浓缩，可增加 20%～30% 的豆腐收率。采用超滤法还可在浓缩蛋白的同时去除产生豆腥味和影响豆乳稳定性的低分子物质，提高豆乳质量。

制酱工厂排出的废水中，80% 以上的 BOD 主要来自大豆的蒸煮汁，大豆蒸煮汁可进行分段超滤处理，经膜法处理后的滤液可作为生产用水回收，浓缩液可作为生产原料。对大豆蛋白工业中的乳清处理是防止水体污染的重要方法。大豆乳清中含有多种低分子蛋白质、多糖类、肽、低聚糖类物质，可采用超滤法回收浓缩大豆蛋白，以满足人类和畜牧业的需求。对大豆乳清进行浓缩分离时浓缩液中含有 β-淀粉酶、胰肮酶、阻凝酶、阻凝剂等，选用合适的超滤膜对 β-淀粉酶进一步分离浓缩，可获得 β-淀粉酶产品。

6.2.3.5　在酶制剂工业中的应用

酶是一种生物催化剂，在发酵、食品、医药、环保、化工等行业有着重要的用途。工业上提取酶制剂，过去多采用真空浓缩、盐析沉淀、溶剂萃取、吸附分离法等方法来进行酶液的浓缩和纯化。超滤技术发展起来后，由于具有酶活收率高、对环境污染少、生产能耗低等特点，很快便作为浓缩、纯化酶制剂的方法而在生产中得到了应用，见图 2-6-9。目前，酶制剂工业已成为膜技术在我国食品行业中应用较多的领域之一[24]。

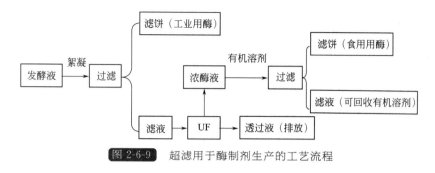

图 2-6-9　超滤用于酶制剂生产的工艺流程

6.2.3.6　在茶饮料中的应用

2000 年的统计资料显示，茶饮料已成为饮料中的第三大品种，且今后仍有上升的趋势。茶饮料生产中，利用超滤和反渗透技术在常温下分离、浓缩，可获得保色、保香，效果好的浓缩茶汁(流程见图 2-6-10)，用于配制茶饮料或进一步干燥制成速溶茶粉。如果以低档茶叶为原料，采用此法可提高茶汁的品质。另外，茶饮料生产所需的纯水一般也用反渗透法制取，这对保证产品质量有重要作用。

图 2-6-10　膜法速溶茶粉生产流程

6.2.3.7　在味精工业中的应用

味精工业是以大米、淀粉、蜜糖为主要原料的加工工业，味精废水通常分为两类：一类是发酵谷氨酸提取后的废水，目前基本上是等电点-离子交换提取工艺，其产生的废水属高浓度有机废水；另一类是相关车间的废水，诸如淀粉洗水、制糖洗水、发酵洗罐水、精制洗水等，属于中浓度有机废水。

通常味精废水处理时并不将废水中悬浮的菌体去除，而菌体蛋白占废水中有机成分的 30％～40％，同时菌体蛋白还是可以回收利用的物质，可以用来制成饲料、单细胞蛋白粉等有再利用价值的产品[14]。所以味精废水中菌体的去除就成为人们关注的问题之一。

6.3　超滤膜回收蛋白制成饲料技术

世界蛋白质平均年产量在 9000 万吨左右，每人每天约 45g，远低于世界粮农组织(FAO)规定的标准人均 68g/d，而且消费差异很大，在欧洲为人均 100g/d，日本人均 80g/d，中国为 36～46g/d，而在发展中国家则有更低的，粮食不足成为婴幼儿发育不全，死亡率高的一个重要原因。

在我国，随着耕地的逐年减少，农业增产的余地与潜力越来越少，种植结构的调整也面临着来自人口剧增的压力。我国饲料工业对蛋白原料的要求每年近 2000 万吨，除了用外贸弥补外，行业的节流开源是一条重要出路。例如，充分利用油料种子等非常规饲料、轻工业下脚料、鱼类加工下脚料、绿叶等。另外，微生物蛋白质(Single Cell Protein，SCP)将是一个令人瞩目的开发途径[25]。

6.3.1　技术概述

现在已经有了利用微生物发酵粗饲料，提高饲料营养价值的技术。例如，在奶牛饲养中常用的青储饲料，通过有益微生物乳酸菌的作用，产生大量的有机酸，抑制了腐败菌的活动，将饲料中养分保存下来，同时提高了饲料的营养价值。据报道，利用青储饲料可以提高奶牛的产奶量。在粗饲料中，细胞壁的木质素-半纤维素-纤维素的复合体结构很稳定，其自身不能被消化酶消化，而且还阻碍消化酶进入细胞对细胞内营养物质的消化。通过真菌产生的酶分解细胞壁的复杂结果，从而提高粗饲料的利用率，同时也提高了粗饲料中的蛋白含量。有一种发酵粗饲料，利用白腐真菌来产生能分解木质素的过氧化酶，因而能分解粗饲料中纤维素和木质素；我国近年来用尼纤87号菌种发酵粗饲料，可使真蛋白提高0.6%，粗纤维降低21%。广东微生物研究所采用4320系列菌株、868协生菌组，用固态发酵法生产发酵草粉，使低质杂草的蛋白含量显著提高[26]。

利用微生物生产单细胞蛋白来缓解蛋白质资源缺乏。我国近年在单细胞蛋白的研究和生产方面进展很快，并形成了一定的工业规模。单细胞蛋白饲料菌体蛋白含量在40%～80%，且必需氨基酸和维生素含量丰富，具有较高的营养价值[27]。生产单细胞蛋白的主要原料有造纸工业的纸浆废液、制糖工业的糖蜜及废弃物、酿酒业的槽类及废弃物等，所用的微生物主要有酵母、非病原性细菌、霉菌和藻类。

羽毛粉的蛋白含量很高，但是原始状态的羽毛蛋白主要为角蛋白，动物蛋白消化酶难以将其消化。现已经发现了降解羽毛的细菌，可以使羽毛蛋白解裂出可以利用的氨基酸。血粉蛋白质含量很高，但是也难消化并且适口性差，通过微生物发酵可将血粉加工成优质的蛋白质饲料。

用微生物发酵技术可以使棉籽饼粕、菜籽饼粕脱毒，从而可以再配合饲料中的使用量增加，节约豆粕和鱼粉。

6.3.2　工艺流程

利用膜分离方法分离回收蛋白可以从根本上改变传统方法纯度低，溶解性差等缺点。林岩等[28]从工艺过程设计、改善膜分离系统物料的流动状态着手，根据大豆蛋白分子量大小、形状及膜与大豆蛋白的适应性，选择膜材料和不同截留分子量的膜对大豆蛋白提取液超滤分离、精化，再超滤浓缩，最后喷雾干燥。研究发现所选择的膜对大豆蛋白提取液分离过程的截留率均在95%以上，经浓缩后蛋白质回收率达93.9%，明显高于酸沉淀法。得到的样品溶解性、发泡性、乳化性和吸附性均好于市场购买的工业生产产品。

崔岸等用截留分子量为20000～30000的聚砜酰胺膜制备大豆浓缩蛋白，其工艺如图2-6-11所示。

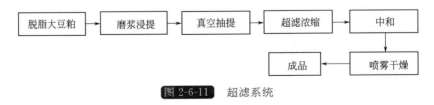

图 2-6-11　超滤系统

膜法提取大豆蛋白目前还没有很好地应用于工业化生产的主要原因，是膜分离过程中膜的污染使膜通量大幅度下降的问题，为解决这些问题，国内外科技工作者进行了大量的研究，最常用的方法有瞬时闪吹法、海绵球洗净法、脉动法、逆流冲洗法等。

6.3.3　案例分析

周伯川等[29]选用中空纤维聚砜膜提取大豆蛋白质，对膜分离过程的最优工艺条件进行了探讨，克服了生产过程中的膜污染的方法，通过工业化生产试验，取得较好的工艺效果和产品。

原料选用的是黑龙江三江、吉林前郭、陕西西安生产的低变性豆粕。膜组件采用的是聚丙烯腈中空纤维超滤膜、聚砜中空纤维超滤膜、聚砜中空纤维超滤膜。膜分离提取大豆蛋白工艺路线如图 2-6-12 所示。

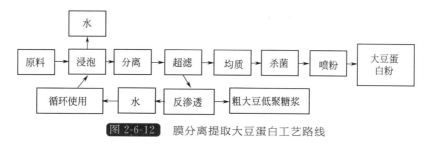

图 2-6-12　膜分离提取大豆蛋白工艺路线

国外大豆蛋白生产过程中排放的废水处理主要是加入饲料中，采用膜分离工艺排出的水经反渗透处理后，可以循环使用，从而大大节约了水资源，同时对反渗透截留物经脱色、脱盐、浓缩及喷粉处理后，可获得使用价值较高的大豆低聚糖产品。

超滤法处理大豆蛋白废水，不仅可以有效地降低废水的 COD，而且可以回收乳清蛋白，还可为低聚糖的回收和废水的进一步净化创造条件，具有环境效益和经济效益相统一的特点。祁佩时等[30]研究表明采用 MWCO 为 10kDa 的聚砜超滤膜处理大豆蛋白废水时，在温度为 45℃、pH 值为 4.5，进水流速为 10L/s 的条件下进行低压(0.2MPa)超滤是适宜的。NaOH 和 EDTA 的混合液更适合于清洗污染后的超滤膜，其通量恢复率约为 90%。

6.4　组合膜回收蛋白制成饲料技术

6.4.1　组合膜回收大豆乳清废水中的蛋白

大豆分离蛋白(SPI)经酸沉后产生的乳清废水，通过絮凝离心处理，可以去除乳清中 65% 左右的脂肪、90% 左右的悬浮固体。在絮凝离心处理后的乳清废水进入 MF 膜装置，在蛋白质损失只有 10% 左右的情况下，脂肪去除率高达 90% 以上，悬浮固体可被全部去除[31]。

6.4.1.1　UF/ (NF)RO 组合膜回收蛋白

根据回收废水的成分及回用水的要求，如图 2-6-13 所示，在合适的膜过程可以回收到不同的高价值产品，如可溶性蛋白、低聚糖和纯水。由于乳清蛋白分子量为 2000～20000Da、大豆低聚糖分子量为 300～700Da，因此采用 UF 膜和 NF 膜技术可以将这 2 种物质分离。研究表明，用 UF 膜可回收乳清废水中几乎所有的蛋白质；用 NF 膜浓缩 UF 透过液，对大豆低聚糖中功能性成分水苏糖和棉子糖的回收率超过 90%。UF 浓缩液经双效蒸发浓缩和喷雾干燥即可得到成品乳清蛋白粉。

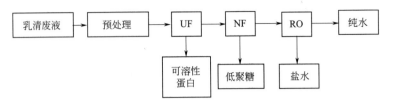

图 2-6-13 处理大豆乳清废水的膜技术应用

大豆乳清废水经过粗过滤、脱色除盐后，用 PS 的 UF 膜去除废水中的杂蛋白，再用 NF 或 RO 浓缩提取低聚糖。结果表明，UF 有效地脱除了乳清废水中的蛋白；选用的 NF 膜和 RO 膜都能把乳清液中的低聚糖 100% 回收，低聚糖的浓度从起始的 1% 提高到 12%。

用卷式 PS 的 UF 膜、卷式聚酰胺（PA）复合的 RO 膜处理大豆蛋白废水的研究表明，UF 膜对乳清废水中蛋白回收率为 90%~99%，RO 膜浓缩回收废水中低聚糖。将大豆加工废水进行调 pH 值、离心、预过滤、微滤和调温等预处理；然后将预处理后的大豆加工废水在一定压力下通过 UF 膜系统，以提取大豆乳清蛋白；再将 UF 膜透过液送入 NF 膜系统，以提取大豆低聚糖并将其进行脱色处理；最后对 NF 膜透过液进行后处理以得到可回用于生产的水或符合排放标准的水。

6.4.1.2 电渗析/超滤/反渗透(ED/UF/RO)组合膜法回收蛋白

大豆加工废水先用板框过滤机初滤，滤液泵入 UF 膜装置，脱除蛋白等杂质后，得到干物质约 3% 浓度的浓缩液，然后泵入 RO 膜装置浓缩成含干物质约 15% 的浓糖浆，再经 ED 脱盐、减压浓缩成含干物质约 50% 的浆状低聚糖产品，最后经喷雾干燥得到低聚糖粉。

为了减少乳清废水中无机盐对 NF 特别是 RO 过程的影响，经预处理的乳清废水先进行 ED 法除盐，然后 UF 法提取可溶性蛋白，RO 法浓缩低聚糖。工艺流程见图 2-6-14。

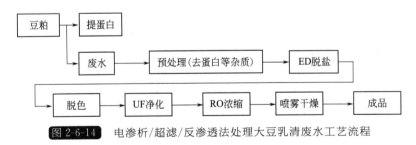

图 2-6-14 电渗析/超滤/反渗透法处理大豆乳清废水工艺流程

参 考 文 献

[1] 尤新. 我国食品发酵工业联产饲料潜力巨大 [J]. 中国饲料，1993，(8)：22-23.

[2] 蒋路漫，黄翔峰. 乳制品工业废水处理技术进展 [J]. 净水技术，2008，27(6)：11-16.

[3] Beatrice B，Genevieve G，Bernard C. Treatment of dairy process waters by membrane operations for water reuse and milk constituents concentration [J]. Dealination，2002，(147)：89-94.

[4] 董爱军，马放，徐善文. 乳品废水浮渣提取脂肪酸 [J]. 中国甜菜糖业，2005，(4)：20-23.

[5] 管运涛，蒋展鹏，祝万鹏，等. 酿酒工业废水治理技术的现状与发展 [J]. 专论与综述，工业水处理，1997，17

　　（3）：6-8.

［6］　缪应祺，王明贤，李龙海．酿酒废水治理技术的研究［J］．江苏理工大学学报，1999，20(1)：24-26.

［7］　陈洪斌，高延耀，唐贤春，等．豆制品废水生物处理的研究与应用进展［J］．中国沼气，2000，18(3)：13-16.

［8］　秦麟源，郭军．厌氧流化床处理豆制品废水［J］．环境污染与防治，1988，(3)：7-10.

［9］　魏群，孙玉梅，李广通．利用豆制品生产废水培养油脂酵母的研究［J］．中国酿造，2005，(5)：37-39.

［10］　杜鹏．果蔬汁饮料工艺学［M］．北京：中国农业出版社，1992.

［11］　Yamasaki M，Kato A，Chu S Y，et al. Pectic Enzymes in the Clarification of Apple Juice［J］. Agricultural & Biological Chemistry，1967，31(5)：552-560.

［12］　陈历俊，白云玲，郭亚斌，等．酶在果汁超滤生产中的应用［J］．食品工业科技，1995(4)：34-37.

［13］　张欣，葛毅强，吴继红，等．酶在果蔬汁加工中的应用［J］．广州食品工业科技，1999(3)：13-15.

［14］　王焕章，赵亮．膜分离技术在味精行业废水治理中的应用［J］．膜科学与技术，2000，20(4)：62-64.

［15］　冯东勋．用味精废水浓缩液发酵生产菌体蛋白饲料［J］．中国饲料，1997，(23)：40-41.

［16］　程淑英，龚莉莉．膜分离技术应用现状与展望［J］．化工技术经济，1999，(2)：15-18.

［17］　严希康．膜分离技术在生物工程中的应用［J］．中国医药工业杂志，1995，26(10)：472-475.

［18］　孙芝扬，高蓝洋．膜技术在食品加工中的应用［J］．饮料工业，2007，10(6)：5-9.

［19］　孙兰萍．膜分离技术——食品工业领域的新兴分离手段［J］．食品研究与开发，2001，22(4)：21-22.

［20］　曹泽红．膜技术在食品工业中的应用［J］．徐州工程学院学报，2005，20(5)：78-80.

［21］　郭瑞丽．膜分离技术及其应用简介［J］．新疆大学学报（自然科学版），2003，20(4)：410-413.

［22］　王启军，何国庆．膜技术及其在果蔬加工中的应用［J］．市场前景与展望，2001，(3)：22-24.

［23］　王贞富．白酒厂酒糟的利用［J］．酿酒，1990，(1-2)：10.

［24］　刘章武．膜分离技术在食品工业中的应用［J］．科技进步与对策，2001，(9)：177-178.

［25］　钟启平．利用微生物菌体开发蛋白饲料资源（一）［J］．畜禽业，1999，(6)：29-31.

［26］　谭会泽，胡轶鹏．利用生物技术开发饲料资源的进展［J］．广东饲料，2004，13(3)：16-18.

［27］　冷桂华，胡晖，李小华．现代膜分离技术及其在粮油工业中的应用［J］．宜春学院学报（自然科学），2006，28(4)：110-112.

［28］　林岩，戴家琨，骆炼，等．大豆蛋白的膜分离技术［J］．中国食物与营养，2000，(1)：21-22.

［29］　周伯川，杨帆．膜法提取大豆分离蛋白的研究［J］．膜科学与技术，1998，8(6)：22-24.

［30］　祁佩时，吕斯濠．超滤法处理大豆蛋白废水及资源回收的研究［J］．哈尔滨工业大学学报，2005，37(8)：1138-1141.

［31］　蔡邦肖．食品工业废水的膜法处理与回用技术［J］．食品与发酵工业，2005，31(10)：102-106.

7

研发薯类淀粉生产高浓度
工艺废水回收蛋白

7.1 薯类淀粉生产概况

薯类淀粉是从马铃薯、红薯和木薯等植物中提取加工而成的，其含量因品种、土壤和气候的不同有较大的差异。2013 年世界淀粉总产量近 6880 万吨，我国年产淀粉 2305 万吨，其中玉米淀粉 2196 万吨，薯类淀粉仅占很少部分。

7.1.1 世界马铃薯淀粉发展历史

从马铃薯中提取淀粉已有几百年的历史，在 17 世纪，欧洲已有从马铃薯中提取淀粉的半机械化手工作坊，到了 18 世纪中叶欧洲各地都有生产，1861 年欧洲开始使用马铃薯淀粉制造淀粉糖。1883 年在欧洲已有马铃薯淀粉生产专用设备制造出现。进入 20 世纪，马铃薯淀粉制造行业快速发展，对于马铃薯淀粉加工行业有深远影响的公司出现，如荷兰维贝、德国 Emsland 告别传统生产方式向全机械化、自动控制方向迈进。到 20 世纪 80 年代后期，马铃薯淀粉制造行业已采用了全封闭、逆流式淀粉生产工艺，其设备采用不锈钢材制造，并且全线依靠自动控制开始相继出现。

7.1.2 中国马铃薯淀粉发展历史

马铃薯传入中国时间较短，马铃薯淀粉生产在中国可分为四个阶段。第一阶段：家庭作坊式生产，早期马铃薯淀粉主要用于粉丝、粉条的制作。第二阶段：半机械化溜槽式生产淀粉。1938 年日本商人在黑龙江讷河建立了第一家马铃薯淀粉厂——讷河淀粉株式会社，开始告别手工作坊，以机械破碎马铃薯，以机械分离淀粉与纤维，配套溜槽方法沉淀淀粉，然后干燥获得淀粉。第三阶段：机械化生产。1978 年改革开放以后，中国马铃薯淀粉工业化生产进入发展阶段。1983 年在陕西省清涧县，第一条机械化马铃薯淀粉生产线投入使用。1985 年中国宁夏回族自治区从波兰成套引进半开始、全机械化马铃薯淀粉生产线两条后，内蒙古自治区、青海省先后从欧洲成套引进马铃薯淀粉生产线。随着沿海经济发展，国内市场出现两旺的局面，因此在大西北掀起一股马铃薯淀粉热。从 1998 年我国马铃薯淀粉总产量 4.92 万吨到 1999 年增加到 9.6 万吨。第四阶段：1997 年年底河北省围场县、黑龙江省大兴安岭、云南省宣威县先后从美国道尔、荷兰尼沃巴公司、荷兰豪威公司引进了全封闭、逆流式自动控制马铃薯淀粉生产线的核心加工设备，国内配套辅助设备，组建了与国际同步的马铃薯淀粉生产行业，翻开了中国马铃薯原淀粉加工的新篇章。

7.1.3 中国马铃薯淀粉生产概况

在我国，马铃薯是列于小麦、水稻、玉米之后的第 4 大类作物。我国马铃薯资源虽然丰富，但产业还很落后，单产低、加工量少。尤其没有适于淀粉生产的高淀粉含量的马铃薯品种。在种植方面基本还是人工操作，收获后的马铃薯 20% 都有伤痕，不便保存，运输和储存技术也很落后，没有专用的运输设备及工业储存技术，每年有 10%～15% 的马铃薯烂掉。我国的马铃薯加工产业发展较晚，总体加工量不足 5%，远远低于国际上平均 50%～60% 的水平，大大落后于发达国家的发展。马铃薯加工业机械化程度较低，缺乏系统的配套工程；马铃薯加工业中综合产品较少、品种单一、效率低、效益差。马铃薯淀粉加工业中产生的废液、废渣等有待于进一步的研究开发利用，需要建立起无污染的马铃薯综合利用环保工程。

我国马铃薯淀粉生产能力在 5000t 以上的规模企业有 10 家，其中生产能力超过 20000t 的仅 4 家，年生产马铃薯淀粉在 13 万吨左右，占总产量的 40% 以上；其余加工能力在几百吨至上千吨的小型马铃薯加工企业有四五十家，还有无法统计的土法生产的马铃薯淀粉作坊，这些小厂加在一起的生产量约占全国总量的 60%，将近 17 万吨。规模生产企业在市场上仍占主导地位，产品供不应求，品质好、价格高，而小型加工的产品以低价格补充剩余的市场，但仍有 1/2 以上的马铃薯精淀粉市场需进口。

过去 20 多年里，我国马铃薯种植面积、总产量和单产分别增长了 91.8%、214.7% 和 64.9%。特别是近 10 年来，马铃薯脱毒技术水平迅速提高，并逐步形成适宜不同生态条件的马铃薯脱毒种薯生产体系。全国脱毒马铃薯已占到总面积的 20% 以上，为我国马铃薯淀粉的进一步发展创造了条件。近几年来我国在马铃薯的种植和深加工上加大了发展，形成了产前、产后良性循环的发展态势。有一批年轻的企业成长起来，引进了国外的大型生产设备和技术。例如，中国大庆碧港淀粉有限公司，2001 年引进荷兰两套全流程计算机控制的马铃薯淀粉生产线，年产马铃薯精淀粉 5 万吨，拥有一套完善的质量稳定自控体系，公司 6000m² 生产车间和 3 万吨成品仓库均按 GMP 和 HACCP 国际统一卫生规范建设；马铃薯种植及研发方面聘请国内著名马铃薯首席专家吴国林教授为总农艺师，成立了全国首家马铃薯栽培技术研究所和马铃薯食品开发研究所；实现从品种引进—适宜—推广—技术培训—前中后期管理—收获的全过程科学化管理，并不断研究市场前景好的马铃薯新兴食品，如科技含量和附加值都很高的水晶粉丝和粉皮等产品，现已形成良性的产业化发展态势。

7.1.4 马铃薯淀粉市场前景广阔

据有关方面分析，中国每年需进口马铃薯淀粉 30 万～40 万吨，日本需要进口 15 万～20 万吨，韩国需 12 万～16 万吨，台湾地区需 8 万～10 万吨，东南亚国家需 20 万～30 万吨，合计 90 万～120 万吨。随着一体化进程的深入，逐渐取消了国家补贴政策(1996 年以前，欧共体国家每出口 1t 马铃薯淀粉，补贴 50 美元)，导致马铃薯种植面积减少，也使国际市场上的马铃薯淀粉的供应趋于紧张。美国的马铃薯产量基本处于停滞状态，欧盟 15 国的马铃薯产量则处于不断下降之中。我国与日、韩及东南亚国家相邻，具有地缘优势，目前进口马铃薯淀粉的到岸价为 680 美元/t，而国产的价格仅 3900～4300 元/t。只要产品质量稳定可靠，打入这些国家的市场是有可能的。目前是我国马铃薯淀粉行业开拓国际市场较好的时机。

7.1.5　我国马铃薯淀粉行业的发展方向

目前马铃薯的商品薯及各种加工产品已成为世界贸易中心的重要组成部分，在过去的 20 年里，世界马铃薯生产急剧增长，其产量比任何农作物都增加得快，在发展中国家生产几乎翻 1 倍。加入 WTO 以后，美国、荷兰等世界马铃薯生产大国的跨国企业纷纷瞄准中国市场。我国的马铃薯淀粉加工业要想发展，首先要以高科技为手段，走精深加工的路子。目前国内马铃薯加工业主要生产中低端产品，但中低端淀粉市场已趋于饱和，因此应该向着马铃薯高档淀粉及其衍生物的方向发展，积极参与国际竞争；同时关注大产业，注重产后服务和产后营销，马铃薯淀粉加工不应当只是狭义的形态加工和物质提取，还应当包括包装和储存以及最后的市场营销，国内马铃薯淀粉加工业没有专门的营销公司，由于企业规模小，经济实力弱，经常受到大型零售企业的挤压。因此国内马铃薯加工业必须健全营销网络，打破条块分割，进入统一市场参与竞争，迎接挑战；同时还要培育马铃薯原料基地，原料基地是马铃薯产业化经营发展的前提，是龙头企业的第一生产车间，加强原料基地的建设是马铃薯淀粉业的基础。

要提高我国马铃薯淀粉的竞争力，国家应从产业政策上把马铃薯作为重要的工业原料作物，从育种、种薯生产、加工原料、加工企业、营销全过程进行产业设计与支持。我国马铃薯有很强的比较优势和巨大的潜力，目前与发达国家的主要差距是单产较低、产业链较短、市场化程度较低、从业公司小而少。因此建议国家有关部门组织力量做好区域布局，产业布局和投资布局等方面的规划，培植马铃薯产业的发展，使之成为国民经济的重要支柱产业之一，确定我国农业在亚太地区的竞争优势[1]。

7.1.6　我国红薯淀粉的生产概况

长期以来，我国生产的淀粉以玉米淀粉、马铃薯淀粉和小麦淀粉为主，红薯淀粉也有一部分，只是所占的比例相对少一些。近年来，随着社会的发展，人们越来越注意食品的营养，以红薯为原料加工出来淀粉包含了很多营养成分，从而使得红薯淀粉的产量开始呈逐年上升的趋势。

相关数据显示，目前仅国内市场对红薯淀粉的需求量就在 100 万吨以上，而生产量则远远小于这个数字。随着人们饮食消费观念的改变，红薯淀粉的市场需求会越来越大，红薯的种植空间和淀粉的加工空间也会越来越大。根据市场规划，随着加工量的增加，红薯淀粉加工成本费用也会下降。淀粉价格的上扬拉动红薯价格上涨。从 2004 年红薯和淀粉价格分别上涨的行情来看，淀粉价格的涨幅明显高于其原料红薯价格的涨幅，表明红薯淀粉加工的利润空间不但没有降低，反而增加了很多。

7.1.7　我国木薯淀粉的生产概况

我国木薯淀粉加工业始于 20 世纪 50 年代。20 世纪 80 年代后期以后，由于市场需求大幅度增长，木薯淀粉工业迅速发展，企业数量增加、规模扩大、产量提高，企业采用了三段清洗、二次碎解、逆流洗涤、二次离心分离和一级负压脉冲气流干燥等先进工艺，选用压力曲筛、立式离心筛、碟式分离机、刮刀离心机、一级负压烘干机和导热油加热炉等先进设备，生产技术水平不断提高。每吨淀粉耗木薯 3.9t 左右，耗水 15m³，耗电 150kW·h 左右，耗标准煤 0.1~0.12t。至 2004 年，全国有木薯淀粉厂 150 多家，日产能力达 1.2 万吨。我国木薯变性淀粉工业从 20 世纪 80 年代后期开始起步，目前我国木薯变性淀粉年产量已达 30 万吨，主要用于造纸、纺织、食品、饲料和建材等工业部门[2]。2001~2015 年我国淀粉产量见图 2-7-1。

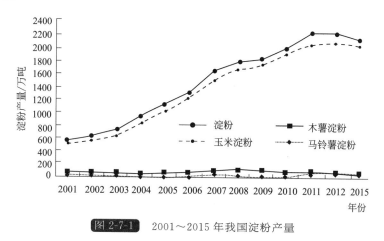

图 2-7-1   2001~2015 年我国淀粉产量

我国木薯淀粉主要用来加工粉丝和变性淀粉，大部分依赖进口，2008 年即从泰国、越南和印度尼西亚等国进口木薯淀粉 46.29 万吨，外贸依存度达 38.58%；而 2014 年我国木薯淀粉进口量达 190.64 万吨。

7.2   薯类淀粉高浓度废水回收概况

马铃薯淀粉生产企业每年都要排放大量的废水，目前绝大多数中小型淀粉厂没有对这些废水进行有效的处理，甚至直接排放。马铃薯淀粉废水无毒无害，但废水中以悬浮或溶解状态存在的碳水化合物、蛋白质、油脂、木质素等有机物，可通过微生物化学作用分解，在分解过程中需要消耗水中的氧气，造成水体缺氧而发黑发臭，从而导致水生生物的死亡。因此淀粉生产厂家一直致力于寻求经济、高效的处理这种废水的方法。

7.2.1   马铃薯淀粉废水特点

目前，马铃薯淀粉生产的工艺流程大致如图 2-7-2 所示。

马铃薯淀粉废水主要来自于 3 个生产工段的 3 种废水，总水质情况 COD 约为 10000~25000mg/L，SS(固体悬浮物)为 18000mg/L。

1) 第一工段产生的冲洗废水   约占总排水量的 50%，主要含有泥沙、马铃薯碎皮及由原料溶出的有机物等。这种废水悬浮物含量高，但 COD_{Cr} 和 BOD 浓度较低，废水经二级沉淀处理后，COD_{Cr} 降低 75%~88%，SS 降低 80%~

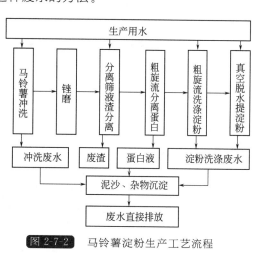

图 2-7-2   马铃薯淀粉生产工艺流程

95％，上清液可循环使用。

2）第二工段产生的蛋白液 仅占总排水量的 10％～20％，含有大量的水溶性有机物及矿物质，如糖、蛋白质、少量的微细纤维和淀粉，蛋白浓度在 0.9％～2.1％左右，COD_{Cr} 含量为 39000～45000mg/L，SS 为 35000～8000mg/L，BOD 值也很高，是整个废水的主要污染源。

3）第三工段产生的淀粉洗涤废水 占总排水量的 30％～40％，生产过程中对水质的要求高，但用水量小，也称为工艺废水。该废水中主要含有淀粉、蛋白质等有机物，COD_{Cr}、BOD 浓度非常高，虽然不产生怪味，但因长期积存在储槽内发酵其酸度也很高[3,4]。

7.2.2 马铃薯淀粉废水的处理方法

目前，有资料显示国内外马铃薯淀粉废水处理的方法主要有絮凝沉淀法、膜分离法、气浮分离法、生物处理法和膨胀床吸附层析法等。

7.2.2.1 絮凝沉淀法

絮凝沉淀法是一种通过加入絮凝剂来降低胶体溶液的稳定性，使之凝聚沉淀，达到分离净化的目的，处理对象主要是水中的微小悬浮物和胶体杂质。一般常用的絮凝剂可分为有机高分子絮凝剂、无机高分子絮凝剂、微生物絮凝剂和复合絮凝剂四类。

絮凝沉淀法处理淀粉废水，虽具有基建投资少、工艺简单、操作简单、能耗低、对气温变化适应性强的特点，但对于浓蛋白液等工艺生产废水处理效果不理想，无法解决蛋白液起泡等技术问题，往往需要和其他处理方法结合使用废水才能达标排放[5,6]。

7.2.2.2 膜分离法

膜分离兼有分离、浓缩和提纯的作用，是一种高效、低能耗、分子级过滤、设备简单、无相变无污染和易操作的分离技术，在废水处理中有着广阔的应用前景。甘肃省膜科学技术研究院[7]利用平板超滤膜设备对马铃薯淀粉废水进行了回收蛋白的中试实验，结果证明，超滤膜对马铃薯淀粉生产废水中蛋白的截留率大于 90％，COD 去除率大于 50％。顾春雷等[8]采用膜技术处理马铃薯加工废水，用切割分子量 10 万和 1.5 万的超滤膜回收蛋白，再用纳滤膜回收马铃薯淀粉废水中的低聚糖，结果证明：利用膜集成技术可以回收马铃薯淀粉废水中蛋白质总量的 97％和低聚糖总量的 90％，最后反渗透液可以达标排放。但是膜分离技术一次性投资大，膜污染严重，一般企业承受不起。目前除甘肃省膜科学技术研究院进行了中试外，其余的仍处在实验室研究阶段。

7.2.2.3 气浮分离法

气浮过程中，细微气泡首先与水中的悬浮颗粒相黏附，形成整体密度较小的"气泡-颗粒"复合体，使悬浮污染物随气泡一起浮升到水面。杜新贞等[9]采用 PAC 混凝沉淀、泡沫分离和吸附方法联用处理马铃薯淀粉废水，水体总 COD 去除率为 80.1％，蛋白质总去除率达到 89.4％。

7.2.2.4 生物处理法

生物处理法是利用微生物新陈代谢功能，使废水中呈溶解和胶体状态的有机污染物被降解并转化为无害物质，使废水得以净化的方法，是目前处理高浓度有机废水的主要方法，包括好氧生物处理法、厌氧生物处理法以及好氧、厌氧相结合的处理方法。

（1）好氧生物处理法

好氧生物处理法是在有游离氧存在的条件下，以好氧微生物为主，降解、稳定废水中的有机污染物，使之转化为无机物而使废水得到净化，主要采用的是好氧活性污泥法。活性污泥具有很强的吸附、分解、氧化有机物的能力，良好的沉降性能，出水水质好，但是能耗大，运行条件苛刻，有些有机物不能被降解。好氧生物处理法主要有接触氧化法、生物氧化塘法和 SBR 法（序批式活性污泥法）。

（2）厌氧生物处理法

厌氧生物处理是在没有游离氧的条件下，以厌氧微生物（如厌氧细菌、酵母菌等）为主对有机物进行降解，使之转变为小分子物质（主要是 CH_4、CO_2、H_2S 等气体）的处理过程。此法能耗降低，能回收生物能（如甲烷），污泥产量低，但是反应过程较为复杂，对水温较敏感，处理后的水质较差。目前，厌氧法处理淀粉废水主要有升流式厌氧污泥床（UASB）、颗粒污泥膨胀床（EGSB）、厌氧内循环反应器（IC）、厌氧滤床（AF）、折流式厌氧反应器（ABR）、厌氧流化床（AFB）、厌氧接触法（ACP）和两相厌氧消化法（TPAD）等。

7.2.2.5 膨胀床吸附层析法

膨胀床吸附层析技术（EBA）是 20 世纪 90 年代初出现的一种新型的生物分离技术，料液从膨胀床底部泵入，床内的吸附剂将不同程度地向上膨胀，料液中的固体颗粒顺利通过床层，目标产物在膨胀床内可被吸附剂吸附。膨胀床集预处理、浓缩和产物收集于一身，从而简化了操作步骤，缩短操作时间，提高产品收率，降低纯化费用和资本投入。挪威的 Sissel Lkra 等学者通过 EBA 从马铃薯淀粉废水中分离得到马铃薯蛋白质（主要包括 patatin 和蛋白酶抑制剂）并对其进行了化学表征和功能性质的研究[10,11]。

7.2.3 马铃薯淀粉废水回收蛋白质

目前，全国生产淀粉的企业大约数千家，马铃薯淀粉总量达 40 多万吨，年加工马铃薯近 300 万吨，年排放废水 800 多万吨，其中蛋白废水约 200 万吨。由于中国淀粉生产工艺相对落后，资源的利用率较低，淀粉生产过程中大量的植物蛋白未加利用而随生产废水排放，这既影响了环境同时还造成了大量的资源浪费。蛋白废水中的固形物主要有蛋白质、糖、矿物质等（表 2-7-1）。马铃薯蛋白是一种极其优良的饲料添加剂，它的营养价值高于大豆蛋白。因此回收马铃薯淀粉废水中的蛋白既可充分利用废弃资源，又能改善环境污染[12~16]。

表 2-7-1 马铃薯淀粉生产废水成分

成分	水分	蛋白质	淀粉	纤维素	糖、酸、盐
含量/%	94	1.8	<0.5	0	2.5

7.2.3.1 马铃薯蛋白质的性质

研究发现，马铃薯储藏蛋白是马铃薯特有的一种糖蛋白，含有 5% 的中性糖和 1% 的氨基己糖。该蛋白能预防心血管系统的脂肪沉积，保持动脉血管的弹性，防止动脉粥样硬化的过早发生，还可以防止肝脏中结缔组织的萎缩，保持呼吸道和消化道的润滑。蛋白酶抑制剂主要分为：抑制剂Ⅰ（PI-1）、抑制剂Ⅱ（PI-2）、半胱氨酸酶抑制剂（PCPI）、天冬氨酸酶抑制剂（PAPI）、Kunitz 型酶抑制剂（PKPI）、羧肽酶抑制剂（PCI）和丝氨酸酶抑制剂（OSPI）等 7 类。蛋白酶抑制剂很久以来一直被认为是抗营养因子，可以抑制胰岛素和胰凝乳蛋白酶的活性（PCI 除外）[17]。然而有研究发现：蛋白酶抑制剂应用于食品中具有良好的起泡性、泡沫稳定性和乳化性等，PCI 可以抑制癌细胞的生长、扩散以及转移，是一种抗癌因子[18]。其他蛋白主要包括凝集素、多酚氧化酶、淀粉合成酶类、磷酸化酶等[19]。

马铃薯蛋白质是全价蛋白质，含有人体 8 种必需氨基酸(见表 2-7-2)，其中赖氨酸和色氨酸含量较其他粮食作物高。刘素稳利用模糊识别法得出马铃薯蛋白与标准蛋白的贴近度为0.912，高于大豆分离蛋白(SPI)的0.837。马铃薯蛋白质的氨基酸评分(AAS)、化学评分(CS)、必需氨基酸指数(EAAI)、生物价(BV)、营养指数(NI)和氨基酸比值系数(SRCAA)分别为88.0、52.7、87.8、84.0、36.9、76.9[20]，表明马铃薯蛋白是良好的蛋白质来源。

表 2-7-2 马铃薯蛋白与大豆分离蛋白氨基酸组成　　　　单位:mg/(g·pro)

项目	氨基酸组成	马铃薯蛋白	大豆分离蛋白
必需氨基酸	异亮氨酸(Lle)	45.9	40.9
	亮氨酸(Leu)	103.4	67.6
	赖氨酸(Lys)	74.4	47.9
	蛋氨酸+胱氨酸(Met+Cys)	31.4	16.9
	苯丙氨酸+酪氨酸(Phe+Tyr)	104.6	70.6
	苏氨酸(Thr)	53.0	30.1
	色氨酸(Trp)	8.8	10.1
	缬氨酸(Val)	59.5	42.7
	必需氨基酸总量	481.0	326.8
非必需氨基酸	丙氨酸(Ala)	49.0	35.5
	精氨酸(Arg)	53.3	61.7
	天冬氨酸(Asp)	119.4	89.4
	谷氨酸(Glu)	120.6	171.0
	甘氨酸(Gly)	43.3	34.7
	组氨酸(His)	23.1	24.8
	脯氨酸(Pro)	43.5	31.4
	丝氨酸(Ser)	50.9	38.4
	牛磺酸(Tau)	15.7	未检测
	非必需氨基酸总量	518.8	486.9

7.2.3.2　马铃薯蛋白质回收方法

马铃薯淀粉废水中蛋白质的回收目前主要有物理法和化学法两种方法：物理法包括泡沫分离法和超滤法；化学法包括加热絮凝法、等电点沉淀法和絮凝剂法。马铃薯蛋白质作为淀粉加工的副产物，产品中蛋白质含量最高可达80%。

（1）泡沫分离法

泡沫分离是根据表面吸附的原理，通过向溶液中鼓泡并形成泡沫层，将泡沫层与液相主体分离，由于表面活性物质聚集在泡沫层内，就可以达到浓缩表面活性物质或净化液相主体的目的。泡沫分离法是蛋白质回收的物理方法，对环境不会造成二次污染。早在 1978 年，Weijenberg 等[21]就利用泡沫分离技术回收马铃薯淀粉废水中的蛋白质，研究了废液的浓度、温度、pH值以及添加NaCl对分离效果的影响。结果表明废液pH为中性时泡沫最稳定，分离效果最好，但是之后该方法用于马铃薯淀粉废水中回收蛋白质的报道却很少。目前泡沫分离技术已工业化应用于玉米淀粉生产废水中回收蛋白质。

（2）超滤法

目前国内外常用超滤技术回收蛋白。超滤是以压力或浓度为驱动力，依据功能半透膜的物理化学性能，进行固液分离，或者将大分子与小分子溶质分级的膜分离技术。即当具有一定压力的液体经过超滤装置内部表面时，根据超滤膜的物理化学性能，选择性地使溶剂、无机盐和小分子物质透过成为透过液，而截留溶液中的悬浮物、胶体、微粒、有机物、细菌和其他微生物等大分子物质成为浓缩液，达到液体净化、分离、浓缩的目的。常用的超滤膜有乙酸纤维素膜、聚砜膜、聚酰胺膜等；超滤装置主要有板框式、管式、卷式和中空纤维式等。

陈钰等[22]采用聚砜中空纤维内压式超滤膜组件回收马铃薯蛋白质，在操作压力为0.10MPa，室温22℃，pH值为5.8的条件下，回收率达到了80.46%。Harmen等利用超滤法从马铃薯淀粉废水中回收蛋白质，首先通过渗滤的方法对马铃薯淀粉废水进行预浓缩，然后采用截留分子量为5～150kDa的3种膜材料，即亲水聚醚砜、亲水聚偏氟乙烯和新型再生纤维素，对马铃薯淀粉废水中的蛋白质进行回收，蛋白质回收率均在82%。

超滤法对蛋白质的回收率均可达到80%以上，回收过程中未受到其他化学成分、热处理等因素的影响，产品的纯度、口感、功能特性等都优于化学法回收的蛋白，而且回收过程中不会造成二次污染。但是超滤设备在使用过程中会发生膜孔堵塞问题，不能连续工作，而且设备价格高，不适合中小企业使用。

（3）加热絮凝法

陶德录[23]通过热处理使蛋白发生絮凝反应，并进行后续的沉淀、浓缩处理，能够从每吨蛋白废水中回收饲料蛋白粉35kg，其中粗蛋白含量为24%～40%。加热絮凝法不仅需要消耗大量能量，而且加热会导致蛋白质发生变性；另外，在絮凝过程中杂质会被蛋白质絮状物包裹而沉淀，导致产品纯度降低。

（4）等电点沉淀法

在等电点时蛋白质分子净电荷为零，在溶液中因没有相同电荷的相互排斥，分子相互之间的作用力减弱，极易碰撞、凝聚而产生沉淀，所以蛋白质在等电点时其溶解度最小，最易形成沉淀物，从而达到将蛋白质从溶液中分离的效果。

齐斌等[24]以新鲜马铃薯为原料模拟工业生产马铃薯废水，采用等电点沉淀法制备马铃薯分离蛋白，可制得纯度为85.38%的蛋白样品。该方法回收蛋白时需要加入大量的酸，回收蛋白后的废水还需加入碱液调至中性，目前主要用于实验室分离进行性质研究。

（5）絮凝剂法

废水中的蛋白质表面带有自由的羧基和氨基，这些基团的亲水作用使蛋白质表面形成一层水化层，而且这些基团的离子化作用使蛋白质表面带有电荷，从而使蛋白质分子相互隔离不会聚集沉淀。加入絮凝剂可以中和蛋白质表面的电荷产生胶凝反应，从而聚集沉淀。

根据组成的不同，絮凝剂分为无机絮凝剂、有机絮凝剂以及生物絮凝剂。无机絮凝剂为低分子的铝盐和铁盐：铝盐主要有硫酸铝、十二水硫酸铝钾（明矾）、铝酸钠；铁盐主要有三氯化铁、硫酸亚铁和硫酸铁。无机高分子絮凝剂是无机絮凝剂的主流产品，主要包括聚合硫酸铝、聚合氯化铝、聚合硫酸铁、聚合氯化铁等。天然有机高分子改性絮凝剂包括淀粉、纤维素、壳聚糖、多糖和蛋白质等的衍生物。废水中蛋白质的回收率与絮凝剂的种类和添加量有很大关系。

目前无机絮凝剂主要用来降低废水中的化学需氧量（COD），用作回收蛋白质的报道较少。Bartova 等[25]通过添加 $FeCl_3$ 回收马铃薯淀粉废水中的蛋白，当 $FeCl_3$ 的添加量为 0.02g/mL 时蛋白质的回收率可达到 82.7%。无机低分子絮凝剂价格低、货源充足，但由于其用量大、残渣多、色泽差，故常与其他絮凝剂配合使用，以降低处理成本。

天然有机高分子絮凝剂由于具有活性基团多、结构多样等特点，因此易于制成性能优良的絮凝剂。同时，还由于其来源广泛、价格低廉、无毒或低毒、能完全生物降解等特点，所以应用此类絮凝剂回收蛋白具有良好的发展前景。

裴兆意[26]研究了壳聚糖作絮凝剂对马铃薯淀粉废水中蛋白质的回收效果，结果表明：当 pH 值为 4.5，壳聚糖加入量为 0.05g/L 时，蛋白质回收率为 62.7%。Vikelouda 等[27]利用羧甲基纤维素作絮凝剂，在 pH 值为 2.5 的条件下回收工业废水中的蛋白质，所得蛋白产品纯度为 74.4%。

絮凝剂法回收蛋白价格低廉，回收能力强，符合高效、廉价、低能耗的原则，但是絮凝剂会带入到蛋白产品中，使蛋白产品的色泽和纯度受到影响，若要得到高纯度的产品还需将絮凝剂与蛋白质分离。

7.2.3.3　目前马铃薯蛋白回收存在的问题

虽然目前关于马铃薯淀粉废水中蛋白质回收的研究较多，但现有的回收技术还存在一些问题。

1）产品纯度低　化学法主要是通过化学反应使蛋白质发生絮凝沉淀而达到回收马铃薯蛋白的目的。在蛋白质絮凝过程中一些杂质会随着絮状物一起发生沉淀，使得产品的纯度不高。蛋白质产品中混有的杂质以及絮凝剂不仅影响产品的色泽，而且对其功能性质也有很大影响，如溶解性、起泡性、乳化性降低等。

2）产品色泽深　回收的蛋白质在干燥过程中会发生褐变，褐变主要分为酶促褐变和非酶促褐变两个类型。酶促褐变是马铃薯中的多酚氧化酶在一定温度及有氧条件下促使酚类物质氧化发生的褐变，研究表明马铃薯中的酪氨酸和半胱氨酸在多酚氧化酶的作用下可产生黑色素，使马铃薯蛋白呈现灰暗色[28]。非酶促褐变主要是由于薯肉中的还原糖与氨基酸在高温、低水分含量情况下发生美拉德反应或焦糖化反应造成的变色，使马铃薯蛋白质呈黄褐色。研究发现，脱水的马铃薯产品在 70℃ 会发生非酶促褐变[29]。因此，在马铃薯蛋白产品干燥过程中，酶促褐变与非酶促褐变可能同时发生，导致产品色泽加深。

3）回收成本高　超滤法在回收过程中不添加化学物质，回收所得的马铃薯蛋白质纯度及品质均比化学法高，但是超滤设备昂贵，而且在回收过程中会发生膜堵塞，设备需要定期清洗维护，不能连续使用。化学法回收所得的马铃薯蛋白质纯度不高，若要提高其品质仍需进行进一步纯化，增加了回收成本。

7.3　絮凝气浮回收蛋白技术

目前马铃薯淀粉生产企业排放的废水由 2 个阶段产生

1）提取淀粉乳产生的废水　主要是马铃薯自身含的水，即细胞液，故该废水中的蛋白质含量较高。这部分废水不能循环使用，又因回收蛋白的费用高，目前全部外排。

2）提取淀粉产生的废水　生产过程中对水质的要求高，但用水量小，也称为工艺废水。该废水中主要含有淀粉、蛋白质等，COD、BOD_5 浓度非常高[30]。

淀粉废水造成污染的主要是蛋白液，蛋白液中的主要营养成分是马铃薯本身的蛋白质、多糖、矿物质等。由于废水中有机质浓度太高，各种微生物生长繁殖很快，不仅可以直接侵害水生动物，而且微生物的生长和有机质的氧化反应，又使得水中的溶解氧被消耗殆尽，导致水生动物因缺氧而死亡。当采用絮凝剂对蛋白质分子表面的电荷进行中和而产生凝胶反应后就会形成沉淀。蛋白质为两性电解质，其等电点为 4.0～5.5，淀粉废水的 pH 值正好等于蛋白质的等电点或等电点以下，蛋白质分子以双极离子存在，总净电荷为零，颗粒无电荷间的排斥作用，以凝聚成大颗粒，因而最不稳定，溶解度最小，易沉淀析出。

因此，淀粉废水中蛋白具有自动凝聚的趋势，这种凝聚方式形成的絮粒很小，同时由于絮粒表面带有相同电荷及水化层的影响，絮粒很不稳定。加入无机高分子凝聚剂中和絮粒的电荷，使絮粒易于靠近凝聚成较大的絮粒，加入有机高分子絮凝剂可使絮粒之间通过吸附架桥作用形成较稳定的大絮团。先加无机絮凝剂中和电荷，然后再加有机絮凝剂生成絮团，两者联合使用的絮凝效果好，而且可大大降低絮凝剂的用量。形成的稳定絮团有利于在卧螺离心机上实现离心分离，最大限度地减少分离后固相蛋白的含水率。

絮凝法就是在食品废水中加入一定量的化学物质，使废水中的蛋白质发生脱稳并凝聚成大颗粒。絮凝法对食品中蛋白质的回收效果很大程度上取决于所选择的絮凝剂。目前使用的絮凝剂可分为无机和有机两大类。无机类的氯化铝、氯化铁系列，因投药量大，铝、铁在污泥中的含量太大，对动物有害而受到一定限制；有机类的主要是合成高分子聚合物，有机高分子絮凝剂以其用量少、pH 值适用范围广、污泥量少、处理效果好等优点而日益受到重视。但是，由于合成聚合物中的残留单体有毒，限制了其在食品废水处理方面的应用。而天然有机高分子絮凝剂具有原料来源广泛，价格低廉，无毒无害，无二次污染，易于生物降解等特点[31]。有机类絮凝剂处理含蛋白质的食品废水，不会引入有毒物质，回收粗蛋白经进一步处理，可作为动物饲料或食品添加剂。此类絮凝剂的典型代表有壳聚糖和海藻絮凝剂。

7.4　膜分离回收蛋白技术

目前国内采用膜技术回收马铃薯淀粉废水中蛋白质研究很少，只发现少数实验室的研究报道。

吕建国等[32]采用超滤膜回收马铃薯淀粉废水中的蛋白质，研究了超滤膜在回收工艺中的温度、压力、流速、浓度与通量之间的关系，同时也研究了超滤膜在回收工艺中的温度、压力、流速、浓度与蛋白质截留率之间的关系。

原水取自甘肃省西市某淀粉生产厂淀粉生产工艺中浓缩分流旋流器溢流水，原水水质情况如表 2-7-3 所列，原水水质波动非常大，给预处理增加了难度。

表 2-7-3　原水水质

浊度/UTN	溶解性固体/(mg/L)	SS/(mg/L)	蛋白质/(mg/L)	淀粉/(mg/L)
100～400	500～600	2000～10000	1000～8000	10～40

废水膜法蛋白回收工艺流程路线如图 2-7-3 所示。

工艺废水 → 澄清分离 → 上清液 → 超滤过滤 → 截留物 → 粗浓缩蛋白液 → 生产精制马铃薯蛋白

图 2-7-3　废水膜法蛋白回收工艺流程

（1）预处理的选择

由于废水中固形物含量较高，容易堵塞超滤膜。为了防止超滤膜的污染，我们分别采用 $1\mu m$ 的袋式过滤器与澄清分离进行了预处理试验对比，试验结果见表 2-7-4。

表 2-7-4　过袋式过滤器与澄清分离分析测试数据

项目	浊度/NTU	溶解性总固体/(mg/L)	SS/(mg/L)	蛋白质含量/(mg/L)
澄清液	351	5650	2852	139.11
袋式过滤器滤液	412	5688	2788	116.73

从分析测试结果可以看出，采用澄清分离法比过袋式过滤器的结果要好：a. 蛋白质含量没有减少，经袋式过滤器后蛋白质有损失；b. 澄清分离去除溶解性总固和浊度都优于袋式过滤器，SS 的去除效果基本相同。因此在试验中我们选用了沉淀澄清分离进行膜前预处理。

（2）超滤膜孔径大小的选择

表 2-7-5 是采用不同孔径大小的超滤膜在同一运行条件下进行取样分析测试数据，根据表中数据分析，采用相对切割分子量为 20kDa 的超滤膜进行试验较为合理。因此在中试中我们选用了相对切割分子量为 20kDa 的超滤膜对废水中蛋白质进行回收试验。

表 2-7-5　膜孔径大小与蛋白质截留率的试验

膜切割分子量/Da	10 万	5 万	3 万	2 万	1 万
蛋白质截留率/%	47.93	49.75	71.15	96.23	97.31

（3）工作压力与蛋白质截留率和膜通量之间的关系

图 2-7-4 是操作温度控制在 25℃、进料流速控制在 160L/min 的条件下进行的工作压力与蛋白质截留率和膜通量之间关系的试验。从图 2-7-4 中可以看出，随着工作压力的升高，膜通量从 110L/h 上升到 320L/h，说明膜通量随压力有一定的变化。压力与膜通量变化比较明显的阶段在 0.05～0.2MPa 之间，当工作压力超过 0.2MPa 之后膜通量的变化并不大，此时说明压力在 0.05～0.2MPa 之间时对膜通量的影响较大，上升到工作压力高于操作压力时

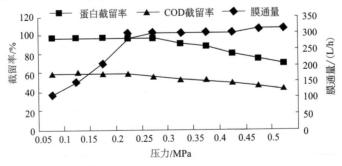

图 2-7-4　工作压力与截留率和膜通量关系

对膜通量影响就不大了。随着工作压力的升高超滤膜对蛋白质的截留率有所下降，但是下降的幅度并不大，在 0.2MPa 以下时对蛋白质的截留率基本没有发生变化，超过 0.2MPa 以后截留率有相对明显的变化；当压力超过 0.35MPa 时超滤膜对蛋白质截留率已经降低到 90％以下。对 COD 的截留率基本在 56％左右。对图 2-7-4 中的结果进行分析，结果显示采用 0.2MPa 的工作压力较为合理。

（4）进料液流量与膜通量的关系

控制水温在 25℃，操作压力在 0.2MPa 的运行条件下进行了进口流量与膜通量关系的试验，试验结果如图 2-7-5 所示。从图 2-7-5 中可以看出，当进口流量不断加大时超滤膜的通量也在不断升高，当进口流量超过 160L/min 之后膜通量也就不再升高了，这说明当进口流量超过 160L/min 后以加大流量提高膜通量已经没有任何意义了。因此，进口流量选择 160L/min 较为合适（见图 2-7-5）

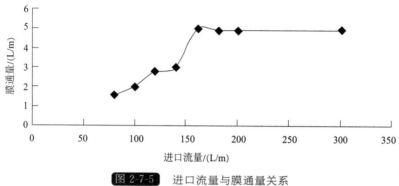

图 2-7-5　进口流量与膜通量关系

（5）运行温度对膜通量的影响

控制操作压力在 0.2MPa，进料流速为 160L/min，不同温度条件下的膜通量与截留率的关系见图 2-7-6。从图 2-7-6 中可以看出温度对膜通量和截留率都有一定的影响，膜通量随着温度的升高，通量不断增加，截留率不断下降，但是在 20～25℃之间时膜通量与截留率较为合理，因为过此点后膜通量上升减慢而截留率下降却加快。

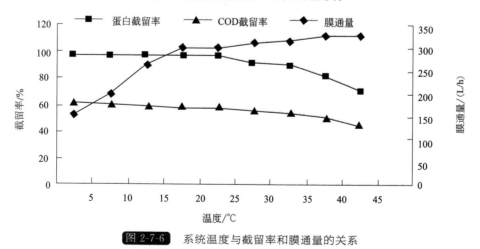

图 2-7-6　系统温度与截留率和膜通量的关系

（6）超滤膜连续运行膜通量随时间的变化

图 2-7-7 是在压力保持 0.2MPa 不变、温度保持在 25℃不变、膜进口流量保持在 160L/min不变时的膜通量与时间的关系图，运行方式采用的是错流式过滤方式。从图 2-7-7 中可以看出设备运行相当稳定，经过 15h 运行时膜通量才有明显下降。当膜通量下降明显时说明超滤膜已经被污染，此时必须进行化学清洗。从图 2-7-7 中可以看到，经过化学清洗后膜通量恢复很好，这说明清洗方法正确。在长期运行的状态下，每隔一段时间就会出现膜通量下降的现象，所以每隔一段时间都要进行一次化学清洗以保证设备长期稳定的运行。

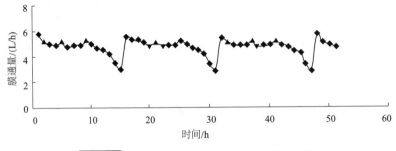

图 2-7-7　超滤膜连续运行膜通量随时间的变化

（7）蛋白质浓缩倍数的影响

对图 2-7-8 中的图形进行分析可以得出如下结论：随着超滤浓缩马铃薯废水浓缩倍数的增加，蛋白质的浓缩倍数和蛋白质含量也在不断升高，蛋白质的浓缩倍数与含量的升高与废水的浓缩倍数呈直线关系。从图 2-7-8 中可以看出，蛋白质的浓缩倍数与含量的增加与浓缩倍数成正比关系。当超滤浓缩马铃薯废水的倍数达到 20 倍，蛋白质的含量已达到 3% 左右，从而有效地实现了浓缩马铃薯淀粉生产工艺废水中的蛋白质回收，可以有效地进行回收利用。

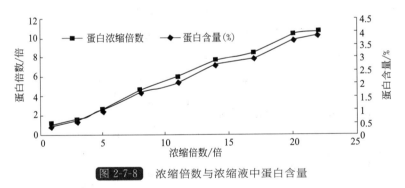

图 2-7-8　浓缩倍数与浓缩液中蛋白含量

（8）超滤膜污染的清洗试验

马铃薯淀粉生产废水中含有大量的有机物，超滤膜在运行一段时间后由于膜孔径的堵塞和吸附作用造成了膜的污染，如果不进行化学清洗继续运行会造成膜不可逆损害，因此必须进行化学清洗才能保证超滤的正常运行。根据料液的特性选择了先用 0.02mol/L 的 NaOH 进行循环运行清洗，清洗时间 5min，再用纯净水冲洗 10min。清洗效果从图 2-7-5 中可以看到，膜通量恢复率达到 95%。说明采用此清洗方法清洗效果是较好的，清洗恢复率较高。

此试验研究可以认为，采用平板式超滤膜工艺是一种稳定、浓缩度高、浓缩效果好、安全、可靠、自动化程度高的马铃薯淀粉生产废水中蛋白质回收的新工艺。

参 考 文 献

[1] 赵晓燕，马越. 中国马铃薯淀粉生产现状及前景分析 [J]. 粮油加工与食品科技，2004，(11)：67-71.

[2] 詹玲，李宁辉，冯献. 我国木薯生产加工现状及前景展望 [J]. 农业生产展望，2010，(6)：33-36.

[3] 陶德录. 马铃薯淀粉废水中提取饲料蛋白和微生态制剂的研究 [J]. 饲料广角，2007，(13)：32-34.

[4] 闫维东，陶德录. 马铃薯淀粉生产废水综合利用技术研究 [J]，江苏环境科技，2007，20(2)：12-14.

[5] 刘耕耘，李亚威，赛音. 淀粉废水的絮凝沉淀及生物处理 [J]. 内蒙古大学学报（自然科学版），2002，33（2）：231-236.

[6] 高鹤. 马铃薯淀粉废水处理工艺探讨 [J]. 大众科技，2009，(9)：93-94.

[7] 吕建国，安兴才. 膜技术回收马铃薯淀粉废水中蛋白质的中试研究 [J]. 中国食物与营养，2008，(4)：37-40.

[8] 顾春雷，杨刚，刑卫红，等. 膜技术处理马铃薯加工废水实验研究 [A]. 第三届化学工程与生物化工年会论文摘要集（下）[C]. 南京：2004：562-567.

[9] 杜新贞，薛林科，司长代，等. 混凝沉淀-泡沫分离-吸附工艺处理马铃薯淀粉废水的实验研究 [J]. 西北师范大学学报（自然科学版），2009，45(5)：88-91.

[10] 关红欣，胡洪波，张雪洪，等. 膨胀床吸附层析技术基础性能研究进展 [J]. 化学工业与工程，2004，21(4)：254-258.

[11] Løkra S，Helland M H，Claussen I C，et al. Chemical characterization and functional properties of a potato protein concentrate prepared by large-scale expanded bed adsorption chromatography [J]. LWT-Food Science and Technology，2008，41(6)：1089-1099.

[12] 黄峻熔，高洁，龚频，等. 马铃薯淀粉废水中蛋白质回收方法的研究进展 [J]. 食品科技，2012，27(2)：89-97.

[13] Harmen J Z，Anyoine J B K，Marcel E B，et al. Native protein recovery from potato fruit juice by ultrafiltration [J]. Desalination，2002，(144)：331-334.

[14] 丛培君，袁彦肖，王淑兰，等. 超滤技术在马铃薯淀粉排放水中的应用初探险 [J]. 环境科学学报，1988，18(4)：442-444.

[15] 张泽俊，苏春元，刘期成. 马铃薯淀粉厂工艺废水的综合利用及利用研究 [J]. 食品科学，2004，25(增)：134-137.

[16] Racusen D，Footea M. A major soluble glycoprotein of potato tubers [J]. Journal of Food Biochemistry，1980，(4)：43-52.

[17] Pouvreau L，Gruppen H，Piersma S R，et al. Relative Abundance and Inhibitory Distribution of Protease Inhibitors in Potato Juice from cv. Elkana [J]. Journal of Food Process Engineering，2001，(49)：2864-2874.

[18] Carmen B A，Miguel A M，Ester F S，et al. Potato carboxypeptidase inhibitor，a T-knot protein，is an Epidermal Growth Factor Antagonist That Inhibits Tumor Cell Growth. The Journal of Biological Chemistry，1998，273 (20)：12370-12377.

[19] Pouvereau L. Occurrence and physico-chemical properties of protease inhibitors from potato Tuber（Solanum Tuberosum）[D]. Wageningen：Wageningen University，2004.

[20] 刘素稳. 马铃薯蛋白质营养价值评价及功能性质的研究 [D]. 天津：天津科技大学，2007.

[21] Weijenberg D C，Mulder J J，Drinkenburga A H，et al. The Recovery of Protein from Potato Juice Waste Water by Foam Separation [J]. Industrial and Engineering Chemistry Process Design and Development，1978，17（2）：209-213.

[22] 陈钰，潘晓琴，钟振声，等. 马铃薯淀粉加工废水中超滤回收马铃薯蛋白质 [J]. 食品研究与开发，2010，31(9)：37-41.

[23] 陶德录. 马铃薯淀粉废水中提取饲料蛋白和微生态制剂的研究 [J]. 科技视野，2007，(13)：35-37.

[24] 齐斌，郑丽雪，朴金苗. 马铃薯分离蛋白的提取工艺 [J]. 食品科学，2010，31(22)：297-300.

[25] Bartova V，Barta J. Chemical Composition and Nutritional Value of Protein Concentrates Isolated from Potato (Solanum tuberosum L.) Fruit Juice by Precipitation with Ethanol or Ferric Chloride [J]. Journal of Agricultural and Food Chemistry，2009，(57)：9028-9034.

[26] 裴兆意. 壳聚糖絮凝剂的制备及其在食品工业上的应用 [D]. 武汉：华中农业大学，2007.

［27］ Vikelouda M，Kiosseoglou V. The Use of Carboxymethylcellulose to Recover Potato Proteins and Control Their Functional Properties ［J］. Food Hydro-colloids，2004，(18)：21-27.

［28］ Stevens L H，Davelaar E，Kolb R M，et al. Tyrosine and Cysteine are Substrates for Blackspot Synthesis in potato ［J］. Phytochemistry，1998，49(3)：703-707 .

［29］ Acevedo N C，Schebor C，Buera P. Non-enzymatic Browning Kinetics Analysed through Water Solids Interactions and Water Mobility in Dehydrated Potato ［J］. Food Chemistry，2008，(108)：900-906.

［30］ 夏永生，宋云甫，李振威，等 . 马铃薯淀粉废水处理工艺探讨 ［J］. 中国给水排水，2010，26(3)：118.

［31］ 李为群，刘健 . 高分子絮凝剂开发应用新动向 ［J］. 环境污染与防治，1997，19(3)：32-36.

［32］ 吕建国，安兴才 . 膜技术回收马铃薯淀粉废水中蛋白质的中试研究 ［J］. 中国食物与营养，2008(4)：37-40.

8

研发适用于食品行业
生产及废水深度处理
的膜技术与膜材料

8.1 食品发酵工业生产用膜技术应用概况

近几十年来，膜分离技术工业化应用发展迅速，除微滤、超滤等方法外，新发展了纳滤、膜蒸馏、渗透蒸馏、气体渗透、液膜分离等膜分离方法，并在食品、医药和化工行业得到广泛应用。1918 年已有利用微孔滤膜分离和富集微生物、微粒等的报道；此后，也用于澄清苹果汁、浓缩提纯发酵产品（如酶、氨基酸、黄原胶等）、开发产品等[1]。

膜技术在食品发酵工业中的应用包括以下几个方面。

1）富氧空气除菌　无菌空气是为生产菌的繁殖和代谢提供足够的溶解氧，利用气体分离膜除菌效果好，同时可以提高空气中的氧浓度，得到富氧空气，这可以大大提高生化反应器中的溶氧系数。

2）培养基灭菌　由于动物细胞培养基含有对热不稳定的血清、激素等物质，常用的蒸汽灭菌方法不适用，而采用膜分离法可以达到除菌的目的。同时，在连续发酵工艺中，采用膜分离技术除去培养基中的杂菌具有快速、方便、节能等优点。

3）对原料预处理　在干酪生产中，用超滤和反渗透技术浓缩原料可以降低运输成本并增加干酪的产量；在利用乳清发酵生产乳酸时，用反渗透进行预处理或用超滤澄清以改变原料的品质使适合发酵的要求。食品工业用水可通过超滤除菌，也可以用反渗透一次性完成水的软化和除菌；利用新型的纳滤技术进行水处理时离子的脱除效率很高。

4）发酵过程的控制（见图 2-8-1）　在食品发酵中菌体和产物浓度对产量都有影响。使用膜生物反应器发酵能够提高生产率，通过膜分离技术富集菌体除去产物（胞外产物），减少菌体和产物对发酵的影响，从而提高产量。超滤技术已广泛用于乙醇、氨基酸、酶类及乳酸、柠檬酸等有机酸的发酵生产中。目前存在的最大问题是膜的寿命和污染问题，随着新型膜的出现其应用会推广，日本用陶瓷膜反应器发酵生产氨基酸已达到中试和生产规模。

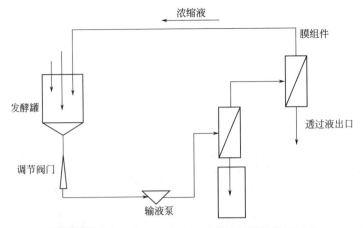

图 2-8-1 利用膜分离技术控制发酵过程的流程示意

5）下游处理 食品发酵工业的下游处理包括产品的分离、浓缩和纯化。大多数发酵产品可通过超滤膜，细胞碎片等悬浮物以及某些蛋白质、多糖类大分子物质则被截留。氨基酸和有机酸的分离可用液膜技术来实现。黄原胶、味精和酶制剂的提纯浓缩处理也广泛地利用膜分离技术来简化工艺，制品纯度和回收率高，减少了杂菌污染与酶失活的机会，改善和提高了产品的质量。除此之外，膜分离技术在产品精制中也得到使用。

6）改变传统工艺、开发新产品、提高产品的质量 采用微滤除去啤酒中的酵母菌可以生产生啤；用反渗透法降低普通啤酒、葡萄酒的乙醇含量，并用渗透蒸发的方法回收芳香成分使在降低酒精含量时不影响风味，从而生产无醇啤酒和低醇葡萄酒。在白酒、黄酒、葡萄酒和酱油等生产中使用膜技术可以提高产品的稳定。

7）检测产品 传统的微生物分析方法繁琐，时间明显滞后，不适合工业大生产的要求，用疏水膜技术可以快速检测产品中的细菌总数和大肠杆菌数，具有简便快捷的优点。

8）回收副产物和废水处理 利用超滤和电渗析技术可以回收乙醇、乳酸、微生物多糖和蛋白质水解产物，用反渗透回收味精生产漂洗水中的谷氨酸钠；渗透蒸发对废水中的挥发性有机物组分有高去除能力，在去除废水中异味物质的同时回收有价值的物质；利用超滤再循环利用水，在经济上很合算，除了回收水之外还能从热废水中回收能量，降低待处理废水的体积等。

8.1.1 啤酒生产中的膜技术应用概况

随着人民生活消费水平的提高，人们对啤酒的品味、品种和品质要求也不断提高，促使啤酒生产厂家需不断地改革原有旧工艺，采用新技术和新工艺[2]。

与其他传统的分离方法相比，膜分离过程不需要加热，可防止热敏物质失活、杂菌污染，无相变，能集分离、浓缩、提纯、杀菌等工序为一体，分离效果好。因此将膜分离技术应用于啤酒生产中，能避免加工中的热过程，较完整地保留了啤酒中的各种营养成分，降低和解决了污染物的排放，并使有效成分得以综合利用和回收；同时它又可脱除酵母和杂菌，防止沉淀物的产生。因此膜分离技术已广泛应用于啤酒生产中水及无菌空气处理、过滤除菌、无醇或低醇啤酒生产、啤酒废水处理等方面。

8.1.1.1 啤酒酿造用水预处理中的膜技术应用

啤酒酿造水的性质主要取决于水中溶解盐类的种类和含量、水的生物学纯净度及气味，它们对啤酒酿造会产生很大的影响，如影响糖化时酶的活性和稳定性、酶促反应的速度，麦芽和酒花在不同盐浓度中溶解度的差别、盐和单宁-蛋白质的絮凝沉淀、酵母的痕量生长营养和毒物、发酵风味物质的形成等，并最终影响到啤酒的风味和稳定性[3]。应用微滤、反渗透或电渗析等对酿造用水进行预处理，可以除去水中的细菌、病毒、残留农药、有害金属离子以及其他有机污染物，获得高质量的酿造用水。反渗透系统除盐率一般为 $95\%\sim99\%$，处理后得到的纯水各项指标均达到国家纯净饮水标准。隋贤栋等[4]用硅藻土梯度陶瓷微滤膜对自来水进行净化处理。结果表明平均孔径为 $0.15\mu m$ 的梯度陶瓷膜可完全滤除水中的大肠杆菌、沙门氏菌、金葡萄球菌和霉菌等致病病菌以及铁锈和各种悬浮微粒。通过简单的机械清刷，膜通量可完全恢复，无膜的深层污染和孔隙堵塞，可有效地防止净水的再次污染。

8.1.1.2 啤酒无菌空气过滤中的膜技术应用

啤酒生产中无菌空气的应用是广泛而不可缺少的，无菌空气的质量直接影响啤酒的质量，如酵母的培养及扩培、麦汁的充氧、滤酒、灌装等，这些工艺对无菌空气的要求是较为严格的。我国啤酒工业无菌空气的过滤大都采用棉花加活性炭来过滤空气，由于它属于一种深层过滤，受压力、流速等影响不能完全除去有害菌，且要经常对活性炭、棉花进行更换，干燥杀菌，操作比较繁杂，设备占地面积也较大。采用疏水性的膜过滤则可克服这些缺点。刘悦晖等[5]研究用孔径沿径向有大到小自然过渡的梯度氧化铝陶瓷膜管对空气进行过滤净化，梯度氧化铝膜管控制层平均孔径为 $0.2\mu m$，对于空气中粒径大于或等于 $0.22\mu m$ 的颗粒截留率达到 100%，细菌总滤除率为 99.99%。膜通量在使用过程通量下降缓慢，易于清洗且清洗后过滤通量和过滤效率仍达 100%。

8.1.1.3 啤酒澄清除菌中的膜技术应用

在啤酒生产过程中过滤及灭菌处理是很重要的生产环节。过滤的目的是要去除在发酵过程中啤酒中存在的酵母细胞和其他浑浊物，如酒花树脂、丹宁、酵母、乳酸菌、蛋白质等杂质，以提高啤酒的透明度，改善啤酒的香味和口感。灭菌的目的是去除酵母、微生物及细菌，终止发酵反应，保证啤酒的安全饮用，延长保质期。传统方法采用硅藻土及纸板过滤、巴氏灭菌，这些方法的缺点是除菌不够彻底，保质期短，容易出现卫生安全问题；且废硅藻土总有机物含量为 $10\%\sim12\%$，其中蛋白质含量约 6%，pH 偏酸性，这些废弃硅藻土多数工厂都通过下水道排出，对环境造成较大的污染。而较高温度的巴氏杀菌会损失啤酒中的有机芳香物质，影响啤酒的质量和口味。

膜分离技术用于啤酒生产，不仅可充分保留啤酒的风味和营养，还可提高啤酒澄清度。经过无机膜过滤后的扎啤基本保持了鲜啤酒的风味，酒花香味、苦味，保持性能基本无影响，而浊度明显下降，一般可达 0.5 个浊度单位以下，细菌截留率接近 100%。但由于滤膜不能承受太高的过滤压差，吸附作用几乎没有，所以要求酒液先进行良好的预过滤，以除去其中大颗粒和大分子胶体物质。目前，在普遍应用微孔滤膜过滤技术来制造生鲜啤酒的生产工艺中大多为 $2\sim3$ 级串联过滤，前面滤件一般采用较大孔径的深层滤芯，主要是为了保护终端膜滤芯，延长终端膜滤芯的寿命，降低运行费用；终端膜滤芯是关键部件，其孔径和材质直接影响到啤酒的口味和保质期。其中 1mm 的滤芯可以是超细聚丙烯纤维滤层，0.22mm 或 0.45mm 孔径的膜复合滤芯一般采用耐酸碱的聚偏氟滤膜、聚砜类膜或耐强碱的尼龙膜，也可以是纤维素类膜等。

滤膜过滤效率随预滤质量和孔径不同而异[6]，可在 $0.5\sim20m^3/(m^2\cdot h)$ 的范围之间波动，一次过滤量最高可达 $200m^3/m^2$，低者仅有 $5\sim6m^3/m^2$。褚良银等[7]采用孔径为

$0.15\mu m$ 陶瓷膜过滤生啤酒，酒精度、原麦计浓度和实际发酵度均保持不变，而总酸、色度、浊度和双乙酰均有所下降。滤酒比原酒更清亮、透明，滤酒的双乙酰值由 $0.034mg/L$ 降为 $0.002mg/L$，细菌和大肠杆菌能有效地除去。王守忠等利用聚碳酸酯膜及聚酯膜对啤酒除菌效果进行了试验，研究结果表明用 $1.0mm$ 孔径的膜可绝对截留啤酒酵母；用 $0.4mm$ 孔径的膜可绝对截留大肠杆菌，使啤酒获得很好的生物稳定性，存放期可达 2 个月以上[8]。

8.1.1.4 低醇和无醇啤酒生产中的膜技术应用

随着人们对健康生活方式的追求，无醇和低醇啤酒越来越受到消费者的欢迎。啤酒除醇方法归纳起来有终止酒精生成法、热处理法和膜分离法三类[9]。每种方法均有使用，其中终止酒精生成法国内酒厂多采用，其发酵不完全，啤酒喝起来较甜，热量也高于普通啤酒。热处理法即真空蒸馏脱醇，虽发酵完全，但热处理除醇法在绝对压力为 $4\sim20kPa$ 的真空度下 $30\sim35℃$ 的蒸发温度，对啤酒的质量有影响，即使是采用最谨慎的去酒精的热处理方法也容易改变产品的风味，使啤酒口味不正。膜分离方法是一种先进的方法，其中最有效、最普通采用的是用反渗透膜分离技术。它是将啤酒经过泵压入反渗透膜组件中，在压力驱动下水和酒精分子克服自然渗透压而穿过膜被去除，而色、香、味物质及营养物质则被保留在啤酒中。由于分离过程中部分水会随着酒精一起被脱除，一次在进料一侧要不停地补加经除气和脱盐处理的纯净水；此外，需要给无醇啤酒补充二氧化碳，以增加口感。

冯凌蕾等采用反渗透法将啤酒脱醇，经风味差别分析，脱醇酒中各挥发性风味物质的风味强度与原酒相比基本相差不大，即反渗透法脱醇造成的风味损失是很小的，对啤酒的挥发性风味物质和非挥发性风味物质均有较高的保留。

8.1.1.5 啤酒废水处理中的膜分离技术应用

随着啤酒工业日益发展，啤酒生产中排放的废水量越来越多。啤酒生产的废水杂质含量多、浓度大，污染物主要为有机污染物。由于废水来自多道工序，排出的废水水质波动较大。目前，国内大多采用普通活性污泥法处理啤酒废水，而该法存在占地面积大、基建费用高、固液分离效果较差、易出现污泥膨胀、剩余污泥产量大等弊端，促使人们寻求新型、高效的废水生物处理技术，其中无机膜-生物反应器(IMBR)组合工艺由于用膜分离技术代替了传统的二沉池而受到普遍关注。与传统的活性污泥法相比，IMBR 具有污染物去除效率高、出水水质稳定、装置容积负荷大、设备占地面积小、传氧效率高、污泥产量低、操作运行简便等优点。

王连军、刘旭东等应用无机膜-生物反应器处理啤酒工业产生的废水，通过对膜出水 COD、BOD、总固体悬浮物、浊度、氨氮浓度计大肠菌群数等进行测定，结果表明 IMBR 对废水的 COD、NH_3-N、SS、浊度的去除率分别达到 96%、99%、90% 和 100%，膜出水水质好且稳定，可回用与城市园林绿化、洒水车用水等。

分离膜在使用时尽管料液经过各种预处理措施，但长期使用后膜表面还可能产生沉积和结垢，使膜孔堵塞，导致其通量逐渐降低，因此对污染膜进行定期的清洗是必要的；常用的清洗方法有机械清洗、化学清洗机清洗、超声波和化学清洗的综合技术。王萍等以污染物主要是菌体、多肽与多糖等大分子物质的啤酒废水为研究对象，对微孔啤酒废水引起污染的膜清洗方法进行了试验。试验首先选用 $0.2mm$ 的聚丙烯微孔膜对啤酒废水进行处理；对受污染的膜先用过氧化氢浸泡 24h，去除部分蛋白质及多糖等大分子物质；然后用水进行冲洗；再用 $0.2mol/L$ 的 HCl 溶液冲洗；最后用 $0.5mol/L$ 的 NaOH 溶液清洗。经测定再生膜的膜通量已接近新膜，再生效果很理想[10~12]。

8.1.2 果蔬汁生产中的膜技术应用

果蔬汁饮料前景较好，但在传统的加工工艺中，果蔬汁的风味物质和营养物质(尤其是维生素类)损失严重，降低了果蔬汁的商品及营养价值；另外，多级真空蒸发浓缩果蔬汁的方法能耗及生产成本也较高。随着超滤、反渗透等膜分离技术在食品工业中的逐步应用，传统果蔬汁加工工艺的缺陷有望被克服[13]。

8.1.2.1 果蔬汁澄清中膜技术的应用

国外已采用超滤技术澄清苹果汁、菠萝汁、甘蔗汁、葡萄汁、番茄汁、梨汁等，产品质量及经济效益较好。与常规澄清方法相比，超滤澄清的优点主要表现：a. 可提高产量 5%～8%，可改善果蔬汁口味，保持其风味和营养成分；b. 可节省澄清剂、助滤剂等费用；c. 可减少设备和操作费用；d. 能达到除菌目的，省去杀菌操作；e. 果蔬汁易于浓缩。

8.1.2.2 果蔬汁脱苦中膜技术的应用

柑橘类果汁由于含有柚皮苷、柠檬碱等苦味物质，而降低了产品的风味和商业价值。很多学者对柑橘类果汁的脱苦方法进行了研究，目前较为成功和实用的方法是利用树脂吸附脱苦，但存在树脂消耗过快的问题。E. Hernandez 等研究了利用超滤和二乙烯基聚苯乙烯树脂吸附的联合过程对葡萄柚汁进行脱苦，结果发现，由于超滤过程除去了一些苦味前体物质和易被树脂吸附的大分子物质及悬浮性小颗粒，树脂的使用寿命和脱苦效率明显改善，柚皮苷和柠檬碱可被完全除去，明显提高了果汁的风味。

8.1.2.3 果蔬汁浓缩中膜分离技术的应用

开发反渗透法作为新的果蔬汁浓缩技术引起人们的重视已有 20 余年，也取得了一些研究成果，但由于高渗透压的限制很难以一级方式把果蔬汁浓缩到蒸发法所达到的程度，一般仅为25～30°Brix(白利度，可溶性固体物质量百分比)，这极大地限制了反渗透浓缩果蔬汁技术的工业化。可喜的是，新发展的膜材料及膜组件使果蔬汁膜浓缩技术的工业化成为可能。

(1) 利用多级反渗透进行果蔬汁浓缩

该装置采用高阻止率的反渗透膜和低阻止率的反渗透膜同时使用的二级浓缩原理，从而减少渗透压的影响，提高了浓缩程度。由图 2-8-2 知，第二阶段的浓缩液浓度为 40%，渗透压为 9.8MPa，透过液浓度为 20%，渗透压为 3.4MPa，浓缩液与渗透液间的压力差仅为6.4MPa，因此即使采用与第一阶段相同的操作压力 7.0MPa 也可使浓缩操作顺利进行。另外，由于把第二阶段的透过液送回到第一阶段进行再循环，因此最后流出装置的液体仅仅是第一阶段的透过液——水和第二阶段 40%浓度的浓缩液。对于受高渗透压限制而难以高度浓缩的果蔬汁来说，多级反渗透无疑是一个颇有前途的膜浓缩方法。

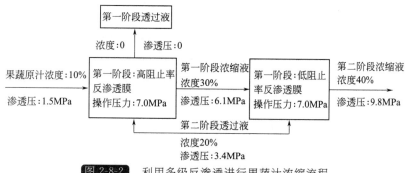

图 2-8-2 利用多级反渗透进行果蔬汁浓缩流程

（2）利用联合的膜分离过程进行果蔬汁浓缩

果蔬汁除含有糖、酸等可溶性成分外，往往还含有果胶、蛋白质、纤维素及半纤维素等悬浮性固形物，黏度很大，使反渗透操作进行困难；若在反渗透之前加上果蔬汁的澄清操作则可明显改善反渗透操作。据报道，美国 FMC 公司和杜邦公司联合研制出一套联合的膜分离装置，称为 Freshnot 系统，能把橙汁浓缩到 60°Brix 以上，而且几乎完全保持了鲜果汁的风味芳香成分。

图 2-8-3 所示 Freshnote 系统的生产工艺流程，包括超滤、反渗透、杀菌和调配等步骤。超滤澄清是本工艺中关键的一步，澄清后的果汁在一系列反渗透装置中很容易被浓缩到 60°Brix 以上。

（3）膜分离技术与冷冻浓缩相结合进行果蔬汁浓缩

冷冻浓缩曾被认为是一种最有前途的果蔬汁浓缩技术，但迟迟未能商业化生产。除了其投资大和成本高外，最主要的原因是由于迅速冷却而形成的微小冰晶不能彻底地从母液中分离出来和冰晶上吸附着一些果蔬汁的有效成分，降低了产品得率。将冷冻浓缩与膜分离技术相结合有望克服上述缺点[14,15]。如图 2-8-4 所示，待浓缩的果蔬汁（浓度为 12%）首先冷却到结冰温度，然后喷射到蒸发式制冷器的真空室中，在真空室蒸发和结冰同时进行。仍需极少量蒸发即可在相对浓的母液中产生浆状的微小冰晶，冰/浓缩浆的混合物通过多级的横向流动膜过滤装置除掉冰晶，产生不含冰晶的浓缩汁（浓度可达 45%）。冰晶体吸附的有效成分通过熔化器、反渗透浓缩装置回收。

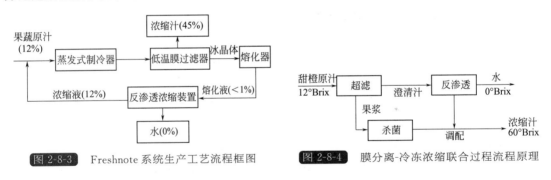

图 2-8-3　Freshnote 系统生产工艺流程框图

图 2-8-4　膜分离-冷冻浓缩联合过程流程原理

（4）反渗透与真空蒸发相结合进行果蔬汁浓缩

对于黏度较高的果蔬汁，尤其是随浓度升高而黏度迅速上升的果蔬汁（例如梨、桃、杏、番茄等），单纯利用膜技术无法将其浓缩到较高浓度，此时可采用反渗透与真空蒸发相结合的浓缩方法。由于反渗透法可很容易地将大多数果蔬汁浓缩到 25～30°Brix，而且与真空蒸发法相比其成本较低，因此可以以反渗透作为预浓缩工艺，然后用真空蒸发法浓缩到较高浓度。目前，采用此工艺较为切实可行，但产品质量难以与上述浓缩工艺相媲美。

对于高黏度果蔬汁，也可采用真空蒸发浓缩、反渗透法回收芳香成分的方法。Braddock 等[16]与 Kane 等[17]分别对柑橘汁和柠檬汁芳香成分的反渗透浓缩进行了研究，结果表明，采用单级反渗透装置可将柑橘汁的芳香成分浓缩到 31%，而柠檬汁的芳香成分可被浓缩到 23.4%。采用多级反渗透装置提高其浓缩度。

8.1.2.4　膜分离技术在生产高质量果蔬汁中的应用

如图 2-8-5 所示，新鲜果蔬经挑选、清洗等预处理后，用压榨或浸提法提取果蔬汁，然后经筛滤除去果蔬汁中的果肉和悬浮性固体颗粒。筛滤后的原汁再经超滤处理，微生物、

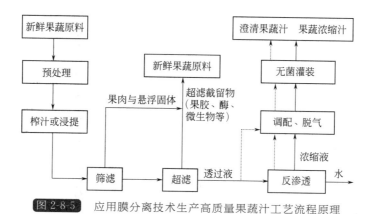

图 2-8-5 应用膜分离技术生产高质量果蔬汁工艺流程原理

酶、果胶、蛋白质、淀粉、浆料质等大分子物质均被截留，而香气成分、糖类、氨基酸、矿物质和水分等小分子则透过超滤膜成为无菌澄清汁。超滤截留物和筛滤截留物混合后进行灭酶、杀菌处理。超滤后无菌透过液经调配、脱气、无菌灌装后成为高质量的澄清型果蔬汁[18]。

在本工艺中，仅筛滤和超滤截留物需经热杀菌处理，而果蔬汁的风味成分，维生素等热敏性成分都不必经过热处理，因此最大限度地保持了果蔬汁的营养成分和风味。

8.2 食品发酵工业生产用膜材料概况

目前，膜材料市场发展迅速，促使膜材料市场增长的因素是新的分离膜技术和现在膜材料用途的扩大等。水和废水处理仍是膜材料的最大用途，膜材料水处理市场的增长动力主要为更严格的环保法规及更高的饮水标准的出台，水消费量的增加，工业和城市水处理装置分离膜的更新换代等。

8.2.1 膜材料简介

膜技术在实际应用中的最大问题是膜污染。膜污染控制的途径主要从膜过滤工艺和膜材料选择两方面考虑，现在已经开发出了多种膜分离材料，主要分为有机与无机两大类：有机高分子类膜材料主要有纤维素衍生物类、聚砜类、聚酰胺类、聚酰亚胺类、聚酯类、聚烯烃类、含氟聚合物类等；无机膜材料主要有金属及金属氧化物类、无机陶瓷类等[19]。

8.2.1.1 纤维素衍生物类膜材料

纤维素是资源最为丰富的天然高分子，经化学改性成的纤维素酯类或醚类，是研究和应用最早的超滤、微滤和反渗透膜材料。醋酸纤维素膜材料具有较好的亲水性，从而使膜具有较高的通量和较好的抗污染性。其缺点是：pH 值适用范围窄（3～7）；使用温度低；耐微生物降解性差；抗压密性差；等等。

纤维素类膜材料的性能与取代基团的种类和取代度密切相关，可以通过调节取代基团的种类和数量在一定程度上改进该类材料及膜的性能。

最常用作膜材料的纤维素衍生物有醋酸纤维素（CA）和三醋酸纤维素（CTA）等。

8.2.1.2 聚丙烯腈

聚丙烯腈亲水性较好，价格便宜，还具有成膜性好的优点。但由于聚丙烯腈分子中含有氰基，耐酸碱性不佳，耐氧化性化学药剂性能差，机械强度不高。

丙烯腈单体具有易于和多种单体共聚等特点；聚丙烯腈分子链中的腈基则成为聚合物链上的潜在的交联点和反应位，可以采取多种方法对材料进行改性，或者在成膜表面、内部等进行羧化、接枝等化学改性。通过适当的改性，提高聚丙烯腈的亲水性、相容性、抗氧化性以及机械物理性能等，可以拓宽聚丙烯腈膜的应用领域。

8.2.1.3　聚砜

聚砜是继醋酸纤维素之后开发出来的重要的膜材料之一，如双酚 A 聚砜具有良好的机械性能、热稳定性(玻璃化转变温度 $T_g=150℃$)和较好的化学稳定性，耐酸碱性能优异。

为了改善聚砜膜的亲水性，较常用的方法是对材料进行磺化、接枝等亲水改性，或者与亲水性材料共混制备合金超滤膜。如将聚砜溶解在二氯乙烷中，利用氯磺酸、发烟硫酸等药剂进行磺化改性，改进聚砜的亲水性，可以制得荷负电超滤膜。用氯甲醚进行氯甲基化，再季胺化，可以制得荷正电超滤膜。利用傅-克反应，将聚乙烯吡咯烷酮(PVP)接枝到聚砜分子链上，也可显著提高聚砜膜的亲水性，使膜的通量显著提高。

将聚砜与亲水性强的聚乙烯醇、醋酸纤维素、丙烯腈-醋酸乙烯共聚物等共混溶解，制成合金膜，可改善聚砜膜的亲水性。

8.2.1.4　聚醚砜

与聚砜相比，聚醚砜具有更高的耐热性(达 225℃)，聚醚砜膜可在 140℃下连续使用，可经多次蒸汽消毒，但耐紫外线性能不佳；亲水性有所提高，且保持了良好的机械性能、抗氧化性和较好的耐溶剂性。

对聚醚砜同样可以进行磺化改性或季胺化改性，提高聚醚砜超滤膜的亲水性、耐污染性。还可将聚醚砜与亲水性高分子共混改性，提高膜的亲水性。

8.2.1.5　聚丙烯

聚丙烯是部分结晶聚合物，结晶度在 70％以上。软化点在 165℃，具有较好的力学性能，耐酸、碱和各种有机溶剂。其缺点是耐氧化性药剂能力低、易老化。

聚丙烯由于软化温度较高、力学性能优良等优点，可以采用熔融拉伸法、热致相法制备微孔膜。

20 世纪 80 年代推出热致相法(TIPS)制备的聚丙烯中空纤维微孔膜。将聚丙烯与豆油等稀释剂在 100～150℃熔融混合，成为澄清均相溶液，随着温度降低而发生相分离，萃取出稀释剂后制得聚丙烯微孔膜。

8.2.1.6　聚乙烯

聚乙烯是部分结晶性聚合物，具有优异的力学性能。它具有优异的耐溶剂性，常温下不溶于常见的有机溶剂，室温下能耐酸和碱。但其抗氧化(光氧化、热氧化、臭氧氧化)性能不佳，且在紫外线下还可能发生光降解。

由于聚乙烯在常温下无良溶剂，因此不能通过溶液法制膜，只能通过熔融拉伸、热致相或烧结法制膜，其中低密度聚乙烯，可用拉伸法或热致相法制成超滤膜，也可用于超滤膜的支撑材料；高密度聚乙烯则只能通过将其粉末或颗粒直接压制成管、板，用作分离膜的支撑材料，也可在其近熔点温度烧结成微滤板或滤芯。

8.2.1.7　聚氯乙烯

聚氯乙烯材料来源丰富，价格低廉，膜具有较好的力学性能，优异的耐酸、碱性和耐细菌侵蚀性能，使用温度不超过 45℃。

常采用与亲水性材料共混、化学改性等方法提高膜的亲水性。也可将其与亲水性较好的膜材料共混，制备合金多孔膜。

8.2.1.8 聚四氟乙烯

聚四氟乙烯可以通过本体聚合或溶液聚合法制备。其耐热性好，可在 260℃下长期使用，在−268℃的低温下短期使用；耐气候性能优良；其最突出的特点是耐化学腐蚀性极强，除熔融金属钠和液氟外能耐其他一切化学药品，更能耐强酸、强碱、油脂、有机溶剂。

由于聚四氟乙烯耐溶性极强，无良溶剂，且热熔融温度高，因此多用拉伸法制膜。聚四氟乙烯膜憎水性强、耐高温、化学稳定性极好，可耐酸碱及各种溶剂，因此适用面较广，多用于过滤蒸汽及各种腐蚀性液体。

8.2.1.9 聚偏氟乙烯

聚偏氟乙烯一般通过本体聚合得到。在氟塑料中，聚偏氟乙烯塑料机械强度最大，并且韧性高，冲击强度和耐磨性较好，具有较好的耐气候性和化学稳定性，在脂肪烃、芳香烃、醇和醛等有机溶剂中很稳定。聚偏氟乙烯膜具有较高的耐热性，可经受 120℃的蒸汽消毒，对有机酸和无机酸都具有良好的耐受性，同时具有优异的耐氧化性等优势，不易堵塞，易清洗，是高污染分离体系中较理想的膜。

早期聚偏氟乙烯中空纤维膜大多采用溶液相转移方法制备，由于其可以在纺丝原液中方便地添加亲水性高分子，可以制备出亲水性聚偏氟乙烯中空纤维膜，但常规添加的亲水性高分子容易在使用中逐渐流失，导致膜组件在使用一段时间后耐污染性下降。由于采用溶液相转移方法制备出的聚偏氟乙烯中空纤维膜孔隙率大多在 80%左右，致使膜强度较低。近年来有厂家相继推出了热致相转移方法制备的聚偏氟乙烯中空纤维膜，膜强度与膜通量均大幅提升，获得了很好的市场评价，但由于其纺丝温度一般为 230～250℃，难以添加常规的亲水性高分子，因此膜的亲水性较差，耐油污染性低。

8.2.2 果蔬汁生产中的膜材料

8.2.2.1 澄清苹果汁的膜材料

澄清是苹果汁生产的重要环节，过去采用的硅藻土和果胶酶-明胶-硅溶液，澄清处理耗时长、易引起二次浑浊、果汁易氧化等问题。然而，经超滤（UF）膜澄清的苹果汁在品质和工艺上都比较优越。用聚砜（PS）、磺化聚砜（SPS）、聚砜-磺化聚砜共混膜（PS-SPS）、聚丙烯腈（PAN）、羧基化改性的 PAN 板式膜、中空纤维 PAN 膜等 6 种国产膜对苹果汁进行 UF 澄清表明，经 UF 膜处理后，苹果汁的澄清度提高、褐变程度小，且对维生素 C 含量和 pH 值的影响不大。表 2-8-1 显示各种膜的 UF 效果。根据表 2-8-1 的结果，综合考虑 UF 处理后果汁的质量，采用截留分子量为 30kDa 的 PS-SPS 共混膜澄清苹果汁的效果最好[20,21]。

表 2-8-1 不同 UF 膜澄清苹果汁效果

膜类型	PS	SPS	PS-SPS	PAN	改性 PAN 板式膜	中空纤维 PAN 膜
浑浊现象	严重	较轻	稍严重	严重	严重	严重
芳香成分的保留	无	无	无	一般	较好	一般
风味	酸	酸	甜酸适中	酸	酸	酸
颜色	浅黄	浅绿	浅绿	浅黄	浅绿	浅黄

膜类型	PS	SPS	PS-SPS	PAN	改性 PAN 板式膜	中空纤维 PAN 膜
香味	柔和	较重	柔和	重	淡	重
膜通量	高	最低	最高	一般	一般	较高
抗污能力	强	弱	强	较弱	较强	较弱
膜清洗	难	较难	容易	难	一般	较易

8.2.2.2 浓缩苹果汁中的膜材料

反渗透(RO)浓缩果汁具有保存果汁风味和营养成分、降低能耗和操作简单等优点,但由于苹果汁中果胶含量较高,浓缩时膜孔易堵塞,因此需用果胶酶脱胶预处理。

在实际生产中,用醋酸纤维(CA)膜管式 RO 装置浓缩的苹果汁可达到 25°Brix,其维生素 C、氨基酸及香气成分也有很好保留。用型号为 NTR 的高脱除率和低脱除率的两种卷式 RO 膜组件组成的多级 RO 流程,可以制取 40～45°Brix 的苹果浓缩汁,且操作压力为 4.5MPa 时浓缩效果最好。膜的清洗采用 NaOCl(0.3%)和商品型号 U10(0.5%)的清洗剂,每次清洗时间 1.0～1.5h,RO 膜的渗透通量能基本得到恢复。

8.2.2.3 回收苹果汁中芳香成分的膜材料

RO 能很好地浓缩苹果汁,但其浓缩汁的浓度尚远低于目标浓缩汁的浓度,因此还需蒸发浓缩。为了回收尽管是采用减压蒸发过程被蒸除的苹果汁中的芳香物,设计在蒸发浓缩前采用 PV 膜回收芳香物工艺,然后将苹果汁进行蒸发浓缩直到苹果汁浓度达 72°Brix。聚二甲基硅氧烷-PT1100(PDMS-PT1100)、聚辛基甲基硅氧烷-聚醚酰亚胺(POMS-PEI)、聚辛基甲基硅氧烷-聚偏氟乙烯(POMS-PVDF)3 种复合膜都能很好地用于 PV 法回收芳香成分,浓缩过程 PV 的渗透通量受料液浓度、料液流速和操作温度的影响。所以当采用多级 PV 工艺时,不但可以获得感官质量良好的苹果汁,还可提高 PV 渗透通量和浓缩汁中总可溶性固体的含量,较好地保留维生素 C[22,23]。

8.2.2.4 澄清柑橘汁中的膜材料

膜材料为 PVDF 的 UF 膜澄清柑橘汁的效果最为理想。当操作压力为 0.2MPa、温度 40℃、流速 1m/s 时,柑橘汁经 UF 分离后其透过率为 82.04%,其中总糖、总酸、维生素 C 的透过率分别达到 98.65%、95.06% 和 88.50%。UF 过滤结束后,选用 0.1%NaOH 和 0.5% 的 U10 溶液清洗 UF 膜,膜的清洗效果较好[24]。

8.2.2.5 浓缩柑橘汁中的膜材料

由于柑橘汁富含有机酸、糖、维生素、多种微量元素等,因此选择对这些物质截留率高的 RO 膜是十分重要的。基于这种考虑,选用 RO-1(丹麦 DDS 公司产,型号 HR98,脱盐率 98%)膜用来浓缩柑橘汁,效果较好。在操作压力为 4.5MPa、温度 40℃、流速 1m/s 时,RO 浓缩的柑橘汁可达到 23°Brix。当膜通量衰减 40% 后,需要进行清洗。在清洗液流速 1m/s、压力 1.4MPa、温度 40℃ 的条件下,先后用 NaOCl(0.3%)和 U10(0.5%)溶液分别对 RO 膜清洗 90min 和 60min,膜通量能完全恢复[25]。

8.2.2.6 回收柑橘汁中芳香成分的膜材料

采用聚二甲基硅氧烷(PDMS)中空纤维膜的 PV 工艺可以有效地回收柑橘汁芳香成分。结果显示,PV 工艺能将液体中芳香成分浓缩到渗透蒸气的 8%(质量分数)。膜集成技术澄清和浓缩柑橘汁的工艺示意见图 2-8-6。图 2-8-6 中 UF 澄清果汁,RO 预浓缩果汁,PV 回

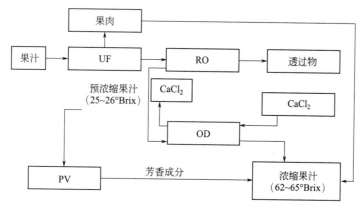

图 2-8-6 膜集成技术澄清和浓缩柑橘汁工艺

收芳香成分,渗透蒸馏(OD)进一步浓缩果汁。这种工艺可将果汁浓缩到63~65°Brix,还能很好地保留柑橘的芳香成分[26,27]。

8.2.2.7 澄清山楂汁中的膜材料

目前澄清山楂汁常用的 UF 膜主要有美国 KOCH 膜系统公司生产的型号为 HFM-180、MWCO1.8 万的管式聚砜膜组件,以及丹麦 DDS 公司生产的 UF-1 膜。加工时若采用一级一段循环式流程既能取得较好地澄清效果又能降低成本,当物料温度为0℃、操作压力为0.4MPa、主流液速度为2m/s时,单程的澄清率可达 96%~98%,双程可达 98%~99%。中试实验也表明 UF-1 膜在压力 0.4MPa、温度 35~45℃、料液流速 2m/s 时,对总糖、总酸和色素的平均透过率很高。膜清洗时采用 NaOCl(0.3%)和 U10(0.5%)清洗 1.0~1.5h,膜通量能基本恢复[28]。

8.2.2.8 浓缩山楂汁中的膜材料

丹麦 DDS 公司生产的 RO-1 膜是 UF 浓缩山楂汁时最常用的膜,在操作条件为压力4.5MPa、平均水通量 23.7L/(m² · h),果汁可浓缩到 20°Brix;清洗方法同 UF 膜。在1995 年河北隆化建成的一条日处理山楂 22t 的山楂加工生产线,就是采用了丹麦 DDS 公司的 UF 和 RO 膜,山楂汁产量为 100t/d,取得了很好的经济效益。

8.2.2.9 澄清葡萄汁中的膜材料

葡萄汁加工中,用 MWCO 1 万的 UF 膜能较好地保存葡萄汁的营养成分;且超滤后果汁的香味和口感都没有变化而色泽得到了明显改善,显著提高了果汁的澄清度,并可以使细菌数降低 84.8%[29]。

UF 膜的通量与操作压力成正比[16],在膜材料允许承受的条件下可以尽量提高压力来增加通量;通量与温度也成正比,但果汁为热敏性物质所以温度不宜过高,操作温度45℃为宜。当UF 进行 5~10h 后,通量基本达到稳定,10h 后则需用 40℃清水反冲洗 30min;然后用 0.5%NaOH 冲洗 15min;再用清水冲 15min,可恢复膜通量,冲洗压力为 0.15MPa。

8.2.2.10 浓缩葡萄汁中的膜材料

用丹麦 DDS 公司生产的 HR-30 和 ACM-2 型两种 RO 膜浓缩葡萄汁均能取得较好效果,在操作温度 35℃、操作压力为 5MPa、循环流量为 300L/h 时,对花青素的截留率可达 99.5%[30]。

8.2.2.11 草莓汁生产中的膜材料

用 UF 法生产透明草莓汁,在产品质量和生产工艺上都较常规法优越,既提高了产量、保持了果汁风味和营养成分，还节省了试剂和设备费用。通过对 PS、SPS、PS-SPS 共混膜 3 种超滤膜的比较，得出 PS 膜和 PS-SPS 共混膜均适用于草莓汁的澄清。研究结果表明，使用 MWCO 为 3.5 万～10 万的 PS 膜，果汁通量在 45～55L/(m·2h)、操作压力为 0.3～0.35MPa 时，UF 的效果最佳。在芳香成分的保留方面共混膜优于 PS 膜，但对酸类、醇类芳香成分的保留优于酯类的保留[31]。

8.2.2.12 其他果汁生产中的膜材料

膜技术除了应用于上述果汁生产中外，在其他果汁生产中的应用也有一些研究，且取得了很好的效果。表 2-8-2 显示了膜技术在其他果汁澄清中的研究概况。从表 2-8-2 可以看出，膜技术在这些果汁生产中的应用研究效果好，具有良好的工业发展前景。

表 2-8-2　UF 膜在其他果汁生产中研究应用

果汁类型	膜材料①	最佳操作参数			特点
		压力/MPa	温度/℃	处理量/(L/h)	
荔枝汁	PS 中空纤维膜	0.2～0.3	25～35	50	能提高透光率，降低浊度，还能较好地保持营养成分与风味
猕猴桃汁	PS 中空纤维膜	≤0.09	45～50	60	维生素 C 保存率高，果汁褐变度小、操作简单、耗时短,透光率可达 99%
香蕉汁	MWCO 3 万的 PS 膜	0.3	20～30	28.06	可长时间稳定运行，且对营养成分和风味的保存效果较好
梨汁	MWCO 10 万的 PVPP 中空纤维膜	0.1～0.2	20	—	部分循环方式澄清时维生素 C 等营养物质保存率能达 90% 以上

① PS 为聚砜;PVPP 为聚乙烯吡咯烷酮。

从已采用 UF 等膜技术澄清苹果汁、草莓汁、柑橘汁、葡萄汁、梨汁等的结果表明，果汁产品质量及经济效益都较好。随着膜分离技术的不断发展完善，在果汁生产领域，乃至整个食品工业领域都将会有更广泛的应用。

8.3　食品发酵工业生产用膜分离装置概况

根据膜的形状，膜分离装置基本上可分为如下几类。

（1）板式结构

是用多层本版膜叠合而成，类似于板框压滤机的结构。其特点是结构简单、组装方便、易于操作、便于清洗。该结构分别有反渗透、纳滤、超滤(有薄页式、注塑板式)、微滤等装置。

（2）管式结构

分外压和内压管式两种。其膜面料液流动状态好，脏物不易停留，因而不易阻塞膜面，适用于黏稠液体的浓缩分离。但膜的填充密度小，占地面积和空间体积大。该结构分别有反渗透、纳滤和超滤装置。

（3）卷式结构

该结构是板式结构的变形。其单位体积内膜的填充密度高，单位溶剂的生产能力大。卷式淡化器应用的黑丝平板膜，这种膜易于大规模工业化生产，制备组件也易于工业化，世界各国造水系统的淡化器大多采用这种结构。其缺点是膜元件如有一处破损，将导致整个元件失效，对预处理要求也较严格。该结构分别有反渗透、纳滤和超滤卷式装置。

（4）中空纤维结构

由于中空纤维很细，膜的填充密度高，占地面积小，可适用于大小型造水系统。但其缺点是对预处理要求严，如有丝断裂，将导致整个元件失效。该结构分别有中空反渗透、中空纳滤和中空超滤装置。

（5）旋叶式动态膜装置

该装置是一种高剪切错流膜分离装置。由于膜面流体流速可达 10～20m/s，在高剪切速度下极化层厚度徒减，因而透过液通量可提高一个数量级。这种设备的优点较突出，但动力消化大，适用于高黏度液体的浓缩分离。

另外还有电渗析等膜分离装置，每种装置各有特点，可根据处理对象的不同选择不同结构型式的装置和不同性能的膜[32]。

8.4 食品发酵工业废水深度膜处理技术应用概况

我国特别是在中小城镇中分布着大量的食品加工企业，这些企业的现代化程度和生产规模日益提高，但是产生的废水水质恶劣，废水量不断增加，对环境危害十分严重[33]。

食品工业（包括饮料工业）是耗水大户，这些耗用的水仅少部分用于食品生产本身，而大部分是用于食品生产过程洗涤和清洁的，因此完全可以将这些废水加以回收利用。基本上以粮食为主要原料的发酵工业所产生的污染物主要是由于粮食未被充分利用造成的，因此，排入水环境的污染物绝大部分是具有回收价值的产品和副产品。

早在 20 世纪 90 年代，食品工业中就开始大规模地采用膜技术处理废水。用膜技术分离发酵液中菌体、浓缩产品、开发新产品、改革生产工艺、提高工艺用水的回用率，具有十分广阔的前景[34]。

8.4.1 酒精废水

酒精工业的污染，以水的污染最为严重。生产过程中的废水主要来自蒸馏发酵成熟后排出的酒精槽，生产设备的洗涤水、冲洗水，以及蒸煮、糖化、发酵、蒸馏工艺的冷却水等。酒精生产的废水主要来自蒸馏发酵成熟时粗馏塔底部排放的蒸馏残留物——酒精槽（即高浓度有机废水），以及生产过程中的洗涤水（中浓度有机废水）和冷却水[35]。

以粮食、果蔬及其废弃物为原料进行发酵是酒精生产的主要工艺。采用连续发酵-PV 膜分离的组合工艺，进行燃料乙醇生产，大大减少了酒精废水产生量。1988 年法国 Betheniville 的甜菜糖厂运用了一套可连续生产 4 种纯度乙醇，使用膜面积达 2400m²，日处理乙醇水溶液为 150000L 的 PV 装置[36]。该甜菜糖厂通过蒸馏-PV 与脱硫相结合的集成工艺处理后，乙醇的纯度和浓度以及排放的废水水质是常规工艺所无可比拟的，生产效益和环境效益都十分显著。

（1）UF 膜法处理酵母废水

首先用离心法去除废水中 90% 的悬浮物，再用卷式 UF 膜组件，在一定压力和流速下色度去除率可＞97%，浓缩达 10 倍，膜寿命预计为 5 年。采用 8 英寸卷式 UF 膜，总膜面

积 $1176m^2$，在上述操作条件下处理废水量为 $200m^3/d$；与蒸发法相比，每吨废水的处理费用节约了 15.6%[37]。去除酒精厂酵母分离产生的废水，即对酒精废液→离心分离→滤渣→干燥→酵母饲料生产过程中离心分离出来的滤液，用热交换器降温至 $65℃$（适合 UF 膜的运行温度），经过滤器预处理后，将清液泵入 UF 膜装置处理。UF 膜法回收 50% 蛋白质，其投资费用为蒸发系统的 25%，运行费用仅为蒸发浓缩法的 20%。

（2）UF/NF 组合膜法处理酵母废水

采用卷式 UF 组件以及复合膜卷式 NF 组件，以循环浓缩方式处理以蔗糖废糖蜜为原料、生产酒精酵母的酵母生产废水[38]。工程运行结果表明，UF 对残糖和氨、氮的分离率一般为 $15\%\sim35\%$。由于残糖和氨、氮是酵母发酵过程中的营养成分，因此 UF 透过液可被重新回用于发酵工序。NF 膜对废水的 COD 去除率 $>90\%$，并接近或达到废水排放标准。采用天然的、正电荷的壳聚糖絮凝剂对酵母生产废水有较好的预处理效果，脱色率 $>60\%$，COD 去除率约 20%。

（3）处理酿酒废水

甘蔗糖厂的副产品——糖蜜生产酒精的企业排放的废水由焦糖色素产生的 COD、BOD 及色度是生物法难以去除的。用 MBR 与 NF 膜集成工艺处理糖蜜制酒精厂排放废水，出水的 COD、色度都达到国家一级排放标准，废水回收率 $>80\%$。表 2-8-3 列出了采用复合中空纤维大孔（MF/UF）膜装置（最大膜面积为 55 支元件组装成的 $385m^2$）处理酿酒工业废水有效果。该复合膜表面涂覆了具有强亲水性和强抗蛋白质黏附性能的 PVA，因此该复合膜对于富含蛋白质的食品工业废水有很好的去除效果。经该大孔复合膜处理后，废水中的 BOD、SS 的含量都远低于废水排放标准。

表 2-8-3 PVA/PS 复合中空纤维膜处理食品工业废水结果

废水来源	原水/(mg/L)		膜处理后水/(mg/L)	
	BOD	SS	BOD	SS
酿酒企业	70000	15000	160	2
畜牧企业	200	800	20	1
鱼品加工企业	2030	42	10	1

8.4.2 味精废水

味精生产过程产生的废水中残留等电点提取的谷氨酸发酵废液为含高浓度 COD_{Cr}、BOD_5 和高浓度 NH_3-N、SO_4^{2-}，难以用生化法处理的废水。

8.4.2.1 UF 膜法

采用截留分子量为 10000 的 UF 膜对味精厂排放的废水进行除菌体和大分子蛋白等成分的处理，在操作温度、运行压力、浓缩倍数等较佳操作条件时，废水中 SS、COD_{Cr} 的去除率分别为 99%、30%，为后序的生物法减轻了处理负荷，可将回收的蛋白进行综合利用。用膜材料分别为聚砜（PS）、聚丙烯腈（PAN）的 UF 处理后，COD 降低 34%，味精废水中菌体去除率达 99%，浓缩倍数达 5 倍。用稀 HCl 水溶液反压清洗可恢复膜的水通量。PAN 膜由于亲水性好，对菌体吸附性小，因而水通量高于 PS 膜[39,40]。

谷氨酸发酵废水经甲壳素和碱式氯化铝混合絮凝、低速离心机分离后，上清液进入 UF

系统处理。经 UF 膜处理后，透过液中 COD、BOD 去除率均＞96％；经混凝-离心-UF 的组合工艺处理的谷氨酸废水，接近或达到国家水污染物综合排放标准的二级排放标准。

8.4.2.2 ED 膜法

L-谷氨酸（L-GA）浓度为 $0.001\sim0.02mol/L$ 的水溶液，经 ED 处理后，淡室、浓室中的 L-GA 浓度分别为 $5\times10^{-5}\,mol/L$、$0.05mol/L$，淡室的水可以排放或回用，浓室回收了 L-GA[41]。

8.4.2.3 MBR 法

用聚乙烯（PE）中空纤维型 MBR 法处理味精废水，效果显著。在容积为 $6.89m^3$ 的玻璃钢槽内，放置 6 支横置式直径 $2000\times L3000mm$ 中空纤维膜组件，24h 连续曝气运行，废水中的 BOD、SS、TN 从 $1900\sim5500mg/L$、$467\sim2800mg/L$、$68\sim410mg/L$ 分别下降到 $1\sim5.1mg/L$、$<1mg/L$、$0.8\sim2.98mg/L$。

8.4.3 大豆乳清废水

大豆分离蛋白（SPI）经酸沉后产生的乳清废水，通过絮凝离心处理，可以去除乳清中 65％左右的脂肪、90％左右的悬浮固体。在絮凝离心处理后的乳清废水进入 MF 膜装置，在蛋白质损失只有 10％左右的情况下，脂肪去除率高达 90％以上，悬浮固体可被全部去除[42]。

8.4.3.1 UF/(NF)RO 组合膜法回收蛋白、低聚糖

根据回收废水的成分及回用水的要求，如图 2-8-7 所示，在合适的膜过程可以回收到不同的高价值产品，如可溶性蛋白、低聚糖和纯水。由于乳清蛋白分子量为 $2000\sim20000Da$、大豆低聚糖分子量为 $300\sim700$，因此采用 UF 膜和 NF 膜技术，可以将这 2 种物质分离。研究表明，用 UF 膜可回收乳清废水中几乎所有的蛋白质；用 NF 膜浓缩 UF 透过液，对大豆低聚糖中功能性成分水苏糖和棉子糖的回收率超过 90％。UF 浓缩液经双效蒸发浓缩和喷雾干燥即可得到成品乳清蛋白粉[43]。

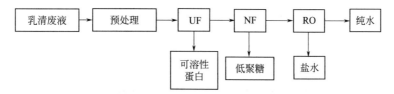

图 2-8-7 处理大豆乳清废水的膜技术应用

大豆乳清废水经过粗过滤、脱色除盐后，用 PS 的 UF 膜去除废水中的杂蛋白，再用 NF 或 RO 浓缩提取低聚糖。结果表明，UF 有效地脱除了乳清废水中的蛋白；选用的 NF 膜和 RO 膜都能把乳清液中的低聚糖 100％回收，低聚糖的浓度从起始的 1％提高到 12％。

用卷式 PS 的 UF 膜、卷式聚酰胺（PA）复合的 RO 膜处理大豆蛋白废水的研究表明，UF 膜对乳清废水中蛋白回收率为 90％～99％，RO 膜浓缩回收废水中低聚糖。将大豆加工废水进行调 pH 值、离心、预过滤、微滤和调温等预处理；然后将预处理后的大豆加工废水在一定压力下通过 UF 膜系统，以提取大豆乳清蛋白；再将 UF 膜透过液送入 NF 膜系统，以提取大豆低聚糖并将其进行脱色处理；最后对 NF 膜透过液进行后处理以得到可回用于生产的水或符合排放标准的水[44]。

8.4.3.2 ED/UF/RO 组合膜法回收蛋白、低聚糖

大豆加工废水先用板框过滤机初滤，滤液泵入 UF 膜装置，脱除蛋白等杂质后，得到干物质约 3% 浓度的浓缩液，然后泵入 RO 膜装置浓缩成含干物质约 15% 的浓糖浆，再经 ED 脱盐、减压浓缩成含干物质约 50% 的浆状低聚糖产品，最后经喷雾干燥得到低聚糖粉。

为了减少乳清废水中无机盐对 NF 特别是 RO 过程的影响，经预处理的乳清废水先进行 ED 法除盐，然后 UF 法提取可溶性蛋白，RO 法浓缩低聚糖，工艺流程见图 2-8-8。

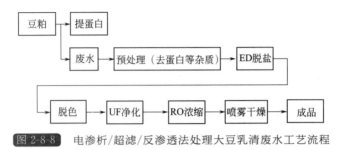

图 2-8-8 电渗析/超滤/反渗透法处理大豆乳清废水工艺流程

8.4.3.3 去除污染物

采用聚四氟乙烯（PTFE）膜组装成一体化 MBR 处理大豆加工废水，结果见表 2-8-4。MBR 对 COD、BOD 的去除率均在 90% 以上，效果显著。

表 2-8-4 聚四氟乙烯膜生物反应器处理大豆加工废水结果

项目	原水	MBR 出水	去除率/%
COD/(mg/L)	1300~2450	28~129	90~99
BOD$_5$/(mg/L)	800~1400	12~20	98~99
NH$_4^+$-N/(mg/L)	108~136	24~32	70~82
浊度/NTU	43~52	3~7	86~94

8.4.4 谷物加工废水

8.4.4.1 米糠废水处理

通过以下工艺可以从米糠水中制取植物脂多糖（LPS）：米糠水提取→等电点分离蛋白→UF 净化→NF 脱盐浓缩→有机溶剂分步沉淀→LPS 粗品→色谱分离→冷冻干燥→LPS 成品。

用聚偏氟乙烯（PVDF）中空纤维膜 UF 净化经等电点分离蛋白后的米糠 LPS 提取液。UF 后的米糠 LPS 提取液清澈透明，大分子蛋白和多糖杂质截留率分别为 85.5%、89.6%，透过液中 LPS、盐分含量几乎与 UF 前提取液中的浓度相当，即分别为 9.57μg/L、1.27%。然后用管式 PA 膜 NF 处理 UF 透过液。NF 浓缩 8 倍时，浓缩液中 LPS 的浓度增加了近 7 倍，无机盐去除率 87.4%，NF 透过水中无 LPS 检出[45]。

8.4.4.2 玉米加工废水

在厌氧上流式污泥床-换热器-MBR 工艺处理玉米加工废水中，采用聚醚砜（PES）为膜材料的 MBR 装置总膜面积为 688m²，处理废水量为 500m³/d。MBR 装置的废水、出水的 COD 浓度分别为 15000mg/L、400mg/L，COD 的去除率达 97%。

8.4.5 果蔬加工废水

8.4.5.1 水果加工废水

在果蔬加工物料的过滤操作过程中，果蔬汁中的胶体、蛋白质等在过滤器材的微孔过滤介质上形成动力膜。糖蜜、菠萝蜜等都是动态膜的材料。在多孔陶瓷管上动力形成的蔗糖糖蜜膜与甜菜糖蜜膜相比，膜结构更致密，孔径更均一。在 0.2MPa 压力、4m/s 错流流速和 60℃运行温度下，处理浓度为 50% 糖蜜料液时，动态膜的渗透通量比高分子膜大 4 倍，为 20L/(m²·h)，对有色料液的截留率，动态膜比高分子膜小 20%～40%，高分子膜的截留率为 80%。由此可见，动态膜在处理果蔬加工废水中有着特殊的作用。

用膜法处理橄榄洗涤水可以克服生物曝气池处理存在占地费用高、处理效果不好等问题。橄榄洗涤废水经 200 目筛网过滤，再用 100 个具有宽流道结构的 NF 膜元件，在高的料液流量和错流流速下运行，处理结果见表 2-8-5。膜技术代替传统的沉降池处理方法能高效回收浸泡橄榄后的盐水。

表 2-8-5 纳滤膜处理橄榄洗涤水的结果

项目	废水	膜处理水	脱除率/%
细菌/(个/mL)	108	0	100
SS/(mg/L)	1090	0	100
油/脂肪/(mg/L)	150	0	100
COD/(mg/L)	8950	705	92
BOD/(mg/L)	5970	500	92
悬浮固体/(mg/L)	7460	3000	60

8.4.5.2 蔬菜加工废水

花菜漂洗水中的芳香化合物可以通过 PV 膜分离方法加以回收。使用优先透有机物的聚醚酰胺(PEA)膜和聚二甲基硅氧烷(PDMS)膜，能够提取花菜漂洗水中的硫化物(二甲基二硫化物、二甲基三硫化物、S-甲基硫代丁酸盐)。用膜法回收土豆废水中的有价值成分有很高的经济效益。

8.4.6 肉类加工废水

肉类淋洗废水经预处理、NF 膜除硬度、紫外杀菌后，回用于食品加工用水。经该工艺处理后的肉类淋洗废水，其电导率、TOC、浊度分别下降到 13～196μS/cm、1.5～4mg/L、0.14～0.32NTU，无机离子和微生物浓度等都达到饮用水水质指标。

香肠淋洗水的废水通过 50μm 过滤→3μm 过滤→UV 杀菌→二级 NF 膜处理后，一级和二级 NF 对电导率、TOC 和浊度三项污染物的脱除率(%)分别为 95.6、55.1，90.2 和 91.1，60.7、65.8，水质接近于饮用水指标，可以回用到生产。

8.4.7 饮料加工废水

饮料工业完全是一个"水工业"，耗水量大，废水排放量大，但回首利用潜力也很大。近几年全球许多地方掀起了"太空水""纯净水"风暴，新鲜水用量与废水排放量同步增长。就整个食品饮料工业而言，产品制造用水的净化处理、原料和器具清洗以及生产场所冲洗等排放的废水都可以用膜法工艺处理回用。砂糖精制工厂排水经 NaClO 处理、炭柱脱色、RO 膜脱盐，再生废水回用是经济的。

总之，食品工业废水可以通过膜技术处理，实现废水净化回用和高价值物质的回收利用，其经济效益和环境效益十分显著。

<h1 style="text-align:center">参 考 文 献</h1>

[1] 黄丽彬，陈有容，齐凤兰，等．膜分离技术在食品发酵工业中的应用 [J]．食品工业，2002，(6)：51-53.

[2] 顾香玉，张晓云．膜技术在啤酒生产中应用研究 [J]．酿酒，2003，3(4)：95-97.

[3] 顾国贤．酿造酒工艺学 [M]．北京：中国轻工业出版社，1996，44-50.

[4] 隋贤栋，黄肖容．硅藻土梯度陶瓷微滤膜的饮用水净化 [J]．膜科学与技术，2004，24(1)：54-57.

[5] 刘悦晖，隋贤栋，黄肖．用梯度氧化铝膜净化空气 [J]．环境工程．2001，19(3)：32-35.

[6] 何国庆．94 国际酒文化学术研讨会论文集 [J]．杭州：浙江大学出版社，1994，181-183.

[7] 褚良银，陈文梅，刘培坤，等．生啤酒超滤除菌技术试验研究 [J]．食品与机械，1999(1)：18-19.

[8] 肖志刚，王辉，申勋宇，等．微孔滤膜在酿造工业中的应用 [J]．酿酒，2005，32(4)：106-107.

[9] 耿建华．膜分离法生产无醇啤酒 [J]．酿酒，2008(4)：90-91.

[10] 王连军，蔡敏敏，荆晶，等．无机膜-生物反应器处理啤酒废水及其膜清洗的试验研究 [J]．工业水处理，2000，20(2)：32-34.

[11] 刘旭东，王恩德．膜生物反应器处理啤酒废水中试研究 [J]．净水技术，2004，1(23)：4-6.

[12] 王萍，朱宛华．膜污染与清洗 [J]．合肥工业大学学报(自然科学版)，2001，24(2)：231-233.

[13] 岳振峰，高孔荣．膜分离技术在果蔬汁生产中的应用 [J]．食品工业科技，1998，(2)：72-76.

[14] 焦必林，V. Calabro，E. Droli．膜浓缩果汁技术的新进展 [J]．食品与发酵工业，1993(2)：77-81.

[15] 邵长富，赵晋府．软饮料工艺学 [M]．北京：中国轻工业出版社，1987，185-188.

[16] Braddock R J，Sadler G D，Chen C S. Reverse osmosis concentration of aqueous-phase citrus juice essence. [J]. Journal of Food Science An Official Publication of the Institute of Food Technologists，1991，56(4)：1027-1029.

[17] Kane L，Braddock R J，Sims C A，et al. Lemon Juice Aroma Concentration by Reverse Osmosis [J]. Journal of Food Science，2006，60(1)：190-194.

[18] Koseglu S S，Lawhon J T，Lusas E W. Vegetable Juices Produced With Membrane Technology [J]. Food Technology，1991，(45)：124-130.

[19] 吕晓龙．膜材料技术的发展现状与市场分析 [J]．水工业市场，2009，(7)：13-15.

[20] 葛毅强，刘文力，倪元颖，等．6 种国产膜在苹果汁加工中的应用比较 [J]．食品与发酵工业，2004，30(2)：91-96.

[21] 蔡同一，倪元颖，闫红，等．不同国产超滤膜对苹果浓缩汁产生后混浊影响的比较 [J]．食品工业科技，1999，20(1)：17-19.

[22] Vaillant F，Jeanton E，Dornier M. Concentration of passion fruit juice on an industrial pilot scale using osmotic evaporation [J]. Journal of Food Engineering，2001，(47)：195-202.

[23] Alvarez S，Riera F A，Alvarez R. A new integrated membrane process for producing claried apple juice and apple juice aroma concentrate [J]. Journal of Food Engineering，2000，(46)：109-125.

[24] 钟海雁，袁列江，李忠海，等．温州蜜柑汁的超滤分离工艺研究 [J]．食品科技，2003，(6)：42-45.

[25] 钟海雁，袁列江，李忠海，等．柑橘汁反渗透浓缩的研究 [J]．食品科技，2002，(9)：52-54.

[26] Shepherd A，Habert A C，Borges C P. Hollow fibre modules for orange juice aroma recovery using pervaporation [J]. Desalination，2002，(148)：111-114.

[27] Cassano A，Drioli E，Galaverna G. Clarification and concentration of citrus and carrot juices by integrated membrane processes [J]. Journal of Food Engineering，2003，(57)：153-163.

[28] 王熊，郭宏，郭维齐．膜分离技术在山楂加工中的应用 [J]．膜科学与技术，1998，18(1)：22-26.

[29] 晋艳曦，许时婴，王璋．葡萄汁澄清工艺及机理研究 [J]．食品工业科技，2001，22(4)：79-80.

[30] Rektor A，Pap N，Kdkai Z，et al. Application of membrane filtration methods for must processing and preservation [J]．Desalination，2004，(162)：271-277.

[31] 蔡同一，李景明，倪元颖，等．超滤技术对草莓汁中重要芳香成分影响的研究 [J]．农业工程学报，1997，13 (3)：217-220.

[32] 姜安玺，赵玉鑫，李丽,等．膜分离技术的应用于进展 [J]．黑龙江大学自然科学学报，2002，19(3)：98-103.

[33] 蔡邦肖．食品工业废水的膜法处理与回用技术 [J]．食品与发酵工业，2005，31(10)：102-107.

[34] 尤新，李红兵．发酵工业面临的问题与采用膜分离技术的前景 [J]．膜科学与技术，1997，17(4)：8-10.

[35] 左金龙，食品工业生产废水处理工艺及工程实例 [M]．北京：化学工业出版社．2011.

[36] 蔡邦肖，张金锋．有机物（水）混合物分离的国外膜工业现状 [J]．水处理技术，2005，31(3)：1-6.

[37] 张志诚，黄夫照，朱柏华，等．超滤技术的发展 [M]，北京：海洋出版社，1993，171-176.

[38] 韩式荆，李书申，吴开芬，等．超滤法分离味精废水中的菌体 [J]．环境化学，1989，8(6)：35-40.

[39] 高以烜，姚仕仲，李淑秀，等．UF、NF 处理酵母废水可行性研究 [J]．水处理技术，1997，(1)：12-18.

[40] 潘巧明，楼永通，陈小良，等．膜法处理废糖蜜制酒精废水的初探 [J]．水处理技术，2000，26(6)：340-342.

[41] 凌开成，赵瑞华，张永奇，等．电渗析处理 L-谷氨酸废水 [J]．膜科学与技术，2002，22(4)：30-34.

[42] 刘国庆，罗敏，龙国萍，等．大豆乳清的预处理 [J]．膜科学与技术，2003，23(5)：42-45.

[43] 袁其朋，马润宇．膜分离技术处理大豆乳清废水 [J]．水处理技术，2001，27(3)：161-163.

[44] 储力前，付永彬．膜分离技术在大豆蛋白废水处理中的应用研究 [J]．给水排水，2000，26(5)：36-38.

[45] 陈正行．膜分离技术提取米糠脂多糖的研究 [J]．水处理技术，2000，26(6)：333-335.

下篇
CO$_2$ 废气综合利用技术

发酵生产过程中产生的 CO_2

1.1 酒精生产过程中产生的 CO_2

1.1.1 发酵法生产酒精的原料

常用发酵法生产酒精的原料主要有淀粉质原料、糖蜜原料和野生植物类原料等。淀粉质原料主要为谷类原料和薯类原料，谷类原料指小麦、玉米、高粱等，薯类原料指甘薯、木薯、马铃薯、山药等。糖蜜原料指甘蔗、甜菜生产糖的副产品，其含有较多的可发酵性糖，经过酵母的发酵作用可转化为酒精。野生植物类原料主要指橡子仁根、土茯苓、金刚头、香附子等，其含有较多的碳水化合物，也可转化生产酒精。另外，发展纤维素原料乙醇已写入《中国酒业"十三五"发展指导意见》。

从理论上讲，只要是含有淀粉或可发酵性糖的物料都可作为酒精生产的原料，但在实际生产过程中要考虑生产管理的方便、经济上的合理。我国历年以各种原料生产的酒精的平均百分比分别是：糖蜜酒精占 11.35%，高粱酒精占 13.35%，薯类酒精占 22.89%，小麦酒精占 2.11%，玉米酒精占 50.30%。据最新统计，2015 年全国规模以上酒精生产企业 138家，完成总产量为 820.88 万吨，我国《可再生能源中长期发展规划》（2007 年）提出 2020 年生物燃料乙醇年利用量达到 1000 万吨的目标，力争达到 1500 万吨。

表 3-1-1 是印度国家糖业管理联合会主席曼奴夏·劳（P. J. M. Rao）撰文比较各种能源作物单位面积酒精产量数字，认为甘蔗与木薯产量最高，虽然与我国的产量未必相同，特别是南、北方与中部地域地理条件不同产量亦有差异，但甘蔗产生的能量值属前茅是肯定的。

表 3-1-1 各种能源作物单位面积产酒精比较

原料	甘蔗	木薯	甜菜	甜高粱	玉米	小麦	稻米
土地产量/[t/(hm² · a)]	70	40	45	35	5	4	5
糖或淀粉（含量）/%	12.5	25	16	14	69	66	75

原料	甘蔗	木薯	甜菜	甜高粱	玉米	小麦	稻米
酒精产率/(L/t 原料)	70	150	100	80	410	390	450
土地酒精产量/[kg/(hm²·a)]	4900	6000	4300	280	2050	560	2250

1.1.2 酒精生产工艺[1]

酿酒工艺通常经过原料的运输、粉碎、蒸煮、糖化、发酵、蒸馏几个步骤完成。酒精生产原料的粉碎，有利于增加原料的表面积，加快原料吸水速度，降低水热处理湿度，节约水热处理蒸汽；有利于 α-淀粉酶与原料中淀粉分子的充分接触，促使其水解彻底，速度加快，提高淀粉的转化率；有利于物料在生产过程中的输送，其考核指标是粉碎度。酒精生产原料的粉碎按带水与否分为干式粉碎和湿式粉碎，实际生产中多采用干式粉碎。国内酒精生产原料粉碎设备主要是锤片式粉碎机。很多工厂都采用二次粉碎法，在进入锤碎机前先经过粗碎，把大块原料初步打碎成小块原料，再经过锤碎机，将小快原料打碎成较细的粉末原料。

植物组织细胞中的淀粉受细胞壁裹护，使得淀粉颗粒不易受到淀粉酶系统的作用。另外，不溶解状态的淀粉被常规糖化酶糖化的速度非常缓慢，水解程度不高。通过水热处理，粉料充分与水混合得到粉浆，粉浆加热温度升高，淀粉吸水膨胀，细胞壁破裂，淀粉由颗粒变为溶解状态的糊液，适用于 α-淀粉酶将其转变为低分子的糊精、低聚糖、双糖和单糖；同时借加热粉浆起到了灭菌作用，以保证糖化和发酵顺利进行。其操作有粉浆制备、α-淀粉酶加用、液化和冷却等。液化是生产酒精的中间环节，液化质量的好坏不仅影响糖化的质量还影响发酵残总糖和酒分，最终影响淀粉的出酒率。原料的传统水热处理工艺主要有高温高压处理和常压处理两种方式，近年来又涌现出喷射液化工艺、无蒸煮工艺（生料无蒸煮工艺）等新型的水热处理工艺。

原料经蒸煮后，植物细胞和植物组织破裂，其所含的淀粉颗粒由于吸水膨化而分解，成为溶解状的糊液。对蒸煮醪液加入一定量的糖化剂，使淀粉转变成可发酵性糖，在酵母菌的作用下可发酵性糖可转变为乙醇，在这一过程中发生了复杂的生物化学反应。

酒精发酵的作用是酵母菌把可发酵性的糖经过细胞内酒化酶的作用生成了酒精与 CO_2，然后通过细胞膜将这些产物排出体外。酵母菌属于兼性微生物，可以在有氧或者无氧条件下生长：在有氧条件下，酵母细胞中的酒化酶受到抑制，酵母会利用充足的氧气将葡萄糖分解为 CO_2，不产生酒精，细胞进行自我增殖；在无氧条件下，酵母才将葡萄糖分解为酒精和 CO_2，得到自身生命活动所需要的热量。一个酵母细胞直径只有 $5\sim8\mu m$，表面积为 $5\times10^{-5}mm^2$。正常发酵醪中酵母细胞含量约为 1400 亿个/L，它的细胞表面积约为 $7m^2$，在发酵过程中有如此巨大的细胞表面积参与物质代谢，可见其发酵作用是十分强烈的。在发酵过程中产生的酒精可以通过酵母细胞渗出到体外。因为酒精发酵是在水溶液中进行，酒精是可以任何比例与水混合的，所以由酵母体内排出的酒精便溶于周围的醪液中。发酵中产生的 CO_2，由于其溶解度较小，所以发酵醪很快就会被其饱和。当 CO_2 饱和之后，便被吸附在酵母细胞表面，直至其超过细胞吸附能力，这时 CO_2 变为气态，形成小的气泡上升。又由于 CO_2 的气泡相互碰撞，形成较大气泡而逸出液面。CO_2 气泡的上升，也带动了醪液中的酵母细胞上下游动，从而使酵母细胞能更充分地与醪液中的糖分接触，使得发酵作用更充分和彻底。

在发酵过程中酵母菌把糖转化成乙醇，同时还产生 CO_2。酵母菌的酒精发酵过程包括 4 个阶段：a. 葡萄糖磷酸化，生成活泼的 1,6-二磷酸果糖；b. 1,6-二磷酸果糖裂解成为两分子的磷酸丙糖(3-磷酸甘油醛)；c. 3-磷酸甘油醛经氧化、磷酸化后，分子内重排，释放出能量，生成丙酮酸；d. 丙酮酸继续降解，生成酒精。其总反应方程式为：

$$C_6H_{12}O_6 + 2NAD^+ + 2ADP + 2Pi \longrightarrow 2C_3H_4O_3 + 2NADH + 2H^+ + 2ATP + 2H_2O$$

而丙酮酸无氧分解，一部分在乳酸脱氢酶的作用下生成乳酸，另一部分在丙酮酸脱羧酶的作用下生成乙醛并伴有 CO_2 的产生，再在乙醇脱氢酶的作用下生成乙醇。

$$C_6H_{12}O_6 + 2ADP + 2H_3PO_4 \longrightarrow 2C_2H_5OH + 2CO_2 + 2ATP + 10.6kJ/mol$$

由上式可以看出 CO_2 是酒精发酵过程中产生的最主要副产物，CO_2 和酒精的产生比率为 88/92.14，即每生产 1t 酒精可获得 CO_2 0.955t（理论值）。

1.1.3 发酵过程[1]

酒精发酵工艺因糖化醪进入发酵罐的方式不同可分为间歇式、半连续式和连续式 3 种发酵方式。这些发酵方式都有各自的特点，可根据实际情况选用。

将培养成熟的酒母泵入发酵罐后，酒母在发酵罐中将继续增殖。由于发酵罐的体积比酒母罐大得多，生长环境和条件发生了变化，所以在整个酒精发酵过程中，根据酵母的生长繁殖情况可分为 3 个不同的阶段，即前发酵期、主发酵期和后发酵期。

1.1.3.1 前发酵期

前发酵期是酵母增殖阶段，又称为对数生长期。将糖化醪与酒母醪加入发酵罐混合后，酵母利用糖化醪中的营养物质和溶解氧迅速生长繁殖，糖化酶继续在醪中缓慢地进行糖化作用，将淀粉和糊精转化为糖，供酵母利用。但由于有大量的糖化醪进入发酵罐，酵母数量相对较少，所以发酵作用不强，酒精和 CO_2 的生成量很少，因此糖分消耗较慢，温度上升不快，发酵外观平静，这个时期称为前发酵期，一般为 10h 左右。前发酵时间的长短与酒母用量、酒母的耗糖量、糖化醪加入温度等因素有关。通常用 8%～10% 的酒母量接种，以耗糖率为 35%～40% 的酒母醪为宜。若酒母量大，酒母耗糖率达 50% 以上或是前发酵温度超过 30℃，都会缩短前发酵期，甚至没有前发酵，直接进入主发酵，出现这种情况发酵效果不好，而且会使酵母提早衰老和死亡。

前发酵期菌种生长慢，杂菌不仅要消耗糖分和其他营养物质，而且会产酸，影响酵母的生长，要注意防止杂菌污染。

从表 3-1-2 可以看出，前发酵期的时间控制在 5～10h，溶解氧水平在 10%～20%，可以使酵母细胞长势良好，达到利用较少的糖耗产生较多的酵母细胞的目的，从而提高出酒率。

表 3-1-2 前发酵期不同情况的发酵结果[2]

序号	前发酵期时间/h	溶解氧水平/%	出酒率/%
1	>20	20	>15
2	10	20	48
3	10	10	49
4	5	20	46
5	5	10	47

1.1.3.2　主发酵期

第一阶段结束后,酵母细胞在发酵液中形成绝对生长优势,开始进行酒精发酵,酵母进行厌氧呼吸。此时要关闭通气和搅拌,尽量减小溶解氧,以便酵母细胞代谢产生酒精、CO_2和热量。当细胞中的CO_2达到饱和时就要从细胞中脱离出来,小的气泡成为大的气泡冒出水面,这时CO_2产生速度很快,CO_2会带动醪液上下翻动。由于每生产1kg的无水酒精就产生接近1kg的CO_2,如果CO_2不能及时地排出就会影响酵母的发酵,所以要做好CO_2的排放和收集工作。

此时期,发酵旺盛,糖分含量迅速下降,酒精逐渐累积,二氧化碳大量产生,发酵温度上升很快。生产中应加强温度控制,主发酵温度以32~34℃为好。从生产实践经验可知,如果冷却水量不够时,应在主发酵前提早冷却,否则发酵高潮到来时温度猛升醪温就很难降下。过高温度(37℃以上)下进行发酵,不仅使酵母早衰,活性降低,还会引起杂菌污染,造成酒精的损失,这是发酵过程中绝不允许的。主发酵期的长短,主要取决于醪液的浓度、酵母生长情况,主发酵时间一般为12h左右。

1.1.3.3　后发酵期

主发酵期结束后,进入后发酵期。醪液中糖分大部分已被酵母消耗,残存的淀粉和糊精仍继续被糖化剂作用,生成葡萄糖,但作用非常缓慢,生成糖分很少。这时发酵液浓度下降慢,二氧化碳量减少,发酵作用逐渐减弱,温度下降。此阶段发酵温度仍应控制在30~32℃,因温度太低,糖化更弱,发酵时间就更要延长。淀粉质原料的后发酵期需40h左右。后发酵的快慢程度,决定于糖化剂中糊精酶的含量,而并不取决于酵母的数量。酵母数量多,只能使主发酵提前,但并不能加速后发酵,只有糖化剂的质与量才与后发酵时间的长短有一定的关系。

以上3个阶段不是截然分开的。发酵过程的长短,除受糖化剂种类、酵母菌性能、酵母接种量等因素影响外,还与发酵方式、醪液浓度、发酵温度、原料品种等有关。一般糖化醪浓度控制为16~18°Bé,整个发酵时间为60~72h。如果采用连续发酵方式,发酵一开始就处于主发酵状态,没有前发酵过程,所以其发酵时间要比间歇发酵时间短得多。

1.1.4　酒精发酵副产品 CO_2

酒精发酵废气中含有纯度较高的二氧化碳,达97%~99%,利用发酵废气生产二氧化碳不需要提高二氧化碳浓度的设备,只需要将其进一步净化即可,是公认最经济的气源。虽然理论上每生产1t酒精可获得二氧化碳0.955t,但在实际生产中回收二氧化碳,发酵初期和结束时其含量和纯度较低,不直接进行回收[3]。发酵前期含空气较多,需放空;发酵后期气压太低不能利用,加之发酵罐中溶解一部分,实际生产中只能回收发酵生成量的50%~70%,

国内资料报道,实际生产过程中最高回收量约每吨酒精产二氧化碳485kg。食品发酵过程产生的二氧化碳,纯度较高,杂质含量较少,经过简单的提纯工艺就可获得高纯度的二氧化碳。净化后的二氧化碳在较低温度下,加压至7MPa左右即可获得液体二氧化碳。将其送至蒸发器,部分二氧化碳挥发吸热,而剩余的二氧化碳变成雪花状的固体,再加压便制成干冰。二氧化碳在食品、化学、金属、塑料、医药等工业中有着广泛的用途,是国民经济中一个重要工业原料。

1.2 啤酒生产过程中产生的 CO_2

CO_2 是啤酒生产中发酵过程最重要的副产物，同时 CO_2 又是啤酒生产必不可少的重要原材料。因此合理利用 CO_2 对改造酿造工艺、提高产品质量起着重要作用。

1.2.1 啤酒生产过程 CO_2 回收量的计算[4]

啤酒生产过程产生 CO_2 的原理同酒精生产过程，都是将糖转化成乙醇，同时产生 CO_2 的过程，因此理论上每发酵产生 1t 乙醇成分可获得 CO_2 0.9553t。不过在啤酒生产过程产生的酒精度很小，按照酒精度折算。

具体采收 CO_2 也是要采集发酵罐中 CO_2 最丰富的时候。发酵初始，由于罐内有一定的空气，必须等发酵一段时间，待罐内空气基本排完，CO_2 纯度达到要求以后方可回收。一般当发酵 26h 以后，CO_2 纯度稳定在 99.50% 以上，可以正常回收。

按照以上条件，CO_2 回收量的具体计算：

原麦汁浓度 $14°P$，CO_2 纯度合格时的外观糖度按 $10.5°P$ 计，即外观发酵度 25%、真正发酵度 20% 时开始回收 CO_2，此时的酒精量为 1.375%。一直到外观糖度 $4.2°P$，即外观发酵度 70.37%、真正发酵度 57% 时停止回收 CO_2，产生酒精量 4.027%。

开始回收时，产生的 CO_2 量为 $1.375 \times 0.9553 = 1.314$g/100ml；

结束时，产生的 CO_2 量为 $4.027 \times 0.9553 = 3.847$g/100ml；

纯度合格的 CO_2 产生量为 $3.847 - 1.314 = 2.533$g/100ml；

即千升发酵液产生纯度合格 CO_2 量的采集效率为 $2.533/3.847 = 65.84\%$。

上述计算中未考虑实际回收过程还存在的净化、压缩等过程损失。实际上，CO_2 量的回收效率预计在 63%～65%。

1.2.2 回用须知

1.2.2.1 CO_2 气体需检测含菌数

回收的 CO_2 回用到灌装车间。CO_2 有工厂回收及外购两种来源，一般 CO_2 中含有的杂菌主要是厌氧菌，污染的危害很大，因此供应车间使用的 CO_2 必须经过预过滤和终过滤（无菌过滤）。在其终端需检测，采用膜过滤法取样富集 10min，CO_2 气体必须达到以下要求：细菌总数 $\leqslant$ 1 个/10min；10min 内酵母菌不得检出；10min 内啤酒有害菌不得检出。

1.2.2.2 CO_2 回收管路及供出管路的清洗

一般啤酒厂的设计都没有考虑 CIP 清洗，特别是回收管路。个别厂在旺季为了多生产啤酒，发酵罐容器超过容器利用系数，造成 CO_2 排气管中带有大量啤酒泡沫、酵母、酒液等。常年沉积在 CO_2 回收管中的沉积物是细菌繁殖的生物温床。CO_2 回收系统中虽有水洗，也无法全部除去，特别是某些企业 CO_2 回收系统本没有高锰酸钾洗涤，这样的 CO_2 本身就是一个带菌体。它用于啤酒液过滤、灌装备压、啤酒补充 CO_2 等，都将会造成严重的污染。因此除了在供出的 CO_2 管道上采用无菌过滤措施外，新建或技术改造企业应该考虑完善 CO_2 回收系统的 CIP 清洗措施。

1.2.2.3 CO_2 回收设备配置能力

一般估算每千升啤酒约产生 25kg CO_2 气体。

按此计算，CO_2 回收设备的配置能力选择见表 3-1-3。

表 3-1-3 CO_2 回收设备的配置能力一览[4]

啤酒年产量/(10^4kL/a)	3	9	15	30	60
回收装置的能力/(kg/h)	100	300	500	1000	2000

CO_2 回收，可以节约资源，节省成本，同时有利于环境的保护。购置回收设备需要资金投入，资金回收期一般为 2 年左右。啤酒企业都应创造条件，实现 CO_2 回收。

1.2.3 实施案例

1.2.3.1 回收工艺流程

发酵过程典型 CO_2 回收工艺流程见图 3-1-1：

CO_2 气源→除沫→洗涤→气囊→压缩→活性炭吸附→干燥→液化→储罐→应用

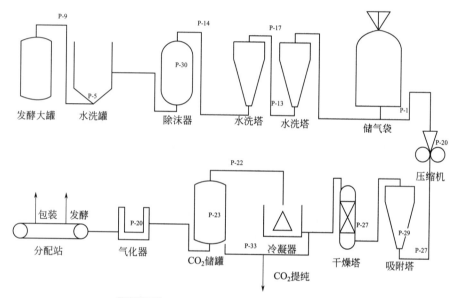

图 3-1-1 发酵过程典型 CO_2 回收工艺流程

1.2.3.2 案例[4]

CO_2 回收利用技术已在大中型啤酒企业较为广泛地应用。

1）应用企业案例　广州珠江啤酒集团公司共有 CO_2 回收设备 6 套，回收能力达到 3.5t/h，每年可回收 CO_2 约 20000t，价值近 2000 万元，取得经济效益与环境效益双丰收。

燕京漓泉公司陆续投资购置了 5 套 CO_2 回收系统，全年 CO_2 回收量 9800t 以上，年可节约成本 1058 万元。

2）制造企业案例　合肥天工科技开发有限公司的 HS-300 CO_2 回收装置由除沫器、洗涤塔、储气囊、压缩、吸附、干燥、液化、储罐、灌装和干冰成型等单元组成。主要配套设备压缩冷凝机组进口，无油润滑 CO_2 压缩机、流量变送传感器均为国产设备。其他配套件如计量泵、水泵、灌装泵、电磁阀、气动阀、安全阀、自控仪器仪表等有的选用国产件、有的选用进口件。

1.3 CO₂ 的理化性质及用途

1.3.1 CO₂ 的理化性质

CO_2 是空气中常见的气体，是一种气态化合物，又称为碳酸气、碳酸酐。它是碳元素氧化的最终产物，化学分子式为 CO_2。CO_2 常温下是一种无色无味、不助燃、不可燃的气体，密度比空气大，略溶于水，与水反应生成碳酸。CO_2 压缩后俗称为干冰。

CO_2 被认为是温室效应的主要来源。

1.3.1.1 CO₂ 的一般物理性质

分子量 44.0095；分子直径 0.33nm；熔点 $-78.45℃$（194.7K）；沸点 $-56.55℃$（216.6K）；水溶性 1.45g/L（25℃，100kPa）；密度，气态 1.977g/L，液态 1.177kg/L；液体状态表面张力约 3.0dyn/cm；黏度 0.064mPa·s；临界温度 31.06℃；临界压力 7.383MPa；临界体积 10.6kmol/m³。

1.3.1.2 CO₂ 的一般化学反应性质

1）和水反应 CO_2 可以溶于水并和水反应生成碳酸，而不稳定的碳酸容易分解成水和 CO_2：

$$CO_2 + H_2O \longrightarrow H_2CO_3$$
$$H_2CO_3 \longrightarrow H_2O + CO_2 \uparrow$$

2）和碱性物质反应 CO_2 可以和氢氧化钙反应生成碳酸钙沉淀和水：

$$Ca(OH)_2 + CO_2 \longrightarrow CaCO_3 \downarrow + H_2O$$

该反应用于检验 CO_2（将气体通入澄清石灰水中，澄清石灰水变浑浊）。

当 CO_2 过量时生成碳酸氢钙：

$$CO_2 + Ca(OH)_2 \longrightarrow CaCO_3 \downarrow + H_2O$$
$$CaCO_3 + H_2O + CO_2 \longrightarrow Ca(HCO_3)_2$$

总方程式：

$$2CO_2 + Ca(OH)_2 \longrightarrow Ca(HCO_3)_2$$

由于碳酸氢钙溶解性大，可发现沉淀渐渐消失（长时间往已浑浊的石灰水中通入 CO_2，沉淀消失）。

和氢氧化钠反应生成碳酸钠和水，CO_2 过量时生成碳酸氢钠：

$$2NaOH + CO_2 \longrightarrow Na_2CO_3 + H_2O$$
$$CO_2 + NaOH \longrightarrow NaHCO_3$$

3）和活泼金属在点燃下的反应 CO_2 本身不支持燃烧，但是会与部分活泼金属在点燃的条件下反应（如钠、钾、镁）生成相对应的金属的氧化物和碳：

$$2Na + 2CO_2 \longrightarrow Na_2CO_3 + CO$$
$$2K + 2CO_2 \longrightarrow K_2CO_3 + CO$$
$$2Mg + CO_2 \longrightarrow 2MgO + C$$

4）配伍禁忌 尽管 CO_2 可与多种金属氧化物或还原性金属如铝、镁、钛和锆发生剧烈的反应，但可与大多数物质配伍。例如，CO_2 与钠和钾的混合物受震时爆炸。

1.3.2 CO_2 的应用领域

在国民经济各部门，CO_2 有着十分广泛的用途。

① CO_2 可注入饮料中，增加压力，使饮料中带有气泡，增加饮用时的口感，像汽水、啤酒均为此类的例子。

② 固态的 CO_2（或干冰）在常温下会汽化，吸收大量的热，因此可用在急速的食品冷冻。

③ CO_2 的密度比空气的大，不助燃，因此许多灭火器都通过产生 CO_2，利用其特性灭火。而 CO_2 灭火器是直接用液化的 CO_2 灭火，除上述特性外，更有灭火后不会留下固体残留物的优点。

④ CO_2 也可用作焊接用的保护气体，其保护效果不如其他稀有气体（如氩），但价格相对便宜许多。

⑤ CO_2 激光是一种重要的工业激光来源。

⑥ CO_2 可用来酿酒，二氧化碳气体创造一个缺氧的环境，有助于防止细菌在葡萄浆汁中生长。

⑦ CO_2 可用于制碱工业和制糖工业。

⑧ CO_2 可用于塑料行业的发泡剂。

⑨ 干冰可以用于人造雨、舞台的烟雾效果、食品行业、美食的特殊效果等；干冰可以用于清理核工业设备及印刷工业的版辊等；干冰可以用于汽车、轮船、航空、太空与电子工业，如液体二氧化碳通过减压变成气体很容易与织物分离，完全省去了用传统溶剂带来的复杂后处理过程。

⑩ CO_2 超临界萃取技术。CO_2 在温度高于临界温度（T_c）31℃、压力高于临界压力（P_c）3MPa 的状态下性质会发生变化，其密度近于液体，黏度近于气体，扩散系数为液体的 100 倍，因而具有很强的溶解能力，用它可溶解多种物质，然后提取其中的有效成分，运用该技术可生产高附加值的产品，可提取过去用化学方法无法提取的物质，且廉价、无毒、安全、高效。它适用于化工、医药、食品等工业。

⑪ CO_2 在农业上用作气体肥料。一定范围内，CO_2 的浓度越高植物的光合作用也越强，因此 CO_2 是最好的气肥。

⑫ CO_2 在石油工业上用作驱油剂。

1.3.3 药性及毒性

① 药理。低浓度时为生理性呼吸兴奋药，当空气中该品含量超过正常（0.03%）时能使呼吸加深加快；如含量为 1% 时能使正常人呼吸量增加 25%；含量为 3% 时使呼吸量增加 2 倍。但当含量为 25% 时，则可使呼吸中枢麻痹，并引起酸中毒，故吸入浓度不宜超过 10%。

② 治疗适应症。临床多以该品 5%～7% 与 93%～95% 的氧混合吸入，用于急救溺毙、吗啡或一氧化碳中毒者、新生儿窒息等。乙醚麻醉时，如加用含有 3%～5% 该品的氧气吸入，可使麻醉效率增加，并减少呼吸道的刺激。

③ CO_2 导致呼吸性中毒。低浓度的 CO_2 可以兴奋呼吸中枢，便呼吸加深加快。试验证明氧充足的空气中二氧化碳浓度为 5% 时对人尚无害；但是，氧浓度为 17% 以下的空气中含 4% 二氧化碳，即可使人中毒。缺氧可造成肺水肿、脑水肿、代谢性酸中毒、电解质紊乱、

休克、缺氧性脑病等。

④ 空气中 CO_2 的测定方法。采用国家标准《公共场所空气中二氧化碳测定方法》（GB/T 18204.2—2014）。

参 考 文 献

[1] 姚汝华，赵继伦．酒精发酵工艺学 [M]．广州：华南理工大学出版社，1999：162-168.
[2] 薛万伟，党选举，李鑫．木薯酒精发酵工艺的研究 [J]．酿酒，2005，32(4)：39-40.
[3] 潘永刚．发酵气体中二氧化碳的回收与工艺选择 [J]．酿酒，1998，(4)：63-65.
[4] 中国酿酒工业协会啤酒分会．中国啤酒工业的循环经济 [J]．啤酒科技，2008，(11)：69.

2

回收 CO_2 直接利用技术

2.1 CO_2 回收工艺

2.1.1 酒精废气中主要杂质

在酒精生产过程中，CO_2 的生成主要集中在发酵过程中，便于集中回收，含量基本在 98％以上，压力可达 8.8MPa（90kg/cm²）。因发酵过程中微生物的参与对化学反应产生影响，在酵母菌把可发酵性的糖经过细胞内酒化酶作用生成酒精与 CO_2 的同时，也伴随着其他醇类 0.3％（体积分数）、醛类 0.05％（体积分数）、酸类 0.03％～0.04％（体积分数）、酯类 0.01％（体积分数）等杂质的产生。在 CO_2 回收过程中应尽量将这些杂质排除干净。发酵废气中的主要杂质是空气、水蒸气、醇类、醛类、有机酸和各种复杂的酯类。

2.1.1.1 空气

空气是发酵废气中最主要的杂质之一。从发酵设备收集的 CO_2 中，空气含量约为 0.3％～1％。为了减少空气混入机会，最好设置酵母混合器和稀释器。

发酵设备和管路在灭菌和停止使用期间同样会存在空气混入情况。为了避免空气混入太多，只有当发酵设备中的 CO_2 含量达到 80％以上才并入总管路。为此，每一个发酵设备必须设置单独的管路，让混有空气的 CO_2 混合气体通过酒精捕捉器后排入大气。

捕捉器和洗涤器内的水中所含空气是 CO_2 纯度下降的另一个原因，为了避免这种情况发生，可预先将洗涤水真空脱气或用 CO_2 饱充。

管道泄漏和阀门失修也可能是空气从吸入 CO_2 的管路中进入系统，所以，应当经常检查管道连接处和阀门的工作状况，并不能允许压缩机在一级入口端产生负压状况。每次检修完工后，CO_2 车间的设备管路要逐级仔细地将空气排出系统。

因为系统中如有空气存在不但降低了 CO_2 产品的纯度，而更主要的是影响 CO_2 液化。表 3-2-1 说明压力相同的情况下，CO_2 含有的空气量越多，液化时要求温度越低。表 3-2-2 说明在相同温度下 CO_2 中空气含量越多，液化时需要的压力越高。

表 3-2-1　在各种压力下 CO_2 的液化温度　　　　　　　　　　单位:℃

压力 p/MPa	空气的质量分数/%				
	0	5	10	15	20
5.96	15.6	13.3	11.1	8.9	6.1
6.00	21.1	18.9	16.7	14.4	11.7
6.81	26.7	24.4	22.2	20.0	17.2

表 3-2-2　用水冷却各种温度下 CO_2 的液化压力　　　　　　　　　单位:MPa

温度 T/℃	CO_2 中空气的质量分数/%				
	0	5	10	15	20
15.6	5.96	5.55	5.85	6.19	6.58
21.1	6.00	6.32	6.66	7.06	7.50
26.7	6.81	7.18	7.57	8.01	8.51

减少从液化 CO_2 中混入空气最常用的方法是排气法。在收集管上安装专用空气阀把部分气体排到大气中,通过排出 CO_2 达到排除空气的目的,不过这种方法付出的代价太高。

装瓶也会影响 CO_2 纯度。虽然我们注意到生产中各个环节,生产出高纯度的 CO_2,但是由于 CO_2 储罐或钢瓶中含有空气,也会使 CO_2 中的空气含量增加(0.1%~1%或更多)。因此要保证装瓶的 CO_2 纯度满足标准规定的要求,一定要保证钢瓶中没有空气。旧瓶回收应向用户说明,不应把钢瓶中的二氧化碳气用得太干净,应保证钢瓶或储罐中剩余 CO_2 气体的压力不低于 0.05 MPa。

2.1.1.2　水蒸气

水蒸气也是液体 CO_2 中和发酵废气中不希望有的杂质。因为 CO_2 中如含有水分首先是影响活性炭吸收杂质;其次是在液化时结冰,可能堵塞管道,影响生产安全、平稳进行。

工业上干燥气体的方法主要有液体吸收法、活性固体干燥剂吸附法、化学吸收法、压缩冷凝法和冷凝法。作为化学吸收法除去气体中水分过去常使用 $CaCl_2$,而现在 $CaCl_2$ 被活性固体干燥剂所代替,因为后者的吸水性能更好。一般来说,被吸收的水分数量与吸附剂的表面积有直接关系,干燥剂的表面积越大其吸附能力就越强。工业上使用分子筛作为干燥剂,其比表面积最大,约比硅胶大 1 倍,因此分子筛吸收水分的性能要比其他干燥剂好得多。常用于干燥 CO_2 气体的几种吸附剂性能见表 3-2-3。其中气体的干燥程度用露点来表示,露点越低,表明干燥的程度越高。

表 3-2-3　用于干燥 CO_2 气体的几种吸附剂性能

吸附剂	化学式	干燥后含水分/(g/m³)	露点温度/℃
氯化钙	$CaCl_2$	1.38	−14
硅胶	$SiO_2 \cdot H_2O$	0.03	−52
氧化铝(活性矾土)	$Al_2O_3 \cdot H_2O$	0.005	−64
分子筛	$Na_2O \cdot Al_2O_3 \cdot 2SiO_2 \cdot 4.5H_2O$	0.11~0.003	−60/−90

2.1.1.3 有机杂质

在发酵废气中含有机杂质的量取决于气体的温度、压力以及与其相平衡的酒精含量。质谱-光谱分析的结果表明，其中有醇类、醛类、酸类、高级酯类和其他成分。测定的有机杂质含量和定性成分见表 3-2-4。

表 3-2-4　发酵废气中有机杂质含量和定性成分

杂质	杂质 $w/\%$					
	杜布良斯克酒精厂			阿勒太莫夫斯酒精厂		
	净化前	钢瓶	恒温储罐	净化前	钢瓶	恒温储罐
醇类	0.5	0.004	0.0001	0.3	0.005	0.005
甲醇	×	×	—	×	×	—
乙醇、丙醇	+	+	×	+	+	×
异丙醇	×	—	—	×	—	—
丁醇	×	+	—	×	—	—
异丁醇	+	—	—	+	—	—
戊醇	+	—	—	+	—	—
异戊醇	×	×	—	×	—	—
	×	×	—	+	—	—
醛类	0.06	0.001	0.0001	0.05	0.001	0.001
甲醛	×	—	—	×	—	—
乙醛	+	+	×	+	+	×
丙醛	+	+	—	+	—	—
丁醛	+	+	—	+	+	—
异丁醛	+	+	—	+	+	—
戊酰醛	—	—	—	—	—	—
丙酮醛	—	—	—	—	—	—
酸类	0.02~0.04	0.001	0.0001	0.01	0.001	0.001
甲酸	×	—	—	×	—	—
乙酸	+	+	×	+	+	×
丙酸	—	—	—	—	—	—
丁酸	+	×	—	+	×	—
异丁酸	+	×	—	+	×	—
戊酰酸	—	—	—	—	—	—
高级酯	0.02	0.001	0.0001	0.01	0.001	0.001
乙酸乙酯	+	+	—	+	+	—
乙酸丙酯	—	—	—	—	—	—
乙酸丁酯	—	—	—	—	—	—

杂质	杂质 $w/\%$					
	杜布良斯克酒精厂			阿勒太莫夫斯酒精厂		
	净化前	钢瓶	恒温储罐	净化前	钢瓶	恒温储罐
氮	2	0.01	0.01	2	0.01	0.01
氧	0.5	0.01	0.01	0.5	0.01	0.01

注:表中所标符号说明如下:"—"说明化合物在光谱图上不出现;"+"说明化合物在光谱图上出现;"×"说明杂质的信号超过了 CO_2 离子碎片的信号。

这些杂质混合在发酵醪液和 CO_2 气泡中,从而使从发酵醪液界面逸出的气体 CO_2 纯度受到严重影响。压缩后制成的液体 CO_2 和固体干冰均带有强烈的刺鼻气味,含有较多水分,并带有微黄色(残留液),影响了以此为原料而制成的产品质量。故采取净化处理,制备符合食用级的食用液体 CO_2 和工业用的高纯度液体 CO_2 是目前急需解决的一个重要问题。生产实践证实,采用初级净化和二级净化工艺装备是获得食用级和高纯度级液体 CO_2 的有效途径。

2.1.2　CO_2 的净化流程[1~4]

2.1.2.1　初级净化流程

由发酵罐逸出的气体 CO_2 中还携带少量酒沫,初级净化过程主要是回收残余酒,去除大部分水分和有机组分。由于 CO_2 在水中溶解度很小,根据这一特性,采用水溶液和高锰酸钾溶液对逸出气体 CO_2 进行吸收和氧化。初级净化工艺流程如图 3-2-1 所示。

图 3-2-1　初级净化流程

流程说明如下:除泡器去除 CO_2 气体中所带的泡沫,且起到减压的作用,满足压缩机吸气端气体状态为常压、微压的要求;然后经过水淋洗,部分溢出的酒精和营养物质被收集进入储罐,收集物经蒸汽消毒,再送回发酵罐中进行发酵,从而达到淡酒回收的目的。洗涤塔以高锰酸钾溶液去除 CO_2 气体中的醛类等物质,反应机理:$2KMnO_4 + 3CH_3CHO \longrightarrow 2CH_3COOK + CH_3COOH + 2MnO_2 + H_2O$。在水洗塔与水充分接触,去除可溶于水的酒精、硫化物以及发酵副产物,再经分水器气液分离。气液分离采用不锈钢丝网分离器,金属丝网由直径 $0.076 \sim 0.4mm$ 不等的金属丝编织而成,网孔的大小在 $2 \sim 1000 \mu m$ 之间,由于网垫具有很高的自由容积和比表面积,不论作为分离设备还是气液接触设备均表现出异常显著的效率,除水率达 95% 以上。为了进一步提高分水效率,系统中还可设置低温除湿器,先一步除去 CO_2 气体中饱和水分,其除水率达 75%。CO_2 进入压缩机,每级压缩经冷却和水汽分离进一步提纯,气体压力一般为 $1.6MPa$ 和 $2.5MPa$,压缩过程产生的热量采用循环水进行降温。

2.1.2.2　二级净化流程

经初级净化的 CO_2 气体需进行二级净化才能使 CO_2 纯度达到质量要求。图 3-2-2 为

CO_2二级净化工艺流程。经压缩机压缩的低压 CO_2 在吸附器经活性炭吸附脱掉微量杂质后进入分子筛干燥器进一步脱水，使其达到设计要求的品质。再经过滤器，其纯度可达99.8%～99.9%。吸附装置主要计算设计净吸附能力、穿透吸附容量和床层尺寸，并考虑到操作条件的变动，选取安全系数修正后可得出所需活性炭总量。在此基础上确定吸附器的直径和高度，由于活性炭采用过热蒸汽再生，在单体设备装置中无须做特殊设计。活性炭具有比表面积大、吸附能力强的特点，不仅对气体中的醇类杂质有很强的吸附力，而且改善了发酵饮料的气味，活性炭吸附饱和后可采用过热蒸汽进行再生处理。

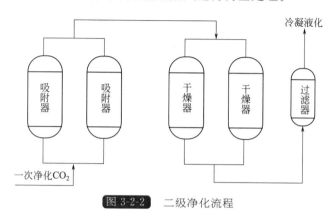

图 3-2-2　二级净化流程

吸附器置分子筛，分子筛是人工合成具有稳定骨架结构的多水合硅铝酸盐晶体，具有较强的吸水能力。在吸附过程中放热，而饱和后脱附吸热，因此低温有利于吸附过程，分子筛脱水再生必须在高温条件下进行。分子筛干燥器可以采用内热再生循环电加热装置，如图 3-2-3 所示；也可采用热气体再生进行脱附，其流程如图 3-2-4 所示。由于活性炭和分子筛均具有饱和性，需定期进行再生活化处理，因此，各装置必须有两台交替使用。分子筛有极强的除水能力，使 CO_2 的露点温度达到 $-50℃$，其含水量$\leqslant 0.003\%$。

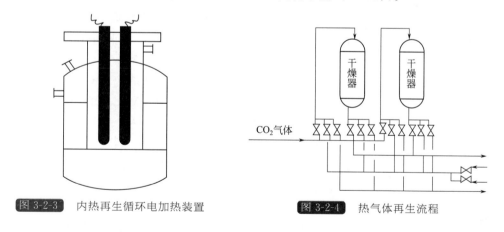

图 3-2-3　内热再生循环电加热装置　　　图 3-2-4　热气体再生流程

分子筛的种类较多，其中 A 型和 X 型是目前国内已大量生产和广泛应用的两种型号；另外还有 Y 型和丝光沸石等其他型号。国内生产的 A 型和 X 型分子筛的主要性能见表 3-2-5，两种都可以用于 CO_2 气体的干燥。但是 5A 型分子筛比 4A 型分子筛具有更敞开的粗孔结构，可使水分子被吸附和解吸的过程进行得更顺利，比 4A 型分子筛能除去更多有机杂质，使经处理后的 CO_2 气体更加纯净。

表 3-2-5 A 型和 X 型分子筛的主要技术性能

类型		形状	孔径/10^{-10} m	表面积/(m^2/g)	吸水量/(g/g)	堆密度/(kg/L)	
						球形	条形
A 型	3A 型(钾 A)	球形 条形	3.2～3.3	800	>0.21	0.80	0.53
	5A 型(钠 A)	球形 条形	4.2～4.7	800	>0.21	0.80	0.53
	5A 型(钙 A)	球形 条形	4.9～5.5	800	>0.21	0.80	
X 型	10X 型(钙 X)	球形 条形	8.0～9.0	1000	>0.21	0.80	0.53
	13X 型(钠 X)	球形 条形	9.0～10.0	1000	>0.21	0.80	0.53

2.1.3 CO_2 的液化方法

由发酵罐酒精发酵产生的 CO_2 气体,经初级净化系统和二级净化系统,气体成分达到质量要求就进入液化系统。首先进入冷凝液化器,与高压制冷剂进行热交换。CO_2 将冷凝热和潜热传给液态制冷剂,自身冷凝成液体状态后装入钢瓶或储罐。液态制冷剂因吸热而汽化,经压缩冷凝循环使用。然后根据用户要求,进行不同方式储运或增压灌入高压钢瓶,即可作为商品销售。

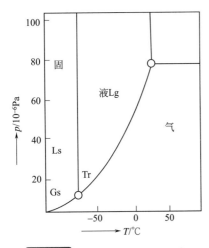

图 3-2-5 CO_2 气、液、固三相图

2.1.3.1 CO_2 液化原理简介

CO_2 气、液、固三相图见图 3-2-5。根据 CO_2 在不同温度下具有不同饱和蒸气压的性质,可先确定温度和压力中在某一状态下任一参数,再来强化另一个参数,以使 CO_2 液化过程在工业中容易实现。如将气态 CO_2 加压到一定压力并进行冷却,可变成液体 CO_2。CO_2 液化温度随压力的降低而降低,8.0MPa 下液化温度 37℃,4.0MPa 下为 5℃,2.5MPa 下为 -12℃,1.6MPa 下为 -25℃。根据这一性质和规律,目前国内外回收 CO_2 的工艺主要分为低压法、中压法和高压法 3 种[4]。

2.1.3.2 低压法[5]

低压法虽然需要更低温度,但压力较低(0.6～0.8MPa),可以制得纯度达 99.9% 以上 CO_2。相对降低设备的耐压要求和投资费用,生产能力大幅度提高。储存方式可以采用恒温储罐低温储存,也可以用加压泵将液体 CO_2 装入高压钢瓶储存和运输。

相比高压法,低压法一次性投资大,虽然压缩机功率消耗小,但需要制冷系统,制冷系统要消耗一定能量。国内液体 CO_2 生产装置过去多采用高压法,低压法只用于啤酒厂回收 CO_2,一般规模较小,生产技术和设备依赖进口。现在低压法已实现全部国产化,价格仅为国外设备的 1/3。

冷凝液化过程设备选型如下。

(1) 冷凝压缩机

根据经二级净化后 CO_2 的压力、温度，计算出相应的 CO_2 冷凝热和潜热，确定冷凝压缩机的制冷负荷，从而选购满足生产要求的冷凝压缩机（制冷机）。目前螺杆式冷凝压缩机在 CO_2 生产企业应用较多，具有制冷系数高和制冷效果好的优点，蒸发温度可达 $-45℃$，是理想的制冷设备。

(2) 冷凝液化器

又称制冷机的蒸发器。板翅式蒸发器与列管式热交换器相比具有传热系数大、运行效果好等优点，而且单位体积的传热面积显著增大。但该蒸发器加工质量要求和制造成本较高，同时由于承压较列管低，对 CO_2 的纯度要求高，否则可能发生微量水结冰膨胀使蒸发器胀裂影响生产。

(3) 低温液体 CO_2 储罐

经冷凝液化后的低温液体 CO_2 流入储罐储放。它由耐低温容器钢制成，按压力容器规范设计制作，一般工作压力为 $1.6 \sim 2.5MPa$，工作温度 $-26℃$。罐内设有自动控制的小型供冷系统装置，使罐内液体 CO_2 不因环境温度传导而升温，避免罐内压力升高造成超压危险。此罐也可制成真空夹套保温结构。

罐体装有低温液位显示装置、高位报警超压安全阀。由于液体 CO_2 经喷射降压会发生相变产生干冰，而干冰的温度 $-78.9℃$ 会使罐体温度骤然下降影响钢材强度，在罐体使用过程中严禁上述现象发生，确保安全运行。低温低压高纯度液体 CO_2 工艺流程如图 3-2-6 所示。

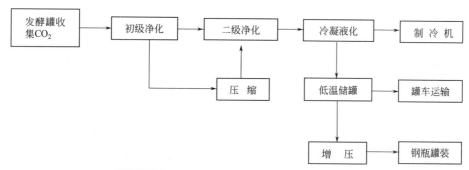

图 3-2-6 低温低压高纯度液体 CO_2 工艺流程

2.1.3.3 中压法[6]

中压法的压力为 $1.6 \sim 2.5MPa$，温度通常为 $-25 \sim -12℃$，需要设置制冷设备或利用 CO_2 自身蒸发系统来降低温度。储存方式可以采用恒温罐低温储存，也可以用增压泵将液体 CO_2 装入高压钢瓶储存和运输。

中压法的优点是需要的压力不高，液化的温度不是很低，容易实现大罐储存运输，效率高。不管气源纯度如何都可以制得高纯度 CO_2。该法的缺点是一次性投资较大，虽然压缩机功率消耗小，但需要制冷系统，消耗一定能量，中压法和高压法能耗基本相同。一次性投资费用高于高压法。我国新建 CO_2 回收装置基本采用中压法。食品级液体 CO_2 国家标准如表 3-2-6 所列。

表 3-2-6 食品级液体 CO_2 国家标准

组分名称	组分含量
CO_2/%	≥99.5
水分/%	≤0.2
亚硫酸、亚硝酸	不得检出
CO、H_2S、PH_3 及有机还原物	不得检出
油分	不得检出
酸度	符合检验
气味	无异味

注：CO_2 含量为体积比，水分含量为质量比。

2.1.3.4 高压法[7]

采用提高压力（6.0～9.0MPa）的方法使气体 CO_2 在常温条件下（低于30℃，一般是在22～30℃）变为液体的过程。设备流程简单，投资少，见效快，是1996年以前我国生产 CO_2 使用最多的工艺流程。

当温度为 $T_c=31.16℃$，压力 $p_c=7.6MPa$ 时即开始液化。压缩机按压缩比有三级压缩或四级压缩，每级压缩后通过冷却器和气水分离器，在夏季气温升高时压缩机末级的压力可高达 8.1MPa 左右或更高。液体 CO_2 储存于 $P=1.5MPa$，$V=38～42L$ 的高压钢瓶内（钢瓶的充装系数为0.6，即每个钢瓶仅能灌装25kg的液体 CO_2）。高压 CO_2 气体经过压缩机压缩后达到较高压力，一般在临界压力之上，然后经过冷却水冷却到 7.6MPa，31℃ 即可液化。

高压法最大的优点[6]是液化常温（20～30℃），设备流程简单。该法最大的缺点是压力高和采用钢瓶储存，由此带来下述缺陷：a. 生产能力受阻，每吨液体 CO_2 需 40 只钢瓶储存，以年产万吨规模每天需1200只钢瓶储存；b. 设备投资增加，因压缩机及净化系统均处于高压状态，使设备管道阀门投资均大，且钢瓶投资更大，以 15 天周转周期需钢瓶24000只，资金 700 万元以上；c. 运输费大，钢瓶重量为充灌液体 CO_2 重量的 3 倍，即 2/3 的运输费为钢瓶容重；d. 劳动强度大，生产率低，灌装处钢瓶的装卸需操作人员多名且体力消耗较大；e. 钢瓶的维修费用较大；f. 灌装时因排放每批管道内剩余液体 CO_2，造成液体 CO_2 产品的浪费损失，同时该法产生的 CO_2 含水率较大，品质不够高。

将 3 种方法进行比较如表 3-2-7 所列。

表 3-2-7 三种方法参数比较

参数	CO_2 回收工艺		
	高压法	中压法	低压法
压力/MPa	6.0～9.0	1.6～2.5	0.6～0.8
液化温度/℃	22～30	−25～−12	−50～−42
密度 ρ/(kg/m³)	595～743	994～1052	气态 18～24
纯度/%	气源决定	99.90～99.98	气源决定
储存方式	高压钢瓶	低温恒温储罐	气体不易储存
供气方式	钢瓶储运	管道连续	管道连续

2.1.4 回收、净化 CO_2 过程的相关设备

2.1.4.1 CO_2 收集系统及初步净化设备

收集和初步净化发酵废气设备[8]的结构将影响到车间布置。安装在发酵罐上的设备和装置，应首先满足发酵设备和发酵过程的检查、技术人员和操作工人工作方便以及符合卫生无菌要求等生产的要求。下面主要介绍酒精工厂发酵车间 CO_2 初步净化的装置和设备。由于啤酒、葡萄酒发酵过程较平缓，而且发酵气体中杂质和杂味较小，一般初步净化设备可省略[9]。

（1）发酵罐的安全装置

一般的发酵罐密封性都很好。在蒸汽杀菌、进料、二氧化碳停止排放时可使罐压升高，排料、杀菌后突然用水冷却罐体会使罐内产生负压。为防止罐体内压增大或减小造成设备损坏，每个发酵罐和 CO_2 管道上都应当安装类似于安全阀、呼吸阀、防爆膜、U 形水封、真空断续器等安全装置。

安装在发酵罐上的自动灌注式真空断续器，可以在发酵罐内压力提高的情况下使密封的液体流进上部的膨胀容器内，并沿着溢流管回流到下部容器中。为使回流顺利，在下部容器的盖上安装了一个专门的排空阀。在气体的主管道上它的存在是必不可少的。

各种结构的真空断续器的封闭液体是水。为了防止微量发酵醪进入造成污染，可在真空断续器内的水中添加甲醛。或者添加高锰酸钾溶液，以避免在主管道中落入和积累甲醛，污染 CO_2。

（2）发酵设备的预净化装置

当前，广泛使用的用钢板制作的密闭式酒精发酵罐，如生产 CO_2 还需稍加改善。生产实践表明：在发酵罐上装置酒精捕集器，其效果十分明显。这个装置，在正常使用中具有捕集泡沫、防止气体带液的作用，但溢流管要注意保证通畅（见图 3-2-7）。

（3）泡沫捕集器

发酵过程会产生很多泡沫，因此要设置酒精捕集器和泡沫捕集器。由于泡沫即是发酵液，消泡器甚至可以设置在发酵设备内。

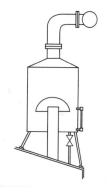

图 3-2-7 CO_2 预净化装置

在工业生产中采用各种各样的泡沫捕集器，常用的为陶瓷填料式泡沫捕集器。该设备主要结构是一个圆形筒体，内部有筛板，其上有堆放的陶瓷拉西环填料层。拉西环的规格为 $\Phi 40mm \times 40mm$，填料层堆高约 1m。在捕集器的锥形顶盖上，设有人孔、CO_2 进口管和除泡后的 CO_2 出口。在捕集器的外侧面设有人孔，供维修和装卸填料用。底部的清理管，用于排除积液。见图 3-2-8。这种结构的泡沫捕集器效果很好，不过洗涤、杀菌和安装填料较复杂。

结构比较简单、运行管理相对方便的是带反射罩的泡沫捕集器（见图 3-2-9）。带反射罩的泡沫捕集器由下部圆形储罐和上部圆筒形钟罩组成。在下部的圆形储罐内，沿管进入含有发酵泡沫和液滴的 CO_2。由于速度减小和运动方向的急骤改变，致使泡沫部分破碎，液滴从气体中离析。它们以液体的形式，定期地经排液管口，从泡沫捕集器的下部排出。CO_2 经下部圆形储筒，通过安装在它上部钟罩内的反射罩、筛板，进一步析出小的泡沫和液滴。筛板上的筛孔直径为 $15 \sim 20mm$。最上部是人孔，通常在灭菌前打开人孔清洗泡沫捕集器；

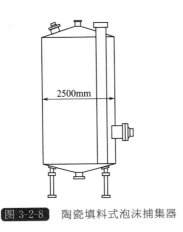

图 3-2-8　陶瓷填料式泡沫捕集器

图 3-2-9　带反射罩的泡沫捕集器

洗涤器通高压水用以清洗。下部圆形储罐的筒侧也设有人孔。去除泡沫的二氧化碳从泡沫捕集器上部的接管排出。

当发酵醪起泡性很强的情况下,可在捕集器内预先接管加一些消泡剂。泡沫捕集器安装在平台上,由 4 根管子支撑。只有泡沫捕集器的钟罩部分露在发酵间外。

(4) 酒精捕集器

现在酒精厂较广泛使用的是连续作用的酒精捕集器。用钢管制作类似蒸馏塔、多泡罩塔、双沸式泡罩塔或筛板-泡罩组合的捕集器。

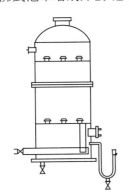

图 3-2-10　多泡罩连续式酒精捕集器

最常见的、比较有效的酒精捕集器是多泡罩连续式酒精捕集器(图 3-2-10)。这样的酒精捕集器由通常的钢筒塔或分馏塔组成,主要结构由塔盘、筒体和带人孔的塔底组成。上部有一可打开的带法兰的封头,其上有 CO_2 排出管。未净化的发酵气体从捕集器下部的分布管进入捕集器。水(温度为 15～18℃)从捕集器上部进水管进入捕集器。洗涤水往下流,经过验酒器后回收。为了防止 CO_2 逸出,在验酒器前有一个水封 U 形弯管。在 U 形弯管的最低点,设有排空阀,以供清理酒精捕集器之用。

为了保证洗涤质量,根据工艺规程,洗涤水吸收酒精后,酒精体积分数不能超过 1.5%～2.0%。如洗涤水中的酒精体积分数达 2.6% 时,气相中酒精浓度增加将近 50%。一般酒精捕集器采用 12～16 块塔板。

2.1.4.2　CO_2 车间净化及输送设备

(1) 填料式洗涤塔

CO_2 车间的气体净化是在专门的洗涤塔中用水冷却和洗涤的。因为填料塔的结构比较简单,并且净化效率高,在发酵工厂通常使用内部装满填料的圆柱形填料洗涤塔。

填料评价优劣标准是在最小重量时有最大的表面积、大的有效截面积和最大的自由体积等。发酵工厂 CO_2 车间广泛采用的填料是鲍尔环和焦炭,见表 3-2-8。近年来的研究证明在各种新型填料中有较高效率的填料是木制的栅状填料,可以在温度较低时使用。其特点是:制作简便,成本不高,质量轻。缺点是:自由体积和比表面积比较小。

表 3-2-8　填料工艺评价

填料形式	材料	填料尺寸/mm	比表面积/(m²/m³)	自由体积/(m³/m³)	1m³填料重/kg	1m³内填料单元/件数
自由堆放的拉西环填料	陶瓷	12×12×2	360	0.64	800	
		15×15×2	330	0.70	690	250000
		25×25×3	204	0.74	532	53200
		35×35×4	140	0.78	505	20200
		50×50×5	87.5	0.785	530	6000
规整堆放的拉西环填料	陶瓷	50×50×5	110	0.735	650	
		80×80×8	80	0.72	670	
		100×100×10	60	0.72	670	
焦炭	成块焦炭	24.4	120	0.532	500	64800
		42.6	77	0.56	455	14000
		75	42	0.58	550	
细瓷填料环	细瓷	8×8×1.5	570	0.64	600	1465000
钢制填料环	耐酸钢	35×35×12.5	147	0.83		19000
鲍尔环	铜	50×50×1	110	0.95	430	6000
		12×12×0.3	403	0.904	410	
金属丝网填料	耐酸金属丝网 ϕ0.2mm,196 孔/mm²	12×12		0.95	227	
松散金属屑填料	不锈钢	1.25×0.5×70/700		0.975	189	
规整的金属填料	不锈钢	1.25×0.5×70/700		0.91	342	
栅状填料	木材	厚×高×间距				
		10×100×10	100	0.55	210	
		10×100×20	65	0.68	145	
		10×100×30	48	0.77	110	
金属英特洛克斯填料	不锈钢板	高×厚＝16×0.5	125.3	0.97	233	33000
		40×1	117.7	0.949	398	14000

填料塔的填料高度和直径比值(高径比 H/D)的选择对洗涤效果影响很大。工业上使用的洗涤塔 H/D 值应当不小于3,一般 H/D 值>6~8。如果 H/D 值过小,不能保证气液接触时间;而 H/D 值过大,则造成洗涤液沿塔壁下降,即附壁效应加剧,造成洗涤效率下降,影响 CO_2 的净化效果。如果计算出的 H/D 值超过允许值,应将填料分为若干段,洗涤水也应多次重新分布。

决定填料层高度的因素:a. 被吸收气体的组成;b. 洗涤水的性质。塔的封头和底可以是平板、椭圆形或锥形。内部有两层筛状隔板,其上堆放许多自由或规整填料。筛状隔板由8mm厚的钢板制造,筛孔直径为 $\Phi15\sim18$mm。如果采用金属屑为填料,那么筛状隔板上要放置孔径较小的金属丝网，防止填料漏损。隔板可分成几块，以便从塔侧人孔装入用角钢制作的支架上。根据经验下层填料高度为 $800\sim1000mm$，上层填料高度为 $500\sim600mm$。洗涤水通过洗涤塔上部的分布装置（喷嘴）喷入，与从洗涤塔下部进入的气体逆流接触，洗涤水的流速为 $0.2\sim0.5m/s$。洗涤水分布装置应高出填料层一定距离。

填料洗涤塔的直径根据气体的处理量计算决定。采用的空塔气速为 $2m/s$ 左右。洗涤塔的耗水量按下式计算：

$$G = 3600\mu \cdot 0.785d^2n\sqrt{2g(h+l)}$$

式中　G——洗涤水消耗体积，m^3/h；

　　　μ——相对于产量的水消耗常数，$0.5\sim0.6$；

　　　d——排水管直径，m；

　　　n——排水管数量；

　　　g——重力加速度，m/s^2；

　　　h——在分布装置以上的水位高度，m；

　　　l——排水管长度，m。

为了确定管子的数量 n，必须给定 l 和 h（一般不小于 5m）的大小；而同样的 d 的大小为了避免堵塞不应小于 15mm。

冷却和吸收气体的耗水量在 $0.4\sim0.8L/m^3$ 气体左右。

洗涤塔的直径，根据流体力学著名的方程式进行计算：

$$D = \sqrt{\frac{4V_r}{\pi \cdot 3600\omega_r}}\ (m)$$

式中　V_r——气体流量，m^3/h；

　　　ω_r——允许的空塔气速，m/s，气体的空塔气速采用 $0.1\sim0.2m/s$。

洗涤塔的高度按 $H/D=4$ 计算确定。

（2）复合洗涤塔（净化塔）

为了保证洗涤水彻底净化发酵气体中所含有的酒精和其他有机杂质，如前部的酒精捕集器等运行情况不良，建议设置复合洗涤塔（净化塔），以便用高锰酸钾溶液洗涤发酵气体。图 3-2-11 表示的就是复合洗涤塔的结构简图。圆筒形塔体内有 3 层填料，最底下一层填料

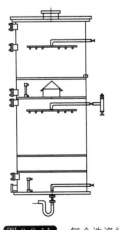

图 3-2-11　复合洗涤塔

的上部有喷洒水或者高锰酸钾溶液的分布器，洒下的液体通过填料层与气体传质，吸收过杂质后通过塔底部的 U 形液封管不断地连续排出复合洗涤塔。高锰酸钾溶液事先在专门的容器里制备。

从复合洗涤塔最下层上升的气体经带伞帽的升气筒，通过栅板进入第二层填料，这一层填料用水洗涤。水通过分布器淋下，经过隔板上部的排水管，排入下水道（不会流到下部的填料上）。液位计可以观察到隔板上的水位。第三层填料的作用是除沫作用（气液分离），也就是说捕集气体中夹带的水滴。离开除沫层的气体从塔的上部出口排出。

复合洗涤塔的外侧设有人孔，以便装卸填料和安装洒水分布器。复合洗涤塔的直径以及气体进口管、出口管的计算与填

料塔计算相同。此处复合洗涤塔的空塔气速取 0.3～0.5m/s。而气体管路中的气速不小于5m/s。隔板上升气管高度(不计算伞盖)应不小于 350mm。复合洗涤塔栅格上装填填料和栅格(筛板)设计与填料塔相似。

填料层高度：第一层为 1200mm；第二层为 1000mm；第三层(除沫器)为 400mm。

在选择填料单元尺寸、类型和堆放方法时，所遵循的原则与前面所述的填料式洗涤塔相同。

（3）水环式空气压缩机

水环式空气压缩机除了可以使气体形成必要的压力外，还可以在水环压缩的过程中使 CO_2 得到充分洗涤。

BK 型水环式空气压缩机为卧式单动型，气体流动方向与轴的转向相同。水环式空气压缩机和电机安装在同一个水平基础上，它们用弹性联轴器连接在一起。与出气管相连的是一个自动分水的储气罐。CO_2 车间预压缩用各种水环式空气压缩机的技术参数见表 3-2-9，生产能力见表3-2-10。

表 3-2-9　水环式空气压缩机的技术参数

水环式空气压缩机型号	打气量 /(m³/min)	排气压力/MPa		主轴转速 /(r/min)	电机功率 /kW	设备外型尺寸/mm			设备重量 /kg
		公称压力	最大压力			长	宽	高	
BK-1.5	1.5	0.05	0.18	1460	5.5	1275	1130	950	375
BK-3	3.25	0.05	0.18	1460	13.0	1130	1100	865	490
BK-6	6.0	0.05	0.22	1460	22.0	1490	1175	1000	775
BK-12	12.0	0.05	0.22	960	40.0	2100	1600	1440	1245
BK-25	25.0	0.15	0.15	585	75.0	2790	1710	1440	3094
BK-50	50.0	0.5	0.15	485	200	3590	2060	1430	6873

表 3-2-10　各种型号的水环式空气压缩机的生产能力

CO_2 车间每天生产 CO_2 的量/(t/d)	水环式空气压缩机型号	公称生产能力(打气量)/(m³/h)
5.0	BK-3	195
10.0	BK-6	360
20～24	BK-12	720
>24	BK-25	1500

在选择水环式空气压缩机时，必须考虑由于压力增加公称生产能力和实际生产能力存在的差别，通常实际生产能力比公称生产能力下降 15%～20%。

（4）油水分离器

发酵废气经多次洗涤后吸收水分相对湿度为 100%，达到饱和程度。不过除了水蒸气外，在洗涤之后气体中还夹带小的液滴。为了分离它们，在 CO_2 压缩机的进口管路上需设置油水分离器。

图 3-2-12 是离心式油水分离器。筒体带有上封头和封底，内部装置有一个装有拉西环 (25mm×25mm×3mm) 的填料筒，该筒上下为筛板。气体从进气管切线进入水分离器，迎

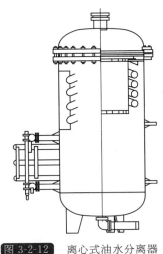

图 3-2-12 离心式油水分离器

面首先遇到的是螺旋式冷却管，由于离心力的作用和降温的作用，水分和油滴开始析出，并沿器的内壁流下。而气体折转改向通过填料层，分去油和水滴后从该设备的出口管排出。

油水分离器装有两个接管，用于安装液位传感器，以便自动控制排液管上的阀门，保证一定水位。在现场，也可通过玻璃管液位计来观察油水分离器内的冷凝水量。如果进入分离器的气流沿螺旋管的速度不低于空罐气速的 50 倍，那么水滴就能较完全地与气体分离。该设备的尺寸，根据推荐的空管气速通过计算确定。

2.1.4.3 CO_2 压缩机

用于压缩 CO_2 的压缩机一般采用活塞式压缩机，压缩气体依靠活塞在气缸内做往复运动来进行。活塞的往复运动需要用油来润滑，这样气体 CO_2 中就可能含少量润滑油。在净化系统，油分子也会被吸附剂吸附，而且不易解吸，降低了吸附剂吸附容量。更重要的是，如果 CO_2 用于饮料和啤酒生产，CO_2 中的油会影响质量。因此最好使用无油润滑压缩机。除此之外，采用无油润滑压缩机还有以下优点：a. 减缓气缸、活塞的磨损，延长检修间隔期，提高设备的有效运转率；b. 由于密封件材料摩擦系数低，因而减少了功率消耗，节约用电；c. 省去了注油系统，从而简化了检测内容，降低了维修费用；d. 节约润滑油，降低了生产成本，改善卫生状况；e. 简化了活塞环加工工艺(工程塑料环只需车、钳加工即可)，使设备质量减轻。

(1) 型号 3УГМ 卧式三级压缩的 CO_2 压缩机

生产能力为 250kg/h。三级压缩的 CO_2 压缩机，在第一级进气无过大吸力的情况下各级的压力分布如下。

Ⅰ级：0～0.4MPa。

Ⅱ级：1.3～2.0MPa。

Ⅲ级：6.0～7.0MPa。

该型号压缩机，在生产干冰和低温液化 CO_2 时有一定的储备系数。压缩机允许提高第一级吸力达 0.5～0.7MPa 时，各级压力分布情况如下。

Ⅰ级：0.5～0.7MPa。

Ⅱ级：2.1～2.4MPa。

Ⅲ级：6.0～7.0MPa。

(2) 型号 2УⅡ的高速压缩机

高速运动的机件由机体支撑。单弯曲轴，长度不大，刚度高。曲轴在轴承里旋转摇动。压缩机的连杆为锻造的。在连杆的上部装有多针型轴承，下部为巴比合金。十字接头以改性铸铁铸成，它的侧面已经高频淬火处理过。

2УⅡ型 CO_2 压缩机与 3УГМ 型压缩机的区别在于前者的尺寸小，金属耗量不多。此外，采用不锈钢套管式冷却装置，方便操作，使用寿命长。在生产低温 CO_2 时，2УⅡ型压缩机的生产能力比说明书上公称生产能力低 32%，而 3УГМ 型压缩机仅比公称生产能力低 10%，且其噪声比前者小。型号对比见表 3-2-11。

表 3-2-11　CO_2 压缩机的型号说明

指标/牌号		3УГМ	4УГ	2УП	3УП	2УАП
生产能力(按液体 CO_2 计)/(kg/h)		250	1000	220	500+7%	270
生产能力(按干冰计)/(kg/h)				60	200	110
吸入温度/℃				10	30	30
各级气缸尺寸/mm	Ⅰ级	250	380	160	230	250
	Ⅱ级	150	230	110	160	130
	Ⅲ级	80	105	58	75	
活塞冲程/mm		250	450	125	210	125
转速/(r/min)		187	187	735	500	735
理论小时体积/(m³/h)	Ⅰ级	212	894	217		
	Ⅱ级	44.3	187	48.1		
	Ⅲ级	14.61	43.6	14.6		
冷凝器压力/MPa		7.5	7.5	7.5	7.4	1.5
冰凝水温度/℃		≤25	≤25	≤25	≤25	≤32
加热到10℃消耗水量/(m³/h)		≤3.0		≤1.0	≤3.0	≤14
各级管路尺寸(吸/压)/mm	Ⅰ级	70/50	150/80	70/70	100/80	80/80
	Ⅱ级	50/38	70/70	40/40	80/65	70/70
	Ⅲ级	38/25	50/50	32/32	50/40	
有效功率/kW		44	123	44	75	49
电机型号		Aκ-91	ГАМ6-137-10	A-2-101-88	ДСκ-12-24-12	A-2-101-88
电机功率/kW		55	155	75	125	75
转速/(r/min)		1000	580	735	500	735
皮带型号		Г-9060	E-10095			
压缩机重量(不带电机)/kg		4100	8500	2074	2300	2400

2.1.4.4　管式换热装置

CO_2 气体在压缩机的压缩过程中被加热到 $100\sim120℃$，所以 CO_2 在每级压缩之后均需冷却，而在Ⅲ级压缩之后冷凝。在这些换热过程中允许使用管式换热装置和冷凝器。为 3УГМ 型压缩机使用的两种冷却器和冷凝器是浸没式的或者双管道套管式换热器，而 4УГ 型、2УП 型、3УП 型压缩机全部采用套管式换热器；其中 4УГ 型压缩机的套管换热器为碳钢制造，而 2УП 型、3УП 型压缩机的套管式换热器采用不锈钢制造。

表 3-2-12 列出了推荐使用各碳钢 CO_2 换热器装置的评价指标。图 3-2-13 所示为 2УП 型压缩机配用的垂直式套管换热器 2УВЖС 型冷凝装置。而其他型号的压缩机换热器为水平

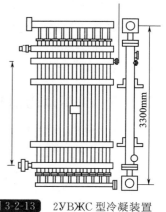

3300mm

图 3-2-13　2УВЖС 型冷凝装置

管式布置。

表 3-2-12 换热器装置的评价指标

装置		3УГМ型				4УГ型		
	牌号	面积/m²	重量/kg	外形尺寸/mm	牌号	面积/m²	重量/kg	外形尺寸/mm
浸入管子直径×壁厚/mm								
各级冷却器 Ⅰ级	X-5-00	3.80	210	1820×2200				
各级冷却器 Ⅱ级	X-5,5-00	4.86	250					
各级冷却器 Ⅲ级	X-5-00	0.82	34					
冷凝器	K-27-00	27.00	1160	1820×2200×1500				
逆流套管式($d_内=25×2.5, d_外=38×2.5$)								
各级冷却器 Ⅰ级		3.15	385			6.00		
各级冷却器 Ⅱ级		4.20	570			6.00		
各级冷却器 Ⅲ级		1.05	105			6.00	2160	
冷凝器		14.00	1720	2350×5800	H-112-52	40.00	5150	

装置		2УⅡ型				3УⅡ型		
	牌号	面积/m²	重量/kg	外形尺寸/mm	牌号	面积/m²	重量/kg	外形尺寸/mm
逆流套管式($d_内=25×2.5, d_外=38×2.5$)								
各级冷却器 Ⅰ级	T₄	1.80	145	640×1490	管壳式	5.66	315	Φ300×1480
各级冷却器 Ⅱ级	T₁A	1.60	185	1160×1512	T₂	7.76	964	1800×2700×1200
各级冷却器 Ⅲ级	T₂	0.98	71	1465×1400	T₂	3.76		
冷凝器	KУ-1	2.30	187	1020×3300	KУ-1000	8.8	1510	1300×2560×2300

气体在换热器中沿内管运动，此时垂直配置管道有助于 CO_2 流动。冷却水沿内外管的环型截面从下而上并联流动，向上和向下的外部水管束用法兰与水平的总管相连。水管中的空气从上部安装的直径 Φ12mm 疏气阀排出。目前 CO_2 压缩机补充了疏水器上调节供水的自动装置。

2.1.5 油水分离器和油滴捕集器

在压缩 CO_2 和随后的冷却过程造成部分水蒸气的冷凝，同时在前阶段净化过程中没有分离出来的发酵产物（有机杂质）在此析出。由于这个过程形成油水乳化，因此必须从气体中分离出来，并从系统中去除掉。所以，在每级压缩之后接着安装专门的装置，即油水分离器（见图 3-2-14）。

油水分离器按结构形式来分，有中空式的、中空带隔板式的、气体通道有变化的、带水冷却和挡板填料的及带过滤填料或者过滤隔板等多种形式。分离效率最低的是中空式油水分离器。不过由于它结构简单，制造容易，不易堵塞，因此，CO_2 生产过程还是选择中空式油水分离器来配套。这种结构的油水分离器的工作原理是：气体在进入分离器后速度明显地降低，从 $4\sim15m/s$ 降到 $0.8\sim1m/s$；同时，气流的方向有很大的变化。

因为在气体中所含有的油和水的微滴直径尺寸仅有 $5\sim10\mu m$。水和油在中空式油水分离器中分离的程度不高。在 I 级压缩之后，分离效率通常不超过 $40\%\sim60\%$，而在 II 级、III 级压缩之后的油水分离器，分离效率还要低。

为了进一步分离 CO_2 中的油水，通常采用类似空气除菌系统的除雾方法，让气体通过石棉、毛毡、玻璃纤维、素烧陶瓷、素烧金属或各种丝网，像过滤那样有可能分离掉 $80\%\sim90\%$ 的油和水的微滴。在 CO_2 生产装置中，这样的分离器安装在 II 级和 III 级压缩之后，因为那里油水含量已经非常少。

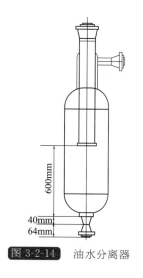

图 3-2-14　油水分离器

油水分离器通常采用碳钢制造。CO_2 在温度提高和有水存在的条件下有强烈的腐蚀性。所以，油水分离器要特别仔细地维护和定期检查。每年维修期间应当进行内部检查，进行水压试验和超声波探伤，把每次检查情况和维修过程记录在专门的记录本上备查。如果油水分离器不能承受压力试验则务必拆除，用专业工厂生产的合乎要求的设备代替。I、II、III 级油水分离器，也要由具有压力容器制造许可证的专业工厂制造。各种油水分离器工艺说明见表 3-2-13。

表 3-2-13　各种油水分离器工艺说明

压缩机的牌照和级数		牌号	容积/m³	外形尺寸/mm	重量/kg
3УГМ	I 级	COM-50-00	0.032	219×1340	52
	II 级	COM-38-00	0.032	219×1340	49
	III 级	COM-23-00	0.032	219×1340	49
4УГ	I 级		0.160	465×1650	315
	II 级		0.160	465×1650	315
	III 级		0.160	465×1650	315
2УП	I 级	32-YB-1	0.085	325×1520	102
	II 级	32-YB-1	0.085	325×1520	102
	III 级	80-YB	0.032	219×1340	65
3УП	I 级	32-YB-1	0.085	325×1520	102
	II 级	32-YB-1	0.085	325×1520	102
	III 级	80-YB	0.032	219×1340	65

在一台 3УГМ 型或 2УП 型空压机工作时，通常从各级油水分离器中 1h 可排放 $0.8\sim1.2kg$ 的油水乳化液，这些液体在压力作用下排出。为了清理从油水分离器内排出的乳化

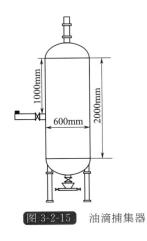

图 3-2-15　油滴捕集器

液，并把它们从气体中分离出来，必须安装专门的设备即油滴捕集器，并确定排污时间，自动或手动地从油水分离器排出乳化液。

油滴捕集器如图 3-2-15 所示，主体为圆筒容器，上部封头上有排空管与大气相通，此管直径不小于 100mm，从油水分离器排出的气体和油水乳化液通过连接管进入油滴捕集器。气体通过排空管排入大气，油水分层，沉于下部，然后定期地通过下封头上的接管下阀门，漏斗状容器和水平支管将油水分开。水排入下水道，而将油集中回收。考虑到安全问题，在安装油滴捕集器时，在排空管上禁止安装任何阀门和可能造成堵塞的管件。

2.1.6　回收系统运行中应注意的问题[10]

2.1.6.1　初净化系统

① 为保证给 CO_2 车间中提供尽可能优质高纯度原料气，酒精车间应采集主发酵期的发酵气，发酵初期和发酵末期的尽量不用。

② 高锰酸钾是一种强氧化剂，能很大程度地去除 CO_2 中的杂质，为防止洗涤效率下降应定期更换高锰酸钾溶液。

③ 目前国内高纯度 CO_2 厂在水洗涤过程中，有的采用循环水洗涤，有的采用高温水洗涤。从生产情况看，采用沸水、热水洗涤产品质量好一些。

2.1.6.2　循环水系统

为了节约用水，压缩机和冷冻机用水可采用循环水。

① 定期向给水池补充水。

② 循环水温度要尽量保持稳定，夏季≤32℃，冬季 20～32℃。

③ 视季节变化及水温情况，循环水系统的凉水塔风机可停止运行或间歇运行。

2.1.6.3　压缩系统

经初净化以后的 CO_2 气体经压缩机加压，分离水分后进入吸附系统。

① 采用低压压缩，CO_2 出口压力应低于 0.2MPa。

② 从发酵罐出来的 CO_2 压力过低时可增加 1 台风机以提高压力，使其足够补偿 CO_2 通过水洗涤器和相关过程所造成的压力损失。

③ 冷却分水器阀门微开一点，使其持续排放积水。

2.1.6.4　吸附系统

吸附塔内填装活性炭，用于吸附 CO_2 气中残余有机杂质和异味。

① 每隔一定时间排放积水 1 次。

② 吸附塔升压或泄压时开启阀门应缓慢，以免活性炭破碎。

③ 两塔切换运行，1 台使用，1 台饱和后再生备用。

④ 用过热蒸汽再生吸附塔。

2.1.6.5　脱水系统

脱水器通过冷却，将 CO_2 脱去水分，除水率可达 60%～80%。

① CO_2 出气温度 15～20℃。

② 脱水器所处的环境温度不宜低于 10℃。

2.1.6.6 干燥系统

干燥塔内装有活性固体干燥剂，用于吸附 CO_2 中的水分。干燥剂一般用硅胶、氧化铝或分子筛，通常用 5A 分子筛效果最好。

① CO_2 气体露点越低，干燥程度越好。

② 两塔切换使用，一般 24h 再生 1 次。

③ 塔顶温度达到 100℃时再生结束。

④ 进出口阀门开启时应缓慢，防止分子筛破碎。

2.1.6.7 冷凝系统

干燥后的 CO_2 气体在冷凝机组中冷凝为 CO_2 液体，靠重力作用落入 CO_2 储罐。制冷机组是常规的制冷系统，包括压缩机、冷凝器和制冷剂蒸发器；制冷剂通常用 R22，可将 CO_2 冷却到−35℃左右。

2.1.6.8 储存系统

储存罐压力在 1.5～1.95MPa 之间，若高于 1.95MPa 应开启冷冻机降压，若低于 1.5MPa 应开启压缩机补压。根据销售对象不同，可通过传输泵将液体 CO_2 送到 CO_2 槽车或者通过加压泵灌入 CO_2 钢瓶。

2.1.7 案例介绍

2.1.7.1 广州市珠江啤酒厂中压法回收 CO_2 [9]

广州市珠江啤酒厂在 14 年间，啤酒年产量从 5 万吨增长到 1999 年的 55 万吨，CO_2 回收装置也逐年增加。现在厂内共有 5 套回收装置，回收能力合计 2000kg/h，与啤酒年产量基本匹配（回收装置的能力与啤酒年产量之间的关系见表 3-2-14）。其中前 4 套是进口的（1 套 100kg/h，3 套 300kg/h），第 5 套是中国通用石化机械工程总公司消化吸收进口装置的技术、设计并成套供货的，回收能力为 1000kg/h。

表 3-2-14　CO_2 回收装置的能力与啤酒年产量的关系

啤酒年产量/(10^4t/a)	3	9	15	30	60
回收装置的能力/(kg/h)	100	300	500	1000	2000

国产装置于 1998 年 12 月一次成功通过 48h 连续生产试验，设备运行正常，回收能力达到设计要求，CO_2 纯度达到食品卫生标准。经过整改完善（增大除沫器容积，增设维修起重葫芦，气化器出口加装流量计等）后，于 1999 年 5 月正式投入生产以来，设备运行情况基本良好。该套装置采用中压法 CO_2 回收工艺，虽然它的设备投资比低压法和高压法要大一些，但是中压法回收的 CO_2 纯度高，可采用低温储罐储存，可用管网连续供气，使用方便灵活。

流程见图 3-2-16。来自啤酒发酵罐的 CO_2 气体，先经除沫器除去气体夹带的泡沫后，进入洗涤塔洗涤，除去大部分有机杂质，使气体得到初步净化，然后进入气囊（稳定压缩机的吸气压力）和 CO_2 无油润滑压缩机（2 台并联），增压到 1.8MPa。再经活性炭吸附器进一步除掉残余的有机杂质及异味。接着进入冷冻干燥器除掉大部分水分后，再经分子筛干燥

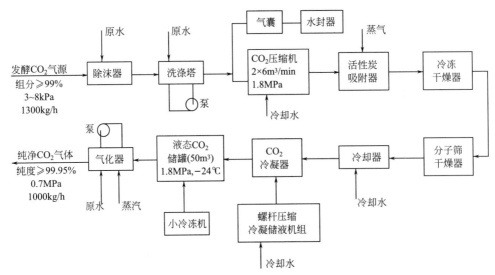

图 3-2-16 啤酒发酵 CO_2 中压法回收净化装置工艺流程

器去除气体中残余水分,使其常压露点温度达到 $-45℃$ 以下。纯净干燥的 CO_2 气体经冷却器冷却后进入壳管式 CO_2 冷凝器,在这里由螺杆压缩冷凝储液机组提供冷量,进行热交换并液化。液态的 CO_2(1.8MPa,$-24℃$)靠自重流入 CO_2 储罐。储罐备有一台小冷冻机,以维持储罐的压力和温度在一定范围内。储存的液态 CO_2 经气化器气化,达到食品卫生标准的纯净 CO_2 气体便可通过管网输送到厂内各用气系统。

各环节运行操作特点如下。

① 除沫器。该单元由 4 只水位限位开关(由低到高限位依次为 1、2、3、4)、气动排污阀和进水阀组成。除沫器处于运行状态:当水位高于限位 2 时气动排污阀开启,低于限位 1 时关闭;当水位低于限位 3 时气动进水阀开启,高于限位 3 或 4 时关闭或报警,二氧化碳压缩机自动停机。

② 洗涤塔。该单元与 CO_2 压缩机联动。当有一台压缩机处于"自动"状态时,洗涤水泵自动投入运行;当压缩机处于"手动"状态时,洗涤水泵只能手动开、停。

③ CO_2 压缩机及气囊等组成。该单元由两台压缩机、5 只气囊限位开关(由低到高依次为 1、2、3、4、5,限位 5 表示气囊内充满气体)、温度传感器、压力传感器、气动吸气阀和放空阀组成。压缩机有"手动"和"自动"两种操作状态。压缩机处于"自动"状态,而且除沫器处于运行状态、压缩机的三排压力低于下限(0.4MPa)、气囊升至限位 4,第 1 台(累计运行时间少的)压缩机自动启动;气囊升至限位 5 时,第 2 台压缩机自动启动。如果气囊降至限位 3,第 2 台压缩机自动停机;气囊降至限位 2 时,第 1 台压缩机自动停机。

④ 活性炭吸附器、冷冻干燥器、分子筛干燥器。这套装置的活性炭吸附器和分子筛干燥器各有 2 台并联,每运行 16h 左右必须对活性炭和分子筛轮流进行再生。活性炭吸附器采用蒸汽再生,比以前采用外加热空气再生降低噪声、节省能耗,也避免了活性炭烧焦的可能性。分子筛干燥器则采用内热式再生,利用电热元件发生的热量,以对流、热传导和热辐射 3 种形式对分子筛进行加热,解吸出来的水分由来自另一台分子筛干燥器的干燥二氧化碳气体带出去。由于通入干燥的 CO_2 气体,再生过程伴随着变压解吸,可提高分子筛的再生效

率，间接提高了 CO_2 的纯度。这一再生技术的应用无疑提高净化工艺水平，但也是不可避免地要消耗约占装置能力 15%～20% 的 CO_2。

活性炭吸附剂再生以手动操作切换阀门进行。冷冻干燥器与 CO_2 压缩机联动：当压缩机处于"自动"状态，且冷冻干燥器处于"ON"位置时，只要有 1 台压缩机运行，冷冻干燥器就自动投入运行；当 2 台压缩机均处于停止状态时，冷冻干燥器就自动停机。当压缩机处于"手动"状态时，冷冻干燥器只能手动开、停。

分子筛干燥器半自动控制，再生操作以手动切换阀门进行：按下再生按钮，电加热器开始工作，当塔底温度超过上限（290℃）时加热器断电；当塔底温度低于下限（260℃）时加热器通电；当塔顶出口温度达到上限（150℃）时，再生过程结束。再生指示灯会闪烁 30s，通知操作人员手动切换阀门吹冷。

⑤ CO_2 冷凝器和螺杆压缩冷凝储液机组。该单元由氟里昂螺杆压缩机、油泵、能量增减载换向电磁阀、内压比增减载换向电磁阀、制冷剂阀、气动油温控制阀和不凝气放空阀以及压力变送器、温度变送器等组成。制冷机组有"手动"和"自动"两种操作状态。

当有 1 台以上 CO_2 压缩机处于运行状态，且液态 CO_2 储罐压力高于上限（1.8MPa），同时油泵自动启动 1min 后能量指示低于 5% 时，螺杆压缩机自动启动，并自动调节冷机能量使之与所需的冷量相匹配。运行中，系统每隔 8min 检测一次螺杆压缩机吸气压力，当吸气压力低于 0.05MPa（开 2 台 CO_2 压缩机）或 0.07MPa（开 1 台 CO_2 压缩机）时，不凝气放空阀开启 15s，排除不凝性气体。当 2 台二氧化碳压缩机停止运行，或液态 CO_2 储罐压力低于下限（1.7MPa），且能量指示低于 5% 时，制冷机组自动停机。

⑥ 液态 CO_2 储罐。该单元由储罐、放空气动阀、压力变送器等组成。当储罐内压力超过上限（1.9MPa）时，放空气动阀自动开启、泄压；当储罐内压力低于下限（1.88MPa）时，放空气动阀自动关闭。放空气动阀接到指令 5s 内，如果开启、关闭不到位则报警。

⑦ 液态 CO_2 储罐的小冷冻机。该单元由小冷冻机、风机、油加热器、供液电磁阀、压力变送器等组成。小冷冻机有"手动"和"自动"两种操作状态。当前述大制冷机组处于非运行状态，且液态 CO_2 储罐压力超过上限（1.85MPa）时，小冷冻机自动启动；储罐压力低于下限（1.83MPa）时停机；当大、小制冷机都处于非运行状态时油加热器自动接通电源加热，保持油温在一定范围内。

⑧ 气化器。该单元由气化器、循环水泵、蒸汽气动阀和温度控制器等组成。循环水泵和蒸汽气动阀联动。当循环水泵处于运行状态，且气化器循环水出口温度低于下限（55℃）时，蒸汽气动阀自动开启，水温超过上限（65℃）时关闭。当循环水泵处于运行状态，且水温低于下限（55℃）并超过 10min 时报警。

2.1.7.2 辽阳石油化纤公司金兴化工厂中压法生产 CO_2 [6]

中压法回收 CO_2 工艺流程见图 3-2-17。规模为 20000t/a，回收流程是采用水洗涤、压缩等方法回收液体 CO_2。即 CO_2 原料气在水洗塔内洗涤后经压缩机压缩、冷却至 3MPa，常温；随之在水分离器中除去游离水；再经纯化器中活性炭脱除原料气中的硫和烃类组分后进入分子筛双层床干燥器，用以脱除原料气中的水分和可能残存的其他杂质组分。

经净化处理的原料气再次经过冷冻系统冷却冷凝至 -7℃ 成为液体后进入 CO_2 产品储罐储存，该产品指标满足国标优级品的液体 CO_2 要求。

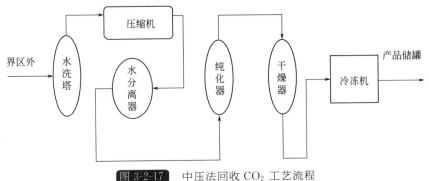

图 3-2-17 中压法回收 CO_2 工艺流程

2.1.7.3 辽阳石油化纤公司金兴化工厂高压法回收 CO_2[6]

辽阳石油化纤公司金兴化工厂高压法回收 CO_2 工艺流程见图 3-2-18。规模为 6000t/a，该装置回收 CO_2 采用冷却-压缩工艺路线。即将 110℃、0.09MPa 的尾气在原料输送管线逐步冷却使其中的水蒸气冷凝，经过四级水分离罐排除冷凝水。最终使进入 CO_2 装置的尾气含 CO_2 大于 96%，再经四级压缩即可得到符合国标一级品的液体 CO_2 要求[11]。

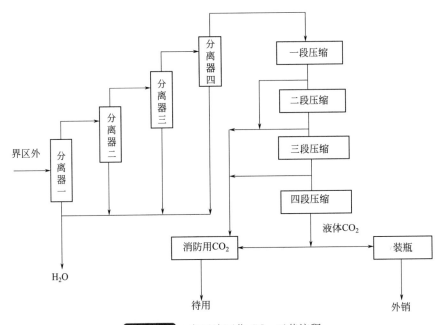

图 3-2-18 高压法回收 CO_2 工艺流程

2.1.7.4 中粮生化能源（肇东）有限公司中压法生产 CO_2[3]

（1）流程介绍

① 来自发酵罐中主发酵产生的 CO_2 气体通过管道经气液分离器，经初步分离附带酒沫后进入 CO_2 回收系统。

② 气体进入到洗涤塔，除去粗粒子杂质。洗涤塔中水向下喷淋在填料上部，而 CO_2 则逆流通过。在洗涤塔之后设置一台引风机，引风机可保证 CO_2 恒定流量。

③ 气体进入高锰酸钾洗涤塔。高锰酸钾是一种很强的氧化剂，非常适合于用来除去气体中的杂质。然后 CO_2 送往 CO_2 压缩机。

④ 压缩机采用无油两级水冷却式压缩机，可将 CO_2 气体压缩到 1.6MPa 的压力。压缩机配备有中间冷却器和后冷却器，饱和蒸汽在中等压力和高压下被冷却水冷凝，并定时排放掉。

⑤ 经过压缩后的 CO_2 气体（约 1.6MPa），要在活性炭吸附器中净化。活性炭能够清除掉可能残留在 CO_2 中最微量的有机杂质。

⑥ 经过净化的 CO_2 气体再进入分子筛干燥器中进行干燥，除去仍残留的水蒸气及可能被水蒸气吸收的最后痕量杂质。

⑦ CO_2 被干燥和净化以后，进入 CO_2 冷凝器（列管式冷凝器），冷凝成液体 CO_2，靠重力作用落入到 CO_2 储罐中，制冷设备是常规的制冷系统。储存的液体 CO_2，密度约为 $1000kg/m^3$。

⑧ 根据销售对象不同通过增压泵将液体 CO_2 灌入钢瓶中或者由泵输送到槽车、CO_2 储罐中。

（2）效益核算

按食用级 CO_2 产品价格每吨 1000 元计，按生产成本（包括水、电、汽、人工、制造等）每吨 350 元，如将发酵产生的副产物 CO_2 全部回收（回收率按 85% 计），则年产 30 万吨的酒精厂将会产生 1.518 亿元的效益。

限于销售地域，食用级 CO_2 的用量可能不会有那么大。但是随着 CO_2 在石油开采中的应用，相信工业级的液体 CO_2 需求量将会大量增加。如按工业级的产品价格每吨约为 750 元，则年产 30 万吨的酒精厂将会产生 9343.2 万元的效益。可以看出，年产 30 万吨的酒精厂如果将 CO_2 全部回收，无论是生产食用级的还是工业级的其效益都是相当可观的。

2.2 CO_2 在食品、医药等行业中的用途

根据使用的场合和作用不同，气态、液态和固态 CO_2 都有应用。CO_2 在工业上的应用已有 100 多年的历史。

在发展中国家，CO_2 主要用于碳酸饮料的生产。而在工业发达国家，CO_2 用途更加广泛。

我国 CO_2 被广泛用于食品、医药、焊接、石油和消防等行业。食品级 CO_2 在食品冷冻、制备汽水、软饮料、汽酒等方面应用广泛，随着食品工业的飞速发展，其用量相当可观。高纯度 CO_2 主要用于电子工业、医学研究，如二氧化碳激光器、检测仪器的校正气及配制其他特种混合气。在一些特殊工业生产中，如烟丝膨化中占有相当大的地位。固态二氧化碳用于青霉素生产和鱼类、奶油、冰淇淋等食品的储存及低温运输等方面。另外，近年来 CO_2 作为驱油剂在石油开采方面得到了广泛应用，工业级 CO_2 的用量将会迅速增加。由于发酵行业产生的 CO_2 都是食品级的产品，因此首先考虑在食品、医药等行业的高价值应用。

2.2.1 在制备碳酸饮料和啤酒等方面的应用

在食品工业方面[12]，CO_2 可用于食品的保鲜、碳酸饮料的生产；榨取花生油和菜籽油及抽提植物香料；还可用液态 CO_2 处理烟叶，使烟丝蓬松，从而降低卷烟的烟丝消耗。近年来食品行业也在大力开发 CO_2 作为超临界流体萃取的溶剂。

碳酸饮料的品种甚多，一般可分为果味型碳酸饮料、果汁型碳酸饮料和可乐型碳酸饮料三大类型。CO_2 是碳酸饮料中不可缺少的重要成分，能使碳酸饮料增加口感，具有解渴、促进消化和帮助解除疲劳等功效；同时饮料中有 CO_2 的存在，对微生物起到一定的抑制作用。

在国家标准《碳酸饮料(汽水)》(GB/T 10792—2008) 中要求三大类碳酸饮料中 CO_2 的 20℃气体容积不低于饮料容积的 1.5 倍。据中国产业信息网发布的《2014～2019 年中国饮料及冷饮服务行业市场分析及发展策略研究报告》显示，据统计 2010 年全国饮料行业总产量已经达到 9800 万吨，2013 年为 14926.90 万吨。从产品结构的变化趋势看，健康型饮料比重不断上升，碳酸饮料份额虽呈下降趋势，市场份额仍占有 20%，即碳酸饮料年产量接近 3000 万吨。据计算每吨碳酸饮料需要 0.015～0.02t 的食品级 CO_2[13]，仅此一项就需要优质 CO_2 45 万～60 万吨。

除了碳酸饮料，啤酒是另一饱含 CO_2 但含低酒精度的饮料，被称为"液体面包"，2015 年我国啤酒年产量 4.71×10^{10} L(国家统计局，统计规模以上企业 470 家)，是世界上第一啤酒生产大国。在《啤酒》(GB 4927—2008) 中，我国对啤酒含 CO_2 的质量百分数要求不得小于 0.35%～0.65%(相对不同等级的啤酒)，相当于啤酒市场每年需要 16 万～30 万吨优质 CO_2。

CO_2 的纯度直接影响到饮料的口感和质量，如有杂质往往带有苦味和异味。目前我国碳酸饮料市场中可口可乐和百事可乐占据份额约 37%，他们提出了"食品添加剂-液体二氧化碳"的可口可乐企业标准，标准几乎套用国际饮料技术协会的标准，指标数也相同，同为 21 项，其中 CO_2 纯度为体积百分含量 $\geq 99.9\%$，$H_2S \leq 0.00001\%$，$SO_2 \leq 0.0001\%$。为显示与国际接轨和加强国际竞争力，21 世纪以来我国执法机构和部分国有企业普遍也执行国际饮料技术协会的标准，促使我国对原先的《食品添加剂 液体二氧化碳》(石灰窑法和合成氨法)(GB 10621—1989)和《食品添加剂 液体二氧化碳》(发酵法)(GB 1917—1994)进行修改。现在所有饮料企业都执行新标准《食品添加剂 液体二氧化碳》(GB 10621—2006)，该标准比国际饮料技术协会的标准中氰化氢增加具体数值，CO_2、SO_2 和 TS 等指标值完全与国际饮料技术协会的标准相同。食品级 CO_2 标准见表 3-2-15 和表 3-2-16。

表 3-2-15 国际饮料技术协会标准(ISBT)及可口可乐公司 1999 年标准

序号	项目	指标
1	CO_2 含量(体积分数)/10^{-2}	≥ 99.9
2	水分(体积分数)/10^{-6}	≤ 20
3	酸度	按 5.4 检验合格
4	O_2(体积分数)/10^{-6}	≤ 30
5	NH_3(体积分数)/10^{-6}	≤ 2.5
6	NO(体积分数)/10^{-6}	≤ 2.5
7	NO_2(体积分数)/10^{-6}	≤ 2.5
8	不易挥发残留物/10^{-6}	≤ 10
9	不易挥发有机残留物/10^{-6}	≤ 5
10	PH_3(体积分数)/10^{-6}	≤ 0.3
11	烃类化合物总量(以甲烷计),体积分数/10^{-6}	50(其中非甲烷烃不超过 20)

序号	项目	指标
12	乙醛(体积分数)/10^{-6}	≤0.2
13	苯(体积分数)/10^{-6}	≤0.02
14	CO(体积分数)/10^{-6}	≤10
15	TS(除二氧化硫外,以硫计),体积分数/10^{-6}	≤0.1
16	COS(体积分数)/10^{-6}	≤0.1
17	H_2S(体积分数)/10^{-6}	≤0.1
18	SO_2(体积分数)/10^{-6}	无味
19	气味	无色、无浑浊
20	溶于水	无
21	口味	—
22	甲醇	—
23	乙醇	—
24	氯乙烯	—
25	氰化氢	—
26	油脂总可挥发	—
27	其他含氧有机物	—
28	硫的氢化物	—

表 3-2-16 部分食品添加剂 液体二氧化碳(GB 10621—2006)国家标准

序号	项目	指标
1	CO_2 含量(体积分数)/10^{-2}	≥99.9
2	水分(体积分数)/10^{-6}	≤20
3	酸度	按 5.4 检验合格
4	NO(体积分数)/10^{-6}	≤2.5
5	NO_2(体积分数)/10^{-6}	≤2.5
6	SO_2(体积分数)/10^{-6}	≤1.0
7	总硫(除二氧化硫外,以硫计,体积分数)/10^{-6}	≤0.1
8	烃类化合物总量(以甲烷计,体积分数)/10^{-6}	≤50(其中非甲烷烃不超过 20)
9	苯(体积分数)/10^{-6}	≤0.02
10	甲醇(体积分数)/10^{-6}	≤19
11	乙醇(体积分数)/10^{-6}	≤10
12	乙醛(体积分数)/10^{-6}	≤0.2
13	其他含氧有机物(体积分数)/10^{-6}	≤1.0
14	氯乙烯(体积分数)/10^{-6}	≤0.3
15	油脂(质量分数)/10^{-6}	≤5

序号	项目	指标
16	水溶液气体、味道及外观	按 5.10 检验合格
17	蒸发残渣(质量分数)/10^{-6}	≤ 10
18	O_2(体积分数)/10^{-6}	≤ 30
19	CO(体积分数)/10^{-6}	≤ 10
20	氨(体积分数)/10^{-6}	≤ 2.5
21	磷化氢(体积分数)/10^{-6}	≤ 0.3
22	氰化氢(体积分数)/10^{-6}	≤ 0.5

注:其他含氧有机物包括二甲醚、环氧乙烷、丙酮、正丙醇、异丙醇、正、丁醇异丁醇、乙酸乙酯、乙酸异戊酯。

2.2.2 食品的气调储藏[14,15]

2.2.2.1 粮食的气调储藏

由于 CO_2 不仅能有效地控制虫害和霉变,而且具有安全、廉价、无残毒等优点,所以 CO_2 是气调储粮时常用的、效果最佳的气体。

据报道,在美国和澳大利亚等粮食出口国的许多粮仓均装有充气系统。由于粮仓气密技术已经过关,使得气调储粮技术已在各种类型和不同规模的粮仓中得到实际应用。近年来,澳大利亚已经用气调储粮技术解决了粮食储存的虫害和霉变问题,增强了该国粮食在国际市场的竞争力。

我国气调储粮的研究与应用也正在深入开展并已取得了可喜的成果。这些成果表明: CO_2 对粮食仓虫不仅有抑制作用,而且有杀灭作用。 CO_2 对各种化学熏蒸剂有增效作用,对霉菌的抑制也很有效。此外, CO_2 对于防止粮食品质的劣变有显著效果,可以使长期储存后的大米仍保持新收获大米的风味。

气调储粮在技术上没有重大的困难,关键是成本,影响成本的因素除了粮仓密封费用外,就是购买 CO_2 的费用了。气调储粮的 CO_2 用量平均为每吨粮耗 1kg CO_2 ,与保管不良而造成的损失比起来购买 CO_2 的费用不算昂贵。当前将 CO_2 用于气调储粮的制约因素是落后的储运方法所导致的 CO_2 高昂的运费,这是有待去努力克服的课题。

有证据表明:发达国家的酒精厂已经预测到 CO_2 在气调储粮方面的巨大市场。

2.2.2.2 食用油品的气调储藏

食用油脂容易氧化变质,储存不善时极易酸败。近年的研究表明,长期摄取变质的油脂会诱发癌症,严重时即使短期食用也会中毒。用氧化变质的油脂喂鸡时,发现鸡的产蛋率下降,直至停止产蛋。日本曾发生过轰动一时的油炸方便面中毒事件,其原因就是用了氧化变质的油。所以,防止氧化是油脂储藏时的关键。

近年的试验证明,用 CO_2 或 N_2 将油脂储罐上部空间的空气置换后,即可达到隔绝 O_2 防止油品氧化的目的。通过大型罐气调储存 $1 \sim 3$ 年的试验已取得满意的结果,油脂的过氧化值无明显变化。

2.2.2.3 花生的气调储藏

花生的脂肪含量高达 50% 。在储藏时容易走油和霉变,尤其易长黄曲霉,并导致黄曲霉毒素对花生的污染,食用的话对人体健康威胁较大。如果用 CO_2 气调储藏花生则可收到延长储藏期、避免品质下降又能有效地抑制黄曲霉的作用。此类技术美国在20世纪70年代曾有报道，我国也取得了肯定的结果。方法是将花生用气密性好的塑料袋装好，然后往袋中通入CO_2将其中的空气置换掉后密封，经过一定时间后，CO_2即被花生吸附，包装袋即"密封"而结成硬块。用上述方法处理的花生仁经13个月的储藏后与对照样比较的结果如表3-2-17所列。经CO_2处理后的花生经过40个月，共4个夏季后，完好率仍在90%以上，无虫害，仍可食用。

表 3-2-17　CO_2 储藏花生对照

项目	CO_2 处理	对照
发霉率/%	1.0	49.0
油变率/%	4.5	9.0
完好率/%	94.5	42.0
脂肪酸/(mgKOH/100g)	235.2	324.8
酸度/(mgKOH/100g)	14.4	32.8
黄曲霉毒素/10^{-9}	无	50

2.2.2.4　果汁的气调储藏

用CO_2来储藏果汁在国外比较常用（Seitz-Bohi法），这种方法能够在常温下使果汁保鲜，从而可以节约建设冷库的巨额投资。在国内也已有工厂做了不少工作并成功地应用于柑橘汁的常温储藏。

空罐经过清洗灭菌后随即充入CO_2，然后在保持正压的条件下输入经过巴氏灭菌并冷却的果汁。此后使罐压保持在$1.5\sim2$bar（1bar=10^5Pa），常温的条件不锈钢罐保存可取得良好效果。细菌总数在前4个月内保持入罐时的水平，以后略有增加。大肠杆菌指数在12个月内一直保持不变。总可溶性固形物的保存率为97%，总酸保存率为94%，维生素C的保存率为81%～85%。如果不充CO_2而采用加防腐剂的方法，则维生素C的保存率只有20%～25.3%。果汁的色泽和风味基本不变，明显优于用防腐剂保存的果汁。

2.2.2.5　其他食品的气调储藏

由于CO_2具有隔绝氧气的作用，所以当食品处于高浓度CO_2中时就自然能达到防止氧化、抑制好氧微生物繁殖和杀灭昆虫等效果。最早的研究（Killeffer，1930）表明：在纯CO_2中，鲜鱼的货架寿命比空气中延长2～3倍。Coyne（1932）的研究发现，多数腐败微生物（*Achromobaeter*，*Flavobacter*，*Micrococeus bacillus*等）在25% CO_2中即可显著地得到控制，在高浓度的CO_2中几乎可完全抑制。Dainty（1971）报道：在冷藏温度下，5%～10%的CO_2浓度即可抑制多数细菌。

近年的研究中常测定TVN值（总挥发氮）作为评价鱼鲜度的指标。CO_2调样品的TVN值较空气中样品的TVN值显著较低，感官评价也有明显效果。对于烘烤食品，CO_2能比N_2更有效地延长其货架寿命。CO_2不但可有效地抑制霉菌，而且可以防止面包及软点心变硬，货架寿命可以延长到1个月。

CO_2气调储藏食品既可用大型密封容器，亦可用小包装。在点心、干酪和果汁的小包装中充CO_2亦可延长保存期，防止霉变，保持良好的感官品质。有报道指出，当用等量CO_2和N_2混合气体保存半潮湿的蛋糕时（含$O_2<1\%$），保存期可达6个月。将CO_2雪状

或颗粒状干冰直接用于肉类的保存已有多年，在这种情况下，干冰既有冷却作用又有防腐作用。但干冰只有在冷藏条件下才能发挥其作用，当温度升高时其效果就下降了。

2.2.3 食品的冷藏和冷冻

采用液化 N_2 和 CO_2 冻结、冷藏食品可以避免普通机械制冷能耗大、设备庞大、维修费重，且有污染环境、腐蚀车体和钢轨的缺点，并不易自动化。

而液化 N_2 和 CO_2 制冷主要利用其汽化时吸收汽化热，汽化后的气体一般不再回收，称为开式循环，运行时它和食品直接接触，故又称为"载冷剂接触冻结法"。所用液化 N_2 和 CO_2 为消耗性或一次性冷剂。目前，液化气制冷在国外已用于冷藏运输和食品的速冻。美国在 20 世纪 80 年代初曾用 CO_2 冷藏车做过多次长途运输试验，结果表明液态 CO_2 的经济性和通用性优于液氮。CO_2 冷藏车上装有 CO_2 储罐，只要在列车始发时充入 CO_2 即可根据车内温度自动控制 CO_2 的喷淋量，无需乘员照料。车内温度可以保持 $-22 \sim -18$℃。据统计，机械制冷系统的拆旧费为液化气的 2.8 倍，维护费为 6.4 倍。

CO_2 速冻法具有温度低、冻结快的特点。CO_2 的消耗量因各种条件而异，每千克食品耗 CO_2 $0.5 \sim 2.0$ kg。对于高档食品来说，在特定的市场条件下购买 CO_2 的费用是可以接受的。

在我国随着人们生活水平的迅速提高、家用冰箱的普及、食品商场中冷冻食品的日益增长，对于食品冷藏运输和速冻手段的需求无疑将日益迫切。

目前国内通用的高压常温法储运 CO_2 无论从技术上、实际操作上还是经济上都不能满足 CO_2 制冷的要求。所以，要想实现将 CO_2 用于食品冷冻的愿望，必须采用先进的 CO_2 的低压保冷储运技术。

2.2.4 CO_2 超临界萃取技术在食品、医药上的应用

超临界流体萃取（supercritical fluid extraction，SFE）是一种对环境友好的新型绿色分离技术，其具有提取率高、产品纯度好、流程简单、能耗低、无毒、安全、无污染、廉价和可回收等优点。

2.2.4.1 技术原理[15]

物质都有气、液、固三种聚集态，但是任何物质都有一个临界温度（T_c），当其气体的温度超过临界温度后，不管加多大压力都不能使其液化，即临界温度是气体能够液化的最高温度。在临界温度时能使气体液化的最小压力称为临界压力（P_c）。在 T_c 和 P_c 时物质的状态称为临界点，高于 T_c 和 P_c 而接近临界点的状态称为超临界状态，这种状态的流体就称为超临界流体（supercritical fluid，SCF）。

SCF 是介于气体和液体之间的一种特殊的聚集态，具有很多特性：a. 扩散系数比气体小，但比液体高 1 个数量级；b. 黏度较小，接近气体，比液体小 2 个数量级；c. 密度较大，类似液体，比气体大数百倍。

SCF 兼有液体和气体的双重特性，具有良好的溶解特性和传质特性。其扩散系数大，黏度小，渗透性好，溶解溶质的能力较大，而且在临界点附近对压力和温度的变化非常敏感，与液体溶剂萃取相比，可以更快地完成传质达到平衡，促进高效分离过程的实现。

可用作超临界流体的溶剂很多，见表 3-2-18[16]。目前研究最多的是 CO_2 作超临界流体。因为 CO_2 密度大，溶解能力强，传质速率高，其临界参数便于在室温（相当于 31.06℃）和可操作压力（$8 \sim 20$ MPa）下，可以防止热解及化学危害；且来源丰富，价格便

宜，纯度高，化学性质不活泼，无毒和不燃烧的安全性，可回收和无污染等。发酵工业回收的 CO_2 均为食品级产品，在食品、医药行业有广泛应用。

表 3-2-18 可用作超临界流体的溶剂

气体	NH_3	CO_2	CH_4	丙烷	戊烷	辛烷	苯	甲苯	甲醇	丙酮	乙醚
T_c/K	405	304	191	370	470	569	562	592	512	508	467
P_c/atm	11.1	72.8	48.2	42.0	33.3	24.5	48.3	40.6	79.8	16.4	35.9
密度/(g/cm^3)	0.235	0.468	0.162	0.217	0.237	0.232	0.302	0.292	0.272	0.278	0.265

当 CO_2 气体处于超临界状态时，其扩散系数为液体的 100 倍，因此对物体有较好的渗透性和较强的溶解能力，将超临界 CO_2 与待分离的物质接触，使其有选择性地依次按极性大小、沸点高低和分子量大小的成分萃取出来；并且超临界 CO_2 的密度和介电常数随着密闭系统压力的增加而增加，利用程序升压可将不同的有效成分进行分步提取。然后借助减压、升温的方法使超临界 CO_2 变成普通气体，被萃取物质则自动安全或基本析出，从而达到分离提纯的目的，并将萃取分离两过程合为一体，这就是 CO_2-SFE 的基本原理。

2.2.4.2 CO_2-SFE 技术的新发展

虽然通过调节压力与温度可以很方便地改变超临界 CO_2 的溶解性能，但是单一的超临界 CO_2 对某些物质的溶解度很低，选择性较差，具有一定局限性，因此在纯气体溶剂中加入附加组分(称夹带剂)得到了广泛的研究。夹带剂作为混合溶剂的一种，大大增加被分离组分在气相中的溶解度，并可使溶质的选择性(分离因子)大大提高，拓宽了超临界萃取的应用范围，使得混合溶剂的应用成为超临界萃取过程的主要发展方向。

常用的夹带剂大多为甲醇、乙醇、丙酮、乙酸乙酯、氯仿等有机溶剂；此外，水、有机酸、有机碱等也可用作夹带剂。夹带剂的加入方式有静态加入和动态加入两种，以动态加入较多。

2.2.4.3 CO_2-SFE 技术应用的经验规律[15]

超临界 CO_2 对不同物质的溶解能力差别很大，与物质的极性、沸点和分子量有密切的关系。一般经验规律如下。

① 亲脂性、低沸点成分可在 10^4 kPa 以下萃取，如挥发油、烃、酯、内酯、醚、环氧化合物等，如天然植物和果实中的香气成分，如桉树脑、麝香草酚、酒花中的低沸点酯类等。

② 强的极性基团(如—OH、—COOH)的引入，使得萃取变得困难。在苯的衍生物范围内具有 3 个羟基酚类的物质以及 1 个羧基和 2 个羟基的化合物仍然可以被萃取，而那些具有 1 个羧基和 3 个以上羟基的化合物是不能被萃取的。

③ 更强的极性物质，如糖、氨基酸类在 40MPa 以下是不能被萃取的。

④ 化合物的分子量越高，越难萃取。分子量在 200～400 范围内的组分容易萃取，有些分子量低、易挥发成分甚至可直接用 CO_2 流体萃取，分子量高的物质(如蛋白质、树胶和蜡等)则越难萃取。

2.2.4.4 CO_2-SFE 技术在食品、医药行业中的应用

根据药食同源，从天然食品中采用 CO_2-SFE 技术提取具有保健、药用的成分。国内在此方面研究起步较晚，但研究成绩显著。

1) 国外提取咖啡因等技术[17] 国外工业上已广泛采用 CO_2-SFE 技术提取咖啡豆中的

咖啡因，效果极佳，不仅工艺简单，而且选择性好，只除去咖啡因而不影响咖啡质量；所萃取的纯咖啡因又可用于制造可口可乐饮料。日本在 40℃、15MPa 下，用超临界 CO_2 萃取奶油中的胆固醇，使胆固醇含量从 0.19% 减少到 0.028%（胆固醇去除率达 85%）。1982 年由德国的 SKW 公司投产了世界上第一套大规模超临界流体萃取工业化装置，其年产量为5000t 啤酒花。

2）香豆素和木脂素的提取[15] CO_2-SFE 对于香豆素和木脂素的提取是一种非常有效的方法。通过采用多级分离或与超临界精馏相结合可以得到有效成分含量很高的提取物。对于香豆素和木脂素一般只需要用纯 CO_2-SFE 技术即可。对于分子量较大或极性较强的成分则有时要加入适当的夹带剂；而对于以苷的形式存在者则几乎不能用 CO_2-SFE 有效提取。部分香豆素和木脂素的提取条件见表 3-2-19。

表 3-2-19 天然药物中香豆素和木脂素的 CO_2-SFE 提取实例

药物名称	目标成分	温度/℃	压力/MPa	夹带剂
厚朴	厚朴酚、和厚朴酚	110	42	氯仿
蛇床子	蛇床子素	51	24	
金边瑞香	瑞香素	39	20	
补骨脂	补骨脂素、异补骨脂素	70	38.5	氯仿
独活	香豆素	40	20	
白芷	香豆素类	50	21	

注：空白处表示无。

3）黄酮类化合物的提取 黄酮类化合物的传统提取方法中较常见的有醇提法、碱水或碱醇提取、热水提取等。其粗产物的分离主要是根据其极性差异、酸性强弱、分子大小和特殊结构等性质，采用适宜的分离方法，如系统溶剂法、pH 梯度萃取法、硼酸络合法、铅盐沉淀法等。这些传统的提取方法存在明显的排污量大、有效成分丢失多、提取率低、成本高等一系列缺点。目前 CO_2-SFE 研究最多的是银杏叶的提取，具有产率高、产品质量好的特点。黄酮 CO_2-SFE 提取实例见表 3-2-20。

表 3-2-20 天然药物中黄酮的 CO_2-SFE 提取实例

药物名称	目标成分	温度/℃	压力/MPa	夹带剂
银杏叶	银杏黄酮、银杏内酯	40	20	醇类
甘草	甘草次酸	45	30	80%乙醇
高良姜	高良姜总酚	32	30	
茶叶	茶多酚	80	15~22	乙醇
沙棘	总黄酮	40	8	75%乙醇

注：空白处表示无。

4）生物碱提取[15] 大多数生物碱在植物体内以盐的形式存在，仅有少数极性极弱的生物碱以游离态存在。而 CO_2-SFE 很难萃取出以盐或苷形式存在的生物碱，原料一般需要碱性试剂［如氨水、三乙胺、Ca(OH)$_2$、Na$_2$CO$_3$溶液等］的碱化预处理。目的就是使结合的生物碱游离出来，增加使用夹带剂来增强萃取能力，对水溶液或极性强的尚可通过加表面活性剂的微孔体系来萃取。目前对大多数生物碱的提取，CO$_2$-SFE 尚不是一种有效的方法，但基于大大减少酸性或碱性试剂的用量及具有较高的提取率仍值得进一步深入研究。部分生物碱的提取条件见表 3-2-21。

表 3-2-21 天然药物中生物碱的 CO$_2$-SFE 提取实例

药物名称	目标成分	温度/℃	压力/MPa	夹带剂
大青叶	靛玉红	100	34.473	氯仿
洋金花	东莨菪碱	40	34.924	
马钱子	士的宁	110	47	丙酮
光茹子	秋水仙碱	45	10	76%乙醇
荜茇	胡椒碱	70	38.5	甲醇
苦参	苦参碱	65	35	多元醇＋表面活性剂

注：空白处表示无。

Xueli Cao 等[18]使用该技术对葡萄籽中酚类物质的活性成分进行研究，可分离得到儿茶酚和没食子酸等药物活性成分。整个萃取过程在隔绝空气和避光的条件下进行，抗氧化活性成分保存完好。山东轻工业学院(现齐鲁大学)尹卓容[19]进行了用超临界二氧化碳从月见草种子和丝状真菌中提取医疗保健药品及特种食品、化妆品的 C-亚麻酸，探索研究了萃取工艺条件和影响因素。我国首套超临界二氧化碳萃取沙棘油工业装置，在北京星龙萃取工程有限公司一次投料试车成功。以榨取果汁后的沙棘果渣为原料，提取全天然物质沙棘油，提取率 80%以上。

2.2.5 CO$_2$ 在食品挤压膨化加工中的应用

膨化食品又称挤压食品、喷爆食品、轻便食品等，是 20 世纪 60 年代末出现的一种新型食品。它以含水分较少的谷类、薯类、豆类等作为主要原料，经过加压、加热处理后使原料本身的体积膨胀，内部的组织结构亦发生了变化，经加工、成型后而制成。由于这类食品的组织结构多孔蓬松、口感香脆、酥甜，具有一定的营养价值，深受人们尤其是孩子们的喜爱。

挤压膨化加工技术具有独特的连续、短时、高温、高压、高剪切等特点，挤压机将物料的输送、混合、粉碎、加热、熔融、增压和挤出膨化等多项单元操作复合在一起，是一种连续式反应器。传统的挤压膨化属于蒸汽膨化(steam expansion)，物料的膨化是通过高压水蒸气的迅速蒸发形成的。挤压膨化中的高温(130~170℃或更高)、高压、低水分(13%~20%)和高剪切会造成食品物料中的热敏性成分(如风味物质、维生素、氨基酸等)一定程度的损失[20~23]。蒸汽膨化过程不易控制气泡单元的大小和产品密度，形成的膨化食品的多孔结构较为粗糙(见表 3-2-22)；当物料水分大于 20%(质量分数，湿基质量)时，就不能很好地优化操作参数，并造成产品膨胀率下降及较高的产品密度[24]。

物料配比	体积密度/(g/cm³)	孔洞单元大小/mm
粗玉米粉，水分含量 15.8%	0.10～0.27	2.1～3.0
谷物粗粉，水分含量 15%～25%	0.04～0.15	1.0～2.3

表 3-2-22 基于蒸汽膨胀的挤压膨化产品的特性[25]

采用 TX-52 双螺杆挤压机改进的超临界流体膨化设备如图 3-2-19 所示，挤压头由传统的 6 或 9 个增加到 14 个，长度直径比(L/D)增加到 40.5∶1。在蒸煮段(头 3～5)温度由循环的热流体保持一定的温度；在冷却段(头 6～14)用循环水(低于 4℃)进行冷却，物料在头 7 处将部分水蒸气排出以降温；然后超临界 CO_2 在高于筒内压力的情况下注入，最后物料被挤出模口，通过 CO_2 的膨胀作用而对物料进行膨化，得到具有特殊性质的产品[26]。

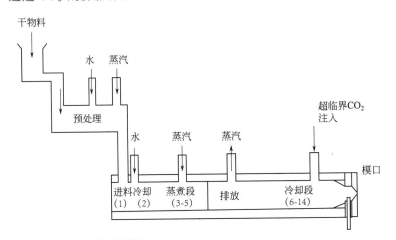

图 3-2-19 超临界 CO_2 挤压膨化设备图

超临界 CO_2 对溶质的溶解特性[27,28]如下：a. 可以溶解非极性或弱极性成分；b. 溶解能力随溶质分子量的增大而下降；c. 超临界 CO_2 与中等分子量氧化的有机成分有较高的亲和力；d. 游离脂肪酸和它们的酯表现出较低的溶解性；e. 水在低于 100℃ 时有较低的溶解性(小于 0.5%，质量分数)；f. 蛋白质、多糖、蔗糖和矿物盐分是不溶的。

在超临界流体状态下，溶质、溶液间的传热、传质的驱动力决定于平衡态时的不同参数：a. 超临界溶剂的溶解能力(气体溶剂在热力学平衡下溶解溶质的数量)；b. 超临界溶剂的量；c. 超临界溶剂的选择性；d. 超临界溶剂特性对相关的温度、压力条件的依赖性；e. 两相区域的广度、范围。两相体系中分离系数可以用下面的表达式描述：

$$\alpha = \frac{y_i/y_j}{x_i/x_j}$$

式中 x_i，x_j——浓缩相中成分 i 和 j 的平衡浓度，用摩尔分数或质量分数表示；

y_i，y_j——相同成分在流动相中的平衡浓度，用摩尔分数或质量分数表示。

如果知道了溶解力和选择性，就可以知道一种组分是否可以被很好地分离或溶解。

图 3-2-20 显示了低挥发性溶质在超临界温度、压力附近溶解能力的变化，图中的中等压力指 10MPa 左右。由图中看出在高压下随着温度的上升溶剂的溶解力也在上升，即使温度超过了临界温度 T_c；在低压下溶剂的溶解能力在临界温度附近随温度的升高而下降[29]。

超临界 CO_2 膨化过程中，面团预先用水和蒸汽在设定的条件下预处理，然后在挤压机中用近 120℃ 的温度进行挤压。再后面团被送入冷却段进行冷却到 100℃ 以下，最后超临界 CO_2 被注入到蒸煮过并冷却的面团中，在挤压机内压力、温度、剪切作用下 CO_2 分散到面团中。因为挤压机中的压力和温度在临界温度和临界压力以上，各种风味成分、色素和其他的一些可溶于超临界 CO_2 的物质在挤出模口前溶入了超临界 CO_2，当物料被挤出模口后，随着压力的释放，超临界 CO_2 变成气体，溶解能力大大下降，CO_2 气体释放到大气中，从而留下孔洞，色素、风味物质及溶入超临界 CO_2 的

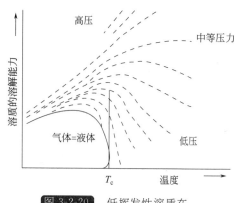

图 3-2-20　低挥发性溶质在超临界温度、压力附近溶解能力的变化

物质被留在物料的多孔网络中，在一定程度上防止了这些成分的丧失。同时 CO_2 气化逃逸对产品结构进行膨化，可以得到 10^6 个气泡 $/cm^3$ 的产品[30]；且气泡分布十分均匀，有光滑的外表面等。由于超临界 CO_2 的注入，膨化操作温度大大降低，从而减弱了美拉德反应，减少了营养成分氨基酸的损失，使产品色泽更加清淡。因此这种加工技术在食品中的应用有着不可低估的发展前景。

由于超临界 CO_2 的这种特性，可以将蛋白质、钙、维生素等热敏性物质通过超临界 CO_2 加入到食品中去，提高产品的营养价值，使产品风味浓郁成为可能。现在双螺杆超临界 CO_2 膨化设备应用的主要障碍是成本较高，但随着技术的发展成本将不是问题。

2.3　CO_2 在其他行业中的应用

2.3.1　CO_2 在有机合成新工艺开发中的应用

在传统化学工业方面[13]，CO_2 可作为尿素、苏打的原料，制备消防用的灭火剂、水的软化剂、涂料的添加剂等，还可以采用氨碱法生产纯碱和轻质碳酸钙。在冰箱制造中，以 CO_2 作为冷冻剂已被国内外的一些生产厂家采用。这里主要介绍 CO_2 在有机合成新工艺开发中的应用。

2.3.1.1　合成甲醇[31]

CO_2 合成甲醇的最早的工业生产，是 1927 年美国商业溶剂公司以 Cu/Zn/Cr 催化剂在 30MPa 下完成的。1980 年美国 Topsoe 公司成功地开发出 CDH 法，以废气回收的 CO_2 为原料，完成了 CO_2 加氢合成甲醇的中试生产。生产 1t 甲醇产品的消耗定额为：H_2（纯度 98%）2409m^3；CO_2（纯度 99%）761m^3；耗电 937kW·h；冷却水 192m^3（30～40℃）；水蒸气 1776kg（0.3MPa）；反应压力 12MPa，温度为 280℃。吉林大学化学系研究的以 CO_2＋H_2 制取甲醇的试验于 1989 年 12 月在长春通过省级技术鉴定。该项成果以 CuO-ZnO-Al_2O_3 为催化剂，属国内首例技术。近年来国内外都在开发新型过渡金属催化剂及金属络合物催化剂等，如 Re、Rh、Pt、Co 及 Os[32～35]。

2.3.1.2　代替氟氯烃用于塑料发泡剂

由于在 1999 年年底全部停止生产和使用氟氯烃，因此寻找其替代品成为世界各国有关

科技工作者紧迫的课题，CO_2 就是其中一种。美国某塑料公司多年来一直研究用 100％ CO_2 代替氟氯烃作发泡剂，以生产聚苯乙烯泡沫塑料，该工艺专利已于 1995 年 10 月获得批准。

2.3.1.3 合成甲烷

CO_2 的甲烷化反应研究表明，其反应活化能明显低于 CO 甲烷化反应活化能[36]。在 Rh-ZrO_2 催化剂存在下 CO_2 可在 50℃ 时发生反应，而 CO 却要在 130℃ 时起反应[37]。CO_2 及 CO 的甲烷反应活化能见表 3-2-23。

表 3-2-23 CO_2 及 CO 的甲烷化反应活化能

催化剂	活化能/(kJ/mol)	
	CO_2	CO
Ni/MgO	104.9	138.8
Fe	71.9	96.1
Ru	67.3	101.2

2.3.1.4 高级烃的合成

近年来，人们已不满足于由 CO_2 合成甲烷及甲醇等低碳烃类，而是转向合成高级烷烃、烯烃及醇类等。

以 Cu-Cr-Zn-Pd-Na 与 HZSM-5 分子筛配合使用，在 300℃、5MPa 下，H_2：CO_2 为 2.7：1，可合成出高热值汽油。其中 C_2～C_7 烃≤71.8％，其余 28.2％ 为甲烷，CO_2 转化率为 30.2％。

在 Ag-Rh-Zr-Mo-SiO_2 催化剂存在下，CO_2 和 H_2（1：2）于 260℃ 及 5MPa 下，以 $1286h^{-1}$ 空速进料，CO_2 转化率为 28.1％。催化剂制备方法是：将 2.7g $AgNO_3$ 溶于 50mL 水中，将该水溶液加入 30g SiO_2（8～16 目）中，然后蒸除水并干燥，在 450℃ 下通 H_2 6h。逐次用此方法加入 3.9g $ZrCl_4$、3.9g $RhCl_3$ 及 1.26g $(NH_4)_6Mo_7O_{24} \cdot 4H_2O$。

2.3.2 CO_2 在机械和冶金工业中的应用

在金属加工方面常用二氧化碳气体作为保护焊，具有节能、功效高、成本低的优点。还可用液体 CO_2 有效地吸收切削热量，便于观察切削进程和切屑的处理，提高切削率，延长车刀寿命。

2.3.2.1 机械工业中的应用

干冰和乙醇配合可制造 -60～-40℃ 的低温。利用热胀冷缩的原理，可将机械部件冷却后插入配合口，待到期回复到常温，可实现很好的配合状态。干冰还用于特种钢的淬火、杜拉铝（硬铝）铆钉的储存等。

2.3.2.2 铸钢型砂（铸模）的干燥硬化

水玻璃型砂是 20 世纪 50 年代开始在铸造中得到广泛应用的，国内大多用于铸钢。在铸铁和有色合金中亦有少量应用，这种型砂的硬化必须用 CO_2。如果 CO_2 的储运方法有进一步改进、CO_2 的价格适当下调，则必将使这种型砂有更大竞争力。该项用途消耗 CO_2 量较大，给 CO_2 生产企业带来很好的经济效益。

2.3.2.3 二氧化碳气体保护焊

CO_2 保护焊具有节能、工效高、成本低，以及焊接质量好、适用范围广等特点，可用于高压气瓶和飞机等领域，可进行全方位焊接和水下焊接，除有色金属外可焊接碳钢、低合金钢和合金结构钢。

2.3.2.4　作石油助采剂

经过一次采油（自喷）、二次采油（注水助采）后的衰老油井，可压入CO_2对残留在井下的石油进行第三次开采。处于超临界的二氧化碳在高压下渗入地层的死角和边沿，增加了残油的流动性并使其驱向油井喷出地面，得以强化回收石油，提高采收率7%～15%。提高采收率（EOR）技术的发展极为迅速，使全世界的石油产量提高了近50%。国外用于石油开采的CO_2量约占其使用量的35%。

2.3.3　CO_2在农业中的应用

植物生长的光合作用离不开CO_2，增加农作物生长环境中CO_2的含量，从万分之三体积增加到万分之八，可使植物的叶子和茎的生长速度提高50%～300%，水果的开花和成熟时间提前10%～25%，鲜花提前1～2周开放，番茄产量几乎增加300%。据中科院北京植物所"CO_2施肥初步研究"表明[38]，四川榨菜增产15%，芹菜增产56%，黄瓜增产46.6%，平均增产幅度达30%以上。增产主要原因：a.CO_2浓度增加，缓解了"最小因子"的限制作用，加快了光合作用，为有机物积累奠定了基础；b. 叶片肥厚，干物质多；c. 有机物质积累增快，单位面积生产效率提高。随着低压液体CO_2生产的发展，建设大棚CO_2气肥利用装置简单方便，建设3000～5000t的CO_2气肥装置（使用低压液体CO_2气源），设备投资在20万元左右，年利润可达百万元以上。黄瓜从定植（从苗床移至大田）后的15d内进行CO_2施肥（0.1%），结果提早开花5d，提早上市10d，增产87.4%。

该方法在欧美工业发达国家早已较多应用，我国在逐步扩大，市场潜力很大。

参 考 文 献

[1] 陆国维. 低温液化二氧化碳生产技术和设备 [J]. 酿酒，2002，29(3)：102-103.

[2] 周桂青. 酒精厂二氧化碳气体的回收 [J]. 上海环境科学，1989，8(6)：24-35.

[3] 刘新颖，刘治国. 酒精生产过程中二氧化碳的回收利用 [J]. 科技论坛，2009，(5)：48.

[4] 张美华. 二氧化碳生产及应用 [M]. 西安：西北大学出版社，1988.

[5] 高之江. 低压法工艺生产食品液体CO_2 [C] // 全国中氮情报协作组第18次技术年会论文集. 2001，318-320.

[6] 尹辉. 中压法回收二氧化碳气体优势分析 [J]. 环境工程，2009，(27)：316-318.

[7] 张东. 二氧化碳液化与输送技术 [J]. 广东化工，2012，4(39)：23～25.

[8] 王秀道，尹卓容. 发酵工厂二氧化碳的回收和应用 [M]. 北京：中国轻工业出版社，1996.

[9] 秦少晖. 二氧化碳回收装置的工艺过程与自动控制 [J]. 轻工机械，2000，(3)，38-40.

[10] 秦人伟，郭兴要，李君武，等. 食品与发酵工业综合利用 [M]. 北京：化学工业出版社，2009.

[11] 郭全. CO_2-SFE 的萃取原理及其在天然药物化学成分提取中的应用 [J]. 中国医药导报，2008，5(9)：28-30.

[12] 沈之申. 酒精厂CO_2增产途径初探 [J]. 酿酒，1992，(2)：8-11.

[13] 李春瑛，张宝成. 我国食品添加剂液体二氧化碳标准气体的研究现状 [J]. 计量与测试技术，2006，33(9)：48-50.

[14] 高大彬，李同信. 二氧化碳的转化利用研究进展 [J]. 湖北化工，1993，(1)：33-36.

[15] 魏晓丹. 国内外二氧化碳的利用现状及进展 [J]. 低温与特气，1997，(4)：1-7.

[16] 邵锡麞. 超临界CO_2提取及其在医药食品工业上的应用 [J]. 医药工程设计，1997，(5)：39-41.

[17] 魏晓丹. 国内外二氧化碳的利用现状及进展 [J]. 低温与特气，1997，(4)：1-7.

[18] Xueli Cao, Yoichiro Ito. Supercritical fluicl extraction of grape seed oil and subsequent separation of free fatty acids by high-speed counter-current chromatography. Journal of Chromatography A，2003，1021(1-2)：117-124.

[19] 尹卓容. 超临界CO_2萃取从月见草种子和丝状真菌中提取含 C-亚麻酸油脂 [J]. 食品与发酵工艺，1996，(4)：

21-25.

[20] Chinnaswamy R.，Hanna M. A.. Relationship between amylose content and extrusion expansin propertise of corn starches [J]. Cereal Chemistry, 1988, 2：138-143.

[21] Triveni P. Shukla. Cereal grains and legume processing by extrusion [J]. Cereal Foods, 1996, 41：35-36.

[22] Kirby A. R.，Ollett A. L.，Parker R.，et al. An experim ental syudy of screw configuration effects in the twin screw extrusion cooking of maize flour grots [J]. Journal of Food Engineering, 1988, 8：247-272.

[23] Camire M. E.，Belbez E. O.，Flavor formation during extrusion cooking [J]. Cereal Foods World, 1996, 41：734-736.

[24] Rizvi S. S. H.，Mulvaney S. J.，Sokhey A. S.. The combined application of supercritical fluid and extrusion technology [J]. Trends in Food Science & Technology, 1995, 6(9)：232-240.

[25] Alavi S. H，Gogoi B. K，Khan M，et al. Structural properties of protein stabilized starch based supercritical fluid extrudates [J]. Food Research Internationl, 1999, 32：107-118.

[26] Sokhey A. S，Rizvi S. S. H.，Mulvaney J.. Application of supercritical fluid extrusion to cereal processing[J]. Cereal Foods World, 1996, 41：29-34.

[27] Greibrokk T. Applictions of supercritical fluid extraction in multidimensional systems [J]. Journal of Chromatography, 1995, 703：523-536.

[28] Thomas Kraska，Kaio Leonhard，Dirk Tuma，Gerhard M Schneider. Conelation of the solubility of low volatile organic compounds in near and supercritical fluids. Part Ⅰ：applications to adamantine and β carotene [J]. Journal of supercritical fluids, 2003, 23：209-224.

[29] Brunner Gerd. Super critical fluids：technology and application to food processing [J]. Journal of Food Engineering, 2005, 67：21-33.

[30] John W. S. Lee, Kihyun Wang.，Chul B Park. Challenge to extrusion of low density microcellular poly carbonate foam susing supercritical carbon dioxide [J]. Zndustrial Engineering Chemistry Research, 2005, 44：92-99.

[31] Benise B，Sneeden R P A. J Mol Catal [J], 1982, 17：359.

[32] 许劲松. CO_2 电催化还原用过渡金属络合物催化剂 [J]. 天然气化工(C1 化学与化工), 1990, (4)：53-56.

[33] 姜玄珍，鲍坚斌，陈焱，等. 二氧化碳在负载型钯催化剂上的氢化反应 [J]. 催化学报, 1988, 10(2)：122-130.

[34] 姜玄珍，鲍坚斌，周涛，等. 二氧化碳在 Pd/SiO_2 和 $La-Pd/SiO_2$ 上的催化氢化反应 [J]. 高等学校化学学报, 1988, 9(1)：91-93.

[35] 许勇，周卫红. 二氧化碳的均相催化研究进展 [J]. 化学通报, 1990, (11)：10-16.

[36] Denise B，Sneeden R P A. Chemtech, 1982, 12(2)：108-112.

[37] Iizuka T，Tanaka Y，Tanabe K. Hydrogenation of CO and CO/sub 2/over rhodium catalysts supported on various metal oxides [J]. Journal of Catalysis, 1982, 76(1)：1-8.

[38] 陈中明，李传华，凌海，等. 二氧化碳的生产及综合利用 [J]. 精细化工中间体. 2001, 31(5)：9-11.

3

研发 CO_2 制备可降解塑料技术

3.1 国外 CO_2 制备可降解塑料技术研发现状

3.1.1 研发 CO_2 制备可降解塑料的背景

3.1.1.1 CO_2 减排需求

目前全世界每年因燃烧化石燃料及水泥厂、炼油厂、发酵等生产过程产生的 CO_2 超过 240 亿吨，其中的 150 亿吨被植物吸收，每年净增 90 亿吨，由此导致大气中 CO_2 的浓度每年增加 1×10^{-6}（1999 年已达 345×10^{-6}），造成了日益严重的温室效应。而全球平均温度在过去的 100 年中已经上涨了 0.5℃，如果温度升高 5℃，汹涌的海浪将吞没全球所有海岸线上的城市，还会出现连续不断的全球性暴雨。

环境友好材料是指在原料采集、产品制造、使用、再生循环利用以及废料处理等环节中对环境负荷小的材料，具有资源和能源消耗少、对生态和环境污染小、再生利用率高的特点。而目前国内外在研发领域具有创新优势的可降解塑料原料——二氧化碳基聚合物，则是值得石化行业关注的环境友好型塑料原料。

普通的塑料如聚乙烯、聚丙烯等聚合物，是以烃为单体聚合而成，而二氧化碳基聚合物则是以烃和 CO_2 为原料共聚而成，其中 CO_2 含量占 31%～50%，与常规聚合物相比，其对烃及上游原料石油的消耗大大减少。二氧化碳基聚合物不但可以减少石油的消耗，而且其环境适应性也很理想。

3.1.1.2 减少非可降解塑料白色污染

在塑料得到广泛应用的今天，伴随塑料使用而来的"白色污染"也已经引起了世界各国的广泛重视，在医用和包装材料等许多领域已经有使用全降解塑料的迫切需求。特别是西欧、美国、日本等发达国家和地区，明令禁止使用一次性泡沫塑料包装物，欧共体（现欧盟）在 1991 年还提出到 1997 年全都停止使用非可降解塑料包装物。

世界各国已经采取的很多应对措施都有一定缺陷，如在普通泡沫塑料中添加光降解成分，但光降解不易完全，残留小碎片；又如对废泡沫塑料进行回收，费时费力，回收率也难保证。再如采用纸制品代替塑料，虽然能在部分场合满足要求，但造纸过程又带来很大污染。采用可降解塑料是个方向，但往往成本过高而难以普遍应用。

3.1.1.3 实现工业化尚非易事

将气候保护与塑料生产结合起来比单纯地将 CO_2 储存到地下有意义得多，虽然利用 CO_2 生产塑料原料并不能完全解决全球气候变暖的问题，但对减缓气候变暖会有很大的贡献。各国科学家普遍认为这项工艺的研究也并非很容易，因为 CO_2 是非常稳定的分子，要使其发生化学转化，本身就要消耗能源；另外还需要研究特殊的催化剂，估计至少还需要数年才能进入工业化应用。

3.1.2 CO_2 合成塑料机理

3.1.2.1 碳氧原子分开

CO_2 的组成元素就是碳和氧，碳是构成有机物（如塑料）的必要元素，如果能成功地使 CO_2 与其他化合物发生反应它就可成为制塑的原材料。这一步已于 1969 年由日本科学家做到了，他首次通过一个名为二乙基锌的催化剂为"第四者"，使碳原子和氧原子之间的双键断开或若即若离，碳原子"移情别恋"，放出电子与其他"第三者"物质结合成可降解塑料。其后各国科学家又不断发现了新的催化剂。

3.1.2.2 扩大催化接触面

科学家们最初发现的催化剂成本很高，无法进行工业化开发。降低催化剂成本的另外一条途径，不再去寻找新的催化剂，而是利用现有的催化剂来增加它的催化效率，即使催化剂与被催化物的接触面扩大，催化反应也就会更加有效。

3.1.2.3 分子与分子"握手"

要使催化剂接触面尽可能大，也就要使它的颗粒尽可能小，最好达到分子与分子"握手"。而含氟的化合物是能够溶解于液态 CO_2 中的。CO_2 在高压下会液化，如果把催化剂附在含氟的化合物上就能溶在 CO_2 中，那么催化剂也就能以分子状态与二氧化碳的分子"握手"。通过这种方法，原来一颗催化剂表面积如果为 $1m^2$ 的话，处理后表面积起码可以增加 500 倍，催化效率可以增加近 70 倍，每吨成品的催化成本降到只需 200 多元。

3.1.3 国外二氧化碳可降解塑料研究发展概况[1~5]

二氧化碳基聚合物塑料使用后的废弃物，可以通过回收利用、焚烧和填埋等多种方式处理。废弃的二氧化碳基聚合物既可以像普通塑料一样回收后进行再利用，也可以进行焚烧处理时只生成 CO_2 和水，不产生烟雾，不会造成二次污染，还可以进行填埋处理时能在数月内降解。

二氧化碳可降解塑料属完全生物降解塑料类，可在自然环境中完全降解，可用于一次性包装材料、餐具、保鲜材料、一次性医用材料、地膜等方面。二氧化碳可降解塑料作为环保产品和高科技产品正成为当今世界瞩目的研究开发热点。利用此技术生产的降解塑料，不仅将工业废气 CO_2 制成了对环境友好的可降解塑料，而且避免了传统塑料产品对环境的二次污染；不但扩大了塑料的功能，而且在一定程度上对日益枯竭的石油资源是一个补充。因此，二氧化碳可降解塑料的生产和应用，无论从环境保护或是从资源再生利用角度看都具有重要的意义。

美国、韩国、日本和俄罗斯等的科学家在二氧化碳基聚合物领域进行了大量的研发工作，目前已批量生产的二氧化碳基塑料原料主要有二氧化碳-环氧丙烷共聚物、二氧化碳-环氧丙烷-环氧乙烷三元共聚物、二氧化碳-环氧丙烷-环氧环己烷三元共聚物等品种[1]。

由 CO_2 制备可完全降解塑料的研究始于 1969 年。日本油封公司发现，CO_2 和环氧丙烷在催化剂作用下共聚可得到交替型脂肪族聚碳酸酯。这种聚合物具有良好的环境可降解性。美国在此基础上通过改进催化剂，于 1994 年生产出二氧化碳可降解共聚物。国外开展该项工作的研究单位主要有日本东京大学和京都大学、波兰理工大学、美国 Pittsburgh 大学和 Texas A&M 大学、埃克森研究公司等，美国空气产品与化学品公司和陶氏化学公司已合成出相应的产品。

将 CO_2 与环氧丙烷(PO)共聚的技术于 20 世纪 60 年代首次被发现，但是由于副反应生成环状碳酸丙烯酯(CPC)而未能推向商业化，该副反应导致生成不稳定的低分子量共聚物。现在，由日本东京大学工程学院化学与生物技术系 Kyoko Nozaki 教授开发的新催化剂基本上解决了这一限制。新催化剂为含有二个乙酸酯配合基的双(哌啶基甲基)羟碘钴(Ⅲ)络合物，它由乙酸钴与对应的双水杨叉二胺反应合成，随后在过量乙酸和空气存在下进行氧化而成。该催化剂可使 CO_2 与环氧类化合物，如环氧丙烷、环氧丁烷和环氧己烷反应，可选择性地生成共聚物。该项目研究从 CO_2 与环氧化物制取脂肪族聚碳酸酯的商业化开始着手，得到日本新能源与工业技术开发组织的支持，并有日本 3 所大学(包括东京大学)和 4 家公司参与。

美国德克萨斯州 A&M 大学的化学教授 Donald J. Darensbourg 开发从 CO_2 生产塑料的工艺过程，包括从 CO_2 生产聚碳酸酯，以及基于使用磷铝金属络合物为催化剂生产环氧乙烷或氧杂环丁烷。

美国 Novomer 公司于 2009 年 12 月中旬宣布[1]开发的新技术可使二氧化碳作为生产包装用塑料和涂料的原料，据称该工艺与传统塑料制造相比使用的能量可减半。该工艺过程可生产塑料瓶和塑料收缩包装膜，应用于众多消费者使用的物品包装，还可提供氧气阻隔性能，这将有助于保护一些对腐烂敏感的物品。该塑料也有改善的耐冲击性和硬度，这意味着可减少塑料用量，由此可减重。该技术由美国康奈尔(Cornell)大学开发，利用天然可再生资源和 CO_2 可制取塑料。目前，使用 CO_2 为原材料制取聚合物还需使用石油衍生物如环氧丙烷或环氧环己烷。而 Cornell 大学新的聚合物——替代的 R-环氧柠檬烷(LO)单体与 CO_2 的共聚体，称之为聚碳酸柠檬酯(PLC)，它有许多类似聚苯乙烯(PS)的特性，同时具有可生物降解性。R-环氧柠檬烷(LO)由自然界的环状单萜烯柠檬烯(1,8-萜二烯)得到，它存在于 300 多种植物中。柠檬果皮中高达 90%～97%的油就含有 R-环氧柠檬烷(LO)的对映体。实验室试验表明，在搅拌式反应器中，液体 R-环氧柠檬烷(LO)与 CO_2 在 β-二亚胺锌络合物催化剂存在下，在室温和 0.68MPa 的 CO_2 压力下，可生成聚碳酸柠檬酯(PLC)，约反应 24h，PLC 生成转化率为 15%。虽然该研究处于初级阶段，但对进一步的开发已引起兴趣。

德国亚琛工大研究人员于 2008 年 4 月上旬在美国化学学会年会上表示[2]，德国正在研究将发电厂排放的大量转化成有用的塑料原料。目前亚琛工大的研究人员托马斯·米勒领导的研究人员已在亚琛工大建立了一个催化剂研究中心，并和位于勒弗库森的德国拜耳化学公司合作，共同研究如何从 CO_2 中生产廉价的聚碳酸酯塑料。聚碳酸酯塑料是生产塑料瓶、DVD 光碟和镜片等塑料制品非常普遍的原料，每年全球的需求量达数百万吨。因此，如果

能够研究成功利用 CO_2 廉价生产聚碳酸酯的工艺，其应用前景将非常广阔。米勒估计至少还需要数年才能进入工业化应用。

CO_2 作为合成高分子材料单体的研究工作受到了世界各国的广泛重视。CO_2 与环氧丙烷共聚物类的脂肪族聚碳酸酯是 CO_2 合成高分子材料领域的一大亮点。这类材料具有生物降解性能，不仅解决了当前塑料制品难以降解而导致的白色污染问题，也减少了 CO_2 的排放。作为一类新型的脂肪链聚碳酸酯，CO_2 与环氧丙烷共聚物具有透明性、可生物降解性和氧气阻隔性等特点，但是其性价比依然有待于大幅度改善才能满足实际应用要求。

3.1.4　二氧化碳可降解塑料制备技术

1969 年日本京都大学的井上祥平首次报道了 CO_2 可与环氧化物开键开环共聚生成全降解的脂肪族聚碳酸酯塑料，从此拉开了 CO_2 制备可降解塑料研究的序幕。在此后 30 多年时间里，中国、美国、日本、韩国、德国和意大利等国科研人员对此聚合反应中涉及的有关配位化学、催化效率、反应历程等理论研究以及聚合物性能及应用、聚合物产业化等方面做了大量工作，逐渐克服了 CO_2 与环氧化物工业合成可降解塑料的困难，极大地推动了这一新型高分子材料的发展。

在 CO_2 与环氧化物聚合生成脂肪族聚碳酸酯过程中，碳的氧化态没有改变，不需要额外能量，CO_2 利用率高。研究表明[6]，CO_2 合成脂肪族聚碳酸酯的关键在于催化剂的成本和催化效率，即要寻找具有实用价值的催化剂，以提高产率并使反应能在更温和的条件下进行，这是当前研究的主要热点。目前用于此反应的催化剂基本上属于阴离子配位型，如二乙基锌体系催化剂、有机金属铝卟啉络合物催化剂、聚合物负载铁锌双金属络合物催化剂以及某些稀土化合物催化剂等。其中金属有机物作为催化剂对获得高交替结构的聚碳酸酯具有重要影响，稀土配合物催化剂对提高聚碳酸酯的分子量有独特的作用。用于聚合反应的环氧化物包括环氧乙烷、环氧丙烷、环氧氯丙烷、环戊烯氧化物、环己烯氧化物、丁基环氧乙烷、苯氧基环氧乙烷等。

在 CO_2 共聚反应中如果加入第三种单体，有时有利于聚合反应向生成聚合物方向进行，这些单体包括环氧化物、环状酸酐、己内酯、（甲基）丙烯酸酯、苯乙烯、丙烯腈、异氰酸苯酯等。在共聚时加入特定的调节剂还可以控制反应特性，生成具有规定分子量和端基官能团的产物，赋予共聚物以不同的性能。

脂肪族聚碳酸酯还具有良好的物理改性和化学修饰的能力，对其进行物理或化学改性处理，提高共聚物的热稳定性和物理机械强度，可以开发出更多性能优异的聚碳酸酯品种和材料，以满足不同行业的加工需要。

二氧化碳可降解塑料与其他可降解塑料相比具有优良的可降解与使用性能，且价格低于其他可降解塑料(见表 3-3-1)，可广泛应用于生产可降解的一次性医疗用品、一次性餐具等。

表 3-3-1　二氧化碳可降解塑料与其他可降解塑料的比较[6]

名称	代表性商品牌号	资源利用	技术性能	加工性能	应用性能	降解性能	价格
二氧化碳全降解塑料	—	利用 CO_2 废气，变废为宝，减少石油资源 1/2 的使用	已通过中试技术鉴定	良好	阻气性好，透明度、断裂伸长率高	可生物降解性好，兼具有光降解性能	比普通塑料价格高 2~3 倍

名称	代表性商品牌号	资源利用	技术性能	加工性能	应用性能	降解性能	价格
聚己内酯（PCL）	Tone Polymer	石油化工资源	技术较成熟，已有商品问世	良好	生体适性、力学性能好，熔点低于60℃	生物降解性能良好	比普通塑料价格高4～6倍
聚乳酸	Eco PLA	淀粉、农副产品可再生资源	技术较成熟，已有商品问世	良好	透明度高	生物降解性能、安全性能良好	比普通塑料价格高3～4倍
淀粉基塑料	Novon	淀粉可再生资源	技术较成熟，已有商品问世	良好	透明度、耐水性较差	生物降解性能优	比普通塑料价格高2～4倍
3-羟基丁酸酯和3-羟基戊酸酯共聚物（PHBV）	Bjopol	淀粉、废糖蜜等可再生资源	技术较成熟，已有商品问世	良好	生体适性、阻气性好，熔点145℃	生物降解性能、水解性能好	比普通塑料价格高8～10倍
聚乙烯醇（聚己内酯）/淀粉合金	Metar Bi	石油资源、淀粉可再生资源	技术较成熟，已有商品问世	良好	生物降解性能优	类似普通塑料	比普通塑料价格高2～4倍

3.2 我国 CO_2 制备可降解塑料技术研发现状

3.2.1 我国二氧化碳可降解塑料研究进展概况

近年来，中科院广州化学研究所、中科院长春应用化学研究所、中山大学、天津大学等单位相继开展了 CO_2 固定为可降解塑料的研究，取得了许多有价值的科研成果，其中有些成果已经进入产业化实施阶段[6]。

中科院长春应用化学研究所开发了一种高效脂肪族聚碳酸酯制备技术。该技术利用由稀土配合物、烷基金属化合物、多元醇和环状碳酸酯组成的复合催化剂，在 N_2、Ar、CO_2 等气体中一定压力或超临界状态下进行陈化处理。陈化后的复合催化剂和环氧化合物（环氧乙烷、环氧丙烷等）分别加入高压反应釜中，向釜内充满 CO_2，在中等压力、温度为 $60\sim100℃$ 条件下进行聚合反应，反应液用 50％盐酸-甲醇溶液或 5％盐酸-水溶液终止反应。经甲醇洗涤、重沉淀精制，得到白色聚碳酸酯。测定结果表明，该复合催化剂的催化效率每摩尔催化剂超过 8×10^4g 聚合物，聚碳酸酯的平均分子量大于 30000，CO_2 固定率达到 40％，交替结构含量超过 95％[7]。

中科院广州化学研究所以 CO_2 和环氧丙烷在纳米催化剂作用下，在一定温度和压强下成功地合成了高分子量、规则分子链结构的聚碳酸亚丙酯（PPC）树脂，所得的 PPC 共聚物具有交替结构[8]。该所在催化剂效率、聚合物性能及应用、聚合物产业化等方面的研究都取得了较大进展，尤其是在催化剂方面创新性地制备了具有自主知识产权的多种负载羧酸锌类催化剂。该催化体系成本低、使用安全、制备简单，适合工业化规模生产应用。该项目建立了 500L 中试规模聚合反应示范生产装置，完成了间歇聚合工艺，并累计获得数千克产品，其平均分子量大于 100000，聚合物中的 CO_2 含量高达 42％[9]。

该所还研究了在聚合物负载的双金属阴离子配位催化剂 PBM 作用下 CO_2 和环氧丙烷（PO）、（甲基）丙烯酸酯类的三元共聚。结果表明，在 PBM 催化剂作用下 CO_2 和 PO 共聚生成聚碳酸亚丙酯PPC。当引入第三单体（甲基）丙烯酸酯类时，PBM依然有很高的催化活性，反应能够顺利进行，在共聚反应过程中发生三元共聚。三元共聚物的热稳定性明显高于二元产物PPC，这可能是由于（甲基）丙烯酸酯的加入使分子链中嵌进一些不同结构的单元，使共聚物的"解拉链式"降解在这些地方受到阻碍，并且增大了共聚物的分子量，降低了链末端羟基的浓度[10]。

天津大学利用稀土络合催化体系催化CO_2和环氧氯丙烷（ECH）共聚反应，合成出新型高分子材料脂肪族聚碳酸酯（$ECHCO_2$）。该共聚物结构中含有环氧氯丙烷自聚链段和ECH-CO_2共聚链段，热失重分析表明，该共聚物的热降解包括碳酸酯键和醚键断裂两个降解峰[11]。

3.2.2 研究成果介绍

3.2.2.1 可降解塑料类催化剂

中科院广州化学有限公司完成CO_2作为合成高分子材料的单体的研究工作受到了世界各国广泛的重视。该项目的中试成果已转让给广州广重企业集团公司，共同进行二氧化碳可降解塑料5000t/a工业化试验。该项目在催化剂方面，创新性地制备了具有自主知识产权的多种负载羧酸锌类催化剂。该催化体系成本低、使用安全、制备简单，适合工业化规模生产应用。

3.2.2.2 全生物降解CO_2共聚物技术

2001年，中科院长春应用化学研究所着手进行CO_2的固定及利用的工业化研发工作，与蒙西高新技术集团公司合作，经过3年攻关，2004年建成了世界上第一条3000t/a"二氧化碳基全降解塑料母粒"工业示范生产线，是全球投入运行规模最大的同类生产线，它标志着我国二氧化碳基生物降解塑料技术已跻身世界前列。据称其产品可望部分取代聚偏氟乙烯、聚氯乙烯等医用和食品包装材料，并可用于一次性食品和药物包装。

从水泥窑尾气中提取CO_2，通过一系列工艺将其制备成食品级纯净度，再作为原料用于全降解塑料生产，这项具有自主知识产权、国内首创的全生物降解二氧化碳共聚物技术，截至2008年已实现运行4年多，共生产产品12000多吨，各项技术指标均达到世界领先水平[1]。

至今，该生产线生产的二氧化碳共聚物的平均分子量达到10万左右，是此技术问世前世界上该类技术最高水平的2倍多，可以替代传统塑料材料，从而在性能上确保二氧化碳共聚物真正作为塑料的可规模化使用。

在专利技术方面，该项目还成功开发出稀土三元催化剂，使聚合反应时间从20h缩短到8h以内，8h内催化剂活性达到50g聚合物/g催化剂，是此前世界最高水平的4倍。同时，在二氧化碳共聚合催化体系、聚合方法等方面，蒙西集团已获授权美国专利2项、中国专利3项，建立了比较完备的自主知识产权体系。

据介绍，该生产线每生产1t可降解塑料可利用CO_2 0.45～0.5t，不仅使CO_2变废为宝，得到综合利用，而且生产出的全生物降解塑料又可以大大地减少白色污染，并形成科学合理的循环经济产业链。

目前，该项目已批量生产的二氧化碳基塑料母粒主要有二氧化碳-环氧丙烷共聚物、二氧化碳-环氧丙烷-环氧乙烷三元共聚物、二氧化碳-环氧丙烷-环氧环己烷三元共聚物等3个品种。外观均为淡黄色粒子或无色透明粒子，CO_2 单元含量为 31%～50%。在强制性堆肥条件下，这些全生物可降解塑料可在 5～60d 内完全分解。

依托年产 3000t 全生物可降解二氧化碳共聚物示范生产线自有技术和成功运行经验，蒙西集团正在扩大规模，30000t/a 的同类生产线于 2007 年年底投产，一年可消耗 12600t CO_2。

3.2.2.3　CO_2 共聚物及其产品产业化

中科院长春应用化学研究所于 2004 年年初开发出可工业化应用的稀土三元催化剂，在蒙西成功应用于建设世界首条千吨级 CO_2 共聚物生产线上，确立了我国在该领域的国际领导地位。

2009 年 2 月，该所承担的 CO_2 共聚物及其产品产业化项目通过鉴定。经过 4 年的开拓，该项目取得了 3 项世界第一：在国际上首次解决了 CO_2 共聚物的冷流难题；率先开发出具有生物可降解性能的高阻隔薄膜材料；获得全球首个 CO_2 共聚物医用可降解材料生产许可证。

2004 年 10 月，该所承担并实施了吉林省科技发展计划重大项目——CO_2 共聚物及其产品产业化推进项目。该项目历时 4 年，取得了一系列在国际上居于领先水平的创新性成果。项目组开发的多元共聚新型稀土催化剂和强化交联的新技术，解决了 CO_2 共聚物在 30℃ 以上便存在严重冷流现象这一国际上一直未解决的难题，有效提升了 CO_2 共聚物的催化剂效率；引入外部结晶控制聚合物聚集态的方法，突破了 CO_2 共聚物连续吹制成膜的技术难题，在国际上率先开发出具有生物可降解性能的高阻隔薄膜材料。

该所与其他单位共同承担的国家"十一五"科技支撑计划项目——全生物降解塑料产业化关键技术，在国内建成多条万吨级 CO_2 共聚物生产线，开发低成本、高性能的系列 CO_2 共聚物产品。该所发挥技术源头优势，积极开发下游产品，已协助威海赛绿特科技发展有限责任公司建立了医用 CO_2 塑料加工平台，协助宁波天安生物股份公司建立了全生物降解材料在一次性餐具、食品包装等方面的加工平台，推进了该成果的工业化和市场化进程。

3.2.2.4　CO_2 共聚催化剂分离系统

江苏中科金龙股份公司与中科院广州化学研究所两家联合研制的以 CO_2 为原料制备完全可降解塑料材料新技术，通过国家环保总局(现环境保护部)组织的重大科技成果鉴定。该技术开发出新型 CO_2 共聚催化剂分离系统，得到了无色催化剂含量低于百万分之十的脂肪族聚碳酸酯多元醇，可以生产出聚氨酯材料。这种新型全生物降解泡沫塑料可应用于包装材料，具有广阔的市场前景。这项新技术生产出的产品不仅成本低、可完全降解，还可为聚氨酯提供一种全新的原材料，衍生出众多新型产品，从而形成全新的塑料产业链条，也为 CO_2 的回收利用打开新的途径。

3.2.2.5　以 CO_2 为原料生产高分子树脂

江苏中科金龙化工股份有限公司前身为江苏玉华金龙科技集团金龙绿色化学有限公司。该公司以 CO_2 为原料，年产 2000t 脂肪族聚碳酸亚乙酯及基于该树脂的降解型聚氨酯泡沫塑料产业化项目通过了鉴定。该技术具有自主知识产权，在 CO_2 催化活化技术、聚氨酯泡沫塑料的高生物降解性等方面达到了国际先进水平。利用该技术，每消耗 1t CO_2 能生产出约 3t 脂肪族聚碳酸亚乙酯树脂，约 6t 降解型聚氨酯泡沫塑料。生产出的泡沫塑料产品性能优异，具有高强度、高模量、容易实现阻燃等特点，可作为缓冲包装材料等，废弃后可完全生物降解，能够被微生物如真菌、细菌、放射线菌分泌的酶分解或氧化，从而降解成水溶性碎片，最终被完全分解成 CO_2 和 H_2O。降解过程中产生的小分子化合物和 CO_2 可以被植物吸收，为植物生长提供养分。对消除白色污染、突破家电出口面临的绿色壁垒起到重要作用。经中国环境科学研究院检测，CO_2 制备聚氨酯泡沫塑料 1 个月降解 33％，优于合成高分子材料及其与淀粉的共混物，具有高强度、高模量等特点。

该公司年产 20000t 二氧化碳树脂的连续生产线于 2007 年 6 月初投产。至此，该公司完成了以 CO_2 为原料生产高分子树脂的工业放大试验，建成了世界上第一条万吨级具有自主知识产权的 CO_2 制备全生物降解塑料生产线。这种 CO_2 树脂性能独特，同时具备了聚醚的耐水解性能和聚酯的耐磨、耐油性能，而其生物降解性能与植物纤维等天然产物相近。该技术的原料将主要来自发电厂、炼油厂、水泥厂、酿酒厂和化肥厂等作为废物大量排出的温室气体——CO_2[1]。

该公司开发出的新型聚合催化剂、新型生产工艺、新的应用领域，如全生物降解及可控生物降解高回弹软泡、塑料母粒、黏合剂、涂料等，已申请发明专利 11 项，目前获授权 4 项。

3.2.2.6 聚碳酸亚丙酯树脂

以 CO_2 为原料生产全降解塑料生产线在河南天冠集团实现产业化运行。据介绍，投入运行的 5000t/a 全降解塑料产业化生产线采用高活性、高催化效率的催化剂，将该集团在生产酒精过程中排放的 CO_2 废气聚合成全降解塑料——聚碳酸亚丙酯树脂。1997 年，天冠集团与中山大学合作，开始了 CO_2 全降解塑料课题的研究。2003 年年底，该集团建成了 50t/a 的生产线，并通过河南省科技厅组织的成果鉴定。为加速其产业化进程，该集团于 2006 年 9 月建成目前的千吨级生产线，经过生产试验，证明其工艺合理，已具备产业化生产能力。全降解塑料制品在机械性能、热稳定性、耐压性能等方面都可媲美一般的塑料制品，不仅可用于低温保鲜膜市场，还可开发成一次性饭盒、发泡包装材料、儿童玩具等。

3.2.2.7 CO_2 基高阻隔膜研究与应用

由中海油总公司和中科院长春应用化学研究所共同出资建设的 CO_2 可降解塑料项目采用长春应用化学研究所自主研发的专利技术，也是国家"863"星火计划项目。生产工艺是以 CO_2 和环氧丙烷为原料，在催化剂作用下生成 CO_2 共聚物，属世界领先。该项目于 2008 年 7 月在海南省东方化工城运行，年产量达 3000t。据介绍，每吨降解塑料消耗 CO_2 大约 0.5t，产值在 2 万元左右。

为了加强应用与产品研发，2007 年 11 月联合设立了"CO_2 基塑料高阻隔膜研究与应用"项目。经过多次试验、优化配方、再试验，先后攻克了二氧化碳可降解塑料的纯化、改性、封端及韧化等一系列难题，成功将这种材料吹膜并制成环保塑料袋，在国内甚至在国际上均尚属首例。

3.2.2.8 CO_2 基可降解塑料的产业化

2007 年 10 月中旬，中山大学与广州市合诚化学有限公司、广州市天赐三和环保工程有限公司签订了合作协议，采用中山大学研发的利用 CO_2 合成全降解塑料技术，首期投资 1.3 亿元建设一条万吨级二氧化碳全降解塑料生产线，该项目全部建成后每年可减少 40000t CO_2 排放量。该技术是中山大学环境材料研究所的科研团队在广州市科技局重点专项支持下，经过 4 年攻关完成。采用该技术已在河南天冠集团建成国内规模最大的 5000t/a 工业化生产线，该生产线可将天冠集团酒精生产过程中产生的 CO_2 废气用来合成全降解塑料。

2010 年 1 月中旬，5×10^4 t/a CO_2 基可降解塑料项目（一期）落户吉林省松原市，3 年内将达到 9×10^4 t/a 环氧丙烷和 1.5×10^5 t/a CO_2 基可降解塑料的生产规模。该项目突破了二氧化碳可降解塑料研究中的系列技术关键，并创下该研究领域 7 项世界第一，率先实现了 CO_2 基可降解塑料的产业化。

3.2.3 推广应用存在的问题

从工业废气中回收的 CO_2 成本很低，约 300 元/吨，以 CO_2 为原料生产二氧化碳基聚合物可大幅度降低生产成本。如果生产规模合适，二氧化碳基聚合物的生产成本应不高于常规塑料原料。然而由于种种原因，目前国内二氧化碳可降解塑料产业进展迟缓，除了河南天冠之外，国内已经规模化生产的 4 套二氧化碳可降解塑料装置均未达产达标。二氧化碳可降解塑料的产业化和推广应用正遭遇 4 大难题。

3.2.3.1 成本压力太大

目前我国开发成功的二氧化碳可降解塑料技术，由于作为项目开发其规模偏小，所用催化剂为稀土系催化剂或纳米催化剂，目前只能小批量生产，产量低、价格贵。此外，项目所需主要原料之一——环氧丙烷和环氧氯丙烷价格也很高，再加上不菲的新产品推广费用，导致目前工业实验装置生产的二氧化碳基塑料母粒最终成本高达 1.8 万～2 万元/吨以上。生产二氧化碳可降解塑料企业的成本压力越来越大，已经影响到企业的正常经营。

3.2.3.2 需求量小，销售难

二氧化碳可降解塑料价格始终高于石油基塑料 1.5～2 倍。加之其热稳定性、阻隔性、加工性与石油基塑料存在一定差距，限制了其只能在食品包装、医疗卫生等有特殊要求的极少数领域使用，无法在需求巨大的薄膜、农地膜等领域推广应用。不仅如此，即便在有限的食品包装、医疗卫生领域也面临聚乳酸、聚乙烯醇、聚丁二酸丁二醇酯等降解塑料的冲击与竞争，使得二氧化碳可降解塑料的消费市场十分狭小，产品销售困难。

3.2.3.3 投资风险大

就单位产品投资额而言，二氧化碳可降解塑料项目的投资额比煤制油还高，一个 10000t/a 二氧化碳可降解塑料项目往往需要 1.4 亿元以上的资金投入，单从经济效益考虑，项目的投资风险是很大的。中海石油化学股份公司和内蒙古蒙西高新集团也坦承，如果不计算节能减排和环保效益，二氧化碳可降解塑料项目根本不赚钱甚至会赔钱。

据了解，虽然吉林、河南、辽宁、江苏、广东、宁夏等省区先后推出 18 个累计 800000t/a 二氧化碳可降解塑料招商项目，但目前实施的为数很少。对二氧化碳可降解塑料遭遇到"叫好不叫座"的尴尬局面，业内专家提出了对策和建议，例如中山大学表示研究团队根据天冠 5000t/a 装置运行过程中积累的经验和暴露的问题，已经设计出更加优化的工艺流程，并研发出第二代性能更好的纳米催化剂，这些成果已经通过实验室装置验证，将用于正在建设的广州天成生物降解材料有限公司 10000t/a 项目和将要建设的河南天冠集团 25000t/a 项目，可降低生产成本 60%，提高其产品竞争力。

我国是 CO_2 排放大国，但由于目前经济高速发展依然十分依赖化石燃料，减少 CO_2 的排放是相对困难的，因此如何高效利用 CO_2 已经成为世界范围日益受到重视的问题，将 CO_2 固定为全降解塑料是一条公认的有效途径。但是，该技术因成本高，加工性、力学及热学性能有待进一步改善等原因，目前世界范围内都没有实现大规模产业化。

3.2.3.4 加工性能待改善

二氧化碳基可降解塑料的玻璃化温度较低(35℃左右)且为无定形结构，存在尺寸稳定性差(40℃以上)和低温脆性(18℃以下)的问题，能否在保持生物降解性能的前提下解决低成本

的高温增强和低温增韧难题是二氧化碳基塑料改性的关键。国内目前应用受阻除了要解决生产费用之外，解决加工改性很重要。

3.3　市场前景预测

3.3.1　市场分析

目前全世界塑料产量超过 3.5 亿吨，2014 年我国塑料消费量达到 9325.4 万吨(其中回收塑料约 2000 万吨)，已经成为世界上最大的塑料生产和消费大国，随之而来的"白色污染"日益严重。据统计，目前我国食品、医药、电器行业的塑料包装年需求量在 500 万吨以上，仅一次性塑料医疗制品每年需求超过 40 万吨，其中难以回收利用的一次性塑料包装占40%，产生的垃圾量每年在 200 万吨以上。

目前，随着产品性能提高、产品成本的降低、应用领域的拓宽、二氧化碳共聚物可降解塑料已经在国外得到相当程度的认可。据美国、日本和欧洲的降解塑料协会的权威预测，到2020 年全世界的需求将超过 200 万吨，中国的需求将超过 20 万吨，因此其市场前景十分广阔。据统计目前我国食品、医药、电器行业的塑料包装年需求量在 20 万吨以上，仅一次性塑料医疗制品每年需求量就超过 20 万吨，其中难以回收利用的一次性塑料包装占 40%，由此产生的垃圾量每年约 80 万吨。如果其中 30%以可降解塑料取代，其市场需求量每年也在20 万吨以上。

可降解塑料已得到政府和有关部门的高度重视，政府及有关部门出台了一系列有关政策和措施，如 1996 年铁道部发出通令禁止使用聚苯乙烯发泡餐盒。1996 年国家颁布的《中华人民共和国固体废弃物处理法》，对地膜、一次性包装塑料制品的使用也做了有关限制，国家环保局也将降解塑料列入环保产品。2008 年 6 月，国家发改委实施了限塑令，但由于国内的生物可降解塑料产业还很薄弱，当时限塑令中并没有鼓励使用生物可降解塑料的说法。按照欧美和日本对生物可降解塑料的鼓励使用的诸多政策，我国制定相关的政策已经是必然的，只是时间问题。

3.3.2　产品预测

目前的二氧化碳基塑料的市场开拓有 2 个方面。

1) 高端市场　利用其高氧气阻隔性能、高透明性等特点，集中在高附加值的医用材料(如药品包装泡罩、医用敷料、输液瓶)和高端食品包装材料(牛奶低温保鲜膜、肉制品保鲜膜)两个方面。

2) 大宗产品市场　普通塑料包装袋、包装薄膜等。

3.3.2.1　医用敷料

目前不可降解的一次性医用敷料的生产成本已经达到 2.0 万元/吨，销售价格 2.5 万元/吨。若采用二氧化碳基塑料制备的医用敷料(一次性手术服、手术备品、一次性医用床单)生产成本完全可控制在 2.0 万元/吨以内，有较好的利润空间。而且二氧化碳基医用敷料还具有可生物降解、高阻隔性能等优点，因此从吉林、山东两省的 7 家医院应用庆康反馈均有较好的评价。

国内医用敷料有 5 万吨的市场，由于医疗垃圾处理法的硬性规定，对可降解医用敷料有强烈需求，因此万吨级医用市场 2～3 年内可以实现。目前，德国、荷兰、日本的几个公司对全生物分解的医用敷料感兴趣，世界市场的需求将达 40 万吨。

3.3.2.2 医用透明阻隔包装材料

利用二氧化碳基塑料薄膜优异的阻氧、阻水性能，加工成可吸塑的片材后制造药片包装泡罩、输液瓶。国内药片包装泡罩塑料主要有聚偏氯乙烯（PVDC）和聚氯乙烯（PVC），按照国家药品和医疗器械监督检验管理局的统计数据，2005 年用量 10 万吨，国内自给率低于 50%。国产产品平均售价 4.3 万元/吨，国外进口产品平均售价 4.6 万元/吨，且每年以 15% 的速度增长。目前可降解药品泡罩是医疗器械领域重点发展方向，已经成为二氧化碳基塑料的最大市场，主要原因有两个：一方面聚乳酸、聚羟基丁酸酯等材料在氧和水汽的阻隔性能、透明性、耐温性能等综合性能上远远不如二氧化碳基塑料；另一方面，二氧化碳基塑料药品泡罩包装塑料的成本在 2.5 万元/吨以内，利润空间较大。仅药品泡罩包装塑料一项，即可消耗二氧化碳基塑料 3 万～5 万吨。

3.3.2.3 食品包装材料

食品包装材料是全生物分解塑料的主要应用领域，要求塑料的使用温度在 -10～70℃ 区间。2005 年 12 月，二氧化碳基塑料的高阻隔氧气的性能被国家塑料质量检测中心确认，22℃ 下其阻隔氧的性能比 PET 优良（3～5 倍），而价格不高于 2.5 万元/吨，在奶制品和肉类食品保鲜方面是性价比最好的阻隔薄膜，用量将超过 5 万吨，将是一个很好的高附加值应用市场。

3.4 案例介绍：河南某年产 3 万吨全降解塑料工程

3.4.1 工程概况

2009 年河南某新型材料公司年产 3 万吨全降解塑料项目工程开工建设，其工艺技术在生物新材料领域处于国内领先水平。该公司年产 3 万吨二氧化碳基全降解塑料项目，总投资 1.7 亿元，土建投资约为 6200 万元，设备投资 7637 万元，流动资金 2000 万元，加上其他费用（包括不可预见），总投资估算 17199 万元。

该项目的大规模产业化生产，不但完善了公司生物能源、生物化工的产业链条，同时可以减少二氧化碳排放，节约石油资源；聚合成的环保塑料还可完全生物降解，能从根本上解决白色污染这一世界性危害，并为环保塑料的大面积推广提供了现实性，其社会效益、经济效益、环境效益显著，是一种典型的循环经济技术模式。

3.4.2 工艺描述

将各稀土催化剂组分在无水、无氧催化剂制备釜中混合，在 CO_2 气氛下陈化后打入无水、无氧的聚合釜中。加入计量的环氧丙烷，将 CO_2 气体充入聚合釜中至 30～40 个大气压，随后将反应温度控制在 60～80℃，聚合反应进行 6～10h。聚合过程结束后泄压，将产物在保温下送到后处理釜中，以少量凝聚剂处理聚合物并离心分离，固体物料烘干、造粒，得到二氧化碳基塑料母料。液体物料进行分馏回收，回收单体环氧丙烷、凝聚剂以及反应中产生的碳酸丙烯酯。CO_2 气体经过冷却脱除残余的单体，再进入下一个循环。整个过程是一个全封闭、无泄漏、无污染的环保生产过程。

3.4.3 产品及基本物性

3.4.3.1 组分

二氧化碳基塑料产品由二氧化碳-环氧丙烷共聚物和加工助剂组成,二氧化碳-环氧丙烷共聚物含量80%～90%(质量分数),加工助剂含量10%～20%(质量分数)。

3.4.3.2 主要物性

1)尺寸保持稳定的使用温度范围 -5～70℃。

2)透明性 可见光(400～800nm)区间透光率超过85%(与聚乙烯相当)。

3)阻隔性能 20℃下氧气阻隔性能比聚氯乙烯优异10倍,与聚对苯二甲酸二乙酯相当,比聚乳酸优异8～10倍,是目前唯一具有生物降解性能的高阻隔薄膜。水汽阻隔性能比聚乳酸优异2～3倍,不随湿度而变化。

4)生物降解性能 堆肥条件下100%生物降解。

5)燃烧性能 纯净燃烧,燃烧后只产生二氧化碳和水。

3.4.3.3 产品种类

采用常规的加工设备,二氧化碳基塑料已经被加工成薄膜、片材等制品。

1)薄膜制品 15～50μm的薄膜,拉伸强度30～40MPa,断裂伸长率20%～30%,力学强度与聚乙烯相当,主要用于制造保鲜薄膜、包装袋。

2)透明片材 厚度500～1000μm,主要用于吸塑材料,制造药片包装泡罩材料;同时与日本三菱商事和帝人公司合作制备了透明吸塑瓶,用于饮料瓶、输液瓶。

3.4.4 成本核算

按照油价50美元/桶、环氧丙烷的价格1.3万元/吨计算,30000t规模下二氧化碳-环氧丙烷共聚物成本为1.2万元/吨,基础材料总成本为1.3万～1.4万元/吨。

参 考 文 献

[1] 钱伯章.二氧化碳合成可降解塑料的现状与前景[J].前沿科技,2010,28(6):54-59.

[2] 钱伯章.二氧化碳合成可降解塑料的发展综述[J].中国环保产业,2011,(1):38-42.

[3] Qing-Bo Ding, Paul Ainsworth. The effect of extrusion condition on the physicochemical properties and sensory characteristics of rice-based expanded snacks[J] 2005,66:283-289.

[4] Mendonca S Mve G, Verhe R. Corn bran as a fibre source in expanded snacks[J].LWT-Food Science and Technology,2000,33(1):2-8.

[5] Ferdinand J. M. , Clark, S. A. , Smith, A. C. . Structre formation in extrusion cooked starch sucrose mixtures by carbon dioxide in jection[J].Journal of Food Engineering,1992,16:283-291.

[6] 张龙,史吉平,杜风光,等.我国二氧化碳可降解塑料的研究与应用进展[J].上海化工,2006,36(11):29-32.

[7] 赵晓江,王献红,王佛松(中国科学院长春应用化学研究所).CN 00136189.9.2001.

[8] 杜隆超,孟跃中,王拴紧,等.由二氧化碳和环氧丙烷生成的聚碳酸亚丙酯的合成与降解行为[J].中山大学学报:自然科学版,2003,42(A19):5-10.

[9] 广研.CO$_2$合成可降解塑料项目通过验收[J].工业催化,2004,(8):53.

[10] 肖红戟,杨淑英,陈立班.二氧化碳和环氧丙烷、(甲基)丙烯酸酯的三元共聚[J].高分子材料科学与工程,1995,11(4):32-36.

[11] 郭锦棠,王新英,杨俊红,等.二氧化碳和环氧氯丙烷共聚物的合成与表征[J].高分子材料科学与工程,2003,19(4):166-168.

索　引

（按汉语拼音排序）